Joh. Friedrich Gmelin

Geschichte der Chemie seit dem Wiederaufleben der Wissenschaften bis an das Ende des achtzehnten Jahrhunderts

Band 1

bremen
university
press

Joh. Friedrich Gmelin

Geschichte der Chemie seit dem Wiederaufleben der Wissenschaften bis an das Ende des achtzehnten Jahrhunderts

Band 1

ISBN/EAN: 9783955620042

Auflage: 1

Erscheinungsjahr: 2013

Erscheinungsort: Bremen, Deutschland

bremen
university
press

Geschichte

der

Chemie

seit dem Wiederaufleben der Wissenschaften bis an das
Ende des achtzehenden Jahrhunderts

---

von

Johann Friedrich Gmelin.

Erster Band.
bis nach der Mitte des siebenzehenden Jahrhunderts.

Göttingen,
bey Johann Georg Rosenbusch.
1797.

Geschichte

der

Künste und Wissenschaften

seit der Wiederherstellung derselben bis an das Ende
des achtzehnten Jahrhunderts.

Von

einer Gesellschaft gelehrter Männer

ausgearbeitet.

Achte Abtheilung.

Geschichte der Naturwissenschaften.

II. Geschichte der Chemie

von

Joh. Friedr. Gmelin.

Erster Band.

Göttingen,
bey Johann Georg Rosenbusch.
1797.

Vorrede.

Wenn es Pflicht des Geschichtschreibers über=
haupt ist, sich zu keiner Kirche, zu kei=
nem Volke, zu keinem Zeitalter zu halten, das
heißt, mit gleicher unverbrüchlicher Achtung für
Wahrheit die Vorzüge so wie die Mängel des
einen so wie des andern darzustellen, so ist es
gewis auch unerlägliche Pflicht des Geschicht=
schreibers der Wissenschaften, den wohlthätigen
und nachtheiligen Einflus, den religieuse und
irreligieuse, den Volksvorurtheile, äußere Schik=
sale und Staatsverhältnisse auf den Gang der
Wissenschaften hatten, mit gleicher Gerechtigkeit

ab=

abzuwägen, und sich vor einer blinden Vorliebe
für das Alte eben so sehr, als vor einer unge=
messenen Bewunderung des Neuen, vor einer
Geringschäzung dessen, was frühere Freunde der
Wissenschaften für ihre Ausbildung thaten, eben
so sehr als vor einer Herabwürdigung späterer
Fortschritte zu hüten.

Diese, besonders die leztern Pflichten hat in=
zwischen mancher sonst trefliche Schriftsteller,
vornemlich mancher Naturkundige und Scheide=
künstler, aus dem Gesichte verloren; geblendet
von den hellen Stralen, welche unser Zeitalter
über die Wissenschaft verbreitete, sah er die Ver=
dienste der Alten in ein Nichts verschwinden,
und war wohl gar ungerecht genug, wegen eini=
ger Irrthümer, die sie sich zu Schulden kommen
liesen, ihre Tugenden zu vergessen, ohne zu
wissen, daß, so viel sich nur aus den Schriften,
die auf uns gekommen sind, (und wie viele ihrer
Bemühungen um die Wissenschaften sind uns
ganz unbekannt geblieben!) schliesen läst, man=
che Entdekung, womit sich unser Zeitalter brü=
stet, und zu brüsten Ursache hat, wenigstens in
ihrem Keime schon in ihren Schriften liegt, ohne
zu erwägen, daß ohne ihre, wenn auch hier und

da

da mangelhafte Bemühungen die Fortschritte
der Neueren unmöglich gewesen wären, und ohne
zu ahnden, daß manche Meinung, welche heut
zu Tage mit so vielem Aufwand von Scharf=
sinn behauptet wird, bei den Nachkommen das
gleiche Urtheil treffen dürfte, was wir von meh=
reren ihrer Lehren zu fällen, uns für berechtigt
halten.

So unmöglich es auch ist, eine nur einiger=
masen brauchbare Geschichte einer Wissenschaft
zu entwerfen, ohne ihren Werth zu fühlen, so
sehr mus doch der Geschichtschreiber derselbigen
auf seiner Hut sein, sich nicht leidenschaftliche
Liebe zu ihr zu Schritten und Aeuserungen hin=
reissen zu lassen, welche ihr ungegründete aus=
schliesliche Vorrechte auf die Bildung des Men=
schengeschlechts überhaupt und auf die Vervoll=
kommnung anderer Wissenschaften und Künste
beimessen; der Geschichtschreiber einer Wissen=
schaft soll nichts weniger als ihr bloser ungemes=
sener Lobredner sein.

Wie weit ich diese Klippen vermieden habe,
mögen billige und sachkundige Leser selbst urthei=
len; ich mase mir nichts weniger an, als mich
von allen menschlichen Fehlern, die auch den auf=

merk=

merksamsten Schriftsteller überraschen können,
frei erhalten zu haben, aber mein erstes und
ernstlichstes Bestreben war es wenigstens, in dieser
Schilderung der Schiksale der Chemie, von wel=
chen hier der erste Theil erscheint, der Wahr=
heit treu zu bleiben, und ich hoffe, daß ich dieses
Ziel nicht verfehlt habe.

Einlei=

Einleitung.

Unter denen Wissenschaften und Künsten, mit wel=
chen sich der menschliche Geist beschäftigt, haben
wohl wenige im Laufe der Zeiten so häufige und schnelle
Wechsel erfahren, von ihrer ersten Kindheit an bis
auf unser Zeitalter herab so viele Schwürigkeiten ihrer
Bildung, Aufklärung, Vervollkommnung zu bekäm=
pfen gehabt, als die Chemie; verkannt, selbst von ih=
ren Freunden, noch mehr von ihren Gegnern, war sie
bald der Gegenstand des bittersten Spottes, den alle
Wizlinge des Zeitalters mit unerbittlicher Strenge und
unerschöpflicher Laune verfolgten, der Abscheu des
Weisen, der sie als eine reiche Quelle unzälicher Irr=
thümer verwünschte, der Fluch des Gelehrten, der
über ihre kühne Eingriffe in das Gebiet anderer Wis=
senschaften und über die Verwirrung, die sie in den
Schulsystemen anrichtete, ergrimmte, ein Greuel des
Arztes, der die durch ihre Hülfe bereitete Arzneien so
oft gefährlich, selbst tödlich wirken, und doch seine
sicherere bisher geschäzte Heilmittel verachtet sah, geäch=
tet und bestraft von Fürsten, deren hohe Erwartungen
von ihrer grosen Macht so oft getäuscht wurden, mit
dem damals allgewaltigen Bannstrahl bedroht von dem
römischen Stuhle, der von ihren Fortschritten Gefahr
für die Kirche witterte, das allgemeine Hohngelächter

des hohen und niedrigen Pöbels, der in den Albernheiten ihrer angeblichen Verehrer die Ausflüsse der
Wissenschaft zu erkennen glaubt, die falsche Schüler
von den ächten nicht zu unterscheiden weis. Und bald
— der Abgott, vor welchem alle Völker und alle
Stände, Fürsten und Unterthanen, geistliche und welt-
liche, Gelehrte und Ungelehrte, Hohe und Niedere
die Kniee beugen; die Lieblingswissenschaft der Grosen,
von deren glücklichen Ausübung sie sich goldene Berge,
schleunige Wiederherstellung zerrütteter Finanzen, so
wie zerrütteter Gesundheit, versprachen, deren Bekenner
sie mit königlicher Freigebigkeit belohnten; die Grund-
stüze der ganzen Heilkunde, auf welche man alles, was
im lebendigen Menschen, sowohl im gesunden als kranken Zustande, vorgeht, zurükführt, die ganze Wirkung der Arzneien beurtheilt und berechnet; die Zu-
flucht des Weisen, der Licht und Belehrung sucht; die
wichtigste Hülfswissenschaft des Naturforschers, die
ihm Aufschlus gibt, wo ihn andere Kenntnisse verlassen; der Schlüssel zu manchen Geheimnissen der Natur; der auserwählte Leitstern im Labyrinth zahlloser
Gewerbe, die Menschen und Staten ernähren, be-
glüken, bereichern, die vernünftige Grundlage des
Hüttenwesens, vieler Fabriken, Künste und Handwerker, die ohne sie nur langsam und mit unsäglicher Mühe, an ihrer Hand mit schnellen Schritten sich ihrer
Vollkommenheit nähern. — — In der Finsternis der
Barbarei, in welcher Europa im mittleren Zeitalter
schlummerte, oft ein schimpfliches Werkzeug, verjährte
Vorurtheile in ihrem unverdienten Ansehen zu erhalten, wohl gar neue zu verbreiten, in besseren Zeiten
eines der kräftigsten Mittel, den Tand mancher herrschenden Meinung in seiner ganzen Blöse darzustellen,
die Fesseln des Aberglaubens zu zerschmettern, die Nebel,

bel, womit der Verstand umgeben war, zu zerstreuen,
und wohlthätiges Licht in diese Dunkelheiten zu bringen;
bald kurzweilige vorübergehende Tändelei des blosen
Liebhabers und Müßiggängers, bald die ernsthafteste
lebenslängliche Beschäftigung des Wahrheitsforschers,
des Arztes, des Gewerbmanns; bald die Beute un-
begrenzter, und ausschweifender, sich bald da bald dort-
hin, oft in alle Regionen irrdischer und überirrdischer,
geheimer und offenbarer, Weisheit verlaufenden Schwärmerei, die ihr ihr unverkenntliches Siegel aufdrükt;
bald das Los des geordneten mit den Schranken des
menschlichen Verstandes besser bekannten Kopfes, der
aus dieser Quelle Licht für seine Einsichten, Segen
für seine Zeitgenossen und für die Nachwelt schöpft;
Bald das Organ des entehrendsten Eigennuzes und des
schändlichsten Wuchers einzelner Menschen oder ganzer
Gesellschaften; bald die Grundlage der gemeinnüzlich-
sten für Wissenschaften und Menschenglük wohlthätig-
sten Arbeiten und Anstalten.

Diese Widersprüche, welche den Gang und die
Schikfale der Chemie so auffallend bezeichnen, erhöht
noch mehr die bunte Gesellschaft, in welcher sie sich
zu den verschiedenen Zeiten ihrer Ausbildung zeigt:
Daß sie Hand in Hand mit andern Naturwissenschaften fortschreitet, kann niemand befremden, der das
schwesterliche Band, welches sie alle unter einander
verknüpft, und ihren wechselsweisen Einflus auf einander kennen gelernt hat, aber, daß sie sich über die
Erde versteigt, sich sogar in das Reich unsichtbarer
Wesen verliert, und nicht blos Sternkunde, sondern
auch Sterndeuterei und andere sinnlose Arten von Zeichendeuterei, Geisterseherei, überhaupt die Kunst, mit
unsichtbaren Geistern umzugehen, durch sie auf andere
und auf die ganze Natur zu wirken, mit in ihr Gebiet

A 2 zieht,

zieht, in Hieroglyphen und Zeichen und Bildern das
Wesen der Kunst sucht, kann nur der glaublich finden,
der die unselige Verirrungen des menschlichen Ver:
standes, wenn er einer zügellosen Einbildungskraft den
Lauf läst, und ihre verheerende Wirkungen im
wissenschaftlichen Gebiete aus der Geschichte der Vor:
zeit kennen gelernt hat; daß die Chemie den Kräften
nachspürt, welche die Natur bei der Bildung der Kör:
per gebraucht, die Stoffe zu ergründen sucht, aus
welchen sie die Körper hervorbringt, ist ihrer Bestim:
mung ganz angemessen; daß es ihr nicht selten gelun:
gen ist, ihren Zwek zu erreichen, und durch geschikte
Anwendung jener aus diesen Körper zu erlangen, ganz
so, wie sie die Natur schuf, unläugbare Thatsache;
aber daß es Bekenner dieser Wissenschaft gegeben hat,
welche sich erdreisteten, zu versichern, daß sie durch die
Macht derselben lebendige Geschöpfe erzeugt, Pflanzen
aus ihrer Asche wieder erwekt hätten, ist ein trauriger
Zug von dem Bilde des Zeitalters, in welchem solche
Träumereien noch Glauben finden konnten, aber auch
von dem Zustande der Wissenschaft, welcher sie auf die
Rechnung geschrieben wurden; daß gesunde Philoso:
phie, sie nenne sich übrigens, nach welchem Lehrer sie
wolle, nicht blos eine nüzliche, sondern eine durchaus
nothwendige Gesellschafterin der Chemie ist, kann nur
der in Abrede seyn, welcher den Werth guter Beob:
achtungen und Erfahrnngen und richtiger Folgerungen
aus beiden für die wahre Aufklärung der Chemie ver:
kennt; aber trauren muß jeder ächte Freund derselbigen,
wenn er unter diesem ehrwürdigen Namen die Lehrsäze
der Neuplatonifer, die Spizfindigkeiten der Sophisten,
die Schwärmereien der Mystiker und Theosophen auch
auf diesen Boden verpflanzt sieht: Wer die grösere Ve:
stigkeit der Wahrheiten, welche die Grösenlehre in ih:
ren

ren verschiedenen Zweigen aufstellt, anerkennt, der
muß sich freuen, durch ihre Anwendung auch in diese
mehr Vestigkeit gebracht zu sehen, aber für gewagt
möchte er es halten, die Naturkräfte, welche der Scheidekünstler in ihren Wirkungen beständig vor Augen hat,
nach den gleichen Gesezen zu beurtheilen und zu berech-
nen, nach welchen sich andere Naturkräfte richten, oder
anf Thatsachen, die noch nicht von allen Seiten be-
richtigt und bewährt genug sind, Rechnungen und For-
meln zu gründen, die für alle Modificationen dieser
Kräfte gelten sollen; auch diese Besorgniß rechtfertigt
die Geschichte: Wer die Unentbehrlichkeit der Chemie
zu der Bereitung, selbst zu der Kenntniß mancher
Heilmittel kennt, die große Wirksamkeit vieler allein
nach ihren Grundsäzen bereiteten Arzneien aus Erfahrung schäzen gelernt hat, wird sich leicht von ihrem
wichtigen Einflusse auch auf diesen Theil der Arzneikunde überzeugen, aber das Los des menschlichen Geistes
beklagen, der so oft die goldene Mittelstrase verfehlt,
wenn er ganze Schulen von Aerzten nur die chemische Arzneien gebrauchen, alle andere als kraftlos und
unnüz verwerfen, hingegen andere nur die galenische
Arzneien verordnen, die chemische ohne Einschränkung
als gefährlich und schädlich verdammen sieht.

Wer die Analogie der Kräfte, welche bei chemischen Erscheinungen in Thätigkeit sind, mit denen,
welche in lebendigen Geschöpfen wirken, fühlt, Spuren von jenen wirklich in diesen aufgefunden hat, kann
sich wohl der Vermuthung nicht enthalten, daß manche Erscheinungen in belebten Körpern, sowohl solche,
die sich im gewöhnlichen Gange zeigen, als andere, aus
chemischen Kräften fliesen, und nach ähnlichen Gesezen
beurtheilt werden dürften; aber wer sich diese Muthmasung so weit führen läßt, in allen Ereignissen be-

A 3 lebter

lebter Stoffe blos Wirkungen chemischer Kräfte zu sehen, jeden Einfluß äuserer Dinge nach den Grundsäzen dieser Wissenschaft zu erklären, die organisirte Körper als eine chemische Werkstätte zu betrachten, der muß die mannigfaltige Kräfte anderer Art, welche in diesen thätig sind, und ihre vielfache Verwiklung mit einander ganz aus den Augen verloren haben, und aus der Geschichte der Wissenschaften die warnende Beispiele von Zerrüttungen nicht kennen, welche dergleichen einseitige Lehrsäze, und daß ich hier nur an eines erinnere, welche z. B. die Lehre von allenthalben gegenwärtigem und thätigem Laugensalz und Säure durch ihre übereilte und ungeschikte Anwendung nicht blos in der Wissenschaft, von welcher man sie geborgt zu haben vorgab, sondern auch in einigen angrenzenden, und vornemlich in Physiologie, Pathologie, Therapie, angerichtet haben.

Im Ganzen hat die Chemie mit den übrigen Naturwissenschaften gleiche Schiksale gehabt. Auch ihre Fortschritte hiengen oft nur zu sehr von dem Geiste des Zeitalters ab, der sie seltener beschleunigte als hemmte: Staatsveränderungen und Umstände, welche sie herbeiführten, und gewöhnlich auch eine Aenderung in der Denkart der Menschen bewirkten, die Kreuzzüge, die Einfälle und Eroberungen der Araber oder Saracenen im abendlichen Theil von Europa, die gänzliche Zernichtung des griechischen Kaiserthums durch die Osmanen, die glükliche Versuche Luthers und seiner Gehülfen, den eisernen Scepter des geistlichen Zwangs zu zerbrechen, der dreißigjährige Krieg, und die bald nach Endigung desselbigen in mehreren aufgeklärten Gegenden Europens aufkeimende gelehrte Gesellschaften und Akademieen, welche nähere Kenntniß der Natur zum vorzüglichen Augenmerk hatten, alle hatten auf den

Gang

Gäng der Chemie, auf den Betrieb einzelner Zweige
derselbigen, auf die Art, wie sie bearbeitet wurde, auf
ihre Verbindung mit andern wissenschaftlichen und
Kunstfächern einen entscheidenden, bald mehr bald min=
der sichtbaren, Einfluß.

Nichts scheint inzwischen für die Beförderung der
Naturwissenschaften so wohlthätig gewirkt zu haben,
als die Errichtung gelehrter Gesellschaften und Akade=
mieen, welche sich ihre Vervollkommnung, wo nicht
zum einigen, doch zum vorzüglichen Ziel sezten: Wer
ihre Geschichte, und vornemlich auch die Geschichte der
Chemie, mit aufmerksamerem Blicke durchwandelt, dem
kann die Bemerkung ohnmöglich entgehen, daß sie von
dieser Zeit an an Klarheit, Vestigkeit, Wahrheit ih=
rer Lehren und Grundsäze augenscheinlich zugenommen
hat, und, wenn es der Natur der Sache angemessen
ist, in der Geschichte gewisse Standpunkte zu wählen,
die in Beziehung auf die dabei vorgefallene Verände=
rungen und die Folgen derselben von Wichtigkeit sind,
so macht gewiß dieser Zeitpunkt eine der Hauptepochen
in der Geschichte der Chemie aus.

So würde sich demnach die Geschichte der Chemie
von der Wiedererstehung der Wissenschaften an in zwo
Hauptperioden theilen, in diejenige, die vor der Er=
richtung gelehrter Gesellschaften vorangeht, und das
zwölfte Jahrhundert mit den darauf folgenden bis zur
Hälfte des siebenzehenden in sich faßt, und in diejenige,
welche darauf folgt, also von der Mitte des sieben=
zehenden Jahrhunderts bis auf unser Zeitalter herab=
reicht. Man könnte jene das mittlere, diese das
neuere Zeitalter nennen. — Aber beide Hauptpe=
rioden haben wieder ihre besonderen Abschnitte. In
dem ersten Zeitpunkte der ersten Periode befaßte sich,
so weit sich wenigstens aus denen von diesem Zeitalter

auf

auf uns gekommenen Schriften urtheilen läßt, kein einge-
wohnter Abendländer mit der Chemie; sie war, einige wenige Spuren davon, die sich bei byzantinischen Schriftstellern finden, ausgenommen, ganz in den Händen der
Araber; er mag also das Zeitalter der Araber
heissen, und begreift von dem Theil der Geschichte,
den dieses Werk zum Gegenstande hat, das zwölfte Jahrhundert, nebst einem grosen Theil des dreizehenden in
sich: die Araber verloren sich nach und nach von dem
Schauplaze; allein die Europäer, die an ihre Stelle
kamen, in ihren Schulen und durch ihre Schriften
unterrichtet waren, behielten noch lange ihre Lehrart,
ihre Grundsäze, ihre Vorurtheile bei; das ist das
Zeitalter der Arabisten, das sich von dem dreizehenden Jahrhundert bis zu Anfang des fünfzehenden
erstrekt: Nach und nach änderten sich jene, verminder-
ten sich diese; Handel und Wandel blühten immer
mehr empor, mit ihnen auch mehrere Zweige der angewandten Chemie; einige Byzantiner, die aus dem
nun durch die Türken eroberten Konstantinopel nach
dem Abendlande flüchteten, brachten auch mehrere ihrer hieher gehörigen Kenntnisse aus ihrem Vaterlande;
nur der despotische Druk der Geistlichkeit, den sie auch
über die Wissenschaften ausübte, und die unglükliche
Kriege, die er in mehreren Ländern Europens veranlaßte, hielten die Fortschritte der Wissenschaften, und
der Chemie insbesondere, auf; man könnte dieses Zeitalter, welches das funfzehende und den Anfang des
sechszehenden Jahrhunderts in sich faßt, weil doch noch
die meiste Lehrer und Schriftsteller, auch diejenige,
welche sich mit Naturwissenschaften beschäftigten, die
scholastische Lehrart ihrer Vorgänger beibehielten, das
scholastische Zeitalter nennen.

Diese

Diese entehrende Feſſeln, welche den ſelbſtforſchen-
den Geiſt niederdrükten, zerbrach Luther mit ſeinen
Gehülfen, und gab dadurch auch vorzüglich den Naturwiſſenſchaften einen Schwung, den ſie ohne dieſe,
durch ihn errungene, Freiheit nie erlangt hätten; freilich war der groſe Haufen von Menſchen, welcher an
dieſen Wiſſenſchaften Vergnügen fand, noch nicht reif
genug; wie hätte ſonſt ein Mann, wie Paracelſus,
eine gänzliche Umänderung der Lehr- und Denkart zuwege bringen, und ſeinen Lehren nicht blos einen weit verbreiteten Beifall, ſondern die Herrſchaft über die bis-
herige Lehrart der berühmteſten Schulen verſchaffen
können! Wirklich macht er auch, ſo wenig er es, Verdienſte um die Wiſſenſchaften und Vergehungen an
denſelbigen gegen einander abgewogen, verdient, in
der Chemie, ſo wie in der Heilkunde, Epoche, und ich
trage daher kein Bedenken, dieſes Zeitalter, das den
gröſten Theil des fünfzehenden Jahrhunderts in ſich
faßt, das Zeitalter des Paracelſus zu nennen.

Die unbegränzte Herrſchſucht, deren ſich die Anhänger Paracelſus, ſo wie ihr Anführer, ſchuldig machten, mußte nothwendig die Freunde der alten Lehrart
und Grundſäze entrüſten, und einen Streit rege machen, der, ganz im Ton jener Zeiten, mit unanſtändiger
Heftigkeit geführt wurde: Hellere Köpfe, welche die
Stärke, ſo wie die Blöſen, der einen ſo wie der andern
Lehrart, einſahen, ſuchten beide zu vereinigen, aus beiden das Beſte zu nehmen; dieſes Zeitalter der
Eklektiker fällt in das erſte Viertheil des ſiebenzehenden Jahrhunderts.

Im zweiten Viertheil erhebt ſich Franz Sylvius de le Boë, der, indem er mit der Chemie
auch andere Hülfswiſſenſchaften des Arztes vereinigte

in ihr vorzüglich den Grund von der Entstehung, so wie von der Heilung der Krankheiten, selbst von den natürlichen Verrichtungen des lebendigen Körpers suchte, und durch den ungemeinen Beifall, den er sich durch seine Beredsamkeit erwarb, so wie durch die Menge seiner Schüler, seine Lehren nicht nur allenthalben verbreitete, sondern auch bis zu Ende seines Jahrhunderts im Ansehen erhielt: Es kann also das Zeitalter von Sylvius de le Boë heissen.

Eben so theilt sich die zwote Hauptperiode in mehrere Abschnitte: Den Anfang zu einer besseren Bearaeitung dieser Wissenschaft machte Robert Boyle; er war es, der durch sein Beispiel zuerst recht augenscheinlich zeigte, daß nur durch genaue Versuche und Beobachtungen die Natur erforscht, in der Chemie insbesondere ein vester Grund gelegt werden könne: Sein Zeitalter fängt ungefähr in der Mitte des siebenzehenden Jahrhunderts an, und reicht bis gegen das Ende desselbigen.

An dieses schließt sich das Zeitalter Georg Ernst Stahls an, der mit seinen Vorgängern, und ihrer oft so verworrenen Sprache, vertraut, mit der Natur selbst bekannt, und in den Mitteln, sie zu erforschen, durch lange Erfahrung geübt, vorzüglich die bis dahin dunkele Lehre vom Phlogiston oder Brennstoff zuerst deutlicher aus einander sezte, und ein sinnreiches System darauf gründete, das sich durch seine Schüler bis auf unsre Zeiten erhalten hat; es erstrekt sich vom Ende des leztverflossenen Jahrhunderts bis nahe an das lezte Viertheil des gegenwärtigen.

Das lezte Zeitalter ist das Zeitalter von Lavoisier, der mit treflichen Versuchen und sinnreichen Gründen das Stahlische System stürzte, und auf seinen Trümmern ein neues aufrichtete, welches der

Wis-

Wissenschaft schon viele Vortheile verschaft, und viele
Naturforscher auf seiner Seite hat.

Ueberblik der Geschichte der Chemie,
von der Zeit der Wiedererstehung der Wissenschaften bis auf
die gegenwärtige.

I. Mittlere Geschichte.
    Vom zwölften Jahrhundert bis in die Mitte des
    siebenzehenden.

  1. Zeitalter der Araber
     Zwölftes Jahrhundert, nebst einem grosen Theil
     des dreizehenden.

  2. Zeitalter der Arabisten.
     Der übrige Theil des dreizehenden Jahrhunderts
     bis zu Anfang des fünfzehenden.

  3. Scholastisches Zeitalter.
     Fünfzehendes Jahrhundert mit dem Anfang des
     sechzehenden.

  4. Zeitalter des Paracelsus.
     Der übrige Theil des sechzehenden Jahrhunderts.

  5. Zeitalter der Eklektiker.
     Erstes Viertheil des siebenzehenden Jahrhunderts.

  6. Zeitalter von Franz Sylvius de le Boë.
     Zweites Viertheil des siebenzehenden Jahrhunderts.

II. Neuere Geschichte.
    Von der Mitte des siebenzehenden Jahrhunderts
    bis zu Ende des achtzehenden.

  1. Zeitalter von Robert Boyle.
     Von der Mitte des siebenzehenden bis gegen das
     Ende desselbigen Jahrhunderts.

                   2. Zeit-

2. Zeitalter von Georg Ernst Stahl.
Vom Ende des siebenzehenden bis gegen das lezte
Viertheil des achtzehenden Jahrhunderts.

3. Zeitalter von Lavoisier.
Vom Anfang des lezten Viertheils des achtzehenden Jahrhunderts bis auf gegenwärtige Zeit.

1. Zeit-

1. Zeitalter der Araber.

Noch dekte dike Finsternis den größten Theil Europens: Die wenige wissenschaftliche Felder, welche nicht ganz öde lagen, wurden beinahe ausschlieslich von Mönchen angebaut, auf eine Art, die, wenn
jemals, doch erst in einer fernen Zukunft, auf reine
Erndte hoffen lies; der römische Hof regierte schon da
mit eisernem Scepter über Wissenschaften, so wie über
Fürsten und Könige und Kaiser, und hielt es seiner
Staatskunst angemessen, jeden Schein von Licht, der
in diese, seinen Absichten so vortheilhafte, Dunkelheit
hereinfiel, mit Gewalt abzuhalten; dis los traf vornemlich auch die Naturwissenschaften, die schon damals in dem Verdacht standen, daß sie aufklären könnte, wo man alles anstrengte, Aufklärung zu verbannen; Kenntnisse dieser Art aus heidnischen Schriftstellern schöpfen, was wohl sonst noch hin und wieder geschehen war, hielt man für Versündigung an dem heiligen Glauben, Säze, auch aus diesen Wissenschaften,
aufstellen, welche, wenn sie gleich den Aussprüchen
der Kirchenversammlungen und ihres Oberhauptes
nicht gerade zu widersprachen, doch nur einen Schritt
weiter zu führen, tiefer einzudringen schienen, für
strafbare Eingriffe in die Rechte der Kirche: Wirklich
bezeugten auch die Söhne der abendländischen Kirche
einen

einen so unbedingten Gehorsam, daß sich unter ihnen
beinahe kein einziger in diesem Zeitalter als Schriftsteller
in diesen Fächern zeigte, und alle Weisheit dieser Art bei
den Ungläubigen (in der Sprache dieses Zeitalters),
bei den Morgenländern, und, einige wenige Byzantiner abgerechnet, von welchen noch Schriften auf uns
gekommen sind, bei den Arabern blieb: So sehr war
der edle Funke von Trieb zum Forschen der Natur, den
Karl der Große so glüklich angefacht, und so weislich
genährt hatte, im Abendlande erloschen.

Aber auch die Weisheit der Morgenländer war,
so wie für andere Naturwissenschaften, also insbesondere für Chemie, nur der Anfang der Dämmerung;
und sollen Verdienste um die Wissenschaften, nach
der Menge eigener, neuer, vorzüglich nüzlicher, oder
sonst wichtiger Entdeckungen, oder auch nur nach einer neuen bessern Art ihrer Bearbeitung, nach ihrer
weitern und allgemeinern Verbreitung bestimmt werden, so dürfte sie nur eine sehr niedrige Stufe behaupten: Das Wissen der Byzantiner war, so weit sich
aus den von ihnen hinterlassenen Schriften urtheilen
läst, Nachhall der ältern Griechen, und nur nach einem geringern Theile den spätern Arabern abgeborgt.
Auch die Araber hatten einen großen Theil, so wie ihrer
übrigen Gelehrsamkeit, also insbesondere ihrer chemischen
Kenntnisse von ihren Vorgängern, den Griechen, entlehnt,
deren Schriften sie fleißig lasen und übersezten; aber sie
vermehrten das Haufwerk von Irrthum und Wahrheit,
das jene schon aufgeführt hatten, ansehnlich durch eigene Erfindungen und Entdekungen, die sich auf ihre
späte Nachkommen, und großentheils noch auf unsere
Zeiten fortpflanzten.

Die:

Dieses Verdienst kommt inzwischen nicht den späteren Arabern des Zeitalters zu, deſſen Geſchichte hier entworfen wird; ſie ſammleten und ordneten nur bald mit mehr, bald mit weniger Sorgfalt, was ihre Vorgänger für die Wiſſenſchaft gethan hatten, und, da ſie größtentheils Aerzte waren, vorzüglich das, was auf ihre Kunſt Beziehung hatte; ihre Vorſtellungsarten, die Art der Bearbeitung, die Endzwecke, die ſie dabei hatten, die Hofnungen, die ſie darauf gründeten, die Arbeiten, die ſie unternahmen, die Anwendung, welche ſie davon machten, die Entdekungen, deren ſie gedenken, alle kommen, ſo weit ſie nicht eines noch frühern Urſprungs ſind, auf die Rechnung Geber's, oder Dſchafar's, der ſchon im achten Jahrhunderte lebte, und von ſeinen helleren Einſichten bei den ſpätern Herausgebern und Ueberſezern ſeiner Schriften den Namen des größten und ſcharfſinnigſten Philoſophen und des Königs der Araber erhielt; er fühlte und kannte zwar die Vorzüge der Chemie, aber er verläugnete auch ihre Grenzen nicht a), ob er gleich unter ſeinem Volke den ſchon früher, und ſchon in den erſten Jahrhunderten unſerer Zeitrechnung b) immer weiter um ſich greifenden Gedanken von der Verwandlung der unedlen Metalle in edle verbreitete und auf die Nachkommen fortpflanzte, und ſelbſt dadurch, daß er die Mittel,

das

---

a) *Geberi* de alchimia Libri tres. Argentorat. arte et impenſa *Io. Grieningeri.* Ann. MDXXIX. fol. 3. "ars in omnibus imitari non poteſt naturam operis: ſed imitatur eam, ſicut debite poteſt — — in hoc artifices errant: quia naturam in omnibus proprietatum differentiis actionis imitari deſiderant.

b) S. *T. Bergman* de primordiis chemiae. Upſal. 1779. §. III. D. §. IV C. Opuſcul. phyſic. et chemic. cura *E. B. G. Hebenſtreit.* Lipſ. 8. Vol. IV. 1787. S. 36. 60.

das Metall (nach seinen Begriffen) zu veredeln, mit
dem gleichen Namen bezeichnete [c]), den die Heilmittel
führten, den schädlichen immer mehr ausartenden
Wahn veranlaßte, daß eben die Körper, welche die un=
edle Metalle vollkommener machten, oder von ihren
Unreinigkeiten befreiten, auch den kranken menschlichen
Leib heilen, eben der Stoff (in der Folge Stein der
Weisen genannt), welcher alle Metalle in Gold verwan=
delte, auch alle (Universalarznei) Krankheiten heilen,
sogar alle abwenden, alte Leute verjüngen [d]) müsse:
Schon er gedenkt der drei Grundstoffe der Körper,
vornemlich der Metalle, die noch lange nach ihm, und
noch in unsern Zeiten hier und da angenommen werden [e]);
schon er des Schwefels in einer Bedeutung, nach wel=
cher er dem Brennstoff von S t a h l ganz gleich kommt [f]);
schon er, der Aschengefäße bei der Reinignng der ed=
len Metalle durch Blei [g]); schon er des Eisalauns von
                                                    Roccha

c) *Gebri* summa perfectionis magisterii ex biblioth. vati-
  can. exemplari. Gedan. 1682. 8. L. IV. S. 156 — 178.

d) Alchemiae *Gebri* libr. excud. Io. Petreius Nurembergenf.
  Bern. 1545. 4. L. I. P. 3. c. XXXII. S. 51. "est medicina laetificans et in iuventute conservans".

e) Summ. perfect. L. I. C. XII. de naturalibus principiis mercurii, sulphuris et arsenici. S. 35. 38.

f) a. e. a. O. L. I. C. XIII. de sulphure. S. 39 — 41.

g) a. e. a. O. L. IV. C. XIV. de cineritii examine. z. B. S.
  182. 183. "Est igitur modus illius, ut tollatur cinis
  cribellatus, aut calx, aut pulvis ossium animalium com-
  bustoruw, aut horum omnium commixtio, aut quorundam. Dehinc itaque cum aqua madefiat, et super
  illud prematur manus, et fiat stratum firmum, et solidum,
  et in medio strati fiat rotunda fovea solida et polita,
                                                    et

Rocha, desjenigen von Jameni, und des Federalauns, die aus ihrer Auflösung in Wasser in Kristallen anschießen, und sich zu einem weissen, schwammigen und leichten Klumpen brennen [h]); schon er des Eisensafrans

et super illius foveae fundum spargatur vitri triti quantitas aliqua. Deinde vero exsiccari permittatur, et cum siccatum fuerit, ponatur illud, de cuius intentione sit tolerare examen in foveam dictam, et super illam ignis fortis carbonum succendatur, et super faciem examinabilis suffletur corporis, donec fundatur, quo fuso, Saturni partem post partem proiiciamus in illud, et super illud suffletur cum flamma fortis ignitionis, et dum videris illud agitari et moveri, motu concussionis forti, non est purum; expecta igitur, donec totum evanescat Plumbum, quod si evanuerit, et non cessat illius motus, non est depuratum. Iterato igitur super illud Plumbum proiice, et super illius faciem iterato sufla, donec Plumbum separetur, quodsi non quieverit, iterato Plumbi proiectionem, et sufflationem, et illius faciem perquire, quousque quiescat, et tu videas illud mundum et clarum in superficie sua. Post hoc vero carbones aperi, et ignem dissipa, et in faciem eius aquam perfunde, hoc enim perfecte examinatum invenies: et si quandoque, in sufflatione huius examinis, nitrum proieceris, melius et perfectius depurabitur, quoniam sordes tollit, et illas infiscat; potest tamen loco vitri sal proiici, aut Borax aut Alumen aliquod: Similiter et perfici potest hoc examen Cineritii in crucibulo terreo, et in circuitu eius sufflari, et super faciem eius similiter, ut supra, confletur quod examinari debet".

[h] Liber investigation. magister. p. 208. "De Aluminis Glacialis vel Rochae praeparatione; "Primus modus, dissolve ipsum in aqua fontis clara, distilla per filtrum, coque ad eius tertiam partem, pone in Parapsidibus vitreatis, et descendet circa latera vasis, et in fundo Alumen praeparatum cristallinum. Secundus modus est, ut Alumen in vase terreo coquatur quousque humiditas evanuerit, et invenies Alumen album spongio-

sum,

rans.¹) und des verkalkten Spiesglanzes ᵏ); schon er
des äzenden Sublimats ˡ); des rothen Präcipitats ᵐ),
des

ξ   fum, leve et praeparatum pro fublimationibus, et aliis
     diverfis operibus".

i) a. e. a. O, S. 220. "Crocus ferri diffolvendus eft in
     aceto diftillato, et eft clarificandus: et haec aqna rubi-
     cunda, Crocea congelata, dat tibi Crocum aptum, et
     eft factum".

k) a. e. a. O. De antimonii praeparatione. "Antimonium
     calcinatur".

l) Lib. de inventione veritatis five perfectionis incerto in-
     terprete. c. VIII. in alchemia Geberi cum reliquis. Ber-
     nae 1545. 4 S. 73. "Argentum vivum fic fublima.
     Sume de eo libram unam, vitrioli rubificati libras duas,
     aluminis rochae calcinati libram unam; et falis commu-
     nis libram femis, et falis petrae quartam partem, et in-
     corporatum fublima, et collige album denfum, clarum
     et ponderofum, quod circa vafis fponditia inventum
     fuerit, et ferva, ut tibi de aliis fcripfimus.   Sed fi in
     prima fublimatione inventum fuerit turbidum vel im-
     mundum, quod tibi accidere poterit, propter tuam
     negligentiam illud cum eisdem fecibus noveris iterum
     fublimare et ferva". und Lib. fornacum ad exercendam
     χημειαν pertinentium, interpret. Rodogero Hifpalenfi.
     P. II. c. 9. ebendaf. S. 193. "Si autem perfecte defide-
     ras eum (mercurium) fublimare, ad libram eius pone
     falis communis libras duas et femis, et falis petrae li-
     bram femis, mortifica totum, fimul terendo cum aceto,
     quoufque non appareat in eo de vivo aliquid, et fubli-
     ma, ut fcis, quia utile".

m) De invent. verit. c. X. S. 173. "Argentum vivum ita
     fublimatur rubicundiffimum: Recipe libram unam Mer-
     curii, et libras Vitrioli rubificati duas, et libram Salis
     petrae, fimul mortificato, et fublima etiam ab alumine
     rochae calcinato, et fale petrae cum eiusdem ponderi-
     bus, und L. fornacum P. II. c. 9. S. 193. "Sublima-
     tur autem mercurius rubeus, fcilicet libra una eius, ab
     una libra falis petrae, et libra una vitrioli, cum qui-
     bus optime teritur, et fublimatur rubeus et fplendidus".

des Silberfalpeters ⁿ), der Schwefelmilch ᵒ), des Scheide= und Königswassers ᵖ), des Frischens der Glät= te ᑫ) und, zwar nicht zuerst ʳ), aber doch mit mehr Man=

n) de invent. verit. c. XXI. S. 180. 181. "Primo diffolve Lunam calcinatam in aqua diffolutiva ut prius, quo fa-cto, coque eam in phyala cum longo collo, non obtu-rato ori per diem folum, ufquequo confumetur ad eius tertiam partem aquae, quo peracto pone in loco frigido, et devenient lapilli ad modum criftalli fufibiles".

o) de invent. verit. c. VI. S. 172. de fulphuris praepara-tione: "Sulphur vivum clarum et gumofum tere fub-tiliffime, et coque in lixivio facto de cineribus clavella-tis et calce viva, colligendo fuperius combuftibilitatem, eius oleagineam extrahendo, quoufque clarum videtur: quo facto extrahe et move cum baculo, et caute extra-he illud, quod, cum lixivio egreffum habuerit, partes groffiores inferius relinquendo. Illud autem extractum, infrigida parum, et impone ei quartam eius de aceto bono, et ecce totum congelabitur ut lac. Lixivium ex-trahe clarum, quo ad poteris, refiduum ad lentum de-ficca ignem et ferva".

p) de invent. veritat. c. XXIII. de aquis folutivis et oleis incerativis. S. 182. "Et primo cum aqua noftra diffo-lutiva, de qua mentionem fecimus in fumma noftra, cum loquuti fuimus de diffolutione cum aquarum acumine: Primo fume libram unam de Vitriolo de Cypro, et li-bram femis Salis petrae, et unam quartam aluminis Ja-meni, extrahe aquam cum rubigine alembici, nam dis-folutiva eft multum, et utere ea in capitulis praeliba-tis: fit autem multo acutior, fi cum ea diffolveris quar-tam Salis ammoniaci, quia folvit Solem, Sulphur et Argentum".

q) L. fornac. c. V. S. 188. "Furnus autem defcenforius fit in hunc modum. Et eft apud nos inter fufores cine-ritiorum et cementorum mirabiliter ufitatus. Reducun-tur autem omnia corpora calcinata, combufta, foluta et congelata per hunc furnum in folidam maffam. Imo

B 2

cine-

Mannigfaltigkeit der Geräthschaften zur feuchten auf=
steigenden Destillation ⁵), zum Aschen= ᵗ) und Wasser=
bade ᵘ).

Diese Entdekungen, die für die Chemie so äuserst
wichtig sind, erhielten in diesem Zeitalter sogar keinen
Zuwachs, daß vielmehr einige unter ihnen, die erst
späterhin als neue Entdekungen wieder auflebten, in
Vergessenheit geriethen: Bei weitem der gröste Theil
der Naturforscher und Scheidekünstler, die darinnen
lebten, und deren Schriften noch auf uns gekommen
sind, beschäftigten sich, wo nicht allein, doch grösten=
theils mit der Umwandlung der unedlen Metalle in
Gold, zu welcher sie verschiedene Wege wählten, die
sie

cineritia et cementa, et teſtae, ſeu cruſibula, in quibus
ſaepius fuſum eſt argentum ad recuperationem illius
metalli imbibiti".

r) Schon Synesius, ein Schriftsteller, der zu Ende des
vierten und zu Anfang des fünften Jahrhunderts lebte,
hat sie (Opera: epiſt. XVII.) deutlich beschrieben, Zosi=
mos von Panopolis (περι οργανων και καμινων) sie
schon abgebildet. (Nach einer Handschrift in der Mar=
cus=Bibliothek zu Venedig und der öffentlichen zu Pa=
ris bei Ol. Borrichius Hermetis Aegyptiorum
et chemicorum ſapientia ab Hermann. Conringii
animadverſionibus vindicata. Hafn. 1674. 4. S. 156.)
Eine auffsteigende Destillation des Queckſilbers scheint
schon Dioskorides gekannt zu haben: Σωζομενα
απαντα ed. Sarraceni 1598. fol. βιβλ. ε. κεφ. ρλ.)
"Ἰεντες γαρ επι λοπαδας κεραμεας ωχρον σιδηροῦν ε-
χοντα κινναβαρι, περιπαθαπτουσιν αμβικα, περιαλει-
ψαντες πηλῶ, εἰτα ὑποκαιουσιν ανθραξιν· ἡ γαρ προς-
ἰζουσα τῶ αμβικι αἰθαλη αποζεαθεῖσα και αποψυχ-
θεῖσα ὑδράργυρος γίνεται".

s) Summa perfection. magiſter. L. II. C. 12. S. 80—82.

t) a. e. a. O. S. 80—82.

u) a. e. a. O. S. 80—83.

sie bald geheim hielten, bald kenntlicher oder unkennt:
licher beschrieben.

An dieses Zeitalter grenzt [x] Michaël Psellus
aus Konstantinopel, Lehrer des griechischen Kaisers
Michaël Duca, ein Mann von ausnehmender Thä:
tigkeit und in die verschiedenste Fächer sich verbreitender
Gelehrsamkeit, der ausser einer zahlreichen Menge an:
derer Schriften auch eine Schrift von der Goldmacher:
kunst [y] hinterlassen hat, in welcher er übrigens nicht
blos die unter den Byzantinern gangbare Meinung von
diesem Geschäft, und die Art, wie sie es betrieben,
vorgetragen, sondern auch einige, wiewohl nicht neue,
Schmelzarbeiten beschrieben hat: In seiner Schrift:
Διδασκαλια παντοδαπὴ [z]), erwähnt er auch ($9.
60.) der Elemente, des Feuers, der Luft, des Wassers
und der Erde [a]).

An

x) S. *Leonis Allatii* de *Psellis* et eorum scriptis diatribe
ad Jacob. *Gaffarellum.* Romae. 1634. 4.

y) in einer Handschrift zu Wien: Τοῦ λογιοτάτου καὶ πανσόφου ὑπερτίμου κυροῦ Μιχαὴλ τοῦ ψελλοῦ περὶ
χρυσοποιΐας πρὸς τὸν πατριάρχην Κύριον Μιχαὴλ, in
einer andern zu Paris: Τοῦ μακαρίτου καὶ πανσόφου
ψελλοῦ ἐπιςολὴ πρὸς τὸν ἁγιώτατον πατριάρχην Ξιφι-
λῖνον περὶ χρυσοποιΐας; lateinisch ausgegeben mit folgender Aufschrift: De auri conficiendi ratione ad Mi-
chaëlem Cerularium, Patriarcham Constantinopolita-
num, Dominico Pizimentio Vibonensi interprete, una
cum Democrito Abderita, Synesio, Pelagio et Stephano
Alexandrino de magna et sacra arte editus est. Patav.
1572. 8.

z) ex apographo *Lindenbrogiano*, graece nunc primum
editae et lat. versae a *I. Alb. Fabricio.* Hamburg. 4. in
sertae Bibliothec. graec. L. V. 1712.

a) S. 115. ξ) περὶ τῶν ἀρχῶν, τί ἐςίν. ῾τῶν δὲ συν-
θέτων σωμάτων αὐτὰ καὶ ἁπλᾶ ςοιχεῖα. ἀλλ᾽ οἱ μὲν

B 3   ἄλλοι

An dem andern Endpunkte gränzt an dieses Zeitalter Nicephorus Blemmydas, der um das Jahr
1255 vom Kaiser Theodor Lascares zum Patriarchen von Konstantinopel bestimmt war; von diesem
in andern Fächern berühmten Manne führt Börhaave [b]) ein ἔργον χημευτικον an, von welchem die
vatikanische Bibliothek eine Handschrift besitzen, das
aber nicht sowohl die Bereitung des Steins der Weisen,
als andere spagyrische Arbeiten lehren soll [c]).

In dieses Zeitalter gehört insbesondere Artephius,
von dem vorgegeben wird, daß er durch seine vermittelst
geheimer chemischer Kunstgriffe gewonnene Universal-
tinctur sein Leben auf tausend und fünf und zwanzig
Jahre verlängert habe [d]) ; er hat einen Liber secretus
de lapide philosophorum, der noch in der Handschrift
in

ἄλλοι τῶν φιλοσόφων διηρέθησαν. Καὶ τοῖς μὲν ἔδοξεν
ἀρχὴ τὸ πῦρ, διὰ τὴν δύναμιν, καὶ τὸ καταναλίσκειν
πάντα εἰς αὐτὸ. τοῖς δὲ ὁ ἀὴρ, διὰ τὴν τῶν ζώων
ἀναπνοὴν. τοῖς δὲ τὸ ὕδωρ διὰ τὴν γόνιμον φύσιν. τισὶ
δὲ τούτων καὶ ἡ γῆ ἀρχὴ ἔδοξε, διὰ τὸ πλείω τῶν
ζώων ὑπὸ τῆς γῆς γεννᾶσθαι, καὶ εἰς αὐτὴν ἀναλύε-
σθαι. Ἕτεροι δὲ αὐτὰ τὰ τέσσαρα στοιχεῖα ἀρχὰς τῶν
ὄντων ἀπεφήναντο".

b) Elementa Chemiae. 4. Lugd. Bat. 1732. Vol. I. S. 13.
περὶ χρυσοποιίας, wovon eine Handschrift in der öffentlichen Bibliothek zu Paris liegen soll. P. Borell
Bibliotheca chimica. Paris. 1654. 12. S. 48.

c) Joh. Chr. Wiegleb Geschichte des Wachsthums und
der Erfindungen in der Chemie in der ältesten nnd mittlern
Zeit, aus dem lat. übers. mit Anmerkungen und Zusäzen. Berlin und Stettin. 1792. 8. S. 140.

d) *Roger Baco* Opus maius ad Clementem IV. ex codic.
Dublinens. primum edid. Sam. *Jebb.* Lond. 1733. fol.
P. VI S 671. P. Suavis Compendium philos.
medicin. paracelsisticae. Basil. 1561. 8. Bl. 28.

in manchen Sammlungen liegt, und von dem unter
dieser Aufschrift im Druk erschienenen ⁵), nach der
Versicherung Einiger untergeschobenen ᶠ), Werke sehr
verschieden seyn soll, und einen Clavis maioris sapientiae ᵍ hinterlassen; er steht bei den Schülern geheimer Weisheit in dem Rufe eines denkenden Kopfes und
eines Kenners der Kunst, der das Magisterium vollkommen inne hatte, seine Wissenschaft systematisch
trieb, und seine Kenntnisse durch eigenes Nachdenken
und wiederholte Versuche vollkommener zu machen
trachtete: Seine Schüler geben ihn für einen Abkömm-
ling der Araber aus.

Auch Morienus, ein Römer, aus diesem, vielleicht
noch etwas früherem Zeitalter, und Einsiedler zu Jeru-
salem, sezte das ganze Wesen der Chemie in die Verwandlung der Metalle und die Bereitung einer allgemeinen Arznei, die er nicht nur allen andern vorzog,
sondern durch die er auch glaubte, im Stande zu seyn,

alle

e) Beytrag zur Geschichte der höhern Chemie oder Gold-
macherkunde in ihrem ganzen Umfang. Ein Lesebuch für
Alchemisten, Theosophen und Weisensteinsforscher, auch
für alle, die, wie sie, die Wahrheit suchen und lieben.
Leipz. 1785. 8. S. 485 und 638. Artefii Arabis liber
secretus, nec non Saturni Trismegisti s. fratris Eliae de
Assisio libellus et alia nonnulla. Francof. 1685. 8.

f) Beytrag 2c. S. 485. 687.

g) nunc primum in lucem prodit. Paris. 1609. 8. Argentor. 1799. 12. abgedruckt in Theatr. chym‘c B. IV.
ferner in Opusculis quibusdam chemicis. Francof 1614.
8. und in J. J. Mangetti biblioth chemic. curiosa. Genev. fol, T. I. L. II. Sect. II. Subsect. 2. S. 503 — 509.
Deutsch mit G. Riplä‘i chymischen Schriften. Nürnb.
1717. 8. Eine Schrift de lapide philosophico steht in
Salmon bibliotheque des philosoph. chimistes. Paris.
1632. 12. B. II. n. 4. abgedruckt.

B 4

alle Krankheiten zu heilen: er versichert, seine Weis=
heit in Egypten erlernt zu haben: Mit seinem Namen
sind zwo Schriften bezeichnet, die auf uus gekommen
sind; die eine von der Verwandlung der Metalle [h]),
die andere de compositione alchemiae [i]).

Alle übrige nicht arabische Schriftsteller dieses Zeit=
alters haben nur, in so ferne sie dieselbige zur Berei=
tung von Arzneien gebrauchten, sich mit der Chemie
beschäftigt, und ihrer in ihren Schriften erwähnt; so
die Aebtissin Hildegardis zu Bingen, die am En=
de des zwölften Jahrhunderts lebte, und ein Buch
von zusammengesezten Arzneien [k]) geschrieben haben soll;
so der Vorsteher (Praepositus) der salernitanischen Schu=
le Nikolaus, der in seinem Antidotario [l]), oder
Dispensatorio ad aromatarios [m]), oder Isagogicarum
introductionum in artem apotecariatus opusculo [n]) eine
Menge zusammengesezter Arzneien, ganz im Geschmack
der

h) de transfiguratione metallorum libellus. Hanov. 1593. 8.
   de transfiguratione metallorum et occulta summaque antiquorum philosophorum medicina libellus, seu dialogus
   Morieni cum Calid rege de lapide philosophorum, accessit et Chrysoremon legendum est. Chrisorhoas seu
   de arte chimica dialogus. Hanoviae. 1565. 4.

i) Liber de compositione Alchemiae, Calid Regi Aegyptiorum, quem Robertus Castrensis de arabico in latinum transtulit bei J. J. Manget a. e. a. O. Subsect.
   III. S. 509 — 519. Noch führt P. Borell a. a. O
   S. 280. Dicta quaedam pulchra, und tract. super librum
   Hermetis de maiori et minori lapide an; ein Werk lez=
   tern Innhalts steht auch bei Salmon a. a. O. B. II. n. 3.

k) de compositis. Argentor. 1533. 1544. fol.

l) cum Mesues operib. 1471. 8.

m) Lyon. 1505. fol. 1512. 1526. 1528. 1536. 1538. 4,

n) Paris. 1564. fol.

der Araber aufgezeichnet hat; so, wenn er nicht vielmehr
einem spätern Zeitalter zugehört, was sich aus der Zueig=
nung seines Werks an Apokauchus, der zu Andronicus II.
Paläologus Zeiten lebte, schliesen läst, Joh. Actua=
rius [o]), der in dem fünften und sechsten Buche seines me=
thodus medendi, welche auch abgesondert herausgekom=
men sind, von zusammengesezten Arzneien handelt, und
eine grose Menge derselbigen, Zuker [p]) und andere dar=
aus bereitete süße Arzneien [q]), auch schon die destillir=
te Wasser [r]) erwähnt; so Joh. Aegidius, ein Be=
nedictiner, der zugleich Leibarzt Königs Philipps Au=
gusts gewesen seyn soll, und in einem grosen hexametri=
schen Gedichte von vier Büchern das Lob und die
Kräfte der zusammengesezten Arzneien besungen hat [s]).

Auch

o) de compositione medicamentorum interprete Jo. *Ruel-
lio.* Parif. 1539. 12. 1546. 8. curant. *C. Gefnero.* Bafil.
8. 1540. et 1546.

p. de compofitione medicamentorum. Parif. 1546. S. 1.
6. aber schon Dioskorides gedenkt ganz deutlich (a. a.
O. (βιβλ. β. κεφ. ρδ) des Zukers und seines Arznei=
gebrauchs : καὶ λει ται δέ τι και σακχαρον, ἐιδος
ὂν μέλιτος ἐν Ἰνδία πεπηγότος καὶ τῇ εὐδαίμονι Ἀρα-
βία εὑρισκόμενον, ἐπὶ τῶν καλάμων ὅμοιον τῇ συςάσει
ἁλσὶ, καὶ ϑραυόμενον ὑπὸ ταῖς ὀδοῦσι καϑάπερ ὁι ἄλες.
ἔςι δὲ εὐκοίλιον, εὐςομάχον, διόϑεν ὕδατι καὶ ποϑὲν·
ὠφελοῦν κύσιν κεκακωμένην καὶ νεφροὺς καϑαίρει δὲ
καὶ τὰ τὰς κόρας ἐπισκοτοῦντα ἐπιχριόμενον” wenn er
auch zu seiner Zeit noch nicht im Grosen durch Kunst ge=
wonnen seyn sollte.

q) a. e. a. O. S. 2. 37 — 42. 63 — 65.

r) z. B. Rosenwasser a. e. a. O. S. 8. 9. Wegwartenwasser
a. e. a. O. S 9. 11. Eppichwasser S. 13. 64. Erdrauch=
wasser S. 63.

s) de laudibus et virtutibus compofitorum medicamentorum in hiftoria poëtarum medii aevi. cur. Polyc. *Lei-*
B 5   *feri*

Auch die Araber dieses Zeitalters, in welchem sie vorzüglich in Spanien, insbesondere zu Kordova blühten [t]), beschäftigten sich mit der Chemie größtentheils nur nebenher als einer Hülfswissenschaft, die sie bei der Bereitung der Arzneien gebrauchten.

Schon Al Wasir Abu Merwan Abdelmelech Ibn Zohr, oder Abdelmelek Abu Merwan Ebn Zohr, oder wie er gewöhnlich heißt, Avenzoar, Vater und Sohn berühmter Aerzte, und Leibarzt des Kalifen zu Marokko Abr. Ben Jussuf Ebn Attaffin, aus Spanien, verordnete oft [u]), vornehmlich in Krankheiten der Augen [x]), Rosenwasser [y]) und Zuker, oft Rosenzuker [z]), und ungemein häufig Syrupe

feri. Hal. Saxon. 1721. S. 502 — 692. Auch er scheint schon (L. I. v. 301. 588. 621. L. II. v. 501. 707. 857. L. IV. v. 347. S. 516. 527. 528. 557. 565. 571. 641.) das Rosenwasser gekannt zu haben; schon er erwähnt (L. II. v. 863. S. 571.) ausdrücklich des Zukers (Zucera), (L. IV. v. 390 ec. S. 647.) des Rosenzukers, (L. V. v. 754. S. 661.) des Essigsyrups (Ozizuccara), und L. I. v. 730 S. 532. L. II. v. 864. S. 571. L. III. v. 630. S. 608.) anderer Syrupe, und (L. II. v. 863. S. 571.) Latwergen, zu welchen Zuker kommt. Sollte er wohl mit dem Eremiten dieses Namens, dessen Möhsen Beitr. zur Geschichte der Wissensch. in der Mark Brandenburg. Berl. u. Leipz. 1783. 4. S. 30. gedenkt, derselbige seyn?

t) Casiri Bibl. arab. hispan. B. II. S. 71. 202.

u) Liber Theizir Dahalmodana Vahaltadabir versus Venet. ab Jacob. Hebraeo 1281. editus cum *Averrhoes* Colliget L. VII. Venet. 1553. fol. l. I. tr. 9. c. 19. fol. 154. tr. 11. c. 2. f. 159. tr. 12. c. 2. et 3. f. 160. l. II. tr. 3. c. 18. f. 177. Antidotar. f. 184.

x) Lib. Theizir prooem. fol. 144.

y) ibid. L. I. tr. 8. c. 3. fol. 147.

z) ibid. L. I. tr. 11. c. 2. f. 159. tr. 15. c. 2. f. 163. L. II. tr. 2. c. 3. f. 168. Antidotar. fol. 183. 185.

Syrupe [a]), Latwergen [b]) und andere [c]) Arzneien und Speisen, in welchen Zuker einen Haupttheil ausmachte. Auch sein Schüler Abu Elhalid Muhammed Ebn Achmed Ebn Mohammed Ebn Rosschid oder Muhhammed Abu'l Walid Ebn Achmed Ebn Roschd, oder Averrhoës aus Kordova, verordnete schon häufig Rosenwasser und andere gebrannte Wasser [d]), Rosenzuker [e]), Veilchenzuker [f]), Syrupe [g]), und andere süße Arzneien [h]) und Speisen [i]).

Ueber beide erhebt sich der spanische Arzt Albucasis von Zahara bei Cordova, oder Abul Casem, oder Kha-

a) L. Theizir prooem. f. **143**. L. I. tr. **9**. c. **8**. f. **151**. c. **9**. **11**. **12**. f. **152**. c. **20**. f. **154**. tr. **10**. c. **4**. f. **155**. c. **9**. et **12**. f. **156**. et **157**. tr. **11**. c. **1**. f. **158**. c. **2**. f. **159**. **160**. tr. **12**. c. **2**. f. **160**. tr. **13**. c. **1**. **5**. f. **161**. tr. **15**. c. **5**. et **6**. f. **163**. **164**. tr. **16**. c. **3**. et **6**. f. **165**. L. II. tr. **1**. c. **2**. f. **166**. c. **4**. **5**. f. **167**. tr. **2**. c. **2**. **3**. **4**. **5**. f. **168**. tr. **3**. c. **1**. f. **170**. tr. **5**. c. **1**. f. **171**. c. **5**. f. **172**. tr. **7**. c. **1**. f. **174**. c. **5**. **7**. **8**. **9**. **11**. **12**. f. **175**. c. **13**. **15**. f. **176**. c. **18**. **15**. et **28**. f. **177**. c. **29**. f. **178**. c. **37**. f. **179**. L. III. tr. **1**. c. **1**. et **3**. f. **179**. tr. **3**. c. **1**. **3**. f. **182**. Antidotarium fol. **183 — 185**.

b) L. Theizir. l. I. tr. **9**. c. **11**. fol. **152**. tr. **12**. c. **1**. f. **160**. Antidot. fol. **183 — 185**.

c) L. Theizir prooem. f. **143**. L. I. tr. **1**. c. **6**. fol. **144**. tr. **9**. c. **8**. f. **151**. c. **16**. f. **153**. c. **19**. f. **154**. tr. **10**. c. **12**. f. **156**. et **157**. L. II. tr. **3**. c. **35**. f. **178**. Antidot. fol. **183**. **184**.

d) *Averrhois* Condubensis Colliget. L. VII. Venet. **1553**. fol. L. V. c. **9**. fol. **44**. L. VII. c. **16**. f. **74**.

e) a. e. a. O. L. VII. c. **33**. f. **79**.

f) a. e. a. O. L. VII. c. **9**. f. **71**.

g) a. e. a. O. L. VII. c. **9**. f. **71**. c. **11** et **12**. f. **72**. c. **16**. f. **74**. c. **21**. f. **75**.

h) a. e. a. O. L. V. c. **57**. f. **60**.

i) a. e. a. O. L. VII. c. **7**. f. **70**. c. **33**. f. **79**.

Khalaf Ebn'l Abbas Abu'l Kasan, oder Al=
zaharavius, oder Bulchasem Ben Afera=
zerin, der nicht blos um innere und äusere Arznei=
kunst, sondern vornehmlich in seinem Buch Servitor [k]),
das von der Bereitung der Arzneien handelt, um diese,
und um ihre Verbesserung unläugbare Verdienste hat,
und 1122 zu Kordova starb [l]); er beschreibt eine
Destillirgeräthschaft, welche derjenigen, wie sie heut
zu Tage bei dem Brennen der wohlriechenden Wasser
und des Brandeweins im Gebrauche ist, sehr nahe
kommt [m]), nur daß er gläserne [n]) oder glasirte irrde=
ne

k) Die meiste lateinische Ausgaben kamen zu Venedig, die
erste von 1471. 4. die übrige von 1483, 1484, 1490, 1495,
1497, 1502, 1527, 1538, 1558, 1561, 1602 in fol. heraus;
auch ist das Werk von Simon Januensis übersezt, und in=
terprete Abrahamo Iudaeo Tortuosiensi mit Ioh. Mesuae o=
peribus (S. oben), auch mit einer andern von 1541 mit al=
ter Schrift und römischen Blattzahlen ausgegeben.

l) Casiri a. a. O. B. II. S. 136.

m) p. 246. b. 247. "Modus faciendi aquam rosatam. Operatio eius est secundum IIII modos. — — Sed modum
operationis eius, quae sit cum aqua et igne lignorum,
ego monstrabo secundum formam, quam faciunt reges
Aharach. Et hic est modus eius. Facias berchile parvum in domo ampla, cuius fundus, et latera sint ex
plumbo, adeo discreta simul solidata, ut aqua non possit egredi ab eo: et facias sibi coopertorium ex vitro
cum sagacitate, vel ex terra vitreata, et in eo forma
secundum formam vasorum destillationis c. vel cc. secundum quantitatem magnitudinis berchilis, vel pu(a)r-
vitatem eius, secundum voluntatem tuam faciendi mul-
tam, vel paucam aquam ros. Deinde pone ollam magnam ex ere (aere) vel cacabum post parietem, iuxta
quam posuisti berchile secundum formam ollae balnei,
et construe eam super furnum, et berchile sit constitu-
tum super furnum inferius ab olla, ita quòd applicet de
calore

ne °) Helme dabei gebraucht, auch erwähnt er schon
der neuerlich wie der empfohlenen Einrichtung mehrere
Helme auf eine Brennblase zu sezen ᴾ), und sehr aus-
führ-

calore ignis berchilis ad ollam. Et facias caminum cum
foraminibus, per quae possit fumus extra domum egredi, ita quòd fumus totus a domo egrediatur, et non
noceat aquae ros. deinde imple ollam ex aqua, quae sit
in puteo facto iuxta ollam, sicut est, puteus balnei, et
accende ignem sub ea, quousque bulliat aqua bene.
Deinde dimitte venire aquam per canale, quod fecisti
per discretionem ad barchile, deinde pone aliam aquam
frigidam in ollam ex puteo, sicut in olla balnei fit, et
constitue in berchile canale, per quod egreditur aqua,
quando fuerit plenum, et sit exitus eius extra domum,
deinde pone cucurbitas sive ventres, et sunt vasa destil-
latoria in foraminibus berchilis; et stringe eum panno
lini discreta, ita quòd bene sedeant in foraminibus suis,
et vapor aquae non egrediatur extra. Similiter, et capita
eorum stringe cum panno lini — — — Et operatio eius
quae fit in terra nostra est servior et brevior, quam
illa, quam dix. Et est, quòd accipias ollam ex aere
sicut est illa tinctorum, et pone post parietem, et pone
super eam coopertorium discrete factum, cum foraminibus in quibus ventres ponuntur, et pone in ea ventres cum sagacitate, et postea imple ollam aqua — —
Operatio eius sine aqua et cum igne carbonum est, quod
facias furnum quadrum, aut rotundum, et habeat coopertorium superius, super quod stabunt ventres ex terra vitreata, ut possint sustinere ignem, et quando ac-
cendentur carbones, et incipiat aqna ros. destillare,
claude os furni, et dimitte foramina aperta, per quae
fumus egreditur.

n) Sint vasa ista ex vitro α e. α. O. S. 246. b.

o) vel ex terra vitreata. α. e. α. O.

p) α. e. α. O. S. 247. a. Modus alius qni vult destillare
paucam aquam. Accipe ollam ex aere, et imple eam
aqua, et pone super lanem ignis, et pone super os eius
coopertorium perforatum foramibus duobus vel tribus
vel

führlich der Destillation des Essigs q), und zuerst ganz
bestimmt derjenigen des Weins r).

Auch Moses Maimonides oder Abu Am-
ram Moyse Ben Obeidalla Ben Maimon
al Cordhubi, al Jehudi, ein Jude von Kordova in Spanien, der in seinen aphorismis secundum doctrinam Hippocratis et Galeni viele zusammengesezte Arzneien anführt s), Abu'l Hassan Hebatollah
Eben Talmid, christlicher Bischof und Leibarzt des
Kalifen zu Bagdad, der ein den Aerzten seines Volks
zur Vorschrift dienendes Apotheterbuch herausgab t),
Abbal

vel pluribus, aut paucioribus ventribus, secundum quod
poterit capere coopertorium ollae, et sint ventres ex
vitro — —

q) a. a. O. S. 244. b. "Modus albificandi acetum — —
Construe athanor simile illi, in quo destillatur aqua rosacea, et superpone ei vas destillatorium ex vitro, vel
ex terra vitreata, et imple tres partes ex aceto bono,
et quarta pars vasis superius sit vacua, ne cum ebullierit acetum, effundatur extra; deinde cooperi vas cum
vase aliquo superius, sicut novisti; habente nasum, sicut fit in aqua rosacea; et fac ignem levem non fortem,
nam si esset fortis, non fieret acetum album tantae albe-
dinis, et est necesse, quod acetum, quod destillatur,
sit ex uvis albis, clarum, et acre, in fine acredinis,
quia tunc destillatur album et purum".

r) a. e. a. O. Secundum hanc disciplinam potest destillari
vinum, qui vult ipsum destillatum". Sollten wohl die
Worte bei Rhazes ad Almansorem. tr. III. c. 7. ed.
Gerhard. Carmonens. fol. Venet. 1500 fol. 11.) "Vina
falsa ex zuccaro, melle et riço" das Alter des Brandes-
weins noch weiter hinaussezen, und unter diesen Worten
nicht blos gegohrne Getränke, aus Zufer, Honig und
Reis zu verstehen seyn?

s) Bonon. 1489. 4. Venet. 1497. fol. cum Rhazei variis.
Basil. 1579. 8.

t) Abulfeda annal. moslemic. ed. Adler. Hafn. 1789.
4. B. III. S. 598.

Abdal Wahed Ben Abdal al Razzak, der von den einfachen und zusammengesezten Arzneien und ihren Kräften geschrieben hat u), Abu Manen Ben Abu Naffar Ben Haffad, Israeli Haruni, oder kurz Kohen Attar, ein Apotheker zu Kairo, der eine praxis pharmaceutica x) hinterliess, vermuthlich eben derselbige mit Abul Meni Ben Abu Naſir Ben Hafez, oder Kohen al Attar al Israeli El Haruni, von welchem Herbelot y) eine pharmacopoeam anführt, Daud Ben Naffar al Ackhbari al Muffali, Arzt der Fatimiten zu Kairo, der auch in einem eigenen Werke z) von zusammengesezten Heilmitteln handelt, Dschiaeddin Abdalla Ben Achmet al Magrebi al Maleki Ben Beithar oder a) vielmehr Abdullah Ben Ahmed Dhia al Dihn Ebn Al Beithar al Andaluſi, von Malaga in Spanien, der Africa und Aſien bis nach Indien durch Reiſen kannte, und bei dem Herrſcher Aegyptens Saladin zu Kairo in Dienſten war, und in ſeiner Schrift von den Limonen b) den aus ihrem Safte bereiteten Syrup beſchreibt,

so

u. Tag fi keifiat al alag; Eine Handſchrift davon findet ſich in der öffentlichen Bücherſammlung zu Paris. n. 1020.

x) Menhag al dokian u dokan: auch davon ſindet ſich eine Handſchrift in der öffentlichen Bücherſammlung zu Paris. n. 1086.

y) Bibliotheque orientale. à la Haye. 4. B. I. S. 536.

z) Mohajed alvadrak alag radhat men al rabdhin, wovon eine Handſchrift ſowohl in der mediciniſchen, als in der öffentlichen Bibliothek zu Paris vorhanden iſt.

a) Patr. Ruſſel natural hiſtory of Aleppo. 4. Ed. II. Vol. 2. 1794. S. XXXIII.

b) Pariſ. 1602. cur. M. Ghiſi. Cremon. 1753. cum commentar. Paul. Valcarenghi. Cremon. 1758. 4.

so wie die nach aller Wahrscheinlichkeit spätere arabische Schriftsteller, deren Zeitalter noch nicht so genau
bestimmt ist: als ein ungenannter Ebräer, der von der
Zusammensezung der Arzneien schrieb [c]), Abu Ali
Ben Rifan, der die Art der Zubereitung der Arzneien lehrte [d]), Abu Mona, Sohn Abunasser's,
mit dem Zunahmen Kurin, ein Jude, der von einfachen und zusammengesezten Arzneien [e]), Abu Gi-
afar Mohammed Ben Halib, der von leicht
zu bereitenden Arzneien [f]), Adeli [g]) und Agbe-
ri oder Daud Ben Nassar oder Thabib al
Daughketeien von Mosul [h]), welche beide von
zusammengesezten Heilmitteln, Ben Almukah [i]),
der ein alphabetisches Verzeichnis der einfachen und
zusammengesezten Arzneien, Ebn Angel [k]), der von
den in Egypten gebräuchlichen einfachen und zusammengesezten Arzneien, Hassen Hossen Ebn Akkad
aus Damascus [l]), der auch von den einfachen und zusammengesezten Arzneien eine Schrift, Modhaffer
Ebn

c) Lambecius Comment. de biblioth. Vindebonenf. ed.
   2. Kollarii. I. 1766. fol. S. 289. XX. 4.

d) Codic. Britann. n. 1708.

e) A. Haller bibliothec. medicin. practic. Basil. 4. B. I.
   1776. S. 413.

f) Ebendas. a. e. a. O.

g) Nehajat al-edráksi Acrabadhin. Herbelot a. a. O.
   I. S. 96.

h) Nehajat al edrák fil Acrabadhin. Herbelot a. e. a.
   O. S. 117.

i) A. Haller a. a. O. I. S. 414. Kefajat al Thebb.

k) Ebend. a. e. a. O. S. 415.

l) von dessen Werk eine Handschrift in der öffentlichen Büchersammlung zu Paris unter nr. 1080. ist.

Ebn Naſer, der ein mediciniſches Diſpenſatorium[m]), Muzaffer, Sohn Muhammed's, der ein Werk von zuſammengeſezten Mitteln[n]), und Badroddin Ebn Kadi von Balbek aus dem dreizehenden Jahrhundert, der über die ermunternde einfache und zuſammengeſezte Arzneien eine Schrift[o]) hinterlies, ſcheinen in dieſer Wiſſenſchaft keine Fortſchritte gemacht zu haben. Noch im dreizehendenden Jahrhunderte legte der Kalife Moſtanſer zu Bagdad eine Apotheke an[p]).

Auch Hebräer, Afrikaner, Perſen und Türken, von welchen aus dieſem und den daran gränzenden Zeitaltern Schriften, meiſt ohne denſelben ihren Namen vorzuſezen, über die Bereitung der Arzneien auf uns gekommen ſind, ſcheinen, ſo weit uns ihr Innhalt bekannt iſt, nicht weiter gekommen zu ſeyn; ſo der Verfaſſer von Waslat ela alhabib fi wast atthaibat ca althaib[a]), von Ketab Karabadin[b]), de pharmacopaeo[c]); de medicamentorum.

com-

m) wovon die Handſchrift in der Budlejiſchen Bücherſammlung unter 6228 iſt.

n) wovon die Handſchrift unter 156 in der öffentlichen Bücherſammlung zu Paris vorhanden iſt.

o) Mopharreh o'l Naphs. A. von Haller a. e. a. O. S. 406.

p) Abulfarag a. e. a. O. S. 482. 483.

a) Herbelot a. a. O. B. III. S. 570.

b) arabiſch und perſiſch; eine Handſchrift davon findet ſich in der öffentlichen Bücherſammlung zu Paris nr. 156.

c) in der königl. ſpaniſchen Bücherſammlung des Eſkurials n. DCCCXCI. Caſiri Bibliotheca arabo-hiſpanica Eſcurialenſis.

compoſitione ᵈ), de medicamentis ſimplicibus et compoſitis ᵉ), Antidoti africanae de remediis in pharmacopoeis uſualibus, de ſyruporum et emplaſtrorum confectione virtutibus et uſu ᶠ), de medicamentis ſimplicibus et compoſitis, eorum uſu et abuſu ᵍ), de medicamentis ſimplicibus et compoſitis, alphabetic. ʰ),
Bab Namah Padiſchahi ⁱ), ſo Scheik Ali
Huſſein Ben Huſſein Elanſai mit dem Zunahmen Hagi Zeiga oder Attar ᵏ).

Von eigentlichen Alchemiſten findet ſich in dieſem
Zeitalter nur ein Araber, nemlich Thograi Ma-
ſudi ˡ).

Man

d) ebendaſ. unter n. DCCCXC. Caſiri a. e. a. O. und ein
   Werk von gleichem Junhalte hebräiſch in der kaiſerlichen
   Bücherſammlung zu Wien. Lambeccius a. a. O. I.
   S. 280.

e) aus dem arabiſchen überſezt in der öffentlichen Bücherſammlung zu Paris. nr. 2144.

f) wovon ſich die Handſchrift in der öffentlichen Bücherſammlung zu Paris unter 1101 findet.

g) perſiſch in dem Londoniſchen Muſeum A. v. Haller a.
   e. a. O. S. 419.

h) perſiſch ebend. ſ. A. v. Haller a. e. a. O. S. 420.

i) türkiſch von einfachen und zuſammengeſezten Mitteln;
   Handſchriften davon ſind in der öffentlichen Bücherſammlung zu Paris unter 173 und 384 vorhanden.

k) er ſchrieb perſiſch von einfachen und zuſammengeſezten
   Arzneien; Handſchriften ſeines Werks finden ſich in der
   öffentlichen Bücherſammlung zu Paris unter 150. und
   157.

l) Carmen ed. Pococke. 8. Oxon. 1661. Abulfarag hiſtor. dynaſt. ed. *Pococke* S. 161. J. Leo libell. de viris quibusdam illuſtribus apud Arab. ex latine verſus
   ab *Hottingero.* in Bibliothec. quadripartita 1660. Tigur. 4. S. 276. Caſiri a. a. O. I. S. 441.

Man würde inzwischen den Werth des Zeitalters sehr unrichtig beurtheilen, wenn man ihn blos nach den hinterlassenen und bis auf unsere Zeiten erhaltenen Schriften schäzen wollte. Denn davon nichts zu erwähnen, daß in diesem langen Zeitraum manche verloren gegangen seyn können, und, wie es aus einigen Anzeigen wahrscheinlich wird, wirklich verloren gegangen, oder vielleicht hier und da noch verborgen sind, so gab es auch damals schon Künstler, die entweder nicht im Stande waren, ihre Kenntnisse verständlich aufzuzeichnen, oder träg oder eigennüzig genug dachten, um sie ihren Zeitgenossen und Nachkommen vorzuenthalten: Insbesondere schlich die Sucht, den Stein der Weisen zu finden, unedle Metalle, selbst andere Stoffe, in Gold zu verwandeln, eine Arznei für alle Krankheiten, und ein Mittel, wodurch das Leben nach Belieben verlängert werden könnte, zu bereiten, stark im Dunkeln einher, und wie leicht mußte sie nicht in einem Zeitalter, wie dieses war, wo die Vernunft so schändliche Fesseln trug, tiefere Wurzeln fassen, weiter sich verbreiten, sie, die so grose Hofnungen anfachte, und in hellern Einsichten, wie sie spätere Zeiten herbeiführten, kein Gegengewicht fand, vielmehr durch die Pflicht, so viele unbegreifliche Dinge glauben zu müssen, kräftigst genährt wurde!

Auch waren, nach sichern, wiewohl hin und wieder zerstreuten, Nachrichten der Geschichtschreiber, selbst in diesem Zeitalter, schon einige Gewerbe im Gange, die, wenn sie auch nur mit einigem Glüke getrieben werden sollen, die Hülfe chemischer Kunstgriffe erfordern! So nicht nur die Berg- und Hüttenwerke in Spanien, welches damals die Araber in Besiz hatten,

ten, fondern auch mehrere im Delphinat [m]), und vornehmlich in Deutschland, Böhmen und Schlesien; bei Nickolstadt in Schlesien waren Berg= und Hütten= werke im Gang, wenn gleich ihre blühendsten Zeiten in das eilfte Jahrhundert fallen [n]); so waren im nun= mehrigen Fürstenthum Minden [o]), in der Grafschaft Nassau [p]), im Fürstenthum Anhalt [q]), in der Graf= schaft

m) 1220 erklärten die Einwohner von S. Laurent, daß der Graf von Viennois habeat *argenteriam* de Bran- de, auch beklagte man sich über den Cardinal von Oysans, quod minatus fuerit valde palam et publice Guigonem Radulphi, qui facit erosum *argenteriae* de Brandis, und eine Urkunde von dem gleichen Jahre ist folgenden Inn= halts: Dominus Comes habet plenum dominium in ca- stro de Oysans et mandamento de *Argenteria*, et capit in quibuslibet 16 marchis provenientibus de *Argenteria* 6 uncias et unum quartagionem -- in qualibet cormata dallii, quae venduntur ibi, sex denarios pro dominio suo -- Si alius minator dimittit croterium suum in minaria, illud Domini Comiti remanet pro voluntate sua facien- da, inde et si alius eorum incipiat aliud croterium, vel et illud manu tenere de omnibus per 5 tassas in latere" noch 1236 wies der Delphin Guignes André in seinem Testamente zur Vollendung einer Kirche zu Grenoble re- ditus *Argenteriae* de Brandis, trium annorum spatio an, die er auf 30000 Sols anschlug. (Gobet anciens mine- ralogistes de la France. B. II. S. 661. 662.

n) C. A. Gerhard Schriften der berlin. Gesellschaft na= turforschender Freunde. B. VI. S. 111. 112.

o) vermöge zwoer Urkunden von Kaif. Heinrich VI. vom Jahr 1189 bei J. Chr. Lünig teutsches Reichsarchiv. Leipzig. fol. Spicileg. ecclesiast. Th. II. 1720. Anhang zu den Hochstiften. S. 112. "Episcop. Mindensi et ec- clesiae suae nec non et omnibus successoribus suis in perpetuum concessimus — duas partes eiusdem argenti- fodinae etc.

p) Schon 1158 ertheilte K. Friedrich I. dem Erzbischof Hillinus von Trier ius argentariae in Ulmeze (Ems) et
                 alibi

schaft Mansfeld °), nach einigen Anzeigen auch in
Henneberg °) und Franken °), gewisser in Tirol ") und
den angrenzenden Bisthümern Trient ") und Brixen ")
Berg-

alibi in fundo ecclesiae Trevirensis (Hontheim Historia trevir. diplomat. et pragmatic. I. S. 588.) und noch
in eben diesem Jahrhundert kam es zwischen dem Hause
Lauremburg und dem Emser Silberbergwerke zum Streite. (Reinhart juristische und historische kleine Ausführungen. II. S. 149.).

q) Nach einer geschriebenen quedlinburgischen Chronik bei
Gernrode, welchem Orte Kais. Lothar viele Freiheiten
ertheilt hatte: Brückmann Magnalia Dei in locis sub-
terraneis. Braunschweig. fol. B. II. S. 523. 524.

r) M. Cyr. Spangenberg mansfeldische Chronica.
MDLXXII. fol. B. 284. b.

s) Z. B. zu Schmalkalden J. J. Winckelmann Beschreibung der Fürstenthümer Hessen und Hersfeld, sammt
denen einverleibten Graf- und Herrschaften, aus den
glaubwürdigsten Documenten und Scribenten in VI Theilen verfaßt Bremen 1697. fol. Th. II. S. 295.

t) z. B. bei Goldkronach Marc. Heß, bei C. Freyh. v. Both-
mer oryktologische Abhandlungen. Leipz. u. Dessau. 8.
III. Abh. 1786.

u) eine Urkunde von Kais. Friedrich I bestätigt 1177 eine frühere Schenkung einer Silbergrube Vilanders, und erwähnt zugleich der Eisengruben bei Furfill. J. v. Sperges
tyrolische Bergwerksgeschichte mit alten Urkunden und einem Anhang, worinn das Bergwerk zu Schwaz beschrieben wird. Wien 1765. 8. S. 34. auch verhandelten 1187
die Grafen von Eppan dem Bischof zu Trient ein Goldbergwerk zu Taßul auf dem Nons. ebend. S. 37.

x) nach zwo Urkunden, deren die eine (v. Sperges a. e.
a. O. S. 263 — 265.) von 1185 einen Vertrag des Bi-
schofs mit den Gewerken, die andere (J. Chr. Lünig
a. e. a. O. S. 915. n. V.) von 1189 eine Bestätigung
der Bergfreiheiten von Kais. Friedrich I enthält; auch
nach einer Carta laudamentorum etc. von 1208 (von
Sperges a. e. a. O. S. 267 — 272) und einer Carta
de posta et iure montis (ebend. S. 272 — 275) von 1213.

Berg= und Hüttenwerke, in Steiermark ^z) die noch jezt
so berühmte Eisenhütten und einige Silbergruben ^a)
im Gange, am blühendsten aber waren damals die
Hüttenwerke am untern Harze, deren reichem Ertrag
Goslar seine ganze damalige Gröse und Macht zu ver=
danken hatte ^b), und die böhmische, deren Erzeugnisse
auch damals die vorzüglichste Handelswaren der
Wen=

y) 1260 erhielt Bischof Konrad von K. Philipp die Verlei=
hung, und 1214 wurden ihm die Bergfreiheiten wirk=
lich ertheilt (v. Sperges a. e. a. O. S. 50. 277.) und
Bischof Berchtold 1218 von Kaiſ. Friedrich II. beſtätigt
(J. Chr. Lünig a. e. a. O. S. 149.).

z) nach Urkunden, welche Cáſar (Annales ducatus Sty-
riae. Graec. fol. L. IV. 1768.) anführt, deren die eine
(nr. 48. S. 764 — 766.) von 1170 ein Privilegium con-
firmatorium fundationis Vorowenſis des römiſchen Bi=
ſchofs Alexander III. "Ex dono uxoris manſum apud
Luubene, ubi foditur ferrum etc. und eine andere (n.
59. S. 778.) vom ſteiriſchen Herzoge Ottokar VI, der
die Karthauſe zu Seiz beschenkte "Pater meus dederat
XX maſſas ferri in Leuben".

a) bey Zayring, die 1158 einſtürzten und erſoffen und 400
Arbeiter unter ihren Schutt begruben. Cáſar (a. e. a.
O. S. 483.).

b) die unter andern Anzeigen aus der übermäſſigen Beute,
welche die Soldaten Kaiſers Otto IV bei der Einnahme
Goslars am Ende des zwölften Jahrhunderts machten
(Chronica Slavorum ſeu annales *Helmoldi*, hisque ſub-
iect. derelict. ſupplem. *Arnoldi* opera et ſtudio B. *Rei-
neccii.* Francof. 1581. fol. L. IV. C. V — VII. S. 181.
182. Conrad Botho Chronicon Brunſuicenſium pictu-
ratum dialecto ſaxonica conſcriptum bei Leibniz Scriptor. Brunſuicenſ. illuſtrant. Hannov. 1710. fol. B. III.
S. 356. H. Büntink braunſchweigiſche und lünebur=
giſche Chronica. Magdeburg 1584. fol. Th. I. S. 84. a.
Honemann Alterthümer des Harzes. Clausthal 4. Th.
I. 1754. §. 99. S. 69. Böſe Generale Haushaltsprincipia vom Berg= Hütten= Salz= und Forſtweſen, in ſpecie
vom Harz. Leipz. und Frankf. 1753. fol. S. 26.

Wenden c) nach den angrenzenden Ländern ausmachten;
denn nicht nur aus dem Sande mehrerer Flüsse d) wurde
häufig Gold gewaschen, so sehr, daß es wegen Vernachläs=
figung des Akerbaus, welche Hungersnoth nach sich
zog, öffentlich bei schwerer Strafe untersagt werden
muste, sondern auch das Goldbergwerk zur Eule war
in diesem Zeitalter sehr ergiebig e), und ernährte so
viele Bergleute, daß diese nach dem Anfang des drey=
zehenden Jahrhunderts den Polen, welche einen Ein=
fall gewagt hatten, mit glüklichem Erfolg entgegenge=
stellt werden konnten f): Auch mehrere Zinnseifen wa=
ren schon im zwölften Jahrhunderte im Gange, und
von den Zinnbergwerken zu Graupen giebt Herr von
Peithner g) das Jahr 1146 bestimmt als das Jahr
der ersten Entdekung an.

Ob

c) Möhsen Beschreibung einer berlinischen Medaillen=
sammlung, nebst einer Geschichte der Wissenschaften in
der Mark Brandenburg, besonders der Arzneiwissenschaft
von den ältesten Zeiten an bis zu Ende des sechszehenden
Jahrhunderts. Berlin und Leipzig 4. Th. II. 1781. S.
67. 205.

d) Wencesl. *Hagecii* böhmische Chronik in die teutsche aus
böhmischer Sprache mit müglichstem Fleis übersetzet durch
Joh. Sandel, aufs neue aufgelegt, und mit Registern
versehen. Nürnb. 1697. fol. S. 329. 330.

e) Ebendas. S. 323. 357.

f) Neplach on Epitome chronicae in Monumentis histo=
riae Boemiae nusquam antehac edit. nunc a Gelas. *Dobner*. Prag. 4. B. IV. 1770. S. 109. "Anno Domini
MCCXX Poloni a Prutenis et a Rutenis occisi, et a *fos-
soribus auri* mactati miserabiliter interierunt".

g) Versuch über die natürliche und politische Geschichte der
böhmischen und mährischen Bergwerke. Wien 1780. fol.
S. 85. auch die Zinnbergwerke zu Schlakenwalde sollen
im zwölften Jahrhunderte angefangen haben (*Bruschii*
redivivi gründliche Beschreibung des Fichtelbergs. Nürn=
berg 1683. 4. S. 40.).

C 4

Ob die Abendländer auch diesen Zweig menschlicher Kenntnisse, dessen glükliche Vollendung doch immer, wenn sie auch in Vergleichung mit dem Betrieb späterer Zeiten mangelhaft scheinen sollte, von der Anwendung chemischer Mittel abhängt, von den Morgenländern geborgt, oder ob ihn nicht, wenigstens einige ihrer Völkerschaften, vielleicht die slavische, durch mündliche Ueberlieferungen von einer Zeugung zur andern fortgepflanzt haben, will ich nicht bestimmt entscheiden, doch wird das leztere wahrscheinlich, wenn man weiß, daß zu einer Zeit, wo sich diese noch durch keine Kreuzzüge oder andere Wanderungen mit jenen gebildetern Morgenländern eine Gemeinschaft eröfnet hatten, daß schon lange vor dem Ende des eilften Jahrhunderts, und in Ländern, in welche weder Griechen noch Araber eingedrungen waren, z. B. am Harze [h]) und in Böhmen [i]) Berg= und Hüttenwerke im Umtrieb waren.

Auch das Einsalzen der Fische war damals schon in einem Theil der Mark Brandenburg [k]) im Gebrauche, und der Anbau und die Bereitung des Waids, den

h) wo sie z. B. den größten Theil des eilften Jahrhunderts hindurch in vollem Schwung waren. Henning Calvör historische Nachricht von der Unter= und gesammten Ober=Harzischen Bergwerke ersten Aufkunft, Auflaß= und Wiederaufnehmungen. Braunschweig. 1765. fol. S. 55.

i) im eilften Jahrhunderte z. B. unter der Regierung Herzogs Brzetislaw I. waren sie in einem so blühenden Zustande, daß Cosmas, der nahe an diesem Zeitpunkt selbst lebte, in seinem Chronicon Bohem. S. 2017. von diesem Herzoge sagt: "Unde factum est, ut auro et argento locupletior esset regibus Arabiae, et undique inexhaustis affluens divitiis".

k) Möhsen a. a. O. II. S. 67. 204. 205. Vita Ottonis ap. Ludewig scriptor. rer. Bambergicar. T. I. S. 496.

den in der Folge die Entdekung von America und die
Einführung des Indigs beinahe gänzlich aus der Färberei verdrängte, in Thüringen [1] in vollem Gange;
auch diese Arbeit, deren Zweck ohne eine glücklich ge-
leitete Gährung nicht erreicht werden konnte, wurde,
so wie jene, deren ganze Absicht Verhütung aller, vornehmlich der faulen Gährung, war, hauptsächlich von
Wenden betrieben, die keine mittelbare oder unmittelbare Gemeinschaft mit jenen Morgenländern hatten:
Sie, vornemlich diejenige aus der Lausniz, zogen jährlich in ganzen Scharen nach Thüringen, um bei der
Waidarbeit zu helfen; schon da gab der Waid einen
hohen Zoll [m]), und die Stadt Görliz hatte die Stapelgerechtigkeit für den Waid [n]).

Eben so scheint der Gebrauch des Wurzelkermes
(coccus radicum) in der Färberei, in diesem Zeitalter
in Europa, und vornemlich in Teutschland häufig gewesen zu seyn; wenn sich auch die munera multa et optima iuxta morem *terrae nostrae*, welche Heinrich der
Löwe dem griechischen Kaiser übersandte, und unter
welchen vestes de scharlatto ausdrüklich genannt sind [o]),
nicht

1) das damals jährlich wohl für 300000 Thaler verkaufte.
Wiegleb Geschichte des Wachsthums und der Erfindungen in der Chemie. S. 179.

m) Lenz brandenburgische Urkunden S. 51. "Item de
qualibet mesa Wede, cum quo panni colorantur, duos
solidos dabunt, antea de decem Mesis *marcham argenti*
dederunt".

n) Großer analecta fastorum Zittaviensium. Th. IV. K.
4. S. 168.

o) Chronicon Slavorum etc. L. III. c. 4. "Praemiserat
autem dux munera multa et optima iuxta morem terrae
nostrae, equos pulcerrimos sellatos et vestitos, loricas,
gladios, vestes de scharlatto, et vestes lineas tenuissi-
mas".

nicht durch Landesproducte ᵖ) überſezen laſſen, ſo hat
doch ſchon J. L. Friſch ᵍ) bezeugt, daß er im zwölf=
ten Jahrhunderte ſtark geſammlet wurde, und mehrere
Klöſter, z. B. die Benediktinerabtey zu Prüm ʳ), das
Kloſter zu S. Emmeran in Regenſpurg ˢ) ließen ſich
in dieſem und den folgenden Jahrhunderten von ſolchem
Kermes, den ſie bei ihren vielen Webereien und an=
dern damit zuſammenhängenden Gewerben ſehr wohl
nüzen konnten, ein gewiſſes Maas als Abgabe liefern;
daß dieſer Gebrauch von den Morgenländern abſtammt,
zweifele ich ſehr, da dieſe in Teutſchland auch unter
dem Namen Johannisblut vormals gangbare Farbe=
ware in den Morgenländern bis jezt nicht gefunden,
und von ihren Schriftſtellern nicht erwähnt, dagegen
noch heut zu Tage bei mehreren Abkömmlingen des ſla=
viſchen Völkerſtamms in Preuſſen ᵗ), Pohlen ᵘ), in
der

p) Fiſcher Geſchichte des teutſchen Handels. Hannover.
   8. I. 1785. S. 490.

q) Beſchreibung von allerley Inſekten. Berlin 4. Th. V.
   1736. S. 10.

r) im Regiſtrum bonorum eccleſiae Prumienſis vom Jahr
   1222 bei Leibniz collectan. etymolog. Hannov. 1717.
   8. S. 496 ſteht ausdrüklich: ſolvit unusquisque pro ver-
   miculo denarios ſex.

s) Deſcriptio cenſuum proventuum ac fructuum ex prae-
   diis monaſterii S. Emmerani von 1301. in *Pezii* theſaurus anecdotorum noviſſimus. Auguſt. Vindel. 1721. fol.
   I. S. 24. "Singuli dant vaſculum vermiculi" und S.
   76: Reddunt vermiculi coppos II.

t) 1. S. Seger Miſcellan. Acad. Caeſar. Nat. Curioſ.
      ann. I. n. 8.
   2. J. Ph. Breyn hiſtor. natur. cocci radicum tinctor.
      Gedan. 1731. 4.

u) Ebend. a. a. O. davon führt ſie auch den Namen pol=
   niſcher Scharlach.

der Ukräne *), im innern Rußland ʸ) im Gebrauche ist; auch noch in Meklenburg gesammlet wird ᶻ).

Eher mögen die Araber den Gebrauch des Kermes, das schon das frühe Alterthum ᵃ), das Griechen ᵇ) und Araber ᶜ) kannten, das sowohl in mehreren Morgenländern ᵈ), als in mehrern wärmern von den Arabern in ihrem blühenden Zeitalter eroberten Ländern Europens, vornemlich in Spanien ᵉ) und dem mittäglichen

x) 1. M. B. de Berniz Ephemer. Acad. Caesar. Natur. Curiof. Dec. I. ann. III. obf. 104.
   2. J. Phil. Breyn a. e. a. O.
   3. D. Zwicker Tabula palud. Polesiae, edit. a Guil. Hondio. Gedan. 1650.

y) 1. Abhandlungen der freyen ökonomischen Gesellschaft in St. Petersburg. Th VI. 1775. S. 54.
   2. P. S. Pallas Reisen durch verschiedene Provinzen des Russischen Reichs. S. Petersburg. 4. Th. I. S. 205.
   3. S. G. Gmelin Reise durch Rußland zur Untersuchung der drei Naturreiche. S. Petersburg. 4. I. S. 41.

z) E. F. Burchard Act. soc. reg. scient. Upf. ad ann. 1742. Stockh. 1748. 4. S. 72.

a) davon sehe man die Beweise bei Hrn. Hofr. Beckmann Beytrag zur Geschichte der Erfindungen. Leipzig. 8. B. III. St. I. 1790. S. 1 — 46.

b) z. B. Dioskorides κοκκος βαφικη. ὑλ. ἰατρικ. IV. 48.

c) z. B. J. Mesue Sohn Mesues de electuanis L. I. de syrupis et robub. L. I. Opera. Cum Mundini, Honesti, Manardi, et Sylvii observationibus et J. Costaei annotationibus. Venet. fol. 1589. S. 96. 97. 137. b. 141. a.

d) z. B. in Syrien. P. Ruſſell a. a. O. II. S. 265. Pl. XV. Mehrere Nachrichten darüber hat Hr. Hofr. Beckmann a. a. O. gesammelt.

e) J. T. Dillon travels through Spain. London. S. 21. 1780. 4.

lichen Theile Frankreichs [f]) zu Hause ist, von den Mor=
genländern gelernt haben; denn offenbar hat es den
Farbestoff zu dem englischen Scharlachtuch gegeben,
dessen in den Verträgen der Grosen vom eilften bis
dreizehenden Jahrhundert mehrmalen [g]) gedacht wird,
und die Grana de Brasile, die in diesem Zeitalter öfters
genannt werden, scheinen nichts anders zu seyn [h]).

Und so mögen denn auch andere unter den Nieder=
ländern übliche Arten der Färberei mittelbar oder un=
mittelbar den Morgenländern abgeborgt seyn; denn ihr
schon damals sehr blühender und ausgebreiteter Handel
sezte sie mit mehreren Völkerschaften, und vornemlich
mit den in den mittäglichen Theilen Europens herr=
schenden Arabern in Verbindung.

Ob gleich die Bereitung des Glases, und selbst des ge=
färbten, auch in Europa, von viel früherem Ursprung ist, so
scheint doch der Anfang der Kunst, Farben in Glas zu bren=
den, erst in dieses Zeitalter zu fallen [i]); in Frankreich
wenigstens sind die älteste Fenster mit solcher Mahlerei,
wie sie sich in der Abtei zu S. Denys finden, aus dem
zwölften Jahrhunderte.

Auch hatten die Araber in diesem Zeitalter, so wie
schon früher, vornemlich unter den abassidischen Kali=
fen,

f) G a r i d e l histoire de plantes, qui naissent aux envi-
    rons d'Aix. à Aix. 1715. fol. S. 253.
g) 1. *Pontanus* historia Gelrica. Harderov. 1639. fol.
        S. 83.
    2. Lünig Cod. diplomat. German. II. S. 1739.
    3. *Arnoldus* Lubecensis a. a. O.
    4. *Gervasii Tiberiensis* otia imperialia ad Ottonem IV.
        Imperatorem. III. S. 55.
h) J. N. B i s c h o f f Geschichte der Färbekunst von ihrer Ent=
    stehung an bis auf unsere Zeiten. Stendal. 1780. 8. S. 70.
i) P. le V i e i l die Kunst auf Glas zu mahlen, und Glas=
    arbeiten zu verfertigen, aus dem französischen. Nürnberg.
    4. Th. I. 1779. K. 8 — 11.

sen, Apotheken, und Männer, die sich ganz und blos diesem Geschäfte widmeten, und sich darnach benannten; aber selbst auch in diesem Zeitalter fand sich in ihren Apotheken, so wie in ihren Schriften nichts, was nicht schon ihre Vorgänger, und unter diesen vornemlich Jahia Ebn Serapion [k]) und Mesue [l]) mit groser Ausführlichkeit aufgezeichnet hatten; von ihnen borgten inzwischen die Abendländer auch diese Einrichtung; Kaiser Friedrich II gab 1233 für seine Königreiche Neapel und Sicilien [m]) ein Gesez, vermöge dessen der Arzt nicht nur schwören muste, wenn er bemerken sollte, daß die Arzneien schlecht bereitet wären, es anzuzeigen, sondern auch die Apotheken der Aufsicht der Collegiorum medicorum untergeben, die zubereitete Arzneien mit Zeugnissen der Aerzte versehen, den Stationariis, oder denen Apothekern, welche die Arzneien nur verkauften, ein gewisser Preis gesezt, die confectionarii aber oder diejenige, welche die Arzneien verfertigten, eidlich verpflichtet wurden, die Arzneien genau nach der Vorschrift zu machen: daß sie vollständigere Destillirgeräthschaften hatten, als ihre Vorgänger, und den Zuker zu einer grosen Menge von Arzneien gebrauchten, ist oben schon erwähnt worden; dieser Gebrauch war übrigens schon früher, und vornehmlich von den Zeiten Mesuachs [q]) her, in den Apo-

k) Practica s. breviarium, interpr. Gerhardo Carmonensi. Venet. 1479. fol. L. VII. s. antidotarium.

l) a. e. a. O.

m) Constitutiones Neapolitanae s. Siculae L. III. tit. XXXIV. L. 2. apud. *Lindenbrag.* Cod. legum antiquarum. Francof. 1613. fol. S. 807 — 809. und Franc. Milanens. aur. decision. reg. curiae regni Siciliae. l. IV. tit. XLIV. Venet. 1596. fol. S. 284. 285.

n) a. e. a. O.

Apotheken, und bei den Aerzten, welche sich des Zuckers bedienten, die Arzneien angenehmer zu machen, allgemein, und schränkte sich nicht blos auf Arzneien ein, sondern verbreitete sich auch auf Lekerbissen, die nicht gerade Arzneien waren; so erwähnen Avenzoar [t]) und Averrhoes [u]) öfters einer Art Zwiebak, welche durch Zuker versüst werde.

2. Zeitalter der Arabisten.

Nach und nach verloren sich die Araber vom Schauplaz der Gelehrsamkeit, so wie sie aus der Reihe der herrschenden Völker verschwinden. In diesem Zeitalter lebten noch Joseph Sohn Jsmael Ebn al Cabir, der in seinem Buche [v]) de iis, quae medicum oportet non ignorare ein Verzeichnis der einfachen und zusammengesezten Mittel liefert, Mohammed Abdallathif Ben Joseph al Bagdadi, der in seinem Ketab fi offul mofredad al thabib [w]) von dem gleichen Gegenstande handelt, Juda Jbn Jsak Astilagi, der in einer aus seinen Vorgängern zusammengetragenen Schrift [x]) auch von einigen zubereiteten Arzneien spricht, Muhammed, Sohn

Mach:

---

t) L. Theisis l. I. tr. 9. c. 8. fol. 151. c. 9. 11. 12. f. 152. c. 20. f. 154. tr. 10. c. 4. f. 155. c. 9. et 12. f. 156. et 157. tr. 11. c. 1. f. 158. c. 2. f. 159. 160. tr. 12. c. 2. f. 160. tr. 13. c. 1. 5. f. 161. tr. 15. c. 5. et 6. f. 163. 164.

u) a. a. O. L. VII. c. 7. f. 70. und c. 33. f. 79.

v) wovon die Handschrift in der öffentlichen Sammlung zu Paris unter 1029 und 6375. befindlich ist.

w) wovon sich die Handschrift auch in der gleichen Büchersammlung unter 1088. und 1090. befindet.

x) wovon die Handschrift in der grosen Sammlung des Escurials unter DCCCLXVIII. steht. Casiri.

Machmuts, der in dem dritten Buche ſeiner Com:
mentarien über Abdallathif[y]) von einfachen und zu:
ſammengeſezten Arzneien, und wenn er anderſt nicht ei:
nem frühern Zeitalter zugehört, Alaeddin Ebn al
Raſhid, der in dem zweiten Buche ſeines compendii
univerſae medicinae[z]) auch davon handelt.

Wenn aber gleich der Araber, die ſich als Schrift:
ſteller in einigen Zweigen der Chemie auszeichneten,
immer weniger wurden, ſo lebt doch ihr Geiſt durch
dieſes ganze Zeitalter. Mag es immer ſeyn, daß eini:
ge wenige Kreuzfahrer von ihrem Zuge nach dem gelob:
ten Lande durch den Umgang mit jenen morgenländi:
ſchen Völkern von einzelnen chemiſchen Fabriken nähe:
re Einſichten erlangten, durch welche ſie ihrem Vater:
lande nützlich wurden[a]); aber gewis war die Seele
der wenigſten dieſer Schwärmer für Kenntniſſe ſolcher
Art empfänglich, und nicht nur zu roh und ungebildet,
ſondern auch durch das Ziel, welches ſie beſtändig vor
Augen hatten, ſo abgeſtumpft gegen alles andere, was
nicht damit in der nächſten Verbindung ſtand, und
ſelbſt durch die Beweggründe, die man ihnen zu ihrer
gefahrvollen Reiſe vorſpiegelte, wenigſtens in der erſten
Zeit eingenommen gegen alles, was von Ungläubigen
kam, ſo wie gegen dieſe ſelbſt, daß es nicht wohl zu
glauben iſt, ſie haben Kenntniſſe von ihnen geborgt,

für

---

[y]) wovon die Handſchrift in der öffentlichen Sammlung zu
Paris unter 1003. vorhanden iſt.

[z]) auch davon befindet ſich die arabiſche Handſchrift daſelbſt
unter 1009.

[a]) Meerheim diſſ. 2. de utilitate expeditionum crucia-
tarum. Witteberg. 1776.

2. B. Bergmann hiſtoriae chemiae medium aevum
Upſal. 1782. Opuſc. Vol. IV. S. 89.

für welche ſie keinen Sinn hatten, oder dieſe ihnen
ſolche mitgetheilt, welche ſie vor Fremden ſorgfältig geheim hielten; eher möchten ſie von den Byzantinern,
mit welchen ſie auf ihren Wallfahrten friedlich lebten,
mit der der Stimmung ihrer Seele mehr analogen Seuche, Gold machen zu wollen, angeſtekt worden ſein;
denn gewis iſt es, daß von der Zeit der Zurükkunft der
erſten Kreuzfahrer an, dieſe Sucht ſchon weit um ſich
grief, und nicht nur in den Schriften der Gelehrten,
die ſich bis auf uns erhalten haben, einen Hauptgegen-
ſtand ausmachte, ſondern auch manche vom Adel und
von der Geiſtlichkeit ſo ſehr beſchäftigte, daß ſie Zeit,
und Kräfte und Vermögen mit dem Nachforſchen nach
dem Stein der Weiſen verſchwendeten. So liegt [b]) in
der Kirche zu S. Jakob zu Nürnberg ſeit 1286 ein H.
Ulrich von der Sulzburg begraben, von welchem
es heiſt, "was gar ein ſelzam Mann mit viel Künſten,
und lies ihr keine unverſucht. Er hat lange geal-
chemaiet und viel verthän, hat große Güter
gegeben dem deutſchen Orden und ſich zu Nürnberg im
deutſchen Hauſe mit vier Perſonen erblich eingekauft,
und ihm eine Pfründ daſelbſt, mit einem breiten Bett
ſeinem Geſchlecht vorbehalten; zulezt that er ſich gar
darein". So legte ſich [c]) 1318 im Kloſter Walkenried
ein Mönch Adolph Meutha aus Gifhorn auf
Alchemie und Nekromantie, und wurde darüber von
den andern Mönchen ſo verfolgt, daß er ſich genöthigt
ſahe, nach Amelungsborn, und weil er ſich auch da
nicht ſicher glaubte, nach Lockum zu flüchten, wo er
bald darauf plözlich ſtarb. Ueberhaupt war ſie in Klöſtern

b) Sulzburgiſches Stammbuch. S. 29.

c) Heinr. Eckſtorm. Chronic. Walkenried. S. 126.

ſtern d) und an geiſtlichen Höfen e) in dieſem Zeitalter
ſchon ſehr beliebt.

Aber nüzlichere Kenntniſſe floſen den Abendländern
gewis nicht aus dieſer Quelle zu; diejenigen, die eifri=
ger darnach verlangten, hatten ſie näher: die Araber
hatten in dem von ihnen eroberten Spanien mehrere
öffentliche Lehranſtalten, insbeſondere für Aerzte, errich=
tet; unter ihnen ragte die Schule zu Toledo über die
übrigen hervor, und wurde ſelbſt von Deutſchland aus
beſucht f); nach ihrem Zuſchnitte wurden denn auch die
in dieſem Zeitalter ſo berühmte Schulen zu Salerno
und Montpellier eingerichtet.

Kann es wohl unter ſolchen Umſtänden befremden,
daß in dieſem Zeitalter Ueberſetzung der arabiſchen
Schrif=

d) Albert v. Bollſtädt l. de alchimia Praefat. Oper.
    omn. B. XXI. ꝛc. Inveni multos praedivites, literatos,
    Abbates, Praepoſitos, Canonicos, Phyſicos, et illitera-
    tos, qui pro eadem (alchimia) arte magnas fecerunt ex-
    penſas &c.

e) Trithemius führt annal. Hirſaugienſ. S. Gall. 1690.
    B. II. S. 287. den Erzbiſchoff Johann von Trier, den
    Abt Bernhard von Northeim, den Abt Andreas von
    Bamberg, den Kartheuſer Prior zu Nürnberg, den Bi=
    ſchoff von Brixen Melchior a Mocka an.

f) ſo wie ſich in gleicher Abſicht ſchon im zwölften Jahr=
    hundert der engliſche Benedictiner Adelard von Bath
    (Oudin ſcriptor. eccleſiaſt. B. II. S. 1016.), Morley
    u. a. Engländer (Ant. *Wood* hiſtor. et antiquitat. Oxo=
    nienſ. Oxon. 1674. fol. S. 56.), Gerhard von Cremo=
    na (Muratori ſcriptor. rer. Italicar. B. IX. S. 587.),
    und noch früher Gerbert von Aurillac in Auvergne,
    der nachher unter dem Namen Sylveſter III. als Pabſt
    bekannt wurde, (Mabillon annales Benedict. B. VII.
    S. 552. 877.) lange Zeit in Spanien, vornemlich zu
    Kordova, Sevilla und Toledo aufhielten.

Schriften in die lateinische Sprache, daß weitläufige
Erklärung derselben das Hauptgeschäft des Arztes und
Naturforschers in seinen Schriften sowohl als auf dem
Lehrstule war? Kann es auffallen, wenn er mit der
Lehre und Schreibart auch die Grundsätze und selbst
manche Irrthümer und Vorurtheile seiner Meister und
Vorgänger beibehielt, auffallen, wenn man vollends
auch nur einigermafen mit dem Geist des Zeitalters bekannt ist, wo menschliche Vernunft in der schimpflich-
sten Gefangenschaft schmachtete, und eigenes freies
Streben nach höherem Lichte so oft als Hochverrath
an der heiligen Kirche angesehen wurde? Auffallen,
wenn selbst hellere Köpfe bei dieser Gefahr und jenen
Mustern, die sie vor sich hatten, für Zeitgenossen und
Nachkommen dunkel schrieben, und sich im Aeusern
vor ihren Vorgängern nicht immer auszuzeichnen schienen? und mus man nicht vielmehr die Gröse des menschlichen Geistes bewundern, der selbst unter solchen seiner
Entwiklung so ungünstigen Umständen sich empor
schwingt, und für seine glüklichere Nachkommen die
Bahn bricht?

Ein grofer Theil der Schriftsteller dieses Zeitalters
haben Alchemie, andere die Bereitung von Arzneien,
wo nicht zu ihrem einigen, doch zu ihrem Hauptgegen-
stande; nur wenige verbreiten sich auch auf andere
Zweige der Chemie, und diese zeichnen sich dann auch
meist durch den helleren Blik, mit welchem sie alles
auffassen, und durch die zahlreiche nützliche Winke, die
sich in ihren Schriften finden, sehr vortheilhaft von
ihren Zeitgenossen aus.

Unter die erste Abtheilung rechnen Einige den gelehrten Dänen, Saxo Grammaticus, der die-
sen Ruf wenigstens nicht durch Schriften gerechtfertigt
hat; gewisser gehört dahin Johann Duns, ein Minorite
                                        aus

aus Schottland, welcher verschiedene alchemische Schriften in der Handschrift hinterlassen hat [f]).

Sollte wohl Johann Baffol, auch ein Minorite
aus Schottland, der zu Rheims und Mecheln die
Schriften von Aristoteles erklärte, übrigens durch seine
scholastische Lehrart berühmter war [g]), hier eine Stelle
verdienen, und Johann Anglicus, dem die Rosa
anglicana [h]) zugeschrieben wird, und [i]) vielleicht auch
L. I. de alchimia zugehört, und Richard aus England in dieses Zeitalter zu rechnen sein? Der leztere hat
auser einem Speculum alchimiae, und Rosarius minor
de rerum metallicarum cognitione [k]), einen Libellum
utilissimum $\pi \varepsilon \varrho i \ \chi \eta \mu \varepsilon i \alpha \varsigma$, cui titulum facit Correctorium [l]) hinterlassen; auch er [m]) geht von dem Grundsatze
aus,

f) sie sind nach P. Borellus a. a. O. S. 83. folgende:
1) Dominus Vobiscum. 2) Tractatus ad Album et Ru-
brum. 3) Tractatus ad Regem Angliae. 4) Opus Magnum, secundum intentionem omnium Philosophorum
verissimum: 5) de veritate et virtute Lapidis Philosophici. Von seinen anderweitigen Verdiensten um die
Wissenschaften. s. D. Tiedemann Geist der speculativen
Philosophie. Marburg. B. IV. 1795. Hauptstük 16.
S. 598.

g) H. Conring a. a. O. S. 136. 137.

h) Venet. 1516.

i) P. Borell a. a. O. S. 125.

k) P. Borell a. a. O. S. 197.

l) *Richardi Angli* Correctorium alchymiae, Raim. *Lullii*
apertorium et Accuratio vegetabilium, Gebri secretum.
Argent. 1596. 8. oder I. Correctorium Alchymiae, das
ist, reformirte Alchymie, oder Alchymie Besserung und Straf-
fung der Alchymistischen Mißbräuche, von einem alten und
berühmten Medico Richard aus England beschrieben. II.
Raimundi Lullii Apertorium et Accuratio vegetabilium,
von Eröffnung und Entdeckung wachsender Sachen und

D 2   des

aus, daß die Metalle aus Quekfilber und Schwefel, unter welchem er jedoch nicht den gemeinen Schwefel verstanden wissen will [n]), bestehen, und beruft sich unter andern auf die Aehnlichkeit der in der Hize fliesenden vesten Metalle mit Quekfilber; er sucht den Grund des Unterschieds der Metalle in der Beschaffenheit des Schwefels, und [o]) verlacht diejenigen, welche aus Dingen, die nicht Metall sind, durch Kunst Metall, vornemlich Gold und Silber, bilden wollen, versichert aber [p]), es lasse sich aus Gold eine Arznei bereiten, welche den Alten verjünge, den Schwachen stärke, alle Krankheiten austreibe, das Gift vom Herzen ableite ꝛc. Oft verweist er seine Leser auf Aristoteles, aber auch auf Augustin, Rhazes, Avicenna, Morienus, Parmenides, Ascanius, Albert von Bollstädt, und Arnold Bachuone.

In eben diesem Zeitalter lebte auch Joh. Cremer, ein Freund von Raimund Lullius und Abt zu Westmünster, der viele Jahre nach dem Stein der Weisen forschte, und dunkel genug, und eben so wenig offen, als seine

des philosophischen Steins. III. Des Königs Gebers aus Hispanien Secretum, dessen sich die Venetianer hoch heraus thun. Straßburg 1596. 8. Sonst auch lateinisch abgedrukt in Verae alchemiae scriptorib. collectis a G. *Gratarolo.* Basil. 1561. fol. S. 207. Theatr. chemic. B. II. S. 442-466. *Mangett.* biblioth. chymic. curios. B. II. S. 266-275. Biblioth. script. medic. B. I. Th. I. S. 183. und Volum. tractat. scriptor. rarior. de alchemia. Norimb. 1541. 4. n. 6.

m) Correctorium C. VI - IX. bei Manget biblioth. chemic. S. 268. 269.

n) Ebend. C. XI. S. 270.

o) Ebend. C. X. S. 269. 270. C. XV. S. 273.

p) Ebend. C. XIV. S. 272.

seine Zeitgenossen seine Arbeiten in seinem Testament q) beschrieben hat, und J. Daustein oder Dastin, der ein Rosarium correctius r), und eine visio s. de lapide philosophico s) hinterlies t), aber weder neue Grundsätze, noch neue Handgriffe, noch neue Wahrheiten darinn gelehrt hat.

Auch Alan, ein Cistercienser aus Ryssel in Flandern, Abt zu Clairvaux und Bischof zu Auxerre, der in diesem Zeitalter lebte, beschäftigte sich mit Alchemie; unter seinem Namen sind dicta de lapide philosophico u) erschienen.

Ferner scheint Guido von Montanor, den Ripley als einen grosen Meister in seiner Kunst erwähnt, diesem Zeitalter anzugehören; von ihm sind noch ein libellus de arte chymica v) und decreta chymica und eine

q) abgedrukt im Musenm hermeticum reformatum et amplificatum. Francof. 4. 1677. n. XIII. und in Mich. *Mayer* tripus aureus. Francof. 4. 1618.

r) Hamburg 1675. 8. abgedrukt im alchymistischen Siebengestirn. Hamb. 1675. und 1697 8. n. 5. bei El. Ashmole. a. a. O. S. 257 ꝛc. bei Manget Bibl. chem. curios. II. S. 309. und tract. aliquot chimici singular. à Combachio public. Geismar. 1647. 8.

s) abgedrukt bei Rhenanus a. a. O. Dec. 2. n. 7.

t) noch Einige zum Theil handschriftliche Werke von ihm hat P. Borell a. a. O. S. 33.

u) edit. a J. a *Balbian* Lugd. Bat. 1599. 8. abgedr. in Theatr. chem. T. III. n. 80. und in Graf Bernhard's chemisch. Schriften. Nürnb. 1717. 8. auch in Elucidatio secretorum. Frankf. 1608. 8. n. 3.

v) abgedrukt in Harmoniæ imperscrutabilis chymico-philosophicae, sive philosophorum antiquorum consentientium, hactenus quidem purimum desideratorum, sed nondum in lucem emissorum, collect. et edit. ab Herm.

eine Schrift de scala philosophorum ") vorhanden.
Er kommt in der Eintheilung der Arbeit mit Ripley
überein, und führt aufer ältern Schriftern die Engländer Richard und Roger Baco an.

Sollte wohl auch Pet. Gazzotti, von welchem
eine Einleitung zur Chemie ˣ) herausgekommen ist,
hier eine Stelle verdienen?

Auch Thomas von Aquino, ein Dominicaner,
der in und nach der Mitte des dreizehenden Jahrhunderts zu Bologna, Rom und Neapel lehrte, und sich
in andern Fächern der Gelehrsamkeit, vornehmlich der
scholastischen, auch als Ausleger der Aristotelischen
Schriften grofen Ruhm erworben hat ʸ), verdient hier
eine Stelle, wenn auch nicht alle Schriften, die man
mit seinem Namen gestempelt hat, von ihm kommen
sollten; er war Schüler von Albert von Bollstädt;
von ihm haben wir Thesaurum alchymiae secretissi-
mum ᶻ), secreta alchymiae magnalia ᵃ), de esse et
essen-

Condeesynano. (Joh. Grashof) Francof. 8. Dec. I.
1625. auch Guidonis Magni de Monte Thesaurus chymiatricus, oder lang verborgener Schaz der Chemie,
edirt von Herrn Condrisyanus. Halle 1623. 8.

w) bei Manget Bibliothec. chem. curiof. II. S. 134:
147. Die zwote auch bei Rhenanus Harmoniae imperscrutabilis chimico - philosophicae. Francof. 1625.
8. Dec. I. n. 6.

x) Introductio ad chymicam, cum additione trium verborum libelli quoque Avicennae de mineralibus. Venet.
1547. Lugd. Bat. 1668. 8.

y) D. Tiedemann a. a. O. Hauptst. XII. S. 474.

z) opera Daniel. Bronchusii, Med. Coloniensis 1579. 4.
cum secretis alchymiae Jo. de Rupescissa l. lucis, Raim.
Lullii opere pulcherrimo, quod inscribitur clavicula et
apertorium, op. D. Broncansii nunc primum in lucem
edit.

essentia mineralium ᵇ), und andere kleinere Werke ᶜ); er sezt den Hauptzwek der Alchemie in die Verwandlung der unvollkommenen Metalle, und erklärt diese Verwandlug für möglich.

Auch Johann XXII. der 1316 den römischen Stuhl bestieg, und nach seinem Tode ᵈ) achtzehen Millionen Gulden in Gold, und sieben Millionen an kostbaren Steinen und heiligen Gefässen hinterlassen haben soll, wird unter den alchemischen Schriftstellern dieses Zeitalters aufgeführt; er soll eine lateinische nachher auch in die französische Sprache übersezte Abhandlung über die Kunst die Metalle zu verwandeln, geschrieben haben ᵉ).

Peter Bonus, gewöhnlich mit dem Zunahmen Lombardus, oft noch Ferrariensis, von seinem Vaterlande

edit. cum praefatione D. Jo. *Heurnii.* Lugd. Bat. 1602. 8. auch abgedrukt im Theatr. chemic. Ursell. Vol. III. 1602.

a) S. not. z. et secreta alchemiae magnalia. Colon. 1579. 4. et Lugd. Bat. 1598. 8. auch abgedr. in Theatr. chemic. B. III. Urs. 1602. 8.

b) Venet. 1488. 4. Colon. 1592. 8. auch abgedrukt im Theatr. chemic. B. V. Argent. 1522. 8. und in *Rhenani* a. a. O. decad. 2. Francof. 1625. 8.

c) L. lilii benedicti. abgedrukt im Theatr. chemic. B. IV. Argent. 1613. 8. Aurora f. aurea hora; commentatio in turbam philosophorum, alle drei auch bei Rhenanus a. e. a. O. abgedrukt; de essentiis essentiarum; de arte metallica; explicatio tabulae smaragdinae; de lapide vegetabili; breviloquium; und epistolae duae chimicae; alle sind angeführt von P. Borell a. a. O. S. 26. 219. 257.

d) Franz Pagi breviarium de gestis romanorum pontificum. 4. B. IV. in Joanne XXII. n. 90.

e) Ebend. a. a. O. n. 88. Ins Französische übersezt steht sie in Divers traités d'alchimie traduits en francois. à Lyon 1557. 8. n. 5.

lande oder ſeiner Vaterſtadt, lebte im vierzehenden
Jahrhunderte, als Meiſter der freien Künſte, und
machte ſich vornemlich durch ſeine Pretioſa margarita
novella de theſauro ac pretioſiſſimo philoſophorum
Lapide f) um die Alchemie verdient; auch hat man
von ihm ein Buch de ſecreto omnium ſecretorum Dei
dono g); er nimmt die Alchemie gegen die mannigfaltigen Einwürfe, welche ihr auch zu ſeiner Zeit gemacht
wurden, kräftigſt in Schuz, und verſichert, nur Geber habe den rechten Weg darzu gezeigt; auch er erklärt Schwefel und Quekſilber für die Grundſtoffe
der Metalle, und die Kunſt nur für eine Dienerin und
Nachahmerin der Natur; ſie könne kein unvollkommenes Metall in ein anderes unvollkommenes verwandeln,
ſondern ihr Weſen beſtehe darinn, unvollkommene zu
vollkömmenen zu machen; auch die Kunſt bediene ſich
nur der Metalle zur Hervorbringung des Goldes; durch
bloſe Vernunft, ohne näheren und unmittelbaren Einfluß der Gottheit könne das groſe Werk nicht ausgeführt werden.

Der Mönch Ferrari, Efferari oder Euffe-
rari lebte nach allen Anzeigen noch etwas früher, und
ſchon

f) ſie wurde zu Pola im Iſterreich 1330 entworfen, und
   1339 vollendet, kam mit der erwähnten Aufſchrift zuerſt
   1546. 8. nachher mit einer etwas veränderten Aufſchrift:
   Margarita pretioſa novella exhibens introductionem in
   artem chemiae integram, unter welcher ſie auch bei
   Manget Biblioth. chem. curioſ. B. II. S. 1 - 80. in Jan.
   Lacinii Collectaneis chimicis Baſil. 8. und im Theatr. chym.
   Argent. 8. B. V. 1622. n. 153. abgedrukt iſt, 4. zu Baſel 1572. und 8. zu Mömpelgard 1602. zu Straßburg
   1608. und an beiden erſten Orten auch mit der Ueberſchrift: Introductio in divinam chemiae artem heraus.

g) Venet. 1546. 8. P. Borell führt noch a. a. O. S. 50.
   eine Epiſtolam ad amicum an, die auch in der gedachten
   Sammlung von Jan. Lacini abgedrukt iſt.

ſchon im Anfange des vierzehenden Jahrhunderts, auch
in Italien; er hinterlies eine Schrift vom Stein der
Weiſen [i]), und einen Schaz der Philoſophie [k]); wahr=
ſcheinlich gehört auch der tractatus integer [l]) ihm zu.
Gewiſſer iſt dieſes der Fall mit Johann von Ru=
peſciſſa, oder Roquetaillade, der, wie die meiſten
Alchemiſten dieſes Zeitalters, auch Mönch und zwar vom
Orden der Minoriten, war, in und nach der Mitte des vier=
zehenden Jahrhunderts zu Aurillac in Frankreich lebte,
vom Pabſt Innocenz VI wegen göttlicher Offenbahrungen
auch von alchemiſchen Geheimniſſen, die er vorgab, gefan=
gen gehalten wurde [m]), und zu Villefranche bei Lyon
begraben liegt. Auſſer mehreren andern Schriften [n]),
welche Pet. Borell [o]) auf ſeine Rechnung ſchreibt,
und einer Schrift, de confectione veri lapidis philoſo=
phorum [p]), welche viele für untergeſchoben halten [q]),

iſt

i) Argent. 1659. 8. abgedruft bei Gratarolus vera
alchimiae artisque metallicae doctrina. B. II. n. 4. und
Theatr. chem. B. III. n. 55.

k) theſaurus philoſophiae. Argentor. 1659. 8. abgedruft
Theatr. chem. B. III. n. 56. in's Teutſche überſezt im
goldenen Vlies.

l) opera Combachii publicatus, cum aliis autor. chimic.
1647. 12. und in Tractat. aliquot ſingular. ſummum
philoſophorum arcanum continent. Geiſm. 1647. 8.
n. 3.

m) Luc. Wading annales minorum, ad annum 1357.
J. Trithemius annales Hirſaugienſes. S. Galli. 1690. fol.
B. II. S. 225.

n) Lib. de alchimia. Compendium artis. Abbreviatio.
Theſaurus mundi Lib. de ſecretis ſecretorum.

o) a. a. O. S. 204.

p) bei Manget Biblioth. chem. curioſ. II. S. 80-83.
Verae alchimiae ſcriptores aliquot collect. et una edit.
a G. Gratarolo. Baſil. 1561. fol. B. II. S. 126.

ist noch von ihm Liber de confideratione quintae effentiae rerum omnium [q]) und Liber lucis [r]) vorhanden.
Auch er sucht den Stof zum Stein der Weisen im Queksilber, das er darzu durch neue Arbeiten zubereitet; es
wird zuerst mit Salpeter und römischem Vitriol aufgetrieben, dann in Essig, worinn man etlichemal Eisen
gelöscht hat, geworfen, der Essig wieder abgetrieben, was
zurükbleibt, in Scheidewasser geworfen, welchem man
Salmiak zugesezt hat, der weisse Bodensaz aufgetrieben, wieder, und so zum drittenmale in Scheidewasser
mit Salmiak aufgelöst, und aufgetrieben, nun mit
noch einmal so vielem Schwefel (vivum, invisibile)
ins Feuer gebracht, dann in verschlossenen Gefässen
eine säuerlichte milchige Flüssigkeit davon übergetrieben,
und aus dieser durch einen brandichten thierischen Geist
ein schwärzlichter Saz niedergeschlagen; und dieser Saz,
der schon für sich Quekfilber, Eisen, Kupfer, Blei
und Zinn in Silber verwandeln soll, im philosophischen Ei, erst weis, dann roth gebrannt, und so auf
Quekfilber, das man zum Sieden und Rauchen gebracht hat, und so lange im Feuer läst, bis es brü-
chig wird, geworfen; auch er rühmt die vervielfältigende Kraft dieses Steins, gibt eine deutliche Beschreibung und Abbildung seines Ofens, und führt auser

Ge-

q) Beytrag zur Geschichte der höhern Chemie. S. 488.

r) Basil. 1597. 8. Verae alchemiae artisque metallicae
doctrina. Basil. 1561 fol. B. II. n. 9. französisch zu
Lyon. 8 und von du Moulin. 16. auch von Braceschi
ausgegeben; eine Handschrift davon in der Bodleyischen
Bücherfammlung.

s) cum fecretis Alchemiae magnalibus Thom. Aquinatis
ed. a Dan. Brookhufio. Colon. Agripp. 1579. 8. Basil.
1598. 8. bei Manget Bibl. chem. curiof. II. S. 84-87.
Theatr. chemic. Urfell. Vol. III. 1602. 8.

Geber und Avicenna, Arnold von Bachuone und Raimund Lullius an.

Chriſtoph aus Paris lebte im dreizehenden Jahrhundert, und hinterlies auſer einigen anderen Schriften, welche ihm Naſari und P. Borell[t]) auch auf die Rechnung ſchreiben, ein Elucidarium chimicum[u]). Joh. de Meun, der am Hofe Philipps des Schönen lebte, und keine der damaligen Modewiſſenſchaften hintanſezte, aber doch vorzüglich als Dichter glänzte, berührt nicht nur in ſeinem berühmten Roman de la Roſe[v]) unter den Aufſchriften: les Remontrances de la nature à l'Alchimiſte errant und la reponſe de l'alchimiſte à nature die Vorzüge dieſer Wiſſenſchaft ausführlich, ſondern unter ſeinem Namen hat man auch ein Miroir d'alchemie[w]); auch der Dominikaner Vincent von Beauvais erwähnt in ſeinem Speculum hiſtoriale der Alchemie und ihres Zuſtandes in ſeinem Zeitalter: der Mönch Odomar, der noch vor der Mitte des vierzehenden Jahrhunderts die Kunſt zu Paris getrieben zu haben ſcheint, hat ſie in ſeiner practica[x]) beſchrieben: Ortholan, der um die

---

t) a. a. O. S. 61. und 182. Cithera ſeu Violetta; Summa minor; Alfabetum Apertoriale; Arbor Philoſophiae ſecundum univerſalem ſcientiam; Particularia quaedam; De lapide vegetabili; Medulla artis; Somme; Sommette; la Harpe; la Medecine du troiſiéme ordre.

u) Pariſ. 1649. 8. abgedr. im Theatr. chimic. Argent. B. VI. 1661. n. 172. S. 207. überſezt mit der Ueberſchrift: „Von dem rechten Grund der wahren Philoſophie, oder von dem groſen Stein der alten Weiſen. Halle 1608. 8.

v) à Paris. 1735. 12. B. III. S. 171-232.

w) à Paris. 1613. 8. abgedr. in Divers trait. d'alchimie traduits en francois. Lion 1557. 8. n. 3.

x) bei Gratarolus verae alchemiae &c. B. II. n. 5. und Theatr. chimic. B. III. n. 58.

die Mitte eben dieſes Jahrhunderts eben daſelbſt gelebt hat, in ſeiner practica Alchimiae [y]): Nik. Fla-mel [z]) von Pontoiſe in Frankreich, der am Ende des vierzehenden Jahrhunderts zu Paris lebte, und unter ſeinen Zeitgenoſſen als Dichter, Mahler und Mathe-matiker eben ſo berühmt war, als bei den Nachkom-men durch ſeine alchemiſchen Schriften [a]), unter wel-chen inzwiſchen einige [b]) offenbar untergeſchoben ſind: durch

y) Theatr. chimic. B. IV. n. 135. Sollte wohl der Commentarius ſuper tabulam Smaragdinam Hermetis im Volum. tractat. ſcript. rarior. de alchemia. Norimb. 1541. 4. n. 10. auch von ihm ſein?

z) ein Bild von ihm ſteht vor der Bibliotheca chemica Rothſcholziana. Nürnberg und Altdorff. 8. 32. Stük. 1727.

a) geſammlet hat man ſie mit folgender Ueberſchrift von J. Lange in deutſche Sprache überſezt: Des berühmten Philoſophi Nicolai Flamelli Chymiſche Werke, als (I) das güldene Kleinod der hieroglyphiſchen Figuren. (II.) Das Kleinod der Philoſophiae. (III.) Summarium philoſophicum. (IV.) Die groſſe Erklärung des Steins der Weiſen zur Verwahrung aller Metallen. (V.) Schatz der Philoſophiae. denen Liebhabern der Kunſt aus dem Franzöſiſchen in das Teutſche überſezet von J. L. M. C. Hamburg. 1681. 8.

b) ſo iſt Le grand éclairciſſement de la pierre philoſophale, par la transmutation de tous métaux, das mit ſeinem Namen zu Paris. 1628. 8. und teutſch in ſeinen chymiſchen Werken (a. a. O. n. IV.) herauskam, nur ein Stük einer Abhandlung von Chriſtoph aus Paris, und ſeine angebliche Annotationes in *Dionyſium Zacharium* (der erſt im ſechzehenden Jahrhunderte lebte), die im Theatr. chymicum B. I. 8. Urſell. S. 848 ꝛc. Argent. 1603. S. 820 ꝛc. und S. 1659. S. 758 ꝛc., und mit der Aufſchrift Commentarius in Dionyſii Zacharii opuſculum chemicum bei Manget Bibl. chemic. curioſ. B. II. S. 350. abgedrukt, auch mit der Ueberſchrift: Tracta-tus

durch eine auf Baumrinden geschriebene um eine Klei:
nigkeit erkaufte Schrift eines angeblichen Juden Abra:
hams an sein Volk, welche die Verwandlung der
Metalle, das dabei nöthige Verfahren, die Gefässe und
Farben lehrte, kam er, wie er erzählt, auf den Gedanken,
sich mit Alchemie zu beschäftigen, fand aber in den Hie:
roglyphen und Bildern, in welchen dieser sich ausdrükte,
unüberwindliche Schwürigkeiten, und arbeitete ein und
zwanzig volle Jahre vergebens, bis er endlich auf den
glüklichen Einfall gerieth, sich bei einem ehemals jüdi:
schen Arzte in Spanien Raths zu erholen; dieser voll
Freude über diesen Fund kehrt mit ihm nach Paris zu:
rük, gibt ihm die nöthige Aufschlüsse, und sezt ihn
in Stand, Queksilber in Silber (was er einmal gethan
habe) und Gold (was er zweimal gethan habe) zu ver:
wandeln, und macht ihn dadurch nicht nur zu einem
sehr reichen Manne, sondern auch zu einem bis zur
Verschwendung freigebigen Wohlthäter der Kirche [c]):
In seinen Schriften spricht er inzwischen in Bildern,
die über die geheime Kunst einen neuen Schleier wer:
fen, den wenigsten Lesern verständlich seyn möchten,
und gewis für manchen den Verdacht erregen, daß die
gro:

tus de chymico miraculo, quod Lapidem Philosophi ap-
pellant. Dionys. *Zacharius Gallus* de eodem, Autorita-
tibus variis Principum huius artis, *Democriti*, *Geberi*,
Lullii, *Villanovani*, confirmati et illustrati per Gerard.
Dornaeum. 8. zu Basel. 1583. und 1600. auch mit der
Aufschrift: Annotationes chymicae ex *Democrito*, *Gebe-
ro*, *Lullio*, *Villanovano*, aliisque autoribus extant cum
Bern *Trevisani* libro de chymico miraculo, per Gerard
Dorneum heraus gekommen sind, gewis von einem spä-
tern Schriftsteller.

c) 14 Hospitäler, 3 Kapellen gestiftet, 7 Kirchen erneuert,
und 2 neu gebaut. Lenglet du Fresnoy Histoire de
la philosophie hermetique. à la Haye. 8. B. I. S. 206 :c.

grofen Reichthümer, die man von ihm rühmt, aus
andern Quellen gefloſſen ſeien; er nimmt zwar auch
Schwefel und Quekſilber als die Grundſtoffe der Me⸗
talle an, gibt aber dieſen Worten einen weit vielſeiti⸗
gern Sinn, und ſagt ausdrüklich, daß die Verwand⸗
lung auch auſer den Mineralien vorgehe [d]). Er ſoll
den Stein der Weiſen wirklich beſeſſen haben [e]), ſogar
zum Beweiſe ſeiner Wunderkraft noch zu Anfang die⸗
ſes Jahrhunderts mit ſeiner Frau in Oſtindien geſehn
worden ſein [f]).

Von ihm hat man auſer einigen Handſchriften [g]),
und der Muſique chimique [h]), Figures hieroglyphi⸗
ques [i]), Summarium philoſophicum [k]) und le deſir
de-

d) bei Manget Biblioth. chymic. curioſ. B. II. S. 368.

e) Saintfoir Verſuche in der Geſchichte der Stadt Pa⸗
ris. Koppenh. 8. Th. I. 1757. S. 100 ꝛc.

f) Paul Lucas Voyage ſecond dans la Gréce, Aſie, Ma⸗
cedoine et Afrique. à Paris. 8. B. I. 1714. K. XII.

g) 1) quaedem Hieroglyphica et Carmina quae in variis
Lutetiae lapidibus olim viſebantur, vel quae adhuc ſu⸗
perſunt alia ab iis quae in lucem prodierunt. 2) proces⸗
ſiones. 3) teſtamentum S. P. Borell a. a. O. S. 95.
Biblioth. chemic. Rothſcholziana. St. II. S. 78. noch
eine unbekannte bei H. Franz de Gerzan zu Paris.
P. Borell a. a. O. S. 96.

h) ebend. auch bei Lenglet du Fresnoy B. III. S. 164.

i) comme il les a miſes en la quatrieme arche du Cime⸗
tiére S. Innocent de Paris, qu' il a baſty, expliquées
par luy meſme imprimé avec *Artephius* et *Syneſius* tra⸗
duit du Latin par P. *Arnaud.* à Paris. 1612 4. auch in
Bibliotheque des philoſophes chimiques par *Salmon*. B. I.
n. 3; und Bibliotheques des philoſoph. chimiques, nou⸗
vell. Edit. par J. M. D. K. à Paris. 12. B. II. 1741.
n. 4. ins Teutſche überſezt in Nicolai Flamelli chymi⸗
ſchen Werken litt. a. n. 1. auch beſonders zugleich mit
dem

desiré [1]). Uebrigens findet man zwar vor dem vierzes
henden Jahrhundert nicht, doch zu Anfang dieses Jahrs
hun-

dem Kleinod der Philosophie, oder dem Original der Bes
gierde Nicolai Flamelli, ein fürtrefflich Werk, in welchem
verfasset ist, die Ordnung und die Manier, welche der
vorgenannte Flamel in der Composition des Werks der
Natur gehalten hat, welche unter seinen hieroglyphischen
Figuren sind versteckt, aus einem alten Mscrpt. 1669. auch
im folgenden Werke: zwey auserlesene chymische Büchlein
(I.) das Buch der Hieroglyphischen Figuren Nicolai Flamelli des Schreibers, wie dieselben stehen unter dem viers
ten Schwibbogen auf dem Kirchhofe der unschuldigen Kins
der zu Pariß, wenn man zur Pforten von S. Dionysii
Straffen hineingeht, zur rechten Handwerts samt derselben
Bedeutung oder Erklärung durch gemeldten Flamel. Worinn
gehandelt wird von Transmutation oder Verwandlung der
Metallen. (II.) Das warhaffte Buch des gelahrten Griechischen Abts Synesii vom Stein der Weisen, welches
aus der Kayserl. Bibliothek herkommen, zuvor noch nie
im Teutschen gesehen, nun aber den Liebhabern ins Hoch-
teutsche übersetzt. 1680. 8.

k) im Musaeum hermeticum reformatum et amplificatum.
Francof. 1677. und 1678. n. V. S. 172 &c. und bei Manget a. a. O. B. II. S. 368-371. übersetzt ins Französische: Sommaire philosophique de Nicolas *Flamel*, appellé autrement le Roman de *Flamel*, en Vers avec la
Fontaine des Amoureux de Science, et l'opuscule du
Trevisan. à Paris. 1561. 8. und Biblioth. des philosoph.
chimiques. nouv. edit. B. II. n. 5. S. auch Anm. a. n. 3.

l) Le desir desiré ou Trésor de la philosophie de Nicolas
Flamel, dit. autrement le Livre de six Paroles, avec
divers autres Traités, où est le Cosmopolite et l'oeuvre
de Charles VI. à Paris. 1629. 8. auch in Biblioth. des
philosoph. chimiques. nouv. Edit. B. II. n. 6. in einer
Handschrift bei Hr. Franz de Gerzan zu Paris mit
der Ueberschrift: La vraye pratique de la noble science
d'Alquemie, ou les Laveures de *Flamell*, qui commen-
ce: Le desir. Mscript antiquum, propria *Flamelli* manu
extratum. P. Borell a. a. O. S. 96. 8. auch Anm. a.

n.

hunderts, alſo früher, als bei **Flamel**, in chymi=
ſchen Schriften, hieroglyphiſche Bilder, die in der
Folge immer gemeiner wurden, nemlich bei **Abraham
Eleazar** [m]), der auch ſchon Anleitung zur Bereitung
der Mineralſäuren gibt, und von ihnen bei dem groſen
Werke der Verwandlung viel erwartet; die bei dem
leztern vorkommende chemiſche Zeichen ſtammen mehr
von den Abſchreibern, als vom Verfaſſer ab.

Auch die beiden Könige, **Karl** VI. in Frankreich [n]),
und **Alphons** X. in Kaſtilien [o]), jener aus dem vierze=
henden, dieſer aus dem dreizehenden Jahrhunderte,
glänzen in der Reihe der Schriftſteller, welche ſich mit
Alchemie beſchäftigt haben.

Noch lebte, wahrſcheinlich in dem erſten Viertel
des vierzehenden Jahrhunderts, **Peter von Tole=
do**, der ein Roſarium philoſophorum [p]) geſchrie=
ben hat.

Nicht ganz ſo reich war dieſes Zeitalter an Aerzten,
welche Chemie in ihrer Anwendung auf die Bereitung
von Arzneien trieben und lehrten; aber auch ſie blieben
meiſtens bei dem ſtehen, was ihre Vorgänger und Mu=
ſter, was Griechen und vornemlich Araber, mit deren
Erklärung ſie ſich beſchäftigten, gethan hatten. **Ni=
kolaus Myrepſus** lebte im dreizehenden Jahr=
hun=

n. II. V. und Anm. i. auch abgeſondert in's Teutſche über=
ſezt. 1669. 8.

m) Abraham Eleazar. Erfurt. 1735.

n) ſein Werk iſt mit einem Werke von Nic. **Flamel**
(S. Anm. l.) abgedrukt.

o) unter ſeinem Namen iſt ein Clavis ſapientiae im Theatr.
chym. B. V. n. 157. abgedrukt.

p) Tractat. ſeptem de lapide philoſophico, e vetuſtiſſimo
codice deſumti, in lucem dati a Juſto a *Balbian.* Lugd.
Bat. 1599. 8. n. V.

hunderte zu Alexandria, auch in Italien, und hat sich
durch ein in griechischer Sprache geschriebenes [q]), aber
häufig [r]) und mit verschiedenen Aufschriften in die lateinische Sprache überseztes Werk einen Namen gemacht;
er hat nemlich in demselben mit ermüdender Weitschwei-
figkeit alle von den Arabern bekannt gemachte, auch einige doch unbedeutende zusammengesezte, Arzneien, und
die Art ihrer Bereitung beschrieben; es war daher
lange das erste Handbuch der Apotheker.

Der Kardinal Vitalis de Furno (du Four) aus
Basel und aus diesem Zeitalter, beschreibt in seinem
Buche selectiorum remediorum pro conservandæ sanitate ad totius corporis humani morbos [s]), übrigens
ganz im Geiste seiner Zeit, meist aus andern, auch viele
zusammengesezte Arzneien, und lehrt unter andern auch
den Weingeist, den er beinahe als allgemeines Arzneimittel rühmt[t]), bereiten. Thaddäus von Florenz, der
in der zwoten Helfte des dreizehenden Jahrhunderts zu
Bologna lehrte[u]), und sich auch von andern Seiten um
die

q) wovon Handschriften in der Büchersammlung des Escurials, in der Bodleiischen, und unter nr. 2231. 2238.
und 2243. in der Parisischen vorhanden sind.

r) Dispensatorium interpret. Nicol. *Rhegino*, cum notis J.
Agricolae. Ingolst. 1541. 8. Medicamentorum opus in
46 titulos digestum, interprete Leonh. *Fuchsio*. Basil.
1549. fol. Lugd. 1550. 8. Francof. 1626. 8. Theatrum
de recta medicamentorum praeparatione et usu, cur.
J. Hartm. *Beyer*. Norimb. 1658. 8.

s) Mogunt. 1531. fol.

t) a. a. O. K. 2. S. 12.

u) Sarti de professoribus Bononiensibus. B. I. Th. I.
S. 467. 472. Mazzuchelli vita d'illustri Fiorentini.
S. 43. 44.

die Arzneiwissenschaft sehr verdient machte [v]), empfiehlt auch den Weingeist sehr, der nun in den Apotheken immer gemeiner wurde, und von ihm schreibt sich die Bereitung der sogenannten geistigen Wasser her [w]). Gentilis da Foligno (Fulignas oder de Fulgineo), sein Schüler, und nachher Lehrer zu Padua, und zuletzt zu Perugia, wo er auch starb; ein berühmter Arzt seiner Zeit, der, übrigens ganz im Geiste derselbigen, unter andern Werken, die auf uns gekommen sind, auch eine Schrift: de praeparatione medicinarum compendium, de modo investigandi complexiones earum, et adferenda conveniente dosi cuiusque medicinae solutivae [x]) hinterlassen hat. Jakob von Dondis, Lehrer zu Padua, seinen Zeitgenossen auch unter dem Namen: Aggregator Patavinus bekannt, berührt in seinem promtuarium medicinae [y]), freilich blos nach seinen Vorgängern, auch die zusammengesezten Arzneien; eben so Thomas von Garbo, Lehrer zu Perugia, und dann zu Padua, Sohn eines gleich gelehrten Vaters Dinus v. Garbo, in seiner reductione medicamentorum cum coll. de dosibus [z]); Joh. von S. Aman-

v) de regimine sanitatis secundum quatuor anni partes. Bononiae. 1472. 4.

w) Hieron. Rubeus de destillatione. S. 34. 61.

x) Handschriften davon finden sich in der Büchersammlung Peters Cantaber. nr. 1883. und derjenigen zu Turin. B. II. S. 121. gedrukt ist sie zu Venedig 1486. fol. zu Padua. 1556. und 1579. 8. und mit den Werken von Mesue zu Venedig fol. 1561. und 1602.

y) Promtuarium medicinae, in quo facultates medicamentorum simplicium et compositorum declarantur, cuivis morbo medicamenta sint accommodata, ex veteribus medicis copiosissime monstratur, Venet. fol. 1481. 1543. und 1576.

z) Patav. 1556. 8. 1579. 4. Lugd. 1584. 8.

Amando, Kanonikus zu Doornyk, der doch in ſeiner Expoſitione ſupra Nicolai antidotarium parvum[a])
die Bereitung der damals gangbaren Arzneien ausführlicher lehrt, auch die Kennzeichen ihrer Güte oder
Verfälſchung hier und da angiebt, und des Terpentin-
öls[b]) deutlich erwähnt; Peter von Abano (bei
einigen Apono), der vertraut mit den Lehren der
Griechen und Araber, die er mit einiger zu freimüthi-
ger Verachtung des Glaubens ſeiner Kirche zu ſeinem
Schaden über alles erhob, aber auch verblendet von
den Vorurtheilen, welche die leztere hauptſächlich für
Sterndeuterei und ihre Verbindung mit der Heilkunde
hegten, in dieſem Zeitalter zu Konſtantinopel, Paris,
Padua und Trevigi lebte[c]), und einer der geliebteſten
und geſchäzteſten Lehrer war[d]), in ſeinem Conciliator
differentiarum, quae inter philoſophos et medicos
verſantur[e]), und Gilbert aus England, der noch
früher

a) die mit den Werken von Meſue zu Venedig fol. 1495.
   1589. und 1602. herausgekommen iſt.

b) in der vor mir liegenden Ausgabe von 1598. Bl. 228.
   b. col. 1. „Oleum de terebinthina fit ſimiliter per ſu-
   blimationem, et eſt clarum ut aqua fontis — — et ardet ut ignis graecus cum oleo benedicto &c.”

c) Savanarola bei Muratori ſcriptor. rer. italic.
   Mediol. fol. B. XXIV. 1738. S. 1154, Boulay hiſt.
   univ. Pariſ. B. IV. S. 981. Facciolati faſti gymnaſii
   Patavini. Patav. 4. 1757. Th, I. S. XLI. XLV. im 66.
   Jahre 1315. ſtarb.

d) Savanarola a. e. a. O. S. 1155. Ein Bild von
   ihm auf einer Denkmünze ſ. bei Möhſen Geſchichte der
   Wiſſenſchaften in der Mark Brandenburg. Pl. 3. Abb III.

e) zu Mantua 1472. 4. ſonſt immer fol. ſehr oft 1471.
   1473. 1476. 1483. 1491. 1498. 1504. 1520. 1522.
   1545. 1548. 1555. 1565. 1591. zu Bologna 1489. zu
   Pavia 1490. und 1595. zu Paris 1489.

früher als dieser lebte, und in seinem f) compendium
medicinae tam morborum universalium, quam parti-
cularium unter andern den Queksilbersalben gestosenen
Senf zusezen läst g), und in der Auflösung des Salmiaks in Essig h) eine Arznei verordnet, die mit dem
nach Minderern genannten Geiste einige Aehnlichkeit hat.

Aber über alle diese bisher erzählte Schriftsteller,
so gros auch zum Theil ihre anderweitige Verdienste
um die Wissenschaften sein mögen, ragen nicht blos
durch die Menge von Schriften, die (zu weilen fälschlich) ihren Namen tragen, nicht blos durch die grose
Achtung, in welcher sie bei so vielen ihrer Zeitgenossen
und Nachkommen stehen, sondern durch ihre wesentliche Verdienste um Chemie und ihre mancherlei Zweige
Raimund Lullius, von Palma in Mayorka i),
Ar-

f) emendatum per Michaël. de *Capella* 4. Lyon. 1510.
4 et 12. Genev. 1608. am leztern Orte durch Merklin
mit der Ueberschrift: Laurea anglicana s. compendium
totius medicinae.

g) a. a. O. Bl. 171. a.

h) Bl. 120. b. et 170. b. „Conteratur sal armoniacum
minutim, et superinfundatur frequenter et paullatim acetum, et cooperiatur et moveatur, et euanescet sal &c."

i) Bzovius annal. ecclesiastic. T. XIV. ann. 1372. n. 9.
S. 1398-1416. Bolland act. sanctor. B. XXIII. S.
635. Ol. Borrichi de ortu et progressu chemiae.
Hafn. 1668. 4. S. 129-142. D. G. Morhof de transmu-
tatione metallorum. Hamb. 1673. 8. S. 120. Joh. Ma-
riana de rebus Hispaniae L. XV. C. IV. bei A. Schott.
Hispania illustrata. Francof. fol. T. II. S. 643. 644.
Ew. de Hoghelande de histor. aliquot transmutat. metal-
lic. pro defens. alchymiae. Acced. vita Raym. *Lullii.*
Colon. Agripp. 1604. 8. M. Potier philosoph. chemica.
Francof. 1648. 4. Perroquet Vie de Raymund Lull.
Van-

Arnold Bachuone von Villanova in Katalonien[k]), Roger Bako,[l]) ein englischer Franziskaner, und Lehrer zu Orford in England, nicht zu verwechseln mit Joh. Bako, einem Karmeliter, der im vierzehenden Jahrhundert durch seine scholastische Gelehrsamkeit[m]), und, so wie Joh. de Lauduno oder Gandavo, ein Gelehrter zu Perugia, der es wagte, Ludwig IV. gegen den römischen Stuhl zu vertheidigen[n]), durch seine Anhänglichkeit an Averrhoes bekannt war, und Albert von Bollstädt, gewöhnlich Albertus Magnus genannt, ein Dominikaner von Lauingen an der Donau im Herzogthum Neuburg, und zuletzt

Bi-

Vendôme. 1667. 8. J. M. de Vernon hiſt. de Raym. Lulle. à Paris. 1668. 12. Ein Bild von ihm mit der Umſchrift: *Raimundus Lullius*, Macoriſcenſis, Philoſophus, Medicus, et Theologus, et Sectae, quae Lulliſtarum dicta, conditor. Nat. A. 1235. Den. A. 1315. d. 21. Martii wird in Biblioth. chem. Rothſcholziana. St. III. S. 103. angeführt.

k) Fabricius biblioth. med. et inſim. latinitat. Th. I. S. 358. Symphorian Champier (Campegius) de claris medicinae ſcriptoribus. Lugd. 1506. 8. Bl. XXXVII. Freind hiſtory of phyſic. London. 1725. 8. B. III. Hamburg. Berichte von gelehrten Sachen, vom Jahr 1736. n. 25. und 33.

l) Ol. Borrich a. e. a. O. S. 125. Freind a. e. a. O. S. 233 ꝛc. Wood hiſt. et antiquitat. Oxonienſ. S. 72 ꝛc. Chaufepied nouv. dictionaire hiſtor. et critique. B. I. Th. 2. S. 3 ꝛc. Eines Bildes von ihm geſchieht in der Bibl. chem. Rothſcholz. St. III. S. 100. Erwähnung mit der Umſchrift: *Rogerius Baco*, Monachus in Anglia, Aſtrologiae, chemiae et Matheſeos peritiſſimus. Nat. A. 1206. Den. A. 1284.

m) Herm. Conring a. a. O. S. 129. 131.

n) Ebend. a. e. a. O. S. 131.

E 3

Bischoff von Regensburg o) weit hervor. Daß auch diese sonst so sehr ausgezeichnete Männer das Gepräge ihres Zeitalters nicht verläugnen, daß ihre Schriften nicht nur gröstentheils im Geschmak desselbigen abgefast, und mit scholastischen Spizfindigkeiten, welche damals die Losung aller Gelehrten waren, überladen sind, sondern auch so viele Aeuserungen eines groben, mit ihren Einsichten in die Natur, und mit ihrem Scharfsinn kaum zu vereinigenden Aberglaubens aller Art enthalten, darüber darf man sich um so weniger wundern, wenn man den Geist dieses Zeitalters, den mächtigen Einflus, den frühere Erziehung auch auf die spätern Jahre des Lebens hat, den ganz mönchischen Zuschnitt derselbigen, die Armuth an Hülfsmitteln, und selbst den Stand, den sich diese Gelehrte gewählt hatten, und der noch immer die Wissenschaften beinahe ausschlieslich trieb, in nähere Erwägung zieht; daß sie aber über ihr Zeitalter erhaben waren, zeigen schon die Verfolgungen, welche sie und ihre Schriften meist schon in ihren Lebzeiten von Rom aus zu erdulden hatten, und wird noch deutlicher aus der näheren Bestimmung ihrer Verdienste erhellen.

Der schwächste unter ihnen, wenn gleich der Abgott p) vieler Goldspäher und Theosophen, und der Stifter einer eigenen Sekte, der Lullisten, gegen deren Irrlehren die heilige Inquisition die Kirche zu schüzen, und Gregor XI. seinen Bannstrahl zu schleudern, für nöthig erachteten q), ist offenbar Raimund Lull, oder

o) Trithemius annal. Hirsaug. B. I. S. 610. Martene collect. ampl. B. V. S. 128.

p) die ihn daher auch Doctor illuminatissimus nennen.

q) Bzovius a. e. a. O.

oder wie er gewöhnlich heist Lullus oder Lullius,
ein ganz excentrischer Kopf [r]); er war 1235 von vor-
nemen Eltern gebohren; sein Vater war Seneschall
bei König Jakob I. von Arragonien; in seinen jüngern
Jahren nahm er Kriegsdienste, erhielt aber, nachdem
er leichtsinniger Weise sein Vermögen durchgebracht
hatte, eine Stelle bei Hofe; der ewigen Zerstreuungen
überdrüssig und durch anhaltende Ausschweifungen zer-
rüttet, entsagte er, durch ein Gesicht aufgefordert, im
vierzigsten Jahre seines Alters, den Eitelkeiten der
Welt, legte sich mit unglaublichem Eifer auf die Wis-
schaften, und vornemlich auf die lateinische, nachher
auch auf die arabische Sprache, gieng in dieser Absicht
nach Paris, wo er Doctor der Gottesgelahrheit wurde und öffentlich lehrte, trat in den Orden der Minoriten, und bewog König Jakob von Arragonien ein Kloster dieses Ordens in Mayorka anzulegen; reiste durch
Italien [s]), Deutschland [t]), England [u]), Portugall [v]),
Cypern [w]), Armenien, Palästina, und glaubte [x])
durch

r) miri capitis homo sagt Conring a. a. O. S. 134.
mit vollem Rechte von ihm.

s) Testamentum. C. LXVII. bei Manget Biblioth. chem.
curios. B. I. S. 758. vornemlich in Neapel, wo er seinen
Freund und Lehrer Arnold Bachuone traf. Experiment. nr. XIII. XIX. bei Manget a. e. a. O. S. 832.
838.

t) Epistola accur(t)ationis lapidis benedicti. bei Manget
a. e. a. O. S. 863.

u) Compendium animae transmutationis artis metallorum.
bei Manget a. e. a. O. S. 789.

v) A. e. a. O.

w) A. e. a. O.

x) Codicillus sive Vademecum aut Cantilena. C. L. bei
Manget a. e. a. O. S. 901 ꝛc. "Et nos de illa prima
E 4   ni-

durch göttliche Eingebungen und Erscheinungen, die er vorgab, was sich in der Folge mehrere Schwärmer auch aus dieser Secte einbildeten, nicht nur zum Neuerer in allen Wissenschaften, vornemlich aber in der Glaubenslehre bestimmt, sondern auch ʸ) im unfehlbaren Besitze des grosen Geheimnisses, des Steins der Weisen, zu sein; beseelt von dem heiligen Eifer, alles zur Verbreitung des christlichen Glaubens zu thun, was in seinen Kräften stand, und in der vesten Ueberzeugung, daß ihm alle seine Weisheit nur zu dieser Absicht gegeben wäre, suchte er ᶻ/₁ König Eduard II. von

nigredine a paucis cognita benignum spiritum aggregare affectantes pugnam ignis vincentem licet sensibus multoties palpavimus et oculis propriis vidimus, extractionis tamen ipsius notitiam non habentes quacunque arte, sentientes nos aliqua adhuc rusticitate suffultos, nullo modo eam plene comprehendere valuimus, donec aliquis spiritus prophetiae, spirans a patre luminum descendit, tanquam suos nullatenus deserens, qui nobis in summis vigilantibus tantam claritatem oculis mentis nostrae insulgit, ut illum intus et extra, remotâ figurâ gratis revelare dignatus sit, insatiabili bonitate nos reficiendo demonstrans, ut ad eam implendam disponeremus corpus ad unam naturalem decoctionem secretam, quam penitus ordine retrogrado cum pungenti lancea tota eius natura protinus in meram nigredinem visibiliter sit dissoluta. — Nos sacra pandimus illis, qui Dei secreta decenter servando honorant, cum solius Dei sit revelare ea, Homo divinae maiestati subtrahere nititur, cum talia soli Deo pertinentia vulgat — Propterea operationem illam habere non poteris quousque spirituali prius fueris divinitatis meritis comprobatus &c.

y) Testament. novissim. Regi Carolo dicatum. B. I. bei Manget a. e. a. O. S. 798: "nos fecimus isto modo proiectionem cum eadem gutta medicinae usque ad centum guttas supra centum, et semper faciebat nobis aurum. und B. II. K. XIV. bei Manget a. e. ä. O. S. 815.

z) a. e. a. O. B. II. K. XXV. S. 819. Lux mercuriorum.

bei

von England durch das Versprechen, ihm durch die
Offenbarung jenes Geheimnisses unermesliche Schäze
zu verschaffen, zu einem Krieg gegen die Mauren in
Afrika zu bewegen, der nichts geringeres zum Zwek hatte,
als diese Ungläubige mit Feuer und Schwerd zu bekeh-
ren, und, da er sich in diesen Hofnungen getäuscht sah,
sie durch gelindere Mittel, nemlich durch die Verkündigung seiner heilbringenden Lehren zu Tunis und Bugia in den Schos der allein seeligmachenden Kirche zurück zu bringen; allein dieser Versuch wurde so übel
aufgenommen, daß er (1315) [a]) von den Einwohnern
zu Tode gesteinigt wurde.

Schon dieses Benehmen in seinem übrigen Leben
stellt den Schwärmer in seiner ganzen Blöse dar; wie
läst sich erwarten, daß er diesen Hauptzug seiner
Seele in seinen wissenschaftlichen Bemühungen verläugnen sollte? Es ist hier nicht der Ort, seine Verdienste
um die gesamte Gelehrsamkeit zu würdigen, oder den
Schaden zu schäzen, den er in den Köpfen seiner blinden

bei M an g e t a. e. a. O. S. 826. und Codicillus &c.
K. I. bei M an g e t a. e. a. O. S. 881. ꝛc. „Ideo in-
stante inclyto Rege Eduardo hoc opus operum stricto li-
gamine commendamus in conversionem paganorum in
conversione salutis fidei.

a) diese Zeitbestimmung seines Todes, mithin auch seiner
Geburt, scheint, wenn sie gleich auch Ol. B o r r i c h. a. a.
O. annimmt, sehr zweifelhaft, denn in seinem Testament. novissim. B. II. K. XIV. bei M an g e t a. e. a.
O. S. 815. sagt Lull von einer seiner Arbeiten ausdrücklich: Anno M. CCC. XXX fuit opus expletum &c.
und am Ende eben dieses Werks S. 822. steht 'Factum
habemus nostrum Testamentum — — in insula Angliae
terrae — Regnante Eduardo per Dei gratiam. — Anno
post incarnationem *millesimo, trecentesimo, trigesimo,
secundo &c.* er lebte also noch 1332.

E 5

den Anhänger und im Reiche der Wissenschaften über=
haupt anrichtete [b]); wir bleiben bei dem Einflusse ste=
hen, den er, meist durch seine Schriften, auf Che=
mie, und vornemlich auf den Theil derselben, der sich
mit der Verwandlung der Metalle beschäftigt, hatte.

Den Grundsaz [c]), daß alle Metalle aus Schwefel
und Queksilber bestehen, hat Lull mit vielen andern
gemein; aber er spielte schon mehr, als seine Vorgän=
ger, mit einem geheimen Sinn seiner Worte [d]), und
suchte ihn [e]) durch Bilder und Figuren, die sonst da=
zu gebraucht werden, abstractere Begriffe anschaulicher
darzustellen, noch mehr zu verbergen; auch er nimmt
nur einen Stein der Weisen an [f]), vergleicht seine
Bereitung mit der Verdauung, Bereitung des Blu=
tes und Ausscheidung der übrigen Säfte im thierischen
Leibe [g]), und schreibt ihm eine vervielfältigende Kraft [h])
zu;

[b] dies hat unter andern H. Pr. Tiedemann a. a. O. B. V.
1791. Hauptst. II. S. 58. ꝛc. gethan.

[c] Testamentum. K. XXXVII. bei Manget a. e. a. O.
S. 730. 731.

[d] Ebendas. K. XXXIX. S. 832. "Scito fili, quod plures
libros nostros legent et eos intelligere non poterunt,
quia in eis erunt ignoti et abconditi, atque cooperti
laemini principales nostri veri intellectus."

[e] Testamentum. K. II - V. bei Manget a. e. a. O. S.
709 - 712. und Practica super lapidem philosophiae. K.
III - IX. XXXIII. bei Manget a. e. a. O. S. 764 - 766,
777 - 778. er verbietet vielmehr ausdrücklich, das Geheim=
nis vollends einem Unwürdigen zu offenbaren. S. Rosar.
philos. practic. Testament. novissim. und Theoria.

[f] Testamentum. K. VII. bei Manget a. e. a. O. S. 714.
"Dicimus, quod non est nisi unus Lapis philosophi=
cus."

[g] Testamentum. K. XVI. bei Manget a. e. a. O.
S. 718.

zu; ſagt aber doch, daß man ihn allenthalben finde[i]), und warnt bei ſeiner Bereitung vor einem zu ſtarken Feuer [k]), ſo wie vor dem durch Alchemie bereiteten Golde [l]). Auch er kannte und gebrauchte den Wein= ſtein, den er deſtillirte [m]), brannte das Laugenſalz dar= aus [n]), und kannte das durch Zerflieſen deſſelbigen ent=

h) Teſtament. noviſſim. B. I. bei **Manget** a. e. a. O. S. 798. „in ſpatio 15 dierum efficitur una gumma car= bunculi, cuius una gutta proiecta ſuper Mercurium vi= vum habet poteſtatem convertendi mille millium partes in verum aurum, ſicut nos fecimus ſine iuvamento ignis." S. auch Compend. anim. transmutation. bei **Manget** a. e. a. O. S. 857. et epiſtol. accurt. lap. bened. ebend. S. 867. Codicillus. C. L. bei **Manget** a. e. a. O. S. 902. ſie war es, durch die er König Eduard Gold zu 6 Millionen Roſenoble verſchaft haben ſoll. ſ. **Cre= mer** a. a. O. S. 535.

i) Teſtamentum. K. XXXVIII. bei **Manget** a. e. a. O. S. 731. "propter hoc dicimus, quod in omni loco no= ſtrum Lapidem reperias."

k) ebend. K. LXVI. bei **Manget** a. e. a. O. S. 748. "Ideo fili, attende, quod talis humiditas, in qua ho= ſpitatur naturalis calor, non ſeparatur penitus a corpo= re per ignem exceſſivum extraneum — Nam poſtea trahere non poſſet, nec convertere lapidis nutrimentum, quia non eſſet principale agens, etiam multiplicatio de= periret omnino."

l) Teſtamentum noviſſim. B. II. K. XXI. bei **Manget** a. e. a. O. S. 818. "Attamen omnibus dicimus, quod ipſi caveant ab auro facto per artem alchymiae"

m) Experimenta bei **Manget** a. e. a. O. I. Exp. I. S. 826.

n) A. e. a. O. S. 826. 827. Auch aus dem, was nach dem Ueberziehen des Geiſtes vom Wein zurükbleibt. Teſta= ment. noviſſim. B. I. bei **Manget** a. e. a. O. I. S. 791. aus Rebenaſche und Weinhefen compend. art. alchy= miae. B. II. K. I. ebend. S. 879.

entstehende sogennante Weinsteinöl o); so wie die Art das Salz aus der Asche ganz rein darzustellen p); auch er kannte das Scheidewasser q), dessen Bereitung r) er lehrte, und seine auflösende Kraft nicht blos auf Quecksilber, sondern auch auf andere Metalle s), das Königswasser und seine Kraft auf das Gold t), kannte den versüsten Salpetergeist, den er freilich auf eine mühsame und verwikelte Weise erhielt u), kannte sehr wohl

o) Experimenta bei Manget a. e. a. O. S. 826. "Cum ergo corpus fuerit calcinatum et album, tum illud extrahe, et trituratum in humido super marmoreum lapidem constitue, cooperiendo ne pulveres supercadant, et sordes aliae. Atque hoc modo dissolve."

p) Experimenta. Exp. III. bei Manget a. e. a. O. I. S. 828.

q) Aqua fortis acuta. Aqua calcinativa. Testament. K. LXII. bei Manget a. e. a. O. S. 745.

r) Testament. noviss. B. I. bei Manget a. e. a. O. S. 803. 805. Experimenta. nr. XVI. ebend. S. 835. Vitriol und Salpeter sind in allen diesen Vorschriften.

s) Compendium anim. transmutation. bei Manget a. e. a. O. I. S. 786.

t) Compend. art. alchym. B. II. K. IV. bei Manget a. e. a. O. I. S. 879. "Tertio solem calcinatum pone in aqua salis armoniaci et salis nitri, et statim dissolvetur."

u) Experiment. nr. XXVI. bei Manget a. e. a. O. I. S. 841. wo er auch den Rath gibt, die Vorlage in eine Schale mit kaltem Wasser zu legen. "Accipe aquam vitae ardentem, ita ut comburat lineum pannum: postea accipe vitriolum, remotum ab omni phlegmate, ita ut super ignem bulliat sine liquefactione. Salem nitri optimum, alumen rochae dephlegmatum et desiccatum, omnium praedictorum libram unam; Post accipe tartari albi calcinati, cinnabrii autem ana mediam libram: singula queque contere, et transmitte per cribrum: postea com-

wohl Weingeist [x]), den er unter mancherlei Namen [y]) aufführt, seine Reinigung durch wiederholtes Ueberziehen [z]), und durch Weinsteinsalz [a]), und bereitet damit aus starkriechenden und gewürzhaften Gewächsstoffen Essenzen [b]), erwähnt des Alauns von Rocca [c]), und des Markasits [d]), des weissen Präcipitats [e]), des rothen Präcipitats [f]), des flüchtig laugen=

[x] commisce et pone intra stortam, et superinfunde aquam vitae praedictam: annecte receptaculum iuncturis optime clausis luto prius optime desiccato &c."

[x) was aus mehreren Stellen seiner Werke deutlich erhellt. S. z. B. Testament. novissim. B. I. bei Manget a. e. a. O. I. S. 792. Von ihm sagt er z. B. a. e. a. O. "Est consolatio ultima corporis humani."

[y] Aqua vitae ardens, Argentum vivum vegetabile, u. a. Testamentum novissim. B. I. bei Manget a. e. a. O. I. S. 791. 795. 808. Lux mercurior. ebend. S. 825. comp. anim. transmutat. ebend. S. 853.

[z] Testament. novissim. B. I. bei Manget a. e. a. O. S. 791. 805. Lux mercuriorum. ebend. S. 825. Codicillus. K. XXXIX. ebend. S. 892.

[a] Testament. novissim. B. I. bei Manget a. e. a. O. S. 808. compend. art. alchym. Th. II. K. 1. ebend. S. 879. auch gibt er es als ein Zeichen eines recht gereinigten Weingeistes an, daß er Leinwand anzünde, worüber er gegossen werde, wenn man ihn anzünde. Experiment. n. XXVI. ebend. S. 842.

[b] Compend. anim. transmutat. bei Manget. a. e. a. O. I. S. 780. 853. Testament. novissim. B. I. ebendas. S. 791.

[c] Testament. K. LVII. bei Manget a. e. a. O. S. 742. Experim. nr. XXVI. ebend. S. 842.

[d] Testament. K. LVII. bei Manget a. e. a. O. S. 842.

[e] Experim. n. XVI. bei Manget a. e. a. O. S. 835. "accipe aquam, quam servasti (argentum vivum aqua forti dissolutum), ac in eo ponas dimidium unciae de sale armoniaco superius praeparato, ac medium unciae de sale vegetabili primi experimenti."

[f] a. e. a. O.

genhaften Geiſtes g), ſeines Gerinnens mit Weingeiſt h),
des kupellirten Silbers i), und zuerſt eines durch Diſtillation mit Waſſer aus Rosmarin erhaltenen Oels k),
bediente ſich eines auch wohl mit Eiweis vermiſchten
Meelkleiſters auf Leinwand geſtrichen l); zum Verkütten
der Gläſer, welche im Feuer mit einander vereinigt
werden ſollen, und des mit Haren vermengten Lehms m)
zum Beſchlagen der Glaskolben, auch wenn ſie in
ein n) mit Sägeſpänen geheiztes Bad von Treſtern,

Joh-

g) aus faulem Harn. Experim. n. V. bei Manget a. a.
    O. S. 829. 830.

h) Experiment. n. VII. bei Monget a. e. a. O. S. 831.
    "Hic etiam ſpiritus habet proprietatem congelandi ſpiri-
    tus vegetabiles, vel aquam vitae perfecte rectificatam.
    Nam eam in ſalem convertit, qui plurimas proprietates
    et virtutes excellentiſſimas habet. - Quare certificati ſu-
    mus, ac maximam animi iucunditatem accepimus, et
    cum primum noſtrorum ſociorum quidam nobis decla-
    ravit, id ipſum propriis oculis vidiſſe, ſummam admi-
    rationem ex ea accepimus, ac protinus experimento com-
    probavimus rei ipſius veritatem."

i) Teſtam. noviſſ. B. I. bei Manget a. e. a. O. I. S. 813.
    Experiment. n. XVI. bei Manget a. e. a. O. I. S. 835.

k) Experiment. n. V. ebend. S. 829. "Poſtquam ſingulo-
    rum individuonum dictorum lentiſſimo igne aquae diſtil-
    latae fuerint, amoto priori recipiente aquam diſtillatam
    optime occluſam ſervabis, et annexo altero recipiente
    augebis ignem, ut deinde diſtillet oleum cuiusque,
    quod proiicias, quia nihil valet, excepto eo, quod ex
    rore marino extraxeris. quod ſervabis, eam in ſe ali-
    quid virtutis contineat."

l) Teſtament. B. II. K. 9. bei Manget a. a. O. I.
    S. 765. Experiment. n. VI. ebendaſ. S. 830.

m) Teſtament. B. II. K. 9. bei Manget a. e. a. O.
    S. 765.

n) ebend. S. 765. 766. Teſtament. noviſſim. B. I. bei
    Manget a. e. a. O. S. 883.

Lohſtaub Aſche °) u. d. geſezt werden ſollen, und wegen
ſeiner Hize ſehr oft ᴾ) des Pferdemiſtes, den er zu dieſem Zwec zuweilen noch mit Kalk verſezte. Auch er
ſchreibt dem trinkbaren Golde ᑫ), ſo wie dem Stein der
Weiſen ʳ), unglaubliche Heilkraft zu.

Die Anzahl ſeiner Schriften ˢ) und ihrer Erklärer ᵗ)
iſt ſo gros, daß, wenn man auch annimmt, es ſeien
meh-

o) Teſtament. noviſſ B. I. bei Manget a. e. a. O. S.
790. 805. u. a. a. O.

p) Elucidat. Teſtament. K. 4. bei Manget a. e. a. O.
S. 824. Experim. n. VI bei Manget a. e. a. O.
S. 829. Codicill. K. XXXIX. bei Manget a. c. a. O.
S. 892.

q) Poteſtas divitiar. K. VII. bei Manget a. e. a. O.
S. 867. ſo daß er, als er in ſeinem hohen Alter etwas
davon nahm, mit einem mal jung und munter wurde.

r) Teſtament. B. II. K. XXXI. bei Manget a. e. a. O.
S. 776; der ſagt auch: omnes divitias huius mundi pro nihilo, imo pro ſtercore reputabis.

s) P. Borell erzählt (a. a. O. S. 147.), Liebhaber zu
Paris haben ein Verzeichnis von 4000 Schriften Lulls;
er ſelbſt erinnert ſich (a. e. a. O. S. 141.) nur von 60
Bänden geleſen zu haben, die er doch lange nicht alle
ſelbſt geſehen hat; andere (Lenglet du Fresnoy hiſtoire de la philoſophie hermetique. à la Haye. 8. B. III.
S. 224.) ſprechen von 500: Ein groſer Theil derſelbigen
findet ſich beiſammen abgedrukt in Raymundi *Lulli* opera. Argentorat. 8. 1597. 1617. 1651. in Raymundi
Lullii faſciculus aureus. Francof. 1630. 8. Raym. *Lullii* Libri aliquot chimici; cura M. *Toxitae* edit. 8. Baſil. 1572. Colon. 1577. und in Fondement de l'artifice
univerſel, ou diverſes oeuvres de Raym. *Lulle* traduit
du latin par R. S. ſieur de *Vaſſi*. Paris. 1632. 12. einige auch in Raymundi *Lullii* opuſcul. chimic. Norimb.
1546. 4. Teſtamentum, mercuriorum liber, apertorium, repertorium, artis intellectiva theorica et practica, et magia naturalis. Colon. Agripp. 1566. 1573.
und

mehrere, welche ſeinen Namen tragen, nicht von ihm
ſelbſt ᵘ), und ſelbſt die übrige drehen ſich immer um
gewiſſe Hauptgedanken, es kaum zu begreifen iſt, wie
ſie Raimund in den wenigen Jahren, in welchen
er ſich mit den Wiſſenſchaften beſchäftigte, bei ſeinen
beſtändigen Reiſen, und bei den vielen weitſchichtigen
Entwürfen ganz anderer Art, die er machte, und zum
Theil ausführte, zu Stande bringen konnte: dahin
gehören 1) Practica artis ˣ); 2) de ſecretis naturae ſive
quinta

und 1597. Teſtamentum noviſſimum, Vademecum, de
transmutatione metallorum, medicina magna etc. Baſil.
1572. 8. Mercuriorum liber, continens 52 capita. Colon. 1567. 8. Seine übrige nicht hieher gehörige Schriften ſind zu Strasburg 1597. und 1609. 8. zuſammen erſchienen.

t) als z. B. in J. H. Cardilucius Magnalia medico-
chymica continuata. Nürnb. 1680. 8. n. X. XII. Grund-
ſätze aus der toſcaniſchen in die teutſche Sprache überſe-
tzet, des Gieberin Eben Haen oder Gebers und Raymundi Lullii Schriften deſto beſſer zu verſtehen. Hoff.
1723. 8. D. J. Gerhard Commentar. in Repertorium Raym. *Lullii* de lapide philoſophorum. Tubing.
1641. 8. Artis Lullianae ſecretum. Paris. 1620. 8. *Lullius* redivivus denudatus, oder 34 Kunſtproben aus dem
latein. überſetzt und mit Anmerkungen erläutert. Nürnberg. 1703. 8. F. Braceſchi Lignum vitae ſ. dialogus.
ex italico in latinum verſus a G. *Gratarolo,* quo R. *Lulli*
ſcripta explicantur bei Manget a. e. a. O. I. S. 911. ꝛc.
und Vera alchim. doctrin. Baſil. 1572. 8. n. II. A.
Brent Handgriff Raym. Lullii. Amberg. 1606. 8. l'art
de R. *Lullius.* Paris. 1719. 12. und analyſis partis practicae R. *Lullii* in teſtamento. bei Manget a. e. a. O.
I. S. 778.

u) Lenglet du Fresnoy erklärt (a. a. O. S. 224.) nur
diejenige für ächt, welche Manget in ſeine Bibliothe-
cam chemicam aufgenommen hat.

x) Lugd. 1523. fol. und Theatr. chimic. Argent. 8. Vol.
IV. n. 98.

quinta effentia. L. I. II. ᵉ); 3) Codicillus f. Vademecum ᶠ); 4) Teftamentum duobus libris univerfam artem chymicam complectens ᵍ); 5) Liber mercuriorum ʰ); 6) Clavicula, quae apertorium dicitur ⁱ);
7) Praxis univerfalis magni operis ᵏ); 8) Theoria lapidis feu teftamentum ˡ); 9) Practica ᵐ); 10) Compendium animae transmutationis artis metallorum ⁿ);

11)

e) Zugleich mit Albertus Magnus de mineralibus et rebus
metallicis. 4. Auguft. Vindel. 1518. und Venet. 1521.
8. Argentor. 1541. Venet. 1542. Colon. 1567. und Bafil. 1572. Erklärung der Geheimniffe, wie der lapis
philofophorum gefunden und die Univerfalmedicin erlangt
werden, aus dem latein. Frankf. 1602. 12.

f) Colon. 1563. und 1572. 8. Rothomag. 1651. 8. ift
wohl Vademecum ou abrégé de l'art transmutatoire de
Raym. *Lulle* à Paris. 1627. 12. und avec le miroir d'alchemie de *Bacon* et *Calid.* à Paris. 1612. 12. ebendaffel-
bige Werk?

g) 8. Colon. 1568. und 1573. Rothomag. 1663. bei Manget a. e. a. O. I. S. 707. ꝛc.

h) Colon. 1567. 8.

i) cum Dan. *Brouchhufii.* Lugd. 1598. 8. Theatr. chimic.
Vol. III. n. 75. bei Manget a. e. a. O. I. S. 872.
Clavicule de Raym. *Lulle.* à Paris. 1653. 8. auch im al-
chymiftifchen Siebengeftirn. Hamburg. 1675. und 1697.
8. n. 3. und mit *Richard.* Anglici Corrector alchymiae.
Strasburg. 8. 1581. und 1596. n. 2.

k) Theatr. chimic. B. II. n. 57.

l) Ebend. B. IV. n. 98.

m) Ebend. B. IV. n. 98.

n) ad Rupertum Anglorum (Scotorum) Regem. De alchimia opufcula complura veterum philofophorum. Francof. 1550. 4. u. V. Theatrum chimicum. B. IV. n. 99.
und bei Manget a. e. a. O. B. I. S. 780. ꝛc. und 853 ꝛc.

11) Liber de alchimia °); 12) Magia naturalis ᵖ);
13) et Hermetis ſecreta ſecretorum, cum Alvetano et
Aquinate �q); 14) Codicillus ſeu Cantilena ʳ); 15)
Lux mercuriorum ˢ); 16) Ultimum teſtamentum ᵗ);
17) Elucidatio teſtamenti ᵘ); 18) Poteſtas divitiarum
cum expoſitione teſtamenti Hermetis ˣ); 19) Compendium artis magicae, quoad compoſitionem lapidis ʸ); 20) De lapide et oleo philoſophorum ᶻ); 21)
Modus accipiendi aurum potabile ª); 22) Compendium alchimiae et naturalis philoſophiae ᵇ); 23) Lapi-
darium ᶜ); 24) De tincturis metallorum ᵈ); 25) Te-
ſtamen-

---

o) Norimb. 1546. 8. Gehört wohl hieher: Raim. Lullii Handgriff oder Anweiſung in der güldenen Kunſt der
Alchimey, deutſch herausgegeben von A. Brenz. 8.
1611. und 1616?

p) Norimb. 1546. 8. und 4. Colon. 1592. 8.

q) Colon. 1592. 8.

r) ad Regem Anglorum. Colon. 8. 1553. 12. 1576. bei
Manget a. e. a. O. B. I. S. 880.

s) bei Manget a. e. a. O. B. I. S. 824.

t) Artis auriferae, quam chemiam vocant. Baſil. 8. 1610.
Vol. III. n. I.

u) ad regem Odoardum. a. e. a. O. n. II. und bei Manget a. e. a. O. B. I. S. 823. ꝛc. auch im alchymiſtiſchen
Siebengeſtirn. nr. II.

x) Artis auriferae ꝛc. B. III. n. III. und bei Manget a. e. a.
O. B. I. S. 866 ꝛc.

y) Artis auriferae ꝛc. B. III. n. IV.

z) Ebend. n. V. bei Manget a. e. a. O. B. I. S. 878. ꝛc.

a) Artis auriferae ꝛc. B. III. n. VI.

b) Ebend. nr. VII. und bei Manget a. e. a. O. I. S. 875.

c) Artis auriferae ꝛc. B. III. n. VIII.

d) de alchimia opuſc. complura veter. philoſoph. Francof.
1550. 4. n. VIII.

ſtamentum noviſſimum e); 26) Experimentum f);
27) Ars compendioſa g); 28) Epiſtola accurtationis h);
Mehrere haben Borell i) und Lenglet du Fres
noy k) aufgezeichnet, von welchen einige noch in Hand
ſchriften vorhanden ſind.

Weit mehr gebildet und in den wiſſenſchaftlichen
Kenntniſſen ſeines Zeitalters unterrichtet, aber auch
mit der ganzen Rüſtung ſcholaſtiſcher Grillen bewaf
net, und mit den damals gangbaren Vorurtheilen von
Sterndeuterei und Hexerei angeſtekt war Arnold Ba
chuone l), der am Ende des dreizehenden Jahrhun
derts als Lehrer zu Barcellona ſtand, wo er auch unter
Caſamila m) ſeine Kunſt erlernt hatte, dem König
Peter

---

e) bei Manget a. e. a. O. B. I. S. 790. ꝛc. auch beſonders
  Baſil. 1572.

f) bei Manget a. e. a. O. B. I. S. 826. ꝛc.

g) quam vademecum appellant. a. e. a. O. S. 849. ꝛc.

h) miſſa olim Roberto regi. a. e. a. O. S. 863. ꝛc.

i) a. a. O. S. 141 — 147. 194. 246 — 248. 267.

k) a. a. O. B. III. S. 210 — 225.

l) Mariana a. a. O. B. XIV. K. 9. S. 628. Brzovius
  a. a. O. ad ann. 1310. n. 14. S. 153. Natalis Ale
  rander hiſtor. eccleſiaſtic. B. VII. S. 102. Boulay
  a. a. O. B. IV. S. 121. Symphor. Champier de me
  dicinae claris ſcriptoribus. fol. XXXVI. Ol. Borrich
  a. a. O. S. 128. 129. *Arnaldi* vita praepoſita eius Oper.
  omnib. cum Marc. *Taurelli* annotation. Baſil 1585. fol.
  Fabricius Bibliothec. med. et infim. latinitat. Th. I.
  S. 358. J. Freind a. a. O. B. III. S. 251 — 259.
  Hamburgiſche Berichte von gelehrten Sachen vom Jahr
  1736. n. 25. und 33.

m) Breviarium practicae, prooemium in Oper. omnib.
  cum N. *Taurelli* in quosdam libros annotationibns. Ba
  ſil. 1585. S. 1055. "Poſt obitum bonae memoriae ma
  giſtri Joann. Caſamidae, medicinalis ſcientiae profeſſo
  ris reverendiſſimi, d. d. mei et magiſtri ſpecialis".

Peter von Arragonien, zu welchem er als der berühm=
teſte Arzt ſeines Zeitalters berufen wurde, den Tod an=
kündigte ⁿ), wegen ſeiner anſtöſigen Lehrmeinungen
von der ſpaniſchen Inquiſition verfolgt und von dem
Erzbiſchofe zu Tarragona in den Bann gethan, ſich
nach Paris flüchtete, aber auch da bald in den Ruf ei=
nes Goldmachers kam, der mit dem Teufel im Bunde
ſtehe, und ſich daher als ein Vertriebener nach Mont=
pellier °), Rom ᴾ), Bologna �q), Florenz ʳ), Nea=
pel ˢ), zulezt nach Sicilien begab; da ſtand er bei
Kaiſer Friedrich II ᵗ) in groſem Anſehen; dieſer ſchikte
ihn als Arzt im Jahr 1312 an Pabſt Clemens V; er
blieb aber auf der Reiſe zu ihm in einem Schiffbruche,
und wurde noch nach ſeinem Tode in ſeinen Schriften
von den Bettelmönchen verfolgt.

Auch er nahm ᵘ) das Quekſilber als Beſtandtheil al=
ler Metalle an, erkannte auch nur einen ᵛ) Stein der
Wei=

n) Indic. rerum ab Arragoniae regibus geſtarum. B. II.
bei Scottus a. a. O. B. III. S. 132.

o) Breviarium practicae. B. I. K. XXXVI. Op. omn. S.
1156.

p) Breviar. B. II. K. I. Op. omn. S. 1184. und K. XIII. S.
1217. wo er auch Pabſt Alexander IV und ſeinen Neffen
gekannt zu haben ſcheint. ebendaſ. B. I. K. XXI. S. 1110.
und B. II. K. XIII. S. 1217.

q) Breviar. B. III. K. I. Op. omn. S. 1325.

r) ebend. K. IX. S. 1546.

s) Breviar. practic. B. II. K. XXX. S. 1253. K. XXXII.
S. 1261. 1262. B. III. K. I. S. 1324.

t) Breviar. practic. B. I. K. XX. S. 1102.

u) Theſaurus theſaurorum et Roſarius philoſophorum. K.
II — VII. Op. omn. S. 1995 — 2000.

v) Ebend. K. VI S. 1999. "Eſt enim lapis unus"

Weisen, dem er sehr vermehrende ˣ⁾, und ʸ⁾, so wie
dem Golde ᶻ⁾, und seinem ᵃ⁾ Goldwasser (aqua auri),
sehr

x) Ebend. K. XXXI. S. 2027. "Postea pone unam partem
istius medicinae ultimo congelatae super 100 partes mercurii abluti, et fiet totum aurum vel argentum in omni
iudicio".

y) a. e. a. O. "Sic enim habet virtutem efficacem super omnes alias medicorum medicinas, omnem sanandi infir-
mitatem tam in calidis, quam in frigidis aegritudinibus,
eo quod est occultae et subtilis naturae; conservat sani-
tatem, roborat firmitatem, virtutem, et ex sene facit
iuvenem, et omnem eorum expellit aegritudinem, venenum declinat a corde, arterias humectat, contenta
in pulmone dissolvit, et ulceratum consolidat, sanguinem mundificat, contenta in spiritualibus purgat, et ea
munda conservat. Et si aegritudo fuerit unius mensis,
sanat una die; si unius anni, in duodecim diebus: si ve-
-ro fuerit aliqua ex longo tempore, sanat in uno men-
se, et non immediate. Haec medicina super omnes alias
medicinas et mundi divitias est sane perquirenda: quia
qui habet ipsam, habet incomparabilem thesaurum."

z) de vinis. Oper. omn. S. 591. "praeter virtutes, quas
habet ex proprietate, a natura insunt ei ex influentia
coeli specificae virtutes aliae; quoniam scissura facta cum
eo non tumescit, et propter suam perennitatem est quasi
stella coeli, quoniam ipsum est impossibile neque um-
bratur, neque dissolvitur, neque corrumpitur, est quasi miraculum in via naturae, cum sit res composita ele-
mentaris, confortat visum, sincerat super omnia substantiam cordis, et mineram vitae: curat lepram, et refrae-
nat illam proprie".

a) Nach aller Wahrscheinlichkeit eine Art sogenannter Goldtinctur, die, wenn auch, doch gewis sehr weniges, Gold
hält (de conservanda iuventute. K. II. Oper. omn. S.
818. "Et est sciendum, quod innovatio et confortatio
cutis fit cum potatione aquae auri purissimi proprie;
ipsa namque alopiciam curat et tineam, transmutat corpus humanum, sincerat et innovat ipsum, et virtus mul-

tarum

ſehr groſe Heilskräfte zuſchrieb, übrigens aber das
ächte

tarum rerum approximat huic operationi: ſed ipſa eſt,
quae praedictum miraculum facit, et quae non corrumpitur et complexioni humanae eſt conveniens, neque ca-
lefacit, neque infrigidat, neque humectat, neque deſic-
cat, immo omni temperamento eſt temperata, omnem-
que rem excedit in temperantia, et perennitate, quam
habet: etiam ſubvenit ſtomacho frigido, timoroſos facit audaces, cardiacos confortat. Valet contra melan-
choliam et alopiciam, calorem naturalem confortat et
temperat, nec eſt res, quae huic comparari poſſit. Virtus eius in ſua manifeſtatur ſubſtantia, quare eſt in eo
caliditas, ideo clarificat, et in eo eſt magna temperantia, ideo magnum temperamentum efficit ſuper omnem
rem, et ideo eſt perennitas: conſervat corpus humanum,
et in eo eſt aſſimilatio complexioni humanae, ideo incor-
poratur, ſi praeparatur, ut decet: et in eius praeparatione eſt totum ſecretum, quod ſapienter propter invi-
diam occultaverunt. Confirmat autem et ſincerat cordis
ſubſtantiam, et ſuae puritatis impreſſione omnem deii-
cit impuritatem ab eo, tuetur illud, clarificat ſpirituum
ſubſtantiam, movet ſanguinem ad cutim, inducit pulcri-
tudinem iuvenilem, et abſtergit abſterſione levi”. Nach
andern Stellen dieſes Werks (K. III. S. 831 — 833.)
ſollte man ſchliesen, daß es nichts anders, als ein ziemlich waſſerfreier, und von Rosmarinblumen und Gewürzen, welche man darinn eingeweicht hat, gelb gefärbter
und mit Zuker verſüßter Weingeiſt geweſen ſeye “ut di-
catur auri aqna ratione nobilitatis er coloris. et ſit for-
ſitan aqua vitae, in qua ſpecies aut tantum flores roris
marini aut his rebus ſimiles bullitae ſeu mollificatae
fuerint, quoniam tunc contrahit aqua illa colorem auri etc. “Species vero, quae ipſum intrant, ſunt cinnamomum, grana paradiſi, garyophylli, cubebae, liqui-
ritia, ſaccharum, et ſimilia, et quae ipſam contempe-
rant; ſunt ſuccus granatorum, aqna roſarum, ſaccharum et ſimilia — Sermo ſuper aquam vini: quidam appellant eam aquam vitae, et certe quibus expedit, bene
conſonat nomen rei, ita quod dixerint aliqui ex modernis, quod ſit aqua perennis, et aqua auri propter ſu-
blimi-

ächte Gold sorgfältig von dem alchemischen unterschied [b]) : er kannte schon den Wismuth [c]), den Weinstein [d]), die Scharlachkörner [e]); lehrte schon die Verbesserung des Weins durch Einkochen des Mostes [f]), und die Bereitung

blimitatem operationis ipsius — Etiam curati funt cum ea fimplici vel artificiata ex rebus, quae expediunt, paralytici, quartanarii, epileptici, albugines oculorum, cancer oris, et aliorum locorum, calculofi fimiliter, hydropiei et ilipfi — Prudens igitur lector coniungendorum vires mifceat — — cum virtute roris marini, falviae — confervatur melius in vafe aureo — ipfa nempe propter fubtilitatem penetrat poros corporis vafis — Vidi, quod quidam pro necefitate deferendi ad locum pofuit in vafe, et ea acquifivit colorem lacteum · Ipfa permifcetur cum vino et lavatur facies, et efficit eam iuvenilem. Et quendo ponitur in eam aliquid de mufco, eft res mirabilis". Auch der Goldwein, der durch Ablöschen einer glühenden Goldplatte in Wein erhalten wurde, ftund in grofem Anfehen (de vino Oper. omn. S. 590. 591.). So hatte man alfo schon damals Arzneien, die nach dem Golde genannt wurden, ohne Gold zu halten.

b) de vinis. Oper. omn. S. 591. " Fallunur in hoc alchimiftae: nam etfi fubftantiam et colorem auri faciunt, non tamen virtutes praedictas in illud infundunt".

c) unter dem Namen Marcafita. Speculum introductionis medicinae. Oper. omn. S. 38. follte der Loto (Löthmetall oder Metallloth) Rofarius philofophor. K. H. Oper. omn. S. 2002.) eben diefes Metall, oder ein Gemeng aus Blei und Zinn bezeichnen, in deren Gefellfchaft er erwähnt wird?

d) de ornatu mulierum. Oper. omn. S. 1661.

e) unter dem Namen brafilium zur rothen Schminke mit Alaun. a. e. a. O. S. 1664.

f) de vinis. Oper. omn. S. 558.

reitung der Quekſilberſalbe g), auch einer flüſſigen Arz⸗
nei, zu welcher Sublimat kam h); er warnte nachdrüklich
vor dem Gebrauche kupferner Gefäſſe in Küchen und
Apotheken i), und muthmaste ſchon von ferne den
Grund von der Schädlichkeit des Kohlendampfes k);
er deſtillirte in glaſirten irrdenen Kolben mit einem Glas⸗
helm l), und bereitete Terpentinöl m), Rosmarinöl n)
und

g) worzu das Quekſilber gewöhnlich mit Speichel abgerie⸗
    ben wurde, und ihren Gebrauch in Kräze und Auſſaz.
    Breviar. B. II. K. XLVIII. und XLIX. Op. omn. S. 1305.
    — 1307. 1309. auch er ſagt ſchon (S. 1307.) von
    etner dieſer Salben, der ſaraceniſchen: "ſanat — — ſal⸗
    ſum phlegma, educendo per os materiam" und bei einer
    andern "donec patienti dentes dolere inceperint, tunc
    ceſſetur ab unctione, et teneatur cal. et ſic ſtet, donec
    ceſſet fluxus phegmatis per gingivas" und giebt über⸗
    haupt den Rath, vor dem Gebrauche aller dergleichen
    Salben abzuführen.

h) mit Quekſilber und Zinn, und an feuchter Luft zerfloſſen,
    alſo eine Art Zinnbutter im Auſſaz. Breviar. practic. B.
    II. K. LII. Op. omn. S. 1318.

i) Antidotar. K. IX. de modo coctionis medicinarum. Op.
    omn. S. 396. "effugiat ſumme vaſa aenea, niſi forte
    pro emplaſtris aliquibus conficiendis, ut calefiant, nam
    parata in eis praecipue acetoſa, dulcia, ſalſa vel aquoſa,
    ut olera et carnes, cauſant elephantiam, cancrum, do⸗
    lorem hepatis, ac ſplenis, malitiam digeſtionis et ca⸗
    liditatem intenſam.

k) Explicatio ſuper canonem vita brevis. Oper. omn. S.
    1719.

l) Roſar. philoſophor. K. XVIII. Oper. omn. S. 2016.
    "Alembicum, in quo ſublimas mercurium ſit vitreum,
    et cucurbita terra vitreata".

m) ſein Oleum mirabile (Breviar. practic. B. I. K. XV. ad⸗
    dit. Op. omn. S. 1087.) das er durch Deſtillation des
    Terpentins mit andern Zuſäzen gewann, und äuſerlich in
    Lähmung und andern krampfichten Krankheiten gebrauchte,
    beſtand groſentheils daraus.

und Rosmaringeift °), der in der Folge unter dem Na=
men des ungarischen Waſſers noch berühmter wurde ᴾ).
Auch

n) de vinis. Op. omn. S. 589. 590. "Fit ex floribus eius
(roris marini) oleum., quod gerit vicem balfami, eſt
res arcana, cuius magifterium hoc eſt: Impletur am-
phora vitri floribus eius, clauditur cum panno duplica-
to cerato, aut cum cera et coopertorio ita, quod non
refpiret, fepelitur in arena ufque ad medium, maneat
fic ad menfem unum vel plus, flores diffolventur in a-
quam, feparetur illa aqua pura, et ponatur ad folem
per 40 dies, infpiffabitur aqua illa ad modum olei five
balfami".

o) de vinis. Oper. omn. S. 589. "Vinum de rore marino:
inquit *Anazares*, cum eſſem in Babylonia, accepi cum
multa folicitudine et precum inftantia a quodam anti-
quiffimo medico Saraceno virtutes roris marini, quas
inter fecreta, quae nemini communicare folebat, fibi
refervabat: Et dixit, quod utiliores eius operationes
funt, fic ex eo fiat vinum, deinde balneum, tertio
oleum, quod eſt in effectu inftar balfami, quarto ele-
ctuarium ex floribus eius, et aqua ardens feu vitae"
deutlicher finde ich ihn noch nicht befchrieben, wohl aber
von J. B. Zapata, der ihn nach Arnold, wie er
(Mirabilia feu fecreta medico-chirurgica per D. *Spleis-
fium*. Ulm. 1696. 8. S. 49.) fagt, bereiten lehrte "Recipe igitur muftum bonum, fcilicet lixivum fponte de-
fluens, antequam calcentur uvae, cui vafi commiffo,
adde ftatim cymarum et foliorum roris marini partem
decimam, et ficut cum aliis fieri folet vinis, fcutella
perforata tegatur, ut effervefcat, et roris marini virtutes extrahat: Si vero lubet, poftquam aliquid mufti et
roris marini in cucurbita vitrea, cuius beneficio alias
quinta effentia eſt deſtillanda, fimul ebullierit, quintam
effentiam inde elicere; id fieri poterit; et poftquam de-
ftillata fuerit, in vas muftum alterum cum rore marino iam continens, poft huius fermentationem eſt infun-
denda. Addita enim tum modica quintae effentiae hac
quantitate, muftum eo fragrantius et efficacius redde-
tur". Sollte es am Ende nicht eine Art von feiner aqua
auri (Anm. a.) feyn?

F 5

Auch Arnold war, wenn anderſt alle Schriften,
welche ſeinen Namen tragen, von ihm abſtammen, ein
früchtbarer Schriftſteller; allein ein groſer Theil ſeiner
Schriften P) beſchäftigt ſich mit eigentlicher Arzneikun=
de, auch eine mit Sterndeuterei; aber ſelbſt ſeiner che=
miſchen ͬ) iſt eine nicht geringe Zahl; ſie ſind, auſer
Handſchriften, welche hin und wieder in Sammlun=
gen als Heiligthümer anfbewahrt werden ˢ): I. Antido=
tarium ᵗ); II. De vinis ᵘ); III. De aquis laxativis ˣ);
                                                    IV.

p) Opera omnia fol. Venet. 1505. und 1527. Lugd. G.
    1509. 1520 und 1552. Baſil. 1581. und 1585. Argent.
    1613. eine Handſchrift derſelbigen aus der Meibomiſchen
    Verlaſſenſchaft beſitzt die hieſige öffentliche Bibliothek;
    ſie ſcheint aus der Mitte des fünfzehenden Jahrhunderts
    zu ſeyn.

r) Omnia, quae exſtant chymica opera, coniunctim edi-
    ta opera et impenſis Hieron. *Megiſeri*. Francof. 1603.
    8. Roſarius philoſophorum, Flos florum, novum lu-
    men chemicum und andere chemiſche Schriften aus dem
    lateiniſchen überſezt von Joh. Hippodam, Frankf. am
    Mayn. 1604. 4. Frankf. und Hamburg. 1683. 8. Ar=
    nolds von Villanova chymiſche Schriften, neue Auflage.
    Wien. 1744. 8.

s) P. Borell führt (a. a. O. S.. 31.) folgende an:
    Phoenix ad regem Martinum Aragoniae ann. 1399; Cla-
    vis ſcientiae maioris cum figuris oder Clef de la grande
    ſcience de l'oeuvre philoſophique avec les figures; Opus
    ſolis; Secretum; Roſa novella, prima et ſecunda; de ſe-
    cretis naturae; liber efficax de arte noſtra digniſſimus.
    Eine Handſchrife de aqua vitae befindet ſich in der königl.
    ſpaniſchen Sammlung zu Eſcurial (Büſching bei Hal=
    ler biblioth. medic. pract I. S. 448. Eine Tabula
    ſyruporum et electuariorum und ein manuale medica-
    minum in der pariſiſchen. (Catalog. n. 6988. und 7058)
    noch eine de medicamentis conficiendis. in den brittiſchen
    (Catal. n. 6097.)

t) Op. omn.

VI. Roſarius philoſophorum ᵞ); V. Lumen novum ᶻ); VI. de ſigillis ᵃ); VII. Flos florum ᵇ); VIII. Epiſtol. ſuper alchimia ad regem Neapolitanum ᶜ); IX. Liber perfectionis magiſterii ᵈ); X. Succoſa carmina ᵉ); XI. Quaeſtiones de arte transmutationis metallorum ᶠ); XII) Teſtamentum ᵍ); XIII. Lumen luminum ʰ); XIV.

u) Op. omn. auch teutſch: Art und Eigenſchaft aller Wein und Bereitung derſelben überſetzt durch B. Hirnkofen genannt Keuwart. Wien. 1542. 4.

x) Oper. omn.

y) Oper. omn. Artis auriferae ꝛc. B. II. Baſil. 1610. nr. VII. Manget biblioth. chemic. curioſ. B. I. ꝛc. IV. S. 662. ꝛc. auch bei Ulſted Caelum philoſophorum. Lugd. 1553. 16. auch ſein Bruder Peter ſoll ein Roſarium herausgegeben haben. P. Borell a. a. O. S. 229. und ein J. de Granna (a. e. a. O. S. 31.) über parvum roſarium eine Erläuterung, die in Handſchrift vorhanden iſt.

z) Oper. omn. Artis aurifer ꝛc. B. II. n. VIII. und Manget a. a. O. S. 676. ꝛc.

a) Oper. omn.

b) Oper. omn. Artis aurifer ꝛc. B. II. n. IX. und bei Manget a. e. a. O. S. 679. ꝛc. Theatr. chimic. Argent. 8. B. II. n. 53.

c) Oper. omn. Artis aurifer ꝛc. B. II. n. X. bei Manget a. e. a. O. S. 683. ꝛc.

d) Vera alchemiae artisque metallicae doctrina. Baſil. 1572. 8. B. II. n. 3. Theatr. chemic. B. III. n. 51?

e) Vera Alchemiae artisque metallicae doctrina. B. II. n. 15.

f) Artis auriferae etc. B. III. n. XI.

g) Artis auriferae etc. B. III. n. XII. Theatr. chimic. B. I. n. 3. und? B. V. n. 162. Manget a. e. a. O. S. 704.

h) Theatr. chimic. B. III. n. 52.

XIV. Practica [i]); XV. Speculum alchemiae [k]); XVI.
Carmen [r]); XVII. Quaeftiones ad Bonifacium VIII [m]);
XVIII. Semita femitae [n]); XIX. de lapide philofophorum [o]); XX. De fanguine humano [p]); XXI. De fpiritu vini, vino antimonii et gemmarum viribus [q]); noch
mehrere hat Nazari [r]) und aus ihm P. Borell [s])
angegeben.

Roger Bako, der im Jahr 1214 bei Jlcheſter
in der brittiſchen Landſchaft Sommerſet gebohren wurde, und 1292 ſtarb [t]), ſah heller als beide. Schon
von der Natur mit groſen Anlagen ausgerüſtet, in den
zu ſeiner Zeit ſo ſehr vernachläſigten Sprachen, der lateiniſchen, griechiſchen, hebräiſchen, arabiſchen bewandert, beleſen in den Werken der Griechen, Römer
und Araber, begnügte er ſich nicht mit der frömmelnden
Unthätigkeit ſeiner Zeitgenoſſen und Mitbrüder; ſein
feuriger Geiſt, dem der wiſſenſchaftliche Geſichtskreis
ſeines Zeitalters viel zu eng war, ſuchte allenthalben
Belehrung, und, da er ſeinen Durſt nach Wahrheit
und

i) Theatr. chimic. B. III. n. 53.

k) Theatr. chimic. B. IV. n. 116. Manget a. e. a. O.
S. 687. auch einzeln Francof. 1600. und Argent. 1613. 8.

l) Theatr. chimic. B. IV. n. 117. Manget a. e. a. O.
S. 698.

m) Theatr. chimic. B. IV. n. 118. Manget a. e. a. O.
S. 698. auch einzeln Baſil. 1610. 8.

n) bei Manget a. e. a. O. S. 702.

o) bei Ulſtedt a. a. O.

p) Baſil. 1597. 8.

q) Argent. 1576. 8.

r) Concordanza di Philofophi. Brefcia. 1599. 4.

s) a. e. a. O. S. 30.

t) Wood a. e. a. O. S. 78. ad ann. CIƆCCXXVI.

und Licht weder in den Schulen, denn er beſuchte auſſer ſeinen vaterländiſchen auch die hohe Schule zu Paris, noch in den Werken ſeiner Vorgänger befriedigen
konnte, wählte er den Weg des eigenen Nachdenkens,
der Beobachtung und Erfahrung u); dieſen lange ver-
laſſenen und verkannten und doch allein zuverläſſigen
Weg zeigte er dem Naturforſcher wieder, und ſchon
dadurch würde er ſich um Zeitgenoſſen und Nachkommen unſterbliche Verdienſte erworben haben; der tiefe
Blick, den er auf dieſem Wege in das Innere der Natur that, entſchleierte ihm manche Geheimniſſe, die
vor den Augen ſeiner verblendeten Zeitgenoſſen verborgen
waren, und lehrte ihn von manchen Naturkräften eine
geſchikte Anwendung, welche den Unwiſſenden in Er-
ſtaunen ſezte: Aber eben dieſe Ueberlegenheit ſeines
Geiſtes zog ihm den geſchäftigen Neid ſeiner Kloſter-
brüder x), den Ruf eines Zauberers und Schwarzkünſt-
lers y), und was nach der Denkart ſeines Zeitalters
eine

u) Opus mai. Th. VI. K. I. S. 445.

x) die (Luc. Wadding annal. fratr. Minor. B. II. S. 449.)
vor ſeiner 1278. von Hieron. de Eſculo verdammten
Lehre gewarnt. wurden, und ihn (Wood a. a. O.
S. 138.) in Kerker warfen, aus welchem er endlich
zwar erlöſt, aber auch nach ſeiner Zurückkunft nach
England immer noch verfolgt wurde; Noch Ol. Borrich verſichert (a. a. O. S. 128.), das Haus geſehen
zu haben, in welches er ſich, um vor den Verfolgungen ſeiner Ordensbrüder ſicher zu ſeyn, flüchtete.

y) Wer den Mann blos aus der kurzweiligen, ohne Anga-
be des Jahrs erſchienenen moſt famous hiſtory of the
learned Fryer Bacon. London. 4. kennt, möchte wohl geneigt ſeyn, ihn für einen Doctor Fauſt der Britten zu
halten; aber man leſe ſein eigenes Glaubensbekenntnis,
wie es in ſeinem Briefe de ſecretis operibus artis et naturae, et de nullitate megiae (bei Manget K. II. a. a.
O.

eine natürliche Folge davon war, eines Bundes mit
dem Teufel, und zum Theil eben dadurch die Verfol=
gung der Kirche und ihres Oberhauptes ²) zu: Die Be=
griffe, welche er sich von den Metallen, ihrer Zusam=
mensezung und ihrer Verwandlung in einander machte,
                                                    sind

O. I. S. 617. 618. steht. "Quid enim de carminibus
et characteribus et huiusmodi aliis sit tenendum, con-
sidero per hunc modum.   Nam procul dubio omnia huiusmodi nunc temporis sunt falsa aut dubia : et quaedam
sunt irrationalia : quae Philosophi invenerunt in operibus naturae et artis, ut secreta occultarent ab indignis.
Sicut si omnino esset ignotum quod magnes traheret ferrum, et aliquis volens hoc opus perficere coram popu-
lo, faceret characteres, et carmina proferret, ne per-
ciperetur, quod totum opus attractionis esset naturale.
Sic igitur quam plurima in libris philosophorum occul-
tantur multis modis : in quibus sapiens debet tunc habere prudentiam, ut carmina et characteres negligat, et
opus naturae et artis probet, et sic tam res animatas
quam inanimatas videbit ad invicem concurrere propter
naturae confi(o)rmitatem, non propter virtutem car-
minis vel characteris.   Et sic multa secreta naturae et
artis existimantur ab indoctis magica.   Et magi confi-
dunt stulte carminibus et characteribus, quod iis prae-
beant virtutem, et pro assecuratione eorum relinquunt
opus naturae et artis propter errorem carminum et cha-
racterum.   Et sic utrumque genus hominum istorum
privatur utilitate sapientiae suae stultitia cogente. — —
Sed quae in libris Magicorum continentur, omnia sunt
iure arcenda, quamvis aliquid veri contineant : quia
tot falsis involvuntur, ut non possit discerni inter verum et falsum" um sich zu überzeugen, daß seine Grund=
sätze über diesen Gegenstand denen sehr nahe kommen,
deren sich auch ein Naturforscher unsers Zeitalters nicht
zu schämen hätte: S. auch Opus maius. ad Clementem
IV. ex codice Dublinensi nunc primum edidit Sam.
Jebb. London. 1733. fol. D. II. S. 249. und Th. VI. K.
II. S. 447. 448.

z) J. Freind a. a. O. Th. II. S. 244.

sind schon in der Geschichte seines Schülers, Ray=
mund Lull, berührt; auch er nahm das Quekfilber,
als Bestandtheil aller Metalle an ᵃ); auch er schrieb
dem Stein der Weisen eine vermehrende Kraft zu ᵇ),
kannte Braunstein ᶜ) als einen, den Metallen nahe
kommenden Körper, Wismuth ᵈ), und als einen vom
Vitriol verschiedenen Stoff den Alaun ᵉ); er erwähnt
nebst Albert von Bollstädt zuerst des Schiespul=
vers so deutlich, daß er seine donnernde und zerschmet=
ternde Kraft gewis gekannt haben mus ᶠ); seine Ver=
dienste

a) de alchemia libellus, cui titulum fecit speculum alchemiae. K. II. und III. bei Manget a. a. O. S. 613. 614.
"Principia mineralia in mineris funt Argentum vivum
et Sulphur. — Nam fecundum puritatem — Argenti
vivi et Sulphuris, pura et impura metalla generantur
— Ex praedictis duobus fiunt metalla cuncta".

b) a. e. a. O. K. VII. S. 616. "Grave eft etiam proiicere
super millies millia et ultra, et illa in continenti pene-
trare et transmutare".

c) a. e. a. O. K. III. S. 614.

d) a. e. a. O. K. III. S. 614.

e) a. e. a. O. K. III. S. 614.

f) Wer daran zweifeln kann, der lese folgende Stelle seiner
Schriften: Opus maius S. 474. "Similiter oleum citrinum,
petroleum, id eft, oriens ex petra, comburit, quicquid occurrit, fi rite praeparetur, nam ignis comburens fit ex eo,
qui cum difficultate poteft extingui, nam aqua non exftin-
guit. Quaedam vero auditum perturbant, in tantum, quod
fi fubito et de nocte et artificio fufficienti fierent, nec
poffent civitas nec exercitus fuftinere; nullus tonitrui
fragor poffet talibus comparari: Quaedam tantum ter-
rorem vifui incutiunt, quod corufcationes nubium longe minus et fine comparatione perturbant, quibus operibus Gideon in caftris Midianitarum confimilia, aefti-
matur fuiffe operatus. Et experimentum huius rei ca-
pimus ex hoc ludicro puerili, quod fit in multis mundi
parti-

dienſte um Gottesgelahrtheit und Heilkunde, und ſeine
noch

partibus., ſcilicet ut inſtrumento, faĉto ad quantitatem
pollicis humani, ex violentia illius ſalis, qui ſal petrae
vocatur, tam horribilis ſonus naſcitur in ruptura tam
modicae rei, ſcilicet modici pergameni, quod fortis tonitrui ſentiatur excedere rugitum et coruſcationem
maximam ſui luminis jubar excedit" und de ſecretis operibus artis et naturae, et de nullitate magiae. K. VI.
bei Manget a. a. O. I. S. 620. "nam in omnem di-
ſtantiam, quam volumus poſſumus artificialiter compo-
nere ignem comburentem ex ſale petrae et aliis. Item
ex oleo petroleo et aliis. Item ex waltha et naphtha et
ſimilibus, quod Plinius dicit in libro ſecundo. capit. 104.
civitatem quandam ſe defendiſſe contra exercitum Romanum: nam maltha proieĉta combuſſit militem armatum.
— Praeter haec ſunt alia ſtupenda naturae. Nam ſoni
velut tonitrus et coruſcationes fieri poſſunt in aëre, immo maiore horrore, quam illa quae fiunt per naturam.
Nam modica materia adaptata, ſcilicet ad quantitatem
unius pollicis, ſonitum facit horribilem et coruſcationem
oſtendit vehementem, et hoc fit multis modis, quibus
civitas aut exercitus deſtruatur ad modum artificii Gede-
onis, qui lagunculis fraĉtis et lampadibus, igne exſi-
liente cum fragore inaeſtimabili, infinitum Midianitarum deſtruxit exercitum cum trecentis hominibus"
und K. XI. S. 624. "Sed tamen ſalis petrae *Luru. Vopo
Vir Can Utriet* Sulphuris et ſic facies tonitrum et
coruſcationem, ſi ſcias artificium". Daß übrigens
Bako der erſte Erfinder des Schiespulvers war, will
ich nicht behaupten, denn unwahrſcheinlich iſt es nicht,
daß mehrere morgenländiſche Völker, wenigſtens ähnliche, Miſchungen früher kannten, wenn ſie ſie auch
nicht auf die gleiche Weiſe und zu dem gleichen Zwecke gebrauchten: So ſollen zwar die Schineſen im erſten
Jahrhunderte unſerer Zeitrechnung (Iſ. Voſſius Variar. obſervation. K. XIV. S. 83.) Schiespulver und Ge-
ſchüz gehabt haben, wiewohl ſie, auch nach dem Zeugniſſe des P. du Halde, das erſtere mehr zu Luſtfeuern als zum Kriegsgebrauch verwandten; auch die In-
dier ſcheinen ſehr frühe (N. Braſſey Halhed Code
of

noch gröſere um Sternkunde, Mechanik, Optik und
anderе

of Gentoo Laws or ordinations of the Pundits, London.
1777. 8. Einl. S. CXIII.) eine ſolche Miſchung gekannt
zu haben, wenigſtens fand man (Q. Crawford Sket-
ches chiefly relating to hiſtory, religion, learning and
manners of the the Hindoos. London. 1790. 8. S. 293 ꝛc.)
in ihren Veſtungen Hölungen in den Felſen gehauen,
aus welchen, wahrſcheinlich wie aus unſern Mörſern
Bomben, vermittelſt einer ſolchen entzündeten Miſchung
auf die Belagerer Steine geſchleudert wurden; ob das
Barawafeuer (Sakontala oder der entſcheidende Ring,
ein indiſches Schauſpiel von Kalidas, aus den Urſpra-
chen Sanſtrit und Prakrit ins Engliſche und aus dieſem
ins Deutſche überſezt mit Erläuterungen von G. Forſter.
Mainz und Leipz. 1791. 8. S. 64. 260.) mit Schiespulver gemacht war, möchte ich doch noch zweifeln, da es
nach dem wörtlichen Ausdrufe des Duſchmanta (a. e.
a. O. S. 64.) unter den Fluthen brennen ſoll, was mit
Schiespulver wohl vergeblich verſucht werden, und noch
eher mit einer dem griechiſchen Feuer nahe kommenden
Miſchung gelingen dürfte: Auch die Feuertöpfe (χυτραι
πυρος ἐσκευασμενου πληρεις), welche Leo (περι τακτι-
κης και σρατηγου ιϑ´ 56. apud Jo. Meurſium. Oper. ex
recenſ. J. Lami. Florent. fol. Vol. VI. 1745. S. 844.) bei
Seeſchlachten auf die feindliche Schiffe, die mit der Hand
geworfene Feuerröhren (δια χειρος βαλλομενοι μικροι σι-
φωνες), die mit Feuer gefüllt wurden und entzweigiengen,
und die er (a. e. a. O. S. 57.) den Feinden nach dem Geſichte
werfen hies, deuten ſo wenig als das ὑγρον πυρ, deſſen Con-
ſtantinus Porphyrogeneta (de adminiſtrando imperio K. XIII. ebend. S. 956. und K. XLVIII. S. 1084.)
erwähnt, unumgänglich auf Schiespulver; auch dieſes,
das unter Konſtantin dem Sohn Konſtantius ein Aus-
reiſſer von Heliopolis den Römern, die denn damit die
Flotte der Sarazenen bei Cyzikus verbrannten, eröfnet
haben ſoll, und das in der Folge unter dem Namen des
griechiſchen Feuers bekannt wurde, wurde durch Röhren
geworfen: Sollte die Handſchrift περι των πυρων, die ſich
von einem gewiſſen Griechen Markus in der Meadi-
ſchen Bücherſammlung (ſ. Rog. Bako Op. maius. oben

andere Zweige der Gröſenlehre und Naturwiſſenſchaften,
so

erwähnte Ausgabe, Vorrede des Herausgebers) befindet, wirklich ächt, und aus dem achten oder neunten (A. Fortis del nitro minerale. 1787. 8. S. 13.) Jahrhundert seyn, so würde wenigſtens ſo viel daraus folgen, daß man ſchon damals Schiespulver zu Raketen und Luſtfeuern gebrauchte; die Stelle iſt folgende: "Secundus modus ignis volatilis hoc modo conficitur: lib. I. sulphuris , lib. II. carbonis salicis, salis petroſi VI. libras, quaevis subtilisſime teruntur in lapide marmoreo, postea pulvis ad libitum in tunicam reponatur volatili vel tonitrum faciente: Nota quod tunica ad volutandum debet eſſe gracilis et longa, et praedicto pulvere optime conculcato repleta; tunica vel tonitrum faciens debet eſſe brevis, groſſa, et praedicto pulvere semiplena et ab utraque parte filo fortiſſimo bene ligata". So viel erhellt wenigſtens daraus, daß auch in den Abendländern Berthold Schwarz, der erſt im vierzehnden Jahrhunderte lebte, nicht wohl für den erſten Erfinder des Schiespulvers gelten kann, wenn gleich der erſte Gebrauch des Schiespulvers und des Schiesgewehrs im Kriege, nach den Zeugniſſen und Urkunden, welche J. Gramm (Scripta a Societate Hafnienſi danice edita nunc in latinum converſa. Hafn. I. 1745. und hiſtoriſche Abhandlungen der königlichen Geſellſchaft der Wiſſenſchaften zu Koppenhagen aus dem Däniſchen überſetzt von B. A. Heinze. Kiel 8. B. I. 1782. S. 6. zc.), Ch. Fr. Temler (Nye Samling af dat Kongelige Danſke Videnſkabers Skriften. Kiovenh. 4. I. Deel. 1781. S. 1. zc. Hiſtoriſche Abhandl. der Königl. Geſellſchaft zu Kopenhagen zc. S. 163 zc.), R. Watson (chemical essays. Cambridge. 8. B. I. 1781. n. X. S. 327 zc.) und Wiegleb (chemiſch. Annalen von Dr. Lor. Crell. Helmſtädt 8. 1791. B. II. S. 206 zc. 303 zc.) geſammlet und zuſammengeſtellt haben, wenn man ſie ohne Vorurtheil prüft, und die Worte nach dem damaligen Sprachgebrauche auslegt, erſt in die zweite Helſte des vierzehnden Jahrhunderts fällt; wenn einige Schriftſteller, unter den neuern Watson (a. e. a. O. S. 331.) geglaubt haben, die Mauren haben, als ſie 1342 — 1344 in Algeſiras von den Kaſtilianern belagert wurden,

so wie um Aufklärung überhaupt, werden in andern Theilen der Geschichte ausführlicher erörtert werden.

Auch die Anzahl der Werke, die er hinterlassen hat, ist nicht gering; aber viele sind noch handschriftlich in den Sammlungen seltener Bücher, vornemlich in den brittischen, und insbesondere in der Härlepischen und Bodlepischen g); andere h) gehören in andere wissenschaftliche Fächer, und noch andere i) sind offenbar

---

den, Schiesgewehr von unserer Art gebraucht, so erhellt aus der ausführlichen Erzählung eines frühern spanischen Geschichtschreibers J. Nunnez de Villasan (Chronica del Rey Don Alonso el onzeno de Castilla y de Leon. Toledo 1595. fol.), daß sie zwar griechisches Feuer und glühende Kugeln warfen, aber ohne Schiespulver und Geschüz zu gebrauchen, wie es zum Schiespulver nöthig ist; eben so verhält es sich mit der berühmten Schlacht, die 1346 bei Crecy zwischen den Engländern und Franzosen zum Vortheil der erstern vorfiel, daß man schon daher sehr geneigt war, diesen Erfolg einem neuen Kriegswerkzeuge zuzuschreiben; selbst Gram (a. e. a. O. S. 76.) und Watson (a. e. a. O. S. 330. 331.) unter den Neuern scheinen der Meinung derer beizutreten, welche sich vorstellen, die Engländer hätten diese Schlacht durch ihre Kanonen gewonnen; aber Temler beweist (a. e. a. O. S. 184 2c.) aus mehreren gleichzeitigen oder beinahe gleichzeitigen Schriftstellern, daß diese Kanonen erst von spätern Geschichtschreibern in die Beschreibung dieses Treffens eingetragen wurden.

g) Freind a. a. O. S. 233.

h) ein langes Verzeichnis davon hat S. Jebb in seiner Ausgabe von R. Baco Op. maius in der Vorrede geliefert.

i) dis gilt z. B. von Rogerina maior und minor, welche vielmehr einem Roger von Parma zugehören, und noch mehr von folgender zugleich mit Fratris Basilii Valentini Triumphwagen Antimonii. Nürnberg 1676. 8. herausgegebenen Schrift: de tinctura s. oleo stibii in curru

offenbar untergeschoben. Seine chemische Schriften,
von welchen mehrere zusammengedruckt sind [k]), sind folgende: 1) Libellus de alchimia, cui titulus: Speculum alchemiae [l]); 2) Epiſtola de ſecretis operibus
artis et naturae, et de nullitate magiae [m]); 3) de poteſtate artis et naturae [n]), 4) Medulla alchymiae [o]);
                                                    5)

triumphali antimonii cum notis J. Fabri. Toloſae. 1646.
8. oder: Von der Medicin und Arzney oder Tinctur des
Antimonii oder Spiesglaſes, Beydes in dem menſchlichen
Cörper, zu deſſelben Geſundheit und Abwendung aller
auch unheilbahren Kranckheiten und Seuchen und unvollkommenen Metallen, ihren Auſſaz zu heilen, ſie zu cla-
rificiren und in das beſte Gold zu verſetzen von Rogero
Bacone Anglo beſchrieben, dem offenbaren Machwerk eines ſpätern Schriftſtellers, von welchem z. B. Rupe-
ſciſſa eingeführt wird.

k) Sanioris medicinae Magiſtri Rogerii *Baconis* Angli de
    Arte chimiae ſcripta cum opuſculis eiusdem Autoris.
    Francof. 1603. 12. und Theſaurus chemicus. Francof.
    1603. und 1620.

l) Norimb. 1614. 4. und abgedruckt in Volum. tractatuum
    ſcriptorum rarior. de alchemia. Norimb. 1541. 4. n. V.
    Verae Alchemiae Artisque Metallicae doctrina certusque
    modus. Baſil. 1561. fol. und 1572. 8. B. I. n. V.
    Theatr. chimic. B. II. n. 43. und bei Manget a. a. O.
    I. S. 613 ꝛc. ins franzöſiſche überſezt, le Miroir d'Al-
    chemie. Lyon. 1557. 12. und avec le Calid et le Vade-
    mecum de Raymond Lulle. à Paris 8. 1612. und 1627;
    auch in divers traités d'alchimie traduits en francois.
    Lion. 1557. 8. n. I. Sollte wohl auch dieſes von einem
    ſpätern Schriftſteller ſeyn?

m) Opera J. *Dee*. Hamburg. 8. 1598. 1608. und 1618.
    und abgedruckt in Theatr. chimic. B. V. n. 167. und bei
    Manget a. e. a. O. S. 616. ꝛc.

n) in Artis auriferae, quam Chemiam vocant. Baſil. 8.
    1572. und 1593. B. I. II. 1610. B. I — III. B. II. n.
    XI. ins franzöſiſche überſezt De l'admirable puiſſance
                                                    de

5) De arte chemiae L. I. [p]); 6) Breviarium alchemiae L. I. [q]); 7) Documenta alchemiae [r]); 8) De alchemistarum artibus L. I. [s]); 9) de secretis L. I. [t]); 10) de rebus metallicis L. I. [u]); 11) de sculpturis lapidum L. I. [x]); 12) de philosophorum lapide L. I. [y]); 13) Alchimia maior [z]); 14) Breviarium de dono Dei [a]); 15) Verbum abbreviatum de Leone viridi [b]); 16) Secretum secretorum [c]); 17) Tractatus trium verborum [d]); 18) Speculum secretorum [e]).

Albert

de l'art et de la nature où est traité de la pierre philosophale, traduit par J. *Girard* de Fornus. 8. Lyon. 1557. und Paris 1629.

o) das ist: vom Stein der Weisen und den vornehmsten Tincturen des Goldes, Vitriols und Antimonii. Item eine lustige Alchemische Epistel, so Alexandro zugeschrieben worden, publiciret und in Druck verfertiget durch Joach Tanckium. Eisleben. 1608. 8.

p) J Pitsäus relationes historicae de rebus anglicis. Paris. 1619. 4. B. I. Cent. IV. K. 55.

q) Ebendas.

r) Baläus comment. de scriptor. britannic. S. 258.

s) Pitsäus a. e. a. O.

t) Baläus a. e. a. O.

u) Baläus a. e. a. O.

x) Baläus a. e. a. O.

y) Baläus a. e. a. O. sollte diese Schrift nicht untergeschoben seyn?

z) im thesaurus chemicus. sollte sie nicht mit einer der Schriften 4 — 6 einerlei sein?

a) a. e. a. O.

b) a. e. a. O.

c) a. e. a. O. Vielleicht einerley mit der Schrift nr. 9.

d) a. e. a. O.

Albert von Bollstädt stund unter allen im
gröſten Ruf der Gelehrſamkeit f) in allen wiſſenſchaft=
lichen Fächern, und ungeachtet er manchen Gedanken
äuſerte, der für ſein Zeitalter kühn genug ſcheinen
mochte, ihm auch allerlei Wahrſager= und Zauberkün=
ſte Schuld gegeben wurden g), auch bei der Geiſtlich=
keit im Ruſe der rechtgläubigſten Frömmigkeit h); er
war 1193 gebohren, legte ſich zu Padua auf die Wiſ=
ſenſchaften i), lehrte zu Kölln und nachher (1222) zu
Paris k), durchwanderte als Provinzial ſeines Ordens
ganz Deutſchland l), gieng, um die Angelegenheiten
der Bettelorden gegen die Univerſität zu Paris zu ver=
fechten,

e) a. e. a. O. Vielleicht dieſelbige mit der Schrift n. 9.

f) J. Trithemius Annal. Hirſaugienſ. S. Galli. 1690. fol.
B. I. S. 610. "Albertus etenim, qui propter inſupe-
rabilem ſcientiam omnium ſcientiarum merito cognomi-
natus eſt magnus". S. auch B. II. S. 39.

g) S. J. Trithemius a. e. a. O. B. II. S. 40. der
auch ein merkwürdiges Beiſpiel dieſer Art erzählt a. e. a. O.
I. S. 592 — 594. aber am Ende ſelbſt hinzuſezt "quae
vera ſint an falſa, haud noſtri fere credimus officii".

h) J. Trithemius a. e. a. O. S. 594. "Albertum — —
Virum credimus fuiſſe optimum et ſanctum, qui nec
diabolicis, nec prohibitis ab Eccleſia ſuperſtitionibus
impenderit ſtudioſum exercitium" und B. II. S. 40.
"homo doctiſſimus, moribus integerrimus, fide Catho-
licus meritoque vitae ſanctus, et ſemper in Chriſti amore devotiſſimus".

i) Vita app. ad B. *Alberti* de adhaerendo Deo libellum.
Antwerp. 12. 1621. S. 80. 81.

k) De mineralibus et rebus metallicis. Colon. 1569. 12.
B. IV. K. 5. S. 351. J. Trithemius a. e. a. O. I.
S. 610.

l) Vita K. XXVI. S. 202 — 204.

fechten, nach Rom [m]), wurde zwar zum Biſchoff zu
Regensburg [n]) ernannt, entſagte aber dieſem ehrenvol-
len Amte aus Liebe zur Ruhe und zu den Wiſſenſchaften, die er in jenen Zeiten nicht dabei genieſen konnte,
bald wieder [o]), und begab ſich wieder in ſein Kloſter
zu Kölln am Rhein, wo er 1280 ſtarb [p]).

Sein weit umfaſſender Geiſt ſchränkte ſich nicht blos
auf einzelne Zweige der Wiſſenſchaften ein; er war [q])
in der Gottesgelahrheit, Arzneikunde, Weltweisheit,
Gröſenlehre, vornemlich auch in der Sternkunde, am
meiſten in der Naturgeſchichte zu Hauſe, deren fleiſige
Erlernung er dringend empfiehlt, und an ſich ſelbſt
als das ſicherſte Gegengift gegen die Täuſchungen der
Alchemie [r]), und die ſinnloſe Betrügereien der Magie
und Nekromantie [s]) erfahren hatte: Auch er nahm
Schwe-

m) Ebend. K. XXIX. S. 226 — 229.

n) J. Trithemius a. a. O. I. S. 603. 610. B. II. S. 39.

o) J. Trithemius a. a. O. I. S. 603. "curas negotio-
rum ſaecularium odio habens — — et ſanctae contemplati-
onis exercitio intentus" S. 610. "pro quietis et Religionis amore".

p) non ſine miraculis et opinione certiſſimae ſanctitatis"
J. Trithemius a. a. O. S. 610. "non ſine teſtimo-
nio evidenti magnae ſanctitatis" ebend. B. II. S. 39.

q) J. Trithemius a. a. O. I. S. 593. " Magnus in
magia naturali, maior in philoſophia, maximus in The-
ologia". Mehr von ihm ſ. bei Hrn. Pr. Tiedemann
a. a. O. B. IV. Hauptſt. X. S. 366 ꝛc.

r) de rebus metallicis ꝛc. B. III. K. 9. S. 274 ꝛc. z. B.
"Sciant artifices alchimiae, ſpecies permutari non poſſe,
ſed ſimilia his facere poſſunt, ut tingere rubeum citri-
no, ut aurum videatur".

s) J. Trithemius a. a. O. B. II. S. 41. Vita a. a. O.
K. IX. S. 112. ꝛc.

G 4

Schwefel und Queksilber als Bestandtheil aller Metalle an, und suchte in den verschiedenen Stufen von Reinigkeit derselben, so wie in ihrem verschiedenen Verhältniße zu einander den Grund ihres Unterschieds [t]); nahm aber doch noch in den Metallen Waſſer an [u]); auch er erwähnt schon des Waſſerbads [v]), und als einer sehr bekannten Sache des Alembiks, den er zum Deſtillren [x]), und so wie den Aludel [y]) zum Sublimiren gebrauchte [z]), und eines Kütts, den er aus Kreide, Meel und Eiweis, oder aus Thon, Kalk, Pferdemiſt und Salzwaſſer [a]) oder Thon, Asche, Salz und Harn [b]) mischte; auch er kannte schon Schiespulver [c]),

Alaun

t) De rebus metallicis ꝛc. B. IV. K. 2. S. 334. l. de alchimia. Op. omn. B. XXI. S. 2.3.

u) ebendaſ. B. III. K. 2. S. 231. "Non autem dubium eſt, metallica congelari frigido aquae, igitur humor erit omnium horum materia".

v) Ebend. B. II. K. 6. S. 224. "Et si ponatur in alembico, hoc eſt, in vaſe aquae bullientis".

x) Ebend. B. I. K. 2. S. 21. "Diſtillat autem ultra ab ore alembici exiſtens aquae vel olei liquor".

y) Zum Auftreiben des Arseniks. ebend. B. IV. K. 5. S. 351. de alchim. a. a. O. S. 12.

z) Ebend. B. III. K. 5. S. 311.

a) de alchimia a. a. O. S. 10.

b) Ebend. S. 11.

c) de mirabilibus mundi. Francof. 1580. "Ignis volans: accipe libram unam Sulphuris, libras duas carbonum ſalicis, libras ſex ſalis petroſi, quae tria ſubtiliſſime terantur in lapide marmoreo, poſtea aliquid poſterius ad libitum in tunica de papyro volante, vel tonitrum faciente, ponatur. Tunica ad volandum debet eſſe longa, gracilis, pulvere illo optime plena, ad faciendum vero tonitrum brevis, groſſa et ſemiplena". Eben ſo

Alaun [d]), Aezsalz [e]) und zerflossenes Weinsteinsalz [f]), die Reinigung der edlen Metalle durch Blei [g]), und diejenige des Goldes durch Cämentiren [h]), so wie die Mit:

finde ich diese Stelle in einer Strasburger Ausgabe von 1493. 8. wo diese Schrift einer andern de virtutibus herbarum et animalium quorundam etc. beygefügt ist, und in einer Amsterdammer von 1648. 12. S. 218. wo sie mit dem Werk de secretis mulierum und einigen andern abgedruckt ist; aber in einer Antwerpischen, so wie in einer Köllnischen von 1492, in welchen beiden sie mit den Schriften de virtutibus herbarum, de virtutibus lapidum und de virtutibus animalium vorkommt, steht noch folgende Stelle voran, "Ignis volantis in aëre multiplex est compositio; unus fit de sale petroso, sulphure et oleo lini, quibus insimul distemperatis et in canna positis accensus ignis in aëre protinus sublimatur; alius autem fit ex sale petroso sulphure vivo carbonibus vitis aut salicis, quibus insimul mixtis et coniunctis; sed de sulphure vivo ibi vult esse minus, de sale autem et colophonia plus".

d) Alumen jameni oder rochae de alchimia a. a. O. S. 14. und daß es keine Pottasche ist, erhellt auch daraus, daß er mit halb so vielem Salpeter zum Scheidewasser genommen wird.

e) de alchimia a. a. O. S. 6.

f) ebendas. S. 7.

g) de rebus metallicis B. IV. K. 2. S. 335. "argentum et aurum proteguntur plumbo, quando purantur" und K. 4. S. 346. "Purificatur autem argentum in igne cum plumbo, et tunc per ustionem exhalat plumbum et separantur sordes ab argento".

h) a. e. a. O. K. 6. S. 361. "attenuatur aurum in laminas breves et tenues, et ordinantur in vase, ita quod quilibet ordo laminarum subtus, et supra habeat pulverem fuliginis, et salis, et lateris farinati commistorum, et decoquitur in igne forti, donec purissimum est, et consumuntur in eo substantiae ignobiles".

Mittel, unächtes Gold zu prüfen und vom wahren zu
unterscheiden [i]); die Entzündbarkeit der Blähungen [k]),
die Bleimenninge [l]), den Arsenikkönig [m]), und die
Schwefelleber [n]); er erwähnt deutlich der Glasuren mit
Menning auf Töpfergeschirr [o]), des grünen Vitriols [p]),
des blauen Zinnobers [q]), und des Schwefelkieses [r]);

er

i) a. e. a. O. B. III. K. 9. S. 278. "Qui autem per alba albi-
ficant et per citrina citrinant, manente specie metalli
priori, in materia proculdubio deceptores sunt, et verum aurum et verum argentum non faciunt, et hoc
modo fere omnes vel in toto vel in parte procedunt,
propter quod ego experiri feci, quod aurum alchimico-
rum quod ad me devenit et similiter argentum postquam 6. vel 7. ignes sustinuit, statim amplius ignitum
consumitur et perducitur, et ad faecem quasi reverti-
tur".

k) Philosophia pauperum. Th. IV. K. 17. Oper. omn.
B. XXI. S. 27.

l) de alchimia. B. XXI. S. 3. auch diejenige, die aus
Bleiweis gebrannt ist. S. 4. 8.

m) ebend. S. 9. ıc. "Arsenicum autem fit metallinum fun-
dendo cum duabus partibus saponis et una arsenici"

n) ebend. S. 12.

o) de alchymia liber. Oper. om. B. XXI. S. 4.

p) de rebus metallicis. B. V. K. 2. S. 380. 381. "Viri-
de autem (atramentum), quod a quibusdam vitreolum
vocatur".

q) unter dem Namen Azurium de alchemia liber. a. a. O.
S. 5. 8.

r) Offenbar ist sein Marcasita nichts anders: So steht de
rebus metallicis B. II. K. 11. S. 162. "Marchasita sive
Marchasida ut quidam dicunt, est lapis in substantia, et habet multas species, quare *colorem accipit* cuiuslibet metalli, et sic dicitur (blas:) Marchasita argentea et (hoch=
gelb) aurea. Metallum tamen quod colorat cum non
distillat ab ipso (was doch, wenn es Wismuth, und selbst
unter gewissen Umständen, wenn es Zink wäre, geschehen würde), sed evaporat in ignem, et sic relinquitur
cinis inutilis, et hic lapis notus est apud alchimicos

(die

er wuste, daß Arsenik und Schwefel durch Sublima=
tion aus Erzen geschieden wurden ᵖ), daß Arsenik das
Kupfer weis macht ᵠ), daß Schwefel alle übrige. Me=
talle ʳ), nur das Gold nicht ˢ), angreift, und suchte
                                              schon

(die sich vielleicht auch damals schon den Goldschein täu=
schen liesen) und B. III. K. 10. S. 276. "Es autem in-
venitur in venis lapidis, et quod est apud locum, qui
dicitur goselaria est purissimum et optimum, et toti
substantiae lapidis incorporatum, ita quod totus lapis
et, sicut Marchasita aurea" und B. V. K. 5. S. 385.
386. "Dicimus igitur, quod marchasita duplicem habet in sui creatione substantiam — — — Ipsam habere
sulphureitatem comperimus manifesta experientia. Nam
cum sublimatur, ex illa emanat substantia sulphurea
manifesta comburens. Et sine sublimatione similiter per-
penditur illius sulphureitas. Nam si ponatur ad ignitio-
nem, non suscepit illam, priusquam inflammatione sul-
phureis inflammetur et ardeat. Ipsam vero argenti vivi substantiam manifestatur habere sensibiliter. Nam
albedinem (vielleicht von einem Arsenikgehalt, der doch
bei dem Kiese nichts ungewöhnliches ist) praestat Veneri
(die bekanntlich von Zink gelb wird) meri argenti, quemadmodum, et ipsum argentum vivum, et colorem in illius
sublimatione coelestium praestare, et luciditatem mani-
festam metallicam habere videmus".

s) ebend. B. V. K. 4. S. 358. "Figitur autem Arsenicum
sicut Sulphur. Utriusque vero sublimatio ex metallorum
calcibus melior est".

t) ebend. B. IV. K. 5. S. 351. "Arsenicum — — ex acumine aeri coniunctum liquando penetrat in ipsum, et
convertit in candorem, si tamen diu stet in igne, aes
exspirabit arsenicum, et tunc redit pristinus color cupri
sicut de facili probatur in alchimicis".

u) ebend. B. IV. K. 4. S. 348. "Sulphur autem exurit argentum, quando spargitur super argentum liquefactum,
et denigratio argenti ostendit, quae hauritur per sulphur,
sicut diximus superius: sulphur enim propter affinitatem
naturae metalla adurit".

v) ebend. B. IV. K. 4. S. 348. "Ex his habetur caussa,
quare adurunt, argentum, quae non adurunt aurum,
sicut sulphur".

schon im Eisen die Ursache von der schwarzen Farbe
der Schreibtinte [x]); er warnt ernstlich vor kupfernen
Gefässen, von welchen die Flüssigkeiten grün werden [y]).

Die Anzahl der mit seinem Namen auf uns gekommenen Schriften füllt eine ganze Reihe von Foliobän-
den [z]) aus; allein der geringste Theil davon gehört der
Chemie und ihren Zweigen zu, davon nichts zu sagen,
daß auch er das Schiksal gehabt hat, daß mehrere
Schriften seinen Namen tragen, die ihn nicht verdienen [a]): 1) De rebus metallicis et mineralibus. L. quinque [b]); 2) De alchemia [c]); 3) Secretorum tractatus [d]);
4) Breve compendium de ortu metallorum [e]); 5)
                                                  Con.

[x]) ebend. B. IV. K. 7. S. 367. "propter hoc limatura
    eius (ferri) confert nigredinem atramento".

[y]) de alchimia. Op. omn. B. XXI. S. 3.

[z]) Opera omnia, recognit. per Petr. *Jammy*. Lugd. fol.
    B. I — XXI. 1651.

[a]) so ist z. B. eine Schrift des Hercules a Saxonia
    de secretis mulierum (A. v. Haller Bibl. med. pract.
    B. I. S. 433.) oft mit seinem Namen gedrukt; anderer
    ihm untergeschobener Schriften erwähnt sein Geschichts-
    schreiber P. de Prussia. Vita B. Alberti. K. XLIII.
    S. 293. 294. 296. 297.

[b]) Oppenheim. 1518. 4. Aug. Vinoel. 1519. 4. Argentor.
    1541. 8. Colon. 1569. 12. ins italiänische übersetzt von
    P. Lauro. Venet. 1557. 8.

[c]) Vera Alchemiae Artisque Metallicae doctrina. Vol. I.
    n. 8. Theatr. chemic. Vol. II. n. 46. Oper. omn. Vol.
    XXI. da Ulstedt's caelum philosophorum, Arnold
    von Bachuone und J. Meun darinn angeführt sind,
    so ist zu vermuthen, daß diese Schrift von einem spä-
    tern Schriftsteller wenigstens interpolirt ist.

[d]) Artis auriferae, quam Chemiam vocant, B. III. n. IX.

[e]) Theatr. chemic. B. II. n. 32. übersezt mit der Auf-
    schrift: Alberti Magni compendium, oder kurzer Begriff
    von Metallen. Hamburg. 1675. 8. auch im alchymistischen
    Siebengestirn. nr. 6.

Concordantia philoſophorum de lapide [f]); 6) Com-
poſitum de compoſitis [g]); 7) Liber octo capitum de
philoſophorum lapide [h]): Noch führt J. B. Naſa-
ti [i]) von ihm eine Semitam ſemitae [k]), und ein opus
optimum et veriſſimum de ſecretis philoſophorum,
und P. Borell [l]) eine Semitam rectam, eine Tra-
mitam, eine Schrift in arborem Ariſtotelis [m]), eine
Ars alchimica, eine Schrift de ſigillis lapidum, und
noch eine de generatione lapidum an.

Aber auch viele Gewerbe, welche mit der Chemie
in Verbindung ſtehen, kamen in dieſem Zeitalter mehr
in Gang; daß die Seuche der Alchemie ſchon tiefe
Wurzeln gefaſt hatte, iſt bereits erwähnt, und, daß
die Erfindung des Schiespulvers und der erſte Gebrauch
deſſelbigen in Europa in dieſes Zeitalter fällt, in der
Geſchichte einzelner Männer, die ſich in demſelbigen auszeichneten, dargethan worden; aber auch andere nütz-
lichere Gewerbe hatten in dieſem Zeitalter ihre blühen-
de Epoche: die Schmelzhütten, Metallfabriken, Töp-
ferfabriken, Glas- und Spiegelhütten, Alaun- Vi-
triol- und andere Siedereien, Färbereien nnd Apotheken wurden theils beſſer und vortheilhafter eingerichtet,
theils erweitert und allgemeiner verbreitet.

Die ſteyeriſchen Berg- und Hüttenwerke waren ſchon
im vierzehnden Jahrhundert von ſolchem Belang, daß
Herzog Albrecht II. nöthig fand, ihnen noch vor der
Mitte

---

f) Theatr. chemic. B. IV. n. 128.

g) Ebendaſ. n. 129.

h) Ebend. n. 130.

i) Concordanzia de Philoſophi. Breſcia. 1599. 4.

k) die ihm nicht zugehört. P. de Pruſſia a. a. O. S. 293.

l) a. a. O. S. 5. 6.

m) auch abgedruft in Oper. omn. B. XXI. zu Ende.

Mitte deſſelbigen eine eigene Ordnung[a]) zu geben: auch in Krain war das Eiſenwerk zu Aißnern ſchon in dieſem Jahrhundert im Flor[b]); in Mähren waren bereits Berg- und Hüttenwerke im Gange, welche K. Wenzel I. veranlaßten, ein eigenes Bergrecht aufzuſtellen, das lange auch für andere geſezmäſiges Anſehen hatte[c]), und ſelbſt dem gegen Ende des dreizehenden Jahrhunderts vom K. Wenzel II. bekannt gemachtem böhmiſchem Bergrechte[d]) zur Grundlage diente; gegen Ende des dreizehenden Jahrhunderts[e]) wurden auch die Silberbergwerke bei Kuttenberg entdeckt, die, freilich mit einiger Abwechſelung[f]) dieſes ganze Zeitalter hindurch, reichlich ausgaben; auch waren andere Silberwerke[g]), Bleiwerke[h]), und vornemlich Zinnwerke[i]) im Betrieb: Denn

a) welche wörtlich bei J. v. Sperges tyroliſche Bergwerksgeſchichte mit alten Urkunden und einem Anhang, worinn das Bergwerk zu Schwaz beſchrieben wird. Wien. 1765. 8. S. 281 — 286. ſteht

b) J. W. v. Valvaſor Ehre des Herzogthums Crain, in's teutſche gebracht durch Er. Franciſci. Laybach. fol. Th. I. 1689. S. 385.

c) Ad. Voigt Beſchreibung der bisher bekannten Münzen nebſt eingeſtreuten hiſtoriſchen Nachrichten vom Bergbau in Böhmen. Prag. 4. B. I. 1771. S. 61. Gel. Dobner Monument. hiſtor. Boëm. inedit. B. IV. 1779. S. 191-232. v. Peithner Verſuch über die natürliche und politiſche Geſchichte der böhmiſchen und mähriſchen Bergwerke. Wien. 1780. fol. S. 261.

d) v. Peithner a. e. a. O. S. 291-397.

e) Mencken Collectan. B. III. S. 1742. Stransky reipubl. Bohemic. K. II. Ad. Voigt a. a. O. I. S. 62.

f) ſo hatte z. B. 1315. der Ertrag ſehr abgenommen. Franciſcus Chronic. Pragenſe. B. I. K. 39.

g) z. B. zu Preßniz. Stranky a. a. O. S. 84.

h) v. Peithner a. a. O. S. 62.

Denn das teutsche Zinn, dessen Albert von Bollstädt[k]) gedenkt, war höchst wahrscheinlich aus diesen, da um diese Zeit weder am Fichtelberge noch im meißnischen Erzgebirge Zinnwerke im Gange gewesen zu sein scheinen; wohl aber waren in diesem Zeitalter andere Berg- und Hüttenwerke im meißnischen Erzgebirge, zu Scharfenberg[l]), Siebenlehn[m]), Freyberg[n]), Dippoldiswalde[o]), Ehrenfriedersdorf[p]), Chemniz[q]), Penigk[r]), Geyer

i) v. Peithner a. a. O. S. 69. 85. Glafei Collectan. anecdotorum S. R. J. historiam ac ius publicum illustrantium. S. 8. u. a.

k) de rebus metallicis &c. S. 341.

l) Albinus meyßnische Chronik. S. 393. und meißnische Bergchronik. S. 16. Fabricius rerum misnicar. B. I. S. 36. Moller theatr. chronic. Freybergense. Freyberg. 1653. 4. Th. I. S. 166. Th. II. S. 14.

m) Otia metallica. Th. I. S. 297. 298. J. C. Knauth des alten Conditorii Altenzella der freybergischen Mulda sowohl von Alters her darzu gehöriger freyer respectiver Städte, Berg- und Marktflecken, Roßwein, Siebenlehn und Nossen geographisch und historische Vorstellung aus vielen alten bewährten Urkunden, auch eigener Erfahrung zusammengetragen und verfasset. Dreßden und Leipzig. 1721. 8. Th. IV. S. 17. Th. VIII. S. 61. nr. XII.

n) Mencken scriptor. rer. germanic. et misnicar. B. II. S. 389. und bei ihm S. Reyher S. 835. und B. III. S. 345. Fabricius rerum misnicar. B. VII. prodrom. S. 47.

o) Otia metallica. I. S. 293-295. Klotzsch Ursprung der Bergwerke in Sachsen aus der Geschichte mittlerer Zeiten untersucht. Chemniz. 1764. 8. S. 314.

p) Otia metallica. I. S. 296.

q) A. D. Richter Chronica der Stadt Chemniz. Zittau und Leipz. 1767. 4. S. 61-64.

r) Albinus meyßnische Bergchronica. S. 19.

Geyer[s]), Eisleben[t]), so wie am Harze zu Goslar[u]),
wo vorzüglich Kupfer[x]) und Schwefel[y]) gewonnen
wurde, in Hessen[z]), in Tirol[a]), vornemlich am Falkenstein[b]), am Fichtelberge in Franken[c]), im Schwaben[d]), und in Nassau[e]) im Umgange; auch Lothringen[f]), Burgund[g]), Delphinat[h]), der Kirchsprengel
Uze;

s) G. Agricola de natura fossilium. Oper. omn. S. 568.

t) Mencken a. a. O. III. S. 2019.

u) Braunschweigische Anzeig. Jahrg. XII. S. 738 - 741.

x) Albert v. Bollstädt a. e. a. O. S. 276. 251.

y) Ebend. a. e. a. O. S. 282.

z) Klipstein mineralogischer Briefwechsel. Giesen. 8.
B. I. St. 1. 1779. S. 46.

a) v. Sperges a. a. O. S. 66. 68. 279. 280. 336.

b) Ebend. a. a. O. S. 75.

c) Otia metallica I. S. 151. 152. J. J. Spies brandenburgische historische Münzbelustigungen. Anspach. 4.
Th. I. 1768. S. 177. Vitriarius Constitution. iur.
public. cum novis notis a J. F. Pfeffinger. Gotha. fol.
B. III. Th. IV. 1771. B. 3. K. XIIX. S. 1451. J. D.
v. Olenschlager neue Erläuterung der guldenen Bulle
Kaisers Carls des IV. Frankfurt und Leipz. 1766. 4.
Urkundenbuch. S. 110. Ellerodt de Ludovici Bava-
ri in Burggravios Noribergenses, inprimis Fried. IV.
benevolentia. Baruth. 1741. S. W. Oetter de secturis
aerariis Burggraviatus Norimbergensis. S. 32.

d) Document. rediv. monast. Wittenberg. Th. II. S. 649.
Pfeffinger a. e. a. O. K. XV. S. 1085.

e) Hontheim histor. trevir. diplomatic. et pragmatic. I.
S. 588. Reinhart juristische und historische kleine
Ausführungen. II. S. 149.

f) Gobet anciers mineralogistes de la France avec des
notes. à Paris. 1779. S. 41.

g) Gobet a. a. O. II. S. 726.

h) Gobet a. a. O. II. S. 633. 662. 663.

Uzez i), Rovergue k), Foir l) hatte seine Berg- und
Hüttenwerke; England seine m) Silber- und Zinnwerke n), welche leztere eine eigene Ordnung erhielten o).
Spanien Queksilberwerke p), Toskana im Bezirk von
Pistoja Silber- und Goldgruben q), Slavonien und
Sirmien eine Münzkamer r), Ungarn seine Silber-
und Goldwerke s), und seine Kupferhütten t), Schweden seine Eisenöfen u), und ergiebige Silberwerke x),
und schon beide ihre Ordnungen y).

Auch

i) Gobet a. a. O. I. S. 106.

k) Gobet a. a. O. I. S. 367. und rech. XIV.

l) la Peirouse trait. sur les mines de fer et les forges
du Comté de Foix. à Toulouse. 1786. 8. S. 2. 4. Bar.
v. Dietrich Descript. des gîtes de minerai, des forges
et des salines des pyrénées. Paris et Amst. 4. 1786.
Th. I. S. 158.

m) Hollingshed Chronick. B. II. S. 316. 413.

n) Albert von Bollstädt a. e. a. O. S. 341. Hakluyt principal navigations, voyages, traffiques and
discoveries of the english nation. London. fol. 1600.
B. I. S. 188. 194.

o) Jars voyages metallurgiques &c. B. III. S. 524.

p) Hakluyt a. e. a. O. S. 188.

q) Jagemann teutscher Merkur. 1784. Aug. Nr. 8.
S. 144. 145.

r) M. Piller und L. Mitterpacher iter per Posega-
nam Slavoniae provinciam 1782. susceptum. Bud. 1783.
4. S. 130.

s) Hakluyt a. e. a. O. I. 192.

t) J. F. Ferber Abhandlungen über die Gebirge und
Bergwerke in Ungarn. Berlin und Stettin. 1780. 8.
S. 152. 153.

u) Hakluyt a. a. O. I. S. 167. 170.

x) Canzler Memoir. du royaume de Suede. 4. B. II.
S. 249.

Auch waren in diesem Zeitalter schon mancherlei Metallfabriken im Gange; die Bereitung des Weis= kupfers war kein Geheimnis [z]), und Mössinghütten waren zu Paris, Kölln und an andern Orten ange= legt [a]); man nahm zwar darzu [b]), so wie zur Berei= tung anderer gelben goldähnlichen Metalle [c]), mit de= nen sich die Alchemisten von jeher so viel beschäftigten, in der Meinung, dadurch Gold hervorzubringen [d]), vornemlich Galmei, suchte das Verbrennen des Zinks, (ohne jedoch, wie es scheint, den wahren Grund zu wissen [e]), durch öfteres Aufstreuen von gestosenem Gla= se, zu verhindern [f]), und dem Metall bald durch Zinn, das

y) T. Bergman histor. chem. med. aeuum. §. I. C. Opusc. B. IV. S. 107. 108.

z) Albert von Bollstädt de rebus metallicis &c. B. IV. S. 351.

a) Ebend. a. e. a. O. S. 351. 352.

b) Ebend. a. e. a. O. S. 351. 352. "Convertunt cuprum in aurichalcum per pulverem lapidis, qui calaminaris vocatur, et cum evaporat lapis, adhuc remanet splen= dor obscurus declinans aliquantutum ad auri speciem."

c) Ebend. L. de alchym. a. a. O. S. 3. "Videmus enim cuprum recipere colorem citrinum ex lapide calami= nari."

d) Ebend. de rebus metallic. B. IV. K. 5. S. 353. "multi credunt, ipsum esse aurum, cum in veritate adhuc sit in specie aeris."

e) Ebend. a. e. a. O. S. 352. "ligant lapidem, ita quod diutius remanet in aëre, in igne non evaporans cito ab aere."

f) Ebend. a. e. a. O. "Ligatur autem per oleum vitri; tolluntur enim fragmenta vitri et convertuntur in pul= verem, et spargitur in testam super aes; postquam im= missa est calaminaris, et tunc vitrum proiectum enatat super aes, et non sinit evaporare lapidem et lapidis vir=
tu-

Das ihm jedoch auch etwas von ſeiner Geſchmeidigkeit
nehme, eine blaſſere g), bald durch öfteres Umſchmel-
zen und Zuſaz von Silber eine höhere h) Farbe zu geben; aber ſchon damals, und vielleicht noch früher i),
wuſte man, daß ſtatt des Galmeis Tutia gebraucht
werden könne k), und dieſe Tutia war nichts anders,
als Ofenbruch (oder Ofengalmei) aus Oefen, in welchen
Kupfer aus ſeinen (vermuthlich blendichten) Erzen gewonnen wurde l).

Schon in dieſem Zeitalter nahm man mit Blei ge-
branntes Zinn zur Glaſur der Töpferware m); ſchon damals

tutem, ſed reflectit vaporem lapidis in aes, et ſic diu,
et fortiter purgatur aes, et aduruntur in eo materiae
feculentae."

g) Ebend. a. e. a. O. "Ut autem albius efficiatur, et ita
citrinitati auri magis fit ſimile immiſcent aliquantulum
de ſtanno, propter quod etiam aurichalcum multum de
ductilitate cupri amittit."

h) Ebend. a. e. a. O. S. 353. "Qui autem adhuc amplius
auro aſſimilare intendit, has purgationes per optefim
et vitri oleum ſaepius iterat, et loco ſtanni ponit argentum, et immiſcet aurichalco."

i) Albert v. Bollſtädt ſagt wenigſtens a. e. a. O.
S. 353. "Hemes autem dicit."

k) a. e. a. O. "Quod fi aeri liquefacto tuthia pulverizata
five fit tuthia alba five rubea, quod ipfum in colorem
auri convertit — — tamen et virtus tuthiae evaporat
per ignem."

l) Ebenderſ. a. e. a. O. B. V. Kap. 7. "Tuthia
autem, cuius uſus frequens eſt in transmutationibus
metallorum eſt artificialis et non naturalis commiſtio.
fit autem Tuthia ex fumo qui elevatur ſuperius, et adhaerendo corporibus duris coagulatur, ubi purificatur
aes a lapidibus et ſtanno, quae ſunt in ipſo."

m) P. Bonus Margarit. pretioſ. bei Manget a. a. O.
II. S. 12. "videmus, quod cum plumbum et ſtannum

fue-

mals mahlte ein Florentiner, Lucas della Rob=
bia [n]), der 1388 gebohren war, auf die Glasur;
auch wurde die Kunst der Glasmalerei [o]), vornemlich
in den Niederlanden [p]), stark getrieben, und von ei=
nem Franzosen Ph. de Caqueray [q]) die Kunst, das
Glas zu grosen runden Scheiben zu blasen, erfunden.
In dieses Zeitalter fällt die Erfindung der Glasspie=
gel, die man anfangs und noch lange nachher mit dar=
auf gegossenem Blei belegte; ihrer erwähnt zuerst Joh.
Pekham, ein englischer Franziskaner, der zu Orford,
Paris und Rom lehrte, 1279 schrieb [r]), und 1292
starb;

fuerunt calcinata et combufta, quod poft ad ignem con-
gruum convertuntur in vitrum, ficut faciunt, qui vitri-
ficant vafa figuli."

n) J. Beckmann Anleitung zur Technologie. Dritt. Ausg.
Göttingen. 1787. S. 288.

o) le Vieil l'art de la peinture fur verre et de la vitre-
rie. à Paris. 1774. 8. Th. I.

p) Guicciardini defcriptio Belgii. Th. I. S. 4.

q) J. Beckmann a. e. a. O. S. 336.

r) Perfpectiva *Joannis pifani* anglici viri religiofi vulgo
communis appellata, in gymnafio Lipzenfi, emendata,
atque in figuris quam diligentiffime rectificata. fol. 1504.
Propof. 4. "In fpeculis vitreis plumbo abrafo nihil,
apparere", Propof. 7. "Si res in fpeculo oftenduntur
per radios reflexos, ut iam patet igitur perfpicuitas,
per quam fpecies in profundum ingreditur fpeculi, im-
peditur, non expedit vifionem, quoniam reflexio eft a
denfo per primum huius, quia denfum eft, propter quod
fpecula vitrea funt plumbo fubducta. Quod fi ut quidam fabulantur dyaphoneitas effet effentialis fpeculo,
non fierent fpecula de ferro et calibe, et a dyaphoneitate
remotiffimis. Nec etiam de marmore polito, cuius contrarium tamen videmus. In ferro tamen et huiusmodi
propter intenfionem nigredinis non eft efficax fpeculatio. In quibusdam tamen lapidibus debilis coloris multo
clarior eft fpeculatio, quam in vitris."

starb; nach ihm Vincent v. Beauvais[s]), Raim. Lull[t]), Roger Bako[u]), Anton von Padua[x]), und Nicephorus Gregoras[y]).

Auch wurde in diesem Zeitalter das Einpökeln der Heringe durch Joh. Wilh. Böckel 1374 zu Bieroliet in Flandern allgemeiner eingeführt[z]), und, wie aus der einer Gewerkschaft vom Kaiser Friedrich ertheilten Erlaubnis[a]) erhellt, am Raibl in Kärnthen Zinkvitriol gesotten. Alaunsiedereien scheinen damals die christlichen Staaten in Europa nicht gehabt zu haben;

s) Speculum naturae. II. 78. S. 129. "Metalla videmus esse specula quando polita sunt — — At inter omnia melius est speculum ex vitro et plumbo, quia vitrum propter transparentiam melius recipit radios, plumbum non habet humidum solubile ab ipso, unde quando superfunditur plumbum vitro calido, — — efficitur in altera parte terminatum valde radiosum."

t) Ars magna K. 67. Oper. quae ad inventam ab ipso artem pertinent. Argent. 1607. 8. S. 517. "In speculo vitrum existit inter plumbum et aerem et figuram qui ei praesentatur."

u) Op. maj. a. a. O. S. 346. "Imago maior fit per reflexionem a speculo, quia speculum densum est, et habet plumbum ab altera sui parte, quod impedit speciei, et ideo speculum habet, unde recipiat imaginem et reddat."

x) *Francisci Assisiatis* et *Anton. Paduani* opera. Domin. V. post pascha. S. 210. "Speculum nihil aliud est, quam subtilissimum vitrum."

y) Scholia in *Synesium* pone *Synesii* Opera interprete *Dionys. Petavio.* Lutet. 1612. fol. S. 419. ' Εισι γαρ και εξ ὑαλων κατοπτρα και εκ σιδηρου και εξ αλλης ὑλης."

z) Kundmann rarior. natur. et art. S. 536.

a) Bergbaukunde. Leipzig. 4. B. I. 1789. S. 152.

ben [b]); deſto bekannter [c]) und blühender [d]) waren da:
gegen die Alaunwerke in der Türkei [e]) und Barba:
rei [f]).

Der Anbau der Waidpflanze, und die Bereitung
der Farbe daraus, war damals in vollem Gange;
1290 ſtreuten die Erfurter zum Andenken, daß ſie da
geweſen wären, auf den Stellen der von ihnen zerſtör:
ten Raubſchlöſſer Waidſamen aus, und im vierzehen:
den Jahrhunderte hatte auch Zittau auf den aus Thü:
ringen kommenden Waid die Stapelgerechtigkeit [g]).
In dieſes Zeitalter fällt auch die erſte Einführung der
Orſeille in die europäiſche Wollenfärberei, die um das
Jahr 1300 [h]), alſo lange vor der Wiederentdeckung
der

b) J. Beckmann Commentatt. ſoc. Reg. Scient. Goetting. Goetting. 4. B. I. 1779. S. 126. 138 ꝛc.

c) P. Bonus a. a. O. bei Manget a. a. O. II. S. 17.
"in partibus Conſtantinopolis lapides quosdam minerae
calcinant, poſtea in aqua ſoluunt, et decoquunt in
vaſis, donec fiat alumen, quod dicitur alumen de alu-
mine, de rocha et de alap."

d) I. Ducae Michaëlis Ducae nepotis Hiſtoria Byzantina
res imperio Graecorum geſtas complectens, a Joanne
Palaeologo I. ad Mehemetem II. ſtudio et opera Ism.
Bullialdi. Venet. 1729. S. 71.

2. Fr. Balducci Pegolotti della decima edi varie altre
gravezze impoſte del commune di Firenze. Lisbon.
e Lucc. 1765. 4. B. II. S. 61. 74. B. III. S. 368.

e) Duca beſchreibt a. a. O. nur dasjenige bei Phocäa
(Foya) nova; Pegolotti (a. a. O.) erwähnt ihrer
ſechs, bei Coloma, Foya, Lupai, Palatta, Caſſico und
Coltai.

f) unter dem Namen Alume di Caſtiglione. Pegolotti
a. e. a. O.

g) J. Beckmann Anleit. zur Technolog. S. 111.

h) Giornale de letterati d'Italia. B. XXXIII. Th. I. S.231.

der kanarischen Inseln[i]), woher in der Folge der größte Theil der zu ihrer Bereitung erforderlichen Flechte (Lichen Roccella) geholt wurde[k]), der Nachkomme eines deutschen Edelmanns, Federigo, der sich nachher nach dieser für Florenz so wichtigen Erfindung Rucellai, oder Oricellari nannte[l]), entweder wirklich durch einen Zufall, indem er diese an Felsen wachsende Flechte vom Harn eine schöne rothe Farbe annehmen sahe, entdekte[m]), oder in den Morgenländern, in welchen er sich des Handels wegen lange aufgehalten hatte, erlernt hatte, und bei seiner Zurückkunft nach Florenz bereitet und damit gefärbt hat[n]).

Welche wissenschaftliche Fortschritte die Apothekerkunst in diesem Zeitalter gemacht habe, ist bei Erwähnung der Männer, die sich damit beschäftigten, bereits erwähnt worden. Wer sich nicht durch die Worte Apotheca, Apothecarius, und Apotheker, die oft eine andere Bedeutung gehabt zu haben scheinen, als man heut zu Tage damit verknüpft[o]), und, was das lezte:

i) denn diese geschah durch den normannischen Edelmann Joh. von Bethancourt erst 1400 oder 1417.

k) G. Glas history of the discovery and conquest of the Canary-Islands. London. 1764. 4. S. 196. 367.

l) Giornale de letterati d'Italia a. e. a. O. und Dom. Mar. Manni de florentinis inventis commentar. Ferrar. 1731. 4. S. 37.

m) Giornale de letterati d'Italia und Dom. M. Manni a. d. e. a. O.

n) P. D. Eug. Gamurrini istoria genealogica delle famylie nobili Toscana et Umbre. Fiorenz. fol. B. I. 1668. S. 274.

o) so versteht man z. B. nach dem Glossarium manuale B. I. S. 298. unter Apotheca ein Magazin, einen Speicher, ein Warenlager oder Vorrathsbehältnis, und un-

ter

leztere anbelangt, von Familien als Geschlechtsnamen
geführt wurde ᴾ), irre führen läst, der wird sich bald
überzeugen, daß die ersten Spuren von ordentlich eingerichteten Apotheken in England, Frankreich und
Deutschland in dieses Zeitalter, und meist erst in den
lezten Zeitraum desselbigen fallen. In den Gesetzen
der medicinischen Fakultät zu Paris von 1271, wird
den Apothecarius und Herbariis alles innerliche Heilen
untersagt, und zugleich befohlen, ihre Arzneien an niemand anders als an Aerzte zu verkaufen; 1345 setzte
König Eduard III. einen Apotheker zu London Cour-
fus de Gangeland wegen der Sorgfalt, welche er
ihm bei seiner Krankheit in Schottland bewiesen hätte,
einen lebenslänglichen Jahrgehalt aus ᑫ); nach Leipzig
kam mit der Universität von Prag, wo also zuvor auch
eine solche gewesen sein mus, 1409 auch eine Apotheke ʳ); und so scheinen auch schon zu Anfang des funfzehenden Jahrhunderts zu Nürnberg ˢ), und im Her-
zog-

ter Apothecarius einen Vorsteher desselbigen; auch der
Apotheker Johann Urban, der (Buddäus singularia Lu-
satica. II. S. 424. 500.) als Aufrührer gegen die Obrigkeit
zu Lauban 1398 genannt wird, scheint kein Apotheker im
heutigen Sinn des Worts gewesen zu sein.

p) so gedenkt H. v. Stetten in seiner Kunstgeschichte der
Stadt Augsburg S. 242. eines Luttfried Apothekers, der
im Jahr 1285, und eines Hans Apothekers, der 1317
lebte und Stadtpfleger war.

q) Anderson Geschichte des Handels II. S. 365.

r) Möhsen a. a. O. S. 379.

s) so steht (v. Murr Journal der Kunstgeschichte. B. VI.
S. 79.) im Nürnberger Bürgerbuch 1403. ein Meister
Konrad Apotheker, wenn nicht auch von diesem gilt,
was unter o und p. erwähnt ist.

zogthum Würtemberg ¹) Apotheken eingerichtet gewesen
zu sein.

Daß gebrannter Wein schon in diesem Zeitalter
(1360) auch auser der Apotheke im Gebrauche gewesen, möchte man aus einer Sammlung Frankfurter
Geseze ⁿ) schliesen.

3. Zeitalter, oder das scholastische.
Vom funfzehenden Jahrhunderte bis zu Anfang des sechzehenden.

Nach und nach wurde es im Reiche der Wissenschaften etwas heller; Erfindungen und Ereignisse, die
für die ganze Menschheit, auch in andern Rücksichten,
wichtig waren, wirkten auch auf sie, und grosentheils
auf eine wohlthätige Weise.   Zwar lenkten die immer
mehr zunehmenden Streitigkeiten über angebliche Glaubenslehren die Aufmerksamkeit der Meisten, welchen
Pflicht und Talente die Beförderung der Wissenschaften
auferlegten, ausschlieslich auf diese, und auf die Er-
schütterungen, welche sie in der Kirche machten; und
freilich diente die Art, wie diese Streitigkeiten auf Con-
cilien und in Rom geschlichtet, und jede freie Aeuserung einer abweichenden Meinung angesehen, aufgenommen, und vergolten wurde, nicht zur Aufmunte-
rung,

---

t) In der Bestätigung der Freiheit, welche einem Apotheker zu Stuttgart Glaz 1458 ertheilt wurde, wird ausdrücklich der Beweggrund angeführt, weil seine Vorfahren schon seit langen Jahren eine Apotheke zu Stutgard
gehalten und dergestalt versehn hätten, wie es einem ge-
nugsamen Apotheker zustehe.   Sattler Geschichte des
Herzogthums Würtenberg unter den Grafen. Band V.
S. 159.

u) Senckenberg select. iuris. B. I. S. 44.

H 5

rung, die noch dunklen Gebiete der Wissenschaften mit der Fackel der Vernunft und eigenen Prüfung zu erleuchten. Gereizt durch die Drangsale, die sie ihrer Meinungen wegen zu erdulden hatten, und vornemlich durch die harte und eidbrüchige Behandlung ihres Lehrers und Anführers, wüteten die Hussiten in Böhmen und den angrenzenden Ländern, vornemlich im östlichen Deutschland, mit Feuer und Schwerd, zerstörten die hier und da schon hofnungsvoll aufblühenden Gewerbe, und schonten selbst die Wissenschaften nicht, die nur im Schose der Ruhe und des Friedens gedeihen können.

Noch vor der Mitte des fünfzehenden Jahrhunders erfand Johann Guttenberg aus Mainz die bei allem Misbrauch, den man davon gemacht hat, für die schnellere und allgemeinere Verbreitung nüzlicher Kenntnisse aller Art so äuserst wichtige Buchdruckerkunst; schon 1436 [u]) drukte er zu Strasburg, und um das Jahr 1450 gab Peter Schoiffer aus Gernsheim dadurch der Erfindung mehr Brauchbarkeit, daß er statt der hölzernen Buchstaben, welche man bis dahin geschnitten hatte, auf den Einfall gerieth, bleierne zu giesen [x]).

Auch die Erfindung eines neuen Wegs nach Ostindien um die mittägliche Spitze von Afrika, und noch mehr die Endeckung von Amerika (1492) durch Chrstph. Colombo gab, so wie dem Handel, also auch gewissen Zweigen der Wissenschaften, welche damit in Verbindung stehen, neues Leben, und eine veränderte

Rich-

---

u) **Schöpflin** Vindiciae typograph. Argentor. 1760. 4. N. II. S. 21.

x) **Mallingkrott** de ortu et progressu artis typographicae. S. 44. **Salmuth** an **Panciroll** de rebus memorab. deperdit. B. II. S. 312.

Richtung; aber was mehr als alles dieses auf den gan=
zen Umfang der Wissenschaften wirkte, und mittelbar
eine bessere Bearbeitung derselbigen im Abendlande ver=
anlaste, ist die Eroberung Konstantinopels durch die
Türken; sie vertrieb mehrere gelehrte Einwohner dieser
Kaiserstadt und des ganzen Landes, die nun in dem
ruhigern Abendlande eine sichere Freistätte suchten, mit
ihren eignen Einsichten, die sie zum Theil in Schriften
und auf Lehrstülen verbreiteten, auch andere gelehrte
bisher in dem übrigen Europa noch unbekannte Schäze
mit sich brachten, durch die Eröfnung der Quellen,
aus welchen Römer und Araber ihre meiste Weisheit
geschöpft hatten, durch Mittheilung und Hinweisung
auf griechische Schriften, einen bessern Geschmak in Er=
lernung und Bearbeitung der Wissenschaften einführ=
ten, und bei allen ihren übertriebenen Anmasungen und
zum Theil unrichtigen Behauptungen, selbst durch die
Streitigkeiten, die sie erregten, und oft mit unanstän=
diger Heftigkeit führten, auf Ideen leiteten, welche
ohne diese Veranlassung wenigstens noch lange geschlum=
mert hätten: dahin rechne ich Theodor Gaza [y])
aus Thessalonich, der den blinden Anhängern und Nach=
betern von Averrhoes zuerst die Augen öfnete, und
welchem wir lateinische Uebersezungen einiger Schriften
von Hippokrates, Aristoteles und Theo=
phrast zu verdanken haben, die zwar für sein Zeital=
ter und selbst für die Nachwelt groses Verdienst haben,
aber doch durch manche neugemachte lateinische Worte
hier und da unverständlich sind, und Georg von
Trapezunt, der die Irrthümer der Platoniker mäch=
tig

y) Tiraboschi storia della letteratura d'Italia. B. VI.
Th. 2. S. 139. Valerian de infelicib. litterat. B. II.
S. 159. Vossius de hist. Graec. B. IV. K. 19. J. A.
Fabricius Bibl. Graec. B. V. K. 33. S. 192 ꝛc.

tig bekämpfte [z]), die, so wie die Scholastiker an dem
Dominikaner Joh. Capreolus, Lehrer zu Tolosa [a]),
an dem tübingischen Lehrer Gabr. Biel [b]), an Fr.
Lychetus, einem Minoriten aus Bergamo [c]), und
Joh. Mayor aus Schottland [d]) u. a. noch eifrige
Vertheidiger fanden: Ihrem Beispiele, die alten griechischen und lateinischen Schriftsteller in ihrer ursprüng-
lichen Reinigkeit herzustellen, und von den vielen Fehlern zu säubern, welche die Abschreiber hineingebracht
hatten, selbst ihrem Beispiele einer bessern Schreibart
folgten Nikolaus Leonicenus aus dem Gebiete
von Vicenz, Lehrer zu Padua und nachher zu Ferrara [e]), und Hermolaus Barbarus, ein Edler
aus Venedig [f]): In dieses Zeitalter fällt auch die Stiftung einer physikalischen Gesellschaft in dem Augustiner
Kloster zum heiligen Geiste zu Florenz [g]).

Allein dieser Schimmer von Licht, so sehr er auch
das Vorspiel glüklicherer Zeiten war, glich doch nur einer schwachen Dämmerung nach einer langen Nacht;
der gröste Theil der Gelehrten, selbst solcher, die sich
mit

z) Leo Allatius de Georgiis bei J. A. Fabricius
a. e. a. O. B. V. Th. lezt. S. 721 ꝛc.

a) H. Conring a. a. O. S. 137.

b) Moſer Vit. Theologor. Tubingenſ. S. 21. H. W.
Biel diff. theol. de Gabriele Biel celeberrimo Papiſta
Antipapiſta. Vitemberg. 1719.

c) Herm. Conring a. a. O. S. 152.

d) Voſſius de hiſt. lat. B. III. K. 13. J. Baleus de
ſcriptor. Britannic. Cent. 14. n. 59.

e) Tiraboſchi a. a. O. B. VI. Th. I. S. 416 ꝛc. Lange Epiſtol. medicinat. B I. Br. 14. S. 61.

f) Hiſtor. biblioth. Fabrician. Th. II. S. 498. III. S.
183. 438.

g) Muratori ſcriptor. rerum italic. B. XX. S. 521.

mit Naturwissenschaften beschäftigten, suchte noch das
Wesen der Wissenschaften in scholastischen Spizfindigkeiten, oder glaubte auch, alles gethan zu haben, wenn
er seine, vollends ältere, Vorgänger auszulegen verstand;
die wenigen Köpfe, die sich diesen noch besonders widmeten, waren von den Irrthümern der Mystik, Theosophie, Astrologie oft so umnebelt, daß sie den Stralen der Wahrheit lange unzugänglich bleiben musten,
und die unseelige Sucht der Alchemie grif unter allen
Ständen, Völkern, Gelehrten immer weiter um
sich [h]), ob gleich schon in diesem Zeitalter in Sachsen
und zu Nürnberg [i]), so wie im vorhergehenden zu Rom.
und in England, strenge Strafverbote gegen ihre Verehrer [k]) ausgiengen, wenn sie über ihrer Ausübung
betroffen werden sollten; die Freunde der Alchemie nennen unter andern Verehrern derselbigen, den Cardinal
von Cusa [l]), den Abt Georg Biltdorf zu Mo-
nin [m]), und den gelehrten Abt Tritheim [n]), dem sie
auch verschiedene alchemische Schriften [o]) zuschreiben;
in:

h) Th. Norton Crede mihi s. Ordinale bei Manget
   a. a. O. II. S. 286.
i) Beyträge zur Geschichte der höhern Chemie oder Gold-
   macherkunde. Leipzig. 1785. 8. S. 46.
k) T. Bergman histor. chem. med. aevum. §. I.
   Opusc. B. IV. S. 92.
l) Lenglet du Fresnoy a. a. O. I. S. 268.
m) Ebend. a. e. a. O.
n) Möhsen Beiträge 2c. S. 29. 42.
o) 1) tractatus chemicus nobilis de lapide philosophico.
   1611. 8. und abgedrukt in Theatr. chemic. B. IV.
   n. 122. 2) Libell. de septem secundeis. Colon. 1567. 8.
   3) wenn es anderst eine von beiden vorhergehenden unterschiedene Schrift ist; Epistel von den drey Anfängen
   der natürlichen Kunst der Philosophie mit Joh. de Pa-

inzwischen läst sich aus mehreren Aeuserungen des leztern in seinen Schriften schliesen, daß er wenigstens kein blinder Anhänger der Alchemie gewesen, und eher vermuthen, daß die mit seinem Namen gestempelte Schriften untergeschoben sind.

In diesem Zeitalter scheinen [p]) Isaak und J. Isaak Hollandus, Vater und Sohn, gelebt zu haben; ihr Hauptziel war der Stein der Weisen, und die Verwandlung der unedlen Metalle in edle; Mercurius und Sulphur, sind auch bei ihnen die Bestandtheile aller Metalle [q]); auch bei ihnen hat der Stein der Weisen eine vermehrende Kraft [r]), und unglaubliche [s]) Heilskräfte

ðua Philosophia sacra sive praxi de lapide minerali, und Joh. Teutsches Epistel von dem Stein der Weisen, durch Joh. Schaubart. Magdeb. 1602. 4. Frankf. 1681. 12.

p) Ich folge hier Lenglet du Fresnoy (a. a. O. I. S. 231. III. S. 191.); der frömmelnde Ton ihrer Schriften, so wie wir sie haben, zeigt freilich viele Aehnlichkeit mit den Schriften, die mit dem Namen Basilius Valentinus herausgekommen sind; ob inzwischen daraus folgt, oder ob es vielleicht andere Gründe gibt, sie mit T. Bergman (a. e. a. O. S. 112.) erst in den Anfang des siebenzehenden Jahrhunderts zu versetzen, lasse ich dahin gestellt sein.

q) Opus Saturni mit Basilius Valentinus Triumphs-Wagen Antimonii, an den Tag gegeben durch Joh. Thölden Hessum. Nürnberg. 1676. 8. S. 377. "Aber wir wollen ihn fir machen, den Mercurium und Sulphur bey seiner Erden."

r) a. e. a. O. S. 394. 395. "Aber mein Kind soll allzeit Projection auff Saturnum oder auff Lunam thun, die darff man nit lebendig zu machen, sonder schmeltzen, und werffen denn ein Theil auf tausend Theil, denn wirfft man von den tausend Theilen ein Theil auff zehen Theil, so
wirds

kräfte in allen Krankheiten [r]);   sie kannten schon den
Weg

wirds das beste Gold, das je auff Erden gesehen ist."
S. auch curieuse und rare chymische Operationen ec. S.
87. 104. 398.

s) a. e. a. O. S. 395. 397. "Nehmet von diesem Stein
ein Weitzenkorn groß, und legets in guten Wein — — —
den soll man dem Kranken zu trinken geben — der Stein
wird zur Stund zum Hertzen ziehen, alle böse Feuchtig=
keit vertreiben von Hertzen, und wird sich förder durch
alle Arterien und Adern des gantzen Leibes ziehen, und
alle humores jagen, der Mensch wird schwitzend werden,
denn der Stein schleust auf alle poros und Schweißlöcher
des gantzen Leibes, treibt die humores durch die poros,
daß der Kranke soll meinen, er sey im Wasser gewesen,
und wird jedoch vom Schwitzen nicht kränker, denn der
Stein treibt nur aus, was der Natur zuwider ist, und
alles was der Natur gleich ist, das bewahret und erhält
er in seinem Wesen, darumb wird der Krancke nicht mät=
ter oder kräncker, sondern je mehr er schwitzet, je lustiger,
je stärker er wird, die Adern werden ihm leichter, und
der Schweiß währet biß alle böse humores aus dem Leib
getrieben sind, und alsdenn hörets auff. Des andern
Tags solt ihr des Steins, so groß als ein Weitzenkorn,
wider in warmen Wein einnehmen, zur Stund solt ihr
zu Stuel gehen, und das wird nit nachlassen, dieweil
ihr etwas der Natur zuwider im Leib habt, und je mehr
Stuelgäng der Krancke haben wird, je lustiger von Her=
tzen, und stärker er seyn wird, denn der Stein treibet
nichts aus, denn was der Natur zuwider und schädlich
ist. Des dritten Tags gibt ihm ein Weitzenkorn groß,
ein Gewicht desselben Steins, als vor gelehrt ist, mit
warmen Wein, denn soll der Stein die Ader und das
Hertz dermassen stärcken, daß dem Menschen düncket, er
sey kein Mensch, sondern vielmehr ein Geist, so leicht
sind ihm alle seine Glieder, und so lüfftig, und will der
Mensch alle Tage biß an den neundten Tag, das Gewicht
eins Weitzenkorns groß einnehmen, ich sage dir der Mensch
soll also geistlich werden von Leichnam, als wäre er neun
Tage im irrdischen Paradiß, und esse alle Tage von dem
Früch=

Weg durch Behandlung mit Metallen den Essig auf eine hohe Stufe zu verstärken [u]), das Goldscheidwasser [v]), und das Harnsaz [w]); sie scheinen schon die Kunst verstanden zu haben, Edelsteine [x]), und vornem: Rubin [y]) nachzuahmen.

Man hat mehrere Schriften, die ihren Namen führen, und meist in die lateinische oder deutsche Sprache übersezt sind [z]). r) Opera vegetabilia, ad eius alia opera intelligenda neceſſaria [a]); 2) Opera mineralia

Früchten, und ihn schön machen, wacker und jung, darumb gebraucht des Steins zur Wochen das Gewicht eines Weitzenkorns mit warmen Wein, so solt ihr in Gesundheit leben, biß an die Zeit ewerer letzten Stunden, die euch von Gott gesetzt ist."

t) a. e. a. O. S. 395. "Dieser Stein macht gesund alle ausſätzige Menschen, alle Peſtilentz, alle Krankheiten, so auff Erden mögen regieren, und dem Menschen ankommen."

u) a. e. a. O. S. 381.

v) aus Salpeter und Kochsalz. T. Bergman a. e. a. O. §. 4. S. 134.

w) Chemische Schriften. S. 86. und de spiritu urinae Theatr. chim. B. VI. n. 204.

x) Oper. mineral. B. I. K. 70. B. II. K. 89. Chymische Operationen. S. 119 - 124.

y) Opus saturni a. a. O. S. 389.

z) die meiſten ſtehen beiſammen in Opera univerſalia et vegetabilia five de Lapide Philoſophorum, quae reperiri potuerunt omnia. Arnhem. 1617. 8. und in curieuſen und raren chymiſchen Operationen, aus einem alten Autographo MSCto des Autoris herausgegeben von K. H. C. Leipzig und Gardeleben 1714. 8.

a) ubi de quintis eſſentiis, vinoque agitur, ut de Elixire vitae, mellis eſſentia, rore ſolis, Panacaea, Saccharo &c. in der eben erwehnten Sammlung.

ralia seu de lapide philosophico libri duo [b]); 3) Tractat vom Stein der Weisen [c]); 4) Fragmenta quaedam chemica [d]); 5) de triplici ordine elixiris et lapidis theoria [e]); 6) tractatus de salibus et oleis metallorum [f]); 7) Fragmentum de opere philosophorum [g]); 8) Rariores chemiae operationes [h]); 9) Opus Saturni [i]); 10) de spiritu urinae [k]); 11) Hand der Philosophen [l]) und einige andere [m]).

In

b) e germanico Mscr. in linguam latinam translata a P. M. G. Middelb. 1600. 8. teutscht übersezt. Hamburg. 1716. 8. auch abgedruft Theatr. chim. B. III. n. 76.

c) Frankfurt. 1669. 8.

d) in der combachischen Sammlung Tractatus aliquot chymici singularas &c. Geißmar. 1647. 8. n. 2.

e) abgedruft mit Bernhard Penot Denarium medicum. Bern. 1608. 8.

f) abgedruft mit G. E. Stahls Chemie. Nürnb. 1723. 4.

g) in Theatr. chimic. B. II. n. 33.

h) Leipzig. 1714. 8.

i) oder philosophische Betrachtung des Bleyes, ausgegeben mit Triumph=Wagen Antimonii Fratris Basilii Valentini, durch Johann Thölden. Nürnberg. 1676. 8.

k) Theatr. chimic. B. VI. n. 204.

l) Hand der Philosophen mit ihren verborgenen Zeichen, Opus Saturni mit Anmerkungen. Frankf. 1667. 8.

m) die P. Borell a. a. O. S. 126. 127. anführt, als: Tractatus de tartaro; Tractatus de oleo vitrioli; Practicae nobilissimae descriptio ex mercurio; Manuales operationes et praeparationes Medicae; Universalis praeparatio magni lapidis; Clavis philosophiae chimicae; de sulfuribus; de oleo stibii seu Medicina universali; Libellus rarissimus dictus; Secreta revelatio verae operationis manualis pro universali opere et lapide sapientum, sicut filio suo M. Johanni Isaaco Hollando e Flandria Paterno animo fidelissimo manu tradidit; Libellus

In dieses Zeitalter fällt G. Ripley, aus England,
Kanonikus zu Bridlington, der eine Menge [n]) alchemischer

semper secretissime servatus et servandus, tractans occultata in arte, dictus manus philosophorum secreta et
occultata, vermuthlich mit nr. 10. das gleiche.

[n]) 1) Medulla philosophiae chymicae; abgedrukt in Opusculis quibusdam chimicis in unum corpus collectis. Francof.
1614. 8. in's Französische übersezt bei P. Borell a. a.
O. S. 198.   2) Lib. duodecim portarum, abgedrukt
bei Manget a. a. O. II. S. 275-284. und Theatrum
chemicum praecipuorum selectiorum autorum tractatus
de chemiae et lapidis philosophici antiquitate, veritate,
iure, praestantia et operationibus continens. Ursell.
8. Vol. II. 1608. Epitome eius libri cur. Penoti.
ebend. in carmen elegiacum translatus a Nicol. Majo,
Imp. Rudolphi consiliario. 3) Lib. de mercurio philosophorum. ebend. 4) Clavis portae aureae. 5) Philo-
nium Alchimistarum. 6) Pupilla alchemiae? 7) Terra
terrae philosophicae? 8) Concordantia Raymundi et Guidonis. 9) Viaticum s. varia practica. 10) Accurtationes
et practicae Raymundianae. 11) Cantilena. 12) Epistola ad regem Eduardum. 13) Alchimia, in englischen
Versen; die Handschrift liegt in der Büchersammlung
der Universität Leiden. Borhaave Elem. Chem. I. S. 17.
14) de multiplici copia auri et de maximo elixire vitae,
lateinisch und englisch P. Borell a. a. O. S. 199.
15) Arbor ebend. in der Bodleischen Büchersammlung in
Handschrift. 16) Emblema. ebend. 17) Figura magna
chemica? bei de Loberie zu Paris. P. Borell a. a.
O. S. 199. 18) Practicale compendium omnium philosophorum? P. Borell a. a. O. S. 200. 19) Axio-
mata philosophica. abgedr. im Theatr. chimico. B. II.
n. 30. 20) Compound of alchymie bei El. Ashmole
Theatr. chemic. Britannic. Lond. 1652. 4. S. 107 :c.
21) The vision. ebend. S. 374. 22) Mystery of alchymists. ebend. S. 380. 23) Verses belonging to an emblematical Scrowle. ebendas. S. 375 :c. 24) A short Work?
ebend. S. 393.

mischer Schriften °) hinterlaßen hat.   Er kannte au:
ßer den ältern Alchemisten Guido de Montanor P),
Raymund Lull und R. Bako, deßen Mutter
Bruder q) er gewesen sein soll, und sammlete sich den
gröſten Theil seiner Kenntniſſe auf Reiſen; er theilte
die ganze Arbeit bei der Bereitung und Anwendung
des Steins der Weiſen nach den zwölf Pforten in zwölf
Theile; in die Calcination, Solution, Separation,
Conjunction, Putrefaction, Congelation, Cibation,
Sublimation, Fermentation, Exaltation, Multipli:
cation und Projection, scheint, so weit sich aus seiner
unverständlichen Sprache schlieſen läſt, im Quekſilber,
nachdem es durch wiederholte Diſtillation gereinigt iſt,
in seiner wiederholtem Vereinigung mit Gold und Sil:
ber, und wiederholtem Abtreiben von denſelbigen, den
weſentlichen Kunſtgriff, überhaupt aber den Stein der
Weiſen nicht auſerhalb den Metallen zu ſuchen, und
spricht ʳ) auch, wie mehrere vor und nach ihm, von
einer Quinteſſenz, die alle Körper zu Oel macht, auch
den Stein der Weiſen auflöst, und die Krankheiten
der Menſchen heilt.   Er soll die Kunſt mit solchem Er:
folg getrieben haben, daß er den Johanniter Rittern,
als ſie unter Mohamet II. von den Türken auf Rhodus
aus

o) gesammlet ſind ſie herausgekommen zu Frankfurt am
Main. 1614. zu Kaſſel, durch L. Combach. 1649. mit
Arteſii geheimem Hauptſchlüſſel zu dem verborgenen
Stein der Weiſen, und dem eröfneten philoſophiſchén
Vaterherz, zu Nürnberg. 1717. und noch einmal zu
Wien. 1756. 8.

p) von welchem auch P. Borell (a.a.O. S.163.) einen
libellum de arte alchimiae anführt.

q) P. Borell a.a.O. S.199.

s) Manget biblioth. chem. cur. II. S. 283.

angegriffen wurden, nach und nach 100000 Pfunde
Gold zu ihrer Vertheidigung gab ˢ).

Thomas Norton, ein anderer Engländer, der
1477 ſein Crede mihi oder Ordinale ᵗ) ſchrieb, ſpricht
zwar viel von der Regierung des Feuers bei dem groſen Werke, und warnt vor Betrügern ᵘ), von denen
er einige Beiſpiele erzählt ˣ), ſo wie vor Geomantie,
Nekromantie und Aſtrologie ʸ), verſchweigt aber, ſo
ſehr er auch ſeinen Leſern Hofnung dazu macht, die zu
ſeiner Arbeit nöthigen Stoffe, und ſelbſt, die allgemeinen Vorſchriften ausgenommen, die Handgriffe; ſie
ſeie ihm, und könne nur durch göttliche Eingebung ge-
offenbart werden ᶻ); der Stein werde aus einem nicht
geachteten Mineral bereitet ᵃ); ihm ſchreibt auch er
eine vermehrende Kraft ᵇ), und der Tinctur ganz wun-
der-

s) Theod. Mundanus Epiſt. reſp. ad Edm. Dickinſon.
Oxon. 1686.

t) bei El. Aſhmole theatrum chimicum britannicum.
London. 1652. 4. in lateiniſcher Sprache bei Mich.
Maier tripus aureus, hoc eſt tres tractatus chimici
ſelectiſſimi. Francof. 1618. 4. n. 2. im Muſeum hermeticum reformatum et amplificatum. Francof. 1677. 4.
n. XII. und bei Manget a. a. O. II. S. 285—309.

u) bei Manget a. e. a. O. S. 286.

x) a. e. a. O. S. 286. 288. 290.

y) a. e. a. O. S. 308. "Ne confidas geomantiae, ſuper-
ſtitioſi arti — — Nec credas aſtrologo ulli — — nec
fidas, nec ames Necromantiam, Nam proprium eſt dia-
boli, mentiri."

z) a. e. a. O. S. 288. "Ita nemo hanc artem potuit aſſequi, niſi a Deo quis miſſus fuerit, a quo inſtituere-
tur."

a) a. e. a. O. S. 295.

b) a. e. a. O. S. 305. "Tum noſter lapis adhuc magis
colorabit, Unum in mille eius tinctura procedit Metallorum

derbare Eigenschaften ^c) zu; die Metalle bleiben, wenn
sie in scharfen Flüssigkeiten aufgelöst werden, in ihrer
Zusammensezung unversehrt ^d); ein vorzügliches Glas
in Rücksicht auf Härte und Strengflüssigkeit, erhalte
man aus Glasscherben, wenn man sie zusammenschmel=
ze ^e); es gebe steinerne Gefäße, welche im Feuer aus=
halten, und kein Wasser einsaugen, aber man finde
sie nicht bei den Arbeitern ^f); er habe mehrere Oefen selbst
erfunden ^g); zween von der Art, daß in jedem sechzig
Arbeiten auf einmal mit gleichen Kosten, als sonst eine
erfordert, vorgenommen werden können, in dem einen
solche,

rum bene ablutorum, veluti ipse testis sum — — Et
ita lapis noster augmentabitur et accrescet In quantitate
et qualitate in infinitum."

c) a. e. a. O. S. 287. "Subvenit alicui in necessitatibus,
Tollit vanam gloriam, spem et timorem, submovet am-
bitionem violentiam et excessum, Mitigat adversitates,
ne quem opprimant. Quicunque eius perfectam habuerit cognitionem Fugiendo extrema mediocritate est con-
tentus" sogar solche, die sich über dieses Leben hinaus
erstrecken: "Hinc Deo des gratiam, qui magnalia haec
donat, quae meliora sunt aliquot diadematibus. Proxi-
me post sanctos suos Deus hos collocat in coelo, qui
artem sunt adepti."

d) a. e. a. O. S. 289. "At metalla manent in sua integra compositione, cum ab aquis fortibus dissoluun-
tur."

e) a. e. a. O. S. 307. "Durior species (vitri) vocatur
freton, Ex vitrorum fracturis id evenit, Tinctura
smaltorum vitriariorum Non penetrabit illud."

f) a. e. a. O. "Alia vasa fiunt ex lapidibus In igne man-
sura, sed pauca vel nulla Apud operarios nunc inve-
niuntur In aliqua regione totius Angliae, Quae nihil
aquae imbibunt, Et tamen in igne sicca perseverant."

g) a. e. a. O. S. 307. 308.

J 3

solche, die alle die gleiche Hize nöthig haben [h]); in dem andern solche, deren jede eine andere Stufe von Hize bedarf [i]); einen dritten mit Registern [k]); wie mehrere dieser seien, desto schwächer seie die Hize; durch sie könne man die Hize abändern.

In diesem Zeitalter lebte ein Spanier Did. Alv. Ohakan, welcher am Ende desselbigen eine Schrift über Arnold Bachuone [l]) herausgab.

Zwar führt P. Borell [m]) unter den alchemischen Schriftstellern Jakob Coeur, Finanzminister Karls VII, Königs von Frankreich, auf, und versichert in der Sammlung des Rathsherrn Rudavel zu Montpellier, ein Werk von ihm über die Verwandlungs= chemie in französischer Sprache, in der Handschrift ge= sehen zu haben; wenn inzwischen dieses Werk auch wirklich von ihm herrührt, so hat Lenglet du Fres= noy [n]) klar erwiesen, daß seine Reichthümer aus ganz an=

h) a. e. a. O. S. 307. "In eo uno eodemque tempore fieri possunt sexaginta opera fere nullis expensis, Nec maioribus, quam quae uni operi adhibentur — — Sexaginta diversos gradus habebitis pro totidem operibus et singulis diversum calorem."

i) a. e. a. O. "Alius furnus poterit inservire sexaginta Vitris et adhuc longe pluribus, Quorum singula aequalem sentiant calorem.

k) a. e. a. O. S. 357. 358. "Alius furnus — — magis periculosus. — De cuius gradationibus ut sitis certi, Considerate vestra registra, et hoc notetis, Quo plura sint registra, eo minorem esse calorem. Per varia registra varios gradus facietis."

l) Commentum novum in parabola Arnoldi de Villa nova. Hispal. 1514. fol.

m) a. a. O. S. 63.

n) a. a. O. I. S. 249-263.

andern Quellen flosen, und sehr wahrscheinlich gemacht, daß er sich dessen blos bediente, um die Leute glauben zu machen, er hätte sie auf diesem Wege gewonnen.

In diesem Zeitalter lebten auch Georg Anrach oder Aurach aus Strasburg [o]), der einige alchemische Schriften [p]) hinterlies; der Dominikaner Vinc. Koffky aus Pohlen, dem wir auch eine alchemische Schrift [q]) zu verdanken haben; Georg Angelus aus Eger, Abt zu Waldsassen, der sich durch alchemische Mittel grosen Reichthum erworben haben soll [r]); der Kanonikus Friedrich Gottfried zu Stendal [s]), ein Mönch zu Oderberg [t]), ein anderer zu Annaberg [u]), ein Benedicti=

o) Lenglet du Fresnoy a. a. O. I. S. 268.

p) de lapide philosophorum, qui de antimonio minerali conficitur. Basil. 1686. 8. Auch soll er einen Rosarius (Lenglet du Fresnoy a. e. a. O.) hinterlassen haben, und Lenglet du Fresnoy (a. a. O. III. S. 107.) besizt ein allegorisches alchemisches Werk: Hortus divitiarum, lateinisch und französisch in der Handschrift von ihm.

q) Ausführlicher schöner und ausbündiger Bericht von der ersten Tincturwurzel und materia prima des gebenedeyten uralten Steins der Weisen. Danzig. 1681. 4. auch in Benedict. Figuli Thesaurinella Olimpica aurea tripartita. Frankf. am Main. 1608. 4. und 1682. 8. n. I.

r) C. Brusch chronologia monasteriorum Germaniae Sulzbac. 1682. 4. S. 262. "Etsi alcumisticarum artium mire esset studiosus, quibus plerumque plus absumi, quam colligi aut acquiri solet, tamen moriens successori XXIV millia aureorum cum insigni frumentorium copia reliquit."

s) Anweisung eines Adepti, herantische Schriften nüzlich zu lesen. Leizig. 1782. 8. S. 116.

t) Herzstärkung für die Chymisten im Kloster zu Oderberg seit Anno 1[illegible]20 aufbehalten, durch Hans von Osten. Berlin. 1771. 8.

dictiner in Schwaben ˣ), ein anderer Mönch zu Ulm,
zu Walkenried, zu Würzburg, der Mönch **Makarius**
zu Erfurt ʸ); Heinr. **Etschenreuter** aus Regensburg,
der sich in seinen hinterlassenen ᶻ) Schriften für die Ge=
genstände der Wissenschaft eigener von denen seiner Nach=
folger verschiedener Zeichen bediente; und Joh. **Pisca=
tor**, Franziskaner zu Hildesheim, der nicht nur im
Ruf eines Alchemisten stand, sondern auch durch seine
Kunst, Gold, Silber und allerlei Farben in Glas
einzubrennen, sehr berühmt war ᵃ).

Aber das meiste Aufsehen im Deutschland machte
in diesem Zeitalter unter Scheidekünstlern und Gold=
machern der angebliche Benedictiner Mönch, **Basi=
lius Valentinus** ᵇ), den auch J. M. **Gude=
nus**

u) D. **Beuther** Universal und Particularia. Hamburg.
   1718. 8. Vorrede. J. **Kunckel** v. **Löwenstern** Laboratorium chymicum. Hamburg. 1716. 8. S. 569.

x) J. C. **Barchusen** Element. chemiae. Lugd. Bat.
   1718. S. 553.

y) **Möhsen** Beiträge ꝛc. S. 29.

z) fünf Tractätgen, die den Schriften des **Basilius
   Valentinus** einverleibt sind, und ein Brief an **Gra=
   tarolus** (wenn er anderst von dem gleichen Verfasser
   ist) in Opusc. quibusd. chymic. in unum corpus collectis. Francof. 1614. 8. n. 7.

a) J. **Lezner** geschriebene hildesheimische Chronik, im
   Beytrag zur Geschichte der höhern Chemie oder Goldma=
   cherkunde. Leipzig. 1785. 8. S. 122-124. 488.

b) nach Triumphwagen Antimonii Fratris Basilii Valentini
   an den Tag gegeben durch Joh. **Thölden**, Hessum.
   Nürnb. 1676. 8. S. 35. aus Deutschland vom Ober=
   rhein, war aber in jüngern Jahren (ebend. S. 34.) in
   England und in den Niederlanden, auch (a. e. a. O.
   S. 161.) in Spanien gewesen.

nus [c]) als einen bald nach Anfang dieses Jahrhun=
derts in dem Peters=Kloster zu Erfurt [d]) befindlichen
Mönch anführt, ob gleich weder in den allgemeinen
Verzeichnissen der Benedictiner Mönche zu Rom [e]),
noch

c) Histor. Erfordienf. Erfurt. 1675. 4. auf dessen Ansehn
auch Lenglet du Fresnoy (a. a. O. B. I. S. 229.)
den Aufenthalt desselbigen zu Erfurt in das Jahr 1413
sezt; hat inzwischen je ein Mönch dieses Namens die
nach ihm benannte Schrift verfaßt, so lebte er sicherlich
erst am Ende dieses Jahrhunderts; wie hätte er sonst
unter dem Namen der newen Franzosen=Krank=
heit, der Franzosen, der Franzosen=Sucht,
der newen Krankheit der Kriegs=Leut, der
newen Kriegs=Sucht. (a. a. O. S. 34. 76. 96. 113.
123. 130. 145.) der Lustseuche gedenken können?

d) andere versezen ihn in das Kloster zu Walkenried (Bey=
trag zur Geschichte der höhern Chemie ꝛc. S. 128.);
andere bezweifeln überhaupt, ob ein Mönch dieses Zeit=
alters Verfasser dieser Schriften ist; so Chr. W. Kest=
ner medicinisches Gelehrten=Lexikon. Jena. 1740. 4.
S. 875. G. Stolle Anleitung zur Historie der medi=
cinischen Wahrheit. Jena. 1731. 4. S. 590. selbst Bör=
haave elem. chem. B. I. S. 18. u. a. Im Beytrage
zur höhern Chemie (S. 128 ꝛc.) wird es gerade zu ge=
leugnet, und wahr ist es, daß die mit seinem Namen
gezeichnete Schriften erst im siebenzehenden Jahrhundert
öffentlich erschienen, und im Vortrage, Grundsätzen, Irr=
thümern, Kenntnissen, das Gepräge eines spätern Zeit=
alters tragen; aber könnten diese nicht auch erst durch
Uebersezer und Commentatoren und Abschreiber hineinge=
tragen sein? Ist der mit ihm gleichzeitige Einsiedler, der
aus einem Goldmacher zum Arzt geworden, dessen Ant.
Guaynerius Op. praeclar. Lugd. 1534. 8. Tr. IX.
K. VII. fol. XXIX. a.) rühmlich erwähnt, Basilius
Valentin gewesen, so würde darin ein neuer Beweis
seines höhern Alters liegen.

e) Beytrag zur höhern Chemie. S. 131.

J 5

noch in dem Provinzialverzeichnisse zu Erfurt ᶠ) sein
Name zu finden ist.

Wie dem aber seie, die Sprache, in der er zu den
Aerzten seines Zeitalters spricht, ist um nichts feiner,
als diejenige, die Paracelsus führt ᵍ); auch hat
er mit diesem und seinen Vorgängern seine astrologische
Grillen ʰ), und mit den meisten alchemischen Schriftstellern seines Standes die Klagen über die Verachtung der Naturgaben ⁱ), und die häufige, zweckwidrige
Einmischung frommer Betrachtungen, Ermahnungen,
Klagen ᵏ) gemein.   Auch er, der selbst den Stein bereitet

f) Motschmann Erfordia litterata S. 390 ꝛc.

g) so steht z. B. im Triumphwagen Antimonii &c. S.
62. "Ach ihr armen elenden Leute, ihr unerfahrnen
Aerzte, und vermeinte Doctores, so da lange grosse Recepta schreiben, auf langes Papier und grosse Zettel, ihr
Herrn Apotheker, die ihr grosse Döpffe voll kochet, wie
sie an der grossen Herren Höfen, zum Fewr viel hundert
Menschen damit abzuspeisen, beygesetzt werden, die ihr
lange Zeit blind gelegen, last doch ewere Augen schmie-
ren, und ewer Gesichte balsamieren, auff daß ihr von
ewerm überzogenem Fell der Blindheit möget entledigt,
und den wahren Spiegel des klaren Gesichts erlangen und
überkommen möget." Wer Lust hat, mehrere dergleichen
Ermahnungen zu lesen, wird sich a. e. a. O. S. 14.
41 - 47. 60. 62 - 64. 72 - 76. erbauen können.

h) z. B. Triumphwagen des Antimonii S. 79. "zum dritten wird auch Gifft gewircket durch das Gestirn, andere
widerwärtige Oppositiones und Conjunctiones der Planeten und Sternen geschehen, dadurch die Elemente inficirt
werden." S. auch ebendas. S. 54. 65.

i) Triumphwagen Antimonii. Vorrede.

k) Man lese z. B. in den Schlußreden aller seiner Schriften und Tractaten. 1711. 8. S. ee. "O lieber, Christlicher Liebhaber der gebenedeyeten Kunst! Wie hat doch
die Heilige Dreyfaltigkeit den lapidem philosophorum so
herr-

tet zu haben sich rühmt [l]), und darzu die göttliche Offenbahrung für nöthig erachtet [m]), nimmt einen Samen
der Metalle [n]), und Mercurium, Sulphur und Sal als
ihre drei Urstoffe [o]) an; schreibt ihnen aber doch, so
wie andern Mineralien, ein anfahendes Ding [p]) und
einen unbegreiflichen Geist [q]) zu; auch er ist von der
Wirksamkeit eines allgemeinen Heilmittels [r]) überzeugt,
und

herrlich und wunderlich geschaffen.” Wer Belieben an
dieser Kost hat, der wird sich sowohl in dem Verfolg dieser hier angefangenen Allegorie, als im Triumphwagen
Antimonii S. 2-16. 19. 22. 23. 28. 39. 46-48. 64.
65. 118. 119. 146. 149-153. 159-164. 183. 184. von
dem grossen Stein der Uralten. Straßburg. 1711. 8.
Vorrede. Leztes Testament, von G. Ph. Nenter.
Straßburg. 1712. 8. S. 1-9. u. a. a. O. sätigen
können.

l) Leztes Testament. Th. II. S. 167.

m) Vom grosen Stein der Uhralten ꝛc. S. 2.

n) Von dem grossen Stein der Uhralten. S. 5.

o) Ebend. S. 6. Triumphwagen Antimonii. S. 66. 69. 83.
Widerholung des grossen Steins der Uhralten. S. 67.

p) Triumphwagen Antimonii S. 68. “dieses sollt du — — —
— merken — — — daß alle Mineralia, so wol die Metallen, gleichfalls und ebenermassen aus einem anfahen-
den Dinge sind gebohren und generirt worden.”

q) Ebend. S. 20. 21. “Also ingleichen die Metalla und
Mineralia ihre unbegreiffliche Geister in und mit sich führen, darinn befunden wird am meisten ihre Tugend und
Krafft des Vermögens, was sie dißfalls ausrichten können, denn ohne Geist ist ein jedes Ding todt, und
kann vor keine lebendmachende Wirkung erkannt werden.”

r) Von der grossen Heimlichkeit der Welt und ihrer Artzney
den Menschen zugehörig. S. 116. “so bekenne ich offenbar, daß zwo Medicin sind, so alles heylen ohne Unterschied” und Lezten Testaments fünffter Theil. Straßburg.
1711.

und versichert, es gebe Gifte und Arznei für alles [s]);
er findet grose Aehnlichkeit zwischen der Reinigung des
Goldes und derjenigen des menschlichen Leibes, und be=
wirkt sie bei beiden durch Spiesglanz [t]): auch er schreibt
dem Stein eine vermehrende Kraft zu [u]).   Er ist einer
der ersten, die den Stein der Weisen auch auser Gold
und Quekfilber suchen (Particularisten).

Bei dem allen verräth der Verfasser dieser Schrif=
ten, wer er auch seie, sowohl im theoretischen Theile
der Scheidekunst, als in den Handgriffen bei ihrer
Ausübung, und noch mehr in ihrer Anwendung auf
unterschiedene Gewerbe, und besonders auf die Berei=
tung von Arzneien, gründliche Kenntnisse und Einsich=
ten, wie man sie von dem Zeitalter, dem er zugeschrie=
ben wird, nicht erwarten sollte, und gibt manche Ar=
bei=

1711. 8. S. 254. 255. "Keine höhere, grössere und für=
trefflichere universal=Medicin und Aurum potabile kann
in der ganzen Welt; durch den Umbkreis der Erden er=
funden, noch zu Tag gebracht werden."

s) Triumphwagen Antimonii S. 26. 27. 40. 41. "er (an=
timonium) ist Gifft und die höchste Gifft mit auch ist
er ohne Gifft und die höchste Arzney mit." Uebrigens be=
stimmte er den Unterschied sehr wohl, und wie eines in
das andere übergeht.

t) Ebendas. Vorrede. auch S. 108. 109. "Es soll aber ein
jeder Mensch wissen, daß der Antimonium, oder das
Spießglaß nicht allein das Gold säubert, purgirt, und
von allen zugesetzten frembden Sachen und andern Me=
tallen entlediget und frey machet, sondern thut solches
ebener massen, vermöge seiner eingegossenen Kraft, in
Menschen und Vieh."

u) z. B. Letzten Testaments Th. IV. S. 242. "ein Loth
des Pulvers färbt zehen Loth Silber in Gold" oder
Schlußreden S. gg. "Dieser Tinctur ein Theil transmu=
tirt dreißig Theil ☿ und ☽ in ☉."

beiten an, mit welchen sich spätere Künstler als mit ih=
ren Erfindungen gebrüstet haben.

Schon er kannte den Arsenik [a]) nach allen seinen aus=
zeichnenden Eigenschaften, und den daraus mit Schwefel
entstehenden Arsenikrubin [b]); schon er den Zink [c]); er
schon den Wismuth, sowohl unter diesem [d]) als unter dem
auch noch jezt hier und da gangbaren Namen Markasit [e]);
kannte den Gebrauch des Braunsteins zu Glas und Eisen=
farbe [f]); er kannte den Quecksilbersalpeter [g]), und sehr
wohl den ätzenden Sublimat [h]), auch höchst wahr=
scheinlich den rothen Präcipitat [i]).

Und welche Verdienste hat er nicht um die nähere
Kenntnis des Spiesglanzes [k]), mit welchem sich übri=
gens

a) S. z. B. Wiederhohlung vom grosen Stein der Uralten.
    S. 89. 90. Triumphwagen Antimonii. S. 40. 41. ob
    er unter Kobolt (ob er unter Kobelt (a. e. a. O. S. 69.)
    eben diesen oder unsern Kobolt verstanden habe, will ich
    nicht entscheiden; das erstere ist mir inzwischen wahrschein=
    licher.

b) a. e. a. O.. S. 157. Wiederhol. des gr. St. der Ural=
    ten. S. 90.

c) er wird wenigstens Triumphwagen Antimonii (S. 69.)
    mit Kobolt und Marchasit genannt.

d) Letztes Testament, von G. Ph. Renter. S. 69. 145.
    Schlußreden. kk.

e) Triumphwagen Antimonii. S. 69.

f) Letztes Testament. Th II. S. 133. "zum andern den
    Braunstein, darauß man Glaß und Eisen=Farb machet".

g) Schlußreden. S. rr.

h) Offenbahrung der verborgenen Handgriffe. S. i.

i) Schlußreden. S. rr. "die fürnehmste Farb des ☿ ist
    roth, doch nachdem er präcipitirt wird".

k) Darüber s. vorzüglich Currus triumphalis antimonii,
    cum notis P. *Fabri* et aliis tractatibus eiusdem *Valenti-*
    ni.

gens, wie er selbst bezeugt [k]), schon vor ihm viele be=
schäftigt haben, und um die Bereitung mancher treflichen
Arzneien aus denselbigen, wenn er gleich manche überflüssi=
ge eingeführt, und ihre Vorzüge zu hoch angeschlagen hat!
Er schon fand bei dem Spiesglanze in Rüksicht auf die
Verhältnis seiner beiden Bestandtheile einen grosen Unter=
schied [l]); schon er kannte den Kalk, den man ohne Zu=
saz aus Spiesglanz brennt [m]), und das schöne Glas,
welches durch Schmelzen daraus gewonnen wird [n]),
den Brechwein [o]), und verschiedene Tincturen [p]),
welche aus diesem bereitet werden können, selbst dieje=
nige, welche neuerlich von Herrn Theden empfohlen
wurde [q]); die Spiesglanzleber [r]), und die Kalke, wel=
che durch Verpuffen mit Salpeter und Spiesglanz be=
reitet werden können [s]), den Goldschwefel aus Spies=
glanz

ni. Tolosac. 1646. 8. commentario illustratus a Theod.
Kerkringio. Amstelodam. 1671. et 1685. 12. Norimb.
1676. 1724. 1752. et Francof. 1770. 8. Triumphwa=
gen des Antimonii, nebst 7 andern Tractätlein, her=
ausgegeben von Joh. Thölden. Leipzig 1604 und
1676. 8.

k) Triumphwagen Antimonii. S. 25.

l) Ebendas. S. 24. "daß ein groser Unterschied ist zwischen
dem Spießglas. Einer ist schön rein, und einer güldi=
schen proprietet und Eigenschaft, derselbe, welcher einer
güldischen Art ist, hat viel Mercurium, ein anderer hat
viel Schwefel".

m) Ebendas. S. 89.

n) Ebendas. S. 90—94.

o) Ebendas. S. 101.

p) Ebendas. S. 94—96. 98. 99.

q) Ebendas. S. 195. 196.

r) Ebendas. S. 123. 195.

s) Ebendas. S. 128—130.

glanz ᵘ), und sowohl das durch Weinstein und Salpeter ˣ), als das durch Eisen ʸ) daraus geschiedene Metall, welches schon damals zu verschiedenen harten Zu-
sammensezungen von Metallen gebraucht wurde ᶻ):
Auch kannte er das sogenannte Spiesglasöl, und wußte
es sowohl mit Sublimat ᵃ), als mit Speisesalz oder
Steinsalz, und ungebranntem Töpferthon ᵇ), und durch
Auflösen des Spiesglanzglases in Salzgeist ᶜ) zu bereiten, und die Reinigung des Goldes durch den Gus
oder

u) Ebend. S. 168. "Es wird der Schwefel des Spießgla-
ses auch noch auff ein andere Weise zugericht und bereitet, als daß der Antimonium klein gerieben, auf zwo
Stunden lang oder etwas länger wol gekocht wird in einer scharffen Laugen, von Aschen des Büchen-Holzes,
darnach ein scharffen Essig darein gegossen, wenn der ge-
sottene Antimonium rein durchfiltrirt worden, so fällt der
Schwefel nieder, ganz roth".

x) Ebendas. S. 132. Widerholung des grosen Steins der
Uhralten. S. 78.

y) Triumphwagen Antimonii. S. 173. Widerholung des
grossen Steins der Uhralten a. e. a. O. auch Explicatio
Redivivi Fr. Basilii Valentini, von J. J. Weitbrett.
1723. 8. S. 65.

z) Triumphwagen Antimonii. S. 180. "Letztlich, so ver-
nimb auch, daß das Spießglas noch zu viel andern Dingen mehr gebraucht wird, als zu den Schriften, so in
den Druckereyen gebraucht werden: Auch so wird in gewisser Constellation und Zusammenfügung der Planeten
ein Mixtur der Metallen mit dem Antimonio gemacht,
daraus Siegel und Characteres gegossen werden, welche
sonderliche Tugenden haben sollen, auch werden aus solcher Mixtur Spiegel bereitet — — Auch werden Schellen
und Glocken daraus gegossen".

a) Triumphwagen Antimonii. S. 155.

b) Ebendas. S. 153.

c) Letzten Testaments. Th. IV. S. 250.

oder durch Schmelzen mit Spiesglanz [c]) war ihm sehr
wohl bekannt.

Sublimat [d]) nicht nur, sondern auch Quekfilbersal-
peter [e]) kannte er sehr wohl, und wuste Quekfilber durch
Destilliren mit Kalk, sowohl aus diesem [f]) als aus andern
Mischungen in seiner laufenden und glänzenden Gestalt
wieder zu gewinnen.   Er kannte den Bleiglanz und
dessen Gebrauch zu Glasuren und Flüssen [g]), die ver-
schlakende und verglasende Kraft des Bleies und den
darauf sich gründenden Gebrauch desselbigen zum Sai-
gern [h]), den süsen Geschmack, welchen es dem Essig
mittheilt [i]), den Bleizuker [k]), die Menninge [l]), das
Bleigelb [m]), und das Bleiweis [n]), das schon zu seiner Zeit öfters verfälscht wurde [o]), den mit Schwefel
bereiteten Eisensafran [p]),   die Bereitung des Eisen-
vitriols [q]), und des Eisensalmiaks [r]), die Fällung des
Eisens

c) Ebendas. S. 214. und Offenbahrung der verborgenen
   Handgriffe. S. b. c.

d) Offenbarung der verborgenen Heimlichkeiten. S. i.

e) Schlußreden. S. 99.

f) Letztes Testament. T. IV. S. 246.

g) Ebendas. Th. II. S. 139.

h) Ebendas. Th. I. S. 47.

i) Wiederholung vom grossen Stein der Uhralten. S. 96.

k) Letztes Testament. Th. IV. S. 238. und Explicatio redivivi Fr. Basilii Valentini, von J. J. Weitbrett. S. 71.

l) Letztes Testament. Th. IV. S. 236.

m) Ebendas. a. e. a. O.

n) Ebendas. S. 237.

o) Ebendas. S. 236.

p) Triumphwagen Antimonii. S. 127.

q) Letztes Testament. Th. IV. S. 230. 231.

r) Schlußreden. S. 55.

Eisens aus starken Wassern durch zerflossenes Weinstein=
salz [s]), so wie die Fällung des Kupfers durch Eisen [t]); er
wuste schon, daß in manchem Zinn Eisen bleibt, wovon es
Hartwerk wird [u]), leitete die Sprödigkeit des ungarischen
Eisens vom Kupfer ab [x]), und kannte den geläuterten
Grünspan [y]), so wie die Eigenschaft der Kupferkalke,
den Gläsern eine Smaragdfarbe mitzutheilen [z]), den
Silbergehalt des mansfeldischen Kupfers [a]), und den
Goldgehalt des ungarischen Silbers [b]); er wuste be=
reits, daß Gold aus Königswasser durch Queksilber
als Amalgam gefällt wird [c]), auch daß es durch Hülfe
von Queksilber verkalkt werden kann [d]), sogar daß es
sich in diesem Zustande in Essig auflöst [e]), und oft eine
Purpurfarbe zeigt [f]); auch kannte er das Knallgold [g]),
und

---

s) Triumphwagen Antimonii. S. 62.

t) die er freilich eine transmutation nennt. Ebend. S. 127.

u) Letztes Testament. Th. II. S. 143.

x) Ebendas. Th. I. S. 43.

y) Ebendas. Th. IV. S. 231. 232. Offenbar. der verborg.
Handgriffe. S. f. g. Schlußreden. S. ii.

z) Von der Meisterschaft der sieben Planeten; von dem
fünften Planeten ♀. Venere. S. 152. "hat mir geschenkt
ein Edlen Stein, so da Schmaragd heißt in gemein".

a) Letztes Testament. Th. I. S. 40.

b) Ebend. a. e. a. O.

c) Ebend. Th. IV. S. 217. Offenbahr. verborgen. Hand=
griffe. S. f.

d) Letztes Testament. Th. IV. S. 214. 218.

e) Ebend. S. 218. 224.

f) Ebendas. S. 218.

g) Wer etwa daran noch zweifeln sollte, der lese folgende
Stelle, wie sie im letzten Testament Th. IV. S. 223. 224.
steht: "Nimm ein gut Aquam Regis durch S a l a r m o=

und seine fürchterliche Kraft, wuste aber auch, daß sie ihm durch Schwefel und Essig wieder genommen werden konnte ʰ); er kannte die Scheidung der Metalle durch Gus, Schlaken, scharfe Laugen und scharfe Wasser ⁱ), und vornemlich die Scheidung des Silbers vom Golde durch Scheidewasser ᵏ), die Bereitung des

niac gemacht, ein Pfund, verstehe daß du nehmest ein Pfund gut stark Scheidewasser, und solvirest darinnen acht Loth Salmiac, so bekommstu ein stark Aquam Regis, destillier und rectificier es so oft über den Helm, daß keine feces mehr im Grund bleiben, sondern gantz rein und durchsichtig über sich steiget: Alsdann nimm fein dünn geschlagene Gold-rollen, so zuvor durch den Antimonium gegossen worden, thue sie in ein Kolben, geuß das Aquam Regis darauf, und laß es solviren, so viel als du Gold darinnen auflösen kanst, wenn es das Gold alles solvirt hat, so geuß ein wenig oleum tartari darein, oder sal tartari in einem wenig Brunnenwasser auffgelöset, und darein gegossen, thut eben dasselbig, so wird es anfangen sehr zu brausen, wenn es verbrauset hat, so geuß wiederum des Oels darein, und thue das so oft, biß das aufgelöste Gold aus dem Wasser alles zu Boden gefallen, und sich nichts mehr niederschlagen will, sondern das Aqua Regis ganz hell und lauter wird. Wañ das geschehen, so geuß dann das Aquam Regis ab von dem Gold-kalck, und süße ihn mit gemeinem Wasser zu 8. 10. oder 12. mahlen zum allerbesten ab, darnach wann sich der Gold-kalck wohl gesetzet hat, so geuß das Wasser davon, und trockne den Gold-kalck in der Lufft, da keine Sonne hinscheinet, und ja nicht über dem Feuer, dann sobald dieses Pulver eine sehr geringe Hitze oder wärme empfindet, zündet sich solches an, und thut merklichen großen Schaden, denn so es flüchtig davon gehen würde mit großem Gewalt und Macht, daß ihm kein Mensch würde steuren können".

i) Ebendas. S. 224. 225.

k) Ebendas. Th. I. S. 49.

l) Ebend. Th. IV. S. 226.

des leztern aus Vitriol und Salpeter [1]), und ſeine hef=
tige Erhizung mit Weingeiſt [m]), ſo wie ſeine Verſü=
ſung, die Kraft und Bereitung des Königswaſſers [n])
aus Salpeterſäure, die er in verſchiedenen Verhältniſ=
ſen mit Salzgeiſt vermiſchen oder mit Salmiak über=
ziehen lies, die Gewinnung des Salzgeiſtes aus Vi=
triol und Küchenſalz [o]), die Kraft, welche er hat,
ſelbſt edle Metalle flüchtig zu machen [p]), ſeine Verſü=
ſung durch wiederholtes Ueberziehen mit Weingeiſt [q]),
und die auflöſende Kraft, welche er auch da noch auf
Goldkalk äuſert [r]), die Bereitung der Schwefelſäure
ſowohl aus Schwefel [s]) als aus Vitriol [t]), die Ver=
ſtärkung ihrer Wirkung auf Eiſenfeile durch Verdünnen
mit Waſſer [u]), und ſeine Verſüſung mit Weingeiſt [x]),
auch

---

l) Ebend. S. 227. und Offenb. der verborgenen Hand=
griffe. S. i.

m) Triumphmwagen Antimonii. S. 61.

n) Leztes Teſtament. Th. III. S. 172. und Th. IV. S. 216.
aus drei Theilen Salzgeiſt und einem Theil Salpeter=
geiſt; eberd. S 223. aus vier Theilen ſtarken Scheide=
waſſers und einem Theil Salmiak. ebend. S. 214 und
Offenbahrung der verborgenen Handgriffe. S. d. aus glei=
chen Theilen Salpeter und Salmiak mit halb ſo vielem
Kieſelmecle übergetrieben.

o) Triumphwagen Antimonii. S. 126.

p) Wiederholung des groſſen Steins der Uhralten. S. 70.

q) Ebendaſ. S. 71. Leztes Teſtament. Th. III. S. 173. Th.
IV. S. 218. 219.

r) Wiederhohlung des groſſen Steins der Uhralten. S. 71.
Leztes Teſtament. Th. IV. S. 218. 219.

s) Wiederholung des groſſen Steins der Uhralten. S.
86. 88.

t) Offenbahrung der verborgenen Handgriffe. S. g. h.

u) Ebendaſ. S. g.

K 2

auch die Bereitung der salzsauren Kalkerde aus Salmiak und Kalk [y]), und die Scheidung der Metalle
aus ihren Erzen auf dem feuchten Wege [z]); die Schwe-
felblumen [a]) und die sogenannte Schwefelbalsame [b]),
Schwefelleber [c]) und Schwefelmilch [d]) waren ihm bekannt; auch scheint er die flüchtige Schwefelleber [e]) gekannt zu haben; daß aus der Asche von Reben [f]) ein
in den wesentlichen Eigenschaften dem Weinsteinsalze
ganz ähnliches Salz gezogen werden könne, lehrt er
mit eben so klaren Worten, als daß eine Auflösung dieses
Salzes im Wasser dem durch Zerfliesen daraus entstande-
nen sogenannten Oele ganz ähnlich seie; er kannte schon
das Aufbrausen dieser Feuchtigkeit mit Essig [g]), und
die Schärfung dieses Salzes durch Behandlung mit
Kalk [h]), wodurch es nach seiner Vorschrift erst zur
Auflö-

x) Oder die Bereitung eines Oleum vitrioli dulce, wenn
anderst diese wirklich aus seinen eigenen Papieren ist. Explicatio Redivivi Basilii Valentini. S. 67.

y) Letztes Testament. Th. IV. S. 227.

z) Triumphwagen Antimonii. S. 122.

a) Wiederholung des grossen Steins der Uhralten. S. 87.

b) Ebendas. a. e. a. O. Schlußreden S. nn.

c) Wiederholung des großen Steins der Uhralten. S. 88.
Schlußreden. S. nn.

d) Wiederholung ꝛc. a. e. a. O.

e) Schlußreden. Kap. IX. n. 3. S. nn. "Vom grauen Pulver (aus Schwefelleber) und calce viva ana. ein Pfund,
Salmiac den vierdten Theil darunter gerieben, und per
Retortam getrieben, gibt ein herrlich roth Oel, das da
figirt und gradirt".

f) Letztes Testament. Th. V. S. 260.

g) Triumphwagen Antimonii. S. 61.

h) Wiederholung des grossen Steins der Uhralten. S. 69.

"das

Auflöſung in Weingeiſt oder zur Weinſteintinctur taug-
lich wird [i]); er ſchon lehrte aus Waſſer mit wenigem
Honig gekocht einen Eſſig [k]), dem er eine äzende Schärfe [l]) zu verſchaffen wuſte, aus Zuker, Bierhefen und
Waſſer einen künſtlichen Wein [m]), der jedoch in einem
nicht genug kühlen Keller bald zu Eſſig wird, und aus
Bier, dem auch zu ſeiner Zeit Hopfen zugeſezt wurde [n]),
und Heſe [o]) Brandewein bereiten, erzählt die unter-
ſchiedene Mittel [p]), und gibt die kräftigſte [q]) an, wie
dieſer

"das Sal des Weinſteins per ſe figirt auch hefftig, ſonderlich wenn die Hitze aus dem lebendigen Kalck darzu
einverleibt wird".

i) Ebendaſ. S. 89.

k) Letztes Teſtament. Th. I. K. XLI. S. 106.

l) Triumphwagen Antimonii. S. 57. "Hierentgegen kann
aus dem ſüſſen wohlſchmeckenden Honig, die ärgſte Corro-
ſiſſ und Gifft bereitet werden".

m) Explicatio Redivivi Baſil. Valentini. S. 80.

n) Triumphwagen Antimonii. S. 35.

o) Ebendaſ. S. 36. "auff dieſes kan abermahls ein newe
Scheidung angeſtelt werden, durch eine vegetabiliſche
Sublimation, als daß der Spiritus des Weins oder des
Biers abgeſondert, und durch die Diſtillation in ein andern Tranck, als in vinum ardens, bereitet wird (wie
dann aus derſelben hinderlaſſenen Hefen auch kann gemacht werden)".

p) Wiederholung des groſſen Steins der Uhralten. S. 97.
98. "Vielerley Wege ſind verſucht worden, den Weingeiſt ohne Verfälſchung zu erlangen, als durch vielerley
Inſtrumenta und Deſtillirens durch metalliſche Schlangen,
und viel ſeltzamer Erfindung, auch durch Schwämme,
Papier und andere Gelegenheit. Etliche haben den rectifi-
cirten Brandtewein in der groſſen Kälte frieren laſſen,
vermeynende die Phlegma wrrde zu Eyß, und der Spiritus bleibe reſolvirt und offen". S. auch Triumphwagen
Antimonii. S. 32. 33. und letztes Teſtament. Th. III. S.

dieser gereinigt, und die Art, wie seine Reinigkeit ge=
prüft werden kann ᵍ): So sehr er auch noch von der Mög=
lichkeit der Verwandlung der Metalle in einander über=
zeugt war, so warnt er doch ausdrüklich ˢ) vor den
Betrügern, die andere Metalle in Silber zu verwan=
deln vorgeben, indem sie blos das schon in ihnen ste=
kende Silber scheiden; er schon rühmt kaltes, vornem=
lich Schneewasser, um den Frost aus gefrornen Eiern
und erfrornen Gliedern zu ziehen ᵗ), erklärt die Luft
zum

198. 199. "Nachmals haben sie gelehret, wie man sol=
chen Spiritum und Geist des Weins in zwey unterschie=
dene Theil separiren und scheiden soll, daß nemlich sol=
cher Wein = Geist auf einen weiß = calcinirten Tartarum
sollte gegossen, und durch seine gelinde distillation über
den Helm gezogen werden. In welcher destillation der
rechte wahre geheime spiritus und Geist des weins von
seinem vegetabilischen ☿ getrennt und geschieden wird,
wie ich dich in meinen Handgriffen auch treulich lehren
und unterrichten wil. Aus der hinterstelligen Terra aber
haben sie gelehret, das salz zu ziehen, und dem rectifi=
cirten spiritu zu zusetzen".

q) Triumphwagen Antimonii. S. 37. "Durch die rectifi=
catio des Brandteweins geschieht die exaltatio, daß er
durch öfters abziehen, und sonderliche Handgriffe gantz
rein und pur, ohn einige phlegma noch aquositet in die
enge gebracht wird".

r) Ebend. S. 52. und Offenbahrung der verborgenen Hand=
griffe. S. p.

s) Letztes Testament. Th. I. S. 48. "Es können auch wohl
gantz leicht verschlagene Artisten vorgeben, sie wollen aus
Eisen Silber machen, oder aus Kupfer, ja wann es zu=
vor darbey ist, als in Schweden, der Osemundt hat alle=
zeit Silber bey sich, so treiben sie dasselbige nur ab, und
verbrennen das Eisen, und betriegen die Leuth: Thun sie
aber das auch an den Steyrischen? das lassen sie wohl:
darumb hüte dich für solchen Betriegern".

t) Triumphwagen Antimonii. S. 52.

zum Leben aller Thiere, auch der Fische, für unentbehrlich ᵘ), und leitet von ihr ihre natürliche Wärme
ab ˣ); er schon empfiehlt den Wasserdampf zum Anfa-
chen des Feuers ʸ), verwirft den Rosmist zur Erhaltung der Hize bei chemischen Arbeiten ᶻ), und schränkt
den

u) Ebendas S. 148. "daß aber die Fische sterben, wenn
solche Eröffnung der Teiche und anderer Wasser nicht geschicht, ist allein dieses die Ursach, daß ihnen durch die
nicht Eröffnung des Eises, die Lufft entzogen und abge-
strickt wird, daß sie ersticken müssen wegen Mangelung
der Lufft, denn ja beweißlich kann dargethan werden,
daß keinem Thier ohne einige Lufft das Leben kann ver-
stattet werden, wenn ihm solche benommen wird. Darumb die Fische, so in dem Eise und unter dem Eise gefunden werden, — — allein erstickt".

x) de Microcosmo oder von der Kleinen Welt des Menschlichen Leibes. S. 110. "Das Feuer im Herzen und die
natürliche Wärme wird durch die Lufft erhalten, welche in
ihr doch wohnen muß, welcher Lufft Hülffe am meisten die
Lunge bedarff".

y) Letztes Testament. Th. I. K. XXXVI. Von dem Gebläse.
S. 98. 99. "Machet aber dasselbige Gebläß in eine Kugel, die von Kupffer ist, eines Kopffs groß, ist gar hell
und liecht zugelöthet, daß keine Lufft hinein kommen
mag, und lasset ein kleines Löchlein hinein, daß eine
Nadel hinein kommen mag, und ziehet das wasser hinein,
das man sonderlich darzu machen sol, alsdann hat man
eine Pfanne mit Kolen, die zündet man an, und legt
die Kugel darauf, daß sie das Löchlein auf das Kohlfeuer
kehrt, so bläset sie das Feuer mit Gewalt auf, so das
geschicht, so erwarmet sie, daß das Wasser darinnen seu-
det, so brademet und fähret es mit solchem Ungestüm
herauß, daß es die Kohlen stark bläset, und also das
Feuer sich selbst hält, und wärmet, und hinausbrödemet,
wie man sonsten thun könnte mit dem Gebläß".

z) Wiederholung des grossen Steins der Uhralten S. 73.
"Roß-mist ist ein Verderb, und kann die materia durch
kein vollkommene Gradus absolvirt werden".

den Gebrauch des Lampenofens ein [a]), traf eine beſſere
Einrichtung der Brenngeräthſchaft [b]), und ſchlug zu
dieſem Zwecke das Kühlfas [c]) vor.

Auch die Anzahl ſeiner Schriften, oder vielmehr
der Schriften, welche durchaus von ſpätern Künſtlern,
mit ſeinem Namen herausgegeben wurden, iſt ſehr
anſehnlich [d]), auch diejenige nicht gerechnet, welche
auf Chemie keinen Bezug haben: Es ſind folgende: 1)
Philoſophia occulta [e]); 2) Tractat von natürlichen und
übernatürlichen Dingen, auch von der erſten Tinctur,
Wurzel und Geiſte der Metallen [f]); 3) Von dem groſen

a) Ebendaſ. a. e. a. O. "Lampen = Feuer mit Spiritu vini
iſt kein nütze, dann ein überſchwenglicher Unkoſten wird
dadurch gewircket".

b) Offenbahrung der verborgenen Handgriffe. S. q.

c) Ebendaſ. a. e. a. O.

d) Zuſammen ſind ſie heraus in lateiniſcher Sprache. Hamburg. 1700. 8. teutſch: Baſilius Valentini chymiſche Schriften alle, ſo viel deren vorhanden ſind,
aus vielen ſowohl geſchriebenen als gedruckten Exempla-
ren vermehret und verbeſſert, und in zwey Theile verfaſſet. Hamburg. 8. 1677. 1694. in drey Theile verfaſſet von Ben. Nic. Peträus. Hamburg. 1717. 8. Neue
verbeſſerte Auflage. Hamburg. 1740. 8.

e) durch Joh. Thölden. Leipzig. 1603. 8. von neuem
herausgegeben durch Heſſen: 1611. 8.

f) an das Licht geſtellet durch Joh. Thölden. 8. Eisleben.
1603. Leipzig. 1611. lateiniſch: Tr. de rebus naturalibus et ſupernaturalibus metallorum et mineralium. Francof. ad Moen. 1676. 8. engliſch: of natural and ſuper-
natural things by Dan. Caple. London. 1671. 8. franzöſiſch mit der Aufſchrift: Révélation des myſtéres des
Teintures eſſentielles des ſept Métaux, et de leurs vertus medicinales, traduit de l'allemand par Iſraël, Medecin allemand. à Paris. 1646. 8.

sen Stein der Uhralten ᵍ); 4) Vier Tractätlein vom
Stein der Weisen ʰ); 5) Kurzer Anhang und klare
Repetition oder Wiederhölunge vom grosen Stein der
Uhralten ⁱ); 6) de prima materia lapidis philosophici ᵏ); 7) Azoth philosophorum seu Aureliae occultae
de materia lapidis philosophorum ˡ); 8) Apocalypsis
chemica ᵐ); 9) Claves 12 philosophiae ⁿ); 10) Practica

g) daran so viele tausend Meister anfangs der Welt hero
  gemacht haben neben angehängten Tractätlein ꝛc. den So-
  ciis doctrinae zu gutem publicirt. Straßburg. 1711. 8.
  mit vielen Bildern; oder von dem grossen Stein der uralten Weisen, vornehmsten Mineralien und Salzen, auch
  von dem Kalche nebst einem Bericht von Microcosmo
  herausgegeben von Joh. Thölden. Zerbst, 1602. 8.
  lateinisch bei Manget a. e. a. O. B. II. S. 409. ꝛc.

h) Frankfurt. 1625. 4.

i) darein das wahre Liecht der Weise wahrhafftig für Augen gestellet, neben einem Bericht von Queksilber, Spießglaß, Kupferwasser, gemeinem Schwefel, lebendigem
  Kalcke, Arsenico, Salpeter, Salmiac, Weinstein, Eßi-
  ge und den Wein (in fortlaufender Seitenzahl mit nr. 1.
  ausgegeben), ohne den zulezt erwähnten Bericht lateinisch bei Manget a. a. O. B. II. S. 422.

k) in jener bei f) gedachten Sammlung, auch bei Manget
  a. e. a. O. B. II. S. 421.

l) Francof. 1613. 4. auch im Theatr. chemicum. B. IV.
  abgedrukt, und französisch in Paris 1624. 8. und in Bibliotheque des philosophes chimiques nouvell. edit. à
  Paris. 1741. 12. B. III. n. 2.

m) Erfurt. 1624. 8.

n) abgedrukt bei Manget a. e. a. O. B. II. S. 413. und
  bei M. Maier Tripus aureus. Francof. 1618. 4. n. I.
  deutsch mit fortlaufender Seitenzahl in der nr. I. erwähnten Sammlung. S. 18 ꝛc. auch macht deren Erklärung
  des lezten Testaments dritten Theil aus. S. 162 — 212.
  französisch à Paris. 1659. 8. und 1660. 12. auch mit dem
  Azoth (nr. l.) und in Bibliotheque des philosophes chimiques, nouv. edit. B. III. n. I.

ctica °); 11) Opus praeclarum, ad utrumque, quod
pro testamento dedit filio suo adoptivo ᵖ); 12) letztes
Testament ᑫ); 13) De microcosmo ʳ) 14) Von der
grosen

o) bei M. Maier Tripus aureus n. I.

p) Theatrum chemicum. B. IV. n. 137.

q) herausgegeben durch Georg. Clarmontanum. Jena. 1626.
8. ferner, darinn die Gehe me Bücher vom grossen Stein der
uralten Weisen, und andern verborgenen Geheimnüssen der
Natur. Auß dem Original, so zu Erfurt im hohen Al-
tar unter einem marmorsteinern Täflein gefunden worden,
nachgeschrieben, und nunmehr auf vielfältiges Begehren,
denen Filiis Doctrinae zu gutem, neben angehengten XII.
Schlüsseln und in Kupffer gebrachten Figuren zum vierd-
temal aus Liecht gegeben, deme angehängt ein Tractätlein von der Alchimie, von G. Ph. Nenter — Straßburg. 8. 1712. Ander Theil geheimer Bücher oder Testament, darinnen mit wenig Worten und auf das kür-
tzest wiederholet werden etliche der fürnehmsten Wissenschaften des ersten Buchs, doch nicht allein, wie es die
Natur unter der Erden hält, sondern auch, wie die Metalle nunmehr generirt, gebohren werden und an Tag
kommen; Als Gold, Silber, Kupffer, Eisen, Zinn,
Bley, Queckfilber und andere Mineralia. Deßgleichen
auch, wie die Edel-Gestein, sowohl die Metall-Arten
gefärbet, erkandt, und mit Gottes heylwertigem Wort
verglichen werden. MDCCXI. Dritte Buch oder Theil,
von dem Universal dieser gantzen Welt, sampt vollkommener Erklärung der zwölff Schlüßel, und von dem wahren außdrüklichen Nahmen der Materien. Wie auch Eine
Erläuterung aller seiner vorigen Schrifften. Allen seinen
Nachkommenden und Brüdern der Weißheit hinterlassen,
und nun zum dritten mahl auf inständiges Anhalten in
offenem Druck befördert. MDCCXI. Vierdter Theil,
oder Handgriffe, darinnen unterwiesen wird, wie alle
Metalla und taugliche Mineralia particulariter in ihre
höchste Bereitschaft können gebracht werden. MDCCXI.
Fünffter Theil, darinnen die übernatürliche hochtheure
Wunder-Artzney aller Metallen und Mineralien, sowohl anderer Dinge, von Gott dem Allmächtigen Schöp-
ffer

grofen Heimlichkeit der Welt und ihrer Arzney ˢ); 15.)
Von der Wissenschaft der sieben Planeten ᵗ); 16) Of=
fenbahrung der verborgenen Handgriffe ᵘ); 17) Con-
clusiones oder Schlußreden ˣ); 18) Dialogus Fratris
Alberti cum spiritu ʸ); 19) De sulphure et fermento
philosophorum ᶻ); 20) Haliographia ᵃ); 21) Tri=
umphwagen

ffer Himmels, Erden, und aller Creaturen zu finden,
den preßhaften Menschen zur Gesundheit und langem
Leben angeordnet, und aus Gnaden verliehen. MDCCXI.

r) oder von der kleinen Welt des menschlichen Leibes in der
oben bei f) gemeldeten Sammlung. S. 101 ꝛc. neu über=
sezt mit der Aufschrift: die höchste Arzney aus der klei=
nen Welt des menschlichen Leibes. Straßb. 1681. 8. de
microcosmo deque magno mundi mysterio et medicina
hominis, latinitat. donat. ab *Angelo*, Medico. Marpurg. 1609. 8.

s) den Menschen zugehörig, in der bei f) angeführten Samm=
lung. S. 116 ꝛc.

t) ihrem Wesen, Eigenschafften, Krafft und Lauff, auch ih=
ren verborgenen Geheimnüßen und Verwunderung ꝛc. (in
Reimen) in der eben erwähnten Sammlung. S. 145 ꝛc.

u) auf das Universal und hohe Geheimniß des philosophi=
schen Steins der Gesundheit und des Reichthums gerich=
tet. Erfurt. 1624. 8. auch in der eben erwähnten Samm=
lung.

x) Schlußreden aller seiner Schrifften und Tractaten, von
Schwefel, Vitriol und Magneten, beydes der philoso=
phischen als der gemeinen. Aus jenem entspringt das
Universal, aus diesem die Particular. 1711. 8. in der bei
f) erwähnten Sammlung, auch im Curru triumphali antimonii cum notis J. *Fabri.*

y) bei P. Borell a. a. O. S. 224.

z) ebendas. S. 225.

a) de praeparatione salium ex manuscr. Baf. *Valentini.*
1612. 12. Bonon. 1644.

umphwagen Antimonii [b]); 22) Einiger Weg zur Wahrheit [c]); 23) Licht der Natur [d]).

Aufer diesen Schriften, von welchen hier und da
schon eine in der andern enthalten ist, und in welchen
man überhaupt manchen wahren und falschen Gedanken sehr oft wieder findet, trägt man sich noch mit vielen Handschriften, welche die Freunde solcher Grundsäze, wie sie sich in diesen Schriften finden, insbesondere die sogenannte Particularisten als grose Schäze
und Heiligthümer aufbewahren, wenn sie auch gleich
schwerlich etwas anders lehren mögen, als schon in seinen gedrukten Schriften gesagt ist; ich nenne hier nur
zwo solche Handschriften, denen man das Jahr 1480
beisezt; die eine 15 Bogen stark: Schola veritatis oder
wahrhafte Anweisung, die Quintessenz und das gebenedeyte Oleum metallorum samt dem Stein der Weisen, als ein unerschöpflicher Brunnen der Gesundheit
und Nahrung aus mancherley Materien auf unterschiedene Weise zu bereiten; die andere sieben Bogen stark:
Von der Quintessenz und Oleo metallorum, welche
aus der puren Wurzel und dem Geiste der Metalle und
Mineralien bereitet wird, und wie aus solchen der gebenedeyte Stein der uralten Weisen zu bereiten ist. Auch
hat es nicht an Leuten gefehlt, die dem guten Mann
                                                        noch

b) allen, so den Grund der uhralten Medicin suchen, auch
   zu der Hermetischen Philosophie Beliebnis tragen, zu
   gut publiciret, und samt noch sieben andern gleichmässig
   höchst nutzlichen Tractätlein an den Tag gegeben, durch
   Joh. Thölden, Hessum, 8. Leipzig. 1604. Nürnberg.
   1676. 1724. 1752. Frankfurt 1770. Currus triumphalis antimonii commentario illustrat. à Theod. *Kerkringio.* Amstelod. 12. 1671 und 1685. und cum notis P.
   Fabri et aliis tractat. eiusd. *Valentini.* Tolos. 1646. 8.

c) Nürnberg. 1718. 8.

d) herausgegeben von H. Chph. R e i c h a r d. Halle. 1608. 8.

noch andere Werke unterschoben, welche, wenn es je
einen Basilium Valentin gegeben hat, gewis
nicht sein Werk sein können e); so wenig als an Leu=
ten, welche seine Werke unter andern Gestalten wieder
auflegten f) oder in eine Art von System brachten g).

Unter

e) dahin zähle ich Trithemius von Sponheim güldenes
Kleinod oder Schatzkästlein, seiner Unschätzbarkeit wegen
von Bruder Basilius Valentini aus dem lateini=
schen übersetzt. Leipzig. 1782. 8.

f) das ist z. B. geschehen in *Basilius Valentini* redivivus
sive astrum rutilans alchymicum d. i. der wiederaufge=
lebte Basilius oder hellglänzendes Gestirn der Alchemie,
welches ganz hell und klar zeiget, sowohl der alten als
neuen wahren Sophorum einhellige deutliche und unfehl=
bare Meynung von der ersten und andern Materie vor
und nach der Arbeit des grosen Werks, von den Eigenschaf=
ten der gemeinen und philosoph. Mineralien, aus den be=
währtesten Schriften der Philosophen verfasset; dabey
eine ganz leichte gewisse und accurate Methode angewiesen,
wie die Vorarbeit vollbracht werden muß, welches von
keinem bisher geschehen — nebst beygefügtem kurzen und
deutlichen Raisonnement herausgegeben von L. W. von
Knör. Leipz. 1716. 8. und in Redivivus Fr. Basilius Valentinus, d. i. eine gründliche wahrhaffte und ausführli=
che Erklärung des von Basilio Valentino in seinem Buch
über den Grossen Stein der Uralten Reimen= weis gesetz=
ten Proceß ꝛc. allen armen Krancken auch verlassenen Witt=
wen und Waysen treuhertzig heraußgegeben von Joh. Joach.
Weitbrett. 1723. 8. und Explicatio Redivivi Fr. Basilii Valentini (als zweiter Theil dieses Werks) 1723.

g) das hat vornemlich der stralsundische Syndicus Joh.
Grashof in seinem grosen und kleinen philosophischen
Bauer gethan; dieser ist zu Straßburg. 8. 1658. und
1731. mit der Aufschrift: Ein philosophischer und chemi=
scher Tractat, genannt der kleine Baur; von der Materia
und Erkenntnuß deß einigen und wahren Subiecti Universalis Magni et illius Praeparatione   Sampt beygefügten
Commentariis J. *Walchii* und in dieser andern Edition

ist

Unter den italiänischen Gelehrten haben sich in diesem Zeitalter auser Joh. Lacini, einem kalabrischen
Mönche, der die Schriften von P. Bonus neu herausgegeben [h]), auch die Schriften anderer früherer Alchemisten zusammengetragen hat [i]), und Marf. Ficin,
dem Orakel seines Jahrhunderts, aus Florenz, der,
wenn er gleich mehr auf die Abwege der Sterndeuterei [k]) gerieth, als sich in die Abgründe der Alchemie ver-
tiefte,

ist das Supplementum vom grünen Unberzug beygedruckt,
darinn zu finden, wie das Particular zu machen, neben
dem Procef vom Univerfal, auch angehenkter Epiftel
ad cunctos Germaniae Philofophos; beyde zusammen
auch in 8. Frankfurt am Mayn. 1617. und 1623. Leipzig. 1658. Hamburg und Stockholm. 1687. Hamburg
und Halle. 1705. mit der Auffchrift: Aperta arca arcani
artificiofiffimi, oder def Groffen und Kleinen Bauers eröffneter und offen stehender Kasten der allergröften und
künftlichften Geheimnüffen der Natur, heneben der rechten und wahrhafftigen Physica naturali rotunda durch eine Visionem chymicam Cabalifticam ganz verftändlich
beschrieben, und einer Warnungs-Iuftruction und Beweiß gegen alle die, so das Aurum potabile ausserhalb der
Tinctur deß univerfal Lapidis Philofophici per fe in weniger Zeit zu verfertigen, andere fälschlich perfuadiren,
herausgekommen.

h) Collectanea chimica, cum Margarita novella pretiofa
P. *Boni* Lombardi, ab eo correcta, praefatione eius,
Epiftola P. *Boni*, et tractatulo chimico cum figuris. Ba-
fil. 8.

i) Pretiofa margarita; Collectanea ex Arnoldo, Raymun-
do, Rhafi, Alberto et Mich. Scoto, de occultiffimo ac
pretiofiffimo philofophorum lapide. Venet. 1546. 8. Norimb. 1554. 4. Von ihm steht auch im Theatr. chimic.
B. III. n. 65. Pulvis dans Malcum et dulcedinem Metallis, ferro fufibilitatem.

k) dis erhellt aus mehreren seiner zunächft den Aerzten be-
ftimmten Werke, vornemlich aber aus seinen oft und in
mehreren Sprachen ausgegebenen Schriften de triplici
vita fana longa et coelefti, und de morbo epidemico.

tiefte, doch gewöhnlich im Verzeichnis alchemischer Aerzte, als Verfasser einer chemischen Schrift[1]) aufgeführt wird, und der Meinung, daß die aus Gold bereitete Arzneien das Leben zu verlängern dienen, das Wort spricht[m]), Graf Bernhard von Trevis, Fürst Joh. Pico von Mirandola, und Joh. Aurel Augurelli bekannt gemacht.

Graf Bernhard von Trevis, gebohren zu Padua[n]) im Jahr 1406[o]), hatte seine beste Lebenszeit, sein ganzes ansehnliches Vermögen, die Liebe der Seinigen dem Forschen nach dem Stein der Weisen aufgeopfert, den er endlich, nach langwürigen Reisen nach Rom, Neapel und dem übrigen Italien, nach Sicilien, Spanien, England, Schottland, Frankreich, Teutschland, nach Alexandrien, nach der Barbarei, nach der Türkei, Palästina und Persien[p]), oft widerholten Täuschungen sowohl durch falsche Vorschriften angesehener Schriftsteller, unter welchen er Geber,

1) Lib. de arte chimica, bei Manget a. a. O. B. II. S. 172—183. worinn er zwar, was allerdings gerechten Argwohn erregt, ob die Schrift auch wirklich von ihm komme, die Sterndeuterei, gegen seine sonst geäuserte Gesinnungen, lächerlich findet, aber weder in seinen Meinungen und Grundsäzen etwas eigenes hat, noch sich auf Erfahrungen und Beobachtungen einläst.

m) de vita. Lugd. 1595. B. II. K. 10. S. 75.

n) nicht zu Trier, wie hier und da durch eine Umwandlung seines Namens Trevisanus in Treviranus behauptet wird.

o) und im Jahr 1490 starb, obgleich manche Eingeweihte zum Beweise seiner Kunst, durch chemische Mittel das Leben zu verlängern, vorgeben, er habe sein Leben auf 400 Jahre gebracht.

p) Lib. de secretissimo philosophorum opere chemico. bei Manget a. e. a. O. B. II. S. 391.

Geber, Rhazes, Albert von Bollſtädt nennt q),
als durch namenloſe Betrüger r), vor denen er ernſt-
lich warnt s), und unzählichen vergeblichen Verſuchen,
andern das Geheimnis abzuloken t), mit ſeiner ganzen vermehrenden Kraft u) gefunden zu haben bezeugt x);
vergebens habe man den Stein der Weiſen in einer
groſen Menge Körper geſucht y), Gold und Quekſilber
ſeien darzu nöthig z); ſchon er a) beſtimmte den dikern
Theil des Blutes mehr zur Ernährung der veſten Theile, das Blutwaſſer mehr zur Abſcheidung der übrigen
Säfte b).

　　Seine Schriften c) ſtehen noch heut zu Tage bei vielen Verehrern der höhern Chemie in groſer Achtung,
　　　　　　　　　　　　　　　　　　　　　　　　　ſo

q) Ebedb. S. 388. 389. 397.

r) Ebend. S. 389. 391. 397. und Reſponſio ad Thomam
　　de Bononia. ebendaſ. S. 408.

s) L. de ſecretiſſimo philoſophorum opere, ebend. S. 391.
　　"Niſi fugias potius quam peſtem iſtos impoſtores et ne-
　　bulones, in hac arte nihil unquam boni deguſtabis".

t) a. e. a. O.

u) ebend. S. 397. "tingit millies millena, ac decies mil-
　　lies millena".

x) a. e. a. O.

y) a. e. a. O. S. 390.

z) Reſponſ. ad Thomam de Bononia a. e. a. O. S. 402.
　　"Ars ausem noſtra iuvat opus naturae admiſcendo Mer-
　　curio aurum maturum".

a) Ebendaſ. S. 404. "Quaedam partes ſanguinis carneae
　　ſunt proportionis et ideo inſpiſſari poſſunt et verti in car-
　　nem".

b) a. e. a. O. "Quaedam vero ſuperflui humoris ſunt par-
　　tes in poris reſidentes, quae in ſoliditatem carnis mini-
　　me convertuntur, et ideo per ſudores et medicamenta
　　reiiciuntur extra, et a vera carne ſeparantur".

c) Bernhardi Grafen von der Mark und Tervis chymiſche
　　　　　　　　　　　　　　　　　　　　　　　　　Schriff-

so wie man schon in den verflossenen Jahrhunderten eine Empfehlung darin suchte, spätere Werke mit seinem
Namen zu stempeln [d]), und seine ächte Schriften in
mehrere Sprachen übersezte: Sie sind folgende: 1) de
chimia

Schrifften von der Hermetischen Philosophia, das ist vom
gebenedeyten Stein der Weisen, nebst denen Dictis Alani, ex Libris *Henr. Wolffii.* Straßburg. 8. 1574. 1586.
1597. Ebend. in vier Theilen abgetheilt, denen noch beygefüget ist 1) Sendschreiben *Galli Schoenreutters* an
Wilhelm Gratarolum. 2) Dicta *Alani* das ist kurze Lehre
und unterricht Sprüche von der Bereitung des grossen
Steins der Weisen. 3) Sendschreiben vom Stein der
Weissen an *Thomam von Bononia*, Königs in Frankreich, aus dem Lateinischen ins Teutsche übersezt. 4)
Dialogus oder Gespräch eines Praeceptoris und Discipuli
von der Practica oder Bereitung des philosophischen Steins,
darinnen das vierdte Buch des *Bernhardi* erklärt und
ausgelegt wird. 5) Metallurgia, das ist, von der Gene-
ration und Geburt der Metallen, und daß aus ihnen allein der Stein der Weisen kann gemacht werden. 6) Kurze Auslegung des Fontinleins, oder vierdten Theils von
der Practica lapidis physici *Bernhardi*, von *Alberto Beyer*
hinterlassen. 7) *Flosculi Gemelii* de magno Lapide physico, von den zweyen Blümlein, daraus der Stein der
Weisen wächset. 8) Anfang des vierdten Büchs Bernhardi, wie es in französischer Sprache beschrieben: In
öffentlichen Druck gegeben durch *Joachimum Tanckium.*
Leipzig. 1605. und 1746. Nürnberg. 8. Ebend. corrigiret,
gesäubert und verbessert, durch *Casparum Hornium.* Nürnberg. 8. 1643. 1717. S. auch Vier schöne chymische Bücher Artefii, Garlands, Arnolds von Villanova und dem
Grafen von Trevis, aus dem lateinischen verdollmezscht.
Hamburg. 1659. 8.

d) z. B. Bernardus Trevisanus redivivus. Francof. 1625.
französisch à Anvers. und in 32. à Lyon. 1567. auch hat
sich Mich. Potter in seinem Compendium philosophicum. Francof. 1611. 12. und Robert Vallensis mit
der Erklärung dieser Schriften beschäftigt.

chimia ᵉ); 2) de chemico miraculo, quod lapidem
philosophorum appellant ᶠ); 3) de secretissimo philosophorum opere chemico ᵍ); 4) Responsum ad
Thomam de Bononia ʰ); 5) de la philosophie naturelle des metaux ⁱ): 6) Traité de la nature de l'oeuf
des philosophes ᵏ); 7) La parole delaissée ˡ); 8) L.
de mineralibus et elixiris ᵐ).

Jo-

e) Argentorat. 1567. 8. Opus historicum et dogmaticum
    ex Gallico in Latinum simpliciter versum. Basil. 1583.
    Ursell. 1598. und Francof. 1625. 8. Liber e Gallico La-
    tine versus, a *Combachio*. Geismar. 1647. 12.

f) Theatr. chymic. B. I. n. 21. und *Bernardus* Comes
    Trevisanus et *Dionysius Zaccharius* de chymico miracu-
    lo, quod Lapidem philosophorum appellant, auctorita-
    tibus *Democriti*, *Gebri*, *Lullii*, *Villanovani*, illustrati
    a *Ger. Dornaeo.* Basil. 8. 1583. und 1600.

g) bei Manget a. e. a. O. B. II. S. 389 ꝛc.

h) Ebend. S. 399 ꝛc. auch Artis auriferae, quam Che-
    miam vocant. Basil. 8. Vol. II. n. 2. darüber hat Ro-
    bert Vallensis Tabellen herausgegeben. Montisbelig.
    1601. 8.

i) bei Salmon Bibliotheque des philosoqhes chimiques
    ou recueil des Auteurs les plus approuvez, qui ont écrit
    de la pierre philosophale. à Paris. B. I. 1672. n. 4.

k) à Paris 1659. 8.

l) in divers traités de la Philosophie naturelle: scavoir
    la Turbe des philosophes, la Parole Délaissée de Ber-
    nard *Trevisan*, les deux traités de Corn. *Drebel* avec
    le très ancien du duel des chevaliers. à Paris. 1672. 8.
    und in trois traités: scavoir la Turbe des Philosophes,
    la Parole Delaissée du *Trevisan*, et les 12 Portes d'Al-
    chimie, autres que celles de *Ripleus*. à Paris. 1618. 8.
    1672. 12.

m) diese Schrift führt P. Borell a. a. O. S. 222. an;
    ich zweifle, ob es eine eigene Schrift ist, auch ob der
    Bernard d'Alemagne cum Bernardo Trevero, den Len-
    glet du Fresnoy a. a. O. III. S. 121. erwähnt, die-
    sem Schriftsteller zugehört.

Johann Pico della Mirandola und Con=
cordia, ein Mitglied der Akademie, welche Bes=
sarion zu Rom gestiftet hatte, und wegen seiner gro=
ßen und mannigfaltigen Gelehrsamkeit ein Wunder sei=
nes Zeitalters, wird von Einigen auch unter den Freun=
den und Beförderern der Chemie aufgeführt; ob er ih=
ren alchemischen Auswüchsen das Wort sprach, möch=
te ich zweifeln ⁿ): die Thorheiten der Sterndeuterei,
die zu seiner Zeit stark im Umgange waren, hat er we=
nigstens freimüthig entlarvt ᵒ); eher dürfte sein Neffe,
J. Franz Pico della Mirandola hier eine Stel=
le verdienen, da er in seiner gelehrten Abhandlung de
auro ᵖ) nicht nur aus andern erzählt, wie man Gold
aus andern Dingen, insbesondere Metallen, bereiten
könne, auch wohl schon bereitet habe ᑫ), sondern ver=
sichert, er habe sowohl mehrere Leute gekannt, welche
diese Kunst verstanden, als er habe in seiner Gegenwart
Gold und Silber machen sehen ʳ).

Am Schluße dieses Zeitalters zeigte sich Joh. Au=
rel Augurelli, gekrönter Dichter, von Rimini, der
sich durch ein dem Pabst Leo X zugeeignetes Gedicht in
latei=

---

n) selbst nach einer Antwort, die sein Neffe J. Fr. Mi=
 randola bei Manget B. II. S. 564. von ihm an=
führt.

o) Hier. Tiraboschi Storia della letteratura italiana. 4.
B. VI. Th. I. S. 328. J. Fr. Pico della Mirando=
la diff. de auro. bei Manget a. a. O. B. II. S. 567.

p) de auro tum aestimando tum conficiendo tum utendo
Libri tres. Venet. 1586. 4. Ferrariae. 1587. 8. accedit
Bernardi Comitis *Trevirani* περι χημειας opus. Ursell.
1598. 8. und bei Manget a. a. O. B. II. S. 558-584.

q) a. a. O. B. II. K. VIII. S. 571 ꝛc.

r) a. a. O. B. II. K. VII. S. 569. B. III. K. I. II. VI. S.
577. 579. 583.

L 2

lateinischen Hexametern über die Goldmacherkunst [s]) bekannt gemacht hat; ob sein Werk von Seiten der Dichtkunst Verdienst hat, ist hier nicht der Ort zu entscheiden; Neuheit und Klarheit der Begriffe, Offenheit des Vortrags, genaue Beschreibung der Arbeiten sind wenigstens keine Vorzüge seiner Arbeit, Schwefel und Quecksilber erklärt auch er für die allen Metallen gemeinschaftliche Bestandtheile [t]); die Vorzüge vor andern Metallen sucht auch er in einer vorzüglichen Reinigkeit, zu welcher sich durch die geheiligte Kunst auch die übrige erheben lassen [u]); im Golde selbst müsse man den Stein der Weisen suchen [x]); er seie eine Arznei gegen alle Krankheiten und erhalte jung [y]); ein kleiner Theil davon verwandle jedes andere Metall [z]), und vornem=

[s]) Chrysopoeiae Libri III. et Gerontic. L. I. Basil. 1518. 4. Antwerp. 1582. 8. Auch bei Gratarolus Vera alchemiae artisque metallicae doctrina certusque modus. Basil. 1572. 8. B. II. n. XIII. XIV. Chrysopoeia Theatr. chemic. B. III. n. 71. en prose françoise. Lyon. 1548. 32. en vers francois avec les sept chapitres d'Hermes. à Paris. 1626. 8. Chrysopoeiae compendium in Opuscul. quibusd. chemic. in unum corpus collectis. Francof. 1614. 8. Chrysopoeia et Vellus aureum seu chrysopoeia maior et minor cum N. *Albinei* carmine aureo. 8. auch abgedruckt in N. Albinei bibliotheca chemica contracta. Genev. 1653. und 1673. 8. n. 1. und bei Manget a. a. O. B. II. S. 371. u. f. und übersetzt grose und klein Golderzielungskunst (angeblich) durch M. Valentin Weigel. 8. Amsterd. 1715. Hamburg. 1716. Von diesem Schriftsteller wird auch Theatr. chemic. B. II. n. 41. ein Aenigma in lateinischen Versen aufgeführt.

[t]) B. I. bei Manget a. a. O. S. 373.

[u]) a. e. a. O.

[x]) a. a. O. B. I. S. 375.

[y]) a. a. O. B. I. S. 376.

[z]) a. a. O. B. II. S. 376. 379.

nemlich Silber ª) in Gold; er gelinge am besten, wenn sich bei der Bereitung eine rothe Farbe zeige ᵇ); der Betrüger, welche diese Arbeit zu verstehen vorgeben, gebe es eine grose Menge ᶜ).

In diesem Zeitalter lebte auch Phil. Ulsted, Lehrer der Arzneikunde zu Freiburg im Breisgau, der sich durch sein Caelum philosophorum ᵈ), und durch die Menge von Vorschriften, welche er zur Bereitung von Goldtincturen gab ᵉ), bekannt gemacht hat; zu lezteren nahm er unter andern auch mit Quekfilber verkalktes Gold ᶠ).

Ueberhaupt erweiterte sich in diesem Zeitalter die Anwendung der Chemie auf die Bereitung von Arzneien. In Teutschland lehrten sie Theod. Ulsenius aus Friesland, und Hieronymus Saler, der von seiner Vaterstadt gewöhnlich Brunswig heist; jener in seinem Gedichte de pharmacandi comprobata ratione

a) a. a. O. B. III. S. 383.

b) a. a. O. B. II. S. 379.

c) a. a. O. B. II. S. 380.

d) seu secreta naturae, id est, quomodo ex rebus omnibus Quinta essentia paretur. Lugdb. 1553. 1571. Francof. 1600. Auguft. Vind. 1680. 12. Argentor. 1526. 1528. 1551. 1555. fol. Paris. 1543. 1544. Argentor. 1630. 8. Lugd. 1557. 12. Acced. J. Ant. *Campesii* summae summarum medicinae. August. Trevir. 1630. 12. Le Ciel des philosophes ou secrets de la nature. à Paris. 1547. 8. Caelum philosophorum von Heimlichkeiten der Natur, jezund verdeutischt; nebst Marsilius Ficinus Regiment des Lebens. Frankf. am Maynn. 1551. fol. Caelum philosophorum deutsch. Dresden und Leipzig. 1739. 8.

e) a. a. O. an mehreren Stellen.

f) Argent. 1528. S. 43.

L 3

ratione [g]); dieser, der sich am meisten mit der Zuberei=
tung gebrannter Wasser beschäftigte, in mehreren sei=
ner Schriften [h]).

Noch mehr thaten sich die Aerzte in Italien in die=
ser Anwendung der Chemie auf ihre Kunst hervor;
mag es immer ein geringer Theil ihrer grosen Verdien=
ste um Natur= und Arzneikunde, insbesondere um
die Wiederherstellung und bessere Auslegung der ältern
griechischen und römischen Aerzte und Naturforscher
seyn, auch **Hermolaus Barbarus**, aus einem
edlen Geschlechte zu Venedig, erwähnt in seinen Er=
läuterungen des **Dioskorides** [i]) und **Nikol. Leoni=
cenus** aus Lunigo, Lehrer zu Padua und nachher zu
Ferrara in mehreren seiner Schriften [k]) durch Kunst
berei=

g) Noriberg. 1496. 8. cum notis Georg. *Pictorii*. Basil.
    1571. 8.

h) Liber de arte destillandi, von der Kunst der Distilli=
    rung. fol. Strasburg. 1500. Medicinarius, das Buch
    der Gesundheit de arte destillandi. Argentin. fol. 1505.
    1508. 1513. 1519. 1523. 1532. Das Destillierbuch, das
    buoch der rechten Kunst zu distilliren. Strasburg. fol. 1512.
    1515. 1521. Distillier buch der rechten Kunst zu nuz al=
    ler Kreuter Wasser zu brennen und zu distilliren. Frank=
    furt. 4. und 1552. 1580. 1595. 1597. fol. Hausarzney=
    büchlein von allerhand Gebrechen des ganzen menschlichen
    Leibes mit einem Tractat von gebrannten Wassern. Leip=
    zig. 1591. 8. Nützlich Büchlein von vielen guten bewährten
    Mitteln der Arzney wider mancherley Gebrechen und
    Krankheiten. Leipzig. 1601. 8. Noble experience of the
    virtuous Landywork of surgery —— and of distillation.
    Southwark. 1525. fol.

i) Corollarium in Dioscoridem. L. V. Colon. 1530. fol.

k) Vornemlich Epistol. de multis simplicibus medicamentis,
    welche mit seiner Schrift de *Plinii* et plurium aliorum
    medicorum in medicina erroribus zu Ferrara 1509. und
    zu Basel 1529. 4. am leztern Orte auch 1532. fol. her=
    auskam.

bereiteter Arzneien: So gedenkt auch Nikol. Nicolius aus Florenz in seinem Werke de febribus [1]), so Georg de Honestis, auch aus Florenz, in seiner expositione super antidotarium Mesues [m]), und Barthol. de Montagnana, Lehrer zu Padua, in mehreren seiner Werke [n]) der durch Kunst bereiteten Heilmittel: Quiricus de Augustis de Tortona, aus Mailand, gibt in seinem Lumen apothecariorum [o]), Jak. Manlius de Bosco aus Alexandrien in seinem Luminare maius omnibus medicis necessarium [p]), Paul Suardus aus Bergamo [q]) in seinem Thesaurus aromatatariorum [r]), der übrigens ganz aus Quiricus de Tortona Lumen apothecariorum ausgeschrieben ist, Mich.

S a-

1) das der 1576. zu Venedig in fol. herausgekommenen Sammlung mehrerer Schriften de febribus einverleibt ist.

m) Venet. 1602. fol.

n) als: Antidotarium. Paduae 1487 und Lugdun. 1525 4. Venet. 1490. 1499. 1514. und Francof. 1605. fol und tract. de compositione et dosi medicamentorum. Venet. fol. 1497. 1499. und 1514. und zugleich mit dem Antidotario und den Consiliis medicis. Venet. 1499. 1514. 1565. Francofurt. 1604. Noriberg. 1652. fol. und Lugd. 1525. 4,

o) fol. Venet. 1495. 1549. 1556. 1566. Lugd. 1503.

p) fol. Venet. 1494. 1496. 1501. 1503. 1577. 1549 (cum Nic. *Mutoni* medicam. addit.) 1551. 1561. (cum exposition. *Durastantis*) 1563. 1566. 4. Lugd. 1525. 1536.

q) Calvi scena litteraria degli scrittori Bergamaschi. S. 456.

r) fol. Mediol. 1512. Venet. 1515. 1517. 1549. 1551. 1556. 1566. Lyon. 1536. 1568. 1575. oft mit dem Luminare maius von Manlius. (p.)

L 4

Savanarola aus Padua in seiner Schrift ˢ) de arte conficiendi aquam vitae, und M. Ant. Zimarra
aus S. Petri in mehreren seiner Werke ᵗ) zur Verfertigung der in ihren Zeiten gangbaren Arzneien, hier
und da wohl auch eine verbesserte, Anweisung; Hieron.
Baldinus lehrt ᵘ) die Bereitung mehrerer Heilmittel aus Schwefel, und ihren Gebrauch in der Pest;
Santes de Ardoynis, ein venetianischer Arzt aus
Pesaro, erwähnt in seinem Werke de venenis ˣ) mehrerer damahls neuer durch Kunst bereiteter Heilmittel,
z. B. des ohne Zusaz im Feuer bereiteten rothen Quek-
silberkalks: Auch die Aerzte zu Florenz gaben ein Apothekerbuch ʸ), das erste bekannte dieser Art, heraus.

Aber der wichtigste Schriftsteller dieses Zeitalters
für diesen Theil der angewandten Chemie ist Saladin von Asculo, der als Leibarzt des Gros-Con-
netable von Neapel, Fürsten Joh. Ant. de Balzo Ur-
sinus unter Alphons V von Arragonien lebte.   Zwar
be-

s) de arte conficiendi aquam vitae simplicem et composi-
tam, deque eius vi admirabili ad conservandam sanita-
tem et corporis humani aegritudines curandas. 8. Ha-
gen. 1532. Basil. 1597. auch abgedruckt bei Gratarolus in Vera alchemiae, artisque metallicae doctrina etc.
B. II. n. XI.

t) chirurgische Arzneykunst. Frankf. 1585. Thesaurus re-
conditus de medicamentis, quae corpori humano venu-
stam formam inducunt. Francof. 1625. 8. und Antrum
magico - physico - medicum. Francof. 1625. 8.

u) A. v. Haller Bibliotheca medicin. practic. Basil. 4. B.
I. 1776. S. 476.

x) fol. Venet. 1492. (auch mit einer Vorrede von Theod.
Zwinger. Basil. 1562.) tr. II. c. 1. f. 19. a. c. 3. f. 19. c.

y) Ricettario di dottori della arte di medicina nel collegio
Fiorentino ad instantia dagli SS. Cons. della universi-
ta degli speciali. Firenz. 1498. fol.

beschäftigte er sich in seinem Compendium aromatariorum [z]), meist mit solchen Arzneien, deren Verfertigung keine chemische Kenntnisse oder Kunstgriffe erfordert, aber doch nennt er unter den übrigen auch solche, die dergleichen Hülfsmittel verlangen z. B. Molken [a]), lehrt, daß und warum die gebrannte Wasser aus Kräutern im Frühling bereitet werden müsen [b]), zeigt, wie man auch durch die Wahl des Orts [c]), und der Gefässe [d]) die Arzneien überhaupt, durch Aufgiesen von frischem Oel ausgedrükte Säfte [e]), durch Beimischung von Zuker [f]) Butter und anderes Fett unverdorben er-

---

z) fol. Bonon. 1488. Turini. 1492, Auguſt. Vindel. 1486. Lugd. 1503. et (4.) 1536. fol. cum commentariis *Mutoni.* Venet. 1551. 1553. 1555. 1561. emendante *Albertino.* Venet. 1501. ſonſt meiſt mit den Ueberſezungen von Meſue. Venet. fol. 1490. 1495. 1497. 1502. 1508. 1527. 1538. 1561. 1602. italiäniſch vert. Petr. *Lauro.* Venet. 1559. 4. ſpaniſch von Alfons Rodriguez de Tudela. Pinciae. 1515. 4.

a) Particul. ſexta. cum Joann. Meſuae Operib. Venet. 1589. fol. S. 257. b. er zieht die Molken von Ziegenmilch vor.

b) von Merz bis zu Ende des Mais; um den Rauchgeruch zu verlieren, müsen ſie 15 Tage lang an der Sonne ſtehen, oder noch beſſer, um ihn nie zu bekommen, im Marienbade gebrannt werden. Partic. V. S. 257. a.

c) z. B. er ſeie gegen Wind und Sonne geſchüzt, nicht feucht, rauchig oder ſtaubig. Particul. VI. S. 257. b.

d) nur zu weichen Augenarzneien erlaubte er kupferne, nur zum Theriak bleierne Gefäſſe. Partic. VI. S. 202. a.

e) auserleſenes Baumöl, ſo erhalten ſie ſich ein Jahr lang. Partic. VI. S. 281. (261) a.

f) "Sed nota mirabile ſecundum aliquos, quod omnes pinguedines animalium, ſi aſpergantur cum zuccharo pulverizato longo tempore conſervantur. Dico quod cito putrefiunt, niſi piſtentur cum zuccharo". Part. VI. S. 281 (261) a.

L 5

erhalten kann; schon er erwähnt verschiedener Verfälschungen von Arzneiwaren g), und erzählt h), daß ein
Apotheker, der sich ein solches Vergehen zu Schulden
kommen lies, vom Könige um neuntausend Ducaten
bestraft, und seiner Freiheiten beraubt worden seie.

Ueberhaupt waren in diesem Zeitalter die Apotheken mehr eine Niederlage von Syrupen, Latwergen,
eingemachten, kandirten, überzukerten und andern dergleichen Waren, die mehr für den Zukerbeker i) als
für den Arzneikrämer gehören, als eine Vorrathskam-
mer von kräftigen Arzneien, vollends, wenn man etwa
gebrannte Wasser und gewürzhafte Geister ausnimmt,
von solchen, welche den Beistand der Scheidekunst erfordern; die Apotheker hatten sogar nicht nur an manchen
Orten k) das ausschliesliche Recht, Confekt zu bereiten und
zu verkaufen, sondern es wurde ihnen auch an einigen l)
zur Bedingung ihrer Freiheiten gemacht, jährlich eine
gewisse Menge davon abzuliefern: In Frankreich erhielten die Apotheker 1484 unter Karl VIII ihre Geseze m), wurden zünftig, und stunden unter der Aufsicht
der

g) z. B. der Manna aus schneeweissem Zuker und Stärk-
meel. Part. VI. S. 257. b.

h) Part. I. S. 253. a. b.

i) Sattler Geschichte des Herzogthums Würtemberg
unter den Grafen. B. V. Beil. S. 329.

k) z. B. zu Halle. J. Dreyhaupt Beschreibung des
Saalkreises. B. II. S. 561. und zu Berlin s. Möhsen
a. a. O. S. 379. Zu Stuttgart s. Sattler a. e. a. O.
Beil. S. 329.

l) z B. zu Halle s. Dreyhaupt a. e. a. O.

m) Verdier essai sur la jurisprudence de la medecine
en France. à Alençon. 1763. S. 300. Astruc Memoir.
pour servir à l'histoire de la faculté de medecine
à

der Aerzte, die sie von Zeit zu Zeit untersuchen sollten:
Auch in Teutschland, das übrigens noch den grösern
Theil seiner durch Kunst bereiteteten Arzneiwaren aus
Italien kommen lies, nahm in dieser Zeit die Zahl der
Apotheken zu; 1457 gab Graf Ulrich von Würtemberg dem Meister Joh. Kettner, den er das Jahr
zuvor auf acht Jahre zu seinem innwendigen Arzt
angenommen hatte, die Erlaubnis, ebenfalls eine (zwote) Apotheke in Stuttgart zu errichten, im Jahr 1468
wurde ein Albr. Mülsteiner aus Nürnberg als Apotheker angenommen, auch unter Graf Eberhard einer
Apotheke zu Tübingen als eines Erblehns erwähnt [n]),
und 1500 von Herzog Ulrich einem Cyriac Horn die
Erlaubnis ertheilt, eine Apotheke zu errichten, aber
zugleich dem Leibärzte aufgetragen, alle Jahre einmal
nachzusehen, ob sich jener nach der ihm gegebenen Vorschrift und Taxe verhalte [o]). Augsburg hatte schon
um diese Zeit Apotheken, dann 1445 geschieht in dem
dortigen Archiv einer Apothekerin Meldung, die eine
offene Apotheke gehalten hat, und darauf einen treflichen
Gesellen zu halten angewiesen wurde, welcher dem Rathe
schwören muste; 1507 ergieng die Verordnung, daß
daselbst die Apotheken von Zeit zu Zeit besichtigt werden sollten, und 1512 bekamen sie eine Taxe; es ward
aber zugleich allen andern der Handel mit Arzneiwaren
verboten [p]): Daß Frankfurt am Main schon vor 1472
Apo-

à Montpellier. à Paris. 1767. 4. S. 33. Sauval hi-
stoire de Paris. S. 474. Felibien histoire de Paris.
B. II. S. 927. de la Mare traité de la police. B. I.
S. 618.

n) Sattler a. e. a. O. B. V. S. 159. ꝛc.

o) Sattler Geschichte Würtembergs unter den Herzögen.
B. I. S. 59.

p) von Stetten Kunstgeschichte der Stadt Augsburg. S.
242.

Apotheken gehabt habe, wird daraus wahrscheinlich, daß in diesem Jahre der Rath zu Kostanz jenen zu Frankfurt um Nachricht bat, was sie wegen der Preise der Apothekerwaren für Ordnung hätten; 1489 wurde der Stadtarzt angehalten, sie fleißig zu besichtigen und über billigen Preisen zu halten, und 1500 musten alle Apotheker die ihnen vorgeschriebene Ordnung beschwören [q]): Zu Berlin [r]) wurde laut urkundlichen Nachrichten im Königlichen Lehensarchiv 1488 die erste Apotheke angelegt, denn der Rath gab einem Hans Zehender die Freiheit, eine Apotheke erblich zu besitzen, und die Versicherung, keinen andern Apotheker neben ihm zu Berlin wohnen zu lassen; dieses bestätigte Churfürst Johann durch einen eigenen Brief, und gleich nach Antritt seiner Regierung 1499 Churfürst Joachim I, der zugleich seinen Leibärzten in ihrer Bestallung auftrug, darauf acht zu haben, daß die Apotheke mit guten Materialien versehen, und die Arzneien für den Churfürsten und seinen Hof nach den Recepten mit Fleis gemacht, und nicht wider die Billigkeit zu hoch angesetzt würden. Ueberhaupt erhellt aus einer Stelle [s]) der 1440 zu Basel abgefasten Reichspolicei=ordnung [t]), daß schon damals in Teutschland mehrere Apotheken im Gange gewesen sind, welche nicht blos gemeines Wurzel= und Kräuterwerk, sondern auch kostbare, wahrscheinlich auswärts bereitete Arzneien verkauften.

Auch

---

q) v. Lerßner Frankfurt. Chronik. B. I, S. 26. 493.

r) Möhsen Geschichte der Wissenschaften in der Mark Brandenburg ꝛc. Berlin und Leipzig. 1781. 4. S. 379.

s) "wol was man für köstlich Ding aus der Appetek haben muß, soll man bezahlen.

t) Goldast constitutiones imperiales. Francof. 1607. fol. S. 192.

Auch erst in diesem Zeitalter soll man die Kunst er=
funden haben, den Zuker einzusieden [a]); und 1489 [b])
ein braunschweigischer Brauer Mumme die Art Bier,
die noch nach ihm genant ist; Auch allerlei Künsteleien
und Verfälschungen des Weins waren in diesem Zeit=
älter schon stark im Gange; 1472 verbot man [c]) den
sogenannten stummen, gefangenen oder verhaltenen Wein,
bei welchem nemlich die Gährung nicht zum Ausbruch
kam, als ein falsches und schädliches Getränk: In
den Niederlanden [d]) und in Frankreich [e]) scheinen schon
im vierzehenden Jahrhundert dergleichen Verfälschun=
gen im Gebrauche gewesen zu sein, in Teutschland aber
ergiengen wenigstens die Verbote dagegen, so weit wir
sie noch haben, erst in dem lezten Theile des funfzehen=
den Jahrhunderts, das erste 1475 [f]); 1487 lies der
Kaiser darüber an alle Obrigkeiten in Franken, Schwa=
ben und Elsas eine Verordnung ergehen; in demselbi=
gen Jahre kam diese Angelegenheit auch auf dem Land=
tage

a) Beckmann Anleitung zur Technologie. III. Ausgab.
   S. 424.
b) Wiegleb Geschichte des Wachsthums und der Erfin=
   dungen in der Chemie. S. 224.
c) von Lersner Chronika der Stadt Frankfurt. II.
   S. 683.
d) Nach einer Verordnung des Grafen Wilhelm von Hen=
   negau, Holland und Seeland im Jahr 1327, und nach
   einem ähnlichen Verbote der Regierung zu Brüssel im
   Jahr 1384. Verhöven Memoires sur les questions
   proposées par l'academie de Bruxelles. an. 1777.
   à Bruxell. 1778. 4. S. 17. 96.
e) nach einer Ordonnance du prévot de Paris von 20. Sept.
   und 2. Dec. 1371. bei de la Mare trait. de la police.
   Amsterd. 1729. fol. II. S. 514.
f) J. P. Datt de pace imperii publica. Libri V. Ulmae.
   1698. fol. S. 632.

tage zu Rotenburg an der Tauber, und 1495 auf
dem Landtage zu Worms zur Sprache; 1498 wurde auf
dem Landtage zu Lindau und demjenigen zu Freiburg im
Breisgau sonderlich das Schwefeln des Weins eingeschränkt, und 1500 kam dieselbige Sache auf dem
Landtage zu Augsburg vor g): die schädlichste dieser
Verfälschungen, nemlich diejenige mit Glätte soll nach
Konrad Celtes, der im Jahr 1491 als Dichter ge-
krönt wurde, ein Mönch Martin aus Baiern erfunden haben h); andere leiten sie mit mehr Wahrscheinlichkeit aus Frankreich ab i).

Auch wurde in diesem Zeitalter der Gebrauch des
Brandeweins als eines Volksgetränks viel gemeiner k).
Daß er am Ende des funfzehnden Jahrhunderts in
Teutschland schon sehr stark und häufig bis zum Ueber-
mas getrunken worden sei, lehrt ein 1493 zu Bamberg
gedruktes Gedicht mit der Aufschrift: Wem der geprant
Wein nutz sey oder schad, un wie er gerecht oder falsch-
lich gemacht sey l).

Aber

g) Goldast constitut. imperii. fol. B. II. S. 114.

h) Pirkheimer Opera. Francof. 1610. fol. S. 136.

i) J. Zellet diss. de docimasia vini lithargyrio mango-
nisati. Tubing. 1707. 4. §. 1.

k) so wie schon 1483. Dr. Mich. Schrieb zu Augspurg in
seinem Verzeichnis der ausgebrannten Wasser. fol. das
auch mit der Aufschrift: Von den gepranten Wasser und
Apotek für den gemeinen Mann ꝛc. 1484 und 1494, und
zu Nürnberg 1529 herausgekommen ist, mit grosen Lobeserhebungen zu seiner mannigfaltigen Bereitung und
Gebrauch Anleitung gibt.

l) abgedrukt bei Canzler und Meißner für ältere Litteratur und neuere Lecture. Leipzig. 8. Jahrg. II. 1784.
Quart. 3. Heft I. S. 69 ꝛc. der Anfang ist:
   "Nach dem un nun schir yderman
   gemeinlich sich nimet an
   zu trinken den gepranten Wein."

Aber eben dieses Gedicht zeigt, was auch schon
aus den oben erwähnten Schriften, die nach Basilius Valentin genannt sind, erhellt, daß ihn damals schon Einige aus Bierhefen gemacht haben [m]),
und selbst die Bereitung des Kornbrandeweins scheint
nach der Anleitung jener Schriften in diesem Zeitalter aufgekommen zu sein.

Auch waren in diesem Zeitalter in Europa schon
mehrere Alaunwerke im Gange; in Basilius Va-
lentins Schriften geschieht schon der ungarischen [n]),
böhmischen [o]) und meisnischen [p]) Meldung; schon viel
früher und bald nach der Mitte des fünfzehenden Jahrhunderts waren ohne Zweifel die italiänischen auf der
Insel Ischia [q]), zu Tolfa im Kirchenstate [r]) und zu
Vol-

---

m) a. a. O. "dan wer in (den Brandewein) aus pier hefen
   (Bierhefen) macht."

n) Letztes Testament. I. S. 22. 71.

o) Ebend. S. 72.

p) Ebend. S. 71.

q) Joh. Jovian Pontanus historiae Neapolitanae.
   B. VI. bei Grävius Thesaur. antiquitat. et historiar.
   Italiae. B. IX. Th. 3. S. 88. P. Bizaro Sentinati
   Senatus populique Geauensis rernm gestarum historiae
   atque annales. Antuerp. 1579. fol. S. 302. Aug. Ju-
   stinian castigatissimi annali con la loro copiosa tavola
   della Republica di Genoa. Genoa. 1537. fol. Buch V.
   S. 214. a. Domin. Bottone pyrologia topographica,
   id est, de igne dissertatio. Neapol. 1692. 4. S. 313.

r) Pii secund. commentarii rerum memorabilium, quae
   temporibus suis contigerunt, Jo. Gobellino compositi,
   a Franc. Bandino Picolomineo ex vetusto originali recogniti, quibus hac editione accedunt Jac. Picolominei
   rerum gestarum sui temporis commentarii. Francof.
   1614. fol. S. 185. Discorso delle famiglie estinte, fo-
   restiere non comprise ne' Saggi di Napoli imparentate
   colla

Volterra im Grosherzogthum Toscana [s]) im Betriebe;
das erstere durch einen genuesischen Kaufmann, Bar-
tholom. Perdix (nach andern Pernix), der unter
der Regierung Ferdinands I. auf seiner Rückreise aus
den Morgenländern, wo er, und zwar zu Rocca, das
Alaunsieden erlernt hatte, die Alaunsteine auf dieser
Insel entdekte, und zu ihrer Nuzung die ersten Anstalten traf; das zweite, welches noch jezt im Gange, und
unter allen Alaunwerken eines der einträglichsten ist [t]),
durch einen Joh. de Castro, Sohn des berühmten
Rechtsgelehrten Paul de Castro, der sich um die Zeit
ihrer Eroberung durch die Türken in der Stadt Konstantinopel aufhielt, sich dort mit dem Alaunsieden bekannt machte, und bei seiner Zurükkunft nach Italien
unter Pabst Pius II. den reichen und reinen Alaun-
stein entdekte, und nach vorläufig damit vorgenomme-
nen Proben die Siederei einrichtete; das dritte, das
jedoch nicht lange Bestand hatte, durch einen Antonio aus Genua oder Siena.

So gedenkt schon Basilius Valentin der Vitriolsiedereien im Etschlande [u]), in Ungarn [x]), in der
Graf-

colla casa *della Marra*, composti dal S. Don Ferrante
della Marra, dati in luce da Don Camillo *Tutini*. Napoli. 1641. fol. S. 178. Istoria della città di Viterbo,
di Felician. *Bussi* Roma 1742. fol. S. 262.

s) Supplementum supplementi chronicarum, editum et ca-
stigatum a Patre Jac. Phil. *Bergomate.* Venet. 1513. fol.
S. 299. a.

t) Nach den Observations faites pendant un voyage en
Italie, par le Baron de R. Dresden. 1781. 8. hatte es
ein March. Lepri für 37000 Scudi gepachtet, und er
sezte jährlich nur an Ausländer, vornemlich an Engländer und Franzosen für 45000 — 50000 Scudi Alaun ab.

u) Leztes Testament. I. S. 22. ohne Zweifel dieselbige,
welche noch zu Agorth im bellunesischen Bezirk des venetianischen Freistates im Gange sind.

x) Leztes Testament. I. S. 22.

Grafschaft Mansfeld [x]), und am Harze [y]), vornemlich zu Goslar [z]) und Zellerfeld [a]), des Salzbergwerks zu Halle in Tirol [b]), der Solen am Harze [c]) und bei Frankenhausen [d]), der Schwefelwerke in Ungarn [e]) und Tirol [f]), der Cementwasser zu Schmölniz in Ungarn und des daraus gewonnenen Cementkupfers [g]).

Ueberhaupt war Berg- und Hüttenwesen zu diesen Zeiten schon in mehreren Ländern in vollem Umtriebe; Basilius Valentin erwähnt [h]) gewinnreicher Kupfererze, die im Orient gefördert werden. In Ostindien scheinen schon in diesem Zeitalter Hütten im Gange gewesen zu sein, in welchen Gold und Silber gewonnen wurde; wenigstens erzählt Vasco di Gama [i]), der sich gegen Ende des funfzehenden Jahrhunderts daselbst aufhielt, es komme sehr vieles Silber und Gold auf den Markt zu Kalikut; auch fand er bei dem Samarin von Kalikut, der keine andere Geschenke als von Gold, annahm, so wie nach ihm (1500) Cobreal,

bei

x) Ebendas. a. e. a. O.

y) Ebendas. a. e. a. O.

z) Ebendas. S. 22. 71.

a) Ebendas. S. 22.

b) Ebendas. a. e. a. O.

c) Ebendas. a. e. a. O.

d) Ebendas. S. 72.

e) Ebendas. S. 22. 71.

f) Ebendas. S. 22.

g) Ebendas. S. 71.

h) Ebendas. II. S. 127.

i) New collection of voyages and travels print. for Th. *Astley.* fol. 1745. B. I. S. 29. b. 33. a. 43. b. 54. a. 58. b.

bei ihm kein anders metallenes Geräth als silbernes und goldenes, und erbeutete in einer Schlacht eine Menge solcher Gefässe.

Daß auch in Afrika in diesem Zeitalter die Kunst Metalle aus ihren Erzen auszuschmelzen und zu verarbeiten, nicht unbekannt war, läst sich daraus vermuthen, daß Alvise di Cadamesto, der sich um die Mitte des funfzehenden Jahrhunderts in Afrika, aufhielt, bei den Einwohnern Eisen und daraus verfertigte Waffen antraf [k]), so wie auch Vasco da Gama [l]) gegen Ende desselbigen, bei den Einwohnern von Terra Natal Metalle, eiserne Pfeile und Dolche, kupferne Binden an Armen und Füssen, Stüke Kupfer in den Haren, zinnerne Hefte an den Dolchen und bei den Frauen Stükchen Zinn durch die Lippen gestekt fand.

Spanien gewann in diesem Zeitalter auf seinen Hütten insbesondere vieles Quekſilber, wovon ein grofer Theil noch unter K. Heinrich V. nach England gieng [m]).

Auch in Frankreich fieng die Regierung an, mehr Aufmerksamkeit auf Berg- und Hüttenwesen zu verwenden; Ludwig der XI. [n]), Karl VIII. [o]) und Ludwig XII.

---

k) bei Ramusio delle navigazioni e viaggi. Venet. fol. B. I. 1588. S. 104. b.

l) a. e. a. O. S. 24. a.

m) S. Englifh policy ein Gedicht bei Hakluyt Principal navigations, voyages, traffiques and difcoveries of the englifh nation. London. fol. 1600. 1. S. 188.

n) 1471. Ordonnanc. de Louis XI. Bl. 22 – 27. auch bei Gobet les anciens mineralogiftes du Royaume de France, avec des notes. à Paris, 8. B. I. 1779. S. XI – XIV.

o) Gobet a. e. a. O. S. XIV.

XII. ᵖ) munterten durch Verordnungen darzu auf, in welchen ſie den Bergleuten allerlei Freiheiten und Vorrechte zuſagten, und vornemlich fremde herbeizulokken ſuchten, und der erſtere ᑫ) beſtellte 1479 Wilhelm Couſinot zum Oberbergmeiſter (Maitre general des mines); und Karl VIII. erwähnt in ſeiner Verordnung ſchon ausdrüklich der Bergwerke in den Kirchſprengeln von Toulouſe, Carcaſſonne und Lyonnois; ſchon unter ihm hatte de Beze ʳ) die Bergwerke zu Chitry an der Yonne und zu Chaumont in Nivernois entdekt, und 1493 ein Patent darauf erhalten; ſchon Karl der VII. machte (1457) mit Joh. Cueur und ſeinen Brüdern einen Vertrag, nach welchem er ihnen die Silber- Blei- und Kupferbergwerke des Berges Ponnpatien und Côme zuſtellte, nnd ſeine Rechte auf die Bergwerke von S. Pierre le Palu, von Jos und vom Berge Tarrare in Lyonnois abtrat ˢ); die Hüttenwerke zu Markirch an der Grenze von Elſas und Lothringen waren ſchon Baſilius Valentin ᵗ) durch das ausnehmend feine Silber bekannt, welches ſie lieferten.

Daß Englands Zinnhütten auch in dieſem Zeitraume ſehr im Gange waren, zeigt die groſe Menge Zinn, die ſie unter Heinrich V. ᵘ), vornemlich an die Venetianer und Florentiner ˣ) ausführten.

Auch

p) Gobet a. e. a. O. S. XV.

q) Gobet a. e. a. O. S. XIV.

r) Gobet a. e. a. S. 4.

s) Gobet a. a. O. II. S. 630.

t) a. e. a. O. B. I. S. 44.

u) Engliſh policy bei Hakluyt a. a. O. S. 188.

x) Ebend. S. 194.

M 2

Auch kamen damals, nachdem der Rammelsberg lange stille gestanden, 1422 aber zuerst durch eine Hein-zenkunst [y]), so wie nachher [z]) durch eine Wasserkunst zu Sumpfe gebracht war, die Berg= und Hütten=werke (1433) zu Goslar wieder in Aufnahme [a]), und es wurde dafür eine Bergwerksordnung entworfen [b]); auch gedenkt Basilius Valentin [c]) der Scheidung des Goldes, welche daselbst im Grosen durch Scheide=waffer geschahe; inzwischen blieben sie doch schon 1473 wegen Dürre und Holzmangel wieder liegen [d]); in die-sen Zeitraum fällt auch der erste Betrieb der Eisenwerke am Iberg [e]), und wahrscheinlich auch einiger andern Gruben und Hütten am Oberharze [f]), vielleicht auch einiger bei Andreasberg [g]); die mansfeldischen Kupfer-werke

y) Hohnemann Alterthümer des Harzes. Clausthal. 4. I. 1754. S. 119. §. 163.

z) Ebend. §. 164.

a) Böse Generale Haushalts principia vom Berg= Hüt-ten= Salz= und Forstwesen, in specie vom Harz. Leipzig und Frankf. fol. S. 27. Basilius Valentin a. e. a. O. S. 71.

b) a. e. a. O. B. I. S. 111.

c) Leibniz Scriptor. Brunsvic. illustrantium. B. III. S. 535 - 558. n. XXI. Introd. S. 18.

d) Böse a. e. a. O.

e) der von stollbergischen und ellrichischen Bergleuten ge-schah Collectanea Saxoniae metallica in Schröter neuer Litteratur und Beyträgen zur Kenntnis der Naturges-schichte. Leipzig. 8. B. II. 1785. S. 241. und Schrei-ber Bericht von Auffkunft und Anfang der Bergwerke an und auf dem Harze. Goßlar. 1670. 4. K. II.

f) wenigstens geschieht in der oben erwähnten rammelsber-gischen Bergordnung einer Grube zur Zelle Meldung. Leibniz a. e. a. O. S. 549.

g) Stelzner Schriften der berlinisch. Gesellsch. naturfor-schender Freunde. 8. B. I. S. 34.

werke ſind in vollem Gange geweſen [h]): Baſilius
Valentin nennt auch [i]) die heſſiſchen und thüringi-
ſchen Kupferwerke; am Ende des funfzehenden Jahrhunderts kamen die anhaltiſchen Berg- und Hüttenwerke zu Harzgerode auf [k]); Baſilius Valentin gedenkt [l]) der meisniſchen Silber- und Kupferwerke, die,
wenn ſie auch öfters von den feindlichen Einfällen der
Taboriten [m]) ſehr litten, doch in dieſem Jahrhunderte
in voller Blüthe ſtanden [n]); ſo auſer den freybergiſchen
die Berg- und Hüttenwerke bei Chemniz [o]), Geyer [p]),

zu

h) M. Cyr. Spangenberg mansfeldiſche Chronica.
MDLXXII. fol. S. 388 - 399. P. A. Bieringer hi-
ſtoriſche Beſchreibung des mansfeldiſchen Bergwerks.
Leipz. und Eißleben. 1734. fol. S. 37. 38. Baſilius
Valentin a. e. a. O. B. II. S. 139.

i) a. e. a. O. S. 127.

k) Brückmann Magnalia Dei in locis ſubterraneis.
Braunſchweig. fol. 1727. B. I. S. 143.

l) a. e. a. O. I. S. 71. 72.

m) die ſcharfenbergiſche z. B. wurden 1429 ganz zerſtört.
Pelzel Geſchichte der Böhmen. Abth. I. S. 271.

n) Otia metallica, von Ad. Beyer. Schneeberg. 8. Th. I.
1748. S. 152. 161. Klotzſch Urſprung der Bergwerke
in Sachſen aus der Geſchichte mittler Zeiten unterſucht.
Chemniz. 1774. 8. S. 86 - 89. S. Reyher bei
Menckenius Collect. B. II. S. 855. Albinus
meyßniſche Chronik. S. 445.

o) Ad. Dan. Richter Chronica der Stadt Chemniz. Zittau und Leipzig. 1767. 4. Th. I. K. V. S. 52. 53.

p) Albinus a. e. a. O. S. 20. S. Agricola de natura
foſſilium. Praef. Oper. omn. S. 568. ſie bekamen daher
1493 mit Schrekenberg und Erbersdorf eine eigene Bergordnung. Melzer Hiſtor. Schneebergenſ. renovat.
Schneeberg. 1716. 4. S. 1205.)

zu Altenberg q), bei der Glashütte r), vornemlich
aber bei Schneeberg, die bald nach Anfang des lezten
Viertheils des funfzehenden Jahrhunderts auserordent=
lich ergiebig waren s), und am Ende desselbigen noch
diejenige bei Annaberg t).

Auch die thüringischen und voigtländischen Kupfer=
werke erwähnt Basilius Valentin u), und die
hennebergischen Hütten, vornemlich aber die Eisenwerke
bei Suhl waren schon nach der Mitte des funfzehenden
Jahrhunderts in starkem Umtrieb x); auch die böhmi=
schen y) Hüttenwerke, vornemlich die Kupferhütten z),
und

q) *Monachus Pirnensis* seu excerpta saxonica misnica et thu-
ringiaca ex *Monachi Pirnensis* seu vero nomine *Joh.
Lindani* sive *Tillami*, qui vixit circa 1529, onomastico
autographo, quod exstat in bibl. Senatus Lipsiens. bei
Menckenius a. a. O. II. S. 1529.

r) a. e. a. O. S. 1562.

s) Meltzer a. a. O. S. 1104. 1195. 1197. 1198. sie
erhielten daher 1479 (S. ebend. S. 395. 1173.) eine
eigene Bergordnung.

t) Meltzer a. a. O. S. 1205. 1207. 1297. Monachus
Pirnensis a. a. O. S. 1530. G. Spalatin de li-
beris Alberti Ducis Saxoniae. ebendas. S. 2127. Beyer
otia metallica. I. S. 24. Albinus neue meyßnische
Chronica. S. 370. und Bergchronik. S. 45. Moller
theatr. chronic. Freyberg. Freyberg. 1653. 4. Th. II.
S. 141. Lommer bergmännischer Beytrag zu der von
der K. Grosbr. Societät der Wissenschaften auf das Jahr
1781. ausgesezten Preisfrage. Freyberg. 1785. 4. S. 10.

u) a. e. a. O. S. 127.

x) Gläser Versuch einer mineralogischen Beschreibung der
gefürsteten Grafschaft Henneberg chursächsischen Antheils.
4. S. 96. 100.

y) a. e. a. O. B. I. S. 77.

z) a. e. a. O. B. II. S. 127.

und insbesondere diejenige bei Trautenau ᵃ) nennt Basilius Valentin; ob gleich diese Bergwerke, durch
die vielen in dieses Zeitalter fallende Kriegsunruhen ungemein litten, einige, die schon im Gange waren, dadurch
ganz zu Schanden giengen, so wurden doch jenen Freiheiten ertheilt und bestätigt; daß selbst die kuttenbergi-
sche, welche durch allerlei Zufälle und unglükliche Verbindungen von Umständen auserordentlich gelitten haben, noch betrieben wurden, erhellt aus dem Begehren
der Königin Barbara, Wittwe K. Sigismund, ihr
die Einkünfte von diesen Berg- und Hüttenwerken zu
überlassen ᵇ), und daß schon damals Kupfer- und Silberwerke bei Joachimsthal im Gange waren, aus einer
Caspar Schlik 1437 ertheilten Münzfreiheit, wor-
rinn derselben namentlich erwähnt wird ᶜ). Auch die
Zinnbergwerke und Hütten bei Ellbogen und Schlaken-
werd ᵈ), bei Lichtenstadt ᵉ) und Neudek ᶠ) sind schon
im Gange gewesen: Am Ende des funfzehenden Jahrhunderts waren auch die Berg- und Hüttenwerke zu
Schlakenwerth in sehr guten Zustande ᵍ).

Auch

a) a. e. a. O.
b) Pelzel Geschichte der Böhmen. Abth. I. S. 307.
c) S. Lünig des teutschen Reichsarchivs spicileg. secular.
   Leipz. fol. Th. II. 1719. S. 1186.
d) S. Lünig a. e. a. S. 1180.
e) S. Lünig a. e. a. O. S. 1185. 1189. 1191.
f) S. Lünig a. e. a. O. S. 1193.
g) Bruschii redivivi gründliche Beschreibung des Fichtelbergs. Nürnberg. 1683. 4. S. 40. Ad. Voigt Beschreibung der bisher bekannten Münzen nebst eingestreu-
   ten historischen Nachrichten vom Bergbau in Böhmen.
   Prag. 4. Th. II. Abth. 4. S. 336. 337.

Auch die steierschen Eisenwerke waren in diesem Zeitalter in starkem Betriebe [h]), und am Ende des funfzehenden Jahrhunderts wurde das auch noch jezt so ergiebige Quekfilberwerk zu Jdria entdekt [i]). Salzburg bekam wenigstens bald nach Anfang desselbigen (1417) eine Bergordnung [k]); Kärnthen hatte gangbare Kupferwerke [l]); aber weit besser standen in diesem Jahrhundert die Berg= und Hüttenwerke in Tirol; das Bergwerk zu Schwaz wurde bald nach Anfang desselbigen (1409) entdeckt [m]), und war, vornemlich in dem lezten Theil desselbigen, ausnehmend ergiebig [n]); so waren auch die Silberwerke in den Herrschaften Rattenberg, Kizbüchel und Kuffstein [o]), und

h) Baflius Valentin a. e. a. O. B. II. S. 133. Valent. Preuenhueber Annal. Styrenf. Nürnberg. 1740. fol. S. 8.

i) J. W. Valvafor Ehre des Herzogthums Crain, ins Teutsche gebracht durch Er. Francisci. Laybach. fol. 1689. I. S. 397.

k) S. Lori Sammlung des Baierischen Bergrechts. München. fol. 1764. S. 104-110.

l) Baflius Valentin a. a. O. B. II. S. 130.

m) Amiodt Germaniae in naturae operibus admiranda. Quaeft. IX. §. XI. S. 44. J. von Sperges tyrolische Bergwerksgeschichte mit alten Urkunden und einem Anhang, worinn das Bergwerk zu Schwaz beschrieben wird. Wien. 1765. 8. S. 75. 336.

n) v. Sperges a. e. a. O. S. 87. 88. 105.

o) Lori a. a. O. n. XXXVI. XLIX. LII. LXII. S. 33. 52. 53. 57-64. 95-97. von Sperges a. a. O. S. 87. Monument. Salisburgenf. P. IX. Chronica Salisburgenf. ex Bibliothec. Albert. Hungeri in Henr. Canifii lectionib. antiq. ad feculor. ordinem digeftis cum notis Jac. Basnage. Antw. 1725. B. III. Th. 2. S. 493. ad ann. CCCCLXIII.

und bald nach der Mitte dieses Jahrhunderts ein Goldbergwerk im Viertel Eisack im Gange [p]).

Die ungarischen Kupferwerke [q]), so wie den in diesem Reiche brechenden vorzüglichen Spiesglanz [r]), kannte Basilius Valentin; inzwischen waren doch die ungarischen Berg- und Hüttenwerke überhaupt den grösten Theil des funfzehenden Jahrhunderts hindurch, sehr im Verfall, da gegen die Mitte desselbigen die zwo vorzüglichsten Bergstädte Schemniz und Kremniz [s]) von dem damaligen Bischof zu Erlau mit Hülfe von 4000 Pohlen mit Feuer und Schwerd verheert, und bald darauf durch ein Erdbeben verschüttet und etwa vierzig Jahre nachher auch die Bergstadt Libeten eingeäschert, und mit ihren Gruben zerstört [t]) warden; doch wurde das Bergwerk zu Herrengrund und zwar bis zu Ende dieses Jahrhunderts gewerkschaftlich gebaut [u]); auch wurde um diese Zeit bei Königsberg (Ui-Banya) stark auf Gold und Silber gebaut [x]), so wie überhaupt in der zwoten Helfte dieses Jahrhunderts die Berg- und Hüttenwerke bei Dülle oder Belo-Banya stark betrieben wurden [y]).

Wenn

p) nach Graf von Mor bei von Sperges a. a. O. S. 77.

q) a. e. a. O. B. II. S. 127. 130.

r) a. e. a. O. S. 130.

s) J. J. Ferber Abhandlungen über die Gebirge und Bergwerke in Ungarn. Berlin und Stettin. 1780. 8. S. 4.

t) Ebendas. S. 251.

u) Ebendas. S. 153.

x) Ebendas. S. 248.

y) Ebendas. S. 249. 250.

Wenn man aus dem vielen Freiheiten, welche König Wladislaw [z]) den Berg- und Hüttenleuten,
Köhlern und Holzhauern ertheilte, schliesen darf, so
scheinen auch die polnischen Berg- und Hüttenwerke,
insbesondere diejenige zu Olkusch, in der ersten Helfte
dieses Jahrhunderts in gutem Stande gewesen zu
sein.

In diesem Zeitalter (1429) gab auch der venetianische Stat eine 1710 erneuerte Färberordnung heraus [a]); schon in dem dritten Viertel machten die Färber zu London eine besondere Compagnie aus [b]), und
das teutsche Reich in seiner Policeiordnung (von 1577
und 1594) auf verschiedene, angebliche Misbräuche
der Färber aufmerksam [c]).

z) S. J. Ph von Carosi Reisen durch verschiedene pol-
nische Provinzen mineralischen und andern Innhalts.
Leipzig. 8. Th. II. 1782. S. 188. 189.

a) Plictho (Joh. Ventura Rosetti) de l'arthe de Ten-
tori, che insegna tenger panni, telle, banbasi el sede
si per l'arthe magiore, come per la comune. Vinegia.
1548. 4. S. auch Ant. Zanon della agricultura,
delle arti e del commercio in quanto contribuiscono alla
felicità degli stati. Venez. 1763. 8. B. III. Th. 2.
Br. 6.

b) J. Noorthuck new history of London. B. II. S. 601.

c) Neue frankfurt. Samml. der Reichsabschiede. Th. IV.
S. 391. 442.

4. Zeit-

4. Zeitalter von Paracelsus.
Der übrige Theil des sechzehenden Jahrhunderts.

Noch war die Morgenröthe nicht angebrochen, die das vorhergehende Zeitalter hoffen lies; noch führte die Kirche über die Gewissen ihrer gläubigen Söhne den eisernen Scepter, der mit Centnergewicht jeden kühneren Schwung eines freieren Geistes niederdrükte; ihre anmasliche Vorsteher erlaubten sich unter dem Vorwand für das ewige Wohl ihrer Untergebenen zu sorgen, die unbegränzteste Herrschaft und unglaublich schändlichen Eigennuz; jeder Stral von Licht, von welchem sie fürchten musten, daß er auch in noch so weiter Entfernung diese verborgene Greuel beleuchten könnte, muste bei ihnen bange Ahndungen für die Zukunft erregen; ihn abzuhalten, muste also ihr unabläsiges Bestreben sein; sie thaten, was sie konnten, und was Rücksicht auf ihren Vortheil von ihnen forderte; der Geist des Zeitalters, die Denkart des grosen Haufens, und der Zustand der Wissenschaften kam ihnen bei diesen Absichten noch geraume Zeit trefflich zu Statten: Um z. B. zu sehen, in welchem Geschmacke die Geschichte der Wissenschaften noch im Anfange dieses Zeitraums behandelt wurde, welch ein mönchischer Geist allenthalben schwebte, darf man nur auf S y m p h o r i a n 's C h a m p i e r 's Schriften d) einen Blik werfen.

Was

---

d) Ich habe aus der hiesigen Königlichen Bibliothek die auch von H a l l e r (Bibliothec. med. pract. I. S. 494.) erwähnte Sammlung mehrerer seiner Schriften ohne beigesezte Jahrzahl vor mir: der Tractatus tertius de viris ecclesiasticis, qui in medicinis claruerunt, et in ea arte scripserunt, fängt Bl. XXVI. mit Moses, vir sanctissimus" an, "fuit enim moses medicus; Nam cum post

maris

Was die Aerzte dieſer Zeit für die Bereitung der
Arzneien thaten, war noch ganz nach dem Zuſchnitt
der griechiſchen oder der arabiſchen Aerzte, wie nach=
dem ſie ihr Vorurtheil mehr für dieſe oder für jene be=
ſtimmte. Selbſt die Erſcheinung einer Krankheit,
welche ſich immer allgemeiner verbreitete, und ſowohl
durch die Heftigkeit ihrer Zufälle, als die Hartnäckig=
keit gegen die bisher gewöhnliche Heilmittel und Heilar=
ten auszeichnete, nemlich der Luſtſeuche, in Europa, war
nicht im Stande, das Vorurtheil von der giftigen Na=
tur des Quekſilbers und der daraus bereiteten Arzneien,
das jene Schulen ihren Zöglingen ſo tief eingeprägt hat=
ten, ganz zu vertilgen; nur wenige Aerzte z. B. Wen=
delin Hock e), Angelus aus Bologna f), Joh.
Benedictus g), J. Almenar h), J. Beren=
garius von Carpi i), Joh. de Vigo k), G. Vel=
la l), Marin. Brocardus m) wagten es, und auch
diese

maris rubri tranſitum veniſſent judei in locum ubi fontes
erant amariſſimi, Deus moſi lignum indicavit quod na=
turali vi ſua miſſum in aquas amaritudinem abſtulit.”

e) Mentagra ſ. tractatus de cauſis, praeſervatione, regimine
et cura morbi Gallici vulgo mal franzoſi, et de curandis
ulceribus hunc morbum ut plurimum conſequentibus.
Argent. 1514. 4.

f) de cura ulcerum interiorum. Bonon. 1514. 4.

g) de morbo gallico bei Luiſinus de morbo gallico omnia
quae exſtant apud omnes medicos cuiusque nationis.
Venet. 1516. fol.

h) de morbo gallico. ebendaſ.

i) Commentat. ampliſſ. ſuper anatomiam Mundini. Bonon.
1521. 4.

k) Chirurgia. Rom. 1514. fol.

l) Conſilium pro Aloyſio Mantuano bei Luiſinus a. a. O.

m) de morbo gallico. ebendaſ.

diese nur mit grosem Widerspruch ihrer schulgerechten Zeit- und Zunftgenossen ⁿ), das Queksilber mit Fett eingerieben, äuserlich; noch wenigere °) versuchten es unter andern Gestalten innerlich zu gebrauchen.

Auch in den übrigen Zweigen der Chemie sah es nicht heller aus, sogar diejenigen Naturkundige, denen man tiefere Kenntnisse und höhere Einsichten zutrauen sollte, waren von dem Wahn der Alchemie, der Stern- und anderen Arten der Zeichendeuterei so eingenommen, daß sie auser Stand waren, für die Aufklärung und Erweiterung der Wissenschaft zu arbeiten: Quirinus Apollinaris, ein Arzt, der zu Hof in der Marggrafschaft Baireuth lebte, war durch seine alchemische Schwärmerei (*) bald arm, bald reich ᵖ); und

n) z. B. J. Bochs de pestilentia anni praesentis eiusque cura. Magdeburg. 1507. 4.   N. Poli de cura morbi gallici per lignum Guajacanum. Venet. 1535. 4.   L. Phrysius epitome opusculi de curandis postulis, ulceribus et doloribus morbi gallici, alias Franzos appellalati. Basil. 1532. 4.   L. Schmaus lucubratiuncula de morbo gallico et cura eius noviter reperta cum ligno Indico. Aug. Vindel. 4. 1518.   P. Maynardus tract. duo de morbo gallico bei Luisinus a. a. O.

o) z. B. Pet. de Bayro, der in einem erst nach seinem Tode herausgekommenen Werke de medendis corporis humani malis enchiridion vulgo vademecum die dem bekannten Seeräuber Barbarossa gewöhnlich zugeschriebene Queksilberpillen zuerst öffentlich bekannt machte.

(*) Die sich auch in seinen Schriften für Arzneifunde äuserte.   S. dessen kurzes Handbüchlein und Experimente vieler Arzneyen, durch den ganzen Cörper des Menschen von dem Haupt bis auf die Füße, samt leb. abcontrefactur etlicher der vornehmsten und gebräuchlichsten Kreuter und daraus gebrannte und destillirte Wasser. Straßburg. 1596. 4. 1607. 1617. 1700. 8.

p) En. Widemann bei Menckenius a. a. O. B. III. S. 740.

und der unruhige Vielwisser Heinrich Cornelius Agrip-
pa von Nettesheim aus Kölln, der aus einem
Stande in den andern, aus einem Lande in das andere,
von einer Wissenschaft zur andern übergieng, und nir-
gends Ruhe, Glük und Zufriedenheit fand, zulezt alles
für Eitelkeit erklärte p), war in jüngern Jahren ein
treuer Anhänger der Kabbalah q); nach ihm hängt
durch Sympathie ähnlicher und durch Antipathie un-
ähnlicher Dinge alles zusammen; daher haben auch die
Gestirne ihre eigenen Metalle, auf welche sie wirken r);
Thiere können ohne Samen aus heterogenen Dingen
erzeugt werden s): Dämonen herrschen in der ganzen
Natur, in der Luft, im Feuer, im Wasser und in der
Erde; sie könne man durch Räuchern mit gewissen
Dingen, welche mit ihnen in einigem Zusammenhange
stehen, bezwingen t); sie werden von den Säften schwer-
müthiger Menschen angezogen, und daraus entstehen
denn die Besessene u); auch gewisse Worte und Namen,
Schriftzüge und Buchstaben seien ihnen günstig oder
entgegen x), auch die Zahlen haben eine übernatürliche
Bedeutung y); jeder Mensch habe einen dreifachen
Dä-

p) de incertitudine et vanitate scientiarum et artiam.
   Francof. et Lipf. 1714. 12. K. 31. 47. 90. S. 133.
   148. 480. u. a. a. O.

q) de occulta philofophia. Colon. Ed. alt. 1533. Liber
   quartus de occulta philofophia feu de ceremoniis magicis, cui accefferunt elementa magica Petr. de *Abano*.
   Coloniae. 8. 1565.

r) Ebend. B. I. K. 34.

s) Ebend. K. 36.

t) a. a. O. K. 39. 40. 43. 44. B. III. K. 16.

u) a. a. O. B. I. K. 60.

x) a. a. O. B. I. K. 70.

y) a. a. O. B. II. K. 3.

Dämon [z]). Wenn ein Mann, den sein Zeitalter unter die hellere Köpfe, unter die gröſten Gelehrten zählte [a]), solche und noch gröſere Albernheiten in vollem Ernſte als ewige Wahrheiten verkündigt, wenn man ihn mit höchſter Wahrſcheinlichkeit des Unſinns der ſchwarzen Kunſt beſchuldigt [b]) ſieht, und einmal nach dem andern durch hofnungsloſe Verſuche Gold zu machen, in der gröſten Verlegenheit [c]), und doch noch in dieſem Wahne lange beharrlich [d]) findet, darf man wohl von einem ſolchen Zeitalter hoffen, daß ſchwache Stralen von Licht ſeine Nebel zerſtreuen werden!

Zwar zerbrach Luther mit Kühnheit und Muth die Feſſeln, in welchen der menſchliche Geiſt ſchon längſt geſchmachtet hatte, erwarb der Menſchheit Rechte wieder, die ihr durch die ſträflichſte Anmaſung entzogen waren, und ſchwang ſich als Widerherſteller der Denkfreiheit über ſeine Vorgänger empor: Das wohlthätige Licht, das ſich durch ihn und ſeine Mitgenoſſen über die

z) a. a. O. B. III. K. 22.

a) Mehr von ihm ſ. bei D. Tiedemann a. a. O. B. V. Hauptſt. XIV. S. 487 ꝛc.

b) Bodin de magorum daemonomania. Baſil. 1581. 4. B. II. K. 1. S. 104.

c) Epiſtol. B. I. ep. 4. und 10. S. 3. 8.

d) die Alchimiſten führen ihn wenigſtens immer noch in der Reihe ihrer Vorgänger an, ſo ſehr er auch am Ende ſeiner Tage (de incertitudine et vanitate ſcientiarum &c. S. 480.) gegen ihre Kunſt geeifert hat; als Schriftſteller hat er ſich wenigſtens in dieſem Felde nicht gezeigt, denn ſeine Commentaria in artem brevem *Raimundi Lullii* cum figuris variis. Colon. 1533. 8. haben keine Beziehung darauf; eher könnte man ihn wegen einer andern Schrift, die in die Bereitung der Arzneimittel einſchlägt: Contra peſtem antidota ſecuriſſima. Lyon. 1535. 8. zu den chemiſchen Schriftſtellern zählen.

die Welt ergos, verbreitete ſich nach und nach auch
über andere Felder des menſchlichen Wiſſens, die mit
den Glaubenslehren in keiner engen Verbindung ſtanden, und verſcheuchte ſo viele Vorurtheile, die Jahrhunderte hindurch die Schande und die Qual des
menſchlichen Geſchlechts geweſen waren. Aber war es
wohl zu hoffen, daß alle die zahlloſe verjährte Vorurtheile, die Zufall und Abſicht in die menſchliche Seele
gepflanzt, Eigennuz, Bequemlichkeit, Unwiſſenheit,
befeſtigt, genährt und erhalten hatte, Vorurtheile, die
das Gebiet der Wiſſenſchaften ſo ſehr verfinſterten, auf
einmal vor den erſten milden Stralen der aufſteigenden
Morgenröthe verſchwinden würden? War es nach dem
Gange des menſchlichen Geiſtes zu hoffen, daß ſelbſt
Männer, die mit der ganzen Macht der Wahrheit ausgerüſtet, den Aberglauben glücklich bekämpfen, alle
ſeine Zweige auf einmal ausrotten, ihm nicht noch hier
und da auf ihre Meinungen unbemerkt Einfluß laſſen
würden? Wen, der nur einigermaſen aus Geſchichte
und Erfahrung mit der Macht eingewurzelter, in der
Kindheit eingeſogener Vorurtheile bekannt iſt, kann es
daher noch befremden, daß ſelbſt Luther [e]) die meiſten Krankheiten dem Teufel zuſchrieb, den er [f]) öfters
in Geſtalt eines Mönchs mit Vogelklauen an den Händen geſehen haben wollte, daß ſelbſt der aufgeklärte
Melanchthon [g]) noch an Geſpenſter glaubte, und
wem wird es unter ſolchen Umſtänden und bei ſolchen
Beiſpielen auffallen, daß das ganze ſechzehende Jahrhundert hindurch Aſtrologie mit allen ihren traurigen
und

---

e) Luthers ſämtliche Schriften. Halle. 1743. 4. Th. XXII.
   S. 1171.

f) Wyer de praeſtigiis daemonum. B. I. K. 17. S. 93.

g) Declamation. B. IV. S. 646.

und lächerlichen Auswüchsen [h]), Kabbalistik [i]), Chiromantie [k]) und Nekromantie [l]), allgemein geschäzt und systematisch getriebene Wissenschaften waren, daß die leztere [m]) sogar auf der spanischen hohen Schule zu Salamanka einen eigenen Lehrer hatte? Daß Glauben an Wunder [n]), Zauberei [o]), Besessene [p]) und

[h] K. Sprengel pragmatische Geschichte der Arzneykunde. Halle. 8. B. III. 1794. S. 294 - 308.

[i] Ebend. a. e. a. O. 252-271.

[k] H. Cardanus de rerum varietat. B. XV. K. 79. S. 287.

[l] Richardus Argentinus de praestigiis et incantationibus Daemonum et Necromanticorum. Basil. 1568. 8.

[m] H. Cardanus de subtilitatibus. B. XIX. S. 660.

[n] Dahin rechne ich z. B. die Kraft, durch Berührung Kröpfe zu heilen, über welche sich noch in diesem Jahrhunderte, und noch zu Ende desselbigen französische (z. B. Laurent de mirabili strumas sanandi vi solis Galliae regibus concessa. Paris. 1609. 8.) und englische (z. B. Tooker Charisma s. donum sanitatis s. explicatio quaestionis in dono sanandi strumas concesso regibus Angliae. Lond. 1599. 4.) Schriftsteller stritten, ob sie dem Könige des einen oder des andern Volks zukomme (Montuus dialex. medic. Lugd. 1533. 4. B. I. S. 115.); dahin die Geschichte des goldenen Zahns bei einem schlesischen Knaben, wie z. B. Ingolstetter (de aureo dente pueri responsio ad iudicium Rulandi, qua demonstratur, neque dentem neque eius generationem naturalem esse. Lips. 1596. 8.); dahin andere, die der seeländische Arzt Levinus Lemnius de occultis naturae miraculis. Antwerp. 1561. 8. Buch. II. K. 2. 7. 22. 40. B. III. K. 10. B. IV. K. 19.) und Chrph. Stymmel kurzer Unterricht von Wunderwerken. Frkf. an der Oder 1567. 8. erzählt.

[o] H. Cardanus de rerum varietatibus. B. XV. K. 80. und 93.

[p] J. Lange epistol. medicin. B. I. K. 38. S. 185. F. Plater prax. medic. B. I. col. 86. 89.

und Hexen ') so tiefe Wurzeln geschlagen hatte, von
der Kirche befohlen '), von ihren Lehrern ') geprediget,
von den Gerichtshofen mit unnatürlicher Grausamkeit
darnach verfahren "), von Mönchen und Laien, Gelehrten und Ungelehrten diesen ganzen Zeitraum hindurch vest gehalten wurde, daß J. Wyer ˣ) mit der
ganzen Kraft der Wahrheit, der Gerechtigkeit und der
Menschenliebe, womit er für die unglücklichen Märtyrer dieses schimpflichen Irrglaubens kämpfte, nur wenig Eindruck machte, vielmehr von Geistlichen ʸ) und
Welt-

r) Wilh. Ad. S c r i b o n i u s de sagarum natura et
potestate ut et examine per aquas. Helmstad. 1584 .4.
Thom. E r a s t u s disput. de lamiis s. strigibus. Basil.
1572. 4. Ambr. P a r é Oeuvres. Buch. XXV. K. 25.
S. 670.

s) schon 1484 hatte Innocenz VIII. eine Bulle gegen die
Teufeleien ausgehen lassen, und Maximilian I. bestätigt.
S. H a u b e r Biblioth. magic. St. I. S. 1.

t) selbst der sonst aufgeklärte M a t t h e s i u s Sarepta. Leipz.
1618. 4. Pred. II. S. 66. Pred. X. S. 502. 516. Pred.
XII. S. 631. 660. 661. ob er gleich die vorgebliche Verwandlung in Gold Pred. III. S. 156. 157. für Tand und
Betrug hält.

u) so wurden z. B. nur im Churfürstenthum Trier innerhalb weniger Jahre 6500 Menschen, die wegen Zauberei angeklagt waren (Dav. M e d e r ' s Hexenpredigten,
von der Hexen schrecklichem Abfall, Laster und Uebel-
thaten. 1603. 4. Pred. III.), anderwärts auch mehrere
Hexen hingerichtet. N. R e m i g i u s Daemononolatriae
Libri tres, ex iudiciis capitalibus nongintorum plus minus hominum, qui sortilegii crimen intra annos XV in
Lotharingia capite luerunt. Lugd. 1596. 4. Crespetus
de odio Satanae. L. I. Disc. 15.

x) de praestigiis daemonum et incantationibus, et vene-
ficiis. Basil. 4. B. I - VI. 1568. De lamiis liber. Basil.
1577. 4.

y) M. A. D e l r i o disquisitiones magicae. Mogunt. 1600. 8.

Weltlichen, Rechtsgelehrten ²) und Aerzten ª) im ganzen rohen und absprechenden Ton seines Zeitalters zur Ruhe verwiesen wurde.

Bei dieser herrschenden Stimmung der Gemüther, in dieser Lage der Wissenschaften trat Philippus, Aureolus, Theophraſtus, Paracelſus, Bombaſt von Hohenheim, ein Mann von auserordentlichen Naturgaben, aber auch ein Schwärmer der erſten Gröſe auf; ein Mann, der fremd in allen Grundwiſſenſchaften ᵇ), wie ſie jeder Gelehrter, wenn er ſeiner Wiſſenſchaft Ehre machen, wie ſie vornemlich der Arzt ᶜ) und Naturforſcher ᵈ), wie ſie vollends der Neu-

---

z) Malleus maleficarum in tres diviſus partes, in quibus concurrentia ad maleficia, maleficiorum effectus et modus procedendi et puniendi maleficos continentur. Norimb. 1496. 4.   J. Bodin de magorum daemonomania Libri IV. nunc primum e Gallico in Latinum translati, per Lot. Philoponum. Baſil. 1581. 4.

a) H. Cardanus, W. A. Scribonius, Th. Eraſtus a. d. a. O.

b) Thom. Eraſtus, ſein Zeitgenoſſe, nennt ihn diſputation. de nova *Philippi Paracelſi* medicina. Baſil. Th. III. 1572. 4. S. 5. " linguarum atque bonarum artium omnium imperitiſſimum" und S. 213. erzählt Mark. Rechblau die Geſchichte eines Kranken, zu welchem er gerufen wurde, und beklagt ſich un'er andern auch deswegen über Paracelſus "Verbun ex eo latinum extorquere nullum potui." S. auch Th. I. S. 4. Selbſt Theod. Zwinger, der ihm ſonſt mehr Gerechtigkeit widerfahren läſt, ſagt Theatr. vit. human. Vol. XI. B. 4. 2583. "Vir ingenio magnus, et *ſi literae acceſſiſſent*, in ſuo genere maximus."

c) ſo wuste er z. B. nichts von Zergliederungskunde. Haller Bibliothec. med. pract. II. S. 2.

d) nach Th. Eraſtus a. a. O. Th. I. 1572. S. 2. war er omnis philoſophiae rudis.

Neuerer in Natur- und Arzneiwissenschaft inne haben
muste, und nur nach der Gunst des grosen Haufens
ringend ^{e}), dessen Schwächen er nuzte, allen Schulen
Hohn sprach ^{f}), die Schriften Avicenna's und Galen's

^{e}) das verräth sein ganzer Lebenswandel, das drükt schon
Winter von Andernach de veteri et nova medicina tum
cognoscenda tum facienda. Basil. 1571. fol. Band. II.
Dial. 2. S. 30. "Maluit vulgo potius quam probis viris
inservire," sehr richtig aus: das sagt er de tinctura physicorum. S. 329. selbst, "wenn Theoric, welche gehet
aus dem liecht der Natur, und kan von derselbigen be-
stendigkeyt wegen nimmer verkert werden, Wird in dem
Jare LVIII. anfangen zu grünen, und die Pracktik, so
darauff folget, wird sich mit ungleublichen zeychen und
wunderthaten beweisen, das auch die Handwerksleut werden
verstehen sampt dem gemeynen Pöffel, wie Theophrasti
kunst bestehe, gegen der Sophisten sudlerey, welche mit
Bäpstischen und Kayserlichen freyheyten von jhrer untüch-
tigkeyt wegen, will bekräfftigt und beschützt seyn."

^{f}) dis mag ungefähr folgende Stelle aus seiner Werke
Theil I. S. 11. die zugleich als Beispiel seiner Schreibart
dienen kann, zeigen. "Wie ich aber die viere für mich
nehme, also müsset ihrs auch nehmen und müsset Mir
nach, ich nicht euch nach, Ihr Mir nach, Mir nach
Avicenna, Galene, Rhazis, Montagnana, Mesue &c.
Mir nach und nit ich euch nach, Ihr von Paris, ihr von
Mompelier, ihr von Schwaben, ihr von Meissen, ihr
von Cöln, ihr von Wien, und was an der Thonaw und
Rheinstrom liezt, ihr Insulen im Meere, du Italia, du
Dalmatia, du Sarmatia, du Athenis, du Griech, du
Arabs, du Israelita; Mir nach, und ich nicht euch nach,
ewrer wird keiner im hindersten Winckel bleiben, an den
nicht die Hunde sichen werden, ich wirdt Monarcha,
und mein wird die Monarchey seyn, und ich führe die
Monarchey und jürte euch ewere Länden. Wie gefällt
euch Cacophrasts! diesen Dreck mußt ihr essen. Wie
wird es euch Conuten anstehen, so ewer Cacophrastus
ein Fürst der Monarchey seyn wird? und ihr Calefactores
werdend Schlottger: wie dünckt euch, so secta Theophrasti triumphieren wird?"

len's, der Orakel seiner Zeitgenossen, vor seinen Zuhö=
rern öffentlich verbrannte 8), und auf den Trümmern
ihrer Altäre ein Gebäude errichtete, das, so morsch auch
seine Säulen, so wenig zusammenhängend seine Theile,
so vernunftwidrig ein groser Theil seiner Lehren war,
so grosen Widerspruch er schon bei seiner Aufführung
fand, sich doch das ganze Jahrhundert hindurch erhal=
ten und mit einigen Abänderungen bei einem Theil von
Aerzten und Scheidekünstlern bis auf unsere Zeiten
erhalten hat.

Paracelsus (unter diesem einfachen Namen ist
er ausgezeichnet und bekannt genug) war 149· h) zu
Einsiedel in der Schweiz i) aus einem edlen Stamme k)
ge=

g) was er von diesen Männern hielt, legt das Urtheil, wel=
ches er Fragm. med. S. 144. und paragran. Vorred.
S. 203. von ihnen fällt, deutlich genug an den Tag.
"Hoc sit vobis dictum, stultissimus pilus occipitii mei
plus scit: quam vos et omnes vestri scriptores: et calce-
orum meorum annuli sunt doctiores, quam vester Galenus
et Avicenna: et barba mea plus experta est, quam omnes
vestrae Academiae: quin et horam ipsam sentiam, quando sues vos in luto trahent."

h) Einige lassen ihn, jedoch ohne hinlängliche Beweise, schon
1443 auf die Welt kommen. Beytrag zur Geschichte der
höhern Chemie. 2c. S. 157. S. übrigens Melch. Adam
Vitae Germanorum medicorum, qui seculo superiori et
quod excurrit, claruerunt. Heidelberg. 8. 1620. S.
28. 30.

i) wo sich (Testamentum Paracelsi. 1574. 8. und grosse
Wundarzney. B. II. Tr. 3. S. 101.) seine Familie auch
noch lange nachher aufhielt, und seine Schwester die Auf=
sicht über das Krankenhaus der dortigen Abtei hatte.

k) auch Schenck gedenkt (Observat. B. I. S. 15.) eines
Bombasts v. Hohenheim, und der nachmalige Gros=
meister des Johanniter Ordens, Georg Bombast von
Hohenheim, war von dem gleichen Geschlechte.

gebohren: Sein Vater, Wilhelm Bombast von Hohenheim, der sich nachher zu Villach in Kärnthen [1]) als Arzt niederlies, gab ihm schon in der Heilkunde, in der Sterndeuterei, und in der Alchemie einigen Unterricht; er genos ihn zugleich von dem Abt Tritheim von Sponheim, den Bischöffen Scheyt von Stettgach, Erlach von Laventall und dessen Vorfahren, Nikolaus von Hippon, und Matthäus Schacht, Suffragan von Freysingen [m]), zog übrigens, wie es damals die Sitte bei den sogenannten fahrenden Schülern (Scholasticis vagantibus) war, im Lande umher [n]), stellte den Leuten aus den Sternen u. aus den Linien der Hand die Nativität, citirte die Geister der Verstorbenen, und nahm allerlei chemische Arbeiten vor, die er auf Hütten und bei Goldmachern gesehen hatte; er besuchte [o]) teutsche, französische und italiänische hohe Schulen, und versichert sogar [p]), den Doctors-Eid geschworen zu haben; er durchreiste, wie er selbst bezeugt [q]), um Einsicht in die Hüttenarbeiten zu bekommen, das Erzge-

l) Testamentum Paracelsi &c. Chronica des Landes Kärnthen. S. 248.

m) grosse Wundarzney a. e. a. O.

n) Kont. Gesner epistol. medicin. B. I. Bl. 1. b.

o) Grosse Wundarzney Vorrede, und Spittalbuch Vorrede, am leztern Orte sagt der bescheidene Mann "Ich bin in den Gärten gezogen, da man die Bäume verstümmelt, und war der hohen Schule nicht eine kleine Zierde."

p) ohne übrigens zu sagen, wo. Sechste Defension. S. 262. so daß wirklich viele (s. z. B. Smet Miscellan. medic. B. XII. S. 684.) vermuthet haben, er habe sich den Doctorstitel blos angemast.

q) Vierte Defension. S. 257. Grosse Wundarzney. B. I. S. 22. Spittalbuch. Vorr. S. 310.

gebirg, Tirol ͬ) und Schweden, um sich in den Geheimnissen der morgenländischen Weisen einweihen zu
laffen, die Morgenländer, auch die Tatarei und Egypten, und um durch Unterricht und Umgang mit Aerzten
und Afterärzten aus allen Ständen und Völkern zu lernen, Kroatien, Ungarn, Siebenbürgen, Pohlen,
Preußen, Belgien, Spanien und Portugall, kam,
ohne in zehen Jahren ein Buch angesehen zu haben ˢ),
mit dem Ruhm auserordentlicher Weisheit nach Teutschland zurück, erregte durch die Menge glücklicher Hei-
lungen selbst für unheilbar gehaltener Krankheiten z. B.
des Auffazes, der Waffersucht, des Podagra ᵗ), die
er an Hohen ᵘ) und Niedern verrichtet hatte, zwar den
Neid der schulgerechten Aerzte, aber auch die Bewunderung des Laien, und selbst so sehr die Aufmerksamkeit
des aufgeklärtern Theils, daß ihm der Rath zu Basel
im Jahr 1526 die Stelle als Lehrer der Naturkunde
und Wundarzneikunst auf der dortigen hohen Schule
auftrug ˣ), die er auch annahm; hier lehrte er die ihm
anvertraute Wissenschaften ganz gegen die Gewohnheit
seines Zeitalters in teutscher Sprache ʸ) einige Jahre
lang,

r) wo sich damals Sigm. Fugger zu Schwaz aufhielt. J.
   B. von Helmont Oper. B. I. S. 143. S. auch Paracelfus selbst Chirurg. magna. B. I. Vorred.

s) Fragm. medic. S. 131.

t) M. Adam a. a. O. S. 29.

u) achtzehen Fürsten die durch die Heilart galenischer Aerzte
   verdorben waren, versichert er (Spittalbuch. Vorr. S.
   310.) geheilt zu haben. Auffaz, Waffersucht, Gelbsucht,
   Luftseuche, Podagra, Krebs, Fisteln u. d. bei Manget a. a. O. II. S. 442.

x) de la Ramée orat. de Basilea. S. 170.

y) so daß man ihn als den ersten teutschen Lehrer auf einer
   teutschen hohen Schule ansehen kann. Wursteysen

lang, erlaubte ſich die ungezogenſte Ausfälle auf andere vor ihm und mit ihm lebende Aerzte [z]), und die un-
verſchämteſten Lobreden auf ſich ſelbſt [a]), erklärte die
Hülfswiſſenſchaften, die man zur gründlichern Erlernung der Arzneikunſt für unentbehrlich hält, für unnüz, erleichterte dadurch ſelbſt den roheſten Menſchen
den Zugang zu dieſem Heiligthum, lockte den groſen
Haufen durch die Hofnung, ein Elixir zu erlangen [b]),
womit ſich das Leben nach Willkühr verlängern laſſe,
gewann ſein Zutrauen noch mehr durch eine rohe pöbelhafte Sprache [c]), und durch die Einmiſchung der Kabbala, der er zugleich eine gefälligere ſich in alle Falten
des Volksaberglaubens ſchmiegende Geſtalt zu geben
wuſte, und erwarb ſich durch dieſe und ähnliche Kunſtgriffe, ſelbſt durch die Neuheit vieler ſeiner Behauptungen, ſeinen Beifall, den er gewis noch länger erhalten
hätte,

(Urſtiſius) Baſeler Hiſtorie. Buch. VII. K. XXIX.
S. 1527.

z) ſ. Anm. f.

a) z. B. jedes Land bringe einen vorzüglichen Arzt hervor —
der Archäus oder der Genius Griechenlands habe den
Hippokrates, der Archäus oder Genius Arabiens den
Raſer, der Archäus Italiens den Ficinus, und der
Archäus Deutſchlands ihn hervorgebracht. Paracelſus de gradibus et compoſitionibus recept. et natural.
S. 951. Philoſophiae magnae Collectanea per G.
Dorn. Baſil. 1580. S. 6. 7. S. auch de tinctura phyſicorum app. ad archidoxa. Strasb. 1574. 8. S. 329.
333. 341. wo er ſich ſelbſt Monarch nennt. theſaurus
theſaurorum. ebendaſ. S. 363.

b) Archidoxot. B. IV. S. 796. Smet a. a. O. Buch.
XIII. S. 685.

c) ſo ſagte er z. B. will Gott nicht helffen, ſo helffe der
Teuffel. S. Th. Zwinger a. a. O. B. XVII. B. 6.
S. 3176.

hätte, wenn ihn nicht unmäßige Liebe zum Trunk d)),
übertriebener Stolz und Schmähsucht, und unzeitiger
Eigennuz sowohl um diesen gebracht, als überhaupt
aus Basel verscheucht hätten e)); von dieser Zeit an
führte er unaufhörlich ein unstetes Leben, hielt sich an
Schwarzkünstler, Zigeuner, Scharfrichter f), brachte
ganze Nächte mit den Bauren in der Schenke zu g),
lebte

d) diese soll nach Oporin's, seines Lehrlings und Gefähr-
ten, Nachricht so groß gewesen seyn, daß er nie anders
als halb betrunken den Lehrstul betrat, wenn er zu Kranken gerufen wurde, sie nicht eher besuchte, als wenn er
sich mit Wein übersättigt hatte, und selbst seine Schriften von seinen Schreibern gewöhnlich erst, wenn er betrunken nach Hause kam, niederschreiben ließ. S. dessen
Brief bei Sennert tract. de consensu ac dissensu chymicorum c. Galen. et Aristotel. K. 4. S. 188. in dessen
Oper. Lugd. 1666. fol. B. I.

e) Ein Canonicus Kornel von Lichtenfels daselbst hatte
ihm nemlich 200 Floren versprochen, wenn er ihn, der
schon in vieler Aerzte Händen gewesen war, vom Podagra
befreien würde; er verspürte Erleichterung und Freiheit
von Schmerzen auf drei Pillen Laudanum, die ihm Paracelsus verordnet hatte; dieser verlangte also seine
ausbedungene Belohnung. Lichtenfels glaubte für
so eine Kleinigkeit von drei Pillen nicht so viel schuldig
zu sein, und nahm sein Wort zurück; darüber verklagte
ihn Paracelsus bei der Obrigkeit; als aber diese das
Urtheil fällte, Lichtenfels habe nicht mehr zu bezahlen, als in der Medicinaltaxe darüber bestimmt seye, so
erlaubte er sich gegen diese Schmähreden; um deren Folgen zu entgehen, gaben ihm seine Freunde den Rath,
den er auch befolgte, sich aus dem Staube zu machen
(Wurstęysen a. a. O.), nachdem schon zuvor (Arnold Kirchen- und Ketzer-Historie. Th. II. B. XVI.
K. 22. S. 308.) sein Beifall sehr abgenommen hatte.

f) Vierte Defension. S. 257.

g) S. Oporin a. a. O.

N 5

lebte mit Fuhrleuten und der niedrigſten Hefe des Volks
auf den vertraulichſten Fus [h]), irrte im Elſas [i]), in
der Schweiz [k]), in Oberſchwaben [l]), Baiern [m]),
Oeſterreich [n]), Mähren [o]), Kärnthen [p]), Mindel-
heim herum, bis ihn endlich im Jahre 1541 und im
acht und vierzigſten ſeines Lebens der Tod zu Salzburg
im Hoſpital zu S. Stephan überfiel [q]).

Es iſt hier der Ort nicht, Paracelſus Verdienſte und Verirrungen in andern Fächern des menſchlichen
Wiſſens darzuſtellen [r]); ich bleibe nach der Abſicht dieſes

h) Th. Eraſtus a. a. O. Th. II. S. 35.

i) hier ſchwärmte er einige Jahre herum. S. von Franzoſen. B. I. S. 149.

k) 1531 war er zu S. Gallen Paramir. Buch III. S. 51.
1535 im Pfeffersbade. Vom Pfeffersbade. S. 1116.

l) 1536 war er zu Augsburg. S. groſſe Wundarzney.
Zueignung.

m) noch vor 1540 Rechkflau bei Th. Eraſtus a. a. O.
Th. III. S. 212.

n) ebenderſ. a. e. a. O. S. auch Conſil. medic. S. 687.

o) Th. Eraſtus a. a. O. Th. IV. S. 175.

p) 1538. S. de natura rerum Zueignungsſchr. und Chronica des Landes Kärnten. S. 249.

q) nach der ihm daſelbſt geſezten Grabſchrift. S. Helmont a. a. O. I. S. 462. Reimmann hiſtor. litter.
B. VI. S. 562. M. Adam a. a. O. S. 30. 31. Ein Bild
von ſich findet ſich in J. D. Gohl Actor. Medicor. Be-
rolinenſ. Berol. 8. Dec. I. 1718-1722. n. VII.

r) S. davon (Corrodi) Kritiſche Geſchichte des Chili-
aſmus. Frankf. und Leipz. 8. Th. III. B. I. 1783. S.
276-289. M. Adam a. a. O. S. 28-38. H. Conring
de hermetica Aegyptiorum vetere et Paracelſicorum nova
medicina. Helmſt. 1648. 8. Ratich Brotoffer
Theophraſtus non Theophraſtus, oder deutliche Entdeckung,

ses Werks bei demjenigen stehen, was er für die Chemie gethan hat: Aber auch bei diesem Geschäfte findet der unparteiische Geschichtschreiber der Schwürigkeiten viele; denn läugnen läst es sich nicht, der Grund mag nun darinn, daß ihn seine Schüler und Anhänger, welche seine meisten Schriften herausgaben, selbst nicht immer recht verstanden, vielleicht auch hier und da von dem Ihrigen untergeschoben haben [s]), oder in seiner unsteten und schwelgenden Lebensart [t]), oder in seiner übertriebenen Verachtung aller von andern dafür gehaltenen wissenschaftlichen Grundlagen [u]), oder in der Absicht, durch Dunkelheit sich das Ansehen von Tiefsinn, durch neue Namen, so wie durch neue Bedeutungen alter Namen, seiner Lehre den Anstrich von Neuheit, durch Unverständlichkeit der Geheimnissucht seines Zeitalters Spielraum zu geben [x]), oder überhaupt in seinem excen-

deckung, was von dem Theophrasto Paracelso zu halten sey, ob er seine hohe Weisheit und Kunst von Gott oder dem Teufel erhalten aus seinen eigenen Schriften erwiesen. Lüneburg. 1617. 8. J. C. Barchusen diss. de medicinae origine et progressu. Ultraj. 1723. 4. S. 364 ꝛc. K. Sprengel a. a. O. III. S. 335-395. D. Tiedemann a. a. O. B. V. Hauptst. XIV. S. 514 ꝛc.

s) denn bei weitem seine meisten Schriften sind erst nach seinem Tode von seinen Schülern herausgegeben worden.

t) S. Anmerk. f - p. Th. Erastus a. a. O. Th. II. S. 23.

u) Th. Erastus a. a. O. II. S. 4. 11. S. auch Paracelsi Archidoxor. Straßburg 1574. 8. S. 5. "Darumb wir die vernunfft, die nit mit den mysterien gefundiert, sichtlich für nichts achten". Paragranum. Buch. IV. S. 227.

x) Paracelsi Archidoxa. S. 7. "Wir wollen — — allein mit uns den unsern reden, denselbigen verstendig genug geschrieben, und schreiben das nicht in die Commun der

excentriſchen Kopfe ˣ) liegen, der Widerſprüche ʸ), der
dunkeln zum Theil weder von ihm, noch von ſeinen
frühern oder ſpätern Schülern erklärten Ausdrücke ᶻ),
Redensarten ᵃ) und Stellen ᵇ), ſind ſo viele, daß es
wohl unmöglich bleiben dürfte, ſeine Behauptungen in
einen Zuſammenhang zu bringen, wie es eine ſyſtema-
tiſche Darſtellung ſeiner Lehren, ſelbſt eine richtige Beurtheilung ihres Einfluſſes auf den Geiſt ſeines Zeitalters

der Völkern. Dann wir wollen unſern ſinn und gedanken, hertz und gemüt, den Surden nicht zeigen noch geben, und beſchlieſſen alſo mit einer guten vormauren und
einem ſchlüſſel."

x) Monſtrum hominis nennt ihn H. Con r i n g (de ſcriptor.
XVI. poſt Chriſtum natum ſeculorum &c. S. 159.),
vielleicht etwas zu ſtark.

y) Th. Eraſtus a. a. O. II. S. 37. 245. B a r c h u ſ e n
a. a. O. diſſ. XIX §. V. VI. S. 368. 369. R e i m-
m a n n a. a. O. B. VI. S. 572.

z) ich erwähne des rothen Löwen, des weißlechten Adlers,
der Ly l i der Alchimey (de tinct. phyſic. S. 336.)
Alembroth, Aroph u. d. die wir jetzt ſo ziemlich errathen haben, nicht; aber was iſt Ares, Iliadum (vom Element Waſſer, in etlichen Tractat. welche Mich. To x i t e s zu Straßburg. 8. 1582. herausgegeben hat! S. 456. 466. was
Trival Lini ebend. S. 457. 466. was Tſchisma ebend.
S. 467. was Azott? Pagogus, Pagoga, non Pagogum?
und eine Menge anderer Ausdrücke? wie vielſeitig der
Sinn von Salz, Schwefel und Mercurius? von Elec-
trum? von Aſtrum? von Tartarus? was Aquila exten-
ſa? was Stomachus Struthionis?.

a) z. B. Archidoxor. B. V. S. 135. 136. "das alleyn iſt
Arcanum, das corporaliſch iſt und unntödtlich, eyns ewigen Lebens, über alle Natur zu verſtehen, und unmenſch-
lich zu erkennen."

b) z. B. ebend. S. 140. Am erſten von prima materia.
"So mercke daß prima materia gepürt ſein predeſtinirung
darauff es predeſtiniret iſt, gantz vom erſten urſprung,
biß zum letſten."

ters und eine gerechte Schäzung seiner Verdienſte zu erfordern ſcheint.

Dadurch ſchon, daß er (unter dem Namen der Alchimey) die Chemie für eine der vier Grundſäulen der Arzneikunde erklärte ᶜ), zeigte er, welchen groſen Werth ſie in ſeinen Augen für den Arzt hatte, einen Werth, den die meiſten Aerzte ſeiner Zeit verkannten, und der, wo nicht ihnen ᵈ), doch ſeinen übrigen Zeit= genoſſen ᵉ), unter ihnen auch Männern von anerkann= ten groſen Einſichten ᶠ), durch die auffallend ſchnelle und

---

c) die drei andern ſind Philoſophie, freilich in einer ganz andern Bedeutung, als das Wort von andern zu ſeiner und unſerer Zeit genommen wird, Aſtronomie, Stern= deuterei mit innbegriffen, und die Tugend. Bücher. B. II. S. 10.

d) dieſen Vorzug räumt ihm ſelbſt H. Conring Introduct. in univerſam artem medicam ſingulasque eius partes. Helmſtad. 1654. 4. K. I. §. 13. S. 10 ꝛc. K. 3. §. 37. S. 111 ꝛc. der ſonſt ſeine Fehler ſtreng beurtheilt, und noch mit mehrern Lobeserhebungen J. Winter von An= dernach (de veteri et nova medicina tum cognoſcenda tum facienda. l. duo. Baſil. 1571. fol. B. II. Dial. 2.), der in ſeinen jüngern Jahren ein eifriger Anhänger Ga= len's war, ſelbſt Krato von Kraftheim Epiſtol. l. III. S. 236 ꝛc. und Epiſt. Julii Caeſar. Scaligeri ex= oteric. exercit. B. XV. Hanov. 8. 1620. praemiſſa. ein; auch Th. Eraſtus geſteht ihm a. a. O. III. S. 211. zu, daß er bösartige und ſchwer zu heilende Geſchwüre glück= lich geheilt habe.

e) de la Ramée und Wurſteyſen a. d. a. O. M. Adam a. a. O. S. 32. Th. Eraſtus a. e. a. O. S. 1. auch in der Zueignungsſchrift an den Herzog Ludwig von Wür= temberg. Krato von Kraftheim Epiſt. ante Iul. C. Scaligeri exoteric. exercit.

f) z. B. Eraſmus bei M. Adam a. a. O. S. 37.

und wenigstens oft glückliche [g]) Wirkungen seiner durch
diese Kunst bereiteten Mittel anschaulich und bewährt
wurde.   Waren auch diese durch chemische Kunstgriffe
vornemlich aus Mineralien bereitete Arzneien nicht
alle [h]) von ihm selbst erfunden, war er auch nicht der
erste, der Queksilber gegen die Lustseuche gebrauchte,
hatte er vielmehr manches von Basilius Valen=
tin [i]), und aus seinen damals blos handschriftlichen
Werken [k]), geborgt, so war er doch der erste, der öffent=
lich davon sprach, durch sein lautes Geschrei die Auf=
merksamkeit der Aerzte und Nicht=Aerzte darauf leite=
te,

g) daß sie das nicht immer waren bezeugt Th. Erastus
a. e. a. O. S. 211. "Vivunt hodie Basileae Viri doctrina et prudentia ornatissimi, qui nihil verentur affirmare,
omnes intra anni spatium interiisse, quicunque medicamenta eius venenosa intra corpus sumsissent: Frobenium
visus est principio curavisse, sicut alios quosdam, sed res
post modum Erasmum aliosque docuit, quam periculoso
curationis genere uti solitus fuerit." Einige mit Namen
genannte Beispiele unglücklicher Versuche erzählt er a. a.
O. IV. S. 175.

h) wie Krato von Kraftheim a. e. a. O. zeigt.

i) nach J. B. von Helmont (a. a. O. I. S. 249.) sollte
er sogar seinen Unterricht genossen haben; was freilich
höchst unwahrscheinlich wäre, wenn nach Lenglet du
Fresnoy Basilius Valentin um das Jahr 1413
gelebt hätte.

k) daß er verschiedenes aus noch ungedruckten Büchern ge=
lernt, gesteht er selbst s. Reimmann a. a. O. S. 557,
und diese Schriften waren auch damals noch nicht öffent=
lich im Druck erschienen, so wenig als die Schriften der
beiden Hollande, noch anderer damals (1576) 200
Jahre alter Handschriften, in welchen er die vorgebliche
neue Entdeckungen vom Paracelsus deutlicher, als sie die=
ser auftischt, gefunden habe, gedenkt Krato von Kraft=
heim in seiner Epistol. vor J. C. Scaliger exercit. exo-
ter. Haunov. 1620. 8.

te, nicht sowohl durch sein Schimpfen, als vielmehr
durch die Entdeckung ihrer wahren Blösen, die blinde
Anhänglichkeit der Schulen an Galen und Avicenna und ihre Vorschriften, und das ewige Nachbeten
ihrer zum Theil ganz unerwiesenen Grundsäze [1]) nach
und nach aufhob, zur eigenen Prüfung, Beobachtung und Erfahrung [m]) den Ton wieder angab, die
glückliche Wirkung des Quekfilbers [n]) nicht blos in der
Lustseuche [o]), sondern auch in andern zum Theil für unheilbar gehaltenen Krankheiten, auch bei dem innerlichen
Gebrauche [p]) aufer Zweifel sezte, und mehrere kräftige
Arzneien in Gang gebracht hat, für deren Kenntnis
ihn noch die späte Nachwelt segnen wird.

Wirklich lehrte Paracelsus kräftigere Arzneien
bereiten, als seine Vorgänger und Zeitgenossen hatten;
in

l) S. Paracelsus Bücher Th. II. S. 166. Paragran.
III. S. 220. 223. Labyrinthus medicor. S. 272. de pe-
stilit. B. I. S. 341.

m) wie wenig man davon hielt, so bald sie der alten Lehre
widersprachen, davon S. Paracels. Schriften. II.
S. 166.

n) das Arabisten z. B. Pet. von Abano (de venenis eorumque remediis S. 14.) eben sowohl als Galenisten
nach ihrem Lehrer Galen (de simplicium medicamentorum facultatibus B. IX. S. 299 a.) als Gift verabscheu-
ten, und lieber ihre desselbigen bedürftige Kranken unter
dem Gebrauch von Holztränken und anderen unzureichen-
den Arzneien dahin sterben, als sich zu dessen Gebrauch
bewegen liesen.

o) Chirug. magn. Th. 2 et 3.

p) Auf Räucher- und Schmierkuren hielt er nichts; sie seien
sehr gefährlich; er gab vielmehr (a. e. a. O. Th. 3.) gelben Präcipitat, dessen Bereitung er lehrt, täglich zweimal zu fünf Granen; wo dieser nichts helfe, leisten auch
Salben nichts. S. auch Th. Erastus a. a. O. IV.
S. 301.

in seinen Quintis essentiis ª) aus Kräutern und andern
Gewächstheilen die Kraft vollkommener auszziehen, und
auf mancherlei Weise aus Gewürzen und andern wohlriechenden Dingen abgezogenen Geist bereiten ᵇ); er
war es, dessen eindringender Empfelung wir den häufigern nüzlichen Gebrauch der Nieswurztinctur ᶜ), des
Alocelixirs oder Elixir proprietatis ᵈ), des gereinigten
Weinsteingeistes ᵉ), der zusammengesezten Arten von
Essig ᶠ), verschiedener Mittel ᵍ) aus dem Terpentin
in äusern Krankheiten, insbesondere einer daraus mit
Eidotter bereiteten Salbe ʰ), die er auch in der von ihm
sogenannten dritten Art der Pest einreiben lies ⁱ), und
des nach seiner Vorschrift zum Theil damit bereiteten
Johanniskrautöls ᵏ) zu verdanken haben.

Noch mehr aber gewann er, und mit ihm die Arzneikunde durch die Anwendung vieler Mittel aus Mineralien, welche seine Vorfahren nicht geachtet oder
gar

a) Archidoxa. Mit allem Fleiß über alle andere Exemplar corrigiert, ergenzt, und mit newen annotationibus
erklärt. Straßbnrg. 1574. 8. S. 37. 38.

b) A. e. a. O. B. IV. S. 125 — 128.

c) Etliche Tractat Philippi Theophrasti Paracelsi ꝛc. Izt wieder von neuem auß Theophrasti Handschrifft
mit Fleiß übersehen und corrigirt. Straßburg. 1572. 8.
Von natürlichen Dingen. K. II. S. 42 ꝛc.

d) Archidoxa. S. 254.

e) Etliche Tractat. Von natürlichen Dingen. K. VIII. S.
180.

f) Archidox. B. VII. S. 214. 215.

g) Etliche Tractat. Von natürlichen Dingen. K. I. S. 20. 21.

h) a. e. a. O. S. 21.

i) Von der Pest an die Stadt Sterzingen. Strasburg.
1576. 8.

k) Etliche Tract. von natürl. Dingen. K. V. S. 114 - 117.

gar verworfen hatten; er erwähnt den Gebrauch der
Eisentincturen [1]), des Eisensafrans [m]), der Schwefel-
blumen, vornemlich in Verbindung mit Aloe, Myrrhe
und Safran, insbesondere als ein Verwahrungsmittel
in der Pest [n]), auch andere Arzneien aus dem Schwefel [o]); er gebrauchte den Vitriolgeist in Fiebern, Husten und Fallsucht [p]), in der leztern auch eine Art versüsten Vitriolgeistes, die er mit Weinsteingeiste, und The-
riakgeist mit Kampfer versezte [q]); auch das sogenannte
Vitriolöl rühmt er, wenn ihm gleich seine äzende Schärfe sehr wohl bekannt war, nicht nur äuserlich [r]) in allen langwührigen Arten von Hautkrankheit, im Wolf
und Krebs, sondern sogar auch, doch mit Behutsamkeit und in einer guten Gesellschaft, innerlich, in Krankheiten des Magens, wenn es nicht Cholera ist, oder
der Grund in einem Geschwüre liegt [s]).

Auch war er einer der ersten, der die grose Wahrheit, daß Gifte durch geschikte Anwendung und Zubereitung die kräftigste Heilmittel werden, eine Wahrheit,
die zu seiner Zeit beinahe allgemein verkannt wurde,
laut predigte [t]): So rühmt er nicht nur zum äuserli-
chen

[1]) Etliche Tractat. Beschreib. etlicher Kräuter. S. 296.

[m]) bei Smet miscellan. B. XII. S. 650.

[n]) a. e. a. O. K. VII. S. 147. S. auch vom Ursprung und
Heilung der natürlichen Pestilenz.

[o]) bei Manget a. a. O. B. II. S. 426.

[p]) Etl. Tract. von natürl. Dingen. K. VII. S. 148.

[q]) Ebend. K. VIII. S. 180 — 185.

[r]) Ebend. S. 190 — 193. S. auch Chirurg. magn. B. I.

[s]) Von natürlichen Dingen. K. VIII. S. 187 -- 189. doch
warnt er vor seinem Gebrauch im Stein.

[t]) freilich in seiner eigenen pöbelhaften Sprache und in seine irrige Btgriffe von der Wirkungsart der Arzneien
einge-

chen Gebrauche verſchiedene aus Blei bereitete Arznei=
en ᵘ), und vornemlich in Hautkrankheiten Aezwaſſer ˣ),
ſon=

eingehüllt: So heiſt es im Manuale, das M. Toxites,
der ſchon mehrmalen angeführten Ausgabe der Archido=
xor. angehängt hat, S. 391. 392. "Welche die Galeni=
ſche Doctores kramergifft geheiſſen, und anfechten wöllen,
nit auß verſtand, ſondern auß hochmůt, und lauter narr=
heit. Ich geſteh es auch, daß in der präparation ein gifft
ſey, ſo wol und gröſſer als dein ſchlang Tyrus im Ty=
riac: Aber das es nach der präparation ſo wol gifft blei=
ben ſolt, als in der präparation, das iſt unerwieſen,
wiewol es etlichen Biffelsköpffen hoch genůg zů ergreiffen
iſt, wie die natur allweg ſich ſelber zů verbeſſern incli=
niert iſt: Ich geſchweige denn, daß ſie durch gebůrliche
kůnſten nicht ſolte zůr perfection gebracht werden kůnden.
Ich geſtehe aber noch zum überfluß, das nit allein in der
präparation, ſondern poſt praeparationem ein gifft ſey,
und hefftiger als zůvor, doch der geſtalt, das ſolch gifft
allein dahin gericht ſey, ſeines gleichen zu ſuchen, die fixen
und ſonſten unheilbaren morbos herfůr zů bringen, zu=
ſuchen und zu vertreiben, nit das es den morbum laß
wůrcken, und ſchaden thun, ſonder das es als ein feind
der kranckheit, ſeines gleichen materiam an ſich ziehe und
ſolche radicaliter conſumir, und außwaſche, als eyn ſeyf=
fen den unflat auß einem befleckten tuch mit welchem ſie
auch hinweg geht, und das tuch gereiniget, unverletzt,
ſchön, uud ſauber bleiben laſſet. Darumb ſolches venen=
num, wie du es nenneſt, weit ein andere und beſſere effi=
caciam hat, als dein wagenſalb, damit du pflegeſt in der
Frantzoſenkur zu ſchmieren, erger, als eyn Schůſter das
Leder ſchmieret". S. auch von natürlichen Dingen. K. IX.
S. 203.

u) bei Manget a. a. O. II. S. 426.

x) Archidox. B. VII. S. 227. 228. ℞. aq. fort. a cap.
mortuo rectificat. ℥j. Mercur. ſublim. ℥iẞ. Sal ar=
mon. ℥ij. vermiſche dieſe Flüſſigkeit mit gleich vieler
(dem Gewicht nach), aqua mercuriali, und miſche ℥ij
dieſer Miſchung (ignis gehennae) und ℥iẞ Cantharid.
unter ein Pfund ſucc. flammulae.

sondern auch zum innerlichen Gebrauche, nach dem
Vorgang von Basilius Valentin, allerlei Zube-
reitungen aus Spiesglanz [y]), und vornemlich [z]) den
von ihm zuerst sehr uneigentlich sogenannten mercurius
vitae [a]), den Kupfervitriol [b]), als ein trefliches Mittel,
den Magen zu reinigen, ohne ihn, wie andere abfüh-
rende Mittel thun, zu schwächen [c]), in Krankheiten
des Magens [d]), Fallsucht und Würmern [e]), und selbst
den Arsenik [f]), doch daß er, was dieses Mittel betrift,
nur

[y]) bei Manget a. a. O. II. S. 426.

[z]) der Archidox. B. V. S. 160. "mit grossem wunder sein
werck verbringt, macht abfallen die nägel an den fingern
und zehen, treibt auß die wurtz des grawen haars, und
sterckt die jugent, daß die corruption mit jhrer alten grawe
keyn erzeygen mag haben, und nicht mag wider erfunden,
noch ersehen werden, biß in das nachgehend alter".

[a]) S. Ebend. S. 161. "und ist der weg Mercurii vitae
also: Recipe mercurium essensificatum; denselbigen sepa-
rier von allen seinen überflüssigkeyten, das ist, purum ab
impuro, darnach sublimier ihn mit Antimonio, daß sie
beyde auffsteygen, und eyns werden, darnach solviers auff
den marmel, und coaguliers zu dem vierdten mal, so hast
Mercurium vitae."

[b]) daß er wenigstens einen kupferreichen Vitriol versteht, ist daraus zu schliesen, daß er (von natürl. Dingen.
K. VIII. S. 161.) sagt. "Nun ist das auch ein prob,
ein Vitriol, der dz eysen zu kupffer macht, je mehr,
je schneller, je höher gradiert, je milter underm hammer,
je besser in der Artzney und Alchimey."

[c]) a. e. a. O. S. 171. 172.

[d]) a. e. a. O. S. 170.

[e]) a. e. a. O. S. 172. 173. auch bei Manget a. a. O.
II. S. 426. 459.

[f]) Von natürl. Dingen. K. IX. S. 203. "all sein tugendt
so er hat, ist allein von dem, darumb, daß er ein gifft
ist, und alle seine tugendt hat er von wegen der gifftigkeit.

O 2   Auß

nur bei dem äuſerlichen Gebrauche f) ſtehen blieb, und
darzu entweder die Auflöſung in Weingeiſt oder ge=
branntem Waſſer g), oder ihn mit Schmeer, Oel, Ter=
pentin oder Honig zur Salbe gemacht h), oder nachdem
er mit gleich vielem Salpeter geſchmolzen (Arſenicum
fixum), an der Luft zerfloſſen (Lipuor arſenici fixi),
und mit Brandewein oder einem gebrannten Waſſer
vermiſcht war i), oder mit gebranntem Weinſtein aufge=
löst k) vorſchlug. Auch lehrte er vollſtändiger und aus
mehreren Gewächsſtoffen, als ſeine Vorgänger, Oele
und Aſchenſalze bereiten l): Er lehrte einen Bernſtein=
firnis mit Terpentinöl m), aus gekochtem Terpentin mit
Ziegelmeel ein waſſerdichtes Pflaſter n) verfertigen, den
Wein durch Froſtkälte ſeines Waſſers berauben o) und
da=

Auß der urſach ſollent ihr nun wiſſen, daß ſein tugendt
in der geſtalt zuerkennen ſind, das gifft ander gifft über=
windt.”

f) a. e. a. O. S. 204. “Inwendig iſt er nit zu gebrauchen,
in kein weg, allein außwendig.”

g) a. e. a. O. S. 209.

h) a. e. a. O. S. 210.

i) a. e. a. O. S. 211. 212. wo er zugleich ſagt: “So vil
hab ich im Arſenico gefunden, ſo er fix iſt, ſo verleurt
er ſein gifft, der artzneyſchen tugend ohn ſchaden.”

k) a. e. a. O. S. 212. “Auch ſo mag man wohl Tartarum calcinatum damit ſolviern in ein öl, ſo wirdts noch
ſtercker, yedoch aber an ihm ſelbs iſt es krefftig, allein zu
dem äſchariern iſt es zuſchwach, aber in der heylung der
vorbemelten Chirurgiſchen Krankheyten iſt es am treffen=
lichſten, und on alle ſorg und ſchaden.”

l) Fragment. medic.

m) von natürlichen Dingen. K. I. S. 23. 24.

n) a. e. a. O. S. 24.

o) Archidox. B. VII. S. 193. 194. “ſetz ihn im Winter,
ſo es am meyſten gefreurt an die kelte, und laß es daran
ſtehen

dadurch verstärken, so sehr er sich auch überzeugt hatte, daß Wein, wenn er gefroren war, und wieder auf thaute, dadurch an Kraft verlor ᵖ); er lehrte Oel aus Kirschkernen ᑫ), und Goldcement ʳ), Salzgeist ˢ) und Scheidewasser auf mancherlei Weise ᵗ) bereiten, das leßtere auch durch Fällen mit Silber reinigen ᵘ); er zeigt, wie Gold= und Eisenschmiede die Goldauflösung zum Vergolden anwenden können ˣ).

Schon er fand den Unterschied des Alauns von Vitriol darinn, daß in jenen kein Metall, sondern Erde mit der Säure verknüpft ist ʸ); ob er gleich die man- cherley

steben auff eyn Monat, das es alles in eynander ge= freurt, so dringt die kelte den spiritum vini mit seiner substanß in das centrum des Weins, und scheidet sich al= so die subfstanß des Weins, und das flegma von eynander, daffelbige was da gefroren ist, thue hinweg, was aber nicht gefroren ist, das ist spiritus vini mit seiner sub= stanß.”

p) a. e. a. O. B. II. S. 42.

q) Archidox. B. VII. S. 200.

r) bei Manget a. a. O. II. S. 446.

s) Beschreib. etlicher Kreuter in etl. Tract. S. 322-325.

t) bei Manget a. a. O. III. S. 447.

u) Archidox. B. III. S. 70.

x) Von natürl. Dingen. K. IV. S. 90. 91.

y) tract. 2. de generibus Salium. K. VI. in etl. Tractat. S. 449. “darum, dieweil der Vitriol der Veneri der= massen verwandt ist, und ist doch ein salß, so wirt er ein mineral, unnd nimb sein Corpus auß dem liquor der me= tallen, darumb flüssig und glentzig erscheint, in seltzamer form und gestalt, als von Marcasiten verstanden wird, der Alaun aber hangt nichts in den metallen an, Sonder ist frey ein Salß, das allein in der seüri steht, unnd nimbt sein Corpus nach der vermischung der erden,

cherlei Arten des Vitriols nicht gehörig unterſcheidet,
und daher ihre Merkmale durch einander wirft ²); ſchon
er kannte den Arſenik in ſeinem ganz metalliſchen Zuſtande ²), und die Mittel, ihm ſeine Flüchtigkeit
zu nehmen ᵇ); er kannte weit beſtimmter, als ſeine
Vorgänger, den Zink ᶜ), wenn er ihm gleich noch Ei-
gen-

    aber der Vitriol nicht, ſondern allein von der vermiſchung
    der metalliſchen Corporen.''

z) S. bei Manget a. a. O. II. S. 459. 460. von natürl.
   Ding. K. VIII. S. 167. 168.

a) S. bei Manget a. a. O. S. 462. Von natürl. Dingen. K. IX. S. 208. ''darzů ſollen jhr auch wiſſen, daß
   der arſenicus von Künſtlern in viel weg verendert wird
   und verkert, etwan in ein metalliſch artth.'' S. 217.
   218. ''Als, nemmen arſenicum metallinum, der auff
   metalliſch prepariert ſey.''   Sollte ſich dahin nicht auch
   folgende Stelle von den Mineralien der erſte Tractat in
   etl. Tract. S. 426. beziehen? ''Nun wirt wieder ein
   Metall aus den Koboleten, derſelbig Metall leßt ſich
   gieſſen, fleußt wie der Zink, hat ein beſondere ſchwartze
   farb, über bley und eiſen, gar mit keim glantz oder me-
   talliſcher ſchein, leßt ſich ſchlahen, hemmern, doch nicht
   ſo viel, daß er möchte zu etwas gebraucht werden,'' fän-
   den ſich ſonſt bei Paracelſus Spuren, daß er unſern
   Farbenkobolt gekannt hätte, ſo könnten dieſe Ausdrücke
   auf einen unreinen noch Arſenik haltenden Koboltkönig
   gedeutet werden.

b) S. bei Manget a. a. O. II. S. 433. Von natürl.
   Dingen. K. IX. S. 209 - 212.

c) S. bei Manget a. a. O. II. S. 462. Archidox. B. III.
   S. 76. Von den Mineralibus erſter Tract. in etl. Tract.
   S. 425. 426. ''Alſo iſt noch ein metall, als der Zincken,
   derſelbig iſt unbekandt in der gemeine, und iſt dermaſſen
   ein Metall, einer ſonderlichen art, und eines andern
   Samens, doch aber vil metallen adulteriern in jhm, derſelbig metal iſt an jhm ſelbs flüſſig, dann er wirdt von
   flüſſigen dreyen erſten, aber kein malleabilität hat er,
   ſon-

genschaften beimist, die wir bei genauerer Kenntnis an ihm vermissen, und seiner Vereinigung mit Kupfer nicht Meldung thut; die Wirkung des Salmiaks auf die Metalle, wenn er mit ihnen im Feuer aufgetrieben wird, war ihm sehr wohl bekannt[d]), so wie die starke auflösende Kraft des Königswassers auf dieselbige[e]); er gab die Mittel an, Kupfer mit Quekſilber anzuquiken[f]), und gedenkt schon der Eigenschaft des Schwe-
fel-

sondern allein ein feißtin, und seine farben underschiedlich von andern farben, also, daß er den andern Metal-len, wie sie wachsen, gar nicht gleich ist, und ist ein sol-cher metal, daß ultima materia bey mir noch nicht be-kandt ist; dann er ist gar nahet so seltsam in seiner pro-prietet, als argentum vivum, er nimpt kein Vermischung an, er gedult auch nit ander metall fabricationes. Son-der ist für sich selbs" und vom Element Wasser dritter Tract. K. IX. in etl. Tract. S. 465. "Wie nun also die Metallen geboren werden, und seind, also, daß der recht metallisch fluß, und geschmeidigkeit hingenommeu ist, und getheylt in die siben metallen, wie obſteht, so bleibt ein Residentz da im Ares, als die feies der dreyen erſten, auß dem wachſt der Zinck, welcher ein metall ist, und doch keins, Auch der Wißmat, uud jhres gleichen, die da fliessen und etlichs theyls geschmeidig sein, und doch, wiewol sie etwas anhangen den metallen mit dem fluß, so seind sie doch nur Baſthart der Metallen, das ist, etwas jhnen gleich, und doch nicht der Zinck, ist das mehrer theyl ein Baſthart vom kupffer."

d) f. bei Manget a. a. O. II. S. 425.

e) Archidox. B. III. S. 70. 71.

f) bei Manget a. a. O. II. S. 460. und von natürlichen Dingen. K. VIII. S. 198. 199. freilich dachte er dabei an eine Verwandlung des Eisens in Kupfer, welches lez-tere er durch das erstere aus Vitriol gefällt, und so mit dem Quekſilber vereinigt hatte.

feldampfs, Gewächsfarben zu zerſtören ᵍ); er kannte
den Riechſtoff der Gewächſe ʰ), und Stahl's Brenn-
ſtoff ſehr wohl; ganz nach deſſen Begriffen fand er ihn
ſowohl im Schwefel als in den Metallen, und zur Wi-
derherſtellung der leztern unentbehrlich ⁱ), fand ihn aber
auch in andern verbrennlichen Körpern anderer Naturreiche ᵏ); ſchon ihm waren, ſeie es auch noch ſo unvoll-
⁌ kom-

g) Von natürl. Dingen. K. VII. S. 149. "der roh Sulphur hat ein arth an jhm, daß er rot ding weiß macht,
durch ſein rauch, als die roten Roſen ꝛc."

h) unter dem Namen primum ens ſ. z. B. Archidox. B. II.
S. 46.

i) Archidox. B. II. S. 43. "denn primum ens ſulphuris
iſt alſo ſtark, das ſie alle prima entia metallorum tingiert
in ſein weſen, und nimmt jhnen jr operation, und redu-
cierts wider in jhr erſte materiam, unnd perficiert das
nach jhm eyn newes perfects corpus." Von natürlichen
Dingen. K. VII. S. 152. 153. "und ſeind inn der Alchimey etliche künſt gefunden worden, durch welche die metallen auß jhren corporibus gebracht worden, Alſo, daß
ſie nimmer Metallen ſeind, Sonder ein materia die zerſtört iſt, und nimmer im alten weſen. Von denſelbigen
ſollent ihr alſo wiſſen, daß ein jeglicher Metall auß dreyen
ſtucken gemacht wird, dz iſt, auß Saltz, Mercurio
und Schweffel — — — Aber vom ſulphur ſollend jr
das wiſſen, daß er ſich auch ſcheidet von dem andern
ſchweffel, alſo in der geſtalt, was ich von Schwefel ge-
ſchriben hab, dieſelbigen tugend ſeind auch in dieſen VII
metalliſchen Schwefeln, unn ſo vil mehr, da die Metall
ein beſonder tugend und natur an jm hat, In dem, daß
er zu einem Metall worden iſt: von denſelbigen Tugenden iſt dem ſulphur auch etwʒ eingeleibet."

k) von natürlichen Dingen. K. IV. S. 75. 76. "Hierauff
verſtanden nun weiter, daß auch der menſch alſo ſich ſelbs
müß füren, alſo, daß ſein Sulphur ſein nutrimentiſchen
Sulphur hab — — — dann was da brent, iſt Sulphur. —
Alſo hierauff volgt nun, daß der menſch ſein narung müß
ne-

kommen, auſer der gemeinen Luft andere der Luft ähnliche Flüſſigkeiten bekannt [1]). Auch er hatte ſchon den
Gedanken, die Luft beſtehe aus Waſſer und Feuer [m]),
erklärte ſchon das Glühen der Funken, die der Feuer-
ſtein vom Stahle abreibt, aus dem in der Luft befindlichen Feuer [n]), und machte einen Unterſchied zwiſchen
ſichtbarem und verborgenem Feuer [o]): So finden ſich
alſo ſchon in ſeinen Schriften, die von ſeinen unmittelbaren Nachfolgern ganz vernachläſigte Keime zweier
fruchtbaren Syſteme, welche erſt lange nach ſeiner Zeit
ihre

nemen, brinnende ſpeiß eſſen, dem Sulphur zu ſeiner
narung — — Nun wiſſend weiter, dz in aller welt
brennende ſpeiß iſt, fleiſch, fiſch, brot ꝛc."

l) T. Bergman hiſtoriae chemiae med. aev. §. IV. in
Opuſc. phyſic. et chemic. cura E. B. G. *Hebenſtreit.*
Lipſ. 8. B. IV. 1787. S. 139.

m) S. bei Manget a. a. O. II. S. 425. "Verum ex quibus conſtat aër, non conſiderant. Annon ex igne et
aqua? quid enim aliud eſt aër, quam aqua per ignem
reſoluta — — Generatur ergo tanquam a ſuis parenti-
bus igne et aqua maſculus aër." und Archidox. B. III.
S. 64. "dann eyn wunderbarliche auffhebung iſt im lufft,
als wann auß dem weſentlichen Element Waſſer, ſoll der
lufft geſcheiden werden, als dann geſchicht durch das ſie-
den, und ſo bald es ſeudt, ſo ſcheidet ſich der lufft vom
Waſſer, und nimmt mit ſich die leichteſt ſubſtantz vom
Waſſer, unn ſo vil dz Waſſer gemindert wird, alſo nach
ſeiner proportion, unnd quantitet wird auch gemindert
der lufft."

n) bei Manget a. a. O. II. S. 431. "Exemplo ſit communis ignis et naturalis: hic nobis eſt inviſibilis, quapropter in aëre in quo deliteſcit quaerendus et invenien-
dus, per concuſſionem lapidis ad chalybem, in quibus
tamen potiſſimum non conſiſtit, ſed in aëre nec niſi ab
objecto ſicco tanquam fomite retinetur."

o) a. e. a. O.

D 5

ihre Ausbildung erhielten. Und wenn auch ſein Ovum philoſophicum, in deſſen Geſtalt er bei manchen ſeiner Arbeiten ſo viele Vortheile gefunden zu haben glaubte P) und ſein Bad mit Eiſenfeile q) wenige Nachfolger fand, wenn das Dampfbad, deſſen er gedenkt r), und ſein Athanor s) in unſern Tagen manchem entbehrlich zu ſein, oder groſer Verbeſſerungen zu bedürfen ſcheinen ſollten, wenn manche Erfindungen beſſerer Werkzeuge, Gefäſſe und Oefen, manche Entdekungen wichtiger Wahrheiten, die man gemeiniglich auf ſeine Rechnung ſchreibt, eines frühern Urſprungs zu ſeyn ſcheinen, ſo hat er doch ſchon durch die allgemeinere Bekanntmachung derſelbigen, ſo wie ſeiner eigenen, der Wiſſenſchaft ſehr genützt, und von dieſer Seite das harte Urtheil nicht verdient, das H. Conring t) über ihn geſprochen hat; ſchon er hat Spiegel und Brenngläſer, um das Verhalten der Körper im Feuer zu ergründen, angewandt u).

Dieſer unläugbaren Verdienſte ungeachtet, läſt ſich inzwiſchen nicht läugnen, daß Paracelſus durch die Art, wie er die Chemie getrieben, durch die Grundſäze, die er darinnen aufgeſtellt, durch die Art der Anwendung, insbeſondere auf andere Wiſſenſchaften, unſäglichen Schaden geſtiftet hat: Auch in der Chemie hielt

p) bei Manget a. a. O. II. S. 429.

q) ebendaſ. S. 426.

r) ebendaſ. a. e. a. O.

s) ebendaſ. S. 428.

t) de ſcriptorib. XVI. poſt Chriſtum natum ſeculorum S. 159. "Monſtrum hominis in perniciem omnis melioris doctrinae natum."

v) bei Manget a. a. O. II. S. 426.

hielt er Kabala *), Aſtronomie ʸ), Magie ᶻ) unentbehrlich, und ihm dienten ſie wenigſtens, manchen
Knoten zu zerhauen, die ein damit nicht angeſtekter
Chemiſte ſeiner Zeit nie hätte löſen können, zum Theil
nie zu löſen unternommen hätte; nur in dieſer Verbindung läſt es ſich einigermaſen gedenken, wie es ihm
beigehen konnte, aus männlichem Samen durch ſeine
Künſte einen kleinen lebendigen Menſchen auszubrü-
ten ᵃ), nur ſo erklären, wie er die Alchymie (ſo nennt
er heimlich die Chemie) für die Kunſt halten konnte, die
aſtra (d. h. die Grundkräfte) aus den Metallen zu ziehen

x) S. z. B. de tinctur. phyſicorum angehängt in Archidox.
    S. 336. "Wann du jetzt nicht verſtehſt, was der Ca-
    baliſten gewonheyt, unnd der alten aſtronomorum brauch
    iſt, So biſtu weder von Gott in die Spagyrei geboren
    noch von Natür zu Vulcani werck erkoren, oder munds
    eröffnung inn die Alchimiſtiſch künſt geſchaffen worden."
y) a. v. a. O.
z) Von natürlichen Dingen. K. VII. S. 154. 155. "So
    nun das iſt, ſo muß der Artzet auß der Magica geboren
    ſein, und auß ihr verſtohn und erkennen die heimlichkeit
    der natur, ſo befindt ſich, und wirt offenbar, daß die
    natur ſo groſſe krafft in ihr hat, daß auch auſſetzig leüth
    geſundt werden. Der aber nicht in der Magica geſchickt
    iſt, denſelben halten für ein Sudler, unnd ein Sudler
    wirdt er ſein lebenlang bleiben, biß in ſein grüben. Es
    iſt ein groſſer grund, die artzney zu erfahren, und jr in
    jr hertz greiffen. Aber dieſe künſt Cabalia ynn magica
    ſeind bey jhnen alle unbekant. Sie ſein doch ſudler."
a) Oper. Argentor. 1605. fol. Th. II. de homunculis et
    monſtris. was er in ſeiner Schrift von langen Leben.
    Archidox. B. X. S. 316. 317. 318. 320. von homun-
    culis ſagt, ſcheinen mehr Wachsbilder (S. 318. homun-
    culus ex cera) geweſen zu ſein, durch welche er die Ope-
    ration eines ungünſtigen Geſtirns oder der Zauberei abzu-
    leiten ſuchte. S. de occulta philoſophia. ebend. S. 487.
    488.

hen [b]; aber auch leicht begreifen, in welche Dunkelheiten er die Wiſſenſchaften verſenkte, die er durch ſeine muthvollen Angriffe der herrſchenden Lehrarten und
Darſtellung ihrer Blöſen aufzuklären, ſo viele Hofnung
von ſich gegeben hatte.

Ein anderer groſer Nachtheil ſeiner Schriften und
Lehre liegt in ſeinem übermäſigen Hange zur Alchemie,
den er auch in ſeinen Schülern und Anhängern zu erregen, zu nähren und zu erhöhen ſuchte, und darinn nur
zu glüklich war; zwar warnt er, wie das auch Andere
ſeiner Art ſchon vor ihm gethan haben, in mehreren
Stellen ſeiner Schriften nicht blos vor abſichtlichem
Betruge, ſondern auch vor unwillkührlichen Täuſchungen; erklärt ſogar an einer Stelle [c], daß diejenige,
welche Gold und Silber durch die Chemie machen wollen, unrecht handeln, und leeres Stroh dreſchen, daß
dieſes von Gott nicht zugelaſſen und blos menſchliche
Erdichtung ſeie, und bekennt an einer andern, daß er
den wahren Stein der Weiſen noch nicht zu Stande
gebracht habe [d], ſpricht aber nicht nur ſelbſt von der
Verwandlung der Metalle, und dem Stein der Weiſen,
als unzweifelhaftey Dingen [e], und von unermeslichen
Schäzen, die er dadurch erlangt habe, u. den Nachkommen
hin-

b) Fragment. medic. S. 148.

c) Philoſoph. ſpag. B. I.

d) Archidox. B. V. S. 149. "Und wiewohl wir des lapidis Philoſophorum keyn Anfänger ſeind, noch keyn En-
der, noch keyn Grübler darinnen, das wir möchten denſelbigen nachreden, wie wir darvon gehört, und geleſen
haben, Darumb ſo wir im ſelbigen keyn warhafftig wiſſen
nicht tragen, laſſen wir ihn auß denſelbigen Praeß."

e) de tinctura phyſicorum. S. 342. 348. 350. Manuale.
S. 372. 382. 397. 398.

hinterlaſſen werde ᶠ), ſondern unter ſeinen Schülern
ſind ſogar einige, welche verſichern, Zeugen von ſol=
chen Verwandlungen durch ihn geſchehen geweſen zu
ſein ᵍ), für deren Wirklichkeit er unter andern auch
die Fällung des Kupfers aus den Cementwaſſern zum
Beweiſe anführt ʰ): Doch verſichert auch er, daß
Quekſilber ohne Metalle nicht veſt gemacht ⁱ), und ᵏ)
ſelbſt mit Hülfe von Metallen nicht immer in Silber
verwandelt werden könne; ſonſt erklärte auch er
Quekſilber, freilich nicht in der Bedeutung, die es
im gemeinen Leben hat, für den erſten Stoff der Me=
talle ˡ), und, ſo wie vor ihm, Baſilius Valen=
tin und die beiden Hollande, Quekſilber, Schwe=
fel und Salz für die Urſtoffe nicht blos aller Metalle,
ſon=

f) de tinctura phyſicorum. S. 329. 330. "das ich aber
    von dir Sophiſt für eynen Landtſtreicheriſchen Bettler ge=
    halten wird, wir dir die Tonauw, und der Reyn wol
    antworten, auff mein ſtillſchweigen; das auch Graven
    und Herren manchmal ſampt den Reichſtetten und eyner
    gemeynen Ritterſchaft verdroſſen hat. Dann meines
    ſchatz ligt noch zu Weyden in Fryaul ein kleinath im Ho=
    ſpital, das weder du Römiſcher Lew, noch Teutſcher Carl
    mit allen eweren gewalt bezahlen möcht."

g) Franciſcus bei Sennert de conſenſu et diſſenſu
    chymicorum cum Galen. K. 4. S. 191.

h) z. B. de tinct. phyſicor. K. VI. S. 349. 350. "dann
    die Bauren in Hungern, So ſie ein Eiſen ſein Zeit in
    Zipſer brunnen legen, ſo wirt es zu einem roſt gefreſſen,
    welcher durch den Schmelzofen gelaſſen, von ſtundan
    iſt ein rein Kupffer, und nimmer zu Eyſen wird redu=
    ciert."

i) bei Manget a. a. O. II. S. 432.

k) a. e. a. O. S. 433.

l) a. e. a. O. S. 462.

ſondern aller Dinge *n*) und insbeſondere des Menſchen *o*),
doch daß ſie nach Verſchiedenheit der Körper immer
auch einigen Unterſchied zeigen *p*); insbeſondere fand
er das Salz allenthalben *q*).

Noch

n) Von Mineralibus I. Tract. S. 373. 374. “Nun hab
ich — — fürgehalten drey ding, nemlich, Sulphur, Sal
und Mercurius ein anfang zůſein, aller deren dingen, ſo
auß den 4 Mütern entſpringen, das iſt, auß den 4 elementen. Nun hie in ertzwerdung iſt von nöten fürzule-
gen. Alſo daß eyſen, ſtahel, bley, ſmaragd, ſaphir,
tißling ꝛc. nichts anderſt ſeind, dann Schwefel, Saltz
und Mercurius, dann ein jedlich ding das da geborn
wirdt von der natur, das iſt zerbrechlich, und iſt zů erkennen, durch die kunſt, warauß die natur daſſelbig gemacht hab. So gibt die Natur zu erkennen, daß im
Ertz ſeind die drey ding, gleich als wol als im holtz, und
in andern dingen, nemlich Feür, Balſam, Mercurius,
dann ſo jr zerbrechen durch die kunſt den ſtahel, das gold,
die Perlen, die Corallen, ſo finden jhr Schweffel, Saltz,
und Mercurium, und ſo bald jhr die durch die kunſt habt,
ſo iſt nichts mehr da vom ſelbigen ärtz — — — So
wiſſen, daß drey ding ſeind, von den alle Mineralia werden, nemlich Sulphur, Sal, Mercurius. Und die drey
ding ſeind das Corpus — — Alſo, daß jhr ſollent wiſſen,
die drey ding ſeind in ultima materia, und weder minder noch mehr von dem alle ärtz werden.”

o) Manuale. S. 382. “Solt aber zůvor melden, wie der
menſch auß Sulphure, Mercurio, et Sale, gleich den
metallen ſeinen urſprung neme.”

p) Von den Mineralien I. Tract. S. 393-395. “Nun
aber ſo vilerley frücht, ſo vilerley ſeind auch der Sulphur,
Sal, und ſo vil auch Mercurii. Ein ander Sulphur im
Gold, ein ander im Sylber, ein and’ im Eyſen, ein ander im Bley, Zyn ꝛc. Alſo auch ein ander im Saphyr, ein
ander im Smaragd, ein ander im Rubin, Chriſolit,
Ametiſten, Magneten ꝛc. Alſo auch ein ander in Steinen, Kiß, Salibus, Fontibus ꝛc. Und nit allein ſo vi-
ler-

Noch mehr als durch die nachdrükliche und erneute
Verkündigung solcher oft absichtlich unverständlich und
verwirrt vorgetragener Säze und Lehren, die durch ge-
täuschte Hofnungen schon so manchen an Bettelstab gebracht, und die Fortschritte der Wissenschaft so mächtig aufgehalten haben, hat Paracelsus durch seinen
lapidem philosophorum ⁱ), seine arcana ˢ), specifica ᵗ),

ma-

lerley Sulphus, Sonder auch so vilerley ein ander Sal.
— — dergleichen nun auch mit den Mercuriis — — und
zu dem, daß sie sich noch mehr theylen, daß nicht allein
einerley Gold, sonder vilerley Gold, als nicht allein ey-
nerley Biren, äpffel, sondern vilerley, darumb so vilerley auch sulphura auri, salia auri, und also aller Metallen, und der gesteinen — — — Und also sollen jhr
die drey Ersten verstohn, daß so viel species seind geschaffen, so viel jhr wachsen, und doch alle nicht mehr
dann ein Sulphur, ein Sal, ein Mercurius — — —".

q) Beschreibung etl. Kreuter. K. XIV. S. 313. "Nit
allein in thieren, sondern in allen gewächsen ist salz, un-
nichts ist, das nit gesalzen sey von der natur, es sey von
metallen, steinen, kreutern, holzen, schwammem."

r) de archidox. B. III. S. 113. B. V. S. 149. insbesondere S. 140. 141. "Lapis philosophorum, der dann
das ander Arcanum ist, hat sein würckung in einer andern gestalt und gegend, und das ist also, Gleich wie
eyn Feüer, das da außbrennet die beschissen und vermacklet
haut Salamander, und sie reyn unn sauber macht, als
eyn newes geborns. Also der lapis Philosophorum den
ganzen corpus reynigt, und saubert von allen seinem unflat mit ganzen newen und jungen kräfften, die er zu seiner Natur bringt."

s) die er geflissentlich von den folgenden unterscheidet. Archidox. B. V. S. 136. "Also in solcher gestalt von
diesen arcanen zuverstehen ist, die gegen unsern corporn
incorporalisch seind, und eyns weit ubertreffenlichern wesens gegen unserm wesen, als weiß unn schwarz, hat
macht uns zuverändern, zu mutiern, zu renoviern, zu
re-

magisteria ᵘ), Tincturen ˣ), Elixiere ʸ) geschadet, auf
welche

resturiern, gleich den Arcanen Dei nach ihrer judici-
rung.”

t) nicht in der Bedeutung, welche das Wort heut zu Tage
hat. S. Archidox. B. VII. S. 199. 200. “Also ist
uns weiter de specificis zuschreiben in denen dann vil
seltzamer grosser tugent seind, die da nicht auß der natur
jhren ursprung nemmen, darumb das sie heyß oder kalt
sind, sonder ausserhalb denen allen, ein Natur und eyn
wesen haben — Solch specificum nimmt sein ursprung
von dem eussern, als wann eyn Fewer in eyn holtz ge-
worffen wird nnd brennt, Das dann nicht auß seiner Natur ist, Sond’ eyn holtz sein — — darumb solche specifica von eygner Natur auß eygner componierung der
Element und der prima materia wachsen und kommen.”

u) Archidox. B. VI. S. 166. 167. “So ist das eyn
magisterium, das da außgezogen wirdt von den dingen
on scheidung und ohn Elementischer preparierung, durch
zusätzen, in die solch materia gezogen, und behalten
werden. Jr krafft und tugent so sie haben, kommt nicht
auß der Natur angehender würckung, auch nit auß der
specifica in solcher gestalt, Sond’ durch die Vermischung,
mit welcher eyn solche krafft außgezogen wird, als so ein
Essig in ein Wein gossen wird, macht ja allen mit jm zu
Essig, das ist das magisterium, das aber nicht, wann
ein Honig in ein Wein gossen wird, macht den Wein
nicht zu Honig.”

x) de tinctura physicorum. K. VII. S. 352. “Also ist
die tinctura physicorum eyn universal, welches als eyn
unsitbar fewr verzehrt alle franckheyten, wie sie immer-
mehr mögen genennt werden.

y) de archidox. B. VIII. S. 240-242. “Also wöllen
wir von dem ersten elixir schreiben, welches den leib in
dem wesen behält, wie es jhn findet, und laßt ihn nicht
faulen, laßt ihn auch nicht kranck werden, auch behält
es jhn im spiritu vitae, das jhm keyn unfall zuschlecht.
Und ist zu mercken, daß das elixir biß auff das ander,
tritt oder mehr alter bringet und führet, und im brauchen

welche er ᶻ) und ſeine Schule ſich gegen die Galeniſche
Aerzte ſeines Zeitalters ſo viel zu gut that, ob er gleich
dadurch der roheſten Empirie Thür und Thor öffnete:
Zwar ſagt er in ſeinen Werken hier und da, daß es
keine Arznei für alle Krankheiten gebeᵃ), daß vielmehr
die Arzneien auf vielerlei Art wirken ᵇ), bei gewiſſen
Leuten nicht anſchlagen ᶜ), und der Arzt ſich in ihrer
Wahl nach der Natur der Krankheit richten müſe ᵈ),
deren

chen ein ander operation iſt, dann in todten corpori-
·bus — — Cuſtodit ſpiritum vitae in hac virtute qua
corpus vel cadaver mortuum a putrefactione cuſtodit.”

z) Man leſe z. B. ſeine Darſtellung der Galeniſchen Aerzte.
De peſtilit. B. I. S. 341.

a) ebendaſ. B. II. S. 39. “Dann wiewol ihr vil ſeind,
So iſt doch keyne, die da allein in generali eynem jeglt:
chen genugſam were zu heylen für alle tartaros unnd tar:
tariſche kranckheyten, die dann damit auch ſollen außgetri:
ben werden.”

b) de archidox. B. II. S. 36 - 39. z. B. “Am erſten ſo wir
anzeygen die ſtuck ſimplicia und arcana, iſt züverſtehen,
denn etliche ſeind die da mit gewalt reynigen per renovationem und reſtaurationem.”

e) a. e. a. O. K. X. S. 308. 309. “Es begibt ſich auch
vil, das die eygen Natur der Menſchen alſo blöd iſt, das
ſie nicht mag enthalten werden, auß urſachen, das
von der geburt her in ihr keyn güte wurtzen iſt, noch
gründt. Als züverſtehen iſt, wie ein ſchwamm auch kein
fewer mag geben als eyn holtz.”

d) a. e. a. O. S. 36. “Dann etliche ſeind, die da mit
gewalt reynigen per renovationem und reſtaurationem,
den lepram, und weiterhin keyn andere Kranckheyt, und
ſeind doch vollkommen in der renovation und reſtaura:
tion, außgenommen in den diſtinctionibus der kranck:
heyten.”

deren jede ihr eigenes Mittel habe ᵉ); auch läst sich
nicht läugnen, daß wir seiner Betriebsamkeit und sei=
nen chemischen Künsten ᶠ) manches kräftige schon in we=
nigen Tropfen ᵍ) oder Granen wirksame, und schnell ʰ)
wirksame, also in so fern den gelindern vorzuziehende
Arzneimittel zu verdanken haben: Allein davon nichts
zu sagen, daß schon vor seiner Zeit, und schon am Ende
des fünfzehenden Jahrhunderts dergleichen chemische
Arzneien, deren Bereitungsart geheim gehalten wurde,
im Gange waren ⁱ), nicht zu erwähnen, daß er viele
derselbigen, ohne sie zu nennen, von andern geborgt
hatte, und daß sie sowohl nach anderer Aussage ᵏ),
als

e) De archidox. B. IV. S. 104. "Darumb zubetrachten
ist, dz eyner jeglichen kranckheyt sein rechter feind soll an=
gebracht werden, so ist da ungleubliche hülff in der
natur."

f) dis gesteht ihm selbst H. Conring (Introduct. K. I. H. 13.
S. 10. ꝛc. K. III. H. 37. S. 111.) und Krato von
Kraftheim in der oben erwähnten Vorrede. "Quaedam medicamenta ab illorum Deo Theophrasto recta
atque utilia tradita, non diffiteor."

g) auch darauf that sich Paracelsus viel zu gut; de
tinctur. physicor. K. VII. S. 353. sagt er: "sein dosis
ist sehr kleyn, aber die würckung mächtig groß."

h) S. Archidox. B. I. S. 3. 4. "als durch quintam essen-
tiam eyn Contractur geheylet wirdt in vier tagen, da er
sonst lam bis in tod blib, und ein Wunden in vierzehen
stunden geheylt, auff das end, so mit dem corpore in
vierzehen tagen nit mag geendet werden."

i) z B. die Arzneien des J. Magenbuch aus Blaubeu=
ren, landgräflich hessischen Leibarztes zu Kassel, und noch
früher diejenige eines augspurgischen Arztes Wolffg.
Thanhaüser. S. Herm Conring de hermetica
medicina. Helmst. 1669. 4. B. II. K. 15. S. 420.

k) so sagen Krato von Kraftheim epistol. medicinal.
B. l. S. 190. V. S. 303. daß sie sehr viele schädliche
Dinge

als nach ſeinem eigenen Geſtändniſſe [1]), was ſich wohl
bei ihrer heftigern Wirkſamkeit, bei den eigenen Be⸗
griffen des Paracelſus in der Krankheitslehre und Heil⸗
kunde, und bei einem Leben, wie er es führte, leicht den⸗
ken läſt, oft einen unglüklichen Erfolg hatten, ſo hat
er ſchon durch ſeine irrige Begriffe von der Wirkungs⸗
art der Arzneien [m]), durch die ungereimte Hofnungen,
die

Dinge gehabt haben, und M o n a v i u s ebendaſ. B. V.
S. 309. und Th. E r a ſt u s a. a. O. Th. III. S. 211.
und IV. S. 175. 253. Leute, welche ſeine Arzneien
eingenommen hätten, ſeien in Jahres Friſt geſtorben;
der leztere ſagte Th. III. S. 211. "Vivunt hodie Baſi⸗
lee viri doctrina et prudentia ornatiſſimi, qui nihil veren⸗
tur affirmare, omnes intra anni ſpacium interiiſſe, qui⸗
cunque medicamenta eius venenoſa intra corpus ſump⸗
ſiſſent.   Frobenium viſus eſt principio curaviſſe, ſicut
alios quosdam, ſed res poſtmodum Erasmum aliosque
docuit, quam periculoſo curationis genere uti ſolitus
fuerit."

1) wenigſtens ſagt er z. B. Archidox. B. IV. S. 108.
von ſeiner quinta eſſentia meliſſae, ſie mache die Zähne
ausfallen, und die Nägel von den Händen, und B. V.
S. 141. der mercurius vitae werfe die Nägel, die pilos,
die Haut aus, freilich fügt er nachher hinzu, ſie wachſen
von neuem wieder, ſollte er aber dieſes wirklich immer
beobachtet haben?

m) S. z. B. Archidox. B. II. S. 32. "Lepra convertiert
ſich in ſanitatem, wie ein Kupfer das aurum purum
wirdt, oder ein Eyſen, das Kupffer wirdt ꝛc. dann re⸗
novatio und reſtauratio haben einen ſolchen verſtand, daß
ſie verzehren das böß, wie eyn Fewer verzehrt den falſch
von Silber und Gold, und laßt das lauter ligen.   Alſo
auch zuverſtehn iſt, das caducus in ein ſolchen weg ge⸗
nommen wirdt, und podagra.   Dann da renoviert ſich
alles das, ſo im gantzen leib iſt, blut und fleiſch, und
was das begreifft, wie eyn alkali reynigt den leproſum
mercurium zu gutem Silber.   Alſo reyniget auch reno⸗
vatio unnd reſtauratio den leib in ein gut weſen, die ſo

die er ſich und andern von der Wirkſamkeit der durch
ſeine Kunſt bereiteten machte, durch die Behauptung, daß
ſie die Stelle aller Nahrungsmittel vertreten n), wenn ſie
anderſt nicht angebohren ſeien o), Podagra, Chiragra,
Gicht, Blattern, Raſerei, Fallſucht, und andere ſonſt für
unheilbar gehaltene Krankheiten unfehlbar heilen p), die
Schwache ſtark q), die Unfruchtbare fruchtbar r), die
Alte

wir jetzt gemeldet haben. Und iſt alſo zuverſtehen, das
renovatio und reſtauratio alles das expelliert, das im
leib iſt ſuperfluum, und incongruum der Natur, und
mutiert alles das ſo die Natur nicht bedarff, und nichts
ſoll zu dem guten, und mache alle ding, wie wir erzehlt
haben, wider wachſen, und macht jung den gantzen Leib,
auß der urſachen, das ihm nichts widerſtehen mag, ſo
doch in der Natur iſt." S. auch S. 16. 30. 36. 95.
150. 163.

n) ſo erzählt er z. B. Archidox. B. I. S. 15. "Alſo
auch mit der Artzney wir geſehen haben, das einer ſich
ſelbſt enthalten hat auff vil Jar mit der quinta eſſentia
auri, der er zu tags kaum ein halben ſcrupel einnam."

o) a. e. a. O. B. II. S. 31. "Es wer dann eyn Kranckheyt, die auß der gepurt ein urſprung nemme und hette,
dieſelbig wird nicht genommen."

p) a. e. a. O. B. II. S. 31. 37. 39. B. IV. S. 94. 113.
B. V. S. 139. 150. 161. de tinct. phyſic. K. VII.
S. 352.

q) ſo ſagt er z. B. vom Mercurius vitae Archidox. B. V.
S. 160. "er ſterckt die jugent, daß die corruption mit
jhrer alten grawe keyn erzeygen mag haben und nicht mag
wider erfunden, noch erſehen werden, biß in dz nachgehend alter" und B X. vom langen Leben S. 309. "Und
iſt deßgleichen auch zuverſtehen von den jungen Kindern,
die alſo noch nicht geporn ſeind, und ſo dieſelbigen in
eyner ſolchen conſervation geporn werden, das ſie die ge-
ſündeſte conplexion gewinnen, die jhnen vaſt geſundtlich
iſt, wider all ander franckheyt. Und ad conſervationem
longam."

r) a. e. a. O. B. II. S. 38. "Deßgleichen die Elixiria —
machen

Alte jung ꜱ), die Betrübte froh ᵗ) machen, die Ge-
ſunde geſund erhalten ᵘ), ihre Kraft auf Kind und
Kindeskinder ausdehnen ˣ), die Ungemächlichkeiten des
Alters

machen fruchtbar und geberhafft Mann und Frawen" und
B. X. S. 309. "und deßgleichen zůverſtehen iſt vom
foemineo ſexu, das jhnen den weibern, dieweil und jnen
das confortativ geben wird, jhr menſtruum in dem andern alter nicht gepriſt, und jhr fructuoſitet, ſo ſie von
jhrer Natur ein geſchicklichheyt darzů haben."

ꜱ) a. e. a. O. B. V. S. 156. 157. "er (Mercurius vitae) ernewert alle die glider, die in eynem alten verzch-
ret ſeind, und in eynem jungen wohnen, bringet alle
verlorne krafft wider, als in den alten Frawen widerumb
das menſtruum kommt, und blůeſt, als in den jungen,
und den alten jhr Natur in maſſen wie in den jungen
vollkommen iſt. Nuh iſt weiter zůverſtehn von dem Arcano Mercurii vitae, das ſein krafft alſo ſtarck in der forma ſpecifica iſt, das ſie das alte und das jung von eynander ſcheidet, und ernewert und mehrt das jung, dann da
auß dem wird erfunden, das der jugent und der jungen
krafft in den alten nicht gepriſt, Sondern gleich ſowohl in
den jungen iſt, als in den alten." a. e. a. O. B. IV.
S. 108. "etlich quintae eſſentiae macht einen hundert Järigen Mann gleich eym zwantzig järigen, mit Krafft
und ſtercke." Selbſt bei Kräutern und Vieh wirke er auf
die gleiche Weiſe. a. e. a. O. B. V. S. 156. und B. X.
S. 306.

ᵗ) a. e. a. O. B. V. S. 139. "Sie (die Arcanen) ent-
ledigen das traurig gemůt."

ᵘ) a. e. a. O. S. 139. "Sie (die Arcanen) auffenthalten den Leib in geſundheit — — preſerviern vor allen
ungeſunden cranckheyten."

ˣ) a. e. a. O. S. 150. 151. "Alſo in ſolchen kräfftigen
arcanen iſt zůverſtehen, daß darnach die, die es gebrauchen, ſo von denen Kinder geboren werden, hernach in
ſolcher geſundtheit leben, dz in jhren Cörpern kein cranck-
heyt — mag erſtehen — — dann ein ſolche außerwälte
Artzney jhn ſo in ein gantz unzerbrechlichs leben fürt

P 3   und

Alters aufheben ʸ), und allen zu einem langen Leben verhelfen ᶻ), zu welchem auch Adam nur durch Hülfe solcher Mittel gelangt seie ᵃ), durch die Anpreisung mancher unnüzer und entbehrlicher ᵇ) zum Theil ganz kraftloser, oder doch mit den Vorzügen, die er ihnen anweist, lange nicht begabter Arzneien ᶜ) der Ehre der Schei=

und bringt, mag nicht möglich sein, das sie lassen denselbigen vermeyligt werden, noch auch das, so von ihr kommt, Sondern in eyner solchen Edlichkeyt lebt, und die proles hernach biß in das zehend Geschlecht — — dann seine tugend geht in geschlecht zu geschlecht."

y) a. e. a. O. B. V. S. 161. "Dasselbig (Arcanum tincturae) nemmt hin alles unbequemes alter."

z) a. e. a. O. B. V. S. 139. "Sie (die Arcanen) führen den Leib biß auff sein prädestinirten todt, der dann kein Ziel hat, dann durch abnemung der Consumption." B. X. S. 311. "Die simplicia geben uns zuverstehen, das sie wunderbarlicher krafft sein, und auff hundert und vierzig Jar im alter bringen, und etlich auff hundert und zwantzig, Etlich auff hundert, das wir gleich rechnen der tugent der Arcanen in conservatione zuverstehn."

a) a. e. a. O. B. VIII. S. 234. "dann Adam ist nicht so ait worden auß seiner eigenen Natur, oder eigenschafften, alleyn das er so ein gelerter Artzt ist gewesen, daß jm die stuck wissend seind gewesen, damit er sich ein solche Zeit auffenthalten hat."

b) wer wird nicht mit uns die mancherlei Mittel aus Gold, die auch er (s. bei Manget a. a. O. B. II. S. 426.), wer nicht das trinkbare Gold (S. z. B. Archidox. B. IV. S. 106.) und die meisten übrigen trinkbaren Metalle (S. ebend. B. VI. S. 176.) dahin zählen!

c) wer sollte diß Urtheil nicht von seinen aus Edelsteinen, Perlen, Korallen, Perlenmutter, Hasenherzen, Hasenknochen, Hirschherzknochen u. a. verfertigten Arzneien fällen? wer nicht von seinen Lobsprüchen auf Menschenkoth, von welchem es Archidoxor. B. V. S. 160. heist, "darumb Menschen dreck in grossen tugenten ist, dann da seind

Scheidekunst (denn alle diese Thorheiten giengen auf ihre Rechnung), und noch mehr der Heilkunde unwiderbringlichen Schaden gethan, und statt der galenischen Arzneien, die er, ob gleich manche kräftige und meist sicherere darunter waren, ohne Unterschied verwarf, die Apotheken mit andern überladen, die, mit gleichem Maaße gemessen, eben so wenig Nachsicht verdienen.

Selbst in der Physiologie suchte er das, was er Alchemie nennt, geltend zu machen; ob es ihm besser, als seinen Nachfolgern geglückt ist, die noch mehrmalen, ohne gehörige Rücksicht auf andere in belebten Thieren wirksame Kräfte zu nehmen, alles was darinn vorgeht, auf Chemie zu beziehen, und ihren Meinungen anzupassen trachteten, mag das folgende lehren.

Jeder Theil des menschlichen Leibes habe seinen Schwefel, sein Salz, sein Queckfilber; roth seie der Schwefel in Fleische, im Blute, in den Eingeweiden, im Felle, im Schmeer, im Mark, in den Knochen; grün das Salz in der Galle, schwer das Queckfilber im Fleisch, leicht in den Lungen, mittelmäßig in den Knochen; mannigfaltig seie der Schweis, antimonialisch in den Leisten, arsenikalisch in den Gliedern, markasitisch an den Ohren: Er dachte sich ein astralisches Salz, das nur von aller groben Sinnlichkeit aufs höchste geläuterten Sinnen bemerkbar, als den Grund der Consistenz und des Rückstandes nach dem Verbrennen der Körper, einen durch astralische Einflüsse belebten syderischen Schwefel, als den Grund des Wachsthums und Verbrennens der Körper, und ein syderisches Queckfilber als den Grund ihrer Flüssigkeit

seind vil Edler essentiae inn, die da von der Speiß und Tranck werden, darauß groß wunder züschreiben weren."

keit und ihres Verrauchens, und ſtellte ſich vor, daß
dieſe drei durch ihre Zuſammenkunft den Körper aus=
machen ᵈ); Ein Hauptgeſchäft im thieriſchen Leibe,
das Geſchäft eines Chemiſten, weiſt er einem Archeus
an; dieſer ſcheide im Magen, am vollkommenſten im
Magen des Schweins, das Gift vom Nahrungsſtoffe
in den Speiſen ᵉ), und gebe ihnen die Tinctur, wo=
durch ſie der Aſſimilation empfänglich werden; er ver=
wandle Brod in Blut, und diene dem Arzte zum Vor=
bilde, der nicht ſowohl die Säfte verändern, ſondern
die Wirkung der Arzneien auf den Magen und auf die=
ſen Meiſter in demſelbigen richten müſe ᶠ); er nehme
alle Veränderungen eigenmächtig vor, und heile oft
die Krankheit allein, habe Kopf und Hände, und ſeie
nichts anders, als der ſpiritus vitae, der aſtraliſche
Leib des Menſchen ᵍ); er wohne alſo nicht blos im ei=
gentlichen Magen, ſondern jedes Glied habe ſeinen ei=
genen Magen, wodurch es die Abſcheidung bewirke ʰ):
Sehr richtig bemerkt er den Unterſchied zwiſchen dem
Harn, in welchem ſich noch die Beſchaffenheit der ge=
noſſenen Speiſen und Getränke zeigt, und demjenigen,
worinn ſie ſich verloren hat i).

Auch in der Lehre von den Krankheiten, ihren Urſa=
chen, Zeichen und Heilung nahm Paracelſus groſe
Neuerungen vor; ein groſer Theil derſelbigen bezieht
ſich

---

d) groſſe Wundarzney. B. II. S. 181. Paramir. II. S.
26. 39.

e) Paramir. I. S. 11.

f) a. e. a. O. II. S. 36. IV. S. 77.

g) De viribus membrorum. B. II. S. 318.

h) De modo pharmacand. S. 771. 772.

i) er nennt jenen den äuſern, dieſen den innern. Vom Ur=
theil des Harns. S. 747.

ſich freilich mehr auf ſeine aſtrologiſche und kabbaliſti-
ſche Grundſäze, die er allerdings nur zu gut mit den
chemiſchen eng zu verwickeln wuſte, als auf die chemiſche: So läſt er die Geſtirne Krankheiten erzeugen, in-
ſo weit ſie die Luft verunreinigen, ſo daß einige ſie ſul-
phuriren, andere arſeniciren, andere ſalzen, und noch
andere merkuriren, läſt die Realgariſche entia aſtralia
allein dem Geblüte, die mercurialia allein dem Haupte,
die ſalia dem Gebein und Geäder ſchaden, Operment
Geſchwulſte und Waſſerſuchten, und die bittern aſtra
Fieber erregen [k]). Wenn der Archeus ſiech werde, entſtehe localiter oder emunctorialiter Fäulnis; das leztere, wenn Dinge zurückgehalten werden, welche durch
Naſe, Gedärme und Harnblaſe ausgeführt werden
ſollten; was durch die Schweislöcher davon gehe, ſeie
reſolvirter Mercurius, was durch die Naſe, weiſſer
Schwefel, was durch die Ohren, Arſenik, was durch
die Augen, Schwefel in Waſſer zerlaſſen, durch den
Harn gehe reſolvirtes Salz, durch den After gefällter
Schwefel fort [1]).

Sehr wohl kannte er die Urſachen von Krankheiten,
die in einer durch Ausdünſtungen von mancherlei Art [m]),
vornemlich durch flüchtige Metalltheilchen, verunreinigten
Luft liegen [n]), insbeſondere die nachtheilige Folgen von
Arſenik- und Queckſilberdämpfen [o]); auch das ſaure
Schwe-

---

k) Paramir. I. S. 8.

1) a. e. a. O. S. II. 12.

m) wie ſie z. B. in Hoſpitälern es oft iſt, zu deren Reini-
    gung er auch gute Vorſchläge ertheilt. Spittalbuch. III.
    S. 320.

n) von den Bergkrankheiten. B. I. S. 645.

o) a. e. a. O. S. 648. und B. III. S. 665.

Schwefel= und Kochsalzgas P); aber die Beobachtun=
gen, die er darüber bei Berg= und Hüttenwerken an=
stellte, führten ihn offenbar zu weit, wenn er in Salz,
Schwefel und Quecksilber die Uranfänge aller Krank=
heiten gefunden zu haben q), aus dem Gerinnen des
Quecksilbers, dem Abbrennen des Schwefels, dem Auf=
brausen der Salze, wo nicht alle, doch sehr viele ihrer Zu=
fälle erklären zu können glaubt, den Geschwüren im Gesich=
te Realgar Lunae et Veneris, denen mitten in der Brust
(die wie die zunächst folgende leichter als die übrige zu
heilen seien) Realgar Solis; denen an Brust und Schul=
tern Realgar Jovis und Mercurii, denen im Rücken
und Bauch Realgar Martis, und denen in den Füßen
Realgar Saturni als Ursache anweist r), Salz und
Quecksilber mehr auf die äußern Theile, Schwefel mehr
auf die innern Werkzeuge wirken s), den leztern die
meisten Fieber t), und selbst, doch in Gesellschaft des
Saturns u), die Pest, in welcher er übrigens das von
den Kranken gelassene Blut rein und klar fand x), her=
vorbringen läßt, und den Umstand, daß sich das Pest=
gift vorzüglich an drei Stellen des Leibes, unter
den Achseln, in den Weichen und hinter den Ohren
äusert, daraus erklärt, daß es dreierlei Schwefel,
Spiesglanzschwefel, Arsenikschwefel und Markasit=
schwefel gebe y); wenn er vom vorschlagenden Salze
Durch=

p) a. e. a. O. II. S. 657.

q) Paramir. II, S. 26, 30.

r) Grosse Wundarzney. II. S. 68. 89.

s) Von den drey ersten Essenzen. S. 324.

t) Fragment. medic. S. 134.

u) De peste. B. I. K. 5. S. 365.

x) Unterricht vom Aderlassen. S. 712.

y) De peste cum additionibus. S. 371.

Durchfälle, Wassersucht und andere Krankheiten, die man sonst der Erschlaffung zuschreibt [z]), zum Theil, vornemlich wenn es sich in Luftgestalt entbindet, selbst die Entstehung seines Tartarus [a]), ableitet, und durch übermäsiges Essen, wodurch die Theile geil werden, und zu viele Feuchtigkeit annehmen, sich von den andern Stoffen scheiden läst [b]); wenn er sich endlich vom Quecksilber einbildet, es werde auch im lebendigen Leibe durch die Hize aufgetrieben, distillirt, oder gefällt, errege im erstern Falle Schwermuth, Lähmungen [c]), auch wohl einen schnellen Tod, im zweiten Wahnsinn, im dritten Gicht [d]).

Das meiste Aufsehen unter seinen chemischen Lehren, welche er der Pathologie aufdrang, machte seine Meinung vom Tartarus, wenn gleich, wie Hr. Pr. Sprengel [e]), sehr richtig bemerkt, den wahren und vernünftigen Theil derselbigen schon Galen und seine Schule unter dem Namen der schwarzen Galle kannten, und spätere Aerzte mit dem Namen infarctus bezeichneten; aus diesem Tartarus, den er, weil er wie höllisches Feuer brennt, und sehr schwere Zufälle erregt, mit diesem Namen bezeichnet hat, leitet er alle die Krankheiten, welche von Verdickung der Säfte, von Steifigkeit der vesten Theile, oder von Ansammlung erdichten Stoffs kommen, leitet er namentlich die meisten Krankheiten der Leber [f]), Gicht und die sogenannte

z) Von den drey ersten Essenzen. S. 324.
a) Fragment. medic. S. 134.
b) Paramic. II. S. 45.
c) Fragment. medic. S. 134.
d) Paramic. II. S. 44. 45.
e) a. a. O. III. S. 380.
f) Von tartarischen Krankheiten. S. 299.

nannte Steine, die man faſt in allen Theilen des Leibes
gefunden hat, ab; er erzeuge ſich ſehr oft aus Schleim [g])
und falle eben ſo, wie der Weinſtein aus Wein, aus
Flüſſigkeiten im thieriſchen Leibe nieder, ſeie immer ein
Auswurfsſtoff, der oft durch zu heftige Verdauung,
und bei unordentlicher, zu ſchwacher oder zu heftiger
Thätigkeit des Archeus in jedem Theil des Leibes entſte-
hen könne, und dann immer beſondere Zufälle errege,
die ſich auf die Verrichtungen dieſes Theils beziehen [h]);
vornemlich lege er ſich denn in den innern Theilen an,
wenn der Archeus zu ſtark und unordentlich wirke, und
den Nahrungsſtoff zu kräftig abſondere [i]); denn trete
der Salzgeiſt, der jedoch ſelten rein und unvermiſcht,
ſondern gewöhnlich mit Alaun, Vitriol oder Kochſalz
vermiſcht ſeie, und durch dieſe Beimiſchung auch Aenderung in die tartariſche Krankheiten bringe [k]), hinzu,
bringe den erdigen Stoff, der immer, doch oft nur,
ohne geronnen zu ſein (in prima materia), zugegen ſeie,
zum Gerinnen; ſo (in prima materia) könne der Tartarus von Eltern auf Kinder übergehen; dieſes geſchehe
aber nicht, wenn er ſchon völlig zu Gicht, Nierenſtein
oder Verſtopfung ausgebildet ſeie [l]); ändere ſich die
Influenz oder vermehre ſich durch gewiſſe Nahrungsmittel der tartariſche Stoff [m]), ſo errege er ſchlimme
Zufälle, insbeſondere ſehr heftige Schmerzen, auch
wohl, wenn der Salzgeiſt zu ätzend werde, und der

da-

g) a. e. a. O. S. 284.

h) Paramir. III. S. 56 ꝛc.

i) Von tartariſchen Krankheiten. S. 302.

k) a. e. a. O.

l) a. e. a. O.

m) a. e. a. O. S. 315.

dadurch geronnene Weinſtein zu ſtark reize, den Tod n); aus dem bloſen Anſehen des Harns laſſe er ſich nicht erkennen, ob er gleich in allen Bodenſäzen (Alcola), der hypoſtaſi, die ſich auf den Magen, der divulſione, die ſich auf die Leber, und dem ſedimen, das ſich auf die Nieren beziehe, hervorſteche °), ſondern darzu ſeie chemiſche Zerlegung des Harns nöthig P).

Daß Paracelſus auch ein fruchtbarer Schriftſteller geweſen, erhellt ſchon aus den voranſtehenden gröſtentheils aus ſeinen eigenen Werken beigebrachten Zeugniſſen; zwar gehören bei weitem nicht alle, vollends wenn man blos nach der Aufſchrift urtheilt, zunächſt in das Gebiet der Chemie, aber bei einem Manne, der die Gabe, auch zwiſchen den unähnlichſt ſcheinenden Dingen und Wiſſenſchaften einen Vereinigungspunct zu finden, in ſo hohem Grade beſas, kann es kaum fehlen, daß nicht alle Schriften den gleichen Geiſt athmen, in allen auf die Wiſſenſchaft, von welcher ſeine Seele voll war, auf welche er am Ende alles zurückführt, vorzüglicher Bedacht genommen ſein ſollte; daß er ſich in ſeinen Schriften oft widerholt, auch wohl widerſpricht, wird man mit ſeiner Gemüths- und Lebensart, mit der Art, wie er jene abfaſte q), leicht zuſammenreimen können. Nur die wenigſten r)
ſeiner

n) a. e. a. O. S. 306.

o) Von Urtheil des Harns. S. 747. 750.

p) Von tartariſchen Krankheiten. S. 304.

q) Er ſoll nemlich die meiſten, wenn er Nachts, meiſtens betrunken, nach Hauſe kam, ſeinen Schülern in die Feder geſagt haben. Oporin a. a. O.

r) ſo ſagt Morhof Polyhiſt. B. I. B. I. K. 10. §. 26. S. 100. wenn er a. e. a. O. B. II. B. I. K. XVI. §. 16. ſagt, ſeine Werke ſein alle erſt nach ſeinem Tode her-

ſeiner Schriften hat er ſelbſt herausgegeben, vielmehr
ſind die meiſten erſt nach ſeinem Tode durch ſeine Schüler zum Druck befördert worden, welche dann hier und
da von einander abwichen, änderten, abkürzten, auch
wohl von dem Ihrigen zuſezten, und ſo die Menge der
Widerſprüche in denſelbigen noch vermehren halfen ˢ);
ihre Anzahl berechnet Valentinus de Retiis auf
364 ᵗ); ſie ſind zuſammen ᵘ), in's lateiniſche ˣ),
italiäniſche ʸ), franzöſiſche ᶻ) und griechiſche ᵃ)
überſezt herausgekommen.   In der Ueberzeugung,
                                                        daß

herausgekommen, ſo widerſpricht er ſich nicht nur ſelbſt,
ſondern auch, da er der groſſen Wundarzney erſtes, zweites und drittes Buch 1536 zu Ulm noch ſelbſt ausgegeben, und dem Kaiſer Ferdinand, 1538 ſeine Chronica des
Landes Kärnten den kärnthniſchen Landſtänden, und
(wahrſcheinlich) 1539 ſeine Bücher de natura rerum ſeinem Freund Winkelſteiner zugeeignet hat, (ſ. Börhaave Elem. chem. B. I. S. 24. 25.) andern öffentlichen Zeugniſſen.

s) darüber klagt er ſelbſt Vorrede der Bücher Bertheoneae.
    S. 335.

t) in einer kleinen lateiniſchen Zuſchrift an den Leſer, welche
    meiner Ausgabe von den Archidoxis durch M. Toxites
    beygefügt iſt.

u) in 10 Theilen nebſt Anhang von Joh. Huſer geſamm-
    let und herausgegeben. Baſel. 4. 1589-1591. von neuem
    überſehen, vermehrt und in III Tomos gebracht. Straßb.
    fol. 1605. und wieder 1613. und 1616-1618. Frankfurt.
    Th. I-X. 1603.

x) Opera omnia medico-chemico-chirurgica. Vol. III.
    comprehenſa (cura Fr. Pitiſci) Genev. 1658. fol. alia
    edit. Baſil. 1575. 8. Vol. I-XI. et Francof. 4. T. I-
    XII. 1603.

y) von Cyperinus Flaënus. bei M. Adam a. a. O. S. 31.

z) von ebendemſelbigen ſ. a. e. a. O.

a) von Bebeus Ramdius. bei M. Adam a. e. a. O.
    S. 31. 32.

daß das Lesen und Verstehen seiner Schriften
Schwürigkeiten finden dürfte, soll Paracelsus
selbst einen Clavis et manuductio in proprios libros b)
in der Handschrift hinterlassen haben; in der gleichen,
allerdings weit besser erreichten Absicht, die Schriften
ihres Lehrers lesbarer und verständiger zu machen, ha=
ben zween seiner getreuesten Schüler, Michaël Tori=
tes, Stadtarzt zu Hagenau, und Gerhard Dorn,
Arzt zu Frankfurt am Mayn, jener ein Onomasticum
medicum et explicationem verborum Paracelsi c), die=
ser ein Dictionarium Theophrasti Paracelsi d) herausge=
geben; beide haben sich überhaupt um die Verbreitung
der paracelsischen Schriften und Lehren sehr verdient ge=
macht; lezterer auch einige Werke in das lateinische
übersezt e), kurze Abrisse der paracelsischen Weisheit f)
                                                    zum

b) den J. Rhenanus seinem Aureus tractatus Latine
   datus, Solis e puteo energentis five differtat. chimico-
   technic. Francof. 1613. und 1623. 4. drittem Buche ein=
   verleibt hat.

c) Argent. 1574. 8.

d) Francof. 1583. 8. und 1584. 4.

e) Opera nonnulla ex Germ. in lat. translat. opera Dornei Basil. 8. Th. I. II. 1570.

f) dahin rechne ich zwei 1581 zu Frankfurt am Mayn her=
   ausgekommene Werke: Fasciculus Paracelsicae medicinae
   veteris et novae, per flosculos chymicos, tanquam in
   compendiosum promptuarium collectus, in quo de Vita,
   Morte et Resuscitatione rerum, de tuenda conservanda
   sanitate, nec non expellendo morbo per instaurationem
   virium naturalium, de praeparationibus medicamentorum, in usum applicationibus ad quoscunque morbos,
   cum internos tum externos. Item de generatione ho-
   munculi pygmei, ex dampa nutrimenti sanguinis cum
   dictionario obscurorum Theophrasti vocabulorum 4.
   und Congeries Paracelsicae Chemiae de transmuta-
                                                    tatio-

zum Drucke befördert, und Erläuterungen über einzelne Schriften ſeines Lehrers ᵍ) herausgegeben: die
Schriften von Paracelſus ſelbſt, ſo weit ſie in
Chemie einſchlagen, ſind folgende: 1) Archidoxa ʰ);
2) Vom langen Leben ⁱ); 3) de tinctura phyſicorum ᵏ);
4) Te-

tationibus metallorum ex omnibus, quae de his ab
ipſo ſcripta reperire licuit hactenus. Accedit Paracelſi genealogia mineralium atque metallorum omnium.   Eben ſo iſt 1568 Philoſophiae et medicinae
utriusque compendium ex optimis Paracelſi libris, et
Ejusd. de vita longa L. IV. pleni myſteriorum, parabo-
larum, aenigmatum cum Scholiis Leonis Suavii zu Baſel.
8. herausgekommen, die im gleichen Jahre zu Frankfurt
am Main iterum curavit et aliqua adjecit. Jac.
Gohory. 8.

g) G. *Dornei* in Theophraſti Paracelſi Auroram Philoſophorum, Theſaurum, et mineralem oeconomiam, Commentaria, cum quibusdam argumentis. Francof. 1584. 8.

h) X Bücher. Baſel. 1570. 4. Archidoxorum Theophra-
ſticor. B. I. de renovatione et inſtauratione, de vita
longa. Cölln. 1570. 4. und XII. Bücher Archidoxorum
durch J. A. Wimpinäum. München. 1570. 8. B. X.
ſ. de ſecretis naturae myſteriis. cum tr. de tinctura phyſica per *Dornaeum*. Colon. 1570. mit allem Fleiß über
alle andere Exemplar corrigiert, ergänzt, und mit neuen
annotationibus erklärt (von M. Toxites) zugleich
mit I) De tinctura phyſicorum. II) Teſaurus teſaurorum.
III) Manuale. IV) Occulta philoſophia. Straßburg.
1574. 8. Archidoxa. Baſel. 1573. 1575. 1579. 8. ins
lateiniſche überſezt. ebend. 1592. 8. und ſchon 1569. 4.
zu Krakau von Ad. Schröter, abgedrukt in der Huſeriſchen Ausgabe der Paracelſiſchen Schriften (doch ohne
das X. Buch vom langen Leben) B. I. Tractätlein zu
den Archidoxis gehörig, der III. Theil die Medicin zu
adminiſtriren, der IVte, wie man den Thieren das Gift
nimmt. München. 1579. 4.

i) ohne Anzeige des Jahrs Baſil. 8. L. IV. cum commentario G. *Dornaei*. Francof. 8. 1560. recognit. ab Ad.
r.

4) Teſaurus (theſaurus) teſaurörum alchemiſtarum [l]);
5) Manuale [m]); 6) de occulta philoſophia [n]); 7) Von
natürlichen Dingen [o]); 8) de ſecretis naturae myſteriis [p]); 9) Aurora philoſophorum [q]); 10) Caelum
philo-

z, Bodenſtein 1579. L. V. cum commendatoria
Valentii de *Rhaetiis* et a *Bodenſtein* epiſtol. Baſil. 8.
1568 und 1583, teutſch herausgegeben von J. Startz.
Magdeb. 1624. 4. abgedrukt in der Baſeler Ausgabe
ſeiner Werke von 1575, und teutſch in der Huſeriſchen
B. I. auch teutſch als X. Buch in mehreren Ausgaben
von den Archidoxis, und als Anhang in: Lapis vegetabilis oder höchſte Arzney aus dem Wein und andern Erdgewächſen. Straßb. 1681. 8.

k) in der lateiniſchen Baſeliſchen Ausgabe von 1575, auch in
der genfiſchen und frankfurtiſchen und in der Huſeriſchen B. I. auch als Anhang in den von M. Toxites
und Dorn beſorgten Ausgaben der Archidox.

l) in allen Ausgaben ſeiner ſämtlichen Werke, auch als Anhang der von M. Toxites beſorgten Ausgabe der Archid.

m) in der frankfurtiſchen und genfiſchen Ausgabe ſeiner Werke, auch in der Huſeriſchen B. IV. und als Anhang
in der von M. Toxites beſorgten Ausgabe der Archid.
auch bei den Eingeweyhten nicht im beſten Geruche ſ. Fegefeuer der Scheidekunſt. S. 70.

n) mehr kabaliſtiſch und theoſophiſch, als chemiſch, 1686.
12. in der Huſeriſchen Ausgabe ſeiner Werke, auch als
Anhang in der von M. Toxites beſorgten Ausgabe ſeiner Archidox.

o) Etliche Tractat. I. von natürlichen Dingen. II. Beſchreibung etlicher Kreuter. III. von Metallen. IV. von Mineralien. V. von Edlen Geſteinen (durch M. Toxites).
Straßburg. 8. 1568. 1570. 1582. 1587. 1597.

p) Baſil. 1585. 8. Sollten ſie nicht mit den Archidoxis einerlei ſein?

q) acced. G. *Dornaei* monarchia phyſica. Baſil. 8. 1575.
1577, auch bei den Eingeweihten nicht im beſten Rufe.
Fegefeuer der Scheidekunſt. S. 70.

philoſophorum ſ. liber vexationum ʳ)); 11) Pyrophilia
vexationumque liber ˢ); 12) De metallorum transmutationibus et caementis ᵗ); 13) De gradationibus ᵘ);
14) De projectionibus ˣ); 15) Ratio extrahendi ex
omnibus metallis mercurium ʸ); 16) Sulphur metallorum ᶻ); 17) Crocus metallorum ſ. tinctura ᵃ); 18) De
praeparationibus mineralium et metallorum ᵇ); 19) de
ſpiritu planetarum ᶜ); 20) Epiſt. in qua totius philoſophiae adeptae methodus oſtenditur ᵈ); 21) De
mercuriis metallorum ᵉ); 22) De rerum transmuta-
tioni-

r) in der genfiſchen und frankfurtiſchen Ausgabe, auch in
der Huſeriſchen B. I.

s) latinit. donata a G. *Dorn.* acced. contracturae origines
et cauſſae Quatuor morborum capitalium, podagrae,
epilepſiae, paralyſis et hydropis curae. Baſil. 1580. 8.
cum tractatu metallorum. Baſil. 1568. 8.

t) in den Ausgaben ſeiner ſämtlichen Werke; in übelem
Rufe bei den Kunſtgenoſſen. Fegefeuer der Scheidekunſt.
S. 70.

u) eben ſo übel berüchtigt; abgedruckt in der genfiſchen Ausgabe ſeiner Werke.

x) in der genfiſchen und frankfurtiſchen Ausgabe ſämtlicher
Werke.

y) in den Ausgaben ſeiner ſämtlichen Werke.

z) eben ſo.

a) eben ſo.

b) in der frankfurtiſchen 4 Ausgabe ſeiner Werke; auch
durch Ad. v. Bodenſten 1569. 8.

c) zu Baſel, zugleich mit den Schriften de tinctura phyſica, zodiaci ſignis, et Chirurgia minore. 1571. 4. und
mit der Schrift de occulta philoſophia. 1574. 8.

d) Baſil. 8.

e) auch zugleich mit der Schrift de quintis eſſentiis. Colon.
et Baſil. 1582. 8. ſollte ſie wohl verſchieden ſein von y?

tionibus [f]); 23) De summis naturae mysteriis [g]); 24) De meteoris, metrice, principiis, et astrologia [h]); 25) De secretis creationis [i]); 26) De natura rerum et hominis [k]); 27) De mysteriis microcosmi [l]); 28) De quinta essentia [m]); 29) De arcanis [n]); 30) De magisteriis [o]); 31) De elixiriis [p]); 32) De praeparatione spiritus vitrioli [q]); 33) De coralliis [r]); 34) De viribus magnetis [s]); 35) De specificis [t]); 36) De sale [u]); 37) De vitriolis [x]); 38) De arsenico [y]); 39) De sulphure

f) in der frankfurtischen Quartausgabe seiner sämtlichen Werke.

g) Comment. 3. Basil. 1584. 8. L. III. per G. *Dornaeum* latine reddit. Basil. 1570. 8.

h) Colon. 1570. 8.

i) Argent. 1575. 8.

k) Basil. 1573. 8.

l) Basil. 1570. 4. machen eigentlich das erste Buch der Archid. aus.

m) in den Ausgaben seiner sämtlichen Schriften, auch in den Archidox.

n) eben so.

o) eben so.

p) eben so.

q) in mehreren Ausgaben seiner sämtlichen Schriften.

r) eben so; auch in etlichen Tract. I. von natürlichen Dingen.

s) eben so.

t) in mehreren Ausgaben seiner sämtlichen Schriften; auch in Archidox.

u) in mehreren Ausgaben seiner sämtlichen Schriften; auch in etl. Tractat.

x) eben so.

y) eben so.

phure z) ; 40) De feparatione elementorum a) ; 41) Dé
renovatione b) ; 42) De rerum refufcitatione c) ;
43) De mineralibus d) ; 44) Anatomia viva Paracelfi e) ; 45) Praeparation. L. II. f) ; 46) De reftituta
medicinae vera praxi g) ; 47) De thermis h) ; 48) Experimenta i) ; 49) Philofophiae magnae tractatus aliquot k) ; 50) CXIV. Experimente und bewährte Stück
der Arzney l) ; 51) Geheimniß aller Geheimniſſe, nebſt
einem Anhang vieler unglaublich raren Curioſitäten m) ;
52) Chymiſcher Pſalter n) ; 53) Natürliches Zauber:
                                                    ma-

z) eben ſo.

a) in den Ausgaben ſeiner geſamten Schriften, auch in
   Archidoxis.

b) eben ſo.

c) eben ſo.

d) in den Ausgaben ſeiner ſämtlichen Schriften, auch in
   etlichen Tractaten.

e) Baſil. 1577. 8. auch mit Aurora und Monarchia phyſica.

f) cura Ad. a Bodenſtein. Baſil. 1561. 8. auch in der
   Huſeriſchen Ausgabe. I. 1616. S. 862.

g) cura *Dorn.* Lugd. 1578. 8.

h) Colon. 1570. 8. auch im erſten Bande der Huſeriſchen
   Ausgabe ſeiner Schriften. S. 1109. Baderbüchlein oder
   6 köſtliche Tractate von Waſſerbädern mit Fleis und Mühe durch Adam von Bodenſtein zuſammengebracht und
   publicirt. Mühlhauſen. 4. 1562.

i) mit Rouillac und Iſaak de opere vegetabili von
   Penot. 1582. 8. Curationes experimentaque. Genev.
   1582. 12.

k) Köln. 1567. 4. latin. donata a *Dornaeo.* Baſil. 8.

l) herausgegeben von J. Walch. Straßb. 1606. 8.

m) untergeſchoben; Frankfurt und Leipzig. 8. 1686. 1716.
   1750. 1771.

n) Berlin. 1771. 8. zuſammengeſtoppelt aus ſeinen Schriften.

magazin, enthaltend allerley geheime und nützliche Künste °); 54) Paragraphorum L. XIV. ᵖ); 55) Philosophiae magnae Collectanea �q); 56) Beschreibung des Bades Pfeffer in der Oberschweiz ʳ); 57) Wünsch-hütlein ˢ); 58) Testamentum Paracelsi ᵗ); 59) Chronica des Landes Kärnten ᵘ); 60) Methodus pharmacandi ˣ); 61) De natura rerum L. IX. ʸ); 62) Philosophia ad Athenienses L. III. ᶻ); 63) De Philosophia de generatione et fructibus elementorum. L. IV. ᵃ); 64) De meteoris L. I. II. III. et alia ᵇ); 65) De generatione

o) Frankfurt. 1771. 8. untergeschoben.

p) Argent. 1575. 8. XIII. Basil. 1571. 4. auch XIII. Bücher Paragraphorum oder Kur vieler bisher für unheilbar gehaltener Krankheiten. Basel. 1586. 8. auch im ersten Bande der Huserischen Ausgabe seiner Schriften. S 4=1 2c.

q) per *Dorneum*. Colon. 1569. 8. Vielleicht einerley mit 49.

r) Basel. 1571. 8. und 1576. 4. auch im ersten Bande der Huserischen Ausgabe seiner Werke. S. 1116.

s) Erfurt. 1738. 8. Untergeschoben.

t) herausgegeben durch M. Toxites. Straßburg. 1574. 8.

u) in der Huserischen Ausgabe seiner Schriften. B. I.

x) was ein Arzt am Menschen zu curiren hat Straßburg. 1578. 4. auch in der Huserischen Ausgabe seiner gesamten Schriften. B. I. S. 769 2c.

y) in der Huserischen Ausgabe seiner Werke. B. I. auch L. VII. cum L. II. de natura hominis. Basil 1573. 8.

z) im zweiten Bande der Huserischen Ausgabe seiner Werke, auch mit drei Büchern von Ursachen und Cur der Epilepsie, vom Ursprung und Heilung der contracten Gliedern. Cölln. 1564. 8.

a) in der Huserischen Ausgabe seiner Werke. B. II.

b) ebendaselbst.

tione metallorum et mineralium ᶜ); 66) De aquis naturalibus ᵈ); 67) De diverſis operibus et ſecretis naturae ᵉ); 68) Philoſophia ſagax ſ. Aſtronomia magna ᶠ);
69) Vom Vitriol und Erdharz ᵍ); 70) Schreiben de
tribus principiis 1. vexationum ʰ); 71) De gradibus, de
compoſitionibus et doſibus, Recepten und natürlicher
Dinge ¹); 72) De praeparatione quorundam oleorum ᵏ); 73) De vini materia ¹); 74) Declaration zu
bereiten Hellebori ſamt ein Caput von Perforata ᵐ);
75) Etliche Arzneybüchlein nemlich von Terebinthen
und beyderley, Helleborus, vom Franzoſenholz ꝛc. ⁿ);
76) Holzbüchlein vom Nuz und Gebrauch des Franzo-
ſenholzes ᵒ); 77) De phyſiognomia morborum, terebinthina et utroque helleboro, morbo caduco, matri-
cis peſte, ligno guajaco, explicatio aliquot aphoris-
mo-

c) ebendaſelbſt.

d) ebendaſelbſt.

e) ebendaſelbſt.

f) L. IV. ebendaſelbſt; auch philoſophiae ſagacis von der
    groſſen und kleinen Welt II. Bücher. Frankfurt.
    1576. 4.

g) Baſel. 1567. 4. traduit per J. *Boiron.* à Lyon.
    1581. 8.

h) durch Ad. v. Bodenſtein. 1574. fol.

i) Mülhauſen 1562. 4. Baſil. 8. 1562. und Acced. XVII.
    capit. de anatomia per Ad. a *Bodenſteén* 1563. auch mit
    zween unterſchiedenen tractätlein. Straßburg. 1608. in
    dem erſten Bande der Huſeriſchen Ausgabe ſeiner Wer-
    ke; S. 951 ꝛc. teutſch mit l. de pulſibus. Nürnberg.
    1608. 8.

k) in den Ausgaben ſeiner geſamten Werke.

l) ebendaſelbſt; in der Huſeriſchen. B. I. S. 1102.

m) durch Ad. v. Bodenſtein publicirt. 1568. 8.

n) Cölln. 1567. 4.

o) 1564. 8.

morum Hippocratis ᵖ); 78) De natura hominis ᑫ);
79) De generatione hominis ʳ); 80) Analyſis urinae ˢ); 81) Vom Harn= und Pulsurtheil und der Phy=
ſiognomie ᵗ); 82) Von der Bergſucht ᵘ); 83) Bücher
und Schriften, welche handeln von Ursprung, Ursach
und Heilung der Krankheiten ˣ); 84) Zwei Bücher
von den Ursachen der Krankheiten und von unsichtba=
ren Krankheiten ʸ); 85) Paramirum ᶻ); 86) Paragra=
num ᵃ); 87) Fragmenta medica ᵇ); 88) De primis
tribus eſſentiis ᶜ); 89) Vom Tartaro, vom Ursprung,
Ursach und Heilung des Steins ᵈ); 90) De morbis ex
tar-

p) Cölln. 1567. 4.

q) Baſil. 8. 1568. und 1573.

r) in den Ausgaben ſämtlicher Werke, auch mit maſſa corporis humanis, secretis creatioiis. Baſil. 1576 8.

s) in der Huſeriſchen Ausgabe ſeiner Schriften B. IV.

t) Cölln. 1568. 4. de urinarum et pulſuum judiciis. 4.
Colon. 1568. et Argent. Straßburg 1608. 8. und in
der Huſeriſchen Ausgabe ſeiner Schriften. B. I. S. 705 ꝛc.
auch mit zween unterſchiedenen tractaten.

u) drei Bücher. Dillingen. 1567. 4. auch in der Huſe=
riſchen Ausgabe ſeiner geſamten Schriften. B. I.

x) Th. I – V. Frankf. am Main. 1603. 4.

y) Köllu. 1566. 4.

z) das Buch durch Ad. v. Bodenſtein. 1562. fol. 1570.
8. mit einer Schrift de medica induſtria, von der Aerzte
Geſchicklichkeit. 1575. 8. Paramirum I – V. in der Hu=
ſeriſchen Ausgabe ſeiner ſämtlichen Schriften. B. I.
S. 1 ꝛc.

a) L. I - III. und noch eines, das aus den andern in's kurze
gezogen iſt, in der Huſeriſchen Ausgabe ſeiner ſämtli=
chen Schriften. B. I. S. 197 ꝛc.

b) ebendaſelbſt. B. I. S. 131 ꝛc.

c) ebendaſelbſt. B. I. S. 323.

d) ebendaſelbſt, beiſammen, und hin und wieder zerſtreut;

Q 3   B.

tartaro oriundis e); 91) Drei Bücher I. eine Verantwortung über die Verunglimpfung ſeiner Misgönner
II. vom Eingange der Aerzte, III. vom Urſprung der
tartariſchen Krankheiten, Stein, Gries ꝛc. f); 92) Etliche Tractate vom Podagra, Schlag, fallender Sucht,
Taubſucht, Unſinnigkeit, Colik, Schwindel ꝛc. g);
93) Libelli medici h); 94) Schreiben von den Krankheiten, ſo der Vernunft berauben i); 95) Drei nützliche Bücher von der franzöſiſchen Krankheit k); 96)
Schreiben von den Franzoſen in 130 Büchern, Irrthum der Aerzte ꝛc. l); 97) Tractat von der Peſtilenz m);
98) Von der Peſt an die Stadt Sterzing n); 99) Etliche

B. I. S. 282. 392. 476. einzeln Colon. 1575. 8. B. V.
de cauſis, ſignis et curationibus morborum ex tartaro
utiliſſimo, edit. opera et induſtria Ad. v. Bodenſtein.
Baſil. 1563. 8. auch de tartaro. L. VII. op. Ad. a Bodenſtein. Baſil. 1570. 8.

e) in der Huſeriſchen Ausgabe ſeiner Schriften. B. I.
S. 392. 476. auch paragraph. Buch VI.

f) Cölln. 1564. 4.

g) Cölln. 1564. 4.

h) Colon. 1567. 4.

i) durch Ad. v. Bodenſtein. 1567. 4.

k) 8. Nürnberg. 1552. Strasburg. 1565. Baſel. 1578.

l) Baſel. 1577. 8. ſ. auch von dieſer Krankheit der Huſe-
riſchen Ausgabe ſeiner ſämtlichen Schriften. B. III. und
IV. wo an mehreren Stellen davon die Rede iſt, auch
Chirurg. magn. P. I. L. I. tr. 3. P. II. L. I – III. und
P. III. L. I.

m) Salzburg. 1554. 4. ſ. auch der Huſeriſchen Ausgabe
ſämtlicher Schriften. B. I. de peſtilitio. S. 326. de
peſte. S. 361. Vom Urſprung der Peſtilenz, herausgegeben durch Scultet. Baſel. 1575. 8.

n) Strasburg. 1576. 8. cum commentar. Joh. Korn-
thauer.

liche Consilia [o]); 100) Spittalbuch [p]); 102) Chirurgische Bücher und Schriften [q]); 103) Wund- und Leibarzney [r]); 104) Drey andere Bücher der Wundarzney [s]); 105) Drey Bücher von Wunden und Schäden samt ihren Zufällen und Cur [t]); 106) Drey Bücher von Wunden und Schäden [u]); 107) Grose Wundarzney [x]); 108) Kleine Wundarzney [y]); 109) Ad. v. Bo-

thauer. 4. Oppenheim. 1613. Frankfurt. 1622. und 1640. auch abgedr. in der Huserischen Ausgabe seiner Schriften. B. I. S. 356.

o) durch M. Toxites. Strasburg. 1615. 8. s. dergleichen auch in der Huserischen Ausgabe seiner Schriften. B. I.

p) in der Huserischen Ausgabe seiner sämtlichen Schriften. B. I.

q) Th. IV. samt einem appendice von J. Huser. Strasb. 1605. fol. auch im dritten Bande seiner sämtlichen Schriften. Von der Wundarzney. B. I – IV. Basel. 1571. 8.

r) Frankfurt. 8. 1549. und 1561.

s) Strasburg. 1549. 8.

t) mit einer Vorrede von Ad. v. Bodenstein. Frankf. 1563. 4.

u) 8. Frankfurt. 1549. und 1563. Strasburg. 1577.

x) Erstes, zweites und drittes Buch. Ulm. 1536. fol. Augsburg. 1537. Frankfurt. 1562. 4. und in Chirurgiae magnae Erster und zweiter Theil. Basel. 1586. fol. latinit. donat. a *Dorneo*. Basil. 8.

y) durch Andr. Figulum. 8. Strasburg. 1608. und mit einem Theil der grosen Wundarzney, und der Schrift vom langen Leben. Basel. 1579. und 1673. lateinisch: Chirurgia minor s. Berthonia. Basil. 1571. und ex versione G. *Dornei*. Argent. 1573. fol. Basil. 8. französisch: La petite chirurgie, dite la Berthonie, avec le tr. sur les apostemes, vices, taches de naissance etc. à Paris. 1623. 8.

Bodenstein neue und vollkommene grosse Wundarz=
ney aus Paracelsi Schriften zusammengetragen ᶻ);
oder Opus chirurgicum oder Wundarzney, wahrhafte
und vollkommene Wundarzney, durch Ad. v. Boden=
stein ᵃ), worinn die kleine Wundarzney den dritten
Theil ausmacht; 110) Chirurgia vulverum cum recentiorum tum veterum ᵇ); 111) Von der Oefnung
der Haut und ihrer natürlichen Verlezung, zwey Bü=
cher ᶜ); 112) Von den offenen Schäden und Geschwü=
ren ᵈ); 113) L. de terebinthina, de melle, de xylaloës,
s. guajaci praeparatione, de mumiae praeparatione et
usu ᵉ); 114) Auszug aus seinem Buch Mumia ᶠ);
115) Neun Bücher von den Heimlichkeiten der Na=
tur ᵍ); 116) Paramirum, in quo physices et chirurgiae origines traduntur ʰ); 117) De vi et efficacia mercuriorum ⁱ); 118) Labyrinthus medicorum errantium,
una cum dialogo, in quo philosophus medicastrum
quendam super erroribus in medendo commissis coram
prae-

z) Frankfurt. 1549. 4.

a) fol. Frankfurt. 1565. Strasburg. 1566. und 1594. Ba=
    sel. 1581. und 1585. lateinisch übersezt: Chirurgia ma-
    gna, vertente *Josquino Dalhemio.* Argentor. 1573. fol.
    französisch: Grande chirurgie traduite d'après J. *Dalhem*
    par *Claude Dariot.* Lyon. 4. 1593. und 1603. Mont-
    beillard. 1608. 8. u. par Pierr. *Hazard.* Anvers. 1567. 8.

b) Basil. 8.

c) Strasburg. 8. 1570. und 1577.

d) Basel. 1577. 8.

e) in der Huserischen Ausgabe seiner Schriften. B. I.

f) in J. E. Burggraf's Biolychnium. Frankfurt.
    1629. 8.

g) Basel. 1570. 4.

h) Basel. 1570. 8.

i) in der Huserischen Ausgabe seiner Schriften. B. I.

praetore accuſat ᵏ);   119) Septem defenſiones adverſus aemulos ˡ); 120) Invectiva in medicos academiae regiae ᵐ); 121) De origine morborum ex mercurio, ſale et ſulphure ⁿ); 122) Metamorphoſis °).

Einem Mann, der durch den Beifall des groſen Haufens den Neid mancher von ſeinen Zunftgenoſſen rege machte, ſich durch die pöbelhafte Art, in welcher er mit den Gelehrten ſeiner Zeit ſprach, und noch mehr durch die Angriffe auf manche ihrer Lieblingslehren, welche dieſen den Untergang drohten, den gerechten Unwillen der Aerzte und Naturforſcher, die mit ihm lebten, zuzog, und in ſeinem Leben, ſo wie in ſeinen Lehren, ſo manche Blöſe gab, konnte es, wie auch das, was bisher von ihm geſagt iſt, offenbar zeigt, unmöglich an Gegnern, ſelbſt nicht an heftigen, und glücklichen Gegnern fehlen: Derer nicht zu gedenken, die ſich meiſt damit begnügten, ſein unordentliches und unſtetes Leben öffentlich zur Schau zu ſtellen, und ſeine Sittlichkeit und Gottesfurcht verdächtig zu machen ᵖ), oder

k) eben daſelbſt, B. I. S. 255. auch Norimb. 1553. 4. recogn. notisque illuſtr. Hanov. 1594. 8. und teutſch: Labyrinth der Arzney mit ſieben Schirmreden. Baſel. 1574. 8.

l) in der Huſeriſchen Ausgabe ſeiner Werke. B. I. S. 252-255. und mit der Schrift de morbis tartareis. Colon. 1573. 8.

m) cum morbis internis, l. de vermibus. 8.

n) in der Huſeriſchen Ausgabe ſeiner Schriften. B. I.

o) durch Ad. v. Bodenſtein. Baſel. 8. 1574. und 1584.

p) ſ. z. B. D. Barth. Reußner gründliche Erklärung und Widerlegung der Gotteslästerungen, welche Paracelſus in drey Büchern hervorgebracht. Görliz. 1560. 8. und Barth. Hübner de veris immotisque funda-
men-

oder gegen seine Neuerungen in andern Wissenschaften, welche sich nicht auf Chemie beziehen, kämpfen, ist ihre Zahl doch immer beträchtlich genug: Sogar unter seinen Schülern, waren Einige q), vornemlich Oporin r), und Vetter s), die gegen ihn sprachen; andere griffen, bald mehr bald weniger leidenschaftlich, bald mit bündigeren bald mit weniger bedeutenden Gründen, seine chemische Lehren, seine alchemische Geschicklichkeit, seine Grundsäze in der Lehre von den Krankheiten, die Vorzüge der von ihm gerühmten chemischen Arzneien und seine ganze Heilart an.

Einer seiner ersten, heftigsten und gelehrtesten Gegner war Thomas Erastus, (ursprünglich Lieber) von Baden in der Schweiz, Lehrer der Arzneikunde, zuerst zu Heidelberg, dann zu Basel t), wie schon zum Theil die Geschichte seines Lebens und seiner Lehren gezeigt hat: Schade, daß er seinen Widersacher nicht sowohl durch eigene Erfahrungen, die er den seinigen entgegen sezte, sondern mehr durch Gründe, die aus der damals gangbaren Philosophie entlehnt waren, und aus den unzälichen Widersprüchen, die sowohl in dessen eigenen Schriften, als den Schriften seiner Schüler vor-

mentis artis medicae et philosophiae, deque impietate, vanitate, portentosis et perniciosis erroribus Paracelsi et sectatorum eius. Erford. 1593. 8.

q) darüber klagte er schon selbst z. B. in seinem Werke von Franzosen. B. II. S. 174. und kleine Wundarzney Vorred.

r) bei Theod. Zwinger a. a. O. B. VIII. S. 1422. B. XV. S. 2275.

s) bei Th. Erastus Disputat. de medicina nova Theophrasti Paracelsi. 4. Basil. Th. I. und II. S. 2.

t) M. Adam a. a. O. S. 242 ꝛc.

vorkommen, zu widerlegen trachtete ᵘ); doch kämpft er
mit richtigen Gründen ˣ) gegen den Schwefel, das
Queckſilber und Salz, als die Urſtoffe aller übrigen,
auch der belebten Körper, und thut ʸ) aus Beiſpielen,
Bekenntniſſen und andern Gründen die Nichtigkeit der
Verwandlung in Gold dar, ſo wie er auch aus deſſen
eigenen Schriften beweiſt, daß er nicht gewuſt habe,
den Stein der Weiſen zu verfertigen, und wie wenig
ſeine Lehre von den chemiſchen Urſachen mancher Krank=
heiten bei genauer Prüfung Stich halte ᶻ), ob gleich
Eraſt ſelbſt ſich darinn vielleicht zu ſehr auf die chemi=
ſche Seite neigte, daß er gegen einen ſeiner Zeitgenoſſen ᵃ)
behauptete, auch bei lebendigem Leibe, und ſogar im na=
türlichſten Zuſtande finde in den thieriſchen Säften Fäu=
lung ᵇ) ſtatt; freilich bezeichnete er mit dieſem Namen
bei=

u) Vornemlich in ſeinen Diſputationibus de medicina nova
   Paracelſi, die zu Baſel 4, der erſte Theil ohne Jahrzahl
   de remediis ſuperſtitioſis et magicis curationibus, die drei
   übrigen Theile mit der Jahrzahl 1572, und zwar II. in
   qua Philoſophiae Paracelſicae principia et elementa exponuntur, III. in qua dilucida et vera medicinae aſſertio,
   et falſae ſ. Paracelſicae confutatio continetur; acc. tr.
   de cauſſa continente, und IV. in qua epilepſiae, ele-
   phantiaſis ſ. leprae, hydropis, podagrae, et colici dolo-
   ris vera curandi ratio demonſtratur, et Paracelſica ſoli-
   diſſime confutatur.

x) a. e. a. O. Th. II.

y) Explicatio quaeſtionis famoſae illius, utrum ex metallis ignobilibus aurum verum et naturale arte conflari
   poſſit. Baſil. 1572. 4. z. B. S. 69. 74. 94.

z) Diſputationes de medicina nova Paracelſi. Th. II.
   und IV.

a) L. Joubert paradox. Lugd. 1566. 8. Dec. II. par. 2.
   S. 231.

b) Diſput. de putredine, in qua natura, differentia et cauſae

beinahe jede Veränderung, welche mit den Säften vorgeht.

Am meiſten eiferte er aber wider die von Para-cel ſ u s und ſeinen Schülern hochgeprieſene Arzneien, und ſeine ganze Heilart; wenn er ihm ſchon zuge-ſteht [c]), daß er bösartige und ſchwer zu heilende Ge-ſchwüre geheilt habe, ſo beruft er ſich doch auf Leute, welche P a r a c e l ſ u s genau kannten, und bezeugen kön-nen, daß alle diejenige, die zu Baſel ſeine Arzneien genommen haben, innerhalb eines Jahres geſtorben ſeien [d]), erzählt auch die Geſchichte eines böhmiſchen Edelmanns von L e i p p a, und einer Frau von Z e r o-t i n, welche in ſehr kurzer Zeit auf dem Gebrauch ſei-ner Mittel, die leztere, nachdem ſie davon an einem Tage zwanzig Anfälle von Fallſucht bekommen hat-te, geſtorben ſind [e]); auch zeigt er, daß P a r a c e l-ſ u s manche Krankheiten zu den unheilbaren gezählt habe, welche dieſen Namen gar nicht allgemein verdie-nen, z. B. Schwindſucht, Fallſucht, Podagra, die er ſelbſt durch ſeine nicht chemiſche Heilart ſchon geho-ben habe [f]); und den Auſſaz, wie er ſelbſt [g]) geſte-he, durch kein irrdiſches Mittel zu heilen wiſſe.

Ein

ſae putredinis ex *Ariſtotele* et rerum evidentia clare ex-ponitur. Acc. diſp. de febribus putridis in qua tria de febribus paradoxa Laur. *Jouberti* excutiuntur. Baſii. 1580. 4.

c). Diſputat. de nova Paracelſi medicina. III. S. 211.

d) a. e. a. O.

e) à. a. O. IV. S. 175.

f) a. a. O. IV.

g) Defenſ. n. 7. "Tales quoque ſunt alii quidam inſuper morbi, non a nativitate inhaerentes, qui ipſi quoque incurabiles ſunt, ut Lepra cum ſuis ſpeciebus. Qui hos
curare

Ein anderer mächtiger Widerſacher von Para=
celſus, der ihn inzwiſchen mehr durch ſeine häufige
Widerſprüche, als durch andere Gründe bekämpft, iſt
Bernhard Deſſenius [h]), der ſich, ob er gleich
zu Amſterdam geboren war, von Kronenburg ſchrieb,
und zu Gröningen, nachher zu Kölln die Arzneikunſt
lehrte und ausübte [i]), ſich auch durch verbeſſerte Be=
reitung einiger Arzneien um den pharmaceutiſchen Theil
der Scheidekunſt verdient machte [k]).

Ein anderer Gelehrter, der ſich mehr der Waffen
einer geſunden Philoſophie [l]) gegen Paracelſus be=
diente, aber auch aus Zeugniſſen ſeine Prahlereien
von glüklich durch ſeine Arzneien geheilter Fallſucht
u. a. dergleichen Krankheiten in ihrer ganzen Blöſe dar=
ſtellt [m]), war Heinrich Smets a Leda, der von
Aloſt in Flandern gebürtig, auch in Sprachen und
Geſchichte bewandert war, und als Lehrer der Arznei=
kunſt zu Heidelberg und churpfälziſcher Leibarzt 1614
ſtarb [n]). Auch Bruno Seidel von Querfurt, Arzt
und ſchöner Geiſt und Lehrer der Weltweisheit zu Er=
furt

curare vult morbos, ne quaerat in natura remedia, ſed
in coelo. Ibi enim haec poteſtas ſita eſt.”

h) Defenſio medicinae veteris et rationalis adverſus *Georgium Phaedronem* et ſectam *Paracelſi*, una cum purgantium medicamentorum uſitatiorum et pilularum in
minori pondere particul. diviſ. Colon· 1573. 4.

i) M. Adam a. a. O. S. 217-219.

k) de compoſitione medicamentorum. Francof. 1555. fol.
Lugd. 1556. 8. Colon. 1573. 4.

l) Miſcellanea medica cum Th. *Eraſto*, H. *Brucaeo*, *Levi-
no Batto*, J. *Weyero*, H. *Weyero* communicata. Francof. 1611. 8. Buch V. und VI.

m) a. e. a. O. Buch XII. S. 678. 686 ꝛc.

n) M. Adam a. a. O. S. 421-426.

furt °) erklärte ſich gegen **P a r a c e l ſ u s** und ſeine
Schule, und eiferte insbeſondere ſehr gegen die Behaup-
tung deſſelbigen, daß er viele für unheilbar gehaltene
Krankheiten geheilt habe P); ſpäterhin geſchah das
gleiche von dem altdorfiſchen Lehrer der Arzneikunde,
Ernſt S o n e r q), und dem baſeliſchen **Eman.**
S t u p a n u s r): Seine Arzneien insbeſondere
machten ſchon **M o n a v i u s** und **Crato von**
K r a f t h e i m verdächtig, auch **Konr. G e ſ n e r** s), und
H. C o n r i n g waren weit entfernt ſie zu billigen; und
Thaddäus ab H a y e k verſichert ſogar, ein Mägdgen,
dem ein Arzt aus der paracelſiſchen Schule, **Phil. F a n-**
c h e l j u s, ein Mittel aus Spiesglanz und Queckſilber
in der Kräze verordnet habe, ſeie am eilften Tage davon
geſtorben t): Auch **A. G r u t i n i** ſtreitet u) mit Macht
gegen die Einführung der paracelſiſchen Weisheit in
die Arzneikunde, und insbeſondere gegen den Gebrauch
der aus Gold bereiteten Arzneien.

Aber am meiſten erhoben ſich gegen dieſe ſogenannte Chemie und vornemlich gegen ihren Misbrauch in
verſchiedenen Zweigen der Arzneikunde die franzöſiſche
Aerzte

o) ebendaſ. S. 235-237.

p) Lib. morborum incurabilium cauſas cum brevitate explicans. 8. Francof. 1593. (auch Leid. 1662.) S. 133.

q) Orat. de Theophraſto Paracelſo eiusque pernicioſa medicina. Norib. 1610. 4.

r) Praecipua pſeudochymiae capita ex Paracelſo. Baſil.
1622. 4.

s) Geſnerianae epiſtolae. edid. *Wolffius.* Tigur. 1577.

t) Actio medica adverſus Philipp. *Fanchelium*, Pſeudo-
Paracelſiſtam ad Proceres Bohemiae. Amberg. 8. 1596.
und 1606.

u) Solus philoſophus ſ. novae medicinae et chemiae compendioſa refutatio. Patav. 1591. 4.

Aerzte J. Riolan von Amiens ˣ), Tüſſan Ducret von Cavaillon ʸ), J. J. Aubert von Vendome ᶻ), Germ. Courtin, Lehrer zu Paris ᵃ), Ant. Penot ᵇ), du Gault ᶜ), J. Dovynet ᵈ) und Georg Bertin aus Champagne ᵉ).

Aber ſeine Schüler und Freunde, vornemlich Huſer, Ad. v. Bodenſtein, G. Dorn, M. Tozites und Valentin Antropaſſus Siloran ᶠ) ver-

x) Comparatio veteris medicinae cum nova. Pariſ. 1605. 12. und ad Libavii maniam reſponſio pro cenſura ſcholae Pariſinae adverſus alchymiam. Pariſ. 1606. 8.

y) de arthritidis vera eſſentia eiusque curandae methodo adverſus Paracelſiſtas. Lyon. 1575. 8.

z) de metallorum ortu et cauſis contra chemiſtas explicatio. Lyon. 1575. 4. et duae apologiae contra reſponſionem J. Quercetani 1) de *Paracelſi* laudano et calcinatis cancrorum oculis. 2) chemiam vanam eſſe oſtendit. Lyon. 1576. 8.

a) Diſp. adverſus *Paracelſi* de tribus principiis, auro potabili totaque pyrotechria portentoſas opiniones. Paris. 1579. 4.

b) Alexipharmacum ad virulentium *Joſephi Quercetani* evomentis in J. J. *Auberti* de ortu et cauſis metallorum contra chymiſtas. Baſil. 1576. 8.

c) Palinodie chimique, où les erreurs de cet art ſont refutées. Paris. 1588. 8.

d) Apologia adverſus multorum, praeſertim *Theophraſti Paracelſi* calumnias de antecedente arthritidis cauſſa, et de legitima huius morbi curatione. Pariſ. 1582. 8.

e) Medicina L. XX. abſoluta, in qua mutuus Graecorum et Arabum conſenſus medicinae adverſus Paracelſum defenſio, vera animadverſionum *Argenterii* in *Hippocrazem* et *Galenum* refutatio, dilucida controverſiarum et difficilium locorum explicatio. Baſil. 1587. fol.

f) dieſer in den Prolegomenis zum vierten Theil der Bücher Paracelſi, die auch in der Huſeriſchen Ausgabe abgedruckt ſind.

vertheidigten ihren Lehrer, theils in der Ausgabe der von ihm hinterlaſſenen Werke, theils in eigenen Schriften g) muthig: Und überhaupt war es ſo weit gefehlt, daß durch jene Angriffe die Lehren von Paracelſus zu Boden geſchlagen worden wären, daß ſich vielmehr, ſo wie ſeine theoſophiſche und aſtrologiſche Schwärmereien, alſo auch ſeine Meinungen in der Chemie und Arzneikunſt immer weiter verbreiteten, unter allen Ständen, in allen Ländern Beifall und Anhänger fanden.

Sterndeuterei ging das ganze Jahrhundert hindurch bei Aerzten und Nicht-Aerzten im Schwange h), aber jene waren es vornemlich, welche ſich nicht nur bei ihren Kranken, bei der Sammlung, der Wahl und dem Gebrauch ihrer Heilmittel nach dem Laufe der Geſtirne richteten, ſondern auch die Kalender i) mit den Aderlaſtafeln und andern ſich dahin beziehenden Anmerkungen, Weiſſagungen, Vorſchriften, verſahen; mehrere Fürſten und Könige beſoldeten Sterndeuter k).

Auch die Alchemie war ein Steckenpferd des Zeitalters; der übertriebene Hang, auf dieſem Wege zu groſen Reichthümern zu gelangen, veranlaſte Mord und Todtſchlag; ſo wurde Sebaſt. Siebenfreund, ein Auguſtiner von Skeudiz, der von einem alten Mönche auf deſſen Sterbebette das groſe Geheimnis erhaſcht hatte, zu Hamburg von Leonh. Thurneiſer, Sebald Schwer-

---

g) z. B. G. Dorn admonitio ad Th. *Eraſtum* de revocandis calumniis in Paracelſum immerito dictis. Francof. 1583. 8.

h) Möhſen Geſchichte der Wiſſenſchafeen in der Mark Brandenburg. S. 413-419.

i) Möhſen a. e. a. O. §. XLIV. S. 421 ꝛc.

k) Möhſen a. e. a. O. S. 413

Schwerzer und Mart. Weis, und von dem leztern
noch hinten nach der Diener des armen Manns, der einen handschriftlichen Aufsaz seines ermordeten Herren
noch gerettet hatte ¹), in der Absicht, sein Geheimnis
zu erbeuten getödtet; so in gleicher Absicht, der berühmte Alchemist Montesnyders bei Wien, ein Kapuziner von seinem Freund Mamugna oder Markus Bragadinus ᵐ), Dionysius Zacharius
von seinem Diener zu Kölln am Rhein ⁿ), Ludwig von
Neisse aus Schlesien zu Marburg von J. v. Dörn-
berg ⁰) erschlagen.

Zwar waren schon damals viele Betrügereien der
fahrenden Alchemisten am Tage; sie hatten schon König Heinrich IV. in England veranlast, ein Gesez ausgehen zu lassen, worinn diejenige, welche sich auf die
Vermehrung des Goldes und Silbers legen würden,
der Felonie schuldig erklärt wurden ᵖ); doch lies sich
einer

1) Kerenhapuch, Posaunen Eliä des Künstlers, oder teutsches Fegefeuer der Scheidekunst, worinn nebst den neugie-
rigsten und größten Geheimnissen, die wahren Besizer
der Kunst, wie auch die Kezer, Betrüger, Pfuscher,
Stümpler, Bönhasen und Herren Gerngrose vor Augen gestellet werden, mit gar vielen Orten aus der Schrift
und andern Urkunden erörtert, von einem Feind des
Bizlezuzlt, der ehrlicher Leute Ehre und der Aufgeblase-
nen Schande entdecken will. Hamburg. 1702. 8. S.
101. 522.

m) Edelgebohrne Jungfer Alchymie. S. 261.

n) Beytrag zur Geschichte der höhern Chemie oder Gold-
macherkunde. S. 489.

o) G. Horn in seiner Vorrede zu *Gebri* Arabis Chemia f.
Traditio summae perfectionis. Lugd. Bat. 1668. 12.
H. C. Senkenberg selecta juris et historiarum. B. III.
S. 407. 459. 460. B. V. S. 461. 472.

p) Aegidius Jakobus lexicon juris. 1730. S. 326.

einer ſeiner Nachfolger Heinrich VI. bethören q), einer
ſolchen Geſellſchaft, von welcher Fauceby, Kirke-
by und Ragny genannt ſind, das ausſchlieſende
Recht zu ertheilen, Gold zu machen, und Lebens-Elixir
zu bereiten: 1440 erhielt J. Cobbe: 1446 die Edelleute
Thom. Trafford und Thom. Aſheton, 1452 J.
Miſtelden mit ſeinen drei Geſellen die Freiheit, unge-
hindert in Metallen zu arbeiten, weil ſie ein Mittel
ausgemacht hätten, ſchlechte Metalle in vollkommenes
Gold oder Silber zu verwandeln, welches die Probe
hielte, und 1668 unter Eduard IV. Richard Carter
auf drei Jahre die Erlaubnis, zu Woodſtock in allen Metallen und Mineralien Alchemie zu treiben r).

Auch im ſechzehenden Jahrh. fanden ſie in Hütten, in
Klöſtern und an Höfen Glauben; Margraf Ernſt von
Baden, der in ſeinem Leben ſchon ſo manche Erfahrung gemacht hatte, welche ihm Mistrauen hätte ein-
flöſen müſen, fiel doch noch in das Nez ſolcher Land-
ſtreicher s): Zwar hatte Herzog Erich I. zu Braunſchweig einen Goldmacher, der ſein Glück an ſeinem
Hofe verſuchen wollte, durch die Drohung verſcheucht,
ihm als Land- und Leutebetrüger die Augen ausſtechen
zu laſſen t); aber unter Herzog Julius fanden ſie
Aufnahme u), doch wurde auch er zulezt ſo ergrimmt,
daß er 1575 eine ſolche Betrügerin Anna Maria Zieg-
lerin

q) Henry hiſtor. of Great-Britain. B. V. K. 4. §. 1.
    S. 413.

r) Th. Rymer Foedera, Conventiones, Litterae &c. Ed.
    Hag. Com. 1745. B. V. Th. I. S. 136. Th. II. S. 40.
    100. 167.

s) Beytrag zur Geſchichte der höhern Chemie. S. 230-232.

t) Ebendaſ. S. 155.

u) Ph. Jul. Rehtmeier Braunſchweig-Lüneburgiſche
    Chronica. Braunſchweig. 1722. fol. S. 1016.

lerin, genannt Schlüter Ilſche, in einem eiſernen Stuhle
verbrennen lies ˣ): Auch Herzog Friedrich von Wirtemberg hatte mehrere Alchemiſten an ſeinem Hofe, aber
für diejenige unter ihnen, welche ſich einer Betrügerei
ſchuldig machen würden, einen eiſernen Galgen errichtet, an welchen auch wirklich drei derſelbigen, unter
ihnen Montan und J. H. v. Mühlenfels ʸ) erhoben wurden ᶻ): Ein gleiches Schickſal hatte Markus Bragadinus, ein ehemaliger Kapuziner aus
Kandien, welcher 1590 zu München enthauptet wurde ᵃ). Dieſe und andere ᵇ) Beiſpiele von Betrügern,
die ihre gerechte Strafe erhalten hatten, ſchrökten inzwiſchen weder die Goldmacher ab, ſich der Gefahr,
die ſie an Höfen ſo ſichtbar verfolgte, auszuſezen, noch
die Fürſten, ſich dieſer Kunſt und ihren oft ungewa-
ſchenen Bekennern anzuvertrauen. Vornemlich fanden
die Kunſtverwandte gegen Ende dieſes Jahrhunderts
an dem churſächſiſchen, churbrandenburgiſchen und kaiſerlichen Hofe Aufnahme, Unterſtüzung und Belohnung:

x) nach einer handſchriftlichen Nachricht H. Ribbentrop's
   bei H. Hofr. Beckmann Beyträge zur Geſchichte der
   Erfindungen. Leipzig. 8. B. III. St. 3. 1791. S. 404.

y) Londorph continuat. Sleidani de ſtatu religionis. Francof. 1619. B. IX. S. 757.

z) L. T. Spittler Geſchichte Wirtembergs unter der
   Regierung der Grafen und Herzoge. Göttingen. 1783.
   8. S. 216. 217.

a) Thuanus hiſtoriarum ſui temporis l. 138. acced. comment. de vita ſua B. VI. Genv. 1626. 1630. fol. B. 99.

b) ſo nennt der Beytrag zur Geſchichte der höhern Chemie
   S. 47. noch die Namen Schlichtinger, Marwi-
   ſer, Hanauer, Kronemann.

R 3

nung: Churfürst August arbeitete selbst[c]) (so wie seine
Gemahlin, die königlich dänische Princessin Anna, die
ihr eigenes Laboratorium [d]) hatte, und sich durch die
Stiftung einer Hofapotheke zu Dresden und durch die
Erfindung eines eigenen Magenwassers verdient gemacht
hat), und hatte Dav. Beuther, der zugleich Münz=
wardein war [e]), und als dieser mit Tode abgegangen
war, Sebald Schwerzer [f]) zu dieser Absicht in sei=
nen Diensten, aus welchen sie nach seinem Tode in die
Dienste seines Sohns und Nachfolgers Christian I.
übergiengen, nach dessen Tode man im Schaze an rhei=
nischen Gülden, einfachen und doppelten Dukaten viele
Millionen gefunden haben soll [g]).

So hielt auch bald nach der Mitte des sechzehen=
den Jahrhunderts Churfürst Joachim II. von Bran=
denburg mehrere dergleichen Künstler, einen böhmi=
schen und einen andern im Kloster, einen Kaufmann
von

c) er sagt wenigstens in einem an den italiänischen Gold=
macher Franz Forrense 1577 erlassenen und in Dav.
Peifers Epistolis statum ecclesiae et reipublicae sub
Augusto Electore illustrantibus. Jen. 1708. 8. S. 227.
und in Böhme tr. de Augusti Saxoniae Ducis in litterarum et artium studia amore. Lips. 1764. 4. S. 20.
abgedruckten Briefe "jam eo usque in hoc genere per-
venimus, ut ex octo argenti unciis auri perfectissimi
uncias tres singulis sex diebus comparare possimus."

d) Chrn. H. Weise Comment. de Anna matre, Augusti
primi conjuge. Annaeberg. 1725. S. 6. und J. Kunckel
v. Löwenstern Collegium physico-chymicum experi-
mentale oder Laboratorium chymicum, herausgegeben
von J. E. Engelleder. Hamburg und Leipzig. 1716.
8. Th. III. S. 592.

e) S. J. Kunckel a. a. O. S. 568 ꝛc.

f) Ebendas. S. 586 ꝛc.

g) Ebendas. S. 593.

von Klizing, einen Doctor Pothner, einen Aſmus von Quedlinburg, einen Lorenz, Kerſten, Kilian,
Balthaſar und Jonas, und noch einen ſchleſiſchen Alchemiſten [h]).

Am beſten waren die Goldmacher am Hofe Kaiſer
Rudolphs II. zu Prag gelitten; auch er arbeitete
ſelbſt [i]), lies durch ſeinen Hof- und Leibalchemiſten,
Joh. Frank, Künſtler dieſer Art aufſuchen und wer-
ben, nahm unter andern, wiewohl auf kurze Zeit Ed.
Kelley, einen Engländer, den er zum Ritter ſchlug [k]),
und nachdem er die ſächſiſche Staten verlaſſen, Seb.
Schwerzer [l]), den er in den Adelſtand erhob, und
zum Berghauptmann in Joachimsthal machte [m]), und
einen ſtrasburgiſche Goldſchmid Phil. Jak. Guſten-
hover (Gaſſenhauer) in ſeine Dienſte [n]); auch
der berüchtigte Mühlenfels war von ihm in den
Adelſtand erhoben worden [o]), und ſo ſehr auch ſein
älterer Leibarzt Krato von Kraftheim dieſer Mode-
ſucht abgeneigt war, ſo ſcheint ein anderer ſeiner Leibärzte,

---

h) Möhſen Geſchichte der Wiſſenſchaften in der Mark
Brandenburg. S. 522. 523.

i) Dan. Eremita Itinerarium Germaniae Opuſc. S. 359.
"Chymicarum rerum experimenta ipſe tentavit, et horo-
logiis componendis adſedit, contra quam principem
decuit."

k) Beytrag zur Geſchichte der höhern Chemie. S. 268.

l) J. Kunckel a. e. a. O. S. 597.

m) wo er als ſolcher 1598 geſtorben J. Matthesius
Chronica der Freyen Bergſtadt in S. Joachimsthal. Leipz.
1618. 4. Jahr 1598.

n) Beytrag zur Geſchichte der höhern Chemie. S. 493.

o) L. T. Spittler a. e. a. O.

ärzte, **Anſelm Boëtius de Boodt aus Brügge,**
davon angeſteckt geweſen zu ſein [p]).

Auch traten bald Schriftſteller in Menge auf, die
bald als ächte Anhänger **Paracelſus,** bald ohne
ihn gerade zum Führer zu haben, bald ohne Namen,
bald unter einem falſchen, bald unter ihrem wahren
Namen die gleiche oder ähnliche Lehren predigten, und
andern Wiſſenſchaften aufzudringen ſuchten, und von
welchen ein groſer Theil ſeine Weisheit auf langen
Reiſen, zum Theil in entfernte Welttheile ſammelte.

Vornemlich trugen teutſche Schriftſteller dazu bei,
ſeine theoſophiſche, alchemiſche und andere Lehren weiter zu verbreiten; insbeſondere that das einer ſeiner
eifrigſten Anhänger **G. Dorn,** ſowohl in ſeinem Clavi totius philoſophiae chymiſticae [q]), und in ſeinem
chymiſtico artificio naturae theorico et practico [r]), als
in

p) aus ſeiner Gemmarum et lapidum hiſtoria, qua non
    ſolum ortus, natura, vis, et precium, ſed etiam mo-
    dus, quo ex iis olea, ſalia, tincturae, eſſentiae, arca-
    na et magiſteria arte chymica confici poſſint, oſtenditur,
    cum variis figuris indiceque duplici et copioſo. Hanov.
    1609. 4. würde ich dieſes nicht ſchlieſen; aber im Beytrag
    zur Geſchichte der höhern Chemie wird von ihm erzählt,
    er habe zufälliger Weiſe das edle Verwandlungspulver in
    einer alten Bücherſchale gefunden.

q) per quam obſcura philoſophorum dicta referantur.
    Compendium tres libros continens partim Phyſicos, Me-
    dicos et pro majori parte Chymicos. 12. Lugd. 1567.
    Francof. 1583. Herborn. 1594. auch abgedruckt Theatr.
    chemic. 8. B. I. Urſell. 1602. Argent. 1613. n. 7.
    8. teutſch: Schlüſſel der chymiſtiſchen Philoſophie, mit
    welchem die heimliche und verborgene Dicta und Sprüche
    der Philoſophen eröfnet und aufgelöst werden. Denen
    das Artificium ſupernaturale ſamt ſeinen angehörigen
    Stücken und Theilen hinzugethan worden. Aus dem
    latein. Strasburg. 1602. 8.

r) Francof. 1568. 8. Artificii chymiſtici phyſici metaphyſi-
    cique

in seiner Schrift de philosophia chemica ad medita-
tionem comparata ^{s}), in seinem Lapis metaphysicus aut
philosophicus ^{t}), und in seinem artificio supernatura-
li ^{u}); A. Ellinger, öffentlicher Lehrer der Arzneikunde, zuerst zu Leipzig, dann zu Jena, der übrigens die
Alte kannte und schäzte ^{x}), sowohl in seiner Reise-
und Kriegsapotheke ^{y}), als in seiner Schrift von rechter Extraction der seelischen und spiritualischen Kräfte
aus allerlei Kräutern ^{z}); Georg Fedro (Phädro)
von Rhodach, sowohl in seinen Opusculis iatrochemi-
eis quatuor ^{a}); als in seinen übrigen Schriften ^{b});

Barth.

cique secunda pars et tertia. Accessit etiam tertiae parti de praeparationibus metallicis in utroque lapidis philosophici opere majore minoreque tract. excellentissimus.
Francof. 1569. 8.

s) in seinem Werke de natura lucis Philosophicae ex ge-
nesi desumta &c. Francof. 1583. auch Theatr. chemic.
B. I. n. 13. 14.

t) qui universalis Medicina vera fuit patrum antiquorum
ad omnes indifferenter morbos, et ad Metallorum tol-
lendam lepram. Basil. 8. 1569. 1570. 1574.

u) im Theatr. chemic. B. I. n. 9. auch in den spätern
Ausgaben seines Clavis totius philosophiae.

x) M. Adam a. a. O. S. 240-242.

y) darinn nicht nur die beschwerlichsten Krankheiten des
Menschen Leibes vermeldet, sondern auch die geheime
Medicamenta chymica beschrieben werden. herausgeg. von
Agn. Kozer. Acced. Fedronis medicamenta ad mor-
bos, tum brevis census morborum cum medicamentis
priorum et suis. Zerbst. 1602. 8.

z) Wittenberg. 1609. 4.

a) vel praxis medico-chemica 2. Halopyrgica f. pestis medico-chymica curatio &c. cura J. Andr. Schenck. Francof. 1611. 8.

b) Verantwortung auf etlichen Unglimpf der sophistischen

Aerzte

Barth. Carrichter von Reckingen, Leibarzt Kaiſer Maximilians II. vornemlich in ſeiner practica von allerhand Leibeskrankheiten[c]), in ſeinem Arzneybuch[d]), und in ſeinem Buch von der Harmoney, Sympathey und Antipathey der Kräuter[e]); Fr. Raicus in ſeinem tr. de podagra medico-kimico[f]). Aber unter dieſen frühern Verkündigern der paracelſiſchen Lehren in Teutſchland machte wohl keiner mehr Aufſehen, und glich ſeinem Vorbilde in manchen Rückſichten ſo ſehr, als ſein Landsmann, Leonhard Thurneyſſer zum Thurn aus Baſel[g]); er war der Sohn eines dortigen Goldſchmids und 1530 gebohren, lernte des Vaters Gewerbe, und war 1548 durch einen Betrug, den er einem Juden ſpielte, indem er ihm mit Gold überzogenes Blei für reines und feines Gold verſezte, genöthiget, ſich aus dem Staube zu machen; er wanderte nach England, und von da durch Frankreich nach Teutſchland, ließ ſich 1552 als Schüze unter dem Regimente des Grafen Chriſtophs von Oldenburg und

unter

Aerzte und ſeiner Mißgönner 1566. 4. Eleenus ſ. perfecta epilepſiae curatio, tum aquilae caeleſtis, id eſt, hydrargyri praecipitatio. Baſil. 1575. 8. Iatrochemiſta ſ. peſtis epidemicae curatio, oder wahrhafte Cur der beſchwerlichen Sucht der Peſtilenz. Hall. 1612. 12.

c) Von Urſprung der offenen Schäden. Straßburg. 8. 1579. 1590. 1597. 1619. 1621.

d) St. I. II. III. Nürnb. 1652. 8.

e) 8. Nürnberg. 1686. Tübingen. 1739.

f) 8. Francof. 1589. und 1625.

g) S. von ihm J. C. W. Möhſen Beyträge zur Geſchichte der Wiſſenſchaften in der Mark Brandenburg von den älteſten Zeiten an bis zu Ende des funfzehenden Jahrhunderts. Berlin und Leipzig. 1783. 4. n. I. S. 55-198. Ein Bild von ihm ſteht vor J. D. Gohl Actor. Medicor. Berolinenſium. Dec. II. 1723. n. I.

unter dem Heere des Margrafen Albrecht von Bran=
denburg anwerben, wurde aber 1553 gefangen, ver=
fügte ſich nun, nachdem er die Kriegsdienſte verlaſſen
hatte, in die teutſche und nordiſche Berg= und Hütten=
werke, und kam von dieſen etwa 1555 nach Nürn=
berg [h]), Strasburg und Koſtniz zurück, wo er wieder
eine Zeit lang als Goldſchmid arbeitete, und durch
ſeinen Fleis viel erwarb.

Der Ruf, in dem er wegen ſeiner Erfahrung und
Kenntniſſe in Berg= und Hüttenweſen ſtand, bewog
die Eberswoldiſche Gewerke in Tirol, ihm die Auf=
ſicht über ihren und anderer Privatperſonen Bergbau
zu übertragen; er zog daher 1558 [i]) nach Tarenz im
obern Innthal, bauete daſelbſt ſowohl als zu S. Leon=
hard auf ſeine Rechnung Bergwerke, und legte eine ei=
gene Schmelz= und Schwefelhütte an, deren Einrich=
tung ihm nicht nur den Beifall mehrerer ihn beſuchen=
der Gelehrten, ſondern auch ſo ſehr das Zutrauen des
Grafen Ladisl. von Hag erwarb, daß ihm dieſer die
Aufſicht über die Bergwerke ſeiner Grafſchaft übertrug:
Selbſt die Gnade des Kaiſerl. Prinzen, Erzherzog
Ferdinands, gewann er ſo ſehr, daß ihn dieſer 1560
nach Schottland und den orkadiſchen Inſeln, und
1561 nach Spanien und Portugall reiſen lies, von
wo aus er die Küſten der Barbarei, Ethiopien, Egyp=
ten, Arabien, Syrien und das gelobte Land beſuchte,
und über Kandien, Griechenland, Italien und Ungarn
1565 nach Tirol zurück kam, 1567 nach dem Auftra=
ge des Erzherzogs noch einmal die ungariſche und böh=
miſche Bergwerke beſuchte, und bis 1570 in deſſen
Dienſten blieb.

Die

h) Magna Alchymia. S. 99.
i) Piſon S. 170. Archidoxa Zuſchrift §. XII. n. VIII.

Die Herausgabe seiner Schriften, die mit aller
damals möglichen Schönheit und mit Abbildungen geschehen sollte, veranlaste ihn schon 1569 zu einer
Reise nach Niederteutschland, wo sich damals einige
Schüler Albr. Dürers, Luk. Kranachs, und Luk.
v. Leyden, als Formschneider, aufhielten, und nachdem er zu Münster seine Absicht nicht ganz erreicht hatte, nach Frankfurt an der Oder, wo der Buchdrucker
Eichhorn nicht nur sehr geschickte Zeichner und Formschneider in seinen Diensten hatte, sondern selbst Bild-
nisse und Figuren in Holz schnitt.

Hier war es, wo Churfürst Johann Georg von
Brandenburg, der sich damals, als sein Pison daselbst gedruckt wurde, daselbst aufhielt, von ihm hörte,
und ihn, theils durch seine Hofleute aufgemuntert, die,
da sie in demselbigen von unentdeckten Reichthümern
der märkischen Flüsse lasen, Hofnung zu einem reichlich
schüttenden Bergbau schöpften, theils durch die glückliche Cur, die er an der Churfürstin verrichtet hatte,
bewogen, als Leibarzt in seine Dienste, und mit sich
nach Berlin nahm.

Thurneiser, bekannt mit der schwachen Seite der
Menschen, und vornemlich der Grosen und der Höfe,
so wie mit dem Geiste seines Zeitalters, bewandert in
vielen Künsten, die, so wie sie den grosen Haufen an-
loken, zugleich auch reichlich belohnen, wuste sich sehr
wohl in seine neue Lage zu finden, machte zu Berlin
das grose Haus, war bei Hofe im Ansehen, stand mit
Fürsten und Männern aus allen Ständen, selbst auser den brandenburgischen Staaten, in Verbindung,
wuste sich durch seine Alphabete von 32 europäischen
Mundarten und 68 fremden Sprachen auch bei schulgerechten Gelehrten den Anstrich einer tiefen Gelehr-
samm-

samkeit zu geben, hatte sich durch seine mannigfaltige
Betriebsamkeit, von welchen die Verfertigung von Ka:
lendern, so wie von Reise: und Feldapotheken, kein un:
beträchtlicher Zweig war, ein grosses Vermögen erwor:
ben, fiel durch Betrug und Treulosigkeit Anderer, durch
eigenen Leichtsinn und Unbedachtsamkeit, durch häusli:
chen Kummer, durch Vorstellungen anderer Gelehr:
ten, die ihn bald als einen Zauberer[k]), bald als einen
Charlatan der ersten Gröse[l]), öffentlich zur Schau stell:
ten, so sehr, daß er 1584 von Berlin entfloh, zog
nach Prag, Kölln, Rom[m]), und starb, nachdem
er so noch einige Jahre herumgeirrt war, 1596 in ei:
nem Kloster zu Kölln[n]).

Thurneiser hatte übrigens mit Paracelsus,
den er auch über alle andere Menschen erhebt[o]), seine
theosophische, astrologische, alchemische Grundsäze ge:
mein, rühmte, wie er, chemische Arzneien, Gold:
tinkturen und andere aus Gold bereitete Arzneien, ar:
beitete selbst unablässig zu Berlin in einem eigenen La:
boratorium, auser welchem er noch ein anderes der Chur:
fürstin zugehöriges zu Halle unter seiner Aufsicht hatte,
so wie noch nachher in seinem Elende und auf seiner un:
steten Wanderschaft an dem grosen Werke, unterrich:
tete

k) Franz Joël, de morbis hyperphysicis et rebus magicis Θέσεις. 4. Rostoch. 1579.

l) Kasp. Hofmann orat. de barbarie imminente bei
   Joach. Negelein Ulysses litterarius. Norimb. 1726. 8.

m) wo er in Gegenwart des Kardinals und nachherigen
   Grosherzogs von Toskana Franz von Medicis einen ei:
   sernen Nagel in Gold verwandelt haben soll. O. Tache:
   nius Hippocrates chymicus. Lugd. Bat. 1672. 12.
   K. 28. S. 177.

n) Becmann lin. doctrin. moral. K. VII. §. 7.

o) Quinta essentia. Lips. 1574. fol. S. 35. 203.

tete andere, und hatte ſich, wie er, auf ſeinen vielen
Reiſen manche Erfahrung erworben, die der Bücher-
gelehrte nicht kannte, und vornemlich bei ſeinem langen
Aufenthalte auf Hüttenwerken manche Kenntniſſe verſchaft, die ihm über die Natur der Metalle Aufſchlüſ-
ſe, und zu ihrer Behandlung im Groſen beſſere Anleitung zu geben im Stande waren: Salz, Schwefel und
Queckſilber, oder Erde, Luft und Waſſer ſind auch
nach ihm P) die Urſtoffe aller übrigen Körper; Salz
vergleicht er mit dem Körper, Schwefel mit dem Geiſte, Queckſilber mit der Seele: Seine Harnprobe q)
beſteht theils darinn, daß er den Harn, wenn er einige Zeit in Digeſtionswärme geſtanden hatte, nachdem
er noch, damit ſich das Irrdiſche mit hineinziehe, um-
geſchüttelt wurde, wog, wenn er ſchwer war, von den
ſpiritibus vitalibus, wenn er aber leicht war, von den
ſpiritibus animalibus ſagte, daß ſie leiden; theils darinn, daß er den Harn deſtillirte, und an der Vorlage
eine Röhre beveſtigen lies, die er mit einer Skale verſah; die Grade dieſer Skale ſtimmten mit den einzelnen Theilen des Leibes überein, und er ſchlos von den
Erſcheinungen im deſtillirten Harne auf den Zuſtand der
einzelnen Theile des Leibes.

Seine Schriften ſind nicht ſo zahlreich, als diejenigen ſeines Lehrers, aber von ihm ſelbſt ausgegeben,
einige auch noch in der Handſchrift vorhanden; ich
führe hier nur diejenige an, welche ſich auf Chemie,
was freilich die Aufſchrift nicht immer ahnden läſt,
bezie-

p) a. e. a. O. S. 29.

q) Προκαταληψις oder Praeoccupatio, durch zwölf
verſchiedenlicher Tractaten gemachter Harnproben.
1571. fol.

beziehen. 1) Archidoxa ᵣ); 2) Ἐυπορασηλωσις ˢ);
3) Quinta essentia ᵗ); 4) Προκαταληψις oder Praeoc-
cupa-

ᵣ) Darin der recht war lauff, auch heimlikeit der Planeten, Gestirns und des ganzen Firmaments, Mutierung
und außlehung aller suptiliteten, und des fünften Wesens,
auß den Metallen Mineralia, Kreuter, Wurtzen, Seff-
ten, und Haimlikeit des Buchs aller natürlichen, und
Menschlichen Sachen, Hantierungen, Konsten, Gewerben, Arten, Eygenschaften und in summa alle verborgene misteria der Alchemey und sieben freien Konsten
durch L. D. Z. T. in acht Bucher Reymenwyß allen
konstliebenden an tag geben. Münster. 1569. 4. zum andern mal und jetz von newen gemert, und sampt dem
verstand der Caracter an Tag geben. Berlin. 1575. fol.

ˢ) Das ist ein gnůgsame überflüßige und ausfierliche erkle-
runge oder erleuterunge, und verstandt der Archidoxen
— — darin mancherley diefffinniger Explicationes, und
eröffnungen vieler streittiger sachen, von Göttern, Eng-
len, Teuffeln, Menschen, Tieren, Caracteren, Sieglen,
Zaubreyen, Gespensten, Kreuttern, Metallen, Mineren und Gesteinen eröffnet. Sunderlich aber von den
Himlen, Gestirn, Planeten, Zeichen, und Bilderen.
Item von den Elementen, Commetten und deren Kreff-
ten, Faculteten, Wirckungen, Betriben, Arten und
Aigenschafften, sampt dem Astrolabio und dem gebrauch
desselbigen, durch welches Nativiteten gestellt, Gluck,
Ungluck, Kranckheiten, Tod und Leben, Krieg, Tew-
rung, und andere nach Astronomischer weis und Mathe-
matischer Rechnung ordentlich und baldt kan Calculirt,
und beschrieben, und ohne sunderliche müeh erkandt werden. Gemeinen Vatterland zu gut erfunden, Und beschrieben. Berlin. 1575. fol.

ᵗ) Das ist die Höchste Subtilitet Krafft, und Wirkung,
Beider der Furtrefelichisten (und menschlichem geschlecht
den nutzlichesten) Künsten der Medicina, und Alchemia,
auch wie nahe dise beide, mit Siebschaft, Gefrint, Ver-
want. Und das eine On beystant der andern Kein nutz
sey, und in menschlichen Cörpean, zu wirken kein Krafft
hab. Vergleichung der Alten und Newen Medicin. und
wie

cupatio ᵘ); ⟨) Βεβαίωσις ἀγωνισμοῦ, das iſt Confir-
matio concertationis ˣ); 6) Piſon ʸ); 7) Onomaſticum

wie alle Subtiliteten Aufgezogen, die Element geſcheiden,
alle Corpora Gemutiert, vnnd das die Mineriſchen Corpora allen anderen Simplicibus, es ſeyen Kreiter, Wur⸗
tzen, Confecten, Steinen, Nit allein gleich, ſonder an
Kreſten (auß vnnd Innerhalb Menſchlichs Cörpels) vber⸗
legen ſeyen. Münſter. 1570. 4.

Jetzt von newem, ſampt eröffnung der vertunckelten
ſententz, wort vnd namen gemehret vnd gebeſſert. Leip⸗
zig. 1574. fol.

u) Durch zwölff verſcheidenlicher Tractaten gemachter Harn⸗
Proben. das 59. Buch. Frankfurt an der Oder. 1571. fol.

x) oder ein Beſtettigung deß Jenigen ſo Streittig, Häde⸗
rig oder Zenckiſch iſt, wie dann auß unverſtandt die
Neuwe und vor unerhörte erfindung der aller Nützlichſten
und Menſchlichem geſchlecht der Notturfigeſten kunſt deß
Harnnprobirens eine Zeitlang geweſt iſt. Welcher Kunſt
Grundt und Fundament hierin durch den Inventorem L.
Thurneiſſer — — — ausfuerlich ſampt beweislicher Er⸗
kantnus des gantzen Menſchlichen Cörpels, auch deſſelbi⸗
gen Eüſſerlicher und Innerlicher Gliedern zufellen, gebre⸗
ſten, Kranckheitten und deren Urſachen. Berlin. 1576. fol.

y) Das erſt Theil. Von Kalten, Warmen, Mineriſchen
und Metalliſchen Waſſern, ſampt der vergleichunge der
Plantarum und Erdgewechſen, 10. Bücher, mit groſſer
mühe und arbeit, gemeinem nutz zu gut an tag geben.
Frankfurt an der Oder. 1572. fol.

X. Bücher vnn kalten, warmen, mineriſchen und me⸗
talliſchen Waſſern, ſamt deren Vergleichung mit den
Plantis oder Erdgewächſen, aufs neue durchſehen, an vie⸗
len Orten corrigirt und verbeſſert. Dem eine kurze Be⸗
ſchreibung des Sahlbronnen, odee Saalbacher Brunnens
oder Bades, ſamt etlichen Fragen von Sauerbrunnen,
hinzugethan durch J. R. Saltzmann. Strasburg.
1612. fol.

Unter der Aufſchrift Gideon, Hidekel und Phrat ſind
noch drei Theile dieſes Werks in der Handſchrift vorhan⸗
den. Möhſen a. e. a, O. S, 198.

con Polygloſſon ᶻ); 8) מַרְגֵּוָעָה KAI EPMHNEI'A ᵃ);
9) Hiſtoria ſive Deſcriptio plantarum, omnium tam
domeſticarum quam exoticarum ᵇ);   10) בְּרֵא KAI'
                                                    'EK-

z) multa pro medicis et chymicis continens. Berol. 1574. 8.
a) das iſt ein Onomaſticum vnd Interpretatio oder außführliche Erklerung, L. Thurneyſſers — — —. Ueber
   Etliche frembde und (bey vielen hochgelarten, die der
   Lateiniſchen und Griechiſchen Sprach erfahren) vnbe-
   kante Nomina, Verba, Proverbia, Dicta, Sylben,
   Caracter und ſonſt Reden. Deren nicht allein in des theu-
   ren Philoſophi und Medici Aurelii, Theophraſti, Paracelſi von Hohenheim, Sondern auch in anderer Autho-
   rum Schrifften, hin und wider weitleufftig gedacht, welche
   hie zuſammen, nach dem Alphabet verzeichnet   Das Ander Theil. In welchem faſt jedes Wort, mit ſeiner eigenen ſchrifft, nach der Völcker Etymologia oder eigenen
   art und weis zu reden, beſchrieben worden iſt. Berlin.
   1573. fol.
      Eigentlich der zweite Theil von 7. auch in den ſpä-
   tern Ausgaben von Alchymia magna, wieder mit abgedruckt. Ein dritter und vierter Theil iſt noch in der
   Handſchrift vorhanden. Möhſen a. e. a. O. S. 198.
      Sollte wohl das Onomaſticon terminorum Paracelſi
   oder ausführliche Erklärung aller dunkeln und unbekannten Wörter in Theophraſtus Paracelſus Schriften 12. (deſſen Beytrag zur Geſchichte der höhern Chemie. S. 283.) mit Interpretatio oder Erklärung der fremden, unbekannten Wörter, Character und Nahmen des
   Theophraſtus Paracelſus. Berlin. 1574. 12. (deren bei
   Haller Biblioth. medicin. pract II. S. 129.) erwähnt
   wird, einerlei, und aus dem vorhergehenden ausgezogen
   ſein?
b) Earundem cum virtutes Influentiales, Elementares et
   Naturales, tum Subtilitates, nec non Icones etiam veras, ad vivum artificioſe expreſſas proponens: atque
   una cum his, partium omnium corporis humani ut ex-
   ternarum ita internarum picturas, et Inſtrumentorum

ΈΚΠΛΗΡΩΣΙΣ und Impletio oder Erfüllung, der Verheiſſung [c]); 11) ΜΕΓΑΛΗ ΧΥΜΙΑ Vel Magna Alchymia [d]); 12) Attisholz oder Attiswalder Bad= ordnung

Extractioni Chymicae ſervientium delineationem uſum=que, ac Methodos denique Pharmaceuticas quaſuis, ad curam valetudimis dextre tractandam neceſſarias comp=lectens; Utilitatis vero publicae gratia conſcripta. Berol. 1578. fol.

Teutſch Berlin 1578. fol. und mit der Aufſchrift: Hiſtoria Vnd Beſchreibung Jnfluentiſcher, Elementiſcher vnnd Natürlicher Wirckungen, Fremden und heimiſchen Erdgewechſſen, auch ihrer Subtiliteten, ſampt warhaffti=ger und Künſtlicher Conterfeitung derſelbigen. Auch al=ler teiler, Jnnerlicher und Euſſerlicher glider am Menſch=lichen Córper, nebend fürbildung aller zu der Extraction dienſtlichen Jnſtrumenten, auch deren Gebrauch, und allen zu erhaltung der geſundheit notwendigen Prozeſſen gemeinen nuß zu gût. Côlln. 1587. fol.

Auch von dieſem Werk iſt eine Fortſezung in der Hand=ſchrift vorhanden. Möhſen a. c. a. O. S. 198.

c) Welche Zúſagung von jhm zu Berlin Anno 1580. den X. tag Martii (wegen der ἀνάπτυξις oder Explication ſeines Calenders) zu leiſten beſchehen. Darinn nicht al=lein, grundtlicher und außführlicher verſtandt, aller Ca=racter, verkürßter wörter, oder ſonſt verborgener reden. Sonder auch warhafftiger Bericht deren urſachen, neben den fundamenten ſeines Glaubens, deſtillirens, Curirens, Prognoſticirens, frembder Sprachen Redens, Búcher=ſchreibens, Kreuterkennens, Wanderns, Harnprobirens, und anderer ſeiner betrieben und hendlen gegeben wirt. Welches alles Gott dem Allmechtigen zúm preiß und lob, frommen Ehr und Kunſtlibenden perſonen zúm be=richt, allen falſchen Lúgendichtern, und ohn urſach jne neidenden mißgönnern, zúm ſchimpff, ſpott, und úber=weiſung jrer ungegründeten, auß falſchem hertzen erdich=teten, aber mit unwahrhafftiger Zungen von jhme auß=gegebenen ſchandtlugen. 1580. 4.

d) Das iſt ein Lehr und unterweiſung von den offenbaren und

ordnung mit einer Beschreibung dieses Bades ᵉ);
13) Reise= und Kriegsapotheken ᶠ); 14) Commenta=
rien

und verborgenlichen Naturen, Arten und Eigenschafften,
allerhandt wunderlicher Erdtgewechssen, als Ertzten, Me=
tallen, Mineren, Erdsäfften, Schwefeln, Mercurien,
Saltzen, und Gesteinen. Und was der Dingen zum theil
hoch in den lüfften, zum theil in der Tieffe der Erden,
und zum theil in den Wassern, welche aus dem Chaos
oder der Confusion und vermischung Elementischer Sub=
stantzen, als Geistlicher und doch subtiler, noch unbesten=
diger weis verursacht, empfangen und radicirt, Aber von
Himlischer Zuneigung der Influentischen Impression oder
Eintruckung, Seelischer oder Fixer oder bestendigerweise,
zu einer wesentlichen materia digerirt, coagulirt oder
praeparirt, und durch die natürliche Vermöglichkeit,
Krafft und fortbreibung, jedes in seiner gestalt, Als ein
greiffelichs, eintzigs, wesentlichs Ding, Corporalischer,
vollkommener weise, von seiner Radice abgelöset, an tag
außgestoßen, und in gestalt einer sichtigen Massae gebo=
ren, Und wie oder welcher gestalt, oder auff was weiß
und wege, deren ein jedes, mit zusatz des andern, durch
Menschlichen Handgriff, oder den Usum (dieser sehr alten
Kunst) eintweders in ein Liquorem, Oehl, Saltz, Stein,
Wasser, Schwefel, Mercurium oder andere Mineren und
Metall verwandelt, oder sonst zum nutz, gebrauch und
wolstandt, Menschlichs zeitlichs Lebens zugericht und be=
reitet wird. Welches alles menniglichem zu nutz in 30
verscheidner Bücher, mit sonderlichem unkosten, vleis
und arbeit an tag geben. Berlin. 1583. fol.

Auch zugleich mit 7. 8. und einer Schrift de lapide
philosophorum. fol. Berlin. 1583. und Kölln. 1587.

e) 1590.

f) darinn nicht allein die Beschwerlichsten Kranckheiten an
des Menschen Leibe, so ausser und innerhalb Krieges die
Menschen zubefallen pflegen, vermeldet, Sondern auch
die geheimen und fürtrefflichsten Medicamenta Chimica
an Tincturen, Essentien, Oelen, Magisterien, Elixiren,
Arcanen, Extracten und dergleichen, nach jhren kräfften,
gebrauch und praeparationen beschrieben werden. Wie

S 2 sie

rien über alle Bücher des Carbonatus ᵍ); 15) Die
reinische Kunſt ʰ); 16) De transmutatione veneris in
folem ⁱ).

In Dännemark fand Paracelſus an Pet. Severin aus Jütland, Leibarzts Königs Fridrichs II,
einen eifrigen Anhänger, der, da er die Lehrſchulen
der Aerzte in Frankreich und Italien beſucht hatte, ſein
Syſtem mehr zu verfeinern trachtete; wie ſein Lehrer,
hat auch er, ſich angemaſt, ſchwere Krankheiten leicht
zu heilen, und Panaceen dagegen verkauft, von deren
beſonderer Wirkung man eben in Dännemark nichts
wuſte ᵏ); wie jener, ſo-ſuchte auch Severin ˡ),
in der ganzen Natur Queckſilber, Schwefel, Salz ᵐ);
                                                    von

ſie — — L. Thurneiſſer in viel jahre mit groſſen
nuhe und lob practicirt und gebraucht hat. durch Agapet.
Kotzerum Auſtropedium, Liebhabern der chimiſchen Artzney, deme ſie vertraulich zugeſtellet, Männiglich zugutem
in druck verfertigt. Leipzig. 1602. 8.

   Sollte dieſes wohl eben dieſelbige Schrift ſein, die
ich nach Haller (a. e. a. O. II. S. 130.) und Spren-
geln (a. a. O. III. S. 414.) Ellinger zugeſchrieben
habe?

g) in der Handſchrift Möhſen a. e. a. O. S. 198.

h) in der Handſchrift Möhſen a. e. a. O. S. 126. 198.

i) in der Handſchrift Möhſen a. e. a. O. S. 127. 198.

k) Paludanus bei Smets a. a. O. B. XII. S. 725.

l) Epiſtola ſcripta *Theophraſto Paracelſo*, in qua ratio
ordinis et nominum, adeoque totius philoſophiae adeptae methodus oſtenditur. Baſil. 1572. 8. und Idea medicinae philoſophicae fundamenta continens totius medicinae Paracelſicae, Hippocraticae et Galenicae. Baſil.
1571. 4. und Erford. 1616. 8. cum commentar. edid.
Guil. *Daviſſon*. 4. Hag. Comit. 1660. 1663. und Rot-
terodam. 1668.

m) Idea c. 7. ed. Hag. Comit. 1663. S. 39.

von dieſem leitet er alle Coagulation und Form der
Körper ab n); alle Verrichtungen jedes Theils des thieriſchen Körpers werden durch die mineraliſche Geiſter
vollbracht, welche darinn ihren Siz haben o); ſo wie
Spiesglanz alle unedle Metalle verzehre und das Gold
nicht angreife, ſo verzehre es auch alle Unreinigkeiten
des Leibes, und laſſe die Lebensquelle, das Herz, unver-
lezt p); und ſo wie es Gifte gebe, welche allen Menſchen
ohne Unterſchied ſchaden, ſo müſe es auch Arzneien
geben, welche allen Menſchen in allen Krankheiten ohne
Unterſchied helfen q).

In den Niederlanden fand Paracelſus an Joh.
Michelius aus Antwerpen einen ungemeſſenen Lobredner, der mit gleicher Dreiſtigkeit, wie ſein Vorbild,
ſeinen Stein der Weiſen und ſeine allgemeine Arznei
allenthalben anpris, und 1585 r) nach London brachte,
wo ſchon einige Jahre früher ein Wundarzt, J. He-
ſter, von der gleichen Seuche angeſtekt, ſolche geheime Mittel verkaufte, gebrauchte, und öffentlich rühmte s); und der gelehrte Londoniſche Arzt Thom. Muſ-
fet (Moufet) ſich in einer eigenen Schrift t) für die
chemiſche Arzneien erklärte.

In

n) a. e. a. O. K. 8. S. 62.

o) a. e. a. O. K. 11. S. 90 ꝛc.

p) a. e. a. O. K. 14. S. 175.

q) a. e. a. O.

r) Smets a. a. O. B. XII. S. 721 ꝛc.

s) Compendium ſecretorum rationalium. London. 1582. 8.
und pearle of practice, or pearle for phyſic and chirur-
gerie. Lond. 1592. 8.

t) de jure et praeſtantia chymicorum medicamentorum
acc. epiſtol. medicin. ad medicos aliquos ſcriptores.
Francof. 1564. 4. auch im theatr. chem. B. I, n. 4.

S 3

In keinem Lande von Europa hielt es Paracel=
sus und seiner Schule schwerer, einzudringen, als in
Frankreich, wo die zunftmäſige Gelehrte ſich gegen alle
dergleichen Neuerungen verſchworen hatten; vornem=
lich eiferten die pariſiſche Aerzte gegen den Gebrauch
der chemiſchen Mittel, und insbeſondere gegen den Ge=
brauch des Spiesglanzes, und der daraus bereiteten
Arzneien, die auch Jak. Grevin, Leibarzt der Her=
zogin von Savoyen, aus Clermont, aus eigener Erfah=
rung als zu heftig verwarf[u]), und veranlasten das
Parlament zu Paris 1566[x]) eine von Sim. Piétre
dem ältern abgefaste[y]) Verordnung ergehen zu laſſen,
vermöge welcher allen zu Paris ihre Kunſt ausübenden
Aerzten bei Strafe, dieſes Recht zu verlieren, der Ge=
brauch des Spiesglanzes und der daraus bereiteten
Mittel unterſagt wurde. Auch Ant. Fenot ſprach
aus ſehr guten Gründen gegen die Behauptungen der
Paracelſiſchen Schule den Mitteln aus dem Golde
die gerühmte Arzneikräfte ab[z]).

Aber ſie fand doch auch da ihre Freunde, und
ſchon 1568 ſuchte der Lehrer der Gröſenlehre zu Paris,
Jak. Gohory, unter dem verkappten Namen Leo
Suavius, durch eine Darſtellung derſelbigen in ſyſte=
matiſcher Geſtalt, mit welcher übrigens die teutſche
Be=

---

u) Diſcours ſur les facultés de l'antimoine contre *Louis* de
Launay. à Paris. 1567. 8.

x) Guido Patin lettres choiſies. à Cologne. 12. B. I.
Br. 4. S. 9.

y) Pap. Maſſon Eloges. B. II. Elog. de *Sim. Piétre*.

z) Alexipharmacum ad virulentiam Joh. *Quercetani* evo-
mientis in J. J. *Auberti* de ortu et cauſſis metallorum
contra chymiſtas. Baſil. 8. 1576.

Bekenner ᵃ) derselbigen nicht ganz zufrieden waren,
und die schon oben erwähnte Ueberseuer seiner Schriften ᵇ) ihre Lehren in ihrem Vaterlande zu verbreiten:
Auch Wilhelm Arragos aus Toulouse, Leibarzt dreier
französischen Könige, und Kaiser Maximilians, rühmte, auf Erfahrung gestüzt, mehrere nach Paracelsus
Vorschrift ᶜ) durch die Chemie, vornemlich aus Queksilber ᵈ), bereitete Arzneien: Heftiger kämpfte, selbst
gegen die parisische Facultät der Aerzte, die ihn über
einige seiner Lehrsäze zu Rede gestellt hatte ᵉ), nicht
blos für die Vorzüglichkeit der paracelsischen Arzneien,
sondern für die Wahrheit seiner ganzen Lehre in mehreren Schriften ᶠ) Roi le Baillif de la Riviere,
Leib-

a) insbesondere G. Dorn s. dessen veneni, quod nescio
quis *Suavius* iu *Theophrastum* evomere conatur, retor-
tio. Basil. 1568. 8.

b) unter welchen von Dariot eine güldne Arche Schaz- und
Kunstkammer in drei Theilen, aus den französischen übers.
von J. A. zu Basel. 1614. 8. herauskam.

c) nach dem Zeugnisse Theod. Zwinger's in Jo. *Cratonis*
a *Kraftheim* consil. et epistol. medicinalibus, ex collectan. P. *Monavii* select. et a Laur. *Scholzio* edit.
Francof. 8. B. II. 1592. S. 274. und A. Libav syntagma selectorum undiquaque et perspicue traditorum
alchymiae arcanorum. Francof. 1611. fol. S. 80.

d) De natura et viribus hydragyri epist. ad Paul. *Jovium.*
Basil. 1710. 8.

e) Discours des interrogations faites au même pour le
Parlement par les Docteurs Regens sur certains points
de sa doctrine. à Paris. 1579. 8.

f) Le demosterion. Rheims. 1578. 4. Responsio ad quae-
stiones propositas a medicis Parisiensibus. Paris. 1579.
16. Sommaire defense du même. à Paris. 1579. 8. Trait.
du remede de la peste. à Paris. 1580. 8. Trait. de
l'homme et de ses maladies et remedes et teintures de

S 4   co-

Leibarzt Königs Heinrichs IV. von Falaiſe in der Nor=
mandie.   Eben ſo nahm ſich ein Mitglied der Facultät
zu Paris Aubery (Alberius) aus Trecourt, der
Paracelſiſchen Lehren, vornemlich auch derjenigen von
den Signaturen [g], an.

Ein Märtyrer für die Lehren von Paracelſus,
welche er zu Baſel ſelbſt eingeſogen hatte, war Bernh.
(Georg) Penot, vom Hafen S. Marie in Guienne;
denn er hatte nicht nur, was er noch am Ende ſeines
Lebens bereute [h], mit Verluſt ſeines ganzen Vermö=
gens, denn er ſtarb in der gröſten Armuth [i] im Spi=
tal zu Jfferten in der Schweiz, den Stein der Weiſen,
ſondern auch die Univerſalarznei vergebens geſucht; er
vertheidigte ſeine Grundſäze in mehreren ſeiner Schrif=
ten [k], insbeſondere gegen Joſ. Michelius [l], der
                                              ſie

corail, d'antimoine et magiſtere de perles. à Paris.
  1583. 8.

g) De concordia medicorum diſputatio exoterica. Bern.
  1585. 8.

h) Gegen Fabricius von Hilden Paſchalis Invent. nov.
  antiq. S. 332.

i) die er ſelbſt in der Zueignung ſeines Werks n) öffent=
  lich bekömt.

k) 1) Libellus de denario medico, quo decem medicaminibus omnibus morbis internis medendi via docetur.
  Additi ſunt alii tractatus, et apologia chemiae transmutatoriae. Bern. 1608. 8.   2) Theaphräſtiſch Vademecum,
  überſezt von Joh. Hippodam. Magdeburg. 1607. 4.
  3) Quaeſtiones et reſponſiones philoſophicae. Theatr.
  chemic. B. II. n. 34. - 4) Regulae ſ. Canones philoſophici. Ebendaſ. n. 35.   5) Extractio mercurii ex auro.
  Ebendaſ. n. 36.   6) Dialogus de arte chemica. Ebend.
  n. 37.   7) Libellus de lapide philoſophorum, als An=
  hang zu n). 8) Abditorum chymicorum tractatus varii.
  Francof. 1595. 8.   Auch hat er Aegid. de Bondis Dialo-
                                              gus

sie [m]) angegriffen hatte, und gibt in andern Anleitung zur Bereitung der chemischen Arzneien [n]).

Glücklicher in der Kunst, die Paracelsische Lehren nicht sowohl geltend zu machen, wiewohl er es an Eifer und den gewöhnlichen Kunstgriffen seiner Schule nicht fehlen lies, als vielmehr sie zu seinem eigenen Vortheil anzuwenden, war Joseph du Chesne, H. von Morence, Lyserable und la Violette, bekannter unter dem Namen Quercetanus, aus Armagnac in Gascogne, der sich lange in Teutschland, nachher aber als Leibarzt Königs Heinrichs IV. zu Paris aufgehalten [o]), und durch sein Betragen, vornemlich aber durch seine unglaubliche Prahlereien viele Feinde zugezogen hat [p]): Mit Paracelsus nimmt auch er drei Urstoffe der Körper [q]), aber eigene Samen der Krankhei-

gus inter naturam et filium philosophiae. Francof. 1595. 8. herausgegeben.

l) Apologia contra Jos. *Michelium* eiusque de pseudotemporistis librum. Francof. 1606. 8.

m) Sollte dieses wohl derselbige Jos. Michelius aus Lukka sein, der in einer eigenen Schrift: Apologia chemica adversus invectivas A. *Libavii* calumnias. Middelb. 1597. 8. gegen die Einwendungen Libav's behauptete, er habe den köstlichen Stein der uralten Weisen erfunden?

n) Tractatus varii de vera praeparatione et usu medicamentorum chymicorum. 8. Francof. ad Moen. 1594. Ursell. 1602. Basil. 1616.

o) Bayle Dictionnair. art. du Chesne. S. 866.

p) S. unter andern Greg. Horst epist. B. II. S. 346. G. Patin a. a. O. Br. 31. S. 75.

q) de priscorum philosoph. verae medicin. praeparat. modo. S. 18.

heiten [r]) an; mit **Paracelſus** hielt auch er ſehr viel
von den Signaturen der Körper [s]), von den Mitteln
aus Spiesglanz [t]) und Gold [u]), ſo wie überhaupt
von den chemiſchen, wenn er gleich die ſogenannte gale:
niſche mit jenen zugleich aufführt [x]); wer das allge:
meine Salz beſize, könne das philoſophiſche Gold
leicht erzeugen [y]); er iſt meines Wiſſens der erſte, der
öffentlich und mit deutlichen Worten von der Wiedererwe:
kung der Pflanzen aus ihrer Aſche [z]), durch chemiſche
Kunſtgriffe (Palingeneſie) geſprochen [a]), das Harnſalz
und vielleicht ſchon den Harnphosphorus gekannt [b])
hat: Er fand vornemlich unter ſeinen Landsleuten
                                                   mehrere

r) tetras graviſſimor. capitis affectuum. K. 8. S. 72.
     K. 10. S. 108.

s) de priſcor. philoſophor. ver. medic. praepar. modo.
     S. 82.

t) tetras graviſſimor. capitis affectuum. S. 388 ꝛc.

u) de priſcor. philoſoph. ver. medic. praepar. modo.
     S. 39.

x) in ſeiner pharmacopoea dogmaticorum reſtituta.

y) de priſcorum philoſophor. ver. medic. praeparat. mo-
     do. S. 39.

z) ſ. mehrere Beiſpiele davon in Künſtlicher Auferweckung
     der Pflanzen, Menſchen, Thiere, aus ihrer Aſche.
     Frankf. uud Leipz. 1785. 8.

a) von welcher er ſelbſt bei einem polniſchen Arzte zu Kra:
     kau (Defenſio contra anonymum. K. XXIII. S. 205.)
     und einem Herrn von Luynes, der **Formentiera** hieſ
     (Peſtis alexicacus. B. II. K. 5. S. 340.) Zeuge gewe:
     ſen ſeie.

b) de priſcor. philoſophor. ver. medic. praepar. modo.
     S. 10.

mehrere Widerſacher [c]), aber auch ſeine Vertheidi=
ger [d]).

Seine Schriften, welche in die Chemie einſchla=
gen, und ſich groſentheils aus ihrer mannigfaltigen
Anwendung auf verſchiedene Theile der Arzneikunſt be=
ſchäftigen [e]), ſind: 1) l'Antidotaire ſpagyrique, pour
préparer et conſerver les medicamens [f]); 2) Ad. Jac.
Auberti Vindonis de ortu ut cauſis metallorum contra
chymicos explicationem brevis reſponſio, et de ex-
quiſita mineralium animalium et vegetabilium medicamentorum ſpagyrica praeparatione et uſu perſpicua
tractatio [g]); 3) Sclopetarius ſ. de curandis vulneri-
bus, quae ſclopetorum et ſimilium tormentorum icti-
bus accipiuntur [h]); 4) Ad veritatem hermeticae medicinae ex *Hippocratis* et veterum decretis ac therapeuſi
nec non vivae rerum anatomiae exegeſi ipſiusque naturae

[c] auſer J. **Riolan**, **Penot** und **Aubert**, welcher
leztere auch duas apologias contra reſponſionem *Querce-*
tani. Lyon. 1576. 8. herausgegeben hat, Iſt. **Antar-**
uet (vermutlich ein verdekter Name) Apologia pro
judicio Scholae Pariſinae de alchimia contra *Harveti* et
Baucyneti recuſam cramben. Pariſ. 1604. 16.

[d] vornemlich Iſr. **Harvet** von Orleans, und Wilh.
Baucynet defenſio chymiae adverſus cenſuram ſcholae
medicorum Pariſienſium et in eandem Guil. *Baucynet* annotationes. Paris. 1604. 8. und denonſtratio veritatis
doctrinae chymicae adverſus J. *Riolani* comparationem
veteris medicinae cum nova. Hanov. 1605. 8.

[e] mehrere beiſammen findet man in Opera medica. Francof. 1602. 8. einige zuſammen ſind auch 8. Lugd. Gall.
1600. Francoſ. 1612. Lipſ. 1614. und teutſch Strasburg
1631. herausgekommen.

[f] Lyon. 1576. 8.

[g] 8. Lyon. 1575 und 1600.

[h] Lyon. 8. 1576 und 1600.

rae luce ſtabiliendam adverſus cuiusdam anonymi phantaſmata reſponſio [i]); 5) Ad brevem *Riolani* ex-curſum brevis incurſio [k]); 6) De priscorum philoſo-phorum verae medicinae praeparationis, modo atque in curandis morbis praeſtantia, deque ſimplicium et rerum ſignaturis tum externis tum internis tr. 2. Acc. de dogmaticorum medicorum legitima et reſtituta me-dicamentorum praeparatione L. II. Item ſelecta quae-dam conſilia medica 1) de arthritide et morbo ei ad-fini calculo 2) de nephritide 3) de lue venerea 4) pro virgine morbo immenſum complicato laborante [l]); 7) Die leʒtere abgeſondert in's franʒöſiſche überſeʒt mit der Aufſchrift: Conſeils de medecine et la medecine balſamique des anciens [m]); 8) Diaeteticum polyhiſto-ricum opus magnae utilitatis et delectationis [n]); 9) ins franʒöſiſche überſeʒt mit der Aufſchrift: Le portrait de la ſanté [o]), und 10) Regles de la ſanté ou le verita-ble regime de vivre pour la ſanté et les maladies et une notice des alimens [p]); 11) auch ins teutſche über-ſeʒt durch J. Adolph Ringelſtein [q]); 12) Tetras graviſſimorum totius capitis affectuum. Acc. incurſio ad *Riolani* excurſionem [r]); 13) ins franʒöſiſche über-ſeʒt mit der Aufſchrift: Tetrade des plus grieves ma-ladies

i) 8. Pariſ. 1603 und 1604. Francof. 1605.

k) Marburg. 1605. 8.

l) Genev. 8. 1603. 1609.

m) Paris. 1626. 12.

n) 8. Lipſ. 1601. 1615. Pariſ. 1606. 1608. 1615. Francof. 1607. Genev. 1607. 1626.

o) 8. Paris. 1606. 1620. S. Omer. 1608. 1618.

p) Lyon. 1692. 12.

q) Straßburg. 1625. 4.

r) Marburg. 8. 1606. 1608. 1609. 1617.

ladies de tout le cerveau ^{s}); 14) Und ins teutſche überſ. ^{t});
15) Pharmacopoea dogmaticorum reſtituta pretioſis
ſelectisque hermeticorum floſculis illuſtrata ^{u}); 16)
Ins teutſche ^{x}); 17) mit der Aufſchrift: Pharmacopée
des dogmatiques reformée ins franzöſiſche^y), 18) und
von J. Al. Ferrari ins italiäniſche überſezt ^{z}); 19)
Peſtis alexicacus ſ. luis peſtiferae fuga ſelectorum utriusque medicinae medicamentorum copiis procura-
ta ^{a}); 20) auch ins Franzöſiſche überſezt mit der Aufſchrift: La peſte reconnue et combattue, enſuite la reformation des theriaques et antidotes opiatiques ^{b});
21) Recueil des plus rares ſecrets touchant la medecine
metallique et minerale ^{c}).

Aber hauptſächlich in Teutſchland griffen gegen
das Ende des ſechzehenden Jahrhunderts die theoſophiſche, kaballiſtiſche, aſtrologiſche und alchemiſche Ideen,
welche Paracelſus und ſeine Schüle in Umlauf gebracht hatte, immer weiter um ſich, und bahnten den
Roſenkreuzern den Weg, die im nächſtfolgenden auf den
Schauplaz kommen; Valentin Weigel, von Gro-
ſenhain, Pfarrer zu Tſchopau in Sachſen, verdient,
ſo berühmt er auch durch die Verbreitung theoſophi-
ſcher

s) Paris. 1625. 8.

t) Straſburg. 1634. 4.

u) 8. Lipſ. 1603. Gieſſ. 1607. Pariſ. 1613. Genev. 1628.
4. Pariſ. 1607. Francof. 1601. Venet. 1614. und mit
Renodäus. Hanov. 1631.

x) Straſburg. 1625. 4.

y) Lyon. 1648. 8.

z) 1577 (?) 8. 1646. 4.

a) Pariſ. 1608. 8. 1624. 4. Lipſ. 1609. und 1615. 8.

b) Paris. 8. 1608. und 1631.

c) Paris. 1641. 1648. 8.

ſcher Schwärmereien, und durch ſeine ſich nach ihm
nennende Anhänger geworden iſt ᵈ), ob er gleich die paracelſiſche Lehre von der Verwandlung der Metalle in
die chriſtliche Glaubenslehre überträgt ᵉ), ſo wenig als
der durch ſeine kaballiſtiſche Grundſäze bekannte anhaltiſche Leibarzt, Jul. S p e r b e r ᶠ), und der Schwärmer Aegid. G u e t m a n n ᵍ), zu Augsburg, der behaupten konnte, es liege blos am Glauben, um durch
die Luft zu gehen, Verwandlung der Metalle und andere geheime Künſte vorzunehmen, und eine Offenbarung göttlicher Majeſtät ʰ) hinterlaſſen hat, in einer
Ge-

d) S. H i l l i g e r de vita, fatis et ſcriptis Valent. *Wei-*
gelii. Wittenb. 1721. 4.

e) S. insbeſondere ſeine Schrift de igne et Azoth, wie ſie
in Kerenhapuch. S. 75-83. abgedrukt iſt.

f) S. davon Jul. S p e r b e r s der von Gott hocherleuch-
tete Brüderſchaft des Roſenkreuzes Echo, d. i. exempla-
riſcher Beweis, daß nicht allein dasjenige, was jezt in
der Form und Confeſſion der Fraternität ausgeboten, möglich und wahr ſey, ſondern ſchon vor 10 und mehr Jahren ſolche Magnalia Dei etlichen gottesfürchtigen Leuten
mitgetheilt geweſen. Danzig. 1615. 8. Tractat von vielerley ſeltſamen und wunderbarlichen Dingen, ſo ſich von
1500-1600. zugetragen, ſamt Anzeigung der güldenen
Zeit, herausg. durch Benj. B a h n ſ e n. Amſterd. 1662.
8. und de materia lapidis philoſophici eiusque uſu mira-
biliſſimo. Paris. 1674. 8. Ehreg. Dan. C o l b e r g Pla-
toniſch-Hermetiſches Chriſtenthum. Th. I. K. 6. S. 286.

g) Echo der Fratr. Roſ. Cruc. Praef. S. 12. C o r r o d i
a. a. O. S. 290. auch R o t h ſ c h o l z Bibliothec. chym.
St. III. S. 168-172.

h) darin angezeigt wird, wie Gott der Herr anfänglich ſich
allein ſeinen Geſchöpffen mit Worten und Werken geoffen-
bahret, und wie er alle ſeine Werck, derſelben Art, Ey-
genſchafft, Krafft und Wirckung in kurze Schrifft artlich
verfaſſet, und ſolches alles den Erſten Menſchen, die Er
selbſt

Geſchichte der Chemie kaum erwähnt zu werden; Eben
dahin gehört auch Heinrich Kunrath, aus Leipzig,
der 1 ſ88 zu Baſel den Doctorshut erhalten hatte, ſich
zu Hamburg und Dresden als Arzt aufhielt, und ſich
den Ruf zu verſchaffen wuste, als wenn er den Stein
der Weiſen beſitze ¹); in ſeinen Werken ᵏ) athmet der
gleiche Geiſt, und nur ſein wahrhafter Bericht von
dem

ſelbſt nach ſeinen Bildniß geſchaffen, überreichet, welches dann biß daher gelangt iſt. 4. geſchrieben 1575, gedruckt 1619, und zum zweitenmal mit Nennung des
Druckorts. Amſterdam. 1675.

i) Moller Cimbria litterata. B. II. S. 440.

k) 1) Amphitheatrum ſapientiae aeternae chriſtiano - cabal-
liſticum, divino - magicum, nec non phyſico - chemicum
tertriunum catholicon. fol. Magdeburg. 1598. durch
Eraſm. Wohlfarth. Magdeburg. 1608. (am Ende ſteht
Hanau. 1609.), Hamburg. 1611. Frankfurt. 1613.
2) De Chao triuno phyſico Chemicorum, vom hylcali-
ſchen d. i. primaterialiſchen, katholiſchen oder allgemeinen
nützlichen Chaos der naturgemeſſenen Alchymie und Alchymiſten philoſophiſche Confeſſion. Magdeburg. 8. 1598.
1606. 1616. Strasburg. 12. 1599. und 1700. 3) Sym-
bolum phyſico - chymicum. Hanov. 1599. 8. 4) Magneſia catholica philoſophorum, oder eine in der Alchemie
höchſt nothwendige und augenſcheinliche Anweiſung, die
verborgene katholiſche Magneſia des geheimen Univerſal-
ſteins der ächten Philoſophen zu erlangen. Magdeburg.
1599. 8. Neue von Sprach- und Druckfehlern geſäu-
berte Auflage. Leipzig. 1784. 4. 5) De igne magorum
philoſophorumque ſecreto externo et viſibili d. i. philoſophiſche Erklärung des geheimen äuſerlichen, ſichtbaren
Glut- und Flammenfeuers der uralten Philoſophen.
Strasburg. 1608. 8. Nebſt Joh. Arnds philoſophiſch-
kabbaliſtiſchem Iudicio über die vier erſten Figuren des
groſen kunrathiſchen Amphitheaters, neue, mit Anmerkungen verſehene Auflage. Leipzig. 1784. 8. 6) Die Kunſt
den lapidem philoſophornm (nach dem hohen Bilde Salomons) zu verfertigen, eine Handſchrift in der Bücherſammlung der jenaiſchen hohen Schule.

dem philoſophiſchen Athanor und deſſen Gebrauch und
Nuzen [l]) dürfte hier einer Anzeige werth ſein, wiewohl
er auch dieſen Nuzen viel zu hoch angeſchlagen hat:
Eben dahin rechne ich den annabergiſchen Arzt und
churſächſiſchen Leibarzt Chriſt. Pithopöus, der eine
Zeit lang Lehrer bei Herzog Albrecht Friderich von
Preuſen geweſen war [m]), und ſich in ſeinen Briefen
an den leipziger Lehrer M. Barth als einen ſehr
ſchwärmeriſchen ſeines Lehrers würdigen Anhänger von
Paracelſus gezeigt hat [n]), den Pfarrer Mich.
Bapſt von Rochliz zu Mohorn in Sachſen, der
auch in ſeinen Schriften [o]) mannigfaltige paracelſiſche
Afterweisheit auskomt, den donauwörthiſchen Stadtarzt
Georg an und vom Waid auf Durenhof, der wahrſcheinlich dieſen damals anlokenden Schild ausgehängt
hat, um ſeiner in mehreren Schriften [p]) geprieſenen,
und

l) Magdeburg. 8. 1603. und zum drittenmal 1615. wegen
ſeiner überaus groſen Seltenheit nach der dritten Ausgabe auf das neue von den deutſchen Sprachfehlern ohne
Verletzung des Sinnes geſäubert, und mit einen hiſtoriſchen Vorbericht von ſeinen ſämtlichen Schriften, nebſt
dem in Kupfer geſtochenen Athanor in Druck gegeben,
von B. Leipzig. 1783. 8.

m) Möhſen Beiträge ꝛc. S. 90. 91.

n) J. *Cratonis* a *Krafheim* Conſil. et epiſtol. medicinal.
B. III. S. 420 - 436.

o) 1) neues und nüzliches Erzney Kunſt und Wunderbuch,
wie Menſchen und Vieh geholfen werden kann. 4. Mühlhauſen. 1590. Leipzig. 1592. Eisleben. 1596. 1597.
1604. 2) Giftjagendes Kunſt- und Hausbuch. Leipzig.
4. 1591. und 1592. 3) Wunderbarliches Leib- und
Wundarzneibuch. Eisleben. 1596. 4.

p) 1) Bericht, wie die new von ihm erfunden Terra ſigil-
lata und Univerſalarzney wider die Peſtilenz und ihre
Zufälle, auch allerley eingenommen Gift, Stich der giftie-
gen

und gegen Libav's Angriffe vertheidigten q) Panacée, die nichts anders als ein Zinnober geweſen zu
ſein ſcheint r), deſto gewiſſer Eingang zu verſchaffen;
den ehemaligen Prediger Joh. Gramann, der s),
ganz im Tone ſeiner Zunftgenoſſen, auf Galen und
vernünftige Aerzte ſchimpfte, ſeine Grundſäze ſchon
bei

gen Thiere, viertägig und alltägig Fieber, Gelbſucht,
Grün und Sand, Contractur, Leber, Verhaltung des
Waſſers und der Weiber Blumen, Franzoſen, des Leibes Verſtopfung, hinfallender Sucht ꝛc. zu gebrauchen.
1581. 4. 2) Kurzer Bericht, wie, was Geſtalt und
warum die Panacea Amwaldina als ein einige Medicin
wider den Auſſaz, Franzoſen, zauberiſche Zuſtend ꝛc. anzuwenden ſei. Frankfurt. 1592. 4. 3) Zum Andermal
Gedanken und Bericht ꝛc. Urſeln. 1594. 4. 4) Gemehr-
ter Bericht, von der Terra Sigillata Amwaldina, wie
und wes Geſtalt ſie wider die Peſtilenz, zauberiſche und
andere empfangene Giften, Fieber, Schlag, fallende
Sucht, Kreyß, Schwindel, Waſſerſucht, Gelbſucht,
Grimmen, Grieß, Ruhren, Contractur, Podagram,
Auſſaz, Franzoſen, Rothlauf und viel andere Krankheiten mehr ohn alle Gefahr zu gebrauchen ſey. Stuttgart.
1601. 4.

q) 1) Vortrab auf Andr. Libavii Spott- und Schmach-
karten, daß die Panacea Anwaldiana eine Univerſalmedi-
cin ſey. Hanau. 1595. 4. 2) Gloſſarium in epiſtolam
Libavianam. Roſchach. 1596. 4.

r) A. Libav ſingularium. Th. IV. 1601. 8. S. 270.
et Antigramania in Neoparacelſicis. S. 223.

s) 1) De pharmaco purgante. Erf. 1593. 4. 2) Apologe-
tica refutatio calumniae, qua Paracelſiſtae — nimis
violenta, corroſiva et deleteria aegris propinare a quibusdam Galenicis — — dicuntur &c. Erf. 1593. 4.
3) reſponſoria ad progymnaſmata quorundam antichy-
miſtarum, in qua calumniis refutatis imperfectio artis
Galenicae oſtenditur. Erf. 1594. 4. 4) vom Theriak,
Mithridat, Goldeney und andern Opiatis, und vom
ſpagyriſchen extrahirten eſſentialiſchen alexipharmaco. 4.

bei Hippokrates findet, und unter dem Namen einer
Panacée weiſſen Vitriol mit Roſenzuker ᵗ) feil bietet,
und Georg Forberger aus Meiſſen, der Al. von
Suchten Schrift vom Spiesglanz lateiniſch, und
Dionyſ. Zacharius Tractate teutſch herausgab.

Eben dieſe theoſophiſche, aſtrologiſche, kabaliſti-
ſche, alchemiſche Grundſäze, eben die ungemeſſene Verehrung für Paracelfus ᵘ) nährte und verbreitete der
berühmte anhaltiſche Leibarzt Oſwald Croll aus
Heſſen, dem wir mehrere Schriften ˣ), und bei der
gro-

t) Libav Defenſ. ſyntagmat. arcan. chemicor. Francof.
1615. fol. S. 14.

u) Baſilic. Chymic. Lipſ. 1634. 4. Praef. Admonit. S. 101.
102. "Nullus autem mortalium (adſit veri verbis ve-
nia) in univerſa Philoſophia, et Medicina indubitato
coeli favore tàm ardua et abdita arcana ſcivit, ac in publicum protulit, ſicuti *Theophraſtus* ille *Paracelſus*, vir
et Philoſophus omni aeternitatis memoria et honore dig-
niſſimus, cuius peritiam nemo adhuc inventus qui attin-
gere, nedum ſuperare potuerit, verus medicinae monarcha, et primus Microcoſmi medicus."

x) Baſilica chymica continens Philoſophicam propria laborum experientia confirmatam deſcriptionem et uſum remediorum chymicorum ſelectiſſimorum e lumine gratiae
et naturae deſumtorum, add. in finem tract. de ſignaturis rerum internis. Acceſſ. *Bollingeri* Elegia de vera
antiqua philoſophica medicina ad D. O. *Crollium*, et eius
encom. Wetterae Athenar. Haſſiae. Francof. 1608.
1609. 1647. 4. 1619. und 1634. 8. Colon. Allobr. 1610.
1620. 1628. 8. Marburg. 1611. Genev. 8. 1631. 1635.
Lipſ. 1634. 4. Baſilica chymica plurib. ſelectis ſecretiſ-
ſimis propria manuali experientia approbatis deſcriptio-
nibus et uſu remediorum ſelectiſſimorum aucta a J.
Hartmann ed. a J. *Michaëlis* et G. E. *Hartmanno.* Lipſ.
1634. 4. Genev. 8. 1630. 1635. 1638. 1643. 1658.
Venet. 1642. 8. trad. en francois La royale Chymie de
Crollius. 8. à Paris. 1633. und par. J. Marcel de *Bou-
lene*

grosen Geschicklichkeit, welche er in der Bereitung chemischer Arzneien hatte, eine sorgfältigere Beschreibung
mehrerer dieser Arbeiten, und von einigen theils nicht
mehr geachteten [y]), theils noch jezt geschäzten [z]) Arzneien die erste genaue Nachricht ihrer Bereitungsart
haben; er kannte das kochsalzsaure Silber sehr wohl,
und gab ihm zuerst den Namen Hirnsilber [a]); auch
kannte er das Knallgold [b]) und seine fürchterliche Kraft
sehr wohl, und erdachte ein eigenes zusammengeseztes
Arzneimittel, das er wegen seiner Härte Stein nannte,
und das noch jezt, doch wohl mit einiger Abänderung
in

kene. Rouen. 1634. ins Engl. O. Crollius royal Chymistry. London. 1670. fol. 2) Basilica chymica oder Al-
chymistisch Königlich Kleinod: eine Philosophische durch
sein selbst eigene Erfahrung confirmirte und bestättigt Beschreibung und Gebrauch der allerfürtrefflichsten chymischen
Arzneyen, so aus dem Licht der Gnaden und Natur genommen, in sich begreiffend. Benebens angehängtem seinem Tractat von den innerlichen Signaturen oder Zeichen
der Dinge. Frankfurt. 1647. 4. 3) Tract. de signatu-
ris. Lips. 1634. 4. 4) Crollius redivivus, oder Hermetischer Wunderbaum, worinnen zu ersehen, wie die
wunderbare Werke Gottes, von Liebhabern Chymischer
Arzneyen, recht zu verstehen und zu erkennen 2c. und in
sieben Büchlein eingetheilet. Frankfurt am Main. 4.
1630. und 1647.

y) z. B. des mineralischen Bezoars, welchen er (Basilic.
chymica. Lips. 1634. 4. S. 262.) Antimonium diaphoreticum nennt.

z) z. B. die vitriolsaure Pottasche mit Vitriolsäure (Tartarus vitriolatus a. e. a. O. S. 179. 180.) sowohl als mit
Vitriol (Specificum purgans Paracelsi a. e. a. O. S. 243.
244.) bereitet, das Bernsteinsalz (a. e. a. O. S. 252. und
354. 355.), und Bleiextract (a. e. a. O. S. 471.).

a) oder Luna cornea (a. e. a. O. S. 386.)

b) Aurum volatile. a. e. a. O. S. 379 - 381.

in der Bereitung, unter ſeinem Namen den Wundärz-
ten bekannt iſt ᶜ).

Aber auch ohne ſich an **Paracelſus** anzuſchlie-
ßen, oder ſich in den Schuz ſeiner Schule zu begeben,
ſchwärmten Alchemiſten, Theoſophen, Kabaliſten,
Aſtrologen um die Wette, und wucherten Geheimniskrämer und rohe Empiriker.

So trug der Mönch Sebaſt. **Siebenfreund** ᵈ)
von Skeudiz den Stein der Weiſen, deſſen Geheimnis er von einem alten Mönche auf deſſen Todtenbette
erfuhr, in Italien, Teutſchland und Preuſen herum,
bis es durch ſeinen Tod in die Hände ſeiner Mörder
fiel; Konrad **Schedel**, Melch. **Wieland**, Fr.
Seidel reiſten in der halben Welt herum, um ſich
Kenntniſſe dieſer Art einzuſammlen ᵉ); Hier. **Crinot**,
der ſeine Kenntniſſe auf eben die Weiſe erlangt hatte,
erwarb ſich damit unglaubliche Reichthümer ᶠ); Joach.
Tank von Perleberg in der Mark, öffentlicher Lehrer
der Arzneikunde zu Leipzig, gab auſer den Werken Anderer ᵍ), ein **Promtuarium alchemiae** ʰ), einen Bericht von der rechten und wahren Alchemey ⁱ) und Vor-
reden

---

c) Lapis medicamentoſus efficax a. e. a. O. S. 466 - 470.

d) Beytrag zur Geſchichte der höhern Chemie. n. 24. S.
233 - 237. 491.

e) **Möhſen** Beyträge. S. 37.

f) daß er 1300 Kirchen geſtiftet haben ſoll. Sal. Triſmoſin Aureum vellus. S. 47.

g) z. B. Eines Ungenannten alchymiſtiſch Weizenkörnlein
der Alchimey von dem Stein der Weiſen. Leipzig. 1604.
8. und Bernard. Comit. Treviſani Opuſc. chymica.
Leipzig. 1605. 8.

h) 8. Th. I. II. Leipzig. 1610. 1614. 1619.

i) Leipzig. 1605. 8. Oder ſuccincta artis chemicae inſtructio.
Lipſ. 1605. 8.

reden und Uebersezungen zu und von andern chemischen
Schriften heraus; Balth. Brunner, von Halle in
Sachsen, Leibarzt mehrerer teutschen Fürsten, unter-
hielt, nachdem er ganz Europa durchreist hatte, in
seiner Vaterstadt ein eigenes Laboratorium, in welchem
er mit grosem Aufwande zwanzig Jahre lang unermü-
det nach dem Stein der Weisen forschte [k]); der augsburgische Arzt Dan. Keller [l]) bot diese Kunst, die er
jedoch, wie der Erfolg zeigte, nicht verstand, öffentlich zu Kauf aus; Pet. Kerzenmacher gab eine
Alchimie [m]), J. E. Burggraf, Arzt zu Langen-
schwalbach, mehrere dahin gehörige Schriften [n]), Th.
Cäsar einen Alchimeyspiegel [o]), Hieron. Reußner Franc. Epimethaei Pandora [p]), Karl Wittestein
seine disc. philosophica de quinta chemicorum essentia

k) Lor. Hoffmann in der Vorrede zu den von ihm herausgegebenen Brunnerischen Consiliis medicis ex bibliotheca J. J. Straiskirchneri. 4. Hal. 1617. und Lips.
1737.

l) Achill. Pirmin. Gassari annal. Augsburg. bei Mencken Scriptor. rerum germanic. B. I. S. 1929.

m) oder vom rechten Gebrauch der Alchimey, nebst Gilber-
ti Cardinalis Bericht von Solvirung der Metalle, Probi-
rung der Edelsteine ꝛc. Frankfurt am Mayn. 1570. 8.

n) 1) Balneum Dianae, magnetica priscorum philosophorum clavis. Lugd. Bat. 1600. 2) Biolychnium et cura
morborum magnetica ex Paracelsi Mummia. Franeker.
8. 1612. und 1629. 3) Achilles redivivus. Amstelod.
1612. 8. 4) Biolychnium s. Lampas vitae et mortis.
Lugd. Bat. 1610. 8. Francof. 1630. 12. 5) Introductio
in vitalem philosophiam, et morborum astralium et materialium curationem. 4. Francof. 1623. Hanov. 1643.

o) oder Morienus Bericht von dem ersten Ursprung und
Grund der Alchimey. Frankf. am Mayn. 1597. 8.

p) oder Stein der Weisen, mit welchem die alten Philoso-

T 3   phen

tia [p]), Joh. Schaubert eines Anonymi (J. B. Panthei) Bericht von dem Fundament der hohen Kunst Vorarchadumiae [q]) heraus: Ew. Vogel schrieb de lapidis philosophici conditionibus [r]): Mehr Aufsehen erregten um diese Zeit in Teutschland Dav. Beuther, und Sebald Schwerzer, welche beide am sächsischen Hofe unter den Churfürsten August und Christian I. arbeiteten; der erste war Münzwardein zu Annaberg, war wegen gewisser ihm angeschuldigter Vergehungen in Verhaft, zugleich aber auch durch Geheimnisse, die er durch Zufall in der Wand seiner Wohnung aufgezeichnet gefunden, in den Ruf eines Goldmachers gekommen, und sollte nun in dem churfürstlichen Laboratorio (Goldhaus) seine Arbeiten in Beisein eines andern (Schirmer) vornehmen; die erste Versuche gelangen auch glücklich, allein entweder, weil diese nur durch Zufall geriethen, oder, was Freunde der Alchemie wohl eher muthmasen werden, weil er nun einmal seine Kunst auf keinen andern kommen lassen wollte, er schikte einmal seinen Gehülfen hinweg, und dieser fand ihn, als er wieder kam, auf der Erde todt liegen [s]); erst lange nach seinem Tode sind einige mit seinem Namen

phen, auch Theophrastus Paracelsus die unvollkommene Metalle durch Gewalt des Feuers verbessert. Basel. 1598. 8.

p) cum *Carerii* libro an metalla artis beneficio transmutari possint. Basil. 1583. 8.

q) wider die falschen und untreuen Alchimisten, de auro et luna potabili; *Garlandi* tabellae smarogdinae Hermetis Trismegisti explicatio. Magdeburg. 1608. 8.

r) quo abditissimor. auctor. *Gebri* et R. *Lullii* methodica continetur explicatio. Theatr. chemic. B. III. n. 77.

s) J. Kunckel a. a. O. Th. III. S. 568-586.

men geſtempelte Schriften [t]) erſchienen: Der andere
hatte auf eine ſehr frevelhafte Art [u]) das Geheimnis
erlangt, kam nach Beuthers Tod (1584) in der gleichen Eigenſchaft in churſächſiſche Dienſte, ſtund auch
noch in Geſellſchaft Doct. Paul Luthers [x]), der vermuthlich die chemiſche Arzneien beſorgte, unter Chur-
fürſt Chriſtian I. dem dortigen Laboratorium vor, gieng
aber bald nach deſſen Tode nach Böhmen, und ſtarb 1601
als Berghauptmann von Joachimsthal [y]); erſt lange
nach ſeinem Tode iſt eine Schrift mit ſeinem Namen [z])
herausgekommen.

                                                    Alex.

t) 1) Univerſal und vollkommener Bericht von der hochbe-
    rühmten Kunſt der Alchymie und ſeiner in ſolcher erlang-
    ten und erfahren Geheimniſſen und Kunſt-Stücken ꝛc.
    durch den Druck gegeben von Anonymo. Frankfurt 1631.
    4. Leipzig. 1717. 8. 2) Univerſal und Particularia, wor-
    inn die Verwandlung geringer Metalle in Gold und
    Silber klahr und deutlich gelehrt wird, nebſt einem An-
    hange von unvergleichlich curieuſen Alchymiſchen Kupf-
    fern, darinn die Kunſt vom Anfang bis zu Ende vorge-
    mahlet iſt, und einer Vorrede von Beuthers Perſon
    und Schriften J. Chph. Sprögel's. Hamb. 1718. 8.
    3) Zwey rare chymiſche Tractate, darinnen nicht nur alle
    Geheimniſſe der Probier-Kunſt derer Ertze und Schmel-
    tzung derſelben, Sondern auch die Möglichkeit der Ver-
    wandlung der geringen Metalle in beſſere gar deutlich ge-
    zeiget werden, aus einem alten raren von Anno 1514 bis
    1582 geſchriebenen, Buche zum erſtenmal in Druck gege-
    ben, deme beygefüget dieſes Autoris Univerſal. Leipzig.
    1717. 8.

u) nemlich durch Ermordung Siebenfreunds Kerenhapuch.
    S. 101.

x) M. Adam a. a. O. S. 340. 341.

y) J. Kunckel a. a. O. S. 586-597.

z) Chryſopoeia Schwaertzeriana, das iſt: Sebaldi Schwaert-
    zers Manuſcripta von der wahrhaften Bereitung des phi-

                        T 4   loſo-

Alex. von Suchten, der im Spiesglanze das
Hauptgeheimnis ſuchte, gab de ſecretis antimonii ᵃ);
Thom. Mercſinus einen L. novum, de metallorum
cauſſis et transſubſtantiatione ᵇ); Wenzel Lavinius
aus Mähren ſeinen tr. de caelo terreſtri ᶜ); J. de Laſ-
nioro aus Böhmen, ſeinen tr. aurum de lapide philoſophico ᵈ); Salomon Triſmoſin, der, ob er
gleich erſt in hohem Alter zum Stein der Weiſen ge-
langte, den er auf ſeinen weiten Reiſen lange vergeblich geſucht hatte, verſichert, er habe ſich mit einem
halben Gran deſſelbigen plözlich verjüngt, mit einer

Arznei

loſophiſchen Steins, wie ſelbige vor dieſem mit ſeiner eigenen Hand entworffen, und bei dem Chur-Fürſtl. Säch-
ſiſchen Hauſe in Originali verwahrlich aufbehalten worden, nebſt dem rechten zu ſolchen Manuſcriptis gehörigen
Schlüſſel (von Schwärtzern ſelbſt, aber von Tut-
ſchky beſorgt) auch unterſchiedlichen Abriſſen der darzu
dienlichen Oefen aus einer unverfälſchten durch viele
Mühe und Unkoſten erlangten Copia nunmehr jedermann
vor Augen gelegt, und mit einigen nützlichen Anhängen
vermehret. Hamburg. 1718. 8.

a) tract. latinit. donatus a G. *Forberger.* Baſil. 1575.
8. und mit der Aufſchrift: Clavis alchemiae de ſecretis
antimonii. Mompelg. 1604. 8. und ins teütſche überſ.
durch Joh. Thölden mit der Aufſchrift: Von dem groſen Geheimnis, des Antimonii in zwey Traktaten. 8.
Gera. 1604. 1613. und Nürnberg. 1675.

b) in quo Chimicorum quorundam inſcitia et impoſtura
philoſophicis, medicis et chimicis rationibus detegitur,
et vera de illis rebus doctrina ſolide aſſeritur. Francof.
ad Moen. 1593. 8.

c) Marpurg. 1612. 8. auch in der Bibliotheq. des philoſoph. chimiques par *Salmon.* Paris. 12. B. I. n. 6. und
theatr. chem. B. IV. n. 106.

d) 1612. 8. auch in tres tract. de ſecretiſſ. antiquiſſimor.
philoſoph. auro ad transmutation. Hanov. 1618. 8. und
theatr. chemic. B. IV. n. 121.

Arznei aus dem rothen Löwen Frauen von siebenzig bis
neunzig Jahren wieder so jung gemacht, daß sie noch
mehrere Kinder gebohren, und es seie ihm ein leichtes,
durch sein geheimes Arzneimittel sein Leben bis an den
jüngsten Tag zu verlängern, sein Aureum vellus oder
güldne Schatz- und Kunstkammer ᵉ), Chryfogo-
mus Polydorus eine Collectionem aliquot veterum scriptorum de alchemia ᶠ); Joh. Garland ein
Compendium alchimiae ᵍ) heraus; Joh. Chryfipp
Fanianus schrieb über das Recht der Alchemie, ob
sie nemlich eine erlaubte Kunst seie ʰ); Robert Val-
lenfis suchte die Wahrheit der Alchemie durch angebliche Thatsachen zu bewähren ⁱ); Alex. Carreri zu Padua

e) Rohrschach. 1598. 8. und 4. Hamburg. 1708. auch
   mit der Aufschrift: Eröffnete Geheimnisse des Steins
   der Weisen, oder Schatzkammer der Alchymei. 1718.
   und dessen zweiter Band. Basel. 1604. 4. auch ins französische übersezt mit der Aufschrift: La toison d'or, ou
   la fleur des trésors, en la quelle est traité de la Pierre
   des Philofophes. à Paris. 8. 1602. und 1612.

f) Norimb. 1541. 4.

g) cum dictionario eiusdem artis atque de metallorum
   tinctura praeparationeque eorundem libello. Bafil.
   1560. 8.

h) de arte metallicae metamorphofeos, accedunt variorum
   ICtorum judicia et refponfa de jure artis Alchemiae, an
   fit ars legitima. 8. Bafil. 1576. auch Montisbelig. 1602.
   abgedruft theatr. chemic. I. n. 2. und bei Manget
   a. a. O. B. I. §. VII. S. 210-216. auch mit Libr.
   duobus de arte chemica, quibus omnia, quae ad lapidis five pulveris philofophici compofitionem ufumque
   fpectant, breviter et aperte traduntur. Montisb. 1602. 8.

i) de veritate et antiquitate artis chemicae et pulveris five
   medicinae philofophorum. Lugd. 1593. 8. auch im
   Theatr. chem. B. I. nr. 1.

T 5

dua warf auch die Frage auf, ob durch Kunst Metalle
erzeugt werden können [k]); J. August Pantheus, ein
venetianischer Priester, schrieb eine artem et theoriam
transmutationis metallicae [l]); Abraham e Porta
Leonis, ein Jude aus Mantua, seine Dialogos tres
de auro [m]); Hier. Chiaramonte seinen trattato della
polvere o elixim vite [n]); Flav. Girolari seine Nuova
minera d'oro [o]); Fab. Glissenti seinen tr. della
pietra de filosofi [p]); Ludw. Lazarel sein Bassin d'
Hermes [q]); Fr. Evangel. Quadrammo, ein Augustiner, seine vera dichiarazione di tutte le metafore degli
alchimisti e dell' inganni degli alchimisti moderni [r]);
Lor. Ventura, ein Venetianer, ein Buch de ratione
conficiendi Lapidis philosophici, et alia eiusdem argumenti [s]); ein anderer italiänischer Goldmacher Franz
Forrense bot seine Dienste am churfächsischen Hofe
ver-

k) diss. an possint arte simplicia veraque metalla gigni?
   Patav. 1579. 4. Basil. 1582. 8. auch mit C. Wittestein de quinta essentia chemicorum.

l) Venet. 1530. und abgedruckt Theatr. chemic. B. II.
   n. 47.

m) vel de auri in re medica facultate. Venet. 4. 1514.
   1584. 1586.

n) 4. Genov. 1590. Firenz. 1620.

o) nelle quelle si dimostra l'arte chimica esser verissima,
   e con la pietra filosofica potersi far l'oro. Venet.
   1590. 4.

p) Venet. 1596. 4. auch unter der Aufschrift: Discorsi mo-
   rali contra il Dispiacer del morire, e molto curioso
   trattato della pietra de' filosofi. Venet. 1609. 4. und ins
   lateinische übersezt. Giess. 1671. 8.

q) à Paris. 1577. 8.

r) Rom. 1587. 4.

s) Basil. 1571. 8. abgedruckt theatr. chem. B. II. n. 40.

vergebens an '); Joh. Bapt. Birelli gab zu Florenz
eine Alchimia "), Joh. Braceſchi von Breſcia ei=
nige ähnliche Schriften ˣ), J. Bapt. Nazari, auch,
aus Breſcia, mehr als Sammler, als durch eigene
Arbeiten bekannt, seine drei Träume ᵞ) und seine Concordanza dei filoſofi ᶻ), welche gleichſam eine Fort=
ſezung der erstern ist; Wilh. Gratarolus von Ber=
gamo, und, nachdem er die proteſtantiſche Religion
angenommen hatte, Lehrer der Arzneikunde zu Mar=
burg

t) Böhm de Auguſti Saxoniae ducis in litterarum et artium ſtudia amore. Lipſ. 1764. 4. S. 20.

u) 1602 und 1661. 4. auch in ſeinen Oper. Firenz. 1601.
4. überſezt durch P. Uffenbach mit der Auffschrift:
H. Bapt. Birelli von Sems Alchymia nova, das
iſt, die guldene Kunſt selbſt, oder aller Künſten Muter,
ſamt dero heimlichen Secreten, unzehlichen verborgenen
Kindern und Früchten, von allerley Alchymiſtiſchen und
metalliſchen Geschäfften, Waſſern und Oelen, Bereitung
der Kälk, der Kunſt zu figiren, Silber und Gold zu
machen, Edelgeſteinen, Laimen, Mixturen und Spie=
geln, den Sälzen der Farb und Mahlkunſt auch sonſt
vielen luſtigen und kurzweiligen Künſten. Samt der Le=
bens=Beschreibung des Hermetis Trismegiſti und vielen
Figuren. Frankfurt am Mayn. 1603 und 1654.

x) 1) Dialogus veram et genuinam librorum Gebri ſen-
tentiam explicans, bei Manget a. a. O. I. S. 565.
2) de Alchimia dialogi duo, quorum prior Gebri ſenſum explicat. Lugd. 1548. 4. cum propoſitionibus 129.
apud Gratarol. Verae alchemiae artisque metallicae
doctrina. Baſil. fol. B. I. 1561. n. II. und nunquam
antehac conjunctim ſic editi, correcti et emaculati &c.
Hamburg. 1673. 8.

y) della trasmutazione metallica ſogni tre, della falſa
trasmutazione ſofiſtica, della reale, uſuale, della Divina,
della reale Philoſophica. Breſcit. 4. 1572 und 1599.

z) Breſcia. 1599. 4.

burg und nachher zu Baſel [a]), auſer einer Schrift
de vini natura, artificio et uſu deque omni re potabili [b]), eine Sammlung kleinerer alchemiſcher Schriften [c]), die zwar meiſt von andern [d]), aber auch zum
Theil [e]) von ihm ſelbſt ſind, und eine andere [f]) in drei
Bänden heraus; auch Jan. Lacinius aus Kala-
brien gab einige ſolche Sammlungen älterer alchemiſcher
Schriften [g]), dergleichen in dieſem Zeitalter mehrere [h])
auch

a) G. A. Merklin Linden. renovat. Norimb. 1686. 4.
    S. 376.

b) Baſil. 1565. Colon. 1574.

c) Unter der Aufſchrift: Vera alchemiae artisque metalli-
    cae doctrina certusque modus. Baſil. 1561. fol. 1572.
    B. I. II. 8. auch unter der Aufſchrift: Verae Alchymiae
    scriptores aliquot collecti et una editi. Baſil. 1561. fol.

d) als von Braceſchi, Traulaban, Bako, Ri-
    chard, Albert, Ariſtoteles, Arnold von Ba-
    chuone, Efferarius, Odomar, Rupeſciſſa,
    Savanarola, Augurelli.

e) als z. B. artis alchemiae secretissimae et certissimae de-
    fensio, lapidis philosophici nomenclaturae, ed. fol.
    S. 265.

f) Baſil. 8. Artis auriferae, quam chemiam vocant, Vol.
    II. 1572. 1593. und 1610. Vol. III. 1610.

g) 1) Pretioſa ac nobiliſſima artis Chymiae Colectanea, de
    occultiſſimo ac pretioſiſſimo Philoſophorum Lapide.
    Venet. 8. 1546. Norimb. 4. 1554 und 1654. 2) Col-
    lectanea Chimica, cum Margarita novella pretioſa Pe-
    tri Boni Lombardi ab eo correcta, praefatione eius,
    epiſtola Petri Boni, et tractatulo - chemico cum figuris.
    Baſil. 8.

h) 1) Volumen tractatuum ſcriptorum rariorum de Alche-
    mia. Norimb. 1541. 4. 2) De Alchimia Dialogi duo
    quorum primus genuinam Librorum *Gebri* ſententiam —
    detegit — alter *Raymundi Lullii* myſteria in lucem
    producit, quibus praemittuntur propoſitiones 129 idem
    argu-

auch ohne Namen des Herausgebers erſchienen ſind, heraus; Leonh. Fioravanti aus Bologna, vieljäh= riger Arzt zu Palermo, und noch durch einen nach ihm genannten Wundbalſam bekannt, ein ausſchweifender Mann [i]), ein unausſtehlicher Prahler und verworre= ner Schriftſteller, preist in mehreren ſeiner Schriften [k]) ſeine

argumentum complectentes. Lugd. 1548. 8. 3) De Alchimia opuſcula complura Veterum philoſophorum. Francof. 4. T. I. II. 1550. 4) Divers traités d'Alchimie traduits en Francois. à Lyon. 1557. 8. 5) Opuſcula quaedam utiliſſima in arte chemica. Argent. 1566. 8. 6) Artis chemicae principes Avicenna atque Geber. Baſil. 1572. 8.

i) Crato ſagt wenigſtens von ihm Epiſtol. medicin. L. I. nr. VII. S. 206. "Fioravantum, nebulonem peſſimum, qui Venetiis eiectus eſt."

k) 1) Specchio di ſcienza univerſale. Venet. 8. 1564. 1592. 1603. 1679. ins lateiniſche überſezt. Francof. 1625. 8. ins franzöſiſche von Gabr. Chapuds, unter der Aufſchrift: Le miroir univerſel des arts et ſciences. à Paris. 1586. ins teutſche mit der Aufſchrift: Allgemeinen Weltſpiegels drei Bücher ꝛc. Frankfurt am Main. 1625. 8. 2) De' capricci medicinali. Venez. 8. 1568. 1571. 1573. 3) Teatro della vita umana. Regimento contra la peſte &c. De' capricci medicinali L. IV. Nel primo de quali S'inſegna a conoſcere diverſi ſegni delle coſe naturali con molti ſecreti della medicina e cirurgia. Nel ſecondo ſi moſtra di fare varii e diverſi medicamenti utiliſſimi. Nel terzo ſi tratta dell' alchimia dell' uomo, e dell' Alchimia minerale con molti capricci a figliuoli dell' arte. Nel quarto ſi contengono alcuni belli diſcorſi filoſofici e medicinali di nuovo dell' iſteſſo Autore in molti luoghi di ſecreti importantiſſimi ampliati, iquali coſi a profeſſori di fiſica, come di cirurgia erano grandemente neceſſarii. Venet. 1595. 1629. 8. ins teutſche überſezt mit der Aufſchrift: Corona oder Kron der Arzney deß fürtrefflichen hoch= und weytberümbten Medici und Wundt=Arztes Leonh. Fioravanti von Bononia. Frank= furt.

ſeine geheime Künſte [1]), vornemlich aber ſeine durch
chemiſche Kunſt bereitete Arzneien [m]) an; er will ſchon
1547 die Verſüſung des Meerwaſſers durch Uebertreiben entdeckt haben: Ein ähnlicher Schwärmer, Geheimniskrämer und Prahler, der ſich einen eigenen
Schuzengel, Zephiriel, und ſeinem Hauptmittel, einer
langweilig zu bereitenden Miſchung aus Gold, Silber, Queckſilber und Eiſen, den Namen Herkules bei-
legt, Präcipitat, trinkbares Gold, römiſchen Vitriol,
Nieswurzextract und andere dergleichen heftigere Mittel
empfiehlt, iſt Thomas Bovius, ein italiäniſcher
Rechts-

furt. 1684. 8. auch mit der Aufſchrift: Kern der Artzney
vier Bücher, oder mit der Aufſchrift Artzney-Kron.
1618. 8. 3) Fiſica diviſa in libri 4. Venet. 8. 1582.
1603. 1620. und 1627. ins teutſche überſezt mit der
Aufſchrift: Phyſica, das iſt: Experienz und Naturkündigung. Frankfurt. 8. 1504. und 1618.   4) Specchio de'
ſecreti ratiouali. Venet. 1597. 8. (wenn es nicht etwa
mit 1) einerlei iſt.

l) 1) Compendio di ſecreti rationali. Venet. 8. 1571. 1588.
1591. 1565. 1620. 1660. 1675. 1680. überſezt ins lateiniſche unter der Aufſchrift: Libri V. Compendium ſecretorum rationalium. Taurin. 1580. 8. und Libri IV.
Compendium ſecretorum. Darmſt. 1624. ins teutſche mit
der Aufſchrifi (Compendium oder): Auszug der Secreten, Geheimniſſen und verborgenen Künſten L. Fioravanti. 8. Frankfurt. 1604. und 1624. Darmſtadt 1624.
ins engliſche mit der Aufſchrift: Phyſical ſecrets oder Ra-
tional ſecrets and ſurgery reviv'd. London. 1652. 4.
2) Secreti razionali intorno alla medicina, chirurgia ed
alchimia. Venet. 1600. 8.

m) Teſoro della vita humana. Venet. 8. 1570. 1582. 1603.
1670. überſezt ins teutſche 8. Darmſtadt. 1627. und mit
der Aufſchrift: Naturkündigung und Artzney. Frankfurt.
1618. und ins engliſche mit der Aufſchrift: Phyſical experiments und ſecrets. London. 1653. 4.

Rechtsgelehrter [n]): So gab auch ein Filareto Breve raccolto di ſecreti delle donne [o]), Pet. Bairo ſecreti medicinali [p]); Iſabella Corteſe ein Werk von verborgenen Künſten in der Alchemie, und Arzneikunſt [q]), und ein Ungenannter [r]) unter der ehrwürdigen Firma von Gabr. Fallopia ein ähnliches [s]) heraus;

[n]) dergleichen chemiſche Mittel, wie ſie hieher gehören, gibt er in mehreren ſeiner Schriften in flagello contro de medici communi detti rationali. Venet. 1583. und Vienn. 1601. 4. Milan. 1617. 12. in ſeinem fulmine contra de' medici putatitii rationali. Veron. 1592. und 1602. 4. Milan. 1617. und Padua 1626. 12. und in Melampygo overo confuſione de medici ſofiſti e del Claudio Gelli. Veron. 1595. 4. Milan. 1617. und Padua. 1626. 12. an.

[o]) Florenz. 1573. 8.

[p]) Venez. 1592. 8.

[q]) I ſecreti, ne quali ſi contengono coſe minerali, medicinali, arteficioſe ed alchimiche &c. Venez. 8. 1561. 1565. 1584. 1642. überſezt ins teutſche mit der Auffſchrift: Verborgene heimliche Künſte und Wunderwerke in der Alchymie, Medicin und chyrurgia. Samt 42. olitaeten, viel herrlicher Waſſer, Pomambre, Zibeth und allerley wohlriechende Seiffen, auch über 400 Secreta und Heimlichkeiten in allerley Künſten. 8. Hamburg. 1592 und 1596. Frankfurt am Mayn. 1596.

[r]) wenigſtens befindet es ſich nicht in den Operibus omnibus dieſes groſen Zergliederers, welche zu Venedig 1584 und 1606. in fol. B. I.-III. erſchienen ſind; auch ſcheint es nach einer Aeuſerung des teutſchen Ueberſezers ſchon damals Leute gegeben zu haben, welche zweifelten, ob es von Fallopia kommen.

[s]) Secreti diverſi e miracoloſi, diſtinti in tre libri, nel primo de quali ſi conſtiene il modo di fare diverſi olei, cerotti, ontioni, elettuari, pillole e infiniti altri medicamenti. Nel ſecundo ſ' inſegna a fare diverſe ſorti di vini ed acque molto ſalutifere. Nel terzo ſi contengono al-

aus; eben ſo ſind auch die ſecreti varii di medicina e
chirurgia des Wundarztes J. B. Zapata beſchaffen,
die ſein Schüler Joh. Scientia ᵗ) herausgegeben
hat, nur daß dieſer offener in der Bekanntmachung
ſeiner Geheimniſſe iſt, und z. B. unverholen bekennt,
daß ſeine Goldtinctur Brandewein mit Zuker ſeie: So
gab auch, unter dem angenommenen Namen Alexius
Pedemontanus, Hieron. Roſello ein Werk de
ſecretis ᵘ) heraus; das, wie ſich dieſes ſelbſt von den
zu-

alcuni importantiſſimi ſecreti di alchymia ad altri ſecreti
dilettevoli e curioſi. Venet. 8. 1563. 1569. 1578. 1582.
ins teutſche überſezt unter der Aufſchrift: Kunſtbuch von
mancherley nützlichen bisher verborgenen und luſtigen
Künſten ꝛc. durch Jer. Martius. Augſp. 8. 1571 und
1573. Oder: Wunderbarer Secreten III. Bücher. 8.
Frankfurt. 1616 und 1690. Hamburg. 1651. Oder Geheimniſſe der Natur. Frankfurt. 1690. 8. Oder: Menſchlichen Lebens gewiſſe und ſehr nützliche Secreten. Frankf.
1641. 12. oder 8. Oder: Neueröfnete vortrefliche und
rare Geheimniſſe der Natur. Frankfurt. 1715. 4. ins
franzöſiſche überſezt von Chriſt. Landri mit der Aufſchrift: L'Oecoiatrie, la quelle contient en ſoy grands
ſecrets &c. à Nevers; und aus dieſer wieder ins teutſche
durch Jer. Martium unter der Aufſchrift: Von mancherley nützlichen, bißher verborgenen und luſtigen Künſten, erſtlich welſch durch ihn beſchrieben, vor etlichen
Jahren in Frantzöſiſcher ſprach durch Chriſtophorum Lan-
rinum aufgangen ꝛc. Augſpurg. 1584. 8. und mit der Aufſchrift: Kunſtbuch ꝛc. Augſpurg. 1593. 8.

t) 8. Rom. 1586. Venet. 1586. 1595. 1611. 1618. 1677.
und 12. Venet. 1602. 1618. 1677. ins lateiniſche überſezt durch Dav. Spleiß mit der Aufſchrift: Mirabilia
ſ. ſecreta medico-chirurgica. Ulm. 1696. 8. und ins
teutſche mit der Aufſchrift: Schlüſſel der Artzney ꝛc. Leipz.
8. 1625. (1685.)

u) Venet. 1557. 4. 1558. 1560. 1562. 1563. und 1603. 8.
ins lateiniſche überſezt von J. J. Wecker. Baſel. 8.
1559.

zunächst vorhergehenden Werken nicht ganz läugnen läst, manche schäzbare und damals neue Nachrichten z. B. von der Benzoebutter ˣ), von der Bereitung des Mahlergoldes ʸ), von den sogenannten Goldfirnissen ᶻ), von dem Vergolden des Eisens ᵃ), von dem Kugellak ᵇ), von dem Rosentuch ᶜ) liefert: Hieron. Zaneti vertheidigte die Alchemie in einer eigenen Schrift ᵈ): Phil. Rouillac, ein Minorite aus Piemont, schrieb eine Practica operis magni ᵉ).

Auch in Frankreich erhoben sich um diese Zeit mehrere Alchemisten: Nik. Barnaud aus Crest im Delphinat, der bald zu Genf, bald in Holland lebte, und auch einige die Kunst betreffende Schriften ᶠ) und
Samm:

1559. 1563. und 1568. und Lyon. 1561. 12. ins französische. Antwerpen. 1557. 4. Rouen. 1564. und 1614. 16. 1600. 12. ins englische von Warde. London. 1562. 4. 1615. 8. ins holländische. Amsterdam. 1614. 8. ins teutsche. Basel. 1571. 4. 1570. 1573. 1580. 1581. 1593. 1611. 1615. und 1616. 8.

x) ed. 1560. S. 108. übrigens kommt diese Arbeit auch schon in der nach G. Fallopia benannten Samml. teutsch. Ausg. 1715. 4. S. 13. vor.

y) a. e. a. O. S. 218.

z) a. e. a. O. S. 207. 220.

a) das nemlich zuvor mit Kupfer überzogen werden mus. a. e. a. O. S. 275.

b) a. e. a. O. S. 205.

c) unter dem Namen Plagula orientalis. a. e. a. O. S. 183.

d) Conclusio et comprobatio alchemiae Theatr. chemic. B. IV. n. 103.

e) cum Theophr. Paracelf. 115 curationibus, et If. Hollandi. L. de quint. essent. Lugd. 1582. 8.

f) 1) in aenigmaticum quoddam epitaphium Bononiae lapidi insculptum. bei Manget a. a. O. B. II. S. 713.

Sammlungen ᵍ) hinterlaſſen hat, ſoll ſich damit groſe
Reichthümer erworben haben ʰ). Nicht ſo glücklich
war Dionyſius Zacharius, der Rechten Licentiat
aus Guienne, unter deſſen Namen einige Schriften ⁱ)
auf uns gekommen ſind; nach vielen getäuſchten Hof-
nun-

auch theatr. chem. B. III. n. 8. 2) Extractum e Caroli
Caeſaris Malvaſii tractatu ſuper eodem epitaphio. bei
Manget a. e. a. O. S. 717. 3) Brevis elucidatio
arcani philoſophorum. Lugd. Bat. 1599. 8. auch abgedr.
in Theatr. chemic. B. III. n. 92. 4) Theoſophiae pal-
marium, tractatulus chemicus anonymi cuiusdam Philoſophi antiqui. Lugd. Bat. 1601. 8. auch abgedruft Theatr.
chem. B. III. n. 95. 5) Epiſtola, de occulta philoſophia cuiusdam Patris ad filium. Lugd. Bat. 1601. 8. auch
abgedruft Theatr. chemic. B. III. n. 96. 6) Proceſſus
aliquot chemici. Theatr. chem. B. III. n. 86. 7) Carmen de lapide. ebend. n. 87. 8) Dicta ſapientum de lapide. ebend. n. 97.

g) 1) Triga chemica de lapide philoſophico, (welche unter andern die Schrift eines teutſchen Edelmanns Lam-
ſpring darüber enthält) Lugd. Bat. 1599. 8. auch abgedruft Theatr. chemic. B. III. n. 93. 2) Quadriga
aurificã. Lugd. Bat. 1599. 8. auch abgedruft Theatr.
chemic. B. III. n. 94.

h) A. Libav Alchym. transmut. defenſ. 2. contra Guibert.
S. 234. 250 ꝛc.

i) 1) Opuſculum philoſophiae naturalis metallorum abgedruft bei Manget a. a. O. B. II, S. 336 ꝛc. und im
theatr. chemic. B. I. n. XXII. ins franzöſiſche überſezt
Opuſcule de la vraye philoſophie naturelle des métaux.
Anvers. 1567. 8. und in Bibliotheque des philoſophes
chimiques, par le Sieur Salmon. Paris. 12. B. I. n. 5.
ins teutſche durch G. Forberger: drei Tr. von der
natürlichen Philoſophie und von der Verwandlung der
Metalle in Gold und Silber. Halle. 1609. 8. Wien.
1774. 8. 2) de chemico miraculo, cum Treviſano,
authoritatibus variis principum huius artis, Democriti,
Gebri, Lullii, Villanovani confirmati per G. Dorn.
Baſil. 8. 1583 et 1600.

nungen, nach der Aufopferung ſeines ganzen Vermögens glaubte er zwar, das groſe Geheimnis gefunden
zu haben, eilt damit in Begleitung ſeines Dieners in
das Land der Freiheit, nach Teutſchland, ward aber
zu Kölln das Opfer der Habſucht, und von ſeinem eigenen Diener ermordet [k]); Blaſius von Vigenere
von S. Pourcain in Bourbonnois hat in ſeiner Schrift
vom Feuer und Salz [l]) ſeine Kenntniſſe von dieſem Gegenſtand deutlich an den Tag gelegt.   Mehr noch beſchäftigte ſich damit Gaſton de Claves, auch unter
dem Namen Duleo bekannt, ein berühmter Staats-
mann von Nevers; von ihm haben wir auſer einer
philoſophia chemica [m]) noch mehr einzelne kleinere
Schriften [n]), welche in jener ſchon enthalten ſind. J.
Clopinel de Mehun [o]), der Arzt L. de Launay [p]),
                                                        J.

k) Beytrag zur Geſchichte der höhern Chemie. S. 489.
l) du feu et du ſel. 4. Paris. 1608. Rouen. 1642.
   und 1651.
m) 8. Colon. Allobr. und cum B. Penoti ep. praefat. et
   annotat. Lugd. 1612.
n) 1) de triplici praeparatione auri et argenti. Nevers. 8.
   1592. auch in theatr. chemic. B. IV. n. 110. und mit
   der Apologia argyropoeiae et chryſopoeiae. 8. Urſell.
   1601. Francof. 1602. und ins teutſche überſezt: Claveus
   germanicus, das iſt, ein köſtliches Büchlein vom Stein
   der Weiſen. Halle. 1617. 8. 2) de recta et vera ratione
   progignendi lapidis philoſophici ſeu ſalis aurifici et ar-
   gentifici tractatus duo. Nevers. 1592. 8. auch im Theatr.
   chim. B. IV. n. 111. 3) Apologia argyropoeiae et
   chryſopoiae contra Eraſtum. 8. Nivern. 1590. Colon.
   1598. 1612.
o) Remontrance de nature de l'Alchimiſte errant mit dem
   Roman de la roſe. Paris. 1735. 12. und la reponſe de
   l'Alchimiſte à la nature. à Paris. 1561. 8.
p) de l'antimoine. à Rochelle. 1564. 4. und Replique à la
   reponſe de Grevin contre ſon livre. à la Rochelle. 1566. 4.

J. Liebault[q], Oronce Finée[r], Rouffelet[s], Sidrach[t], Alex. de la Tourette[u], und Franz Ber. de Verville[x]) gaben einige kleinere weniger bedeutende Schriften heraus.

In Flandern machte fich Juft. Balbian, von Aloft mehr durch Sammlungen von Schriften Anderer[y]) als durch eigene, fo wie zu Alkmar in Holland Korn. Drebbel theils durch feine Schriften[z]), noch mehr

q) Secrets de medicine et de la philofophie chimique. Rouen. 8. 1600. und 1643.

r) Libri de his quae mundo mirabiliter eveniunt, et de mirabili poteftate artis et naturae, ubi de philofophorum lapide. Paris. 1542. 4.

s) Chryfofpagirie c'eft à dire, de l'ufage et vertu de l'or. Lyon. 1582. 8.

t) Le grand Philofophe, fontaine de toutes fciences. Paris. 4. 1514. und 1582.

u) De auro potabili. Lugd. und franzöfifch: Difcours bref des admirabiles vertus de l'or potable, auquel font traictés les principaux fondemens de la medecine &c. à Lyon und Paris. 1575. 8. und Defenfe pour l'alchimie. à Paris. 1579. 8. auch in der franz. Ausg. der erftern Schrift.

x) 1) Apprehenfions fpirituélles. à Paris. 1584. 12. 2) le Palais des Cureux. à Paris. 1612. 12. 3) le Cabinet de Minerve. à Rouen. 1601. 8. 4) le voyage des princes fortunés. à Paris. 12. Vol. I. II. 1610.

y) Tractatus feptem de lapide philofophico e vetuftiffimo codice defumti. Lugd. Bat. 1599. 8. auch abgedruft in theatr. chem. B. III. n. 78. und ins italiänifche überfezt mit der Auffchrift: Specchio chimico. Roma. 1624. 1629. 8.

z) 1) de natura elementorum. 8. Frncof. und Genev. 1628.; teutfch: Von der Natur der Elementen, und wie fie den Wind, Regen, Blitz und Donner verurfachen, und wor-

mehr aber durch die Scharlachfärberei, zu deren Entꜰ
deckung ihm ein ungefährer Zufall Anlas gab ᵃ), bekannt;
Joh. Grewer ſchrieb ein Secretum ᵇ); Reyner Snoy
de arte alchimiae ᶜ); Joſ. Michaelis auſer einem
ſcrutinium cinnabarinum eine apologiam chimicam ᵈ);
eifriger noch nahm ſich der Alchemie gegen ihre Gegner
Ewald oder Theobald von Hogheland aus Middel-
burg in Seeland an; er ſchrieb zwar ein eigenes Buch
von den difficultatibus alchemiae ᵉ), ſuchte aber in
einem andern durch Erzählung mehrerer Verwandlungs-
geſchichten ᶠ) ihre Warheit zu erweiſen.   Joh. Stru-
thius

zu ſie nutzen. Leyden. 1608. 8. auch aus dem Holländiſchen ins teutſche überſezt, durch J. E. Burggraffen.
Frankf. am Main. 1628. 8. 2) tr. 2. de natura elementorum et de quinta eſſentia liber cum eiusdem epiſtola
de mobilis perpetui inventione, e Belgico idiomate in
latinum verſa a P. *Laurembergio.* Hamb. 1621. 8. Genev.
1628. 12. ins franzöſ. überſezt. Paris. 1673. 12. ins
teutſche: Tractat oder Abhandlung von Natur und Eigenſchaft der Elementen ꝛc. herausgegeben von Polyc.
Chryſoſtomo. Hoff. 1723. 8.

a) Kuhlenkamp bei J. Beckmann Beytr. zur Geſch.
der Erfindungen. Leipz. 8. B. III. 1792. S. 43.

b) abgedruckt in theatr. chemic. B. III. n. 79. S. 699.
auch cum *Alani* philoſophi dictis de lapide philoſophico.
Item aliis nonnullis eiusdem materiae von Juſt. Balbian. 8. Lugd. 1588. et Lugd. Bat. 1599.

c) Francof. 1620. fol.

d) Middelb. 1597. 8.

e) Colon. Agripp. 1594. 8. abgedr. in Theatr. chemic.
B. I. n. 6. und bei Manget a. a. O. B. I. S. 336 ꝛc.
überſezt mit der Aufſchrift: von den Irrwegen der Alchimiſten. Frankf. 1600. 4. Gotha. 1749. 8.

f) Hiſtoriae aliquot transmutationis metallicae, pro de-
fenſione alchimiae, contra hoſtium rabiem; adjecta eſt

thius ſchrieb de medicamentorum ſpagyrica praeparatione [g]); Dan. Brouchhuſen gab ſecreta alchymiae [h]) heraus.

" Auch in Spanien fanden dieſe Lehren Freunde u. Vertheidiger; von Caravantes haben wir eine Practica [i]).

Aber weit mehrere fanden ſie in Grosbritannien;
auſer Chaucer, Charnok, Blomfeld, Ga-
wer [k]) und andern Ungenannten [l]), verbreiteten ſie auch
durch ihre Schriften Joh. Caſi [m]), Thom. Muſ-
ſet [n]), Franz Antony [o]), Ed. Kelley [p]), der wegen

Lullii vita et alia quaedam. Colon. 1604. 8. in dem
gleichen Jahre ins teutſche überſezt mit der Auffſchrift:
Beweis, daß die Alchimey oder Goldmacherkunſt ein ſon-
derbares Geſchenk Gottes ſey. Leipz. 8. Von ihm finde
ich auch angeführt: Merces alchymiſtarum in ſingulari et
plurali numero. Francof. ad Moen. 1610. 4.

g) Francof. 1591. Lugd. 1599. 8.

h) Lugd. Bat. 1598. 8.

i) abgedrukt im Theatr. chemic. B. III. n. 69.

k) Möhſen Beiträge ꝛc. S. 34.

l) z. B. dem Verfaſſer von A revelation of the ſecret
ſpirit, declaring the moſt ſecrets of alchimy. London.
1523. 8.

m) Lapis philoſophicus. Oxon. 4. 1599. und 1609.

n) De jure et praeſtantia medicamentorum chimicorum in
Theatr. chem. B. I. n. 4.

o) 1) de lapide philoſophorum, de lapide rebus. bei J.
Rhenanus Harmon. imperſcrutabilis. Francof. 8. Dec.
II. 1625. n. 3.   2) Panacea aurea ſ. tr. 2. de ipſius auro potabili, cum primum in Germania ex Londinenſi
exemplari excuſi Opera M. B. F. B. Hamb. 1618. 8.

p) 1) tract. 2. egregii de lapide philoſophorum cum theatro aſtronomiae terreſtris in gratiam filiorum Hermetis
in lucem editi a Jo. Langio. Hamburg. 8. 1673. und
1676. auch ins teutſche überſezt. Hamburg. 1670. 12.
2) Fragmenta a Combachio edita. Geism. 1647. 12.

gen seiner Einsichten von Kaiser Rudolph II. nach
Prag berufen, weil er aber im Zweikampfe seinen
Gegner erlegte, ins Gefängnis geworfen wurde, und,
als er aus diesem entwischen wollte, ein Bein brach
und darüber starb, Joh. (Arth. oder Edm.) Dee [q]),
ein Schüler und Freund des vorhergehenden, Michael
Scotus [r]), und Alex. Sethon, oder Sidon, ein
Schottländer, der auch unter dem Namen Cosmopoli-
ta vorkommt, auf seinen Reisen durch Holland und
Teutschland seine Kunst zeigte [s]), um das Geheimnis
zu offenbaren, in Sachsen gefangen gesezt wurde, und
als ihn ein mährischer Edelmann, Mich. Sendivo-
gius aus seinen Banden erlöste, und glüklich nach
Krakau brachte, bald darauf daselbst starb, und seinem
Befreier seine Frau und seine Papiere hinterlies [t]); dieser, der vornemlich am würtembergischen Hofe [u]) allerlei Schiksale hatte [x]), und zulezt auf einem ihm vom
Kaiser

q) 1) Propaedeumata aphoristica de naturae virtutibus.
Lond. 1568. 4.　2) Parallaticae Commentationis pra-
xeosque nucleus quidam. London. 1573. 4.　3) Fasciculus chemicus. Basil. 1575 und 1629. 12. Parif. 1631. 8.
4) Monas hieroglyphica. Francof. ad Moen. 1591. 8.
auch im theatr. chem. B. II. n. 39. abgedrukt.　5) Tractatus varii alchemiae. Francof. 1630. 4.

r) de natura solis et lunae. Theatr. chem. B. V. n. 154.

s) Dan. Georg Morhof epist. de metallorum transmutatione. Hamburg. 1673. 8.

t) Desnoyers bei Lenglet du Fresnoy a. a. O. I.
S. 334 ꝛc.

u) S. dessen Lebensgeschichte von Joh. Lange. Hamburg.
1683. 12.

x) J. Bodowsky bei Pet. Borel trésor des antiquités Gauloises. 4. S. 474. 581.

U 4

Kaiſer Ferdinand II. geſchenkten Landgute ſtarb ʸ), gab
dieſe Schriften bald mit ſeinem bald mit des wahren
Verfaſſers Namen, bald mit dem Namen Coſmopo-
lita unter der Aufſchrift: Novum lumen chemicum de
lapide philoſophorum ᶻ), aber auch einige eigene ᵃ),
zum

y) Geſchichte der menſchlichen Narrheit. Th. VI. S. 76.

z) in 12. tract. diviſum. 8. Prag. und Francof. 1604. Pariſ.
1606. Colon. 1610. und 1617. 12. abgedrukt in Muſeum
hermetic. Francof. 1677. n. XIV. Theatr. chem. B. IV.
n. 112. in Nath. Albineus Bibliothec. chemic. contract. Genev. 1653. 8. n. 2. und bei Manget a. a. O.
B. II. n. 463. ins teutſche überſezt von Jeſ. ſub Cruce
mit der Aufſchrift: Chymiſches Kleinod. Straßburg. 8.
1681. auch mit der Aufſchrift: Novum lumen chymicum Sendivogii novo lumine auctum oder XII. geheime
chemiſche Tafeln und Beyſchriften über die zwölf Tractate
Mich. Sendivogii nebſt Ortel's Commentar und
Schlußrede. Frankf. und Leipz. 1682. 8. ins franzöſiſche
unter der Aufſchrift: Coſmopolite ou nouvelle lumiere
de la phyſique naturelle, traduite par *Boſnay*. 8. à Paris.
1618. auch mit *Nuiſement* l'Harmonie et conſtitution
generale du vrai ſel &c. à la Haye, und mit Flas
mel's deſir deſiré. à Paris. 1609. und 1629. auch mit
der Aufſchrift: Coſmopolite ou nouvelle lumiere chimique, pour ſervir d'éclairciſſement aux trois principes de
la nature avec ſes lettres philoſophiques. Paris. Vol. I.
II. 1691. 12.

a) zuſammen und mit der ſo eben erwähnten Schrift
ſind ſie 8. zu Nürnberg. 1718. zu Wien. 1749. und franzöſiſch mit der Aufſchrift: Les oeuvres de Coſmopolite,
dans les quels ſont expliqués les trois principes des philoſophes chimiques. ſchon 1691. zu Paris ausgegeben
worden: Sie ſind 1) Tract. de ſulphure bei Manget
a. e. a. O. S. 479. N. Albineus a. e. a. O. n. 2.
und Muſeum hermeticum a. a. O. n. XV. 2) Aenigma
philoſophicum. Theatr. chem. B. IV. n. 113. 3) Dialogus Mercurii alchemiſtae et naturae. ebendaſ. n. 114.
auch bei N. Albineus a. e. a. O. und bei Manget
a.

zum Theil unter der verblümten Aufſchrift: Divum
Leſci genus amo heraus.

Ueberhaupt kamen in dieſem Zeitalter mehrere der=
gleichen Schriften mit erdichteten Namen, auch wohl
mit dem Namen ehrwürdiger Alten geſtempelt, oder
auch ohne Namen ihrer Verfaſſer heraus; ſie folgen
hier mit den Schriften einiger minder bekannten Alche=
miſten dieſer Zeit.

G. Agricola Rechter Gebrauch der Alchimie mit
viel bißher verborgenen nutzbaren und luſtigen Kün=
ſten ꝛc. b) (ſchwerlich der groſe Berg= und Hütten=
werfskundige).

Galerazeya ſive revelator ſecretorum c).

Claud. Cäleſtinus de his, quae mundo mirabiliter eveniunt d).

Joh. Ravis Cornucopia, hoc eſt, opus inſigne
de auro, aurifodinis, argento, argentifodinis &c. e).

Ars

a. e. a. O. n. 102. 4) Epiſtolae apographae hactenus
in editae. bei Manget a. e. a. O. S. 493. 5) De vero
ſale ſecreto philoſophorum et de univerſali mundi ſpiritu ex gallic. in latin. verſ. a Lud. Combachio. Caſſell.
1651. 8. 6(?) J. F. H. S. verlangter dritter Anhang
der mineraliſchen Dinge oder von dem philoſophiſchen
Salze nebſt der wahren Präparation des Lapidis und
Tincturae philoſophorum von dem Sohne Sendivogio.
Amſterdam. 1656. 8. die Commentatoren Ortel und
Harpprecht werden an einem andern Orte erwähnt
werden.

b) 1531. 4.

c) 1) de lapide philoſophico. 2) de arabico elixir. 3) de
auro potabili. Colon. 16. 1531. und 1534.

d) cum Bacone de poteſtate artis et naturae. 1542. 4.

e) Baſil. 8. 1542. und 1545.

Ars transmutationis metallicae f).

Luc. Rhodargirus, Eutopienfis, Pifces Zodiaci inferioris, vel de folutione Philofophica cum Enigmatica totius lapidis anatome g),

Diod. Euchion de polychimia, aqua, oleis, falibus et lapide philofophorum L. IV. h).

Chymifticum artificium naturae i).

Vinc. Pinåus de concordia Hippocratis et Paracelfi k).

Lapis metaphyficus l).

Democritus Abderita de arte magna five de rebus naturalibus et myfticis m).

Joh. Digopius alchimia five auri multiplicatio n).

Pelagii Graeci in Democritum Abderitam de arte facra five de rebus myfticis et naturalibus commentatio o).

Cyriac. Luc. de *Claf* brevis de lithofophiftica erronea quorundam de lapide philofophico difceptantium doctrina, religioni chriftianae incommoda atque lapide Chriftofophico admonitio p).

Har-

f) 1550. 8.

g) 8. Lugd. 1566. und Lipf. 1609. auch abgedr. in Theatr. chem. B. V. n. 155.

h) 1567. und Francof. 1609. Amftelod. 1604. 4.

i) 1568. 8.

k) 8. Monach. 1569. Argent. 1615.

l) Paris. 1570. 8.

m) Patav. 1573. 8.

n) Parif. 1573. 8.

o) in *Mizaldi* Centur. IX. memorabilium. Colon. 1574. 8.

p) Ingolftad. 1582. 4.

Margarita philoſophica ᑫ).

Alchimia, d. i. alle Farben, Waſſer, Olea, Salia und Alumina, damit man alle Corpora, Spiritus und Calces Praepariret, Sublimiret und Fixiret, zu bereiten, und wie man dieſe Dinge nußt, auf daß es Sol und Luna werden möge ʳ).

Valerii de *Valleriis* aureum opus *Lullium* explicans ˢ).

Della transmutazione metallica ᵗ).

De la transformation metallique ᵘ).

De transfiguratione metallorum ˣ).

Corn. *Alvetani* de conficiendo divino elixir ſive lapide philoſophico ʸ).

Commentatio de lapide philoſophorum ᶻ).

De lapidis phyſici conditionibus liber ª).

Alchymie-Spiegel oder kurz entworfene Practik der chymiſchen Kunſt ᵇ).

Epiſtolarum philoſophicarum chimicarum Volumen ᶜ).

Tabu-

q) Baſil. 1583. 4.

r) Frankfurt am Main. 8. 1589. und 1613.

s) 4. Aug. Vindel. 1589. Argentor. 1617.

t) Breſcia. 1572. 4.

u) à Paris. 1561. 8.

x) Hanov. 1593. 8.

y) Colon. 1592. 8.

z) Colon. 1595. 8.

a) 8. Colon. 1595. Tubing. 1641.

b) aus dem lat. ins teutſche überſ. Frankfurt am Mayn. 8. 1597. und 1613.

c) Francof. 1598. fol.

Tabulae ſeptem continentes ſynopſin lapidis philoſophici ᵉ).

Conſtantin Albin magia aſtrologica ſ. Clavis
ſympathiae metallorum lapidumque cum planetis ᶠ).

De arte chimica. L II. ᵍ).

Beneð. Figulus Paradiſus aureolus hermeticus ʰ).

Ebenð. Auriga Benedictus Spagyricus ⁱ).

Ebenð. Theſaurinella Olimpica aurea tripartita ᵏ).

Ebenð. Hortulus Olimpicus aureolus ˡ).

Ebenð. Roſarium novum Olympicum et benedictum ᵐ).

Ebenð.

e) Erford. 1598. gr. fol.

f) 8. Lugd. Bat. 1599. Pariſ. 1611.

g) Montisbel. 1600. 8.

h) in cuius perluſtratione oſtenditur, quomodo aureola Heſperidum poma, ab arbore benedicta philoſophica ſint
decerpenda. Francof. 1600. unð 1608. 4.

i) Norimb. 1609. 12.

k) ð. i. Ein himmliſch güldenes Schatzkämmerlein, von
vielen auserleſenen Kleinodien zugerichtet, darinnen der
uralte und groſſe Carfunckelſtein und Tinctur-Schatz verborgen. Franckf. am Mayn. 1608. 4. und 1682. 8.

l) ð. i. Ein himmliſches, güldenes hermetiſches Luſt-Gärt-
lein, von alten und neuen Philoſophis gepflantzet und
gezielet, darinn zu finden, wie die Cöleſtiviſche, Edle,
Hochgebenedeyte Schwelroß und Scharlachbaum des Car-
funckelſteins zu brechen ſey. Franckf. am Mayn. 1608. 4.

m) ð. i. Ein neuer gebenedeyter und philoſophiſcher Roſen-
garten, darinn vom allerweiſeſten König Salomone ꝛc. ge-
wieſen wird, wie der gebenedeyte güldene Zweig und
Tinctur-Schatz vom unverwelcklichen Orientäliſchen Baum
der Heſperidum, vermittels Göttlicher Gnaden abzubre-
chen und zu erlangen ſey. P. I. II. Baſel. 1608. 4.

Ebend. Pandora magnalium naturalium aurea et benedicta ᶰ).

Ariopani Cephali Mercurius triumphans et hebdomas eclogarum hermeticarum una cum commentariis acroamaticis et mysticis ᵒ).

Selbst in Afrika war in diesem Zeitalter Magie, Astrologie, Kabbala, und Alchemie stark im Gange, und Leo aus Afrika ᵖ) fand insbesondere zu Fez eine Menge Alchemisten, welche nach Gebers und anderer älterer Araber Vorschriften arbeiteten, und alle Abende in einem Tempel zusammenkamen, um sich über den Gegenstand ihrer Arbeiten zu unterhalten.

Alles Anstrichs von kabalistischen und alchemischen Irrthümern ungeachtet, die sie mit der herrschenden Partie ihres Zeitalters gemein haben, verdienen inzwischen zween Italiäner, Hier. Cardanus aus Pavia, und Joh. Bapt. Porta aus Neapel, sowohl wegen ihres aus ihren Schriften hervorstralenden Genies, als wegen ihrer wirklichen Verdienste um die Naturwissenschaften eine ehrenvolle Auszeichnung: Jener, eben so bekannt durch seine mannigfaltige, auffallende, zum Theil gesuchte Sonderbarkeiten in seinem Charakter, in seinem ganzen äusern Benehmen �q) und in seinen Schriften ʳ), so wie in seinen Schiksalen ˢ), ein-

n) de benedicto lapidis philosophici mysterio. Straßburg. 1600. 8.

o) Magdeb. 1600. 4.

p) Africae descriptio IX. libris absoluta. Lugd. Bat. 1632. 8. B. III. S. 352. 353.

q) s. davon Gabr. Naudé in der Vorrede zu Hier. Cardani operib. omn. Rothomag. 1663. fol.

r) was ihm Jul. Cäs. Scaliger exoteric. exercitation. L. XV. de subtilitate. Hanov. 1620. 8. bitter genug gezeigt hat.

eingenommen von Theosophie, so sehr sie nur immer
durch Aberglauben entstellt werden kann, und von
dem Einflus der Gestirne, der Dämonen und insbesondere des Teufels auf den Menschen [s]), und seine
Krankheiten, überhaupt einer der paradoresten Köpf-
fe, welche noch die Sonne bescheint hat, zeichnete sich
durch Freimüthigkeit in der Aeuserung seiner von der
herrschenden oft sehr abweichenden Meinungen, und
durch Scharfsinn seiner Beurtheilung Anderer aus.
Mit Recht eiferte er gegen den häufigen Gebrauch der
vielen gebrannten Wasser, und bemerkte schon, daß sie
nur gar zu leicht von der metallischen Geräthschaft, in
welcher sie bereitet werden, schädliche Theilchen annehmen [u]); Feuer verbannte er aus der Zahl der Elemente, und zwar aus dem freilich hier nicht entscheidenden
Grunde, weil es allezeit verflüchtigt werde, und die
Körper eher zerstöre als zu ihrer Erzeugung beitrage,
und läst dagegen alles aus Wasser und Erde durch
himmlische Wärme entspringen [x]); auch er sezt das
Gold auf den Gipfel der Vollkommenheit, zu welchem
andere Metalle nur durch Reinigung von ihrem Unrath
erhoben werden können [y]), und erwartet vom trinkbaren Golde [z]), und von einem siebenmal nach einander
abge-

s) S. die von ihm selbst geschriebene vitam propriam
   Oper. omn. B. I.

t) S. auch D. Tiedemann a. a. O. B. V. Hauptst.
   XV. 8. 563 :c.

u) De malo recentiorum medicorum medendi usu Sect. I.
   c. 12. Oper. B. VII. S. 207.

x) De subtilitate. B. II. Oper. omn. B. III. S. 385.

y) was ihm Scaliger a. e. a. O. S. 388. 389. sehr
   zum Vorwurf macht.

z) auch darüber erlaubt sich Scaliger a. a. O. S. 775.
   bitteren Spott.

abgezogenen Weingeiste, den er Aether nennt ᵃ), Verlängerung des Lebens; er kannte schon einen Luftzünder aus getroknetem Blute ᵇ), und führt die Beobachtung einer aus den Haren eines Menschen hervorbrechenden elektrischen Flamme an ᶜ); bei lebendigem Leibe könne das Blut nicht in Fäulung gehen ᵈ).

Porta hängt zwar auch noch im Geiste seines Zeitalters an dem Glauben von Sympathie und Antipathie ᵉ), vom Einflus der Gestirne, auch auf die belebte Körper unserer Erde ᶠ), von gewissen Zauberkräften der Dinge ᵍ), von den Signaturen ʰ), und selbst von den Verwandlungen der Dinge, und vornemlich der Metalle in einander ⁱ), und der künstlichen Vermehrung

a) Opuscula artem medicam exercentibus utiliſſima. Baſil. 1559. fol.

b) De ſubtilitatibus. B. XVIII. S. 647.

c) De rerum varietate. B. VIII. K. 43. Oper. B. III. S. 163.

d) Contradicentium medicorum. B. IV. K. 6. und 25. Oper. B. VI. S. 688. 706.

e) Magia naturalis ſ. de miraculis rerum naturalium. Antwerp. 1567. 8. B. I. K. 9. S. 32.

f) a. e. a. O. K. 10. S. 42.

g) a. e. a. O. K. 4. S. 20. B. II. K. 28. S. 210 ꝛc.

h) a. e. a. O. B. II. K. 25. S. 195 ꝛc.

i) "invenient (qui philoſophiae ſtudiis navant operam, ac naturae perſcrutantur arcana) plura, quae admirari poſſunt — — dum multas perſpicient transmutationes — — non metallorum tamen eorum, quae maximo diſtant intervallo, ſed quae cognata ac vicina ſunt, accidentibusque differunt aliquibus, quod maximae auctoritatis viros philoſophos fateri non puduit." B. III. Prooem. S. 220. auch führt er K. 6. S. 249. die Bereitung des Cementkupfers noch als ein Beiſpiel dieſer Verwandlung an.

rung des Goldes und Silbers k); erklärt aber viele
dergleichen Erſcheinungen aus ganz natürlichen Gründen, und vornemlich die Verirrungen der ſogenannten
Hexen aus der Wirkung der Salben, womit ſie ſich
einſchmieren l), eifert gegen die Habſucht, Unwiſſenheit
und Betrügerei der Goldmacher m), und bezeugt weder
zum Stein der Weiſen noch zu den Goldtinkturen groſes Zutrauen n); er kannte ſchon das Leuchten verſchiedener Fiſche im Dunkeln o), das ſelbſt ins Waſſer
übergehen ſoll p), die geheime Schrift, zu welcher
Galläpfel und Vitriol kommen q), die leichte Schmelz-
barkeit der Silbermilch und ihren Nuzen bei der Bereitung künſtlicher Edelſteine r), das Verkalken des Zinns
durch Schmelzen mit Kochſalz s), und durch Verpuffen mit Salpeter t), die Flüſſe, wodurch Metallkalke
wieder zu Metall geſchmolzen werden können u), die
Ver-

k) a. e. a. O. B. II. K. 4. S. 236 ꝛc.

l) a. e. a. O. B. II. K. 26. S. 203-205.

m) a. e. a. O. B. III. Prooem. S. 220. 221. auch K. 3.
S. 234.

n) a. e. a. O. S. 221. "Aliqua hic nos apponemus, quae
in his videre contingit, nec laboris minimum in pericli-
tandis experiendisque habuimus: horum exempla per-
diſcito. Hic montes non pollicemur aureos, nec quem
homines rentur percelebrem philoſophorum lapidem illum, multis ſaeculis jactatum et fortaſſe aliquibus com-
pertum, nec potulentum aurum, quo homines ab interitu immunes tueantur."

o) a. e. a. O. B. II. K. 11. S. 124.

p) a. e. a. O. S. 125.

q) a. e. a. O. K. 12. S. 129.

r) a. e. a. O. B. III. K. 2. S. 228. 229.

s) a. e. a. O. S. 229.

t) a. e. a. O. S. 231. 232.

u) a. e. a. O. K. 3. S. 234.

Verfälschung des Silbers mit Zinn [x]), das Schmelzen des Bergkristalls mit Weinsteinsalz zu klarem Gla-
se [y]), die Bereitung mehrerer Edelsteine durch die
Kunst [z]), vornemlich des Sardonyx [a]), Smaragds [b]),
Sapphirs [c]), Rubins [d]), Chrysoliths [e]), Chalce-
dons [f]), und des Lasursteins [g]), die Verfertigung des
Emails [h]), Zinn mit Spiesglanz zusammengeschmolzen zum Belegen der Spiegel [i]), und mehrere Mischungen aus Zinn und Kupfer zu Metallspiegeln [k]); er gibt
trefliche Anleitung zum Ueberziehen der Wasser und
Oele [l]); er erwähnt zuerst der Metallbäumchen, an
dem Beispiele des Silberbaums [m]), und des Neapelgelbes zum Färben des Glases und künstlicher Edelsteine [n]); er kannte schon schädliche luftförmige Flüssigkeiten;

x) a. e. a. O. K. 8. S. 253.

y) a. e. a. O. K. 16. S. 271.

z) a. e. a. O. K. 17. und 18. S. 272-278.

a) a. e. a. O. K. 17. S. 274. 275.

b) a. e. a. O. K. 18. S. 275. 276.

c) a. e. a. O. S. 276.

d) a. e. a. O.

e) a. e. a. O. S. 277.

f) a. e. a. O.

g) a. e. a. O.

h) a. e. a. S. 278.

i) a. e. a. O. B. IV. K. 18. S. 306.

k) a. e. a. O. K. 19. S. 308.

l) a. e. a. O. B. III. K. 1. S. 222-224. und in einem
eigenen Werke de destillationibus L. IX. quibus cuiuslibet
misti in propria elementa resolutio docetur. 4. Rouen.
1608. Argent. 1609.

m) De magia naturali. Francof. 1597. 8. B. V. K. 5.

n) a. e. a. O. S. 279.

Gmelin's Geschichte der Chemie B. I.   X

ten o); auch hat er sich dadurch gerechte Ansprüche auf den Dank der Nachwelt erworben, daß er in seinem Hause eine Akademie der Wissenschaften stiftete, in welche niemand aufgenommen werden konnte, wenn er nicht irgend ein Geheimnis oder eine neue Erfindung aus der Arzneikunde, Mechanik oder Scheidekunst besas und mittheilte p), und dadurch seinen Nachfolgern den Weg der Erfahrung und Beobachtung zeigte, auf welchem allein die Geheimnisse der Natur entschleiert werden können.

Sonst führte freilich die Paracelsische Schule den Arzt auf rohe Empirie, die wohl wenige Aerzte, selbst dieser Zeit, wenn man aus ihren Schriften q), und aus ihren eigenen Erzählungen r) schliesen darf, auf eine dem vernünftigen Arzte anstößigere Art ausübten, als

o) De aëris transmutationibus. B. VI. Venet. 1615. 4.

p) Porta selbst in der Vorrede zur magia naturali. Francof. 1597. 8. Signorelli vicende della coltura nelle due Sicilie. B. IV. S. 125. Targioni Tozzett notizie degli aggrandimenti delle scienze fisiche in Toscana. B. I. S. 373.

q) 1) Medicamenta omnia τα ἐυποριςα cum medicina practica. Argent. 1564. 8. 1567. 12. Hanov. 1610. 12. auch cum app. de dosibus s. justa quantitate et proportione medicamentorum compositorum omnium. Argent. 1567. 12. 2) Thesaurus medicus continens aurea medicamenta pro omni aetate et sexu contra omnes morbos internos et externos collectus, conscriptus pro suis filiis a. 1601. edit. studio Car. *Rayger.* Francof. 1691. 4. 3) Thesaurus Rulandinus. Basil. 1591. 12. 1628. 8. Budissin. 1679. und 1680. 8. 4) Secreta spagyrica s. pharmacopoea medicamentorum Rulandinorum descriptorum cum scholiis Ehrenfr. *Hagedorn.* Jen. 1676. 12.

r) dergleichen man mehrere Curat. empiric. et historiar. in certis locis et notis personis expertarum et rite probatarum centur. VII. Budiss. 1679. 8. z. B. S. 362. 368. findet.

als der auch durch alchemiſche Schriften ˢ) bekannte lauingiſche Arzt M. Ruland, von Freyſingen, Leibarzt des Pfalzgrafen Philipp Ludwig; er heilte alle Krankheiten durch geheime Mittel, deren Zuſammenſezung ſeine Zeitgenoſſen und Nachkommen zu enträthſeln ſuchten; viele derſelbigen waren Brechmittel, vornemlich aus Spiesglanz bereitet, und einige derſelbigen führen noch jezt ſeinen Namen.

Wenn ſo ein Theil der Aerzte in der Wahl und Bereitungsart der Arzneien Paracelſus folgte, ſo blieb ein anderer ᵗ) ſeinem Galen deſto getreuer, und nahm, ſelbſt ſeine Mängel und Verirrungen, deſto hartnäckiger in Schuz, ſo wie vornemlich die Spanier noch immer ihren Meſue und Avicenna ᵘ) zum Vor-

s) 1) Lexicon Alchimiae ſive dictionarium alchimiſticum, cum obſcuriorum verborum et rerum hermeticarum, tum Theophraſti Paracelſi phraſium explicatio. Francof. 4. 1612. und 1661. 2) Progymnaſmata alchimiae, ſive Problemata Chimica cum lapidis philoſophici vera conficiendi ratione. Francof. 1607. 8.

t) S. vorzüglich Symphor. Champier Conſtigationes ſ. emendationes pharmacopolarum ſ. apothecariorum atque Arabum meditorum &c. 8. Lyon. 1532. und Cribratio medicamentorum fere omnium digeſta in ſex libros. Lyon. 1534. 8.

u) z. B. Anton Aquilera expoſicion ſobre las preparaciones de Meſueo. Alcal. de Compl. 1569. 8. Laur. Phryſius defenſio Avicennae ad Germaniae medicos. Argent. 1530. 4. Lion. 1533. 8. auch ſchrieb noch in dieſem Zeitalter ein Araber zu Kairo Abu Mohammed Daud Alſari von einfachen und zuſammengeſezten Arzneien Caſiri Biblioth. eſcurial. n. 832. und Sebaſt. Montuus von Riviere in Frankreich für die Araber und ihre Arzneien Dialexeon medicinalium. L. II. Lyon. 1533. 4.

Vorbild nahmen; Pet. v. Bayro [y]), aus Turin,
M. Angel. Blondus [z]), Eur. Cordus [a]) (eigent‐
lich Heinr. Urbanus) aus Heſſen, Lehrer zu Mar‐
burg, und nachher Arzt zu Bremen [b]), ein eben ſo
groſer Dichter, als erfahrner Arzt, Mich. Schrik [c]),
Leonh. Fuchs [d]) von Wembdingen in Baiern, Lehrer
der Arzneikunde zu Ingolſtadt, nachher zu Tübingen [e]),
O. Brunfels [f]) aus Mainz, Arzt zu Bern [g]), Nik.
Maſſa, ein venetianiſcher treflich beobachtender
Arzt [h]), Hubert Barland von Namur [i]), Baſſian.
Landi von Placenz, Lehrer zu Padua [k]), Korn.
Petri

y) de medendis corporis humani malis encheiridion vulgo
vademecum. Baſil. 1562. 8. Leyd. 1578. 8, Francof.
1612. 12.

z) de medicamentis quae apud pharmacopolas reperiuntur.
Romae. 1544. und 1554.

a) M. Adam a. a. O. S. 24 ꝛc.

b) von etlichen bewährten Arzney für den Stein. Straß‐
burg. 4.

c) nüzlich Büchlein von Kunſt und Tugend der gebrann‐
ten Waſſern. Nürnberg. 1529. 4. und 1601. 8.

d) M. Adam a. a. O. S. 172–183. und Hizler orat.
de vita et moribus Leonh. Fuchſii. 1566. 8.

e) De componendorum miſcendorumque medicamento‐
rum ratione. B. IV. Baſil. 1549. fol. Lyon, 1663. 12.

f) M. Adam a. a. O. S. 22. 23.

g) 1) Spiegel der Arzney. Straßb. 1532. fol.   2) Refor‐
mation der Apotheken‐ Straßb. 1536. 4.   3) Weiber‐
und Kinderapotheke. Straßburg. 4.   4) Bericht von al‐
lerley Confectionen, Latwergen ꝛc. Frankfurt. 1552. 4.

h) Epiſtol. medicinal. et phyſiologicae. Venet. 4. P. II.
1558.

i) Epiſt. medica de aquarum deſtillatarum facultatibus.
8. Antwerp. 1536.

k) Dialogus: Barbaromaſtix ſ. medicus. Venet. 1533. 4.
Lion. 1534. 8.

Petri ein Niederländer [1]), Joh. Agricola Ammo=
nius [m]), Valerius Cordus [n]), Sohn des oben
erwähnten Eurichs, der mitten in seinen glüklichen Be=
mühungen für die Erweiterung der Arznei= und Kräu=
terkunde auf seiner Reise zu Rom starb [o]), Anton.
Musa Brassavola von Ferrara [p]), Amatus aus
Por=

1) Adnotatiunculae aliquot in quatuor libros Dioscori-
   dis: Experimenta et antidoti contra varios morbos.
   Antw. 1533. 8.

m) Medicinae herbariae L. II. de medicamentis simplicibus
   et compositis. 8. Norimb. 1534. Basil. 1539. und Scholia in *Nicolaum Alexandrinum* de compositione medicamentorum. Ingolst. 1541. 4.

n) M. Adam a. e. a. O. S. 42 - 49. und Hier. Schrei=
   ber vita Valerii Cordi. Argent. 1563. fol.

o) in dem von ihm auf Verlangen der Stadt Nürnberg ab=
   gefasten ersten *Dispensatorium* pharmacorum omnium,
   das zuerst zu Nürnberg 1535. 8. nachher oft an mehreren
   Orten, z. B. 12. zu Tübingen. 1548. zu Venedig. 1556.
   zu Lyon. 1561. und 1600. und 16. zu Lyon. 1579. 1621.
   1651. und 1680. und zu Antwerpen. 1560. auch mit einigen
   Abänderungen fol. zu Nürnberg. 1592. 1612. und 1666.
   gedruckt, unter der Aufschrift: Le guide des apoticeires
   zu Lyon. 1572. 12. ins französische, und unter der Auf=
   schrift: Leidsman in medicynen. Amsterdam. 1662. 8.
   ins holländische übersezt ist, aber doch schon von so=
   genannten chemischen Arzneien, Vitriolöl und Vitriol=
   äther handelt, deren Bereitung auch in dem von C.
   Gesner nach dem Tode des Verf. zu Strasburg 1561.
   fol. herausgegebenen Buche de artificiosis extractionibus,
   de destillatione oleorum, de destillatione olei chalcan-
   thi beschrieben ist.

p) 1) Examen omnium syruporum, quorum publicus usus
   est. 8. Venet. 1545. Lugd. G. 1548. 2) Examen omnium
   catopotiorum vel pilularum, quarum apud pharmacopolas usus est. Basil. 1543. 4. Lugd. Gall. 1549. 12.
   1546 und 1556. 16. 3) Examen omnium electuario-

X 3   rum

Portugall (Lufitanus, oder Roderich de Castel-
lo albo), der sich lange in Italien, vornemlich zu
Ferrara, zulezt zu Theſſalonich, wo er sich auch wieder zu seinem elterlichen Glauben, dem jüdiſchen, bekannte, als Arzt aufhielt q), Joh. Eichmann (Dry-
ander), von Wetter, Lehrer zu Marburg r), Mich.
Serveto s) aus Villanuova in Arragonien, der zu
Genf als Opfer seiner Freimüthigkeit und der Nieder-
trächtigkeit Anderer öffentlich verbrannt wurde t), Joh.
Fernel u), aus Clermont bei Amiens, Lehrer der
Arznei-

rum, pulverum et confectionum catharticarum, quarum in officinis usus est. Venet. 1548. 8. Lugd. Gall.
1549. 12.   4) Examen omnium trochiscorum, cerato-
rum, emplastrorum, cataplasmatum et collyriorum,
quorum frequens usus est apud Ferrarienses pharmacopolas. Venet. 1551. 8. Lugd. Gall. 1555. 16.   5) Examen omnium loech, linctuum, suffuf i. e. pulverum,
aquarum, decoctionum, oleorum, quorum apud Ferrarienses pharmacopolas usus est. Acced. de morbo gallico tractatus. Venet. 1553. 8. Lugd. Gall. 1555. 16.
1561. 12.   6) De medicamentis tam simplicibus quam
compositis catharticis, quae unicuique humori sunt propria. 1555. Tiguri. 8. Lugd. Gall. 16.

q) Curation. medicinal. Centur. I - VII. Venet. 1557. 8.

r) 1) Der ganzen Arzney gemeiner Innhalt. fol. Frankf.
1542. und 1557. 2) von rechtem christlichem Brauch des
Arztes und der Arzney. Frankfurt. 1535. 8.   3) Neu
Arzney- und practicirbüchlein. Frankfurt. 8. 1563. und
1572.

s) Allwörden hiftor. Serveti. Helmſt. 1727. 8.

t) Syruporum universa ratio ad Galeni censuram diligenter exposita. 8. Pariſ. 1537. Venet. 1545. Lugd. Gall.
1546.

u) Mezeray hiſtoir de la France. B. II. S. 1129. G.
Plantin vita Fernelii in der Vorrede zu seiner Ausgabe von Fernel's Universa medicina. Gruner Al-
manach für Aerzte auf das Jahr 1789. S. 180.

Arzneikunst zu Paris und Königlicher Arzt ˣ), Jak.
Du bois ʸ), (Sylvius) von Louvilly bei Amiens,
Lehrer zu Paris ᶻ), Vict. Trincavella ᵃ) aus Ve-
nedig, Lehrer zu Padua ᵇ), Theob. de Pleigny ᶜ),
Walth. Herm. Ryff ᵈ), Remakl. Fuchs aus Lym-
burg,

x) so sehr er auch sonst den Eklektiker spielte, und den scholastischen Vortrag aus der Arzneikunst zu verbannen trachtete, 1) Pharmacia cum G. *Plantii* et F. *Saguyer* scholiis. Hanov. 1605. 12.   2) Experimenta medicamentorum facile parabilium. Francof. 1570. 8.

y) Ren. Moreau vita *Sylvii* in der Ausgabe seiner Werke.
  Genev. 1630. fol.

z) 1) de medicamentorum simplicium praeparatione, delectu, miftionis modo L. III. Parif. 1542. fol. Lugd. G.
  1548 und 1584. 16. 1555. 12. und von Andr. Caille
  ins französische überſezt mit der Auffschrift: Plarmaco-
  pée francoise. Lyon. 1574. 8.   2) methodus, medicamenta componendi ex simplicibus, quatuor libris diftributa. Paris. fol. 1541. und 1544. Lugd. G. 1548. 1555.
  und 1558. 12. 1548. 8. Venet. 1556. 8.   3) de delectu,
  compositione et duratione simplicium, de eorum adulte-
  rationibus cognofcendis et fuccedanea zugleich mit V.
  Cordus difpenfatorium in den Ausgaben. Venet. 1556.
  12. Norimb. 1612. fol. Leid. 1651. 16.

a) Facciolati fasti gymnasii Patavini. B. III. S. 331. u.
  L. Marucci Vita *Trincavellae* vor seiner Ausgabe von
  deſſen Consil. medic. Basil. 1587. fol.

b) 1) de medicae artis usu apud Venetos, doctrina apud
  Patavinos, et de compositione et usu medicamentorum.
  Basil. 1570. 8.   2) de compositione et usu medicamentorum L. 3. et 4ti fragmentum a L. *Maruccio* recogniti.
  1571. Venet. 4. Basil. 8.

c) de usu pharmaceutices in confarcinandis medicamentis
  ifagoge. Antwerp. 1539. 8. und 1542. 16. Lugd. 1539.
  16. Venet. 1542. 24.

d) 1) der kleinen deutschen Apothek Confect oder Latwer-
  genbüchlein. Strasburg. 4. 1541. Th. II. 1542. drei

burg, Kanonikus zu Lüttich e), J. Küffner (Tro=
choneus) Arzt zu Halle in Tirol f), J. B. Mon=
tanus aus Verona, Lehrer zu Padua g), Joh. Bret=
ſchnei=

Theile 1552. neu ausgearbeitet durch A. Agerium.
Nürnb. 1602. fol. 2) Unterweiſung und Anzeigung al=
ler Latwergen, confect, conſerven, einbeizungen und ein=
machungen von allerlei Früchten, Blumen, Kräutern
und Wurzeln ſamt andern Stucken, wie ſolche in den
Apotheken gemacht und verkauft werden. II. Theile.
Straßburg. 4. 1540 und 1542. 3) Gebrauch, Vermi=
ſchung und Zubereitnng aller laxativen purgierender oder
treibender Arzneyen. Straßburg. 1541. 4. 4) Von aller=
hand apothekeriſchen Confectionen, Latwergen, Oel, Pil=
len, Tränken, Trochiſken. Frankfurt. 1552. 5) Con=
fectbuch und Hausapothek. Frankfurt. 1544. 1548. 1567.
1575. 1578. 1584. 1593. 1610. 8. und 1558. 4. 6) Re=
formirte deutſche Apothek, contrafeitung der fürnemſten
Kräuter, ihrer Kraft und Würkung, Latwergen, Confec=
ten, Theriak und Mithridatum und purgirenden Arzneyen.
Straßburg. 1573. 1600. und 1602. fol. 1593. 4. 7) Kur=
zes Handbüchlein und experimentirte Arzneyen. 8. Frankf.
1560. 1563. 1570. 1577. Straßburg. 1578. 1594. 1607.
1633. 1641. ins lateiniſche (wie es ſcheint) überſezt von
Rud. Goclenius mit der Auffſchrift: Enchiridion remediorum facile parabilium variis humani corporis ad-
fectibus curandis accommodatum. Francof. 1610. 8.
8) Auserleſenes Arzney= und Kräuterbuch. 8. Frankfurt.
1594. Erfurt. 1626.

e) 1) Hiſtoria omnium aquarum, quae in communi hodie
practicantium ſunt uſu, vires et recta diſtillandi ratio.
Acc. conditorum et ſpecierum aromaticarum, quorum
uſus frequentior apud pharmacopolas, tractatus. Paris.
1542. 8. 1552. 12. Venet. 1542. 8. 2) Pharmacorum
omnium, quae in communi ſunt practicantium uſu, tabulae decem. Pariſ. 1569. 16. Lugd. Gall. 8. 1578. und
mit Lanfranc. 1550. Venet. 1598. fol.

f) Pharmacoliterion ſ. medicamenta compoſita ſecundum
ordinem effectuum alphabeticum. Ingolſt. 1542. 8.

g) Explanatio eorum, quae pertinent ad tertiam partem
de

ſchneider (Plakotomus) [h]), und Joh. Ponta⸗
nus [i]), beide Lehrer zu Königsberg, G. Sturzia⸗
des [k]), Georg Pictorius von Villingen, Arzt zu
Enſisheim [l]), Andr. Büttner [m]), Hier. Caleſta⸗
ni, Apotheker zu Parma [n]), Ferdin. von Sepul⸗
veda aus Segovia [o]), Joh. Dragojavus [p]), Franz
Rota aus Bologna [q]), Vinc. Caſalis aus Bre⸗
ſcia

de componendis medicamentis. Venet. 1553. 8. und Explanatio eorum, quae pertinent tum ad quantitates ſimplicium medicamentorum tum ad eorundem compoſitionem. Venet. 1555. 8.

[h]) Pharmacopoea in compendium redacta. 8. Antw. 1560.
Lugd. Gall. 1561. und de diſtillationibus chemicis epiſtola. Francof. ad Viadr. 1553. 8. und 12.

[i]) Methodus componendi theriacam, et praeparandi am-
bram factitiam. Lipſ. 1604. 4.

[k]) Diſpenſatorium utiliſſimorum hoc tempore medicamentorum diſciplinam continens. Lugd. G. 12. und cum
ſcholiis J. Lud. Bertaldi. Taur. 1614. 4.

[l]) Medicinae tam ſimplices quam compoſitae, ad pene om-
nes corporis humani affectus, ex Hippocrate, Galeno,
Avicenna, Aegineta ordine alphabetico conſcriptae.
Baſil. 1560. 8.

[m]) De theriaca et mithridatio Graecorum. 1549. 8.

[n]) Delle oſſervazioni P. I. nella quale con ogni facilità
ſ'inſegna tutto cio che fa biſogno ad un diligente ſpezia-
le. Venet. 4. 1562 und 1655.

[o]) Manipulus medicinarum, in quo continentur omnes
medicinae tam ſimplices quam compoſitae ſecundum medicorum uſum. Pintiae. 1550. fol.

[p]) Theriaca et mithridatium, duo antiquiſſima et nobiliſſima Graecorum antidota, contra tertium nunc delap-
ſum de coelo Caronem defenſa. Francof. 1552. 8.

[q]) de introducendis Graecorum medicaminibus ſ. comm.
in Galenum de compoſitione medicamentorum ſecundum
genera. Bonon. 1553. fol.

X 5

scia ʳ), Wilh. Rondelet, Lehrer der Arzneikunst
und Kanzler zu Montpellier ˢ), Bernh. Dessenius ᵗ),
Hier. Bock (Tragus) ᵘ), Jul. Delphin ˣ), Joh.
Sylvius von Ryssel in Flandern ʸ), Claud. Dariot ᶻ), Franz Valles, Lehrer zu Alkala de Hena-
res und Leibarzt Königs Philipps II. ᵃ), Barth. Ma-
ranta ᵇ), Jak. Besson ᶜ), Anut. Foes von
Metz,

r) Explicatio medicamentorum simplicium et eorundem
compositio ex J. B. *Montano* excerpta. Patav. 8. 1553.
und 1573.

s) 1) L. de ponderibus, justa qualitate et proportione
medicamentorum. 8. Patav. 1555. und 1556. Venet.
1562. und 1579. Lugd. Gall. 1558. 1563. und 1584.
Antw. 1561.   2) Methodus de materia medicinali et
compositione medicamentorum tam internorum, quam
externorum. Patav. 1556. 8.   3) Formulae aliquot remediorum in libro de internis remediis omissae. Antw.
1576. fol. 4) Dispensatorium. Colon. 1565. 12. 5) Pharmacopoearum officina correctior per M. de *l'Obel*. Londin. 1605. fol.

t) de compositione medicamentorum. Francof. 1555. fol.
Lugd. Gall. 1556. 8. Colon. 1573. 4.

u) Arzneybüchlein. Frankfurt. 1572. 8.

x) Explanatio in *Galeni* artis medicinalis librum. Acc.
eius de ratione medicamentorum praescribendorum. Venet. 1557. 4.

y) Tabulae pharmacorum. Antw. 1568. 8.

z) de medicamentorum praeparatione l. Lugd. Gall.
1582. 8.

a) tratado de las aquas destilladas, pesos e medides, de
qui los boticarios deben usar. Madrit. 1592. 8.

b) della theriaca e del mithridatio. Venet. 1572. 4. latin.
civit. donati opera J. *Camerarii*. Francof. 1576. 8.

c) de absoluta ratione extrahendi aquas et olea ex medicamentis simplicibus, a quodam empirico accepta et a
Bessonio locupletata, experimentis confirmata. Tigur.
1559. 8. auch französisch. Paris. 1573. 8.

Metz [d]), Lor. Joubert [e]) von Valence im Delphi-
nat, Lehrer der Arzneikunde, nachher Kanzler zu Mont-
pellier, und Königlicher Leibarzt [f]), Ludw. Collado,
Lehrer zu Valencia [g]), Mich. Dusseau [h]), Joh.
Wittich von Arnstadt [i]), Hier. Capo di Vacca
(Capivaccius) Lehrer zu Padua [k]), Gabr. Fal-
lop von Modena, der grose Zergliederer zu Padua [l]),
Franz Alexander von Vercelli [m]), Prosp. Bar-
garucci [n]), A. Bacci, Leibarzt Pabst Sixt V. [o]),
Joh.

d) Pharmacopoea, medicamentorum omnium, quae hodie
in officinis exstant, tractationem et usum ex antiquorum medicorum praescripto continens. Basil. 1561. 8.

e) Teisser eloges des hommes savans. B. III. S. 245.

f) 1) Pharmacopoea ed. J. Paul. *Zangmeister*. Lugd. Gall.
1579. 8. französisch ebendas. 1588. 8.   2) pharmaceutica ars componendi medicamenta und 3.) de syrupos conficiendi modo et utendi ratione l. in opuscul. olim di-
scipulis suis publice dictat. quae nunc J. *Postius* excude-
re curavit. Lugd. Gall. 1571. 4.

g) Pharmacorum omnium, quae in usu sunt apud nostros pharmacopoeos enumeratio mit der Epitome medica in *Galenum* &c. Valentiae. 1561. 8.

h) Enchiridion ou manuel des myropoles traduit et com-
menté. Lyon. 1561. 4. und 1613. 8. Genev. 1656. 12.

i) Methodus tam simplicium, quam compositorum medicamentorum, quae apud recentiores sunt in usu. Lips.
1596. 8.

k) de compositione medicamentorum institutio brevis mit
den Pandectis J. G. *Schenkii*. Francof. 1607. 12.

l) de compositione medicamentorum et de cauteriis. Venet.
1570. 4.

m) Apollo omnium compositorum et simplicium normam
suo fulgore irradians. Venet. 1565. fol. Franc. 1614. 4.

n) Fabrica delli speziali XII. distinzioni. Venet. 4. 1566.
und 1567.

o) Tabula de theriaca, quae ad instituta veterum, *Galeni*
atque *Andromachi* inventa est. Rom. 1587.

Jóh. Theodor von Bergzabern (Tabernámonta=
nus) ᵖ), Hiët. Mercurialis, aus Forli im Kir=
chenſtate, Lehrer der Arzneikunde zu Padua, denn zu
Bologna, zulezt zu Piſa ᑫ), Marc. de Oddis ʳ),
Andr. Cáſalpin, pábſtlicher Leibarzt und Lehrer zu
Piſa ˢ), der Apoth. Nik. Hovel ᵗ), Pyraur ᵘ),
Theod. Ulſten ˣ), Matth. L'Obel von Ryſſel iin
Flandern ʸ), der berühmte augsburgiſche Arzt Adolph
Occo, der dritte dieſes Namens ᶻ), Georg Heniſch ᵃ),
der

p) Arzneybuch. 1577. fol. Frankfurt und Neuſtadt an
der Hardt.

q) Fr. de compoſitione medicamentorum, de morbis oculorum et aurium ex ore viri a Mich. *Columbo* excepti.
Venet. 1590 und 1601. 4. Francof. 1591 und 1601. 8.

r) Methodus exactiſſima de componendis medicamentis.
acc. index medicamentorum tam ſimplicium, quam compoſitorum, diſcurſus de theriaca cum A. *Baccio*, et alter circa turbith. Patav. 1583. 4. und Eiusd. *Junii Pauli
Craſſi*, et *Bernhardini Turriſani* meditationes in theriacam et mithridatium, accuratiſſime elucubratae, per
quae veriſſima conficiendarum antidotorum methodus
perhibetur, et multi medicorum et pharmacopolarum
errores confutantur. Venet. 1576. 4.

s) Quaeſtionum medicarum L. II. De facultatibus medicamentorum L. II. Venet. 1593. 4. L. IIdo. P. II.

t) Pharmaceutices L. II. Pariſ. 8. 1571 und 1572. und
traité de la theriaque et du mithridate en deux livres.
à Paris. 1573. 8.

u) Traité de la pharmacie moderne. Paris. 1571. 8.

x) De pharmacandi comprobata ratione, medicinarum ſimplicium rectificatione, ſymptomatum, quae purgatio-
nem ſequuntur, emendatione. 8. Baſil. 1571. Norimb.
1596.

y) in ſeinen Anmerkungen zu ſeiner Ausgabe von Rondelet's Pharmacopoea.

z) Pharmacopoea ſ. medicamentarium pro republica Augu-
ſtana.

der augsburgische Arzt Georg Melich b), Georg Masbach c), Ambr. Paré, der berühmte reformir=te Wundarzt dreier französischer Könige d), der Apo=theker Laz. Perez zu Toledo e), Bernhardin Turri=sani f), Aug. Bolzetta g), Nik. Stelliola h),
Al=

ftana. Aug. Vindel. 1573. 12. 1573. 1581. 4. 1573. 1580. 1581. 1597. 1613. 1622. 1640. 1684. 1694. 1710. 1734. fol. 1623. 1643. 1646. 1653. 1673. 8. auch Rotterd. 1653. 8.

a) Enchiridion medicum medicamentorum tam fimplicium, quam compofitorum in certas tabulas diftinctorum. Bafil. 1573. 8.

b) Avertimenti nelle compofitione de medicamenti per ufo della fpeziaria, con una diligente efaminatione de molti fimplici con Alb. *Stecchini* aggiunti de molti com-pofitioni utili pharmacopoei, ed Horat. *Guargante* della theriaca. Venet. 4. 1574. 1575 und 1648. lateinisch un=ter der Aufschrift: Difpenfatorium medicum f. de recta medicamentorum, quorum hodie ufus eft, parandi ra-tione commentar. ex italico in lat. verfi a Sam. *Keller.* Witteb. 1586. 4. und Francof. 1600 und 1601. 12. 1624. 8. und mit der Aufschrift: Commentarii medici f. de recta medicamentorum parandorum ratione. 1657. la=teinisch Görliz. 1589. 8.

c) Collectanea practica et pharmaceutica. Ulm. 1676. 4.

d) Oeuvres. Paris. fol. 1575. und 1588. lateinisch 1582. Buch XXV. und XXVI.

e) Theriacae hiftoria. Toled. 1575. und de medicamen-torum fimplicium et compofitorum hodierno aevo apud noftrates pharmacopoeos exftantium delectu, aetate et repofitione per generationes duas. Toled. 1599.

f) Meditationes in theriacam et mithridatium antidotum. Venet. 1576. 4.

g) Theriaca Andromachi juxta placita J. P. *Craffi*, B. *Tur-rifani* et M. *Oddi.* Patav. 1576. 8.

h) Theriaca et Mithridatium, ubi *Marantae* et Collegii Patavini controverfiae perpenduntur. Neapol. 1577. 4.

Alphons de Jubera[i]), Joh. Coſtäus aus Lodi, Lehrer zu Turin, nachher zu Bologna[k]), J. Haſ⸗ ler aus Bern[l]), der antwerpiſche Apotheker Pet. Coudenberg[m]), Paul Lanci, und Paul Ma⸗ ſelli, zween Aerzte zu Bergamo[n]), Ruck[o]), C. Bauhin, ein eben ſo groſer Kräuterkenner und Zer⸗ gliederer, als Arzt, Lehrer zu Baſel[p]), J. Spo⸗ riſch[q]), J. Schyron, Kanzler zu Montpellier[r]), Phil.

i) Dechado reformadores de todas las medicinas com- pueſtas uſuales con declaracion de todas ſus dudas. Pintiae. 1577. 8.

k) in J. *Meſuae* ſimplicia et compoſita, et antidotarii no- vem poſteriores ſectiones adnotationes. Venet. 1602. fol.

l) De logiſtica medica ſ. de medicamentorum ſimplicium et compoſitorum qualitatum gradus, purgantiumque do- ſes et proprietates inveſtigandi ratione apodictica. 1578. 4.

m) Valer. *Cordi* diſpenſatorium pharmacorum omnium cum ſcholiis, correctionibus et auctariis. Lugd. Gall. 1579. 12. Norimb. fol. 1592. 1598. und 1612. Leyd. 16. 1627. und 1651.

n) Pharmacopoea Bergamenſis, rationem componendi me- dicamenta uſitatiora complectens. Bergam. 1580. 4. ita⸗ liäniſch Breſcia. 1628.

o) Pharmacopoea ſ. medicamentarium pro republica Au- guſtana. Amſterd. 1580. 8.

p) De compoſitione medicamentorum ſeu medicamentorum componendorum ratio et methodus in publicis prae- lectionibus propoſita. Offenbach. 1610. 8. und de reme- diorum formulis Graecis, Arabibus et Latinis uſitatis, exemplis ad pleroſque morbos accommodatis illuſtratis, experientia confirmatis, ſecretique loco habitis l. duo. Francof. 1619. 8.

q) Tr. 2. de ratione inveniendi compoſita medicamenta morborum internorum et externorum in humano corpo- re curationibus neceſſaria et II. de modo curandi — morbos per bonam diaetam. Jen. 1607. 8.

r) Medendi methodus &c. Acc. tract. medicamentorum ſim-

Phil. Scherb, Lehrer zu Altdorf ᵃ), Simon a Tovar ᵗ), Heinr. a Bra, ein friesländischer Arzt von Dokkum ᵘ), Fel. Costa ˣ), Ant. Anguisola ʸ), der berühmte schlesische Arzt Casp. Schwenkfeld ᶻ), der

simplicium et compositorum cum dosibus. 12. Monsp. 1609. Hanov. 1608.

s) Sylva medicamentorum compositorum, quae usus quotidianus exigit, tironibus accommodata. Lipf. 1617. 8.

t) de compositorum medicorum examine vera methodus, qua medicamentorum omnium temperamenta ad unguem examinari, ac propositae temperaturae medicamenta componi facillime queant. Antwerp. 1586. 4. und Hispalenfium pharmacopoliorum recognitio. Hifpal. 1587. 4. Hag. 1640. 16.

u) 1) Medicamentorum fimplicium et facile parabilium ad calculum enumeratio, et quomodo iis utendum fit, brevis inftitutio. Franecker. 8. 1589 und 1591. 2) Medicamentorum fimplicium et facile parabilium ad icterum et hydropem catalogus, et quomodo iis utendum. Leyd. 8. 1590. und 1597. 3) De curandis venenis per medicamenta fimplicia et facile parabilia L. II. 8. Arnheim. 1603. Leeuward. 1616. 4) Medicamentorum facile parabilium adverfus peftilentiam catalogus. 8. Arnh. 1605. Leeuward. 1616. 5) Catalogus medicamentorum fimplicium et facile parabilium adverfus epilepfiam, et quomodo iis utendum fit, brevis inftitutio. 8. Arnh. 1693. Leeuward. 1616.

x) Difcorfo fopra le compofitioni degli antidoti e medicamenti che piu coftumano di darfi per bocca, con la dichiarazione d'alcuni fuccedanei, nel fine una lett. medicinale del G. Batt. *Cavallara*. Mantova. 1586. 4.

y) Compendium fimplicium et compofitorum medicamentarum. Placent. 1586. 8.

z) Thefaurus pharmaceuticus, medicamentorum omnium fere facultates et praeparationes continens, ex probatiffimis auctoribus collectas. Acc. G. *Rondelet* tr. de fuccedaneis. Bafil. 1587. 8.

der Apotheker Brice Bauderon[a]), J. Oswald[b]),
Osw. Gabelkhover oder vielmehr Herzog Lud‐
wig von Wirtemberg[c]), J. Balcianellus[d]), J.
Jeſſens[f], ein Edelmann aus Breslau, der als
Lehrer zu Wittenberg, nachher zu Prag ſtand, wo er auf
Befehl der öſterreichiſch. Regierung hingerichtet wurde[e]),
Wilh. Seraphini[f]), Tob. Dornkrell[g]), Evan‐
gel. Quadrammi[h]), Aug. Conſtantin[i]), Fr.
Ran‐

a) Paraphraſe ſur la pharmacopée. Lyon. 1588. 1595.
1596. und 1607. 12. und mit L. Catalau ſur les
eaux diſtillées. Lyon. 1614. und Rouen. 1627. 8. ver‐
mehrt von Franz Verni und G. Sauvageon. Lyon.
4. 1662. und 1681. mit J. du Boys pharmacop. ins
lateiniſche überſezt von Philem. Holland fol. Lond.
1639. und Haag. 1640. ins teutſche von Ol. Suden
mit der Ueberſchrift: Deutſch Arzney-Apothek. Straß‐
burg. 1595. 8.

b) Arzneybüchlein, darinn etliche auserleſene Recepte gefun‐
den werden. Wittenberg. 1599. 4.

c) Nützlich Arzneybuch. 4. Tübingen. 1589. 1594. 1596.
1599. 1603. 1606. 1618. Frankfurt. 1594. 1618. 1665.
und 1680. Frankfurt, Straßburg und Eisleben. 1594. 8.
ins niederländiſche überſezt. Dordrecht. 1598. 4. von
Batt ins engliſche mit der Aufſchrift: The book of
phyſik. London. 1599. fol.

d) Diſcorſo contro l'abuſo dell' antimonio preparato, d'ar‐
gento vivo ſublimato, e del praecipitato in medicina
ſolutiva ordinato. Veron. 1603. 4.

e) de mithridatio et theriaca. Wittenb. 1598. 4.

f) de compoſitione medicamentorum et exhibendi ratione
L. II. Turin. 1594. 4.

g) Diſpenſatorium ad omnia propemodum corporis huma‐
ni pathemata. Ulyſſ. 1000. 4. una cum tr. de purga‐
tione. 12. Hamburg. 1604. Lipſ. 1623. Jen. 1645.

h) tr. ad theriacam mithridatiumque antidotum componen‐
dum. Ferr. 1597. 4.

i) Bref trait. de la pharmacie provinciale. Lyon. 1597.

Ranchin [1]), N. A. Frambeſarius, Lehrer zu
Paris [m]), Sebaſt. Bloſs, Lehrer zu Tübingen [n]),
und die ungenannte Verfaſſer der Apothek für den
gemeinen Mann [o]), des kleinen Deſtillir:
buchs [p]), des nüzlichen Arzneybüchleins, leib:
liche Geſundheit zu erhalten [q]), des Bariment
des receptes [r]), des Antidotarium ex optimis auctoribus collectum et caſtigatum [s]), eines andern Antidotarium ſ. de exacta componendorum miſcendorumque medicamentorum ratione [t]), eines Enchiridion [u]), eines Recueil de pluſieurs ſecrets utiles [x]),

des

1) Oeuvres pharmaceutiques donnés par M. *Catelan*.
   Lyon. 1628. 8.

m) Ordonnances ſur les préparations des medicamens tant
   ſimples que compoſés, nouvellement reformées. Paris. 1613.
   4. und Ambroſiopoeia, qua elegantes medicamentorum
   praeparationes praeſcribuntur. 12. Pariſ. 1622 und 1636.
   Leyd. 1628.

n) de medicinae parte pharmaceutica. Tubing. 1606. 4.

o) ex Brunſvic et Schrickio. Wittenberg. 1529. 4. Leipzig.
   1532. 8.

p) Straßburg. 1530. 4. Sollte es mit dem im gleichen
   Jahre, Orte und Format herausgekommenen Werke.
   Neue gebrannte und deſtillirte Waſſer, das gleiche ſei?

q) Confect, Conſerven und dergleichen zu machen, deren
   Natur, Kräften und Würkung beſchrieben. Frankfurt.
   1540. 4.

r) contenant cinq petites parties de receptoires. Poitiers.
   1544. 8. Paris. 1546. 12. ein anderes contenant trois
   parties des receptoires erſchien zu Lyon. 1570. 12.

s) Venet. 1559. 8.

t) L. III. von Karl l'Ecluſe (Cluſius) aus dem italiä:
   niſchen ins lateiniſche überſezt. Antwerp. 1561. 8.

u) vulgo vocant diſpenſatorium compoſitorum ab antiquis
   et junioribus archiatris medicamentorum. Lyon. 1561. 12.

des Dispensatorium usuale pro pharmacopoeis Colo-
niensibus ᵞ), des Corpus pharmacopolii ᶻ), des Antidotarium romanum ᵃ), des methodus simplicium
medicamentorum et compositorum ᵇ), der sechs
Bücher auserlesener Arzney= und Kunststück ᶜ), der
Ordnung welcher Gestalt es mit Verfertigung der Arz=
neyen in der Apotheke zu Görlitz soll gehalten werden ᵈ),
des Ricettario molto necessario a medici e speziali ᵉ)
und Antidotarii Bononiensis epitomo ᶠ), der Pharmacopoea augustana recognita ᵍ) und Lugdunensis ʰ) u. a.
befolgten in ihren Werken, mehr oder weniger, die
Vorschriften Galen's, und verwarfen, als gefähr=
lich, die durch gewaltsamere chemische Kunstgriffe berei=
tete sogenannte chemische Arzneien.

Wirk=

x) tant pour l'ornement, que pour la santé du corps hu-
  main, tirés des Grecs et Latins par S. E. S. X. Tr. des
  distillations d'eaux imperiales, d'ange, de naffe. à Paris. 1561. 8.

y) Colon. 1565.

z) s. herbarum virtutes. Argentor. 1573. fol.

a) s. de modo componendi medicamenta. Rom. 1583.
  Francof. 1624. und 1675. 8. Venet. 1585. und 1590.
  12. ins italiänische übersezt von Hippol. Cicarelli.
  Rom. 1641. 4.

b) eines paduanischen Arztes, herausgegeben von Wittich.
  Leipzig. 1596.

c) fast vor alle des menschlichen Leibes Gebrechen und
  Krankheiten. Torgau. 1600. fol.

d) aufgerichtet bei der Visitation. A. 1600. Görlitz. 4.

e) Firenz. 1567. fol.

f) Bonon. 4. 1574.

g) August. Vindel. 1597. 4.

h) 1546. 12.

Wirklich scheinen auch in den meisten Apotheken, obgleich in diesem Zeitalter auch zu Stockholm eine Hofapotheke errichtet ¹), und ihre Anzahl in Teutschland sehr vermehrt ᵏ), auch von mehreren Teutschen Ständen, vornemlich Reichsstädten ¹) Apothekerordnun-

i) v. Dalen Geschichte des Reichs Schweden, übersezt von Dähnert. Rostok und Greifswald. 4. Th. III. S. 394.

k) so wurde in diesem Zeitalter zu Hamburg (Sammlung der hamburgischen Geseze und Verfassungen. Hamburg. 1773. 8. XII. S. 28.) eine Rathsapotheke, zu Hannover 1560. (Letzners dasselsche und eimbeckische Chronica, Erfurt. 1596. fol. S. 104.) von der Gemahlin Herzogs Philipps II. eine Apotheke mit einem Destillirhause, und 1565. (Grupen origines Hanoverenses. Göttingen 1740. 4. S. 341.) eine andere vom Rathe, 1568. (Spittler Geschichte des Fürstenthums Hannover. 1786. 8. S. 275.) von Herzog Julius zu Braunschweig aufer der Haus- und Hofapotheke seiner Gemahlin mehrere im ganzen Lande, 1559. aufer der Schlosapotheke zu Stuttgart in Wirtemberg (Weisser Nachrichten von den Gesezen des Herzogsthums Wirtemberg. Stuttgart. 1781. 8. S. 137.) zu Stuttgart, Göppingen, Kalw und Bietigheim vier Landapotheken, 1556. (Möhsen Geschichte der Wissenschaften in der Mark Brandenburg S. 530.) zu Berlin und zu Kölln an der Spree von dem Leibarzt Dr. Stahl, 1573. zu Berlin eine Hofapotheke, und die jezt noch daselbst bestehende (Nikolai Beschreibung von Berlin. 8. dritte Ausg. I. S. XXXIX. und 87.) 1598., und vor 1574. zu Crossen (Möhsen a. e. a. O. S. 555.) in der Mark eine andere, 1581. zu Dresden eine Hofapotheke (Ant. Weck Beschreibung und Vorstellung der Residenz Dresden. 1680. fol. S. 69. Weinart topographische Geschichte der Stadt Dresden. Dresden. 1777. S. 304), 1598. (Hamelmann Oldenburgische Chronik. 1599. fol. S. 491.) zu Oldenburg eine Landapotheke angelegt.

l) So sorgten schon 1538. die augsburgische Aerzte in

Y 2   ihren

nungen und Taxen ausgegeben, den Apothekern in
Frankreich mehrmalen [m]) Statuten gegeben, und zu
Ende dieſes Jahrhunderts auch nach Rusland Apothe=
ker gerufen wurden [n]), nur einfache und ſolche zuſam=
mengeſezte Arzneimittel vorhanden geweſen zu ſein, de=
ren Bereitung keine groſe chimiſche Geſchiklichkeit er=
forderte: Fez hatte zwar Apotheker, aber ſie verkauf=
ten blos die Latwergen, Syrupe und Salben, welche
die

ihren concluſionibus et propoſitionibus univerſam medicinam per genera complectentibus. Aug. Vind. 4. auch
für dieſen Theil des Medicinalweſens; 1558 bekam die
Stadt Baſel (4.), 1563 die Stadt Annaberg (Leipzig.4.),
1567 (Jena. 8.) das Churfürſtenthum Sachſen eine Apo=
thekertaxe; 1573 oder 1574 kam wieder eine churfürſt=
lich ſächſiſche Apothekerordnung und Taxe (Coburg. 4),
1580 eine Apothekerordnung für das Fürſtenthum Sach=
ſen (Jena. 4.), 1582 eine Apothekertaxe der Stadt
Frankfurt am Main (4.), 1586 eine Paſſauiſche Arzt=
und Apothekerordnung reformation (4.), 1592 (und
nachher noch 1679) eine Nürnbergiſche Ordnung dem
Collegio medico, den Apothekern und andern angehörigen
gegeben (4.), 1595 eine Apotheker=Ordnung und Refor=
mation der Stadt Neuburg. (Lauingen. 4.), 1596 der
fürſtlichen Grafſchaft Henneberg Apothekerordnung und
Taxe (Schmalkalden. 4.), 1600 eine wittenbergiſche Apo=
thekertaxe (4.), eine Reformation und Ordnung bei der
Julius Univerſität und Rathsapotheken zu Helmſtädt
(4.), und eine Ordnung, welcher Geſtalt es mit Verfer=
tigung der Arzneien in den Apotheken in Görliz ſoll ge=
halten werden (4.) heraus.

m) unter Ludwig XI. 1514, unter Franz I. 1516 und
  1520, unter Karl IX. 1571, unter Heinrich III. 1583,
  und unter Heinrich IV. 1594. ſ. Joubert Dictionnaire
  des arts et metiers. I. S. 105.

n) vom Zar Boris Godunow ſ. J. Bacmeiſter
  Eſſay ſur la bibliothéque. à S. Petersbourg. 1776. 8.
  S. 37.

Die Apotheker in ihrer Wohnung bereitet hatten °):
Auch hatte man damals ſchon Urſache, auf die Betrügereien gewiſſenloſer Droguſten, Laboranten und
Apotheker aufmerkſam zu machen, und zween italiäniſche Aerzte Liſetti Benanci ᵖ) und Ant. Lodetti ᑫ), führen eine ganze Reihe ſolcher Verfälſchungen
an, die ihnen bekannt wurden, und die Obrigkeiten
zu Florenz und Ferrara zu dem Geſeze berechtigten,
daß die Apotheker nur in Gegenwart vorgeſezter Aerzte
ihre Arzneien verfertigen durften.

Des Widerſpruchs der alten Schulen ungeachtet,
ſchränkte man ſich doch auch ſchon um dieſe Zeit in vielen Apotheken ʳ) nicht blos auf die galeniſche Mittel
ein: Die Hartnäkigkeit der Luſtſeuche und ihrer mancherlei Zufälle nöthigte endlich die Aerzte, ihre Zu-
flucht zum Quekſilber zu nehmen, das ſie anfangs blos
äuſerlich als Rauch ˢ), in Salben ᵗ) und Pflaſtern ᵘ)
ge-

o) J. Leo a. a. O. B. III. S. 308.

p) Declaratio fraudium et errorum apud pharmacopoeos
commiſſorum. Acc. eiusdem argumenti dialogus J. Ant.
Lodetti. Turonib. 1553. et vert. T. *Bartholino.* Franc.
1661 und 1671. 8.

q) Dialogo Breſcia. 1569.

r) nicht in den nürnbergiſchen A. Libav Antigramania.
S. 203.

s) z. B. Guido Guidi der ältere aus Florenz, Leibarzt
Franz I. Lehrer der Arzneikunde zuerſt zu Paris, denn
zu Piſa de curatione generatim. B. III. K. 14. Oper.
omn. Francof. 1626. fol. B. II. S. 328. Joh. de Vigo
practic. compend. Lugd. 1518. 4. B. V. fol. 33. a. b.

t) z. B. Jak. Berengar von Carpi, der ſich (Fallop
de morbo gallico. K. 76. S. 728.) mit dieſen Curen
ein groſes Vermögen erworben hatte. Nic. Maſſa
Epiſt. 20. Bl. 144 a.

Y 3

gebrauchten; aber nach dem Vorgang eines **B a r b a:
r o ſſ a** [x]), **M a t t h i o l** [y]), Joh. de **V i g o** [z]) u. a.
und den nachdrüklichen Empfehlungen eines **P a r a c e l:
ſ u s** [a]) und du **C h e s n e** [b]), und dem glüklichen Erfolg,
welchen ſie davon erfuhren, bald auch unter mancher:
lei Geſtalten innerlich verordneten: Selbſt P. **Mo:
n a v i u s**, der ſonſt dergleichen Mitteln ſehr abgeneigt
war [c]), trug Bedenken [d]), den gelben Präcipitat gänz:
lich

u) J. de **V i g o** practic. copioſ. Lugd. 1519. 4. B. V.
    K. 2. B. 128 b.

x) die mit dem Namen dieſes berühmten Seeräubers be:
    zeichnete Quekſilberpillen hat P. de **B a y r o** a. a. O. zu:
    erſt bekannt gemacht.

y) de morbo gallieo. Venet. 1535. S. auch **F a l l o p** a. e.
    a. O. K. 79. S. 731. **F r a c a ſ t o r** de morbis contagio-
    ſis. B. II. K. 12. S. 182.

z) der offenbar ſchon eine Art rothen Präcipitats in der
    Kolik, in der Peſt und in der Luſtſeuche innerlich gebrauch:
    te a. e. a. O. B. II. tr. 1. K. 20. Bl. 27. a. und B.
    VIII. K. 13. Bl. 163. b. chirurg. compend. Venet.
    1520. fol. B. 5. ſ. auch **M o n a v i u s** in epiſtol. *Cra-
    ronis* a *Krafthaim.* B. II. S. 335.

a) Von dem Franzoſen. Buch. II. K. 5. S. 165. Von
    franzöſiſchen Blattern. B. VII. K. 2. S. 288. Er ge:
    brauchte ſchon Vermiſchungen des Quekſilbers mit Zinn
    (de curation. impoſt. luis gallic. K. 9.), gelben Prä:
    cipitat (Chirurg. magn. Th. III.), und ſcheint bereits den
    verſüſten Sublimat (de viril. membrorum. S. 324.)
    und mehrere andere zum Theil nach ihm genannte Quek:
    ſilberarzneien gekannt zu haben.

b) der ſowol den gelben und rothen Präcipitat, als
    auch Quekſilberſalpeter und mit bloſen Kieſeln gebrannten
    Quekſilberkalk Conſil. de lue venerea in libro de priſcor.
    philoſoph. verae medicinae materia. Gervaſ. 1603. 8.
    S. 388. 389. gebrauchte.

c) *Cratonis* a *Kraftheim* epiſt. medic. B. II. S. 350.

d) a. e. a. O. S. 340. 341.

lich zu verwerfen, da man für ſehr ſchlimme Krankhei:
ten auch dergleichen gefährliche Mittel nöthig, und
einer ſeiner Freunde, der Arzt S t r o m e r, einen Italiä:
ner, dem das veneriſche Gift bereits die Naſe abge:
freſſen hatte, glüklich damit geheilt habe [e]); auch
Thom. E r a ſt [f]) verwirft den Gebrauch des Queksil:
bers und der daraus bereiteten Arzneien, ſo wenig als
denjenigen des Spiesglanzes nicht, nur iſt ſein Rath, nicht
zu dreiſt damit umzugehen, wie er wohl P a r a c e l:
ſ u s und ſeiner Schule Schuld gab: J. W i n t e r von
A n d e r n a ch, der viele Jahre zu Paris lehrte, und
ſonſt mit ganzer Seele an ſeinem G a l e n und ſeinen
Alten hieng, lies in ſpätern Jahren [h]), ſo wie D o n:
z e l l i n i [i]), dem Spiesglanze und andern ſogenannten
chemiſchen Mitteln, den aus Pflanzen bereiteten Ex:
tracten, Oelen, Salzen volle Gerechtigkeit widerfah:
ren, und rühmt insbeſondere [k]), ſo wie H e r k u l e s a
S a x o n i a [l]), ein von P a r a c e l ſ u s [m]) empfohlenes
aus Sublimat und Gold bereitetes Mittel: Auch
R a n g o n i [n]), M. A. B l o n d o [o]), A. A l c a z a r [p]),
A.

e) a. e. a. O. S. 342.

f) ebend. B. I. S. 290.

g) M. A d a m a. a. O. S. 224 - 227.

h) De veteri et nova medicina tum cognoſcenda tum facienda. Baſil. 1571. fol. B. II. Dial. 2. S. 28 ꝛc.

i) bei E r a t o v. K r a f t h e i m Epiſtol. medicinal. B. VI.
Hanau. 1611. 8.

k) a. e. a. O. Dial. VII. S. 672.

l) Luis venereae perfectiſſ. tractat. luci datus opera Andr.
Ghetti. Patav. 1597. 4. K. 22. S. 292.

m) Manual. prim. S. 722.

n) De morbo galeco ſanando. Venet. 1538.

o) De origine morbi gallici. Venet. 1542.

p) Chirurgiae L. VI. in quibus multa antiquorum et recen-

Y 4   tio-

A. Cäsalpin q) und A. Gallo r) bedienten sich in
der Lustseuche ebenfalls innerlich des rothen Präcipitats;
beide leztern s) auch einer Arznei aus Gold und Quek=
silber: Krato von Kraftheim erwähnt selbst den
innerlichen Gebrauch des ohne Zusaz im Feuer berei=
teten rothen Quekfilberkalks t); auch läugnet er nicht,
daß der gelbe Präcipitat zuweilen in der Lustseuche gute
Dienste leiste u), so wie er überhaupt einige von Pa=
racelsus gerühmte Arzneien für gut und nüzlich
hält x); Selbst Konr. Gesner aus Zürich, dem Na=
tur= und Arzneikunde so viel zu verdanken haben, gab
unter dem Namen Euonymus Philiater ein eigenes Buch y)
her=

tiorum subobscura loca hactenus non declarata inter-
pretantur. Salmant. 1575. fol. L. V.

q) Κατοπτρον f. speculum artis medicae *Hippocraticae*
exhibens dignoscendos curandosque morbos in quo multa visuntur, quae a praeclarissimis medicis intacta re-
licta erant. Argent. 1630. 8. L. IV.

r) De ligno sancto non permiscendo in imperitos fucatos-
que medicos. Paris. 1540. 8.

s) a. d. e. a. O.

t) Commentar. de morbo gallico, edit. a L. *Scholzio.*
Francof. 1594. 8.

u) Epist. medicin. I. S. 222.

x) Epist. praemiss. Jul. Caes. *Scaligeri* exoteric. exercitat.
Hanov. 1620. 8.

y) De secretis remediis thesaurus. Tigur. 1554. Lugd. G.
1558. Francof. 1578. 8. Lugd. G. 1620. 12. P. II. 8.
Tig. 1569. Francof. 1578. ins teutsche übersezt von J.
Rud. Landenberger mit der Aufschrift: Ein köstlicher
theuerer Schaz, darinn behalten sind viel heimlicher guter
Stuck der Arzney ꝛc. 8. Zürich. 1555. 1582. 1583.
1608. ins Englische von Morvyng mit der Aufschrift:
New book of distillation called the treasure of Euony-
mus. London. 4. 1559. 1564. 1565. ins Französische.
Lyon. 1555. 4.

heraus, worinn er nicht blos eine Menge gebrannter
Wasser, sondern auch andere Mittel beschreibt, deren
Bereitung grose chemische Geschiklichkeit und Einsichten
erfordert. Auch Bened. Aretius suchte [z]), freilich
auf eine nicht sehr glükliche Art, die galenische Grund=
säze von der Wirkungsart und Bereitung der Arzneien
mit den paracelsischen zu vereinigen: Die beide be=
rühmte baselische Lehrer Theodor [a]) und Jakob [b])
Zwinger zeichneten sich auch dadurch sehr zu ihrem
Vortheile aus, daß sie bei den Zänkereien der Aerzte
ihrer Zeit eine glükliche Mittelstrase wählten; jener in
der Schule von la Ramée erzogen [c]), erklärte sich,
wenn er schon die schwache und verächtliche Seite von
Paracelsus sehr wohl kannte [d]), nicht nur für
mehrere Säze, welche dieser aus seiner Chemie in die
Physiologie übergetragen hatte [e]), sondern auch be=
stimmt für mehrere seiner Arzneimittel [f]), und nament=
lich

---

z) oder wer der Verfasser des von ihm herausgegebenen
Buchs De medicamentorum simplicium gradibus et com-
positionibus, opus novum physicum, medicum, chymicum in quinque libros digestum. Acceff. ex *Ecchopaediæ*
de *Petra* collectaneis in singulos libros argumenta.
Tigur. 1572. 8. sein mag.

a) M. Adam a. a. O. S. 301.

b) Ebend. S. 411.

c) Theatr. vitr. human. B. I. S. 1176.

d) Man sehe z. B. sein Urtheil über Severin in einem
Briefe an P. Monavius Epistol. *Craton.* a *Kraft-*
heim medicin. B. III. S. 339. "Ceterum servit etiam
ille auctoritati, et dum libertatem philosophicam prae-
sentat, ipsas quoque Theophratti *sordes* extollit.

e) Physiologia medica. Basil. 1610. 8. S. 56. 81.

f) Sehr schön erklärt er sich darüber in einem Briefe an
Paul Heß. Craton. a Kraftheim epistol. medicin. B. II.

lich für den gelben Präcipitat ᵍ); dieſer, ein ſehr ge-
bildeter Mann, nahm, ſo wenig er auch von der Theo-
rie von Paracelſus hielt, doch ſeine Arzneien in
Schuz, und ſuchte ſie den galeniſchen Grundſäzen
anzupaſſen ʰ); nach ihrem Beiſpiele, und zum Theil
durch daſſelbige aufgemuntert nahmen ſie denn auch
andere Aerzte, z. B. der pfälziſche Leibarzt Joh. Lange aus Schleſien ⁱ), der frankfurtiſche Arzt P. Uffenbach ᵏ), der jenaiſche Lehrer Zach. Brendel ˡ), und,
auch

S. 272. "Maximi facio miniſtram medicinae chimiam,
eandem ſi dominae ſuae ſeſe anteponere audeat, flagris
etiam dignam cenſeo. Theophraſto experientiae nomi-
nae multum tribuo, quando quidem multa praeclara medicamenta, in neſcio quibus antris Cyclopum deliteſcen-
tia, ſi non a ſe inventa, ſaltem exculta in lucem pro-
tulerit; eundem vero arcem medicinae dejectis veteribus invadentem non aequiori animo ſuſtineo, quam ty-
rannidem affectantem Cylonem Athenienſes. Atque ut
illi tanquam empirico et methodico Medicinae elegantis
imperito, quando dogmata artis tot ſeculorum conſenſu
confirmata convellere nititur, mentem meliorem dari
precor: ita noſtris quoque hominibus, qvi methodi
inepto ſtudio nova damnant omnia, et de iis, quae nunquam manibus ſuis tractarunt, ſeſquipedalibus verbis
fanda atque nefanda proferre audent, ſenſum accuratio-
rem opto."

g) in einem Briefe an Joh. Weidner. ebendaſ.
    S. 275.

h) Principiorum chymicorum examen ad generalem *Hippocrates*, *Galeni*, ceterorumque Graecorum et Arabum
conſenſum-inſtitutum. Baſil. 1606. 8.

i) Epiſtol. Hanov. 1605. 8. L. III.

k) Diſpenſatorium Galenico-chymicum. Hanov. 1631. 4.

l) Chymia in artis formam redacta, methodus addiſcen-
di encheireſes, correctio medicamentorum plurimo-
rum, diſquiſitio de auro potabili. Jen. 1641. 8. 1630.
Amſterd. 1659. und 1668. 12.

auch mit der nöthigen Einschränkung, J. Oberndorf=
fer [m]) an.

Aber mehr als alle diese that in diesem Zeitalter
für die wahre Würdigung der Chemie, und vornemlich
für die Bestimmung ihres Einflusses auf Arzneikunst,
insbesondere auf Bereitung von Arzneimitteln, der roten=
burgische, zulezt coburgische Lehrer und Arzt, Andreas
Libav aus Halle in Sachsen [n]); gleich entfernt von
der pöbelhaften Rohheit eines Paracelfus und seiner
Schule, von der geflissentlichen Unwissenheit derselbi=
gen in den Grundwissenschaften, und von der stolzen
Selbstgenügsamkeit der galenischen Aerzte, welche ohne
die neue Thatsachen, die ihnen ihre Gegner entgegen=
sezten, mit kaltem Blute zu prüfen, sie gerade zu ver=
warfen, kämpfte er mit gleichem Eifer gegen den Miß=
brauch, den Einige schon zu seiner Zeit aus Habsucht
oder Unwissenheit von der Chemie machten [o]), wie für
ihre vernünftige Anwendung gegen ihre Widersacher [p]).
Zwar

m) Apologia chymico - medica adverfus illiberales M. *Rulandi* calumnias. Amberg. 1610. 4.

n) *Lindenius* renovatus cura G. Abr. *Merklini.* Norimb.
1686. 4. S. 47 ꝛc.

o) das zeigt sein lebhafter Streit mit den Geheimniskrämer
G. Anwald und J. Gramann und mit dem Schwär=
mer Henn. Scheunemann, selbst mit J. Miche=
lius, O. Crell und J. Hartmann 1) Epiftola de
examine panaceae Anwaldinae, ut quisque judicare poffit, qua arte Anwaldus fit ufus. Francof. 1594. 8. teutfch
und mit tr. de cruentatione cadaverum et de unguento
armario lateinifch. 2) Neoparacelfica, in quibus vetus
medicina defenditur adverfu τερετισματα tum G. An-
wald, cujus liber de panacea excutitur, tum J. *Gra-
manni* fervata vera verae chemiae laude. Francof. 1594.
8. 3) Anatome tractatus neoparacelfici de pharmaco ca-
thartico, fcripti adverfus Galenicos veteris veraeque
me-

Zwar hieng Libav noch veſt an dem Glauben von
der Verwandlung der Metalle in einander und insbeſondere in Gold, und vertheidigte dieſen Theil der
Paracelſiſchen Lehre mit allen Kräften ⁹), auch ver-
ſpricht

medicinae profeſſores &c. 1594. 8.   4) Antigramania
ſecunda ſupplemento abſurditatum et convi.iorum in
Galeni artem et profeſſores ejus a J. *Gramanno* effu-
ſorum oppoſita. Francof. 1595. 8.   5) Gegenbericht von
der Panacea Anwaldina auf G. Anwalds ausgegangenen
Bericht geſtellt, ſamt einer Widerantwortung auf die zwei
Bogen, in welchen er ſich zu defendiren vermeint. Frankf.
1595. 4.   6) Panacea Anwaldina victa et proſtrata,
oder wiederholter Gegenbericht von der überwundenen
panacea Anwaldina, G. Anwalds davon ausgegange-
nem dreifachem Bericht und angeheftetem Paſquille ent-
gegengeſezt. Frankf. 1596. 4.   7) Singularium. P. IVta.
Francof. 1601. 8. n. 3. 4.   8) Novus de medicina veterum tam Hippocratica quam Hermetica tractatus. In
P. I. dogmata inter utrosque profeſſores controverſa adverſus J. *Michelii* Paracelfici conatum diſcutiuntur.
P. II. Univerſale Alchemiſtarum aperitur. Francof. 8.
1599.   9) Variarum controverſiarum inter noſtri ſeculi
medicos peripateticos, Rameos, Hippocraticos, Paracel-
ſicos, agitatarum. L. II. Franeof. 1600. 4.   10) Appendix neceſſaria ſyntagmatis arcanorum chymicorum. Acc.
1) judicium de Dea *Hippocratis* ſ. Hygia Henn. *Scheune-
manni* 2) ſchema medicinae Hippocraticae, hermeticae &c. 3) examen philoſophiae magicae *Crollii*, 4) Cenſura philoſophiae vitalis J. *Hartmanni*.   5) Admonitio
de regulis novae vitae &c. 1615. fol.

p) gegen die Facultät der Aerzte zu Paris, und gegen
Riolan 1) Examen cenſurae ſcholae Pariſienſis contra
alchymiam. 1601. 1604.   2) Commentariorum Alchymiae Pars I. ex libris declarata. Praemiſſa eſt defenſio
alchemiae, et refutatio objectionum ex cenſura ſcholae
Pariſienſis. Francof. 1606. fol.   3) Alchymia triumphans de iniqua collegii Galenici ſpurii cenſura et J.
Riolani maniographia funditus everſa. Francof. 1607. 8.

q) vornemlich gegen Riolan, Guibert und Eraſt
I) De-

ſpricht er ſich noch viel von der Kraft des trinkbaren
Goldes [r]), aber er verabſcheute die ſchwärmeriſche Aus=
wüchſe [s]) dieſer Schule, ſo wie überhaupt manche
ſchädliche Vorurtheile, welche ihre ächte und falſche
Anhänger zu verbreiten ſuchten, verbannte die myſtiſche
geheimnisvolle verwirrte Sprache ſeiner Vorgänger aus
ſeinen zahlreichen Schriften [t]), lieferte ſowohl über
ein=

1) Defenſio et declaratio alchym. transmutatoriae *Ni-
colao Guiberto* oppoſita. Urſell. 1604. 8.　2) Defenſio
altera &c Francof. 1615.　3) Syntagma ſelectorum undiquaque et perſpicue traditorum Alchymiae arcanorum,
pro III parte Commentariorum Chymiae hactenus deſi-
deratorum in IIX l. digeſtum. Francof. 1611. und 1660.
fol.　4) Commentationum metallicarum L. IV. de natura metalliorum, Mercurio philoſophorum, azotho et lapide ſeu tinctura phyſicorum conficienda, e rerum natura, experientia et autorum praeſtantium fide. Francof.
ad Moen. 1597. 4.　5) Characteres et de lapide conficiendo. Francof. 1607. 8.　Auch er führt noch Alchemiae. Francof. 1597. 4. S. 135. das Cementkupfer zum
Beweis der Verwandlung der Metalle in einander an.

r) Alchemia. Francof. 1597. 4. S. 93.

s) das zeigte er ſchon in ſeinem Streite mit S ch e u n e=
. m a n n, noch mehr in ſeinem Urtheil über P a r a c e l=
ſus, S e v e r i n, C r o l l, H a r t m a n n und die Ro=
ſenkreuzer vornemlich in folgender Schrift: Examen philoſophiae novae, quae veteri abrogandae opponitur.
Francof. 1615. fol. ſ. auch Alchymia Praefat. und
B. I. S. I.

t) Opera omnia medico - chimica. Francof. fol. Vol. I. II.
1613. Vol. I - III. 1615. Auſer den bereits angeführten
oder noch zu erwähnenden, ſo weit ſie hieher gehören
1) Rerum chymicarum epiſtolica forma ad philoſophos
et medicos ſcriptarum. Francof. 8. L. I. II. 1595. III.
1599. 2) Schediaſmata medica et philoſophica. Francof.
1596. 8. 3) Singularia. Francof. 8. P. I. II. 1599. III.
IV. 1601. 4) Praxis alchymiae, hoc eſt, de artificioſa
prac-

einzelne Theile der angewandten Chemie "), als über
die allgemeine ˣ) ein Handbuch, das (was die leztere
betrift) das erſte in ſeiner Art iſt, in Rükſicht auf innern Gehalt und allgemeine Verſtändlichkeit die bänder-
reiche Stärke ſeiner Vorfahren an Gemeinnüzlichkeit
weit übertrift, mit Ordnung und Deutlichkeit alles
Wiſſenswürdige dieſer Wiſſenſchaft aus ſeiner eigenen
und

praeparatione praecipuorum medicamentorum chimicorum Libri 2. Francof. 8. 1605 und 1607.   5) Epitome
metallica cum variis tractatibus nempe de arte probandi mineralia, de aqua permanente, de aquis mineralibus. L. I · III. Francof. 1597. 4.   6) De theriaca Andromachi ſenioris. Coburg. 1613. fol.

u) z. B. über pharmaceutiſche ſ. n. 4. über Probirkunſt.
Ars probandi mineralia L. 2. comprehenſa, et ex plurium artium potiſſimum Chymiae et Phyſicae concurſu
experientiaque optimorum artificum, imprimis G. *Agricolae* et Mod. *Fachſii* mit den Commentat. metallic.
Anm. n. 4.

x) Alchemia e diſperſis paſſim optimorum auctorum, veterum et recentiorum exemplis potiſſimum, tum etiam
praeceptis quibusdam operoſe collecta, adhibitisque ratione et experientia quanta potuit eſſe methodo accurate explicata, et in integrum corpus redacta.   Acces-
ſerunt tractat. nonnulli phyſici chymici item methodici.
Francof. 1595. fol. 1597. 4. —   Recognita emendata
et aucta, tum dogmatibus et experimentis nonnullis, tum
commentario medico - phyſico - chymico.   Qui exornatus
eſt variis inſtrumentorum chymicorum picturis partim
plane novis. Francof. 1606. fol. darzu gehören noch
Commentariorum Alchymiae P. I. ſ. Anm. p. nr. 2.
Commentarior. Alchemiae. P. II. continens tractatus
quosdam ſingulares ad illnſtrationem eorum potiſſimum,
quae libro alchemiae ſecundo habentur difficiliora labo-
rioſioraque &c. Francof. 1606. fol. und Syntagma arcanorum (S. Anm. q. n. 3.), und T. II. in quem con-
geſta ſunt partim nova, eaque penitiora ſpagyrorum ſecreta, partim prioris tomi nonnulla explicatius tradita.
Francof. 1613. fol.

und anderer ältern und neuern Scheidekünſtler Erfahrung darſtellt, und die mancherlei Zweige, vornemlich
der angewandten Chemie, in Verbindung ſezt, und unter einen Geſichtspunkt bringt, unter welchem ſie, ſo
fruchtbar auch in der Folge dieſe Art der Darſtellung
für manche Gewerbe war, bis dahin nicht abgehandelt
worden war.

Libav war beſcheiden genug, zu geſtehen, daß er
einen groſen Theil ſeiner Werke, wie es auch ihre Natur und Beſtimmung mit ſich brachte, von andern geborgt habe: Aber es fehlt ihnen doch nicht an eigenen
Bemerkungen: Schon er kannte die Wirkung der
Schwefeldämpfe auf Bleikalke [y]), die Verunreinigung
des Zinnobers durch Arſenik und Bleikalke [z]), den
Gebrauch des Goldes und ſeiner Kalke, um dem Glaſe
eine rothe Farbe mitzutheilen, und Rubin, Topas,
Hyacinth, Karbunkel und Ballas [a]) durch Kunſt nach-
zumachen, den Flusſpat, als Mittel den Flus der
Metalle und ihrer Erze zu erleichtern [b]).

Die Beſorgnis, daß laugenhafte Flüſſe einen Theil
des Metalls verſchlaken, die er durch Zuſaz von Eiſenfeile zu heben ſuchte [c]), den Kunſtgriff, die Säure aus
Schwefel durch einen Zuſaz von Salpeter zu gewinnen [d]), die wie Oel ausſehende Auflöſung des Kampfers
in

y) Alchym. B. II. tr. I. K. 15. de magiſteriis. S. 127.
   "Sed ceruſſatae facies caveant ſibi a fumo ſulphuris,
   quo denigrantur."

z) a. e. a. O. K. 33. S. 183.

a) a. e. a. O. K. 33. S. 188 – 100. S. auch Comment.
   metall. B. I. K. 4. S. 24.

b) Alchym. K. 39. S. 202.

c) a. e. a. O.

d) a. e. a. O. tr. II. K. 13. S. 301.

in Salpeterſäure [e]), einen Brandewein aus Bücheln, Wachholder= und andern Beeren [f]), ſo wie damals auch ein ſolcher aus Heſen, Meth, Bier [g]), Wein= Treſtern, Kirſchen, Epheu= und Lorbeeren [h]) bekannt war, die Anwendung des Rükſtandes vom Uebertrei= ben des Kornbrandeweins auf Eſſig [i]), den faſt beſtän= digen Silbergehalt des Bleis, wovon ſelbſt dasjenige, welches man für das reinſte halte, das kärnthniſche, nicht ganz frei ſeie [k]), die eigene Beſchaffenheit der durch Diſtillation mit ázendem Quekſilberſublimat zu erhaltenden rauchenden Auflöſung (rauchender Geiſt) des Zinns in Kochſalzſäure [l]), die als ſeine Erfindung noch nach ihm benannt wird, die Gruben= wetter ſowohl diejenige, die das Licht auslöſchen, als diejenige, welche ſich auf ſeine Annäherung entzün= den [m]), die Prüfung der Geſundwaſſer durch Uebertrei= ben oder Abdampfen der Feuchtigkeiten und nähere Un= terſuchung des Rükſtandes, auch durch Anſchieſen der därinn befindlichen Salze [n]), die blaue Farbe, welche Salmiakgeiſt von Möſſing bekömmt [o]), die rothe Far=

be,

e) a. e. a. O. K. 24. S. 334.

f) a. e. a. O. K. 26. S. 338. 339. und K. 32. S. 360.

g) a. e. a. O. K. 36. S. 338. und K. 32. S. 360.

h) a. e. a. O. K. 32. S. 360.

i) a. e. a. O.

k) Commentat. metallic. B. I. S. 14. ſehr richtig gegen Agricola de natura foſſilium. B. X. S. 657.

l) Praxis alchym. S. 190.

m) De judicio aquarum mineralium. B. I. K. 18. als Anhang zu den Comment. metallic. S. 297.

n) a. e. a. O. B. II. K. 6. S. 311. 312.

o) oder Kalkwaſſer, worein man Salmiak geworfen hat. a. e. a. O. K. 20. S. 330.

ſe, welche die Auflöſung des Queckſilbers in Scheide-
waſſer an die Haut bringt[p]); und die Uebereinſtimmung der Säure, welche aus Schwefel, Alaun und
Vitriol gewonnen wird[q].

Ueberhaupt gewann um dieſe Zeit hauptſächlich die
angewandte Chemie neues Leben, und viele Gewerbe
durch ihren thätigen Beiſtand von vielen Seiten an Ertrag; manche Geheimniſſe, mit welchen bisher Einzelne gewuchert hatten, kamen nun durch die Werke
eines J. B. Porta, des vermummten G. Fallopia, einer Iſ. Corteſe, eines Fioravanti, Hier.
Roſelli, A. Libav, Thom. Garzoni[r]), Andr.
Jeßner[s]), M. Bernh. Paliſſy[t]), Levin. Lemnius,

p) a. e. a. O. K. 21. S. 322.

q) a. e. a. O. K. 36. S. 332.

r) Piazza univerſale di tutte le profeſſioni del mondo.
Venez. 4. 1579. 1589. 1590. 1600. 1601. 1605. nuova-
mente riſtampata. 1610. 1616. 1665. fol. 1636. Diſc.
XIII. XXI. XLVI. XLVII. XLIX. LI. LXI. LXIV. LXX.
LXXI. LXXIX. XCI. XCIII-XCV. CIII. CXXIII. CXXV.
CXXXIII. CXLII. CXLIX. CLII. ins lateiniſche überſezt (?):
Piazza univerſalis ſ. de ſtatibus hominis. B. IV. Francof.
1624. 4. ins teutſche: Piazza univerſale oder allgemeiner
Schauplaz aller Kunſt, Profeſſionen und Handwerker.
Frankfurt. fol. 1626. 4. 1641. 1659. 1669.

s) Kunſtkammer darinn man findet die Theophraſtiſche Ge-
heimnüß der Goldſchmiede von Eſchen, von Goltfarben,
von Cimenten, von allerley Ertzprobierung, von Schmei-
dung auff Goldt und Silber von Weichung und Hertung
des Staals, von Ezung auff Goldt, Silber und Eiſſen,
von vorgüldung und verſilberung auff Eyſſen und Meſ-
ſing, von anlaſſung der Farben, auff übergültete ſilberne
Arbeit, von anrichtung der ſchmelzgleſern, auff allerley
ſchöne Farben. Von ſonderbaren Tugenten und Wirckungen etlicher Edlergeſtein. von Kunſtreicher Zubereitung aller Farben, ſo bey den Mahlern, in täglichem gebrauch

neben

nius "), Ant. Mizaldo *), Timoth. Rosseli
ti

neben offenbarung wie man die höchsten Farben auszie=
hen soll. Von zierlicher Zubereitung und Ferbung etli=
cher Wiltwaren, als Zobeln, Mardern, Mardetkelen,
Ottern, Biebern, unn Schmaschen auff Schwartz, Roth
und Blaw. Frankfurt an der Ober. 1595. 8.

t) 1) Oeuvres. 1557. 1568. 1580. 2) Recepte veritable,
par la quelle tous les hommes de la France pourront
apprendre à multiplier leurs trésors &c. à la Rochelle.
1563. 4. 3) Discours admirables de la nature des eaux
et fontaines tant naturelles, que artificielles, des metaux, des sels et salines, des pierres, des terres, du
feu &c. Plus un traité de la Marne, fort utile pour
ceux, qui se meslent de l'agriculture. à Paris. 1580. 8.
4) Moyen de devenir riche avec plusieurs secrets des
choses naturelles. à Paris. P. I. II. 1636. 8. 5) Oeuvres
revuës sur les exemplaires de la bibliotheque du Roi,
par Meff. *Faujas* de S. *Fond* et *Gobet*. à Paris. 1777. 8.

u) De miraculis occultis naturae ac variis rerum documen-
tis. L. IV. Antw. 1561 und 1564. 8. Colon. 1572. 4.
1567. 1573. 1581 und 1588. 8. Gandav. 1571. 8. 1593.
1604 und 160. 12. Francof. 1591. 16. 1605. 1628 und
1698. 12. Leyd. 1666. 12. Item de vita cum animi et
corporis incolumitate recte instituenda. L. I. Antwerp.
1574. 8. Francof. 1593. 8. 1598. ins teutsche übersezt
von Jak. Horstius. Leipzig. 1562. 1588 und 1593. 4.
1605. 8. Hamburg. 1672. 4. ins französische. Paris.
1674. 8.

x) 1) De arcanis naturae L. I-IV. Parif. 8. Ed. IIIa. 1558.
2) Memorabilium, utilium ac jucundorum Centuriae
IX. in aphorismos arcanorum omnium digestae. Parif.
8. 1566 und 1584. et Denocritus Abderita de rebus naturalibus et mysticis, cum *Synefii* et *Pelagii* commentariis, interpr. Dom. *Pizzimenlio*. Colon. 1572 und 1574.
12. Acc. his appendix nonnullorum secretorum, experimentorum antidotorumque contra varios morbos, tam ex
libris manuscriptis, quam typis excusis collecta. Francof.
12. 1589. 1592. 1613 und 1673. übersezt unter der Auf=
schrift: Neunhundert gedächtniswürdige Geheimnisse.
                                                        Das

li ᵞ) und andere dergleichen Schriften, deren Verfaſſer ſich nicht genannt haben ᶻ), an Tag.

Vornemlich wurden manche Geheimniſſe zur Bereitung der Mahlerfarben bekannt ᵃ); ſchon Hier. Roſelli lehrte die Verfertigung des unächten Mahlergoldes, J. B. Porta diejenige des Neapelgelbes, und
nach Bolß war der Lakmus zu ſeiner Zeit ſtark im Gebrauche: Schon J. B. Porta, G. Dorn, A. Jeßner, A. Libav, A. Cäſalpin, H. Cardan gedenken der Zaffer, wenn ſie von der künſtlichen Bereitung des Sapphirs reden; es wird daraus wahrſcheinlich, daß man ſchon im ſechzehenden Jahrhunderte die
Kobolterze auf dieſes Erzeugnis zu nuzen wuſte; wirklich ſcheint es auch ᵇ), daß dieſe für Sachſen ſo äuſerſt
wichtige und vortheilhafte Entdekung um die Mitte
des ſechzehenden Jahrhunderts, und zwar, wie ſo
manche

Baſel. 1615. 8.   3) *Mizaldus* redivivus ſ. Centuriae
XII. memorabilium, utilium ac jucundorum, partim
ex A. *Mizaldi*, partim ex aliis fide dignis excerptae.
1681. 12.   4) Memorabilium aliquot naturae arcanorum
ſylvula, rerum varias ſympathias et antipathias complectens. Francof. 1592. 12.

y) Somma de ſecreti univerſali in ogni materia. Venet. 8.
1559. 1575 und 1619.

z) z. B. Büchlein von Farben und Künſten auch der Alchimiſten. 1549. 8.

a) S. z. B. Valentin Bolßen Illuminirbuch künſtlich
alle Farben zu machen unnd bereyten, Allen Schreibern,
Brieffmalern, und andern ſolcher Künſten liebhabern, gantz
luſtig und fruchtbar zu wiſſen, Sampt etlichen newen zu-
geſetzten Kunſtſtücklein, vormals im Truck nie außgangen.
8. 1566, 1597. und 1613.

b) Chrn. Lehmann bei Klotzſch Sammlung zur ſächſiſchen Geſchichte. IV. S. 363.

Z 2

manche andere, durch einen Zufall gemacht iſt; ein
Glasmacher von der Platte, einem damals ſächſiſchen
nun böhmiſchen Bergorte, der auf der Eulenhütte bei
Neudek arbeitete, Chriſtoph S ch ü r e r, kam auf den
Einfall, die ſchön gefärbte Kobolterze, die er von
Schneeberg gebracht hatte, in ſeinem Ofen zu verſuchen, und bemerkt, daß ſein Glas davon eine ſchöne
blaue Farbe bekommt; anfangs bereitete er dieſes blos
für die benachbarte Töpfer, welche es zu ihrer Glaſur
gebrauchten; aber bald kommt es als Handelsware
nach Nürnberg und ſelbſt nach Holland; hier wuſte
man dieſe Erfindung beſſer zu ſchäzen und zu nüzen;
denn bald darauf kamen Holländer nach Neudek, um
die Verfertigung deſſelbigen auszuforſchen, bewogen
den Erfinder durch groſe Verſprechungen, nach Magdeburg zu ziehen, wo er auch eine Zeit lang aus ſchnee-
bergiſchen Erzen ſein blaues Glas bereitete, aber bald
wieder zurükzog, und zum Malen des Glaſes zuerſt
eine Handmühle mit einem Schwungrade, nachher
aber eine Waſſermühle anlegte.   Damals wurde der
Centner dieſer Farbe zu achthalb, und in Holland, wo
um dieſe Zeit ſchon acht dergleichen Farbemühlen geweſen, welche die Erze geröſtet von Schneeberg in Tonnen erhielten, und in Abſicht auf das Malen viel beſſer eingerichtet geweſen zu ſein ſcheinen, zu funfzig bis
ſechzig Gulden verkauft [b]): Durch dieſen ergiebigen
Gebrauch von reichlich vorfallenden Erzen, die man
ſonſt nur auf den darinn ſtekenden und bei ſchwacher
Hize auszuſchmelzenden Wismuth nüzte, und denn
unter dem Namen von Wismuthgraupen als unnüz auf
die Halden warf, und die nun unter vortheilhaften Be-
dingungen von den Holländern aufgekauft wurden,
kam

b) J. Be ck m a n n Beytr. zur Geſchichte der Erfindungen.
B. III. S. 215-217.

kam es, daß die schneebergische Bergwerke, welche bereits so weit abgenommen hatten, daß sie keine Ausbeute mehr geben konnten, nach der Mitte des sechzehenden Jahrhunderts wieder reichlich schütteten ͨ): Inzwischen scheinen anfangs blos die Holländer, denen
die geröstete Erze mit Sand vermengt überlassen wurden, und einige einzelne Männer ͩ), welche ihre Ware
theils an diese, theils nach Venedig ͤ) absezten, den
Vortheil gezogen zu haben, und erst gegen das Ende
die-

c) Chr. Meltzer bergkläuftige Beschreibung der Stadt
Schneebergk. Schneebergk. 1684. 4. S. 405.

d) wenigstens sagt schon G. Agricola in seinem Bermannus oder de re metallica, welcher 1529 zum erstenmale
herauskam, in der vor mir liegenden Ausgabe seiner gesamten Werke. Basil. 1657. fol. S. 693. a. "Torrere
idem (nemlich bisemuthum) solent, atque ex ejus potiore
parte metallum, e viliori pigmenti quoddam genus non
contemnendum conficiunt" und de natura fossilium B. IX.
S. 649 ɪc. Plumbi cineeci recrementum cum rebus
metallicis, quae liquatae vitri speciem gerunt, permi-
stum vasa vitrea et fictilia caeeruleo colore tingit &c.
Auch war dieses zu J. Matthesius etwas sehr bekann-
tes, denn dieser sagt in der neunten 1559 gehaltenen
Predigt seiner Sarepta. Leipzig. 1608. S. 460. 461. "in
Fesseln, da er (bezieht sich zwar auf den Wismuth, ist aber
sicher eher von den Wismuthgraupen zu verstehen) auch
schon gepucht ist, wächst oder süntert er wieder zusammen,
daß er auch die Feßlein zutreibet, — — Am meisten
aber braucht man es (nemlich Wismuth) zu Farben, denn
man brennt eine schöne blawe Farbe aus Wismutgrau-
pen, die etwan viel Geltes gegolten, solche nennen die
Töpffer, Saffran Farb, wie auch aus andern Metallen
allerley Farb gebrannt werden."

e) so hat nach Meltzer a. e. a. O. S. 469. ein Franke,
Peter Weidenhammer bald nach Anfang dieses
Jahrhunderts viele Centner einer solchen Farbe, jeden zu
25 Thalern, nach Venedig verhandelt.

Z 3

dieses Jahrhunderts wurden ordentliche Farbenmühlen errichtet, in welchen die Arbeit ins Grose getrieben wurde.[f]).

Der gröste Theil dieser Ware gieng schon damals nach den Niederlanden; denn hier vorzüglich blühte damals die Kunst in Glas zu malen [g]), worzu sie gebraucht wurde, und Albinus gedenkt einer Art Schmelzglas, die von Antwerpen, wo sie bereitet wurde, antorfer Schmelzglas hies [h]).

Auch zur Bereitung des Glases sowohl des gefärbten als des farbenfreien, findet man bereits bei Porta, Roselli, Libav gute Anleitung; erst in diesem Jahrhundert, in welchem die venetianische Glashütten zu Murano im blühendsten Zustande waren [i]), die auch allerlei gefärbtes Glas bereiteten, wurde (1557) in England die erste Glashütte angelegt, welche noch in der Altstadt London arbeitet; auch in der leztern Helfte desselbigen brannte ein gelehrter Töpfer in Frankreich, Bernh. Palissy, der sich auch mit Schmelzmalerei beschäftigte, bereits Fayence; und schon G. Agricola [k]) gedenkt der Mischung aus Blei- und Zinnasche zur weisen Glasur derselbigen, und [l]) der Silberglätte als eines Stoffs, womit die Töpfer sowohl dem Küchengeschirr von innen, als den Kachelofen von ausen Glasur geben;

f) Rößler, der 1673 in seinem 76sten Jahre starb, sagt wenigstens Speculum metallurgiae politissimum. Dresden. 1700. fol. S. 165. sie seien kaum vor 60 Jahren errichtet.

g) Guicciardini descriptio Belgii. I. S. 4.

h) Meisnische Bergchronik. 1589. S. 159.

i) G. Agricola de natura fossilium. B. V. S. 615. 616.

k) De natura fossilium. B. IX. S. 653.

l) a. e. a. O. S. 652.

geben; auch erwähnt er ſowohl der gewöhnlichen, als
der vorzüglich feuerveſten Gefäſſe, wie ſie noch z. B. zu
Waldenburg in Oberſachſen, zu Glogau in Schleſien,
zu Ips in Oberöſterreich aus Thon gebrannt wer=
den m).

In der Färberei, in welcher die Entdekung und Er=
oberung von Amerika, ſo wie die Entdekung eines Wegs
um Africa nach Indien, ſchon durch die Bekannt=
ſchaft mit der Kochenille n), und die Einführung der=
ſelbigen und des Indigs, ſo ſehr ihr auch anfangs nach=
drükliche Reichsabſchiede o) im Wege ſtunden, groſe
Ver=

m) a. e. a. O. B. II. S. 579. 580.

n) die nach Raynal histoire philosophique des établiſſe=
mens dans les Indes. Genev. 4. B. H. 1780. S. 77.
die eingebohrne Merikaner ſchon vor der Ankunft der
Europäer zum Anmahlen der Häuſer und zum Färben
der Kleidungsſtüke gebraucht haben ſollen, und die Spa=
nier (Ant. de Herrera Historia general de los hechos
de los Castellanos en las islas y tierra firme del mar
oceano. en Madrid. 1601. fol. Dec. tert. V. 3 S. 194.)
ſehr bald kennen lernten.

o) z. B. in der Reichspoliceiordnung zu Frankfurt von
1577, Tit. 21. §. 3. (Neue Sammlung der Reichsab=
ſchiede Th. IV. S. 391. 442.) und noch viel ſpäter in
Churſachſen (Cod. Augustaeus Th. I. S 236.) und im
Herzogthum Gotha (Gothaiſche Landesordnung. Th. II.
K. 3. Tit. XL.), worinn namentlich der Indig mit dem
Namen einer freſſenden Teufelsfarbe bezeichnet, und den
Färbern ſein Gebrauch unterſagt wird, der freilich, ſo
wie er immer mehr auffam, einen ſolchen Verfall des
Waidbaus und Waidhandels veranlaſte, daß Thüringen,
welches ſonſt jährlich für 300000 Thaler deſſelbigen ver=
kaufte, nur noch ein kleines Gewerb damit treibt. Wieg=
leb Geſchichte des Wachsthums und der Erfindungen in
der Chemie in der älteſten und mittlern Zeit, aus dem
Lateiniſchen überſezt mit Anmerkungen und Zuſäzen. Ber=

Veränderungen machten, und die Schriften: eines
Jeßner, Libav u. a. manches Kunſtgeheimnis bekannt gemacht hatten, war das Werk des Venetiäners
Joh. Ventura Roſetti ᵖ), der, in der Abſicht,
den damaligen Zuſtand der Färberei kennen zu lernen,
in ganz Italien und andern Ländern herumreiste, und
was er fand, mit öffentlicher Erlaubnis bekannt machte, erſchienen. Dieſes Werk diente, ohne daß es immer erwähnt oder rühmlich erwähnt wurde, vielen folgenden,
auch unter öffentlichem Anſehen vornemlich in Frankreich
ausgegebenen, Anleitungen zu dieſer Kunſt, und Verordnungen, welche ſie betreffen, zur Grundlage. Korn.
Drebbel wurde durch einen Zufall die ſchöne hoch-
rothe Farbe gewahr, welche Kochenille von Zinnauflö-
ſung annimmt, und ſo der Entdeker der wichtigen
Scharlachfärberei ᑫ), wenn ihm nicht darinn ein anderer Niederländer, der Maler Pet. Koek oder Kloek,
der lange in den Morgenländern herumgereist, und bis
zu ſeinem 1550 erfolgten Tode eine neu verbeſſerte
Scharlachfärberei unterhalten haben ſoll, zuvorge-
kommen iſt ʳ).

Um

lin und Stettin. 1792. 8. S. 179. Auch in England
Statutes at large. Stat. 23. Eliz. C. 9.

p) Plictho (Plieto, Pletho, Plycto) dell' arte de' tento-
ri, che inſegna tenger panni, tele, bambaſi et ſede ſi
per l'arthe maggiore, come per la commune. Vinegia.
4. 1540 u. 1548. ins franzöſiſche überſ. unter der Aufſchrift:
Suite du teinturier parfait ou l'art de teindre les laines,
ſoyes, fils, peaux, poils, plumes &c. comme il ſe pratique
à Veniſe, Genes, Florence, et dans tout le Levant. &c.
à Paris. 1716.

q) Kuhlenkamp bei J. Beckmann Beytr. zur Geſchichte der Erfindungen. B. III. S. 43.

r) Francheville diſſ. ſur l'art de teinture des anciens
et modernes. Histoire de l'Académie des ſciences. à Berlin. 1767. S. 67.

Um dieſe Zeit (1526) erfand auch ein Braumeiſter
zu Stöcken bei Hannover, Cord Broihan, die noch
nach ihm genannte Art Bier s): Allerlei Weinkünſte
machte ſchon A. Jeßner t) bekannt: der Genus des
Brandeweins wurde immer gemeiner, und die Modene-
ſer, in der Folge auch in ihrer Gemeinſchaft, die Venetianer trieben, in der zwoten Helfte des ſechzehenden
Jahrhunderts, vornämlich auch nach der Türkei und nach
Teutſchland einen ſehr ſtarken Handel u) damit; auch
                                                    wurde

s) J. Beckmann Anl. zur Technologie. Göttingen. 1787.
   S. 152.

t) a. a. O. darunter freilich auch die ſchädliche Kunſt, um
   ihn ſüß zu erhalten, drei oder vier Pfunde Blei darein zu
   legen.

u) das bezeugt Alex. Taſſoni, der in der erſten Helfte
   des ſiebenzehenden Jahrhunderts lebte (Penſieri diverſi.
   Venez. 1676. 4. S. 317.) "Hora vale aſſai piu (il
   vino), havendo i Modeneſi ritrovata maniera di farlo
   bevere anche a Turchi contra la legge di Macometo, e
   di mandarlo con poca ſpeſa nelle provincie, dove non
   naſce, ridotto in Acquavita. Onde quella Città, che
   già trent' anni ſono, non ſapeva che farſi di tanta copia d'uve, hora di vini, d'acquavite é di ſete, che man-
   da a Venezia, cava ogn' anno piu di cento mila Duca-
   ti;" und S. 352. "Alcuni anni fà grande abbondanza
   di vini per tutta Italia, e quelli delle pianure di Modena, che ſi ſolevano ſpaziare à Venezia, eſſendo piu
   deboli degli altri, reſtarono a dietro, e gran parte ſe
   ne guaſtò; ſubito i Modeneſi gli ſtillarono in acquavita, e vi miſchiarono anchora buoni, che non puote-
   vano vendere, ma non paſſarono l'acqua, ſe non due
   volte per farne più e la conduſſero a buon mercato a
   Venezia. I Veneziani ſapendo, che in Germania quei,
   che cavano le miniere, hanno biſogno di bevanda, che
   dia loro vigore, e calore, la comprarono e la manda-
   rono là, ove fù ſpedita con gran guadagno, e allora, i
   Modeneſi cominciarono à farne quantità grande d'ogni

ſorte

wurde er in Italien allenthalben unter dem Namen
Aqua vitis oder Aqua vitae verkauft [x]), und ſelbſt in
teutſchen Apotheken [y]) bereits ein Unterſchied zwiſchen
Aquavit oder Spiritus vini rectificatus ſimplex, und
zwiſchen gebranntem Wein oder Spiritus vini vulgo
aqua ardens gemacht: Auch in Spanien war das Trinken des Brandeweins unter dem gemeinen Mann ſchon
ſehr gewöhnlich [z]); auch nach Schweden, wo man ihn
anfangs als Gegengift gegen die Peſt nahm, war dieſe
Gewohnheit unter Erich XIV. gekommen, und König Johann III. lies zweierlei dergleichen geiſtige Waſſer: Aqua vitae contra oppoſitum und aqua vitae för
Förgift, och mårgellande Sjukdomar bereiten [a]); in Heſſen [b]), im Herzogthum Zelle [c]), zu Frankfurt am Main [d])
durch

forte di vino, quendo n'era abbondanza, havendo ti-
rato il conto, che i buoni rendevano tanto piu, e ne hô
veduto mandare a Venezia cento botte per volta."

x) A. Baccius de naturali vinorum hiſtoria et vinis Italiae et conviviis antiquorum l. VII. acc. de factitiis vinis
et cereviſiis, de omni vinorum uſu. fol. Rom. 1596.
und 1598. Francof. 1607.

y) S. z. B. die berliniſche Apothekertaxe von 1574 bei
Möhſen Geſchichte der Wiſſenſchaften ꝛc. S. 488. 489.

z) Chph. a Vega de arte medendi. fol. Lugd. 1564.
B. II. K. 2. S. 237.

a) P. J. Bergius tal om Stockholm för år ſedan och
Stockholm nu förtiden. S. 100. 101. B. Bergius
tal om läkerheter. Th. I. S. 32. 33. J. Beckmann
Beytr. zur Geſchichte der Erfindungen. B. I. St. I.
S. 41.

b) 1524 unter Landgraf Philipp. bei J. Beckmann
a. c. a. O.

c) obgleich einige 1578 es wagten, dagegen zu handeln,
Extract der Brüche aus dem Amtsregiſter des Hauſes
Zelle. ebendaſ.

d) 1582 und widerholt 1605. ebendaſ.

durch ausdrükliche Geſeze verboten: Ihn aus Getreide
brennen, hielt man für einen frevelhaften Misbrauch
des Getreides, und verbot es auch deswegen, weil man
eine Verfälſchung des Weinbrandeweins dadurch be=
ſorgte, und die Trebern zum Futter des Viehes für
unnüz, ja wohl ſchädlich hielt; noch am Ende dieſes
Jahrhunderts erlaubte man in Churſachſen (1597)
und zu Sunderhauſen (1598.); nur aus Wein= und
Bierhefen Brandewein °) zu brennen, doch finden ſich
Spuren ᶠ), daß ſchon um dieſe Zeit Kornbrandewein
im Groſen gebrannt worden iſt.

Auch war in dieſem Zeitalter die Brenngeräth=
ſchaft ſowohl zur Gewinnung des Brandeweins und
ſeiner mancherlei Arten, als zum Uebertreiben anderer
Flüſſigkeiten durch die Bemühungen Libav's, Hier.
Rubéus ᵍ), C. C. Kunraths ʰ), u. a. ſehr ver=
beſſert worden. Schon der turiniſche und nachher bo=
logneſiſche Lehrer, Joh. Coſtäus aus Lodi, hatte ange=
rathen, den Schnabel des Helms abzukühlen, und
zur Verfeinerung der (geiſtigen wohlriechenden) Waſſer,
ein Dampfbad zu gebrauchen, oder den Kolben in von
der Sonne erhizten Sand zu ſezen ⁱ); ſchon Crato
von Kraftheim warnt treulich vor dem Gebrauch
                                                    kup=

e) ebendaſ.

f) a. e. a. O. S. 489.

g) L. de deſtillatione. Ravenn. 1582. 8.

h) Medulla deſtillatoria et medica, oder Bericht, wie man
   den ſpiritus vini zur exaltation bringen ſoll. Leipzig.
   8. 1549 und 1595. Schleswig. 1594. 8. 1595, 4. Eis=
   leben. 1595. 8. Hamburg. 1625. fol. und (wenn es
   wirklich ein verſchiedenes Werk ſein ſollte) Deſtillir und
   Arzneykunſt. Leipzig. 1680. 4.

i) in J. Meſuae ſimplicia et compoſita et antidotarii
   novem poſteriores ſectiones adnotatiques. Venet. 1602. fol.

kupferner Geräthſchaften, insbeſondere zum Uebertreiben des Eſſigs, und führt Beiſpiele an, worinn ein
mit ſolchem Eſſig aus Perlen bereitetes Mittel den Magen zerfreſſen hatte [k]), Ambr. Paré [l]) vor bleiernem
Helm und Kühlröhren, die oft das darinn übergetrie-
bene Waſſer ganz milchig machen, ſo wie auch der
paduaniſche und nachher bologneſiſche Lehrer Bened.
Vettori (Victorius) aus Faenza bereits erklärt
hatte, daß Waſſer, wenn es durch bleierne Röhren
geleitet werde, von dieſen etwas annehme [m]), andere [n]) hingegen den Gebrauch bleierner Pfannen in Salz-
ſiedereien gleichgültig anſahen.

Unter den Aerzten [o]) wachte der Streit über die
Fäulung der Säfte, vornemlich des Blutes bei lebendigem Leibe, als Urſache mancher Krankheiten, insbeſondere der Faulfieber, in dieſer Zeit mit neuer Lebhaftig-
keit auf: Gegen Galen, deſſen Grundſäze der tübingiſche

k) den Biſchoff von Breslau Kaſp. Logus, und die Gemahlin eines Margrafen Johann. Epiſtolar. medicin.
   B. I. S. 190.

l) Oper. omn. B. XXVI. ed. lat. 1582. fol. S. 746.

m) Practic. magn. de morbis curandis ad tyrones. Venet.
   1562. fol. S. I. K. 21. S. 144.

n) z. B. Hier. Mercurialis in einem Briefe an P.
   Monavius in Epiſtol. medicin. *Craton. a Kraftheim.*
   B. I. S. 276 ꝛc.

o) S. z. B. Marianus Sanctus De putredine. Venet. 1535. 8. Sylv. Zephyrus de putredine. Romae.
   1536. 4. Ferd. Mena in Ant. *Lodetti* diſput. de ſoco
   putredinis in febribus intermittentibus comm. Turin.
   1625. 8. J. Matthesius de loco putredinis in febribus intermittentibus et methodica curatione febris ter-
   tianae exquiſitae. Witteb. 1577. 4. Jak. Cocus de putredine. Witteberg. 1594. 4.

giſche Lehrer Jak. S c h e g k aus Schorndorſt ꟼ), Rhe=
mig. M e l i c r a t i ʳ), der gelehrte turiniſche Arzt
Franz Valleriola ˢ), und der erfurtiſche Lehrer
Bruno S e i d e l aus Querfurt ᵗ) in Schuz nahmen,
behauptete Lor. J o u b e r t ᵘ) aus Valence, Kanzler
zu Montpellier, und mit ihm der churſächſiſche Leib=
arzt Simon S i m o n i u s ˣ) aus Lukka, im lebendigen
Leibe ſinde ſchlechterdings keine wahre Fäulung der
Säfte ſtatt; auch der neapolitaniſche, denn piſaniſche,
zulezt turiniſche Lehrer Joh. A r g e n t i e r von Caſtel=
nuovo in Piemont beſtritt ʸ) dieſe Lehre G a l e n s,
glaubte aber, die Fäulung entſtehe, ohne daß die äu=
ſere Luft etwas darzu beitrage, von der Entwiklung
feuchter und warmer Beſtandtheile, und unterſchied
ſie durch das Feuchtwerden von dem Tode des Körpers,
bei welchem alles austrokne.

Aber kein Zweig der angewandten Chemie machte
in dieſem Zeitraum ſo gewaltige Fortſchritte, als Pro=
bier= und Hüttenkunſt; was Bernh. Perez de Var=
gas,

q) Tractatuum phyſicorum et medicorum. **Tom. I.**
Francof. 12. 1585 und 1590. L. VIImo.

r) de putredine ad J. *Argenterium.* Florent. **4. 1552.**
und 1564.

s) Animadverſiones in omnia Laur. *Joubert* paradoxa.
Francof. 1599. fol.

t) bei Lor. J o u b e r t Paradox. dec. 2da. **Lugd. Gall.**
1566. 8.

u) a. e. a. O.

x) ebendaſ. auch Examen ſententiae *Brunonis Seidelii.* Lipſ.
1577. und diſput. de putredin. Cracov. 1584. 4.

y) Comment. in artem medicinal. *Galeni* 3. Oper. **Venet.**
1592. fol. B. I. S. 335. 338. 340. 343.

gas ²), und Joh. Arph. de Villa = Feina ª) für
Spanien, Vanuccio Biringuccio aus Sie=
na ᵇ) für Italien, das thaten A. Libav ᶜ), Hans Wei=
ner ᵈ), Chr. Schreittmann ᵉ), Joh. Matthe=
sius ᶠ), vollständiger und systematischer, Chph. En=
celius ᵍ), Laz. Erker ʰ), und was die Probirkunst
betrift,

z) De re metallica, en el qual se tratan diversos secretos,
del conoscimiento de toda suerte de minerales. Madrit.
1569. 8.

a) Quilatador de la plata, oro y piedras, conforme a las
leyes reales. Valladolid. 4. 1572. und 1578. Madrid.
8. 1598.

b) Pyrotecnia delle minere e metalli. Venet. 1540. 1550.
und 1558. 4. 1559. 8. Bologn. 1678. 8. ins französi=
sche übersezt von Jak. Vincent unter der Aufschrift:
Pyrotechnie on art du feu. à Paris. 1556. 4.

c) Ars probandi mineralia libris duobus comprehensa, et
ex plurium artium, potissimum chymiae et physicae con-
cursu experientiaque optimorum artificum, imprimis G.
Agricolae et Mod. *Fachs* collecta methodoque et notis
illustrata, als ein Theil seiner Commentatt. metallicc.
S. 163-272.

d) Geheimes Kunstbüchlein für Schmelzer, Scheider und
Probirer. 1574. (in der Handschrift)

e) Docimastice metallica, hoc est, tract. de ponderibus et
mensuris et de examine metallorum. Francof. 1578. 8.
Probirbüchlein für milde und subtile Künst, vormals in
Truck nie gesehen ꝛc. Frankfurt. 8. 1580.

f) Sarepta, darinn von allerley Bergwerk und Metallen,
Was ihr eigenschafft und Natur, und wie sie zu nutz und
gut gemacht, guter bericht gegeben, mit tröstlicher und
lehrhaffter erklärung aller Sprüch, so in heiliger Schrifft
von Metall reden, und wie der H. Geist in Metallen und
Bergarbeit die Artickel unsers Christlichen Glaubens für=
gebildet. Nürnberg. 1578. fol. Leipzig. 1608. 4.

g) de re metallica, hoc est, de origine, varietate et natura

betrift, Modeſtin Fachs¹), am vollſtändigſten und ſo
daß

tura corporum metallicorum, lapidum, gemmarum, atque aliarum, quae ex fodinis eruuntur, rerum ad medicinae uſum inſervientium libri tres. 8. Francof. 1551.
und 1557.

h) Aula ſubterranea oder Beſchreibung aller fürnehmſten
Mineraliſchen Ertz- und Bergwercks-Arten, wie dieſelbigen, und eine jede inſonderheit, der Natur und Eigen-
ſchafft nach auf alle Metallen probirt, und im kleinen
Feuer ſollen verſucht werden, mit Erklärung etlicher fürnehmen nützlichen Schmeltz-Wercken im groſſen Feuer,
auch Scheidung Gold, Silber und andere Metallen, ſamt
einem Bericht des Kupffer ſeigerns, Meſſing-Brennen,
und Salpeter-Siedens, auch aller ſalzigen Mineriſchen Proben und was denen allen anhängig, in fünf Bücher verfaſt,
dergleichen zuvor niemals in Druck kommen. Allen Liebhabern der Feuer-Kunſt, Jungen Probirern und Bergleuten zu Nutz, mit ſchönen Figuren und Abriß der In-
ſtrument, treulich und fleiſſig an Tag gegeben. Prag.
1574. fol. Frankfurt am Main. 1598. 1629. und 1703.
fol. 1684. 4. ins Engliſche überſezt. London. 1683. fol.

i) Probier Büchlein, darinne gründlicher Bericht vermeldet, wie man alle Metall, und derſelben zugehörenden
Metalliſchen Ertzen und getöchten ein jedes auff ſeine ei-
genſchafft, und Metall recht Probiren ſoll, deßgleichen
lehr und unterricht, der rechten Probier-Oefen, Gewich-
ten, Capellen und Flüſſen zuſampt angehengtem bericht,
aus der heiligen Schrifft und erfahrung durch die Probe,
was vorzeiten die alten Patriarchen, Römer und Jüden
zu Babylon, Jeruſalem und an den Grentzen derſelben
Länder, für und nach der Geburt Chriſti bis zu dem 1569
Jahr, für Gewichte, Schrot, Korn und Gepräge zu den
alten Münzen gebraucht und genommen haben. Allen
Münzmeiſtern, Wardiene, Probierern, Goldſchmieden
und andern, ſo mit Silber oder gekörnt handeln, ſehr
nützlich und dienſtlich. Leipzig. 8. 1622. und nebſt einem
rathſamen Bedencken und Erklärung auff etlicher rahten
und angeben, das die Münz-Herrn geringere Münzen
ſollen ſchlagen laſſen ꝛc. 1595 und 1689. die letztere Ausgabe

daß er das ganze Berg- und Hüttenwesen umfaste,
Georg Agricola k) für Teutschland.

Dieser, der der Berg- und Hüttenkunde zuerst eine
eigentliche wissenschaftliche Gestalt gab, und als Wi-
derhersteller aller der Kenntnisse, welche sich darauf beziehen, angesehen werden kann, war 1494 zu Glaucha
gebohren; er beschäftigte sich in seinen jüngern Jahren
mit Arzneikunde und besuchte in dieser Absicht die Uni-
versitäten Leipzig und in Italien; fand aber bei seiner
Zurükkunft in das Erzgebirg, dessen Berg- und Hüttenwerke damals in einem vorzüglich blühenden Zustande waren, so vielen Geschmak an denen damit in Verbindung stehenden Wissenschaften, daß er ihnen bis an
seinen im ein und sechzigsten Jahr seines Lebens erfolgten Tod sowohl zu Joachimsthal als zu Chemniß, wo
er als Arzt stand, Muse, Kräfte und Vermögen wid-
mete, aber auch durch seinen Fleis in Erforschung
der Natur, im Lesen und Vergleichen der Alten, im Beobachten der Hüttenwerke, in Beschreibung ihrer Handgriffe, Anstalten und Einrichtungen seinen Namen ein
unvergängliches Denkmal errichtet hat.

Ohne

gabe hat noch überdis einen "kurtzen Anhang, worinn,
was etwa darinn ausgelassen, ergäntzet, was dunckel ist,
erkläret, und sonst die Metallische Sachen belangente
unterschiedlich beybracht und behandelt."

k) M. Adam a. a. O. S. 77. 80. Reimann histor.
litter. B. III. S. 531 ꝛc. Thuanus histor. sui temporis. B. 16. auch seine eigene Vorrede zu der Schrift de
veteribus et novis metallis. Er war ein Zeitgenosse von
Biringuccio, welcher seines schon 1530 herausgekommenen Bermannus gedenkt, da er hingegen in der Zu-
eignungsschrift zu seinen Büchern de re metallica von
1550 jenes italiänischen Gelehrten rühmlich erwähnt.

Ohne ſeine übrige [1]), ſelbſt ſeine alchemiſche [m]) Be⸗
mühungen in die Rechnung zu bringen, hat er ſich um die
wiſſenſchaftliche Bearbeitung der Probir⸗ und Schmelz⸗
kunſt groſe Verdienſte erworben, und den erſten veſten
Grund darzu gelegt, auf welchen manche ſeiner Nach⸗
folger, wohl auch ohne ihn zu nennen, gebaut haben.

Sein Hauptwerk machen ſeine L. XII. de re metalli⸗
ca[n]) aus; nachdem er die erſte Helfte dieſes Werks hindurch
ſich

[1]) dahin rechne ich ſeine zahlreiche antiquariſche, hiſtoriſche,
mineralogiſche, geologiſche, bergmänniſche, marktſcheide⸗
riſche, mechaniſche, andere mathematiſche und mediciniſ⸗
ſche Bemerkungen und Schriften, die wir ihm zu ver⸗
danken haben; er klagt z. B. Bermannus S 682, daß
die Aerzte ſo wenig auf die Arzneien aus Mineralien
achten, daß man auſer Spiesglanz, Glätte, Arſenik,
Bleiweis und einigen wenigen andern nichts dergleichen in
den Apotheken habe, daß ſie die Aerzte nicht einmal ken⸗
nen. L. de natura eorum, quae effluunt ex terra III.
S. 554. verwirft er mit Recht die kupferne Waſſerlei⸗
tungen, nimmt ſich aber der bleiernen an, und ſagt,
Teutſche und Franzoſen bedienen ſich ihrer ohne groſen
Schaden.

[m]) Lapis philoſophorum. Colon. 16. 1531. und 1534.
Wie wenig er inzwiſchen, wenigſtens in ſpäteren Jahren
von den Vorſtellungen der Alchemiſten gehalten habe,
zeigt ſein fünftes Buch de ortu et cauſſis ſubterrane⸗
orum.

[n]) quibus officia, inſtrumenta, machinae ac omnia deni⸗
que, ad metallicam ſpectantia, non modo luculentiſſi⸗
me deſcribuntur, ſed et per effigies, ſuis locis inſertas,
adjunctis Latinis Germanicisque appellationibus, ita ob
oculos ponuntur, ut clarius tradi non poſſint, ob accu⸗
rata Autoriis recognitione et emendatione nunc primum
editus cum nomenclatura rerum metallicarum. Lipſ.
1546. 8. Baſil. 1546. 1556. 1558. 1561. 1671. fol. ins
teutſche überſezt mit der Auffſchrift: Bergwerksbuch ꝛc.
Baſel. 1621. fol. zugleich mit L. I. de animantibus ſub⸗

ſich mit denen Gegenſtänden der Berg⸗ und Hüttenkunde
beſchäftigt, welche, die tödliche Schwaden abgerechnet °),
auſer dem Gebiete der angewandten Chemie liegen, ſo
trägt es im ſiebenden Buche die Probirkunſt ſo vollſtän⸗
dig vor, daß ſie bis auf unſere Zeiten, die lezte Jahr⸗
zehende ausgenommen, wenig Zuwachs erhalten hat;
er handelt von den Oefen, Muffeln, Tigeln, Aſchen⸗
gefäſſen, wie ſie noch im Gebrauche ſind, von der Vor⸗
bereitung der Erze, welche geprüft werden ſollen, von
den Fürſichtsregeln, welche dabei nöthig ſind, von den
Flüſſen, die man ihnen zuſezen mus, und ihrer nach
der Beſchaffenheit der Erze einzurichtenden Wahl, und
beſchreibt zulezt mit vieler Genauigkeit und Deutlichkeit
die trokene Prüfung der Erze, auch auf Quekſilber und
Wismuth, und der Metalle, vornemlich der edlen,
wie ſie auf Münzen und Silberhütten meiſt noch üblich
iſt. Im achten Buche wird die mehr mechaniſche als
chemiſche Zubereitung der Erze, doch auch ſchon das
Röſten und Brennen derſelbigen in offenen Roſtſtätten
und in Oefen, auch ſo beſchrieben, daß der dabei auf⸗
ſteigende Schwefel aufgefangen wird; wie auch in die⸗
ſem Zeitalter eine dergleichen noch beſtehende Einrich⸗
tung ᴾ) zu Goslar getroffen ward: Im neunten alle
Arten

terraneis, L. V. de ortu et cauſis ſubterraneorum, L. IV.
de natura eorum, quae effluunt ex terra, L. X. de na⸗
tura foſſilium, L. II. de veteribus et novis metallis,
und L. I. Bermannus ſive de re metallica dialogus.
Baſil 1657. fol.

o) deren er auch L. de natura eorum, quae effluunt ex
terra. IV. S. 556. gedenkt.

p) 1570 durch den damaligen Oberzehntner Chph. Sans
der erfunden. Schlüter Unterricht von Hüttenwer⸗
ken. S. 160. ſo wie auch nach Agricola de natura
foſſilium B. X. S. 659. zu Harzgerode und an der Elbe
bei Brambek Schwefelhütten angelegt waren.

Arten damals bekannter Schmelzöfen mit ihrem Gebläse, und ihrer Anwendung und ihrem Gebrauche,
auch q) solche mit Fluggestübkamern; zulezt die Gewinnung des Quekfilbers, Spiesglanzes und Wismuths
aus ihren Erzen: Das zehende handelt von der Scheidung der edlen Metalle von einander durch Scheidewaſ-
ſer, zu deſſen Bereitung mancherlei Vorschriften ertheilt
werden (Quart), durch Schwefel, durch Spiesglanz
und durch Cemente, von welchen mancherlei Mischungen angegeben werden; zulezt noch von Treibofen und
ihrer Bestimmung: Das eilfte vom Ausseigern des
Silbers aus Kupfer und Eisen durch Blei; vom Dar-
ren und Garmachen des Kupfers: Das zwölfte vom
Sieden des Küchensalzes, Salpeters, Alauns und Eiſenvitriols; vom Gewinnen und Läutern des Schwefels, von Verfertigung des Erdpechs und Glaſes.

Auch in seinen L. X. de natura foſſilium r), de
ortu et cauſſis ſubterraneorum s), de veteribus et novis metallis t), und Bermannus oder Dialog. de re metallica u), liegt ein Schaz von Nachrichten und Bemerkungen,

q) S. 322. 323. 334. 335.

r) die mit dem tr. Bermannus. Baſil. 1550. fol. herausgekommen ſind; ſ. auch Anm. n) und s).

s) L. V. mit L. IV. de natura eorum quae effluunt ex terra, L. X. de natura foſſilium, L. II. de veteribus et
novis metallis, und Bermannus. fol. Baſil. 1546. und
Witteb. 1558. Interpretatio germanica vocum rei metallicae, Addit. indice foecundiſſimo marginalibus illuſtra-
ti a Jo. *Sigfrido*, acceſſerunt de metallicis rebus et no-
minibus obſervationes variae et eruditae ex ſchedis Georg. *Fabricii*, quibus ea potiſſimum explicantur. 8.
Vitemb. 1612. und Baſil. 1657.

t) ſ. Anmerk. n) und s).

u) ſ. Anmerk. n, r) und s).

kungen, der für diese Wissenschaften und die Geschichte ihres Zustandes in seinem und früheren Zeitaltern äußerst wichtig ist.

Unter solchen Umständen kann es wohl nicht befremden, wenn in diesem Zeitalter besonders in Teutschland, das so viele aufgeklärte Kenner dieser Wissenschaften hatte, Berg= und Hüttenwerke im blühendsten Zustande waren: Das Haus Fugger zu Augsburg, in dessen Schule schon Paracelsus gewis nicht die Kunst aus Nicht=Gold Gold zu machen gelernt, sondern seine metallurgische Kenntnisse geschöpft hatte, hatte sich einen solchen Ruf von tiefen Einsichten in diesen Wissenschaften erworben, daß es bei wichtigen Angelegenheiten dieser Art öfters [x]) um Rath gefragt wurde, und in diesem Jahrhunderte einige der ergiebigsten Bergwerke, die ungarische zu Neusol [y]), die kärnthnische [z]), die tirolische am Falkenstein bei Schwaz [a]), und die spani=

[x] z. B. von Pabst Clemens VII. S. G. Agricola de veteribus et novis metallis. B. I. S. 672.

[y] für welche sie jährlich 20000 ungarische Dukaten (numos aureos Ungaricos) Pacht bezahlten. G. Agricola ebend. B. II. S. 677.

[z] und nach diesem Hause ein eigenes Thal benannt. Ployer physikalische Arbeiten der einträchtigem Freunde zu Wien. Jahrg I. Quart. I. 1783. S. 32. 33. und noch 1595 verkaufte Ant. Fugger Freih. zu Kirchberg und Weissenhorn allen seinen Antheil an den Bergwerken in Tirol und Kärnthen an seinen Vetter Marc Fugger für $11000\frac{7}{12}$ Gulden. ebend. S. 35.

[a] unter Kaiser Maximilian I; obgleich monatlich 200 Mark Silber in die Münze nach Halle geliefert werden musten, so zogen die Hrn v. Fugger jährlich doch noch 200000 Gulden daraus. v. Sperges a. a. O. S. 6. 95. 104.

fpanifche bei Cazalla und Guadalcanal [b]) mit ausnehs
mendem Vortheil gepachtet.

Dürfte man aus der Menge noch vorhandener in
diefem Zeitraum erlaffener Berg: und Hüttenwerks:
Ordnungen [c]), ertheilter Freiheiten [d]), errichteter Ver:
gleiche

[b]) von welchem fie dreifig Jahre hindurch, fo lange nem:
lich der Vertrag dauerte, jährlich 6 Millionen Piafter er=
hoben. J. M. Hoppenfack Bericht über die Königlich
Spanifchen Silber:Bergwerke zu Cazalla und Guadal=
canal in der Provinz Eftremadura, und Plan zur Er=
richtung einer Königlich Spanifchen Bergwerks:Com=
pagnie darauf 1796. 8. S. 5.

[c]) So gab (Beyer Ot. metallic. I. S. 50. 62.) Churfach=
fen 1519, 1520, 1523 und 1589 eine Bergordnung,
noch 1594 eine befondere Berg: und Hüttenordnung für
Freyberg, 1524 und 1531 eine andere, wie es mit dem
Silberkauf gehalten werden foll; 1534 und 1556 eine
andere für das Zinnbergwerk zu Altenberg und einige an=
dere (Ebend. S. 28 und 40.), 1568 für das altenbergi:
fche allein (ebend. S. 46.), 1509, 1519 und 1533 für
das annabergifche (ebend. S. 25-27.), 1544 für Frei:
berg, Annaberg und Marienberg (ebend. S. 34), 1561
für das leztere eine Zinnbergwerksordnung (ebend. S.
43.), 1556. eine ähnliche für Eibenftock (Ebend. S. 52.
53.), und fchon 1534 (ebend. S. 40.) eine eigene Berg:
ordnung heraus; 1549 wurden die Hrn v. Rauenftein
und Lengefeld vom Churf. Moriz mit den auf ihren
Gütern im marienbergifchen Bergrevier belegenen Zinn=
und Eifenfteingruben belehnt (ebend. S. 262.), und
(ebend. S. 32. 37. 45-47. 52. 56.) 1538, 1544, 1546,
1564, 1576, 1583, 1594) mehrere Eifen: und Ham:
merwerksordnungen erlaffen.

1536 und 1541 kam (J. A. Bieringer hiftorifche
Befchreibung des mannßfeldifchen Bergwercks. Leipzig
und Eißleben. 1534. fol. S. 17. 54-60. 117-127)
eine mannsfeldifche Bergordnung heraus; 1544 gab der
Rath zu Goslar (Brückmann Magnalia Dei fubter-
ranea II. S. 398 2c.) eine eigene für den Rammelsberg

gleiche °) auf einem vorzüglich ergiebigen Bergbau in
einem Lande ſchlieſen, ſo müſte ſchon deswegen das
sech=

und die barzu gehörige Hütten; 1550 und 1552 der Her=
zog Heinrich der Jüngere (Honemann Alterthümer
des Harzes. Clausthal. 4. Th. II. S. 63.) für die braun=
ſchweigiſche, und 1555 namentlich für die Bergwerke
am Rammelsberg, Virſperg, Grund, Wildemann, und
Lautenthal (fol.), und 1554 Herzog Ernſt zu Grubenha=
gen für diejenige zu Clausthal und Zellerfeld (4.) eine
eigene Bergordnung, 1593 Herzog Wolffgang ſowohl
für dieſe als für dasjenige zu Andreasberg (Leipzig. 1616.
fol.), dergleichen das leztere ſchon unter den Grafen von
Hohenſtein 1521 (Erfurt. 1536. 4.), und wieder 1576
(fol. Magdeburg. 1576. und Leipzig. 1616.) eine erhal=
ten hatte.

Heſſen erhielt (Klipſtein mineralogiſcher Brief=
wechſel. Gieſen. 8. B. I. St. 3. 1779. S. 179-198.
und B. II. Heft. 1. 1781. S. 114-119.) unter den Re=
gierungen der Landgräfin Anna und Philipps des Gros=
müthigen mehrere Bergpatente und Bergordnungen;
Wirtemberg 1510 (Beyer a. a. O. I. S. 116.), 1536
(Phyſikaliſch=ökonomiſche Wochenſchrift. Stuttgart. II.
S. 678-684. 688.) und 1599 (ebend. S. 686.) eine
Berg= und Hüttenordnung; 1521 der Pfalzſulzbachiſche
Marktfleken Erbendorf (Lori Sammlung des baieriſchen
Bergrechts. München. 1764. fol. S. 163-184. n. CXVI.),
1594 die Oberpfalz eine erneuerte Bergordnung (Lori
a. a. O. S. 355-359.), 1517 die Landgrafſchaft Leuch=
tenberg (Lori a. a. O. S. 156-158.), das Erzſtift
Salburg 1532 (Lori a. a. O. S. 199-240.), Nie=
deröſtreich 1553 (beſonders gedruft), Joachimsthal (Ur=
ſprung und Ordnungen der Bergwerge im Königreich
Böheim, Churfürſtenthum Sachſen, Erzherzogthum Oeſter=
reich, Fürſtenthumb Braunſchweig und Lüneburgk, Graf=
ſchaft Hohenſtein. Leipzigk. 1616. fol. S. 75-272.)
1548, Gottesgab 1546 (Beyer a. a, O. I. S. 37-39.),
und nebſt andern Zinbergwerken 1548 (Urſprung und
Ordnungen der Bergwerge ꝛc. S. 327 ꝛc.), eine Berg=
werksordnung, Schlakenwald 1572 und 1584 (Adauct
Voigt Beſchreibung der bisher bekannten Münzen nebſt
ein=

ſechzehende Jahrhundert in dieſem Betrachte Teutſch‐
lands

eingeſtreuten hiſtoriſchen Nachrichten vom Bergbau in
Böhmen. Prag. 4. Th. III. S. 202. 203. 252.), Lau‐
terbach und Bleiſtadt 1597 (Ad. Voigt a. e. a. O.
S. 252.) eine Bergwerksreformation. 1556 die Graf‐
ſchaft Schönburg (Bergkalender 1784. C. und Grun‐
ding Nachrichten vom Schloſſe Eiſenburg in Kreyſig
Beiträgen. II. S. 378‐391.) eine Eiſenordnung.

d) So erhielt z. B. Marienberg in Sachſen (Beyer
a. a. O. l. S. 366‐375.) 1521 und 1523, Wildemann
am Harze (Honemann a. a. O. II. S. 34.) 1532,
1566 (Lünig teutſches Reicharchiv Spicileg. Secul. Th.
II. S. 1091.) vom Kaiſer Maximilian II, und 1607 vom
Kaiſer Rudolph II. die Grafen von Sayn und Wittgen‐
ſtein, 1542 (v. Cancrin Geſchichte der in der Graf‐
ſchaft Hanau Münzenberg gelegenen Bergwerke. Leipzig.
1787. 8. S. 2.) Biber im Hanauiſchen, 1540 und 1559
vom Kaiſer Karl V, 1567, 1577, 1617 und 1620 von
ſeinen Nachfolgern (Beyer a. a. O. I. S. 153. 154.)
die Stadt Nürnberg, 1558 vom Herzog Chriſtoph, und
1599 vom Herzog Friedrich (Phyſikaliſch‐ökonomiſche Wo‐
chenſchrift. II. S. 686. 690.) die wirtembergiſche Bergs
werke, 1510 (Lori a. a. O. S. 142. n. XCIX.) ganz
Baiern, 1521 (Lori a. a. O. S. 162. 163. n. CXV.)
und wieder 1540 (Lori a. a. O. S. 242‐244. n.
CXXVIII.) der Markt Erbendorf im Sulzbachiſchen, 1507
(A. C. Meichelbeck Hiſtor. Friſingenſis. Auguſt. Vin‐
del. fol. B. II. 1729. S. 318. 319. n. CCCLXXX.),
1542 (Meichelbeck a. a. O. S. 349‐352. n.
CCCLXXXVIII.), und 1567 (Meichelbeck a. a. O.
S. 364‐366. n. CCCXLVI.) die Abtei Tegernſee, 1550
und 1565 (Lori a. a. O. S. 277‐280. 292‐296. n.
CXXXII. und CXLII.) die Oberpfalz, 1519, 1525 und
1526 (Lori a. a. O. S. 101. n. CXIV. S. XLV. und
XLVI.) die Bergwerke im Amergau, 1522 und 1524
(Lori a. a. O. S. 184‐187. n. XLVI. XLVII.) diejenige
zu Bodenmais, 1513 (Lori a. a. O. S. 147. n. CIV.)
das Eiſenbergwerk zu Aſchau, 1515 (Lori a. a. O. S. 147.
n. CV.) und wieder 1517 (Lori a. a. O. S. 157. n.
CXI.), und 1561 (Lori a. a. O. S. 288‐290. n. CLX.)

lands goldenes Zeitalter sein; aber dafür gibt es noch
andere näher liegende Beweise.

Vor=

dasjenige bei Siechsdorf, 1517 (Lori a. a. O. S. 155.
156. nr. CIX.) das Silberbergwerk zu Lenck, 1521
(Lori a. a. O. S. 184. n. CXVII.) die Gegend vor
dem Böhmer Walde, 1551 die Pfleggerichte Tölz,
Weilheim und Wolfertshausen (Lori a. a. O. S. 281.
283. n. CXXXIV.), 1552 (Lori a. a. O. S. 282-284.
n. CXXXV.) das Eisenbergwerk am Kressenberge, 1561
(Lori a. a. O. S. 288-290. n. CLX.) Bergen im Ge=
richte Marquartstein: In diesem Jahrhundert (Ad. Voigt
a. a. O. III. S. 157.) mehrere Silber= und Kupfer=
bergwerke in Böhmen, 1542 und 1544 (v. Peithner
Versuch über die natürliche und politische Geschichte der
böhmischen und mährischen Bergwerke. Wien. 1580. fol.
S. 88.), 1579 (Ad. Voigt a a. O. Th. III. S. 252.)
Krummau, 1538 (S. Dobner Monument. histor. Boem.
ined. B. I. n. XLVII.) der Graf von Waldstein wegen
der Bergwerke unter dem Katharinenberge, 1547, 1572
und 1585 die Stadt Budweis (Ad. Voigt a. a. O. III.
S. 157. 158. 202. 203. 252.), 1595 Rudolphstadt und
1600 Adamstadt (Ad. Voigt a. a. O. S. 252.), 1597
(A. Voigt a. e. a. O.) Sonnenberg und Sebastians=
berg, 1568 (Ad. Voigt a. a. O. III. S. 202. 203.)
die Stadt Tabor, 1534 und 1535 (Beyer a. a. O. I.
S. 28. 32.) 1564 (Ad. Voigt a. a. O. III. S. 246-
249.) und 1580 (Ad. Voigt a. e. a. O. S. 252.)
Platte.

e) So errichteten z. B. 1518 (Bieringer a. a. O.
S. 38-41.) die Grafen von Mansfeld wegen der Gren=
zen und Bergwerke einen Vertrag mit den sächsischen
Fürsten, 1535 (Bieringer a. a. O. S. 41-44.)
durch Vermittelung der Grafen von Nassau und Solms
mit den Bergleuten, 1536 (Bieringer a. a. O. S.
111-127.) wegen der Bergtheilung unter sich, und in
den Jahren 1572, 1573, 1574 und 1585 mit denen,
welche einen Theil der Bergwerke übernommen hatten
(Bieringer a. a. O. S. 9. 21. 86-92. 94. 95.) ei=
nen Vertrag; so 1568 (Lünig a. a. O. Spicileg. secul.

Th.

Vornemlich war das ſächſiſche oder meisniſche Erzgebirge in dieſem Zeitraume äuſerſt ergiebig; S i b e r ᶠ)
beſang Freiberg wegen ſeiner Erzgruben, und A g r i-
c o l a ᵍ) und M a t t h e ſ i u s ʰ) rühmen ihren Reichthum;
denn 1514 kam noch zu den bisher gangbaren Silber-
zechen das Zinnbergwerk ⁱ); auch belief ſich die Summe aller von 1529 – 1601 unter die Gewerken ausge-
theilten Ausbeuten auf 2593177 Gulden ᵏ), und wenn
man den Zehenden und Schlageſchaz, welchen der Lan-
desherr erhebt, und die Berg- und Hüttenkoſten, welche
darauf gehen, und zuvor vom Ueberſchuſſe herausgenommen

Th. II. S. 1380.) die Grafen von Stollberg wegen des
Gleit, Berg- und Salzwerks, einen Vergleich; ſo 1515
und 1517 (L o r i a. a. O. S. 153-155. 159-161.
n. CVII. CVIII. CXIII.) die von Amberg mit den Ge-
brüdern P l e c h und ihren Verwandten drei Verträge,
1531 die Stadt Amberg (L o r i a. a. O. S. 197. 198.
n. CXXV) wegen einiger Gruben auf dem Arztberge mit
einigen Gewerken, 1525, 1531, 1533, und 1541 Kaiſer Ferdinand I. (v. S p e r g e s a. a O. S. 122. 123.)
wegen der tiroliſchen Bergwerke mit den benachbarten
Stiftern Salzburg und Brixen, 1549 (L o r i a. a. O.
S. 271 - 277. n. CXXXI.) Herzog Wilhelm IV. von
Baiern mit ſeinen Mitgewercken auf den tiroliſchen Bergwerken, 1523 (v. P e i t h n e r a. a. O. S. 62.) die
Herrn von H e r t e n b e r g einen Vertrag, vermöge deſſen
ſie ihre Bergwerke und Bergwerksgerechtigkeit den Gra-
ſen von S c h l i c k verkauften.

f) Poëmata ſacra. Baſil. 1556. 8. Epigramm. B. III.
S. 561.

g) de veteribus et novis metallis. B. II. Oper. S. 675.

h) Sarepta. Vorrede.

i) M o l l e r Theatr. chemic. Freybergenſe. Freyberg. 4.
1653. Th. II. S. 160.

k) B r ü c k m a n n a. a. O. I. S. 155.

men werden, und die Zechen, welche damals gerade
frei bauten, in Anſchlag bringt, der Gewinnſt an Sil=
ber in einem Zeitraum von hundert Jahren, auf etliche
Millionen Mark [1]; die jährliche Ausbeute ſämtlicher
Zechen betrug zwar 1529 nur 6336 Güldengroſchen
(1 $\frac{1}{3}$ Thaler); nachher aber war ſie nur einmal (1563)
nur 11562 und (1536) 13280, ſonſt immer und mei=
ſtens weit darüber, und ſtieg (1572) bis auf 75808.

Auch waren in dieſem Zeitalter die Berg= und
Hüttenwerke bei Ehrenfriedersdorf, Wolkenſtein, Er=
bersdorf, Thum und Tretbach in gutem Zuſtande [m]);
erſtere gaben von 1579-1590 3483, diejenige von
Wolkenſtein von 1540-1590 45811, diejenige von
Tretbach von 1518-1590 35475, und diejenige von
Griesbach von 1547-1590 10743 Gulden Ausbeu=
te [n]); die Berg= und Hüttenwerke bei Hohenſtein von
1584-1590 32592 [o]), von 1576-1590 33337 [p])
Güldengroſchen Ausbeute; zu Geyer [q]) wurde in die=
ſem Jahrhundert vieles Silber [r]), Kupfer [s]) und
Zinn

1) Moller a. a. O. I. S. 430.

m) J. Matthesius a. a. O. Vorr. und Pred. IX. S.
451. und G. Agricola de re metallica. B. VIII. Opp.
S. 237. de veter. et nov. metall. B. I. Opp. S. 672.
und B. II. Opp. S. 675. 677. Bermannus. Opp.
S. 648.

n) Lempe Magazin der Bergbaukunde. Dresden. B. B. IV.
1787. S. 143.

o) Charpentier mineralogiſche Geographie der churſäch=
ſiſchen Lande. Leipzig. 1778. 4. S. 298.

p) Lempe a. e. a. O. S. 144.

q) J. Matthesius Sarepta Vorr. und Pred. II. S. 72.
und G. Agricola Bermannus Opp. S. 684. 700.

r) G. Agricola de natura foſſilium. Opp. S. 568. de
veter. et nov. metall. B. II. S. 675. 677. Garrault,
der

Zinn ᵗ) gewonnen; auch bei Elterle ᵘ), Tſchoppau ˣ)
und Glashütte ʸ) waren Berg= und Hüttenwerke im
Umtrieb; eben ſo warf das Zinnwerk zu Altenberg ᶻ)
reichlich ab, ob es gleich von böſen Wettern ſehr litt,
und 1539 ein Theil des Bergs einſtürzte ᵃ); ergiebi=
ger als alle dieſe zunächſt vorhergehende waren in die=
ſem Jahrhunderte die Berg= und Hüttenwerke zu Schnee=
berg ᵇ), obgleich die Ausbeute ſehr ungleich war, und
in manchen Jahren gänzlich ausblieb; ſchon 1505
wurden nur in der Schlehen 1102 Mark Silber, und
553½ Centner Kupfer gewonnen ᶜ); in den vier darauf
folgenden Jahren gab die Grube Sonnenwirbel auf
eine Kuxe 187, und der Rappolt in allem 28638
Gül=

---

der 1579 ſchrieb, gedenkt auch (bei Göbet anciens mi-
neralogiſtes de la France. I. S. 29.) gediegenen Silbers
daher.

s) G. Agricola de veterib. et novis metall. B. II. Opp.
S. 676. 677.

t) J. Matthesius a. a. O. Pred. IX. S. 451. 452. G.
Agricola de re metallica. B. VIII. Opp. S. 237.
de veter. et nov. metall. B. II. Opp. S. 677.

u) J. Matthesius a. a. O. Vorr. G. Agricola de
veter. et novis metallis. B. II. Opp. S. 675.

x) G. Agricola a. e. a. O.

y) G. Agricola a. e. a. O.

z) Ebend. a. e. a. O. S. 677. u. B. I. Opp. S. 672. und de
re metallica. B. VIII. Opp. S. 226. 237. und 246.
und J. Matthesius a. a. O. Pred. IX. S. 451.

a) G. Agricola de re metallic. B. VI. Opp. S.
172. 173.

b) Ebend. de veter. et nov. metall. B. I. Opp. S. 673.
672. und B. II. Opp. S. 675. Bermannus. S. 691.
J. Matthesius a. a. O. Pred. II. S. 73.

c) Melzer Historia Schneebergensis renovata. Schnee=
berg. 1716. 4. S. 687. 688.

Güldengroſchen Ausbeute [d]); 1512 wurden über fünf=
zig [e]), 1515 neunzehen [f]), 1516 neun und zwanzig [g]),
1518 zwanzig [h]), 1519 ſiebenzehen [i]), 1520 ein und
vierzig [k]), 1522 zwölf [l]), 1527 eilfe [m]), 1528 ze=
hen [n]), 1529 achthalb [o]), 1530 zehenthalb [p]), 1531
ein und dreiſig [q]), 1532 zwölf und ein halber [r]), 1533
nur vier [s]), 1534 über dreiſig [t]), 1535 beinahe ſieben=
zig [u]), 1536 drei und ſiebenzig [x]), 1537 beinahe
ſechzig [y]), 1538 beinahe acht und ſechzig [z]), 1539
beinahe ſechs und ſechzig [a]), 1540 gegen vier und vier=
zig [b]), 1541 beinahe acht und dreiſig [c]), 1543 ein
und

d) Meltzer a. e. a. O.

e) Meltzer a. a. O. S. 691. 1217.

f) Meltzer a. a. O. S. 693. 694. 1219.

g) Meltzer a. a. O. S. 694. 695. 1219.

h) Meltzer a. a. O. S. 696. 697. 1223.

i) Meltzer a. a. O. S. 697. 1224.

k) Meltzer a. a. O. S. 698. 699. 1224.

l) Meltzer a. a. O. S. 700. 701. 1228.

m) Meltzer a. a. O. S. 704. 1234.

n) Meltzer a. a. O. S. 704. 705. 1235.

o) Meltzer a. a. O. S. 705. 1235.

p) Meltzer a. a. O. S. 706. 1236.

q) Meltzer a. a. O. S. 707. 708. 1237. 1238.

r) Meltzer a. a. O. S. 708. 1238.

s) Meltzer a. a. O. S. 708. 709. 1239.

t) Meltzer a. a. O. S. 709. 710. 1241.

u) Meltzer a. a. O. S. 710. 711. 1242.

x) Meltzer a. a. O. S. 711. 712. 1243.

y) Meltzer a. a. O. S. 712. 1244.

z) Meltzer a. a. O. S. 712. 713. 1247.

a) Meltzer a. a. O. S. 1249. 1250.

b) Meltzer a. a. O. S. 714. 715. 1250.

und zwanzig und ein halber [d]), 1544 gegen sechzehen [e]), 1546 eilftehalb [f]), 1547 nur sieben [g]), 1548 nur eilftehalb [h]), 1549 ein und zwanzig [i]), 1550 vierzehen [k]), 1551 dreizehen und ein halber [l]), 1552 achtehalb [m]), 1553 siebentehalb [n]), 1554 achtehalb [o]), 1555 zwölf und ein halber [p]), 1557 neuntehalb [q]), 1558 über sechstehalb [r]), 1559 über sechstehalb [s]), 1560 nahe an achtehalb [t]), 1561 über sechs [u]), 1562 auser 400 Centnern Kupfer acht und ein Viertelcentner [x]), 1563 auser beinahe 661 Centnern Kupfer acht Centner [y]), 1564 auser 213 Centnern Kupfer beinahe sieben [z]), 1565 acht [a]), 1566 fünfzehen [b]),

1567

c) Melzer a. a. O. S. 715. 716. 1252.

d) Melzer a. a. O. S. 718. 1254.

e) Melzer a. a. O. S. 718. 719. 1255.

f) Melzer a. a. O. S. 720. 721. 1258.

g) Melzer a. a. O. S. 721. 1263.

h) Melzer a. a. O. S. 722. 1264.

i) Melzer a. a. O. S. 722. 723. 1265.

k) Melzer a. a. O. S. 723. 724. 1266.

l) Melzer a. a. O. S. 726. 1267.

m) Melzer a. a. O. S. 726. 727. 1269.

n) Melzer a. a. O. S. 727. 1270.

o) Melzer a. a. O. S. 727. 728. 1271.

p) Melzer a. a. O. S. 728. 1272.

q) Melzer a. a. O. S. 730. 1273.

r) Melzer a. a. O. S. 730. 731. 1274.

s) Melzer a. a. O. S. 731. 1275.

t) Melzer a. a. O. S. 731. 732. 1276.

u) Melzer a. a. O. S. 732. 733. 1276.

x) Melzer a. a. O. S. 733. 734. 1277.

y) Melzer a. a. O. S. 734. 1278.

z) Melzer a. a. O. S. 734. 735. 1279.

1567 beinahe achtzehen c), 1568 ſechs und zwan:
zig d), 1569 beinahe zwölftehalb e), 1570 nur ſechs f),
1571 nur vier g), 1573 kaum vier h), 1576 i) und
1583 fünf k), 1584 vier l), 1585 acht m), 1590 fünf n),
1591 fünftehalb o), 1592 drittehalb p), 1593 etwas
mehr q), 1794 kaum anderthalb Centner r), 1595 kein
Centner s), 1596 ein Centner t), 1597 etwas über einen
halben u), 1598 noch etwas mehr x), 1599 etwas
über den dritten Theil eines Centners y), 1600 kein
Viertelscentner z) Silber ausgeſchmolzen.

Daß

a) Melßer a. a. O. S. 735. 1280.
b) Melßer a. a. O. S. 735. 736. 1281.
c) Melßer a. a. O. S. 736. 1286.
d) Melßer a. a. O. S. 736. 737. 1289.
e) Melßer a. a. O. S. 737. 738. 1290.
f) Melßer a. a. O. S. 739. 1290.
g) Melßer a. a. O. S. 738. 739. 1292.
h) Melßer a. a. O. S. 739 740. 1294.
i) Melßer a. a. O. S. 741. 1296.
k) Melßer a. a. O. S. 743. 744. 1302.
l) Melßer a. a. O. S. 744. 1303.
m) Melßer a. a. O. S. 744. 745. 1304.
n) Melßer a. a. O. S. 746. 1306.
o) Melßer a. a. O. S. 747. 1308.
p) Melßer a. e. a. O.
q) Melßer a. a. O. S. 747. 1309.
r) Melßer a. e. a. O.
s) Melßer a. a. O. S. 748. 1310.
t) Melßer a. a. O., S. 748. 1311.
u) Melßer a. e. a. O.
x) Melßer a. a. O. S. 748. 1312.
y) Melßer a. a. O. S. 749. 1312.
z) Melßer a. e. a. O.

Daß auch die Berg= und Hüttenwerke zu Anna=
berg im ſechzehenden Jahrhundert bis in die Mitte a)
deſſelbigen ungemein ergiebig waren, bezeugen unter
andern G. Agricola b) und Mattheſius c); nur
das Fronleichnamsbergwerk daſelbſt gab d) von 1498-
1501 an Ausbeute 400000 Gulden; die ſämtliche
Ausbeute von 1496-1626 ſoll ſich auf 37 Tonnen
Goldes e), von Reminiſcere 1496 bis Trinitatis
1590 f) auf 3739368, und von Buchholz allein von
Luciä 1504 bis Trinitatis 1590 g) 280459, 1532
im Quartal Trinitatis die ſämtliche Ausbeute auf
130548, und im Quartal Crucis auf 106999 Gul=
den h) belaufen haben; am reichſten waren die Jahre
1536 und 1537; im erſten wurden nur unter die Ge=
werken viertehalb i), im zweiten über drei k) Tonnen
Goldes ausgetheilt; noch 1570 gab im Quartal Trini=
tatis der Andreasgang daſelbſt 348687, und der gene=
riſche

a) wo ſie wegen Krieg, Peſt und anderer Urſachen plözlich
    liegen blieben. Lommer Beytrag zu der von der Kö=
    niglichen Societät zu Göttingen auf das Jahr 1781 auf=
    gegebenen Preisfrage. Freyberg. 1785. 4.

b) de re metallica. B. III. und IV. Opp. S. 54. 63. de
    veterib. et novis metallis. B. I. und II. Opp. S. 670.
    672. 675-677. Bermannus. Opp. S. 684.

c) a. a. O. Vorrede und Pred. II. S. 74.

d) Melzer a. a. O. S. 1212.

e) Brückmann a. a. O. II. S. 605.

f) Lempe a. a. O. S. 142.

g) Ebendeſ. a. e. a. O. S. 143.

h) Lommer a. e. a. O.

i) Melzer a. a. O. S. 678.

k) laut einer Gedächtnisſchrift, die ſich im Knopfe des
    Thomasthurms zu Leipzig befinden ſoll. Melzer a. a.
    O. S. 1215.

rische Zug 343527, im Quartal Luciä hingegen das
ganze Revier nur 258, und 1578 im Quartal Remi=
niscer 1161 Gulden [l]).

Auch für Marienberg, dessen Bergwerke erst 1519
erschürft wurden [m]), war das sechzehnde Jahrhundert
außerordentlich gesegnet [n]); von 1520‒1626 sollen sie
vier und zwanzig Tonnen Goldes abgeworfen [o]), und
vom Quartal Luciä 1520 bis Quartal Trinitatis 1590
an Ausbeute 2314202 Gulden [p]) gegeben haben; am
fruchtbarsten war das Jahr 1540, in welchem am
Quartal Trinitatis 113262 Güldengroschen Ausbeute
unter die Gewerken vertheilt wurden [p]), da sie hinge=
gen im Jahr 1577 deren nur 1848 erhielten [q]).

So

l) Lommer a. a. O.

m) Beyer a. a. O. I. S. 353.

n) J. Matthesius a. a. O. Vorrede. G. Agricola
de natura eorum, quae effluunt ex terra. Vorred. Opp.
S. 532. de veter. et novis metallis. B. I. und II. S.
672. und 675.

o) Lempe a. e. a. O. Damit stimmt die Berechnung des
H. Berghauptmanns von Trebra (Erklärung einer
Bergwerkscharte von dem wichtigsten Theil der Gebürge
im Bergwerksrevier Marienberg. Marienberg. 1770. 8.
S. 29.) ziemlich überein, welcher die Ausbeute dieser
Bergwerke, diejenige von Wolkenstein und Drehbach mit
eingeschlossen, von 1520 bis zum Ende des sechzehnden
Jahrhunderts auf 2454612 Güldengroschen bestimmt;
nicht so die Rechnung von Meltzer (a. a O. S. 1297.),
der schon die Summe der von 1520‒1577 unter die Ge=
werke vertheilten Ausbeuten zu 3234706 Güldengroschen
angibt.

p) Meltzer a. a. O. S. 678. Brotuff berechnet sie (Chro=
nica und Antiquitates des alten Keiserlichen Stifts, der
römischen Burg, Colonia, und Stadt Marsburg in zwei
Büchern aufs neue übersehen. Leipzig. fol. 1557. S.
CIII.) zu 130256 rheinischen Gulden.

q) Meltzer a. a. O. S. 1297.

So gieng auch erſt 1527') das Bergwerk zu Wie=
ſenthal am Fichtelberge auf, das im ſechzehenden Jahr=
hunderte vorzüglich auf Silber gebaut wurde ˢ), und von
1529-1590 an Ausbeute 15351 Gulden ᵗ).

Auch das Bergwerk zu Scheibenberg, das erſt 1522
aufgieng ᵘ), wurde im ſechzehenden Jahrhundert auf
Silber gebaut ˣ); vom Quartal Crucis 1521 bis
Quartal Trinitatis 1590 betrug die geſamte Ausbeute
davon 72567 Gulden ʸ): So waren auch die Berg=
und Hüttenwerke zu Eibenſtok ᶻ), Jugel ᵃ), Fletſch=
maul ᵇ), Lauenſtein ᶜ), und Oelsniz im Voigtlande ᵈ),
welche hauptſächlich auf Zinn und Eiſen gebaut wur=
den; die Bergwerke am Rammelsberge bei Hilbersdorf
und

r) Brückmann a. a. O. II. S. 613. Albinus meiſſ=
     niſche Bergchron. S. 48.

s) J. Mattheſius a. a. O. Vorred. G. Agricola de
     veter. et novis metall. B. II. Opp. S. 675.

t) Lempe a. e. a. O. S. 144. nach Brückmann (a. a.
     O. II. S. 612.) ſollen Wieſenthal, Annaberg, Marien=
     berg, Buchholz und Scheibenberg an ſämtlichen Ausbeu=
     ten von 1496-1591 45000 Tonnen Goldes abgewor=
     fen haben.

u) Melzer a. a. O. S. 1226.

x) J. Mattheſius a. a. O. Vorrede. G. Agricola
     de veterib. et nov. metallis. B. II. Opp. S. 675.

y) Lempe a. a. O. S. 143.

z) G. Agricola de natura foſſilium. B. V. Opp. S.
     604. de veter. et novis metallis. B. II. Opp. S. 677.

a) G. Agricola de veter. et novis metallis. a. e. a. O.

b) G. Agricola a. e. a. O.

c) G. Agricola a. e. a. O. B. I. und II. Opp. S. 672.
     677. 678.

d) mit vorzüglichem Vortheil in den Jahren 1512-1541.
     G. Agricola a. e. a. O. B. II. S. 677.

und in der Gegend von Weissenborn und Süsbach [e]), bei Biberstein [f]), Rochliz [g]), Jostorf [h]), zu Kottenheide [i]) und Steinheide [k]) im Voigtlande, wo vornemlich Gold [l]), zu Gieshübel [m]), Schwarzenberg [n]), Memmelern [o]), Burkhardsleiten [p]), und Goldkron [q]), wo hauptsächlich Eisen gewonnen wurde, damals in vollem Gange.

Auch die mansfeldische [r]) Bergwerke zu Eisleben [s]), Mansfeld [t]) und Hettstädt [u]) warfen, der vielen Hinder-

e) Klotzsch a. a. O. S. 166.

f) G. Agricola a. e. a. O. B. II. S. 675.

g) G. Agricola a. e. a. O. J. Matthesius a. a. O. Vorrede.

h) J. Matthesius a. e. a. O.

i) G. Agricola a. e. a. O. B. II. S. 674. Bermannus Opp. S. 695.

k) G. Agricola a. d. e. a. O.

l) Vornemlich 1535. Meltzer a. a. O. S. 1247.

m) G. Agricola de veterib. et nov. metall. B. I. und II. Opp. S. 672. 676. 678.

n) J. Matthesius a. a. O. Vorred. und Pred. VIII. S. 356. G. Agricola de natur. fossil. B. V. Opp. S. 604. Bermannus Opp. S. 695.

o) G. Agricola de veter. et nov. metall. B. II. Opp. S. 678.

p) J. Matthesius a. a. O. Pred. VIII. S. 356. G. Agricola de natura fossilium. B. V. Opp. S. 604.

q) G. Agricola a. e. a. O. S. 605.

r) J. Matthesius a. a. O. Vorrede.

s) G. Agricola de re metallica. B. VIII. Opp. S. 218. de veter. et nov. metall. B. II. Opp. S. 676. Bermannus Opp. S. 684.

t) G. Agricola de veter. et nov. metall. und Bermannus a. d. e. a. O.

u) G. Agricola a. d. e. a. O.

derniſſe eines glüflichen Bergbaus ungeachtet, in dieſem Zeitraume, ſo wie die thüringiſche bei Polfeld unweit Sangerhauſen [x]), und andere auf der Morgenſeite des Harzgebirges liegende [y]), ungemein vieles Kupfer ab, aus welchem ſehr vieles Silber [z]) geſchieden wurde.

Die Berg- und Hüttenwerke am Harze hatten zwar in dieſem Jahrhunderte mancherlei Schikſale, welche ihrem Aufkommen im Wege ſtunden; im Durchſchnitte aber waren ſie den gröſten Theil dieſes Zeitraums hindurch in vortheilhaftem Betriebe: Um die Mitte dieſes Jahrhunderts machte [a]) ein nürnbergiſcher Gelehrter, Erasmus Ebener, der nachher bei dem Herzog Julius von Braunſchweig in Dienſte trat, die wichtige Entdekung, daß eine Art Ofenbruch, Ofengalmei genannt, die ſich bei dem Schmelzen Zink oder Blende haltender Erze oben im Ofen anlegt, und bisher als unnüz hinweggeworfen wurde, eben ſowohl als gegrabener Galmei zur Verfertigung des Möſſings gebraucht werden könnte, und veranlaste dadurch die Anlegung der einträglichen Möſſinghütte bei Goslar an der Oker [b]): Auch fieng man in dieſem Zeitalter unter dem Ze-

---

x) G. Agricola de veter. et nov. metall. a. d. e. a. O.

y) G. Agricola de veter. et nov. metall. a. d. e. a. O. de re metallica. B. V. und VI. S. 86-89. 151.

z) aus dem Centner 15-19. Loth. J. Matthesius a. a. O. Pred. VII. S. 321.

a) Schlüter a. a. O. S. 235. Honemann a. a. O. II. S. 119. 124. Calvör hiſtoriſche Nachricht von den Ober- und Unterharziſchen Bergwerken. Braunſchweig. 1765. fol. S. 208. Doppelmayr. Nachricht von Nürnbergiſchen Mathematicis und Künſtlern. S. 77.

b) Rehtmeier Braunſchweig-Lüneburgiſche Chronik. Braunſchweig. 1722. fol. S. 1063.

Zehendner **Christoph Sander** zu Goslar [c]) an, aus den gerösteten Blende haltenden Erzen des Rammelsbergs weissen Vitriol zu sieden.

Daß der Rammelsberg reichlich ausgegeben habe, bezeugen G. **Agricola** [d]) und J. **Matthesius** [e]), auch gibt der lezter den Silbergehalt des darinn brechenden Bleiglanzes viel höher [f]) an, als er sich je in der Folge darinn gefunden hat [g]); 1565 gewann man in einer Woche anderthalbhundert Mark Silbers.

Zu Gittelde [h]) wurden noch im sechzehenden Jahrhunderte Bleierze geschmolzen, und am Jberge, dessen Bergwerke kaum vorher [i]) erschürft waren, sowohl auf Kupfer [k]) und Silber [l]), von welchem lezteren 1543 [m]) mehr

c) **Calvör** a. a. O. S. 212. **Brückmann** a. a. O. II. S. 459.

d) de natura fossilium. B. V. Opp. S. 605. de veter. et nov. metall. B. I. Opp. S. 671. Bermannus Opp. S 684.

e) a. a. O. Vorred. und Pred. VI. und IX. S. 283. und 463.

f) a. a. O. Pred. IX. S. 463.

g) Herzog Heinerich der jüngere in einem Briefe bei **Honemann** a. a. O. II. S. 103.

h) G. **Agricola** de re metallica. B. IX. Opp. S. 320.

i) Collectanea Saxonica metallica oder historische Ausschürfung der Rammelsbergk= und Oberharzischen Bergwerke, zu waß Zeiten und unter welchen römischen Kaysern und Landsherrn dieselben auffgekommen, gebaut und wieder belegt worden (1642) bei **Schröter** neuer Litteratur und Beyträgen zur Kenntniß der Naturgeschichte :c. Leipz. 8. B. II. 1785. S. 241. und **Schreiber** Bericht von Auff= kunft und Anfang der Bergwercke an und auf dem Harze. Goßlar. 1670. 4. K. II.

k) **Honemann** a. a. O. II. S. 8.

l) Ebenders. a. e. a. O. und **Diener** Braunschweigische Anzeigen, Jahrg. IX. d. 30. Jun. S. 1019.

mehr gewonnen wurde, als im Wildenmann und zu
Zellerfeld, als vornemlich, so wie auch bei Harzburg [n]),
Harzgerode [o]), Jlefeld [p]), zu Sachse, zur Sorge, zu
Wenda, zur hohen Geis, im Walkenrieder Forst, zu
Lauterberg und Andreasberg [q]) auf Eisen gebaut.

Ueberhaupt waren die Bergwerke zu Andreasberg,
ob sie gleich erst nach Anfang dieses Jahrhunderts [r])
wieder [s]) aufgenommen wurden, und am Ende [t]) desselbigen wegen Pest liegen blieben, im Laufe desselbigen
sehr im Gange [u]); ein groser Theil derselbigen wurde auf
Silber gebaut [x]); 1536 gab die Zeche S. Georg auf
eine Kuxe über sechzig, und am Quartal Luciä die Grube

m) Schreiber a. e. a. O.

n) G. Agricola de natura fossilium. B. V. Opp.
S. 604.

o) Ebendas. a. e. a. O. S. 605.

p) Ebendas. a. e. a. O. S. 605. 606.

q) Honemann a. a. O. II. S. 67.

r) nach Jars (voyages metallurgiques. à Lyon. 4. II. S.
294.) 1516, nach Böse (Generale Haushaltsprincipia
vom Berg- Hütten- Salz- und Forstwesen, in specie
vom Harz. Leipzig und Frankfurt. 1753. fol. S. 28.)
1521.

s) denn nach Hr. Oberbergm. Stelzner (Schriften der
berl. Gesellschaft naturforschender Freunde. B. VIII.
Heft 1. S. 34.) waren schon im fünfzehenden Jahrhundert mehrere Gruben daselbst im Umtriebe gewesen.

t) 1596 Honemann a. a. O. II. S. 204.

u) Schreiber a. a. O K. II. Diener a. e. a O. Calv
vör a. a. O. I S. 33. Collectan. saxon. metall. S. 242.
Honemann a. a. O. II. S. 20. 40. 41. 66. 204.

x) dis zeigen die Ausbeuten, die von Eisengruben nie so
fallen könnten.

be Samson 365 Thaler [x]) Ausbeute; und in den 22 Jahren von 1561-1583 sollen nur von den Zechen S. Georg und Hülfe Gottes 215688 Thaler [y]) an Ausbeute gefallen, und vom Quartal Trinitatis 1565 bis Quartal Luciä 1570 30039 Mark Silbers [z]) geschmolzen worden sein.

Auch zu Zellerfeld, im Wildenmann und zu Lautenthal wurden im sechzehenden Jahrhundert mehrere Gruben gebaut [a]), und der wilde Mann hatte schon 1532 [b]) eine eigene Silberhütte; 1539 insbesondere wurde vieles Silber gewonnen [c]), und überhaupt der jährliche Ertrag der Bergwerke unter Herzog Julius um 20000 Reichsthaler erhöht [d]); 1599 gaben noch mehrere der dahin gehörigen Gruben reichliche Ausbeute [e]), und mit denen von Andreasberg und Klausthal zusammen für das ganze Jahr 20000 Reichsthaler [f]); unter allen diesen waren die leztere, die erst nach der

x) Collectan. saxon. metall. und **Schreiber** a. e. a. O. **Honemann** a. a. O. II. S. 20.

y) **Honemann** a. a. O. II. S. 121.

z) Ebenders. a. e. a. O. auch v. **Rohr** Merkwürdigkeiten vom Oberharze. S. 263.

a) Collect. saxon. metall. S. 235. 242. 243. 249. **Honemann** a. a. O. II. S. 26. 34-36. 61. 64. 65. 90. 100. 101. 117. **Calvör** a. a. O. I. S. 23. 24. 25. 26. 34. 36. 37. **Rehtmeier** a. a. O. S. 1008 – 1010.

b) **Honemann** a. a. O. II. S. 34. **Calvör** a. a. O. II. S. 129.

c) **Honemann** a. a. O. II. S. 47.

d) **Rehtmeier** a. a. O. S. 1010. **Honemann** a. a. O. II. S. 115.

e) **Honemann** a. a. O. II. S. 207.

f) **Böse** a. a. O. S. 29.

der Mitte dieses Jahrhunderts [g], wieder aufgenommen wurden, am wenigsten ergiebig; doch gaben mehrere Gruben am Ende desselbigen [h] Ausbeute.

So wurden auch schon damals in Westphalen [i] bei Arensberg im Sauerlande [k], und in der Eifel, vornemlich in der Grafschaft Manderscheid [l], so wie bei Siegen im Nassauischen [m], Eisenerze gefördert und verschmolzen, bei Limmige und Aachen [n], so wie im Sauerlande [o] bei Brillon, Galmei gegraben, und auf Mössinghütten genützt; bei Meyen im Erzstifte Trier [p] Silbererze, in Waldungen [q] und Biedenkopf [r] in Hessen Eisenwerke, zu Achenbach [s], auch in Hessen Kupferwerke, am Münsterberge [t], zu Bilstein und Gladenbach, an der hessischen Seite des Eisenbergs bei Corbach [u], in den hessischen Aemtern Blankenstein und

g) 1554 Collect. saxon. metall. S. 240. Diener a. a. O. S. 1020. Rehtmeier a. a. O. S. 571. Böse a. a. O. S. 28.

h) 1577-1599. Hüncmann a. a. O. II. S. 205-207.

i) G. Agricola de re metallica. B. IX. Opp. S. 320.

k) Ebenders. de natura fossilium. B. V. Opp. S. 608.

l) Ebenders. de veter. et nov. metall. B. II. Opp. 678.

m) Ebenders. a. e. a. O. auch B. I. S. 672.

n) Ebenders. de natura fossilium. a. e. a. O.

o) Ebenders. a. e. a. O.

p) Ebenders. de veter. et nov. metall. B. II. S. 675.

q) Ebenders. a. e. a. O. S. 678.

r) Klipstein a. a. O. B. II. St. 1. S. 95.

s) Ebenders. a. a. O. B. I. St. 1. S. 45. B. II. H. I. S. 50-52.

t) Ebenders. a. e. a. O. B. I. St. 3. S. 179-184.

u) Ebenders. a. e. a. O. S. 185-193.

und Rheinfels andere Berg= und Hüttenwerke ^u), bei Sunter und Eschwege an der Werre ^x) Kupferwerke, in Henneberg bei Goldlauter ^y) und Ilmenau ^z) Silber= und Kupfer= am leztern Orte auch Bleibergwerke ^a), bei Salfeld ^b) einträglicher Bergbau getrieben, und 1583 ^c) aus allen Gruben zusammen ungefähr 52000 Gulden an Ausbeute ausgetheilt: Bei Goldkronach ^d) in Baireuth ein Goldbergwerk im Gange, das schon zu der Zeit von G. Agricola ^e) dem Markgrafen alle sieben Tage 1500 Goldgulden eingebracht, 1577 und 1578 über zwanzig Mark reinen Goldes Ausbeute ge=

u*) Ebenders. a. e. a. O. S. 194–198. und B. II. H. I. S. 114–119.

x) G. Agricola a. e. a. O. S. 676.

y) Gläser Versuch einer mineralogischen Beschreibung der gefürsteten Grafschaft Henneberg chursächsischen Antheils. 4. S. 101–106.

z) J. P. Reinhard Sammlung seltener Schriften, welche die Historie Frankenlandes erläutern. Coburg. 8. Th. I. 1763. S. 403 ꝛc. Schröter neue Litteratur der Naturgeschichte. B. III. S. 189. J. C. W. Voigt mineralogische Reisen durch das Herzogthum Weimar und Eisenach und einige angrenzende Gegenden. Dessau. 8. Th. I. 1782. Br. IV. S. 28. und Nachricht von dem ehemaligen Bergbau bei Ilmenau in der Grafschaft Henneberg, und Vorschläge, ihn durch eine neue Gewerkschaft wieder in Aufnahme zu bringen. Weimar. 1787. 8. G. Agricola a. e. a. O. B. II. S. 675.

a) Voigt a. d. a. O.

b) J. Matthesius a. a. O. Pred. II. S. 71.

c) Lochmann progr. memorabilia Salfeldiae civitatis ab ann. 1570–1700. Coburg. 1784.

d) J. Matthesius a. a. O. Vorred. auch Pred. II. S. 68. und VIII. S. 358. G. Agricola de veter. et novis metall. B. II. S. 674.

e) a. e. a. O. B. I. S. 670.

gegeben, und im Ganzen jede Woche 2400 rheinische Goldgulden abgeworfen haben soll [f]): Ueberhaupt waren am Fichtelberge viele Berg- und Hüttenwerke [g]), vornemlich [h]), und das zwar am meisten bei Wunsiedel [i]), Eisen-, aber auch z. B. bei Weissenstadt [k]) Zinnwerke, auf der Seite der Oberpfalz zu Sulzbach [l]) und Amberg [m]) trefliche Eisenwerke im Gange; auch in Wirtemberg waren sowohl [n]) Eisen- als andere [o]) Berg- und Hüttenwerke, bei Freiburg im Breisgau [p]) ein Silberbergwerk im Umtriebe.

Ausgezeichnet ergiebig waren aber in diesem Zeitraum die tirolische [q]) Bergwerke, am meisten dasjenige bei

---

f) Brückmann a. a. O. I. S. 85.

g) Nachrichten von der politischen und ökonomischen Verfassung des Fürstenthums Bayreuth. Gotha. 1780. 8. S. 118. J. J. Spies brandenburgische historische Münzbelustigungen. Anspach. 4. Th. I. S. 254. 255.

h) Matthesius a. a. O. Pred. VIII. S. 357. 358.

i) G. Agricola a. e. a. O. B. II. S. 678.

k) Spies a. e. a. O. S. 255.

l) G. Agricola a. e. a. O. B. I. Opp. S. 672.

m) Ebendas. a. e. a. O. B. II. Opp. S. 678. und de natura fossil. B. V. Opp. S. 605. auch Val. Cordus Sylva variar. observat. S. 218. b.

n) Physikalisch-ökonomische Wochenschrift. II. S. 759. 760.

o) Ebendas. S. 760-771.

p) G. Agricola de veter. et nov. metall. B. II. S. 675.

q) Ebendas. a. e. a. O. B. I. Opp. S. 670. Vanucc. Biringuccio a. a. O. Bl. 5. 22. Wolg. Lazius reipublicae romanae in exteris provinciis bello acquisitis constitut. Commentar. Francof. ad Moen. fol. B. II. 1598. S. 245. Longinus Panegyris Maximiliani I.

bei Schwaz am Falkenſtein ʳ); die Voreltern der Grafen von Fugger zogen, unerachtet ihre Geſellſchaft alle
Monate zweihundert Mark Brandſilber in die Münze
liefern muſte ˢ), jährlich 200000 Gulden davon ᵗ);
1523 wurden davon (auſet vierzig Pfunden Garkupfer, welche auf jede Mark Silbers kommen) 55855
Mark Brandſilber ᵘ), 1524 beinahe 49977$\frac{1}{2}$ ˣ),
1525 beinahe 77855$\frac{3}{4}$ ʸ), 1532 aus dem einigen
Schacht 15000. ᶻ)., in den Jahren von 1526–1564
über 2028501$\frac{3}{4}$ Mark ᵃ), aber 1564 nicht ganz
17518$\frac{1}{4}$ ᵇ), und in den folgenden Jahren nicht einmal 2000 Mark ᶜ) Silber in die Münze geliefert:
Eben ſo wurden in dieſem Zeitraum die Berg- und
Hüttenwerke bei Rattenberg ᵈ) und zu Kizpüchel ᵉ),

von

---

r) S. Agricola de natura foſſilium. B. V. und IX.
   Opp. S. 608. 656. und de veter. et nov. metall. B. II.
   Opp. S. 676. J. Mattheſius a. a. O. Vorred. und
   Pred. II. S. 68. Garrault bei Gobet a. a. O. I.
   S. 27. Amiodt Germania in naturae operibus admi-
   randa. Quaeſt. IX. §. XI. S. 44. v. Sperges a. a. O.
   S. 104. 108. 112. 113. 330.

s) v. Sperges a. a. O. S. 95.

t) v. Sperges a. a. O. S. 6. 104.

u) Ebenderſ. a. a. O. S. 112.

x) Ebenderſ. a. a. O. S. 113.

y) Ebenderſ. a. e. a. O.

z) Ebenderſ. a. a. O. S. 114. 115.

a) oder nach Amiodt a. e. a. O. von 1525–1564. 2328501
   Mark.

b) v. Sperges a. a. O. S. 126.

c) Ebenderſ. a. e. a. O.

d) J. Matthſius a. a. O. Vorred. v. Sperges a. a.
   O. S. 127. 132. 336.

e) J. Mattheſius a. e. a. O.

von welchen die leztere 1540 18000 Mark Silber in
die Münze geliefert haben ſollen f), bei Golſenſas g),
Sterzing h), Lienz i), und Terlan k), in der Herrſchaft
Primör l) (dieſe leztere brachte ihren Beſizern, den Grafen von Welsperg, im ſechzehenden Jahrhundert m)
jährlich 14000 Gulden ein), bei Toblich n), Imi-
chen o), Halle p) und bei Röhrbüchel q) mit Glük betrieben; die leztere lieferten in dem einigem Jahre 1552
22913, und in den Jahren 1550-1606 593624
Mark Silber in die Münze r), und noch nur im Jahr
1565 über 10375½, und im ganzen Zeitraum von
1563-1607 beinahe 310337½ Centner Kupfer s).

So gaben damals die ſalzburgiſche Goldbergwerke
Rauris und Gaſtein t) reichlich aus.

In Inneröſterteich waren Berg- und Hüttenwerke
im blühendſten Zuſtande, insbeſondere war es auch zu
die-

f) v. Sperges a. a. O. S. 336.

g) J. Matheſius und v. Sperges a. b. e. a. O.

h) J. Matheſius a. e. a. O. G. Agricola de veter.
et nov. metall. B. II. Opp. S. 676.

i) J. Matheſius a. e. a. O.

k) Ebenderſ. a. e. a. O.

l) Ebenderſ. a. e. a. O. v. Sperges a. a. O. S. 130.

m) v. Sperges a. e. a. O.

n) J. Matheſius a. e. a. O.

o) Ebenderſ. a. e. a. O.

p) Ebenderſ. a. e. a. O.

q) J. Matheſius a. e. a. O. v. Sperges a. a. O.
S. 128.

r) v. Sperges a. a. O. S. 120.

s) Ebenderſ. a. a. O. S. 120. 128.

t) G. Agricola a. e. a. O. S. 674. J. Matheſius
a. a. Pred. II. S. 68.

dieſen Zeiten durch ſein vorzügliches Eiſen berühmt ᵘ);
G. Agricola erwähnt in dieſem Betrachte vorzüglich
der Eiſenwerke in Kärnthen *), welches auch damals
ſchon ſehr ergiebige Bleibergwerke hatte ʸ); wirklich
wurden in den Jahren 1553-1600 aus den Bleigruben bei Bleiberg jährlich nie unter 3000, wohl aber
(z. B. 1576) 15000-16000 Centner Blei gewonnen ᶻ), das, weil es reiner von Silber war, als anderes, ſchon damals von den Probirern vorgezogen und
geſucht wurde ᵃ); auch das noch jezt ſo ergiebige Quek-
ſilberwerk zu Idria in Krain lieferte ſchon im ſechzehenden Jahrhunderte jährlich auſer 600 Centnern Zinnober 1000 und mehrere Centner Quekſilber ᵇ), und
1555 innerhalb viertehalb Monaten über 703¼ Centner
des leztern ᶜ).

Auch in Böhmen wurden in dieſem Zeitalter, wenn
gleich mehrere derſelbigen in ihrem Ertrag etwas nach-
lieſen, viele Silber- Blei- Kupfer- Eiſen- Quekſilber-
und

u) Amiodt a. a. O. J. Matthesius a. a. O. Pred.
II. S. 67. G. Agricola de veter. et nov. metall.
B. I. Opp. S. 670.

x) a. e. a. O. II. S. 678.

y) G. Agricola a. e. a. O. auch de re metallica. B. IX.
Opp. S. 320. Ployer phyſikaliſche Arbeiten der ein-
trächtigen Freunde zu Wien. Jahrg. I. 1783. Quart. I.
S. 34.

z) Ployer a. e. a. O.

a) L. Ercker a. a. O. S. 34. G. Agricola de natura
foſſilium. B. X. Opp. S. 657.

b) Hacquet Reiſen aus den dinariſchen in die noriſche
Alpen. I. S. 61. auch dieſes kannte ſchon G. Agricola
de veter. et nov. metall. B. II. Opp. S. 676.

c) Hacquet Oryctograph. carniolie. Th. II. S. 152.

und ᵈ) Zinnbergwerke mit Vortheil gebaut; so wurden
z. B. zu Ellischau ᵉ) jährlich 10000 Mark ᶠ) Silber
gewonnen; so wurde auch bei Willhartiz, Drossa,
Przimsl ᵍ), Deutschbrod ʰ), Osseg ⁱ), Tabor ᵏ), Preßniz ˡ), Krummau ᵐ), Katharinaberg ⁿ), Budweis ᵒ),
Frauenberg, Pilgram, Bojanow, Hracholup, Plaß ᵖ),
Dornberg, Prunfelß, Fürwiz, Weinberg, Kupferberg, Sonnenberg, Sebastiansberg ᑫ) und Bergstä-
del ʳ), schon damals auf Silber gebaut: Aber berühmter als sie alle durch den reichen Ertrag an Silber waren

d) Var. Biringuccio a. a. O. Bl. 29.

e) G. Agricola de veter. et nov. metall. B. II. Opp.
S. 675.

f) v. Peithner a. a. O. S. 11.

g) Ebenders. a. e. a. O.

h) G. Agricola a. e. a. O. S. 676.

i) v. Peithner a. e. a. O. S. 88.

k) Ad. Voigt a. a. O. Th. III. S. 157. 202. 203.

l) J. Matthesius a. a. O. Vorred. und Joachimsthalische Chronik, welches Jahr eine jede Zeche angegangen,
und an welchem Gebirge sie gelegen, und wie viel Auß-
beut auf eine Kur gefallen bis aufs Quartal Crucis
MDCXVIII. entlehnt. für 1552. G. Agricola a. e.
a. O. S. 675.

m) G. Agricola a. e. a. O. B. I. und II. Opp. S. 670
und 675.

n) J. Matthesius Sarepta Vorred. und Pred. II.
S. 67.

o) v. Peithner a. a. O. S. 116. J. Matthesius
a. e. a. O. Vorred.

p) Ad. Voigt a. a. O. Th. III. S. 157. 158.

q) J. Matthesius a. e. a. O.

r) Ad. Voigt a. e. a. O. S. 202. 203.

ren die Berg= und Hüttenwerke zu Kuttenberg ˢ),
Aberdam ᵗ) und Joachimsthal ᵘ).

Wirklich waren die Werke zu Kuttenberg zu An=
fang des ſechzehenden Jahrhunderts in Böhmen bei=
nahe die einige, welche mit Vortheil betrieben wur=
den ˣ),   und im Jahr 1523 lieferten ſie noch auſer
1677 Centnern Kupfer und darüber,   aus welchen
noch beinahe 4194 Mark Silbers geſchieden wurden,
13498 Mark Brandſilbers in die Münze ʸ);   aber
noch vor der Mitte deſſelbigen kamen ſie, zum Theil
durch die Religionsunruhen, ſehr in Abnahme ᶻ), und
1567 hatten ſie ſeit mehr als vier Jahren kaum etwas
über 105898 Gulden abgeworfen ᵃ).

Reicher war die Ausbeute zu Aberdam, auch reich=
te ſie tiefer in das Jahrhundert herunter; zwar wurde
das Bergwerk erſt 1528 oder 1529 belegt, aber ſchon
1531

---

s) **Paracelſus** de tinctur. phyſicor. S. 350. G. **Agri=**
cola a. e. a. O. B. II. Opp. S. 675.

t) J. **Matthesius** Chronica von Joachimsthal. G. **Agri=**
cola a. e. a. O. B. I. Opp. S. 671. 672. B. II. S. 675.
und de natur. foſſilium. B. VIII. Opp. S. 641. de re
metallica. B. IV. Opp. S. 63. **Melzer** a. a. O. S.
1235. **Garrault** bei **Gobet** a. a. O. I. S. 29.

u) J. **Matthesius** a. e. a. O. Sarepta. Pred. I. S. 1.
Pred. IX. S. 435. S. **Agricola** Bermannus. Opp.
S. 684. de veter. et nov. metall. B. I. Opp. S. 672.
675. de natura foſſil. epiſt. nuncup. Opp. S. 568. und
B. VIII. und X. Opp. S. 641. und 656. Caſp. **Bru=**
ſch ii redivivi gründliche Beſchreibung des Fichtelbergs.
Nürnberg. 1683. 4. S. 22.

x) G. **Agricola** a. e. a. O.

y) **Korjark** Staré Paměti Kuttnohorſke.

z) Ab. **Voigt** a. e. a. O. S. 146. 147.

a) Ebendeſ. a. e. a. O. S. 200. 201.

1531 gab [b]) die einige Grube Lorenz Gottesgab auf
eine Kuye im Quartal Reminiſcere 1509 Guldengro‐
ſchen, und die drei Federn 4333 Gulden Ausbeute.

Länger als bei beiden hielten die ergiebige Ausbeu‐
ten bei den Berg‐ und Hüttenwerken zu Joachimsthal
an; ſchon im erſten Jahre ihrer Wiederaufnahme
(1516) belief ſich die Ausbeute [c]) auf 2064 Thaler
(＝4⅔ Gulden rheiniſch); im zweiten ſtieg ſie auf
35745, im dritten auf 82124, im vierten oder 1519
auf 105264, 1520 auf 145383, 1523 auf 168831,
1526 auf 231942, 1527 auf 186405, 1532 auf
254259, und vor 1531 fiel ſie nie unter 65653; bis
1523 betrug die ſämtliche Ausbeute [d]) 589557 Gul‐
den, und nur das Silber, das in den erſten fünfzehn
bis zwanzig Jahren jährlich gewonnen wurde, bei
60000 Mark: In den Jahren 1536‐1548 fiel es in
etwas, doch war auch in dieſen Jahren die geringſte
jährliche Ausbeute 45407, und 1540 ſtieg ſie doch
wieder auf 137901 Thaler; aber in dem übrigen Theil
des Jahrhunderts kam ſie nicht wieder über 61146,
1563 fiel ſie auf 12771, und 1598 ſogar auf 2580:
Ueberhaupt hatten die Berg‐ und Hüttenwerke von
1516‐1602 475716 Thaler, oder nach gegenwärti‐
gem Curs 2188259 Gulden rheiniſch reinen Gewinn
abgeworfen [f]).

Auch

b) J. Matheſius joachimsthaliſche Chronik.

c) Ebenderſ. a. e. a. O.

d) Beitrag zur deutſchen Bergwerksgeſchichte bei Lempe
Magazin der Bergbaukunde. B. VIII. nr. X. S. 169.

e) v. Peithner neue phyſ. Beluſtig. B. II. Abth. 2.
S. 255.

f) Ebenderſ a. e. a. O. S. 254.

Auch waren ſchon damals bei Leſſa ^{g}), und am Rieſengebirge ^{h}) Eiſenwerke im Umtrieb.

Auch die Werke bei Platte ^{i}) und Gottesgab ^{k}), welche 1530 ^{l}) und 1534 ^{m}) angefangen wurden, wurden zum Theil auf Eiſen gebaut; doch war ihr Haupter⸗ zeugnis Zinn ^{n}), welches in dieſem Zeitraum auch zu Graupen ^{o}), Schönfeld ^{p}), Schlakenwald ^{q}), Lich⸗ tenſtadt ^{r}), Neudek ^{s}), Mückenberg ^{t}), Hengſt ^{u}), Kloſtergab ^{x}), Lauterbach, Perninger, Schönſichte, Schachwitz und Frübiß ^{y}) gewonnen wurde.

So

g) S. Agricola de natura foſſilium. B. V. Opp. S. 604-606. de veterib. et nov. metall. B. II. Opp. S. 678.

h) J. Mattheſius Sarepta. Pred. VIII. S. 356.

i) Ebenderſ. a. e. a. O. Vorred.

k) Ebenderſ. a. e. a. O.

l) Ebenderſ. joachimsthal. Chronik.

m) Albinus neue meyßniſche Chronika. S. 371.

n) J. Mattheſius Sarepta. Vorred. und Pred. VIII. S. 452.

o) J. Mattheſius a. e. a. O. Vorred.

p) Ad. Voigt a. a. O. Th. III. S. 252.

q) Bruſchius a a. O. S. 38. S. Agricola de natura foſſilium. B. X. Opp. S. 657. de veter. et nov. metall. B. I. Opp. S. 672. J. Mattheſius Sarepta. Vorr. und Pred. IX. S. 452-454.

r) J. Mattheſius a. e. a. O. Vorred.

s) Ebenderſ. a. e. a. O. auch Pred. IX. S. 452.

t) Ebenderſ. a. e. a. O. S. 454. Dobner Monument. hiſtor. Boëmiae inedita. B. I. n. XXXV. S. 273.

u) J. Mattheſius a. e. a. O. Vorr. und Pr. IX. S. 452. auch joachimsthaliſche Chronik in dem Jahr 1545.

x) Urſprung und Ordnungen der Bergwerge im Königreich Böheim. S. 291 ꝛc. 327 ꝛc.

y) J. Mattheſius Sarepta Vorrede.

So wurde in dieſem Zeitalter bei Roteberg, Cald-
bronn, Chetyn, und vornemlich bei Bleyſtadt ²) vieles Blei, bei Camerau ᵃ), hauptſächlich aber bei
Beraun und Schönbach ᵇ) vieles Quekſilber erzielt.

Auch in Mähren ᶜ), vornemlich bei Iglau ᵈ) wurde noch in dieſem Zeitalter vieles Metall gewonnen; in
der Grafſchaft Glaz wurde ſchon im ſechzehenden Jahrhundert bei Silberberg, Merzberg u. a. a. O. auf
Silber und Blei, bei Murode am Lehrberge auf Kupfer,
bei Reinerz auf Eiſen gebaut ᵉ), und an erſterem Orte
1599 etwa 1000 Centner Silber haltendes Blei und
Glätte gewonnen ᶠ), und bei Tarnowiz in Schleſien
fieng Margraf Georg von Brandenburg ſchon im erſten Viertheile dieſes Jahrhunderts einen Bergbau
an ᵍ), und gewann ſchon 1524 15000-16000 Centner

---

2) G. Agricola de veter. et nov. metall. B. II. Opp.
   S. 677. und Bermannus Opp. S. 684.

a) Ebenderſ. de veter. et nov. metall. B. I. II. S. 672. 676.

b) Ebenderſ. a. d. e. a. O. und J. Matthefius a. e. a. O.

c) G. Agricola de re metall. B. VIII. Opp. S. 255.
   257. X. S. 385.

d) Ebenderſ. de veterib. et nov. metall. B. II. Opp.
   S. 676.

e) v. Heiniz memoire ſur les produits du regne mineral
   de la monarchie Pruſſienne, et ſur les moyens de culti-
   ver cette branche de l'économie politique. à Berlin. 4.
   1786. S. 72.

f) Zöllner Briefe über Schleſien, Cracau, Wiliczka und
   die Grafſchaft Glaz. Berlin. 8. 1793. B. II. S. 2.

g) Büſching wöchentliche Nachrichten von neuen Land-
   charten, geographiſchen, ſtatiſtiſchen und hiſtoriſchen Büchern und Sachen. Jahrg. XIII. 1785. St. 6. d. 7. Febr.
   S. 47.

ner Blei und 3000-4000 Mark Silber ^{g}); auch wa:
ren bei Zukmantel ^{h}), Kupferberg ^{i}), Reichenſtein ^{k}),
Goldberg, Rieſengrund, Altenberg ^{l}) in Schleſien
Kupfer: und Gold: bei Sagan ^{m}) Eiſenwerke im
Gange: In Polen ^{n}) mehrere Berg: und Hüttenwerke,
vornemlich die Blei: und Galmeigruben zu Olkuſch ^{o}),
welche die Bürger dieſer Stadt ungemein bereicherten,
und von den Königen Alexander, Stephan, vornemlich
aber von Sigmund II. und III. mancherlei Freiheiten
erhielten ^{p}).

Die ſiebenbürgiſche und ungariſche Bergwerke ^{q}) wa:
ren einen groſen Theil des fünfzehenden Jahrhunderts
hin:

g) v. Heiniz a. a. O. S. 49.

h) G. Agricola de natura foſſilium. B. III. Opp. S.
689. und de veter. et nov. metall. B. I. Opp. S. 672.
B. II. S. 674.

i) Ebenderſ. de natura foſſil. a. e. a. O. und de veter.
et nov. metall. B. II. S. 677. Bermannus. S. 690.
695. wo auch eine Vitriolſiederei angelegt war.

k) Ebenderſ. de veter. et nov. metall. B. I. Opp. S. 672.
II. S. 674-676. Bermannus Opp. S. 689. 695.

l) Ebenderſ. a. e. a. O. B. II. S. 674. Bermannus Opp.
S. 689.

m) Ebenderſ. a. e. a. O. S. 678.

n) Ebenderſ. de re metallic. B. VIII. Opp. S. 280. B. IX.
Opp. S. 320.

o) Ebenderſ. de veter. et nov. metall. B. II. Opp. S.
677. 678. Auſtell bei Hakluyt Principal navigations,
voyages, traffiques and diſcoveries of the engliſh nation.
London, fol. B. II. S. 197. Var. v. Herberſtein
bei Ramuſto viaggi &c. II. S. 191. b. J. Ph. v.
Caroſi Reiſen durch verſchiedene polniſche Provinzen
mineraliſchen und andern Innhalts. Leipzig. 8. Th. I.
1781. S. 188-198.

p) v. Caroſi a. e. a. O. Th. II. Br. 12. S. 189. 198.

q) G. Agricola de re metallica. B. VIII. Opp. S. 254.
B.

hindurch in vollem Gange; bei Slotta und Aldenberg
gewann man Gold ᵣ); Schmöllniz war zu Anfang
desselbigen unter den Grafen von Turzo in guten Um=
ständen ˢ); zu Göllniz und Rosenau ᵗ) wurde Kupfer,
zu Königsberg (Ui=Banya) um eben diese Zeit vie=
les Gold und Silber gewonnen ᵘ); auch geschah die=
ses zu Libeten, Presen, Dülle (Belobanya), Bug=
ganz ˣ), und Kremniz ʸ); Neusol, welches zu Anfang
dieses Jahrhunderts in die Hände des Landesfürsten
kam, und, was die Berg= und Hüttenwerke, vornem=
lich zu Herrengrund, anbelangt, vor diesen an die
beide Geschlechter Turzo (aus Ungarn) und Fugger
(von Augsburg) verpachtet wurde ᶻ), war an Kupfer
ungemein ergiebig ᵃ); nur im Jahr 1556 warf es
36000 Centner Kupfer und zwischen 5000–7000
Mark

B. XI. Opp. S. 435. und 438. de veter. et nov. metall.
   B. I. Opp. S. 670. 672. B. II. S. 674. 676. 677.

r) Ebenderf. de veterib. et nov. metall. B. II. Opp.
   S. 674.

s) J. J. Ferber Abhandlungen über die Gebirge und
   Bergwerke in Ungarn. Berlin und Stettin. 1780. 8.
   S. 255. und G. Agricola de natura fossil. B. IX.
   Opp. S. 648. de veter. et nov. metall. B. II. Opp.
   S. 676.

t) G. Agricola de veter. et nov. metall. a. e. a. O.

u) J. J. Ferber a. e. a. O. S. 248.

x) G. Agricola de veter. et nov. metall. B. II. Opp.
   S. 674. und de natura fossil. B X. Opp. S. 656.

y) Ebenderf. a. d. e. a. O. J. J. Ferber a. e. a. O.
   S. 108.

z) J. J. Ferber a. e. a. O. S. 153.

a) G. Agricola de re metallic. B. VIII. Opp. S. 225.
   de natura fossilium. B. X. Opp. S. 655. de veter. et
   nov. metall. B. II. Opp. S. 677.

Mark Silber ab, nahm aber nach dieſer Zeit ab [b]); in
Hodritſch [c]) und Schemniz [d]) wurde Silber gewonnen: Zwar hatte Italien auch in dieſem Zeitalter kein [e])
eigentliches Goldbergwerk, doch wurde in der Lombardei und zwar im Thale Gamoa am See Verbano [f]),
ſo wie aus dem Sande der Flüſſe Po, Edda [g]) und
Theſin [h]) Gold, bei Scio im Vicentiniſchen [i]), auch
bei Ricca, Buona und ſonſt im Venetianiſchen Gebiete [k]) reichlich Silber gewonnen: Elba war auch da
noch unerſchöpflich reich an Eiſenerz [l]), und verſah [m])
zween Drittheile Italiens, Sicilien und Korſika damit; doch wurde auch Eiſenerz bei Boccehegia im Sieneſiſchen [n]), und in dem Sande vieler kleinen Bäche
im Kirchenſtate [o]) gewonnen, und der Stahl von Va-
lannonica im Breſcianiſchen [p]) war auch damals in
gro-

b) J. J. Ferber a. e. a. O. S. 153.

c) G. Agricola de veter. et nov. metall. B. II. Opp.
S. 676.

d) Ebendeſ. a. e. a. O. auch B. I. Opp. S. 670. und
J. J. Ferber a. e. a. O. S. 6.

e) Van. Biringuccio a. a. O. S. 13. b.

f) G. Agricola de veter. et nov. metall. B. II. Opp.
S. 674.

g) Ebendeſ. a. e. a. O. auch Van. Biringuccio a. a.
O. S. 10. b.

h) Van. Biringuccio a. a. O. S. 11. a.

i) Ebendeſ. a. e. a. O. S. 20. a.

k) Ebendeſ. a. e. a. O. S. 22. a.

l) G. Agricola a. e. a. O. Opp. S. 678.

m) Van. Biringuccio a. a. O. S. 30. a.

n) Ebendeſ. a. a. O. S. 33. a.

o) Ebendeſ. a. a. O. S. 11. b.

p) Ebendeſ. a. a. O. S. 34. b. G. Agricola erwähnt
auch

großem Rufe; auch wurde im Sieneſiſchen bei Maſſa
di Maremna, Sovana, und Selvena q) Spiesglanz,
im Kirchenſtate bei Viterbo r) eiſenſchwarzer Braun-
ſtein, und im Sieneſiſchen bei Foſini s), ſo wie in der
Lombardei zwiſchen Mailand und Como t), Galmei gewonnen: Unter der Regierung des Hauſes Medici,
wurde im toſkaniſchen Diſtrikte von Pietra ſanta bei
Terenica, Levigliani, Cerreta, Caſtello, Selamo,
Poggio della Prada Silber, Kupfer, Eiſen, Blei,
und Zinnober gewonnen; und unter den Grosherzogen
Koſmus I. und Ferdinand I. bei Cerretta oder Gallena
durch breſcianiſche Bergleute Silbergruben gebaut u).
In eben dieſem Jahrhundert gewannen Teutſche aus
Gruben, die ſie im Walliſer Lande bauten, Silber x).

Auch in Frankreich, wo doch in dieſem Zeitalter y)
die meiſten Bergwerke verlaſſen waren, fieng die Krone
an ſich mehr darum zu bekümmern; die Könige
Franz

---

auch de natura foſſilium. B. VII. Opp. S. 645. des
Stahls von Como.

q) Van. Biringuccio a. a. O. S. 45. b. G. Agricola de natur. foſſil. B. X. Opp. S. 657.

r) Van. Biringuccio a. a. O. S. 56. a.

s) Ebendeſ. a. a. O. S. 55. b.

t) Ebendeſ. a. a. O. S. 55. a.

u) Jagemann von der natürlichen Beſchaffenheit des
Grosherzogthums Toskana. Teutſch. Merkur. 1784.
Nr. 8. Auguſt. S. 144. 145.

x) G. Agricola de veter. et nov. metall. B. II. Opp.
S. 675.

y) Garrault bei Gobet a. a. O. I. S. 33. 34.

Franz I. *), Heinrich II. ª), Franz II. ᵇ), Karl IX. ᶜ), Heinrich III. ᵈ) und IV. ᵉ) gaben wenigstens Verordnungen und Freiheitsbriefe genug, um Berg= und Hüttenwesen in ihrem Reiche wieder zu heben.

Provence und Delphinat hatten schon unter Franz II. Bergwerke ᶠ), und König Heinrich III. gab 1580 den Herrn Escot und Alonges die Erlaubnis, die leztere, so wie die burgundische, zu bauen ᵍ); die Bergwerke zu Pontaubert waren schon 1514 im Gange ʰ).

Im Elsas wurden schon in diesem Jahrhundert Eisenwerke betrieben; schon 1558 befahl Kaiser Ferdinand I. seinen Vasallen im Steinthal die Eisenbergwerke befahren zu lassen, und 1579 übertrug sie Erzherzog Ferdinand an den Pfalzgrafen Johann von Veldenz, der sie aber doch zulezt von den Vasallen annahm ⁱ): Auch die Berg= und Hüttenwerke zu Markirch im Leberthale, an der Grenze von Elsas und Lothrin=

z) 1515 und 1520, S. Gobet a. a. O. I. Recherches historiques. S. XV. XVI.

a) 1548, 1551, 1552 und 1557. Gobet a. e. a. O. S. XVI‐XX.

b) 1560. Gobet a. a. O. S. XXI.

c) 1561, 1562, 1563 und 1567. Gobet a. a. O. S. XXI. XXIII.

d) 1574, 1577, 1583 und 1588. Gobet a. a. O. S. XXIV‐XXVI.

e) 1595 und 1597. Gobet a. a. O. S. XXVII. XXVIII.

f) Gripon bei Gobet a. e. a. O. S. XXI.

g) S. Gobet a. e. a. O. S. XXV.

h) Ebenders. a. e. a. O. S. XV.

i) v. Dietrich Schriften der berlinischen Gesellschaft naturforschender Freunde. B. VIII. St. 2. S. 49. 50.

thringen im Wasgau, welche nach dem Bauernkriege
1525 von den Herrn von Rappoltstein entdekt und eingerichtet wurden [k]), waren den größten Theil dieses
Jahrhunderts hindurch im blühendsten Zustande [l];
1530 gab der einige Stollen, der Ofen, an reinem
Silber für ungefähr 1800 Thaler, und 1539 der S.
Wilhelmsstollen eben so viel; von 1528-1558 belief
sich die Summe des gewonnenen Silbers, außer welchem auch noch Blei und Kupfer erzielt wurde, auf
6500 Mark [m]); 1579 warfen sie doch jährlich nur
1500 Thaler ab [n]); 1536 [o]) ließ auch Herzog Anton
von Lothringen auf der lothringischen Seite bauen,
und ertheilte Freiheitsbriefe darauf, behielt sich aber
den Zehenden vor.

Lothringen war überhaupt wegen seiner reichen
Silbergruben berühmt [p]), und vornemlich die Werke
bei First im Wasgau [q]), die einen armen teutschen
Bergmann (Kunrad) in kurzer Zeit sehr reich machten [r]); 1530 ertheilte Herzog Anton eine Erlaubnis,
in Lothringen Gold- Silber- und andere Bergwerke zu
bauen,

k) Gobet a. a. O. II. S. 702.
l) Piguerre histoir. de la France. B. II. Kap. 6.
   G. Agricola de veter. et nov. metall. B. II. S. 675.
m) Gobet und Piguerre a. d. e. a. O.
n) Garrault bei Gobet a. a. O. L. S. 41.
o) S. Gobet a. a. O. I. S. 42.
p) Symphorian Champier Campus Elysius Galliae.
   Lugd. 1533. 8. Blaru Nanceidos. B. L "ac prae-
   gnans est divite terra metallo."
q) G. Agricola a. e. a. O.
r) Ebendas. a. e. a. O. B. I. S. 670.

bauen [s]), mit Vorbehalt des Zehenden; 1536 ließ
der Herzog Karl [t]) die Gruben bei Achern unweit
Belmont wieder bauen; damals waren, die Kupfergruben von Vaudrevauge nicht gerechnet, 27 Silbergruben im Gauge; 1541 wurde ſowohl dieſe Kupfer-
grube, als die Silbergruben bei Planchez und S.
Diez gebaut [u]); 1594 im ſogenannten Mauſeloch, im
S. Petersberge bei Luneville, bei la Croix und in der
Gegend Silber, Blei, Kupfer, Spiesglanz und Arſenik [x]), 1598 bei Buſſans in der Probſtei Arches
Silber, zu Tillot und Diez Kupfer gewonnen [y]); jenes
Kupferwerk verlieh Karl III. ſeinem Sekretär Barnet [z]); in der Gegend des leztern im Wasgau waren
auch Hüttenwerke, in welchen Eiſen zu gute gemacht,
und Stahl bereitet wurde [a]).

In Champagne entdekte man 1524 Gold und Silber haltende Stufen [b]) bei Langres; berühmter war
es ſchon damals durch ſeine Eiſenwerke; 1573 erhielt
Heinr. von Lenoncourt die Erlaubnis, in den Dör-
fern Jonchery und Hermand und in ihrem Bezirke
Eiſenerz graben zu laſſen [c]), und 1575 König Heinrich

---

s) Gobet a. a. O. II. S. 706.

t) Ebenderſ. a. a. O. I. S. 41. 42.

u) Joh. Herquel bei Gobet a. a. O. K. I.

x) Thierry Alix extrait de ſon hiſtoire du païs et du-
ché de Lorraine avec le denombrement des mines d'or,
d'argent, cuivre, plomb du val de lievre et autres
mines, bei Gobet a. a. O. II. S. 706. 707.

y) Thierry Alix a. e. a. O. S. 707. 708.

z) Gobet a. a. O. II. S. 707.

a) Thierry Alix a. e. a. O. S. 709. 710.

b) Budeus de aſſe 1524. Buch IV.

c) S. Gobet a. a. O. II. S. 797.

rich III. einem J. Corpmans und Sohn nebſt der
Freiheit von allen Abgaben die Erlaubnis in dem Bezirke von Aubigny bei Mezieres nach Schwefelerzen
und andern Erzen graben zu laſſen [d]).

Der flandriſche Stahl war ſchon im ſechzehenden
Jahrhunderte bekannt [e]); Flandern ſtund ſogar in dem
Rufe, daß es Zinnbergwerke hätte [f]); noch gegen das
Ende deſſelbigen waren bei Forges im Lande Bray [g]),
ſo wie damalen ſchon in Berry und Perigord [h]) mehrere Eiſenwerke im Gange; die Normandie ſtand wegen ihres reichen Ertrags an Gold und Silber in groſem Rufe [i]); es fand ſich neben dem Silber Blei und
Kupfer [k]), und kurz vor dem Schluſſe des ſechzehenden Jahrhunderts wurden Gold- und Silberbergwerke
entdekt [l]), auch ſollen 1537 teutſche Bergleute bei
Caën einen Quekſilbergang gefunden haben [m]): Bri-
tanniens Silber- Blei- und Eiſenwerke erwähnt
Strobelberger [n]) auf eine Art, daß man Grund
hat

d) S. Gobet S. 795.

e) Van. Biringuccio a. a. O. S. 34. b.

f) Ebenderſ. a. a. O. S. 29. a.

g) Jak. Duval Hydrotherapeutique. Rouen. 1603. 12.
S. 95-99.

h) G. Agricola de veter. et nov. metall. B. II. Opp.
S. 678.

i) Ebenderſ. de veter. et nov. metall. B. II. Opp. S.
674 und 675.

k) Jak. Duval a. a. O.

l) Jak. Duval a. a. O.

m) Karl v. Bourgueville recherches et antiquités de
la Neuſtrie. Caën. 1588. 4.

n) Galliae deſcriptio. Jenae. 1621. 12.

hat zu vermuthen, sie seien schon lange vor seiner Zeit, also gewis im sechzehenden Jahrhundert betrieben worden: Wirklich war auch schon 1519 ein Ausschus niedergesezt, der über gewisse an Zinn- Kupfer- Blei- Quecksilber und Golderze ausgenommen, auch an andern Erzen begangene Diebstähle untersuchen solte [n]); ein Herr von Rohan [o]) hatte auf seinen Ländereien Silber- und Spiesglanzerze entdekt; in der Gegend der Grube Jean le Masson fand sich Bleierz; auch geschieht [p]) der reichen Gruben von Huelgoat, und der Bleibergwerke zwischen Chaleau-Briand und Martigné Meldung: Die Bergwerke in Poitou wurden schon vor 1560 unter Franz II. gebaut [q]); die Eisenwerke in Angoumois erhielten schon 1548 und 1549 vom König Heinrich II. besondere Freiheiten [r]): Die Bergwerke in Guienne schenkte König Heinrich IV. Petern Bernighem [s]), und schon König Franz I. gab 1519 einem Jak. Galiot de Genoilhac die Erlaubnis, die 1554 König Heinrich dem Pfalzgrafen Joh. Philipp, welcher durch seine Gemahlin diese Herrschaft erbte, bestätigte, in seiner Herrschaft Capdanac in Quercy Bergwerke anzulegen [t]); in Tourraine nach der britannischen Grenze zu soll das Geschlecht Dupuy de Montbrun zu Ende des sechzehenden und

n) S. bei Gobet a. a. O. I. S. 311.

o) Roch le Baillif Petit traité de l'antiquité et singularités de Bretagne armorique. 1577. 8.

p) Demosterion de *Roch le Baillif*. à Rennes. 1528. Vorrede.

q) s. Gobet a. a. O. I. Recherch. S. XXI.

r) s. Gobet a. a. O. II. S. 553.

s) s. Gobet a. a. O. I. recherch. S. XXVI. XXVII.

t) s. ebend. I. S. 368.

und zu Anfang des siebenzehenden Jahrhunderts eine Silbergrube gebaut haben [u]), und Garrault [x]) sah bei Estrée in Isle de Paris eine Goldgrube, welche zu seiner Zeit (1579) betrieben, aber wegen ihres geringen Ertrags bald wieder verlassen wurde: Nivernois hatte schon zu Anfange des sechzehenden Jahrhunderts zu Chitry an der Yonne und zu Chaumont Berg- und Hüttenwerke; schon König Ludwig XII. lies 1514 [y]) darüber ein Edikt ergehen, welches 1520 von König Franz I, 1548 und 1554 von König Heinrich II, und 1599 von König Heinrich IV. bestätigt wurde [z]), und versicherte 1515 den Bergleuten ihre Freiheiten [a]); noch 1579 waren sie sehr ergiebig [b]), und trugen jährlich an 1100 Mark feinen Silbers und 100000 Pfunde Blei [c]); die Grube Wilhelm jährlich 1500 Thaler [d]): Auch die Bergwerke von Bourbonnois und Braujolois [e]) wurden schon unter Franz II. gebaut, und Heinrich III. erlaubte l'Escot und Alonges die leztere, so wie diejenige in Maçonnois, zu belegen, und die geförderte Erze zu schmelzen [f]); 1599 erhielt noch de Vic die Erlaubnis, selbst mit Erlassung des Zehenden, in Beaujolois, Lyonnois und Forez Gold- und Silbergruben zu bauen [g]).

Auch

u) s. Gobet a. a. O. II. S. 562.
x) s. ebend. I. S. 32.
y) s. ebend. recherch. S. XV.
z) s. ebend. S. 4.
a) s. ebendas. recherch. S. XV.
b) Garrault a. a. O. I. S. 42. 43.
c) Ebenders. a. e. a. O. S. 4.
d) Ebenders. a. e. a. O. S. 41.
e) Grippon ebendas. I. recherch. S. XXI.
f) s. Gobet a. a. O. I. recherch. S. XXV.
g) s. Gobet a. a. O. II. S. 585.

Auch Auvergne hatte schon im sechzehenden Jahrhunderte Berg= und Hüttenwerke [h]); ein Kaufmann, der sie betrieb, gewann in einem Jahre 14000 Livres dabei, lies sie aber, nachdem er die Helfte davon aufgewandt hatte, ohne den Gang wieder zu finden, nachher liegen [i]); schon 1554 ertheilte König Heinrich II. Ludwig de la Fayette die Freiheit, in seinem Lande Pontgibaut und vier Stunden im Umfange Gold= und Silbergruben erschürfen und bauen zu lassen; er machte auch grose Anstalten darzu, und erhielt 1559 noch von König Heinrich II., denn von dessen Nachfolger Franz II., der auch ausländischen Gewerkschaften und Bergleuten die Rechte der einheimischen ertheilte, eine Bestätigung dieser Freiheiten [k]); er gewann aus denselbigen vieles Silber [l]).

Auch die Berg= und Hüttenwerke in Forez [m]) überlies König Heinrich III. Lescot und Alonges, auch erhielt 1599 Meric de Vic [n]) die Freiheit, in diesem Lande auf Gold und Silber zu bauen, und Eisenwerke waren gleichfalls schon im Gange [o]).

Lyonnois hatte schon vor dem sechzehenden Jahrhunderte Bergbau; schon 1515 bestätigte König Franz I. den dortigen Bergleuten ihre Freiheiten [p]); sie waren unter

h) Grippon und Garrault bei Gobet a. a. O. I. recherch. S. XXI. und 39.

i) Garrault a. e. a. O. S. 39.

k) Gobet a. a. O. I. S. 363.

l) Franz Belleforet de Comminges bei Gobet a. a. O. II. S. 628.

m) Gobet a. a. O. I. recherch. S. XXV.

n) Gobet a. a. O. II. S. 585.

o) Fr. Bellefort de Comminges a. e. a. O. II. S. 629.

p) bei Gobet a. a. O. I. recherch. S. XV.

unter Franz II. q), und Heinrich III. r) im Gange;
der lezte überlies ſie Eſcot und Alonges, 1599
erhielt Meric de Vic s) die Erlaubnis, auch in dieſem
Lande nach Gold und Silber zu graben: Schon 1536
hatten die Bürgermeiſter zu Villefranche in Rovergue
wegen ihrer und ihrer Nachbarn Bergwerke die Erlaubnis erhalten, eine Münze zu errichten t): Die Berg-
und Hüttenwerke von Vivarais ſind unter denen, welche
König Heinrich III. 1580 an l' Eſcot und Alonges
überlies u).

In Ober- und Niederlargaudok waren auch ſchon
unter König Franz II. dergleichen im Umtrieb x), die
König Heinrich IV. y), ſo wie diejenige im Lande La-
vaur z), ſeinem Kammerdiener, P. Beringher,
verlieh: Im Kirchſprengel Uzez, Alés, Sumene und
S. Ambroiſe wurde aus dem Sande mehrerer Ge-
wäſſer Gold gewaſchen a).

Am reichſten an Berg- und Hüttenwerken waren
inzwiſchen auch in dieſem Jahrhunderte diejenige Länder Frankreichs, welche an und in den Pyrenäen liegen b); vornemlich zeichnete ſich die Grafſchaft Foix
aus;

q) Grippon ebend. S. XXI.

r) Gobet a. e. a. O. S. XXV.

s) Ebenderſ. a. a. O. II. S. 585.

t) Ebenderſ. a. a. O. I. S. 368.

u) Ebenderſ. a. a. O. I. recherch. S. XXV.

x) Grippon bei Gobet a. a. O. S. XXI.

y) Gobet a. e. a. O. S. XXVI. XXVII.

z) Gobet a. e. a. O.

a) Grippon a. e. a. O. S. XXI.

b) Jean de Malus recherche et deſcouverte des mines
des montagues pyrenées faicte en l'année 1600, et redigée

aus ^c); Heinrich IV. hatte den Vorſaz ſie in beſſeren
Gang zu bringen; allein der Tod vereitelte ſeine Ent‐
würfe; die Einwohner der Pyrenäen begnügten ſich da‐
mit, einen ſilberhaltigen Bleiglanz auszugraben, den
ſie in diz benachbarte Städte verkauften, wo ſie Abſaz
fanden, und ungefähr 22 Dörfer im Bezirk einer teut‐
ſchen Meile, verabredeten ſich aus dem Sande an zwei
Gewäſſern Saurat und Vic d'Aſvan Gold zu wa‐
ſchen ^d).

Couſerans hatte im Nord viele Gold‐ und Kup‐
ferwerke ^e), und im Thal Duſtou bei Breu Gruben,
aus welchen Gold, Silber, Blei, Zinn, Kupferla‐
ſur, Gold und Silberkieſe gewonnen wurden ^f); Nie‐
der‐Navarra hatte mehrere Werke, aus welchen ſilber‐
haltige Bleierze gefördert und verſchmolzen wurden;
ſo im Thale Arbouſt im Berge Aſperges ^g), im Berge
Cammade ^h), im Berge Lys ⁱ), im Thale Goueil
bei dem Schloſſe Blanquet ^k), im Berge Goueyram ^l),
im Berge Portuſon ^m), im Berge Maupas ⁿ), im
Berge

digée en escrit par Jean *Dupuy*. Bourdeaux. 1601. 12.
bei Gobet a. a. O. I. S. 75 - 139.

c) El. Bertrand Historia comitat. Fuxenſis. Toloſ.
1540. J. Malus a. a. O. S. 126 - 128.

d) Malus bei Gobet a. a. O. S. 126. 127.

e) Malus bei Gobet a. a. O. K. XXXII. S. 125.

f) Ebenderſ. a. e. a. O. K. XXXIII. S. 125. 126.

g) Ebenderſ. a. a. O. K. XVII. S. 115.

h) Ebenderſ. a. a. O. K. XIX. S. 116.

i) Ebenderſ. a. a. O. K. XX. S. 116. 117.

k) Ebenderſ. a. a. O. K. XXI. S. 117.

l) nebſt Eiſenwerken. Ebenderſ. a. a. O. K. XXV. S. 120.

m) Ebenderſ. a. a. O. K. XXVI. S. 120.

n) Ebenderſ. a. a. O. K. XXVII. S. 120. 121.

Berge Echichois °), im Thale Aure ᵖ), im Thale
Arboust im Berge Esquierre bei dem Dorfe O ᑫ), im
Lande Zizau im Berge Varen ʳ), in der Grafschaft
Cominges bei Augirein im Berge Souquette ˢ), bei
Lege ᵗ) und Luchon ᵘ); andere aus welchen Kupferer=
ze ˣ), zum Theil Gold haltende ʸ), oder Silbererze
gewonnen wurden; unter die leztere gehören die Gru=
ben bei Pau, wo anfangs Spanier, die es über die
Grenze schleppen wollten, Silbererz und sehr reichen
Silberkies ᶻ) förderten, bis 1600 ᵃ) König Heinrich
der IV. dem Unfug ein Ende machte.

Auch Spaniens Berg= und Hüttenwerke waren in
diesem Zeitalter sehr ergiebig ᵇ); auf der spanischen
Seite der Pyrenäen waren mehrere Kupfer= Blei= und
Silberbergwerke, z. B. im Berge Bouris ᶜ), und im
Thale

o) Ebendas. a. a. O. K. XXX. S. 124.

p) Ebendas. a. a. O. S. 111.

q) Ebendas. a. a. O. K. XVI. S. 114.

r) Ebendas. a. v. O. K. XIV. S. 113.

s) Ebendas. a. a. O. K. XXXI. S. 125.

t) Ebendas. a. a. O. K. XXIII. S. 118.

u) Ebendas. a. a. O. K. XXII. S. 117. 118.

x) z. B. bei Chaune unweit S. Beat in Cominges. Ebend.
a. a. O. K. XXIV. S. 119.

y) so z. B. im Berge Julien. Ebendas. a. a. O. K. XVIII.
S. 116. und bei Portet in der Herrschaft Aspet, wo
1596 Hr. Bachelier arbeiten ließ. Ebendas. a. a. O.
K. XXIX. S. 124.

z) Ebendas. a. a. O. S. 134. 135.

a) Ebendas. a. a. O. S. 82.

b) G. Agricola de veter. et nov. metall. B. I. Opp.
S. 672.

c) J. Malus a. a. O. K. XIII. S. 113.

Thale Aure, in den Bergen Auvades [e]), Auvezia [f])
und Pladeres [g]), und bei Puy=Gordon [h]) ein sehr
einträgliches Eisenwerk im Gange: Ueberhaupt hatte
Spanien mehrere Kupfer= [i]) und Silberwerke [k]), leztere
z. B. bei Pampelona [l]), wo auch vieles Blei gewon=
nen ward [m]); ergiebiger, als diese, waren in diesen
Zeiten, die Berg= und Hüttenwerke zu Cazalla und
Guadalcanal [n]); die leztere sollen acht Millionen Pia=
ster [o]), und, eine Woche in die andere, 60000 Du=
katen [p]) eingebracht haben; sie waren, so wie die Quek=
silberwerke zu Almaden, von den Brüdern Mark und
Christoph Fugger [q]), die als die beste Bergleute
ihres Jahrhunderts bekannt waren, und auch diese
Bergwerke, zwar ohne die Vortheile aus den Augen zu
verlieren, die sie als Pächter davon ziehen konnten,
sonst aber nach den Vorschriften der Kunst bauten [r]).

Für

e) J. Malus a. a. O. K. IX. S. 111.

f) Ebenders. a. a. O. K. X. S. 111.

g) Ebenders. a. a. O. K. XI. S. 112.

h) s. Gobet a. a. O. I. S. 245.

i) G. Agricola de veter. et nov. metall. B. II. Opp.
S. 676.

k) Eberders. de natura fossilium. B. III. Opp. S. 688.

l) Ebenders. de veter. et nov. metall. B. II. Opp. S. 674.

m) Ebenders. a. a. O. B. II. S. 677.

n) Hoppensack a. a. O. Card. Cienfuegos Storia di
San Franc. Borgia.

o) Storia della Casa d'Herasti. S. 264.

p) Alons. Caranza della moneta di Spagna. S. 101.

q) W. Bowles introduzione alla storia naturale e alla
geografia fisica di Spagna publicata e commentat. dal
Caval. Gius. Nic. d'*Azara*, e dopo la seconda edizione
spagnuola piu arrichita di note, tradotta da Franc.
Milizia. Parma. 1783. 8. B. I. S. 63.

r) Ebenders. a. a. O. S. 73. 74.

Für die Quekſilberwerke zu Almaden lieferten ſie dem Könige gegen 4500 Centner Quekſilber jährliche Pacht[s]); dieſer ſchikte ſie zum Anquiken des Goldes und Silbers nach Meriko und Peru [t]), und bekam dafür von den dortigen Gewerken eben ſo vieles Silber zurük [u]); wie ſtark das Quekſilber damals nach den ſpaniſchen Beſizungen in Amerika gieng, erhellt unter andern daraus, daß 1592 der Engländer Thom. White zwei ſpaniſche nach Weſtindien beſtimmte Schiffe hinwegnahm, welche 1400 Kiſten mit Quekſilber führten [x]).

Auch hatte Spanien damals z. B. zu Bilbao, Taracona, Toledo [y]) vorzügliche Eiſen‒ [z]) und Stahlhütten.

In Portugall waren auch Zinnhütten im Gange [a]). Auch Grosbritannien hatte, insbeſondere unter der weiſen Regierung Eliſabeths ergiebige Berg‒ und Hüttenwerke; es hatte Bleigruben [b]); England insbeſondere führte ſchon in der erſten Helfte Blei, Zinn und Eiſen aus [c]), da es zuvor alle Metallwaren, ſogar

Nä‒

s) W. Bowles a. e. a. O.

t) Ebenderſ. a. a. O. S. 73.

u) Hakluyt a. a. O. II. S. 194.

x) New collection of voyages and travels for *Aſtley*. I. 1745. S. 250. a.

y) G. Agricola de natura foſſilium. B. VII. Opp. S. 645.

z) Ebenderſ. de veter. et nov. metall. B. II. Opp. S. 678.

a) Ebenderſ. de re metallic. B. IX. Opp. S. 337.

b) Ebenderſ. de natura foſſilium. B. X. Opp. S. 659. de veter. et nov. metall. B. II. Opp. S. 677.

c) 1527. Rob. Thorne bei Hakluyt Collect. of voyages. I. S. 214.

Nägel, vornemlich durch die Niederländer ᵈ); aus
Teutſchland erhielt ᵉ).

Schon 1546 ᶠ) waren in den Ländern Cornwallis
und Dewon Zinn- und Kupferwerke in vollem Gange;
und bei Grauphurd ein Goldbergwerk im Umtrieb ᵍ):
Schon 1566 rieth Arth. Edwards ʰ) den Engländern, Kupfer nach Perſien zu führen, auch führten ſie
in dieſem Jahre ſchon Eiſen nach America ⁱ); 1567
errichtete die Königin Eliſabeth, welche viele Teutſche
in ihre Bergwerke berief ᵏ), zwo Geſellſchaften,
eine Society of royal mine, und eine andere for
minerals and battering works, denen der Graf von
Pembrock vorſtund ˡ), ertheilte mehrere Bergbelehnun-
gen, und dehnte ihr Recht, doch mit Widerſpruch des
Grafen von Northumberland wegen der auf ſeinem
Grund und Boden liegenden Kupferbergwerke ᵐ), auch
auf die unedle Metalle aus ⁿ): 1574 führte England
unter andern altes Silber und Meſſer ᵒ), 1583 Kupfer

d) Th. Pennant tour in Wales. S. 78.

e) Clarke New collection of voyages. B. VII. S. 55.

f) G. Agricola de veter. et nov. metall. B. II. Opp.
S. 677.

g) Ebenderſ a. e. a. O. S. 674.

h) bei Hakluyt a. a. O. I. S. 357.

i) G. Fenner bei Hakluyt a. a. II. 2. S. 59.

k) Naval hiſtory of Queen Elizabeth. in New Collection
of voyages. B. VII. S. 200.

l) Th. Pennant a. e. a. O. S. 78.

m) Ebenderſ. a. a. O. S. 80.

n) Ebenderſ. a. a. O. S. 79.

o) Joh. Meteu Sequanus in der Vorrede zu *Oſorii*
de rebus geſtis Emanuelis Regis Portugalliae. 1574.

fer und Blei ᵖ) nach Rusland; 1580 brachten die
Engländer unter Chr. Burrough's Anführung dem
Bassa von Derbent nebst andern Geschenken auch
Zinn �q); 1588 und 1590 Eisenware und kupferne
Armbänder an die Küste von Africa ʳ).

Schottland hatte Eisenwerke ˢ), Bleiwerke ᵗ), Kupferwerke ᵘ), sogar Quekfilberwerke ˣ), bei dem Kloster
Golscha und der Stadt Werwik Silberbergwerke ʸ):
Unter den Königen Jakob IV. und Jakob V., und
selbst noch unter dem Regent Morton wurde aus dem
Sande der Leadhills sehr vieles Gold gewaschen, das
sich unter König Jakob V. auf 300000 Pfunde Sterling belief ᶻ): Auch in Irrland waren Goldbergwerke ᵃ), und auf den Orkneyinseln fanden die Goldarbeiter auf Frobisher's Flotte Silbererz ᵇ), und auf
den Warwiksinseln 1578 vieles verarbeitetes Eisen ᶜ).
Auch

---

p) Hier. Bowes bei Hakluyt a. a. O. I. S. 463. 464.

q) Hakluyt a. a. O. I. S. 424.

r) Welsh bei Hakluyt a. a. O. II. 2. S. 128. 132.

s) G. Agricola de veter. et nov. metall. B. II. Opp.
S. 678.

t) Ebenders. a. e. a. O. S. 677.

u) Ebenders. a. e. a. O. S. 676.

x) Ebenders. a. e. a. O.

y) Ebenders. a. e. a. O. S. 675.

z) Th. Pennant tour in Scotland. II. S. 130. III.
S. 114.

a) English policy a. a. O. I. S. 199.
    "For of silver and gold there is the oore
    Among the wild Irish — —"

b) 1600 S. Hakluyt a. a. O. III. S. 61.

c) Ebendas. S. 38.

Auch Norwegen hatte ſchon zu dieſer Zeit Berg= und Hüttenwerke [d]); ſchon 1515 lies König Chriſtian II. Bergleute aus Schweden kommen, um nach Bergwerken zu ſchürfen; und 1539 König Chriſtian III. ſchon mehrere, vornemlich auf Eiſen und Kupfer, bauen [e]), worzu er Bergleute aus dem ſächſiſchen Erzgebirge berief [f]); zwiſchen Aggerhuus und Asloi waren Silberbergwerke [g]), in Tilemark bei Golnesberg und Moſesberg unweit Scheida Kupferwerke [h]), auch in der Nähe dieſer Stadt Bleibergwerke [i]), zwiſchen Sognadal und Oſterdal Eiſenwerke [k]) angelegt.

Auch in Schweden waren dieſes Jahrhundert hindurch die Berg= und Hüttenwerke, zu deren Betreibung auch teutſche Bergleute gerufen wurden [l]), in gutem Stande; insbeſondere war ſchon damals ſein Eiſen, am meiſten das Osmund=Eiſen, in vorzüglichem Rufe [m]), und es waren in Upland, zwiſchen Kupferdal und Tuna, in Oſtgothland bei Advidha, auch bei Tingwal Eiſenwerke [n]), in Upland, bei Tuna und bei Fahlun Kupferwerke [o]), bei Advidha in Oſtgothland [p]) und

---

d) Kiöbenh. Sälſk. Handlinger. D. VII. G. Agricola a. e. a. O. K. I. Opp. S. 672.

e) G. Jars a. a. O. II. S. 90. 91.

f) G. Agricola a. e. a. O. B. II. Opp. S. 677.

g) Ebenderſ. a. e. a. O. S. 676.

h) Ebenderſ. a. e. a. O. S. 677.

i) Ebenderſ. a. e. a. O.

k) Ebenderſ. a. e. a. O. S. 678.

l) G. Jars a. a. O I. S. 96.

m) G. Agricola a. e. a. O. B. II. S. 678.

n) Ebenderſ. a. e. a. O.

o) Ebenderſ. a. e. a. O. S. 677.

p) Ebenderſ. a. e. a. O. S. 676.

und bei Sala oder Sahlberg Silberbergwerke; 1506 soll man aus den leztern 35266 Mark Silber gewonnen haben ᵠ): Sie nahmen wenigstens zu Anfang des sechzehenden Jahrhunderts so zu, daß sich die Einwohner der norwegischen Bergwerke bei dem König Svant Sture beklagten, daß ihnen die Einwohner von Sahlberg alles hinwegkauften, und der Bischoff von Aros für den Abgang an Zehenden, den er dadurch erleide, daß das Land, in welchem die Gruben liegen, nicht mehr gebaut werde, 1511 und 1513 einen Antheil an dem Ertrag der Grube verlangte ʳ): Noch 1510 und 1520 stieg der jährliche Ertrag über 22000, aber nach 1551 nie wieder über 9588, 1600 fiel er auf 520 Mark ˢ). In Finnland wurde auch Gold gewonnen ᵗ).

Schon in einer Nachricht von 1557 ᵘ) wird des Kupfers und Stahls erwähnt, die in Rusland und in der Tatarei gemacht werden, und obgleich Marco Polo ˣ) versichert, Rusland habe viele Silbererze, so bezeugt doch (1588) Fletcher ʸ), dieses Reich habe
(oder

---

q) Er. Tuneld Geographie öfvres konungarikat Sverige. Stockh. 8. B. I. Th. 3. 1787.

r) T. Bergman a a. O. Opusc. B. IV. S. 108.

s) Chr. W Dohm Materialien für die Statistik und neuere Statengeschichte. Lemgo. 8. V. Lieferung. 1785. S. 331. 332.

t) G. Agricola a. e. a. O. Opp. S. 674.

u) Letter of the company of merchants to Ruſſia bei Hakluyt a. a. O. I. S. 298.

x) bei Purchas a. a. O. III. B. I. K. 4. H. 10. S. 107.

y) Ebendaſ. B. 3. K. I. S. 417. und bei Hakluyt a. a. O. I. S. 479.

(oder nuze vielmehr) kein anderes, als Eisenerz, aus welchem in Karelien, Kargapolien und Ustjug Theles=na, zwar etwas sprödes, aber vieles Eisen gemacht werde, das damals, nemlich 1588, eine der gangbarsten russischen Handelswaren gewesen seie; wenn daher John Hasse [z]) erzählt, die Handelsleute von Kolmogor tau=schen von den Einwohnern des mitternächtlichen Rus=lands ihre Pelzwaren unter andern gegen Zinn ein, und andere [a]), daß in der Mitte dieses Jahrhunderts (1557) Zinngeschirr gut und wohlfeil verkauft worden seie, und Rubriquez [b]), die Tartaren erpressen von den Russen Gold und Silber; wenn der englische Ab=gesandte Jenkinson über den Reichthum von edlem Metall am czarischen Hofe erstaunt [c]), so flosen ih=nen diese Metalle gewis aus andern Quellen zu, als aus eigenen Berg= und Hüttenwerken, denn erst bei der Ankunft der Engländer zu Archangel unter dem Czar Iwan Basiljewitsch II, in der Mitte des sechze=henden Jahrhunderts, geschahen die erste Versuche, Rus=lands Bergwerke bergmännisch zu behandeln, und der Czar machte es der englischen Handelsgesellschaft zur Bedingung, seine Unterthanen in der Kunst, Eisen zu bearbeiten, zu unterrichten, und die Eisenbergwerke durch Bergleute, welche sie zu diesem Zweke aus Eng=land mit sich bringen sollten, bauen zu lassen [d]).

Auch

z) bei Hakluyt a. a. I. S. 257.

a) Ebendas. S. 307.

b) bei Purchas a. a. O. III. B. I. K. 10. S. 11.

c) S. bei Chr. W. Dohm a. e. a. O. S. 255.

d) Sprengel allgemeines historisches Taschenbuch für 1786. Berlin. 12. S. 77. Chr. W. Dohm a. e. a. O. S. 267.

Auch die ottomannische Pforte zog um diese Zeit aus den Bergwerken der ihrer Botmäßigkeit unterworfenen Länder beträchtliche Einnahme, die man jährlich auf 600000 Dukaten schäzte e): Vornemlich blühten in der Mitte dieses Jahrhunderts die macedonische bei Siderokapsyle f), in welchen eine Menge Albanesen, Griechen, Juden, Wallachen, Cirkassier, Servier, Türken, selbst Teutsche arbeiteten, und zum Ausschmelzen und Scheiden des Golds und Silbers 500-600 Oefen mit Gebläse, und überhaupt ganz nach teutscher Art, in den Gebirgen und an Wasser angelegt waren, die edle Metalle durch Abtreiben mit Blei, und Gold und Silber durch die Quart von einander geschieden wurden; ohne den Verdienst der Arbeiter trugen diese Werke dem Grosherrn in manchem Jahre 18000, auch wohl 30000 Dukaten und darüber, und seit 151 Jahren nie unter 9000-10000: Auch hatte noch damals Thracien im Silberberge, Mösien bei Neuberg Silberbergwerke g): Noch zur Zeit, als Marco Polo in Asien reiste, nemlich in der Mitte des dreizehenden Jahrhunderts, war bei Paipurth zwischen Trapezunt und Tauris ein sehr reiches Silberbergwerk im Gange h), vermuthlich ebendasselbe, von welchem auch Bruder Odorico di porto maggiore di Friuli, der 1318 in diesen Gegenden war,

e) Sexcenta millia aureorum denariorum G. Agricola a. e. a. O. B. I. Opp. S. 670.

f) in den Jahren 1546-1549. in welchen Belon auf seinen Reisen dahin kam; f. Gobet a. a. O. I. S. 53-56.

g) G. Agricolo de veter. et nov. metall. B. II. Opp. S. 676.

h) bei Ramusio a. a. O. II. S. 4. b. B. I. K. 2.

war [i]), Meldung thut: Dürfte man aus demjenigen,
was noch im ſechzehenden Jahrhunderte aus Arabien
ausgeführt wurde, immer ſchlieſen, es ſeie in Arabien ſelbſt gewonnen, ſo würde ich kein Bedenken tragen, zu muthmaſen, daß noch damals daſelbſt viele
Berg- und Hüttenwerke betrieben wurden; denn, nach
dem Zeugniſſe von Odoard. Barboſa [k]), wurden
von Sidem nicht nur nach Adem im glüklichen Arabien, ſondern auch nach Kalikut, und von Adem wieder nach Ormus und Kambaja Schiffe mit Kupfer,
Quekſilber, Zinnober, Silber und Gold beladen,
auch nach Diu von Malabaren Eiſen und von den
Handelsleuten von Mekka Kupfer, Quekſilber, Zinnober, Blei, Gold und Silber gebracht: Wirklich führt
G. Agricola [l]) Kupferbergwerke, die zu ſeiner Zeit
im wüſten Arabien zwiſchen Petra und Soara, ſo wie
in Karamanien und im Lande der Maſſageten betrieben wurden, an.

Perſien hatte ſchon damals, als Marco Polo [m])
die Morgenländer bereiste, viele Bergwerke, aus welchen die Einwohner unter andern auch eine Art Galmei
gruben, ſo wie aus denen in Balaxiam vieles Silber,
Kupfer und Blei [n]); ſo gewann man auch ſchon damals in Chorazan aus Erzen und aus dem Sande von
Flüſſen vieles Gold, das ſechsmal höher als Silber
geſchäzt wurde [o]), auch in Kardandam zwar kein Silber

i) bei Ramuſio, S. 253. b.

k) ebendaſ. a. a. O. I. S. 291. a. b. 292. a. 294. a.
296. b. 297. a.

l) a. e. a. O. B. II. Opp. S. 676.

m) bei Purchas a. a. O. III. B. I. K. IV. H. 2. S. 72.

n) a. e. a. O. H. 3. S. 73.

o) bei Ramuſio a. a. O. II. B. II. K. 40. S. 35. b.

der, aber vieles Gold [p]): Schiras schien wenigstens Eisen und Blei nicht selbst zu gewinnen, da diese Metalle aus Indien dahin verkauft wurden [q]): Zu Kobinam nach Ormus hin wurden schon zur Zeit von Marco Polo [r]) Spiegel von Stahl (vielleicht Stahlmetall?), auch Tutia und Spodium gemacht.

Aber Indien und die im indischen Meere liegende Inseln lokten die gierige Europäer durch ihre Schäze von Gold: Dürfte man den ersten Nachrichten trauen, welche man darüber von denen nach der Entdekung des Wegs um die Mittagspize von Afrika dahin schiffenden Europäern aufbehalten hat, so müsten sie unermeslich gewesen sein, und liesen, auch angenommen, daß sie seit langen Jahren aufgehäuft, und zum Theil von auswärts hineingekommen sind (und ihr Werth, vielleicht etwas zu hoch angegeben ist), auf sehr reiche Bergwerke schliesen: In der Mitte des sechzehenden Jahrhunderts hatten die Portugiesen viele Gold- und Silbergruben daselbst in ihrer Gewalt [s]), und unter Karl V. hatten die indischen Inseln einen solchen Ueberflus an Kupfer, Silber und Gold, daß ihre Einwohner ein eisernes Messer höher schäzten, als Gold [t]); Als de Cuma 1573 Diu eroberte, fand er im Pallasta 100000 Par-

das

p) a. e. a. O. K. 41. S. 36. a.

q) nach dem Zeugnisse von J. Newbery, der um 1578 diese Länder bereiste; s. Purchas a. a. O. II. B. IX. K. 3. S. 1414.

r) bei Purchas a. a. O. III. B. I. K. 4. §. 2. S. 72.

s) 1558. Jenkinson bei Purchas a. e. a. O. B. II. K. 1. §. 4. S. 240.

t) Rob. Thorne, der 1527 da war, bei Hakluyt a. a. O. I. S. 214.

das Gold und Silber u); in Dely fand ſchon Od.
Barboſa x) viele Waffen von Stahl; Grosmogul
Acbar, der 1605 ſtarb, hinterlies an Edelſteinen, Gold,
Silber und andern Koſtbarkeiten 348000000 Gulden,
97000000 gemünztes und ungemünztes Gold, und
100000000 Silbergeld y); nach Dekan ſezten die
Handelsleute um dieſe Zeit vieles Kupfer und Quekſilber z); zu Battekala die Portugieſen vieles Quekſilber
und Zinnober a), ab, und führten, ſo wie aus Goa,
vieles Eiſen aus b); zu Brazzelar in Narſinga nahmen
die Handelsſchiffe Kupfer ein c); indeſſen ſcheint dieſes Kupfer, ſo wie zu Chaul, wo es auch in Menge
und guten Preiſen zu haben war d), und nebſt Quekſilber und Zinnober ſtark nach Guzerat gieng, mehr durch
die Malabaren aus den portugieſiſchen Factoreien und
von Mekka aus dahin gekommen zu ſein: Die Schiffe
von Kambaja, wohin zur Zeit von Marco Polo e)
Gold, Silber, Kupfer und Tutia eingeführt wurde,
führten Kupfer, Quekſiber und Zinnober nach Koro-
mandel f) und Paleacate g), auch beide lezere nach
Ava:

u) New Collection of voyages and travels printed for
   Th. *Aſtley.* fol. B. I. 1740. S. 83. b.

x) bei Ramuſio a. a. O. I. S. 303. b.

y) Sprengel a. e. a. O. S. 86.

z) Od. Barboſa a. e. a. O. S. 298. b.

a) Ebendaſ. a. e. a. O. S. 300. a.

b) ſ. Sommario ebendaſ. I. S. 330. a.

c) Od. Barboſa a. e. a. O. S. 300. b.

d) Ebendaſ. a. e. a. O. S. 298. a.

e) III. K. 30. ebendaſ. II. S. 57. a.

f) Od. Barboſa a. e. a. O. S. 315. a.

g) Ebendaſ. a. e. a. O. S. 315. b.

Ava [h]): Nach Sommario [i]) ſoll dieſes Land damals ſelbſt etwas Gold gehabt, Zinnober und Quekſilber aber daſelbſt guten Abſaz gefunden haben.

Der ſtärkſte Handelsplaz, auch für Gold und Silber war zu dieſer Zeit, Kalikut [k]); Vaſco de Gama, der ſich zu Ende des funfzehenden und zu Anfang des ſechzehenden Jahrhunderts daſelbſt aufhielt, wurde verſichert, der Samorin von Kalikut nehme keine andere Geſchenke, als von Gold [l]), und ſeine Unterthanen an Bezahlungs ſtatt auſer Korallen nichts als Gold und Silber [m]); auch Pet. Alvares [n]) fand bei ihm zween güldene Gürtel und in ſeiner Wohnung eine Menge von maſſivem Gold und Silber; Barthema [o]) zwei Magazine von Goldſtäben und Goldmünzen; Cabréal, der ſich 1500 bei ihm aufhielt, und ihm ſilberne und vergoldete Gefäſſe zum Geſchenke brachte, alles Geräthe von Gold und Silber [p]); in einer Schlacht vor Kalikut erbeutete Vaſco de Gama viele ſilberne und goldene Gefäſſe, unter dieſen auch ein Bild von Gold, dreiſig Pfunde ſchwer [q]): Nach Malabar wurde zur Zeit von Marco Polo [r]) durch die Kaufleute von Mengi Gold, Silber und Kupfer

h) Ebenderſ. a. e. a. O. S. 317. a.

i) ebendaſ. S. 336. a.

k) New collection of voyages and travels printed for Th. *Aſtley*. B. I. S. 29. b.

l) ebendaſ. S. 33. a.

m) bei Ramuſio a. a. O. I. S. 120.

n) ebendaſ. S. 124. a.

o) ebendaſ. S. 161. a.

p) New collection &c. S. 43. b.

q) Ebendaſ. S. 54. a.

r) B. II. K. 27. bei Ramuſio a. a. O. II. S. 56. b.

Kupfer gebracht, und gegen Gewürze umgetauscht:
Zu der Zeit, als sich Nik. di Conti daselbst aufhielt,
im funfzehenden Jahrhundert, hatte das Land Maara-
zia Gold und Silber in Menge [s]), Kampaa vieles
Gold [t]), und etwas Silber, welches leztere nach Malakka ausgeführt wurde [u]); Mathan fand Maximil.
Transylvanus, der im ersten Vierthel des sechzehenden Jahrhunderts (1519) in diesen Gegenden reiste, reich an Gold [x]): Zu Patena am Ganges wurden
goldhaltige Erze gegraben, und das Gold ausgewa-
schen [y]): Kangigu, das an Bengalen grenzt, war
schon zur Zeit von Marco Polo im Rufe, daß es
viel Gold in der Erde habe [z]). Ava hatte im sechzehenden Jahrhunderte grosen Ueberfluß an Gold, und
viele Kupfer- Blei- und Silbergruben [a]), Tengram
und Plom Bleigruben [b]), Jangoma Kupfer- Gold-
und Silbergruben [c]); der König von Pegu stund auch
damals im Rufe, daß er an Gold und Silber weit
reicher sei, als der türkische Grosherr [d]), und bei der
Eroberung Sirians 1567 wurde eine erstaunende Beute

s) bei Ramusio I. S. 339. b.

t) ebendas. S. 341. a. S. auch Sommario a. e. a. O.
   S. 336. b. und Fernand Mendez Pinto, der vor der
   Mitte des sechzehenden Jahrhunderts, (1537) da war.
   bei Purchas a. a. O. III. B. II. K. 2. §. 1. S. 253.

u) Sommario a. e. a. O.

x) bei Ramusio a. a. O. I. S. 350. a.

y) Fitch bei Purchas a. a. O. H. B. X. K. 6. S. 1735.

z) bei Purchas a. a. O. III. B. I. K. 4. §. 7. S. 94.

a) Balbi ebendas. II. B. X. K. 4. S. 1728.

b) Pimento ebend. II. S. 1746.

c) Ebenders. a. e. a. O.

d) Cäsar Fridrich, der 1563 in Indien war, ebendas.
   S. 1716.

te an Gold gemacht e); es hatte damals eine Menge
Gold = und Silbergruben f), und schifte Silber nach
Malakka und Pachem g); L. Barthema schäzte die
Einkünfte des Königs an Gold auf eine Million h);
Cäsar Fridrich erzählt, er habe ganze Magazine voll
Gold und Silber, welche alle Tage zunehmen i):
Bakan hat viele Goldgruben k); Siam hatte in dem
Lande Kananguor Zinn, das nach Malakka geführt
wurde l), und im Lande Paam vieles Gold m), ob=
gleich schon damals eine Grube aufgelassen war n):
Malakka war damals schon reich an Zinn o), und
tauschte theils dagegen, theils gegen Kupfer, Blei,
Quekfilber und Zinnober von Sina Eisen und sehr fei=
nes Silber p), von Java Gold und Waffen von
Stahl q), von Sumatra feines Gold r), von den
Molukken Gewürze s), von Timor weisses Santel=
holz,

e) Balbi ebendaf. S. 1726.

f) Frey Peter bei Hakluyt a. a. O. II. 2. S. 102.

g) Sommario a. a. O. S. 334. b.

h) bei Purchas a. a. O. I. B. I. S. 34.

i) ebendaf.

k) Pimento ebendaf. II. S. 1746.

l) Od. Barbosa bei Ramusio a. a. O. I. S. 317. b.

m) Ebenderf. a. e. a. O.

n) Ebenderf. a. a. O. S. 318. b.

o) Wilh. Barret money and measures of Babylon, Bal-
sora and the Indies with the customs &c. written from
Aleppo in Syria 1584. bei Hakluyt a. a. O. II. S.
271. und L. Barthema bei Ramusio a. a. O. I.
S. 166. a.

p) Od. Barbosa a. a. O. S. 317. b.

q) Ebenderf. a. a. O. S. 318. a.

r) Ebenderf. a. e. a. O.

s) Ebenderf. a. e. a. O.

holz, Eiſen und Eiſenware t), von der indiſchen Mor-
gen-Küſte Gold in Stangen und Silber u) ein.

Kambogia hatte bei Pimaleu am See Pinator
eine Goldgrube, welche jährlich 22000000 Dukaten
abwerfen ſollte x), und überhaupt Ueberfluſs an Gold
und Silber y): Das Land Chintaleuhos an einem groſen See, der in ſeiner Mitte liegt, Silber- Kupfer-
Blei- und Zinngruben z); das Land Benan vieles
Silber und Gold a); der König von Kauchim zog aus
ſeinen Bergwerken 15000 Picos (= 4000000 Mark)
Silber b).

Von Tibet melden ſchon de Rubriques c) und
Marco Polo d), daß es an Gold Ueberfluſs habe;
jener erzählt, wem es nur daran gebreche, der grabe
blos in die Erde, bis er etwas gefunden habe, nehme
ſo viel davon, als er nöthig zu haben glaubte, und
lege das Uebrige wieder in die Erde; dieſer ſpricht von
vielen Bergen, Seeen und Flüſſen, welche Gold führen; ſo werde aus dem Sande des Fluſſes Brius in
Kaindu in eigenen Gefäſſen eine Menge Gold gewaſchen e), auch die Flüſſe und Berge in Karazan, deſſen Einwohner einen Stein Gold für ſechs Steine
Silber

t) Ebenderſ. a. e. a. O.

u) von den Litiern Ebenderſ. a. a. O. S. 320. b.

x) Fernand. Mendez Pinto, der 1537 da war, bei
    Purchas a. a. O. III. B. 2. K. 2. H. 1. S. 253.

y) Ebenderſ. bei Purchas I. B. I. S. 34.

z) Ebenderſ. a. a. O. III. B. 2. K. 2. H. I. S. 254.

a) Ebenderſ. a. e. a. O. S. 255.

b) Ebenderſ. a. e. a. O.

c) Ebendaſ. B. I. K. I. S. 23.

d) Ebendaſ. B. I. K. IV. H. 6. S. 90.

e) Ebendaſ. S. 91.

Silber geben [f]), ſo wie die hohe Berge in Kardendu,
wo man gegen fünf Unzen Silber eine Unze Gold ein=
tauſchen konnte [g]), ſeien reich daran.

Schon zur Zeit, als Marco Polo in Aſien reiſ=
te, hörte er von dem vielen Golde in Sina, vornem=
lich in dem Lande Mien, wo es von den Bergen her=
unter Leute bringen, die es gegen fünfmal ſo vieles
Silber umſezen; damals war ſeine Ausfuhr verboten [h]):
Auch im ſechzehenden Jahrhunderte, wo ſich die Jeſui=
ten eingeniſtet hatten, und bei den Einwohnern, von
welchen manche die Alchemie zu Grunde gerichtet hat=
te [i]), im Verdacht ſtunden, daß ſie Quekſilber in
Silber verwandeln könnten [k]), hatte dieſes Reich viele
Gold= und Silberbergwerke [l]); insbeſondere lies zu
Ende deſſelbigen der Kaiſer, da ſeine Finanzen durch
den Krieg ſehr erſchöpft waren, gegen die Geſeze die
alte eingegangene Bergwerke wieder aufnehmen [m]):
Gold gieng ſchon damals [n]) aus Sina, und nach Japan
kamen zuweilen für Handelswaren in einem Schiffe
2000 Goldkuchen, jeder zu 500 Dukaten [o]); insbe=
ſondere

f) Ebendaſ. a. e. a. O.

g) Ebendaſ. §. VII. S. 93.

h) B. I. K. 19. bei Ramuſio a. a. O. II. S. 8. b.

i) S. Purchas a. a. O. III. B. II. K. 7. §. 5. S. 396.

k) Ebendaſ. K. 5. §. 4. S. 332.

l) Alhacen bei Purchas a. a. O. III. B. I. K. 8. §. 2.
S. 152. Seb. Beſcaino, der 1590 da war, bei Hak=
luyt a. a. O. III. S. 560.

m) Jeſuiten bei Purchas a. e. a. O. B. II. K. 5. §. 6.
S. 348.

n) 1572 Hawks bei Hakluyt a. a. O. III. S. 467.
S. auch die Jeſuiten bei Purchas a. e. a. O. K. 6.
S. 366.

o) Excellent treatiſe on the kingdom of China (1590.) bei
Hakluyt II. 2. S. 90.

sondere hatten die Locos, und nun ihre Ueberwinder, die Bramas, vieles Gold im Lande p): Aber auch viele Silbergruben hatte damals schon Sina q), obgleich schon damals aus Europa und Japan mehr Silber eingeführt wurde, als das Land selbst hatte r), und allein der Zoll von verkauften Waren zu Kanton dem Kaiser jährlich 800000 Mark abgeworfen haben soll s): In einem Hügel Turenguim waren Bergwerke, worin tausend Menschen arbeiteten, und welche dem Kaiser jährlich 5000 Picos (= 333333 Mark) Silbers einbrachten, mit einem Gebäude, worin dreißig Oefen zur Reinigung des Silbers standen t); bei Yolor waren Silbergruben, worinn gleichfalls tausend Menschen arbeiteten, und jährlich 6000 Picos (= 8000 Centnern) gewonnen wurden u); die Einkünfte des Kaisers, die sich jährlich auf hundert x) bis anderthalb hundert y) Millionen belaufen haben sollen, sollen größtentheils in Silber bestanden, und das Land Sucheo allein außer Seide, Reis und Gold, wovon es gleichfalls großen Ueberflus hat, an Silber ein Jahr in das andere gerechnet, jährlich zwölf Millionen bezahlt haben z): Auch an Kupfer und Mössing hatte Sina

Ueber-

p) Kasp. da Cruz bei Purchas a. e. a. O. K. 10. §. 1. S. 168. 169.

q) Excellent treatis. &c. a. a. O.

r) Pet. de Acuna bei Purchas a. e. a. O. B. II. K. 4. S. 310. die Jesuiten ebendas. K. 6. §. 3. und 4. S. 365. 366.

s) Kasp. da Cruz a. e. a. O. §. 3. S. 177.

t) Fern. Mendez Pinto a. a. O. S. 267.

u) Ebenders. a. e. a. O. §. 6. S. 281.

x) Jesuiten a. a. O. K. 6. §. 7. S. 376.

y) Ebendies. a. a. O. K. 7. §. 3. S. 388.

z) Ebendies. a. a. O. K. 6. §. 3. S. 363.

Ueberflus [a]), und führte viel davon [b]), vornemlich nach den Philippinen [c]) aus; es fand sich im Lande Oyman [d]); unweit Mindoo waren zwölf Kupferhütten, jede zu vierzig Oefen, und vierzig Ambosen, auf deren jedem acht Menschen hämmerten; an Kupfer wurden jährlich 110000–120000 Picos gewonnen und verarbeitet, von welchen der Kaiser zween Theile bekam; die Grube lag im Hügel Koretumbaga, und war damals schon zweihundert Jahre betrieben [e]).

Eisen hatte Sina viel [f]), und führte davon [g]), auch von Stahl vieles, insbesondere nach den Philippen [h]) und nach Malakka [i]) aus, so wie die Einwohner auch viele Geräthschaften von Guseisen hatten [k]).

Endlich hatte Sina Quekfilber, Blei und Zinn [l]); beide erstere im Lande Oyman [m]); Quekfilber wurde stark,

a) Excellent treat. on the kingd. of China a. a. O. Jesuiten a. a. O. K. 6. §. 3. S. 365.

b) Jesuiten a. e. a. O.

c) J. Gonzalez de Mendoça ebendaf. III. B. II. K. 3. §. 1. S. 284.

d) Ricius ebendaf. K. 7. §. 7. S. 407.

e) Jesuiten a. a. O. §. 4. S. 269.

f) Excellent treat. &c. a. a. O.

g) Jesuiten a. a. O. K. 6. §. 3. S. 365.

h) J. Gonzalez de Mendoça a. a. O.

i) nebst feinem Silber, wogegen es Quekfilber und Zinnober zurük nimmt. Ob. Barbofa bei Ramufio a. a. O. L. S. 317. b.

k) Ricius a. a. O. §. 1. S. 382.

l) Excell. treat. a. a. O.

m) Ricius a. a. O. §. 7. S. 402.

stark [n]), vornemlich nach den Philippinen [o]) ausgeführt.

Auf den philippinischen Inseln fanden die Europäer, so wie auf den Lequiesinseln [p]), bei ihrer ersten Ankunft daselbst, allenthalben Anzeigen auf Gold [q]), das jedoch geringhaltig war [r]); die Einwohner gruben aber nur nach Nothdurft darnach [s]); insbesondere fanden sie auf der Insel Manilla einen grosen Reichthum an Gold [t]), welches sie nach Acapulco um Silber Pfund gegen Pfund eintauschten [u]); auch Panama [x]), Mindoro [y]), Butuan [z]), Igla [a]), Mindanao [b]), Sarrangan [c]), Tendaya [d]) hatten Goldgruben; die leztere Insel hatte auch andere Erze [e]), und führte

n) Jesuiten a. a. O. K. 6. §. 3. S. 365.

o) Gonzalez de Mendoça a. a. O.

p) Herrera bei Purchas a. a. O. III. B. 5. K. 1. S. 906.

q) M. Lopez de Legaspi ebendas. B. 2. K. 3. §. 2. S. 285.

r) Herrera a. a. O. S. 904.

s) M. Lopez de Legaspi a. e. a. O.

t) 1587 Thom. Candish bei Hakluyt a. a. O. III. S. 818.

u) schon 1589 Herrera a. a. O. S. 905.

x) Purchas a. a. O. I. B. II. K. 4. S. 68.

y) Herrera a. a. O. S. 908.

z) Mich. Lopez de Legaspi a. a. O. Pigafetta bei Ramusio a. a. O. I. S. 357. a.

a) M. Lopez de Legaspi a. e. a. O. S. 286.

b) Herrera a. a. O. S. 904. auch J. Gaetano a. a. O. S. 375. b.

c) Pigafetta a. a. O. S. 364. b. J. Gaetano ebend. S. 376. b.

d) Gaetano ebendas. S. 376. a.

e) Ebenders. a. e. a. O.

führte vieles Eisen f) aus; Borneo führte schon damals Zinn, Eisen, Mössing, und etwas Gold aus g), und zu Ende des sechzehenden Jahrhunderts wurde daselbst vieles Gold, wohlfeiler, als in Hindostan, eingetauscht h); schon zur Zeit von Marco Polo war auch sie wegen ihres Reichsthums an Gold berühmt i): Sumatra war schon zur Zeit von Marco Polo k), und Nic. de Conti l), wegen seines Ueberflusses an Gold in grosem Rufe, den auch im sechzehenden Jahrhunderte die dahin kommende Europäer m) bewährt fanden; insbesondere hatte der König von Achim eine Menge Gold= und Kupfergruben n); sein Haus= und Tischgeräthe war theils von reinem Golde o), theils von einer Versezung desselbigen mit Kupfer p): Die Insel hatte, vornemlich in der mittägigen Provinz Menankabo viele Goldgruben, auch wurde vieles Gold aus dem Sande der Flüsse gewaschen q), und am Ende des sechzehenden Jahrhunderts vieles Gold, wohlfeiler als in Hindostan, eingetauscht r).

Auf

f) Od. Barbosa a. a. O. I. S. 320. a.

g) M. Lopez de Legaspi a. a. O. S. 285.

h) Sprengel a. a. O. S. 71.

i) bei Purchas a. a. O. III. B. I. K. 4. §. 9. S. 103.

k) B. III. K. 7. bei Ramusio a. a. O. II. S. 51.

l) ebendas. I. S. 339. b.

m) Corsale bei Ramusio a. a. O. I. S. 180. a.

n) 1599 J. Davis bei Purchas a. a. O. I. B. III. K. I. §. 5. S. 121.

o) Ebendets. a. a. O. S. 120.

p) J. Lancaster ebendas. K. III. §. 3. S. 153. 154.

q) Od. Barbosa a. a. O. S. 318. b.

r) Sprengel a. e. a. O.

Auf der Inſel Laban fand man damals goldreiche
Erze ˢ): Java hatte ſchon zur Zeit von Marco
Polo ᵗ) unausſprechlich vieles Gold, auch im ſechze=
henden Jahrhunderte Gold und Kupfer in groſer Men=
ge ᵘ): Auf der Inſel Solor ward vieles Gold aus der
Erde und dem Flusſande gewaſchen ˣ); Timor war
reich an Gold ʸ), das ſich vorzüglich in einem Berge
fand ᶻ); eben ſo auch Tidor ᵃ): Aus Celebes führten
die Einwohner Eiſenware und Gold aus, und luden
dagegen Kupfer und Zinn ein ᵇ): So fand man auch
auf den Inſeln Ternate ᶜ), Baratene ᵈ), Tarrao ᵉ),
Zulvan ᶠ), Humunu ᵍ), Caghaien ʰ), Meſſana ⁱ),
Ca=

---

s) Fitch bei Purchas a. a. O. II. B. 10. K. 6. S. 1742.

t) B. III. K. 7. bei Ramuſio a. a. O. II. S. 51.

u) L. Barthema und Od. Barboſa a. d. a. O. S.
    168. a. 319. a.

x) Od. Barboſa a. a. O. S. 310. a.

y) Purchas a. a. O. I. B. I. K. 2. S. 45.

z) Pigafetta a. a. O. S. 368. a. auch führte ſie etwas
    Silber aus. Od. Barboſa a. a. O. S. 319. a.

a) Ebendeſ. a. a. O. S. 366. a.

b) Od. Barboſa a. a O. S. 319. b.

c) Fr. Drake fand 1578 am Hofe des Königs alles mit
    Gold beſezt. Purchas a. a. O. I. B. I. K. 2. S. 55.

d) Ebendeſ. fand a. e. a. O. S. 56. auch bei Haklnyt
    a a O III. S. 741. dieſe Inſel reich an Gold, Silber
    und Kupfer.

e) J. Gaetano a. a. O. S. 376. b.

f) 1520. Magellan bei Purchas a. a. O. I. B. I.
    K. 2. S. 38. 1519 Pigafetta a. a. O. S. 356. a.

g) Pigafetta a. e. a. O.

h) Purchas a. e. a. O. S. 42.

i) Ebendeſ. a. e. a. O.

Caleghan k), Zubut l), Calpan m), Chippit n), vieles Gold.

Auf den Salomons Inſeln fand ſchon Pet. de
Ortega Spuren von Gold, vornemlich, jedoch nicht
viel, auf der gröſten derſelbigen Guadalcanal o); ſeine
Flotte brachte, ohne es gerade ſehr aufzuſuchen, von
daher 40000 Peſos zurük p).

Die Inſel Zipangu kannte ſchon Marco Polo q)
als reich an Gold.

Japan r) und ſein Kaiſer s) war ſchon vor der
Mitte des ſechzehenden Jahrhunderts wegen ſeines
Reichthums an Gold und Silber, vornemlich an lezte-
ren

k) wo man Stüke Gold, ſo gros, wie eine Nus oder Hü-
    nerei, aus der Erde grub, Gefäſſe, Ohrringe, Hausge-
    räth von Gold hatte, und für ſechs Reihen Glasperlen
    eine Krone von maſſivem Gold bot. Ebenderſ. a. e. a. O.
    S. 38.

l) Pigafetta a. a. O. S. 362. a. ſo daß wenige Tage
    vorüber giengen, wo nicht ein Schiff mit Gold und
    Sklaven beladen aus dem Hafen lief, und zehen Pe-
    ſos (jedes zu anderthalb Dukaten) für vierzehen Pfunde
    Eiſen geboten wurden. Purchas a. e. a. O. S. 39. 40.

m) Pigafetta a. a. O. S. 357. a.

n) Ebenderſ. a. e. a. O. S. 362. a.

o) Lopez Vaz bei Purchas a. a. O. IV. B. VII. K. 11.
    S. 1447.

p) Ebenderſ. a. e. a. O. auch bei Hakluyt a. e. a. O.
    III. S. 802.

q) bei Purchas a. a. O. III. B. I. K. 4. §. 9. S. 103.
    und bei Ramuſio a. a. O. II. S. 50.

r) 1542 Galvanos bei Purchas a. a. O. II. B. X.
    K. 1. S. 1695.

s) Hatch ebendaſ. K. 4. S. 1701.

rem '), berühmt, und Hondt ſezte auf ſeiner Charte von Japan an die nordweſtliche Küſte eine Argenti fodinam, deren übrigens Japan ſchon um dieſe Zeit eine Menge hatte u); die Portugieſen brachten gegen Gold, das ſie dahin führten, nichts als Silber, aber deſſen jährlich ungefähr 600000 Cruſados zurük, die ſie in Sina wieder gegen Gold, Kupfer, Porcellan u. d. umſezten x); auch wurde ein Schiff, das 120000 Cruſados von ſolchem meiſt japaniſchen Silber geladen hatte, im indiſchen Meere genommen y): Schon damals kannte man auch ſeine vorzügliche Eiſen= und Stahlwerke z).

Auch in dem aſiatiſchen Theile des ruſſiſchen Reichs kommen ſchon in frühern Zeiten Spuren von Berg= und Hüttenwerken vor, ob man gleich zur Zeit von Marco Polo a) Gold und Silber mehr als Handels= ware betrachtete, und, wenigſtens die wandernde Stämme der da wohnenden Völker, beides nicht geachtet haben ſollen b): Schon damals vermuthete man nicht nur reiche Bergwerke jenſeits des Jeniſei c), ſondern ſchon zur Zeit von Rubriques c) lies Mangu-Chan bei einem Dorfe Bolac unweit der Stadt Talas an den kaukaſiſchen Gebirgen einige Teutſche nach
Gold

t) 1589 Fr. Pretty ebendaſ. I. B. II. K. 4. S. 66.

u) Willes bei Hakluyt a. a. O. II. 2. S. 80.

x) 1583-1591. Fitch bei Purchas a. a. O. II. B. X. K. 6. S. 1741.

y) Fern. Mendez Pinto a. a. O. S. 259.

z) Herrera a. a. O. S. 906.

a) B. II. K. 18. bei Ramuſio a. a. O. II. S. 29. a.

b) Fletcher bei Purchas a. a. O. III. B. III. K. I. S. 442.

c) Ebendaſ. B. I. K. I. S. 20.

Gold graben, und zur Zeit von Marco Polo d) waren in einem Berge Kamul nach der schinesischen Grenze zu Stahlwerke im Gange.

Noch mehr Reiz für die Europäer, welche diesen Welttheil zuerst kennen lernten, und in diesem Jahrhunderte besuchten, wegen seines unermeslichen Reichthums an Metallen, vornemlich an edlen Metallen, scheint Amerika gehabt zu haben: Weniger scheint dieses inzwischen der Fall mit dem mitternächtlichen Theile zu sein, der theils noch im Besize der Krone England ist, theils die vereinigte Freistaten ausmacht: Doch fand Whitbournes e) schon 1588 sogar in Neuland (New foundland), und schon vor ihm (1583) Humphr. Gilbert, oder vielmehr ein auf seiner Flotte befindlicher Sachse, Daniel f), Anschein zu Erzen, insbesondere zu Eisenerzen; auf den nahe daran liegenden Inseln S. John und Ferro (1578) Parkhurst g) Eisen- und Kupferbergwerke: In Kanada fand (1535) Cartier h) ein gutes Bergwerk vom besten Eisenerze i), selbst im Sande, den er betrat, das herrlichste Eisenerz i), am Flusse Blättchen Gold so dik, als ein Nagel k), und auf einer daran stosenden Wiese Eisenerz, in schwarzes Gestein eingesprengt l); in Saguenay

---

d) a. e. a. O. S. 40. a.

e) ebendas. IV. B. X. K. 8. S. 1886.

f) bei Hakluyt a. a. O. III. S. 153. 154.

g) ebendas. S. 134.

h) ebendas. S. 234.

i) a. e. a. O.

k) a. e. a. O.

l) a. e. a. O.

nay rothes Kupfer [m]), wovon sich, so wie von Gold [n]),
nach dem Zeugnisse der Eingebohrnen überhaupt ein
groser Vorrath finde [o]); doch fanden kleine Eisen= und
Kupferwaren guten Absaz [p]).

In Neuengland fand schon (1527) Fr. Drake [q])
keine Erde ohne einen Anschein von Gold oder Silber;
andere [r]) Eisensteine: Auch in Virginien fand man
schon im sechzehenden Jahrhunderte (1587) an zween
und noch mehreren Orten reichhaltiges Eisenerz [s]), und
unter den Eingebohrnen silberhaltiges Kupfer, von wel=
chem sie sagten, es komme wie weisse Metallkörner von
gewissen Bergen und Flüssen [t]); Frauen und Kinder
von Stande trugen kupferne Ohrringe, und der König
eine breite Platte von Kupfer oder Gold am Kopfe [u]):
Im Chaunis Temeatan am Moratok [x]) wurde (1585)
in groser Menge ein reichhaltiges Erz gefördert, aus
welchem die Eingebohrne zwar schlechtes, aber schon
mit dem ersten Schmelzen zween Fünftheile Kupfer ge=
wannen; sie nahmen nemlich einen grosen Beecher, be=
dekten die Hölung mit einer Haut, hielten beides, wenn
der Strom kam, und das Wasser seine Farbe zu än=
dern anfieng, plözlich uuter das Wasser, fasten so
viel, als möglich, davon auf, warfen es ix das Feuer,
und

m) a. e. a. O. S. 212.

n) a. e. a. O. S. 228.

o) a. e. a. O. S. 225.

p) a e. a. O. S. 235.

q) ebendas. S. 738. auch 442.

r) Purchas a. a. O. IV. B. X. K. I. S. 1818.

s) Hariot bei Hakluyt a. a. O. III. S. 269.

t) Hariot a. e. a. O.

u) Amadas Ebendas. S. 248.

x) Greenville ebendas. S. 258. 259.

und brachten es ſo zum Fluſſe: 1584 war Zinn daſelbſt ſehr geſchätzt [y]).

Die Einwohner von Florida ſollen zwar nach
Herrera [z]) Gold und Silber weder beſeſſen noch geachtet haben; auch [a]) nach Verazzano (1524)
machten ſie mehr aus Kupfer, als aus Gold; doch
hatten ſie (1587) einen Vorrath von Gold und Silber, das wahrſcheinlich mehr nach Mittag, als nach
Mitternacht zu, brach, und, wie ſie ſagten, in den
Apallachen Kupfergruben, deren Kupfer vielleicht Gold
hielt [b]): In den Apallachen fand man wirklich vollkommenes Gold, das die Einwohner rothes Metall
nannten [c]), und im Flus May Gold- und Silbererz [d]);
daher auch der König von Mayra reich an Gold und
Silber war [e]), und ein Soldat in dem Dorfe Edlano
vieles Gold und Silber eingetauſcht hatte [f]); auch
verſprachen ſie Ribault [g]), ihn zu einem Könige zu
führen, der vieles Silber hätte, und ihm Silbererz
gab [h]); auch hatte ein Soldat mit leichter Mühe fünf
bis ſechs Pfunde Silber eingetauſcht [i]), und Laudonniere

y) Amadas a. a. O. S. 246.

z) a. a. O. S. 898.

a) ebendaſ. S. 298.

b) Laudonniere ebendaſ. S. 306.

c) Ribault ebendaſ. S. 352. (1564) Hawkins ebend.
S. 519.

d) Ribault a. a. O. S. 324.

e) Ribault a. a. O. S. 326.

f) Laudonniere a. a. O. S. 340.

g) a. a. O. S. 310.

h) a. a. O. S. 317.

i) Ribault a. a. O. S. 326.

uiere selbst etwas gesammlet ᵏ); die Eingebohrne sagten ihm, es finde sich am Fuße der Apallachen im Sande eines Stroms Gold oder Kupfer; daher gruben sie den Sand mit einem trokenen hohlen Rohre auf, bis dieses voll war, schüttelten es, und fanden viele Kupfer- und Silberkörner darinn ˡ).

Aber der Reichthum Neuspaniens und des übrigen mehr nach Mittag zu gelegenen Theils von Amerika, so wie der benachbarten Inseln, überstieg alle auch die kühnste Erwartungen der Spanier: In Neumexiko fanden sie viele und reiche Silbergruben ᵐ), auch andere ergiebige Bergwerke ⁿ), vornemlich bei los Hubates und Obra °): Wie ergiebig die Goldgruben Mexiko's um diese Zeit gewesen sein müßen, erhellt theils aus den Abgaben, welche die Städte an den König jährlich ᵖ) zu entrichten hatten, theils aus den Geschenken, welche die Spanier erhielten, und der Beute, welche sie machten, und nach Europa schikten. Vierzehen Städte musten dem Könige zwanzig Xikaras (jede zu zwo Händen voll) Goldstaub, und zehen Goldplatten so dik als Pergament, vier Finger breit, und drei Viertelellen lang, sechs andere vierzig einen Finger dike Goldplatten, vierzehen andere zwanzig Xikaras Goldstaub, eilf andere zwanzig Zoll dike Platten feinen Goldes, so gros als ein Teller mittlerer Gröse, und zwei und zwanzig andere auser andern Dingen von Gold

einen

---

k) a. a. O. S. 348.

l) a. a. O. S. 340.

m) Ant. de Espejo bei Hakluyt a. a. O. III. S. 384. 385. 388.

n) Ebenders. a. e. a. O. S. 385. 388.

o) Ebenders. a. c. a. O. S. 389.

p) Jos. Acosta bei Herrera a. a. O. S. 1014.

einen Schild und eine Krone liefern ⁹); Gold und Silber machten die Haupteinkünfte des Königs aus ʳ), so wie sie unter die Haupterzeugnisse des Reiches gehörten, und, das weitere Verarbeiten des Goldes insbesondere, eine Menge Hände beschäftigte ˢ).

Montezuma gab Cortes sogleich, als er in Mexiko landete, das Silber nicht gerechnet, 16000 Castigliani Gold ᵗ); und um ihn abzuhalten, daß er ihm nicht in das Land falle, außer einer jährlichen Abgabe an Gold und Silber, welche er ihm versprach, beinahe 1000 Pesi Gold ᵘ), nachher noch zehen Platten von feinem Golde ˣ), und wieder mit der gleichen Bitte 4000 Pesi ʸ); andere Fürsten und Herrn dieses Reiches auch 4000 ᶻ) und die Erben des Landes Calco ᵃ) 300 Pesi.

Nur der fünfte Theil des Goldes, das Cortes von Montezuma und seinen Vasallen erhalten hatte, betrug, wie er ihn Kaiser Karl V. zuschifte, ohne noch die mancherlei Geräthschaften von Gold und Silber zu rechnen, 32400 Pesi ᵇ): Karl V. machte auf Für-
spräche

q) Mexican history in pictures. bei Purchas a. a. O. III. B. V. K. 7. S. 1092 - 1096.

r) Lopez de Gomara ebendas. K. 9. S. 1130.

s) Ebendas. a. e. a. O. S. 1123. 1132.

t) Conquest of Mexico by Hern. Cortez. ebendas. K. 8. S. 1121.

u) Fern. Cortez second. relaz. al Carlo V. bei Ramusio a. a. O. III. S. 230. b.

x) Ebendas. a. e. a. O. S. 232. a.

y) Ebendas. a. e. a. O. S. 233. a.

z) Ebendas. a. e. a. O. S. 234. a.

a) Ebendas. a. e. a. O. S. 259. a.

b) Ebendas. a. e. a. O. S. 239. a.

ſprache der Mönche die Eingebohrne frei, ſoll aber da=
durch bewirkt haben, daß nicht mehr ſo vieles Gold
und Silber von da nach Europa kam [c]): Doch zog der
König von Spanien (1561) aus ſeinen Beſizungen in
Amerika jährlich neun bis zehen Millionen Gold und
Silber, wovon das meiſte auf die Rechnung der Berg=
werke kommt, da jeder Eigenthümer eines Bergwerks
den fünften Theil des Ertrags zu entrichten hatte [d]):
1528 brachte Cortes aus dem Lande der Chichienkas
250000 Mark Gold und Silber zurük [e]), und 1531
Nunnez de Gusman aus dem Lande Mechuakan au=
ſer 10000 Mark Silbes vieles Gold [f]): Einige Eng=
länder, die von den Spaniern gefangen, und als Auf=
ſeher der Schwarzen und Indianer zu den Bergwerken
geſchikt wurden, gewannen innerhalb drei bis vier
Jahren 3000-4000 Peſos [g]): Bei der Eroberung
der Stadt Temiſtitan, wo viele Waren von Gold ver=
kauft wurden, erbeuteten die Spanier nur an Gold
120000 Caſtigliani [h]).

Schon 1518 erhandelte ein Spanier Joh. de
Grnatva am Tavaſro gegen Kleinigkeiten vieles
Gold [i]).

Mexiko

c) 1572 Hawks bei Hakluyt a. a. O. III. S. 466.

d) freilich wurden auch für jeden Kopf von den Indianern
　　zwölf Realen bezahlt. Chilton ebendaſ. S. 461.

e) Galvanos bei Purchas a. a. O. II. S. 1689.

f) Ebenderſ. a. e. a. O. S. 1690. 1698.

g) 1568 Miles Philipps bei Hakluyt a. a. O. III.
　　S. 479.

h) Fern. Cortez terz relaz. a. a. O. S. 280. a. und ſec.
　　relaz. a. a. O. S. 239. b.

i) Conqueſt. of Mexico by Hern. Cortez. a. a. O.
　　S. 1118.

Meriko hatte aufer dem vielen Golde, welches aus dem Sand der Flüsse gewaschen wurde [k]), z. B. aus drei Flüssen im Lande Kuzula, einem andern im Lande Malinala tebeque, sieben bis acht andern im Lande Koantelikanat, und zween andern im Lande Tuchitebeque [l]), viele Goldgruben [m]), vornemlich gegen Mitternacht zu [n]); Tutitepec, das am Südmeere liegt, war reich an Gold [o]); auch in dem Meerbusen von Honduras waren Goldgruben, und schon 1530 baute Garcias of Rojas wegen der Nähe derselbigen Gracias à Dios [p]): Das Land Cepola war reich an Gold und Silber, welche beide von den Einwohnern häufig verarbeitet wurden [q]); so hatten auch die Einwohner von Copira vieles Gold unter ihrem Schmuk und Geräthe [r]); auch Zakatula an den Grenzen Neugalliciens hatte Gold [s]), eben so der Theil von Panuko, der nach der Stadt Meriko hin liegt [t]); Alfonso de las Zapotechas lebte von ihrem Golde [u]), und das Thal von Guaraka hatte ergiebige Goldgruben [x]): Diejenige von Veragua kannte schon Chph. Colombo [y]).

Noch

k) Hawks bei Hakluyt a. a. O. III. S. 463.

l) Fern. Cortez relaz. second. al Carlo V. a. a. O. S. 236. a. 237. a.

m) Seb. Biscaino (1599) bei Hakluyt a. a. O. III. S. 560.

n) Hawks a. a. O.

o) Galvanos a. a. O. S. 1684.

p) Herrera a. a. O. S. 879.

q) Fra Marco da Nizza (1539) bei Ramusio a. a. O. III. S. 359. a.

r) Franz Basquez di Coronado ebendas. S. 354. b.

s) Herrera a. a. O. S. 875.

t) Ebendes. a. a. O S. 872.

u) Ebendes. a. a. O. S. 873.

x) Ebendes. a. e. a. O.

Noch reicher, als an Gold, fanden die SpanierMexiko an Silber [y]); es hatte, vornemlich gegen Mitternacht zu [a]) viele einträgliche Silbergruben [b]); die reichſte dieſer Gruben lagen in Zakatekas, 25 Meilen von der Stadt dieſes Namens, achtzig Meilen von Mexiko [c]); auf ſie folgten die Gruben von S. Martin, 36 Meilen von Mexiko, welche auch Gold lieferten [d]); und die Gruben S. Lukas im Thale S. Salvator, auch noch im Lande der Zakatekas [e]); noch andere in der Nähe von Mexiko [f]), ſechs Meilen von Pachuka [g]), zu Guadalajara [h]), zu Hindhe, S. Barbara, S. Johann, auch in der Statthalterſchaft von Kutiakan [i]), zu Gua-

[y]) in einem Briefe von 1503 Hiſtoriſch. Portefeuille 8. St. X. 1785. S. 491. S. auch Herrera a. a. O. S. 883. Joſ. Acoſta bei Purchas a. a. O. III. B. V. K. 2. §. 4. S. 943. und Lopez Baz ebendaſ. IV. B. VII. K. 2. S. 1433.

[z]) Ebenderſ. a. e. a. O. S. 870.

[a]) Hawks a. a. O. (1555) Tomſon ebendaſ. S. 454.

[b]) Herrera und Tomſon a. d. a. O. Gonzalez de Oviedo K. LXXXIII. bei Ramuſio a. a. O III. S. 71. a. Fern. Cortez Relaz. d'alc. coſe della nuova Spagna. ebendaſ. S. 394. b.

[c]) Chilton, der ſie für die reichſte in ganz Indien erklärt. (1561) bei Hakluyt a. a. O. III. S. 460. Tomſon und Herrera a. e. a. O.

[d]) Tomſon und Herrera a. d. a. O.

[e]) Herrera a. a. O. S. 877.

[f]) Tomſon a. e. a. O.

[g]) Miles Philips bei Hakluyt a. a. O. III. S. 477. Herrera a. a. O. S. 872.

[h]) Herrera a. a. O. S. 876.

[i]) Ebenderſ. a. a. O. S. 877. Chilton a. a. O. S. 457.

Guanaxato k), Taſco, Talpejana, Temazkaltepeque, Kultepeque, Zekuelpa, Zupangua, Kommaja, Achichika, Gantla, Zumatlan, S. Luigi l), auch im Meerbuſen von Honduras m): In allen dieſen Gruben arbeiteten ungefähr 4000 Spanier n).

Die Spanier, welche, ſeitdem ſie ſolche Schäze entdekt hatten, auf ihre Reiſen nach dem neuen Welttheile Probirer mit ſich nahmen o), bereicherten ſich dabei ungemein, und machten einen ungemeinen Aufwand; ſie muſten wenigſtens hundert Sklaven halten, ihr Erz zu führen und zu pochen, viele Maulthiere zum Tragen, Ochſen zum Holzführen, Leute zum Bewachen der Gruben halten, Pochwerke u. a. Gebäude anlegen p): Schon 1ʃ66 führte Pet. Fern. de Velaſco q) ſtatt des auch noch in einem groſen Theile Europas üblichen Ausſchmelzens mit Blei bei den ärmern Gold= und Silbererzen das Anquiken, oder die Behandlung mit Quekſilber in Mexiko ein; dieſes Verfahren war mit groſer Erſparung an Feuerungsware verknüpft, ſchied die edle Metalle vollkommener aus, und brachte dadurch, beſonders der Krone r), vielfältige

k) wo allein etwa 600 Kaſtilianer arbeiteten. Herrera a. a. O. S. 872. 874.

l) Herrrera a. a. O. S. 872.

m) Ebenderſ. a. a. O. S. 879.

n) Ebenderſ. a. a. O. S. 872.

o) Walt. Raleigh (1595) bei Hakluyt a. a. O. III. S. 646.

p) Hawks a. a. O. S. 466.

q) Ant. de Ulloa phyſikaliſche und hiſtoriſche Nachrichten vom ſüdlichen und nordöſtlichen Amerika. aus dem ſpaniſch. überſ. von J. A. Dieze. Leipzig. 8. 1781. Hawks, der 1572 da war, nennt ſie a. a. O. noch neu.

r) Barth. Cano (1590) bei Hakluyt a. a. O. III. S. 561.

tige Vortheile; denn diese behielt sich das ausschließ=
liche Recht vor, Quekſilber zu liefern [s]), hielt es in
hohem Preiſe [t]), nahm das ausgeschiedene Gold und
Silber an Bezahlung Statt, und hatte nicht Urſache,
darauf zu sehen, daß damit Haus gehalten wurde [u]).

Auch Kupfergruben hatte Meriko die Fülle [x]); sie
lagen aber zu weit von der Küſte, als daß das daraus
gewonnene Kupfer mit Vortheil nach Spanien geführt
werden konnte, und dieses hielt zu wenig Gold, als
daß es die Koſten des Ausſaigerns bezahlte [y]); die mei=
ſten bei Machuakan [z]): Blei fand ſich gleichfalls vie=
les im Reiche, und die Kirchen waren damit gedekt [a]);
auch Stahl, Eiſen und Zinn [b]), beide leztere im Lande
Tachko [c]).

Daß die Einwohner des mittägigen Amerika ſchon
vor der Ankunft der Europäer Hüttenwerke, und vor=
nemlich Eiſenwerke hatten, möchte man wohl daraus
ſchlie=

s) es war damals schon bei Lebensſtrafe verboten, anderes
   Quekſilber zu gebrauchen. Barth. Cano a. e. a. O.

t) Barth. Cano a. e. a. O. 100 Pfunde zu 60 Pfunde
   Sterling. Hawks a. a. O.

u) so daß auf jeden Centner Erz zwei Pfunde Quekſilber
   gerechnet wurden, welche dabei verloren giengen. v.
   Born über das Anquiken der gold= und silberhaltigen
   Erze ꝛc. Wien. 1786. 4. S. 21.

x) Hawks a. a. O. Ferdin. Cortez quarta relazione &c.
   bei Ramuſio a. a O. III. S. 293. a. und relaz. d'al=
   cune coſe della nuova Spagna. ebendaſ. S. 394. b.

y) Hawks a. a. O.

z) Chilton a. a. O. S. 460.

a) Hawks a. a. O.

b) Ferdin. Cortez relaz. d'alcune coſe &c. a. a. O.
   S. 394. b.

c) Ebendaſ. quarta relaz. a. a. O.

ſchlieſen, daß mehrere Seefahrer[d]) Gebäude von Eiſenſchlaken aufgeführt daſelbſt angetroffen haben: Auch waren die Schäze von Metallen, und vornemlich von Gold, das zum Theil ſehr geſchikt verarbeitet war[e]), welche die Europäer daſelbſt vorfanden, ſo gros, daß man ihnen ſchon deswegen Kenntniſſe dieſer Art, wohl nicht, ohne ungerecht zu ſein, abſprechen kann, wenn ſie auch mangelhaft geweſen ſein mögen: So hatte Don Antonio[f]) auf jedem ſeiner 37 im Jahr 1581 nach Europa zurükſeegelnden Schiffe auſer dreißig Pipen Silber einen groſen Vorrath von Gold.

Was die Spanier vom mittägigen Amerika mit dem Namen Terra firma bezeichnen, war bei ihrer erſten Ankunft, und noch lange nachher, ſo reich an Gold[g]), daß ſie ihm, wenigſtens einem beträchtlichen Theile deſſelbigen, den Namen Goldkaſtilien beilegten[h]), und wirklich hatten ſie gegen eine Million Dukaten daraus geholt[i]); doch ſchien gegen Ende des Jahrhunderts dieſer Reichthum an Gold etwas nachzulaſſen[k]); das Gold ſelbſt, ob es gleich von den Einge-

---

d) S. unter andern von 1527 Alvari Nunnez relaz. d'un viaggio. bei Ramuſio a. a. O. III. S. 325. a.

e) González Fern. de Oviedo gener. y natur. hiſtor. delle Indie. B. VI. K. VIII. bei Ramuſio a. a. O. III. S. 128. b.

f) Miles Philipps a. a. O. S. 486.

g) de las Caſas bei Purchas a. a. O. IV. B. VIII. K. 4 S. 1591. Gonzal. Fern. de Oviedo, der von 1513-1532 die Oberaufſicht über die Gruben und Hütten hatte. a. a. O. S. 126. a.

h) Gonzal. Fern. de Oviedo a. e. a. O.

i) de las Caſas a. a. O. S. 1575.

k) wenigſtens ſagte 1590 J. de Labera (bei Hakluyt a. a. O. III. S. 564.) von Neugranada, es habe Mangel an Gold.

gebohrnen absichtlich stark mit Kupfer oder Silber versezt wurde, war, so wie man es fand, zimlich rein,
von 22 Karathen; das wenigste wurde bergmännisch
gewonnen; fand es sich in der Erde, so räumte man
zuerst die Stelle, wo man graben wollte, ab, und
grub eine oder zwo Handbreiten tief, acht bis zehen
Schuhe in die Länge und Breite, wie sie die Grube nach
gewissen Verordnungen haben muste, so daß in ihrem
Umfang kein anderer graben durfte, wusch dann diese
Erde aus, grub, wenn man kein Gold darinn fand,
eine Handbreite tiefer, und so immer tiefer und tiefer,
bis man endlich auf vestes Gestein kam, wo man die
Hofnung aufgab; vortheilhaft war es, wenn die Grube (von welchen man wenigstens alle zehen Lieues eine
sehen konnte) nahe bei fliesendem, stehendem oder
Quellwasser war; denn die Eingebohrne, welche sie
ausgruben, reichten sie andern, die sie nach dem Wasser trugen; daselbst wuschen sie Weiber, welche im
Wasser standen, in Mulden, welche so gros als ein
Barbierbeken waren, und in die sie jedesmal so viel
Wasser ausschöpften, als sie gerade nöthig hatten, unter abwechselndem behutsamem Schütteln so lange, bis
das Gold rein zurükblieb: Glaubten sie Goldstaub in
einem Flusse zu finden, so schöpften sie das Wasser,
wenn es klein war, aus seinem Bette aus, oder leiteten es sonst ab, und nahmen, nachdem das Bett so
troken gemacht war, das Gold zwischen den Steinen
und ihren Rizen, und vom Boden heraus [l]): So
fand man einmal ein Stük Gold von 64 Mark
schwer [m]): So sammlete man am Ursprung des Chie-
po,

---

l) Gonz. Fern. de Oviedo a. e. a. O. S. 126. b. 127. b.

m) Ebenders. K. LXXXIII. B. III. auch B. VI. K. 8. a.
    a. O. S. 70. 71. a. 99. a. 126. a.

po [n]), am Orenoco und in den Bergen von Kuraa [o]);
überhaupt hatte die ganze Gegend dieser Berge vieles
feines Gold [p]); und wenn es auch übertrieben ist, daß
es mehr Gold hatte, als Indien oder Peru [q]), so war doch
ganz Gujana [r]), insbesondere am Menea [s]), in Essequebo [t]), im Lande der Epuremei [u]), bei einer Stadt
Wackeru [x]), im hohen Lande Wiana [y]), bei Amapa-
jan [z]), und im Lande Walicane bei einer Stadt Oroko-
ko, auch am Orenoko [a]), vornemlich im Sand seiner
Flüsse [b]), mit dessen Goldstaub sich manchmal die
Einwohner bestreuen [c]), sehr reich an Gold, und so
gering auch einige seiner Einwohner dieses Metall schäzten, so daß z. B. ein Spanier gegen ein Beil einen 27
Pfunde schweren goldenen Adler eintauschte [d]), so trieben

n) Herrera a. a. O. S. 883.

o) Fr. Sparrey bei Purchas a. a. O. IV. B. VI.
K. 2. S. 1248.

p) Ebendaſ. a. e. a. O. S. 1249.

q) Walt. Raleigh (1595), a. a. O. S. 626. 634.

r) Alonſo und Britton bei Hakluyt a. a. O. S. 663.
665. Lor. Keymis ebendaſ. 669. 672. 674. 678. J.
Gonſales ebendaſ. S. 690.

s) Walt. Raleigh a. a. O. S. 660.

t) Purchas a. a. O. IV. B. VI. K. 17. S. 1284.

u) Walt. Raleigh a. a. O. S. 651.

x) Rob. Duddley bei Hakluyt a. a. O. III. S. 576.

y) J. Gonſales ebend. S. 697.

z) Walt. Raleigh a. a. O. S. 639.

a) Rob. Duddley a. a. O.

b) Walt. Raleigh a. a. O. S. 629. 646. 656.

c) Ebendaſ. a. a. O. S. 636.

d) Ebendaſ. a. a. O. S. 665.

ben andere, insbesondere am Orenoko [e]), einen starken
Goldhandel, und die Kapuris verkauften Kanonen für
Gold [f]): Einer der Vorgesezten, Meriquito, brachte
grose Platten von Gold, das disseits des Menea gewonnen war, zum Tausche [g]), und bot, nachdem er
den Spaniern 40000 Pesos Gold abgenommen hatte,
für seine Freiheit drei Centner Gold [h]), so wie sich
sein Oheim [i]) mit hundert Goldplatten loskaufte.

Ein Theil des Goldes war inzwischen [k]), vornemlich in Essequebo [l]), in weissen Spat eingesprengt, ein
anderer im Kupfer, das einen dritten Theil Gold
hielt [m]), und in Erzen, welche die Einwohner im
Lande Tivitives verschmolzen [n]); diese Erze hielten in
der Tonne 1200 - 13000 - 23000 - 296000 Pfunde,
oder im Centner $8\frac{2}{3}$ Pfunde Gold [o]): Dieses Gold
wurde zum Theil schön verarbeitet; ein Spanier in
Gujana hatte vierzig sehr reine schön gearbeitete Goldplatten, vergoldete und mit Gold eingelegte Schwerder,
Federn mit Gold u. d. [p]).

Auch

e) Ebendes. a. a. O. S. 645. 660.

f) Ebendes. a. a. O. S. 644.

g) Ebendes. a. a. O. S. 640. 641.

h) Ebendes. a. a. O. S. 641.

i) Ebendes. a. e. a. O.

k) Ebendes. a. a. O. S. 629. 646. 656. Fr. Sparrey
a. a. O. S. 1249.

l) Purchas a. a. O. IV. B. VI. K. 17. S. 1284.

m) W. Raleigh a. a. O. S. 630. dahin gehört vielleicht
auch das Metall Arara, das im Lande Yquiri häufig
vorkommt, und entweder Gold oder schlechtes Kupfer sein
soll. Rob. Duddley a. a. O.

n) Rob. Duddley a. e. a. O.

o) Walt. Raleigh a. a. O. S. 629.

p) Ebendes. a. a. O. S. 637.

Auch hatte Gujana im hohen Lande vieles Silber [q]), und im Flusse Karoli wurden Gruben darauf
betrieben [r]).

Auch im Gebiete von Venezuela fand sich sehr vieles [s]) feines [t]) Gold; in Neugranada [u]), vornemlich in
den Statthalterschaften Musos, Kolimas, Meri-
da [x]), S. Martha [y]), bei Pamplona [z]), S. Juan [a]),
auch bei dem Dorfe S. Christoph [b]), und bei Cartha-
gena [c]) fand sich vieles Gold; bei Victoria de los reme-
dios und im Lande Tayrom wurden schon damals [d])
ergiebige Bergwerke betrieben; in Rio de la Hacha trieben die Eingebohrne (1586) einen starken Goldhandel [e]): Die Goldgruben in Panama lieferten sehr feines
Gold, und wurden von den Einwohnern bewacht [f]);
und die Goldschäze von Popayan waren bekannt [g]).

Das

q) Rob. Dubbley a. a. O.

r) Walt. Raleigh a. a. O. S. 651.

s) Herrera a. a. O. S. 867.

t) Al. Ursino bei Purchas a. a. O. IV. B. VII. K. 16.
S. 1491.

u) Herrera a. a. O. S. 884.   Al. Ursino a. a. O.
K. 8. S. 1419.

x) Herrera a. e. a. O.

y) Ebendas. a. a. O. S. 885.   de las Casas a. a. O.
S. 1583.

z) Herrera a. a. O. S. 884.

a) Ebendas. a. a. O. S. 885.

b) Ebendas. a. a. O. S. 884.

c) Ebendas. a. a. O. S. 885.

d) Ebendas. a. e. a. O.

e) Lopez Vaz bei Hakluyt a. a. O. III. S. 782.

f) Thom. Candish (1587.) ebendas. S. 820.

g) Lopez Vaz a. e. a. O.

Das Land hatte aber auch, noch gegen das Ende des sechzehenden Jahrhunderts (1590), bei Mariquita und am S. Magdalenenflusse sehr reiche Silbergruben g*).

Immer mag also ein Theil der Reichthümer, womit an dieser Küste schon damals zahlreiche Schiffe nach Spanien befrachtet wurden, auf die Rechnung dieser Länder selbst kommen, wenn gleich auch das übrige Gold und Silber, das aus Amerika nach Spanien kam, schon damals über Panama zu Lande nach Nombre de Dios, und von da zu Wasser nach Karthagena gebracht wurde h), wo denn noch die Schäze von Terra firma oder wenigstens von Neugranada noch hinzukamen i): Damals giengen jährlich nach Spanien nur an Gold für den König ungefähr 5000000, und eben so viele für die Kaufleute in seinem Reiche k).

1576 nahm der englische Admiral Barker in der Bucht von Tulu eine Fregatte mit einem Schaze von 500 Pfunden an Gold- und Silberstangen hinweg l).

Auch hatte Neugranada Eisengruben m), und n), vornemlich in der Statthalterschaft S. Martha, und im Thale Upati o) Kupferbergwerke.

Keinem

g*) Jos. de Labera a. a. O.

h) Al. Ursino a. a. O. K. 8. S. 1419. 1420.

i) Al. Ursino a. a. O. S. 1420. Herrera a. a. O. S. 859.

k) Al. Ursino a. e. a. O.

l) Hakleuyt a. a. O. III. S. 529.

m) Herrera a. a. O. S. 884.

n) Ebenders. a. e. a. O. Gonzal. Fern. de Oviedo a. a. O. K. X. S. 52. a.

o) Herrera a. a. O. S. 885.

Keinem von diesen Ländern stund an reichem Ertrag der vielen Bergwerke, welche zum Theil schon vor der Ankunft der Europäer darinn gebaut wurden, Peru nach; und auch hier galt es vornemlich die edle Metalle, auf welche ohnehin jene Abentheurer bei ihren Einfällen in diesen Welttheil ihren ersten Blik richteten, und deren Reize sie zur Beharrlichkeit in ihren Entschliesungen anspornten, aber auch zu Gräusamkeiten hinrissen, die jedes für Menschenglük nicht ganz erkaltete Herz empören, und die kein Beweggrund rechtfertigen kann.

Wirklich war der Reichthum an Gold und Silber, welchen die Spanier bei den Einwohnern dieses Landes, und vornemlich ihren Oberhäuptern (Inkas) vorfanden, wenn man ihren Geschichtschreibern Glauben beimessen darf, die Beute, welche sie bei diesen sowohl als bei ihren Vasallen (Kaziquen) und Unterthanen nur an diesen edlen Metallen machten, und die Schäze, welche sie in diesem Zeitalter von einer Zeit zur andern nach Europa sandten, die aber mehrmalen ihren Feinden in die Hände fielen, so ungeheuer, daß man sich kaum enthalten kann, in die runde und volle Zahlen etwas Mistrauen zu sezen.

Die Inkas von Peru P) hatten Gärten von Gold und Silber, und in ihren Tempeln, vornemlich im Sonnentempel q), waren alle Bilder, Gefäße, Werkzeuge aus diesen Metallen gemacht, die man nicht sowohl an sich, sondern wegen ihrer Schönheit schäzte, und zu Geschenken gebrauchte: In einem Pallaste des Ober=

p) Garcilasso de la Vega bei Purchas a. a. O. IV. B. 7. K. 13. S. 1465.
q) Ebendes. a. a. O. K. 15. S. 1490.

Ff 4

Oberhaupts Atabalipa war [r]) ein Zimmer mit
zween Springbrunnen, welche mit Goldplatten belegt
waren: Zu Kuſko war der Sonnentempel mit Gold
gedekt; im Opferhauſe ein Thron von Gold 19000
Peſi (jedes Peſo = 1½ Dukaten) ſchwer, in dem Hauſe,
wo der alte Kuſko begraben lag, Boden und Mauren
mit Gold= und Silberplatten belegt, und viele andere
goldene Zierrathen, z. B. ein Springbrunnen von
12000 Peſi; ein anderes Haus daſelbſt war voll ſilber=
ner Gefäſſe, und in den Häuſern der übrigen Einwoh=
ner goldene Gefäſſe in Menge [s]): Auch bei dem Kaziken
Pakra fand Vaſco noch für 1500 Caſtigliani
(= 1¼ Dukaten) Gold, und ein anderer, Bononia=
ma, brachte ihm dafür, daß er jenen umbringen lies,
auſer andern koſtbaren Geſchenken an Gold tauſend
Caſtigliani [t]); ein anderer Kazike, Tukunamana
von den Ketten ſeiner Frau 1500, und deſſen Hofleute
3000 Caſtigliani an Werth [u]).

Bei der Eroberung des Lagers von Atabalipa
machte Pizarro eine Beute von 50000 Peſi Gold
und 7000 Mark Silber [x]): Atabalipa brachte,
um ſich loszukaufen, in drittehalb Monaten zehen Mil=
lionen Gold und Silber zuſammen [y]), die er den Spa=
niern anbot; er verſprach in 40 Tagen (nach andern
in zween Monaten) ein Zimmer von der Höhe eines
(nach andern anderthalb) groſen Mannes, 22 (nach
an=

r) Ebendaſ. a. v. O. S. 1489.
s) Relaz. della conquiſta del Peru. bei Ramuſio a. a.
    O. III. S. 375. 376. a.
t) Pet. Martir ebendaſ. S. 31. b. 32. a.
u) Ebendaſ. a. a. O. S. 33. a.
x) Relazione della conquiſta &c. S. 374. b.
y) Lopez Vaz bei Hakluyt a. a. O. III. S. 805.

andern 25) Schuhe lang, und 15 (andern 17) Schu=
he weit, einmal mit goldenen Töpfen, Platten, und
zweimal mit Silber zu füllen ²); aber Pizarro dau=
erte es zu lange, er ſchifte daher drei Männer nach
Kuſko, welche d. 28. Apr. 1533 mit 107 Laſten (an
deren jeder vier Menſchen zu tragen hatten) Goldes, und
ſieben Laſten Silbers zurükkamen ᵃ); nach der Auſſage
einer andern Botſchaft ſollte daſelbſt ein Pallaſt mit
vierekigen dreihundert und funfzig Schritte langen und
fünfhundert Peſos ſchweren Goldplatten ſein; von die=
ſen nahmen die Spanier ſiebenhundert; aus einem an=
dern Hauſe hatten die Indianer 200000 Peſos genom=
men; aber das Gold war den Spaniern zu gering
(von 7-8 Karathen) ᵇ); ſie brachten 178 Laſten zu=
ſammen: d. 13. Jun. kamen endlich auſer 25 Laſten
Silbers, und 60 Laſten geringern Goldes 200 Laſten
Goldes an ᶜ); es waren darunter zwanzig Kannen
und andere groſe Stüke, an deren einem zwölf Einge=
bohrne zu tragen hatten; und andere, die aus andern
Häuſern geraubt, vornemlich aus einem groſen Hauſe
genommen wurden, wo ſich groſe Berge und kleinere
Stüke zum Theil in der Gröſe von Kaſtanien, mehr
als neunzig Tegole, wie Piaſter geſtaltet, achtzig groſe
und kleine Kannen, auch ein Haufen von ganz ſeinen
Piaſtern, der über eine Mannshöhe hatte, vorfanden,
und

z) Relaz. della conquiſta &c. S. 375. a. 390. b. Fr. de
  Xeres bei Purchas a. a. O. IV. B. VII. K. 16. S.
  1493. 1494.

a) Fr. de Xeres a. e. a. O.

b) Ebenderſ. a. e. a. O. auch Relaz. della conquiſta &c.
  S. 396. a.

c) Relaz. della conquiſta &c. S. 377. a. b. 396. b. Fr. de
  Xeres a. e. a. O.

und vom Kaziken wurden an ſilbernen Gefäſſen noch
50000 Mark herbeigebracht d): Ein Hauptmann von
Atabalipa, Chilikuchima, der Kuſko eroberte,
gab (1533) den Spaniern dreiſig Centner Gold, und
Pizarro fand ſelbſt zu Guamachuko 100000 Ca‐
ſtigliani Gold e); zu Pachalchami, wo doch die Ein‐
wohner das meiſte verſtekt hatten, holten die Spanier
30000, und von einem Kaziken noch 10000 Peſos
Gold; ſo ſcharrte Pizarro für ſich beinahe 50000
Mark Gold, und beinahe halb ſo vieles Silber zuſam‐
men f); Kaiſer Karl V. ſchikte er als den ihm gebüh‐
renden fünften Theil auſer andern Geſchenken g) unge‐
fähr 100000 Peſos Gold h), oder in allem 262259
Peſos an Gold, und 51610 Mark Silber i);
1600000 Caſtigliani wurden unter das Heer ausge‐
theilt k), ſo daß auſer der Schaar, die unter Diego
d'Almagro focht, und 25000 Peſos l), und einer
andern, welche 2000 Peſos erhielt m), ſeine Officiere
zu

d) Relazion. della conquiſta &c. S. 377. a. b.

e) Garcilaſſo de la Vega a. a. O. S. 1490.

f) Ebenderſ. a. a. O. S. 1490. 1491.

g) Ebenderſ. a. a. O. S. 1491.

h) Relazione della conquiſta &c. S. 377. a. b.

i) Ebend. S. 396. a. Fr. Xerez a. a. O. K. 16. S. 1693.
1694. Gonzal. v. Oviedo gibt a. a. O. K. 8. S. 125.b.
die Summe zu 400000 Caſtigliani an.

k) Gonzalez v. Oviedo a. e. a. O.

l) Garcilaſſo de la Vega a. a. O. S. 1491. Relazion.
della conquiſta &c. S. 377. a. b.

m) Garcilaſſo de la Vega a. e. a.O. den Chriſten wel‐
che zurükgeblieben waren, und von welchen ein jeder 200
Peſos bekam. Relazione della conquiſta &c. S. 377. a. b.
denen Leuten, welche S. Michael bevölkerten ebendaſ.
S. 396. b.

zu 15000‒20000‒50000 Castigliani [n]), jeder Reu‒
ter 8880 Pesos Gold und 362 Mark Silber [o]), und
jeder Fusgänger 4800 Pesos Gold [p]) bekamen; da‒
mals war des Goldes eine solche Fülle, daß einmal an
einem Tage 80000, und gewöhnlich 50000‒60000
Castigliani Gold geschmolzen wurden, womit die Ein‒
gebohrne sehr wohl umzugehen wusten [q]).

Noch auf seiner weitem Reise nach dem Sonnen‒
tempel, worzu seine Pferde mit Gold und Silber be‒
schlagen waren [r]), begegnete Pizarro Leuten, welche
100000 Castigliani Gold für die Loslassung des Ataba‒
lipa führten, und ein Hauptmann des leztern zu Xauxa
gab denen, welche sein Herr deswegen dahin geschikt hatte,
35 Lasten Goldes, jede zu hundert Pfunden [s]); aus
einem grosen Keller unter dem Tempel zu Pachalchami
nahmen die Spanier eine Menge Gold, aus einem
Todtenhause daselbst über 30000, und mit einer
Summe, welche sie von einem Kaziken von Chicha ge‒
nommen hatten, 40000 Pesos [t]).

Im

n) Gonz. de Oviedo a. e. a. O.

o) Fr. Xerez a. a. O. Relazion. della conquista &c. S.
396. b. 9000 Castigliani Gonz. de Oviedo a. e. a. O.
noch einmal so viel als dem Fusgänger. Relaz. della con‒
quista &c. S. 377. a. b. Garcilasso de la Vega
a. a. O.

p) Relaz. della conquista &c. S. 377. a. b. Garcilasso
de la Vega a. e. a. O. 4440 Castigliani an Gold, und 1½
Mark Silber. Relaz. della conquista &c. S. 396. b.
3000‒4000 Castigliani. Gonz. de Oviedo a. e. a. O.
halb so viel als ein Reuter. Fr. de Xerez a. a. O.

q) Relazione della conquista &c. S. 396.

r) Ebendas. S. 376. a.

s) Ebendas. a. e. a. O.

t) Ebendas. a. e. a. O.

Im Jahre darauf nach der Abreise von Pizarro, kamen zween Spanier vor Kusko, mit ungefähr fünfhundert Goldplatten von vier, fünf, zehen bis zwölf Pfunden, einem Thron von 18000 Pesos feinen Goldes, und einigen andern schönen Arbeiten und Gefäßen, welches alles zusammen drittehalb Millionen, und nach dem Zusammenschmelzen an Gold 1320000 Pesos und darüber, wovon Kaiser Karl V. 260000-270000 Pesos, und an Silber 50000 Mark betrug, wovon der Kaiser 5000 Mark erhielt, das übrige aber so wie vom Golde unter die Soldaten vertheilt wurde u).

Ein andermal x) brachten die Spanier Schafe von Gold, zehen bis zwölf weibliche Bildsäulen, auch von Gold in Lebensgröße, überhaupt an Gold 580200 Pesos, wovon der Kaiser über 116460 erhielt, und an Silber nach dem Schmelzen 215000 Mark zusammen, von welchen 170000 fein waren.

Bei dem lezten Siege, welchen sie über die Peruaner davon trugen, erbeuteten die Spanier 80000 Castigliani Gold und 7000 Mark Silber y): Zu Kusko waren zwanzig Häuser innen und ausen dünn mit Gold belegt, zwei Häuser voll Gold, und fünf voll Silber, und als Abgabe von den Berg- und Hüttenwerken 100000 Piastrelle (= 50 Castigliani) Gold aufgehäuft z): Bei der Einnahme von Quito (1575) fand Ornam daselbst 60000 Pesos Gold a).

Den

u) Pet. Sancho bei Purchas a. a. O. IV. B. VII. K. 16. S. 1494.

x) Ebenders. a. a. O. S. 1496.

y) Relazion. della conquista &c. S. 389. a.

z) Ebendas. S. 390. a.

a) Hakluyt a. a. O. III. S. 526.

Den 15. Dec. 1533 kam zu Sevilla aus Peru un=
ter Chph. di Mewa ein Schiff mit 80000 Castiglia=
ni an Gold, und 500 Mark Silber an, und hatte
noch überdis für einen J. de Sofa 6000 Castigliani
Gold und 80 Mark Silber, und überhaupt noch über
38946 Castigliani an Gold in Stüken; d. 9. Jenn.
1534 unter Ferd. Pizarro kam das zweite (S. Ma=
ria) mit 153000 Castigliani an Gold und 5048 Mark
Silbers für den Kaiser, auser 38 zum Theil sehr gro=
sen Stüken schon verarbeiteten Goldes, und 48 der=
gleichen von Silber, auch für ihn, und auser derglei=
chen für Fremde auf dem Schiffe und andere Privatleute
noch für diese mit 310000 Castigliani an Gold und
13500 Mark Silbers befrachtet; d. 3. Brachm. 1534
unter Fr. Rodriguez und Pavone noch zwei ande=
re, welche für Fremde und Privatleute 146518 Ca=
stigliani Gold, und 30511 Mark Silber, also mit
den beiden vorhergehenden Schiffen zusammen in allem
708580 Castigliani an Gold, und 49008 Mark
Silbers führten [b]. 1525 langten zu Sevilla wieder
drei bis vier Schiffe an, die blos mit Gold und Sil=
ber befrachtet waren, und über 2000000 Castigliani
davon führten [c]. Noch im lezten Viertheile des sech=
zehenden Jahrhunderts (1587) brachte die spanische
Flotte fünf bis sechs Millionen von Peru [d].

Mehrere solcher Schiffe erbeutete der englische See=
held Fr. Drake; 1527 im Hafen von Arika ein
Schiff mit 37 Silberstangen zu zehen bis zwölf Pfun=
den [e], ein andermal drei Barken, in deren einer

1140

---

b) Relazion. della conquista &c. S. 398. a. b.

c) Gonz. de Oviedo a. a. O. S. 126. a.

d) Bapt. Antonio bei Hakluyt a. a. O. III. S. 555.

e) Hakluyt a. a. O. III. S. 745. mit 13000 Pesos Sil=
ber. Lopez Vaz ebendas. S. 792.

1140 Pfunde Silber waren; bei Tampaka von einem
Manne, der am Ufer ſchlief, 13 Barren Silber, welche
4000 ſpaniſche Dukaten ſchwer waren, an dieſem Ufer
8 Schafkamele, deren jedes 100 Pfunde feinen Silbers aufgeladen hatte, zwiſchen Lima und Panta eine
Barke mit 80 Pfunden Gold, auch an dieſer Küſte
das Schiff Cacafuego mit 80 Pfunden Goldes und
26 Tonnen Silbers [f]), im Hafen bei Pescadores
3000 Peſos Silber [g]), und auf einem Schiffe, das
nach Panama ſegelte, auſer etwas Gold, vierzig [h]),
und auf einem dritten auch nebſt Gold 1300 dergleichen
Silberſtangen [i]); am Vorgebirge von S. Franz ein
Schiff mit 850000 Peſos Silber und 40000 Peſos
Gold, das nicht gerechnet, was nicht verzollt war,
und überhaupt an der Küſte von Peru 866000 Peſos,
oder 866 Centner Silber (zu 100 Pfund jeden zu 1100
ſpaniſchen Dukaten); alſo an Silber 1039200 Dukaten, und an Gold 100000 Peſos oder zehen Centner
(jeden zu 1500 Dukaten gerechnet), oder 150000
Dukaten [k]).

Aus dieſen Erzählungen erhellt, daß man ſich ſehr
irren würde, wenn man alles Gold und Silber, womit Spanien um dieſe Zeit nur von Peru aus ſo reichlich verſehen wurde, als den unmittelbaren Gewinſt
ſeiner Berg- und Hüttenwerke, die erſt 1535 von Pet.
v. Mendoça erobert wurden [l]), anſehen wollte;
                                                    denn

f) Purchas a. a. O. I. K. 3. S. 51.

g) Lopez Vaz a. e. a. O. S. 791. 792.

h) Hakluyt a. a. O. S. 746.

i) Ebenderſ. S. 747.

k) Lopez Vaz ebendaſ. S. 793.

l) Galvanos bei Purchas a. a. O. II. B. X. K. 1.
   S. 1691.

denn noch zahlte jeder Eingebohrne dem König von
Spanien 7 Pesos seines Gold, oder 10½ Dukaten
jährliche Kopfsteuer[m]).

Einen Theil seines Goldes wusch auch Peru aus
dem Sande seiner Flüsse; so fliest z. B. bei der Stadt
Kollao und im Lande Guaneso ein Strom, dessen Sand
sehr reich daran war[n]); es hatte aber auch schon vor
der Ankunft der Spanier eine Menge Goldgruben[o]),
vornemlich in Quito[p]), Chincha[q]), Kollao[r]), Kuenza[s]), bei S. Fé di Antiochia, vornemlich am Hügel
Buritaka[t]), bei S. Jago di Arma[u]), Almagre,
Agreda, S. Juan de Pastor und S. Jago di Sier-
ras[x]), bei S. Juan del Oro in Karabaya[y]), bei
Kuchko im Thal Toyma[z]), bei S. Matthäus[a]): In
den Gruben, die auf der Ebene lagen, fand sich das
Gold meistens als Goldstaub, im bergichten Theile
des

---

m) Lopez Baz a. a. O. S. 800.

n) Relazion. della conquista &c. S. 390. a.

o) Ebendas. a. e. a. O. Lopez Baz a. a. O. S. 799.

p) Relazion. della conquista &c. a. e. a. O. und Herrera a. a. O. S. 887.

q) Relazion. a. e. a. O.

r) Relazion. di quel che nel conquisto della nuova Ca-
stiglia e successo, dopo che Fern. *Pizarro* partì, bei
Ramusio a. a. O. III. S. 413. b.

s) Herrera a. a. O. S. 888.

t) Ebenderf. a. a. O. S. 890.

u) Ebenderf. a. e. a. O.

x) Ebenderf. a. a. O. S. 891.

y) Ebenderf. a. a. O. S. 895.

z) Ebenderf. a. a. O. S. 894.

a) Hawkins bei Purchas a. a. O. IV. B. VII. K. 5.
S. 1401.

des Landes z. B. nach Kusko hin in gröseren Körnern, die des Waschens nicht bedurften, und oft schon gewaschen im Wasser lagen b): Die Gruben waren eigentlich blose Hölen, finster und so eng, daß auf einmal nur ein Mann darinn sein, und dieser nur ganz gebükt hineinkommen konnte c); die meiste giengen senkrecht in die Tiefe, waren aber nur so hoch als ein Mann, so daß einer unter dem andern, der oben ist, die Erde reichen konnte; wurden sie so tief, daß sie dieser nicht mehr erreichen konnte, so verliesen die Eingebohrne die Grube, und machten eine neue; doch waren die erste die reichste und ergiebigste, weil das gewonnene Gold nicht einmal gewaschen werden durfte d): Nur einige Gruben waren zehen bis zwanzig, die Grube di quarnacabo, worinn funfzig Männer und Frauen arbeiteten, vierzig Ellen tief e); in diesen Gruben gruben, doch in einem grosen Theile derselbigen wegen der Kälte nur vier Monate im Jahre, die Eingebohrne mit Hirschhörnern, brachten die Erde in Säken oder Schläuchen von Thierhäuten heraus, leiteten einen kleinen Bach aus dem Flusse ab, warfen die Erde an dessen Ufer auf sehr glatte Steinplatten, und leiteten nun durch einen kleinen Kanal, den sie gruben, jenen Bach darüber her; so schwemmte das Wasser nach und nach alle Erde hinweg, das Gold blieb zurük, ward gesammlet f), und, was

die

b) Relazion. della conquista &c. S. 377. a. 390. a.

c) Relaz. di quel, che nel conquistò &. a. a. O. S. 413. b. P. Sancho a. a. O. S. 1497.

d) Relaz. di quel, che nel conquisto &c. a. a. O. S. 414. a.

e) Relaz. di quel, che nel conquisto &c. a. e. a. O. P. Sancho a. e. a. O.

f) Relazione di quel, che nel conquisto &c. a. a. O. S. 413. b. 414. a.

die Einwohner sehr wohl verstunden [g]), zusammengeschmolzen, worzu Abatalipa zu Quito mehrere Hütten hatte [h]).

Auch Silbergruben [i]) hatte Peru längst vor der
Ankunft der Spanier die Fülle, und noch täglich wur-
den neue erschürft [k]);   die Inkas hatten ihr meistes
Silber in einem Hügel bei Porco unweit Potosi gewonnen [l]);   aber auch bei Kusko im Thal von Toyma fanden sich Spuren von Silber [m]), in dem Gebiete von
Kuenza [n]), S. Sebastian di Plata [o]), zwischen Potosi und S. Jago [p]), in Quito und Chincha [q]) Silbergruben; 1545 entdekte man in einem Hügel bei
Potosi einen Gang, der 1549 alle Sonnabende
Karl V. 25000–30000 Pesos als seinen fünften
Theil abwarf [r]); aber das meiste Silber wurde, seit-
dem wenigstens die Spanier dieses Land erobert haben,
zu Potosi [s]) gewonnen;   es wurde, so wie das Quek-
                                                        silber

g) Relazione della conquista del Peru. a. a. O. S. 396. b.

h) Ebendas. S. 377. a.

i) Ebendas. S. 390. a. Lopez Vaz a. a. O. S. 799.

k) 1590 Hieron. de Nabarro bei Hakluyt a. a. O. III.
   S. 564.

l) Herrera a. a. O. S. 897.

m) Ebenders. a. a. O. S. 894.

n) Ebenders. a. a. O. S. 888.

o) Ebenders. a. a. O. S. 890.

p) Knivet ebendas. IV. B. VI. K. 7. §. 5. S. 1243.

q) Relaz. della conquista &c. a. a. O. S. 390. a.

r) Herrera a. a. O. S. 897.

s) welche Silbergrube unter den Inkas noch nicht, sondern erst
   nachher durch Zufall von einem Eingebohrnen, Gualpa,
   entdekt, und zween Monate lang von ihm allein ge-uzt

ſilber aus Spanien, im Hafen zu Arika geladen, und
nach Lima [t]), nachher nach Panama [u]) geführt; was
davon von 1545-1761 regiſtrirt iſt, und wovon dem
Könige die Abgaben berechnet wurden, beläuft ſich auf
929000000 Piaſter [x]).

In einigen dieſer Silberbergwerke wurde das Erz
mit weniger Mühe gegraben, ſo daß es ein Mann
des Tags auf fünf bis ſechs Mark bringen konnte; oft
zündete man ſchon im Berge ein ſtarkes Feuer an; ſo
brannte der Schwefel ab, und das Silber kam in ganzen Stüken zum Vorſchein [y]); ein Theil der Erze oder
vielmehr der ſie enthaltenden Erde wurde gewaſchen,
aber ſo unvollkommen, daß noch ein groſer Theil des
edlen Gehalts in der Erde blieb [z]); ein anderer gepocht,
und durch feine Siebe in gepflaſterten Ciſternen ge-
ſchlemt [a]): Das Schmelzen geſchah auf eigenen Hütten, deren Abatalipa zu Quito mehrere hatte [b]), mit
Holz

wurde. Joſ. Acoſta bei Purchas a. a. O. III. B. V.
K. 2. §. 4. S. 944. 945.

t) 1790 Joſ. de Miramontes Suaſola bei Hakluyt a. a. O. III. S. 562.

u) Spilbergen bei Purchas a. a. O. I. B. II. K. 6.
S. 81.

x) Ant. de Alcado dicionario geografico iſtorico de las
Indias occidentales o America. Madrit. 8. B. I.-IV.
1786-1789.

y) Relazion. della conquiſta &c. a. a. O. S. 377. a.
390. a.

z) ſo iſt es wohl zu erklären, was Hier. de Nabarro
a. a. O. ſagt, die Erde ſeie ſo reichhaltig, daß wenn ſie
nach dem Waſchen drei bis vier Jahre lang am Berge
gelegen habe, ſie wieder Silber in Menge gebe.

a) Knivet a. a. O.

b) Relazione della conquiſta &c. a. a. O. S. 377. a.

Holz und Kohlen, meiſtens in kleinen Oefen an Bergen, und auf derjenigen Seite derſelben, von welcher
der Wind gewöhnlich herkam °): Dieſe Oefen hatten
daher kein Gebläſe, doch zuweilen an der Stelle deſſelbigen Röhren von Möſſing ᵈ), und noch die Spanier
ſtunden bei ihrer Aufunft in dieſem Lande in dem
Wahn, daß zwar gewiſſe Erze, wie z. B. diejenige
von Porco, andere durchaus nicht, z. B. die Erze von
Potoſi, vor dem Gebläſe, ſondern beſſer mit Hülfe des
natürlichen Windes verſchmolzen werden könnten °); ſo
unvollkommen dieſe Anſtalten auch waren, ſo gaben
doch dieſe Erze von Potoſi die Helfte ihres Gewichts
an Silber; dieſer Ertrag lokte ſo ſehr an, daß über
ſechstauſend dergleichen Oefen aufgebaut wurden;
allein dieſer Gehalt der Erze lies nach, mit ihm giengen auch mehrere der Oefen ein, und 1571 ᶠ) führte
auch hier Pet. Fern. de Velaſco das Anquifen ein,
welches für 300000 Centner Erzes, die jährlich verarbeitet wurden, einen Aufwand von 6000‒7000
Centnern Quekſilbers, und auf jede Mark des gewonnenen Silbers ein halbes Pfund Quekſilber erforder-
te ᵍ); die Spanier glaubten nemlich, es gebe Erz,
welches nicht anderſt zu gut gemacht werden könne.

Zu dieſem Zwefe wurden die Erze, wenn ſie aus der
Grube kamen, gepucht; dieſes geſchah in Puchwerken,
welche theils wie unſere Handmühlen eingerichtet waren, und von Pferden (wie dergleichen dreiſig bei Potoſi

c) Joſ. Acoſta bei Purchas a. a. O. III. S. 944.
d) Garcilaſſo de la Vega a. a. O. S. 1462.
e) Joſ. Acoſta a. c. a. O.
f) Ant. de Ulloa a. a. O.
g) Joſ. Acoſta und Ant. de Ulloa a. d. a. O.

tosi waren), theils aber vom Waffer getrieben wurden,
und, wenn anderst vom Christmonat bis in den Hor-
nung Regen genug fiel, sechs bis sieben Monate lang
im Jahr, einige Tag und Nacht giengen; und zum
Theil aus Seeen oder Tiefen, deren sieben mit Schleu-
sen angelegt waren, mit Waffer versehen wurden; solcher Puchwerke mit acht bis zwölf Stempeln waren
zu Potosi acht und vierzig, auf einer andern Seite
vier, und drei bis vier Meilen davon im Thale Tara-
paya, durch welches ein Flus läuft, noch zwei und
zwanzig zu sechs, zwölf bis vierzehn Stempeln.

Nachdem es so gepucht, oder auch mit Hämmern
und andern dergleichen Werkzeugen recht zart gestofen
war, schlug man das Erz (innerhalb 24 Stunden
dreifig Centner) durch ein feines kupfernes Sieb, stürzte es mit dem zehenden Theile Küchensalz in eigenen
Gefäffen in Haufen, und drükte nun so, daß es wie
ein Thauregen darauf fiel, unter beständigen Umrühren
des Erzes durch Kannevas Quekfilber darauf, deffen
nothwendige Menge durch vorläufige Proben bestimmt
wurde, und knetete es anfangs zu widerholten malen
und so lange, bis sich das Quekfilber dem Silber einverleibt hatte (9-20 Tage lang), in Trögen mit dem
Quekfilber zusammen, nachher nahm man diese Arbeit
(in fünf bis sechs Tagen) in Oefen vor, wo man dem
Mengsäl in eigenen darzu eingerichteten Gewölben
schwache Hize gab.

Dann wurde der Teig in Trögen von Erde und
Schlaken, die man mit Waffer gefüllt hatte, durch
kleine Mühlen und Wasserräder stark umgerührt, und
so Schlam und Schlich, aus welchen nachher auch
noch etwas Silber und Quekfilber (Relaves) gezogen
wurde, abgespült, das Quekfilber aber, das sich mit
dem

dem Silber wie Sand zu Boden sezte, in schüsselför=
migen hölzernen Gefäſſen gewaschen, wenn der Teig
einen hellen Silberglanz hatte, stark durch ein Tuch
gedrükt, und um das Quekſilber, das noch ($\frac{1}{4}$) darinn
stekte, auszutreiben, nachdem man ihn in Gestalt von
holen Kegeln, wie Zukerhüte jeden zu hundert Pfun=
den (Pinnas) gebracht hatte, unter einem irrdenen
Helm von ähnlicher Gestalt, auf den man Kohlen
warf, in's Feuer gebracht; so stieg das Quekſilber als
Dampf auf, der durch eine von der Spize des Helms
auslaufende Röhre in Waſſer geleitet, in diesem wie=
der verdikt und aufgefangen wurde; das Silber blieb
rein in schwammigen Broden zurük, deren zwei zu einer
Stange von 65 – 66 Mark geschmolzen wurden, und
wurde zuweilen noch im Tigel mit Blei probirt [h]).

Zu dieser beſſern Erzielung des Silbers aus seinen
Erzen, welche freilich noch manche Ersparung und
Verbeſſerung zulies, kamen den Spaniern die Quek=
silbergruben treflich zu statten, welche sie bei Kusko im
Thale Toyma [i]), im Gebiete von Kuenza [k]), und vor=
nemlich in den Bergen von Guankavelika bei der
Stadt Guamanga entdekten; die leztern wurden zwar
schon unter den Inkas gebaut, aber die Einwohner
nuzten sie nur auf Zinnober, den sie als Schminke ge=
brauchten [l]), weil sie das Quekſilber nicht auszuziehen
wusten [m]): 1566 entdekte sie Heinr. Ganzes, der
alle Jahre über 8000 Centner Quekſilber daraus
zog;

h) Joſ. Acoſta a. a. O. B. V. K. 2. S. 4. S. 948-951.
i) Herrera a. a. O. S. 894.
k) Ebendersſ. a. e. a. O. S. 888.
l) Joſ. Acoſta a. e. a. O.
m) Herrera a. a. O. S. 894.

zog [n]); eine der besten Gruben, wo der Gang achtzig Ellen weit strich, und vierzig mächtig war, schäzte ihr Erfinder Amador de Cobrera, von welchem sie auch den Namen führte, auf 500000 Dukaten, andere einer Million Goldes gleich; das ganze sechzehende Jahrhundert hindurch lieferten sie jährlich 8000 Centner Quecksilber, und warfen dem König von Spanien 400000 Stüke von 14 Realen ab [o]); der grösere Theil des da gewonnenen Quecksilbers wurde zu Potosi gebraucht, ein anderer gieng nach Mexiko [p]).

Um das Quecksilber zu gewinnen wurden die Erze klein gestosen, und in wohl verleimten irrdenen Töpfen in ein Feuer, das mit einer Art Stroh gemacht wurde, gesezt; so stieg das Quecksilber als Dampf auf, gerann wieder, wenn es kalt wurde, und fiel so in Tropfen herunter; war alles ganz kalt geworden, so wurden die Töpfe aufgemacht, das Quecksilber herausgenommen und in Häute gefast [q]).

Auch hatte Peru Zinngruben [r]), und [s]), vornemlich im Gebiete von Kuenza [t]) Kupfergruben, im leztern [u]) auch Schwefelgruben, im Thale Neyva Magnetgruben [x]), und [y]), vornemlich im Gebiete von Kuen-

n) Jos. Acosta a. a. O. B. IV. K. 11.

o) Ebenders. a. a. O. B. V. K. 2. §. 4. S. 948.

p) 1591 fand Newport (bei Hakluyt a. a. O. III. S. 568.) 5–6 Tonnen Quecksilber zu Truxillo.

q) Jos. Acosta a. e. a. O. S. 949.

r) Lopez Vaz a. a. O. S. 799.

s) Ebenders. a. e. a. O.

t) Herrera a. a. O. S. 888.

u) Ebenders. a. e. a. O.

x) Ebenders. a. a. O. S. 890.

y) Garcilasso de la Vega a. a. O. S. 1462.

Kuenza ²) Eisenerze, die aber die Einwohner nicht zu schmelzen, so wenig als das Eisen zu verarbeiten wusten ᵃ).

Auch Chili hatte Ueberflus an Gold ᵇ), das noch überdis sehr gut (von 23½ Karath) war ᶜ); nur der König von Spanien zog jährlich eine Million, andere Spanier anderthalb Millionen Gold, die zu Wasser nach Lima und von da nach Panama gebracht wurden, aus diesem Reiche; was so an Gold und Silber nach Lima kam, belief sich auf zwölf Millionen ᵈ); die Spanier bereicherten sich davon so, daß diejenige unter ihnen, welche am wenigsten hatten, jährlich 20000, Valdivia aber 300000 Pesos zog ᵉ). An der Küste von Chili nahm Admiral Fr. Drake ein Schiff mit 25000 Pesos reinen und feinen Goldes von Baldivia ᶠ); im Hafen von S. Jago ein Schiff mit 60000 Pesos Gold ᵍ), und zu Chule (Chiloe) ein anderes mit 300000 Pesos Silber hinweg ʰ).

Wirklich findet sich ⁱ), was die Spanier ᵏ) schon, ehe

z) Herrera a. a. O. S. 888.

a) Garcilasso de la Vega a. e. a. O.

b) Hawkins a. a. O. S. 1395. Fr. Garay (1518) bei Galvanos a. a. O. S. 1684.

c) Jos. Acosta a. a. O. S. 943.

d) 1581 Al. Ursino a. a. O. S. 1420.

e) 1586 Lopez Vaz a. a. O. S. 797.

f) Purchas a. a. O. I. K. 3. S. 51.

g) Lopez Vaz a. a. O. S. 791.

h) Ebenders. a. a. O. S. 792.

i) Ebenders. a. a. O. S. 796. und bei Purchas a. a. O. IV. B. VII. K. 11. S. 1442.

k) Ebenders. bei Purchas a. e. a. O. S. 1442. 1443.

ehe sie selbst in das Land kamen, von den Peruanern
erfuhren, im Sand aller Flüsse Gold, aber auch sehr
vieles in der Erde, aus welcher es durch bloses Waschen in grosen hölzernen Trögen erhalten werden konnte, was aber den Eingebohrnen bei Lebensstrafe verboten wurde [l]); daher hatte Chili [m]) schon damals z. B.
zu Koquimbo [n]), bei S. Jago [o]), und Baldivia [p]),
und zwischen diesen beiden Städten [q]), vornemlich bei
Arauko [r]), und auf der Insel S. Maria, wo nicht
nur aus dem Sande der Flüsse Gold gewaschen wurde [s]), sondern auch zweitausend Eingebohrne für drei
oder vier Spanier in den Goldgruben arbeiteten [t]),
ferner zu Osorno [u]) und auf der Insel Chiloe [x]) reiche
Goldgruben; doch hatten diejenigen zu Baldivia und
Arauko gegen Ende des sechzehenden Jahrhunderts
schon beträchtlich abgenommen [y]).

Auch

l) Hawkins a. a. O. S. 1395.

m) P. Ordomes de Cevallos ebendas. K. 9. S. 1421.

n) Hawkins a. e. a. O.

o) Herrera a. a. O. S. 898. Spilbergen a. a. O.
   S. 84.

p) Spilbergen und Hawkins a. d. e. a. O.

q) Noort bei Purchas a. a. O. I. B. II. K. 5. S. 74.

r) Hawkins a. e. a. O. Thom. Candish bei Hakluyt a. a. O. III. S. 807. 808. auch den 1589 auf der
   Insel S. Maria landenden Engländern wurde von dieser goldreichen Landschaft gesagt. Purchas a. a. O. I.
   B. II. K. 4. S. 68.

s) Oviedo a. a. O. B. XVII. K. 15. S. 188. a.

t) Noort a. a. O. S. 75.

u) Herrera a. a. O. S. 899.

x) Hawkins a. a. O. S. 1392.

y) Ebendas. a. a. O. S. 1395.

Auch hatte man damalen ᶻ) schon in Chili auf
Spuren von Silber getroffen, und mehrere Kupfer=
gruben ᵃ), vornemlich bei Koquimbo ᵇ) gebaut, und
aus dem daselbst erzielten Kupfer insbesondere Waffen
verfertigt ᶜ): Auch an Eisenerzen fehlte es nicht; sie
wurden aber nicht gefördert ᵈ), und die Einwohner
schienen überhaupt erst durch die Europäer mit diesem
Metall näher bekannt zu werden ᵉ).

In Tukumanien ᶠ) und Magellanien fanden die
Europäer diesen Ueberflus an edlen Metallen nicht;
doch im leztern Lande in einer in der Meerenge gelegenen
Stadt Goldkörner ᵍ).

Aber in den Bergen von Paraguay glaubte man
grose Schäze von Gold und Silber zu finden ʰ), vor=
nemlich am Ufer des Platafusses ⁱ), der so gar ᵏ),
was aber von andern ˡ) widersprochen wird, von
seinem

z) 1518 Fr. Garay bei Galvanos a. a. O. S. 1684.

a) Hawkins a. e. a. O.

b) Ebendersf. und Spilbergen a. b. a. O.

c) welche die Araukaner bei der Ankunft der Spanier tru=
gen. Lopez Vaz a. a. O. S. 797.

d) Hawkins a. e. a. O.

e) Lopez Vaz a. e. a. O.

f) bei Purchas a. a. O. IV. B. VI. K. 1. S. 1141.

g) Lopez Vaz a. a. O. S. 802.

h) New collection of voyages. B. II. S. 37.

i) Direction for Chefman bei Hakluyt a. a. O. II. 2.
S. 110.

k) 1512 durch Juan de Solis nach Galvanos a. a. O.
S. 1682.

l) z. B. von Lopez Vaz, welcher a. a. O. S. 788. ver=
sichert, er habe ihn davon, daß er so rein wie Silber
fliese.

seinem Reichthum an Silber seinen Namen erhalten haben sollte; die Eingebohrne versicherten zwar, sie hätten die silberne Platten, welche die Spanier bei ihnen sahen, in ihren Kriegen mit den Peruanern diesen abgenommen, allein die Spanier trafen bald Anzeigen auf Gold- Silber- Kupfer- und Eisenbergwerke an [m]); auch fand Knivet [n]) zu Mutinga nicht weit vom Plataflusse reiche Goldgruben.

Brasilien, welches erst 1500 von den Europäern entdekt wurde [o]), ist reich an edlen Metallen [p]); wenn dieses von Schriftstellern dieses Zeitalters [q]) widersprochen wird, so scheint es theils daher zu kommen, weil diese Bergwerke damals noch nicht allgemein bekannt waren, denn die Portugiesen entdekten sie erst [r]), oder weil sie aus Mangel an Leuten nicht gebaut werden konnten [s]), oder aus andern Ursachen nicht gebaut werden durften [t]): So viel erhellt wohl aus den Nachrichten jener Zeit, daß die Einwohner beide Metalle wenig achteten [u]); in einem Hügel nach Chili zu fand man auser vielem Kupfer und Eisen noch mehr Quek-silber und etwas Gold [x]), auch nach der Grenze von Peru

m) Herrera a. a. O. S. 901.

n) bei Purchas a. a. O. IV. B. 6. K. 7. §. 1. S. 1203.

o) S. Purchas a. a. O. I. B. II. K. 1. §. 5. S. 30.

p) Th. Turner ebend. IV. B. VI. K. 8. S. 1243.

q) z. B. Lopez Vaz a. a. O. S. 790.

r) Whithal ebend. S. 701.

s) Ebenders. a. e. a. O.

t) Grigs ebendas. S. 706.

u) Pet. Carder bei Purchas a. a. O. IV. B. VI. K. 5. S. 1189.

x) Knivet ebendas. K. 7. §. 4. S. 1232.

Peru zu Gold und Silber genug [y]); im Lande der Tä= moyes [z]), in der Stadt Menuam am Jawarie [a]), und in der ganzen Gegend derselbigen [b]) vieles Gold, im Lande der Topos mehrere Goldgruben [c]); zu Kopao= ba sehr gutes Silber [d]), wovon französische Schiffe im Rio grande viel einluden [e]); 1522 brachte Gilzou= zales landeinwärts vom Hafen S. Vincent 200 Pesos Gold zusammen [f]); unweit Rio Janeiro fand sich im Sande kleiner Flüsse vieles Gold, zuweilen Stüke so gros als eine Haselnus [g]); nahe am Ursprung des Ma= ragnon kannten zwar die Einwohner kein Eisen, hatten aber vieles doch geringes Gold [h]); auf diesem Strome erbeuteten auch (1586) die Spanier vieles Gold [i]); am Amazonenflusse trieben die Einwohner einen starken Handel mit Gold, womit sie reichlich versehen wa= ren [k]); auch am Para sammleten die Molopaques, wenn der Regen die Erde abgespült hatte, vieles Gold [l]).

Auch auf mehreren der Inseln, die zwischen Afrika und Amerika liegen, fanden sich viele Metalle, vor=

nem=

y) Grigs a. e. a. O.

z) Knivet a. a. O. S. 1231.

a) Ebenders. a. a. O. S. 1230.

b) Ebenders. a. a. O. S. 1231.

c) Ebenders. a. a. O. S. 1230.

d) 1597 Fel. Cieça bei Hakluyt a. a. O. III. S. 716.

e) Ebend. a. a. O. S. 717.

f) Galvanos a. a. O. S. 1685.

g) Knivet a. a. O. S. 1216.

h) Pet. Martyr a. a. O.

i) Lopez Vaz bei Purchas a. a. O. IV. B. VII. K. 11. S. 1437.

k) Ebenders. bei Hakluyt a. a. O. III. S. 784. und Orellana Agira ebendas. S. 786.

l) Knivet a. a. O. S. 1229.

nemlich vieles Gold im Sande ihrer Flüſſe; das war
z. B. der Fall auf der Dreieinigkeitsinſel, wo ſie dieſes Gold für die Täuſchung entſchädigte, daß ſie bloſen
Kies für Golderz gehalten hatten [m]).

Auf der Inſel S. Lucia traf Kapit. Nicol bei
den Einwohnern ein Metall an, das zu drei Viertheil-
len aus Gold beſtund, und ſich, wie ſie ihm ſagten,
auf einem hohen Berge im Nordweſt der Inſel finden
ſollte [n]).

Die Inſel S. Juan oder Porto ricco iſt von ihrem
Reichthum an Golde [o]) benannt; ſchon 1510 kannte
man daſelbſt in dem Landſtrich Guanika fünf goldreich-
che Flüſſe, Duiei, Hononiko, Ikau, In und Chi-
mine [p]); überhaupt führte der Sand ihrer meiſten
Flüſſe, groſe, viele und reine Goldkörner; einmal
fand man darunter ein Stük von 3500 Dukaten an
Werth [q]); auch hatte die Inſel, vornemlich auf der
mitternächtlichen Seite, ſehr ergiebige Goldgruben [r]),
welche aber gegen Ende des ſechzehenden Jahrhunderts
nicht mehr gebaut wurden [s]): Ein Portugieſe Ful-
lano di Noro gewann da in kurzer Zeit 5000-6000
Caſtigliani [t]).

Die

m) Walt. Raleigh a. a. O. S. 629. 632.

n) Purchas a. a. O. IV. B. VI. K. 13. S. 1255.

o) Gonzalez de Oviedo B. XVI. K. I. a. a. O.
S. 169. b.

p) Ebenderſ. a. a. O. K. 4. S. 171. a.

q) Layfield bei Purchas a. a. O. IV. B. VI. K. 3.
§. 4. S. 1170.

r) Gonzalez de Oviedo a. a. O. K. I. S. 169. b. und
bei Purchas a. a. O. III. B. V. K. 3. S. 998.

s) Lopez Vaz (1586) bei Hakluyt a. a. O. III. S. 782.
Layfield (1596) a. a. O. §. 3. S. 1165.

t) Gonzalez de Oviedo a. a. O. S. 126. b.

Die Antillen lieferten überhaupt unter Kaiser Karl V. einen Ueberflus von Gold [u]), Silber und Kupfer [x]).

Diesen Reichthum an Gold und Metallen rühmte Christ. Colombo [y]) selbst von der Insel Domingo, oder wie er sie nannte, Hispaniola; auch kam er [z]) schon von der ersten Reise, die er dahin gemacht hatte, zu Anfang 1493 reichlich mit Gold befrachtet, nach Lissbon zurük; aber die Einwohner achteten es so wenig, daß sie es gegen Kleinigkeiten, vornemlich Eisen, umstauschten, von welchem sie keinen Begriff hatten [a]), ob man gleich schon damals, am Nizao, Eisenerz gesunden hatte [b]): Auf einer Ebene dieser Insel trugen alle Einwohner goldene Ketten [c]); 1503 gewann daselbst Rod. Bastidas in kurzer Zeit 400 Mark Gold [d]); drei unwissende Bauren in einer Streke dieser

u) Herrera a. a. O. S. 860. J. Castro bei Purchas a. a. O. II. K. 7. H. 6. S. 1170. Galvano ebend. B. X. K. 1. S. 1687.

x) Rob. Thorne bei Hakluyt a. a. O. I. S. 214.

y) so sagt er in einem 1493 an Raph. Sanxis abgelassenen Schreiben, welches in H. Leibarzt Hensler's Geschichte der Lustseuche B. I. Excerpt. S. 128. abgedruft ist. "Haec praeterea Hispana auro metallisque abundat."

z) New collect. of voyages and trav. print. for *Astley*. London. fol. I. 1745. S. 20. a.

a) Pet. Martyr bei Ramusio a. a. O. III. S. 2. a. und Decad. de oceano. in Eden und Rich. Willes history of travayle in the West- and East-Indies. London. 1577. 4. S. 9. b. 18. b. 19. a.

b) Gonzalez de Oviedo a. a. O. B. VI. K. 8. S. 125. a.

c) Pet. Martyr bei Ramusio a. a. O. II. S. 40. b.

d) Galvano a. a. O. S. 1679.

ſer Inſel in ſehr kurzer Zeit gegen 3000, und nachher ein Arzt, dem dieſe Gruben überlaſſen wurden
5000-6000 Caſtigliani e), andere Spanier 1200
Peſos f): Man ſoll es zuweilen in Stüken von 18 g)
und 40 h) loth, von 5 i) und 7 Pfunden k), ſogar
von 300 und 3310 Peſos l) gefunden haben, meiſt m)
ſehr fein (von 22½ Karath), ob es gleich von den Eingebohrnen vorſezlich, oft ſtark mit Silber und Kupfer,
verſezt wird n).

    Ein Theil dieſes Goldes fand ſich im Sande der
Flüſſe o), vornemlich ſolcher, die von ſehr hohen Bergen herabfielen p), insbeſondere ſolcher, die viele Re-
genbäche in ſich aufnehmen q), wie der Kotui r) und
Zibao s); aber auch aus den Gruben oder Schächten t)
                                                    för-

e) Gonzalez de Oviedo a. a. O. B. VI. K. 8. S.
    129. a.

f) Pet. Martyr bei Eden und Rich. Willes a. a. O.
    S. 27. b.

g) Pet. Martyr bei Ramuſio a. a. O. III. S. 5. a.

h) Ebenderſ. a. e. a. O. S. 8. a.

i) Gonzalez de Oviedo a. a. O. B. VI. K. 8. S. 128. a.

k) Ebenderſ. a. e. a. O.

l) Pet. Martyr bei Eden und Rich. Willes a. a. O.
    S. 56. b.

m) Gonzalez de Oviedo a. e. a. O. auch bei Pur-
    chas a. a. O. III. B. V. K. 3. S. 993.

n) Ebenderſ. bei Ramuſio a. a. O. S. 126. b.

o) Tomſon bei Hakluyt a. a. O. III. S. 616.

p) Pet. Martyr bei Ramuſio a. a. O. III. S. 2. b.

q) Gonz. de Oviedo a. e. a. O. S. 125. a.

r) Ebenderſ. a. e. a. O. S. 125. a. 126. b.

s) Ebenderſ. a. a. O. S. 126. b.

t) Barth. Colombo bei P. Martyr bei Ramuſio a. a.
    O. III. S. 9. a.

förderten die Eingebohrnen ſchon vor der Ankunft der
Spanier vieles Gold, und wurden [u]) von den leztern
gezwungen, für ſie in den Gruben zu arbeiten, ihre
Stelle [x]) aber in der Folge durch gekaufte Sklaven
erſezt.

In der erſten Zeit waren die Goldgruben [y]), vornemlich im Lande Zibao am Giamiko ungemein reich,
und die Spanier bauten da eine Veſtung oder einen
Thurm [z]); das Gold fand ſich in einer Streke von
ſechs Meilen im Ueberfluſſe, ſogleich unter der Oberfläche [a]); vorzüglich zeichneten ſich die S. Chriſtophs-
grube [b]) und die alte Gruben [c]) aus; das Gold aus
der erſtern und einigen benachbarten Gruben wurde auf
zwo Hütten geſchmolzen, und betrug jährlich 300000
Peſos [d]); aber dieſe Gruben nahmen ſchon nach der
Mitte des ſechzehenden Jahrhunderts [e]) ſo ab, daß ſie
wegen Theurung der Lebensmittel, Sklaven und Werkzeuge nicht mehr allenthalben gebaut wurden [f]), und
gegen das Ende waren ſie [g]) erſchöpft.

Das

u) Lopez Vaz a. a. O. S. 783.

x) Laudonniere bei Hakluyt a. a. O. III. S. 311.

y) Gonzalez de Oviedo bei Purchas a. a. O. S. 993.

z) Gonzalez de Oviedo bei Ramuſio a. a. O. S.
90. a.

a) P. Martyr bei Eden und Rich. Willes a. a. O.
S. 29. a.

b) Ebenderſ. a. e. a. O. S. 56. b. 57. a.   Gonzalez de
Oviedo a. a. O. S. 126. b.

c) Gonzalez de Oviedo a. e. a. O.   Hakluyt a. a.
O. III. S. 616.

d) Pet. Martyr a. e. a. O. S. 56. b. 57. a.

e) 1555 fand Tomſon a. a. O. keine mehr.

f) Gonzalez de Oviedo a. e. a. O.

g) 1587 Lopez Vaz a. e. a. O.

Domingo hatte aber auch einträgliche Kupfergru=
ben [h]), die auch am Ende des ſechzehenden Jahrhun=
derts ſtark im Gange waren [i]).

Auch in Jamaika [k]) fanden die Europäer bei ihrer
Ankunft Gold und Kupfergruben.

Die Perleninſel hatte zwar damals [l]) vieles, aber
gegen Ende des ſechzehenden Jahrhunderts wenig Gold
mehr [m]), deſto mehr einige benachbarte Inſeln; auch
nahm hier 1575 Orenham ein Schiff von Quito
mit 60000, und bald darauf ein anderes mit 100000
Peſos an Silberſtangen [n]).

Die Einwohner der Inſel Kozumel vertauſchten
ſchon 1518 gegen die Spanier vergoldetes Kupfer oder
ſehr geringhaltiges Gold [o]).

Auch in Kuba [p]) fand ſich, wie die Einwohner
den Spaniern ſchon bei ihrer erſten Ankunft ſagten [q]),
vornemlich in der Mitte der Inſel in der Landſchaft
Kubamkan, vieles Gold, vieles im Sand der Flüſſe [r]),
aber auch in eigenen Gruben [s]), deren ſich Velaſco
be=

---

h) Herrera a. a. O. S. 860. Gonzalez de Oviedo
    bei Ramuſio a. a. O. III. S. 48. a.

i) Lopez Vaz a. e. a. O.

k) Gonzal. de Oviedo a. e. a. O.

l) Lopez Vaz a. a. O. S. 782.

m) Pet. Martyr bei Ramuſio a. a. O. III. S. 37. a.

n) Lopez Vaz a. a. O. S. 779.

o) Gonzalez de Oviedo bei Ramuſio a. a. O. III.
    B. XVII. K. 10. S. 183. b.

p) Ebenderſ. ebendaſ. K. 4. S. 180. b.

q) Purchas a. a. O. I. B. II. K. 1. §. 5. S. 11.

r) Gonzalez de Oviedo a. e. a. O. K. 1. S. 178. b.

s) Ebenderſ. a. e. a. O. B. VI. K. 8. S. 125. a.

bemächtigen lies[t]): Sie hatte aber auch Kupfergruben[u]), und in dieſen z. B. in einer, welche drei Meilen von S. Jago lag, ſo reichhaltige Erze, daß ein
Spanier, Alonſo da Caſtella aus fünf Centnern
derſelbigen drei Centner des treflichſten Kupfers erhielt[x]).

Auch auf der Inſel Tortuga fanden die Europäer
Ueberflus an Gold, und die Einwohner bauten im
ſechzehenden Jahrhundert unzäliche Gruben davon in
den Bergen[y]).

Schon vor dieſem Zeitalter hatte der Ruf von ſeinem Ueberflus an Golde die Portugieſen nach Afrika
gelokt; ſchon im funfzehenden Jahrhundert[z]) und
wahrſcheinlich noch früher tauſchten Araber und Mauren Kupfer, Silber, Pferde, Seide aus Granada
und Tunis, zu Tombut, und ein Volk Azanaghi Salz
von Tegazza zu Melli gegen Gold um: 1442 bekam
Ant. Gonzalez an der Abendküſte gegen einige Ge-
fangene, die er gemacht hatte, auſer Sklaven eine beträchtliche Menge Goldſtaub[a]), und nannte daher ein
kleis

---

t) Gonzalez de Oviedo a. e. a. O. B. XVII. K. 1.
S. 179. b.

u) Gonzalez de Oviedo a. e. a. O. J. de Trexada
bei Hakluyt a. a. O. III. S. 558. Mendez di Val-
des ebendaſ. S. 559.

x) Gonzalez de Oviedo a. e. a. O. B. XVII. K. 4.
S. 180. b.

y) 1568 Hawkins a. a. O. S. 509.

z) 1455 Alviſe dt Cadamoſto bei Ramuſio a. a. O.
I. S. 99. a. – 100. b. J. de Barros ebend. S. 385. b.

a) J. de Barros Aſia Dec. I B. I. K. 5. New collect.
of voyages and travels publiſhed by his Majeſty's Au-
thority printed for Th. Aſtley. London. fol. B. I.
1745. S. 12. b. 13. a.

kleines Waſſer, welches daſelbſt flieſt, Goldbach:
1461 lies König Alphons V. von Portugall wegen des
Gold= und Sklavenhandels, der ſchon damals ſtark
im Gange war, an eben dieſer Abendküſte auf der Inſel Arguim ein Schlos erbauen b), und 1481 ſchikte
unter König Johann II. Azambuja die Flotte mit
Gold beladen zurük c): Auch Pet. von Covillam
ſegelte 1487 von Lisbon nach der Morgenküſte von
Afrika, um die Goldbergwerke von Sofala zu ſehen d),
und 1498 nahm Vasco de Gama zwiſchen Mombaſſa und Melinde zwei Schiffe mit einem reichen Vorrath von Gold und Silber hinweg e); ſchon damals
kamen Kaufleute von Guzerat und Kambaja nach Melinde f), die Einwohner von Zanguebar nach Sofala g),
um Gold einzutauſchen.

Dieſer Handel mit Gold in dem Innern von Afrika,
vornemlich im Reiche Tombut, daurte auch im ſechzehenden Jahrhunderte fort h), und bereicherte ſeine Beherr-
ſcher, z. B. den König von Tombut i) und Born k)
un=

b) de Barros a. e. a. O. S. 16. a.

c) Ebenderſ. a. e. a. O. S. 17. a.

d) Vasco de Gama ebendaſ. S. 18. b.

e) Ebenderſ. a. e. a. O. S. 27. a.

f) Ebenderſ. a. e. a. O.

g) Ebenderſ. a. e. a. O. S. 40. a.

h) Joſ. Leo aus Afrika. Africae deſcriptio L. IX. abſoluta Th. II. B. 7. Lugd. Batav. ap. Elzevir. 1632. 8.
S. 643. Madok ſah 1594 zu Marokko 30 mit Gold
beladene Maulthiere von daher ankommen, bei Hakluyt a. a. O. II. S. 192.

i) dieſer hatte (nach J. Leo a. e. a. O. S. 643.) unter
andern Schäzen viele Goldplatten und Scepter, deren
einige 1300 Pfunde ſchwer waren, und dem Kaiſer von
Marokko ſoll es, nachdem er ſich deſſelbigen bemächtigt,
(nach

ungemein: Auch nahmen die Portugieſen, die inzwiſchen in ihren Eroberungen auf dieſem Theile der Erde immer weitere Fortſchritte machten, und nach der Vereinigung ihres Reichs mit Spanien, auch andere europäiſche Völker, vornemlich Holländer und Engländer, durch Bezwingung der eingebohrnen Völkerſchaften, Krieg und Tauſchhandel, an dieſen Schäzen groſen Antheil. Schon 1502 erkannte der König von Sofala die Lehnsherrſchaft des Königs von Portugall, bezahlte ſogleich an Gold 1000 Mitigali, und verſprach für die Folge jährlich 1500 Peſos [l]); auch hatten die Portugieſen zu dieſem Zweke in dieſem Lande an der Mündung des Quama eine Veſtung angelegt [m]), die ihnen aber am Ende dieſes Jahrhunderts wenig mehr nüzte [n]): Der König von Quilloa [o]), bei deſſen Eroberung die Portugieſen viele Beute an Gold, Silber und Kupfer gemacht hatten [p]), verſprach jährlich dem Könige von Portugall 2000, der König von Mombaſſa 100 [q]), der

(nach Madok a. a. O. S. 193.) jährlich 60 Centner Gold eingetragen haben.

k) an ſeinem Hofe war (J. Leo a. a. O. S. 658) alles, Steigbügel, Sporen, Zügel, Schalen, Schüſſeln, Becher, alles Tiſchgeräthe von Gold.

l) Pet. Alvarez bei Ramuſio a. a. O. I. S. 135. a.

m) New Collection of voyages &c. for *Aſtley*. III. S. 396. b. Od. Barboſa bei Ramuſio a. a. O. I. S. 288. a.

n) Duart de Meneſos bei Purchas a. a. O. II. B. IX. K. 10. §. 3. S. 1522.

o) Vaſco de Gama New collect. of voyages &c. for *Aſtley*. I. S. 51. a.

p) Od. Barboſa a. a. O. S. 289. a.

q) Vaſco de Gama a. a. O. S. 56. a.

der König von Melinde 500 r), der Scheik von Lamo
600 s) Metikals an Gold zu entrichten; noch 1591
gewannen die Portugieſen nur am Quame alle halbe
Jahr 100000 Cruſados, welche im Hafen Quillinane
nach Portugall eingeſchift wurden t): Auſerdem tauſchten ſie an der ganzen Küſte von Guinea u), vornemlich
bei Caſtello della Mina x), überhaupt auf der ganzen
Küſte von Afrika, vom grünen Vorgebirge an bis zum
rothen Meere y), vornemlich zu Zeila z), Magadoxo a);
Mombaſſa b), auf der Factorei Sena c), bei der Veſtung Tete am Zambeſe d), zu Sofala e), und an der
Küſte

r) Vaſco de Gama a. e. a. O.

s) Ebenderſ. a. e. a. O. S. 62. a.

t) dos Santos bei Purchas a. a. O. II. B. IX. K. 12.
§. I. S. 1536.

u) Ebenderſ. a. a. O. S. 1559.

x) Navigaz. da Lisboa al S. Thoma bei Ramuſio a. a.
O. I. S. 118. a.

y) Andr. Corſali bei Ramuſio a. a. O. I. S. 178. a.
H. Fr. Alverez kurtze und warhafftige Beſchreibung aller
gründlichen erfarnus von den Landen des mechtigen Königs in Ethiopien, den wir Prieſter Johann nennen 2c.
mit groſſem fleiß aus Portugaliſcher und Italiániſcher
Sprach ins Teutſch gebracht. Eißleben. MDLXVII. fol.
S. 6.

z) wo auch die Araber Gold einhandelten L. Barthema
a. a. O. S. 155. b.

a) Roe bei Purchas a. a. O. I. B. IV. K. 16. §. I.
S. 637.

b) Peyton ebendaſ. K. 15. §. 3. S. 534.

c) dos Santos bei Purchas a. a. O. II. B. IX. K. 12.
§. 3. S. 1548.

d) de Faria in New Collection &c. for Aſtley. III.
S. 343.

e) Ebendaſ. S. 396. b.

Küſte von Sierra Leona [f]) gegen Eiſen, Zinn, Kupfer, Leinwand, Glaskorallen und andere Kleinigkeiten
vieles Gold ein, und z. B. 1502 gieng eine Karavelle
mit vielem Golde von la Mina nach Lisbon ab [g]);
auch nahm der portugieſiſche Admiral Cabrol 1508
ein mit Gold beladenes Schiff, das von Sofala nach
Melinde ſegelte, den Mohren [h]); 1590 unter Admiral Linſcoten die Holländer [i]), die überhaupt einen
groſen Theil des portugieſiſchen Goldhandels an ſich
zogen [k]), den Portugieſen ein von la Mina kommendes
mit Gold befrachtetes Schiff hinweg.

Auch die Engländer wuſten ſich bald dieſes vortheilhaften Handels theilhaftig zu machen: Schon
1553 tauſchte Windham, der mit Pintado dahin ſegelte, an der Goldküſte gegen ſeine Waren anderthalbhundert Pfunde Gold ein [l]); Lock, der 1554
dahin ſchifte, brachte vornemlich von der Stadt Sam-
ma, welche nordöſtlich von dem Vorgebirge mit den
drei Spizen lag, und deren Einwohner vieles Geſchmei-
de von Gold trugen, über 400 Pfunde gutes (von
mehr als 22 Karath) Gold zurük [m]), und Towrſon
tauſchte auf den drei Reiſen, welche er in den Jahren
1555-

---

f) Finch bei Purchas a. a. O. I. B. IV. K. 4. H. 1.
   S. 416.

g) Vaſco de Gama a. a. O. S. 51. a.

h) Ebenderſ. a. a. O. S. 41. b.

i) New Collection &c. for *Aſtley.* I. S. 232. a.

k) Jobſon bei Purchas a. a. O. II. B. VII. K. 2. H. 3.
   S. 937.

l) Voyage to Guinea and Benin. bei Eden und Willes
   a. a. O. S. 336.

m) New Collection &c. for *Aſtley.* I. S. 147. a.

1555-1558 nach einander dahin vornahm, an dieser Küste, deren Einwohner er in der Kunst, Gold, und selbst Eisen, zu verarbeiten, geübt fand, gegen Kupfer, Mössing, Blei, Zinn, Leinwand, und allerlei kleine Eisenware [n]), Fenner (1566) am grünen Vorgebirge gegen Eisen eine Menge Gold ein [o]).

Dieses Gold wurde grosentheils aus dem Sande von Flüssen gewaschen [p]); so z. B. aus dem Sande des Quame [q]), des H. Geistflusses und anderer Flüsse in Monomotapa [r]), auch des Aroe [s]), der Flüsse im Königreiche Darha [t]), und in den Ländern Boro und Quitinuy [u]).

Ein anderer Theil des Goldes in Afrika wurde aus Gruben gefördert, und von der losen Erde, womit er vermengt war, durch Schlemen geschieden [x]), oder die Regengüsse abgewartet, die es aus den trokenen Erdschichten entblösten, und auswuschen [y]), ihre Wirkung wohl auch dadurch unterstüzt, daß man die Erde,

n) Ebendas. S. 156. a. – 176. b.

o) Ebendas. S. 186. a.

p) dos Santos a. a. O. S. 1536. S. auch Purchas a. a. O. II. B. VI. K. 2. §. 5. S. 873.

q) Vasco di Gama a. a. O. S. 61. a. Peyton a. a. O.

r) Vasco di Gama a. e. a. O.

s) Pigafetta bei Purchas a. a. O. II. B. VII. K. 4. §. 8. S. 1022. da Faria a. a. O. S. 395. b.

t) Petoney bei Hakluyt a. a. O. II. 2. S. 188.

u) de Barros bei Ramusio a. a. O. I. S. 392. a.

x) dos Santos a. a. O. S. 1542. 1549.

y) Purchas a. a. O. II. B. VI. K. 2. §. 5. S. 873. dos Santos a. a. O. S. 1542.

Erde, besonders da, wo das Wasser einen Fall hatte, mit Stäben und Krüken fleisig umwandte [z]; oder [a] warfen die Einwohner die ausgegrabene goldhaltige Erde in Gruben, welche sechs bis sieben Handbreiten tief waren, und in welchen sich den Winter über Wasser sammlete; aus solchen Gruben holten sie denn, so wie aus andern Wasserpfützen, in deren Bodensaz sie einen solchen Gehalt vermutheten, nachdem sie etwa die Helfte des Wassers ausgeschöpft hatten, den Schlam, und wuschen das Gold daraus.

Ihre Gruben waren kunstlos, aber nicht selten sehr mühsam, und so gefährlich, daß sie über ihnen einstürzten [b]; zuweilen förderten sie auch goldhaltige Steine aus, welche sie denn, ehe sie das Gold durch Waschen daraus schieden, zuvor zermalmen musten [c].

Ueberhaupt war ein grosser Theil des Goldes, welches die Europäer aus Afrika holten, nicht da, wo sie es unmittelbar bekamen, gefunden, sondern durch den Handel dahin gekommen: Das Königreich Benin soll zwar aus einer eisenschwarzen Erde Eisen geschmolzen haben, welches besser war, als das europäische [d], aber Gold und Silber fand J. Welsch, der 1588 dahin kam, nicht [e].

Noch

[z] P. Alvarez a. e. a. O. S. 162.
[a] de Barros a. a. O. S. 392. b. 393. a.
[b] dos Santos a. a. O. S. 1542.
[c] Ebenders. a. e. a. O.
[d] Ebenders. a. a. O. S. 1560.
[e] bei Hakluyt a. a. O. II. 2. S. 129.

Noch am Ende des ſechzehenden Jahrhunderts
(1591) handelten engliſche Handelsleute [f] am Sene-
gal und im Hafen Aly, in der Stadt Joala und am
Gambia Gold ein; auch in einem Reich Darha zwiſchen Marokko und Tombut, baute man Goldgruben [g]: Reich an Gold, das ſowohl nach dem Markte
von Tombut, als, ſo wie das Gold von Fotu und
Abrenboa [h]), nach den europäiſchen Märkten an der
Küſte, z. B. am Vorgebirge Corſo gieng, war das
Land Mandinga [i]): Auch Sierra Leona war ſo reich
an Gold, daß der König alle Abgaben in Gold bekam [k]); auch in den Ländern Metikuo, Boro, Qui-
tikui und Bohenemugi fand ſich vieles Gold [l]); auch in
der Stadt Maſſanpana in Angola [m]); noch mehr im
Gebirgland Kambambam am Koanza [n]): Noch berühmter durch ihre reiche Goldgruben waren das Königreich [o]) Butua (Abutua oder Toroa) und die Staaten von Monomotapa [p]), deren König den Portugieſen

f) Rich. Raynolds und Th. Daſſel bei Hakluyt
   a. a. O. II. 2. S. 188. 189.

g) 1591 Petoney ebendaſ. S. 188.

h) Purchas a. a. O. II. B. VII. K. 5. H. 5. S. 946.

i) Ebendaſ. a. a. O. B. VI. K. 3. H. 1. S. 873. 874.

k) Finch ebendaſ. I. B. IV. K. 4. H. 1. S. 414.

l) Purchas a. a. O. II. B. VI. K. 3. H. 1. S. 874.

m) Knivet a. a. O. S. 1237.

n) dos Santos a. a. O. S. 1557.

o) Pigafetta bei Purchas a. a. O. II. B. VII. K. 4.
   H 8. S. 1021. da Faria a. a. O. S. 343. dos Santos a. a. O. S. 1549. zugleich die älteſte Barrius
   ebendaſ. S. 1550.

p) dos Santos a. a. O. S. 1549. Vaſco di Gama
   a. a. O. S. 85. b. Pigafetta a. a. O. S. 1022.

ſen bei ihrer Ankunft auch Gold anbot q); die reichſte,
welche Aſue hieſen, und wo ſchon einmal ein Klum=
pen 12000, und ein andermal ein Klumpen 400000
Dukaten ſchwer gefunden worden war, waren zu Maſ=
ſapa r), an dem Berge Fura, andere zu Manika in
der Landſchaft Chitanga s), am Ufer des Kuama,
bei t) Sofala (Cefala, Ceffala, Zofala), Sena u),
Mokarangua x), Mombaſſa y), Chirono z), Moſam=
bique a), und auf der gegen über liegenden Inſel Mada=
gaſkar b), zu Quilloa c), Pemba d), Melinde e), Pa=
te f), Brava g), Magadoxo h), und Barbora i); von
                                                   ihrem

q) Barrius a. a. O. S. 1556.

r) da Faria a. e. a. O. dos Santos a. a. O. S. 1549.

s) da Faria a. e. a. O. und S. 340. dos Santos a. a.
   O. S. 1536. 1542. Od. Barboſa a. a. O. S. 392. a.
   393. a. Vaſco di Gama a. a. O. S. 61. a.

t) H. Fr. Alvarez Beſchreibung ꝛc. S. 6. Vaſco di
   Gama a. a. O. S. 51. a. 85. b. Od. Barboſa a. a.
   O. S. 288. 289. a. Corſali a. a. O.

u) Hamilton new account of the Eaſt - Indies. I. S. 7.

x) dos Santos a. a. O. S. 1542.

y) Pigafetta a. a. O. S. 1024. Peyton a. a. O.

z) dos Santos a. a. O. S. 1549.

a) Vaſco di Gama a. a. O. S. 85. b. Peyton a. a.
   O. L. Barthema a. a. O. S. 173. a. Griſalva bei
   Purchas a. a. O. II. S. 1084.

b) Pigafetta a. a. O. S. 1024.

c) Od. Barboſa a. a. O. S. 289. a. Vaſco di Gama
   a. e. a. O.

d) Vaſco di Gama a. e. a. O.
e) Ebenderſ. a. e. a. O.
f) Ebenderſ. a. e. a. O.
g) Ebenderſ. a. e. a. O.
h) Ebenderſ. a. a. O. Roe a. a. O.
i) Od. Barboſa a. a. O. S. 290. a.

ihrem Golde gieng ein groſer Theil durch den Handel nach Arabien ᵏ) und Indien ˡ).

Auch in Nubien ſollte ſich damals Gold gefunden haben ᵐ); gewiſſer und weit reichlicher fand es ſich in Abeſſinien ⁿ), deſſen König 1539, als der König von Zeyla ſein Reich eroberte, den gröſten Schaz in der Welt gehabt haben ſoll ᵒ).

Auch von dieſem Golde gieng ſchon damals, durch den Zwiſchenhandel von Suachem ᵖ), und des Königs von Dalaka auf der Inſel Maſua im rothen Meere ᑫ), ein groſer Theil nach Arabien. Wenn man weiß, daß mehrere der unter ihm ſtehenden Völker und Länder, die Gaſates ʳ), die Länder Gojam ˢ), Kaxuma ᵗ), und Damute ᵘ), reich an Gold ſind, daß Vaſallen ˣ) und

k) Vaſco di Gama a. a. O. S. 42. a. Od. Barboſa a. e. a. O.

l) Vaſco di Gama a. a. O. S. 27. a. 48. a.   Od. Bar= boſa a. e. a. O.

m) H. Fr. Alvarez Beſchreibung ꝛc. S. 142.

n) Ebenderſ. a. a. O. S. 415.   J. Bermudez bei Purchas a. a. O. II. K. 7. H. 13. S. 1158 – 1182. Od. Barboſa a. a. O. S. 290. b.

o) Vaſco di Gama a. a. O. S. 113. b.   J. de Caſtro bei Purchas a. a. O. II. K. 6. H. 1. S. 1128.

p) Vaſco di Gama a. a. O. S. 116. a.   J. de Caſtro a. a. O. S. 1131.

q) Vaſco di Gama a. a. O. S. 112. b.   J. de Caſtro a. a. O. S. 1126.

r) J. Bermudes a. a. O. S. 1168. 1170.

s) Ebenderſ. a. a. O. S. 1170. H. Fr. Alvarez Be= ſchreibung ꝛc. a. a. O. S. 391.

t) H. Fr. Alvarez a. e. a. O. S. 162.

u) J. Bermudez a. a. O. S. 1168. 1169. 1171. 1173.

x) H. Fr. Alvarez a. e. a. O. S. 170.

und Unterthanen ʸ) gewöhnliche Steuren und ᶻ) auſer-
ordentliche Abgaben meiſt in Gold entrichten müſen,
daß ihm nur die Goragues blos an Gold jährlich ſo
viel bezahlen, als acht Menſchen tragen können ᵃ), ſo
wird man ſich erklären können, wenn man es auch übertrieben finden ſollte, daß er dem König von Portugall
und ſeinem Statthalter in Indien gegen Ueberſendung
von Gold- und Silberarbeitern, Kupfer- Meſſer- Waf-
fen- und andern Schmiden, Zinngießern u. d. 1000mal
100000 Drachmen Goldes zu Bekriegung der Mohren
anbot ᵇ), daß er den Obern der bei ihm ſich aufhalten-
den Portugieſen mit 30, den übrigen mit funfzig und
ihrem Factor mit 100 Unzen ᶜ) ein Geſchenk machte,
und der König Claudius auf einmal 3000 Unzen
unter ſie austheilen lies ᵈ); daß die Königin Helena
ihrem Sohn nur an Gold 30000 Drachmen hinterlies ᵉ).

Abyſſinien hat überhaupt eine Menge Erzgänge,
die theils aus Unwiſſenheit, theils aus Furcht vor den
Türken nicht gebaut wurden ᶠ), denn daß die Einwohner in der Kunſt ſie ᵍ) und die daraus gewonnene Metalle

---

y) H. Fr. Alvarez a. e. a. O. S. 171.

z) Ebenderſ. a. e. a. O. S. 180. J. Bermudez a. a.
. O. S. 1169.

a) J. Bermudez a. a. O. H. 5. S. 1167.

b) H. Fr. Alvarez a. e. a. O. S. 403. 428. 434.

c) Ebenderſ. a. e. a. O. S. 327. 328.

d) J. Bermudez a. a. O. S. 1158.

e) H. Fr. Alvarez a. e. a. O. S. 366.

f) Fernandez bei Purchas a. a. O. II. B. VII. K. 8.
H. 2. S. 1182.

g) a. e. a. O. S. 415.

ralle [h]) zu verarbeiten, noch ſehr zurük waren, bezeugt
Alvarez: So findet ſich in einem groſen an das Land
Bagamidri nach Morgen zu ſtoſendem Gebirge reiches
Silbererz; dieſes Erz wurde aber nicht zu Tage gefördert, ſondern die Einwohner machten Hölen in die Erde, füllten dieſe mit Holz, zündeten es, wie einen
Kalkofen an, und erhielten ſo ihr Silber in Zainen [i]):
Auch hatte Abyſſinien, vornemlich in dem Lande Tigre-
makan [k]) einen Reichthum von Eiſenerz, das meiſt ſogleich unter der Oberfläche lag, und von welchem man
nur, ſo wie man Eiſen nöthig hatte, nahm [l]); auch[m]),
vornemlich in den Ländern Amara und Bedremudeo [n])
Kupfer- und Zinn-, in dieſen Ländern[o]) auch Bleigruben: Zinn und Blei waren auch unter den gangbaren
Handelswaren Abyſſiniens [p]).

Silber- Kupfer- und Eiſenerz wurden auch in den
Staten von Monomopata gegraben[q]); Erze die aus
dem Centner 150 Mark Silber gaben, bei Chikova[r]),
ſonſt auch Silber in Magadoxo [s]), Quilloa [t]), Mombaſſa,

---

h) a. e. a. O. S. 403. 428. 434. 441.

i) Ebenderſ. a. e. a. O. S. 391.

k) J Bermudez a. a. O. S. 1171.

l) Fernandez a. a. O.

m) H. Fr. Alvarez a. e. a. O. S. 415.

n) J. Bermudez a. e. a. O.

o) Ebenderſ. a. e. a. O.

p) Ein Ungenannter bei Purchas a. a. O. II. B. VII.
    K. 8. § 2.

q) Barrius ebendaſ. S. 1149.

r) Ebenderſ. a. e. a. O.

s) Roe a. a. O.

t) Od. Barboſa a. a. O. S. 289. b.   Th. Lopez bei
    Ramuſio a. a. O. I. S. 133. b.

baſſa ᵘ), Moſambique ˣ), und auf der gegen über lie=
genden Inſel Madagaſkar ʸ) gewonnen, die auch an
andern Metallen, vornemlich Kupfer und Eiſen reich
war ᶻ).

Im Lande Makoko fanden ſich viele Kupfergru=
ben ᵃ), zu Bongo war Vorrath von Kupfer und Ei=
ſen ᵇ), und die Einwohner, die Anzignos, hatten ſehr
ſchön geglättetes Eiſengeräthe ᶜ).

Auch Kongo hatte, vornemlich bei Sundi, wo die Ei=
ſengruben am meiſten geſchäzt wurden ᵈ), und Bamba,
wo auch mehrere Silbergruben waren ᵉ), viele Bergwer=
ke; in den Gebirgen von Kaſchinkabar groſe Kupfergru=
ben ᶠ), auch in den Bergen von Kambambam bei de
Prata nicht weit von Koanza Silberbergwerke, welche,
weil ſie für auſerordentlich reich gehalten wurden, was
ſich aber in der Folge nicht ſo befand ᵍ), zwiſchen dem
Kö=

---

u) Pigafetta a. a. O. S. 1024.

x) Griſalva a. a. O.

y) H. F. Alvarez a. e. a. O. S. 7. Vaſco di Gama
a. a. O. S. 40. a. Od. Barboſa und Pigafetta
a. d. e. a. O.

z) Pigafetta a. e. a. O.

a) Ebenderſ. a. a. O. S. 992. New collection &c. for
Aſtley. III. S. 317.

b) Battel bei Purchas a. a. O. II. B. VII. K. 3. §. 6.
S. 979.

c) Pigafetta a. e. a. O.

d) Ebenderſ. bei Purchas a. a. O. II. §. 4. S. 1004.
Linſcoten bei Ogilby Africa in New Collection &c.
for Aſtley. S. 532.

e) Pigafetta a. e. a. O. §. 2. S. 999. Linſcoten
a. e. a. O.

f) Battel a. e. a. O. §. 3. S. 975.

g) Pigafetta a. e. a. O. K. 4. §. 3. S. 994. 998.

König von Angola und den Portugieſen einen Krieg
veranlaſten [h]); auch in der Gebirgskette, welche mit
dieſer zuſammenhängt, und ſich längſt der Küſte nach
Dembo hinzieht, vieles Kupfererz [i]), und in ganz
Angola einen Ueberflus an Silber, Kupfer und andern
Metallen [k]), ſo daß zu Loanda Silber und Gold nicht
geachtet wurden [l]); auch zu Angoy in Loango reichen
Vorrath von Kupfer [m]).

Eben ſo waren damals in Nordafrika auf dem
Berge Jlalem Silberbergwerke, welche zwiſchen den
Einwohnern und ihren Nachbarn öfters Kriege veran-
laſſen [n]), zu Jfran [o]) und in Guzzula [p]) ſehr gangbare Kupferberg= und Hüttenwerke; auch auf den
Märkten zu Fez Kupfergeräth im Ueberflus [q]), und im
Lande Guzzula [r]), zu Elgiumuha [s]), am Berge Be-
nizaid [t]), und Beni Jeſſeten [u]), zu Deſefra [x]), und
an den Bergen von Bugia [y]) Eiſenwerke, welche jedoch
zum Theil ſehr ſchlechtes Eiſen lieferten.

Auf

[h] Ebenderſ. a. e. a. O. S. 997. 1017. Battel a. a.
   O §. 4. S. 978.
[i] Battel a. e. a. O. §. 2.
[k] Pigafetta a. e. a. O. S. 998.
[l] Ebenderſ. a. e. a. O. S. 989.
[m] Battel a. a. O. §. 5. S. 979.
[n] J. Leo a. a. O. B. II. S. 141.
[o] Ebenderſ. a. a. O. B. VI. S. 601.
[p] Ebenderſ. a. a. O. B. II. S. 177.
[q] Ebenderſ. a. a. O. B. III. S. 295.
[r] Ebenderſ. a. a. O. B. II. S. 177.
[s] Ebenderſ. a. e. a. O. S. 207.
[t] Ebenderſ. a. a. O. B. III. S. 449. 450.
[u] Ebenderſ. a. e. a. O. S. 469.
[x] Ebenderſ. a. a. O. B. IV. S. 506.
[y] Ebenderſ. a. a. O. B. V. S. 590.

Auf den Inseln an der guineischen Küste [z]) ward, so wie auf den kanarischen [a]), vieles Eisenerz gegraben, und vornemlich auf den erstern sehr gutes Eisen daraus geschmolzen: Auf den Inseln des grünen Vorgebirges soll sich etwas, wiewohl schlechtes Gold [b]), so wie nach einer Sage, auf Teneriffa [c]) ein Goldbergwerk befunden haben.

Aber nicht nur die Kunst, die Metalle aus ihren Erzen und andern natürlichen Verbindungen auszuscheiden, hatte in diesem Zeitalter sehr zugenommen, und sich in allen damals bekannten Theilen der Erde verbreitet; auch die Kunst sie durch Versezung mit einander und auf manche andere Weise zu veredeln, wurde bekannter, kam eben dadurch mehr in allgemeinen Umlauf, und ihrer Vollkommenheit etwas näher.

Allgemein bekannt [d]), obgleich erst nach der Mitte dieses Jahrhunderts in England wieder im Grosen gangbar [e]), war die Bereitung des Mössings aus Kupfer und Galmei, den die Naturforscher inzwischen immer noch, da ihnen doch der Zink bekannt war, ohne zu ahnden, daß er von diesem abstammen könnte, für eine blose

z) Barrius a. a. O. S. 1560.

a) Th. Nicols in New Collection &c. for *Astley*. I. S. 535. R. Hawkins bei Purchas IV. B. VII. K. 5. H. 1. S. 1369.

b) R. Hawkins a. e. a. O. S. 1371.

c) Th. Nicols a. e. a. O. S. 542. a.

d) G. Agricola de ortu et caussis subterraneorum. B. V. S. 527. de natur. fossil. B. I. S. 575.

e) 1565 durch Teutsche M. Stringer Oper. miner. explic. 1713. S. 34. R. Watson chemical essays. B. IV. S. 50. ꝛc.

bloſe Erde erklärten [f]);   auch wohl ſeine Stelle durch
Ofengalmei erſezten [g]); bekannt das Weiskupfer, und
ſeine Bereitung aus Kupfer und Arſenik [h]); die Ver-
ſezungen des Zinns mit Blei, in verſchiedenen Verhält-
niſſen, ſowohl zu Orgelpfeifen [i]), als zu allerlei Hausge-
räth [k]); und als eine damals bei dem ſchönſten Zinn
in England ſehr übliche Sache, beſchreibt Agricola
die Verſezung mit Wismuth [l]), den man überhaupt erſt in dieſem Zeitraum, und zwar vorzüglich
durch ſeine [m]) Bemühungen genauer kennen lernte; die
Verſezung des Kupfers mit Blei und Wismuth [n]),
und des Wismuths mit Spiesglanz zu Schriftgieſe-
reien [o]); er beſchreibt das Ueberziehen des Eiſens mit
einer Kupferhaut [p]), das Ueberziehen anderer Metalle
mit Zinn [q]), auch mit Beihülfe von Salmiak [r]), und
auf mancherlei Wegen mit Silber [s]) und Gold [t]); die
Berei-

f) S. Agricola de ortu et cauſſ. ſubterran. a. e. a. O.
de natur. foſſil. B. IX. S. 647. 648.

g) Ebendſ. de natur. foſſil. B. IX. S. 647.

h) Ebendſ. a. e. a. O. S. 648. und de ortu et cauſſ.
ſubterran. a. e. a. O.

i) Ebendſ. de natura foſſilium. B. VIII. S. 645.

k) Ebendſ. a. e. a. O. und 647.

l) a. e. a. O. S. 647.

m) de ortu et cauſſis ſubterraneor. B. V. S. 524. 526.
de natura foſſilium B. I. S. 575. B. VII. S. 644.
de veter. et nov. metall. B. II. S. 677.

n) de natura foſſilium. B. VIII. S. 647.

o) a. e. a. O. S. 645.

p) de natura foſſil. B. IX. S. 648.

q) ebendaſ. a. e. a. O. und 649.

r) ebendaſ. S. 649.

s) ebendaſ. S. 648.

t) ebendaſ. a. e. a. O.

Bereitung des Zinnobers [u]), die damals vornemlich zu Venedig ins Grose getrieben wurde [x]), und des Bleiweisses [y]): Zu seiner Zeit waren die Salzsiedereien zu Volterra in Italien, zu Halle in Sachsen, zu Stasfurt und Lüneburg [z]), die Alaunsiedereien zu Messina in Sicilien, zwischen Pozzoli und Neapel, bei Tolfa, bei Volterra und Massano im Toskanischen, bei Schachiz zwischen Kommotau und Lenn in Böhmen, bei Salfeld und Lobenstein in Thüringen, bei Plauen im Vogtlande, bei Radeberg und Zweniz in Meissen, auch bei Brambek und Lüneburg in Niedersachsen [a]): und die Vitriolsiedereien bei Goslar und Blankenburg am Harze, bei Zweniz, Breitenbrun, Annaberg, Schneeberg und Radeberg in Sachsen, in Böhmen, bei Kupferberg in Schlesien, bei Schmölniz in Ungarn, bei Volterra, Massa, Monte rotondo, S. Philippi und Sovana im Grosherzogthum Toskana [b]) schon in vollem Gange.

5. Zeitalter der Elektiker.

Erster Abschnitt des siebenzehenden Jahrhunderts.

Noch überschwemmten auch in diesem Zeitraume die Künstler, welche in der Verwandlung anderer Stoffe in Gold, in der Bereitung eines allgemeinen Arzneimittels, in der Verlängerung des Lebens über die

[u] de natura fossilium. B. IX. S. 653. 654.

[x] Bermannus. S. 699.

[y] de natura fossilium. B. IX. S. 653.

[z] ebendas. B. III. S. 586.

[a] ebendas. S. 588. und B. X. S. 660.

[b] ebendas. B. III. S. 589.

die gewöhnliche Grenzen u. d. den gänzen Zwek der
Scheidekunst suchten, die Erde; die Stimme derer,
welche bald in einzelne Behauptungen ᶜ), bald in das
ganze Lehrgebäude ᵈ) ein gegründetes Mistrauen sezten,
und Zweifel dagegen aufwarfen, wurde nicht gehört:
Noch fanden sie, wenn sich auch einer oder der andere ᵉ)
bewogen sah, durch auffallende Betrafung einzelner
Betrüger andere zu schröken, hier und da bei Grosen,
z. B. bei Herzog Franz II. zu Sachsen Lauenburg ᶠ),
und

c) z. B. Instruction ou avertissement et preuve contre
   ceux, qui faussement se persuadent, de faire l'or potable
   à l'exclusion de la pierre philosophale.   Par un Ama-
   teur de la sagesse. Cölln. 1607. 8. bei Lenglet du
   Fresnoy a. a. O. III. S. 98. Franz Avellini, eines Arztes zu Messina Expostulatio contra chemicos, qua
   eorum paradoxa refelluntur. Messanae. 1637. 4.

d) z. B. La ruine des souffleurs Alchimistes de nôtre
   tems. à Paris. 1612. 12.   Non entia chemica, adversus alchemiam. Fcancofurt. 1606. Nik. Guibert
   Alchimia ratione et experientia impugnata et expugna-
   ta. Argent. 1603. 8. und de interitu alchimiae, metallorum transmutatione. Tulli. 1614. 8. Matth. Gwin-
   ne Aurum non aurum s. adversaria in assertorem chymiae et medicinae desertorem furiosum. 4. Lond. 1611.
   Antw. 1613. J. Cotta antiapology shewing the con-
   trafeitness of Anthony's aurum potabile. Oxon. 1627.
   T. Sonnet Satyre contre les Charlatans pseudomedecins, en la quelle sont decouvertes les ruses de tous
   theriacleurs, alchimistes, paracelsistes, distillateurs. à Paris. 1610. 8. Chph. Cachet apologia dogmatica in hermetici cuiusdam anonymi scriptum de curatione calculi,
   in qua chymicarum ineptiarum vanitas exploditur.
   Tulli. 1613. 8.

e) so lies Herzog Friedrich von Wirtemberg Joh. Heinr.
   von Müllenfels 1607 an einen eisernen Galgen
   hängen.

f) der viele Thaler aus chemischem Silber prägen lies. D.
   Sam. Reyher de nummis quibusdam ex chemico metallo factis. Kilon. 1692. 4. S. 18.

und selbst bei dem grosen König Gustav Adolph[g]) und andern[h]) Schuz und Unterstüzung; es kamen ganze Sammlungen, meist älterer, zum Theil unter-geschobener alchemischer Schriften mit[i]) und ohne[k]) Na-

[g]) der nach der Erzählung (Beytrag zur Geschichte der höhern Chemie ꝛc. S. 330. 331.) auf seinem Feldzuge in Teutschland in der Noth die Anerbietung eines Unge-nannten, geringe Metalle in Gold zu verwandeln, ange-nommen haben, und dadurch in Stand gesezt worden sein soll, eine Menge Dukaten schlagen zu lassen, auf welchen die chemische Zeichen ☉ ♀ ☿ stehen, auch eine silberne Münze. S. Reyher a. a. O. S. 13. 14.

[h]) Hans Christoph Rheinhard der ältere nennt in der Schrift: Valete, über den Tractat der Arcanorum Ba-filii Valentini zusammengesezten Hauptschlußpunkten des Lichtes der Natur. Halle in Sachsen. 1608 auch Herzog Ernst von Baiern, Herzog Heinrich Julius von Braun-schweig, Herzog Friedrich von Wirtemberg und Landgraf Moriz von Hessen; leztere beide auch Konr. Schüler Gründliche Auslegung und wahrhaftige Erklärung der Rythmorum Fratris Basilii Valentini Monachi Von der Materia, ihrer Geburt, Alter, Farbe, Qualität, und Namen des grossen Steins der uralten Philosophie. 1608. Johann Schaubert, Chymist zu Northausen, kurzer Bericht von dem Fundament der hohen Kunst Vorarchadu-miae wider die falschen und untreuen Alchymisten ꝛc. Mag-deburg. 1600 8. den Grafen Johann von Stollberg und den Abt Mich. Neander zu Jlefeld; B Penot (a. a. O.) den Fürsten von Anhalt, den Churfürsten von der Pfalz, den Markgrafen von Baden unter den hohen Beförderern dieser Weisheit.

[i]) so z. B. 1) M. Mayer Tripus aureus. Francof. 1618. 4. 2) J. Rhenanus Harmoniae imperscruta-bilis chimico-philosophicae Decades duae, quibus con-tinentur auctores de lapide. Francof. 1625. 8. 3) Jon. Schambert Consummata sapientia. 1603. 4. 4) Franz Kiefer Cabala Chymica concordantia chymica. Azot Philosoph. Solificatum, drey unterschiedliche nützliche,

und

Namen des Herausgebers, auch eine Menge anderer
Schriften gleichen Innhalts, sowohl ohne Namen [1])
als

und zuvor nie auffgegangene Tractätlein, ohne welcher
Hülff niemandt in Ewigkeit Chymiam veram verstehen,
noch das summum Arcanum erlernen wird. Frankfurt.
1606. 8.   5) Der Syndik. Joh. Grashof zu Stral-
sund, grosentheils unter dem angenommenen Namen
Herm. Condesyanus α) Dyas chymica tripartita,
das ist, sechs herrliche teutsche philosophische Tractätlein.
Frankf. am Mayn. 1625. 4.   β) Harmonia imperscrutabilis chimico - philosophica, auch mit der Auffschrift:
Syntagma harmoniae chymico - philosophicae. Francof.
1625. 8. wovon zwar drei Dekaden versprochen, aber
nur eine erschienen, und dem gleichnamigen Werke von
Joh. Rhenanus als die erste Dekade einverleibt ist.
6) Phil. Morgenstern turba philosophorum. Basel.
1613. 8.

k) 1) Elucidatio secretorum, das ist: Erklärung der Geheimnissen, wie der Lapis Philosophorum zu finden, und
die Universal - Medicin erlangt wird, aus dem Lateinischen ins Teutsche übersezt. Frankfurt. 1602. 12.   2) De
arte chemica L. I. II. quibus omnia, quae ad lapidis sive
pulveris philosophici compositionem usumque spectant,
breviter et aperte traduntur. Montisbelig. 1602. 8.
3) Philosophiae chemicae quatuor vetustissima scripta.
Francof. 8. 1605. und 1650.   4) De lapide philosophico tractatus duodecim e naturae fonte et manuali experientia depromti. Francof. 1611. 8.   5) Opuscules très
excellens de la vraye philosophic naturelle des metaux.
Lyon. 1612. 8. 6) Opuscula quaedam chimica. Francof. 1614. 8.   7) De naturae aliquot Arcanis, Sympa-
thiis et Antipathiis, insignibusque Medicamentis Libelli
duo anni 1622. (Bosphor. 12) Bassan. 4.   8) Musaeum
Hermeticum, omnes sopho - spagyricae Artis Discipulos
fidelissime erudiens, quo pacto summa illa veraque Medicina, qua res omnes qualemcunque defectum patien-
tes instaurari possint (quae alias Benedictus Lapis Sapientum appellatur) inveniri ac haberi queat. Francof.
1625. 4.
l) 1) Abortus chymicus sive Valles Arcanitatum divae Sa-
pien-

als mit allerlei angenommenen ᵐ) Namen heraus: Gelehrte

pientiae das ist, ein Philosophischer Discurs vom Stein
der Weisen und seiner Wunderbaren Geburt, ad Praxin
Basilianam gerichtet. Halle. 1619. 4. 2. Alchymia vera
Lapidis Philosophorum. Von der Rechten wahren Kunst
des Goldmachens, deren sich viel Aschenpeuster bis daher
ohne Grund rühmen, und damit reiche Leut arm machen,
allen Müßiggängern und verblendeten Goldkochern zur
Warnung publicirt, und ans Licht gebracht ex Bibliotheca
H. Andr. Marterstecken. Magdeburg. 1609. 8.
3) Alchymie-Spiegel, oder kurtz entworffene Practik,
der gantzen Chymischen Kunst, neben anzeige welche darzu tügtich seyn oder nicht, was für andere herrliche treffliche Künste daher entspringen, wie der alten mit seltsa-
men Worten verdunckelten Reden zuverstehen, und darinnen sonderlich der falschen Alchymisten Betrug entdeckt wird. Alles in 2 lustigen Gesprächen verfasset, und
aus dem Lateinischen ins Teutsche übersetzt. Frankfurt am
Mayn. 1613. 8. 4) Arboris aureae et argenteae theoria et practica (teutsch) 1624. 8. 5) Dialogus Mercurii,
Alchymistae et naturae perquam utilis. Colon. 1617. 12.
6) Disquisitio de Helia Artista in qua de metallorum
transformatione adversus Hagellii et Berrerii Jesuitarum
opiniones evidenter et solide differitur. Accesserunt Canones hermetici, de spiritu, anima et corpore Majoris
et minoris Mundi, cum Appendice. Marpurg. 1608. 8.
7) Gloria Mundi, sonsten Paradies-Tafel: das ist Beschreibung der Uralten Wissenschaft, welche Adam von
Gott selbst erlernet, Noe Abraham und Salomon,
als eine der höchsten Gaben Gottes gebraucht, alle Weisen zu jeder Zeit vor den Schatz der ganzen Welt gehalten und dem Gottesfürchtigen allein nachgelassen haben,
nemlich de Lapide Philosophico Authore *Anonymo*.
Frankfurt am Mayn. 1620. 8. 8) Aperta arca arcanorum arcani artificiosissimi oder des grossen und kleinen
Bauers, Eröffneter Kasten aller grösten und künstlichsten
Geheimnissen der Natur, beneben der rechten und wahr-
hafften Physica Naturali Rotunda, durch eine visionem
chymicam cabalisticam gantz verständlich beschrieben; und
einer Warnungs-Instruction und Beweiß gegen alle die,

lehrte aus allen Zungen und Völkerschaften verkündig=
ten sie bald mit mehr, bald mit wenigerem mystischem,
theo=

so das Aurum potabile ausserhalb der Tinctur des Uni=
verfalis Lapidis Philofophici per fe in weniger Zeit zu
verfertigen, anber falschlich perfuadiren. (von dem strals
fundischen Stadtsyndicus Joh. Grashof) 8. Franks
furth. 1617 und 1623. Leipzig. 1658. (Halle) Hamburg.
1705. (f. m. 11.) 9) Tractatus de lapide philofophico.
Francof. ad Moen. 1604. 8. 10) J. P. S. M. S. Alchimia vera oder etliche nützliche Tractätlein von der wah=
ren Alchemie. 1604. 8. 11) Eines Ungenannten alchy=
mistisch Weizenbäumlein der Alchimey von dem Stein
der Weisen, herausgeg. von D. Joach. Tanck. Leipz.
1604. 8. 12) Tractatus de fecretiffimo antiquorum
philofophorum arcano. Lipf. 1611. 8. 13) Aureum
Vellus. Rohrschach am Bodenfee. 1599. 8. 14) Canones decem. Francof. 1614. 8. 15) Compendium de mi-
crocofmo Marpurg. 1609. 8. Francof. 1635. 16. 16)
Alchimiae complementum et perfectio. Francof. 1630. 4.
17) Eclairciffement de la pierre philofophale. Paris.
1628. 8. 18) Emblemata de fecretis naturae chimica.
Oppenhem. 1618. 4. 19) De igne magorum philofophorum. Argent. 1608. 8. 20) De lapide philofophico.
1618. 8. 21) De lapide philofophico tract. 12. e naturae fonte et manuali experientia depromti. Francof.
1611. 8. 22) Mercurius redivivus. Francof. 1630. 4.
23) Le remede fouverain naturel du Sel de Sapience
tiré de l'or par l'art Spagyrique, accompagné de la
quint' effence de la flamme du feu. à Paris. 1619. 8.
24) Trinum magicum feu opus fecretorum. Francof.
12. 1630 und 1672. 25) Confenfus philofophorum
chimicorum. Parif. 1611. 12. 26) Palladium fpagyri-
cum. Paris. 1624. 8. 27) Trois traités de la philofophie naturelle. Paris. 1618. 8. 28) Idée parfaite de la
philofophie hermétique. Paris. 1631. 8. 29) Naturae
fanctuarium, quod eft Phyfica hermetica. Francofurt.
1619. 8. 30) Traité du vray fel fecret des Philofophes.
Paris. 1621. 4. 31) Le toifon d'or, ou la fleur des
Tréfors en la quelle eft traité de la Pierre des Philofophes, de fon origine, et du moyen de parvenir à fa
per-

theosophischem und kabalistischem Unsinn verbrämt, in
ihrem

perfection &c. à Paris. 1602. 1612. 32) La trompette
francoise, où fidel Francois traité de la philosophie hermetique. à Paris. 1609. 12. 33) Aurea Catena Homeri.
Francof. 1623. 8. 34) Rosa aurea sive Rosarius, tractatus excellentissimus de philosophorum lapide, a doctissi-
mis philosophis descriptus (in der Handschrift). 35) Secretum secretorum in unterschiednen Processen (in der
Handschrift). 36) Theatrum chimicum. 8. Ursell. Vol.
I - III. 1602. Argent. Vol. I - VI. 1613. - 1622. und
1659 - 1661.

m) 1) *Hermophilus* Philochimicus, Aphorismi Basiliani sive
Canones hermetici. Marpurg. 1608. 1609 und 1624. 8.
2) Heinr. Artocorphinus α) prodromus mysterio-
rum naturae mysteriosissimorum et Aurora medicinae
universalis consurgens. Stettin. 1620. 4. β) Analysis et
Synthesis physico-chymico medica artificiosissima. Stettin. 1621. 4. 3) Athenagoras du vrai et parfait
amour. à Paris. 12. 1599. und 1612. 4) Hermes
Trismegistus de lapidis philosophici secreto, edit.
a D. *Gnosio.* Lips. 1610. 8. 5) Arioponus Cepha-
lus Mercurius triumphans et Hebdomades eclogarum
Hermeticarum. Magdeburg. 1600. 4. 6) Sam. Ri-
sugdusius Disput. von der rechten Materie des lapidis philosophorum. Halle. 1608. 8. 7) Rases Cas-
strensis Liber luminum in Harmon. imperscrutabili &c.
Dec. I. nr. 3. 4. 8) Syrus Philosophus antiquus, de
Sapientia divina cum comment. *Borelli.* Lutet. 1635 12.
9) Salom. Trismosinus Elucidarius chymicus. 8.
1617. 10) *Chevalier imperial* miroir des alchimistes.
1609. 16. 11) Crasseus (Grasseus, Grosseus
oder Chortalasseus, eigentlich Joh. Grashof)
Arca arcani artificiosissimi de summis naturae mysteriis
Constructa ex Rustico Majore et Minore et Physica naturali colenda per visionem Cabalisticam Chemicam de-
scripta &c. Theatr. chemic. B. VI. n. 174-149. Man
get a. a. O. B. II. B. 3. Abschn. 3. §. 1. S. 585-618.
12) S. Beatus Azoth sive Aureliae philosophorum,
materiam primam et lapidem philosophorum explican-
tes per aenigma philosophicum, Colloquium paraboli-
cum,

ihren Schriften und n) zum Theil auf ihren weiten Wanderungen über einen grosen Theil der Erde: Was namenlose Männer zu Tanger und im übrigen Nordafrika o), was in Italien, wo doch diese Grundsäze noch lange nicht so weit eingerissen waren, der Dominikaner Donat. Eremit di Rocca Devandro p), Jak. Caranta q), Joh. Bapt. Birelli r), Barth. Burchelati s), Joh. Guidius t), Ant. Politius,

cum, Tabulam Smaragdinam Hermetis, Symbolaparabolas et figuras Saturni Basilii Vincentii. Francofurt. 1413. 4.

n) so z. B. Joh. Pontan, Joh. Agricola, Friedr. Seidel, s. Möhsen Beiträge zur Geschichte der Wissenschaften in der Mark Brandenburg ꝛc. S. 37.

o) Thom. Parrey bei Ol. Borrich Conspect. scriptor. Chem. illustrium. Havn. 1697. 4. S. 11.

p) Dell' elixir vite. L. IV. Napol. 1624. fol.

q) Decadum medico-physicarum L. I–III. (von welchen das erste eigentlich hieher gehörige de natura auri arte facti et num sit cordiale pharmacum, auch einzeln abgedrukt zu sein scheint). Saviglian. 1623. 4.

r) den das vorhergehende Zeitalter mit diesem gemein hat, 1) Opera. Florent. 1601. 4. 2) Alchimia. Firenz. 4. 1602 und 1661. Alchymia nova, das ist, die guldene Kunst selbst, oder aller Künsten Mutter, samt dero heimlichen Secreten, unzehlichen verborgenen Kindern und Früchten, von allerley Alchymistischen nnd Metallischen Geschäfften, Wassern und Oelen, Bereitungen der Kälck, der Künst zu figiren, Silber und Gold zu machen, Edelgesteinen, Laimen, Mixturen und Spiegeln, den Sältzen der Farb- und Mahlkunst, auch sonst vielen lustigen und kurtzweiligen Künsten. Samt der Lebens-Beschreibung des Hermetis Trismegisti und vielen Figuren. Aus dem Italiänischen ins Teutsche übersetzt von Pet. Uffenbach. Frankf. am Mayn. 4. 1603 und 1654.

s) Opus Charitatis s. Convivium Dialogicum septem Philosophorum. Trevis. 1603. 4.

tius ⁿ), Jof. Rofaccio ˣ), Joh. v. Padua ʸ),
Zachar. a Puteo ᶻ), und Girol. Chiaramonte ᵃ);
in Frankreich Dav. Lagneau ᵇ), Theob. Turquet
de Mayerne, Leibarzt der grosbritannischen Könige
Jakob. I. und Karls I. und ihrer Gemahlinnen ᶜ), Pet.
Morestel ᵈ); Blasius v. Vigenere von S. Pourcain

t) de mineralibus tractatus abfolutiffimus, ubi agitur de
gemmis, de alchimifticis, de thefauris &c. 4. Venet.
1625. Francof. 1627.

u) Libri duo de quinta effentia folutiva. Panormi. 1613. 4.

x) De aftrologia et diftillatione. Venet. 1626. 4.

y) Philofophia facra five praxis de lapide minerali, nebft
Joh. Tritheims Epiftel von den drey Anfängen der
natürlichen Kunft der Philofophie, und Joh. Teut-
fches Epiftel von dem Stein der Weifen, durch
Joh. Schaubert. Magdeburg. 1602. 4. Frankfurt.
1681. 12.

z) 1) Clavis Spagirica und Officina Chimica fornacum, Vafo-
rum ac inftrumentorum ad deftillationem pertinentium
collecta. Venet. 1611. 4.   2) Clavis medicinae rationalis
fpagyrica et chymica. Venet. 1612. 4.

a) della polvere o Elixir vitae. Firenz. 1620. 4.

b) Harmonia feu confenfus Philofophorum Chimicorum,
magno cum ftudio et labore in ordinem digeftus. Parif.
1601. 8. 1611. 12. auch abgedr. Theatr. chem. B. IV.
n. 125. und ins französische übersezt mit der Aufschrift:
Harmonie myftique, ou accord des Philofophes Chimiques par le Sieur D. Lagneau, trad. par le Sieur Viel-
lutil. Paris. 1636. 8.

c) Apologia, in qua videre eft, inviolatis Hippocratis et
Galeni legibus remedia chymica praeparata tuto ufur-
pari poffe. Rupell. 1603. 8.

d) Les fecrets de nature, ou la pierre de touche des poë-
tes, contenant les préceptes de la pierre naturelle.
Rouen. 1607. 12.

Ji 5

çain in Bourbonnois ᵉ), Pet. Paumier (Palma=
rius), Parifer. Arzt.ᶠ), von Coutances in der Nor=
mandie, Pet. Arlenſis de Scandalupis, ein
jerufalemifcher Presbyter ᵍ), der Franciskauer Gabr.
von Caſtaigne ʰ), Almoſenier des Königs Lud=
wigs XIII, Rouſſel ⁱ), Pet. Pautonnier, ein
Dichter ᵏ), Joh. Bapt. Befard von Befançon ˡ),
Mich. Potier (Poterius), der zwar in Frank=
reich

e) 1) du feu et du fel. 4. Paris. 1608. Rouen. 1642 und
1651. lateiniſch im Theatr. chimic. B. VI. nr. 169.
2) Comment. fur Philoftrate.

f) 1) Lapis philofophicus dogmaticus, quo Paracelfifta Liba-
vius refutatur, fcholae medicae Parifienfis judicium de-
claratur, cenfura in fraudes parachymicorum defenditur, afferto verae Alchimiae honore. Parif. 1609. 8.
2) Laurus Palmaria frangens fulmen fubventaneum Cyclopum falfo fcholae Parifienfis nomine evulgatum. Parif. 1609. 8.

g) Sympathia feptem metallorum ac feptem felectorum lapidum ad planetas. Parif. 1610. 8. auch mit Camill.
Leonard Speculum lapidum &c. 4. 1717. Aug. Vind.
und Hamb. wieder abgedrukt, ins teutfche überſezt mit
der Auffchrift: D. Petrus Arlenfis de Scandalupis enucleatus, oder kurter Auszug der alchimiftifchen Proceſſe,
und andern Curiofitäten, ſo dieſer Autor in feinem —
ſehr rahren Tractat von der Sympathia der fieben Me=
tallen und fieben auserlefenen Steine herausgegeben.
Berlin. 1715. 8.

h) 1) L'or potable, qui guérit de tous maux, avec le tre-
for de la medecine metallique traduit de l'Italien par le
même. Paris. 1611. 8. 2) Le grand miracle de la nature metallique. à Paris. 1615. 8. 3) Oeuvres medicinales et chimiques (worinn aufer den zuvor erwähnten
noch Le Paradis terreftre begriffen ift) 1661. 8.

i) Secrets de pharmacie et de chimie. Paris. 1613. 8.

k) De l'or potable. 1617. 4. Anvers und Amfterdam.

l) Antrum philofophicum, Arcana chimica et de lapide
phyfico. Auguft. Vindel. 1617. 4.

reich gebohren war, aber durch den größten Theil der
damals bekannten Erde, wenigstens durch ganz Europa
herumwanderte, und einen grosen Theil seines Lebens
in Teutschland zubrachte, der aber bei allem Eifer für
seine Kunst, bei aller Einbildung von seinen tiefen Einsichten in dieselbige, und bei noch so gutem Willen, nicht
den Betrüger zu spielen, in Verachtung und Armuth
lebte und starb ᵐ); was Renat. de la Chatre ⁿ), de
Nuy-

m) 1) Compendium philosophicum in Comitem Trevisa-
num, Basilium Valentinum &c. Materiam totumque miraculi Lapidis Philosophorum septingentis octoginta quatuor Libris occultatis processum demonstrans. 1610. 12.
2) Novus tractatus chimicus de vera materia et vero
processu Lapidis. Francof. 1617. 8. 3) Philosophia pura, qua non solum vera mysteria, verusque processus
Lapidis Philosophici multo apertius, quam hactenus ab
ullo Philosophorum proponitur, sed etiam vera totius
Mysterii revelatio filiis sapientiae offertur, quod Typis
nunquam visum, quandiu stetit mundus. Francof. 8.
1617 und 1629. 4) Philosophia pura, accessit judicium
de fratribus roseae crucis. Francof 1619. 8. (vielleicht
von dem vorhergehenden nicht verschieden). 5) De conficiendo lapide philosophico et secretis naturae. Francof.
1622. 8. 6) Veredarius hermetico-philosophicus, lae-
tum et inauditum nuncium adferens, scilicet revelatio-
nem secreti de conficiendo lapide philosophico. Francof.
1622. 8. (vielleicht mit n. 5. einerlei); 7) Apologia her-
metico-philosophica. Francof. 1630. 4. 8) Redivivi
apologia contra impostorem Alchimistam. Francof. 4.
1631. 9) Fons chimicus, id est vena auri et argenti
conficiendi ex naturalis Philosophiae venis scaturiens.
Colon. 1637. 4. 10) Philosophia chymica, i. e. methodus genuina auri et argenti solvendi et exaltandi, ex
fundamentis philosophiae naturalis, fideliter adumbrata.
Francof. 1648. 4. 11) Vera inveniendi lapidem philosophicum methodus contra Alchimistus (Lenglet du
Fresnoy a. a. O. III. S. 270.).

n) Le Prototype ou parfait Exemplaire de l'Art Chimique.
1620 und 1635.

Munfement, Einnehmer der Grafschaft Ligny im
Herzogthum Bar°), de l'Angelique ᴾ), Liberius
Benedictus ᑫ), Joh. d'Espagnet, Präsident zu
Bourdeaux ʳ), Montvalon ˢ), Bar. v. Beau:
fo:

o). 1) La table d'Hermes expliqué par Sonnets avec son
traité du fel. à Paris. 1620.   2) Traité de l'Harmonie
et conſtitution generale du vray fel ſecret des Philoſophes et de l'Eſprit Univerſel du Monde. à la Haye. 12.
1639. lateiniſch mit der Aufſchrift: Tractatus de vero
fale ſecreto philoſophorum et de univerſali mundi ſpiritu, e Gallico latine verſus a Lud. Combachio. Caſſel.
1651. 8. Francof. 1716. 12. Lügd. Bat. 1671. 3) Poëme
philoſophique francois et des ſtances de la verité de la
phyſique. à la Haye. 8. ' 4) Sonnets et autres pièces
chimiques hinter der franzöſiſchen Ausgabe von Baſil.
Valentin nach den zwölf Schlüſſeln.

p) La vraye Pierre Philoſophale de Medecine, trouvée par
le moyen des ſept Planettes. à Paris. 1622. 12.

q) 1) Nucleus ſophicus, ſeu explanatio in Tincturam phyſicorum Theophraſti Paracelſi et Tractatus brevis de Lapide Philoſophico. Francof. 1623. 8.   2) Liber aureus
de principis naturae et artis; das iſt: Ein guldenes
Büchlein, ſo da beſchreibet wie die Metallen in den Klüff-
ten der Erde, durch die Natur in ihren Mineren gebohren, und daraus die Wiſſenſchaft der Primae materiae oder lapidis philoſophorum erlernet, und durch Kunſt
möge zubereitet werden. Mit Anhang folgender Tractätlein: 1. Definitio Alchymiae.   2. Phoenix, von der
Alchymie und Stein der alten Philoſophen, wie derſel-
bige zu bereiten.   3. Ein Tractätlein aus dem Franzöſiſchen ins Teutſche überſetzt, Authoritatis Philoſophorum,
das iſt unterſchiedliche Zeugnüſſe und Erklärung etlicher
berühmten Philoſophen von Zubereitung des Lapidis philoſophorum und ſeiner Würckung. Franckf. am Mayn.
1630. 8.

r) doch one ſeinen Namen vorzuſetzen, La Philoſophie Naturelle retablie en ſa pureté, avec le Traité de l'Ouvrage ſecret de la Philoſophie d'Hermes. à Paris. 1651. 8.
und

foleil aus der Provence '), Franz du Soucy
Ecuyer Herr v. Gerzan "), Pet. Joh. Faber
(Fabri) von Caftelnaudari ᵡ), J. Colleſſon, De=
chant

und teutſch das geheime Werck der Hermetiſchen Philoſophie, worinnen die natürlichen und künſtlichen Geheim=
nüſſe der Materie des Philoſophiſchen Steins, wie auch
die Art und Weiſe zu arbeiten, richtig und ordentlich
offenbahret ſind. Leipzig. 1685. 8. urſprünglich in latei=
niſcher Sprache, wovon der erſte Theil mit der Auf=
ſchrift: Enchiridion Phyſicae reſtitutae cum arcano Philoſophiae Hermeticae zu Paris. 8. 1608. 1623. und
1638. und 32. 1647. und 1650. erſchienen, auch bei
Manget a. a. O. B. II. B. 3. Abſchn. 3. §. 3. S. 626-
648. abgedruft, der andere mit der Anſchrift: Enchiri-
dium Philoſophiae Hermeticae ſub anagrammate penes
nos unda tagi auch zu Paris. 8. 1638. 32. 1647. und
1650. herausgekommen, und ebenfalls bei Manget
a. e. a. O. S. 649-660. ſo wie nebſt dem erſten bei N.
Albineus Biblioth. Chimic. contract. nr. 3. abge=
druft iſt.

s) de l'Eſprit de Vie, ou Elixir pour la conſervation de
l'humeur radicale és Saxagenaires. 1626. 8.

t) 1) Libell. de ſulphure philoſophorum 8. 2) Dioiſmus
de materia Lapidis. Aquis ſext. 1627. 8.

u) auſer Le Grand or potable des anciens, la Medecine
univerſelle und le Projet du Plan de la Création du
Monde, où il y a des curioſités inouies, en ſix Traités, deren P. Borell (a. a. O. S. 104.) und Lengf
let du Fresnoy (a. a. O. III. S. 173.) erwähnen
1) L'Hiſtoire Africaine, Roman miſterieux et Chimique.
Paris. B. I. II. 1627. 8. 2) Sommaire de la medecine
chymique. Paris. 1632. 8. 3) L'Hiſtoire aſiatique my-
ſtique. à Paris. 1634. 8. 4) Le Vrai Tréſor de la vie
humaine, ou on voit comme il eſt poſſible de chaſſer les
maladies ſans incommoder les malades, par un Remede,
qui guérit ſans nous nuire, et nettoye nos corps ſans
les uſer. 4. und 8. Paris. Th. I. 1653.

x) auſer dem Propugnaculum chymiae adverſus miſochymi-
cos,

chant von Maigne ᵞ), Dav. Planis Campy ᶻ),
könig=

cos, in der lateinischen Ausgabe seiner Werke B. II. n.
1. auch in der teutsch. B. II. und den Thes. medico-
chimic.   1) Palladium spagyricum. 8. Tolos. 1624.
Argent. 1632. 8. in der teutschen Ausgabe seiner Werke
B. II. auch in der lateinisch. B. II. n. 7.   2) Chirurgia
spagyrica in qua de morbis cutaneis omnibus methodice
agitur, et curatio eorum cita, tuta et jucunda tractatur. 8. Tolos. 1626. Argent. 1632. auch in der teut=
schen Ausgabe seiner Werke B. I. und in der latiinisch.
B. II. n. 8.   3) Insignes curationes variorum morborum, quos medicamentis chymicis jucundissima methodo curavit. 8. Tolos. 1627. Argent. 1632.   4) Pharmacopoea chymica. Tolos. 8. 1628. und 1646. (sollte
diese Schrift von der folgenden verschieden seyn?) 5) Myrothecium spagyricum s. Pharmacopoea chymica, occultis naturae arcanis ex hermeticorum medicorum scriniis
depromptis abunde illustrata. 8. Tolos. 1628. Lips. 1632.
auch in der teutschen Ausgabe seiner Werke B. II. und
in der lateinischen B. II. n. 6.   6) Traité de la peste
selon la doctrine des medecins spagyriques. 8. Toulouse.
1629. und Castres. 1653.   7) Thesaurus utriusque medicinae. Tolos. 1632. 8.   8) Alchimista Christianus.
Tolos. 1632. 8. sowohl in der lateinischen als teutschen
Ausgabe seiner Schriften B. II. in jener n. 4. in dieser
n. 3.   9) Hercules Pio- Chymicus. Tolos. 1634. 8 in
der lateinischen und teutschen Ausgabe seiner Schriften
B. II. dort n. 2. hier n 1.   10) L'Abrégé des Secrets
Chimiques, où l'on voit la nature des Animaux, Vége-
caux et Mineraux entiérement découverte avec les vertus et propriétés des principes, qui composent et con-
cernent leur Estre et un Traité de la Medecine générale.
à Paris. 1636. 8. in der teutschen Ausgabe seiner Schrif=
ten B. II. n. 4. in der lateinischen B. II n. 5.   11) Hy-
drographum Spagyricum, in quo de mira fontium essentia, origine et virtute tractatur. Tolos. 1639 und 1646.
in der teutschen und lateinischen Ausgabe seiner Schriften
B. II. dort n. 2. hier n. 3.   12) In Currum triumpha-
lem Antimonii Fr. Basilii Valentini Annot. ut et in 12
alios libellos chimicos. Tolos. 1046. 8.   13) De auro
pota-

königlicher Wundarzt, der Arzt Steph. de Claves *),
und

potabili medicinali. Francof. 1678. 4. 14) Manuscriptum ad Sereniss. Holsat. Ducem Friedericum, olim trans-
missum, res Alchymicorum obscuras extraordinaria perspicuitate explanans e mus. Gabr. *Clauderi*. Norimb. 4.
1690. abgedruft bei Manget a. a. O. B. I. B. 1.
Abschn. 3. §. 2. S. 291-305. und ins Teutsche übersezt
mit der Aufschrift: Die hellscheinende Sonne am Alchymistischen Firmament des hochteutschen Horizonts, das
ist, Manuscriptum, oder sonderbares noch niemahlen
teutsch herausgegebenes Buch, welches ehedessen an den
Durchl. Fürsten und Herrn, Herrn Friederich, Hertzog
in Holstein, gesendet, und darinnen die dunckelste und
schwerste Sachen der Goldmachenden Kunst, mit einer
ungemeinen Deutlichkeit erkläret hat, durch Conr. Hor-
lachern mit sehr nützlichen und offtbewährten Anmer-
ckungen, auch andern dergleichen raren Schrifften vermehret, und zum Druck befördert. Nürnberg. 1705. 8.
15) Panchimicum s. Anatomia totius Universi. Tolos.
B. I. II. 8. in der lateinischen und teutschen Ausgabe seiner Schriften B. I. n. 1. 16) Sapientia universalis, seu
Anatomia hominis et metallorum, in der lateinischen und
teutschen Ausgabe seiner Schriften. B. I. n. 2. Diese
Schriften sind nemlich (gröstentheils zusammen gedruft
in 4. lateinisch mit der Aufschrift: Opera medico - chymica Voluminibus duobus exhibita zu Frankfurt 1652
und 1656, und teutsch mit der Aufschrift: Auserlesene
in zwey Theile verfassete Chymische Schrifften. Hamburg.
1713 und 1730. herausgekommen.

y) L'idée parfaite de la Philosophie Hermétique ou abre-
gé de la Théorie et pratique de la Pierre. Paris. 1630.
8. Edit. 2de augmentée d'Observations et d'une Medita-
tion. Paris. 1631. 8.

z) L'ouverture de l'Escolle de Philosophie transmutatoire
metallique ou la plus saine et veritable explication et
conciliation de tous les stiles, des quels les Philosophes
anciens se sont servis en traitant de l'oeuvre Physique. Paris. 1633. 8.

a) auser Nouvelles Lumiéres Philosophiques 1) Des Principes de Nature. à Paris. 1635. 8. 2) Cours de chymie.
Paris. 1646. 8.

und de la Borde[b]), was in England Ed. Bolnest[c]), Franz Anthony[d]), Butler, ein Irrländer, der seinem Herrn, einem Araber, an welchen er von den Seeräubern verkauft worden war, als er eben losgekauft wurde, das Geheimnis stahl, wegen des Verdachts, daß er falsche Münzen prägte, gerichtlich verfolgt und gefangen gesezt wurde, und, nachdem er wieder frei war, 1625 starb[e]), J. v. Thornburg, Bischoff von Winchester[f]), Thom. Vanner[g]), Joh. Dumbelei[h]), Edm. Deane[i]), und vornem-

b) Explication de l'Enigme trouvée à un pillier de l'Eglise Nôtre-Dame de Paris. à Paris. 1636. 4.

c) 1) Chymia medicina illustrata or the true grounds and principles of the art of physik. London. 1605. 8. 2) Aurora chymica f. naturalis methodus praeparandi animalia, vegetabilia et mineralia ad usum medicum. Hamb. 1675. 8.

d) 1) Apology and defense of the medicine called aurum potabile. London. 1606. 2) Assertio Medicinae Chimicae et veri potabilis auri. Cantabrig. 1610. 8. 3) Apologia veritatis illucescentis, pro auro potabili, seu essentia auri ad Medicinalem potabilitatem reducta. London. 1616. 4. 4) (beide vorhergehende zusammengedrukt unter der Aufschrift:) Panacea Aurea sive Tractatus duo de ipsius auro potabili! Nunc primum in Germania ex Londinensi Exemplari excusi, Opera M. B. F. B. &c. Hamburg. 1618. 8. 5) De lapide philosophorum, de Lapide rebis. Harmoniae imperscrutabil. &c. Dec. II. nr. 3.

e) S. J. B. v. Helmont Butler in Oper. omn. apud Elzevir. 1648. 4. S. 582.

f) Nihil aliquid, omnia in gratiam eorum, qui artem auriferam Phisico-Chimice et pie profitentur. Oxon. 1621. 4.

g) Via recta ad vitam longam. Londin. 1623. 4.

h) Hortus amoris, in quo docetur creatio verissimae arboris Philosophicae. Harmon. imperscrutabil. Dec. II. n. 1.

i) Tractatus varii Alchimici. Francof. 1630. 4.

nemlich Sam. Norton k), was in den Niederlanden
W. Mennens von Antwerpen l), Bernardin Go=
mez m), P. v. Brachel n), und vornemlich Joh.
Bapt. von Helmont, aus Brüssel, Herr von Me=
rode,

k) seine Schriften sind alle in einem Jahre 1630. 4, auch
zusammengedrukt mit der Aufschrift: Septem Tractatus
Chimici cum figuris herausgekommen. 1) Tr. de antiquorum philofophorum confiderationibus in Alchimia,
edit. ab Edm. *Deane.* 2) Mercurius redivivus, five modus conficiendi Lapidem philofophicum tam album,
quam rubeum e Mercurio. 3) Catholicon phyficorum,
five modus conficiendi tincturam phyficam et alchymiam
cum eiusdem accuratione. 4) Venus vitriolata in Elixir
converfa, nec non Mars victoriofus five elixerizatus, i. e.
modus conficiendi lapidem philofophorum, tam e venere
feu cupro, quam Marte feu chalybe. 5) Elixir five
Medicina vitae, i. e. modus conficiendi verum aurum
et argentum potabile cum utriusque virtutibus. 6) Sa-
turnus faturatus diffolutus et oculis reftitutus, five modus
componendi Lapidem philofophorum tam album, quam
rubeum e plumbo, Jove f. ftanno. 7) Alchimiae complementum, five modus et proceffus augmentandi f. multiplicandi omnes lapides et Elixiria in virtute, qualitate
et quantitate. 8) Metamorphofis lapidum ignobilium
in gemmas quasdam pretiofas, five modus transfor-
mandi perlas parvas et minutulas in magnas et nobiles
ac conftruendi carbunculos artificiales aliosque lapides
pretiofos naturalibus praeftantiores. 9) Alchimiae perfectio, feu modus multiplicandi Lapides (follte diefe von
7 wirklich verfchieden fein?).

l) Aurei Velleris five Sacrae Philofophiae vatum felectae
ac unicae myfteriorumque Dei naturae et Artis admirabilium Libri III. Antwerp. 1604. 4. auch abgedrukt
Theatr. chimic B. V. n 151.

m) Diacepfeon L. IV. de fale 8. Urfell 1605 und 1705.

n) Anweifung gegen diejenige, die fich bereden, Aurum
potabile zu machen, mit Ausschluß des Lapidis philofophici. Cölln. 16 7. 8.

rode, Royenborch, Orschot, Pallines ꝛc. °) thaten,
das

o) 1) de magnetica vulnerum curatione. Parif. 1621. 4.
Colon. 1624. 8. Venet. 8. 2) De aquis Leodienfibus
medicatis fupplementum. Colon. 1624. und in Oper. und
Opufc. omnib. ed. ab Aut. Filio, Franc. *Mercurio* van
Helmont mit der Auffchrift: Ortus Medicinae. Amftelod.
ap. Elzevir. 4. 1648. und 1652. fol. Venet. 1651. Lyon.
1655. Francof. 1661. 1681. und 1707. 4. und cum Introduct. et Clavi Mich. Bernard. *Valentini.* Havn. 1707. 4.
ins franzöfifche überfezt von le Conte. Lyon. 1670.
1671. 4. ins englifche. London. 1662. fol. ins teutfche.
Sulzbach. 1683. fol. 3) Caufae et initia naturalium.
4) Elementa. 5) Aqua. 6) Aër. 7) Progymnafma
meteori. 8) Gas aquae. 9) Blas meteoron. 10) Vacuum
naturae. 11) Complexionum atque miftionum elementalium figmentum. 12) Imago fermenti impraegnat maffam femine. 13) Formarum ortus. 14) Natura contrariorum nefcia. 15) Blas humanum. 16) Endemica. 17)
Spiritus vitae. 18) Calor efficienter non digerit, fed
tantum excitative. 19) Sextuplex digeftio alimenti humani. 20) Tartari hiftoria. 21) Tartari vini hiftoria.
22) Inventio tartari in morbis temeraria. 23) Alimenta tartaro infontia 24) Tartarus non in potu, 25)
Scabies et ulcera fcholarum. 26) Duumviratus. 27)
Afthma et tuffis. 28) Latex humor neglectus. 29) Volupe viventium morbus antiquitus putatus. 30) Pleura
furens. 31) Tria prima chymicorum principia neque
eorumdem effentias de morborum exercitu effe. 32) De
flatibus. 33) Pharmacopolium ac difpenfatorium modernum. 34) Poteftas medicaminum. 35) Ignotus hydrops. 36) Refponfio Humoriftis data. 37) Aditus
praeclufus ad Condum vifcerum. 38) Confirmata morborum fedes in anima fenfitiva. 39) De infpiratis.
40) Retenta. 41) Supplementum de Spadanis fontibus,
paradoxum I - VI. 42) Supplementorum paradoxum
numero criticum. 43) Humidum radicale. 44) Aura
vitalis. 45) Vita aeturna. 46) Mortis occafiones. 47)
Arcana *Paracelfi.* 48) Arbor vitae. 49) De lithiafi,
auch in Opufc. medicin inaudit. Colon. 1644. 8. Amfterdam. 1648. 4. 50) Tract. de febribus. auch in
Opufc.

das geschah in Teutschland, herumziehende Alchemisten nicht gerechnet, deren Namen nicht auf die Nachwelt kam, durch eine ganze Schar von Schriftstellern, Paul. Eck von Sulzbach p), M. Reuden q), Andr. Brentz r), Pet. Amelung, einen Arzt zu Stendal s), Jan.

Opusc. medic. inaudit. und besonders abgedrukt Antwerp. 1652. 16. ins französische übersezt von Abr. Bauda. Paris. 1653. 8. 51) Scholarum humoristarum passiva deceptio, auch in Opusc. medic. inaudit. 52) Tumnlus pestis, auch in Opuscul. medic. inaudit.

p) 1) Tr. de lapide philosophico edit. a Joach. *Tanckio*. Francof. ad Moen. 1604. 8. 2) Clavis philosophorum. Theatr. chimic. B. IV. n. 143.

q) Bedenken von dem rechten Gebrauch und Nutzen der alchemistischen Arzneyen mit Dr. Joach. Tanks Vorrede: von dem Unterschied der hermetischen und galenischen Chemie. Leipzig. 1605. 8.

r) ein gebohrner Italiäner, der aber seine Lehren meist in Teutschland verkündigte, 1) Handgriff Raymundi Lullii, das ist, gründliche Anweisung, was die Intention und Meynung Raym. Lullii seye, in der güldenen Kunst der Alchymie. Samt einem leßwürdigen Gespräch vom Stein der Weisen. Auch einer Zugabe, wie aus vielen Perlen ein Großes könnte zugeichnet werden. 8. 1606. 1611. und 1616. 2) Farrago Philosophorum: hoc est varii modi, processus et sententiae philosophorum perveniendi ad lapidem philosophicum s. benedictum. Amberg 8. 1606 und 1611. auch unter der Aufschrift: Variae Philosophorum sententiae perveniendi ad Lapidem benedictum oder Collectio 17 Processuum, abgedrukt in Theatr. chimic. B IV. n. 109.

s) 1) Tract. nobil. primus, in quo Alchymiae seu chemicae artis antiquissimae nobilissimae ac jucundissimae cum inventio et progressio obscuratio et instauratio, tum dignitas, necessitas et utilitas demonstratur. Lips. 8. 1607. und 16 8. 2) Tractatus nobilis secundus, continens Apologiam quae maculam a D. Guil. *Boekelio* temere aspersam abstergit diluit atque repurgat; Atque simul

Jan. Baccer '), Joh. Wolffg. Dienheim "), Lehrer zu Freyburg im Breisgau, Joh. Weidner ᵡ), Joh. Heinr. Alſtedʸ), Nik. N. Hapeliusᶻ), Herm. Schleron ᵃ), Hyppol. Guarnon, Arzt zu Halle im Innthal ᵇ), Theoph. Cäfar ᶜ), Heinr. Roll, Lehrer

> ſimul arguit, quod cum jam dicti *Boeckelii* non tantum medendi methodus ſit irrationalis, atque planè Empirica: Verum etiam cum purgantia tum alterantia remedia, quibus utitur, ſint venenata, deleteria, corroſiva, impura &c. Lipſ. 1608. 8. 3) Edler, nutzlicher und Hermetiſcher Diſcours in welchen zum Erſten mit feſten Gründen der Wahrheit bewieſen: daß ſowohl der Spiritus als andere arcana medicinalia, die aus dem Vornehmen Mineral dem Vitriol anbereitet, nicht allein, nicht ſchädlich und corroſiviſch: Sondern gantz heilſam, nützlich und nöthig zugebrauchen ſey. Und zum andern klärlich alloa angezogen wird, wie obernannter Vitrioli Spiritus künſtlich anbereitet und gebraucht werden ſolle. Magdeburg. 1617. 8.

t) Theſaurus Chimicus Experimentorum Certiſſimorum, fide Juſti *Reinecceri*. Lipſ. 1609. 8. Francof. 1620. 12.

u) de univerſali medicina. Argent. 1610. 8. auch abgedruft in der mit ſeinem Namen erſchienenen Taeda Triſida chymica, das iſt: dreyfach chymiſche Fackel, den wahren Weg zu der Edlen Chymie ₌ Kunſt beſcheinend. Nürnberg. 1674. 8.

x) de arte Chimica, eiusque cultoribus. Baſil. 1610. 8.

y) 1) Panacaea Philoſophica cum critico de infinito Harmonico Philoſophiae Lullianae. Herborn. 1610. 8. 2) Philoſophia digne reſtituta. Herborn. 1612. 8. 1615. 12.

z) 1) Cheiragogia Heliana, de auro Philoſophico necdum cognito. Marpurg. 1612. 8. auch abgedruft in Theatr. chimic. B. IV. n. 107. 2) Aphoriſmi Baſiliani ſive Canones Hermetici, ebendaſ. n. 108.

a) Solutiones Chimicae contra *Conradum Schulerum* de auro, ſeu de Lapide Philoſophorum. Marpurg. 1612. 8.

b) Peſtilentz Guarbien, für allerley Standes ₌ Perſonen mit
Säu-

Lehrer der Arzneikunst zu Steinfurt [d]), Joh. Rhenanus [e]), Phil. Müller [f]), Arzt zu Freyburg im Breisgau,

Säuberung der inficirten Häuser, Beth-Leingewandt, Kleidern 2c. durch sonders auserlesenste Pest Waffen, darunter der wahre Philosophische Stein, in 4 Theile abgefasset. Ingelstadt. 1612. 8.

c) der auch schon zum Theil dem vorhergehenden Zeitalter angehört, Uebersezung von Rob. Castrensis Alchimeyspiegel, oder Practik der ganzen chymischen Kunst. Darmstadt. 1613. 8.

d) 1) Naturae sanctuarium, quod est physica hermetica XII. libris tractata, cum pansophiae fundamento et tractatu quadruplici de Lapide philosophorum. Francof. 8. 1613. und 1619. 2) De generatione rerum naturalium liber, ex vero naturae lumine conformatus. Francof. 1615. 8. 3) Theoria Philosophiae Hermeticae. Hanov. 1617. 8. 4) Methodus Metaphysica. Francof 1617. 8. 5) Alchimia philosophica. Francof. 1619. 8. 6) Via sapientiae triuna. 7) Iter Philareti ad montem Mercurii. 8) Discursus posthumus pro vera Philosophia et Medicina Hermetis. Rostock. 1636.

e) anser der oben erwähnten Sammlung 1) Differt. chymico-technica, in qua totius operationis Chymicae Methodus Practica clare ob oculos ponitur. Marpurg. 4. 1610. 2) Solis e puteo emergentis sive Disputationis Chymico-Technicae Libri tres. In quibus totius operationis Chymicae Methodus Practica: Materia Lapidis Philosophici: Et modus solvendi ejus operandique: Ut et Clavis operum Paracelsi, qua abstrusa explicantur, deficientia supplentur, continentur. Cum Praefatione Chymicae veritatem asserente. Francof. 4. 1613. und 1623. 3) Binae epistolae de solutione materiae. Francof. 8. 1635. 4) Opera chymiatrica, quae hactenus in lucem prodierunt, omnia, a plurimis quae in prioribus editionibus irrepserunt, mendis vindicata, et selectissimis medicamentis aucta inque unum fasciculum collecta. Francof. 8. 1635. 1641. 1668. und 1676.

f) Miracula et Mysteria Chymico-medica, Libris quinque

enu-

gau, der schon die essigsaure Pottasche kannte g), einen
Franciscaner, Helias h), Mart. Pansa i), Chph.
Horn k), Mich. Mayer von Rendsburg in Holstein,
Leibarzt Kaisers Rudolph II. u. Landgrafs Moriz v. Hes=
sen, auch Kaiserlichen Pfalzgraf u. Ritter l), Joh. Cla=
jus,

enucleata. 1610. et Rothomag. 1651. 12. Amstelod. 8.
1656 cum J. *Beguini* tyrocinio chymico et Nov. lumin.
chymic. Regiom. Lips. et Witteberg 1614. 12. Witteberg. 1616 und 1656. 8. 1623. 12. Paris. 1644. 12. Rothomag 1651. Amstelod. 1656. 8. Genev. 1660. 8. cum
comment. Ger. *Blasii* et Zach. *Brendelii* Chymia. Amstelod. 1659. 12. und 1668. 8.

g) Mirac. chymic. S. 66.

h) Speculum Alchimiae. Francof. 1614. 8.

i) Libellus aur. de proroganda vita. Lips. 1615. 8.

k) 1) Hortulus medicus Hippocraticus, spagyricus, Hel-
montianus. Cassell 1610. 4. 2) Dial. de auro Medico
Philosophorum. Francof. 1615. 8. auch abgedruckt in
Theatr. chim. B. V. n. 168.

l) ausser den oben erwähnten Sammlungen und anderen
Schriften, deren P. Borell (a. a. O. S. 152. und
153.) gedenkt 1) Arcana Arcanissima, hoc est, Hieroglyphica Aegyptio - Graeca, ad demonstrandam falsorum
apud antiquos Deorum Dearumque heroum animantium,
et institutorum pro Sacris receptorum originem ex uno
Aegyptiorum artificio, quod aureum animi et corporis
Medicamentum peregit, deductam. Londin. 1614. 4.
2) Lusus Serius, quo Hermes seu Mercurius rex mun-
danorum omnium sub homine existentium post longam
disceptationem in Concilio octovirali habitam, homine
rationali arbitro, judicatus et constitutus est. 4. Oppenheim. 1616. und 1619. Francof. 1617. ins Teutsche
übersezt Frankfurt. 1615. 8. 3) De circulo Physico qua-
drato, hoc est Auro eiusque virtute Medicinali sub du-
ro cortice instar nuclei latente, an et qualis inde peten-
da sit, Francof. 1616. 4. 4) Examen Fucorum Pseudo-
Chymicorum et in gratiam veritatis amantium succincte
refu-

jus, Pfarrer zu Bandeleben ᵐ), Steph. Mich. S p a=
ch e r

refutatorum. Francof. 1617. 4. 5) Simbola Aureae
Menfae 12 nationum, hoc eſt, Heroum 12 Selectorum
totius Chimicae, uſu ſapientia et autoritate, parium argu-
gumenta &c Francof. 1617. 4. 6) Silentium poſt clamores ſeu tractatus Apologeticus revelationum Fratrum
Roſeae Crucis et ſilentii eorum. Francof. 4. 1617 und
1624. 7) Apologeticus, quo cauſae clamorum, ſeu
Revelationum Fratrum Roſeae Crucis et ſilentii, ſive
non redditae reſponſionis unâ cum malevolorum refutatione traduntur. Francof. 1617. 8 8) Iocus ſeverus,
hoc eſt, Tribunale aequum, quo noctua regina avium
Phoenice arbitro, agnoſcitur. Francof 1617. 4. 9) Via-
torium ſive tractatus de montibus planetarum VII. ſ.
metallorum. Oppenheim. (Francof.) 1618 4. Rouen.
1651. 10) Atalanta fugiens, hoc eſt: Emblemata nova
de ſecretis Naturae Chimica. 4. Oppenh. 1618. und mit
der Aufſchrift: Secretioris Naturae Secretorum Scrutinium Chymicum, Emblematis ad rem egregie facienti-
bus et Epigrammatis illuſtratum. Francofurt. 1687.
11) Themis aurea, hoc eſt De legibus Fraternitatis Roſeae Crucis. Francof. 1618. 8. 12) De Roſea Cruce.
Francof. 1618. 4. 13) Emblemata nova Chimica. Oppenheim. 1618. 4. 14) Verum inventum, hoc eſt,
munera Germaniae, ab ipſo primitus reperta (non ex
vino, ut calumniator quidam ſcoptice invehit ſed vi
animi et corporis) et reliquo orbi communicata &c.
Francof. 1619. 8. teutſch mit der Aufſchrift: Verum inventum, das iſt von den hochnüßlichen herlichen Erfin=
dungen und Künſten welche von der löblichen Teutſchen
Nation, aus ſonderbarem hohem Verſtandt und Scharpf=
ſinnigkeit erſtlich erfunden — erſtlich Lateiniſch beſchrieben
durch Mich. Maierum — Nunmehr der Teutſchen Na=
tion zu ſonderm Wohlgefallen in ſelbige Sprach verſeßt
durch M. Georgium Beatum. Frankfurt. 1619. 8. 15) De
volucre arborea cum Jonſtoni Taumatographia. Francof. 1619. 8. 16) Septimana Philoſophica, quâ Enig-
mata aureola, de omni naturae genere a Salomone ſa-
pientiſſimo Rege Iſraëlitarum, et Arabiae Regina Sabae,
nec non Hyramo Tyri principe ſibi invicem in modum

col-

cher aus Tirol [n]), Konr. Schuler [o]), den tübingischen Lehrer der Arzneikunde Joh. Konr. Gerhard [p]),
den

colloquii proponuntur et enodantur &c. Francofurt. 4.
1620. 17) Civitas corporis humani. Francof. 1621. 8.
18) Cantilenae intellectuales, in triadas novem diftinctae,
de Phoenice redivivo, id eft Medicinarum pretioſiſſima,
quae mundi Epitome et ſpeculum eft, et Clavis terno-
rum irreferabilium Chimiae Arcanorum. Rom. 1622. 16.
Roſtock. 1623. 8.   19) Ulyſſes ſeu Tractatus poſthu-
mus, id eft ſapientia ſeu intelligentia &c. Una cum an-
nexis tractatibus de fratribus Roſae - Crucis. Francof.
1624 8.   20) Comitia philoſophica oder philoſophiſcher
Reichstag von der wahren Materie des Steins der Weiſen. Salzburg. 1665. 12.   21) Secreta Naturae Chimica, nova ſubtili methodo indagata. Francof. 1687. 4.
22) Muſeum Chimicum. Francof. 1708. 4.   23) Alle-
goria ſuper Secreta Chemiae, Muſeum Hermeticum.
n. XVIII.   24) Encomium Mercurii bei Kaſp. Dor-
navius Amphitheatr. Sapient. et Stultitia. Hanov.
1619. fol.

m) Alkumiſtica, oder wahre Kunſt, aus Miſt durch ſeine
Operation und Proceß gut Gold zu machen. Mühlhauſen.
1616. 8.

n) Cabala, ſeu Speculum Artis et Naturae in Alchimia
cum figuris aeneis. 4. 1616. und 1667.

o) 1) Artis tractatus. Caſſel. 1612. 8.   2) Collatio plus-
quam Aurea Comitis Bernardi Treviſani, de miraculo
Chimico ſive de Lapide Philoſophico. 1616.

p) 1) Extractum chymicarum quaeſtionum ſive reſponſiones ad theoriam lapidis philoſophici etiam in academia
regiomontara a quodam ibidem antichymiſta. Ubi veritas, artis chemicae etiam contra principia negantium
aſſeritur, et multae difficiles et jucundae quaeſtiones diſcutiuntur. Argentor. 1616. 8.   2) Diſputatio pro Lapide Philoſophico. 8. Argent. 1616. Tubing. 1641.
3) Panaceae Hermeticae, ſeu Medicinae Univerſalis aſſertio et defenſio Galenico - chimica; ut et queſtio, an aurum in jufum in juſculis aliquid conferat. Item Arcanum Lullianum, ſeu modus conficiendi Univerſalem
Medi-

den Mystiker Henr. Scheunemann q), der so weit
gieng, die Weisheit eines Paracelsus einer göttlichen Eingebung zuzuschreiben, Dan. Crusius r),
Wolf Lampert von Arnstein s), Joh. Dan. Mylius, einen hessischen Arzt t), Hamer. Poppius u),
Dunc.

Medicinam. Marpurg. 1630. Ulm. 1640. 8. 4) Commentatio perbrevis in apertorium *Lullii*, de Lapide Philosophorum, et Interpretatio Testamenti Novissimi *Arnaldi* de Villanova. Tubing. 1641. 8. 5) Decas physi-
co-chymicarum quaestionum Graviorum de Metallis,
cui adjuncta est medulla Gebrica de Lapide Philosophico. Jen. 1620. und Tubing. 1643. 8. Ulm. 1643. 4.
6) Exercitationes perbreves in *Gebri Arabis* Libros duos
Summae Perfectionis cum annexa Analysi partis practicae *Raymundi Lullii* in Testamento. Tubing. 1635 und
1689. 8. auch abgedrukt bei Manget a. a. O. I. B. II.
Abschn. 2. §. 3. S. 597. ꝛc. 7) Analysis partis practicae testamenti *Raymundi Lullii*. ebendas. Abschn. 3. §. 5.
S. 778. ꝛc. 8) Tr. pract. de chymiatria. 1631. 4.

q) 1) Hydromantia Paracelsica. Francof. 1613. 4. 2) de
Medicina reformata, seu denario Hermetico Chimico.
Francof. 1617. 8.

r) Methodica Physicae Peripatetico-Hermeticae delinea-
tio. Erford. 1617. 8.

s) Schatz der Gesundheit und des Reichthums, d. i. Handbuch aller chymischen Präparationen. 1617. in der Handschrift.

t) 1) Tractatus chimicus de animalibus seu Basilicae Chimicae Liber septimus. Francof. 1610. 4. 2) Pharmacopoea nova, de mysteriis Medico Chimieis. Francofurt.
1618. 3) Opus Medico-Chimicum, continens tres
Tractatus sive Basilicas. B. I-III. Francof. 4. 1618.
und 1620. 4) Antidotarium Medico-Chimicum, reformatum in Lib. 4. divisum. Francof. 1620. 4. 5) Philosophia reformata, continens Libros binos. Francof. 4.
1622. und 1638. 6) Auri anatomia seu de auro potabili. Francof. 1628. 4.

Dunc. Bornet ˣ), Ambrof. Siebmacher, der sich
zu Nürnberg und Augspurg aufhielt ʸ), Joh. Bic=
fer ᶻ), Joh. Jak. Wecker ᵃ), Joh. Ernst Burg=
graf ᵇ), Joh. Wittich aus Schlesien ᶜ), Joh.
Ortel ᵈ) oder Orthelius, Joh. Pontanus ᵉ),
D.

u) De Baſilica Antimonii, five Expoſitio naturae Antimonii,
cum *Hartmanno.* Francof. 1618. 4.

x) 1) Tyrocinium chymicum, das ist von Zubereitung und
Compoſition der Chymiſchen Medicamenten. Aus dem
Lateiniſchen von dem Autore ſelbſt überſezt. Franckfurth
am Mayn. 1618. 8. 2) Iatrochemicus ſ. de praeparatione et compoſitione medicamentorum chemicorum, ed.
alt. ſtudio J, D. *Mylii.* Francof. 1616. Lucc. 1621.

y) Waſſerſtein der Weiſen, darinnen der Weg gezeigt wird,
zu dem Geheimnis der Univerſaltinctur zu kommen; nebſt
Johann von Mehung Beweis der Natur, welchen
ſie den irrenden Alchymiſten thut, und Nickel Flamell
Summarium philoſophicum. Frankfurt. 8. 1619. und
1760. (doch ohne ſeinen Namen vorzuſezen).

z) Hermes redivivus. Hanov. 1620. 8.

a) 1) Anatomia Mercurii Spagyrica, feu de Hydrargyri
natura. Hal. Sax. 1620. 4. 2) De fecretis Naturae,
cum Theod. *Zwingeri* additionibus. Baſil. 1701. 8.

b) der auch zum Theil dem vorhergehenden Zeitalter ange=
hört, 1) Balneum Dianae, Magnetica Priſcorum Philoſophorum Clavis. Lugd. Bat. 1600. 2) Biolychnium
feu Lampas vitae et mortis. Lugd. Bat. 1610. 8. Francof. 1630. 12. 3) Biolychnium et Cura morborum Magnetica, ex Paracelſi Mummia. Franecker. 8. 1612 und
1629. 4) Achilles redivivus. Amſtelod. 1612. 8. 5)
Septimana philoſophica. Francof. 1620. 4. 6) Introductio in vitalem Philoſophiam et morborum Aſtralium
et Materialium Curatio. 4. Francof. 1623. Hanov. 1643.

c) de Lapide Philoſophorum. Harmon. imperſerutabil. Dec.
I. nr. 9.

d) auſer dem eben angeführten Commentarius in Novum
Lumen *Sendivogii*, der auch Theatr. chimic. B. VI.

n.

D. Grölmann ᶠ), Dan. Stolz von Stolzen-
berg aus Böhmen ᵍ), Helw. Dietr. Hesse ʰ), Luc.
Vorberg ⁱ), Joh. Poppius ᵏ), Andr. Tenzel ˡ),
Rosemberg ᵐ), Thom. Keßler ⁿ) aus Straßburg,

n. 182. und bei Manget a. a. O. II. B. 3. Abschn. 2.
§. 11. S. 516 ꝛc. abgedruckt ist.   1) Discursus de epistol.
Andr. *Blauen* de auro potabili. Theatr. chym. B VI.
n. 185.   2) Interpretatio verborum Mariae. ebendas.
n. 189.   3) Commentarius in Epistolam *Pontani* ebendas.
n. 191.

e) 1) De Lapide Philosophico. Theatr. chimic. B. III.
n. 183.   2) Epistol. de lapide. Ebendas. B. VI. n. 190.

f) Aurum fulminans oder leuchtendes Gold, in Handschrift.

g) 1) Viridarium chimicum cum figuris multis. Francof.
1624.   2) Hortulus Hermeticus flosculis philosophorum
cupro incisis conformatus et brevissimis versiculis ex-
plicatus. Francof. 1627. 8. auch abgedruckt bei Manget a. a. O. II. B. 3. Abschn. 3. § 10. S. 895 ꝛc.

h) Elogium planetarum coelestium et terrestrium macro-
cosmi et microcosmi. Argent. 1627. 8.

i) Elucidarius purus philosophicus de universali arcano sive
secreto naturae. Brieg. 1627. 8.

k) Chymischer Wegweiser. 1627.

l) 1) De Mumiae transplantatione Exegesis Chimiatrica cum
sale ternario Bezoardicorum. Erfurt. 1628. 8.   2) Medicina Diastatica. 12. Jen. 1629. Francofurt. 1666. Lips.
1725.

m) 1) Rhodologia. Argent. 1628. 8.   2) Rosa nobilis.
Argent. 1628. 8.

n) 1) 400 auserlesene chymische Proceße. 8. Straßburg.
1629. Frankfurt. 1641.   2) Dreyhundert außerlesene
Chymische Proceß und Stücklein, zu Nutzen der Hermetischen Medicin Liebhabern an den Tag gegeben. Straßburg. 1630. 8.   3) Keslerus redivivus, oder 500 auserlesene chymische Procesße, deren erste 400 von Thom.
Kesler sind. Frankf. am Mayn. 1666. 8.

burg, J. B. Grofschedel von Aicha °), Marc.
Aur. Pollio ᵖ), Joh. Nik. Furich ᑫ), Kasp.
Amthor ʳ), Barth. Korndörfer ˢ), Heinr. von
Batsdorf, (eigentlich Chrph. Reibehand), Apotheker zu Gera ᵗ), Joh. Franck ᵘ), und Joh. Rist ˣ).

Ein

o) 1) Proteus mercurialis Geminus, exhibens Naturam
Metallorum, id eſt, operis Philoſophici Theoriam et
eiusdem praxin ſive Compoſitionem Lapidis Secreti per
Philoſophorum ſententias et Authoritates elucidatus. 8.
Francof. 1629. Hamburg. 1706. ins teutſche überſezt,
in der Handſchrift. 2) Mineralis ſeu Phyſici Metallorum
Lapidis diligens et accurata deſcriptio: ad Macro et Microcoſmi Philoſophicam Metamorphoſin. 8. Francofurt.
1629. Hamburg. 1706. 3) Trifolium Hermeticum oder
Hermetiſches Kleeblatt. I. Von der allgemeinen Natur.
II. Von der beſondern, und der Menſchlichen Kunſt. III.
Von der verborgenen und Geheimen Weißheit: In welchem das groſſe Buch der Natur in ſeinen dreyen Reichen
aufgethan und erklärt wird. Frankfurt am Mayn. 8.
1629. 4) Calendarium Naturale Magicum Perpetuum
profundiſſimam rerum ſecretiſſimarum contemplationem,
totiusque Philoſophiae cognitionem complectens. von
Matth. Merian in Form eines Patents in Kupfer geſtochen.

p) de metallis. Lipſ. 1629. 4.

q) de Lapide Philoſophico, ſeu Chryſeidos Lib. IV. cum
eiusdem annotationibus. 1622. 8. und Argent. 1631. 4.
von ihm iſt auch die Ausgabe von *Hermes* de Lapide philoſophorum. Patav. 1627. 8.

r) Chryſoſcopion ſive Aurilogium. Jen. 1632. 4.

s) de tinctura gemmarum. 1635. 8.

t) Filum Ariadnes, das iſt, neuer Chymiſcher Diſcours von
den grauſamen verführiſchen Irrwegen, der Alchymiſten,
dadurch ſie ſelbſt und viel Leute neben ihnen verleitet werden, und dann, was doch endlich der rechte uralte Weg
zu dem allerhöchſten Secreto ſey, wie darinnen zu procediren, und welcher Geſtalt auch particularia zur Hand
ge-

Ein grofer Theil dieſer Schriftſteller hieng mehr
oder weniger ſklaviſch an Paracelſus, ohne eben
auf neue Wahrheiten auszugehen; viele unter ih‐
nen, ſogar ſolche, die ſonſt Beleſenheit in den Schrif‐
ten ihrer Vorgänger, praktiſche Einſichten in die Ar‐
beiten ſelbſt, und eine offene Gemüthsart zu erkennen
geben, wie z. B. Mich. Potier [y]), entehrten ſich
durch die lächerlichſte Eitelkeit [z]), und durch gefliſſent‐
liche

gebracht werden können. 1636. und 1639. neu aufgelegt
und beygefügt LXXIX. groſſe und ſonderbare Wunder,
ſo bei einem ſpecial angegebenen Subjecto theils von der
Natur, theils aber in der geführten Arbeit ſich befun‐
den haben. 8. Leipzig. 1690. Gotha. 1718.

u) Epiſt. de arte chimica. Budiſſ. 1636. 4.

x) 1) philoſophiſcher Phönix oder Entdeckung der eigentli‐
chen wahren Materie des Steins der Weiſen. 8. 1637.
Danzig. 1682. auch mit Schweizer's goldenem Kal‐
be. Nürnberg. 1668. und Thom. Fienus Wundarzney‐
kunſt. Nürnberg. 1675. 8. abgedrukt. 2) Rettung und
Vertheidigung des philoſophiſchen Phönix. 1638. 12.

y) der z. B. ſeinen Leſern die Sprüche der Alten einſchärft:
Absque naturae imitatione hanc artem aſſequi eſt im‐
poſſibile. Eſt in Sole et Mercurio, quicquid quaerunt
ſapientes. In hac arte nihil poſſumus, quam naturam
juvare, et hoc uno medio, quam ſolo igne ſeu
calore, und die falſche Künſtler ſo deutlich bezeichnet, und
der Beſtrafung der Obrigkeit anheim gibt, furtibus, car‐
cere et ſuſpendio dignus, ſind ſeine Ausdrüke.

z) ſo gibt eben dieſer M. Potier, philoſophus ille her‐
meticus fundamentalis, wie er ſich am Schluſſe ſeiner
philoſophia chymica nennt, oder Philoſophus hermeti‐
cus eminentiſſimus, clariſſimus, ſuae aetatis primarius,
parentis loco aeternum honorandus wie er ſich in einigen
dieſem Werke vorgeſezten Gedichten nennen läſt, (a. e. a. O.
S. 46.) damit man ihn nicht mit andern, die etwa ſei‐
nen Namen misbrauchen wollten, verwechſeln möchte,
ausführlich die äuſern Merkmale an, woran man ihn er‐
kennen kann.

liche Zurükhaltung der wesentlichen Handgriffe, die sie
sich zur Pflicht machten [a]): Nur wenige zeichneten sich
durch freiere Beurtheilung ihrer Vorgänger und Ge-
fährten auf diesem Wege, und durch eigene neue Gedanken aus: Unter diesen wenigen verdient insbesondere Joh. Bapt. von Helmont erwähnt zu werden, der
zwar eben so wenig, als seine Zunftgenossen, von
selbstgefälliger Eitelkeit frei war [b]), so vest, als je einer
derselbigen, an die Verwandlung des Quekſilbers in
Gold, und an die ausnehmend vermehrende Kraft des
Steins der Weiſen [c]), an Hexereien und Besizungen
vom

a) So gibt z. B. Mich. Potier (a. e. a. O. S. 38.)
den schönen Grund an: "Gott will nicht, daß das Heiligthum vor die Hunde, die Perlen vor die Säue, und
seine Gaben vor die Läſtermäuler hingeworfen werden."
Eine ähnliche Sprache führten die meiſte übrige.

b) Man lese, um sich davon zu überzeugen: Vaticinium de
autore poëmate expreſſum, vornemlich 14. Oper. Oder
Ort. Mediciuae. Amſterd. 1648. S. 4.

c) So sagt er z. B. in der Schrift: Demonſtratur theſis.
58. Ort. medic. S. 671. "Perinde propemodum, ac
in projectione lapidis chryſopeji. Etenim illum aliquo-
ties manibus meis contrectavi, et oculis vidi realem
tranſmutationem argenti vivi venalis, proportionem ſu-
perantis aliquot mille vicibus in pondere pulverem chry-
ſopejum. Erat nempe coloris qualis croco, in ſuo pulvere ponderoſus, et micans inſtar vitri contuſi, ubi minus accurate tritus eſſet. Data autem ſemel mihi fuit
quarta pars unius grani. Voco etiam granum ſexcenteſi-
mam partem unciae. Hunc ergo pulverem cerae ab
Epiſtola quadam abraſae involvi, ne projiciendo in cru-
cibulum per fuligines carbonum diſpergeretur: quem
dein cerae globulum ſuper libram argenti vivi ferventis
et recenter emti, in vas triquetrum crucibuli projeci: ac
confeſtim totus hydrargyrus cum aliquo murmure ſtetit
a fluxu, reſeditque inſtar offae. Erat autem fervor illius
argenti vivi, quantus prohiberet ne liquatum plumbum
rec-

vom Teufel ᵈ), an die Kunſt des leztern, Dinge un=
ſichtbar zu machen ᵉ), an die übernatürliche Wirkung
ſympathetiſcher Mittel ᶠ), an Kräfte der Planeten in
den Metallen ᵍ), und andere unglaubliche Dinge ʰ)
                                                    glau=

recoagularetur. Mox dein aucto igne ſub follibus liquatum eſt metallum, quod euerſo vaſe fuſorio reperi
pendere octo uncias auri puriſſimi. Facto igitur com-
puto, granum iſtius pulveris convertit 19200 grana im-
puri ac volatilis metalli per ignem delebilis in verum aurum. Pulvis nempe iſta ſibi uniendo praeſatum hydrar-
gyrum eundem uno inſtanti praeſervavit ab aeterna rubigine — — tranſtulitque in virgineam auri puritatem''
beinahe mit den gleichen Worten in der Schrift: Vita aeterna. Ort. medicin. S. 743. S. auch deſſen Arbor vitae Ort. medic. S. 793. Sextupl. digeſt. aliment. human. ebend. S. 219.

d) Recepta injecta. Ortus medicin. S. 568 ꝛc.

e) in Jaculatorum modus intrandi. ebendaſ. S. 603.

f) de magnetica vulnerum curatione. ebendaſ. S. 748.
752. Butler ebend. S. 593.

g) Poteſtas medicaminum. ebendaſ. S. 480.

h) Man leſe z. B. Imago fermenti impraegnat maſſam ſemine Ort. medic. S. 113. "Si induſium ſordidum intra os vaſis, in quo ſit triticum, comprimatur: Intra
paucos dies (puta 21) fermentum induſio hauſtum, et
odore granorum mutatum, ipſum triticum, ſua pelle
incruſtatum, in mures tranſmutat." ebend. S. 113. 114.
"Odor baſiliconis ſemini incluſus herbam illam producit, cum aura illi inexſiſtente, qui ſi per fracedinem
immutetur, ſcorpiones veros producit." Ignotus hydrops
Ort. med. S. 520. "Saltem vidi ruſticum hydropicum
ſanatum, alligata anguium Senecta per ventrem et Re-
nes Butler." ebend. S. 593. "Didici in vegetabili fa-
milia eſſe Chamaeleontem, itemque Perſicariam, quae
ſolo attactu dolores atroces confeſtim tollunt, vel ſaltem ſublevent: vidi inquam, os brachii Bufonis ſtatim
primo contactu odontalgiam tollere, nonnulla caducum,
ſimilesque calamitates auferre."

glaubte, wie sein Lehrer Paracelsus [i]), gegen welchen er grose Hochachtung bezeugte [k]), von gewissen
durch mühsame chemische Handgriffe bereiteten Mitteln [l]), z. B. einer Art rothen Präcipitats [m]), von
welcher er nicht nur in der Lustseuche [n]), sondern auch
im Podagra [o]), in der Wassersucht [p]), in Geschwulsten der Leber [q]), Geschwüren der Lungen [r]), in allen
Fie-

i) Ignotus hydrops Ort. medic. S. 522. Arcaua Paracelfi.
   ebend. S. 787.

k) Promissa authoris. ebend. S. 12.

l) Ignotus hydrops a. e. a. O. ad Humorift. vindict. auth.
   responf. ebend. S. 524. Arcana Paracelfi. ebendaf.
   S. 785-791.

m) den er bald (Cauff. et init. natural. Ort. medic. S.
   39.) Corallatum Paracelfi, bald (Volupe viventium morbus antiquitus putatus ebend. S. 387.) Arcanum coral-
   linum, bald (Ignotns hydrops ebend. S. 520.) Mercurius praecipitatus juxta praefcriptum Paracelfi, bald
   Mercurius diaphoreticus (ebend. S. 521. und in verbis,
   herbis et lapidibus eft magna virtus ebend. S. 577.)
   bald (Humidum radicale ebendaf. S. 723.) Corallatum
   dulce mercurii diaphoretici, bald (de febribus c. XIV.
   S. 52.) Praecipitatus diaphoreticus Paracelfi nennt.

n) in 26 Tagen Caufae et init. natural. Ort. medic.
   S. 39.

o) Volupe viventium morbus antiquit. putat. ebendaf.
   S. 387.

p) Ignotus hydrops ebendaf. S. 520. "curat omnem hydropem, non quatenus purgat, fed inquantum materialiter tranfiens per inteftina, refolvit extravenatum cruorem." S. auch 521.

q) Ebendaf. S. 521.

r) Humidum radicale ebend. S. 723. "Sic et pulmonum
   ulcera folidantur, per corallatum dulce mercurii diaphoretici."

Fiebern [s]), überhaupt in allen Krankheiten [t]), als auserordentlich wirksam rühmt, von einem Aloeelixier [u]), womit er einen Sterbenden vom Rande des Grabes gerettet zu haben versichert, von einem süßen Vitriol-schwefel [x]), von einem andern Mittel gegen Eng-brüstigkeit [y]), und seinem Alkaheſt [z]), vorzügliche Kräfte erwartete, ihre Bereitung aber geheim hielt [a]), zwar mit mehr Belesenheit in den Schrif-ten

s) de febribus a. e. a. O. "Etenim iſtud remedium eſt Praecipitatus diaphoreticus Paracelſi. Qui omnem ſanat febrim unica potione. Hecticam autem intra lunae curſum."

t) a. e. a. O. "Oretenus enim aſſumtus, curat carcino-ma, lupum, et quodlibet aeſthiomenum cacoëthes ulcus, five externum, five internum, itemque hydropem, Aſthma, et morbum quemcunque chronicum. Complet enim ſolus deſideria Medentum, tam in Phyſicis, quam Chirurgicis defectibus" und ad Humoriſt. vindict. reſp. Ort. medic. S. 524. "Probabo primò, quod liquor Alcaheſt, ens primum ſalium, lili, primus metallus, *mercurius* diaphoreticus, five aurum horizontale; unum, inquam, qualecunque ex illis ſat ſit ad quorumlibet morborum ſanationem, utut momis crepent ilia."

u) oder Elixir proprietatis aus Aloe, Myrrhe und Safran. Ort. medic. S. 573. 574.

x) Sulphur vitrioli dulce. Duumviratus Ort. med. S. 346. 347. "Id ſulfur — — ad vitam longam, et catervam aliquot morborum fugandam commendabile."

y) Aſthma et tuſſis Ort. medic. S. 369. "Cum Aſthma nullo unquam remedio circumcidatur, niſi remedio ar-cani, quod per totum penetret omnes corporis ſemitas, ut nil relinquat intentatum."

z) Ad Humoriſt. vind. reſp. a. e. a. O. Poteſt. medica-min. Ort. medic. S. 480. "ut ignis omnes perimit in-ſectas: ita Alcaheſt conſumit morbos". S. 483. Butler Ort. med. S. 587. und 592. Arbor vit. ebend. S. 709.

a) Ad Humoriſt. vindict. reſp. Ort. medic. S. 523. zum Theil deswegen, weil ſie andere ſchlecht machen, und

ten der griechischen und arabischen Aerzte und Natur=
forscher [b]), und mit feineren Wendungen, aus welchen
eine beffere Erziehung hervorleuchtete [c]), aber mit glei=
chem Feuereifer, gegen die schulgerechte Aerzte feiner
Zeit [d]), und ihren Ariftoteles [e]), Galen [f]), und
ihre

verfälfchen; aber man höre weiter "Ideoque hinc edoctus
didici non amplius hac orbita eundum, fed quicquid
rarioris philofophiae eft evulgandum, id omnino fub
hieroglyphicis peritiorum effe praeftandum. Ignofcant
ergo mihi quotquot ad me fcribunt haec verba: Sodes
explica te, loquere apertius, de Arcanorum praeparatione.
Quia ifta eft nova addifcendae Phiiofophiae methodus,
quem addifcere oportet, modo quo eam didici. Ven-
dit enim Deus fudoribus artes. Etenim nil in Spagyricis fcriptum ea intentione ut intelligantur promifcue ab
omnibus, fed dumtaxat ne intelligantur. Idque Chymia prae caeteris difciplinis femper fervavit fingulare e
mandato Domini; ne rofae ante homines et porcos fpar-
gantur."

b) Studia Authoris. Ort. medic. S. 18. "Itaque legi
opera Galeni bis, femel Hippocratem (cujus Aphorifmos
paenê memoriter didici) totumque Avicennam, et tam
Graecos Arabes, quam modernos forte fexcentos ferio
et attentê perlegi."

c) es war ihm eine fehr glänzende Stelle bei Kaifer Ru=
dolph II. beftimmt, die er aus Sorge für feine Seele
ablehnte. Tumulus peftis. S. 11.

d) Logica inutilis Ort. medic. S. 41. "Quid fi oftendero
infcitiam, ignaviam, impietates et inclementias medentum circa res fummo pretio habendas" Afthma et tuffis
ebendaf. S. 364. 369. Cauterium ebend. S. 380. Pleura furens ebend. S. 395. 396. Promiff. Author. ebend.
S. 7. 8. Difpenfator. modern. ebend. S. 462 - 467.

e) Venat. fcientiar. Ort. medic. S. 29. Cauf. et init. na-
tural. ebend. S. 38. Phyfica Ariftotelis et Galeni ignara. ebendaf. S. 46 - 51.

f) Phyfica Ariftotelis et Galeni ignara a. e. a. O. Studia
Authoris. ebend. S. 18. Natura contrariorum nefcia.
ebend. S. 166 - 168.

ihre Araber [g]), welche insgesamt bei dem frommen [h]) und hier und da von unmittelbarer höherer Eingebung sprechenden [i]) Schwärmer schon als Heiden in einem schlimmen Geruch waren [k]), zu Felde zog, ihre Blößen und Mängel weit scharffinniger, als sein Vorgänger, entdekte, und die Chemie, doch mit triftigern, als dieser, wenn gleich nicht durchaus befriedigenden Gründen, gegen ihre Widersacher in Schuz nahm [l]), manche Thatsache, die eine nähere Prüfung verdiente, und sie gewiß oft nicht ausgehalten hätte, als unläugbar darstellte, auf solche Thatsachen oft Meinungen gründete, die daher bei genauerer unpartheiischer Untersuchung nicht Stich hielten, auch für bereits bekannte Gegenstände [m]) noch wenig gangbare Namen allgemeiner

g) Tumul. peſtis. S. 10.

h) davon finden ſich mehrere Beweiſe ſowohl in der Lebensgeſchichte, welche ſein Sohn der Vorrede zu der Ausgabe ſeiner Werke einverleibte, als in den Beitrdgen, die er ſelbſt z. B. Promiſſa Autoris Ort. medic. S. 8 - 13. Studia Authoris ebendaſ. S. 19. Tumulus peſtis S. 10. II. u. a. a. darzu geliefert hat.

i) S. z. B. Promiſſa Authoris Ort. medic. S. 9. 10. Studia Authoris ebendaſ. S. 19. Praefat. ebend. S. 484.

k) Phyſica Ariſtotelis et Galeni ignara Ort. medic. S. 48. "Turpe ſanè Chriſtianis, iſtum (Ariſtotelem) in Phyſicis patronum adhuc ſequi" Elementa ebendaſ. S. 52. "Summè itaque dolendum Scholis Chriſtianorum adhuc doceri tenebras habito lumine veritatis" Formarum ortus ebendaſ. S. 149. "indignatus ſum, etiamnum hodiè à Chriſtianis doceri, formas rerum et animas brutales eſſe ſubſtantias veras et ſpirituales" Praefat. ebendaſ. S. 484.

l) in allen ſeinen Schriften, vornemlich aber in der Schrift de febribus C. XV. S. 53 - 56.

m) ſo z. B. ſtatt Harnſtein oder Calculus Duelech, ſtatt allgemeines Auflöſungsmttel Alkaheſt.

ner einführte, und statt der Meinungen, die er mit
so vielem Glük bekämpfte und zum Theil stürzte, man=
che andere auf die Bahn brachte, die eben so wenig
haltbar sind; so war schon bei seinen übrigen Gesin=
nungen und Ueberzeugungen das ein grofes Verdienst,
daß er viele grobe Fehler von P a r a c e l f u s [n]), seine
Meinung von den drei Urstoffen aller Dinge [o]), von
der übertriebenen Aehnlichkeit des menschlichen Leibs
mit der grofen Welt [p]), von der Wirkungsart der
Salben und Pflaster bei Wunden [q]), vom Tartarus [r]),
mit gleicher Freimüthigkeit rügte, das Wiederaufleben
der Pflanzen aus ihrer Asche, wie es z. B. du C h e s n e
bei der Asche der Nessel beobachtet haben wollte, auf
eine

---

n) Promissa Authoris Ort. medic. S. 12. "Libros Paracelsi derisa obscuritate obsitos investigavi, illumque hominem admiratus sum et nimio honore persecutus. Donec tandem daretur Intellectus operum et errorum suo-
rum." S. auch Calor efficienter non digerit Ort. med.
S. 202. Scabies et ulcera scholarum. ebend. S. 327.

o) Complexionum atque mistionum elemental. figmentum.
Ort. medic. S. 103. Causae et init. natural. ebendas.
S. 34. Progymnasm. meteor. ebend. S. 72. Imago
fermenti impraegnat massam semine. ebend. S. 112.
Tria prima chymicorum principia neque eorundem essen-
tias de morborum exercitu esse. ebendas. S. 399 - 405.

p) De febribus C. II. S. 17. "Ita Paracelsus, mirâ li-
centiâ lapsus est in Microcosmi paroemias Medico in-
dignas. Dura quippe lex esset, quae hominem, nudi-
ter ut Macrocosmum referret, praecipitasset in omnium
morborum aerumnosas necessitates."

q) Septuplex digestio alimenti humani Ort. medic. S. 220.

r) Inventio tartari in morbis temeraria ebendas. S. 239.
Tria prima chymicorum principia neque eorundem essen-
tias de morborum exercitu esse ebendas. S. 399. De
lithiasi C. II. S. 20. "Cognovi itaque, vana de Tartaro, commenta Paracelsi."

eine sehr sinnliche Art lächerlich machte °), die Blöſen der Sternkunde, wie ſie damals getrieben wurde ᵗ), in ihrer wahren Geſtalt darſtellte, den vorgeblichen Einfluſ einzelner Geſtirne auf belebte Weſen, und insbeſondere auf den Menſchen ᵘ), und ſeine Krankheiten ˣ), widerlegte, und der Arzneikraft des Goldes ʸ) widerſprach.

Seine

s) Pharmacopolium ac Diſpenſatorium modernum Ort. medic. S. 459. "Bonus vir ille ſuam principiorum declarat inſcitiam, neſciens inprimis, quod omnis glacies incipiens, dentatas cuſpides, ad figuram folii urticae, faciat."

t) Studia Authoris Ort. medic. S. 16. "Unde didici vanas excentricitates, alium caelorum gyrum adeoque non impenſo tempore dignum — — Cepit igitur vileſcere ſtudium Aſtronomicum penes me, quod parum certitudinis ac veritatis polliceretur, Inania vero plurima."

u) Archeus Faber Ort. medic. S. 41. "Naturalis ergo Aſtrologia ſeminis humani ſuas directiones juxtà univerſalem caeli motum componit; non autem de foris mendicat; etenim ſi omne vegetabile ſemen ſuum edere poterat ante ſtellarum creationem, certè hominem decebat non minore privilegio gaudere, ex innato nimirum ſemine ſubſiſtentiam, motum, ſupernamque lationem habere, non autem ex aſtris" S. auch Aſtra neceſſitant non inclinant, nec ſignificant de vita, corpore vel fortunis nati Ort. medic. S. 117-128. Pharmacopol. ac Diſpenſator. modern. ebendaf. S. 458. und in Verbis, herbis et lapidibus eſt magna virtus. ebend. S. 579.

x) Pharmacopol. ar diſpenſator. modern. a. e. a. O.

y) Poteſtas medicaminum Ort. medic. S. 480. "At nuſquam inveni virtutes auro tributas, eò quod noſtris ſic etiam fermentis reluctaretur. Senſi ergo, aurum abſque corroſivo ſuo proprio eſſe mortuum. Mortuum inquam, niſi radicaliter a ſuo corroſivo penetretur. Non quidem, quod tunc ſolis naturam referat, viribusque vitalibus quicquam addat."

Ll 2

Seine glükliche Gabe zu beobachten, und der Eifer, mit welchem er, unabhängig von den unsichern Führern unter seinen Vorgängern und Zeitgenossen, auf seinem eigenen Wege die Wissenschaften verfolgte, lies ihn mitten durch die Nebel, womit Erziehung, Eigenliebe und Schwärmerei seinen Verstand verfinstert hatten, manche Wahrheit finden, die sich, von seinen Zeitgenossen verkannt, in der Folge bestätigte: Weit vor ihnen war er besonders in der Kenntnis des Feuers, der Luft und luftförmigen Stoffe, des Wassers und der Erde voraus: Ob er darinn vielleicht zu weit gieng, daß er schon das Feuer (oder den Wärmestoff) für keine Substanz ²), Wärme und Kälte, nur für abstracte Qualitäten der Körper ²) erklärte, dem Feuer allen Antheil an der Grundmischung der Körper als Bestandtheil absprach ᵇ), mus die Zeit lehren; er unterschied es deutlich vom Lichte ᶜ), wenn es gleich in der Flamme und bei andern Gelegenheiten in seiner Gesellschaft vorkomme, bestimmte seine Stufen, wie sie bei chemischen Versuchen und Arbeiten beobachtet werden, genauer ᵈ),

sezte

z) Formarum ortus Ort. medic. S. 137. "E quibus concludo, quod ignis non sit substantia, nec forma essentialis substantiarum." S. auch Progymnasm. Meteor. ebend. S. 73. Vacuum naturae ebend. S. 86. Complex. atque mistion. element. figment. ebend. S. 104. Formarum ortus ebend. S. 134. 135. Natura contrariorum nescia. ebendas. S. 171. Endemica ebendas. S. 193.

a) Blas meteoron. Ort. medic. S. 82.

b) Elementa Ort. medic. S. 53. "Ideoque vanum est, ignem confluere materialiter ad corporum mixturam." Terra ebend. S. 54. "Igitur nec Ignis est elementum, nec materialiter corporibus commiscetur." Aër ebendas. S. 62.

c) Formarum ortus Ort. medic. S. 135. 136. 140.

d) Calor efficienter non digerit, sed tantum excitative Ort. medic. S. 206.

ſeƷte ſeine Wirkungen auf die Körper beſſer aus einan=
der *), ſahe, wie ſehr es die Luft veränderte, wie dieſe
von Körpern, welche darinn brannten, im Umfange ab=
nahm f); er ſchon bemerkte, daß Flamme nichts an=
ders, als brennender Rauch, dieſer nichts anders als
Gas iſt g), daß überhaupt durch die Wirkung des
Feuers viele Körpertheile zu Gas werden h); überhaupt
erregte er zuerſt auf ſolche Luft ähnliche Stoffe gröſere
Aufmerkſamkeit, und bezeichnete ſie zuerſt, da er ihren
Unterſchied von gemeiner Luft ſehr wohl fühlte, mit ei=
nem eigenen Namen, Gas i); er unterſchied ſie aber
eben ſo ſorgfältig von bloſen Dämpfen k); er kannte
nicht

---

e) Formarum ortus Ort. medic. S. 137. "Sunt autem
illa (nemlich opera ignis) calor, exſiccatio, vaporum
excitatio, et exhalationum, combuſtio, liquatio, ac-
cenſio, ſive alterius de ſe ignis productio, generatio
ſui ſimilis cum illuminatione."

f) Vacuum naturae Ort. medic. S. 84. "Coeterum, vacuum in Natura ordinarium in aëre ſic probo iterum.
In medio fundi patinae ſtatuatur fruſtum candelae, ſuo
ſaevo alliquatum in fundo: Ardeat, et circumaffunda-
tur aqua, ad 2 aut 3 digitos, invertatur vero profun-
da cucurbita vitrea, ſupra flammam ad 3 digitos emi-
nente flamma, ex aqua, ita ut os inverſi vitri, ſtet ſuper patinae fundum. Videbis mox, aëris locum in prae-
fato vitro immuni, aquam vero quadum ſuctione ſurſum trahi, et aſcendere in vitrum loco aeris diminuti:
atque tandem, flammam ſuffocari."

g) a. e. a. O. "1. Atque inprimis indubium eſt, quia
flamma ſit fumus accenſus. 2. Quod fumus ſit corpus
Gas."

h) Progymnaſm. meteor. Ort. medic. S. 72.

i) Ebendaſ. S. 73. "Ideo paradoxi licentia, in nominis
egeſtate, halitum illum Gas vocavi, non longe a Chao
veterum ſecretum."

k) Ebendaſ. a. e. a. O. "Sat mihi interim, ſciri, quod

nicht nur die Bergſchwaden und ihre tödtliche Wirkungen [1]), das kohlenſaure Gas, das er nicht blos in einer Luft fand, worinn Kohlen [m]) oder andere Körper [n]) gebrannt hatten, ſondern auch in der Hunds-
grotte und andern unterirrdiſchen Höſen [o]), über gähren-
den Körpern z. B. in Wein- und Bierkellern [p]), bei
dem Aufbrauſen verſchiedener Körper mit Säuren [q]),
im Spawaſſer [r]), bei dem Aufſtoſen aus dem Magen,

Gas, vapore, fuligine, ſtillatis oleoſitatibus longe ſit ſub-
tilius. quamvis multoties aëre denſius." De lithiaſi explicatio aliquot verborum artis (hinter der Vorrede);
"Gas eſt ſpiritus *non coagulabilis.*"

l) Vacuum naturae. Ort. medic. S. 87. "Terrae Tre-
mor ebendaſ. S. 95. Tumulus peſtis. S. 47.

m) auch wohl Gas carbonum nennt; Complexionum atque
miſtionum elementalium figmentum. Ort. medic. S. 106.
108. 110. Tria prima chymicorum principia &c. ebend.
S. 405. 406. Tumulus peſtis. S. 55.

n) Formarum ortus. Ort. med. S. 437. ſelbſt Rauchwerk
Complex. atque miſtion. element. figment. ebendaſ.
S. 110.

o) Complexionum atque miſtionum element. figment. a. e.
a. O. Natura contrariorum neſcia Ort. medic. S. 163.
De inſpiratis. ebend. S. 615.

p) Complex. atque miſtion. elemental. figment. Ort. medic.
S. 110. Natura contrarior. neſcia. ebendaſ. S. 163.
De flatibus. ebendaſ. S. 423. De inſpiratis. ebendaſ.
S. 615.

q) De flatibus ebend. S. 424. "Acetum ſtillatitium, dum lapides cahcrorum ſolvit — — — eructatur ſpiritus ſylveſter — Eo quod huic (tartaro) inſit occulta vini ai-
ditas, et ſimul Alcali volatile. Unde ex amborum co-
pula ſit Gas ſylveſtre." De febribus C. IX. S. 43. "Etenim ſi ſali tartari ſpiritum vitrioli acidum ſuperfude-
ris, confeſtim ambo, actu frigida aeſtuant."

r) De lithiaſi C. 4. S. 34. "Verum Spadanae ſpiritus
acidi,

gen [s]), wahrnahm, und den Grund jener Erscheinun=
gen und die Kräfte des Wassers zum Theil darinn such=
te, dessen Kraft ein brennendes Licht auszulöschen [t])
und Thiere zu tödten [u]), ihm aus Erfahrungen und
Beispielen bekannt war: Er sah das entzündbare Gas
in den Blähungen [x]), von welchen er den luftförmigen
Stoff sorgfältig unterscheidet, der bei der Trommel=
sucht die Haut des Unterleibs ausspannt [y]), sah es un=
ter

acidi, ex embryonato sulfure enati, longo operantur prius
tractu, bullas atque sylvestre Gas excitant, ac tandem
se vasi affigunt. Alioquin enim, si illud Gas nequeat
eructari, aquae Spadanae manent sospites, medendo
aptae. Nam si Gas egredi prohibeatur, impedit, quo
minus subsequens sequatur, spiritusque reddantur effoe-
ti agendo."

s) das er auch Gas ventosum nennt. S. Imago fermenti
impraegnat massam semine. Ort. medic. S. 116. de flatibus. ebendas. S. 421. Catarrhi deliramenta. ebend.
S. 431.

t) Natura contrariorum nescia Ort. medic. S. 163. "Si
in cadum spatiosum miseris flammam, tantisper atque
fracedinem vas redolet, vel alioqui fracidae faecis ali-
quantillum continet, exsufflat flammam lychnii aut
candelae."

u) Ebendas. a. e. a. O. "Idem proportionaliter ergo in
vitalibus igniculis formalibus intellige." S. auch Complex. atque mistion. element. figment. Ort. medicin.
S. 110.

x) De flatibus Ort. medic. S. 421. "Ructus sive flatus
originalis in stomacho, prout et flatus Ilei, extinguunt
flammam candelae: Stercoreus autem flatus, qui in ul-
timis formatur intestinis, atque per anum erumpit, trans-
missus per flammam candelae, transvolando accenditur
ac flammam diversicolorem Iridis instar exprimit."

y) De flatibus Ort. medic. S. 421. Ignot. hydrops ebend.
S. 521.

ter denen Stoffen, die ein gewaltſames Feuer aus Theilen organiſirter Körper austreibt [z]); kannte das Sal-
petergas [a]) und ſeine ſchädliche Wirkungen [b]), ſo wie
ſeine Eigenſchaft, an gemeiner Luft roth zu werden [c]),
ſaures Kochſalzgas [d]), und Schwefelgas, und deſſen
Eigenſchaft, das Licht auszulöſchen [e]); ſogar, daß der
Salpeter im Feuer Lebensluft gibt, auch davon hatte
er eine Ahndung, und bezeichnete ſie beinahe mit dem
gleichen Namen, wie Scheele [f]): Was aber er Lebens-
geiſt

z) dahin gehört ſein Gas pingue, Gas ſiccum, Gas fuligi-
noſum ſive endimicum. De flatibus Ort. medic. S. 414.

a) De flatibus Ort. medic. S. 424. "Acetum ſtillatitium,
dum lapides cancrorum ſolvit, *vel chryſulca argentum:*
eructatur ſpiritus ſylveſter."

b) De inſpiratis Ort. medic. S. 615. "Spagyrus ſic quoti-
die ſylveſtre atque pernicioſum Gas e carbonibus, aquis
ſtygiis — — haurit."

c) De lithiaſi hinter der Vorrede Explicatio aliquot verborum artis.

d) De flatibus Ort. med. S. 423. "Sal armeniacus enim
et aqua Chryſulca, quae ſingula per ſe diſtillari poſſunt,
et pati calorem: ſin autem jungantur et intepeſcant, non
poſſunt nou, quin ſtatim in Gas ſylveſtre, ſive incoer-
cibilem flatum transmutentur."

e) Natura contrariorum neſcia Ort. med. S. 163. "Vides
illud in lychnio ſulfurato, quod accenſum et ſuſpenſum
in vaſe vitreo, ardebit quidem, et implebit vas ſubli-
mata ſulfuris fuligine: quam etſi exſpirare feceris, atque iterum lychnium ardens impoſueris, momento ipſo,
quo intrat, extinguitur. Non quidem a fumo ſulfureo,
ſed a Gas ſylveſtri, cujus ſolus odor novam flammam
extinguit: non quidem materiali flatu, ſed odore ſui:
Imo nedum lychnium ſulfuratum, ſed etiam flammam
extinguit candelae."

f) De flatibus. Ortus medic. S. 423. "Sal petrae ſimiliter liqueſcit candenti igne, frigidum eſt, et anginarum
reme-

geift nannte, und mit **Hippokrates** ενορμων ver-
glich ⁰), war freilich ein anderes Wesen, ob er ihm gleich
auch die Beschaffenheit eines Gas zuschrieb ⁵), und
auch ätherisches oder Lebensgas nannte ʰ); denn nach
feiner Meinung erzeugt sich dieser erst im Leibe felbsten ⁱ),
und zwar vorzüglich im Herzen ᵏ), in feiner linken
Kamer

remedium: adjuncto tamen carbone utrumque ſtatim
confumitur, et in Gâs flammeum evolat."

f*) Introduct. diagnoftica. Ort. medic. S. 531. "Corpus
noftrum in tres diviſit claſſes: nimirum in continens foli-
dum five vas ipfum: In contentum five liquidum: et in
Spiritum, quem dixit Impetum facientem. Qui nempe
Gas aethereum ac vitale eft."

g) Complexionum atque miftionum elementalium figment.
Ort. medic. S. 110. "Scripſi tandem de vita longa,
fpiritum vitae noftrae materialem de natura Gas
eſſe."

h) Introduct. diagnoftic. a. e. a. O.

i) Blas humanum Ort. medic. S. 182. "Quippe omnis
cruor naturaliter tendit in finem fuum, qui eft nutritio;
attamen ultimatò in vaporem, five in Gas, difpergitur
et evanefcit niſi per accretionem coagulum ſiſtatur. San-
guis vero arterialis pro fcopo habet, non quidem ut in
fuliginem five excrementum vergat. Id enim ſi fiat, à
morbo et per accidens evenit illi. Proprium alioquin fanguinis eft, in fpiritum vitalem traduci." S. 186. "Scio
quidem — — quod cruor in fui abfumtione, fpontaneo
caloris ductu Gas producat, ut aqua halitum: Illudque
Gas neceſſario fubfequenter expelli, ſtat extra contro-
verſiam."

k) Endemica. Ort. medic. S. 193. "Spiritus vitalis non
ex aëre; fed e vapore cruoris fit, in corde ad extre-
mum elaborati, ac vitali facultate infigniti." Spiritus
vitae. ebend. S. 197. "Maſſa cruoris virtute fermen-
tali cordis, et pulfuum adjumento, tranſit, in fanguinem ex flavo-rubicantem; unde fpiritus vitalis efficitur.
Adeoque non aër aut vapor cruoris: fed ipfus cruor in
fanguinem et inde demum in fpiritum vitalem deduci-
tur

Kamer und Ohr*), nicht aus der äusern Luft, weder
aus derjenigen, die mit der ganzen Oberfläche des Lei=
bes damit in Berührung kommt¹), noch derjenigen,
welche bei dem Athmen eingezogen wird ͫ), ob sie sich
gleich damit verbinde ⁿ), und auch in andern Rüksich=
ten bei feiner Bildung nöthig sei °); er seie der Grund
vom

tur — — At in corde tanquam vitae fonte, cogitatur
primum de vitalibus initiis.   Cruor enim ibidem in
fanguinem atque auram vitalem extenuatur." und S.
250. "Eft ergo fpiritus vitalis, fanguis, a fermento
cordis refolutus in auram falfam, et illuminatam a vita." Aura vitalis ebend. S. 728. "Eft ergo fpiritus
vitalis fanguis per vim fermenti et motus cordis, refolutus in auram falfam illuminatam vitaliter."

k) Blas humanum Ort. medic. S. 182. "Scilicet in finu
cordis finiftri, tanquam ftomacho, fingulare fermentum
maxime vitale et luminofum habitat, quod transmutati
cruoris in fanguinem eft cauffa fufficiens, prout fanguinis
in fpiritum vitalem transmutationi praeeft. — — Eft
nempe fpiritus vitalis, lux originaliter in fermento finiftri finus habitans, quae illuminat novos fpiritus, à fanguine arteriali partos, ob quam lucis continuitatem fcilicet, arteria elevatur."

l) Endemica Ort. medic. S. 193. "Denique fi arteriae,
aerem intro fugerent, ad quem quaefo finem id fieret,
cum magis noceret, quam prodeffet crudioris endemici
aëris fuctus? — — Denique nec arteria traheret aerem,
ut exinde fpiritus vitalis augmentum fumat Quoniam,
confenfu fcholarum, fpiritus vitalis non ex aere."

m) Blas humanum S. 190. "Attrahitur autem aer ille,
non pro nutrimento fpirituum."

n) Ebendaf. S. 187. "Ea de cauffa fit refpiratio, non
quidem ut aer cedat in alimentum fpiritui vitali, et ipfi
connectatur, affuctus per venam arterialem, et arte-
riam venalem Pulmonum, et hactenus adductus aer in eos
fufcipiat fermentum, quo comitante, ambo cruorem
difponant in totalem fui diaphaerefin."

o) a. e. a. O. S. auch S. 186. "totus Cruor, ut in Gas
abeat,

vom Zusammenziehen der Schlagadern p), und selbst von der Nervenkraft und den Geisteskräften q), aber sehr vom wässerichten Dampfe des warmen Blutes verschieden r); in seiner Gas ähnlichen Beschaffenheit liege eben die Ursache, warum andere Gasarten so schnell und mächtig darauf wirken s); die flüchtige riechende Theile

abeat, duobus alis ad volandum opus habet, aëre et fermento."

p) ebendas. S. 182.

q) Aura vitalis. Ort. med. S. 728. "Porro spiritus vitalis, per aortas arterias in caput scandit. In cerebri meditullio autem est unicus sinus, qui superne inspectus, duplex videtur, sed elevatâ sursum camera, unitatem ostendit. In hoc autem sinu, desinit arteria in vas rugosum; et alterius texturae, quam cetera arteriarum compago. Hac ergo diffluit spiritus vitalis in sinum cerebri, pro ministerio Imaginationis, memoriae, et pedissequarum facultatum spiritualium: quae omnes pariter fundatae sunt in spiritu insito, cerebri incola. Hinc autem si spiritus influens pergat in oscula nervorum incipientium à cerebro vel cerebello, proprietates acquirit ibidem destinatis partium functionibus aptas. Hunc alibi dixi à spiritu vitali essentialiter non differre: sed in essentiae suae latitudine plurimarum proprietatum esse capacem, juxta Idearum sibi impressarum latitudinem. Qui namque ad linguam defluit, gustatum efficit; qui tamen in digito non gustat. Quia particularem organi determinationem induit, absque naturae suae transmutatione, ne tot essent spiritus animalis subdivisiones, quot officiorum pluralitatibus diremta ministeria. Interim rem voca, ut lubet."

r) Complexionum atque mistionum element. figment. Ort. medic. S. 110. "Neque enim in guttas cogitur, eo quod ex sanguine arteriali paratur. Si quid, sub deliquiis et morte, sudoris exhalat, id cruoris est liquamen, non sanguinis arterialis."

s) Ebendas. a. e. a. O. "Spiritus vitae nostrae, cum Gas sit, potentissimè atque celerrimè à quovis alio Gas, afficitur,

Theile der Pflanzen, die seine Zeitgenossen nur zu wenig von den andern unterschieden, und ohne Rüksicht darauf zu nehmen, gebrannte Wasser und Absüde als gleich kräftig [s]) verordneten, dem abgezogenen Oele und dem Rükstande des Gewürzes [u]), die gleiche Art von Wirksamkeit zuschrieben, stärker und behender als andere wirken [x]), so daß sie zwar zuweilen schädliche Wirkungen äusern [y]), oft aber sowohl überhaupt vom Arzt zu heilsamen Absichten genüzt werden können [z]), als dadurch, daß man z. B. durch Kochen ihre Menge vermindert, Anleitung geben, die Richtung der Arznei=kraft bei manchen Pflanzen zu ändern [a]).

Wasser hält er für den Urstoff aller übrigen Din=ge [b]), und unterstüzt diese Meinung mit Gründen, wo=von wenigstens einige sehr scheinbar sind, und es zu sei=ner

eitur, propter illorum nempe contactus immediatos. Nec enim ideo aliquod proinde, velocius in nos operatur, quam Gas."

t) Aditus praeclusus ad conduñ viscerum. Ort. medic. S. 558. "Liquet hinc enim, decocta non esse entia, qualia per destillationem proliciuntur."

u) Tria prima chymicor. princip. &c. Ort. medic. S. 411. "Cinnamomum puta, abducto oleo, sapit corticem quercus sua abstractione."

x) Complexion. atque mistion. element. figment. S. 110. "Penitius enim inseritur Gas. et cum spiritus vitalibus contactum immediatum servant odores."

y) wovon er Imago fermenti impraegn. mass. semine Ort. medic. S. 114. 115. mehrere Beispiele anführt.

z) S. ebendas. S. 114.

a) das zeigt er Natura contrarior. nescia Ort. medic. S. 175. und Pharmacop. et. Dispensat. modern. ebend. S. 466. am Beispiele der Haselwurz.

b) z. B. Imago fermenti impraegn. mass. semine Ort. med. S. 116. 117.

ner Zeit noch mehr waren; selbst die Erde, von wel=
cher er sich überhaupt vorstellte, sie gehe nie als solche
in organische Körper über[c]), wird nach seiner Meinung
zu Wasser[d]); schon er erhielt es nach dem Verbren=
nen aus Oelen und andern verbrennlichen Dingen[e]),
sowohl als aus Weingeist, wenn er diesen auch zuvor
so wasserfrei als möglich gemacht hatte[f]); es werde nie
zernichtet oder verwandelt, wenn es auch eine andere
Gestalt annehme[g]), und die Dämpfe, welche davon
aufsteigen, wenn es kocht, und die nichts als verdünn=
tes

c) Terra Ort. med. S. 55. "Originalem terram nusquam
  ad fructuum miftiones concurrere sponte, casu alkabi,
  nec assumi a natura, neque assumtam, naturae, aut artis
  opera, reperiri, certum inveni."

d) Elementa Ort. medic. S. 53. "Cur autem terram non
  inter primaria elementa, licet initio simul creatam, ex-
  iftimem, causa est, quod tandem convertibilis sit in
  aquam." S. auch Terra ebendas. S. 55. und Progymnasm. meteor. ebend. S. 70.

e) Complexion. atque miftion. elemental. figment. Ort.
  medic. S. 104. "Puta lapides, fulfura, metalla, mel,
  ceram, olea, os, cerebrum, cartilaginem, lignum,
  corticem, frondes, tandem cuncta, atque singula, in
  aquam omnino insipidam, totaliter reduci — — Imo,
  quaecunque aperto igne conflagrantur, in ipso nubium
  hospicio, sponte in aquam reducuntur."

f) Progymnasm. meteor. Ort. medic. S. 72. "Vini nempe
  spiritus, totus cremabilis, deflegmatus et oleosus semper
  pro sui dimidio, in aquam simplicem, insipidam, et
  elementalem transit." Complexion. atque miftion. element. figment. ebend. S. 105. "Sit optime deflegmata
  aqua vitae, quae tota sui homogeneitate ardet oleosa:
  illa enim, per tartari salem, sibi cognatum, pro 16
  parte mutatur statim in salem, et totum reliquum sit
  aqua simplex elementalis,

g) Elementa Ort. medic. S. 53. 54. Terra ebendas.
  S. 55.

tes Waſſer ſeien [h]), werden eben ſo wenig zu Luft [i]),
als

h) Progymnaſm. meteor. S. 67. "qui vapor nihilominus
nil niſi aqua extenuata eſt." S. auch ebend. S. 73.

i) Aër Ort. medic. S. 64. Progymnaſm. meteor. ebend.
S. 67. "In *theſin itaque* pono. *Aquam, nunquam,
nequidem per frigus perire, aut in aerem, ullis naturae, aut artis conatibus mutari poſſe, et viciſſim aerem
nullis ſaeculis, aut diſpoſitionibus (nequidem pro guttu-
la unica) in aquam reduci poſſe."* S. auch Gas aquae.
Ort. medic. S. 19. Paradoxum ſecundum. ebend. S.
689. 690. "Aquam enim in vaporem facilè mutari,
quis negaverit? At vapor ſive halitus, tantum deeſt,
ut ſint aer, ut citius pulvis marmoris, aut ſilicis, aqua
ſint. Ut oſtendimus. Etenim vapor reipſa nil aliud eſt
materialiter et formaliter, quàm atomorum aquae in
altum ſublata congeries. Quod Schola noſtra, luce
meridiana clarius oſtentat. Aer itaque ſive calidis, ſive
frigidis vitris exceptus, atque compreſſus, nunquam
aquam dabit, niſi quantum in ſe vaporis, id eſt, extenua-
tae aquae continuerit. Separatur verò aqua in guttulas minutulas, adverſo ſole, trans vitrum, initio diſtillationis,
quamdiu parietes frigeut, conſpicuas; dum ſcilicet caloris vigore, in halitum extenuata avolat. Idque nimirum contingit non alias, quam per proprium magnale
(quod in rebus mixtis, adeòque etiam in aqua ipſa,
aether eſt, aere rarius, et ab eodem diſſociabile, eiusque compreſſionem atque dilatationem ſuſtinens, inter
corpus, et non corpus medium ambigens, externorum ſoli
ſui natalitii aſtrorum, impreſſiones ſuſcipiens, omnibus
prorſus rebus intimum, ratione cujus ſolius, et non aëris,
anhelitum ducimus) proprium inquam magnale, et ens
ſpirituale in aqua, in altum nimirum aquam ſuſtollit,
alleviatam calore, magnalis divulſionem procurante.
Quod idem divulſum magnale, proportionatam ſibi aquae
quantitatem, divulſam ſurſum detinet, tam in vitris,
quam in nubibus, et à caſu praeſervat, donec ſucceden-
tium fortè atomorum compreſſione (ut ſit in diſtillatione)
priores guttatim concreſcant, et priſtinum magnale, ſive
ens vitale, in ſe concludant. Vel calore, idem aquae
magnale rarefactum, mox dein, externi frigoris ope
con-

als die Luft jemalen durch Verdiken zu Waſſer k); von
dieſen Dämpfen des heiſſen Waſſers unterſcheidet er
aber doch die Ausdünſtungen, welche von kaltem Waſſer aufſteigen l); ihnen ſchreibt er die Natur eines
Gas m) zu, welche ſehr von derjenigen der Luft abwei-
che n), ſie werden aber auch unter gewiſſen Umſtänden
wie-

condenſatum, intra ſui imperii limites cogat, ſuosque
eosdem coërceat guttularum atomos.” Ich habe ab-
ſichtlich dieſe lange Stelle wörtlich hergeſezt, weil darinn
noch einige andere Keime hingeworfen ſind, welche erſt
ſpäter hin Wurzel geſchlagen haben.

k) Aër Ort. medic. S. 61. unter andern: “Aërem enim
in canna ferrea unius ulnae, compreſſi fere ad quinde-
cim digitorum ſpatium, qui dein ſui exploſione, inſtar
ſclopeti, pyrio pulvere acti, ſphaerulam trans aſſerem
miſit. Quod utrique non fieret, ſi aër, compreſſione,
in aquam, vi adigi poſſet.” S. 64-66. Progymnaſm.
meteor. ebendaſ. S. 67.

l) Gas aquae. Ort. medic. S. 74. “At primo, quo pacto,
ex aqua, Gas fiat, et quam ſit alius modus ab illo,
quo calor aquam in vaporem elevat — — Nunc vero
halitus hiſtoriam aggrediar. Qui vaporem, ſimul et
Gas continet, adeoque contentum aëris, eſt examinan-
dum. Nec eſt enim Gas ſiccum et oleoſum corpus,
quod exhalationem veteres dixere: ſed complectitur inſuper et aqueum aliud, praeter vapores.”

m) Ebendaſ. S. 75. “Quapropter ſtatim vapor ille in
Gas mutatur, et Gas ſpecie, ſuſpenſus, vagatur &c. — —
Vapor enim, dum locum refrigerii attingit, plerumque
nubis ſpecie oberrat ſemicongelatus, nec aſcendit, ſed
advenente frigore brumae, cum jam illa aeris regio, ſupra
modum inalgeſcit, mox aer ſerenus fit, nubes diſparent, et
in Gas mutantur.” S. 76. “Dum halitus et nubes, Gas
fiunt, ſubtiliantur, ac quo ſubtiliores, eo quoque altius
ſubdividendo ſcandunt, magisque viſum fugiunt.”
S. 81. “Quamquam Aer ſumma ſui frigiditate aquam
in Gas mutet.”

n) Blas aquae. Ort. medic. S. 76. “Nam quamquam Gas

wieder zu Wasser [o]), und spielen bei der Bildung der wässerichten Lufterscheinungen eine wichtige Rolle [p]); wie weit würden ihn diese Betrachtungen geführt haben, wenn er den Gebrauch der Hygrometer gekannt hätte [q])!

Schon er bemerkte, daß die Kieselerde aus dem sogenannten Kieselsafte auf Zugiesen von Scheidewasser als Kieselerde niederfällt [r]); daß der Kalk bei dem Löschen

subtilissimum et invisibile sit in suo corpore: quia verò adhuc ab aeris omnimoda distat perspicuitate, ideo in tanta sui profunditate, coeruleum colorem mentitur."

o) Gas aquae Ort. medic. S. 77. "Hoc Gas saltem nunquam sponte in aquam pristinam rediret, nec descenderet ad loca frigidissima, per quae sursum scandendo evasit, nisi Blas stellarum superum descensum cogeret — — Opposita nempe alteratio quaedam illi, a quo Gas abiit, debet Gas in aquam reducere." &c.

p) Gas aquae Ort. medic. S. 77. unter andern "Tepidior autem aura, ventum ex profundo aeris venturum, ac Gas, secum deorsum ducturum, Blas Caeli praenunciat. Unde Gas mox in vaporem rursus resolvitur, ac dein in pluviam. Nubes scilicet tunc apparent, non dudum ante, quae ad nullum mundi angulum spectabantur. Eo quod ex profundo aëris superni, deorsum delabatur invisibile Gas, quod in vapores, atque inde guttatim concrescit." Blas Meteorum ebendas. S. 82. "Sic ut atomi Gas ob nimiam exiguitatem invisibiles, amittentes sui constrictionem ac frigoris excessum, in minimas rursus guttulas concidant, atque deorsum properent."

q) er kannte wenigstens schon das Wasser in einem Zustande, in welchem es nicht mehr nas macht, doch so, daß es diese Eigenschaft wieder erlangen kann.

r) Terra. Ort. medic. S. 56. "Si nitri pollinem pluri alcali obquaverit, ac humido loco exposuerit, reperiet mox totum vitrum, resolvi in aquam: cui si affundatur

schen mit Waſſer ſich, wohl bis zur Entzündung, erhizt ^{s}); daß Salpeter, auch ohne Zuſaz, in verſchloſſe-
nen Gefäſſen bei ſtarker Hize ſich zu Laugenſalz brenne^t);
daß Blei, mit Quekſilber und Schwefel geröſtet, auch
ohne Berührung eines brennenden Körpers plözlich in
Flamme ausbreche ^{u}); daß die Metalle in ihren Auf-
löſungen unzerſezt bleiben ^{x}); daß daher das Eiſen,
wenn es in das Cementwaſſer geworfen werde, ſich nicht
in Kupfer verwandle, ſondern das Kupfer, das in dieſem Waſſer aufgelöst, aber noch unzerſezt ſeie, blos
ſcheide ^{y}); daß Metalle, ohne an ihrem Metallglanze
zu

datur Chryſulca, addito, quae tum ſaturando alcali
ſufficit, inveniet ſtatim in fundo, arenam ſidere, eodem
pondere, quae prius, faciundo vitro, aptabatur. Terra
ergo immutata perſiſtit." De lithiaſi C. III. S. 26.
"Porrò lapides, gemmae, arenae, marmora, ſilices &c.
adjuncto alcali vitrificantur: ſin autem plure alcali co-
quantur, reſolvuntur in humido quidem: at reſoluta,
facili negotio acidorum ſpirituum, ſeparantur ab alcali, pondere priſtini pulveris lapidum."

s) De febribus K. IX. S. 43.

t) Complexion. atque miſtion. element. figment. Ort.
medic. S. 107. "Salpetrae etiam, clauſo liquatum
vaſe, acidum liquorem, pro parte dat aqueum, pro
altera vero parte in fixum alcali mutatur."

u) a. e. a. O.

x) Progymnasma meteor. Ort. medic. S. 70. 71. "licet
argentum in Chryſulca diſſolutum, periiſſe, quatenus
aquae formâ, videatur: permanet tamen in priſtina ſui
eſſentia. Prout ſal in aqua ſolutum, ſal eſt, manet, et
inde repetitur, ſine ſalis mutatione." S. auch Pharmacopol. ac Diſpenſat. modern. ebend. S. 468. In verbis
herb. et lapid. eſt magna virtus ebend. S. 575. 576.
De lithiaſi K. VIII. S. 70. De febrib. K. VIII. S. 38.
und XV. S. 56.

y) Paradox. tertium. Ort. medic. S. 694.

zu verlieren, nur mit Metallen zusammengeschmolzen
werden können ᶻ); daß Queksilber, ohne an seinem
Glanze, sogar ohne an seinem Gewichte, zu verlieren,
dem Wasser, womit man es koche, eine wurmtreibende
Kraft mittheile ᵃ); daß auch die Metalle, welche als
Rauch aufsteigen, aus diesem Zustande in ihren vor=
hergehenden wieder versezt werden können ᵇ); daß Ar=
senik mit Salpeter zusammengeschmolzen zu einem feuer=
vesten Salze werde ᶜ): Er scheint schon die flüchtige
Schwefelleber gekannt zu haben ᵈ), und eine Säure
aus Oelen, welche Metalle auflöst ᵉ); er lehrte aus
Wachholderbeeren nicht nur Wasser und Oel, sondern
auch durch Gährung eine Art Brandewein bereiten ᶠ),
dessen Gewinnung aus Getreide, Bier und Honig,
damals schon allgemein bekannt war ᵍ), und ihm aus
allen Gewächsen und Früchten thunlich vorkam ʰ): Den
Kunstgriff, durch Frostkälte den Wein zu verstärken,
kannte

z) Arbor vitae. Ort. medic. S. 793.

a) Sextupl. digeſtio aliment. human. Ort. medic. S. 225.
In verbis, herbis et lapidib. eſt magna virtus ebendaſ.
S. 576.

b) De lithiaſi K. III. S. 26.

c) Complex. atque miſtion. element. figment. Ort. med.
S. 105.

d) Ortus medic. S. 574.

e) ſogar Silber. De lithiaſi K. III. S. 28. "Spiritus enim
olei olivarum, oleoſus, qui prima medietate exit, apud
me argenteum filum tandem in lagena diſſolvit."

f) De febribus K. VI. S. 33.

g) Spiritus vitae Ort. medic. S. 196. Aura vitalis. ebend.
S. 724.

h) Spiritus vitae a. e. a. O. "Alibi tradidi, quod e qualibet planta et fructu, appoſito fermento, fiat aqua vitae." S. auch Aura vitalis a. e. a. O.

kannte er ſehr wohl; aber weit gefehlt, dabei **Para-**
celſus auch nur zu nennen, erzählt er vielmehr, daß
ihn der Zufall niederländiſche Seefahrer, die nach
Grönland auf Wallfiſche ausgegangen waren, gelehrt
habe [i]); auch erwähnt er [k]), daß man ſchon damals
zum Läutern des Zukers Kalkwaſſer und Töpferthon gebraucht habe: Daß das Blut in den Adern, deren
Häute es gegen die unmittelbare Berührung der Luft
ſchützen, nicht gerinne [l]), glaubte er allgemein wahrgenommen zu haben, und, ehe es in Fäulung geht, ſo
wie die Fleiſchbrühe [m]), ſauer werde [n]); auch unterſuchte er das Blutwaſſer genauer, als ſeine Vorgänger [o]), kannte das natürliche Harnſalz [p]), und ſeinen
Unterſchied ſowohl vom Küchenſalze als vom flüchtigen
Laugenſalze [q]), die Uebereinſtimmung der aus dem
Harn in Gefäſſen auſerhalb des Leibes niederfallenden
Rinde (Tartarus urinae) mit dem Harnſteine [r]), glaubte auch in Rükſicht auf Kraft zwiſchen dem flüchtigen
Geiſte, den der Harn gibt, und demjenigen, den das
Blut

i) Tartari vini hiſtoria Ort. medicin. S. 236.

k) Pharmacopoea ac Diſpenſator. modernum. ebendaſ.
S. 463.

l) Pleura furens Ort. medic. S. 593. Vita multiplex in
homine ebendaſ. S. 729.

m) A ſede animae ad morbos Ort. medic. S. 294. Pleura
furens. Ebendaſ. S. 393.

n) Pleura furens a. e. a. O.

o) Unter dem Namen Latex humor, Latex humor neglectus. Ort. medic. S. 381 ꝛc.

p) De lithiaſi K. III. S. 21.

q) Ebendaſ. S. 25.

r) Ebendaſ. K. II. S. 17. 18.

Blut liefert, einen Unterschied zu finden, der, wenn
er je gegründet ist, auf der grösern Menge brandichten
Oels in diesem beruht[s]), und sah zuerst die Fällung des
flüchtigen Laugensalzes aus einem gesättigten Geiste
durch wasserfreien Weingeist, die noch nach ihm (Offa
Helmontii) genannt wird[t]): Er bemerkte, daß die
flüchtige riechende Theile der Dinge, welche die Mutter
oder Amme zu sich nimmt, in den Säugling übergehen, und in seinem Harne deutlich wahrzunehmen
sind[u]), daß überhaupt gewisse Körper, wenn sie genossen werden, dem Harn einen eigenen Geruch mit-
theilen[x]).

Aber ein vorzügliches Verdienst erwarb er sich um
die Apothekerkunst[y]), deren Mängel und Gebrechen
er mit Freimüthigkeit rügte: Zwar war er noch zu sehr
für Quefsilber und Spiesglanz, besonders aber dafür,
daß sie zubereitet sein müsen[z]), so wie von andern schon

er-

s) Aura vitalis Ort. medic. S. 726. "In eo tamen essentialiter diversum, quod spiritus salis cruoris curet epi-
lepsiam, non autem spiritus salis lotii."

t) Aura vitalis, Ort. medic. S. 727. De lithiasi K. III.
S. 21. "miscui spiritum urinae, aquae vitae deflegma-
tae: atque in momento ambo simul in effam albam
coagulata sunt." S. auch ebend. S. 22. 23.

u) Magnum Oportet Ort. medic. S. 158. "Vident quidem saepè in urina lactentis pueri, subsistere odorem
rerum quas nutrix sumsit." Butler ebendas. S. 591.
"Non secus atque — — lactantis infantis lotium, redolet anisum, si nutrix oleum anisi oretenus sumserit."

x) z. B. Muskatblüthe, Terpentin, Spargen Magnum
Oportet. ort. medic. S. 151. Natur. contrar. nescia.
ebend. S. 176. Adit. praeclus. ad cond. viscer. ebend.
S. 558.

y) Pharmacopolium ac dispensatorium modernum Ort.
medic. S. 456-469.

z) De febribus K. XV. S. 55.

erwähnten Vorurtheilen eingenommen; aber er zeigte
auch den Aerzten seiner Zeit den wahren Werth zube-
reiteter Arzneien ᵃ), zeigte ihnen, wie entbehrlich in
vielen ihrer Arzneien der Zuker, wie nachtheilig ihrer
Arzneikraft, wie überflüsig viele ihrer Syrupe, Mund-
säfte, Latwergen u. d. seien ᵇ), daß wohlriechende Oele
mit Mandelöl verfälscht, Schwefelöl mit Wasser verdünnt verkauft werden ᶜ), daß es dem vernünftigen
Arzte eben so sehr darauf ankomme, Arzneikraft unversehrt zu erhalten, als sie zu mildern und zu erhöhen,
und daß man um dieses zu thun die Körper besser kennen müse, als es bei ihnen Sitte seie ᵈ); er zog gegen
Paracelsus zum Arzneigebrauche den Eisenvitriol
dem Kupfervitriol vor ᵉ), zu dessen Bereitung er eine
sehr gute Anleitung gab ᶠ); er gebrauchte Brechmittel
aus Vitriol, Vitriol- Schwefel- und Kochsalzgeist ᵍ),
und rühmte den leztern insbesondere im Harnbrennen,
in der Harnwinde, im Gries ʰ); er hatte die ausgezeichnete Kraft des Quekfilbers in Geschwulsten der Leber

a) Natur. contrar. nescia. Ort. medic. S. 176.

b) unter andern Pharmacop. ac dispensator. modern. Ort.
medic. S. 463.

c) de febrib. K. XV. S. 54.

d) Pharmacop. ac Dispensat. modern. Ort. medicin.
S. 468.

e) De lithiasi K. VIII. S. 71.

f) a. e. a. O. auch Paradoxum tert. Ort. med. S. 690.
"Liquato aeri sulfur injicitur, donec totum flamma ab-
sumserit: confestim vero aes fusum, aquae pluviae in-
funditur, unde virescit: idque toties repetitur, donec
aes omne in aquam transactum migraverit.".

g) Pueril. humoristar. vindict. Ort. medic. S. 523.

h) De lithiasi K. III. S. 28. S. auch K. VII. S. 66.

ber erfahren [i]), und wahrgenommen, daß beinahe er:
frorne Glieder unter dem Schnee wieder aufthauen [k]):
Er kannte die Natur des Rußes [l]), und ahndete schon
etwas von den Wirkungen der Gährung auf die Luft, in
welcher sie vorgeht [m]): Er sezte die Natur der Gäh:
rungsmittel (Fermenta) auseinander [n]), wies ihnen
aber freilich einen viel weitern Wirkungskreis an, als
gesunde und unbefangene Philosophie rechtfertigen kann;
von ihnen leitete er die Kraft organisirter Körper, ande:
re ihrer Art hervorzubringen [o]), und die Bildung der
Säfte aus dem Blute [p]); so wie von einer anfangen:
den Fäulung in den Nieren Gries [q]), und im Blute die
meiste Fieber, und die sie begleitende erhöhte Hize [r]) ab;
diese

i) Ignotus hydrops. Ort. med. S. 521. "De proprietate
   itaque mercurii est, vim accreticem hepatis extinguere."

k) Aër. Ort. medic. S. 63.

l) Complexionum atque elemental. figment. Ort. medic.
   S. 109. "Fuligo omnis — partim est sal volatile con-
   creti, praeservatum ab inflammatione, propter aquae
   evolantis commistionem; partimque est oleum, quod
   evolandi celeritate combustionem praeterfugit."

m) Magnum Oportet. Ort. medic. S. 153.

n) Causae et initia naturalium. Ort. medic. S. 36. 37.
   Imago fermenti impraegnat massam semine. ebendas.
   S. III ꝛc.

o) Causae et init. morbor. Ort. med. S. 37. "Adeoque
   fermentum utrobique principium idem est. Etenim in semine, a parente inditur, etiam eodem identitatem subit vel
   aliunde, a causis externis, materiae imprimitur" und S.III.
   "Cum attamen nulla in rebus fiat vicissitudo, aut trans-
   mutatio, per somniatum appetitum hylas, sed duntaxat
   solius fermenti opera." S. 113. "Semen antem fit
   substantia — — continens in se fermentum."

p) z. B. des Harns De lithiasi K. V. S. 43.

q) De lithiasi K. V. S. 42. 43.

r) De febribus K. II. S. 9. K. IX. S. 43.

diese lezte Meinung, die inzwischen Helmont dahin einschränkte, daß die Fäulung bei lebendigem Leibe nie zum vollen Ausbruche komme, beschäftigte überhaupt in diesem Zeitalter mehrere Aerzte, Val. Balduti von Mondulfo [s]), Fr. Ant. Caserta, einen Neapolitaner [t]), Joh. Bapt. Cortes von Bologna [u]), Andr. Lobetti aus Piemont [x]), J. Vacher und Cl. Chretien aus Frankreich [y]), und Phil. Justi [z]).

So wohl inzwischen Helmont die Grenzen der Chemie zu kennen schien, nicht nur wenn es darauf an- kam, die Bestandtheile der Körper von einander zu scheiden, denn so warnt er ausdrüklich, das, was man durch gewaltsames Feuer aus den Körpern gewinnt, nicht für seine Bestandtheile anzusehen [a]), sondern auch Erschei- nungen im lebendigen Körper zu erklären [b]), so lies er sich doch einseitige Betrachtungen solcher Gegenstände, und den Ruhm, der Stifter eines neuen Gebäudes zu sein,

s) De putredine L. II. Urbin. 1608. 4.

t) Tractationum medicinae. Neapol. 4. P. II. in qua fe- brium theoria cum putredinis nota pertractatur. 1609.

u) Miscellaneor. medicinal. Decad. Messan. 1625. fol. nr. VII.

x) De foco putredinis in febribus intermittentibus. Tau- rin. 1626. 4.

y) Ergo pestis a putredine. Parif. 1629.

z) Difp. adverfus *Galenum* de fomite putredinis in febri- bus putridis continuis. Ulm. 1635. 4.

a) Tria prima chymicorum principia &c. Ort. medic. S. 410. "Quid enim clarius hac mechanica, ut elu- cefcat, ignem effe confectorem primorum; adeoque nec effe in fe prima, neque praeexfiftere talia in concreto, qualia feparantur indè per ignem?"

b) De lithiafi K. VII. S. 58.

sein, das er auf den Trümmern des alten errichtete, zu
unglüklichen Anwendungen derselbigen auf Physiologie,
Pathologie, und Therapie hinreissen. Aus dem an:
scheinenden Gerinnen eines starken Harngeistes von
recht wasserfreiem Weingeiste erklärte er sich die Entste:
hung des Steins in den Nieren und der Blase, ohne
zu fühlen, daß bei diesem Versuche, andere Unähnlich:
keiten zu geschweigen, beide Flüssigkeiten so stark und
wasserfrei als möglich sein müsen, und daß sie im le:
bendigen Leibe nie so zusammenkommen c): Nach ihm ist
im Magen, auch des gesündesten Menschen, eine Säu:
re, die als Gährungsmittel d) auf die Speisen wirkt,
und einen Theil derselbigen, in eine Art Gas verwan:
delt e), sonst aber, wie jede andere Säure von Men:
ninge, oder Weinsteinsalz f), so wie im Zwölffinger:
darm vom Laugensalz, das sie dort in der Galle finde,
zum

c) De lithiasi K. III. S. 21. 22. "Hoc experimentum in-
troitum dedit ad indagandum Lithiasin." S. 23. 30.
K. V. S. 46.

d) Imago fermenti impraegnat massam semine. Ort. med.
S. 115. Calor efficienter non digerit, sed tantum exci-
tat. ebendas. S. 204.

e) Imago fermenti massam impraegn. semine. S. 116.
"Subtiliores ergo, et volatiles ciborum atomi, facile
per fermentum stomachi, in Gas ventosum mutantur;"
Calor efficienter non digerit, sed tantum excitative.
Ort. medic. S. 204. 205. Sextupl. digest.alim. human.
ebendas. S. 209. 210. A sede animae ad morbos Ort.
medic. S. 294. 296. Pleura furens. ebend. S. 393.
Adit. praeclus. ad cond. viscer. ebend. S. 558. Aura
vitalis ebend. S. 725.

f) Sextupl. digest. aliment. humani Ort. medic. S. 209.
"Nos secus ferè, atque acetum acerrimum per minium
extemplo pristinam aciditatem exuit eamque in dulcedinem
aluminosam confestim mutat. Prout et acidum sulfuris,
extemplo mutatur in sale Tartari."

zum Mittelsalz wird); diese Säure im Magen kann allerdings zu stark werden, und denn Krankheiten erregen [h]); so gewis aber diese Säure im Magen natürlich ist, so widernatürlich ist sie in jedem andern Theile des lebendigen Leibes [i]), erregt in den Gedärmen Bauchgrimmen, in den Harngefässen Harnwinde, in Geschwüren fressende Schärfe, auf der Haut Kräze [k]), in den Gelenken Gicht oder Podagra [l]); von Säure im Blut-

g) a. e. a. O. "Mirum dictu, quod acidus cremor in duodeno, salis saporem confestim acquirat, suumque salem acidum in salem salsum, adeo libenter commutet." S. 213. "Fermentum fellis est perfectivum cremoris, praeservativum cruoris et corruptivum seri; Quae tria simul in puncto concurrunt, quo fel, acidum salem stomachi, (praeterquam in stomacho noxium et corruptivum), convertit in salem salsum" S. 218. "acidum fermentum in stomacho dissolvit cibos in succum, sed fellis fermentum acidum chylum saliendo separat chymum pro cruore." S. auch Aura vitalis Ort. medic. S. 725. und de febribus R. IX. S. 41.

h) Sextupl. digest. alim. humani Ort. medic. S. 210. "in stomacho, non rarum est peccatum, è gradu aciditatis alienae oriundum. Quapropter Orexis, atque ejusmodi stomachi perplexitates, peccant in adultero acore. Hinc namque puncturae in stomacho, difficiles concoctiones, ructus denique atque vomitus peracidi —— ista qualitas peccare potest, tam in excessivo, quam imminuto sui gradu."

i) Pleura furens Ort. medic. S. 393. "at acor in stomacho, est gratus, et ordinarius sapor: Sic extra stomachum omnis aciditas est praeter naturam, et hostilis."

k) a. e. a. O. "Sic nempe tormina ab acido intestinorum, in lotio stranguria, in ulceribus corrosio, in pelle scabies, in artubus podagra etc."

l) a. e. a. O. S. auch Volupe viventium morbus antiquitus putatus. Ort. med. S. 387.

Blutwaſſer kommen die Schmerzen des Seitenstichs [m]);
von Säure der Brand [n]), und die Eiterung [o]); daher
schlagen Laugensalze in Wundtränken so wohl an [p]),
helfen so viel bei der Roſe [q]); von Säure anhaltende
Fieber [r]) und Herzklopfen [s]).

Wenn auch in dieſem Behauptungen hin und wie:
der eine Lehre verborgen liegt, die sich auf richtige
Beobachtung stüzt, so gieng doch Helmont viel
weiter, als ihn diese führte, und verfehlte dadurch
den

m) Pleura furens a. e. a. O. "Effe autem acidum in Pleuritide, ex eo patet: quod in Pleuritide lotium, et
cruor vena fecta elicitus grumefcant etiam exeundo, five
ante cruoris condenfationem, quae grumefcentia five ca-
featio eft acoris effectus. Latex autem acefcens in in-
tercoftales carnes incidens, facit dolorem pleuriticum;
non autem verum et conftantem effectum."

n) de febribus K. IX. S. 42. "Ut et lixivium forte, gan-
graenas profunde fcarificatas potenter fiftit: eò quòd in
lixivialibus omne acidum commoritur."

o) Blas humanum. Ort. medic. S. 190. "Omne apoftema
in pus definens, continet neceffariò aciditatem, quae
cruorem in grumum cogit."

p) Ebendaf. S. 191. "Quapropter omnis potio vulnera-
ria, occultum alcali, et quidem volatile, in fe conti-
neat oportet, fi accidentibus, ex corruptione acoris na-
tis, refiftere debeat. Quatenus alkali quoduis omnem
aciditatem, quam attingit, perimit." S. auch a fede
animae ad morbos Ort. medic. S. 299. und Aditus prae-
cluf. ad condum vifcerum. ebend. S. 558. 559.

q) De febribus K. IX. S. 42. "Ideoque faponaria et lixi-
vialis medela, extinguit eryfipelas."

r) a. e. a. O. "Febres continuae ab intus detenta aciditate fimiliter primum rigent, et in finem five confum-
tionem ufque poftmodum aeftuant."

s) a. e. a. O. "Palpitatio cordis quoque otiofos, atque
vini heluones exercet, prout et Artiftas diu multumque
circa aquas fortes occupatos."

den Pfad der Wahrheit; inzwischen diente sein System zur Grundlage eines Gebäudes, das im folgenden noch von ihm [t]) erreichten Zeialter mit weit mehr äuserem Schmuk aufgeführt wurde.

Wenn schon Helmont sich zuweilen in Gegenden verirrte, die auser dem Bezirke des sinnlichen Beobachters liegen, so war das noch weit mehr der Fall bei den Gesellschaften von Schwärmern, welche Chemie oder Alchemie nur als Bild ihrer mystischen Vorstellungen, oder als Lokspeise für den grosen Haufen, oder als Dekmantel ihrer geheimen gewis nicht immer edlen oder redlichen Absichten gebrauchten: Daß der görlizische Schuster Jak. Böhme, der 1624 in seinem fünfzigsten Jahre starb, so gros auch die Verehrung seiner Anhänger in England und Teutschland für ihn gewesen und noch sein mag, von der Chemie, auch im ausgedehnteren Sinne des Worts, wenig verstanden, selbst am Stein der Weisen und der philosophischen Tinctur sich nicht versucht, sondern, wie Arnd, nur die Sprache und Bilder der Alchemisten in seine Schriften [u]) übergetragen habe, wird man sich bald überzeugen, wenn man sich die Mühe nehmen will, diese selbst zu durchsehen; daß ihm nachher alchemistische Schriften untergeschoben worden sind [x]), ist ein Los, das er mit ange-

t) denn er starb 1644. S. die erste Seite der Vorrede, welche sein Sohn seines Vaters Werken vorausgesezt hat.

u) de signatura rerum oder von der Bezeichnung, wie das inwendige von dem ausgebildet. 1621. u. a. Noch mehr von ihm s. überhaupt bei Hrn Hofr. Tiedemann a. a. O. B. V. S. 525-538.

x) Idea Chemiae Boehmianae adepta oder Abris der Bereitung des Steins der Weisen, nach Anleitung Jak. Böhmens. Amsterd. 1680. und 1690. 12. und mit der

dern Schwärmern und Anführern von Secten ge=
mein hat.

Mag es immer sein, daß Grundsäze, Redensarten,
Bilder, Irrthümer, wie sie die Rosenkreuzer gebrauch=
ten, und verbreiteten, auch schon weit früher im Gan=
ge waren, daß schon Raim. Lull, Paracelsus,
Barnaud und ihre Schüler und Anhänger Mystik
und Theosophie, Magie und Kabbala mit Chemie und
Alchemie zu verweben, durch Hofnung, vermittelst des
Gebrauchs gewisser Mittel den einen, durch Verspre=
chungen, die Gewinnung des Steins der Weisen zu
lehren, den andern, durch Aussichten zu einer allge=
meinern ins Grose gehenden Verbesserung der äuserm
Umstände das Volk für sich zu gewinnen gesucht, daß
sie den gewöhnlichen Gang schulgerechter Gelehrten ver=
ächtlich gemacht, derselben Mängel gerügt und vergrö=
sert, ihre Weisheit über alle andere erhoben, und in
einer nur den Eingeweihten verständlichen Sprache vor=
getragen, mag es sein, daß sie ihre Kenntnisse nur ver=
trauten Schülern mitgetheilt, ihnen die weitere Ver=
breitung unter unheiligen Verächtern ihrer Lehre unter=
sagt, auch wohl hier und da geheime Gesellschaften,
mit symbolischen Zeichen errichtet haben, so ist doch so
viel gewis, daß sich die Rosenkreuzer erst nach Anfang
des siebenzehenden Jahrhunderts öffentlich zeigten [y]),
und bis nach der Mitte dieses Jahrhunderts das meiste
Aufsehen gemacht haben [z]), und höchst wahrscheinlich,

daß

---

der Aufschrift Jak. Böhmens kurze und deutliche Be=
schreibung des Steins der Weisen. 1747. 8.

y) darüber s. Semler unparteiische Samlungen zur Hi=
storie der Rosenkreuzer. Leipzig. 8. St. I. 1786. S. 36 x.
82 x. 90. St. II. 1787. S. 16.

z) Semler a. e. a. O. St. II. S. 74. III. 1788. S. 86.
D. Tiedemann a. a. O. B. V. S. 539-541.

daß ein wohlgemeinter Scherz eines geistvollen wirtembergischen Gottesgelehrten, J. Valentin Andreä [a]), der um die Schwärmer und vornemlich die Alchemisten seines Zeitalters in ihrer ganzen Blöse darzustellen, und durch die Geisel der Ironie seine Zeitgenossen zu bessern und zu warnen, 1603 [b]) die chymische Hochzeit Christians Rosenkreuz entwarf, zur völligen Ausbildung dieser geheimen Brüderschaft Anlas gab, zu welcher schon in der Stimmung des Zeitalters Zunder genug lag, und die noch immer fleisig gelesene Schriften eines Lull, Paracelsus, Thurneysser, Basilius Valentin, Is. Holland und andere von gleichem Schlage, zunächst aber die Schriften und Aufforderungen von Barnaud, Guetmann u. a. die Gemüther vorbereitet hatten, obgleich A. Libav [c]),

Gabr.

a) Teutscher Merkur. 1782. Merz. S. 228-280.

b) gedrukt erschien sie erst 1616. Strasburg. 8. und eine neue Auflage. Regensburg. 1781. 8. Nach Einigen soll er auch der Verfasser der Fama Fraternitatis Roseae crucis cum eorum confessione. 1614. sein: teutsch: Confession der Fraternität des Ordens vom Rosenkreuze an alle Gelehrten und Häupter in Europa. 1615. Kassel. 8. Frankfurt. 12. und niederländisch mit einigen Antworten und Sendschreiben des H. Haselmeiers und anderen Gelehrten über diese Fama, auch einem Discurs von der allgemeinen Reformation der ganzen Welt, in demselbigen Jahr nach der Frankfurtischen Ausgabe ohne Drukort. 8.

c) Wolmeinendes Bedenken von der Fama und Confession der Brüderschafft des Rosen-Creutzes, eine Universal-Reformation und Umbkehrung der gantzen Welt vor dem jüngsten Tag zu einem Irrdischen Paradyß, wie es Adam vor dem Fall inne gehabt; und Restitution aller Künste und Weißheit, als Adam nach dem Fall, Enoch, Salomon rc. gehabt haben, betreffent. Auff erfordern und begehren etlicher fürnehmen Leute wohl bedächtlich gestellet. 8. Franckfurt. 1616. Erfurt. 1617.

Gabr. Naudé [d]), Ol. Wormius [e]), Ludw. Konr.
v. Bergen (Montanus) [f]), Joh. Sivert [g]),
Joh. Schaubert [h]), und andere, theils unter geborg-
ten Namen [i]), theils ohne Namen [k]), Bedenklichkeiten
erregten und gegen Täuschung warnten; sie beantwor-
teten die ihnen gemachte Vorwürfe muthig [l]), verbreiteten

d) Avis à la France fur les Freres de la Rofe-Croix.
Paris. 1623. 8.

e) Laurea philofophica contra fratres Rofeae Crucis. Hafn.
1619. 4.

f) gründliche Anweiſſung zu der wahren hermetiſchen Wiſſenſchaft, aus einem ſehr alten bambergiſchen Manuſcript
ans Licht geſtellet von J. Ludolph ab Indagine. Frankfurt und Leipzig. 1751. (abgefaſt 1635.) 8.

g) Entdekte Mummenſchanz oder Nebelkappen, das iſt,
Widerlegung der nächſt von Caſſel auffgeflogenen Stem-
pel-Confeſſion des Nebenkrugs-Bruder, oder wie ſie
ſich nennen Roſen-Creutzer. Magdeburg. 1617. 8.

h) a. a. O.

i) 1) F. G. Menapius (Franz Gentdorp mit dem
Zunamen Gomez) α) Cento Virgilianus de fratribus rofeae Crucis. 1618. 8.   β) Cento Ovidianus de fratribus
rofeae Crucis. 1618. 8.   2) Helias tertius d. i.
Urtheil oder Meynung von dem hochlöblichen Orden der
Bruderſchaft des Roſen-Creutz. 1616. 8. Frankfurt.
1619. 4.

k) 1) Speck auf der Fall d. i. Liſt und Betrug der Bruderſchaft vom Roſen-Creutz. Ingolſtadt. 1615. 4. 2) Ge-
ſpräch von der ungeheuren Welt Phantaſey der Roſen-
Creutziſchen, und von dem groſſen Phantaſten Menippo.
Tübingen. 1617. 8.   3) Examen de la nouvelle et in-
connuë cabale des Freres de la Rofe-Croix, habitués
depuis. à Paris. 1623.   4) Effroyables pactions faites
entre le Diable et les prétendus Invifibles. 1623. 8.

l) vornemlich von Rob. Flud (Apologia compendiaria,
fraternitatem de rofea cruce fufpicionis et infamiae macu-
lis

teten nach der Lage der Dinge bald mehr im Stillen, bald mit Geräusch die Grundsäze, die sie ihren grosen Absichten, wichtige Veränderungen in der Kirche und im Staat auszuführen, angemessen fanden, und erwarben sich nach und nach einen ansehnlichen Anhang: Nach ihnen m) soll Chr. Rosenkreuz ein Sohn Gerhards de Croix, eines geschikten Scheidekünstlers, gewesen, und sowohl von seinem Vater, als dem Bischoff Florens von Utrecht zu chemischen Arbeiten angehalten

lis aspersam abluens. Lugd. Bat. 1616. 8. und tractat. apologeticus integritatem societatis de rosea cruce defendens Lugd. Bat. 1617. 8.) Florenz de Valentia (Rosa florescens contra F. G. *Menapii* calumnias wider die Rosen-Creuzische societät. Nürnb. 617. 8.) M. Mayer (Silentium post clamores seu tractatus apologeticus revelationum Fratrum Roseae Crucis et silentii eorum. Francof. 1617. 8. und Apologeticus, quo causae clamorum seu revelationum Fratrum Roseae Crucis et silentii sive non redditae responsionis, unà cum malevolorum refutatione traduntur. Francof. 1617. 8.) von einigen unter fremden Namen als *Irenaei Agnosti* Vinditiae Rodostauroticae. 1619. 8. Euchar. *Cygnaei?* Conspicillum notitiae inserviens oculis aegris qui lumen veritatis ratione subjecti, objecti, medii et finis ferre recusant oppositum admonitioni futili Henr. *Neuhusii* de fratribus R C. an sint? quales sint? unde nomen sibi asciverint? et quo fine ejusmodi famam sparserint? et ex fama, confessione et veritatis fonte filiis Doctrinae exhibitum. 1619. 8 F. Gr. Apologema praeparatorim adversus Justum *Cornelium.* 1620. 8. von Andern ohne sich zu nennen; als: 1) Scriptum amicabile ad Venerandam Fraternitatem Roseae Crucis, in quo pietas eorum contra impostores defenditur Francof 1621. 8. 2) Kurze jedoch gründliche Antwort auf alle Schriften, so wider die Fraternität Rosen-Creuzes ausgegangen. Nürnb. 1618. 8.

m) S. darüber mehrere Nachrichten zusammengetragen bei Semler a. a. O. St. III. S. 160.

halten worden sein, das von Andreä zum Druk beförderte Werk aber schon 1459 verfast, überhaupt die Gesellschaft ihren ersten Ursprung im grauen Alterthum haben: Wenn sich gleich Chemisten und Aerzte z. B. Mich. Mayer n), Mich. Potier o), Osw. Croll p), Jul. Sperber q), Rob. Flud (de oder auch a Fluctibus) aus Kent in England r), als Mitglieder dieser

n) S. oben S. 516.

o) S. oben S. 504. 505.

p) S. oben S. 290-292.

q) S. oben S. 286.

r) beisammen Oppenheim. 1617. fol. B. I-VI. 1) Philosophia Mosaica, auch abgesondert Goud. 1638. fol. 2) Clavis philosophiae et alchymiae s. ad epistolam Petr. *Gassendi* responsio, auch abgesondert B. I. II. Francof. 1633. fol. 3) Philosophia s. anatome christiana s. meteorologia cosmica, auch abgesondert Francof. 1626. fol. 4) Sophiae cum moria certamen. 5) Sanitatis mysterium 6) Summum bonum quod est Magiae, Cabalae, Alchimiae, Fratrum Roseae Crucis verorum, et adversus *Mersenium* calumniatorem. 7) Pulsus s. nova et arcana pulsuum Medicina Catholica, seu Mysticum artis medicandae sacrarium. auch besonders abgedruft B. I. II. Francof. 1629. fol. wohl einerlei mit 8) Pulsus s. nova et sacra arcana pulsuum historia ex sacro fonte extracta, nec non medicorum ethnicorum dictis conprobata, besonders abgedruft Oppenheim. 1629. fol. 9) Anatomia et Anatomiae amphitheatrum, auch besonders abgedruft Francof. 1623. fol. 10) Sectionis primae portio tertia de anatomia s. homo enucleatus sectione anatomiae bifaria dividitur, Panis nutrimentorum facile princeps ignis ope dissectus, auch besonders abgedruft Francof. 1623. fol. 11) Speculum criticum. 12) Speculum supercaeleste. 13) Medicina catholica, auch besonders Francof. 1629. fol. 14) Integrum morborum mysterium five Medicinae Catholicae tomi I. L. I. tr. 3. auch besonders Francof. 1631. fol. 15) Tom. 2. tr. 2dus de praeternaturali utriusque mundi historia, ubi de meteoris. &c.

auch

dieſer Geſellſchaft bekannt, und zum Theil eine ſehr
thätige Rolle dabei geſpielt haben, ſo ſcheinen doch an=
dere *) in der Chemie und ſelbſt in der Kunſt unedle
Me=

auch beſonders Francof. 1621. fol.   16) Tract. 2dus de
naturae ſimia ſeu technica microcoſmi hiſtoria, auch be=
ſonders P. I. II. Fraucof. 1624. fol.   17; Prognoſticum
arithmeticum ſ. Arithmetica divinatrix.   18. Spongia
Foſteriana ſ. Reſponſio ad Foſterum, auch beſonders
Goudae. 1638. fol.   19) Monochordum mundi ſynchro=
nicum, auch beſonders Francof. 1623. fol.   20) De ſu=
pernaturali, naturali, praeternaturali et contranaturali
microcoſmi hiſtoria.   21) Internum ſ. anima, externum
ſ. corpus. Animae in corpus operatio.   22) Technica
microcoſmi interni hiſtoria.   23) Ars memoriae, phy=
ſiognomia, chiromantia, auch mit 20. 21. 22. zugleich
abgedruft Oppenheim. 1617. fol.   24) De uromantia
ſ. divinatione per urinam.   25) Coſmi majoris et mi=
noris phyſica et technica hiſtoria.   26) (unter dem Na=
men Rud. Otreb) tractatus theologico = philoſophicus
de vita, morte et reſurrectione, Fratribus Roſeae Crucis
dicata. Oppenh. 1617. 4.

*) dahin rechne ich I. ſolche, die ſich mit ihrem wahren
Namen genannt haben 1) Radtichs Brotoffer α) Elu=
cidarius major oder Erleuchterunge über die Reformation
der ganzen weiten Welt, F. C. R. auß ihrer chymiſchen
Hochzeit, und ſonſt mit viel andern teſtimoniis Philoſo=
phorum, ſonderlich in appendice, dermaſſen verbeſſert,
daß beydes materia et praeparatio lapidis aurei, deut=
lich genug darinn angezeiget worden. Lüneburg. 1617.
Wien. 1751. β) Erflärung, was die Fama fraternita=
tis vom Roſenkreuz für chymiſche Secreta de Lapide phi=
loſophorum mit verblümten Worten verſteckt haben.
Goslar 8. 1616. und 1617. 2) Joach. Friſch (Sum=
mum bonum, quod eſt verum Magiae, Cabalae, Alchi=
miae Fratrum Roſeae Crucis ſubjectum. Franc. 1628. fol.
3) Phil. a Gabella (?) (Secretioris philoſophiae con=
ſideratio, cum confeſſione Fraternitatis Roſeae Crucis
edita. Francof 1616. 8. 4) Sam. Gentersberger
(Speculum utriusque luminis Gratiae et Naturae, das

iſt,

Metalle in Gold zu verwandeln, und Mittel das Leben
zu verlängern, auf solchen Wegen zu bereiten, unwissend
ge=

ist, Spiegel beyder Lichter natürlicher und übernatürli=
cher, darinnen durch Hülff der Chymiä, neben der Er=
klärung der Natur und Eigenschafften der Sieben Metal=
len 2c. die ungezweiffelte Lehr christl. Religion aus dem
Licht der Natur abgebildet wird. Darmstadt. 1611. 8.
5) J. Bapt. Grosschedel ab Aicha, römischer Rit=
ter α) Calendarium naturale magicum perpetuum pro-
fundissimam rerum secretissimarum contemplationem,
totiusque Philosophiae cognitionem complectens, in Pa=
tentform von Matth. Merian in Kupfer gestochen, und
von J. Theod. de Bry verlegt. β) Proteus Mercurialis
Geminis, exhibens Naturam Metallorum, id est, operis Philosophici Theoriam et ejusdem praxin sive Compositionem Lapidis Secreti per Philosophorum sententias
et Authoritates elucidatus. 8. Francof. 1629. und Hamburg. 1705. aus dem Lateinischen ins Teutsche versetzet.
1723. in Handschrift. γ) Mineralis, seu Physici Metallorum Lapidis diligens et accurata descriptio. Ad Macro - et Microcosmi Philosophicam Metamorphosin. 8.
Francof. 1629. Hamburg. 1706. δ) Trifolium Hermeticum oder Hermetisches Kleeblatt I. Von der allge=
meinen Natur. II. Von der besondern, und der mensch=
lichen Kunst. III. Von der verborgenen und geheimen
Weißheit: In welchem das grosse Buch der Natur in sei=
nen dreyen Reichen, als nemlichen dem Animalischen, Vege=
tabilischen und Mineralischen, aufgethan und erklärt
wird, Nach außweisung eines jeden absonderlichen beyge=
fügten Tittels an seinem Orth. Franckfurt am Mayn.
1629. 8. 6) Ad. Haselmeyer in einer Antwort an
die Brüderschaft vom Rosenkreuze bei der niederländischen
Ausgabe der Fama fraternitatis. 7) J. Heidon s.
Beytrag zur Geschichte der höhern Chemie. S. 51. 8) A.
Hobeveschel von Hobernwald (Ontdeckinghe
van een onghenoemde Antwoorde of de Famam fraternitatis mit der niederländischen Uebersezung von dieser
ausgegeben). 9) J(oh.) H(einr.) C(ochheim) v(on)
H(ollrinden) (Ein philosophisch und chymischer Tractat,
genannt Errantium in rectam viam et planam Reductio,

das

gewesen zu sein, und daher diese, wenn sie auch ein
wesentlicher und ernstlicher Gegenstand ihrer Bemühungen

das ist, beständiger unwidersprechlicher und ganz gründlicher Bericht, von der wahren Universal-Materia des
grossen Universalsteins der Weisen rc. Hornbach. 1625. 8.
10) Heinr. Neuhaus aus Danzig α) de fratribus Roseae Crucis   Dantisc. 1618. 8.   β) Utilissima admonitio de F. R. C. nempe an sint, quales sint &c. Francof.
1618. 8. und schon 1618. in Theoph. de Pega tripl.
tractat. de lapide. Hanov. 12.   γ) Des freres de la Rose Croix, avertissement pieux et très utile. à Paris.
1624. 8. ohne Zweifel eine Uebersezung der vorhergehenden Schrift.   δ) Aphorismi Basiliani, seu Canones Hermetici de spiritu, anima et corpore, medio majoris et
minoris mundi. Marburg. 1614. 4. auch Theatr. chem.
B. IV. n. 108. abgedrukt.   11) H. Chph. Rheinhard
der ältere α) das Valete über den Tractat der Arcanorum Basilii Valentini zusammengesetzten Hauptschlußpunkten des Lichts der Natur. Halle. 1608.   β) Der gulden
Gesundbrunnen zu unerschöpflicher Wohlfarth in Basilii
Valentini Schrift, Schlüsseln und Capitteln geschöp-
fet und jedermänniglich zum Besten herfür geleitet und
entblösset. Halle. 1611.   12) Franz Rieser (Cabbala
chymica, Concordantia chymica et Azot philosophorum
salificantium. Mulhus. 1606. 8.)   13) Conr. Schüler,
würtembergischer Oberrath. zu Stuttgart (Gründliche
Auslegung und wahrhaftige Erklärung der Rythmorum
Fratris Basilii Valentini monachi.   Von der Materia,
ihrer Geburt, Alter, Farbe, Qualität nnd Namen des
grossen Steins der uralten Philosophie. 1608. 8.)   14)
Theoph. Schweighard α) Speculum sophicum rodo-
stauroticon sive Revelatio collegii et axiomatum Rosae-
crucianorum. 1617. 4.   β) Pandora sextae aetatis, das
ist, gantze Kunst und Wissenschaft der hocherleuchteten
Fraternität Christian Rosenkreuzers. Nürnberg. 1617. 8.
γ) Descriptio fraternitatis Roseae Crucis. 1618. 4.
δ) Weitläuftige Entdekung des Collegii und Axiomatum
von der Societät Chr. Rosenkreuzers, zum spott denen
unverständigen Zoilis. Frankfurt. 1618. 4.   15) Steph.
Mich. Spacher aus Tirol (Cabala s. Speculum Artis

gen gewesen sein sollte, unter ihrer Fahne keine wahre
Fortschritte gemacht zu haben.

Von

et Naturae in Alchimia. 4. 1616. und 1654. und mit
Diagraphe Fratribus Rof. Crucis dicata. 1667. teutsch
1616. 4. 16) Heinr. Vogel (Offenbarung der Geheimnisse der Alchimey, wider die Verächter, Lästerer und
Verfälscher derselbigen. Strasburg. 1605. 8. 17) Theoph.
de Pega (Sylloge an hostia sit verus panis,. a Fratribus Roseae Crucis donata Rhumelio et Puello. Hanov.
1618. 8.) II. Solche, die einen andern Namen angenommen oder den ihrigen nicht ganz ausgedrükt haben.
1) Euseb. Chr Cruciger kurze Beschreibung der neuen
arabischen und morischen Fraternität laut ihrer eigenen
1614 zu Cassell und 1615 zu Marpurg publicirten famae
und confessionis. Rostok. 1618. 8.   2) Jesaias sub
Cruce. Strasburg. 1619. 8. α) Septem miracula naturae, oder sieben überaus treffliche Wunderwerke der Natur von der Brüderschaft des Rosenkreuzes an den Tag
gegeben. β) Miraculum artis octavum. 3) Jrenäus
Agnostus (Prodromus F. R. C. 1628. 8.) 4) Chr.
Nigrinus (Sphinx rosacea, darinnen des Rosenkreu-
zerordens Anfänger und Autores, Glaubensbekenntnis,
mysteria und characteres erkläret werden. Frankfurt.
1616. 8. 5) Theoph. Philaretes (Pyrrho Cliden-
sis redivivus i. e consideratio von der neuen Brüderschaft derer von Rosenkreutz. Leipzig. 1616. 8. 6) Jos.
Stellatus (Pegasus firmamenti sive introductio in
veterum sapientiam, quae olim ab aegyptiis et persis
magia, hodie vero a fraternitate Roseae Crucis panso-
phia recte vocatur. 1618. 8. 7) verschiedene Sendschreiben vom J. B. P. von M. W. S. A. Q. L. J. H. von
G. A. D. und von C. H. C. an die Brüderschaft vom
Rosenkreuze an der niederländischen Ausgabe der Fama
fraternitatis. 8) L. G. R. epistola metro ligata ad
fratres roseae crucis missa. Francof. 1615. 8. 9) C.
V. M. W. S. Practica Leonis viridis d. i. der rechte und
wahre Fußsteig zu dem königlichen chymischen Hochzeit-
saal Fratrum R. C. nebst Anhang und Explication zweyer
Tage der chymischen Hochzeit. 1619. 8. 10) F. C. R.
N. G. J. A. Vortrab und Endeckung der Brüderschafft
vom

Von dieser Brüderschaft des Rosenkreuzes, die
sich auch in den folgenden Zeitaltern im Stillen erhielt,

vom Rosenkreuz philosophischen Parergi, sonst Lapis philosophorum genannt. 1620. 8. III. Namenlose Schriften, wenn gleich von einigen die Verfasser bekannt sind
1) Epistola ed Reverendam Fraternitatem Roseae Crucis. Francof. 1613. 8. 2) Apocrisis seu responsio ad
famam fraternitatis Roseae Crucis. Francof. 1614. 8.
und mit Confessione et litteris quoumdam, Fraternitati
se dare volentibus. Francof. 1615. 4. 3) Communis
et generalis reformatio totius mundi, et fama fraternitatis Ordinis de Rosea Cruce. Cassel. 1614. 8. 4) Epistola ad illustrem fraternitatem Roseae Crucis. Francof.
1615. 8. 5) Reparation des athenischen verfallenen Ge-
baues Palladis — — zu einer Responsion des also ti-
tulirten Büchleins: Reformation der gantzen weiten Welt,
nebenst der fama Fraternitatis Roseae Crucis. 1615. 8.
6) Assertio Fr. R. C. a quodam fraternitatis ejus socio,
carmine expressa. Francof. 1615. 4. 7) Sendbrief an
alle, welche von der Brüderschaft des Ordens vom Ro-
sencreutz geschrieben. Leipzig. 1615. 8. 8) Echo der von
Gott hocherleuchteten Fraternität des löblichen Ordens
vom Rosenkreuze (abgefast 1615. gedruft) 1620. Danzig. 8. 9) Iudicia aliquot Doctissim virorum de Fr. R.
C. Francof. 1616. 8. 10) Zwey Sendschreiben an die
glorwürdige Brüderschaft des Rosen-Creutzes. Frankfurt.
1616. 8. 11) Eulogistica e Symbolo patris primarii
Rof. Crucis qua dicitur, cujus sint religionis. Francof.
1616. 8. 12) Gründlicher Bericht von dem Vorhaben,
Gelegenheit und Innhalt der löbl. Brüderschaft Rosen-
Creutzes. Augsburg. 1617. 8. 13) Speculum Constan-
tiae, das ist, Nothwendige Vermahnung an die Rosen-
kreuzbrüder. Nürnberg. 1618. 8. 14) Responsum ad
Fratr. Roseae Crucis. 1618. 8. 15) Fratrum Roseae
Crucis Buccina Iubilei ultimi. Francof. 1618. 8. 16) For-
talitium Scientiae, welch allen Pansophiae Studiosis die
Brüderschaft des Rosen-Creutzes zu eröffnen gesandt.
Nürnb. 1618. 8. 17) Fons graciae, das ist, kurzer
Bericht, wenn derjenigen, so von der Fraternität des Ro-
sen-Creutz aufgenommen völlige Perfection anfangen solle.

hielt, und von Zeit zu Zeit wieder auflebte, mus man
die auch in diesem Zeitalter an der Grenze des Delphi=
nats entstandene und nach ihrem Stifter Rose genann=
te Rosensche Gesellschaft nicht ᵗ) verwechseln, so häufig
es auch bisher ᵘ) geschehen ist; sie hatte es sich zum
Gesetz gemacht, nur drei Lehrlinge aufzunehmen und drei
grösere Geheimnisse, das Perpetuum mobile, die
Kunst, Metalle zu verwandeln, und Universalarznei
zu bewachen; Pet. Morm (Morn), der Aufwärter
dabei gewesen sein soll, trug, was er von ihren Ge=
heimnissen erfahren hatte, den Generalstaten an, und
machte es, als er bei diesen kein Gehör fand, in einer
eigenen Schrift ˣ) öffentlich bekannt, die inzwischen
keine neue Wahrheiten oder Kunstgriffe lehrt.

Ueberhaupt war die Sucht, mit geheimen Arzneien
zu wuchern, und sie in eigenen Schriften auszukramen,
auch in diesem Zeitalter sehr gemein; so boten sie Jo=
suе

Nürnberg. 1619. 8.   18) Frater non Frater, das ist,
Verwarnung an die fromme Discipel der Societät des
Rosen=Creutzes. Nürnberg. 1619. 8.   19) Turris Ba-
bel de F. R. C. Tractatus. Argent. 1619 8.   20) In-
vitationis ad Fraternitatem Christi pars altera paraene-
tica. Argent. 1619. 8.   21) Frauenzimmer der Schwe=
stern des Rosinfarben Creutzes, Was für Religion, Wis=
schaft göttlicher und natürlicher Dinge, was für Hands=
wercker, Künste ꝛc. 1620. 8.   22) Liber T. Partus tran-
quillitatis ejus. 1620. 8.

t) *Kazauer* diff. histor. de Rosaecrucianis. Vitemberg. 4.
1715. §. XXIII. S. 53. 54.

u) z. B. von **Reimmann** a. a. O. Th. III. Hauptst. 2.
S. 488 - 491. von **Lenglet du Fresnoy** a. a. O. III.
S. 287. von **Bergman** Histor. chem. aev. med.
§. I. B. Opusc. B. IV. S. 94.

x) Arcana totius naturae secretissima nec hactenus unquam
detecta, a Collegio Rosiano in lucem produntur. Lugd.
Bat. 1630. 24.

fue Ferro ᵞ), Ferd. Rofei ᶻ), Flor. Canale von Brescia ᵃ), Joh. Vitriario ᵇ), Pet. della Chena ᶜ), Hier. Dagronetti ᵈ), J. B. Galvani ᵉ), Steph. Ydelez ᶠ), der parifische Arzt Joh. Liebaut ᵍ), Pet. de la Poterie ʰ), Jak. Baffe ⁱ), Zach. Theobald ᵏ), Valer. Charstad ˡ), Franz (Thom.) Keßler ᵐ) und Mart. Schmuck (Schmucker) ⁿ), aus.

Auch

y) Maravigliosi secreti. Venet. 1606. 8.

z) Tesoro di secreti naturali. 1605. 8.

a) Secreti universali racolti ed esperimentati, — rimedi per tutte infirmità di corpi humani — — de cavalli, bovi e cani. 8. 1613. Brescia und Venet. 1645. 1677. Venet.

b) Due centurie de secreti medicinali e naturali. Viterbo. 1614. 8.

c) Vera virtu, che si cava del rosmarino. Rom. 1636. 24.

d) Raccolta di varii secreti. Messana. 1618. 4.

e) Nuovo compendio di varii secreti per varie infirmità con il modo di fare un elettario per mantenersi sani. Moden. 1625. 8.

f) Secrets et remedes contre la peste. Lyon. 1628. 8.

g) Quatre livres des secrets de la medecine, et de la philosophie chimique. Rouen. 1616. 8.

h) Insignes curationes et singulares observationes centum. 8. Venet. 1615. Bonon. 1622. 12. Colon. 1623. 1624. Cent. II. Bonon. 1622. 8. Colon. 1625. 12. Cent. III. Bonon. 4. 1642. 1643.

i) Description d'un medicament appellé polychreste. London. 1619.

k) Arcana naturae. Nürnberg. 1625. (8). 4.

l) Gründlicher Bericht etlicher geheimen Arzneymitteln. 8. Strasburg. 1632. und 1644.

m) der jedoch ihre Zubereitung lehrt, verschiedene Secreta. Oppenheim. 1616. 8. Secreta chymica. Frankfurt. 8. 1616.

Auch Aerzte, die Geheimniskrämerei unter ihrer
Würde fanden, gewannen immer mehr Geschmak und
Zutrauen zu den chemischen Arzneien; denn auser J.
B. Helmont, P. J. Fabre, Castaigne, Pla-
nis Campi, Ph. Müller, J. Dan. Mylius,
M. Reuden, Fr. Antony, Caranta, Horn,
Zachar. a Puteo, Pet. Paumier, Ed. Bolnest,
Pet. Amelung, J. C. Gerhard, H. Scheune-
mann, W. L. von Arnstein, H. Poppius, D.
Bornet, J. C. Burggraf, A. Tenzel, u. a.
welche bereits erwähnt sind, erhoben sie Joh. Pop-
pius, ein Chemist zu Koburg in mehreren Schrif-
ten °), Dan. Berger ᵖ), Barth. Vogter, ein
Augen-

1616. Vierhundert auserlesene chymische Proceß und
Stücklein, theils zur innerlichen, theils zur Wund- und
äußerlichen Arzney dienstlich, bis anher insgeheim verhalten: Anjetzo aber mit vielen guten und geschwinden
Handgriffen verbessert zu Nutzen der Hermetischen Medicin Liebhabern an Tag gegeben. Zum drittenmale aufgelegt und vermehrt. Straßburg. 1632. 8. 500 auserlesene Processe. 8. Nürnberg. 1645. Frankfurt. 1666.
Strasburg. 1692. Hermsd. 1713.

n) Secretorum naturalium chymicorum et medicorum the-
sauriolus. P. I. II. 8. Schleusingen. 1637. Nürnberg.
1652. und 1653.

o) 1) von etlichen Balsamen, Kräutern, Salzen und ihren
Tugenden. Coburg. 1601. 12. 2) Handbüchlein experi-
mentirter Arzney. Frankfurt. 1607. 8. 3) Giftig epi-
demischer Hauptkrankheit der pestilenzischen Gallenfieber,
samt andern Krankheiten, so aus dem Haupt entspringen, Beulen, derselben curation aus Paracelso, Arnoldo
de V. N. und eigener Erfahrung. 8. Leipzig und Coburg. 4) Von der Wassersucht und deren Zufällen, der
Steinkrankheit des Sandes, Grieses, Lenden- und Blasenstein, Tartarischen Flüssen aus dem Paracelso ꝛc. Coburg und Leipzig. 1623. 8. 5) Thesaurus medicinae
oder chirurgischer Arzneyschatz. Leipzig. 1628. 4.

Augenarzt zu Dillingen im Stift Augsburg ¹), J.
Hartmann von Amberg, Lehrer der Arzneikunde zu
Marburg, und der erste öffentliche Lehrer der Scheide-
kunst auf einer teutschen hohen Schule ²); J. Georg
Schenck ³), Fidej. Reineccer ⁴), Heinr. Khun-
rat,

p) Catalogus medicamentorum fpagirice praeparatorum.
1607. 4.

q) Compendium medicum oder nützliches Arzneybüchlein.
Urfell. 1605. 8.

r) Oper. omn. medico-chymica aucta a Conr. *Johrenio*.
fol. Francof. 1684 und 1690. 1) Ἐπιφυλλίδες f. mi-
fcellae medicae cum προθηκη chymico-therapeutica do-
loris colici. Marburg 1606. 4. 2) Or. philofophus f.
naturae confultus medicus. Acc. progr. futurae profeffio-
nis chymiatricae confilia et rationes indigitans. Marburg.
1609. 8. 3) Difputationes chymico-medicae quatuor-
decim. 4. Marburg. 1611 und 1614. ins englifche überfezt: Choice collection of chymical experiments. Lond.
1682. 8. und ins teutfche: Philofophifche Geheimniffe
und chymifche Experimenta. Hamburg. 1684. 8. 4) Praxis
chymiatrica. 4. Lipf. 1633 und Francof. 1671. 8. Francof. 1634. und Genev. 1647. und 1649. 12. Leyd. 1663.
cum pathologia *Fernelii*, et tr. de oleis deftillatis, Ba-
filica antimonii. H. *Poppii*, M. *Cornachini* methodo in
pulverem, curant. *Bonnet*. Genev. 1682. 8. aucta a J.
Michaëlis, et Georgio Euerh. *Hartmanno*, Jo. filio, et
ab innumeris mendis vindicata, compluribus arcanis
aucta a J. Hifk. *Cardiluccio*. Norib. 1677. 4. ins teutfche überfezt mit der Auffchrift: Chymifche Arzneyübung.
Nürnberg. 1678. 8. 5) Diatr. de ufu medico microcosmi difp. quomodo et quando e corpore humano vi-
vente medicamenta in ufum medicum transferri poffint.
Erf. 1635. fol.

s) Neues Arzneybuch, darinn fiebenhundert auserlefene
experimenten oder Arzneyen zu befinden. Frankf. 1608. 4.

t) Thefaurus chymicus experimentorum certiffimorum
collectorum ufuque probatorum, cum praef. J. *Tanckii*
de medicina. Lipf. 1609. 8. Francof. 1620. 12.

rat ᵘ), J. Papius ˣ), Raym. Minderer, ein
augsburgischer Arzt, von welchem noch der durch ihn
in häufigern Gebrauch gekommene flüssige Essigsalmiak
(Spiritus Mindereri) seinen Namen hat ʸ), J. Ma-
collone ᶻ), Abr. Ziegler ᵃ), Theod. Corbejus ᵇ), Barth. Clodius ᶜ), Dan. Becker von
Danzig, und öffentlicher Lehrer zu Königsberg ᵈ), Mart.
Ru-

u) Tr. von gründlicher curation Tartari, Grieses, Sandes, Steins, Zipperlins, an Händen und Füssen. Hof.
1611. 4.

x) de medicamentorum praeparationibus earumque caussis,
epitome totius chemiae, quae est medicinae ministra,
et judicium de pharmacopoea Quercetani. Witteb.
1612. 4.

y) 1) Aloedarium marocostinum. August. Vindel. 8. 1616.
12. 1622. und 1626. 2) de chalcanto s. vitriolo disquisitio iatro-chymica. Aug. Vindel. 1617. 4. 3) Threno-
dia medica s. planctus medicinae lugentis. Aug. Vind.
1619. 8. 4) Medicina militaris s. liber castrensis euporista ac facile parabilia medicamenta continens. Norimb.
1679. 12. teutsch Augsb. 1621. und 1623. 8. Nürnb.
1668. 8. 1672. 12. englisch London. 1634. 12.

z) Jatria chymica, exemplo therapejae luis venereae illustrata. 8. Florent. 1616. Londin. 1622.

a) Pharmacopoea spagirica continens selectissima remedia
chymica desumta ex Basilica chymica Osw. Crollii, Quercetani, et aliis chymico-medicis, manu Ziegleri praeparata. Tigur. 4. 1616. 1628.

b) Pharmacia simplicium et compositorum bipartita. Francof. 1646. 4.

c) Officium chymica, consilium und regimen, wie sich
männiglichen in pestilenzischen Läuften zu verhalten. 4.
Oppenheim. 1620. Frankf. 1633.

d) 1) Spagyria microcosmi. Rostock. 1623. 12. 2) Medicus Microcosmi seu Pharmacopoea spagyrica microcosmi triplo auctior et correctior. 8. Rostock. 1622.
und Londin. 1660. 4. Lugd. Bat. 1633. und 1638.
3) nützliche kleine Hausapotheke. Giessen. 1665. 8.

Ruland der Sohn e), Arn. Kerner f), Heinr.
Paschasius g), Franz Bruschius h), Nik. Abr.
Frambesarius i), Mich. Neander aus Bre=
men k), Mich. Boutheroue l), M. A. Cornac=
chini m), ein ungenannter piemontesischer Arzt n),
Joh.

e) Alexicacus chymiatricus puris putis mendaciis atque calumniis atrocillimis Jo. *Obersdorffers*, quibus Larvatus
ille medicus apologicam suam Chymico - Medicam Prac-
ticam nequissimo ausu injuriosissime consarcinavit, opposita. Francof. 1611. 4.

f) Tetras chymiatrica, proponens praestantiam et in medicina efficaciam auri, argenti, mercurii, antimonii et
vitrioli et medicamentorum ex illis paratorum, opposita misochymicis &c. Erford. 1618. 8.

g) 1) Antilogia contra περιλεξιν et futilem loquacitatem
Jo. *Assueri*, quam evomuit in Praefatione libri de Pestilentia contra medicinas e Sulphure, Antimonio, Vitriolo, Sole et Mercurio conflatas. Magdeb. 1619. 8.
2) Purgatorium medicum continens medicamentorum
purgantium praeparationes officinales et spagiricas, usum
et dosin. Hafn. 1631. 8.

h) Promachomachia Iatrochymica. In qua Chemiatricae
praestantia adversus Misochymicum pugnando propugna-
tus. Marb. 1623. fol.

i) Apologia pro veritate et innocentia medicamentorum
chymicorum. Oper. omn. Francof 4. 1625.

k) Syntagma, in quo artis medicae natalitia, sectae, placita, cataclypses, restauratores, propagatores, vitae eorum et scripta, diss de medicina hermetica et Paracel-
fica. Brem. 1623. 4. verschieden von Theoph. Neander,
welcher 1621. zu Halle. 8. Heptas alchimica herausgab.

l) Pyretologia cum chimicis remediis. Paris. 1633. 4.

m) Methodus cito et chymice curandi affectiones corporis
ab humoribus copia et qualitate peccantibus conceptas.
Francof. 1628. 8.

n) L'antimonio, cioe tratt. delle virtù dell' antimonio commune, e particolarmente dell' antimonio, che si raffina
hoggidi

Joh. Sophr. Kozak, ein böhmischer Arzt °), der berühmte leipzigische Lehrer J. Michaëlis aus der Lausnitz P), Ph. Grüling, aus Stollberg q), Franz de Soucy r), Jak. Lebberer s), Joh. Pharam. Rhu-

hoggidi in Torino, con le annotazioni di filoſtibio. Torino. 1628. 4.

o) 1) Tr. phyſici, de naturalium rerum principiis, de generatione et transplantationum modis, morborum cauſa et ſpeciebus, methodo curationum. 1631. 8. 2) Anatomia vitalis microcosmi, in qua naturae humanae proprietates, tum morborum origines eorumque legitimus curandi morbus. Brem. 1636. 4. 3) Tr. de ſale ejusque in corpore humano reſolutionibus ſalutaribus et noxiis. Francof. 1663. 4.

p) Opera medica omnia, medico-chemica conjuncta. 4. Norib. 1688. 1698. darinn vornemlich Clavis ad polychreſta auctoris ſ. ſecreta medicamenta Michaëlis, welchen Conr. Horlacher auch teutſch mit der Aufſchrift: Schatzkammer bewährter Arzneyen. Ulm. 1694. 4. herausgegeben hat.

q) 1) Florilegium chymico-medicum medicamentorum chymicorum, eſſentiarum, magiſteriorum, extractorum, ſalium, tincturarum, florum, crocorum, oleorum, ſpirituum, faecularum, balſamorum, aquarum, pulverum, vera praeparatione, recto uſu et certa doſi multis exemplis illuſtrat. ut in curandis morbis cuilibet medico poſſint ſufficere. Lipſ. 12. 1631. 4. 1665. 1680. 2) Curationum-dogmatico-hermeticarum expertarum et rite comprobatarum Cent. I. Lipſ. 1638. 8. 3) Triga curationum medicinalium dogmatico-hermeticarum. Northauſ. 1666. 4. 4) Deutſches Arzneybuch nebſt den Tr. von Peſt, Weiber- und Kinderkrankheiten. Leipzig 4. 1690. 1720. 5) Medicinae practicae L. V. quibus omnes corporis humani morbi deſcribuntur, cauſae, ſigna, curationes depinguntur. 4. Northauſ. 1661. Lipſ. 1668. 1673.

r) Sommaine de la medecine chymique. Paris. 1632. 8.

s) Phyſica realis ſpagyrica medica alchymica. Haidelb. 1635. 8.

Rhumel '), Joh. Löfel "), Lazarus Meyssonnier zu Lyon ˣ), und J. G. Pelshofer zu Wittenberg ʸ).

Unter diesen Aerzten, welche den chemischen Arzneien einen ungemessenen Vorzug vor andern ertheilten, zeichneten sich der Herzoglich meklenburgische Leibarzt zu Schwerin, Abr. v. Mynsicht, und Theod. Turquet de Mayerne aus; wenn auch der Schriften, welche sie hinterlassen haben, wenige sind, so sind sie desto gehaltvoller; zwar hat jener in seinem Thesaurus et armamentarium medico-chymicum selectissimum, pharmacorum conficiendorum ratio propria laborum experientia confirmata ᶻ), der pharma-
ceuti-

t) 1) Opuscula chymico-medica s. gynaeco-pharmaceutica. Herniarum curatio magnetica, podagrae cura magica, Panacea aurea, Catoptron pharmaceuticae. 12. Tubing. und Norib. 1650. 2) Compendium hermeticum de macrocosmo et microcosmo totius philosophiae et medicinae compendium complectens. Acc. dispensatorium chymicum novum de vera medicamentorum praeparatione. Francof. 1635. 12.

u) de podagra tractat. morbi hujus indolem et curam diligenter exponens. 16. Rostock. 1636. Leyd. 1639.

x) 1) Doctrina nova febrium ex analyseos spagyricae, analyseos chirurgicae et pathologicae encheiresi demonstrata. Lugd. Gall. 4. 1640. und mit der Aufschrift: Nova et arcana doctrina febrium. 1641. 2) La pharmacopée accomplie. Lyon. 1657. 8.

y) Decas paradoxorum chymicorum resp. J. M. *Hupfauff.* Witteb. 1630. 4.

z) 4. Hamburg. 1631. Lubec. 1636. 1638. 1646. 1662. Lugd. Gall. 1645. 8. Rothomag. 1651. Rotterod. 1651. 1664. 1670. Francof. 1675. Genev. 1726. und cum mantiss. *Musitani* Hanov. 1726. teutsch mit der Aufschrift: Medicinisch-chymische Schatz-und Rüstkammer. 8. Stuttgart. 1686. 1725. 1738. Offenbach. 1695. Tübingen. 1702.

ceutischen Rüstkammer seines und folgender Zeitalter, manche unnüze ohne Noth mühsame, kostbare und weitläuftige Bereitung angegeben, die nach dem Urtheil unserer Zeiten unbrauchbare Ware liefert, aber auch Anleitung zur Verfertigung fürtreflicher Arzneien gegeben, die ihren vest gegründeten Ruf auch noch jezt behaupten, unter welchen ich als eines Beispiels nur des Brechweinsteins erwähne, dessen Entdekung wir seinem Scharfsinn zu verdanken haben.

Turquet de Mayerne, der, ob er gleich so wenig, als Mynsicht so verblendet war, alle sogenannte galenische Mittel zu verwerfen, doch wegen seiner Vorliebe für die chemische Arzneien von den parisischen Aerzten für unwürdig erklärt wurde, Arzneikunst zu treiben ª), aber zum Theil durch die Kunst, seinen Arzneien mannichfaltige gefällige Gestalten zu geben, vor:

a) Gui Patin a. a. O. I. Br. 8. S. 19 – 21. der Beschlus der Pariser Schule vom 5. Christen, 1603 war so gen: der: "Collegium medicorum in Academia Parisienfi legitime congregarum, audita renunciatione cenlorum, quibus demandata erat provincia examinandi apologiam fub nomine Mayerni *Turqueti* editam, ipfam unanimi confenfu damnat, tanquam famofum libellum, mendacibus, convitiis et impudentibus calumniis refertum, quae nonnifi ab homine imperito, impudenti, temulento et furiofo profiteri potuerunt. Ipfum *Turquetum* indignum judicat, qui ufquam medicinam faciat, propter temeritatem, impudentiam et verae medicinae ignorationem. Omnes vero medicos, qui ubique gentium et locorum, medicinam exercent, hortatur, et ipfum *Turquetum*, fimiliaque hominum et opinionum portenta, a fe fuisque finibus arceant, et in Hippocratis ac Galeni doctrina conftantes permaneant: et prohibuit, ne quis ex hoc medicorum Parifienfium ordine cum *Turquero* eique fimilibus medica confilia ineat. Qui fecus fecerit, fcholae ornamentis et academiae privilegiis privabitur, et de Regentium numero expungetur."

vornemlich bei dem andern Geschlechte und bei den
höhern Ständen vielen Beifall fand, gebrauchte insbesondere viele Mittel aus Spiesglanz, Quekſilber, Zinn
und Eiſen, und lehrte ihre Bereitung [b]; er verordnete
öfters innerlich den weiſſen Präcipitat, den er auch weiſ-
ſes Turbith nannte [c], ſchärfte bei der Bereitung des
Eiſenvitriols, ſo wie anderer Eiſenarzneien, den Gebrauch reiner Stahlfeile ein [d], die mit dem Magnet
ausgeleſen werden ſollte, kannte ſchon den widerwärtigen Geruch [e] und die Entzündbarkeit [f] der luftförmigen Flüſſigkeit, welche bei der Auflöſung des Eiſens
in einer mit Waſſer verdünnten Vitriolſäure aufſteigt,
eine Art verſüſten Sublimats, bei deren Bereitung er
ſchon die Vorſchrift gibt, den loſeren Theil deſſen, was
aufgetrieben iſt, ſorgfältig zu ſcheiden [g], eine Art
weiſſen Spiesglanzkalk (Antimonium diaphoreticum),
der durch Verpuffen mit zween Theilen Salpeters bereitet

b) Pharmacopoea in Oper. medic. in quibus continentur confilium, epiſtolae, obſervationes, pharmacopeia
variaeque medicamentorum formulae, quae in uſum
Annae et H. Mariae Angliae Reginarum praeſcripta fue-
re, una cum epiſtola prefatoria, in qua vita et opera
authoris breviter enarrantur, et perſtringuntur, cura et
ſtudio Joſ. *Browne*, Londin. fol. (mit einem Bilde des
Verf.) 1703. B. II. auch etwas davon in der oben erwähnten Apologia und im ſyntagm. prax. medic. welches 8. zu London. 1690. und zu Augsburg. 1691. 12.
zu Genf. 1692. und franzöſiſch zu Lyon. 1693. 8. herausgekommen iſt.

c) Pharmacop. S. 38. 39.

d) ebend. S. 5 - 9. 31. 150.

e) ebend. S. 6. 150.

f) ebend. S. 150.

g) den er Clyſſus nennt. ebend. S. 33.

tet wird [b]), die Benzoeblumen [i]), zu deren Verfertigung er zwo Vorschriften gibt, das von und nach
Dippeln sogenannte thierische Oel [k]), das er jedoch
fast nur äuserlich gebrauchte, die Auflösung der essig-
sauren Pottasche in Weingeist, als ein sehr wirksames
Mittel [l]), und die Auflöslichkeit des Queksilbers in
Essig [m]); er zeigte die Reinigung des Weinsteins [n]),
und die Verstärkung der Essigsäure durch Sättigen mit
Laugensalz und nachheriges Austreiben aus dieser Verbindung durch Hitze [o]), und schlägt um den Schleim
aus der Nase und ihren Hölen auszuleeren eine Auflösung des Spangrüns in Wein zum Aufziehen in die
Nase vor [p]).

Dieses Beifalls der chemischen Arzneien ungeachtet,
sträubten sich doch die Aerzte von der alten Schule noch
immer gegen die Einführung ihres Gebrauchs in den
Apotheken; die meiste spanische Aerzte, z. B. Franz
Beler

h) ebend. S. 50.

i) ebend. S. 118. in der Glasretorte mit einem Zusaz von
   Sand, und ohne diesen Zusaz in einem irdenen Topfe,
   auf welchem eine Tute von Löschpapier gebunden wird.

k) aus allerlei thierischen Stoffen ebend. S. 195. "Oleum e re-
   tortula semel atque iterum distillatur in cineribus, donec
   album sit et limpidum — — Oleum ad externa in Ele-
   phanticis tuberculis vel Ulceribus, Unguentis, Ceratis,
   Emplastris admixtum" und S. 197. "Oleum faciet ad
   futurarum et spinae inunctionem, ad olfactionem in pa-
   roxysmo (epileptico): Nec non ejus gutta una vel altera commode dabitur cum extracto vel etiam cum aqua
   ipsa aut vino."

l) ebend. S. 3.

m) ebend. S. 53.

n) ebend. S. I.

o) ebend. S. 3.

p) ebend. S. 54.

Veler de Arciniega q), Hieron. de la Fuenti
Pirola r) und J. Castelli s), und der gröste Theil
der italiänischen, z. B. J. P. Spinelli di Giova=
nezza t), Jos. Santini u), J. L. Bertaldi x),
Curt. Marinelli y), der neapolitanische Domini=
kaner Donat Eremita z), Salvat. Franciosi a),
und Alb. Stecchini b), selbst einige französische
Aerzte

q) farmacopea de muchos usos importantes a los boticarios. Madrit. 1603.

r) Fons et speculum veritatis, per quae diversis modis res
etiam, quae obscurae sunt, de medicinarum rectificatione, et artis beneficio, praecipue secundum J. Me-
suen clarissime collucent. Madrit. fol. 1609. 1647.

s) pharmacopoea medicamenta in officicinis pharmaceuti-
cis usitata explicans. Gadib. 1622. 4.

t) Lectiones aureae in artem pharmaceuticam, in quibus
resolvuntur dubia in canonibus Mesues, compositioni-
bus, simplicium electione, opera destillationis. Paris.
4. 1604. 1605. 1643.

u) ricettario medicinale. 1604. teutsch mit der Aufschrift:
Gülden Apothek. Frankfurt. 4. 1606. 1661.

x) 1) Medicamentorum apparatus, duratio, doses et formulae. Turin. 4. 1611. und 1612.   2) Medicamentorum externorum apparatus, doses et formulae. Turin.
1614. 4.   3) Dispensatorium J. Placotomi cum scholiis recusum. Turin. 1614. 4.   4) De confectione de
hyacintho et alkermes. Turin. 1619. 4.

y) Pharmacopoea s. de vera pharmaca conficiendi et praeparandi methodo. L. I. II. Venet. 1617. 4. Hanov.
1617. 8.

z) 1) dell' elixir vite. Napol. 1624. fol.   2) Antidotario.
fol. Napoli. 1639. Lyon. 1668.

a) Discorsi, nei quali s insegna alli discipoli dell' arte de
speziaria. Palerm. 1625. 4.

b) Apertimento nella compositione de medicamenti per
uso delle speziarie. Venez. 1629. 4.

Aerzte und Apotheker, vornemlich aus dem mittägigen
Theile des Reichs, z. B. lor. Catelan ᵉ) hielten sich
noch vest an Mesue und die Araber, hingegen die
meiste französische Aerzte, z. B. Pet. Burée ᵈ), J.
Barandal (Barandäus), Dechant der Schule der
Aerzte zu Montpellier ᵉ), l. Savot ᶠ), J. Renou
(Renodäus) ᵍ), J. Schyron, Kanzler zu Mont-
pellier ʰ), Christ. Cachet ⁱ), Nik. Dacier ᵏ),
Theod.

c) 1) Demonstration des ingrediens de la confection d'alkermes, et discours sur icelle. Montpell. 1609. 16.
Lyon. 1614. 8. und mit J. Steph. Strobelberger's Schrift ähnlichen Innhalts. Jen. 1620. 4. 2) Tr.
de aquis destillatis, quas pharmacopoeus in officinis habere debet. London. 1639. fol.

d) Defense de l'Escolle de medecine de *Galien* contre.J.
Guibelet, et avis sur ses trois discours philosophiques.
Rouen. 1605. 8.

e) Formulae remediorum internorum et externorum ante
aliquot annos medicinae studiosis traditae. 8. ed. Petr.
Janich. Hanov. 1607. Genev vel Monspel. 1620.

f) Nova de coloribus sententia et de tetragoni Hippocra-
tici significatione contra chymicos observatio. Paris.
1609. 8.

g) Institutionum pharmaceuticarum L. V. De materia medica L. III. Antidotarii L. VI. 8. Francof. 1609. und
Genev. 1645. 4. Francof. 1615. Hanov. 1631. Paris.
1608. 1613. und mit Nicol. *Epiphanii* empirica. 1623.
französisch Lyon. fol. 1616. und 1637.

h) Tabulae medicamentorum simplicium et compositorum
cum dosibus. Monspel. 1609. 8.

i) Apologia dogmatica in hermetici cujusdam anonymi
scriptum de curatione calculi, in qua chymicarum ineptiarum vanitas exploditur. Tull. 1613. 8.

k) Synopsis methodica pharmacorum omnium, quae in
communi sunt practicantium usu. Paris. 8. 1611. und
1614.

Theod. Collandon aus Berry[1], Philib. Guibert[m], P. Morel, aus Champagne[n], Franz
Sanchez[o], Lehrer zu Toulouse, Th. Sonnet[p],
vornemlich aber Guy Patin[q] von Houdan in Bray,
ein sehr gelehrter Arzt, und noch mehr die parisische
Schule[r], einige portugiesische Aerzte, z. B. Zaku-
tus,

1) Adversaria s. Commentarii medicinales critici, dialyti-
ci, epanorthotici exegematici et didactici, ubi multi-
plices neotericorum errores refelluntur ac pristina antiquorum doctrina repurgata suo nitori restituitur. Genev. 1615. 8.

m) 1) Medicus domesticus. Colon. 1628. 12. 8. 1649.
Parif. und mit der Aufschrift: Opera medici officiosi.
Lugd. G. französisch mit der Aufschrift: Le medecin charitable. 4. Parif. 1631. 8. Lyon. 1659. 1667. 1670.
Paris. 1679. Rouen. 1661. 12. Paris. 1639. 1691. 2) Pharmacopoeus familiaris s. domesticus, französisch: L'apo-
thicaire charitable. 1636. 8.

n) Methodus praescribendi formulas remediorum, cum
adnexo systemate materiae medicae, cura J. *Brunn.* 8.
Basil. 1630. Genev. 1639. und Lips. 1645. 12. Genev.
und Rouen. 1650. Patav. 1647. Lyon. 1657. Amsterd.
1659. 1665. und curant. G. Blas. *Hansen.* 1680.

o) Opera medica. Tolosae. 1636. 4. in diesen unter andern Pharmacopoeae. L. III.

p) Satyre contre les charlatans, et pseudomedecins, en la
quelle sont decouvertes les rufes de tous theriacleurs,
alchemistes, paracelsistes, destillateurs. à Paris. 1610. 8.

q) wie aus vielen seiner Briefe in seinen Lettres choisies,
von welchen ich eine Ausgabe 12. B. I-III. 1692. Cologne. IV. V. Rotterdam. 1695. vor mir habe.

r) wie aus ihren oben erwähnten Beschlüssen gegen du
Chesne und Mayerne, ihrem Benehmen gegen
Paulmier, und selbst aus ihrem 1615 zu Paris aus-
gegebenen Codex medicamentarius erhellt.

tus °), einige ſicilianiſche, z. B. die beide Lehrer zu
Meſſina, J. Bapt. Cortes, aus Bologna ᵗ), und
Pet. Caſtelli aus Rom ᵘ), und Franz Avellini ˣ),
und andere italiäniſche, z. B. M. Angel. Angelico ʸ),
Raim. Fideliſſimi ᶻ), der paduaniſche Lehrer J.
Colle aus Belluni ª), ſchweizeriſche Aerzte z.B.Em.
Stupanus ᵇ), und Heinr. Lavater ᶜ), teutſche,
z. B. J. Oberndorfer ᵈ), und der tübingiſche Leh-
rer, Sam. Hafenreffer ᵉ), in den Niederlanden
Nik. Fonteyn (Fontanus), Lehrer der Zergliede-
rungs-

s) Introitus ad praxin et pharmacopoeam. Amſtelod.
1641. 8.

t) Pharmacopoea ſ. antidotarium Meſſanenſe. Meſſan.
1629. fol.

u) 1) Annotazioni ſopra l'Antidotario romano. Rom. 4.
1629.   2) Antidotario romano commentato. Meſſan.
16ᴐ7. fol.

x) Expoſtulatio contra chymicos, qua eorum paradoxa ſeu
rationis umbrae (ſi quae ſunt), enucleantur, ejectantur,
expelluntur. Meſſan. 1637. 4.

y) Antidotario di Claud. *Galeno*, nel quale ſi contengono
i duo libri de antidoti, quella della teriaca a Pamfilia-
no &c. Vicenza. 1613. 4.

z) Enchiridion pharmaceuticum medicamentorum omnium in antidotario Florentino facultates continens.
Bonon. 1616. 12.

a) Methodus facile parandi jucunda, tuta et nova medicamenta adverſus chemicos. Patav. 1628. 4.

b) Praecipua pſeudochymiae capita ex Paracelſo. Baſil.
1622. 4.

c) Defenſio medicorum Galenicorum adverſus calumnias
Angeli Salae. Hanov. 1610. 8.

d) Apologia Chymico - Medica Practica, adverſus illiberales *Martini Rulandi* calumnias. Amberg. 1610. 4.

e) Officina iatrica continens pharmaca ſelecta *Hippocratico-
Galenica*. Ulm. 1653; 8.

rungskunde zu Amsterdam ^{f}), und in Schlesien El.
Bonvini ^{g}), an Hippokrates und Galen.

Ihres Widerspruchs ungeachtet, fieng man bald an,
die chemische Arzneien mit den Galenischen zugleich in
die Apotheken aufzunehmen; dis thaten auch in ihren
Schriften der augsburgische Apotheker, G. Melich ^{h}),
ein Ungenannter ^{i}), und ein Anderer ^{k}), C. F. Brech-
tel ^{l}), Barb. Weintraubin ^{m}), Heinr. Müller,

f) Institutiones pharmaceuticae ex *Bauderonio* et *Duboys*
in pharmacopoeorium potissimum gratiam concinnatae.
Amsterd. 1633. 12.

g) de theriaca l. quo de theriacae descriptione, ingre-
dientium delectu, quantitate, praeparatione, ipsius denique antidoti compositione ex *Andromachi* senioris mente
agitur. Wratislav. 1610. 8.

h) Dispensatorium Medicum five de recta medicamentorum, quorum hodie usus est, parandorum ratione commentarii, medicis et pharmacopoeis utilissimi a Georg.
Melichio conscripti, et in latinum sermonem conversi a
Sam. *Keller.* Cui adjectum est compendium medicinae
practicae Franc. Max. de Tectoriis. Francof. 1601. 12.

i) Manuale medicum Handbüchlein vieler vornehmer Arzneyen und Experimenten, samt einem Herbarium der vornehmsten Kräuter. Frankfurt. 1602.

k) Dispensatorium chymicum ex optimis autoribus in III.
libros digestum, acc. Ben. *Faventini* meditationes em-
piricae, *Camilli Tomasi* curandorum morborum practica
rationalis, et J. P. *Lotichii* de gummi gutta s. laxativo
indico discursus. Francof. 1626. 8.

l) 1) neuer Arzt. Nürnberg 1603. 2) Nomenclatura
pharmaceutica h. e. liber appellationum et titulorum
omnium praecipuorum Medicamentorum. Norimberg.
1605. fol.

m) Arzneybüchlein. 1603. 8.

„lerⁿ), Arn. Weickard^o), Balth. Schnurr^p),
Mart. Pansa^q), Phil. Scherb^r), Jak. Vogel^s),
Mart. Gosky^t), J. Karl Rosenberg^u), Aug.
Wichmans^x), Conr. Mithobius^y), Ludw. v.
Hörnigk^z), Casp. Amthor^a), der frankfurtische
Arzt

n) vom rechten wahren Gebrauch der gemeinsten 147 di-
stillirten Wasser, herausgegeben von Balth. Müller.
Eisleben. 1605. 4.

o) 1) Thesaurus pharmaceuticus Galenico chymicus. L. VI.
Fräncof. 1626. fol. et cur. J. *Schroeder* 1670. 4.   2) De
variis et periculosis morbis facili et succincta methodo
medendis practica universalis Galenico-chymica. Francof. 1643. fol.   3) Pharmacopoea domestica, darin
viel nützliche Arzneyen aus Reinharden Pfalzgraphs
bey Rhein, Manualarzneybuch und eigener praxi. Frankfurt. 1626. 8. 1628. 4.

p) Kunst- und Wunderbuch, Schatzkammer menschlicher
Gesundheit. Frankfurt. 4. 1611. 1643. 1654. 1666. 1690.
8. 1626. 1635.

q) 1) Tractat von viererley Antidotis, theriaca Andromachi, Mithridat-, güldenen Ey; einer Essentia, conser-
ven. Hall. 1619. 4.   2) Pharmacopoea publica et pri-
vata, d. i. Stadt- Haus- und Hofapothek. Leipzig. 4.
1623. anderes Buch. 1621. dritter und vierter Theil.
1622.

r) Sylva medicamentorum compositorum, quae usus quotidianus exigit. Lips. 1621. 8.

s) Schif- und Landapothek. Leipz. 1621. 8.

t) Apotheca Gardelebiana. Helmst. 1623. 4.

u) Rosa nobilis iatrica s. animadversiones et exercitationes
medicae Hippocraticae et hermeticae. Argent. 1624. 12.

x) Apotheca spiritualium pharmacorum contra luem con-
tagiosum aliosque morbos. Antw. 1626. 4.

y) de aqua vitae juniperina. Ulm. 1628. 4.

z) 1) Politia medica oder Beschreibung dessen, was die
Me-

Arzt J. Schröder, dessen Pharmacopoea medico-
physica b), lange das Handbuch der teutschen Apotheker war c), Christ. Winckelmann d), und
und

Medici sowohl insgemein, als auch verordnete Hof= Statt=
Feld= Hospitalmedici, Apotheker, Materialisten, Wund=
ärzte, Barbierer, Oculisten, Bruch= und Steinschnei=
der, Baber, auch die Kranken selbst zu thun, und was
sie in acht zu nehmen. Frankfurt. 1638. 4. 2) Antwort
auf die Fragen ob die Composition und Präparation der
Arzneyen den Materialisten und Droguisten zu gestatten
sey. 1645. 4. 3) Vier Fragen, die Materialsten und
Apotheker betreffend. 1645. Leipzig. 1679. 12. u. 1697. 4.
4) Antwort auf die vier Fragen, die Apotheker und Ma=
terialisten betreffende. 1646. 8.

a) Memorabilium medicorum pars continens curationes
per euporista tam Galenica, quam chymica. Jen.
1632. 4.

b) Ed. I. Ulm. 1641. 4. Ed. II. Ulm. 1644. 4. Ed. III.
Ulm. 1649. 4. Ed. IV. auct. et emendat. Ulm. 1655. 4.
iterum aucta a J. Frid. *Witzelio,* tum recognita a Petr.
Rommelio. auch als Ed. VIII. Ulm. 4. 1685 und 1705.
Ed. V. Ulm. 1662. 4. Ed. VI. Francof. 1667. 4. edit.
ab *Horstio* et *Witzelio* 1669. und 1681. 4. aucta Leid.
1672. 8. Lugd. Gall. 1681. 4. Ed. VII. cum Fr. *Hoff-*
manni adnotationibus. fol. Colon. 1687. 1746. 1748.
Append. 4. Ulm. 1669. Francof. 1676. teutsch mit der
Aufschrift: Arzneyschaz nebst Fr. Hofmann's Anmer=
kungen. 4. Nürnberg. 1684. eröfnet von G. Dan.
Koschwiz. fol. Nürnberg. 1693. 1748. Frankfurt. 1709.
Holländisch mit einer Vorrede von Gaub in drei Bän=
den mit der Aufschrift: Groote algemeene Schatkammer.
Leid. 1741. fol. englisch London. 1669.

c) von ihm ist auch Quercetanus redivivus. Francof. 4.
1638. 1648. 1667. 1679.

d) Medicamenta officinalia praecipue Galenica et chemica
ex vegetabilibus animalibus mineralibus in tabulas digesta, append. ad tabulas instit. Witteberg. fol.
1635. 1670.

Frid. Greiff e), in Palermo, Ant. Politius f),
und in Frankreich Joh. Vigier g), Franz Dif-
falde h), und Joh. Prévot, Lehrer zu Padua i).

Nicht

e) 1) Confignatio medicamentorum omnium, quae in officina proſtant. Tubing. 4. 1632 und 1634. 2) Decas
nobiliſſimorum medicamentorum Galenico chymico modo
compoſitorum et praeparatorum. Tubing 1641. 4. auch
in demſelbigen Jahr eben daſelbſt und in gleichem Format teutſch: Zehen der Edlen und köſtlichen Arzneyen,
die aus den fürnehmſten Stücken zuſammen vermiſchſt,
und auf Chymiſche Art bereitet, zu mancherley Kranckheiten dienlich in unterſchiedlicher Form ſicher zu gebrauchen, ſchneller Würkung und lieblich einzunehmen ſind.
Unter welchen den Vorzug hat Theriaca coeleſtis Quercetani, oder der Chymiſche Theriac. Neben dieſen ſind vier Elixir: als Elixir deſs Lebens aus dem
Quercetano, Schweiſstreibend Elixir von der Theriac.
Purgierend Elixir der Augsspurger Ruh Elixir aus dem
Laudano. Auf dieſe folgen die andere fünff, Als: Er-
brech Latwerg, Laxir Pillulen. Ruh Latwerg. Alles aus
dem Mynſicht. Purgier-Pulver deſs Grafen von
Warwich. Und das Gold-Pulver Alexandri Sidonii
Scoti. Samt kurtzer Beſchreibung, wie und warum ſie
alſo bereitet, was ihre Würckung, wie ſie zu gebrauchen,
und was ſie an Geld geſtehen. In deſs Löblichen Collegii Medici in Tübingen, auch Herrn Rectoris, aller Facultät Profeſſorum Doctorum und Studenten Beyſeyn,
von den außerleſſeneſten Stücken aufgelegt und bereittet.
3) Kurtze Beſchreibung einer ſehr geſchmeidigen Feldapo-
thek. Tübingen. 1642. 16. 4) ſieben auserleſene trockne
Arzneyen. Tübingen. 1660. 12.

f) De quinta eſſentia ſolutiva atque brevi epilogo componendorum medicamentorum cum aliquibus l. continens
aliquibus philoſophiae et medicinae problematibus. Panorm. 1613. 4.

g) Opera medico-chirurgica. ed. J Vigier. fil. Hag. 1659. 4.

h) Pharmacometes l. continens pharmaca tam ſimplicia
quam

Nicht zufrieden, nur die neue von den chemischen
Aerzten angepriesene Arzneien neben den Galenischen
zu gebrauchen, prüften Andere Altes und Neues mit
Unbefangenheit, wählten aus beiden nach ihren Ein=
sichten das Beste, suchten den ungemessenen Lobsprü=
chen, so wie dem unbefugten Tadel der chemischen Arz=
neien, nach theoretischen Gründen und Erfahrungen
Schranken zu sezen, und beide Partieen durch ein ve=
steres Band zu vereinigen: Daß manche dieser Eflek=
tifer bei der einen Partie in dem Rufe standen, als
hielten sie es mit der andern, kann denjenigen nicht be=
fremden, der aus dem täglichen Gange menschlicher
Angelegenheiten weis, wie leicht auch der parteiloseste
Mann im hizigen Kampfe einander entgegenstrebender
gelehrter oder politischer Sekten in einen solchen Ver=
dacht gerathen kann; daß sich inzwischen nicht einige
noch etwas zu viel auf die chemische oder auf die gale=
nische Seite neigten, läst sich nicht läugnen; insbe=
sondere ist jener Vorwurf nicht ganz ohne Grund von
dem rostochischen Lehrer Pet. Lauremberg k), dem
der Gräflich Oldenburgische Leibarzt Ant. Günth.
Bil=

quam composita, quae parata habere debent pharma=
copoei. Lyon. 12. 1627. 1652.

i) 1) De medicamentorum compositione. 12. Rinteln. 1649.
Francof. 1651. Venet. 1554. Amsterd. 1665. 2) Se=
lectiora multiplici usu comprobata, quae inter reme=
dia medica juste recenseas. 12. Francof. 1659. Amsterd.
1665. Hanov. 1666. 3) Hortulus medicus selectis re=
mediis cum flosculis varicoloribus refertus. Patav. 12.
1666. 1681.

k) 1) in Synopsin aphorismorum chymiatricorum *Angeli
Salae* notae et animadversiones. Hamb. 1624. 4. 2) De=
liria chymica in officina filiae temporis et magistrae stul=
torum. 1625. 8.

Billich [m]) antwortete, den aber Arn. Schröder [n]) wieder vertheidigte, dem berühmten Ärzte Angelus Sala, der aus Vicenz gebürtig war, aber den größten Theil seines Lebens in Teutschland und in der Schweiz zubrachte, gemacht worden; dann wenn gleich Angelus Sala [o]) unläugbare Verdienste um die weitere Fortschritte der Chemie, und ihre sichere Anwendung auf die Bereitung der Arzneien [p]) hat, manche Irrthümer

m) 1) Responsio in animadversiones, quas anonymus quidam in *Angeli Salae* aphorismos conscripsit. Bassan. 8. 1622. 2) Assertionum chymicarum sylloge opposita latratui et venenatis morsibus P. *Lauremberg.* Oldenburg. 1624. 4. 3) Petr. *Lauremberg* deliria chymica, Brem. 1625. 8.

n) 1) Defensio animadversionum et notarum Petr. *Lauremberg* in aphorismos chymiatricos *Angeli Salae,* opposita responsioni A. G. *Billichii,* Caculae militaris profugi, in qua pueriles et miserae illius objectiones refelluntur, et demum veritas Animadversionum Laurembergianarum asseritur et vindicatur. Marburg. 1624. 4. 2) Bonum factum; Flabellum quo Fumus chymicus et Cinis Contumeliarum, quem in elumbi sua Sylloge Assertionum excitavit, et P. *Laurembergio* afflare conatus est A. G. *Billichius,* dispellitur et abigitur in auras. Additis Assertionibus chymicis Anti - Billichianis. 1625. 4.

o) Seine Werke sind zusammen herausgekommen mit der Aufschrift: Opera medico - chymica, quae extant omnia. 4. Francof. 1647. und vollständiger 1682. auch zu Rom. 1650.

p) vornemlich in folgenden Schriften 1) Anatome essentiarum vegetabilium. 2) Hydrelaeologia. 3) Tartarologia. 4) Saccharologia. 5) Synopsis aphorismorum chymiatricorum, auch besonders abgedruckt. Brem. 1620. 8. 6) Ternarius hemeticorum. 7) Ternarius bezoardicorum, auch besonders mit der Aufschrift: Ternarius bezoardicorum, ou trois souverains remedes bezoardiques contre tous venins. 4. Leid. 1616. 8. Erf. 1618.

nier und Pralereien der rhemischen Aerzte ⁹) eben so
streng rügt, als die stolze Selbstgenügsamkeit der galenischen ʳ), die irrige Benennung von Oel, mit welchem schon damals manche Scheidekünstler das zerflos-
sene Weinsteinsalz bezeichneten, tadelt ˢ), die Chemisten verlacht, welche sich einbilden, das Gold aufge-
schlossen oder zersezt zu haben, oder daraus ᵗ), so wie
aus andern Metallen, aus Edelsteinen, Korallen, Perlen, die wesentliche Tinctur, aus dem Talk eine Art
von

und cum exegef. Andr. *Tentzel* 1630 und 1638. 8) Ter-
garius laudanorum. 9) Myrothecium spagyricum. 10)
Compositio et formula Antidoti pretiosi aliorumque
nonnullorum medicamentorum.

q) sowohl in seinen übrigen Werken als vornemlich in
Tr. II. de variis tum chymicorum, tum Galenistarum
erroribus in praeparatione medicinali commissis. Opus
italice primum ab auctore conscriptum, jam vero eodem
requirente, in Latinam linguam, stylo quam simplicis-
simo translatum labore vel conatu M. A. R. Francof.
1649. 4. auch diss. fund. de natura, proprietatibus et usu
spiritus vitrioli oder gründliche Beschreibung, was Spiritus Vitrioli eigentlich sey: wie ungründtlich er von etlichen Medicis für ein schädlich Medicament gescholten und
verworffen wird: und dagegen was für treffliche Eigenschafften und Wirckungen er habe, und wie man ihn wider mancherley Leibs Kranckheit mit grossem Nutz gebrauchen solle. Genev. 1613. 12. Francof. 1618. 8. Hamburg. 1625. 4.

r) a. d. e. a. O.

s) De variis tum Chymicorum &c. S. 15. 16.

t) Chrysologia. Abschn. I. K. 4. S. 222. auch septem planetarum terrestrium spagyrica recens. S. 190. Eben
so ungereimt findet den Gebrauch des trinkbaren und des
Blattgoldes ein anderer Arzt dieses Zeitalters J. Rud.
Ca me rarius Sylloge memorabilium medicinae et mirabilium naturae arcanorum. Aug. Trebor. 1624. 12.
Cent. IV. LXXXVIII. S. 282.

von reinigendem Oel, aus dem Gold ein allgemeines
Arzneimittel zu erhalten ᵘ), der Aerzte spottet, die auch
von wohlriechenden Dingen kräftige Extracte, von einem noch so kleinen Vorrath von Kräutern durch Brennen in der kupfernen Blase kraftvolle Wasser erwarten ˣ), der mannigfaltigen Verfälschungen kostbarer
Oele und Balsame gedenkt, welche damals schon üblich
waren ʸ), die Bereitung der Oele, sowohl der brandichten, als der wohlriechenden ᶻ), unter diesen auch
eines Oels aus Eberwurz ᵃ), der mancherlei Arten von
Brandewein auch aus Bier, gemalztem Getreide, Früchten und Fruchtsäften ᵇ), selbst aus Zuker ᶜ), und Weinhefe erwähnt ᵈ), und die feinen Arten von Weingeist und
zusammengesezten Flüssigkeiten dieser Art ᵉ) deutlich
lehrt, die Bereitung des Stahlweinsteins ᶠ), eines feu-
ervesten Laugensalzes aus Weinhefe ᵍ), das Dasein und
die Ausscheidung des Weinsteins aus dem meisten
Essig ʰ), so wie aus Weinblättern und unreifen Wein-
trau-

u) Ebend. S. 9-16. de spiritu vitrioli append. Chrysologia. Abschn. III. K. I. S. 233. 234.

x) De variis tam Chymicorum &c. S. 17. 18.

y) Ebendas. S. 18. 19.

z) Hydrelaeologia K. III - XIII. S. 67-87.

a) ebend. K. XII. S. 85. 86.

b) ebend. Abschn. IV. K. VI - X. S. 97-99.

c) Saccharologia. Th. II. K. VI. VII. S. 165-167.

d) Tartarologia. Abth. I. K. 3. S. 124.

e) Hydrelaeologia. Abschn. IV. K. XII. Append. S.
100-119.

f) Tartarologia. Abschn. I. K. VIII. S. 131. und Myrothec. spagyr. S. 767.

g) Tartarol. K. III. S. 124.

h) Ebendas. Abschn. II. K. I. S. 135.

trauben ^{i}), Tamarinden ^{k}), und Maulbeeren ^{l}), und
ähnlicher wesentlicher Salze aus Sauerampfer und
Melisse ^{m}), so wie aus andern Gewächsen, deren Salz
mehr davon abweicht ^{n}), die Reinigung des Zukers,
wie sie damals im Grosen geschah, und die Unschäd-
lichkeit des Kalkwassers bei diesem Geschäfte ^{o}), die
Bereitung und Eigenschaft des sogenannten Höllen-
steins ^{p}), der Alaunmolken ^{q}) und anderer noch jezt
gangbarer und geschäzter Arzneien aus Queksilber,
Spiesglanz ^{r}), Eiern u. a. anschaulich darstellt, die
Ungereimtheit eines allgemeinen Arzneimittels überhaupt ^{s}) erörtert, die Fällung des Kupfers durch Eisen, so wie die Fällung anderer Metalle durch einander
aus

i) Ebendas. K. II. S. 136.

k) Ebendas. K. III. S. 137.

l) Ebendas. S. 138.

m) Ebendas. K. IV. S. 138.

n) Ebendas. K. V. S. 138. 139.

o) Saccharologia. Th. I. K. III. IV. S. 152. 153.

p) Septem planetarum terrestrium spagyrica recensio.
S. 194 - 196.

q) Myrothec. spagyric. append. S. 824.

r) Anatomia antimonii, auch besonders abgedrukt. 8. Lugd.
Batav. 1617.

s) Antidotum pretiosum S. 478. "Quod cum ita sit, ut
revera est; quis non vanitatem eorum agnoscat, qui
vel ipsi persuasissimum habent vel aliis persuadere conantur, esse in rerum natura, vel artis beneficio con-
fici posse medicamentum, quod instar universalis cujusdam universalissimi — — omnibus adeo infirmi-
tatibus medeatur, ac nulla unquam ratione corpus
offendat?" und S. 489. "Nam res absurdissima est,
credere unicum aliquod medicamentum, qualecunque
illud sit, adeo admirabilis esse efficaciae, ut possit suis
effectis omnem medicinae ordinem et fundamenta — —
penitus evertere."

aus ihrem rechten Gesichtspunkte ansieht [t]), und schon
deutliche Spuren der Verwandschaftsleiter der Metalle
zu den Säuren ahndet [u]), bei aller Achtung in welcher Spiesglanz und die daraus bereitete Mittel bei
ihm standen, bei ihrem Gebrauche die äuserste Behutsamkeit einschärft [u]), die Unerweislichkeit der Meinung, daß die Salze, die man aus der Asche der Pflanzen zieht [x]), oder die brandichte Oele, die man durch
gewaltsames Feuer aus thierischen Stoffen gewinnt [y]),
noch die Eigenschaften dieser Pflanzen, und thierischen
Stoffe, und vornemlich dieselbige Wirkung auf den
menschlichen Leib äusern, darthut, vor dem Gebrauche
der Vitriolsäure warnt, wenn schon Salpeter gegeben
ist [z]), so wie bei der Bereitung der Syrupe vor dem
Gebrauche kupferner Gefäße, an deren Stelle er gläserne empfiehlt [a]), das Weinsteinsalz aus chemischen
Gründen als ein trefliches Gegengift des Sublimats
rühmt [b]), die Uebereinstimmung der Säure, welche
aus Kupfervitriol gewonnen wird, mit derjenigen,
die man aus Eisenvitriol [c]) und verbrennendem Schwefel [d]) gewinnt, und die er als vorzügliches Arzneimit-
le anpreist [e]), erweist, schon damals einsah, daß der
Schwe-

t) Anatome vitrioli Tract. II. S. 396 – 401.

u) Anatomia antimon. Th. I. K. III. S. 303.

x) Tartarolog. Abschn. III. K. II. S. 144. 145.

y) Synopsis aphorismorum chymiatric. S. 254. 255.

z) Ternarius bezoardicorum. S. 543.

a) Myrothecium spagyric. append. S. 819.

b) Septem planet. terr. spag. recens. S. 204.

c) De natura spiritus vitrioli. K. IV. S. 406.

d) Ebendas. K. VII. S. 408. 409.

e) Ebendas. K. IX. S. 410. 411. K. XII. S. 417 – 422.
Anatom. vitriol. S. 461. 462.

Schwefel aus der Luft, in welcher er brennt, etwas an=
zieht [f]), schon die gebrannte Wasser, bei deren Bereitung
Gährung zu Hülfe genommen wird [g]), genau die Be=
standtheile des Salmiaks [h]), den Gewächsmohr (Ae-
thiops vegetabilis) der italiänischen Aerzte [i]), den ver=
süsten Sublimat und seine sichere Wirksamkeit [k]), und
nicht nur das Knallgold überhaupt kannte, sondern auch
wuste, daß es seine plazende Kraft verliert, wenn es
mit halb so vielem Schwefel gemengt, und der Schwe=
fel darüber abgebrannt wird [l]), und sie nie erhält,
wenn man zur Auflösung des Goldes statt Salmiak
Salzgeist und zur Fällung Weinsteinsalz gebraucht [m]);
auch schon Phosphorsäure als Verwahrungsmittel ge=
gen die Pest gebrauchte [n]), so hieng er doch noch zu
sehr an Paracelsus [o]), und insbesondere an seiner Lehre
vom Tartarus [p]), erhob die Mittel aus Queksil=
ber

f) freilich hielt er das für bloses Wasser, und erklärte sich
daraus die Flüssigkeit des Schwefelgeistes. De nat. spir.
vitr. K. III. S. 405.

g) Saccharologia. Th. II. K. 10. S. 171. 172.

h) Synopf. aphorism. chymiatr. S. 246.

i) Ternarius Laudanorum. S. 606.

k) Ternarius Hemeticorum. K. V. S. 504.

l) Processus de auro potabili. S. 266.

m) Compositio et Formula antidoti pretiosi.

n) freilich mit Gips vermengt. Tract. de peste. S. 454.

o) so sagt er z. B. Chrysologia. Abschn. I. K. I. "Constat
autem ex Paracelso, Chymiatrorum facile principe."

p) Tartarolog. Abschn. I. K. I. "Hocque non nudum inventum est opinionis, sed firmissimo nititur fundamento gravissimisque stat suffultum rationibus, quas Theophrastus Paracelsus in suis de tartaro scriptis primus nobis demonstravit, ob oculosque posuit. Quae ipsius
scripta

ber P) und Spiesglanz q), auch solche unter ihnen, welche
sehr gewaltsam wirkten, zu sehr, und hatte sich zwar von
manchen andern Vorurtheilen seines Zeitalters, aber
noch nicht von dem Glauben an Besizungen vom Teufel
los gemacht r).

Was überhaupt Winter, A. Libav, und beide
Zwinger, Theodor und Jakob, Vater und Sohn,
schon im vorhergehenden Zeitalter vorbereitet hatten,
führten in diesem Zeitalter nach und nach einige französische Aerzte, z. B. Claud. Deodat, Leibarzt des
Bischoffs von Basel s), Paul. Reneaume von
Blois t), Peter de la Poterie (Poterius), Königlich französischer Leibarzt aus Anjou, der doch den
grösern Theil seines Lebens in Italien zubrachte, wo er
auch von einem treulosen Freunde (Sancassani) ermordet ward, und zwar chemische auch geheime Arzneien liebte, aber den Galenischen nicht abgeneigt war u),
                                                    Jak.

scripta cum nos fili inftar Ariadnaei ad veram et infalli-
    bilem fubftantialis rerum naturalium ducant compofitio-
    nis cognitionem."

p) Man fehe z. B. Septem planetar. terreftr. fpagyr. re-
    cenf. S. 208. 209.

q) Anatomia antimonii Th. I. K. II. S. 301. 302. Th. II.
    K. I. S. 330 - 338. vornemlich des Spiesglanzfafrans
    und des Mercur. vitae. Ternarius Hemeticorum. K. V.
    S. 503. 505.

r) Myrothec. fpagyr. Abfchn. II. 1. S. 769.

s) Pantheon hygiafticum Hippocratico - hermeticum. Brun-
    drut. 1629. 4.

t) Ex curationibus obfervationes, quibus videre eft, mor-
    bos cito, tuto et jucunde poffe debellari, fi Galenicis
    praeceptis chymica veniant fubfidio. Parif. 1606. 8.

u) Pharmacopoea fpagirica nova et inaudita. Bonon. 1622.
    8. Colon. 1624. 12. auch in Oper. omn. medic. et chy-
                                                    mic.

Jak. Pascal [x]), Lazarus la Riviere (Riverius), ein berühmter Lehrer der Arzneikunde zu Montpellier [y]), und Pet. de Vega [z]), Jak. Primirose von Bourdeaux, englischer Leibarzt zu London [a]), der italiänische Arzt, Fabric. Bartoletti, Lehrer zu Bologna, und nachher zu Mantua [b]), wo er 1630 im 49sten Jahre seines Lebens starb [c]), der schon den Milchzuker kannte, und unter dem Namen Manna seu nitrum seri lactis

mic. 8. Lugd. Gall. 1645. und 1653. auch Francofurt. 1663. 4 cum adnotationibus Fr. Hofmanni. Francof. 1698. nach ihm führt noch ein von ihm und andern in der Auszehrung sehr gerühmter zinnhaltiger Spiesglanz-kalk (Antihecticum Poterii) den Namen.

x) Conference de la pharmacie chymique avec la Galénique. Toulouse. 1616. 12.

y) Praxis medica cum theoria. 8. Paris. 1640. curante Steph. *Blaquiere*. Paris. 1647. Lyon. 1647. 1649. 1052. 1653. 1657. 1660. und 1074. Goudae. 1649. Hag. 1651. 1658. 1664. und 1670. französisch durch Boze. Lyon. 1690. 1702. englisch mit der Aufschrift: Modern practice of physik. Lond. 1710.

z) Pax fidissima et probatissima methodicorum s. Galenicorum cum spagyricis de medicina pura inita. Acc. gemmula de epilepsiae, podagrae, hydropis et leprae curatione. Lyon. 1619 8. 1620. 12. Genev. 1628. 12.

a) Pharmaceutica methodus brevissima de eligendis et componendis medicinis. Amsterd. 16. 1651. und 1653. auch de vulgi erroribus. L. IVto. 12. Amsterd. 1630. Rotterd. 1658. und 1668. 4. Lond. 1638. englisch. London. 8. 1651. französisch mit Zusäzen von Rostnyng. Lyon. 1689. 8.

b) Encyclopaedia hermetico-dogmatica s. orbis doctrinarum medicarum, hygieines, pathologiae, semeioticae, therapeuticae. Bonon. 1619. 4.

c) Opuscol. scientific. e filolog. Th. 21. S. 393. Mazzuchelli Scrittori d'Italia. II. 1. S. 429.

lactis beschreibt ᵈ), gewissermasen auch der leichtgläubige neapolitanische Arzt Jul. Cäs. Baricellus à
S. Mario ᵉ), am meisten aber die teutsche Aerzte,
der hallische Arzt Lor. Hofmann ᶠ), der altdorfische
Lehrer Casp. Hofmann, der jüngere aus Gotha ᵍ),
Gregor Horst, aus Torgau, Lehrer zu Wittemberg,
denn zu Giesen, zuletzt Stadtarzt zu Ulm ʰ), Mich.
Döring aus Breslau, Lehrer der Arzneikunde zu
Giesen ⁱ), der marburgische Lehrer, Heinr. Petraus ᵏ)
aus Schmalkalden, ein frühzeitiges Opfer seiner
Schwermuth, Arn. Freytag von Antwerpen, eine
Zeit lang Lehrer der Arzneikunst zu Helmstädt ˡ), der
hal:

d) a. e. a. O.

e) Hortulus genialis f. arcanorum valde admirabilium in
    arte medica et philofophica compendium. Neapol. 1617.
    4. Colon. 1620. 16.

f) 1) de vero Usu et sero Abusu Medicamentorum Chymicorum Commentatio. Hal. Saxon. 1611. 4.   2) Rosarium
    minerale spagiricum. Hal. Saxon. 1611. 4.

g) De medicamentis officinalibus tam simplicibus quam
    compositis l. duo. Acc. paralipomena ex animalibus et
    mineralibus. Opus triginta annorum. 4. Parif. 1645.
    und 1647. Francof. 1667. Leid. 1738.

h) Decas pharmaceuticarum exercitationum de simplicium
    et compositorum medicamentorum natura. 4. Giess. 1611.
    Ulm. 1628.

i) De medicina et medicis adversus iatro-maftigas, et
    Pseudomedicos L. duo, in quibus medicinae origo,
    dignitas, medici officium asseritur, *Hippocraticae*, tum
    Galenicae praestantia prae Empirica, Magica, Methodica et *Paracelfica* excutitur. Giess. 1611. 8.

k) Nofologia harmonica, dogmatica et hermetica, 50 differt. disceptata. Marburg. 4. 1614-1616. B. II.
    1616-1623.

l) Aurora medicorum Galenico-chymica. Francofurt.
    1630. 4.

hallische Arzt Matth. Untzer n), Greg. Martini o), Joh. Vinc. Finck aus Fulda p), der speirische Arzt Dav. Verbez von Laibach in Krain q), der leichtgläubige Andr. Tentzel, Stadtarzt zu Nordhausen r), der Gräfl. Oldenburgische Leibarzt, Ant. Günth. Billich aus Friesland s), der altenburgische Arzt Thom. Reines-

n) 1) Ἱερονοσολογια chymiatrica h. e. epilepsiae accuratissima principia, descriptio et curatio. 4. Hal. 1616. und 1617. 2) Antidotarium pestilentiale. L. III. Hal. 1620. 4. 3) Anatomia mercurii spagyrica. Hal. 1620. 4. 4) de sulfure. Hal. 4. 1620. und 1629. 5) Physiologia salis. Hal. 1624. 4. leztere 3 auch abgedrukt in 6) Tractat. medico-chymic. septem. Hal. 1634. 4.

o) Commentatiuncula in Libri, qui inscribitur de chymicorum cum Aristotelicis et Galenicis consensu ac dissensu Cap. XI. Quod est de Principiis Chymicorum &c. Francof. ad Oder. 1621. 8.

p) Enchiridion dogmaco-hermeticum morborum partium corporis humani praecipuorum curationes breves continens. Lipf. 12. 1618. 1626.

q) Pro Raym. *Minderer* diss. de chalcantho ad Dodecaporii Petr. Castelli part. I. responsio. August. Vindel. 1626. 4.

r) Exegesis chymiatria in *Angeli Salae* ternarium bezoardicorum. Erford. 8. 1618. und 1630. auch mit den Werken des leztern abgedrukt.

s) auser den bereits oben angeführten Streitschriften 1) De tribus Chimicorum principiis et quinta essentia. Brem. 1621. 8. 2) De natura et constitutione Spagyrices emendatae exercitatio. Helmsted. 1623. 4. 3) Observationum ac Paradoxorum Chymiatricorum L. II. quorum unus medicamentorum praeparationem, alter eorundem usum succincte perspicueque explicat. Lugd. Bat. 1631. 4. 4) Thessalus in Chymicis redivivus: id est de Vanitate Medicinae Chymicae Hermeticae seu Spagyricae Dissertatio. Ejusd. Anatomia Fermentationis Platonicae Ac-

Reinesius ᵛ), Levin. Fischer ⁿ), der berühmte
jenaische Lehrer, Werner Rolfink aus Hamburg ˣ),
der berühmte colbergische Arzt Balth. Timäus a
Guldenklee ʸ), Greg. Quoeccius ᶻ), C. Fr.
Fabricius ᵃ), und Rol. Sturm aus Delft ᵇ) aus.

Aber keiner von allen hat sich so viele Mühe gegeben, durch das grose Ansehen, in welchem er stand, den
chemischen Arzneien Eingang zu verschaffen, die wahre
Vorzüge derselbigen von den eingebildeten und erdichteten

Accesser. de ead. Herm. *Conringii* et Dan. *Sennerti* epistola. Francof. 8. 1639. und 1643.

t) Chimiatria, hoc est, Medicina nobili et necessaria sui
 parte, Chimia, instructa et exornata inque theatrum
 Illustris ad Elistrum Ruthenei sermone panegyrico pro-
 ducta. 4. Ger. Ruth. 1624. Jen. 1678.

u) Corpus medicinae imperiale ad neotericorum et chymi-
 jatrorum normam digestum. Acc. examen candidato-
 rum. Hemipol. 8. 1656. 1680.

x) 1) Ordo et methodus cognoscendi febres generales, Hip-
 pocraticis, Paracelsicis, Harveianis et Helmontianis principiis illustrata. Jen. 1658. 4. 2) Epitome methodi
 cognoscendi et curandi particulares corporis adfectus,
 secundum ordinem *Rhazae* ad *Almansorem*, Hippocra-
 ticis, Paracelsicis et Harveianis principiis illustrata.
 Jen. 4. 1655. und 1675.

y) Zeughaus der Gesundheit, herausgegeben von G. Dan.
 Coschwiz. Leipz. 1704. 4.

z) Anatomiae philologicae Pars Prima, continens Discursus philologicos de Nobilitate et praestantia Hominis
 contra iniquos condicionis humanae aestimatores. 4.
 Norimb. 1632. Lips. 1654.

a) Medicinae utriusque Galenicae et Hermeticae Anatome
 philosophia brevem succinctam et perspicuam absolutae
 artis Medicae oculis subjiciens sciagraphiam. Francof.
 1653. fol.

b) Hippocratico-Hermetologia s. Dialogus inter Hippocra-
 ticum et Hermeticum. Bonon. 1636. 8.

teten zu unterſcheiden, und ſie ſowohl als manche che⸗
miſche Erklärungsarten mit den Galeniſchen zu ver⸗
einigen, und ſo in die Arzneikunſt einzuführen, als
der berühmte wittenbergiſche Lehrer Dan. Sennert
aus Breslau ᶜ); denn wenn er ſchon noch an die Ver⸗
wandlung der Metalle in einander glaubte ᵈ), und ſelbſt
die Erlangung des Cementkupfers noch als Beweis da⸗
von anführte ᵉ), noch mit Paracelſus drei Grund⸗
ſtoffe der Körper, Salz, Schwefel und Quekſilber ᶠ)
annahm, wenn er gleich noch von Zauberkräften unter den
Urſachen und Heilmitteln der Krankheiten ſprach ᵍ), und
den Aerzten die Erlernung der Sterndeuterei empfohl ʰ),
ſo ſchilderte er doch Paracelſus, und viele ſeiner
Fehler, Vergehungen und Irrthümer ⁱ) mit den lebhaf⸗
teſten Farben, zeigte, wie weit das, was dieſer für
Chemie ausgab, noch von der wahren Chemie entfernt
war ᵏ), wies dieſer ihre wahre Grenzen und Beſtim⸗
mung

c) vornemlich in 1) De chemicorum cum Ariſtotelicis et
   Galenicis conſenſu et diſſenſu cum app. de conſtitutio-
   ne chymiae. 8. Witteb. 1619. 4. Witteb. 1629. und
   Francof. et Witteb. 1655. Pariſ. 1632. 2) Medicamenta officinalia cum Galenica tum chymica. Witteberg.
   1670. fol. auch in Oper. omn. fol. Venet. 1641. und
   1651. Pariſ. 1633. 1645. und 1741. Lugd. 1650. 1657.
   1665. 1676.

d) De chymicorum cum Ariſtotelicis &c. ed. 1655. K. II.
   S. 11 ꝛc.

e) Ebendaſ. S. 10.

f) Ebendaſ. K. XI.

g) Ebendaſ. K. XIII. S. 228. 229.

h) Ebendaſ S. 230.

i) Ebendaſ. Zueign. und K. IV.

k) Ebendaſ. K. IV. S. 30.

mung an [1]), und erhob sie dadurch zu ihrer wahren
Würde [m]), offenbahrte die grobe Betrügereien mancher Goldmacher [n]), tadelte mit Recht die viele neue
Namen, welche Paracelsus der Chemie und Arzneikunst aufdrang [o]), das Verfahren, das er unter den
Aerzten allgemeiner einführte, die Bereitung kräftiger
Arzneien geheim zu halten [p]), und den Glauben an ein
allgemeines Arzneimittel [q]), so wie die Hartnäkigkeit
der Galenischen Aerzte, die die chemische Arzneien,
blos weil sie ihnen neu sind, verachten [r]), und sezte denn
die Vorzüge, so wie die Mängel, beider Gattungen von
Arzneien aus einander [s]).

In diesem Zeitraume nahmen sich auch die Obrigkeiten
der Apotheken durch öffentliche Verordnungen, Taxen und
Vorschriften, nach welchen sie die Arzneien, sowohl als
Verzeichnisse von solchen, die sie fertig haben sollten, mehr
an: So gab C. Bernier 1605 einen Plaidoyer
pour

l) Ebendas. K. I.

m) Ebendas. K. II.

n) Ebendas. K. II. S. 13.

o) Ebendas. K. XV. S. 249. "Et proinde res eò redit,
explicandum esse à Chymia medicinam antiquam, non ever-
tendam.   Idque fiet commodissime si nomina a primis
inventoribus indita et usu ac omnium seculorum consensu approbata, quibus Hippocrates, Aristoteles, Galenus, Avicenna, Mesues, et reliqui Medici omnium
seculorum, Chymici et non Chymici usu sunt, retinean-
tur, res vero è Chymia declaretur   Nova enim nomina imponere rebus, non cujusvis est; nec tantus fuit Paracelsus, ut hoc ei licuerit."

p) Ebendas. K. XVIII. S. 315.

q) Ebendas. K. XVIII. S. 313. 314.

r) Ebendas. K. XVIII. S. 396.

s) Ebendas. S. 371 ꝛc.

pour les Apothicaires de Dijon '), und um die gleiche
Zeit J. Guillaume Reglement entre les medecins
et les apothicaires pour la visite des drogues ᵘ), und
die Obrigkeit zu Mainz Reformation und erneuerte Ordnung deren Apotheken in der Churfürstlichen Stadt
Maynz ˣ), diese auch 1606 Reformation der Apotheker und wie sich die ordinarii medici, chirurgi, Barbierer und andere Angehörige in praxi medica in Maynz
hinfüro zu verhalten ʸ), 1607 Jerem. Cornarius
eine Schrift über die Untersuchung der Apotheken ᶻ),
und in eben diesem und dem darauf folgenden Jahre
die vorderöstreichische Stadt Freyburg im Breisgau ᵃ),
und die Reichsstadt Schweinfurt ᵇ), eine Apothekertaxe; 1607 die Herzoge von Sachsen eine renovierte
Apothekerordnung ᶜ), 1609 kam in den marggräflich
brandenburgischen Landen eine ähnliche ᵈ), auch gaben
in diesem Jahre die Städte Worms ᵉ) und Helmstädt ᶠ) eine Reformation und Ordnung der Apotheker
her-

t) 4.

u) die auch von jenem kommen soll.

x) 4. welche 1607 erneuert wurde.

y) 4. welche 1618 wieder gedruft wurde.

z) fori medici adumbratio, et ex parte quidem, quae
officinarum visitationem assistentium atque ceterarum
directionem maxime spectat in synopsi facta. Coburg. fol.

a) Freyburg. 4.

b) 4.

c) Coburg. 4.

d) wie dieselbe in des Markgrafen Joachims zu Brandenburg Landen angestellt und gehalten werden soll. Onolz-
bach. 4.

e) Frankfurt. 4.

f) Kurze nothwendige Ordnung und Rath, auch Verzeich-

heraus; 1614 gaben die Städte Lemberg [g]) und Spey=
er [h]) eine Apothekerordnung heraus; 1616 die Städte
Budiſſin [i]) und Rotenburg an der Touber [k]) eine er=
neuerte; 1618 kam ein londoniſches Apothekerbuch [l]),
1622 gaben die pariſer Aerzte ihren Codex medicus
oder medicamentarius [m]) heraus; 1624 die Reichs=
ſtadt Nürnberg dem Collegio medico daſelbſt, den
Apothekern und andern Angehörigen verneuerte Ge=
ſeze [n]); 1628 kam ein lyoniſches [o]), von den Aerzten
zu Bergamo ein Apothekerbuch [p]), von der Stadt
Stettin ein erneuertes Apothekerbuch mit einer Taxe [q]),
und zu Hamburg eine Specification der chymiſchen und
galeniſchen Medicamente heraus, die in den dortigen
Apotheken präparirt werden [r]), 1629 von J. Bütt=
ner ein Verzeichnis der Arzneien, welche in ſeiner
Apotheke zu Görliz zu haben waren, mit Taxe und
Ge=

nis der Arzneien wider die Peſt in den Apotheken.
Helmſtädt. 4.

g) Liegniz. 4.

h) Speyer. 4.

i) Budiſſin. 4.

k) neu verfaſte Apotheker= und Taxordnung. Rothenb. 4.

l) 4. und 1619. und 1632. abermal fol.

m) der 1636. 1648, 1651, 1658, 1676, 1699 wieder ab=
gedrukt wurde.

n) Nürnberg. 4.

o) Pharmacopoea Lugdunenſis. 4.

p) Pharmacopoea medicorum Bergomenſium. Bergom. 4.
ex latino converſa a Tit. *Sanpellegrino.*

q) Reformatio pharmaeopoliorum Stettinenſium cum de-
ſignatione valoris ſimplicium et compoſitorum. teutſch.
Altſtettin. 4.

r) 8.

Gesezen [t]), 1632 ein ähnliches Verzeichnis der Arzneien aus der wittenbergischen Apotheke [u]), 1636 ein
amsterdamisches Apothekerbuch [x]) heraus.

Die Luchsakademie (Academia dei Lyncei), welche
bald nach Anfang dieses Jahrhunderts (1603) der
Fürst Angel. Cesi, oder vielmehr dessen Vater Fr. Cesi
zu Rom stiftete [y]), hatte die ganze Naturkunde, und
namentlich auch die Chemie zum Gegenstande ihrer
Bemühungen gemacht, und, wenn sie auch keine Werke zur Welt brachte, die ihr den Dank der Scheidekünstler sichern könnten, so wekte sie doch den Geist der
eigenen Beobachtung und Erfahrung; ihn wekte auch
durch sein eigenes erhabenes Beispiel der englische Kanzler Franz Bako von Verulam, der bei einer weit
ausgebreiteten Gelehrsamkeit vorzüglich auch Naturwissenschaften liebte [z]), die Lehre von der Wärme weit
besser,

---

t) Catalogus medicamentorum tam simplicium, quam
compositorum et chymicorum officinae suae in Rep. Gör-
lizensi cum taxatione et legibus. Goerl. 4.

u) Verzeichniß aller Arzneyen, so in der Apothek zu Wittenberg verkauft werden. Wittenberg. 4.

x) Pharmacopoea Amstelaedamensis. 4.

y) S. darüber *Fabii Columnae* Φυτοβασανος, cui accessit
vita Fabii et Lynceorum notitia Adnotationesque in
Φυτοβασανον *Jano Planco* Autor. Mediol. 1744. 4. Con-
siderazioni sopra la notizia degli Academici Lincei scrit-
ta da Giov. *Bianchi* e premessa all' opera intitolata Φυτοβασανος di *Fabio Colonna*. Opusc. di Domen. *Van-
delli*. Moden. 1745. 4. G. Targioni Tozzetti
notizie degli aggrandimenti delle scienze fisiche accadute
in Toscana nel corso di anni LX. nel secolo XVII. Firenze. 4. T I. 1780. S. 373. Morhof Polyhist. litter.
Ed. III. B. I. K. XIV. S. 140. 141.

z) Histoire de la vie et des ouvrages de Fr. *Bacon*. à la
Haye. 1742. 12. Opera omnia. 12. Amsterd. 1738.
Vol.

beſſer, als vor ihm geſchehen war, unterſuchte, und
andern Anleitung darzu gab[a]), die Wirkung des koh-
lenſauren Gas und anderer dergleichen elaſtiſchen Flüſſigkeiten auf den Menſchen, die Arzneikraft der Metalle[b]), die Unwirkſamkeit des Goldes[c]) kannte: Schon
1602 hatte Scipio Bagatellus aus Bologna die
Entdekung gemacht, daß die Geſchiebe eines Schwerſpats,
die er am Berge Paderno gefunden hatte, wenn ſie
zwiſchen Kohlen geglüht würden, von Sonne und
Mond das Licht anziehen, und im Dunkeln von ſich
geben[d]); 1630 Joh. Rey[e]) die wichtige Beobachtung bekannt gemacht, daß die Metalle aus der Luft,
in welcher ſie verkalkt werden, einen luftartigen Stoff
anziehen, und davon an Gewicht zunehmen: Aëtius
Cletus[f]) hatte den Vitriol näher unterſucht; eben
das hatte auch J. Mark. Caneparius[g]) gethan,
der zugleich ſeine mannigfaltige Anwendung in den Künſten

Vol. I – VII. fol. Francof. 1665. Hafn. 1694. engliſch
von G. Rowley. London. 1638. von Mallet
1740. 1753.

a) Novum organum. Leid. 1645. 16.

b) Hiſtoriae naturalis Cent. X.

c) hiſtoria vitae et mortis. Lond. 1623. 8. Dilling. 1646.
12. engliſch 1650. u. a. franzöſiſch Paris. 1714. 8.

d) Fortun. Licetus Litheoſphorus ſ. de lapide bononienſi
liber. Utini. 1640. 4.

e) Eſſais ſur la recherche de la cauſe par la quelle l'eſtain
et le plomb augmentent de poids, quand on les calcine.
à Bazas. 1630. 8.

f) 1) Dodecaporion chalcanticum. Rom. 1620. 4. 2) Diſp.
med. de chalcantho. Rom. 1623. 8.

g) de atramentis cujuscunque generis. 4. Venet. 1619 und
1629. London. 1660. Rotterod. 1711.

sten zeigte; Cam. Gorii[h]) aber sich bei dieser Zerlegung hauptsächlich auf die daraus gezogene Säure und
ihren Gebrauch in Faulfiebern eingeschränkt; Petr.
Servius aus Spoleto, unter dem Namen Perfius
Trevus[i]), die Milch, und vornemlich die Molken,
und ihr Salz näher geprüft, und dem Meerwasser
durch Ueberziehen sein Salz entzogen[i]): Auch Joh.
Nardius von Florenz hatte[k]) die Milch, freilich
ohne eigene Versuche anzustellen, und mehr in Beziehung auf ihren Arzneigebrauch, zum Gegenstand einer
eigenen Untersuchung gemacht, und warnt, durch eigene
Erfahrungen[l]) darauf aufmerksam gemacht, vor dem
Gebrauche bleierner Gefässe in der Chemie.

Bei einem solchen Vorrath von Thatsachen, von
welchen wenigstens ein Theil näher geprüft und genauer bestimmt war, war es nun auch leichter, die
ganze Wissenschaft in einem mehr systematischen Zusammenhange vorzutragen; dieses thaten auch in diesem Zeitalter auser J. Hartmann und D. Sennert, Dunc. Barnet[m]), J. Beguin[n]), der
zuerst

h) De chalcantho ejusque oleo, an nullum locum habeat
   in febribus putridis. Rom. 1616 4.

i) ad librum de seri lactis *Stephani Roderici castrensis* de-
   clamationes s. privatae quaedam et domesticae exercitationes. Paris. 1632. 12. Rom. 1634. 8.

k) Lactis physica analysis. Florent. 1634. 4.

l) Wasser, das von Skorzonere in bleiernen Gefässen abgezogen war, wurde dadurch schädlich. Noct. genial. Bonon. 1656. 4. ann. 1. art. 4.

m) Tyrocinium chemicum. Francof. 1618. 8.

n) Tyrocinium chemicum e naturae fonte et manuali experientia depromtum. Paris. 1608. 12. 1611. 8. Lips.
   1614. 12. Colon. 1615. 16. und 12. auch 1625. 12. cum
   notis,

zuerst eine genaue, deutliche und gute Anweisung zur Bereitung des versüßten Sublimats °) gab, Zachar. Brendel ᵖ), Lehrer der Arzneikunst zu Jena, Wilh. Davisson ᑫ), öffentlicher Lehrer der Chemie zu Paris

notis Jerem. *Barth*, studio et opera Chph. *Gluicksradts* Regiomont. 8. 1618. Francof. 1619. Lipf. 1619. August. 1619. Genev. 1625. Argentor. 1628. antehac a Chph. *Glücksradt* et Jerem. *Barth* notis elegantibus illustratum — nunc vero a J. G. *Pelshofero* utriusque notis et medicamentorum formulis in unum fystema redactis, denuo in publicum emiffum. 8. Wittemberg. 1634. 1640. 1650. 1656. Francof. 1640. Venet. 1643. Genev. 1652 und 1659. notts perpetuis illustratum a Gerard. *Blafio* (der auch noch Amstelod. 1669. 12. einen besondern Comment. darüber herausgegeben hat) 12. 1659. und 1669. französisch unter der Auffschrift: Elemens de chymie. 8. Paris. 1615. 1620. 1624. Genev. 1624. Rouen. 1626. 1637. und 1660. Lyon. 1665. englisch mit der Aufschrift: Tyrocinium chymicum or Chymical way of preparing Animals, Vegetables and minerals for a Phyfical ufe. oder? *Beguin's* chymical Effays. London. 1669. 8.

o) a. a. O. R. XVIII.

p) Chymia in artis formam redacta et publicis praelectionibus Philiatris in Academia Jenenfi communicata. Jen. 1630. 12. und cum praefat. Gern. *Rolfinkii* 1641. 8. Lugd. Bat. 1671. und Amstelacd. 1672. 8. Francofurt. 1686. 4. auch mit der amsterdamischen Ausgabe von Beguin.

q) Philofophia pyrotechnica f. Curriculus chymiatricus, nobiliffima illa et exoptatiffima parte Pyrotechnica instructus, multis iisque haud vulgaribus obfervationibus adornatus, et ab ipfis primis Phyficae, Theoreticae et Practicae Elementis inexpugnabili demonftratione illuftratus, artificiofam novamque rerum naturalium fpeculationem, et in ufus Medicos praeparationem et adminiftrationem in fe continens &c. 8. 1635. 1640. 1642. 1644. 1657. Hag. Com. 1635. und 1641. 4. 1665 französisch mit der Auffchrift: Les elemens de la Philofophie

de

ris, nachher Königl. pohlnischer Leibarzt, und späterhin nach Wern. Rolfink [r]), der auch noch andere chemische Schriften herausgegeben hat [r*]); sie lehrten inzwischen, was noch lange nach ihnen ein Mangel chemischer Handbücher blieb, die Chemie hauptsächlich nur in dem eingeschränktern Gesichtspunkte, der sich auf Bereitung der Arzneien bezieht.

Inzwischen wurden, wie sich zum Theil schon aus dem ergibt, was von den Verdiensten einzeluer Männer gesagt ist, andere Zweige der Chemie, vornemlich der angewandten, nicht vernachläsigt: zu Anfang des siebenzehenden Jahrhunderts [s]) lebte der geschikte Florentiner P. Ant. Neri, ein Priester, der auf seinen Reisen in Italien [t]) und den Niederlanden [u]) viel gesehen, und sich grose Erfahrung erworben hatte; er gab nicht nur zur Bereitung vieler Mahlerfarben, zum Theil

de l'art du Feu ou Chemie von ihm selbst 1675. von J. Hellot 1651. und 1657.

r) Chymia in artis formam redacta sex libris comprehensa. 8. Jen. 1641. 4. Jen. 1661. 1669. 1679. Genev. 1671. Francof. 1676. Francof. et Lips. 1686. 12. Lugd. Bat. 1671. Ad eam breves notae publico examini exposit. Eod. praef. a Luc. *Schroeckio.* Jen. 1669 4. Chimia in artis formam redacta. Diss. I. resp. J. *Roeser*, contin. prolegomena. Jen. 1661. 4.

r*) 1) Diss. chim. sex de tartaro, sulphure, margaritis, perfectis metallis duobus, auro et argento, antimonio, imperfectis metallis duris duobus, ferro et cupro. Jen. 4. 1660. und 1679. 2) Non entia chymica, Mercurius metallorum et mineralium. Jen. 1670. 4.

s) denn 1601 war er zu Florenz s. Glasmacherkunst B. II. K. 42. und 1609 zu Antwerpen, ebendas. K. 44.

t) vornemlich zu Muran bei Venedig. s. ebendas. B. I. K. 2. und Florenz. B. II. K. 42.

u) vornemlich zu Antwerpen s. ebendas. B. I. K. 31. und B. II. K. 44. auch in Flandern. B. V. K. 91.

Theil solcher, die damals nichts weniger als allgemein
bekannt waren [x]), des Spiegelmetalls [y]), des Kupfer:
vitriols [z]) und anderer Dinge, die er zu seinen Haupt:
absichten bedurfte, sondern vornemlich zur Verfertigung
eines guten Glases und der mancherlei Arten desselbi:
gen [a]), zum Färben des Glases [b]), zur Bereitung von
künstlichen Edelsteinen [c]), Pasten [d]) und Emails [e]),
die schon damals zu Gemählden vor der Lampe bereitet
wurden [f]), eine deutliche, auf eigene Erfahrung ge:
gründete, und wenigstens größtentheils richtige Anwei:
sung: Ueberhaupt waren damals nicht nur die venetia:
nische Glasfabriken zu Muran, sondern auch zu Flo:
renz

x) ebendas. B. VII.

y) ebendas. K. 113.

z) ebendas. K. 131. 132.

a) dis war allerdings der Hauptgegenstand seiner arte ve-
traria, von welcher die dritte Ausgabe, vielleicht erst
nach seinem Tode, 1663 zu Venedig. 12. erschienen und
welche in England durch Chrph. Merret's Bemerkun:
gen (Ant. Neri de arte vitriaria. L. VII. et in eosdem
Chph. *Merretti* observationes et notae. Amsterd. 1681.
12., in Teutschland durch J. *Kunckelii* ars vitraria expe-
rimentalis oder vollkommene Glasmacherkunst. Frankf.
und Leipz. 1689. 4. und in Frankreich durch eine Ueber:
sezung von dieser: L'art de la verrerie de *Neri*, *Merret* et *Kunckel*. à Paris. 1752. 4. bekannt geworden ist.

b) a. e. a. O. B. I. K. XXII - XXXVI. B. III. K. XLV-
LVIII. B. IV. K. LXV - LXXIV.

c) a. e. a. O. B. II. K. XLII - XLIV. B. III. K. LIX.
B. V. K. LXXV - LXXXIX.

d) Ebend. B. V. K. XC - XCII.

e) Ebend. B. VI. K. XCIII CVII. B. VII. K. CXXIV.
CXXV. CXXVII. CXXVIII.

f) von Nik. Landus zu Florenz. Ebendas. B. II.
K. XLII.

renz g) und Antwerpen h) Oefen im Gange, wo man sich nicht blos mit der Verfertigung des gemeinen Glaſes begnügte.

In Ungarn bereitete man ſchon damals weiſſen und blauen Vitriol, und nahm jenen zur Verfertigung des Scheidewaſſers i).

1608 gab ein Ungenannter ein Probirbüchlein mit Holzſchnitten k), und 1623 Joh. Ferd. de Caſtillo ein ähnliches Werk l), 1610 Joh. Petty ſein Werk von den Bergwerken in England, Wales und Irrland, ihrer Geſchichte, Geſezen und Gegenden, und von den Münzen m), und 1624 Alonſ. Carillo ſein Werk von den ſpaniſchen Bergwerken n) heraus.

Und wirklich waren damals die ſpaniſche Bergwerke, ſowohl die Quekſilbergwerke zu Almaden o), und die Bergwerke zu Guadalcanal p), welche beide noch unter Fuggeriſcher Verwaltung ſtanden, als die weit er-

g) a. e. a. O.

h) der einen H. Phil. Giridolphi gehörte. ebendaſ. K. XLIV.

i) Beguin, der die Anſtalten zu Schemniz ſelbſt geſehen hatte, a. a. O. K. IV. in der Ausgabe, welche Phil. Müller's Miracul. chymico-medicis. Witteb. 1023. 12. beigefügt iſt, S. 240. 241.

k) auf Gold, Silber, Erzt, und Metall mit viel köſtlichen alchymiſtiſchen Künſten. Frankfurt am Mayn. 8.

l) Tractado de Enſeyadores. Madrit. 8.

m) London. fol.

n) Las minas de Eſpaña Cordova. 8.

o) J. Mart. Hoppenſack über den Bergbau in Spanien überhaupt, und den Queckſilber-Bergbau zu Almaden insbeſondere. Weimar. 1796. 8. S. 82. 83.

p) Alonſ. Caranza della moneta di Spagna. S. 101 ꝛc.

ergiebigere Bergwerke, welche Spanien in Amerika in Besitz genommen hatte q), in gutem Umtriebe.

Auch andern europäischen Völkern versprach der neue Welttheil Reichthum an Metallen; bald nach Anfang des siebenzehenden Jahrhunderts (1603) entdekte man in Kanada nach Mitternacht, am Surikova nach Mittag zu, und nicht weit vom Lorenzflusse und seinen Inseln an der Küste Kupfergruben r); in einem Patent, das der König von Grosbritannien Jakob I. 1606 wegen Virginien gab s), wird ausdrüklich der Myne und Mynerals gedacht, und bestimmt, von Gold und Silber aus der Grube sollte der König $\frac{1}{5}$, von Kupfer $\frac{1}{15}$ haben; auch wurden 1619 drei Eisenwerke angelegt, welche sehr gutes Eisen verarbeiteten t), und 1621 wieder Vorschläge zu vortheilhafter Anlegung von Eisenwerken gethan u), welche einmal, nachdem 5000 Pfund Sterling darauf verwandt, und 150 Arbeiter dahin gesandt waren, durch das grausame Betragen der Colonisten wieder eingiengen x).

Einen grosen Theil von Europa und zunächst Teutschland zerrüttete in diesem Zeitraum ein grausamer Krieg mit allem seinem traurigen Gefolg, unter welchem seine Gewerbe überhaupt, und der Fortschritte, welche die theoretische Grundlage der dabei nöthigem Kennt-

q) Ant. de Alcedo dicionario geografico-istorico de las Indias occidentales o America. Madrit. 8. B. I-IV. 1786-1789.

r) Champlaine bei Purchas a. a. O. IV. B. VIII. K. 6. S. 1616-1618.

s) bei Purchas a. a. O. B. IV. B. IX. S. 1683. 1684.

t) Ebendas. K. 12. S. 1777.

u) Ebendas. K. 15. H. 2. S. 1786.

x) Ebendas. K. 20. S. 1816. 1819.

Kenntniſſe inzwiſchen gemacht hatte, ungeachtet, am
auffallendſten ſeine Berg- und Hüttenwerke leiden muſten: Am Harze insbeſondere ſah es ſchlecht damit
aus [y]); zur Altenau ruhte er 1620-1630 gänzlich [z]);
zu Andreasberg im Quartal Lucia 1601 gaben nur noch die
Gruben S. Moriz (4 Rthlr.), Gnade Gottes (2) und
Samſon (1) Ausbeute [a]), und zu Klausthal die Gruben S. Anna [b]) und der Fürſtenſtollen [c]); 1604-1616
fiel nur ſelten Ausbeute [d]), obgleich ſchon 1605 von
der Dorothea zwei Maaſe gemuthet waren [e]), und
1617 betrug die jährliche Ausbeute von allen Gruben
zu Andreasberg, Klausthal und Altenau nur 1220
Rthlr. [f]), 1621 nur 2387 Reichsthaler [g]), und da
in dieſem Jahr Hunger und Theurung, und 1624, in
welchem noch von der Dorothea eine Fundgrube und
2 Maaſen gemuthet wurden [h]), noch die Peſt hinzu-
kam, ſo litten die Arbeiten einen neuen Stos; doch
wurden 1625 5720, 1626 4160, 1627 zu Klausthal 4880, 1631 $10746\frac{2}{3}$, 1632 7626, 1634
7833,

y) Honemann a. a. O. III. S. 5.

z) Ebendeſ. a. a. O. IV. S. 39.

a) Ebendeſ. a. a. O. III. S. 6.

b) 10 Thaler Böſe a. a. O. S. 29. 16 Honemann
   a. e. a O.

c) 3 Thlr. Böſe und Honemann a. d. e. a. O.

d) Honemann a. a. O. III. S. 32.

e) Stelzner Schrift. der berlin. Geſellſch. naturforſch.
   Freunde. I. S. 58.

f) Böſe a. e. a. O.

g) Böſe a. a. O. S. 30.

h) Stelzner a. e. a. O. S. 58. 59.

7833 [i]), 1636 5720 [k]), 1637 6110 [l]) - 8140 [m]) Reichsthaler Ausbeute ausgetheilt.

Auch in Sachsen hatten durch Seuchen, Theurung und Kriege zu Anfang des siebenzehnden Jahrhunderts die Berg- und Hüttenwerke sehr abgenommen [n]); im Zinnbergwerk zu Altenberg war nach 1620 ein fürchterlicher Einsturz in der Grube hinzugekommen [o]); zu Marienberg belief sich fast das ganze Jahrhundert hindurch das jährliche Ausbringen des Silbers nie auf tausend Mark [p]), sondern kam höchstens auf einige hundert Mark: Auch die Werke, deren noch in den ersten Jahren des siebenzehnden Jahrhunderts am Rammelsberge bei Hülbersdorf, und in der Gegend von Weissenborn und Süsbach 38 im Gange waren, wurden bald darauf grosentheils verlassen [q]), und wenn gleich Eibenstock in diesem Zeitraum (1615) eine Zinnbergwerksordnung erhielt [r]), so scheint es doch nicht sehr ergiebig gewesen zu sein: Zu Schneeberg wurde von 1598-1606 kein Silber zur Ausbeute geschmolzen [s]), aber was die Gewerkschaften von dieser Seite verloren, durch den Kobolt, der reichlich einbrach, und

den

i) Böse a. a. O. S. 30. 31.

k) Honemann a. a. O. IV. S. 27.

l) Honemann a. e. a. O.

m) Böse a. a. O. S. 31.

n) v. Trebra Brief über das Innere der Gebirge S. 120. Moller a. a. O. I. S. 430.

o) Moller a. a. O. II. S. 421. Charpentier a. a. O. S. 158.

p) v. Trebra a. e. a. O. S. 188.

q) Klotzsch a. a. O. S. 166.

r) Otia metallica. I. S. 52. 53.

s) Meltzer a. a. O. S. 748. 749. 1312.

den man immer beffer nüzen lernte, in etwas entſchä=
digt [t]): Am reichſten fiel noch die jährliche Ausbeute
von den freibergiſchen Gruben aus; 160r belief ſie
ſich noch auf 50240 Güldengroſchen [u]); 1618 nicht
ganz auf 19865½ Reichsthaler, 1619 auf 20787,
1620 auf 32281½, 1621 auf 46037⅓, 1622 auf
50090⅔, 1623 auf 16554⅔, 1624 auf 5120, 1625
auf 11394½, 1626 auf 15274⅔, 1627 auf 14848,
1628 auf 19456, 1629 auf 21546⅔ [x]), 1630 auf
18464 [y]) – 24618⅔ [z]), 1631 auf 19584, 1632 auf
14432, 1633 auf 9536, 1634 auf 10784, 1635
auf 12672, 1636 auf 14944, und 1637 auf
11264 [a]).

Noch mehr geriethen die mähriſche und böhmiſche
Berg= und Hüttenwerke in Abnahme; 1617 wurden
zwar 463½ Centner Scheideerz von der Ranzer Krüm=
me bei Iglau nach Kuttenberg gebracht, aber daraus
nur 801 Mark 4½ Loth feines Silber gewonnen [b]);
und um die Werke, die ſich in der Nähe dieſer Stadt
befanden, ſtund es noch ſchlimmer [c]); Kaiſer Ru=
dolph II. gab zwar 1607 Weiperth im Saazer Krei=
ſe,

t) Balth. Rößler a. a. O. S. 165. Melzer a. a. O.
   S. 749–752. 1315. 1318. 1326. 1336–1339. 1341–
   1354.

u) Brückmann Magnalia &c. I. S. 155.

x) Verſuch einer churſächſiſchen Münzgeſchichte. Chemniz.
   8. Th. II. S. 504.

y) Brückmann a. e. a. O.

z) Verſuch einer churſächſiſchen Münzgeſchichte a. e. a. O.

a) Brückmann a. e. a. O.

b) v. Peithner a. a. O. S. 227. 228.

c) Ab. Voigt a. a. O. III. S. 246–249.

se [d]), und Matthias Platte und Gottesgab [e]), Berg=
begnadigungen; aber sie blieben dessen ungeachtet weit
hinter ihrem ehemaligen Betriebe zurük; selbst Joa=
chimsthal gerieth in merkliche Abnahme, und gab
1601 nur 4515, 1602 eben so viele, 1603 2451,
1604 4-57, 1605 2451, 1606 3870, 1607
1548, 1608 1677, 1609 2580, 1610 1032,
1611 eben so viele, 1612 1161, 1613 2838, 1614
3354, 1615 1816, und 1616 1806 Thaler jährli=
che Ausbeute [f]).

So nahmen auch die mansfeldische [g]), hessische [h]),
oberpfälzische [i]), tirolische [k]), kärnthische [l]), Berg=
und Hüttenwerke in diesem Zeitraum aus den gleichen
Ursachen sehr ab.

Auch die ungarische [m]) und pohlnische [n]) Bergwer=
ke waren nicht blühender; und 1605 wurden diejenige
zu Kremniz von den Misvergnügten unter der Anführung
von Potskay und Reday gänzlich verstürzt [o]); auch zu
Tarnowiz in Schlesien, wo der Bergbau kurz zuvor, so
wie

d) Ebenders. a. e. a. O. S. 252.

e) Otia metallica. I. S. 39. 40.

f) Joachimsthalische Chronica an Matthesius Sarepta.

g) Bieringer a. a. O. S. 24. 25. 100-109. 114.

h) z. B. bei Biedenkopf. Klipstein mineralog. Brief=
wechsel, B. II. H. 1. S. 98.

i) Lori a. a. O. S. 411. n. CLXXXVI. S. 429-432.
n. CCVII.

k) v. Sperges a. a. O. S. 127. 132.

l) Ployer physikalische Arbeiten der einträchtigen Freun=
de zu Wien. Jahrg. I. Q. I. 1783. S. 29. 41.

m) J. J. Ferber über die Gebürge und Bergwerke in
Ungarn. Z. B. S. 7. 153.

n) v. Carosi a. a. O. Br. VII. S. 76 ꝛc.

o) J. J. Ferber a. a. O. S. 108.

wie auch zu Wahlstadt, Nikolstadt, und Goldberg,
wo noch 1624 aus 7½ Centner Goldsand vier Loth
Gold erhalten P), und zu Silberberg und Merzberg
in der Grafschaft Glaz, wo auf Blei und Silber,
bei Murode, wo auf Kupfer, und bei Reinerz, wo
auf Eisen gebaut wurde q), in gutem Gange war,
verfiel, als er 1631 dem damaligen Besitzer Markgrafen
Georg von Brandenburg, seine Länder, und den evangelischen Bergleuten ihre Kirchen genommen wurden,
gänzlich r): In Rusland fand doch schon damals
(1632) Beausoleil mehrere Bergwerke s).

Auch in Schweden waren mehrere Bergwerke, z. B.
dasjenige zu Sala t) in Abnahme; hingegen entdekte
1624 ein Finne den neuen Kupferberg in Nerike u);
auch war das norwegische Kupferwerk Insät oder Qui-
ket schon 1629 im Umgang x).

In England überließ König Jakob I. alle Bleigruben innerhalb den Hundert von Coleshill und Rut-
land gegen jährliche 66 Schillinge, und acht Pence an
Rich. Gwynne, und 1629 gegen die gewöhnliche Abgaben und einen Zoll (fine) von zehen Pfunden an
Rich.

p) v. Heiniz a. a. O. S. 70. 71.

q) Ebendes. a. a. O. S. 73.

r) Büschings wöchentliche Nachrichten von neuen Land-
charten, geographischen, statistischen und historischen Büchern und Sachen. Jahrg XIII. 1783. St. 6. d. 7. Febr.
S. 47. 48.

s) bei Gobet a. a. O. I. S. 304.

t) G. Jars a. a. O. I. S. 83.

u) Ebendes. a. a. O. III. 2. S. 62.

x) Thaarup Minerva. Kopenhagen. 8. 1793. B. H.
Mai.

Rich. Grosvenour nebst zween andern auf Lebenszeit, und 1634 K. Karl I. auch an Rich. Grosvenour ʸ); aus dem Blei der im Fürstenthum Wales gelegenen Bergwerke wurde Silber gezogen, das man zu Schrews: bury vermünzte; 1604 wurden von solchem Silber aus waleschem Blei im Tower auf einmal 3000 Unzen vermünzt ᶻ).

In Frankreich gab K. Heinrich IV. 1601 und 1664 Verordnungen, die zum Bergbau ermunterten ᵃ); Beausoleil erwähnt ᵇ) eines Golderzes, das man in der Herrschaft Rogues im Kirchsprengel von Nar: bonne fand ᵇ), und sechs Eisengruben, aus welchen Erz gefördert wurde, in der Grafschaft Alès ᶜ); Cayet in seiner 1601 K. Heinrich IV. übergebenen Vorstellung der Blei: und Zinngruben in Gevaudan und den Se: vennen, der Kupfer: auch einiger Gold: und Silber: gruben in den Pyrenäen, der normannischen Silber: und Zinngruben, der Gold: und der Silbergruben in la Brie, und Pikardie, der Eisengruben in Auvergne, der Bleigruben zu Annonai in Biodrais ᵈ); Beau: soleil anderer, welche silberhaltiges Bleierz lieferten, bei Tournon und la Voulte, und einer, welche Kupfer: kies lieferte, bei Villefort ᵉ), J. de Malus ᶠ) meh: rerer Gruben in den Pyrenäen ᶠ), Beausoleil bei

Me:

y) Th. Pennant Tour in Wales. I. S. 74.

z) R. Watson Chemical essays. 12. B. III. 1783. S. 313.

a) Gobet a. a. O. I. Pref. S. XXIX. S. 397. 398.

b) bei Gobet a. a. O. I. S. 359.

c) Ebendas. S. 358.

d) Ebendas. Vorr. S. XXIX.

e) a. a. O. I. S. 358.

f) La recherche et descouverte des mines des montagnes py-

Meßin in Condomois einer Goldgrube, bei Villeneuve in Agenois einer Kupfergrube.ᵍ), in den britannischen Bistümern Quimper und Treguier mehrerer Silber, und zum Theil sogar Gold haltender Blei=Kupfer= und Eisenerze ʰ); 1623 hatte Nik. Desauennos Pfarrer von Seeburg in Artois, Gold= und Silbergruben gefunden, und erhielt die Erlaubnis, sie zu bauen ¹).

Auch Italien baute in diesem Zeitalter Bergwerke ᵏ).

6. Zeitalter von Sylvius de le Boe.
Von 1638 bis etwas nach der Mitte dieses Jahrhunderts.

Wenn gleich in diesem Zeitalter der Eifer der Rosenkreuzer etwas nachgelassen zu haben, wenigstens nicht mehr so öffentlich zu wirken schien, so fehlte es doch auch da nicht an zunftlosen Alchemisten, die sich theils in Europa, vornemlich an den Höfen herumtrieben, und ihre Kunst feil boten, theils gläubige Seelen durch ihre Schriften unterrichteten.

Unter jene gehört vornemlich von Richthausen, der das Geheimnis durch ein unbekanntes Pulver Gold zu machen, oder vielmehr dieses Pulver selbst von einem in dem Hause des Grafen von Schlick zu Prag, befindlichen Busardiene nach dessen Tode erhalten,

1643

---

pyrénées, faite en l'année 1600. et redigée en écrit par J. *Dupuy.* pour l'ann. 1601. 12. bei Gobet a. a. O. I. S. 75-139.

g) a. a. O. S. 357.

h) a. a. O. S. 315-321.

i) Pet. le Bouqe histoir. de la terre et Vicouté de Seebourg. S. 190.

k) Beausoleil a. a. O. S. 304.

Qq 5

1648 daselbst von Kaiser Ferdinand III., der ihn dafür zum Freiherrn von Chaos erhob, und aus dem
erzeugten Golde eine 300-Dukaten schwere Münze [l]
prägen lies, drittehalb Pfunde Queksilber in Gold
verwandelt, nachher noch mehrere ähnliche Versuche,
sowohl zu Wien als an anderen fürstlichen teutschen Höfen, angestellt, vornemlich am churmainzischen aus
Queksilber und Silber Gold gemacht haben soll [m]):
Am dänischen Hofe vertrat unter den Königen Christian IV. und Fridrich III. der Münzmeister Kaspar
Harbach die Stelle des Leibalchemisten; er wuste aus
unedlen Metallen, welche aus den norwegischen Bergwerken nach Koppenhagen kamen, Goldmünzen zu prägen, die auf der einen Seite das Bild des Königs im
gewöhnlichen Schmuk mit der Umschrift: Christianus IV. Dei gratia Dan. Rex, auf der Rükseite aber
eine Brille mit den Worten: Vide mira domi 1647 [n])
haben: Christoph Kirchhof, ein Schneider von Lauban in der Oberlausiz, wo er 1616 gebohren, war in
einem so grosen Rufe eines ausgezeichneten Goldkünst-
lers, daß er d. 31. Dec. 1668 von der Königlichen
Kammer zu Breslau einen Wappenbrief mit einer sil-
ber-

---

1) die noch zu Wien in der Kaiserlichen Schazkammer liegt,
    mit einem Apoll, das Haupt von der hellleuchtenden
    Sonne umstralt, in der rechten Hand eine Leier, in der
    linken einen Schlangenstab, mit der Umschrift: Divina
    metamorphosis exhibita Pragae XV. Jun. CIƆIƆXXXXVIII.
    in praesentia Caes. Majest. Ferdinandi III. und auf der
    Rükseite die Worte: Rara haec ut hominibus nota est ars,
    ita rara in lucem prodit. Laudetur Deus in aeternum,
    qui partem infinitae suae scientiae nobiscum abjectissimis
    suis creaturis communicat.

m) Beytrag zur Geschichte der höhern Chemie. S. 335-
    344. 499.

n) S. Reyher a. a. O.

bernen Bulle erhielt, worinn man seine Verdienste um
diese von ihm selbst erfundene Kunst bis in Himmel er=
hob °); daß diese Goldkünstler sich Betrügereien zu
Schulden kommen liesen, ist wenigstens nicht erwiesen,
wohl eher von dem Augustiner Mönch Wenzel Rei=
nersberg, der zu Wien unter Kaiser Leopold eine
metallene Schale, ohne ihre Gestalt zu ändern, in
Gold umgeschaffen haben soll; denn nach seinem Tode
fand man, daß er den Kaiser um 20000 Gulden, und
viele Hof= und Staatsbediente noch schlimmer betro=
gen habe ᵖ).

Gröser war die Anzahl der Künstler, welche den
z. B. von Alb. Belin �q), Wern. Rolfink ʳ) und
andern ˢ), öffentlich gegen sie ergangenen Warnungen
zum Troz, ihre Lehren in Schriften predigten: Mehrere
dieser

o) Oberlausitzer Beytr. zur Gelahrheit. B. IV. S. 517-527.

p) Beytr. zur Geschichte der höhern Chemie. S. 367.
368. 501.

q) ohne seinen Namen zu nennen in den Avantures du
Philosophe inconnu, en la récherche et invention de
la Pierre Philosophale, divisées en quatre Livres, au
dernier des quels il est parlé si clairement de la
façon de la faire, que jamais on n'en a parlé avec tant
de candeur. à Paris. 12. 1646 und 1674.

r) Non entia Chemica, Mercurius metallorum et mineralium, besonders abgedrukt Jen. 1670. 4. aber auch Chym.
in artis formam redacta. B. VI.

s) z. B. eines Ungenannten unter dem Namen *Utis Ude-
nii* Non Entia chymica, sive Catalogus eorum Operum,
Operationumque chymicarum, quae cum non sint in rerum natura, nec esse possint, magno tamen cum stre-
pitu a vulgo Chymicorum passim circumferuntur. Francof. 12. 1645. und cum Praef. G. W. *Wedel* 1676 und
mit J. S. Elsholt Distillatoria curiosa. Berol.
1674. 8.

dieser Schriftsteller, z. B. die Verfasser der theoria et
practica arboris aureae et argenteae [t]), des Arbre ou
abrégé des mystéres de la grace et de la nature [u]),
der Disputatio solis et mercurii cum lapide philosophorum [x]), des Libr. de principiis naturae et artis
chemiae [y]), des tract. de sale secreto philosophorum [z]), des Mysterii occultae naturae [a]), der Propo-
sitionum XXII. in quibus veritas totius artis chemicae
brevissime comprehenditur [b]), des Philosophus Gallus [c]), der Minera del mondo [d]), des Ayman mysti-
que [e]), der Apologie du grand oeuvre [f]), und des
Rudum. philosophicum pro secretis chymicis perfi-
ciendis [g]), auch die Herausgeber einiger ältern Schriften, z. B. der Tractat. aliquot chimic. singular. summum philosophorum arcanum continent. [h]), von
Herment. *Trismegisti* tabula smaragdina [i]), des her-
meti-

t) 1642. 8.

u) 1646. 4.

x) die mit der Fabrischen Ausgabe von Basil. Valentinus
   Curru triumphali antimonii (1646) abgedruft ist.

y) Geismar. 1647. 12.

z) Cassel. 1651. 8. Lugd. Bat. 1672. 12.

a) d. i. von der herrlichen und edeln Gabe Gottes, der
   sternflüssigen Blumen des kleinen Bauers rc. Hamburg.
   1657. 12.

b) Argentor. 1659. 8.

c) seu instructio Patris ad filium de arbore solari. Argentor. 1659. 8.

d) o secreti di natura. Venet. 1659. 12.

e) Paris. 12. 1659. und 1689.

f) ou Elixir des philosophes. à Paris. 1659. 12.

g) lateinisch und teutsch. 1660. 8.

h) Geismar. 1647. 8.

i) cum commentar. V. Chph. *Kriegsmanni* et *Arnoldi* de
   Villanova testamento. 1657. 8.

metiſchen Roſenkranzes [k]), und des Theatrum ſympa-
theticum [l]),   haben ſich gar nicht, andere [m] nur die
Anfangsbuchſtaben ihres Namens genannt, andere ſich
eines fremden Namen, z. B. **Eugenius Philale-**
tha [n]), **Wendelin Sybeliſta** [o]), **Mars** [p]) und
anderer bedient.

In

k) das iſt: Vier ſchöne auserleſene Chymiſche Tractätlein,
nemlich I. *Artephi* — — geheimes Buch — — II. J.
Garlandi — Compendium Alchimiae — — *Arnoldi de*
Villanova Erklärung über den Commentarium Hortulani.
IV. *Bernardi* — — vom Stein der Weiſen (von Dav.
Herlicius) 8. Hamburg. 1659. allen Liebhabern der
edlen Künſte zum Beſten aus dem Lateiniſchen ins Teutſche gebracht und nun zum andernmal zum Druk befördert. 1682.

l) in quo Sympathiae actiones variae ſingulares et admi-
randae tam Macro — quam Microcoſmice exhibentur,
et Mechanice, Phyſice, Mathematice, Chymice et Me-
dice, occaſione pulveris Sympathetici, ita quidem eluci-
dantur, ut illarum agendi vis et modus, ſine qualitatum
occultarum Animaeve mundi, aut Spiritus Aſtralis,
Magnive Magnalis, vel aliorum Commentariorum ſub-
ſidio ad oculum pateat. Norimb. 1660. 12. auctum.
1662. 4.

m) J. F. H. S. verlangter dritter Anfang der mineraliſchen Dinge, oder von dem *philoſophiſchen Salze* nebſt
der wahren Praeparation des Lapidis und der Tincturae
philoſophorum von dem Sohne Sendivogio. Amſterdam.
1656. 8.

n) 1) Magia adamica et caelum terrae. 8. Londin. 1650.
(engliſch) Amſterdam. 1704. (teutſch)   2) Euphrates vel
Aquae orientis Diſcurſus de fonte ſecreto, cujus aqua ex
igne fluens, Solis et Lunae radios ſecum ducit. Lond.
1655. 8. (engliſch).   3) Erklärung der ſechs chymiſchen
Pforten G. Riplái. Hamburg. 1689.   4) Anthropo-
ſophia Theomagica. 1704. 8. (teutſch).

o) Manuale hermeticum ſive liquoris Alcaheſt ſcrutinium.
Wolffenbutt. 1655. 8.

In der Schweiz ⁹), in Teutschland) und England.ˢ) kamen Sammlungen und neue Ausgaben älterer

p) Philosophisches Bedenken von dem kalten Feuer oder Alkaheſt, ſive menſtruo philoſophorum. Frankfurt am Mayn. 1656. 8.

q) zu Genf im Jahr 1653 und nachher wieder 1663 und 1673 Matth. Albineus Bibliotheca Chimica contracta; in dem leztern Jahre auch zu Kölln abgedruft.

r) vornehmlich durch Ludw. Combach z. B. Geiſmar. 12. 1647. J. Iſ. Hollandi fragmenta quaedam Chimica. Ed. Kellaei fragmenta. H. Aquilae Thuringi Fragmenta Bernardi Comitis Treviſani l. e gallico verſ. Ferrarii tractat. integrum, und 1651. Caſſell. 8. Nuyſement de vero ſale ſecreto philoſophorum et de univerſali mundi Spiritu. wieder abgedruft Lugd. Batav. 1672. 12.

s) zu London 1652. 4. von El. Aſhmole unter der Auf=schrift: Theatrum chemicum brittannicum, in welches blos Schriften brittiſcher Künſtler aufgenommen ſind. Es enthält 1) Thom. Morton's Ordinall of alchimy. S. 1 - 106. 2) G. Ripley Compound of alchymie. S. 107 - 193. 3) Liber Patris ſapientiae eines unbe=kannten Verfaſſers. S. 194 - 209. 4) Hermes Bird von Raym. Lull, mit einem Kupferſtich (Cut in Braſs) von Cremer. S. 210 - 226. 5) G. Chaucer's Tale of the Chanons Yeaman. S. 227 - 256. 6) J Daſtin's Dreame. S. 257 - 268. 7) Pearce, the blanck monk upon the elixir, was Einige Ripley zuſchreiben. S. 269 - 274. 8) Rich. Carpenter's Work. S. 275 - 277. 9) The hunting of the greene Lion, written by the viccar of Malden. S. 278 - 290. 10) Thom. Char=not breviary of natural philoſophy. S. 291 - 304. 11) Bloomfield's Bloſſom or the camp of philo=ſophy. S. 305 - 323. 12) Ed. Kelle's Worke. S. 324 - 331. 13) Ebend. concerning the Philoſopher's Stone to G. S. Gent. S. 332. 333. 14) Joh. Dee Teſtamentum. S. 334. 15) Thom. Robinſon de lapid. philoſophorum. S. 335. 16) Experience and phi=loſophy (eines Ungenannten) S. 336 - 341. 17) The magiſtery (eben ſo). S. 342. 343. 18) Namenloſe Schrif

rer alchemischen Schriften heraus, und J. J. Bircherod's Sammlung ') enthält nebst andern auch hieher gehörige Aufsäze.

In Italien schrieben Jos. Marini ᵘ), Valerii Martinii ˣ), Bened. Mazotta ʸ), Hyac. Grimaldi,

Schriften verschiedener anderer. S. 344-367. 19) J. Gower concerning the philosopher's stone. S. 368-373. 20) G. Ripley Vision. S. 374. 21) Verses belonging to an emblematical Scrowle supposed to be invented by G. Ripley. S. 375-379. 22) G. Ripley mistery of alchymists. S. 380-388. 23) Ebend. Vorrede zur Medulla. S. 389-392. 24) Ebend. short Worke. S. 393-396. 25) John Lydgate in his translat. of the second Epistle that Alexander sent to Aristoteles. S. 397-404. 26) Eine namenlose Schrift. S. 404-414. 27) The hermets tale. S. 415-419. 28) Description of the stone. S. 420. 29) The standing of the Glasse for the tyme of the Putrefaction and congelation of the medicine. S. 421. 422. 30) Aenigma philosophicum. S. 423. 31) Bruchstüke aus Th. Charnock's Papieren. S. 424-436. Alles voranstehende in englischen Reimen und aus alten Handschriften. 32) Annotations and discourses upon stone, part of the preceding Worke, von dem Herausgeber. S. 437-486.

t) Collegii physici Dissertationes XVI. Hafn. 4. 1650. 1651.

u) Breve tesoro alchimistico. Venet. 1644. 8.

x) Magna physica foecunda coelesti divinoque cultu perfusa, trium novissimarum totius substantiae sapientiarum, simulque Claves reconditissimae adytorum naturae omniumque proprietatum divinarumque formarum hucusque occultarum. Opus in quatuor libros distinctum, in quibus de tota substantia ac de tribus ejus novissimis sapientiis accuratissime agitur. Venet. 4. 1639. P. II. III. 1641.

y) De triplici philosophia. Bonon. 1653. 4. auch französisch.

maldi[z]), und Finelli[a]), in Frankreich Martine
Bertenau, Gemahlin des H. v. Beaufoleil[b]),
J. D. Brouault[c]), Wilh. Collatet[d]), J.
Drapier[e]), der Arzt Jf. Chartier[f]), J. D. B.
C. Joh. de Bonneau[g]), Ab. Ifnard[h]), und
Joh. de Aubry, anfangs Kanonikus in seiner Vater-
stadt Montpellier, nachher Heidenbekehrer in Asien und
Afrika), in England Wilh. Johnson[k]), und
Bof-

z) dell' alchimia opera, che con fundamenti di bonà filo-
   fofia e perfpicacità ammirabile tratta della realtà, diffi-
   cultà, e nobiltà di tanta fcienza delle maraviglie della
   natura, dell' arte, e de Metalli, e delle regole e meto-
   do da offervarfi nella compofizione dell'' oro alchimico.
   Palermo. 1645. 4.

a) Salium empiricum foliloquium. Neapol. 1649.

b) Reftitution de Pluton. Paris. 1640. 8.

c) Abrégé de l'Aftronomie inférieure, expliquant le Syftê-
   me des Planétes et autres Conftellations du ciel Hermétique; avec un effai de l'Aftronomie naturelle. à Paris.
   1644. 4.

d) La clavicule et la vie de *Raymond Lulle*. à Paris.
   1647. 8.

e) Difcours chimique fur la preparation des métaux.
   Orange. 1650. 12.

f) de la fcience du plomb facré des fages, ou antimoine.
   à Paris. 1651. 4.

g) De l'aftronomie inférieure et naturelle. à Paris.
   1653. 4.

h) L'or potable des Médécins Hermétiques, ou la Médé-
   cine univerfelle. à Paris. 1655. 4.

i) 1) Le triomphe de l'Archée. à Paris. 1659. 4. lateinifch Francof. 1660. 2) Abrégé de l'ordre admirable
   et des beaux fecrets de S. *Raimund Lulle*. à Paris.
   1665. 4.

k) Lexicon chimicum tum obfcurorum verborum, et rerum Hermeticarum, tum Phrafium Paracelficarum in
                                                    fcriptis

Boffet Honius [1]), in den Niederlanden ein jüdiſcher Arzt zu Amſterdam, Benjam. Muſſaphia [m]), und Ludw. von Fründek [n]); in Polen J. Wilh. Dobrzensky de nigro Ponte [o]), in Preuſſen M. Andr. Concius [p]), und in Teutſchland Levin Fiſcher [q]), Wolffg. Gabelchover [r]), J. Jebſen [s]), Bernh. von Kallen [t]), Mich. Crügner [u]), Steph.

scriptis ejus et aliorum Chimicorum explicationibus. 8. Londin. 1657. und 1660. Francof. 1676. Lipſ. 1678.

l) Lapis chimicus ph. examini ſubjectus. Oxon. 1647. 12.

m) Epiſt. hebr. et latin. de auro potabili. in ſeinen Sentent. ſacro-medic. Hamburg. 1640. 8.

n) de elixire arboris vitae. Hag. Comit. 1660. 8.

o) nova et amenior de admirando fontium genio philoſophia. Ferrar. 1659. fol.

p) Phyſikaliſcher Diſcurs vom Stein der Weiſen, der ſonſten lapis philoſophorum genannt wird, nebſt andern hieraus entſpringenden Materien, ſo alle mit philoſophiſchen Gründen bewieſen werden. Königsberg. 1656. 4.

q) De aurea auri tinctura, ſive veri auri potabilis medicina commentarius, quo et genuina ejusdem praeparatio et uſus intimatur. 1643. 12. 1704. Brunop. 4.

r) Diſput. de generatione auri et ejus temperamento, am Ende ſeiner Ueberſezung von Andr. Bauen de gemmis et lapidibus. Francof. 1643. 8.

s) De lapide philoſophorum diſcurſus. Roſtock. 1645. 4.

t) Apologia pro auri ſolutione ſine corroſivo. Francofurt. 1653. 4.

u) Nürnberg. 4. 1) Chymiſcher Gartenbau, das iſt: Spagyriſche Beſchreibung vier und dreyſſigerley Gewächs und Kräuter, nach rechter fundamentaliſcher Anleitung, welche aus der Putrefaction und Transplantation ſich generiren, vom ſtets ſuchenden Autore fleißig obſerviret. Nebſt einer kleinen Haliographia &c. 1653. 2) Neuvermehrter Chymiſcher Frühling, das iſt: Sonderbahrer

Steph. Michelspacher, ein tirolischer Arzt [x], der anhaltische Arzt, J. Frid. Helvetius zu Köthen [y], J. Harpprecht aus Tübingen [z], Joh. Ad. Ofiander,

Medico-Chymischer Tractat, samt einer Astrologischen Continuation, die Gewächse zu sammlen, und zu gewissen Kranckheiten recht zu bereiten. Darinn insonderheit kürtzlich und treufleißig dargethan wird, welches nicht allein irrige Meinungen und falsche Processe, sondern auch im Gegentheil, wichtige, kurtze und wahre Processe, mit sonderbaren Handgriffen, auch beygefügtem Gebrauch und Nutz gewiesen wird. Alles mit höchstem Fleiß, eigener Erfahrung, und mühsamer Erforschung observiret, probiret, demonstriret und beschrieben vom Autore in Dreßden. Vornemlich allen Liebhabern der Wahrheit, und der rechten Hermetischen Artzney geflissenen zu Nutz und Gefallen. Welchen vorher gesetzet Informatorium Medico-Chymicum, oder Unterricht, was ein recht Chymischer oder Hermetischer Medicus sey, und was von ihm erfordert werde. 1654. 3) Chymischer Sommer, das ist: Sonderbarer Medico-Chymischer Tractat, darinnen insonderheit kürtzlich und treufleißig dargethan wird, wie die Gewächse nach rechter Influenz, und rechtem Maaß des Himmischen, recht eingetheilten Zodiaci zu sammlen, und dann ferner Chymicè und Astrologicè recht zu praepariren seyn, sowohl rechter Gebrauch und Nutz gewiesen wird. 1656. 4) Chymischer Tannenbaum. 5) Chymischer Herbst. 6) Chymischer Winter.

x) Cabala, Speculum artis et naturae in alchimia. Augustæ Vindel. 1654. 4.

y) denn von diesem, und nicht von dem gleichnamigen und beinahe gleichzeigen Arzte zu Hag ist wohl die 1655. 12. mit der Unterschrift Leiden herausgekommene Schrift: Ichts aus nichts.

z) doch ohne seinen Namen vorzusezen Lucerna salis philosophorum secundum mentem *Sendivogii*, *Geberi* et aliorum. Amstelod. 1658. 8.

der, auch aus Tübingen ª), El. Joh. Hasling ᵇ),
J. Walch ᶜ), Joach. Polemann ᵈ), Solin.
Salzthal ᵉ), und Ambr. Müller, ein aus Böh-
men vertriebener Lutheraner, der bei Gustav Adolph
als Kammerdiener stand, und nach dessen Tode zu
Hamburg lebte, wo er armen Leuten auf Verlangen
Gold gemacht haben soll ᶠ).

Aber keiner unter diesen Alchemisten machte mehr
Aufsehen, wenn es gleich nicht scheint, daß er den
Stein der Weisen selbst bereitet habe ᵍ), war so frucht-
bar

a) dessen Experimente von Sole, Luna und Mercurio Joh.
Ulr. Resch Nürnberg. 1659. 8. herausgegeben hat.

b) Theophrastus redivivus sive usus practicus Azothi seu
lapidis philosophici medicinalis. Francof. 1659. 4.

c) in seinen Commentarien über den kleinen Bauer oder
Geheimnisse der Natur, und einem Supplement von
dem grünen Unterzug. 8. Strasburg. 1658. 1751.

d) Novum lumen-chymicum, in welchem des Philosophen
Helmontii Lehre von dem Geheimnis des Sulphuris philosophorum erklärt wird. Amsterdam. 1659. 12. Frankfurt. 1747. 8.

e) de potentissima philosophorum medicina universali.
Argentor. 1659. 8.

f) Urim et Thummim Mosis, des großen Propheten und
Heerführers Handleitung zu dem Weisenstein. Nürnberg. 1737. 8.

g) so sagt er selbst Continuatio Miraculi mundi, darinnen
die gantze Natur entdeckt, und der Welt nackend und
bloß für Augen geleget ꝛc. Oper. chymicor. Frankfurt
am Mayn. 1658. 4. S. 263 : "Auch bekenne ich
warhafftig, daß ich noch zur Zeit den geringsten Nutzen
in Verbesserung der Metallen damit nicht gehabt." Und
Oper. mineral. Th. III. ebend. S. 369 "Aber nicht
also wil oder kan ich beweisen, daß er (Paracelsus) Gold
und Silber in grosser Menge hätte machen können, davon er auch nichts schreibet, sondern allein anzeiget, daß

bar an Schriften, die sich über alle Zweige der Scheidekunst verbreiteten, und erhielt sich, so sehr er sich auch den Neid und die Verläumdung manches Zeitgenossen [h]) zugezogen hatte, bei der Nachwelt so lange in dankbarem Angedenken, als Joh. Rud. Glauber: Mag er immer hier und da mehr versprochen haben, als er zu halten im Stande war, seinem Menstruo universali oder Alkahest [i]) mehr zugetraut haben, als ihn eine unbefangne Erfahrung und Untersuchung leicht hätte lehren können, mag er manche chemische Erscheinung, manchen Vorgang im lebendigen Thiere, manche Wirkung eines Arzneimittels aus einem falschen Gesichtspunkte angesehen, manches für seine Erfindung aus-

es zu thun möglich sey; welches allein, nemlich die Müglichkeit, ich vorgenommen habe zu beweisen. Ins grosse aber zu thun, ist es mir nach der Zeit auch nicht bewußt, bekümmer mich auch so sehr nicht darumb."

h) auf die er sowohl in seinen übrigen Schriften, als vornemlich in folgenden antwortet: 1) Apologia oder vertheidigung, gegen Christoff Farners Lügen und Ehrabschneidung. (Maintz.) 1655. 8. 2) Zweyte Apologia oder Ehrenrettung gegen Christoff Farnern — — unmenschliche Lugen und Ehren = Abschneidungen. Frankfurt am Mayn. 1656. 8. 3) Apologetische Schrifften in 382 Aphorismos ausgesetzt, worinnen mit Uebergehung der Personalien und anderer zu lesen verdrießlichen Dingen nur das Nützliche herbeygebracht worden. 1655. und 1656. auch im Glauberus concentrat. S. 821.

i) Miraculum mundi oder außführliche Beschreibung der wunderbaren Natur, Art und Eigenschafft des Großmächtigen Subjecti, von den Alten Menstruum universale oder Mercurius Philosophorum genannt, dadurch die Vegetabilien, Animalien und Mineralien gar leichtlich in die allerheilsamste Medicamenten und die unvollkommene Metallen realiter in beständige und perfecte Metallen können verwandelt werden. 8. Hanau 1653. Prag. 1704. in seinen Oper. chymic. S. 127-170.

ausgegeben haben, was schon vor ihm auch andern
bekannt war, so hat er doch manche vernachläsigte
Wahrheit von neuem zur Sprache gebracht, und zur
besseren Einrichtung von Oefen ᵏ), und zur Abkürzung
man=

k) dis ist vornemlich in seinen furnis novis philosophicis.
8. Frankfurt am Mayn. 1652. Amsterdam. 1661. Prag.
1700. und im Glauberus concentratus. 4. S. 145 - 167.
214 - 225 - 252. oder Beschreibung einer New = erfunde=
ner Destillirkunst, Auch was für Spiritus, Olea, Flores,
und andere dergleichen Vegetabilische, Animalische und
Mineralische Medicamenten, damit auff eine sonderbare
Weise gantz leichtlich mit grossem Nutzen können zugericht
und bereytet werden. Auch worzu solche dienen und in
Medicina, Alchimia und andern Künsten können gebraucht
werden. Allen Liebhabern der Wahrheit und Spagyri=
schen Kunst zu gefallen an Tag gegeben. Amsterdam. 1648.
Oder Philosophischer Oefen Ander Theil: darinnen be=
schrieben wird deß zweyten Ofens Eigenschafft, dadurch,
oder damit man alle flüchtige subtile und verbrennliche
Dinge distilliren kann; Es seyen gleich vegetabilia, ani=
malia oder mineralia auff eine unbekanndte Weise sehr
compendiose; dadurch nichts verloren wird, sondern die
allersubtilste Spiritus damit können gefangen und erhalten
werden, welches sonsten, ohne diesen Ofen durch Re=
torten, oder ander bekannte distillir = Zeug unmüglich zu
thun ist Amsterdam. 1649. Dritter Theil, darinnen
beschrieben wird deß dritten Ofens Eigenschafft, dadurch
oder damit man ohne Vesic. Kolben, oder andere Kupf=
ferne, Zinnene oder bleyerne Instrumenten vielerhand
Vegetabilische Spiritus ardentes, extracta, olea, salia
und dergleichen: Nur durch ein einiges von Kupffer ge=
machtes kleines Instrument, durch Hülff höltzerner Ge=
fässen, Nicht allein zur Medicin, sondern auch zu vie=
lerhand Operationibus chymicis sehr dienstlich und noth=
dürftig zurichten und bereyten kan. Amsterdam. 1650.
Vierdter Theil, darinnen beschrieben wird deß Vierdten
Ofens Eigenschafft, mit welchem man alle Berg = Arten,
Mineralia und Metallen, auff eine viel nähere und bes=
sere Weise, als bißhero bekandt gewesen, probiren, und

ihren

mancher Arbeiten gute Anleitung gegeben; sein durch
Uebung geschärfter Blik ließ ihn den wahren Grund
einsehen, warum Alaun und Vitriol [1]) aus Salpeter
und Küchensalz die Säure austreiben; er erhielt sie
aus diesen stärker und rauchend [m]), wenn er statt jener
Salze

ihrer Halt finden: Deßgleichen auch, wie man ein Me=
tall von dem andern durch den Guß künstlich separiren
und scheiden, und sonsten vielerley künstliche Arbeit durchs
Schmelzen verrichten könne, Allen Chymicis, Probier=
Meistern und Berg=leuthen sehr dienstlich und nützlich zu
lesen. Amsterdam. 1648. Fünffter Theil: darinnen von
deß Fünfften Ofens wunderbarlichen Natur und Eigen=
schafft, deßgleichen auch etlichen nothdürfftigen, zu den
vorhergehenden vier Oefen gehörigen Instrumenten und
Materialien, leichtliche Zubereitung und Bereytung, kürtz=
lich doch deutlich gehandelt wird. Allen Liebhabern der
wahren Hermetischen Medecin, sehr nützlich und dienst=
lich zu lesen. Amsterdam. 1649. Auch französisch von H.
du Teil mit der Auffschrift: La description des nouveaux fournaux philosophiques. à Paris. 1659. 8. eine
andere französische Uebersezung. 8. Paris. 1674. und
Brüssel. 1674. eine englische London. 1651. 4. Annotationes über den Appendicem, welcher zu Ende deß
fünfften Theils philosophischer Oefen gesetzet, und von
unterschiedlichen guten nutzbaren und ungemeinen Se=
creten tractiret, allen unglaubigen und der Natur Secre=
ten unwissenden Menschen damit aus dem Zweiffel zu
helffen, und ihnen den Glauben in die Hände zu geben.
Amsterdam. 1660. 1661. Prag. 1702.

1) Furni novi philosophici. Frankfurt am Mayn. 1652. 8.
   Th. I. S. 31. 32. und II. S. 87.

m) daß Glauber die Bereitung des rauchenden Salpe=
   tergeistes durch Vitriolöl zuerst erfunden, anfangs ge=
   heim gehalten, nachher aber die Bekanntmachung theuer
   verkauft habe, bezeugt H. Börhaave Element. Chem.
   B. II. Proc. CXXXIV. S. 394. ob man gleich aus Fr.
   Hoffmann's (Observat. physico - chymic. selectior.
   Hal. 1736. 4. B. II. Obs. 3. S. 113.) Aeuserung schlie=
   sen

Salze die aus ihnen ausgeschiedene angebundene Schwefelsäure nahm; er kannte überhaupt den Salpeter wohl, gab mehrere Verfahrungsarten an, wie er im Grosen mit Vortheil bereitet werden könne ⁿ), wenn er schon in dem Wahn stand, Küchensalz darein verwandelt zu haben °), und den treflichen Gebrauch, den man davon zum Reinigen der edlen Metalle machen kann ᵖ), so daß er damit auch aus Wismuth und Kupfer das Silber und Gold auszog ᑫ), und bereitete sich, indem er ihn in Salzgeist auflöste, ein Scheidungsmittel, wodurch er Gold, Silber und Kupfer von einander trennte ʳ); kannte das Knall-ˢ) und Schmelzpulver ᵗ), worinn der Salpeter die Hauptrolle spielt, ahndete schon die Natur dessen, was bei dem Verpuffen des Salpeters mit Kohlenstaub aufsteigt ᵘ), kannte aber noch besser das, was nach diesem Verpuffen zurükbleibt ˣ), ob er ihm gleich einen neuen Namen (Nitrum fi-

sen möchte, er habe sich eingebildet, daß er diesen Kunstgriff zuerst gebraucht habe. Noch führt sowohl dieser, als der durch das gleiche Mittel aus Küchensalz gewonnene Geist, von welchem er furni philosophici fünffter Theil. Append. S. 6. spricht, seinen Namen.

n) Dieses ist vornemlich in Teutschlands Wohlfahrt. drittem Theil. geschehen.

o) Continuatio miraculi mundi. Oper. chymic. S. 222.

p) Explicatio miraculi mundi. ebend. S. 181.

q) a. e. a. O. S. 182-184.

r) Spiritus salis nitrosus. Furni philosoph. Th. IV. S. 29-31.

s) Ebendas. Ander Theil. K. XLVIII. S. 96.

t) Ebendas. a. e. a O K. XLIX. S. 97. 98.

u) Ebendas K. LIV. S. 110. 111.

x) a. e. a. O. sagt er wenigstens, es seie "einem calcinirten Tartaro gleich."

Rr 4

fixum) beilegte, und ganz vorzügliche Eigenschaften
zuschrieb, die theils ungegründet, theils gegen alle
Wahrscheinlichkeit sind: Schon er wuste, daß dieses
Salz der Kochenille, deren sich die Färber zum Fär=
ben der Wolle bedienten, einen purpurrothen Strich
gibt [a]), so wie auch, daß die Säure aus Salpeter
diese rothe Farbe erhöht, und zur Scharlachfarbe
macht [b]), aber Hare, Nägel, Federn goldgelb färbt [c]);
daß man diese Säure auch durch Destilliren des Sal=
peters mit Arsenik erhält, daß sie aber auch bei dieser
Gewinnungsart nicht blau, wie gewöhnlich, sondern weis
ausfällt, so bald man mehr Wasser vorschlägt [d]); daß
sie als Aezwasser gebraucht werden kann [e]), daß sie sich
mit

y) Pharmacop. spagyr. Ander Th. in Oper. a. a. O.
S. 45–47.

z) a. e. a. O. S. auch mehrere Stellen im Miraculum
mundi.

a) Explicat. Miracul. mund. Oper. S. 188. "Wann das
nitrum, aber durch die Calcination umbgekehret und fix
gemacht wird, so erhöht es die Farben zwar auch, aber
nicht zur Röhte, sondern in eine Purpurfarbe."

b) a. e. a. O. "Es ist zu wissen, daß der Salpeter, als
ein rein Salz, die Farben gerne einführet, und beständig
halten macht, auch selbige an ihrer Farb erhöhet, wel=
ches vielen bewust, und sonderlich denen, welche mit
Confinilli das Laken Carmesin färben, wenn sie einen
geistreichen Spiritum Nitri mit in den Sud thun, zu
alauniren (wie es die Färber nennen) solche Carmesin=
farb sehr erhöhet und feurig macht, und hernach theu=
rer verkaufft wird als gemein Carmesin und Scharlach=
farb."

c) a. e. a. O. "Es färbt dieser Spiritus Nitri auch die
Haare, Nägel, Federn ganz goldfärbig."

d) Furni philofophici. Th. II. K. XLVI. S. 94. 95.

e) Explicat. miracul. mund. Oper. S. 187.

mit Eisen f), mit Galmei g) und Weingeist h) ungemein erhizt; er zeigte, wie sie zur Scheidung des Silbers vom Golde (Quart), doch wo das Gold vorschlägt, noch weit vortheilhafter Königswasser gebraucht werden kann i), wie sie nicht nur durch Verbindung mit Salzsäure, sondern auch durch ihre Verbindung mit Vitriolsäure in Stand gesezt werde, vergoldetes Silber anzugreifen k), daß eine damit gemachte und nachher mit Wasser verdünnte Auflösung
des Silbers, Federn, Pelzwerk, Holz schwarz färbe l),
und das durch Kochsalz daraus gefällte Silber (so wie
noch mehr Blei auf ähnliche Weise behandelt) auserordentlich flüchtig und leichtflüssig seie m): Er kannte
schon die Kraft der Schwefelsäure, das, was in Koch-
salz- oder Salpetersäure aufgelöst ist, von diesen zu
scheiden n); die Eigenschaft der Kochsalzsäure, leicht
Luftgestalt anzunehmen o), und ihre auflösende Kraft
auf den Goldkalk p); er empfiehlt sie daher zum Ausziehen

f) Ebendas. S. 189. Pharmacop. spagyr. Th. II. Oper.
   S. 78. 79.

g) Pharmacop. spagyr. a. e. a. O.

h) Ebendas. S. 77.

i) Furn. philosoph. Th. IV. S. 31. 32.

k) Ebend. Th. II. S. 87.

l) Explicat. mirac. mund. S. 190.

m) Pharmacop. spagyr. Th. III. Oper. S. 111. 112.

n) Furni philosoph. Th. I. K. XXXV. S. 91. Th. II.
   S. 23.

o) wenigstens ohne Gesellschaft von Wasser schwer tropf-
   bare Gestalt; daher räth er z. B. Furni philosoph. Th. I.
   S. 33. zu seiner Bereitung Vitriol zu nehmen, der doch
   Feuchtigkeit habe.

p) wenn sie anderst recht stark ist. Furn. philosoph. Th. I.
   K. XIII. S. 50.

ziehen des Goldes aus Erden und Steinen q), und,
nachdem sie über Galmei abgezogen ist, um dem Tisch-
lerleim eine bleibende Klebrichkeit zu verschaffen r); er
kannte schon ihre trefliche Wirksamkeit im Scharbok
und seinen mancherlei Zufällen s); er erwähnt des noch
nach ihm genannten Wundersalzes t), und der Mittelsalze, welche flüchtiges Laugensalz mit u) Vitriol- und
Salpetersäure x) erzeugt, und welche noch nach ihm genannt werden, zuerst; die Bestandtheile des Salmiaks y), und die Gründe worauf ihre Scheidung beruht z), worzu er auser Weinsteinsalz, Salz von
Holzasche, firen Salpeter, auch ungelöschten Kalk a),
auch Galmei oder Zinkfeile b) vorschreibt, muste er
sehr wohl; auch wohl, daß dieser Salmiakgeist das
Sil-

q) Oper. mineral. Th. I. Oper. S. 302.

r) darzu könne jedoch auch Vitriol- oder Salpetersäure eben
so zubereitet gebraucht werden. Explicat. mirac. mund.
S. 193.

s) Trost der Seefahrenden. Oper. S. 544. 545.

t) De natura salium Oper. S. 495.

u) Pharmacap. spagyric. Th. VII. Amsterdam. 8. Erst.
Append. 1667. zweiten und dritten Appendix. 1668.

x) Furni philosophic. Th. II. K. XXII. S. 51.

y) Ebendas. K. LXXXVII S. 221. "in dem Sal Armoniac
sind zweyerley Salien, nemlich ein Sal acidum, commune,
und ein Sal volatile Urinae."

z) a. e. a. O. "weilen der Galmei oder Zink solcher Natur
ist, daß er grosse Gemeinschaft mit allen acidis, dieselbe
sehr liebet, und auch von ihnen geliebet wird — — also
hencket sich das sal acidum in der Wärme an denselben,
verbindet sich damit, dadurch das Sal Volatile ledig gemacht, und zu einem subtilen Spiritu distilliret wird."

a) a. e. a. O. S. 220. auch K. LXXXVI. S. 213. auch
Pharmacop. spagyr. Th. II. Oper. S. 89.

b) Furn. philosoph. Th. II. S. 212. 213. 220.

Silber, das er aus Säure anfangs niederschlägt, nachher wieder auflöst [c]), bei mancher seiner Verbindungen mit andern Flüssigkeiten eine Kälte hervorbringt [d]), und das Kupfer sehr leicht angreift [e]); auch scheint er durch Abziehen über Galmei den Kochsalzgeist eben so erhalten zu haben, wie er sich zeigt, wenn er über Braunstein abgezogen wird; er gieng wie Feuer über, löste alle Metalle auf, und gab mit recht reinem Weingeist sogleich eine Art Aether [f]): Schon er erhielt durch Distilliren aus Steinkohlen ein dem Bergöl ähnliches Oel [g]), empfohl zum Probiren der Erze sein Nitrum fixum [h]), bereitete aus dem Spiesglanze eine Art Goldschwefel, den er mit dem vielversprechenden Namen: Panacea antimonialis bezeichnete, und als ein ganz vorzügliches Heilmittel anpries [i]), sah den wahren Grund von der Verfertigung der sogenannten Spiesglanzbutter [k]), und sehr wohl ein, daß sie nichts anders, als eine Auflösung des Spiesglanzmetalls in Kochsal

c) Ebendas. K. IX. S. 21. 22.

d) Ebendas. K. XXXI. S. 72.

e) Ebendas K. LXXXVIII. S. 239.

f) Ebendas. Th. I. K. XXIV. S. 68. 69.

g) Ebendas. Th. II. K XLIV. S. 93.

h) Explicatio mirac. mund. Oper. S. 173.

i) Pharmacop. spagyr. Th. I. und II. Oper. S. 8 - 13. 62 - 69.

k) Furn. philosophic. Th. I. S. 56. 57. "wenn der mercurius sublimatus mit Antimonio vermischt, die Hitze empfind, so greiffen die Spiritus welche bey dem Mercurio sublimato seynd, den Antimonium lieber an, und lassen also den mercurium wieder fallen, und steigt also dick Oleum über: der Sulphur Antimonii aber conjungirt sich mit dem Mercurio vivo, und gibt einen Cinnober, welcher im Halß deß Retorten bleibt — — dieses hab

salzsäure ¹) seie, und demnach sehr wohl ohne allen ätzenden Sublimat, entweder aus einer etwas abgerauchten Auflösung von Spiesglanzblumen in Salzgeist ᵐ), oder durch Distilliren aus einem Gemenge von Spiesglanz, Küchensalz und Vitriol ⁿ) eine solche Butter, und auf ähnliche Weise auch aus Arsenik und Operment ᵒ), Zinn ᵖ), Galmei und Zink ᑫ), eine solche disem Oele ähnlich, sehende Auflösung, und aus der leztern durch Aufgiesen von höchst reinem Weingeist eine Art Aether ʳ) erlangt werden könne: Aus der Auflösung in Scheidewasser fällte er durch seinen Liquor nitri fixi den

hab ich darumb angezeygt, weilen viel der Meinung seynd, als wenn es ein Oleum Mercurii wäre, und nennen also das weisse Pulver, welches sie machen, wann sie viel Wasser auff das Butyrum schütten, und sich das Antimonium wieder von den Spiritibus scheidet, einen Mercurium Vitae, da doch kein Mercurius dabey ist, gleich als nun bewiesen, sondern ein lauter Regulus Antimonii, welches man also erfahren kan, wenn man solches abgesüßte weisse Pulfer in einem Tiegel schmelzet, so geht ein Theil in ein geel Vitrum, das ander wird ein Regulus, unnd findet sich kein Mercurius."

1) Ebendas. a. e. a. O. S. 56. "Wiewohl das schwere und dicke oleum antimonii, welches man Butyrum nennet, unnd vom Mercurio sublimato unnd Antimonio ist gemacht worden, nichts anders ist, als ein Spiritus salis, darinn der Regulus Antimonii solvirt ist" und S. 57. "darauß zu schliessen, daß solches dicke Oleum nichts anders sey als ein Solutio Antimonii cum Spiritu Salis."

m) a. e. a. O. S. 57. 58.

n) Ebendas. Th. II. K. LXII. S. 124. 125.

o) Ebendas. Th. I. K. XXII. S. 63. Th. II. K. LXIII. S. 125.

p) Ebendas. Th. I. K. XVI. S. 54.

q) Ebendas. Th. I. K. XXII. S. 64 - 66.

r) Ebendas. K. XXIV. S. 69.

den sogenannten schweistreibenden Spiesglanzkalk wieder, den er lieber mit dem Namen Bezoardicum minerale bezeichnete, als den Kalk, der schon damals diesen Namen führte [s]); daß Eisen, dessen Feilspäne er als stärkendes Mittel und gegen Würmer sehr rühmt [t]), zur Wiedergewinnung der Metalltheile, welche bei dem Weissieden in das Wasser übergehen, vornemlich das Kupfer wieder herauszuscheiden, dienen könne [u]), daß es sowohl für sich, als in seinen Auflösungen, wenn es innerlich genommen wird, den Stuhlgang ganz schwarz färbe [x]); daß leztere, sie mögen mit einer Säure gemacht sein, mit welcher sie wollen, zum Schwarzfärben des Leders [y]), der Wolle und Leinwand, so wie zum Schwarzbeizen des Holzes [z]), gebraucht werden können, äusert er mit klaren Worten; er kannte schon die Eigenschaft des sogenannten Eisenöls, daß es leicht in Bäumchen auswächst [a]), und die geringe Anziehungskraft, die das Queksilber auf Eisen und Kupfer, die vorzügliche, die es auf Blei, Zinn, Silber und Gold äusert [b]); er gibt ein besseres Verfahren an,

s) Pharmacop. spagyr. Th. II. Oper. S. 52.

t) Furni philosoph. Th. II. K. IX. S. 31.

u) Beschreibung der Weinhefen. Oper. S. 125. 126.

x) Furni philosophici. Th. II. K. IX. S. 31.

y) Explicat mirac. muud. Oper. S. 190. Beschreibung der Weinhefen. Oper. S. 126.

z) Beschreibung der Weinhefen a. e. a. O.

a) Furni philosoph. Th. I. K. XIV. S. 53.

b) Ebendas. Th. IV. K. 6. S. 55. "Wenn in einer Erden Gold, Silber, Kupffer und Eisen wären, so würde der Mercur erstlich nur das Gold allein zu sich nehmen, und hernach das Silber, dann das Kupffer, und das Eisen gantz ungern, wegen seiner Unreinigkeit: Zinn und Bley aber auch gern; am allerliebsten aber das Gold."

an, die-edle Metalle durch Spiesglanz zu reinigen c),
und gibt schon den Rath durch Eintränken in Blei aus
Silber: und Golderzen das edle Metall auszuziehen d),
räth ausdrüflich, die Silbermilch nicht wie einen Sil-
berkalf zu behandeln, weil sie da fast gänzlich in Rauch
aufgehen würde, sondern mit Weinsteinsalz oder mit
Salpeter, Weinstein und Schwefel zu schmelzen, und
weil doch auch da etwas im Rauch davon geht, diesen
Rauch aufzufangen e); auch zum Scheiden des Goldes
aus Schwefel haltenden Erzen empfiehlt er Salpeter,
den er dabei mit glühenden Kohlen anzünden läst f);
er schon löste das Gold, von welchem er sich übrigens
vorstellte, es könnte aus jedem Spiesglanze gezogen
werden g), in Schwefelleber auf; denn sein grüner
Löwe, Vitriolum solis, Sal aureum mirificum, liquor
aurificus h), den er für eine mit Weingeist verbundene
Auflösung des feinsten Goldes in seinem Wundersalz i)
erklärt, scheint eine Auflösung dieses Metalls in Schwefelleber gewesen zu sein, in welche dieses Salz durch
Verbindung mit Kohle übergieng, die sich nach seinem eigenen Zeugnisse, so wie alle Metalle, darinn
auflöst k); auch wuste er sehr wohl, daß der Goldkalk
den

c) Explicat. miracul. mund. Oper. S. 181.

d) Ebendas. S. 174-176.

e) Pharmacop. spagyr. Th. III. in Oper. S. 114. 115.

f) Explicat. miracul. mund. Oper. S. 180.

g) Pharmacop. spagyr. Th. II. Oper. S. 61.

h) De natura salium Oper. S. 503.

i) a. e. a. O. S. 502.

k) a. e. a. O S. 501. "mein Sal mirabile solviret nicht
allein alle Metalle, sondern auch alle Steine und Beine,
ja die Kolen, welche sonst durch kein corrosio zu solviren, radicaliter, und gibt meist allen Dingen, die es
sol-

den Glasflüssen eine rothe Farbe mittheilt.[1]); vorzüg=
lich empfohl er darzu denjenigen, den, so wie andere
Metalle aus ihren Säuren[m]), die Kieselfeuchtigkeit mit
beträchtlichem Zuwachse an Gewicht, aber ohne ihm
Knallkraft mitzutheilen[n]), aus Königswasser nieder=
schlägt,

solviret, sowohl Metallischen, als Vegetabilischen und
Animalischen eine grüne Solution, darunter etliche grün
bleiben, etliche aber mit der Zeit sich in eine Gelbe, oder
Röthe verwandeln."

[1]) Von Tugend, Krafft und Eigenschaft des Menstrui uni=
versalis Oper S. 158. "Vor etlichen Jahren habe ich
einmal einen Calcem solis in einem Tiegel wollen zusam=
men schmelzen, und weil er nicht wohl hatte fliesen wöl=
len, immer ein wenig Fluß (von Salien gemacht) nach
dem andern zugeworffen, so lang und viel, bis alles
wohl geflossen gewesen; nachdem ich auch den Tiegel aus
dem Feuer gehoben, und außgegossen, und vermeynet,
mein ☉ wieder zu finden, so habe ich nur ein Bley an
statt des Goldes gefunden, und den Fluß blut=roht, da er
doch nur von weissen Salien gemacht war und auch von
der Anima auri, die er an sich gezogen, sich gefärbet."
S. auch Continuat. miracul mund. Oper. S. 285.

m) Furni philosophic. Th II. K LXXXII S. 192. "Die=
ses Oleum oder Liquor silicum hat die Natur, daß er
alle Metalla die in Corrosivischen Menstruis solviret seyn
präcipitiret, aber nicht auf solche Weiß, gleich wie ein
Sal tartari thut, dann der Calx metallorum, welcher mit
diesem Liquore ist niedergeschlagen, viel schwerer davon
(weiln sich die Silices damit vermischen) worden ist, als
wann er nur mit Sale Tartari allein wäre präcipitiret."

n) Furni philosophic. a. e. a. O. S. 193. "darffst dich
nicht fürchten daß es sich im trucknen entzünde und
schlage, als were es mit Sale Tartari oder Spiritu
Urinae nieder=geschlagen, sondern magst es kühnlich bei
dem Fewer trucken machen, welches einer gelben Er=
den gleich sehen, und noch einmal so schwer wigen wird,
als das Gold vor der Solution gewogen hat, welches
Gewichts Ursach die silices seyn, die sich zugleich mit
dem Gold präcipitiret haben."

schlägt °), zu Bereitung künstlicher Rubine und anderer gefärbten Edelsteine P), so wie er zu gleicher Absicht, nemlich zu Bereitung künstlicher Edelsteine,
Silber durch Kieselfeuchtigkeit aus Scheidewasser gefällt, zur meergrünen Farbe Kupfer durch widerhol-
tes Ausglühen und Ablöschen in kaltem Wasser verkalkt,
zur hyacinthgelben Eisen durch ein Streichfeuer zu Safran gebrannt, zu Amethysten Braunstein, zu Sap-
phiren Zaffera und (vermuthlich noch Kobolt haltenden) Wismuth, zu Smaragden gestosene böhmische oder
morgenländische Granaten rühmt q).

Auch er rügt das Verfahren der Apotheken, aus
gewürzhaften Gewächsstoffen durch Kochen mit Wasser
die Kraft auszuziehen, in der Meinung, sie bleibe im
Absud ʳ), gibt bei dem Brennen der Wasser ˢ) manche
gute Handgriffe, und sowohl darzu als zum Brennen
des Brandeweins für Leute, denen die metallische Geräthschaften zu kostbar sind, solche an, welche gröstentheils

o) a. e. a. O. S. 192-194. "solvire in aqua regis so
vil Gold du willt, und giese dieses Liquoris (silicum)
so viel darauff, biß alles Gold in Form, eines gelben
Pulvers zu Boden gefallen, unnd die Solution weiß und
klar worden ist, welche du abgiessen, unnd das gefällte
Gold mit süssem Wasser absüssen und trucknen sollst —
— dieses — Pulver thue in einen reinen Tiegel, und
setze denselben zwischen glüende Kolen, daß es beginne
zu glüen, aber nicht lang, so wird sich die gelbe in die
allerschönste Purpurfarb verwandeln." S. auch ebendas.
K. LXXXIII. S. 202. 203. Th. IV. K. IX. S. 92. 93.
K. XVIII. S. 132.

p) Ebendas. K. XVIII. S. 132.

q) Ebendas. S. 132. 133.

r) Pharmacop. spagyr. Th. II. S. 76.

s) Ebendas. Th. I. S. 14.

theils hölzerne sind ꜩ), erhielt durch Abziehen von Wasser über dem gestosenen Samen aus dem Samen der Esche ein Oel, das zwar nicht angenehm ist, und leicht Brechen erregt, aber mit (32 Theilen) Zuker zu Morsellen gemacht, nach seiner Versicherung im Stein grose Dienste thut ᵘ), zeigt die grose Aehnlichkeit der Holzsäure mit Essig ˣ), und den mannigfaltigen Gebrauch, den man von dieser bei dem Kohlenbrennen (unter dem Namen von Kohlenschweis, so wie bei dem Theerschwelen unter dem Namen der Theergalle) nebenher zu erhaltenden Säure ʸ), so wie von dem dabei zugleich vorkommenden stinkenden Oele ᶻ) machen kann, und offenbart den Betrug mancher Apotheker, die, um den Aschensalzen eine schöne Kristallengestalt zu verschaffen, Schwefel, Scheidewasser oder Vitriolöl zusezen, da sie doch sonst an der Luft zerfliesen und nicht in Kristallen anschiesen ᵃ): Schon er wuste, daß man durch scharfe Lauge leinen Garn viel feiner und weicher machen kann ᵇ): Schon er empfohl den Seefahrenden einen recht starken Absud von Malz ᶜ), und wuste, wie man nicht nur daraus, sondern auch aus allen Obst-

t) Furni philosophic. Th. III. K. II. III. S. 5-13. mit einer Abbildung.

u) Pharmacop. spagyr. Th. I. S. 23. Aus einem Sak voll, wie ihn ein Mann kaum tragen kann, nur 2-4 Loth.

x) Continuat. miracul. mund. Oper. S. 209. 210. Furni philos. Th. I. K. XXVI. S. 74. 75.

y) a. d. e. a. O.

z) Continuat. miracul. mund. Oper. S. 209. 210. 215.

a) Furn. philosoph. Th. I. K. XXVI. S. 77.

b) Explicat. miracul. mund Oper. S. 190.

c) Trost der Seefahrenden. Oper. S. 534. 535.

Obſtarten d) und Hekenfrüchten e), ein weinartiges Getränk bereiten, und ſowohl daraus f), als aus Weinhefe g), einen Brandewein brennen, auch aus allen dieſen ſowohl als aus manchen Gewächsſtoffen, welche
ſonſt nicht geachtet werden h), Eſſig gewinnen, und
aus Weinhefen Weinſteinſalz i) erhalten, aus Honig,
Zuker, und, ſo wie aus Roſinen und Korinthen, Meth
verfertigen k) könne: Er kannte ſchon die vorzügliche
Tiegelerde, die bei Almerode gegraben und verarbeitet
wird, und den Vitriolkies, der ſich ſo häufig darinn
findet l), glaubte aber, daß die Vorzüge dieſer Thon-
ware, ſo wie des Steinguts, das bei Kölln und an der
Sieg gemacht wird, nicht blos von der Beſchaffenheit der Erde, ſondern auch von der Stärke des Feuers,
das man ihnen gebe, abhängen m); gibt ein Spiegel-
metall an, das er durch Schmelzen des Kupfers zuerſt
mit Arſenik, denn mit Möſſing, zulezt noch mit Zinn
erhielt n); er kannte bereits das Bleiextract o), und
die ganze Bereitung der Smalte und des Kermeſin-
laks,

d) Furn. philoſoph. Th. V. App. S. 2. von Tugend,
  Krafft und Eigenſchaft. des Menſt. univ. Oper. S. 152.
e) Furn. philoſoph. a. e. a. O. S. 4. von Tugend ꝛc. des
  Menſt. univerſ. a. e. a. O.
f) Furn. philoſ. a. e. a. O. S. 3.
g) Beſchreibung der Weinhefen. Oper. S. 120-125.
h) Furn. philoſ. Th. V. App. S. 2. 4. Beſchr. der Weinhefen. Oper. S. 119-125.
i) das er mit der Pottaſche gleich hält. Beſchr. der Weinhefen. Oper. S. 124. 125.
k) Furn. philoſoph. Th. V. App. S. 3. 4.
l) Ebendaſ. Th. II. K. XI. S. 42.
m) Ebendaſ. Th. V. K. VII. S. 43-45.
n) Ebendaſ. Th. IV. K. XIV. S. 108-111.
o) Ebendaſ. Th. II. K. LXVI. S. 131. 132.

laks [p]), und räth statt des Spangrüns, das die Gemählde nur verderbe, Kupfer durch Weinsteinsalz, und statt des gewöhnlichen Bleiweises, unter welches schon damals Kreide gemahlen wurde, Blei durch Salzwasser aus Scheidewasser gefällt [q]).

Der Feuerschein des Meeres bei Nacht war ihm keine unbekannte Erscheinung [r]); auch ahndete er schon die Wirkungen der doppelten Wahlanziehung [s]).

Glauber, ein gebohrner Teutscher, hielt sich auch, einen kleinen Theil und die lezte Jahre seines Lebens ausgenommen, die er in Holland, meistens auf dem Krankenlager, zubrachte, und 1668 in hohem Alter endigte, gegen die frühere Sitte seiner Zunftgenossen immer in Teutschland, zu Salzburg, zu Kizingen in Franken, zu Frankfurt am Main und zu Kölln am Rhein auf: Sonst hatte er mit Paracelsus, für welchen er [t]) auserordentliche Hochachtung bezeugt, den Groll gegen die gewöhnliche Aerzte, den er oft auf eine beinahe eben

p) Explicat. miracul. mund. Oper. S. 187. 188.

q) a. e. a. O. S. 188.

r) De natura salium. Oper. S. 505.

s) auser mehreren andern zum Theil erwähnten Stellen seiner Schriften erhellt das z. B. aus folgender Furn. philosoph. Th. II. K. LXXXII S. 193. wo von der Fällung des Goldes aus Königswasser durch Kieselfeuchtigkeit die Rede ist: "dann das Aqua regis hat durch sein acidität dz Sal Tartari getödtet und krafftloß gemachet, daß es sein angenommene Kißling oder Sand hat müssen fallen lassen, hergegen hat auch das Sal Tartari bey dem Liquore silicum die schärpffe deß Aquae regis zunicht gemacht, daß es sein bey sich genommenes ☉ nicht länger hat halten können, da durch also zugleich das ☉ und Kißling, von ihrem solvente entlediget seyn."

t) Man sehe z. B. von Tugend, Krafft und Eigenschafft das

eben so ungestümme Art äusert ᵘ), — seine öftern Wider=
sprüche mit sich und seinen Grundsäzen ˣ), die hohe
Einbildung von sich und seinen Verdiensten ʸ), die dar=
aus fliesende Unzufriedenheit und die so oft wieder kom=
mende frömmelnde Klagen über die böse Welt und die
böse Menschen, welche nicht darauf achten ᶻ), über=
haupt die häufige Wiederholungen, und die geflissent=
liche Verheimlichung mancher nüzlichen Kunstgriffe ᵃ),
ge=

das Menstr. univ. Oper. S. 159. und Oper. mineral.
Th. III. Oper. S. 366.

u) Von Tugend ꝛc. des Menstr. univers. Oper. S. 155.

x) dis zeigt sich vornemlich in seinen Behauptungen vom
Universalmittel, das er das einemal z. B. de medicina
univers. s. auro potabili vero Oper. S. 261. im ausge=
dehntesten Sinne des Worts annimmt, und zu besizen
vorgibt, ein andermal z. B. Pharmacop. spagyr. Th. I.
Oper. S. 9. Th. II. S. 68. De natura salium Oper.
S. 499. mehr oder weniger, zum Theil so weit ein=
schränkt, daß er mit dem Begriff der Polychrest=Arzneien
zusammentrift.

y) Man lese z. B. von Tugend, Krafft und Eigenschafft
deß Menstr. univ. Oper. S. 166.

z) z. B. Ebendas. S. 167. 168. Continuat. miracul. mund.
Oper. S. 234.

a) S. z. B. Pharmacop. spagyr. Th. III. Oper. S. 115.
Von Tugend, Krafft und Eigenschafft deß Menstr. univ.
Oper. S. 168. Explicat. mirac. mund. Oper. S. 187.
Trost der Seefahrenden. Vorrede. Oper. S. 533. Con=
tinuat. mirac. mund. Oper. S. 263. "Daß aber mau=
cher meynen möchte, durch süsse Worte oder Versprechung
grosser Geschencken dieser Universal=Medicin Bereitung
von mir außzuloken oder abzuschwäzen, und hernach zu
üppigem, hoffärtigem, Gottlosen Leben, dem armen
menschlichen Geschlecht zum Schaden und Nachtheil ge=
brauchen wolte, derselbe bilde ihm gar nicht ein, daß ich's
thun werde. Denn ich auch nicht Macht habe, solches zu
thun, weil es eine Gabe Gottes, und nicht deß Men=
schen

gemein; aber er schrieb deutlicher, und, wenn auch nicht in einem systematischen Vortrage, wie schon die Aufschriften seiner Werke darthun, doch in einem besser geordneten, und seine laute Klage über die Unthätigkeit Teutschlands in fabrikmäsiger Nuzung seiner Naturerzeugnisse, mochte auch zu seiner Zeit sehr gerecht gewesen sein b).

Schon 1646 trat er seine Laufbahn als Schriftsteller c) an, auf welcher er einen hohen Grad von Em-

schen ist; würde mich lieber tödten lassen, als einem Gottlosen Menschen zu offenbaren.''

b) Oper. mineral. Th: III. Oper. S. 424. sagt er z. B. ''Deutschland ist von Gott sonderlich hoch begabet, mit allerhand Bergwerken vor andern Ländern und Königreichen; mangelt nur an erfahrnen Leuten, welche dieselbe zu recht wissen zu bringen; denn Holtz und alle Nothdurfft genug (solche zu nuz zu machen) darbey zu finden. Warumb sind wir so schlecht, daß wir unser Kupffer nach Frankreich oder Hispanien, und das Bley in Holland und Venedig schicken, Spannischgrün und Bleyweiß daraus zu machen, denen wir es hernach so theuer wieder abkauffen müssen? Ist unser Holtz, Sand und Aschen in Deutschland nicht so gut, Crystallinisch Glas daraus zu machen, als jenes zu Venedig oder Frankreich? und was dergleichen Dinge viel sind, welche besser in Deutschland zu Zeugen, als in andern Königreichen, und doch nicht ins werck gestellet wird. Indem wir andern Nationen unsern Ueberfluß für Gold verkauffen könnten, führen wir dasselbe auß dem Land, andere damit zu bereichern, und uns zu entblössen.''

c) zusammengedrukt sind seine meiste Werke mit der Ueberschrift: Opera omnia zu Amsterdam 1661. 8. in sieben Bänden, und in vier Bänden 1651 – 1656. auch englisch by Packe. Lond. 1689. fol. und, wiewohl etwas abgekürzt unter der Aufschrift: Glauberus concentratus oder Kern der Glauberischen Schriften, worinn alles unnöthige Streitwesen weggelassen, was nuzbar ist, in die Enge

ge-

Emſigkeit zeigte; ſeine Werke ſind auſer den bereits
ausführlicher erwähnten folgende: 1) De auri tinctura
ſive auro potabili vero ᵈ); 2) Annotationes über den
Appendicem, welcher zu Ende des fünfften Theils, Phi-
loſopphiſcher Oefen, geſetzet ᵉ); 3) Opus minerale ᶠ);
4) Mi-

gezogen, und was undeutlich oder verſtecket, ſo viel möglich klar gemacht und in Form eines leicht begreifflichen
Proceſſes gebracht worden. Aufgeſetzt von einem Liebhaber Philoſophiſcher Geheimniſſe. Leipzig und Breslau.
17⟨5 4 Mehrere derſelbigen mi der Aufſchrft: Opera
Chymica, Bücher und Schriften ſo viel deren von ihme
bißhero am Tag gegeben worden. Jetzo von neuem mit
Fleiß überſehen, auch mit etlichen neuen Tractaten vermehret, und um mehrer Bequemlichkeit willen, in dieſe
Form zuſammen getragen, ſamt ein darzu verfertigten
vollkommenen Regiſter. Frankfurt am Mayn. 4. B. I.
1658. nnd unter der Aufſchrift: Continuatio operum
chymicorum &c B II 1659. auch ins franzöſiſche überſetzt von H. du Teil. à Paris. 1659. 8.

ᵈ) was ſolche ſey, und wie dieſelbe von einem falſchen und
Sophiſtiſchen Auro potabili zu unterſcheiden und zu erkennen; auch wie ſolche auf Spagiriſche weiſe zugerichtet
und bereytet werde, wozu ſolche in Medicina könne gebraucht werden. 8. Amſterdam. 1646. 1650. 1651.
Frankfurt am Mayn. 1652. im Glauber. concentrat.
S. 281. auch in Continuat. Oper. chymicor.

ᵉ) und von unterſchiedlichen guten nutzbaren und ungemeinen Secreten tractiret, allen unglaubigen und der Natur
Secreten unwiſſenden Menſchen damit aus dem Zweiffel
zu helffen und ihnen den Glauben in die Hände zu geben.
8. Amſterdam. 1650. 1661. Prag. 1702.

ᶠ) 8. Amſterdam. 1651. Franckfurt am Mayn. 1651. 1655.
1695. Arnheim. 1656. Prag. 1705. Glauber. concentrat.
S. 202‒363. Oper. chymic. S. 293‒440. lateiniſch
Amſterdam. I. 1651. II. III. 1652. 1658. und 1659.
franzöſiſch Paris. 1659. Oder vieler künſtlichen und nutzlichen Metalliſchen Arbeitten Beſchreibung erſter Theil,
darinnen gelehret, wie man das Gold aus den Kißlings-
ſteinen,

4) Miraculum mundi ^g); 5) Miraculum mundi, Anʃ
der Theil ^h); 6) Explicatio oder ausführliche Erklärung

ʃteinen, Quartzen, Sand, Erden, und andern armen
Berg-Arten, welche ʃonʃten mit Nutzen nicht zu ʃchmel-
tzen ʃeyn, durch den Spiritum Salis extrahiren und cor-
poraliʃch machen ʃoll. Auch wie aus dem Antimonio eine
Panacea oder allgemeine Medicin werde, und wie ʃolche
zu gebrauchen ʃey. Erfunden und der Edlen Spagyriʃchen
Kunʃt, und Hermetiʃchen Medicin-Liebhabern zu gefallen
beʃchrieben und an Tag gegeben. Ander Theil, vom Ur-
ʃprung und Herkommen aller Metallen und Mineralien,
wie nemlich dieʃelbe durch die Aʃtra gewirket aus Waʃʃer
und Erden ihren Leib nehmen, und in vielerley Geʃtalt
formiret werden. Allen fleißigen Nachforʃchern der Natur zu gefallen beʃchrieben, und an Tag gegeben Dritter
Theil: Darinnen unter der Explication über deß Paracelʃi
Büchlein Coelum philoʃophorum oder Liber vexationum
genannt, der Metallen transmutationes in genere gelehret, mit einem Anhang und Zugab, darinn auch der-
ʃelbe Special-Proceß ʃamt ihrer Seigerung und anderen
darzu gehörigen Arbeiten begriffen. Als ein Zeugnuß
der Warheit beʃchrieben und an Tag gegeben.

g) oder ausführliche Beʃchreibung der wunderbaren Natur,
Art und Eigenʃchafft deß Großmächtigen Subjecti, von
den Alten Menʃtruum Univerʃale oder Mercurius Philoʃophorum genant, dadurch die Vegetabilien, Animalien
und Mineralien gar leichtlich in die allerheilʃambʃte Medicamenten, und die unvollkommene Metallen realiter in
beʃtändige und perfecte Metallen können verwandelt werden. 8. Rotenburg an der Tauber. 1653. Hanau. 1653.
Amʃterdam. 1653. (mit Kupfern) Prag. 1704. auch im
Glauber. concentrat. und Oper. chymic. S. 127-170.

h) Oder deʃʃen vorlängʃt geprophezeyten Eliae Artiʃtae
Triumphirlicher Einritt. Und was der Elias Ariʃta für
einer ʃey? Nemlich der Weiʃen ihr Sal artis mirificum,
als aller Vegetabilien, Animalien und Mineralien höchʃte
Medicin. Wie beweißlich, wenn es der Vegetabilien
Saamen oder Wurtzel beygebracht, dieʃelbe unglaublicher
maßen davon wachʃen, und ʃich vermehren. Und bey

allen

rung über das vorlängsthin außgegangenes (Miraculum mundi intitulirtes Tractätlein¹); 7) Miraculi mundi Continuatio ᵏ); 8) Gründliche und warhafftige Beschreibung, wie man auß den Weinhefen einen guten Weinstein in grosser Menge extrahiren soll ¹);
9)

allen in- und äufferlichen Kranckheiten der Menschen und Viehes, wie sie auch Nahmen haben möchten, vor allen andern Artzneyen Miraculose wircket. Wie dann auch die unvollkommene Metallen realiter nicht allein in Gold und Silber zu verwandeln, sondern auch das feine Gold über seinen natürlichen 24sten auf den 28sten Feuerbeständigen Grad dardurch zu bringen. Und was noch mehr ist aus allen Kräutern ein Natürliches Gold zu ziehen, und ein fixes Gold in ein jedes Kraut wiederum dadurch thun wachsen machen müglich ist. Also ein herrlicher, gloriofer und triumphirender Monarch ist Elias Arista, weniger bekannt Et Artis Salia, vielen genannt. Dieses alles durch die grosse Gnad und Barmhertzigkeit Gottes erfunden, und durch desselben weitere Hülff und Beystand den Freunden Publice zu demonstriren, und wahr zu machen, sich erbietet und darstellet. Amsterdam. 1660. 8. auch im Glauberus concentratus abgedrukt.

i) 8. Amsterdam. 1656. Prag. 1704. auch in Oper. chymic. S. 171-201. und im Glauber. concentrat. abgedrukt.

k) darinnen die gäntze Natur entdecket, und der Welt nackend und bloß für Augen gelegt, auch klärlich und außführlich bewiesen und dargethan wird, daß auß dem Salpeter aller Vegetabilien, Animalien und Mineralien höchste Medicin zu bereiten müglich: dahero billich und rechtmässiger Weise das wahre Subjectum, Solvens oder Menstruum universale (trotz allen Farnerischen Ignoranten!) mag oder kan genennet werden. 8. Amsterdam. 1657. Prag. 1704. auch in Oper. chym. S. 202-292. und im Glauber. concentrat. S. 364. abgedrukt.

l) Erfunden, beschrieben und dem Vaterlande zum besten, an Tag gegeben. Nürnberg. 1654. 8. auch in Oper. chymic. S. 116-126. und im Glauber. concentrat. S. 286. abgedrukt, lateinisch Amstelod. 1665. 8.

9) Pharmacopoea fpagyrica[m]); 10) Erster Appendix
über *Glauberi* Pharmacopoeae fpagyricae. Siebender
Theil;

m) Pars I - VII. Amftelodam. 1654. 8. auch abgedruft in
Glauber. concentrat. S. 1 - 11 - 35 - 58 - 70 - 79 - 104
- 147. und die drei erfte Theile Oper. chymic. S. 1 -
31 - 93 - 115. oder gründlicher Befchreibung, wie man
aus den Vegetabilien, Animalien und Mineralien, auff
eine befondere und leichtere Weife, gute, kräfftige und
durchdringende Arßneyen zurichten und bereiten foll. Er-
fter Theil dem bedürfftigen Menfchlichen Gefchlecht zum
beften befchrieben und an Tag gegeben. Nürnberg. 1654.
8. Ander Theil de Vegetabilium, Animalium, et Mineralium praeparatione per Solvens Univerfale. In welchem klärlich bewiefen und außführlich befchrieben wird,
daß das Nitrum das wahre Solvens Univerfale fey, und
wie alle Vegetabilia, Animalia und Mineralia damit fol-
virt, corrigirt, und ihr gifftige Art und fchädliche Eigen-
fchafft in heylfame Medicamenten gegen vieler ignoranten
Meinung warhafftig transmutirt werden zur Zeugnuß
der Warheit und Dienfte des Nechften wolmeinend an
Tag gegeben. Amfterdam. 1656 8. teutfch, und im gleichen Jahre auch lateinifch. Dritter Theil. Tractirend:
Wie durch das Sal und △ die Vegetabilien, Animalien
und Mineralien Spagyrifch aufs höchfte gewachfen, und
in die allerdurchdringendfte und fchnellwürckendfte Medicamenten können bereitet werden. Amfterdam. 8. 1657.
und lateinifch 1661. Vierter Theil. Tractirend, von den
vier Haupt-Säulen der Arßney, als Schwefel, Vitriol,
☿, ♀. in Specie von der groffen Harmönie zwifchen der obern
elementifchen Sonne und Mond mit dem terrafifchen
☉ und ☽, alfo daß durch das terranifche ☉ und ☽ der
obern elementifchen Sonn und Mondes Kräfften durch
Mittel der aër magnetifcher Weife zu verfammlen, ficht-
lich, greifflich und würcklich darzuftellen möglich, befchrieben. Amfterdam. 8. 1661. auch im gleichen Jahre das-
felbft lateinifch: Fünffter Theil, worinnen von der wahren
Panacea fammt andern hohen noch unbekannten Particu-
lar-Secreten, daburch Wunder, ja faft unglaubliche Dinge in Medicina und Alchymia zu verrichten. Amfterdam.
8. 1663. und im gleichen Jahre dafelbft lateinifch. Sechs-

fter

Theil ᵖ); 11) Zweiter Appendix über den siebenden
Theil deſſen ſpagyriſchen Apotheken °); 12) Dritter
Appen-

ſter Theil, oder neu aufgegangenes Licht und ſtarker
Schlüßel zur Philoſophiſchen Warheit. Tractirende von
dem allergeheimſten Feuer der Weiſen, wie nehmlich ſolches zu Bereitung vieler Königlichen Medicamenten nützlich und bequemlich zu gebrauchen: dann die gifftige ſtin-
ckende, ungeſunde Vegetabilien, Animalien, Mineralia
werden in eine annehmliche heilſame Medicin verwandelt:
die mineraliſchen Sältze, und deren corroſiviſche Spiritus
werden ſüß: die fixe metalliſche Cörper werden zu flüchtigen Geiſtern: die flüchtige Geiſter werden wieder fixe,
und alle Metallen und Gläſer durchdringende tingirende
Cörper ꝛc. Amſterdami. 1664. 8. auch im gleichen Jahre
daſelbſt lateiniſch. Siebender Theil, ausführlich tractirend, wie aus dem Urin des Menſchen der Philoſophorum Secreta zu bereiten, und was für unglaubliche Dinge
damit in Medicina und Alchymia auszurichten: item wie
durch einen ſehr guten Spiritus Vini, oder Spiritum ardentem Frumenti &c. am allerleichteſten, geſchwindeſten
und unkoſtlichſten zu einer wahren Panacea und Tinctur
auf Menſchen und Metallen zu kommen. Aus Erfahrung
geſchrieben. Amſterdam. 8. 1667. und lateiniſch 1668.

n) tractirend wie noch viel mehr größer Dinge durch den
Alcaheſt oder Sal armoniacum Secretum zu wegen zu
bringen, als in bemeldtem ſiebenden Theil Meldung geſchehen: Wie nemlich ein jeder geheimer Mercurius innen
3 Tagen totaliter fix und Feuer beſtändig zu machen:
it. Eine Erklärung, wie der ☿ Vini, als die höchſte
Medicin der Welt, leichtlich dadurch zu erlangen: Item
daß das Secrete Feuer der Weiſen, Ignis Artephii genannt, das höchſte Secretum aller Secreten ſey: Neben
Entdeckung noch mehr anderer hoher Secreten, ſo bißher
noch unbekannt. Amſterdam. 8. 1667. auch abgedrukt in
Glauber. concentrat, S. 117. und lateiniſch 1669. Amſterdam. 8.

o) darinn von weiterm gebrauch unſers Secreten Salis Ammoniaci in Verbeſſerung der geringen Metallen, und inſonderheit vom nutzlichen ausziehen oder Scheiden des

Appendix über den Siebenden Theil dessen Spagyrischen Apotheken [p]); 13) des Teutschlandes Wolfarth [q]; 14)

☉ und ☽ aus dem ♃ gehandelt wird. Nebst einem bericht: Wie per aquam ☿alem ♃is nicht nur aus ☉, sondern auch ♂te und ♀e. Wie auch aus den edlen und unedlen Steinen ihre Tincturen gleichsam in Momento ohne △ und Kosten in Copia zu extrahiren. Amsterdam. 1668. 8. auch abgedrukt in Glauber. concentrat. S. 108

p) darinnen von weitern gebrauch unsers wunderthätigen Alcaheſt oder Salis Ammoniaci Secretiſſimi tractiret wird, und insonderheit wie die Tinctur oder Farb aus dem Gold, Marte und Venere, wie auch allen edlen und unedlen harten Steinen zu extrahiren, und solche Farben hinwieder andern Weissen Metallen und Steinen, solche beständig damit zufärben, und zu verbessern einzuführen sey. Amsterdam. 1668. 8. auch in Glauber. concentrat. S. 143. abgedrukt.

q) abgedrukt im Glauber. concentrat. S. 390-403-419-454-482-494 und in Continuat. Oper. chymic. die zween erste Theile, auch lateinisch unter dem Namen: Prosperitas Germaniae: Erster Theil, darinnen von des Weins, Korns und Holtzes Concertirung, sambt deroselben nutzbarlichern (als bishero geschehen) Gebrauch gehandelt wird. Gott und dem lieben Vatterland zu Ehren, und allen frommen und getreuen Haußhaltern zu guter Lehr und Errinnerung, wolmeinend beschrieben und an Tag gegeben. 8. Amsterdam. 1656. Prag. 1704. lateinisch Amsterd. 1656. Anderer Theil, darinnen begriffen, wie die Mineralien durch das Nitrum zu concertiren, und in metallische und bessere Cörper zu verwandeln. Dem Vaterland und allen Liebhabern der Bergwerken und Metallischen Arbeiten zu gefallen beschrieben und an Tag gegeben. 8. Amsterdam. 1657. Prag. 1704. lateinisch Amsterdam. 1657. 8. Dritter Theil, darinnen gelehret wird, wie und auf was Weise aus unterschiedlichen Subjectis, welche allenthalben zu erlangen, gar leichtlich, und auch in Copia ein guter Salpeter zu bereiten. Ingleichen wie der Salpeter allen Menschen in der gantzen Welt,

14) Appendix über deß Teutschlands-Wohlfarth Fünfften

Welt, niemand ausgenommen, nützlich ist, und seyn
kan, also daß niemand, der seine Hände nur rühren kan,
und solche gebrauchen will, Mangel leiden darff. Neben
kurtzer Erklärung oder Auslegung der Prophezeihung
Paracelsi, wie daß nemlichen ein Löw von Mitternacht
kommen, eine Monarchie und gute Polizey anrichten, und
er Paracelsus in seinem Grab nicht gelassen, auch grosse
Schätze erfunden werden sollen.   Wie dann auch was
dieser Elias Artista, davon Paracelsus und andere geweiß-
saget, welcher zu den lezten Zeiten kommen, und grosse
Secreta offenbahren solle, für einer seyn werde, dem
Menschlichen Geschlecht zum besten, als ein hellscheinendes Licht auf dem Leuchter gestellt, und an Tag gegeben.
8 Amsterdam. 1659. Prag. 1704. Vierter Theil, darinnen viel herrliche und nützliche Dinge dem Vaterland
zum besten bekannt gemacht werden, und neben Bereitung guter kräfftigen metallischen medicinalischen Con-
fecturen, auch güldische Geträncke zu bereiten gelehret
wird.   Samt beygefügten Tractätlein, oder Bekanntmachung meines Laboratorii, und was für Wunderbarliche,
jedermann hochnutzliche, bishero aber gantz unbekannte
Secreta dem Menschlichen Geschlecht zum besten darinn
dociret, und demonstriret werden sollen. Gott zu Ehren
und dem Vaterland zu Dienste beschrieben und an Tag
gegeben. 8. Amsterdam. 1659. Prag. 1704. Fünffter
Theil, darinnen gründlich und außführlich tractiret wird,
was Alchymia sey, und wie durch dieselbe an allen Orten
Teuschlandes grosser Nutzen geschafft werden könnte,
gleichsam mit Fingern gezeigt wird.   G o t t a l s G e-
b e r a l l e s G u t e n zum vorderſten, wie auch allen hohen Häuptern deß lieben Vaterlandes zu Ehren und allen
frommen und getreuen ingesessenen Unterthanen gegen
alle deroselben außländischen Feinden, zu grosser Hülffe
und Beystand, als ein getreues Land-Kind in Ablegung
gebührender Schuldigkeit, wohlmeinend beschrieben und
an Tag gegeben. 8. Amsterdam. 1660. Prag. 1704.
Sechster und Lezter Theil, darinnen nicht nur diejenige
Stücke, so in dem Fünfften Theil allbereit bekandt gemacht, noch mehrers erläutert, sondern auch, was noch
wei-

ten Theil ¹); 15) Trost der Seefahrenden ²); 16)
Tractatus de medicina univerſali ſive auro potabili
vero ²); 17) Tractatus de ſignatura Salium, Metallorum

weiters zur Defenſion deß Vaterlandes gegen dem Türcken
das allernöthigſte zu wiſſen, offenbahret wird. Neben
Beyfügung handgreifflichen Beweiß, daß die Transmutation der geringen Metalle in beſſere, durch Saltz und
Feuer ſowohl Particulariter, als auch Univerſaliter wahrhafftig. Und wie die Warheiten ein jeder, der nur ein
wenig mit Feuer umzugehen weiß, innerhalb vier und
zwantzig Stunden lang Zeit, ſehen und erfahren möge.
Den unglaubigen Thomas-Brüdern ihren Zweiffel dadurch zu benehmen, und ihnen den Glauben in die Hände
zu geben, wohlmeinend beſchrieben und an Tag gegeben.
8. Amſterdam. 1661. Prag. 1704.

r) darinnen die in demſelben fünfften Theile drey promitir-
te Real-Stücke dem gantzen Vaterland zum beſten außführlich beſchrieben, und mit gutem Nutzen werckſtellig
zu machen geleh̄ret wird. Neben beygefügter Explication über einige duncklen Oerter, welche in Teutſchlands-
Wohlfarth dritten und vierdten Theil, wie auch erſten
Centuria begriffen. Gott zu Ehren, daß gute zu vermehren, und dem böſen daburch zu wehren. Treuhertzig
beſchrieben, und an den Tag gegeben. 8. Amſterdam.
1661. Prag. 1704.

s) darinnen gelehret und angewieſen wird, wie ſich die
Seefahrende vor Hunger und Durſt, wie auch ſolchen
Kranckheiten, ſo ihnen auff langwiriger Reiſe begegnen
möchten, vorſorgen und bewahren können. Allen denen,
welche dem Vaterland zum beſten, die groſſe und lang-
wierige Seefahrten gebrauchen, zu Lieb, Hülff, Troſt
und Laabſal wolmeinend beſchrieben und an Tag gegeben.
Amſterdam. 1657. 8. auch in Oper. chymic. S. 531-
574. und im Glauber. concentrat. S. 501. und zu Amſterdam im gleichen Jahre und Format mit der Auffſchrift:
Conſolatio navigantium &c. auch lateiniſch abgedrukt.

t) oder ausführliche Beſchreibung einer wahren Univerſal-
Medicin, wie auch deroſelben wunderbarlichen groſſen
Krafft

rum et Planetarum ⁿ); 18) Tractatus de natura salium ˣ); 19) Reicher Schatz- und Sammel-Kasten oder

Krafft und Wirckung, welche dieselbe bey den Vegetabilien, Animalien und Mineralien erweiset, der jetzigen blinden Welt als ein hellscheinendes Licht die finstere Sophisterey dadurch zu erkennen, und von der Warheit zu unterscheiden, vor Augen gestellet: Wie auch allen verlassenen Krancken zu einem Trost und äusserster Hülff und Labsal wolmeinend beschrieben und an Tag gegeben. Amsterdam. 8. 1657. (nach Lenglet du Fresnoy 1653. nach dem Beytr. zur Gesch. der höhern Chemie 1658.) auch im Glauber. concentrat. S. 594. abgedrukt.

u) Oder gründlicher Unterricht, wie oder auff was Weise man gar leichtlich nicht allein der Salien, Metallen und Planeten, sondern auch der Wörter und Nahmen, ihre verborgene Kräfften, Bedeutung, Natur und Eigenschafften, nicht auß Büchern, oder Schrifften, sondern bloß und allein auß deren signatur, durch einen Circulum und Quadranten, erlernen und außrechnen kan. Der Wunderwercken Gottes Liebhabern zu gefallen beschrieben und an Tag gegeben. 8. Amsterdam. 1658. Prag. 1703. auch Oper. Chymic. S. 512-530. und Glauber. concentrat. S. 528. abgedrukt.

x) oder außführliche Beschreibung, deren bekanten Salien, unterscheiden Natur, Eigenschafft, und Gebrauch, und absonderlich von einem der Welt noch ganz unbekantem wunderlichem Saltze, dadurch alle verbrenliche Vegetabilische, Animalische und Mineralische Subjecta, ohne Abgang ihres Gewichts, noch Veränderung deren Formen, und Gestalten, in harte unverbrennliche Cörper zu verwandeln. Neben Gründlichem Beweiß, daß das Saltz (nechst Gott und Hülffe der Sonnen) der ewige Anfang oder Ursprung, wie auch Fortpflantzung, und Verwahrung aller Dingen, und der grösseste Irrdische Schatz und Reichthumb der Welt auß ihme zu bringen. Amsterdam. 1658. 8. auch in Oper. chymic. S. 441-512. und Glauber. concentrat. S. 510. abgedrukt, in lateinischer Sprache. Amstelodami. 1659. 8.

oder Appendix generalis ᵞ); 20) Libellus ignium:
Oder Feuer-Büchlein ᶻ); 21) Libellus dialogorum,
oder Gespräch-Büchlein, zwischen einigen Liebhabern
der

y) Amsterdam. 1658. 8. auch im Glauber. concentrat. S.
711 - 760 - 794 - 850. aller bißher herausgegebenen
Schrifften, welcher alle dunckele und schwer-verständige
Philosophisch-Medicinisch- und Chymische Oerter derselben erkläret, und das, was mangelt, ersetzet, also, daß
auch sogar Bürger und Bauren werden begreiffen können,
wie Glauber die nackte Wahrheit geschrieben, und die
edle Alchymie auß der Finsterniß ans Licht gebracht habe:
Alles zu Gottes hoher Ehre der Wahrheit Schutz, und
der armen Nothleidenden Trost: in X Centurien einge-
theilt: Auch mit der Ueberschrift, Erste Centuria, darinn dessen vorlängst in Druck gegebene Schrifften besser
erkläret, und die darinn enthaltene Warheit handgreifflich dargeleget wird. Zur Verwahrung des Lichts und
Vertreibung der Finsterniß vom Authore wohlmeinend beschrieben und an Tag gegeben. Amsterdam. 1660. 8. auch
lateinisch eben daselbst in gleichem Format und Jahre mit
der Aufschrift: Arca Thesauris Opulenta, sive Appendix generalis omnium Librorum hactenus editorum &c.
opes — in Decem Centurias distributum. Reichen Schatz-
und Sammel-Kastens Oder Appendicis generalis zweite
Centuria. Amsterdam. 8. 1660. auch lateinisch mit der
Aufschrift: Opulenti, Thesauri et Arcae Thesaurariae,
sive Appendicis generalis. Centuria secunda ebendas.
in gleichem Format. 1661. Continuatio Centuriarum,
nemlich die Dritte, Vierdte und Fünfte Centuria, darinnen viel nutzenbringende Chymische Secreta entdecket.
Gott zu Ehren und dem menschlichen Geschlecht zum besten an Tag gegeben. Amsterdam. 1668. 8.

z) darinnen von unterschiedlichen fremden und biß dato
noch gantz unbekandten Feuren gehandelt: Wozu sie dienen, und was für unglaubliche Dinge und unausssprech-
licher Nutzen, dem Menschlichen Geschlecht dadurch kommen und zu wegen gebracht werden können. Zu Gottes
Ehre und Dienste des Nechsten, wohlmeinent beschrieben
und an Tag gegeben. 8. Amsterdam. 1663. Prag. 1703.
auch abgedruft in Glauber. concentrat. S. 550.

der Hermetischen Medicin, Tincturam universalem, betreffend [a]); 22) Explicatio, oder Außlegung über die Worte *Salomonis*: In Herbis, Verbis et Lapidibus, Magna est Virtus [b]); 23) Novum Lumen chimicum: Oder eines neu-erfundenen und der Welt noch niemalen bekandt gemachten hohen Secreti Offenbarung [c]); 24) Von den dreyen Anfängen der Metallen, als Schwefel, *Mercurio* und Salz der Weisen [d]); 25) Kurtze Erklährung über die höllische Göttin Proserpi-

a) den wahren Liebhabern gutther Medicin, zu gefallen beschrieben und an den Tag kommen lassen. 8. Amsterdam. 1663. Prag. 1703. auch im Glauber. concentrat. S. 538. lateinisch Amstelod. 1663. 8.

b) Samt beygefügtem Tractätlein de quinta Essentia Metallorum, dem Liebhaber göttlicher und natürlicher Wunder-Wercken zu gefallen beschrieben, und allhier vor Augen gestellet. Amsterdam. 1663. 8. auch im Glauber. concentrat. S. 688. lateinisch Amstelodami. 8. 1664. und 1675.

c) Dardurch der blinden Welt ein klabres und unauslöschliches Licht vor Augen gestelt, und handgreifflich gezeiget wird, daß in der gantzen Welt, so wohl in den kalten, als hitzigen Landen allenthalben gut Gold zu finden, und mit Nutzen herauß zu ziehen; Also daß man an allen Orten, da nur Sand und Steine seyn, keinen Fuß setzen kan, da nicht nur Gold, sondern auch die warhafftige Materia Lapidis Philosophorum zu finden. Gott zu Ehren und vielen Tausenden Armen zu Trost beschrieben, und bekandt gemacht. Amsterdam. 1664. 8. auch im Glauber. concentrat. S. 563. abgedrukt, lateinisch Amstelodam. 1664. 8. und vermuthlich mit der Auffschrift: Golden Ast, to get Gold from Stoner, Sand &c. 8. auch ins englische übersezt.

d) wie dieselbige in Medicina, Alchymia und andern Nebenkünsten zu gebrauchen: Beschrieben und an Tag gegeben. Amsterdam. 1666. 8. auch im Glauber. concentrat. S. 573. abgedrukt, lateinisch Amstelod. 1667. 8.

ſerpinam, Plutonis Hausfrauen ᵉ); 26) De tribus Lapidibus Ignium Secretorum. Oder von den drey Aller-
edelſten Geſteinen, ſo durch drey ſecrete Feuer gebohren
werden ᶠ); 27) Colloquium nuncupatorum. Interlo-
cutores *Bonus* et *Lacinus* ᵍ); 28) De Elia Artiſta ʰ);
29)

ᵉ) was die philoſophiſche Poëten, als Ovidius, Virgilius,
und andere dardurch verſtanden haben, und wie durch
Hülff dieſer Proserpinae die Seelen der abgeſtorbenen
metalliſchen Leibern auß der Chimiſchen Höllen in den
philoſophiſchen Himmel geführet werden. Allen Liebhabern, der unbetrüglichen Alchimiae zu gefallen beſchrieben und an Tag gegeben. Amſterdam. 1667. 8. auch im
Glauber. concentrat. S. 607. abgedruckt.

ᶠ) Und Erſtlich von dem Lapide Philoſophorum, welcher
durch das ſecrete Feuer der Weyſen, insgemein Ignis
Artephii genandt, bereitet wird. Zum Andern, von
dem Obern: Und untern Donnerſtein, wie dieſelbe von
dem Obern Meteoriſchen und untern künſtlichen ſecreten
Feuer generiret werden. Und zum Dritten wie deß
Baſilii ſtein Ignis aus dem Antimonio durch Kunſt zu
bereiten ſey. Und wie ſolche drey alleredelſte Steine der
Welt in Medicina, und auch Alchimia zu gebrauchen.
Allen Liebhabern der Göttlichen, und natürlichen Wunderwercken zu gefallen, gründlich beſchrieben und an Tag
gegeben. 8. Amſterdam 1667. und 1668. Prag. 1703.
auch abgedruckt im Glauber. concentrat. S. 664.

ᵍ) 8. auch abgedruckt im Tr. de tribus lapid. ign. ſecret.
S. 80 ꝛc.

ʰ) Oder waß Elias Ariſta für einer ſey, und waß er in der
Welt reformiren, oder verbeſſern werde, wann er kommt?
nemlich: die wahre Spagiriſche Medicin, der alten ägyp-
tiſchen Philoſophen, welche mehr als tauſend Jahr ver-
lohren geweſt, und Er wiederum herfürziehen, ſolche
renoviren, und durch neue inventiones herrlich illuſtri-
ren, viel untüchtiges Sudelwerck abſchaffen, und einen
näheren, und beſſeren Weg, dardurch viel leichter, und
auch unkoſtlicher (als bißhero geſchehen), zu guter Medicin zu gelangen, Er mit ſich bringen, und ſolchen der

29) De Purgatorio Philosophorum oder von dem Fegfeuer der Weysen ¹); 30) *Glauberus* concentratus,
oder Laboratorium Glauberianum ᵏ); 31) De igne
Secreto

jetzigen verirreten Welt zeigen wird. Der Edlen und
unbesudelten Reinen Spagyrischen Medicin Liebhabern zu
gefallen, beschrieben und an Tag gegeben. Amsterdam.
1668. 8. auch im Glauber. concentrat. S. 634. abgedr.

i) dadurch die Philosophi ihre Mineralische, Animalische
und Vegetabilische Subjecta purgiren und aufs allerhöchste
reinigen, Universalia Medicamenta auf Menschliche und
auch Metallische Leiber darauß zu bereiten. Welches
Fegfeuer von den alten Philosophis *Ysopaica* genannt worden: welches so viel als Ars Lavandi per Ignem; oder
eine Kunst durch Feuer zu Waschen zu sagen ist: Nebst
beygefügten unterricht, wie auß allen Metallen und Mineralien durch Hülffe des Salis Mundi ein lebendiger
Mercurius in Copia zu bereiten sey. Gott zu Ehren, den
Adeptis, und Filiis artis zu gefallen beschrieben und an
Tag gegeben. Amsterdam. 1668. 8. auch im Glauber.
concentrat. S. 621. abgedrukt.

k) darinnen die Specification, und Taxation deren Medicinalischen, und Chymischen Arcanitäten, welche in ermeld-
tem Laboratorio, von viel Jahren zu Jahren nach einander bereitet: und jetzunder nach abgeschafften Laboratorio, an die begehrende zu distribuiren noch übrig, begriffen. Samt aller deren künstlichen Oefen, und Instrumenten, welche im Laboratorio gebrauchet, und viel
gutes darmit verrichtet worden: nunmehr aber man deren nicht länger von nöthen hat, sollen sie neben andern
Raritäten, und vielerhand Mineralien, als da seyn, Gold,
Silber, und anderer Metallen, Ertzen und Handt Steinen, wie auch mancherley Materialien zum laboriren nöthig; Gleicherweise den begehrenden gegen ein billiges
überlassen werden. Durch den *Authorem* und Besitzer
obgedachter Raritäten, den unwissenden zur Nachricht beschrieben und an Tag gegeben. Amsterdam. 1668. 8. sehr
wohl vom oben erwähnten, schon oft angeführten, viel
später von einem Ungenannten herausgegebenen Glauber.
concentrat. zu unterscheiden, in welchem diese letzere etwas gleichnamige Schrift S. 701. wieder abgedrukt ist.

Secreto Philosophorum. Oder geheimen Feuer der Weisen [l]); 32) De Lapide Animali, oder von dieser Animalischen Materie, oder Subjecto [m]); 33) curieuser Tractat vom Gebrauch und Nutzen des Weins, Korns und Holtzes [n]); 34) Testimonium veritatis [o]; 35) *Glauberus* redivivus [p]); 36) De signatura Vegetabilium Animalium et Mineralium [q]).

Die

l) dadurch die Philosophi nicht allein ihre Universal-Medicin gegen alle natürliche Kranckheiten des Menschen ausgezeitiget, sondern auch particulariter alle geringe Metallen in Gold und Silber mit grossen Nutzen figirt und Cupellen beständig gemacht haben. Allen Liebhaben der göttlichen und natürlichen Weißheit zu gefallen beschrieben und bekandt gemacht. Amsterdam. 1669. 8. auch im Glauber. concentrat. S. 650. abgedruckt.

m) Welche Gott im Paradeis dem *Adamo* und *Evae* als ein göttliches Patrimonium oder Mitgabe eingepflantzet, welche Er nach seinem Fall in der Außtreibung des Engels behalten, und mit sich aus dem Paradeis gebracht: und nach seinem Todt auch wiederum mit sich in das Grab oder Erden (davon er gemacht war) genommen hat. Was es eigentlich für ein Materi sey, und wie eine wahre Universal-Medicin darauß bereitet werden könne. Gott zu Ehren und vielen tausenden Menschen Erleuchtung wolmeinend beschrieben, und an des Tages Licht gebracht. Amsterdam. 1669. 8. auch im Glauber. concentrat. S. 676. wieder abgedruckt.

n) Gott und dem lieben Vaterlande zu Ehren und allen frommen und getreuen Wein-Händlern, Bier-Brauern, Korn- und Holtz-Händlern zu guter Lehr und Erinnerung wohlmeinend beschrieben und an Tag gegeben. Amsterdam. 1680. 8. Eigentlich nichts anders als Teutschlands-Wohlfahrt Erster Theil.

o) wird erwähnt in Bibliotheca Chemica Rothscholziana. Nürnberg und Altdorf. 8. Drittes Stuck. 1727. S. 146.
p) Ebendas.
q) ist zwar tract. de signatur. sal. S. 42. versprochen; ob es aber wirklich herausgekommen, zweifle ich.

Die Schwachheit, mit geheimen Arzneimitteln zu
pralen und sie auszubieten, hatte übrigens Glauber
mit manchen andern seiner Zeitgenossen gemein, die
seine anderweitige wahre Verdienste um die Aufhellung
und Erweiterung der Scheidekunst nicht hatten; der
englische Ritter Kenelm Digby aus Buckingham,
der am Hof König Karls I. und II., und schon unter
der vorhergehenden Regierung eine glänzende Rolle
spielte, und 1665 in einem Gefechte gegen die Türken
blieb, hinterließ solche in diesem Zeitalter und noch
lange nachher von vielen geschäzte Sammlungen von
medicinischen und ökonomischen Geheimnissen [r]), die
frei-

___

r) 1) Receipts in physic and surgery. London. 1665. 8.
1668. 12.   2) Choice experiments and receipts in Physik
and Chirurgery, as also cordial ard diftilled waters and
spirits, Perfumes and othes Curiofities., translated by
G. Hartmann London. 8. 1668. auch mit der Ueberschrift: Hartmann's choice Collection of Chymical Secrets. 1682. 8. auch ins teutsche übersezt Hamburg. 1684.
8. mit der Aufschrift: Philosophische Geheimnisse und
chymische Experimenta. und Außerlesene seltzame, Philosophische Geheimniße und Chymische Experimente, wie
auch sonderbare und zuvor nie eröffnete Arzneyen, Men-
strua und Alcahefte, sampt dem wahren Geheimniß, das
Sal Tartari flüchtig zu machen: Welche alle von — —
Kenelm Digby — — mit aller Mühe und Fleiß
zusammengelesen und bishero nach seinem Tode verborgen
gehalten, jezo aber dem gemeinen Beften zu Nutze ans
Tages Licht gebracht worden durch G. Hartmann.
Aus der Englischen in die Deutsche Sprache zum ersten
mahl übersetzet von J. L. M. C.   3) Clofet opened,
whereby is difcovered several ways for making of me-
theglin, Sider, Cherrywine &c. together with excellent
directions for cookery. As alfo for Preferving, Con-
ferving, Candying. London. 166 . . 8.   4) Medicina
experimentals. Francof. 8. 1670. 1676. und 1681. teutsch
übersezt durch M. A. Hyrin. 8. mit der Aufschrift:
aus-

freilich auf der einen Seite seinen Eifer Gutes zu thun,
aber auf der andern auch seine Leichtglaubigkeit an den
Tag legen: Sylv. Rattray, ein Arzt zu Glasgow,
eine Sammlung von sympathetischen und antipathei
schen, auch einigen chemischen Geheimnissen ⁵); Ralph
Wils

auserlesene und bewährte Arzneymittel aus — — Dig⸗
by — — Manuscriptis zusammengebracht, welchem auch
einige, so sonsten von vornehmen Personen herkommen,
und gleichfalls bewährt seynd, beygefüget worden. Samt
etlichen andern angehängten Experimenten und Secreten.
Heidelberg. 1672. Frankfurt. 1672. 1676. 1681. 1687.
5) Recueil des remedes et secrets tirés des mémoires du
Ch. *Digby*, avec plusieurs autres secrets et parfums très
experimentés par J. *Malbec* de *Trevel*. à Paris. 1669. 8.
1669. und 1684. 12. à Bruxelles. 1683. auch mit dem
Zusaz secrets pour conseruer la beauté des Dames. 1715.
8. à la Haye. 1700. und mit dem so eben erwähnten Zu⸗
saze 1715. 8. Unter der Aufschrift: Nouveaux et rares
secrets et un discours touchant la guérison des playes
par la poudre de sympathie. Anvers. 1678. 8. und mit
der Ueberschrift: *Malbec de Trefel* Rémédes experimentés en Medecine et Chirurgie. à Paris. 1683. 8. 6) Er⸗
öffnung unterschiedlicher Heimligkeiten der Natur, wobey
viel scharffsinnige, kluge, wolerwogene Reden von nützli⸗
chen Dingen, jedermann dienlich, die gleiche Artung der
Natur entdeckende klar und ausführlich beygefüget, und
vornemlich von einem wunderbahren Geheimniß in Hei⸗
lungen der Wunden, ohne Berührung, vermög des Vitrioli, durch die Sympathiam, Discurs - weise gehalten in
einer hochansehnlichen Versammlung zu Montpelier in
Frankreich. In das Teutsche übersetzet von M. A.
Hupka. 8. Zweyte Edition. Franckfurth. 1661. Fünffte
Edition. Frankfurt. 1700. Siebende Edition. Ratze⸗
burg. 1718.
s) Aditus novus ad occultas sympathiae et antipathiae
causas inveniendas per principia philosophiae naturalis
ex fermentorum anatomia hausta patefactus. Glasgoae.
1658. 8. Tubing. 1660. 12. Norib. 1660. 12. 1662. 4.

Williams gab schöne physical rarities [t], T. Arnould seine remedes souverains [u], Ludw. Locatelli von Bergamo sein Theatr. d'arcani chimici [x], der bolognesische Lehrer Bened. Mazotta seinen L. de triplici philosophia [y], der römische Mönch Domin. Auda Latoscan sein breve compendio di maravigliosi secreti [z], Martin Schmucker seinen Secretorum naturalium chymicorum et medicorum thesauriolum [a], und sein aerarium chymicum [b], Isr. Hiebner sein mysterium metallorum herbarum et lapidum [c], mit einer Fortsezung [d], A. Kerner seine Schrift vom vegetabischen oder Schwefelbalsam [e], Balth. Schnurr von Landsidel sein Kunst-

und

t) containing the most choice receipts of physik and chirurgery for the cure of all diseases with the physical of Hermes trismegistus. London. 1657. 8.

u) revelation charitable de plusieurs remedes souverains contre les plus cruelles et perilleuses maladies. Lyon. 1651. 12.

x) 8. Milano. 1648. und 1667. à Venezia. lateinisch Francof. 1656. 8.

y) naturali, astrologica et minerali. Bonon. 1653. 4.

z) medicinali, chimici ed altri. Rom. 8 1655. und 1660. 12 Turin. 1665. Milan. 1666. Venez. 1663. 1669. 1676. 1686. 1692. 1716.

a) 8. Schleusing. 1637. Norib. 1652. 1653.

b) 1686. 12.

c) oder vollkommene Cur aller Kranckheiten, Schäden und Leibes- auch Gemüthsbeschwerungen ohne Einnehmung der Arzney. Erfurt. 1651. 4. englisch 1698. 8.

d) Continuatio mysterii metallorum, herbarum et lapidum. Erfurt. 1653. 8.

e) so zu vielen Krankheiten nützlich zu gebrauchen. Cassel. 1651.

und Wunderbüchlein [f]), Georg Hier. Welsch von
Augsburg seine Hecatostea II. observationum physico-
medicarum [g]), worinn mehrere dergleichen Arzneien
beschrieben sind, und seine bewährte Arzneimittel [h]),
ein ungenannter englischer Arzt Chymical medical and
chirurgical adresses made to Sam. *Hartlib* [i]), ein an=
derer die geheime Arzneien der Gräfin von Kent [k]),
ein dänischer Schriftsteller ein Kunstbuch über allerlei
Apotheker= und Speisewaren [l]), und noch ein anderer
A. P. F. B. ein Werk von menschlichen Künsten und
Wundern der Natur in Sina und Europa [m]) heraus.

In Spanien stand noch immer die Anhänglichkeit
an die arabische Arzneikunde der Einführung der chemi=
schen Arzneien in die Apotheken im Wege: Steph.
Villa [n]), Mich. Martinez y Leache [o]), J. Laz.
Hu=

f) Frankfurt 8. und mit der Ueberschrift: Vollständiges
   Kunst= Haus= und Wunderbuch. 1676. und 1690.

g) Auguſt. Vindel. 1675. 4.

h) Basel. 1704. 4.

i) London. 1655. 8.

k) Counteſſ of Kent choice manual or rare and ſeleƈt ſecrets in phyſik and chyrurgery. London. 1659. 12. ed.
   17th. 1676. 24.

l) En liden artig Konſtbog om abſkillige Confect, Electuariis,
   Conſerver, Syruper ꝛc. om Aeddike, Oel at brygge ꝛc.
   Kiöbenhavn. 1649. 4. 1733. 8.

m) Artificia hominum et miracula naturae in Sina et Europa. Francof. Vol. I. II. 1655. 12. teutſch mit der
   Ueberschrift: Abendtheuer von allerhand Mineralien,
   Wurzeln, Kräutern, Stauden, Blumen, Thieren, Vö=
   geln, Fischen, Bergen, Brunnen, Flüssen, Gebäuden
   und Sitten. Frankfurt. 1656. 4.

n) Eſame de boticarios. Brugis. 1637. 4.

o) I) de vera et legitima aloës eleƈtione juxta *Meſues*
   tex-

Gutierrez [p]), auch der ficilianifche Arzt Auguftin
de Laurentio [q]), der Arzt zu Montpellier Karl
Barbeirac [r]), und J. Dav. Lucanus [s]) hielten
fich noch ganz an die Araber und Galen; der leztere
fand vornemlich an den franzöfifchen Aerzten, als:
Karl Guillemeau und J. B. Moreau [t]), Joh. de
Montigny und Rob. Fatio [u]), Jf. Perreau [x]),
J. Merlet [y]), Gabr. Fontain (Fontanus) [z]),
Claud.

textum. Pamplona. 1644. 12.   2) Pharmacopola donde
fe expuene las preparationes y eleciones di Mefue.
Pamplon. 1650. 4.

p) febrilogia, lectiones Pincianae, practicum opus ad
Hippocratis mentem *Galeni* faporem et *Avicennae* judicium Lyon. 1668. fol.

q) Difceptationum medicarum Decas I. Panorm. 1652. 4.

r) Medicamentorum conftitutio f. formulae edit. et auctae
a D. M. Monfpelienfi (Jac. *Farjon*) Lyon. 8. 1751.
1760.

s) Pharmacopoea in qua repofita funt ftercora et urinae.
Norimb. 12. 1641. 1644.

t) 1) Queftion medicale à l'ecole de medécine. La methode
d'Hippocrate eft elle la plus certaine, la plus fûre, et
la plus excellente de toutes à guérir les maladies avec
des obfervations fur les points les plus importans.
Oder E. Hippocratica medendi methodus omnium rectiffi-
ma, tutiffima, praeftantiffima. Paris. 1648. 4.

u) Ergo ridicula, commentitia et chimaerica chymicorum
principia. Parif. 1649.

x) Rabbatjoye de l'antimoine triomphant ou examen de
l'antimoine juftifié de M. *Renaudot*. à Paris. 1654. 4.

y) 1) Remarques fur le livre de l'antimoine de l'Eufeb.
Renaudot. à Paris. 1654. 4.   2) Paraenefis ad medicos
antimoniales ex libro *Galeni* περι πτισανης. 1655.

z) De Veritate Hippocraticae Medicinae firmiffimis ratio-
num et experimentorum momentis ftabilita et demon-
ftrata,

Claud. Germain ᵃ), Corneau Caupin ᵇ), und
61 andern parisischen Aerzten ᶜ), an Georg Kirsten
zu Stettin ᵈ), Valent. Andr. Möllenbrök ᵉ), an
dem ulmischen Arzt Augustin Thoner ᶠ), dem altdor:
fischen Lehrer Jak. Pankrat. Bruno ᵍ), an dem so:
lothurmischen Arzte Joh. Jak. Scharandäus ʰ),
und an dem Venetianer Jul. Milli ⁱ) warme Ver:
thei:

strata, seu Medicina Anti-Hermetica. In qua Dogmata Medica Physiologica, Pathologica et Therapeutica,
contra *Paracelsi* et *Hermetic*orum placita clarissime pro-
mulgantur, non rejectis Chymicorum inventis ad Hippocraticam artem conferentibus. Lugd. 1657. 4.

a) Orthodoxe ou de l'abus de l'antimoine necessaire pour
ceux, qui donnent ou prennent le vin et poudre éme-
tique. Paris. 1652. 4.

b) La stimiomachia ou le combat des medecins sur l'antimoine. Poéme Paris. 1656. 8.

c) Legende des 61 Docteurs, qui ont declaré leur senti-
ment sur l'antimoine. Paris. 1652. 12.

d) 1) Medicaster s. de erroribus et ineptiis medicastro-
rum Stettin 1648. 4. 2) Adversaria in J. Agricolae
comment. in *Poppium*, darinn der falsche Gebrauch der
chymischen Arzneyen wiederlegt wird. Stettin. 1648. 4.

e) De cochlearia. Lips. 1674. 8.

f) vornemlich in seinen epistolis: de admirandis convul-
sivis motibus l. IV. morborum historiae cum symptomatibus et prospero medendi successu. Acc. Consulta-
tion. et epistol. I. II. Ulm. 4. 1651.

g) Dogmata medicinae generalia in ordinem redacta. Norimb. 1670. 8. 1682. und 1688. 4. Lips. 170..

h) 1) Ratio conservandae sanitatis. Amsterd. 1649. 8.
2) Modus et ratio visendi aegros. Solodur. 1679. 8.
Erford. 1749. 4.

i) Naturae morbos decernentis arcanum opus. Venet.
1654. 4.

Tt 5

theidiger, welche die Freunde der chemischen Arzneien mit mehr oder weniger Heftigkeit verfolgten.

Dessen unerachtet fanden diese immer mehr Beifall: selbst Kaiser Rudolph II. hatte seine Hausapotheke, welche grosentheils aus solchen Mitteln bestand, und in diesem Zeitraum öffentlich bekannt gemacht wurde[k]); J. Agricola[l]), Joh. de Bikfai[m]), Georg Detharding[n]), Sauvageon[o]), J. G. Reinhard[p]), Jak. Thevart[q]), J. Müller[r]), Kasp. Cal-

---

k) H. H. J. Schenis Keiser Rudolf II. spagirische Haus- und Reisapothek nebst vielen Arzneystücken und Beschreibung der Kraft des Terpentins. Zürich. 1646. 8.

l) Commentariorum, Notarum, Obfervationum et Animadverfionum in Joh. *Poppii* Chymifche Medicin, darinnen alle Proceſſe mit Fleiß examiniret, und corrigiret, auch mit etlichen neuen Proceſſen vermehret. 4. Th. I. II. Leipzig. 1639. und mit Joh. Helfr. Jüngkens Anmerkungen. Th. I-III. Nürnberg. 1686.

m) de viribus et ufu auri et argent debitè praeparati, das ist: vom Nutz und Gebrauch der wahren Gold- und Silber-Arzneyen, als die aus einer Metallifchen Form in eine würkliche Medicin gebührend gebracht. Nürnberg. 1638. 12.

n) 1) Chymifcher Probierofen des Joh. Agricola. Stettin. 1648. 8. 2) auri invicti invicta veritas. Stettin. 1650. 4. 3) Difcurs vom auro potabili, was es fey, und was es für Eigenfchaften an fich haben müſſe. Stettin. 1642. 8.

o) Traité chymique contenant les préparations, ufages et dofes des plus ufités remedes chymiques. 1654. 12.

p) Chymiam ut quartam medicinae columnam orationis loco repraefentat et typis excudi curat. Lipf. 1654. 4.

q) Apologia approbatoria ftibii, f. carmen elegiacum ἀμοιβοιον, in quo probatur, ftibium non effe venenum. Parif. 1655.

r) Miracula chymico-medica. Amfterd. 1656. 8.

Caldera de Heredia ^{s}), der anhaltische Arzt J. Fr. Helvetius zu Köthen ^{t}), Vinc. de Carellis ^{u}), Euf. Renaudot ^{x}), J. Rud. Glauber, und andere bereits erwähnte Männer priesen sie, und vornemlich diejenige, die aus Gold bereitet waren, desto lebhafter an.

Wirklich nahmen sie, wenigstens einen Theil derselbigen, in Gesellschaft der sogenannten Galénischen Mittel unparteiische Aerzte auf; Pet. Borel von Castres ^{y}), der bereits die fällende Kraft, welche die arsenikalische Schwefelleber auf Bleiauflösungen äusert, mit allen ihren Erscheinungen, und die darauf sich gründende sympathetische Tinte kannte, und von einem Apotheker zu Montpellier Brossan erfahren hatte ^{z}), und

sich

s) Tribunal Apollini sacrum, Medicum, Magicum et Politicum. L. XII. Auxiliorum chymicorum judicium aequa lance libratum. Lugd. Bat. 1658. fol.

t) Beryllus medicus, ein Edelgestein der Arzney. Heidelberg. 1661. 8.

u) De auri essentia, ejusque facultate in medendis morbis. Venet. 1646. 8.

x) De l'antimoine justifié et triomfant. Paris. 1653. 4.

y) 1) Hortus f. armamentarium simplicium, mineralium, plantarum, animalium ad artem medicam utilium. 8. Castris. 1666. Paris. 1667. 2) Historiarum et observationum medico-physicarum Centuriae IV. in quibus non solum multa utilia, sed et rara, stupenda et inaudita continentur. Accesserunt If. *Cattieri* obff. medicinales rarae, D. *Borello* communicatae et Ren *Cartesii* vita Francof. 1652. 1653. 12. Parif. 1656. 1657. Hag. Comit. 1656. Francofurt. et Lipf. 1670. 1675. 1676. 1678. 8.

z) Unter dem Namen Aquae magneticae e longinquo agentes: Historiar et observat. Cent. IIda observat. 6. "Stupendus effectus profecto ex aquarum sequentium pugna

sich auch durch sein freilich unsicheres Verzeichnis alche=
mischer Schrift bekannt gemacht hat ᵃ), Frid. Hoff=
mann, der ältere dieses Namens ᵇ), Nik. Balth.
Menz ᶜ), der Königl. französische Arzt Joh. Chi=
cot ᵈ), Nik. Chesneau ein Arzt zu Marseille ᵉ),
                                                der

na oritur, sic autem fiunt: Calx viva in aqua communi
extinguatur, et in eam dum extinguitur, auripigmentum
injiciatur (haec autem fieri debent, calidis cineribus
suppositis per diem integram) deinde illud filtretur, et
servetur in vase vitreo bene clauso. Postea lithargyrum
aureum tritum cum aceto bulliat in vase aeneo per
sesquihoram, et tandem etiam filtretur per chartam em-
poreticam, et in vase vitreo optime obturato servetur.
Si hac ultima aqua aliquid scribas, penna recenti, invi-
sibilis erit scriptura cum sicca erit, sed si prima aqua
desuper imponatur, statim nigra evadet.   Sed in hac
actione, non situm est miraculum, ast in eo quod licet
innumerae chartae, imo tabula lignea inter scriptum
primum invisibile et ultimam aquam ponatur, actionem
tamen suam peraget et in nigrum colorem scripturam
hanc vertet, scriptu suo ligna et chartas sine ullis actionis suae vestigiis penetrante, quod certe admirandum,
sed pravus odor et stercoraceus, qui ex aquarum illarum actione mutua emergit, multos a tali experientia
deterret, et non parum hujus arcani miram virtutem
imminuit. Ego autem adhuc existimo quod exquisitiore
praepatatione chimica, hoc secretum augere potero,
adeo ut per transversos parietes actionem suam peragere
possit."

a) Bibliotheca chymica, sive Catalogus librorum philosophorum hermeticorum in quo quatuor mille circiter continentur. 12. Paris. 1654. Heidelberg. 1656.
b) Clavis pharmaceutica *Schroederi*. Hal. 1681. 4.
c) Oenopolium polypharmacum, in quo succus selectior
   ad evitandam morborum et symptomatum illuviem ex-
   hibetur. Herbipol. 1652. 4.
d) Epistol. et dissertation. medic. Parif. 1656. 4.
e) Pharmacie historique. Paris. 4. 1660. 1682.

der berühmte englische Arzt Thom. Willis [f]), der
berühmte Zergliederer zu Amsterdam, Ger. Blasius [g]), der stadische Arzt Chrn. Marggraf [h]), der
erfurtische Arzt J. Andr. Graba [i]), auch der Verfasser von het nieuwe verbetred en vermeerderd ligt der
Apothekers en Destillirkonst [k]), Nik. Catanuti [l]),
der pfälzische Arzt und Apotheker J. Zwelffer [m]),
der preußische Apotheker, Paul Guldinius [n]), Theod.
Cor-

f) Pharmaceutica rationalis s. diatriba de medicaminum
operationibus in corpore humano. ins englische übers.
von Portage. London. 1683. fol. latein. Hag. 12.
1675. und 1677. Oxon. 8. 1678. 4. T. I. 1674. II.
1675.

g) Medicina generalis nova accurataque methodo fundamenta exhibens. Amsterd. 1661. 12.

h) Materia medica contracta exhibens simplicia et composita medicamenta officinalia selecta cum viribus, dosibus
methodoque deligendi, praeparandi et componendi. 4.
Amsterd. 1682. Leid. 1716.

i) ελαφογραφια s. cervi descriptio physico-medico-che-
mica. Jen. 1667. 8.

k) Amsterdam. 8. 1653. 1665.

l) Isagogica s. facilis introductio ad universam artis pharmaceuticae praxin. Catan. 1650. 4.

m) 1) Animadversiones in pharmacopoeiam Augustanam
et adnexam ei mantissam s. Pharmacopoeia Augustana
reformata. fol. Vienn. 1652. Norimb. 1657. 1667. 1675.
8. Goud. 1653. Roterod. 1653. 4. Dordrac. 1672. 1693.
1714. 2) Pharmacopoea Regia s. Dispensatorium novum
et absolutissimum, adnexa spagirica muntissa. 4. Vienn.
1652. und cum oper. reliq. 1692. teutsch. Nürnberg.
1692. mit der Ueberschrift: Königliche Apothek rc.

n) Onomasticum latino-Germanico-Polonicum rerum ad
artem pharmaceuticam pertinentium. Regiom. 1643. 4.

Corbejus [o]), der schon erwähnte Lantoscan [p]), und andere, vornemlich auch die Herausgeber von Apothekerbüchern, welche meistens Städten und ganzen Ländern zur gesezlichen Richtschnur dienen sollten, als: des londonischen [q]), des amsterdamischen [r]), des lyonischen [s]), des ryssclischen [t]), des messinischen [u]), des bourdeauxischen [x]), des stralsundischen [y]), des toulousischen [z]), des Apothekerbuches von Valenciennes [a]), des gentischen [b]), eines frankfurtischen [c]), des utrechtischen,

o) 1) Pharmacia simpliam et compositorum bipartita. Francof. 4. 1651. 1656 2) Pharmacia simplicium, in qua simplicia, videlicet vegetabilia mineralia atque animalia officinis usitatiora ex authoribus tum veteribus tum modernis describuntur, adque ad praxin medicam applicantur Cum demonstratione locorum in quibus Icones simplicium descriptorum depictae extant. Francofurt. 1656. 4.

p) Pratica de speziali. Venez. 1736. 8.

q) Pharmacopoea Leidensis. Leid. 1638. 8.

r) Pharmacopoea Amstelodamensis. 1639. 1647. 1651. 12. 1650 4.

s) Pharmacopoea Lugdunensis. 1640. 4.

t) Pharmacopoea Lillensis. Lille. 1640. 4.

u) Petr. Paul Pisani Antidotarium speciale hospitalis nobilis urbis Messanae. Venet. 1642. 4.

x) Pharmacópoea Burdigalensis. Burdigal. 1643. 4.

y) P. Neukranz auctarium pharmacopoeae Stralsundensis. 1645. 12.

z) Pont. Franz Purpanus Pharmacopoea Tolosana. 1648. 8.

a) Pharmacopoea Valentianensis. Valencienn. 1651. 4.

b) Antidotarium Gandavense s. medicamentorum in pharmacopoeis Gandavensibus reperiendorum observata methodus. Gandav. 1652. 4.

c) Pharmacia bipartita. Francof. 1656. 4.

schen [d]), des rotenburgischen an der Tauber [e]), des kopenhagenischen [f]), eines bolognesischen [g]), des gravenhagischen [h]), und des londonischen [i]) befohlen die Bereitung mehrerer derselbigen an.

Wenn man überhaupt aus der Menge der in diesem Zeitraum öffentlich herausgegebenen Apothekerordnungen und Taxen schliesen darf, so mus man glauben, daß sich die Obrigkeiten, in deren Namen sie gröstentheils ausgegeben wurden, diesen Theil ihrer Aufsicht über das Medicinalwesen angelegen sein liesen: So gaben schon 1638 die beide Reichsstädte Hamburg [k]) und Heilbronn [l]), 1644 die Stadt Colberg [m]), 1650 die Stadt Brüssel [n]), und die lausnizische Stadt Budissin [o]), 1655 die Fürsten von Henneberg [p]), und 1657

d) Pharmacopoea Ultrajectina. Ultraj. 1656. 4.

e) Catalogus medicamentorum reipublicae Tauberanae. Rotenburg. 1656. 4.

f) Dispensatorium Hafniense a medicis urbanis et aulicis concinnatum. Hafn. 1658. 4.

g) Alphabeto delle materie spettanti all' arte de speciaria. Bologn. 1658.

h) Pharmacopoea Hagiensis. Hag. 1659. 4. und 12.

i) Pharmacopoea Londinensis collegarum hodie viventium studiis ornata. Lond. 1650. fol. or the London Dispensatory. London. 1659. 8.

k) der Stadt Hamburg erneuerte Apothekerordnung. Hamburg. 4.

l) Apothekerordnung der Stadt Heilbrunn. Heilbronn. 4. 1638. erneuert 1655. 1708.

m) Ordnung und Geseze der Colbergischen Apotheken und aller Materialien und Arzneyen. Altstettin. 1644. 4.

n) Statuta collegii medici Bruxellensis. Bruxell. 1650. 4.

o) Ordnung und Grundtax der Apotheken. Budissin. 1650. 4.

1657 die Stadt Northausen q) Apothekerordnungen, oder doch Verordnungen, welche auch die Apotheker angehen; 1647 die Stadt Basel r) eine Apothekertare, 1652 Strasburg s), und 1659 Rostok t) eine ähnliche, 1644 der Apotheker Saladin zu Strasburg ein Verzeichnis der bei ihm vorräthigen Arzneien u), 1653 der baireuthische Hofapotheker J. Bernh. Pfaffreuter aus Regensburg eine Apothekertare x) heraus: Auch die Aerzte beschäftigten sich mehr mit den Apotyeken: Thom. Bartholin gab nicht nur Lisetti's Benanci's Schrift über die Betrügereien der Apotheker y) und ein Verzeichnis der gebräuchlichen Arzneien mit der Tare z), sondern auch zwei Programmen heraus, worinn er zeigt, wie die Apotheken untersucht werden müsen a): Um diese Zeit lehrte auch der Herzoglich = Hollsteinisch = Gottorpische Leibarzt Georg Bussius die Anwendung dessen, was nach der Bereitung des Scheidewassers zurükbleibt, zur Verfertigung eines Mittelsalzes, das seit dieser Zeit unter dem Namen

Arca-

p) des Fürstenthums Hennebergs revidirte Ordnung und Tax der Apotheken. Arnstatt. 1655. 4.

q) Apothekerordnung der Stadt Northausen. Nothausen. 4.

r) Basel. 4.

s) Nürnberg. 4.

t) Tare der Rostoker Apotheker. 4.

u) Pharmacopolii *Saladini* Argentoratensis medicamenta. Argentor. 1644. 8.

x) Apotheken Corpus oder Tax. Bayreuth. 4.

y) Declaratio fraudium, quae apud pharmacopoeos committuntur. Francof. 8. 1667 und 1671.

z) Catalogus et taxa medicamentorum officinalium. Hafn. 1672. 4.

a) de visitatione pharmacopoearum. Hafn. 4. 1672 und 1673.

Arcanum duplicatum oder Panacea holſatica in den
Apotheken als Arzneimittel aufgeſtellt wurde [b]).

Thom. Bartholin aus Kopenhagen, und Lehrer
der Arzneikunde daſelbſt, gehört überhaupt zu den
Männern, die, wenn auch nicht immer mit gehöriger
oder glüklicher Wahl, doch mit unermüdetem Fleiſe
aus allen Fächern der Wiſſenſchaften, die mit der Arz‑
neikunde in einiger Verbindung ſtanden, alles zuſam‑
menrafte, was er für nüzlich und der Aufklärung der
Hauptwiſſenſchaft dienlich fand; übrigens hatte er um
andere Hülfswiſſenſchaften derſelbigen gröſere Verdien‑
ſte, als um die Scheidekunſt; er kannte das Leuchten
des faulen Fleiſches und dergleichen Fiſche im Dun‑
keln [c]), gibt von Andr. Krag [d]), Thom. Payngk,
und Kaſp. Scioppio's [e]), geheimen chemiſchen Arz‑
neien Nachricht, ſah aus dem Magen einer Leiche die
man öfnete, und aus dem Munde eines Brandewein‑
trinkers Flamme ausbrechen [f]), nahm, was gewis we‑
nige, wenn einer, vor ihm bemerkt hatten, das wider‑
natürliche Weichwerden der Knochen wahr [g]), und
zeichnete ſich auch durch eine billige Denkungsart gegen
an‑

b) Günth. Chph. Schelhammer diff. de nitro. Am‑
stelaed. 1709. 8.

c) De luce animalium L. I · III. 8. Leid. 1647. Hafn.
1669. auch Epiſtol. medic. Hafn. 8. Cent. I. 1663. Ep.
9 - 13. 28. 83.

d) Ciſta medica Hafnienſis, variis conſultationibus, caſi‑
lus, vitisque medicorum Hafnienſium referta. Hafn.
1661. 8. Loc. 1764.

e) Epiſtolar. medicinal. Hafn. 8. Cent. I. 1663. ep 67.

f) Hiſtor. anatomicar. rarior. Hafn. 8. Cent. III. 1657.
nr. 56.

g) Ebendaſ. Cent. VI. 1665. hiſt. 40.

anderſt denkende, und das ernſtlichſte Beſtreben aus,
im heftigſten Kampfe der Partieen der Wahrheit nichts
zu vergeben, und ſie zu ehren und zu bekennen, bei welcher von ihnen er ſie auch finden würde.

Dieſe friedliche Geſinnungen h), die ſeiner Ueberzeugung ſo ſehr angemeſſen waren, leiteten auch ſein
Urtheil in der Beſtimmung des Werths der ſogenannten chemiſchen Arzneien, über welchen die Stimmen
der Aerzte auch noch damals ſehr getheilt waren; ſo
weit er auch entfernt war, ihnen unbedingt die Vorzüge einzuräumen, die ihnen ihre Freunde zuſchrieben,
ſo bezeugte er doch ſeinem Freunde P a t i n, deſſen heftigen und unabänderlichen Widerwillen gegen dieſelbige,
und vornemlich gegen den Spiesglanz er kannte, ohne
Rükhalt, er habe gute Wirkungen vom Spiesglanz-
glaſe geſehen i): So nahm er von beiden das Gute,
und baute in Geſellſchaft einiger anderer Aerzte dieſes
Zeitalters, eines Sam. S ch ö n b o r n k), des gieſen-
ſchen Lehrers der Heilkunde, J. Dan. H o r ſt l), Ludw.
K e p l e r's, eines Sohns des berühmten Johanns m),
J. T i l e m a n n's, Lehrers der Arzneikunſt zu Marpurg,

h) dieſe leuchtet insbeſondere in den Rathſchlägen hervor,
die er ſeinen Söhnen auf die Reiſe gab. De peregrina-
tione medica. Hafn. 1674. 4.

i) Epiſtol. medicinal. Cent. III. 1667. epiſt. 16.

k) Manuale medicinae practicum Galenico-chymicum medicamenti appropriati omnium morborum humani corporis. 12. Dantiſc. 1637. 1642. Argent. 1657. 1681.

l) Pharmacopoea Galenico-chemica catholica poſt *Reno-
daeum*, *Quercetanum*, alios, adornata. Francofurt.
1651. fol.

m) Methodi conciliandarum ſectarum in medicina diſcre-
pantium ſectio prima. Regiomont. 1648. fol.

purg ᶰ), des italiänischen Arztes Hier. Baldus ᵒ),
des neapolitanischen, Joh. Donzelli ᵖ), des zwi-
kauischen Arztes J. Georg Macasius aus Eger in
Böhmen ᑫ), des jenaischen Lehrers Gottfr. Möbius ʳ),
J. Theod. Schenck's ˢ), Joh. Dav. Ruland's ᵗ),
Andr.

n) der freilich mehr durch den Namen ihres Anführers,
als durch Annäherung in den Grundsäzen das Zutrauen
der Hippokratischen Aerzte zu gewinnen, und seinen chemischen Lehren Eingang zu verschaffen suchte. 1) Quatuor
opuscula chymiatrica mathematica ultima. 1664. 4.
2) *Tilemannus* Cous h. e. Hippocratica praxis in cognitione medica affectuum tam naturalium, quam prae-
ternaturalium, annorum climactericorum &c. Ulm. 12.
1680. 1681. 1682.

o) Theatrum naturae iatrochymicae rationalis. Rom.
1654. 4.

p) 1) Antidotario Neapolitano corretto. Neap. 1649. 4.
2) Theatro pharmaceutico dogmatico spagirico. fol.
Neap. 1661. und 1676. Venet. 1668. und cura J. B.
Capelli 1763. Rom. 1677.

q) Promtuarium materiae medicae s. apparatus ad praxin
medicam L. II. Prior de viribus medicamentorum in
genere, alter in specie. Francof. 1654. 8. Francof. et
Jen. 1676. und Lipf. 1678. 4. Lipf. 1677. 12.

r) Epitom. instit. medicin. ex neoteric. fundamentis.
Jen. 1663. 4. nr. XXVII.

s) 1) Synopsis institutionum medicinae disputatoriae. Pars
semeiotica, hygieine et Therapeutica. Jen 1671. 4.
2) Syntagma componendi et praescribendi medicamenta,
ex veterum et recentiorum scriptis erutum. Lipf. 4.
1671. (·1672.) 3) Medicinae generalis novantiquae
synopsis. Jen. 1672. 4.

t) Pharmacopoea nova, in qua reposita sunt pro omnibus
morbis corporis humani internis et externis pro paupe-
ribus ευπορισα. Norimb. 1644. 12.

Andr. Mack's [u]), Hans Schmid's [x]), und was die Zeichenlehre aus dem Harne betrift, eines Heinr. Martini [y]) auf dem guten Grunde fort, den im verflossenen Zeitraume Sennert so bedächtlich gelegt hatte.

Ueberhaupt waren unter den Aerzten, welche sich mit Chemie beschäftigten, mehrere, die nicht blos dabei stehen blieben, Arzneien durch Hülfe der Chemie zu bereiten, und diesen den Vorzug vor andern einzuräumen, sondern auch im lebendigen Körper beständig chemische Kräfte in Thätigkeit, chemische Erscheinungen vor Augen sahen, was in diesem, sowohl im natürlichen als im widernatürlichen Zustande vorgieng, blos aus dieser Wissenschaft erklärten: Hier. Occhi von Brescia [z]) nahm noch mit Galen in Faulfiebern eine wahre Fäulnis der Säfte an. Zwar erklärten sich der englische Arzt, Nath. Highmore [a]), der französische J. Didier [b]), und vornemlich der berühmte und vielgelehrte helmstädtische Lehrer Herm. Conring
von

---

u) Antidotarium privatum. Coburg. 1647. 8.

x) Arzneybuch. Dresden. 1647. 4.

y) Anatomia urinae Galeno - fpagirica, et ars pronuntiandi de urinis. Francof. 12. 1650. 1658. 1659. 1667.

z) mit dem Beinamen Rizetti 1) De peftilentibus et venenofis morbis L. IV. et de febribus malignis aeftivis anni 1049. L. III. Brixiae. 1650. 4. 2) De febribus L. III. in quibus univerfa febrium putridarum materia explicatur. Accedunt Paradoxa tria et l. de humoribus. Venet. 1657. 4.

a) Exercitationes duae: 1) de paffione hyfterica. 2) adfectione hypochondriaca 1660. Oxon. 12. und Amfterdam. 16. Jen. 1672. 12.

b) Refutation de la doctrine nouvelle de v. *Helmont,* touchant les fievres. 1653. 8.

von Norten in Ostfriesland ᶜ), der 1681 in seinem
fünf und siebenzigsten Jahre starb, und der Abneigung
gegen Paracelsus ᵈ) und seine Schule ungeachtet,
die Chemie für sehr nüzlich erklärt, kräftige Arzneien
zu bereiten, laut gegen die Anwendung dieser Wissen=
schaft auf den lebendigen Leib, wie sie vornemlich van
Helmont gewagt hatte ᵉ).

Aber Helmont's Lehre hatte bei Vielen tiefe
Wurzeln gefast: In England verfochten sie Walth.
Charleton, Leibarzt der beiden Könige, Karls I.
und II. ᶠ), und der berühmte Zergliederer Thom. Wil=
lis,

c) Andr. Fröling Leichenpredigt. Helmstädt. 1681. 4.
Mich. Schmid Progr in funere *Conringii.* Helmst.
1681. 4. J Brucker Ehrentempel teutscher Gelehr=
samkeit. Augsburg. Dec. IV.

d) de hermetica Aegyptiorum, vetere et Paracelsica nova
medicina l. unus. Helmst. 4. 1648. und vollständiger
ebendaselbst und in gleichem Format 1669 mit der Ueber=
schrift: De hermetica medicina L. II. Primo de omni sapientia veterum Aegyptiorum. Altero de *Paracelsi* et
chemicorum universa doctrina, cum apologetico adversus calumnias *Ol. Borrichii.*

e) Introductio in universam artem medicam ejusque singu-
las partes 4. respond. Sebast. *Scheffer.* Helmst. 1654.
wieder gedrukt cura et studio J. C. *Schelhammer.* Spirae.
1687. und mit einer Vorrede von Fr. Hofmann. Hal.
1726. Sonst hat er auch durch eine Disput de sale.
Helm. 1639. 4. seine chemische Gelehrsamkeit gezeigt.

f) 1) Spiritus gorgoneus vi sua saxipara exutus s. de causis signis et sanatione lithiaseos. Londin. 1650. 8. 2) Exercitationes pathologicae, in quibus morborum pene
omnium natura, generatio et causae ex novis anatomi-
corum inventis inquiruntur. Londin. 1661. 4. 3) De
scorbuto l. singularis. Acc. epiphonema in medicastros.
Londin. 8. 1651 und 1672.

lis [g]), der auch schon im Safte der grosen Gekrös=
drüse und im Speichel eine sehr thätige Säure aner=
kannte [h]), schon die grose Aehnlichkeit zwischen der
Flamme und dem Athem wahrnahm [i]), zu beiden den
Zutritt der Luft für nöthig erachtete [k]), deren Antheil
an beiden Erscheinungen er von Salpetertheilchen ab=
leitete [l]), in welchen auch der Grund liege, daß das
Blut in den Lungen, so wie dasjenige, welches gelas=
sen ist, auf der Oberfläche, oder wenn es mit einer
Ruthe stark geschlagen werde, hochroth aussehe [m]);
in Frankreich Honor. Mar. Lauthier, Lehrer zu
Aix [n]), und in Teutschland Mich. Wagner [o]), und
der

g) 1) Diatribae duae. 1) de fermentatione f. de motu in-
testino particularum in quocunque corpore 2) de febribus f. de motu earundem in fanguine animali. Hag.
1659. 12. Londin. 1660 und 1662. 8 1662 12. Amsterd. 12 1663. 1665. und 1669. 8. 1665. Leid. 1680.
12.   2) Pathologiae cerebri et nervofi generis specimen,
in quo agitur de morbis convulfionis et de fcorbuto. 4.
Oxon. 1667. 12. Amsterd. 1668. und 1670. und Lond.
1668.   3) Affectionum, quae dicuntur hystericae et hy-
pochondriacae Pathologia fpafmodica vindicata. contra
refponfionem epistolarem Nath. *Highmori*, cui accefferunt exercitationes medico _ physicae duae. 1 De fanguinis accenfione. 2) De motu mufculari. Lugd. Bat.
1671. 12.

h) Affection. hysterie. et hypochondr. patholog. fpasmod.
vindicata. S. 60.

i) Ebendaf. S. 80 - 102.

k) Ebendaf. S. 80.

l) Ebendaf. S. 80 - 82.

m) Ebendaf. S. 92 - 94.

n) *Helmontii* apologia adverfus doctrinae novitatem prae-
tendentes. Lugd. G. 1655. 8.

o) *Helmontius* redivivus f. de morbis tam univerfalibus
quam

der fürstlich salzburgische Leibarzt Franz Osw. Grembs P) in öffentlichen Schriften. Aber keiner unter ihnen verstand die Kunst so wohl, sie in ein gefälligeres Gewand einzukleiden, und geltend zu machen, als Franz Sylvius de le Boe.

Zwar verwahrt er sich ausdrüklich dagegen, daß er seine neuen Lehrsäze von Helmont geborgt habe, was ihm Deusing vorgeworfen hatte, denn er habe sie schon q) 1641 in seinen Vorlesungen vorgetragen, da doch Helmont's Schriften erst 1648 herausgekommen wären; allein wenn man weis, daß Helmont's Grundsäze Aufsehen erregten, und, vollends in den benachbarten vereinigten Niederlanden, bekannt waren, ehe sie durch die vier Jahre nach seinem Tode erfolgte Herausgabe seiner Schriften in allgemeineren Umlauf kamen, wenn man die auffallende Uebereinstimmung in manchen Grundlehren des Systems beider Männer r) in Erwägung zieht, wird man sich wohl des Gedankens kaum erwehren können, daß Sylvius einzelne Ideen von Helmont entlehnt habe, die in beiden Systemen von grosem Einflusse sind.

Zwar

quam quibusdam particularibus ad calculum revocatio. Herbipoli. 1657.

p) Arbor integra et ruinosa hominis. Monach. 4. 1657. und 1671.

q) so sagt er wenigstens in seiner 1663 geschrieben Praefat. ad lector. §. 40 (diese steht vor dem Disputat. medicar. Decas, wovon ich die dritte zu Jena 1674. 12. erschienene Ausgabe vor mir habe), er habe schon vor 22 Jahren diese Meinung seinen Zuhörern auf der hohen Schule zu Leiden vorgetragen.

r) die auch H. v. Haller Biblioth. medic. practic. B. II. S. 627. darinn gefunden hat.

Uu 4

Zwar hat Sylvius dem Magen und andern Eingeweiden keinen eigenen Archeus zur Aufsicht vorgesezt, überhaupt manche Vorurtheile, deren Helmont sich schuldig gemacht hatte, glüklich überwunden, und an dem eigenen frömmelnden Anstrich, den mönchische Erziehung und Schwärmerei den Werken des leztern gab, findet man bei ersterem nichts: Höhere und feinere Bildung, tiefere Einsichten in die Kenntnis des menschlichen Leibes, vertrautere Bekanntschaft mit den Krankheiten vor dem Krankenbette, wohl geordnete Belesenheit in den Schriften seiner Vorgänger und Zeitgenossen leuchten aus seinen hinterlassenen Werken hervor, und sind einer der Gründe des grosen und daurenden Einflusses, den er auf seine zahlreiche Zuhörer, und durch sie auf sein Zeitalter und auf die Nachwelt hatte.

Wenn er aber gleich manches vor Helmont voraus hatte, so hat er doch mit ihm den Glauben an den Stein der Weisen [s]), das vorzügliche und zu starke Vertrauen auf die heftigere sogenannte chemische Arzneien [t]), und so sehr er auch [u]) andere ermahnt, nicht auf bloses Ansehen grosen Männern zu glauben, sondern

---

s) Disputat. Decas. Disp. VI. de bilis ac hepatis usu. 1660. §. 37. S. 90. "Quod si metalla quaevis magnâ licet quantitate fusa (dummodo secretioris ac sublimioris artis chimicae antistitibus adhibenda fides) ad philosophici lapidis excellentioris etiam paucissimi admistionem, mox itidem in lapidem tingentem sive tincturam similem transeant."

t) De medicamentis chymicis theses. in *Franc.* de le *Boe Sylvii* Operib. medic. tam hacten. inedit. quam variis locis et formis edit. nunc vero certo ordine disposit. et in unum volum. redact. Amstelod. 1679. 4. S. 903. 904. S. auch prax. medic. B. I. K. XXXIII. §. CV. Opp. S. 272.

u) z. B. Disput. Praefat. §. 4.

dern sich durch Gründe zu überzeugen, und betheuert, daß
er sich nur der Wahrheit und dem Besten der Menschs
heit ˣ) widme, vor den Erdichtungen anderer Aerzte ʸ)
                                                    warnt,

x) Prax. medic. B. I. K. XLIV. §. VI. "qui uni Veritati
  eruendae communibusque hominum commodis promo-
  vendis unice addictus."

y) "qui non aliorum placita et figmenta, sed ipsas res didici scrutari" heist es in der 1670 gehaltenen Rede de
  affectus epidemii A. CIƆIƆCLXIX Leidensem civitatem
  depopulantis atque primariis habitatoribus orbantis causis naturalibus §. 35. in der oben erwähnten Ausgabe
  von Disput. decas S. 272. Prax. med. B. III. K. III.
  §. CCLXV. Oper. S. 497. "Pueriliter sibi adulantur,
  quotquot sua, non probata, sed ficta duntaxat et gratis supposita vel assumpta pro veris haberi volunt prae-
  judicia" K. IV. §. LXI. Op. S. 516. "Sunt autem methodici — — postquam finxerunt sibi Medicinam modis
  omnibus absolutam, adeoque scientificam, hoc est, Chi-
  maericam, secundum quam omnium Affectuum et ficto-
  rum, et verorum Caussas omnes habent perspectas, ae-
  que, ac Remedia ipsis optima" §. LXIII. Oper. S. 516.
  "Cum proinde non tam veritatem ipsam quaerant Me-
  thodiei, quam ut videantur ipsam possidere, non mirum, si utplurimùm falluntur. — — Quam proinde secundum fundamenta sua et Dogmata, quorum pleraque
  ficta sunt ideoque falsa, nunquam possunt habere aut
  felicem, aut certam, sed incertam, ideoque ut plurimum infelicem, atque ipsarum principiis falsis et chi-
  maericis consentaneam" §. LXIV. Op. S. 516. "Non
  malè igitur dixi Methodicorum errores nocentiores esse
  erroribus Empiricorum — — dum Methodici falsâ suâ
  et inani, utpote fictâ scientiâ turgidi nullum non mo-
  vent lapidem, ne videantur ignorare, quae alios saltem cupiunt credere, sibi esse plus quam perspecta:
  tantùm potest ac nocet vana omniscientiae persuasio methodicorum" K. X. § LXV. Opp. S. 567. 568. "Et
  etinam omnes Philosophi, aut qui saltem Philosophorum nomine gloriantur solliciti essent - — non de nugis
  et fumis credulae juventuti vendendis et obtrudendis:

Uu 5   quod

warnt, und immer nur auf die Erfahrung verweist²),
die

quod non tantum in Veterum Philofophorum, fed Neotericorum quoque fectatoribus defideramus” Prax. med.
append. tr. VIII. §. LX. Opp. S. 780. “Utique toto
caelo videntur mihi errare, atque parùm Rationi aut
Experientiae confentanea profere, qui tam fibi, quàm
aliis perfuadere conantur, Sanguini contingentem in
Corde mutationem vergere ad intimam parcium ejus
omnium permiftionem” und §. LXIV. “Utique dolendum eft cum infigni Veritatis et Reipublicae detrimento,
tàm multos reperiri non dicam Chymicae Artis, fed Mutationum naturalium etiam paffim obviarum ignaros ac
imperitos tantam etiam apud Rerum Dominos confecu-
tos Authoritatem, ut ipforum et Somnia, et Figmenta,
et nonnunquam putida Mendacia pro Veris ac Certis
Hiftoricâ fide ab incautis hauriantur, admittantur, cre-
dantur, et mordicùs defendantur, et non raro, quod
omnium peffimum eft, cum contumeliâ Virorum in experimentis faciendis indefefforum, in iisdem communi-
candis candidorum, adeóque de Rep. tàm literariâ, quàm
civili optimè meritorum. Tantùm praevalet praejudi-
cium, quo utinam ad Magni Cartefii monitum feriò ac
verè, non perfunctoriè ac fictè fe liberarent omnes Philofophiae feveriori ac Medicinae tàm utili, tàm humano
generi neceffariae addicti! Hoc fi fieret à cunctis, brevi
paterent et à veris Philofophis diftinguerentur Sophi-
ftae, in quâvis difciplina et fectâ latentes et calum-
niando viris bonis infidias ftruentes.” Wie fehr ftechen
diefe Aeuferungen mit dem Urtheile ab, das fein Nachfolger Börhaave Method. ftud. medic. Amftelaed 4.
emendat. et acceffion. locuplet. ab Alb. von *Haller.*
B. II. 1751. S. 605. von ihm fällt: “Hi tamen bini
(nemlich Fernelius und Sennert) viri unice com-
mendari poffunt in hoc ftudio (pathologico): neoterici
enim levi pede tranfeunt rem magni momenti, innixi
fuis hypothefibus, ut *Sylvius.*” und Hallers (Biblioth.
medic. practic. B. II. S. 627.) “Hypothefes adeo ejus
praxin rexerunt.”

z) das zeigen zum Theil fchon einige unter y) angeführte
Stellen feiner Schriften: fo heist es z. B. Prax. med.
B.

die hohe Einbildung von sich selbst und von seinen Meinungen [a]), die er zuweilen in den Schleier von Bescheidenheit sehr wohl zu verhüllen [b]), und mit der Aeuserung,

B. III. K. IV. §. LXV. Opp. S. 516. "Utrisque (nemlich Methodicis et Empiricis) autem praeftant Dogmatici, quoniam utrorumque vitant errores, aſſumuntque quicquid boni habent, utrique, utentes ubique ratione, non tamen fictâ et inani, ſed ſolidâ et a rebus ipſis per *experientiam* notis deſumptâ, ideóque attendentes ſimul ad experientiam, ſine quâ notant Methodicos tàm ſaepè errare, tàm graviter, tàm turpiter, tàm aegris noxiè" und Append. tract. IX. §. CLXXV. S. 805. "Poſtquam vero etiam nunc ſub judice lis eſt, in quonam conſiſtat Febris omnis Eſſentia, nec ulli mortalium illa eſt unquam conceſſa in Medicinâ Auctoritas, ut pro lubitu de Affectûs ullius eſſentiâ judicium ferat, verùm ſecùndum *Experientiam* certam et Rationem ſolidam" und Tract. V. §. CCCXV. Opp. S. 723. "Quoniam autem nulli hominum datum eſt minutiſſima ſenſibus percipere, cavendum ne aliquid temerè aſſeramus et Ingenio humano nimium fidamus, quin ejus commenta omnia tamdiu falſitatis ſuſpecta habeamus, donec per multiplicia argumenta ab experientiâ petita confirmetur Ingenii excogitatum figmentum, illudque comprobetur non tantùm rationi conſentaneum, ſed inſuper neceſſariò tale, quale fingebatur." Hätte ſich S y l v i u s nach dieſen treflichen Vorſchriften, die er andern gibt, gerichtet, welches Urtheil müſte er über ſeine Meinungen gefällt haben?

a) S. z. B. Prax. medic. tract. IX. §. CLXXVI. Opp. S. 805. ſo läſtig und lächerlich ihm auch ein ähnliches Benehmen von andern war; ſo ſagt er z. B. Prax. med. append. Tract. V. § CCCX. Opp. S. 723. "Hoc autem inprimis eſt moleſtum ac intolerabile, homines tales inertes ac ſolis ſuis ſpeculationibus turgidos ac inflatos, Dictatoriam Cenſoriamque auctoritatem ſibi arrogare."

b) So ſagt er z B. Diſput. Dec Praefat. §. 5. "Abſit proinde, ut ego, qui ſortis meae humanae ac tenuitatis
probe

rung, daß in der gelehrten Welt jeder seine Meinung
frei bekennen darf, zu beschönigen °) wuste, und die Vorstellung, daß alles im lebendigen Leibe, sowohl im gesunden und im kranken Zustande auf chemischen Ver-
hältnissen beruhe ᵈ), gemein.

Nach

probe mihi sum conscius" und orat. de hominis cognitione §. 44. disput. decad. S. 341. "Ne pudeat ergò
nos summorum virorum exemplo nostram ibidem agnoscere, testarique ignorantiam, quin simul cavendo vi-
temus istorum culpam, qui immodici sui aestimatores
aliis, ut et quandoque sibi ipsis, se omnia, pleraque saltem scire, persuadere sibi conantur: De quibus vetus
verbum est: Ad scientiam pervenissent multi nisi ad ipsam se jam pervenisse putassent. Remoratur certè cognitionem nostram ejusdem praesumtio, quemadmodum
eandem promovet genuina ignorantiae nostrae agnitio."

c) so z. B. Prax. medic. B. III. K. I. §. CCLXVI. Opp.
S. 497. "Quemadmodum unicuique integrum relinqui-
mus suo modo et sapere et desipere — — ita cupimus
idem jus nobis relinqui" S. auch Append. tract. V. §.
CCCXIII. Opp. S. 723. Auch das Neue müsse man kei-
nesweges verachten. S. Prax. medic. B. III. K. X. §.
XXXVII. Opp. S. 566. "Utique haud spernenda sunt
nova, dummodo sint vera, sed nec nimium affectanda
est novitas, spernendaque antiquitas, quin eadem potius
colenda, ipsique multum est deferendum, nisi ad ipsam
deferendam nos cogat veritatis studium et amor." So
sehr er auch auf Billigkeit in Beurtheilung seiner Meinungen drang, und mit vollem Rechte dringen konnte, so
wenig konnte er sich doch heftiger Ausbrüche auf Leute,
die anderer Meinung waren, enthalten; man lese z. B. statt
vieler nur Prax. med. append. tract. IX. §. CLXXIII. Opp.
S. 805. "Sed pro his quoque orandum, postquam
mirè delirat ipsorum mens."

d) Wie schön hat dieses Börhaave in seiner 1718 zu
Leiden gehaltenen Rede de chymia suos errores expurgante
in Opuscul. die 1738 zu Haag. 4. herausgekommen sind,
S. 41. 42. ausgedrückt. "Quum dein hâc in Academiâ *Fran-
ciscus*

Nach ihm ist die Verdauung im Magen das Werk
einer

cifcus *Sylvius de le Boe* Medicinam profeffus, immodi-
dicis ubique laudibus commendaret Chemica, totusque
in illis auctoritate, eloquentiâ, exemplo, numerofae
Auditorum frequentiae maximos artis ufus extolleret, id
effectum fuit, ut in totâ, quâ late patet, Europâ, do-
minaretur. Pauci dubitaverunt quidem, fed affenfere
omnes fere, fimulac *Otho Tachenius* audacter, magno
animo, et fortunâ, eam propugnavit, tribus fuper ea
evulgatis fcriptis, doctis certe et laboriofis. Agere naturam, agi vitam hominis, inftrumentis Chemicis; his
folis excitari, dirigi, augeri, minui, fopiri, motus
omnes, quorum varietate Univerfi totius, et corporis
humani, effecta fieri poffent, abfque his nihil, adeo
inculcatum, ut Academiae haec refonarent, et in omnibus Medicorum Scriptis unum hoc laudaretur. Si ace-
do acrium roderet metalla, quod alimenta in ventriculo folveret, habebatur acidum. Si aromatum oleis
acerrimis affufa igne nata acida aeftum generarent fer-
vidum, acidus chylus balfamo confufus fanguinis cre-
debatur naturalem calorem corporis excitare; aut, fi
utraque haec paulo acriora, inventa febrium ardentium
putabatur eaufa. Nitrum, fal marinus, inprimis ammo-
niacus, aquam fi refrigerant, febrile frigus hisce mox
adfcribitur. Exhalantium ex vino ebulliente partium
indole calice excepta impofito modum docebat nafcen-
tium in nobis fpirituum. Miftum acido alcali fervente
impetu ut agebat in vafa coërcentia, ita in corde chylus miftus fanguini in thalamis ejus, inque venis corporis patrabat fere eadem, in mufculorum ampullulis
agebat et fimillima. Ridiculoliffima tamen affimilatio
poft *Harveji* tempora placuit acutiffimis Geometris.
Quid autem fupererat ratis Naturae et Artis inftrumenta eadem, nifi ut actiones utriusque easdem colligerent.
Humanus ventriculus fit olla Hermetica, in qua tepens
fermenti acor cibos fermentat. Acet inde, et impetu fer-
vens chylus exfilit, alcalino bilis fomiti occurrit, en
luctas pugilum, quas ciet duelli fpectator et fax humor
ex Pancreate; fervet opus, furunt inter fe Duumviri,
fuis ftipati undique Satellitibus, pars ruunt fuo impetu

in

einer Gährung [e]), und das vorzüglichfte Gährungs=
mittel, deſſen Kraft durch die Feuchtigkeit der genom=
menen Speiſen und Getränke, die Wärme des Magens,
und den freien Zutritt und Ausgang der Luft unter=
ſtüzt und verſtärtt werde [f]), der Speichel [g]), und in
ihm

> in latibula venarum lactearum, penetrant ſe molimine
> proprio per maeandros rivi lactei in fluentum ſangui-
> nis; ſed nec ibi quietae ſedes: latentes ſtatim ex infi-
> diis hoſtes aſſiliunt novos hoſce hospites, ut nova pugna
> jam pugnanda ſit: interim proſequendi profugos ardore
> animoſi anguſta viarum ſuperant alii, in alveo ſangui-
> nis aſſequuti inimicos certamen integrant, atque inſtau-
> rato conflictu in latos effuſi campos in primum cordis
> penetrale irruunt, ubi recenti igne furibundi, per iſth-
> mos volitant pulmonum, cuniculorum perrumpunt my-
> riades. Nec finis: nam diſperſos globos rurſus colli-
> git viarum concurſus, atque alteri immittit cryptae
> cordis fervidae, unde novâ virtute obſtacula effringunt,
> per omnes ambages dolosque corporis vagati in adyta
> cordis animoſi redeunt."

e) S. vorzüglich Diſp. de alimentorum fermentatione in
ventriculo. 1659. in Diſput. Dec. nr. I. S. 1 - 10. De
method. medend. B. I. K. V. §. XVIII. Opp. S. 63.
K. XI. §. V. und VII. Opp S. 77. Prax. medic. B. I.
K VII. Opp. S. 166 - 169. K. X. §. II. Opp. S 174.
B. II. K. V. §. XVI. Opp. S. 400. Append. tract. I.
K. V. §. XXVI. Opp. S. 601. tract. VII. §. LXXXVI.
Opp. S. 763. tract. VIII §. CCXIV. CCXVIII CCXXV.
Opp. S. 790. tract. X. § CCCCXXI. Opp. S. 839.

f) in der eben angef. Diſp. §. 24 - 26. Diſp. Dec. S. 7 - 9.

g) a. e. a. O. §. 24. S 7. "Quin imò in ſalivâ ipſâ primarias fermenti vires contineri, et ab ipſâ procedere nemo negabit, qui praeter jam dicta ex ſalivae defectu
vel vitiò alimentorum in ventriculo fieri ſolitam mutationem deficere, vel vitiari, obſervaverit" S. auch
Diſp. de lien. et glandularum uſu. 1660. § 43 - 45. diſp.
dec. S. 70. Prax. med. B I. K. X. §. II. VI. XI. Opp.
S. 174. 175 K LII. Opp. S. 319. Append. tract. VIII.
§. CCXVIII -CCXXI. Opp. S. 790.

ihm sowohl ein gewisser geistiger Bestandtheil, und
wie viel dieser zur glüklichen Verdauung beitrage, zeige
der Nuzen geistiger Getränke in dieser Rüksicht ʰ), als
ein Salz, wie es sich auch in andern Gährungs=
mitteln finde ⁱ); dieses Salz seie, wie er durch sehr
viele Versuche erfahren habe, eine verborgene Säure ᵏ),
im gesunden Zustande mit vielem Wasser verdünnt, und
mit flüchtigem Geiste und Laugensalz gebunden ˡ); eine
fehlerhafte Beschaffenheit desselbigen störe daher dieses
Geschäft ᵐ), so wie den Geschmak ⁿ), und bringe ge=
wisse Arten von Fiebern hervor °); insbesondere habe
er zuweilen eine so offenbare Säure, daß er die Zähne
stumpf mache ᵖ).

Bei dem Eingange in den Zwölffingerdarm komme
zu den im Magen gegohrnen Speisen der Saft der gro=
sen Gekrösdrüse (Succus pancreaticus) und die Galle;
er

h) Disput. I. §. 25. S. 8.

i) a. e. a. O.

k) Prax. med. B. III. K. X. §. XLVIII. Op. S. 567.
   "Aciditatem in Salivâ latere, probant plurima experi-
   menta cum ipsâ instituta." S. auch B. I. K. X. §. XI.
   Opp. S. 175. B. II. K. X. §. IX. Opp. S. 406.

l) Prax. med. B I. a. e. a. O. S. auch disp. de lien. et
   glandularum usu. 1660. §. 36. Disp. decad. S. 68. 69.

m) Prax. medic. B. I. K. VII. §. XIII. XIV. Opp.
   S. 167.

n) Ebendas. B. II. K. X. §. VI. VII. IX. Opp. S. 406.

o) Ebendas. B. I. K. XXIX. §. VIII. Opp. S. 232. "Denique a salivâ (produci existimo) eas (febres), quae
   cum ventriculi et vicinarum partium anxietatibus, et
   distensionibus molestae observantur." S. auch ebendas.
   §. XIV. XVI. XXII. Opp. S. 233. 234.

p) Disput. de vasis lymphaticis ac lymphâ. 1661. §. 50.
   Decas disput. S. 154. Prax. medic. B. II. K. X. §. XXI.
   Opp. S. 407.

er habe zwar jenen nicht selbst unterfucht, nicht einmal
gefehen [q], nur in Hunden habe man ihn unterfucht;
und, wie bei Hunden, müfe er auch bei Menfchen be-
fchaffen fein [r], Regn. de Graaf [s] habe ihn wirklich
auch bei Menfchen fo gefunden [t]; er feie alfo, was
fchon daraus erhelle, daß er fo oft offenbar fauer werde, entfchieden fäuerlicht [u], und dadurch von dem in
feinem gefunden Zuftande ganz gefchmaklofen Speichel
verfchieden, mit welchem er fonft eine grofe Aehnlichkeit habe [x]; von feiner fehlerhaften Befchaffenheit ent-
ftehen unter andern folche Fieber, welche mit Bauchgrimmen und fchneidenden Schmerzen verknüpft feien [y],
worinn

q) Difput. de lien. et glandul. ufu. 1660. §. 37. Difput.
  Dec. S. 69. "Salivae quamvis proximè accedere fuc-
  cum pancreaticum fufpicemur, id tamen certò affeve-
  rare non poffumus, poftquam illum naturalem *nunquam confpeximus; multo minùs examinare potuimus.*"

r) Method. medend. B. I. K. VIII. §. VI. VII. Opp.
  S. 73.

s) der feine Erfahrungen in feiner Probefchrift de fucci
  pancreatici natura et ufu. Leid. 1664. 12. befchrieben,
  aber den Saft nicht in der Drüfe felbft gefammlet, überhaupt fo aufgefangen hat, daß immer der Zweifel noch
  Statt findet, er könnte mit dem auch im gefunden Menfchen öfters fauren Magenfafte, den Sylvius gänzlich
  überfah, vermifcht gewefen fein; zudem fand er ihn nur
  zuweilen fauer.

t) Prax. medic. B. I. K. LIII. §. II. Opp. S. 319.

u) fubacidus a. e. a. O auch K. XXX. § LXVII. LXVIII.
  Opp S. 246. Difput. de febribus 1661. §. 39. Difput.
  dec. S. 208.

x) Prax. medic. a. e. a. O. difput. de chyli fecretione atque in lacteas venas propulfione. 1659. §. 20. Difput.
  dec. S. 18. 19. difput. de lienis et glandularum ufu. 1660.
  §. 34. 36. 37. 47. Difput. Dec. S. 68. 69. 71.

y) Prax. medic. B. I. K. XXIX. §. VIII. Opp. S. 232.

worinn der Kranke Beklemmung auf der Brust, blutigen oder sehr schmerzhaften Stuhlgang, häufigen sich zum kleinen und schwachen neigenden oft ungleichen Aderschlag habe, beinahe rohen und wässerichten Harn lasse ᶻ), vornemlich Wechselfieber ᵃ), aber auch andere ᵇ), selbst auszehrende ᶜ); hauptsächlich nehme er leicht ᵈ), insbesondere wenn er stoße ᵉ), eine offenbare, oft scharfe Säure an, worinn auch der Grund der Gichtschmerzen zu suchen seie ᶠ); und von der Beimischung eines solchen widernatürlichen sauren Saftes zeige auch die Galle zuweilen eine Säure ᵍ); er habe selbst durch eine fehlerhafte Beschaffenheit an der Entstehung der Fallsucht ʰ), der Kacherie ⁱ), der Harnsteine ᵏ) und anderer Krankheiten ˡ) Antheil.

Die

z) Ebendas. §. XIII. Opp. S. 233.

a) Ebendas. K. XXX. § LVIII - LXXVIII. Opp. S. 245-248. und Append. tract. VIII. §. XXX. Opp. S. 777.

b) Ebendas. §. XCVII - CVIII. CX - CXIV. CXVI. Opp. S. 249. 250

c) Ebendas. K. XXXII. §. V. Opp. S. 258.

d) Ebendas. K. VII. §. XXIII. Opp. S. 168. und K. XIV. §. XXVIII. und XXXIX. Opp S. 186. 187.

e) Ebendas. K. XXX. § LXVI. LXVIII - LXXII. Opp. S. 246. 247. Disput. de febrib. §. 34 - 39. Disput. Dec. S. 205 - 208.

f) Prax. medic. App. tract. VIII. §. LXX. LXXI. Opp. S. 781.

g) Method. medend. B. I K. VII §. IV. Opp. S. 70. Prax. medic. B. I. K XXVII. §. XXV. Opp. S. 227.

h) Prax. medic. App. tract. I. K. VI. §. XLI. LVI - LVIII. Opp. S. 610.

i) Ebendas. tract. V. §. LXXV - LXXXVIII. XC. Opp. S 708.

k) Ebendas. §. CCCC. CCCCV.

l) Ebendas. B. I. K. LIII. S. 319 - 322.

Die Galle werde in der Gallenblase aus dem dahin kommenden Blute durch die darinn schon vorhandene Galle, welche wie ein Gährungsmittel darauf wirke, erzeugt [m]); sie enthalte auser wenigem Oele, wenigem flüchtigem Geiste und wenigem Waser Laugensalz [n]); sie habe bei einer fehlerhaften Beschaffenheit nicht allein an der Gelbsucht [o] und mehreren Arten von Fieber [p]), vornemlich den brennenden [q]), und solchen, welche mit Wahnsinn, Erbrechen, Bauchflüssen verknüpft sind [r]), sondern auch an vielen andern Krankheiten [s]), und insbesondere am Fieberschlummer [t]) Antheil: Ein Theil der Galle gehe durch die Gänge in der Leber in das Blut [u]), verdünnere daselbige [x]), und erhöhe zuweilen seine Röthe [y]), und gebe ihm bittern Geschmak [z]);

ein

m) Disput. de bilis ac hepatis usu. 1660. §. 36. 37. Disp. Dec. S. 90. 91.

n) a. e. a. O. §. 39. 40. Disp. Dec. S. 91. 92. auch diss. de chyli secretione atque in lacteas venas propulsione. §. 21. 22. Disp. Dec. S. 19. Prax. med. B. I. K. X. §. IX. Opp. S. 175. append. tract. V. §. CLXXIII. Opp. S. 713.

o) Prax. medic. Append. tract. I. K. I. §. LV - LXXIV. Opp S. 592-594.

p) Ebendas. B. I. K. XXIX. §. IV. VIII. XVI. XXXII-XXXVI. XXXIX - XLIV. Opp. S. 232-235.

q) a. e. a. O. §. VIII. Opp. S. 232.

r) a. e. a. O. §. CXI - CXIII. Opp. S. 250.

s) Ebendas. B. II. K. XXIII. §. L - LIV. Opp. S. 444.

t) Ebendas. K. XXVIII. §. XXI - XXV. Opp. S. 469.

u) Disp. de bilis ac hepatis usu. 1660. §. 30 - 36. Disput. Dec. S. 88 - 90.

x) Method. medend. B. II. K. XXVIII. §. V. IX. X. Opp. S. 143.

y) Ebendas. B. I. K. VI. §. VIII. Opp. S. 67.

z) Ebendas. §. XVI. Opp. S. 67.

ein anderer ergieſe ſich in den Anfang der dünnen Ge=
därme, zertheile die klebrichte Speiſen, gehe zum Theil
mit dem Stuhlgange an, und habe in Verbindung
mit dem ſäuerlichten Gekrösdrüſenſafte an dem Geruche
deſſelbigen den gröſten Antheil [a]), hauptſächlich aber
diene ſie, indem ſie da mit jenem ſäuerlichten Safte zu=
ſammen treffe und aufbrauſe [b]), um den Milchſaft
von dem Speiſenbrei, wie er in die dünne Gedärme
kommt, zu ſcheiden [c]); von dieſem im geſunden Zuſtan=
de ſanften Aufbrauſen komme, wenn es zu lebhaft ſeie,
übermäßiger Durſt [d]), und Durchfälle [e]), wenn dieſes
ſeinen Grund mehr in einer zu groſen, und dann immer
ſauren, Schärfe des Gekrösdrüſenſaftes habe, die Emp=
findung von Kälte, die in den Lenden anfängt [f]), ſo
wie auch Vitriol= [g]) und Kochſalzſäure [h]) mit flüchti=
gem Laugenſalze ein kaltes Aufbrauſen, und im leben=
digen Leibe überhaupt Säuren die Empfindung von
Kälte [i]) erregen; habe es ſeinen Grund mehr in einer
vor=

a) Prax. med. Append. tract. V. §. CCCLXXII. CCCLXXIII.
    Opp. S. 727.
b) Prax medic. B I K XI. §. I - VI. Opp. S. 177. K.
    XI. VI § 1 XXI XXVI. Opp. S. 301. 302. Append.
    tract. X §. CXXXIX. Opp. S. 822.
c) Diſput. de chyli ſecretione &c. §. 23. Diſput. Dec.
    S. 19.
d) Prax. medic. B. I. K. I. §. III. Opp. S. 158. K. XI.
    §. VII. Opp. S. 177.
e) Ebendaſ. K. XI. a. e. a. O.
f) a. e. a. O auch K. XIV. §. XX. Opp. S. 185.
g) a. e. a. O. § XVIII.
h) De affectus epidemii A. CIↃIↃCLXIX. Leidenſem civi-
    tatem depopulantis cauſis naturalibus. §. 59. Diſp. Dec.
    S 283. 384.
i) Prax. medic. B. I. K. XXXIV. §. LXXXV. Opp.
    S. 269.

Xx 2

vorzüglichen, und denn laugenhaften Schärfe der Galle, wie sie heiße Witterung leicht hervorbringe. k), desto heftigere Hize l); überhaupt ziehen Fehler, welche bei diesem Aufbrausen vorgehen, schon durch die Dünste, welche dabei auffsteigen, z. B. bei Schwangern m), Unmachten, Schwindel, Mattigkeit, sogar schleichende Fieber, Kachexie, Abnahme des Leibes, bei vielen Kranken reissende Schmerzen im Leibe n), bei Milzsüchtigen das Aufstosen, die Blähungen und andere Zufälle o), Wechselfieber, Katarrhfieber, überhaupt alle Fieber, und Gicht p), vornemlich umgehende Fieber q), und andere Krankheiten r) nach sich; insbesondere liege darinn auch eine Hauptursache des Steins s); denn bei einer solchen fehlerhaften Beschaffenheit beider Säfte und des zwischen ihnen sich ereignenden Aufbrausens werde leicht, nachdem dieses vorüber ist, was im gesunden Zustande nicht geschehe, wie nachdem der
Saft

---

k) Prax. medic. append. tract. IX. §. LI. Opp. S. 796.

l) Ebendas. B. I. K. XXIX. §. IX. Opp. S. 233.

m) Ebendas. B. III. K. IV. §. XXXV – XLII. Opp. S. 530.

n) Lancinationis sensum. ebendas. Append. tract. II. K. X. §. CCCLXIII. Opp. S. 645.

o) Ebendas. tract VII. §. XXXIII. Opp. S. 761. §. CVI-CXV. Opp. S. 765. §. CCXXV. CCXXVI. Opp. S. 772.

p) Ebendas. tract. VIII. §. XXXVI. XL – XLVI. Opp. S. 778. 779.

q) Ebendas. tract. X. §. CCXXIII-CCXXXV. Opp. S. 828. 829.

r) Ebendas. tract. VIII. §. CCXXXI - CCXXXIV. Opp. S. 791 und tract. IX. §. LXIX. LXXII – LXXV. Opp. S. 798.

s) Ebendas. tract. V. §. CCCC. Opp. S. 729.

Saft der grofen Gekrösdrüse oder die Galle die Ober:
hand behalte, die saure oder laugenhafte Schärfe ᵗ),
erhöht, denn eine andere Schärfe gebe es nicht, als
saure oder laugenhafte ᵘ), und Säure sowohl als Lau:
gensalz haben sie vom Feuer ˣ), auch werde zum Auf:
brausen Säure und Laugensalz, oder Körper, von wel:
chen der eine jene, der andere dieses in sich habe, er:
fordert ʸ).

So gehe demnach der Milchsaft, nachdem er in
den dünnen Gedärmen von dem Speisebrei geschieden
ist, in die Milchgefäße, und vermische sich in dem gro:
fen Milchbehälter und der grofen Brustmilchader mit
Lymphe, die sich aus den untern Theilen des Leibes
dahin

---

t) Method. med. B. II. K. XXIX. §. LII. LIII. LXVI.
LXVII. Opp. S. 147. 148.

u) Disput. de vasis lymphaticis ac lymphâ. 1661. §. 46.
Disp. Dec. S. 153. "Quicquid enim praeter ignem
acre mordaxque observatur in rerum naturâ, id omne
est spiritus acidus aut sal lixiviosum" S. auch Disp. de
febribus. 1663. §. 51. ebendas. S. 211. Method. med.
B. II. K. XXIX. §. LIII. Opp. S. 141. "Cum enim
duo sunt tantùm in rerum naturâ Acria, Salinum Lixivum, et Acidum." Prax. med. App. II. §.CCGCLXXVIII.
Opp. S. 651.

x) Disp. de vasis lymphaticis ac lymphâ. §. 47. Disp. Dec.
S. 153. "Ubi observandum est salem lixivum et spiritum acidum insignem ab igne suam obtinere acrimoniam." Disp. de febribus. §. 51. Disput. Dec S. 211.
"Cum enim uterque paretur ignis vehementiâ, ignem
quoque utrique intimè junctum et unitum copiosum concludimus."

y) Disput. de chyli secretione &c. §. 13. Disp. dec. S. 16.
"In qua (effervescentia) semper observatur concurrere
spiritus acidus et sal lixiviosum, corpusve lixivioso
sale praeditum."

Xr 3

dahin ergieſe ²); dieſe Lymphe beſtehe zwar gröſtentheils
aus Waſſer und thieriſchem Geiſte, halte aber ᵃ) noch
einen ſauren Geiſt in ſich ᵇ), denn er habe dieſen nicht
ſelten ziemlich rein im Körper gefunden, auch wo ihn
nicht der Genus irgend eines ſauren Dings veranlaſt
haben könne, vornemlich bei Kindern, die davon oft
allerlei Zufälle erleiden; auch laſſe ſich ſeine Gegenwart
ganz gewis aus den grauſamen Schmerzen erſehen,
welche ſich zuweilen ganz unverſehens und wie ein Bliz
in jedem Theil des Leibes einſtellen, oder heftig und
ſchneidend ſeien, denn was ſcharf und beiſſend ſeie,
müſe ein ſaurer Geiſt oder ein Laugenſalz ſein; da aber
beide nur durch Feuer erzeugt werden, und im lebendigen Leibe an kein ſolches Feuer zu gedenken ſeie, ſo müſe
der ſaure Geiſt nur von Oel und flüchtigem Geiſte, durch
die er im geſunden Zuſtande gebunden ſeie, enthüllt
ſein ᶜ), denn allerdings könne dieſe Säure in der Lymphe auch übermäſig werden ᵈ), und daraus auch wohl
in

z) Diſput. de chyli mutatione in ſanguinem. 1659. §. 2.
Diſp. dec. S 23. Prax. medic. Append. tract. VIII.
§. CCXXXVI. CCXXXVIII. Opp. S. 791.

a) in einer frühern Schrift diſp. de lienis et glandularum
uſu. § 39. 40. Diſp. dec. S. 69. nennt er das Laugenſalz als einen Beſtandtheil, ohne der Säure zu gedenken; in der Folge nahm er das Gegentheil an.

b) Diſp. de vaſis lymphaticis ac lympha. 1661. §. 42. 54.
und 61. Diſp. Dec. S. 151. 156. 159. diſp. de febribus.
§. 41 - 44. Diſp dec. S. 208 - 210. Method. medend.
B. I. K. X. §. VI. Opp. S. 76. B. II. K. XXVIII.
§. VIII. Opp. S. 143. Prax. medic. B. I. K. XLIX.
§. I - III. Opp. S. 309.

c) diſp. de vaſis lymphaticis ac lympha. §. 43 - 48. Diſp.
dec. S. 151 - 154.

d) Prax. medic. B. I. K. LV. §. IX. und LXX. Opp. S.
324. und 329.

in den Harn übergehen c), der überhaupt oft sauer
seie f); aus dieser widernatürlichen scharfen Säure der
Lymphe entspringe die Gicht g), insbesondere die Gicht=
schmerzen, und, so wie überhaupt aus der widerna=
türlichen Beschaffenheit derselbigen, Kopffieber und an=
dere, die mit scharfen und schneidenden Schmerzen in
den Gliedern verknüpft seien h), vornemlich auch Ka=
tarrhfieber i).

Mit dieser Lymphe vermischt komme nun das Blut
in dem rechter Herzohr und in der rechten Herzkammer
mit solchem zusammen, das durch die Lebergänge Galle
zugeführt erhalten habe k); daraus entstehen gerade so,
als wenn man in eine mit Schwefel l) oder Spies=
glanz m) gekochte Lauge Essig oder säuerlichten Wein
giese, oder Eisenfeile in verdünntem Vitriolöl auflöse n),
ein Aufbrausen o); dieses Aufbrausen, durch welches
so=

c) Ebendaf. K. LV. §. XXXIV. Opp. S. 326.

f) Method. medend. B. II. K. XXIV. §. XXXII. Opp.
S. 135.

g) Prax. medic. append. tract. VIII. §. LXXI. CCXLVI.
CCLIII. und CCLVI. Opp. S. 781. 792.

h) Ebendaf. B. I. K. XXIX. §. VI. VIII. X - XII. Opp.
S. 232. 233.

i) Ebendaf. Tract. VIII. §. XXXI. S. 777. 778.

k) Defp. de refpiratione ufuque pulmonum. 1660. §. 54.
Difp. dec. S. 114. difp. de febribus. §. 19. 20. Difp.
dec. S. 198. 199. Meth. medend. B. I. K. V. §. XVIII.
Opp. S. 63.

l) Difp. de refpiratione ufuque pulmonum a. a. O.

m) Prax. medic. append. tract. V. §. CCCCXXV. Opp.
S. 731.

n) a. e. a. O.

o) a. d. e. a. O. Prax. medic. B. I. K. XVIII. §. IV - VI.

X x 4   Opp.

sowohl aus der Säure als aus dem Laugensalze die
Feuertheilchen entbunden werden P), seie die einige Ur=
sache von der vorzüglichen Wärme des Herzens q), von
wo sich die Wärme über den ganzen übrigen Leib ver=
breite, welche, so bald es dem Herzen an Blut als
ihrer Nahrung mangele, oder die Gemeinschaft mit
der äusern Luft unterbrochen werde, und mit ihr das
Leben, aufhöre r); diese durch das erwähnte im natürli=
chen Zustande sanfte Aufbrausen bewirkte Wärme,
dehne, wie dieses das Feuer bei allen Flüssigkeiten thue,
das Blut aus s); bei diesem Aufbrausen sondern sich
denn auch, wie bei manchem Aufbräusen in der chemi=
schen Werkstätte, gröbere Theilchen ab; solche Theil=
chen, die bei dieser Gelegenheit aus der dem Blute
noch beigemischten Galle gefällt werden, geben dem
Blutwasser seine gelbe Farbe t); diese drei Säfte, Spei=
chel,

Opp. S. 196. K. XIX. §. I-III. Opp. S. 198. 199.
append. tract. I. K. V. § XLVIII' Opp. S. 605. tract.
II. §. CLXIX. CLXX. CCXLIII-CCXLV. Opp. S. 633.
638. tract V. § CL-CLII. CCCCXVIII. Opp. S. 712.
731. tract VIII. §. CCXVI. Opp. S. 790. tract. IX.
§ CXIX. Opp. S. 801. tract. X. §. CCCLXIV. CCCLXVII.
und CCCCXXII. Opp. S. 836. 837. und 839.

p) Disput. de respiratione &c. §. 56. Disput. decas.
S. 115.

q) Prax. medic. B. I. K. XLVI. §. XXXV. Opp. S. 303.
Append. tract IX. §. CXVII CXIX. Opp. S. 801. Disp.
de febrib. 1661. §. 40. Disp. dec. S. 178. Disp. alt. de
febr. 1663. §. 12. Disp. dec. S. 193.

r) Disput. de aliment. fermentat. in ventriculo. §. 2-5.
Disp. dec. S. 1. 2. Disp. de chyli mutat. in sanguinem.
§. 10. Disp. dec. S. 25.

s) Disput. de febrib. 1663. §. 11. Disp. dec. S. 193.

t) Prax. medic. B. III. K. II. §. CCCLXXVII. Opp.
S. 504.

chel, der Saft der grosen Gekrösdrüse, und die Galle ꭏ) spielen in der ganzen thierischen Haushaltung eine Hauptrolle.

Da dieses Aufbrausen einen so wichtigen Einflus auf das ganze thierische Leben habe, so seie es kein Wunder, daß Störungen desselbigen so höchst nachtheilige Folgen haben; davon komme Herzklopfen ˣ), Scheidung der Bestandtheile aus den Säften ʸ), die Rose ᶻ), so wie überhaupt alle Entzündung ᵃ), und von dem Aufbrausen einer Säure mit dem Blute der weisse Flus ᵇ), von dem Aufbrausen einer sehr scharfen Säure mit scharfer Galle im Blute bösartige Fieber ᶜ).

Auch die thierische Geister, die im Gehirne aus dem Blute ausgeschieden werden ᵈ), oder in der neuern Sprache der Nervensaft, habe Aehnlichkeit mit Wein-

u) daher auch, wie bei Helmont, das Triumvirat genannt. Method. med. B. I. K. XVI. §. VI. Opp. S. 89. Prax. medic. B. I K. X. §. II. Opp. S. 174. K. XI. §. III. Opp. S. 177. K. XXX. §. L. Opp. S. 244.

x) Ebendas. B. I. K. XIX. §. XLIX-LVI. Opp. S. 202.

y) Ebendas. Append. tract. V. §. CCCCXXIII. CCCCXXIV. Opp. S. 731. und tract. VI. §. CCLXXI-CCLXXIV. Opp. S. 754. 755.

z) Ebendas. tract. X. §. DXVII. Opp. S. 45.

a) Ebendas. B. I. K. XL. §. XV. Opp. S. 282.

b) Ebendas. B. III. K. II. §. CCCCV-CCCCXXIX. Opp. S. 505-507.

c) Method. medend. B. II. K. XXVI. §. XIV. Opp. S. 138.

d) Disput. de spirituum animalium confectione, per nervos distributione atque usu vario. 1660. §. 29. Disput. dec. S. 50.

Weingeist ᵉ), und gerinne, wahrscheinlich wie dieser,
vom flüchtigen Laugensalze ᶠ), und Mohnsaft; er wirke
in der Milz, als Gährungsmittel zur weitern Vervoll=
kommung des Blutes ᵍ), so wie der in den Geilen
schon vorhandene ausgebildete Same auf das durch die
Schlagadern ihnen zugeführte Blut. als Gährungs=
mittel wirke ʰ): Harn und Schweis kommen in dem
Stoffe, woraus sie bestehen, mit einander überein ⁱ).

Das

e) Method. medend. B. I. K. XII. §. IV. und XXIX. Opp.
S. 78. und 80.

f) a. e. a. O. §. XXIX. "Si quis autem Confideret Spiritum vini, Rectificatiffimum, adeòque fubtiliffimum atque
maxime mobilem, (cum quo contulimus Animales Spiritus) quamvis non cogatur coaguleturve a frigore;
Cogi tamen ac Coagulari a volatili Sale Urinae, Salis
Armoniaci et alio forfan: non inconcinne forfan exifti-
mabit: Idem fieri poffe in corpore humano, Spiritibus
Animalibus ab eodem Sale Volatili aut aliâ re fimili,
quo referre quis poffit Opium et omnia Opiata, quae
videntur ex parte faltem in plerisque Coërcere Spirituum Animalium Motum, et quidem Ipfos minus fluxi-
les praeftando, etiam ad Motum animalem."

g) Difp. de lienis et glandularum ufu. §. 17. 18. Difput.
dec. S. 62. 63. "Huic fanguinis exaltationi fplenicae
promovendae non parum conferre fpiritum animalem
nemo ibit facilè inficias, qui per chimiam edoctus fuerit, omnia fixa unius fpiritùs volatilis ope reddi volatilia; et ex fixi volatilifatione, hinc volatilis fixatione
manare multis inauditas vel incredibiles, veras tamen
mutationum mirabilium tincturas. Arbitramur ergò,
fanguinem à corde per arterias ad lienem delatum ibidem fpiritibus animalibus continuò eodem confluenti-
bus commixtum, magis magisque cum ipfis permifceri
et digeri, atque fic in tincturae aut fermenti fanguinei
effentiam exaltari et plus quam perfici."

h) Prax. medic. append. tract. V. §. CCCCXCII. Opp.
S. 734.

i) Ebendaf. tract. VI. §. CCXCIX. Opp. S. 756. "Unde
etiam patet materiam eandem effe Urinae ac Sudoris."

Das Athemholen habe viele Aehnlichkeit mit dem
Verbrennen; denn, so wie 1) ein rauchendes oder Flammenfeuer mehr Luft nöthig habe, als ein Kohlenfeuer,
so werde auch mehr Luft erfordert, um bei athmenden
Thieren die innerliche Hize im Herzen, die bei ihnen
stärker seie, als bei blos ausdünstenden, zu mäsigen; so
wie 2) zur Verstärkung oder Schwächung des Feuers
mehr oder weniger Luft nöthig seie, so nehme auch, wie
nachdem das Lebensfeuer stärker oder schwächer seie,
das Athmen d. h. das Einziehen und Ausstosen der
Luft zu; so wie 3) die äusere Luft, wie nachdem sie
heiter, kalt und troken, oder trüb, heis und feucht ist,
einen sehr verschiedenen Einflus auf das Feuer habe,
so habe sie ihn auch auf das Athmen und das Lebensfeuer im Herzen; so wie endlich das Feuer im Ofen
lebhafter brennt, wenn die Luft von unten und von
oben freien Zutritt hat, und matt wird, zulezt ganz
erlöscht, wenn ihm dieser, vornemlich der obere ver-
sperrt wird, gerade eben so verhalte es sich mit dem
Athem k).

Der Nuzen der eingeathmeten Luft bestehe vornemlich darinn, die Hize, welche das Blut bei dem Aufbrausen im Herzen bekommen habe, zu mäsigen, und
um die dabei aufsteigende Dämpfe auszustosen, diene
das Ausathmen l); dabei werde das Blut, nachdem es
durch das Aufbrausen im Herzen verdünnt worden seie,
wieder verdikt m); dieses thue die Luft durch ein reines
und

k) Disput. de respiratione &c. §. 69-73. Disput. Dec.
S. 117-120.

l) Ebendas. §. 57. 65-68. 74. Disput. dec. S. 115. 117.
120. Prax. medic. B. I. K. XXV. §. IV. K. XXVI.
§. III. Opp. S. 223.

m) Disput. de respiratione &c. §. 74. 75. Disput. Dec.
S. 120. 121.

und einfaches Salz, das sie bei kalter Witterung
reichlicher mit sich führe, nemlich durch Salpeter [n]);
vornemlich führe der Nordwind Salpetersäure herbei [o]),
bei gelinder Kälte gemeine [p]), bei strengerer Kälte rei=
nere, oder mit Kochsalz gemengte [q]), bei Frostkälte
mit flüchtigem Laugensalz gebundene [r]), denn daß eine
Mischung lezterer Art auch mitten im Sommer Feuch=
tigkeit

n) Ebendas. §. 76‑78. S. 121. Prax. medic. B. I. K. XXI.
§. III. Opp. S. 211. "Quâ vi autem, quove modo et
ratione Sanguinem in utrumque hunc finem alteret In-
fpiratus Aër, non aequè patet.   Ego id fieri puto, quatenus in Aëre difperfae funt partes Nitrofae atque Sub-
acidae, Sanguinem aeftuantem, rarefactumque con-
denfare, atque ipfius aeftum quoque blandè compefcere
potentes."

o) de affectus epidemii Leidenfis caufis naturalibus. §. 55.
Difput. dec. S. 282.

p) hier find die Gründe a. e. a. O. §. 56. "Frigus blan-
dum tribuo acido nitrofo, prae falibus omnibus (?)
minùs aeri, et in nobis tamen quovis modò frigus lene
parienti; qualem falem cum Boreâ minus faevo ad nos
migrare teftantur terrae ipfius beneficiô pinguefcentes.
Fertilitatem autem à nitro effe, noto jam eft notius."

q) a. e. a. O. §. 57. S. 283. "Frigus acrius cutimque
faciei et manuum dilacerans et fua cuticula privans eft
acceptum ferendum acido puriori, vel muriaticô fali
junctô; à quo effectum fimilem obfervamus indies in
praxi medicâ, et manifeftiffime in coryzâ; in quâ de-
pluens per nares fapore falfo acidus humor tùm nares,
tum vicinam cutim rodere, cuticulamque abradere con-
fuevit."

r) a. e. a. O. §. 58. "Frigus glacians deduco à fpiritu
acido cum fpiritu volatili puriore unito, et fali Arme-
niaco plane confimili, poftquam non femel obfervavi,
hunc, aquâ recens folutum, etiam aeftate mediâ, circa
vitreum vas mifcellam iftam continens, allicere ac gelare
aeris ambientis humiditatem aqueam, quod idem ur-
gente gelu evenire videmus feneftrarum vitris."

tigkeit zum Frieren bringt, hatte ihn die Erfahrung ge=
lehrt; er nehme sie aus den mitternächtlichen erzreichen
Ländern, in welchen sie natürliches unterirdisches und
künstliches Feuer in den Dunstkreis treiben, mit sich[s]),
das flüchtige Laugensalz aber führe der Mittagwind aus
dem dürren Erdgürtel, aus welchem er komme, her=
bei[t]); davon werde die Galle schärfer[u]); daher seien in
jenen Ländern, in welchen dieser Wind am meisten weht,
durch das Laugensalz, das die Säure jeder Art mil=
dert, die Früchte süser, als in den mitternächtlichen[x]);
auch seie der Riechstoff, der in der Luft emporsteige,
ölichter und laugenhafter Art[y]); es seie durch die
Luft Feuer vertheilt[z]), das überhaupt nur, wenn es
in Oel seie, in unserer Empfindung Wärme errege[a]).

Es bestehe demnach der Unterschied des Blutes in
der rechten und in der linken Herzkammer darinn, daß
es in dieser durch die eingeathmete Luft, und vielleicht
auch durch den Speichel und Drüsensaft, der durch die
Luftröhre darzu gekommen sein möchte, etwas verändert
seie[b]); daß das Blut in den Schlagadern Säure ent=
halte,

s) a. e. a. O. §. 61-67. Disp. dec. S. 284-284.

t) a. e. a. O. §. 36. 48-51. 65. S. 272. 273. 277-
280. 286.

u) a. e. a. O. §. 40. S. 274.

x) a. e. a. O. §. 49-51. S. 278-280.

y) a. e. a. O. §. 37. S. 273.

z) Prax. medic. B. III. K. XI. §. XLVII. Opp. S. 577.

a) a. e. a. O. §. XLV. "Nam Ignis, quantum Ego saltem potui hactenus observare, nullum producit in no-
stro sensu Calorem, nisi quando in Oleo quod ejus Pa-
bulum vulgo dicitur (quo jure, jam non inquiram) existit, ac subsistit."

b) Prax. medic. B. I. K. XXV. §. I. Opp. S. 222.

halte, laſſe ſich daraus ſchlieſen, daß es, ſo wie es aus
den Adern ausflieſe, gerinne, und daß bei Schlagader-
geſchwulſten Knochen angefreſſen und verzehret werden [c]; wenn ſie nicht zu ſtark ſeie, mache ſie das Blut
der Verdünnerung empfänglich [d]; ſeie ſie im Uebermaſe
zugegen, ſo nehme das Blut eine ſchwarze Farbe davon an [e], vornemlich komme die dunkelere Farbe des
dem andern Geſchlechte monatlich abgehenden Blutes
davon her [f]; doch komme auch der weiſſe Flus von
Säure, denn die abgehende Feuchtigkeit ſeie ſcharf,
und hätte ſie eine laugenhafte Schärfe, ſo müſten die
Theile davon ſchwarz werden [g].

Uebri-

c) Diſp. de vaſis lymphaticis ac lymphâ. §. 54. Diſp. Dec.
S. 156.

d) Diſp. de chyli mutation. in ſanguinem &c. §. 40. Diſp.
Dec S. 34. 35. "Sanguinem ad magis et amplius ra-
reſcendum diſponit ſpiritus acidus mediocris, partes ipſius
pingues vel oleoſas blandè coagulans, et ut interno
igni cordis diutius reſiſtat, ac idcirco amplius explicetur,
efficiens."

e) Prax. medic. B. I. K. VI. §. VII. und LI. Opp. S. 67.
und 69. ' Quoties Univerſus Sanguinis Color Ater ac
Niger obſervatur, toties in ipſo Acidum exuperare
ſignificat, à quo Nigredinem accipit."

f) Ebendaſ. B. III. K. III. §. CCCCV. Oper. S. 505.
"ſecundùm Experientiam multiplicem ac certam liquet
ab Acido exſpectandum Colorem in ſanguine nigrican-
tiorem" und §. CCCCXXXIX S. 508. "Et quoniam colorem ſanguinis menſtrui atriorem deduximus à memo-
rato Acido copioſius ipſi addito."

g) Ebendaſ. K. IV. §. XXXI. XXXVI. LXXXII-LXXXVI.
Opp. S. 513. 514-517. ' Haec autem Acrimonia ul-
ceroſa, hoc eſt, partes affectas in Ulcus rodens, ſola
evincit, ſe in Aciditate conſiſtere, poſtquam, ſicut non
ſemel pluribus aliàs evicimus exemplis, experimentis-
que manifeſtiſſimis, Salis lixivi Acrimonia cum nigredine

Uebrigens seie es auch eine, in den Drüschen der Brüste bereitete[h]), gemäßigte Säure, welche das dahin kommende Blut in Milch verwandle[i]); denn bekanntlich ändere sich von Säuren die blutrothe Farbe in die weißlichte[k]); doch gerinne die Milch, auch in den Brüsten, von Säure[l]).

Von dem Uebermas bald des flüchtigen Laugensalzes bald der Säure, in den Säften kommen überhaupt die meiste Krankheiten: Im Harn könne zwar jenes ohne eine böse Bedeutung, nicht aber im Blute oder andern Säften durch den Geschmak bemerklich sein[m]): In der Pest habe flüchtiges Laugensalz in den Säften die Oberhand, und alle Zufälle derselbigen lassen sich sehr bequem daraus erklären[n]), denn in der Pest seie das

dine morticinâ corrumpit portes à se affectas et Acida exedit, confumitque partes, in quas vim fuam exferit noxiam, mutatque in fubftantiam albicantem.”

h) Ebendaf. K. X. §. XLIV. Opp. S. 566. “Non tantum ratione folidâ, verùm multiplici variorum experientiâ conftat, Liquoris in Glandulis praeparari folitos, plus minùs participare de Acido.”

i) Ebendaf. § XLVII. “hinc non fine gravi caufa exiftimamus in Mammarum Glandulis praeparari Liquorem acidiufculum, fed valdè temperatum, qui partibus Sanguinis, ibidem à reliquâ maffâ fecretis easdem tùm magis confiftentes, tùm intimius commixtas, tùm albicantes praeftet, adeòque in Lac mutet.” S. auch ebendbf. §. LV. LXII. S. 567.

k) a. e. a. O. §. XLV. S. 566. “multiplicibus experimentis Chymicis manifeftum eft, Colorem rutilum ab acido mutari in albicantem.”

l) Ebendaf. K. XI. §. XXXIII. und XXXIV. Opp. S. 576.

m) Method. medend. B. I. K. VI. §. XIII. Opp. S. 67.

n) Prax. medic. Append. Tract. II. §. LVI. Opp. S. 626. “jam pridem fufpicati fumus, et nunc planè opinamur,
Vene-

das Blut sehr aufgelöst, und gerinne nicht, und eben diese Veränderung bringe flüchtiges Laugensalz hervor, wenn man es in Wasser aufgelöst, in die Adern sprüze [o]); daher beruhe nicht nur die Erleichterung und Heilung der Kranken [p]), sondern auch die Verhütung der Krankheit [q]) auf dem Gebrauche der Säuren [r]): Auch bei Brandschäden entbinde sich aus dem Fett, das sie vorzüglich treffen, Laugensalz [s]); daher gehören Säuren

Venenum pestilens consistere in Sale valdè Volatili, eoque Acri; quod, uti spero, in sequentibus fiet magis manifestum, uti pluribus ostendemus, à praedicto Sale volatili commodissime posse deduci omnia symptomata in Peste occurrentia." S. auch a. e. a. O. §. LVII - XCI. CCLXXVII - CCLXXX. CCCLVI. CCCLVII. CCCLXI. CCCLXIX. CCCLXXI. CCCLXXVII - CCCLXXIX. Opp. S. 627. 628. 645. 646.

o) a. e. a. O. §. LV. Opp. S. 626. "Dicti assertique hujus veritas evincitur quovis Sale Volatili Aquâ diluto, et itidem per Siphonem in venam immisso; à quo animadvertetur Sanguinis coagulatio impediri, imò tolli."

p) a. e. a. O. §. XC. DLXXVII. DLXXXI - DLXXXVIII. DCXXI - DCXXXIII. S. 628. 656 - 659.

q) a. e. a. O. §. CCCCLXXXIX - CCCCXCIX. Opp. S. 652.

r) Sylvius rühmt zwar a. e. a. O. §. CCCCLXXXIX. aus eigener an sich selbst gemachter Erfahrung, als er acht Monate lang Pestkranke zu besorgen hatte, ganz einfachen Essig, wovon er Morgens, ehe er die Kranken besuchte, einen Löffel voll auf Brodgrumen nahm; man hat aber in mehreren Apothekerbüchern (z. B. in dem wirtembergischen B. II. S. 26.) unter dem Namen Aqua prophylactica oder Acetum bezoardicum einen mit seinem Namen gestempelten zusammengesezten über verschiedenen Wurzeln, Kräutern, Blumen und Früchten abgezogenen Essig, der die gleiche Bestimmung hat.

s) Prax. medic. B. II. K. XXIII. §. CXCVIII. CXCIX. Opp. S. 452.

Säuren unter die kräftigste Hülfsmittel dagegen [t]):
Auch bei den Poken komme die Schärfe auf der Haut
bald von Säure bald von Laugensalz [u]), die mit dem
auf der Oberfläche befindlichen Blute ein Aufbrausen
erregen; die Gicht komme, wenn brennende Schmerzen
damit verknüpft seien, von vorschlagendem Laugensalz,
sonst von Säure her [x]); auch Kachexie habe bald diese
bald jenes zur Ursache [y]).

In vielen dieser Krankheiten, in welchen scharfe
Galle zum Grunde liege, seie Salpetersäure ein Hauptmittel [z]), die daher auch bei Blähungen von guter
Wirkung seie [a]), und auch sowohl tropfenweise in Ge-
tränken oder Brühen innerlich genommen [b]), als mit
dem Absud von Graswurzel verdünnt und in die Blase
gesprützt [c]), im Blasenstein viel leisten soll.

In-

---

t) a. e. a. O. §. CXCIII. CXCVII. CC. CCI.

u) Ebendas. Append. tract. I. K. IX. §. XXVI-XXIX.
XLIX. Opp. S. 618. 620.

x) Ebendas. tract. VIII. §. XXI. XXII. Opp. S. 777.
"Unde facilè patet, cùm à Causâ internâ ad locum affec-
tum aliunde delatâ oriatur ille Dolor, ipsum pro Causâ
efficiente necessariò agnoscere Humorem Acrem, et quidem, quoties cum Ardore conjunctus reperitur, Bilio-
sum, Sale saltem lixivo, vel fixo, vel Volatili abun-
dantem, ac Serosum. Quoties autem Ardor ipsi comes non adest, toties si Acris dolor extiterit, humorem
Acidum existere."

y) Ebendas. B. I. K. XXXIX. §. IX. Opp. S. 279.

z) Ebendas. K. XIV. §. XXXIV. Opp. S. 186.

a) a. e. a. O. §. LXXXI. Opp. S. 189.

b) Method. medend. B. II. K. XXIV. §. LI. Opp.
S. 136.

c) Ebendas. K. XVI. §. XI. Opp. S. 117.

Inzwischen liege die Ursache der Krankheiten weit
häufiger in vorschlagender Säure: So wie der natürliche Hunger seinen Grund in säuerlichten Dünsten habe, welche bei dem Gähren der Speisen und ihrer Ue-
berbleibsel im Magen aufsteigen, und die obere Ma-
genöfnung reizen d), so komme der Heishunger mancher
Kranken von einer widernatürlichen Säure im ganzen
Leibe, und vornemlich im Saft der grosen Gekrösdrüse e); die trokene Zunge in manchen Fiebern von
scharfen Dünsten, welche bei einem fehlerhaften Aufbrausen der Säfte in den Gedärmen aufsteigen f), und
ein groser Theil der Fieber von einer muriatischen, laugenhaften oder sauren Schärfe, oder dergleichen Dünsten, die sich bei einem fehlerhaften Aufbrausen der
Säfte in den dünnen Gedärmen oder im Herzen erheben, und dieses zu häufigern Zusammenziehungen reizen g); Säure, vornemlich im Saft der grosen Gekrösdrüse, und dergleichen Dünste, die bei dem Aufbrausen derselbigen mit der Galle in den dünnen Gedärmen
aufsteigen h), seien bei Kindern die Ursache des Keich-
hustens, wenn sie sich auf die Lungen i), der Fallsucht,
wenn

d) Prax. medic. B. I. K. II. §. III. Opp. S. 159.

e) Ebendas. §. V. "in Aegris autem Auctae Famis Cau-
sam petendam puto à Succo acidiore in corpore abun-
dante, ac praesertim ex Pancreate ad Intestinum delato,
ac inde Halitus Solito Acidiores ad Ventriculum aman-
dante, qui Famis sensum intendant, et post detrusa deorsum alimenta eandem mox renovent, et potentius
urgeant.'

f) Ebendas. Append. tract. IX. §. CCLXXXVII. Opp.
S. 812.

g) Ebendas. B. I. K. XXVII. §. IV - VI. XXIV - XXVI.
Opp. S. 225. 227.

h) Ebendas. Append. tract. I. K. VI. §. XL. Opp. S. 609.

i) a. e. a. O. §. XLVI. S. 610.

wenn sie sich auf das Gehirn ᵏ), des Schlagfluſſes,
wenn sie sich auf das Rükenmark ˡ), der Sprachloſig-
keit, wenn sie sich auf die Muſkel ſezen, welche zum
Sprechen beſtimmt ſind ᵐ): Laugenſalz, das in einem
minder gebundenen Zuſtande aus der Galle in die übrige Säfte übergehe ⁿ), und Säure ᵒ) ſeien die Urſache
der Zukungen, flüchtige Säure insbeſondere diejenige
der Fallſucht ᵖ), denn in den meiſten Mitteln, welche
ſich darinn wirkſam erweiſen, ſeie feuetveſtes oder
flüchtiges Laugenſalz ᑫ), ſelbſt im Jaſpis, Smaragd
und Schwalbenſtein ʳ): Auch das veneriſche Gift ſeie
ſaurer

k) a. e. a. O. §. XL. XLVII. S. 609. 610.

l) a. e. a. O. §. XLVIII. S. 610.

m) a. e. a. O. §. XLIX.

n) Ebendaſ. B. II. K. XXIII. §. CCXXX-CCXXXIII.
Opp. S. 453.

o) a. e. a. O. §. CCVI.

p) Ebendaſ. K. XX. §. LXXXIX. "Ex quibus omnibus
et ſimilibus ex praxi deſumendis concludo Cauſam Epilepſiae remotiorem, et animales ſpiritus ad paroxyſmum
producendum diſponentes eſſe Spiritum acidum volatilem" §. XCII. S. 426. "Suſpicamur Ergo et tantum
non opinamur Veram et adaequatam Epilepſiae omnis
cauſam eſſe ſpiritum acidum volatilem, quacunque demum in parte generatum, coacervatumve, atque inde
ad Cerebrum delatum."

q) a. e. a. O. §. CXXV. Opp. S. 427. "Dixi enim in
ſuperioribus, arbitrari me Epilepſiae Cauſam eſſe ſpiritum
acidum, eumque volatilem ſpiritus animales diſpeſcen-
tem, et conturbantem. Remedium autem ipſi futurum
ſalem lixivioſum vel fixum, vel volatilem quidem, aſt
ſimul fixantem; atque alterutrum obſervari in plerisque
Antepilepticis medicamentis."

r) a. e. a. O. § CXLII. "Laudantur quoque aliquot in
Epilepſiâ curandâ pretioſi Lapides; Jaſpis, Smaragdus

et

faurer Beschaffenheit ⁵), denn laugenhaft könne doch
die Schärfe nicht sein, da sie keinen nagenden, heiß:
sen, sondern mehr schneidenden Schmerzen errege ᵗ),
auch die Theile nicht so schnell schwarz mache ᵘ), und
nicht so vest an einem Theile hängen bleibe ˣ); zwar
gebrauche man zur Heilung venerischer Geschwüre Mit:
tel, vornemlich Quekfilbermittel, welche mit Säuren
berei:

et **Chelidonius**: quos omnes sale abundare norunt Chy‑
mici.”

s) Ebendaſ. Append. tract. III. §. XXXVI. Opp. S. 666.
“Concludimus proinde, Venenum Venereum in Acido,
sed suo modo peccante, consistere” S. auch a. e. a. O.
§. LXXX - LXXXVII. XC. Opp. S. 669. und §. CXLIV.
Opp. S. 673. ‘‘Id autem tantò minus nos angit, quo‑
niam ex primariis Luis praedictae Symptomatibus abun‑
dè ostendimus, Ipsam à solo Acido acriore produci pos‑
se; in quo etiam nunc persistimus, et concludimus, Ve‑
neream Luem produci ab humoribus Acidis, et Acrimo‑
niâ suâ tum Sanguinem ipsum caeterosque ex ipso hu‑
mores ortos, tum Pilos, tum Glandulas, partesque
glandulosas omnes, tum Cutim, tum Ossa ipsa corrum‑
pentibus ac rodentibus.”

t) a. e. a. O. §. XXIX. Opp. S. 665. 666. “Rosio nam‑
que à Sale lixivo fieri solita cum calore notabili est con‑
juncta, qualis vix unquam observatur in Lue Venereâ;
in quâ per Lancinationes solent dolores infestare.”

u) a. e. a. O. §. XXX. Opp. S. 666. “Adde quòd à
lixivo Sale partes ad internecionem et mortificationem
ac nigredinem brevi perducantur; quod cùm in Lue
Venereâ non accidat, meritò Salis lixivi Acrimonia sola
híc à prudentibus, rerumque gnaris non facilè cul‑
pabitur.”

x) a. e. a. O. §. XXXII. Opp. S. 666. “Hisce accedit,
quòd Sal lixivum quando uni parti adhaesit, non facile
ab illâ recedat, sed in ipsam vim suam continuè exe‑
rat; quòd cùm aliter se habeat in Venereâ luc, utique
à lixivo Sale ejus noxa non erit deducenda.”

bereitet seien ʸ); allein die Wirkung hänge nicht von
der Säure, sondern vom Quekſilber ab; jene bringe
nur zuwege, daß das Quekſilber ſich deſto eher mit der
Säure des Geſchwürs verbinde; ſie müſe daher ſehr
gemäſigt ſeien, ſonſt ſchade ſie mehr; auch wirke das
Quekſilber ohne alle Säure in den damit bereiteten Salben in dieſen Geſchwüren kräftig ᶻ).

Ueberhaupt kommen die meiſte und vielleicht alle Ge-
ſchwüre ᵃ), und beſonders die Schwämminchen bei Kindern
von Säure ᵇ); das erhelle, was die leztere betreffe, aus
dem ſauren Aufſtoſen, dem ſauren Geſchmak im Munde, dem ſauren Geruch des Stuhlgangs, und der Beſchaffenheit der in dieſem Uebel wirkſamen Mittel, welche nemlich Säure dämpfen: Auch in der Kräze ſeie
ſaure Schärfe im Spiele ᶜ), denn wäre ſie laugenhaft,
ſo würde ſie ſich in Verbindung mit dem klebrichten
Stoffe, welcher dabei zum Grunde liege, durch Blähungen äuſern ᵈ); auch habe er mit Kalk und flüchtigem

y) a. e. a. O. §. LXXXI. Opp. S. 669.

z) a. e. a. O. §. LXXXII - LXXXVI.

a) Ebendaſ. B. III. K XII. §. XXXVIII. Opp. S. 584.
"Ulcera pleraque, et forſan omnia ortum habent ab
Acido Acri" ſchon zuverſichtlicher und allgemeiner ebendaſ.
Append. tract. X. §. CCXCVIH. Opp. S. 833. "Eſt
enim Ulcus Acidi, non Lixivi effectus."

b) Ebendaſ. Tract. I. K. V. §. XIII - XXII. XXVIII -
XXXIX. XLII. XLVI. L - LVIII. LX. Opp. S. 603-605.

c) Ebendaſ. K. VIII. §. XV. Opp. S. 615. "Cùm igitur ex memoratis jam ferae iſtius Scabiei Symptomatibus concluderem, Cauſam ipſius eſſe Humorem acrem,
ſimulque Glutinoſum; mox judicavi, Acrimoniam ibi
peccantem probabiliter putandam Acidam."

d) a. e. a. O. §. XVI. "Et cur Acidam? quia humori
glutinoſo et pituitoſo ſe facilè jungit Acidum, ac cum

ipſo

gem Laugenſalze aus thieriſchen Stoffen mehrere glüklich
davon geheilt ᵉ): Auch die Knochenfäule komme, wie
man aus den vorangehenden ſchneidenden und bohren=
den herumziehenden Schmerzen erſehen könne, von ſol=
cher mehr freigewordenen Säure, denn von einer lau=
genhaften Schärfe würde der Schmerz mehr brennend
ſein, und mehr an einer Stelle bleiben ᶠ); auch im
Eiter ſeie Säure, wenn ſie ſich auch im Geſchmak nicht
immer ſo merklich offenbare, denn ſie verberge ſich öf=
ters ᵍ), und ſie ſeie es eigentlich, welche das Blut im
Eitergeſchwür in Eiter verwandle ʰ).

Von

ipſo fertur quaquaverſùm, cui ſi jungatur ſalſum Lixivum, facilè in flatus abit, vel ſaltem illud Salſum magis obtundit."

e) a. e. a. O. §. XVII.

f) Diſp. de vaſis lymphaticis ac lymphâ. §. 49. Diſp. Dec.
S. 154. "Oſſium caries eundem agnoſcit acidum ſpiritum nimis purum in corpore exſiſtentem; quod ex
praeviis ſaepenumerò doloribus intolerabilibus et à ſola
aciditate deducendis liquet. Acrimonia ſiquidem a lixivo ſale oborta fixior permanet in eodem loco, partem-
que affectam videtur urere, dum ſpiritus acidus partem à
ſe correptam repetitis lancinationibus impetere, aut
lacerare ac perforare judicatur."

g) Prax. medic. Append. tract. V. §. CCCXXXIV. "Neque omnia in mixtis exiſtentia acria et acida externis
ſenſibus mox ſe produnt, cùm non pauca tunc demum
manifeſtentur, quando ſublata ſunt impedimenta et vin-
cula, quibus vincta concludebantur quaſi et vela-
bantur."

h) Ebendaſ. B. I. K. XL. §. LXII. Opp. S. 286. "Ex
hoc autem Experimento haud parvi pendendo cenſui Ulcerum Apoſtemata conſequentium Mundationem ac Con-
ſolidationem conſiſtere in Correctione Puris acidi, ro-
dentisque Ulceratae parti adhaerentis, atque Sanguinem
ipſi nutriendae dicatum ex parte ſaltem corrumpentis,

ac

Von Säure kommen bei Kindern Bauchgrimmen [i]), davon öfters das schwere Ausbrechen der Zähne [k]), das von öfters Schlaflosigkeit [l]), bei Schwangern Unmachten [m]); Säure seie vornemlich die Haupturfache der Wassersucht [n]).

Da Sylvius Säure für die Quelle so vieler Uebel erklärte, so kann es nicht befremden, daß er Mitteln, welche Säure dämpfen, einen sehr grosen Wirkungskreis anwies; in den meisten Fällen zog er darzu flüchtiges Laugensalz vor, und als wenn es nicht genug wäre, durch desselben eigene Schärfe zu reizen, würzte er es noch mit erhizenden flüchtigen Oelen [o]), in der frei-

ac in novum pus vertentis " S. auch Method. medend. B. II K. XXIV. §. XXIV. Opp. S. 134. "Quoniam vero in Pure omni latet Acidum acre, Partes senfiles rodens ac Dolores acroces producens" und K. XXIX. § XIX. Opp. S. 146. "Ubi Puris multum conficitur, ibi dominium habet Acidum."

i) Prax. med. Append. tract. I. K II. §. II. IV. XI-XIII. XXX - XXXVII. XLV - LII. Opp. S. 596-599.

k) Ebendaf. K. VII. §. XI. Opp. S. 614.

l) Ebendaf. B. II. K. XXXI. Opp. S. 473.

m) Ebendaf. B. III. K. IV. §. CVII. und CXLV. Opp. S. 535. 537.

n) Ebendaf. Append. Tract. VI. § CCLXXIX - CCLXXXII. Opp. S. 755. "Ab Acidi ergo in corpore obfervati fed acrioris vitio pendet inprimis Seri et Pituitae in Corpore hydropicorum redundantis tum Generatio, tum Coacervatio, tum Retentio."

o) noch hat man in mehreren Apothekerbüchern z. B. in der Pharmacop. Wirtemberg. II. S. 157. ein nach ihm benanntes Sal volatile oleofum; auch andere Arzneien mit ähnlichen Auffschriften stammen aus seiner Schule her.

freilich sehr verfehlten Absicht, die Schärfe des Laugen=
salzes in diese einzuhüllen.

Dieses Salz rühmte er also, in der Voraussezung,
daß das Blut nur von Säure gerinnen könne, bei ge=
ronnenem Blute [p]), wenn es nach und nach geronnen
ist, und immer mehr gerinnt, zum innerlichen Ge=
brauche; eben so zur Verdünnerung zähen Schleims [q])
und zäher Galle [r]); auch wenn die Abscheidung der lez=
tern verhindert ist [s]); ferner in Blähungen [t]), bei
krankhaftem Niesen [u]), bei schwerem und eingenomme=
nem Kopfe [x]), bei geronnener Milch in den Brüsten [y]),
bei dem Ausbleiben des Monatflusses [z]), auch wenn
das dabei oder nach der Geburt [a]) abgehende Blut eine
ungewöhnliche Farbe [b]) oder einen ungewöhnlich widri=
gen

p) Prax. medic. B. I. K. XX. §. XXIV. Opp. S. 209.
auch Method. medend. B. II. K. XXIII. §. V. Opp.
S. 130.

q) Method. medend. B. II. K. XVIII. §. XXIV. Opp.
S. 123. K. XXIII. §. VII. XXII. XXXIV. Opp. S.
130. 131.

r) Ebendas. K. XXIII. §. XLI. Opp. S. 132. K. XXVIII.
§. XXVII. Opp. S. 144. und Prax. medic. B. I. K. XLV.
§. XI. Opp. S. 300.

s) Prax. medic. B. I. K. XLIV. §. XXXVII. Opp. S. 299.

t) Ebendas. K. XV. §. LIX. Opp. S. 189.

u) Ebendas. K. XXIII. §. XXVIII. Opp. S. 218.

x) Ebendas. K. XLI. §. XXVI. Opp. S. 288.

y) Ebendas. B. III. K. XI. §. XXXIII. Opp. S. 576.

z) Ebendas. K. III. §. LXXXI-LXXXV. Opp. S. 486.
Method. medend. B. II. K. XVII. §. XLIX-LV. Opp.
S. 120. 121.

a) Ebendas. B. III. K. VIII. §. LXIII. Opp. S. 557.

b) Ebendas. K. III. §. CCCCLXI. CCCCLXII. CCCCLXVI.
CCCCLXIX. CCCCLXXIII. Opp. S. 509.

gen Geruch ᶜ) hat, vornemlich im Scharbok ᵈ), bei
blaſſer Geſichtsfarbe, die in zu groſer Hize der äuſern
Luft oder in Hunger ihren Grund hat ᵉ), bei Entzün-
dungen ᶠ), in Wechſelfiebern ᵍ), in anhaltenden Fiebern ʰ), vornemlich im eintägigen ⁱ), bei verdorbener
Eslust ᵏ) und Durſt ˡ), bei allgemeiner Ermattung ᵐ),
in

c) a. e. a. O. §. CCCCLXXX. Opp. S. 510.

d) Ebendaſ. Append. tract. X. §. DCCCLXIII. Opp. S.
869. "Quòd ſi Affectus in Medicinâ ullus reperiatur, qui
Salium Volatilium efficaciam ac neceſſitatem clamet, atque omnes ipſa temerè ac imperitè ridentes confundat,
et ridiculos teſtetur, Scorbutus eſt, nullis remediis aequè cedens, atque Salibus Volatilibus, adeóque Plan-
tas Sale Volatili manifeſto abundantibus, Cochleariae,
Eryſimo, Naſturtio cuivis, Raphano utrique, Sinapi et
ſimilibus: ad quorum exemplum exhibui jam multis
annis cum felici ſucceſſu in curando Scorbuto Salia Volatilia, ex quibusvis Animalium partibus facilè parabilia, ideóque à perito Artifice multifariè paranda."

e) Method. medend. B. II. K. XXIX. §. XXXIII. XXXVI.
Opp. S. 146.

f) Prax. medic. B. I. K. XL. §. XXV. Opp. S. 282.
"Inter Interna conducunt prae aliis omnibus Salia Volatilia ex variis Animalium partibus parata, quippe quae
omnia et ſingula vi egregiâ pollent Coagulata et Con-
glutinata omnia in corpore humano diſſolvendi, eadem-
que ad priſtinam fluiditatem reducendi, atque inſuper
ſudorem movendi; quo ſimùl blandè promoto multò
facilius, citius, foeliciusque obtinetur deſiderata illa
et amabilis Coagmentatorum Reſolutio."

g) Ebendaſ. K. XXX. §. CXXXIX. Opp. S. 252.

h) Ebendaſ. K. XXIX. §. LXV. LXVIII. LXIX. LXXI.
Opp. S. 238. 239.

i) Ebendaſ. K. XXVIII. §. XXXIII. Opp. S. 231.

k) Ebendaſ. K. II. §. XLVIII - L. Opp. S. 162. "Com-
peri autem hactenus prae aliis medicamentis omnibus
conducere in hoc affectu Salia volatilia — — Optima
vero

in Unmachten, sowohl im Anfalle selbst, als auser demselbigen, um denselben zu schwächen, oder ganz abzuhalten ^n), vornemlich bei Schwangern ^o), auch in andern Zufällen, welche Schwangern zustosen ^p),

bei

vero Salibus volatilibus utendi ratio eft, fi ad plures, paucioresve guttas prout debiliora funt vel potentiora, bis terve aut faepius in die affumantur ex Vino vel alio liquore conveniente, ac praefertim inter prandendum ac coenandum, quò Alimentis juncta impediant eorundem corruptionem à vitiofa faliva exfpectandam."

l) Ebendaf. K. I. §. XXI. S. 159. "Depravatam fitim curant — — inprimis Salia volatilia oleofa, fed temperatiora et quidem Aqueis juncta cumque Vino haud generofo per vices exhibita."

m) Prax. medic. B. I. K. XXXIV. §. CIV. CVIII. Opp. S. 271. 272.

n) Ebendaf. §. CXIII - CXVIII. Opp. S. 273. "Poffunt quoque laudata modò Salia Volatilia, et Olea exhiberi ex cochleari cujusvis Liquoris, Aquae, Vini, Cerevifiae, Jufculi etc — Nemo autem, nifi expertus, perfuadebitur facilè de mirabili praedictorum Medicamentorum efficaciâ, et vi fummâ non tantùm in praecavendis, fed infuper in minuendis ac citò curandis Animi Deliquiis et Syncope."

o) Ebendaf. B III. K. VI. §. CXLV. Opp. S. 537. "Quoties autem Animi deliquia tum levia, tum gravia patiuntur Gravidae, toties, cùm Halitibus acrioribus ac fimul Acidis vel Aufteris fuum debeant ortum, curabuntur aut praecavebuntur medicamentis Aromaticis faepius laudatis, et Salibus Volatilibus oleofis: quippe quae quodvis Acre obtundunt, et Acidum infringunt, Aufterumque emendant corriguntque."

p) Ebendaf. §. CXIV - CXX. Opp. S. 535. 536. "Sed dicet Aliquis, Me Salibus quoque Volatilibus uti frequenter in Gravidis, qui tamen videntur potiùs Bilis Volatilitatem aucturi, quàm diminuturi. Sed refpondeo, Me cum in fincm non laudare Sales Volatiles; quos

prae-

bei saurem Geschmak im Munde q), bei zu saurer Lym:
phe r), wenn die Lungen eine herbe zum Husten rei:
zende Feuchtigkeit in sich haben s), um das Ausblei:
ben des Aufbrausens des Blutes im Herzen t) zu ver:
hindern, oder wenn es auch kurze Zeit unterbrochen
ist, wiederherzustellen, Hize und Wallung des Blutes
zu dämpfen u), bei mancherlei Fehlern des Saftes der
grosen Gekrösdrüse x), im Bauchgrimmen y), und in
der Fallsucht z) der Kindet, in der Wassersucht a), in
der Milzsucht b) und andern Krankheiten.

Ueber:

praeterea non usurpo tunc quosvis, sed Oleosos: et quidem, ut Bilem non tàm Volatiliorem, quàm Acriorem
quoque factam corrigant, emendentque — — ad eandem — Acriorem temperandam, corrigendamque laudo
Salia Volatilia, sed Oleosa, quae praeterea Fermentationem Alimentorum in Ventriculo juvant, promovent-
que — — — Salia enim Volatilia Oleosa plurimum
conveniunt cum Bile naturali et laudabili, atque idcirco
apprimè conferunt ad eandem in statum naturalem de-
ducendam, postquam ipsa ex parte saltem facta est tem-
peratior per austera vel acida, prout nimirum ejus a
statu naturali recessus est diversus."

q) Ebendas. B. II. K. X. §. XLV - XLVII. Opp. S. 408.

r) Ebendas. B. I. K. XLIX. §. XLIV-XLVII. Opp.
S. 312.

s) Method. medend. B. II. K. XVIII. §. LIII. Opp. S. 125.
"Serum Austerum corrigetur medicamentis ipsum Emen-
dantibus — — inter Chymica omne genus Salium verè
Volatilium, inter quae hactenus efficacissimum reperi
Spiritum Salis Ammoniaci."

t) Prax. medic. B. I. K. XIX. §. LXII. LXX.

u) Ebendas. K. XX. §. XL. Opp. S. 210.

x) Ebendas. K. LIV. §. XXXIII. XXXVI. Opp. S. 322.
B. II K. X. §. LIII. Opp. S. 409.

y) Ebendas. Append. tract. I. K. II. §. XVIII. Opp.
S. 596.

z) es soll nemlich den Müttern noch in der Schwangerschaft
gege:

.: Ueberhaupt war er, ob er gleich Behutsamkeit bei ihrem Gebrauche einschärft, ein Freund von starken heftiger wirksamen Mitteln; so empfiehlt er z. B. den Silbersalpeter (Crystallos lunae) zum innerlichen Gebrauche, um Erbrechen zu bewirken, und stark abzuführen [*]), weissen Vitriol auch um Erbrechen zu erregen [d]), mehrere Arzneien aus Quecksilber, deren Wirkung er von anklebender Säure ableitet [e]), ohne doch dem

gegeben werden, um dem Uebel zuvorzukommen. Ebend. K. VI. §. XVI. XVIII. LXVIII. Opp. S. 608. 611.

a) Ebendas. tract. VI. §. CCLXXXI. Opp. S. 755.

b) Ebendas. tract. VII. §. CCXLVI. CCLII. CCLV. Opp. S. 773.

c) Method. medend. B. II. K. XI. § LXXXIII. Opp. S. 106. "uno verbo aliquid de Vomitorio Lunari dicturus, Sale puta vel Crystallis Lunae inter Hydragoga Melanagoga memoratis, à quibus non tantùm per Alvum, verùm per Vomitùm quoque Humor serosus ac Melancholicus Austerus solet evacuari."

d) Prax. medic. Append. tract. VI. §. CLXIX. Opp. S. 748. und tract. VII §. CCLXV. Opp. S. 774.

e) Method. medend. B. II. K. V. §. XX. XXI. "Videtur autem mihi Mercurius in qualicunque sui praeparatione notatâ imbibere atque concentrare plurimum Spiritus Acidi, cujus ratione incidat potenter Pituitam Glutinosam, eamque aptam reddat ad evacuationem, concurrente forsan simul Effervescentiâ cum Bile institutâ, cujûs ope erumpentes Halitus Acres irritent Intestinum Tenue ad sui Coarctationem frequentiorem, continuatamque, hinc et Contentorum Solutorumque exclusionem. Qui proinde Mercurius purus putus non solet ullos evacuare Humores per alvum, postquam praeparatus est eum Spiritibus Mineralium acidis, magnam evacuandi nanciscitur vim: sed quae tantò existit blandior, quantò spirituum dictorum Aciditas est magis tecta, et concentrata; uti contrà vehementior, quò eadem magis est manifesta."

dem Quekſilber ſeinen Antheil abzuſprechen f), nicht
blos verſüſten Sublimat, den er nach Verdienſt zu
ſchäzen wuste g), ſondern auch weiſſen h), gelben i),
und rothen k) Präcipitat, und, wenn er auch an einer
Stelle l) dagegen warnt, ſogar den äzenden Sublimat m) zum innerlichen Gebrauche, von welchem man
kaum ¼, höchſtens einen Gran n) geben könne.

Bei-

f) Prax. medic. Append. tract. III. §. CCLXXIV. S. 681.
"Ex quibus ſaepius accuratè à me conſideratis expenſiſ-
que inclino, ut putem, tum ipſi Mercurio, tum Spiritibus Acidis Mercurio diverſâ quantitate junctis, tum
Igni vario modo et gradu adminiſtrato, aliisque ſimul
accedentibus Vini putà Spiritui etc. adſcribendam Vim
tàm diverſam in Mercurialibus Medicamentis occur-
rentem."

g) Ebendaſ. §. CCLXVI-CCLXX. Opp. S. 680. 681. "laudo et commendo unicuique Mercurium ſublimatum Dul-
cem dictum, qui paratur ex praedicto Corroſivo unà
cum Mercurio crudo trito, et ſic ſimul ſublimato, unde
blandus et dulcis, non verò corroſivus ampliùs elevatur: quod nunquam conſidero, quin ſimul mirer multorum aut negligentiam aut ſtuporem." S. auch tract. VI.
§. CCX-CCXIV. Opp. S. 750. tract. VII. §. CCLX.
Opp. S. 774.

h) Ebendaſ. tract. VI. §. CLXX. Opp. S. 748. §. CCX.
S. 750. §. CCCXXV. CCCXXVI. Opp. S. 758. tract.
VII. §. CCLX. Opp. S. 774.

i) a. d. e. a. O.

k) a. d. e. a. O. auch tract. III. §. CCLXXXIII. Opp.
S. 681.

l) Ebendaſ. tract. III. §. CCLXVI. Opp. S. 680. "Hoc
igitur neglecto et magis temerariis relicto Mercurio
ſublimato Corroſivo." Method. medend. B. II. K. V.
§. XXII Opp. S. 98. "Unde non facilè ulli dandum,
poſtquam ſuppetunt blandiora, et tutiora, et illa quoque ſatis efficacia."

m) Method. medend. B. II. K. V. §. XXII. Opp. S. 98.

K.

Beinahe noch mehr, als dieses, erhob er, vornemlich wenn er die Absicht hatte, Erbrechen zu erregen [o]), die Spiesglanzarzneien [p]), schärfte aber auch hier Behutsamkeit im Gebrauche und Sorgfalt in der Bereitung ein [q]), und wuste schon, daß sie nicht blos auf diesem Wege [r]), sondern auch, zuweilen nach einan-

K. X. §. LXXIV. Opp. S. 106. K. XIII. §. XXXV. Opp. S 113. Prax. medic. Append. tract. VI. § CLXX. Opp. S. 748. "Ex Mercurio conveniunt omnia ejus praecipitata, Alba, Flava, Rubea &c. ut et ipse Mercurius sublimatus Corrosivus; quo tamen non nisi dosi minima et in convenienti liquore utendum." Prax. medic. append. tract. VI § CCX. Opp. S. 750.

n) Method. medend. B. I. K. V. §. XXII. Opp. S. 98. als Brechmittel. K. X §. LXXIV Opp. S. 106. "cujus dimidium granum multo liquore prius solvendum ac diluendum vim obtinet in vomitu ciendo maximam" doch läst er Prax. medic. Append. tract. VI. §. CLXX. Opp. S. 748. allenfalls "vix enim unquam ad unum granum est ascendendum" und etwas bestimmter §. CCX. Opp. S. 750 "Nam ex Sublimatis Corrosivus dictus, rarius ad unum granum — — — potest dari." ein ganzes Gran nehmen.

o) Prax. medic. Append. tract. II. § DLIX. Opp. S. 655. "ego caeteris Vomitoriis omnibus praefero Antimonialia, quocunque demum modo parata." S. auch §. DLXXXIX. Opp. S. 657. tract. VII. §. CCLXVI. Opp. S. 774. tract VIII § CLX. Opp. S. 786. tract. IX. §. CCXXXI. Opp. S. 809.

p) a. e. a. O. § DLIII. DLIX. DLXXXV. DLXXXIX. DC - DCVIII. Opp. S. 655. 657. 658. tract. III. §. CCXCVII. Opp. S. 682. tract. VI. §. CLXIX. Opp. S. 748. § CCLXXXVI - CCXCI. Opp. S. 750. tract. VII. §. CCLXIV - CCLXVI. Opp. S. 774. De medicamentis chymicis. Thes. V - XVI. Opp. S. 903. 904.

q) a. e. a. O. §. DLIX. "Attendendum autem imprimis, ut ritè praeparentur, ac prudentur usurpentur."

r) a. e. a. O. tract. II. §. DC. DCII. Opp. S. 657. 658. "Ad-

ander auf Stuhlgang, Harn oder Schweis ⁵) wirken;
nicht nur die gelindere Spiesglanzkalke ᵗ), sondern
auch die gewaltsamere, z. B. das Algerottische Pulver
(Mercurius vitae) ᵘ), Spiesglanzsafran ˣ), Spiesglanz:

"Adde, quod Arte saltem Chymicâ praeparari possint,
ex Antimonio praesertim , Medicamenta, quae pro re
natâ, et humorum peccantium naturâ, nunc tantùm
per Vomitum, nunc tantùm per Secessum, nunc tantùm
per Sudores aut Urinas, nunc simul per plures vias,
nunc per nullas praedictos humores expellant, verùm
illos duntaxat emendent ac corrigant, Aegrosque ad pri-
stinum sanitatis statum reducant. Utique testari possum,
ac reverà testor, id non semèl a me observatum, unùm
idemque ex Antimonio paratum medicamentum, ac eidem
aegro in eodem affectu à me exhibitum, omnia prae-
dicta effecta ordine produxisse, et primò quidem Vomitum , deinde Alvum ipsi movisse, posteà vim suam per
Sudorem exeruisse, ac tandem nil ampliùs expellendo
indies robur aegro conciliasse."

s) a. d. e. a. O. tract. II. §.DLIII. Opp. S.655. §.DLXXXIX.
Opp. S. 657.

t) a. e. a. O. tract. VI. §. CCLXXXVII - CCLXXXIX.
Opp. S. 756. De medicamentis chymicis thes. VIII.
XIII. Opp. S. 904.

u) Prax. medic. append. tract. III. §. CCXCVII. Opp.
S. 682. und tract. VI. §. CLXIX. Opp. S. 748. tract.
VII. §. CCLXVI. Opp. S. 774. und de medicamentis
chymicis. §. XII. Opp. S. 904. "pulvis albicans, Mercurius Vitae vulgò dictus, praestantissimum ad humores quosuis vitiosos è corpore eliminandos remedium
per alvum et (Vomitum) Vim suam exerens" Method.
medend. B. II. K. X. §. XLIII. Opp. S. 104. "Ad Medicamenta Vomitoria et quidem Antimonialia refertur
quoque ac meritò Mercurius Vitae dictus, quem quidem
inepti et ignari Cavillatores, imò Calumniatores voca-
runt Mercurium Mortis; sed non sunt audiendi Asini de
Lyrâ judicium laturi."

x) Method. medend. B. II. K. X. §. XXXII. Opp. S.
104.

glanzglas [y]), Spiesglanzblumen [z]), Spiesglanzkö=
nig [a]), und den aus dessen Schlaken bereiteten Gold=
schwefel [b]).

Daß ein Lehrsystem, welches bei so entschiedenen
Vorzügen auf der einen Seite so viele Blösen auf der
andern zeigt, so viele heut zu Tage allgemein dafür an=
erkannte Irrthümer aufnahm und verkündigte, in vie=
len Bezirken des weitläufigen Gebiets, über welches
es seinen Einflus verbreitete, von einem unerwiesenen
Saze zum andern übergieng, auf manche, wenigstens
Anfangs oft selbst dafür anerkannte sinnreiche, Vermu=
thungen Säze gründete, die für reine Wahrheit gel=
ten sollten, so manche, oft noch überdies als solche
sehr gewagte Folgerungen für reine Thatsachen unter=
schob, bedarf in unsern Tagen keines weitern Bewei=
ses, der ohnehin nicht blos für den Scheidekünstler ge=
hört, sondern auch aus andern Fächern der Naturkunde
ge=

104. Prax. medic. Append. tract. VI. §. CLXIX. Opp.
S. 748. tract. VII. §. CCLXVI. Opp. S. 774. de me=
dicament. chymic. thes. VIII. Opp. S. 904.

y) Method. medend. B. II. K. X. §. XXXVII - XLII.
Opp. S. 104. Prax. medic. append. tract. VI. §. CLXIX.
Opp. S. 748. tract. VII. §. CCLXVI. Opp. S. 774.
De medicam. chymic. thes. VII. Opp. S. 903. 904.

z) Prax. medic. append. tract. VI. §. CLXIX. Opp. S. 748.
§. CCXCI. Opp. S. 756. tract. VII. §. CCLXVI. Opp.
S. 774. De medicament. chymic. thes. VI. Opp.
S. 903.

a) und die daraus gemachte ewige Pillen und Kelche.
Method. medend. B. II. K. X. §. XXXVI - XXXIX.
Opp. S. 104. Prax. medic. append. tract. VI. §. CLXIX.
Opp. S. 748. tract. VII. §. CCLXVI. Opp. S. 774.
De medicament. chymic. thes. X. Opp. S. 904.

b) Prax. medic. append. tract. VI. §. CCXC. Opp.
S. 756.

geführt werden müste, und daß ein solches Lehrgebäude, beinahe allgemeinen Beifall erhielt, ihn beinahe ein ganzes Jahrhundert hindurch fast ungetheilt erhielt, kann nur den befremden, der mit dem Gange der Wissenschaften, mit der Denkart des grosen Haufens und mit der Geschichte des Tages ganz unbekannt ist.

Franz Sylvius de le Boë[c] war 1714 zu Hanau, wohin sich seine Eltern in den damaligen vaterländischen Unruhen geflüchtet hatten, aus einem edlen niederländischem Hause gebohren; seine erste wissenschaftliche Bildung erhielt er zu Sedan und Leiden, und nachdem er sich unter Ad. Vorst und J. Heurnius der Arzneikunst mit ungewöhnlichem Eifer gewidmet hatte, besuchte er die hohe Schulen Teutschlands, und erhielt 1637 auf eine ausgezeichnete Weise zu Basel unter Theod. Zwinger, Joh. Jak. von Brun, und Em. Stupanus die höchste Würde in der Kunst: Die erste Anwendung von seinen erworbenen Kenntnissen machte er vor dem Krankenbette; er beschäftigte sich einige Jahre zu Hanau und Leiden, nachher mehrere zu Amsterdam gröstentheils mit der Ausübung seiner Kunst; das Glük, das ihn dabei begleitete, die liebreiche und gefällige Art, wie er sich bei der Behandlung seiner Kranken benahm, die Mühe, die er sich gab, was auch die Aerzte seiner Zeit zu ihrem und ihrer Kranken Schaden so sehr vernachläsigten, die Mittel, welche er verordnete, so weit es nur von ihm abhieng, an Farbe, Geruch und Geschmak angenehm oder doch erträglich

c) die folgende Züge sind aus Luk. Schachts Leichenrede auf seinen berühmten Amtsgehülfen, wie sie der schon mehrmalen erwähnten Ausgabe seiner Werke S. 923-934. angehängt ist.

lich zu machen [d]), die menschenfreundliche Aufmerksamkeit, womit er überhaupt ihr Leiden zu mildern
suchte, die Wohlthätigkeit, die er an armen Kranken
ausübte, und die Welt- und Menschenkunde, die er in
seinem ganzen Betragen offenbahrte, erwarben ihm
das unumschränkte Zutrauen seiner Mitbürger, und
bei Hohen und Niedern, Eingebohrnen und Fremden
eine Anhänglichkeit, Liebe und Achtung, deren sich nur
wenige seines Standes rühmen können: Sein ausgebreiteter Ruhm drang auch zu den Vorstehern der hohen
Schule zu Leiden, und der Gedanke war sehr natürlich

d) darüber erklärt er sich Prax. medic. B. III. K. XXXIII.
§. CIV. Opp. S. 271. 272. sehr schön folgender Weise:
"ut Medico Gratiosi nomine gaudente videatur indignum, quin plane inhumanum non velle, cum maximè
possit, Aegrorum infirmitati, Fastidio et Nauseae gra-
tiore medicamento succurrere, quin malle Afflictum
afflictione novâ continuò affligere. Quapropter istis
morosis Medicis praeferendos existimo benigniores, atque quovis modo Aegrorum infirmitati naturali, et
quandoque morositati se ac medicamenta sua accommo-
dantes. Longè namque facilius ac decentius est, labore aliquo, licet subinde satis magno, Medicum quem-
vis excogitare, ac tentando invenire gratiora Aegris
medicamenta, quàm singulos Aegros, etiam delicatiores
atque affectibus suis afflictissimos, ideóque nonnunquam
quaevis gratissima, cibosque adeò ac potus delicatissi-
mos fastidientes quin ad Medicamentorum conspectum
vel olfactum mox nauseantes et quandoque vomentes vi
naturae factâ quaevis medicamenta, etiam nauseosa, et
quidem magnâ copiâ sumere ac in Ventriculo nauseante
continere. Quod quàm sit Rationi sanae adversum, qui
ratione pollet, sanè judicet; quàm idem non multorum
Aegrorum querelis ac detrimento à nonnullis Medicis
ferreis tentetur, ac praefectè tutetur, nulli amplius
ignotum; et imprimis postquam via commodior et fa-
cilior, imò tutior in usum revocata et diu jam continuata est ab aliis Medicis non minus doctis, at in praxi
foelici benè versatis."

lich, daß die Bildung junger Aerzte keinem Manne,
besser anvertraut werden könnte, als ihm, der durch
sein ganzes Leben ein so erhabenes Vorbild gab, um
den Segen, der durch ihn auf sein Zeitalter flos, auch
auf folgende Zeugungen zu verbreiten: Aber Syl=
vius war auch in diesem Zeitraum seines Lebens nicht
blos am Krankenbette geschäftig; unabläsig arbeitete er
daran, in Gegenden des weitläufigen wissenschaftlichen
Gebiets, die ihm noch dunkel zu sein schienen, Licht
und Klarheit, die noch zerstreute Bruchstüke der sämt=
lichen Arzneikunde mehr in Zusammenhang zu bringen;
die Zergliederungskunst, die damals noch so sehr zurük
war, und die Scheidekunst boten ihm darzu die Hände;
häufig öfnete er, auch um den Quellen der Krankheiten
nachzuspüren, menschliche Leichen, fleisig machte er,
auch um neue, kräftigere, angenehmere Arzneien zu fin=
den, in seiner chemischen Werkstätte, Versuche; die da=
mals neue Entdekung Harvei's, die er gegen Zweif=
ler und Gegner, auch unter seinen nächsten Amtsgehül=
fen, in Schuz nahm, und die Lehren Helmont's ka=
men ihm dabei zu statten; aber nicht zufrieden, dabei
stehen zu bleiben, und zu stolz, um am Gängelbande
seiner Vorfahren und Zeitgenossen fortzugleiten, brach
er sich selbst eine Bahn, deren standhafte Verfolgung
seinen Namen nicht anders als verewigen muste.

Dieser Mann, dem schon die Natur durch eine
schöne und einnehmende Gestalt und ausgezeichnete
Geistesgaben, und eine vorzügliche sittliche und gelehr=
te Erziehung, durch äusern Anstand und Beredsamkeit,
Gewalt über die Gemüther der Menschen, und Mit=
tel, seinen Lehren Eingang zu verschaffen, in die Hän=
de gegeben hatte, betrat nun (1658) den Lehrstul auf
der hohen Schule zu Leiden: In diesem neuen Wir=
kungskreise, der seinen natürlichen Anlagen, so wie

sei=

seinen erworbenen Fertigkeiten, so ganz angemessen war, fand seine Thätigkeit und sein Eifer für die gewissen= hafteste Erfüllung seiner Pflichten der neuen Antriebe genug, mit unverwandtem Blike seinem Ziele näher zu rüken, und die Kunst sich andern mitzutheilen, gelang ihm so unübertreflich, daß durch ihn und so lange er lebte, die hohe Schule in eine Aufnahme kam, deren sie sich von frühern Zeiten her nicht zu erinnern wuste; schaarenweise strömten, nicht blos aus den Niederlan= den und dem angrenzenden Teutschland, aus der Schweiz, aus Ungarn, Polen, Rusland, Schweden Dännemark, sondern auch aus England, Frankreich und Italien Jünglinge nach Leiden, um zu seinen Fü= ßen die Lehren der Weisheit zu hören, sich unter seiner Leitung zu geschikten und brauchbaren Aerzten zu bil= den; sein Beispiel fachte auch ihren Eifer an; er war ihr Führer und Rathgeber, und hatte sie so sehr für sich gewonnen, daß er auf ihr ungetheiltes Vertrauen und auf ihre immerwährende Dankbarkeit ^e) rechnen konnte; die Worte, die aus seinem Munde flosen, gal= ten ihnen als Göttersprüche, und was er in seinen Schriften, vornemlich in seinen frühern, mit einer be= scheidenen Schüchternheit als blose Muthmasung, viel= leicht schon etwas zuversichtlicher in seinem Lehrsaale vortrug ^f), als ewige über alle Zweifel erhabene Wahr= heit: Sein ganzes Leben war eine Reihe groser für Wissenschaften und Menschheit wichtiger Unternehmun= gen;

e) Ueber einige Ausnahmen von dieser Regel beklagt er sich hin und wieder in seinen Schriften bitterlich.

f) Vielleicht gehört unter diese von ihm nur mündlich vor= getragene Säze, der von vielen auf seine Rechnung ge= schriebene Versuch, daß Milch durch Kochen mit Lau= gensalz roth werde, und die Folgerung, die er daraus auf die Verwandlung des Milchsaftes in Blut zog; ich habe ihn wenigstens in seinen Schriften vergebens gesucht.

gen; sie schlos der Tod schon im acht und funfzigsten
Jahre desselbigen.

Was konnte ein Mann, welchen die Vorsehung
mit solchen Gaben ausgerüstet, in diese Lage versetzt
hatte, für die Wahrheit, und ihre Bevestigung und
Verbreitung, für die Vertilgung des Irrthums, für
die Zerstreuung der Dunkelheiten, für Welt und Nach=
welt leisten! Und wirklich er hat viel geleistet: Auch
schon dadurch, daß er die blinde Anhänglichkeit an
das Alte, die auch noch damals auf hohen Schulen
sehr gemein war, und alle Fortschritte in der Gelehr=
samkeit, wo nicht vereitelte, doch ausnehmend erschwer=
te, durch den mächtigen Einflus, den er sich auf die
Gemüther so vieler künftigen Lehrer und Aerzte zu ver=
schaffen gewust hatte, zerstörte: Hätte er bei der Auf=
führung seines neuen Lehrgebäudes die trefliche Vor=
schriften befolgt, die er andern gab, aber, wie so
manche Sittenrichter, so bald es darauf ankommt,
ihre eigene Lehren selbst in Ausübung zu bringen, so
oft aus den Augen verlohr; welche unverwelkliche Lor=
beeren würde er sich um das Feld des menschlichen Wis=
sens errungen haben, das er sonst mit so glüklichem
Erfolg anbaute! Allein die Klippen, an der schon so
mancher über andere sich empor schwingende menschliche
Geist scheiterte, waren auch sein Verderben, und die neue
Irrthümer, die er an die Stelle der alten sezte, brach=
ten gerade deswegen den Wissenschaften und selbst der
Menschheit einen desto unwiderbringlichern Schaden,
weil sie sich durch sein Ansehn so weit verbreiteten, und
so lange erhielten, und übereilt genug auf die Aus=
übung der Arzneikunst übergiengen: Entweder hatte
sich der hohe Gedanke, der neue Schöpfer einer gan=
zen weitläufigen Wissenschaft zu sein, seiner Seele so
sehr bemächtigt, daß er über diesem Ziele, welches ihm

Zi 3   be=

beständig vor Augen schwebte, alle auch noch so richtige und auffallende Einwürfe für unbedeutend ansah,
und des scharfen Blikes ungeachtet, mit dem er, so
bald es auf Beurtheilung Anderer ankam, oft das
Ganze umfaste und überschaute, die zahlreiche Lüken
seines Systems nicht gewahr wurde; oder der grose
vielleicht seine eigene Erwartung übersteigende Beifall,
den er, und zwar vornemlich seine neue Lehre, einerndete,
und der Weyhrauch, der ihm mit so verschwenderischer
Hand gestreut wurde, seinen Verstand benebelt, und
sein Gefühl für Wahrheit abgestumpft: Genug er
gieng in der Kühnheit seiner Behauptungen immer weiter, fand oft in jedem entfernten Scheingrunde einen
Beweis seiner Meinung, schob gewagte oder doch un-
erwiesene Folgerungen aus Thatsachen, die noch überdis oft nur halbwahr waren, den Thatsachen selbst
unter, übersah die mannigfaltige Mängel seines Lehrgebäudes [g]), und trieb zulezt das Gefühl des gekränk-
ten Ehrgeizes so weit, daß er jeden Zweifler und Gegner seiner Meinungen für einen hämischen Neider seiner
Gröse hielt, und sogar des kleinlichen mit wahrer Gröse der Seele so gar nicht passenden Kunstgriffs sich
nicht schämte, ihren Verstand und ihr Herz in An-
spruch zu nehmen, und, wo er auch keinen Grund darzu hatte, jeden Widerspruch für die Wirkung einer
sklavischen Anhänglichkeit an das Alte [h]) zu erklären:
Das

g) so etwas äusert auch der von ihm selbst darzu ernann-
te Herausgeber der erst nach seinem Tode erschienenen
Schriften Just. Schrader in der Vorrede zu denselbigen.

h) Veterum mancipia nennt er z. B. (Prax. medic. B. II.
K. XX. §. CXXII. Opp. S. 427.) die Aerzte, die nicht
mit ihm die Ursache aller Fallsucht in einer flüchtigen
Säure,

Das Heer seiner Anhänger trat diesem Ausspruche mit lauter Stimme bei; diese hielt ihre blinde Vorliebe für ihren Lehrer ab, selbst zu untersuchen, andere schrökte die Furcht vor einem hizigen Kampfe mit diesen ab, zu widersprechen; und so war denn der ganze edle Zwek, den er sich wirklich anfangs selbst bei seinen Bemühungen im Ernst vorgesezt haben mag, eigenes Prüfen und Forschen nach Wahrheit unter den Aerzten, vornemlich unter denen, welche sich seiner Führung anvertraut hatten, anzufachen, gänzlich verfehlt, die einseitige Art, alles in der Natur und im Menschen anzusehen, allgemein geltend gemacht, die unglükliche Sucht, alles zu erklären, herrschend, und der reinen Wahrheit der Eingang auf lange Zeit verschlossen; und so laut auch der Ruhm seiner Gröse an allen Enden der Erde erschallte, so dumpf tönt der Nachhall desselbigen bei der Nachwelt, die ungeblendet durch den Glanz seiner anderweitigen Verdienste, und unerschüttert durch die Beweggründe, welche den grosen Haufen der Zeitgenossen lenken, den Mann in seiner wahren unverhüllten Gestalt erblikt, und seine Fehler mit eben der unerbittlichen Strenge richtet, als sie seine Tugenden und Verdienste mit gleicher Gerechtigkeit schäzt und bewundert.

Seine Schriften sind nicht zahlreich, und auch von diesen ein Theil ohne sein Wissen, oder gar gegen sei-

Säure, und die sicherste Heilung im Gebrauch von Laugensalzen und andern Säure verschlingenden Mitteln finden. Diese verächtliche Sprache, in welcher schon S y l vius, noch mehr aber seine Schüler, von den Alten redeten, hat der Neochmus, dem Bernh. S w a l v e, in der Unterredung über Alcali und Acidum Amstelod. 1770. 12. diese Rolle übertragen hat, sehr wohl getroffen.

seinen Willen, ein anderer erſt nach ſeinem Tode erſchienen [i]); die theſes de medicamentis chymicis [k])
abgerechnet, beſchäftiget ſich keine ſeiner Schriften zunächſt mit der Scheidekunſt; allein da ein groſer
Theil ſeiner Grundſäze in der Phyſiologie, Pathologie
und Therapie auf der Anwendung der Chemie auf dieſe
Wiſſenſchaften beruht, ſo trage ich kein Bedenken,
diejenige, welche ſich darauf beziehen, hier aufzuführen.
1) Diſput. medic. [l]) de alimentorum fermentatione
in ventriculo [m]). 2) Diſp. de chyli à fecibus alvinis ſecretione atque in lacteas venas propulſione in inteſtinis
perfectâ [n]); 3) Diſp. De chyli mutatione in ſanguinem, circulari ſanguinis motu, et cordis arteriarum-
que

i) zuſammen gedrukt mit der Aufſchrift: Opera medica
   tam hactenus inedita, quam variis locis et formis edita,
   nunc vero certo ordine diſpoſita, et in unum Volumen
   redacta. 8. Pariſ. 1671. 4. Amſtelod. 1679. Ultraject.
   1681. fol. Venet. 1708. Genev. 1731. 1736.

k) Oper. medic. (ed. Amſtelod.) S. 903. 904.

l) zehen dieſer Diſput. ſind mit der Aufſchrift: Diſputatio-
   num medicarum decas, primarias corporis humani func-
   tiones naturales, nec non febrium naturam ex anatomicis,
   practicis et chemicis experimentis deductas complectens.
   Edit 2da. Jen. 1674. 12. und mit einem Anhange
   1) Epiſtola apologetia contra Antonium *Deuſingium*.
   2) or. de affectus epidemii, anno 1669. Leidae graſſantis, cauſſis naturalibus. 3) or. de hominis cognitione zuſammengedrukt erſchienen; wahrſcheinlich iſt dieſe
   vor mir liegende Sammlung mit derjenigen, welche zu
   Amſterdam 1663 und 1670. 16. auch zu Frankfurt 1676
   erſchienen iſt, einerlei: Auch machen ſie in der Sammlung ſämmtlicher Werke den Anfang, und nehmen in der
   vor mir liegenden Amſterdamer Ausgabe S. 1-52. ein.

m) reſp. Abr. *Quina.* 1659. Dec. S. 1-10. Opp. S.
   11. 12.

n) reſp. Lud. *Meyer.* 1659. Dec. S. 10-21. Opp. S.
   13-15.

que pulſu °); 4) Diſp. de Spirituum animalium in cerebro, cerebelloque confectione, per nervos diſtributione atque uſu vario ᴾ); 5) Diſp. de lienis ac glandularum uſu �q); 6) Diſp. de bilis ac hepatis uſu ʳ); 7) Diſp. de reſpiratione uſuque pulmonum ˢ); 8) Diſp. de vaſis lymphaticis ac lymphâ ᵗ); 9) Diſp. de febribus ᵘ); 10) Diſp. de febribus altera ˣ); 11) Orat. De affectus epidemii Leidae anno 1669 graſſantis, cauſſis naturalibus ʸ); 12) Praxeos medicae idea nova ᶻ); 13)

o) reſp. Jo. a *Waſſenaer.* 1659. Dec. S. 22-36. Opp. S. 15-17.

p) reſp. Gabr. *Ypelaer.* 1660. Dec. S. 37-56. Opp. S. 18-21.

q) reſp. Jo. *Kerfbyl.* 1660. Dec. S. 56-71. Opp. S. 21·24.

r) reſp. Pet. *Sloterdyk.* 1660. Dec. S. 72-99. Opp. S. 24-29.

s) reſp. Al. *Meyer.* 1660. Dec. S. 99-127. Opp. S. 30-35.

t) reſp. Chrph. *Gottwald.* 1661. Dec. S. 127-160. Opp. S. 35-41.

u) reſp. Lud. *Goclenio.* 1661. Dec. S. 161-188. Opp. S. 41-46.

x) reſp. Jo. van der *Lahr.* 1663. Dec. S. 188-216. Opp. S. 47·52.

y) Dec. S. 257-309. Opp. S. 913-922.

z) B. I. 12. Leid. Pariſ. und Francof. 1671. abgedruk in Operib. medic. S. 151-384. mit einem alphabetiſchen Regiſter verſehen, von Mart. Carceus; und noch von ihm ſelbſt ausgegeben, da die folgende Theile nebſt dem Anhange erſt nach ſeinem Tode erſchienen, und von andern, vornemlich von Juſt. Schrader, den nach deſſen beigefügten Vorrede der Verfaſſer ſelbſt in ſeinem Teſtamente zum Herausgeber derſelben beſtimmt hatte. B. II. 12. Amſterd. 1674. 8. Venet. 1672. Hanov. 1670. abge-

Zz 5

13) De methodo medendi ᵃ); 14) Beſchreibung der
Franzoſen=Krankheit ᵇ); 15) Or. de febre epidemica,
Lugduni Batavorum plures affligente ᶜ); 16) Or. de
affectu epidemico, qui ab Aug. menſe 1669 ad Ja-
nuarium 1670 in Leidenſis urbis cives ſaeviit ᵈ);
17) Collegium medico - practicum anno 1660 dicta-
tum ᵉ).

Einem Manne, der es ganz darauf anlegte, die
bisher in Achtung geſtandene Lehrgebäude der Aerzte
über den Haufen zu werfen, konnte es, wenn er auch
mit mehr Mäſigung und Schonung und mit weniger
Glük zu Werke gegangen wäre, nicht an Gegnern
fehlen; er fand ſie bald in der Nähe, an Ludw. de
Bils (Bilſius) zu Rotterdam, Anton Deuſing
aus Meurs, öffentlichem Lehrer der Arzneikunde zu
Gröningen ᶠ), Karl Drelincourt aus Paris, noch
einige

gedrukt in Oper. medic. S. 387 - 477. B. III. Oper.
medic. S. 478 - 586. Appendix Oper. medic. S. 587-
872. ins engliſche überſezt von Gower. London. 8.
1675. 1717.

a) B. I. II. quorum prior de Morbis atque Indicationi-
bus; poſterior verô de Materiâ, et formâ Remediorum
agit, auch erſt nach ſeinem Tode ausgegeben. Oper. med.
S. 53 - 92 - 148.

b) mit Blancaerd's Anmerkungen. Leipzig. 1693. aus
der Prax. medic. überſezt.

c) *Haller* biblioth. medic. pract. II. S. 630.

d) Ebendaſ. S. 631.

e) Francof. 1664. 12.

f) ſchon in Reſurrectio hepatis adſerta contra Vincentium
Slegelium ſub *Blotteſandei* cohorte figniferum. Acced.
diſquiſitio ulterior de chyli motu et officio hepatis.
Groming. 1662. 12. noch mehr in folgenden ſechs Schrif=
ten: 1) in ſylvam Echo ſ. Sylvius heautontimorumenus
cum

einige Jahre zugleich mit **S y l v i u s** Lehrer der Arzneikunde zu Leiden ᵍ), einem gelehrten französischen Arzt
Ant. Meniot ʰ), und späterhin an dem harlingischen
Stadtarzte Bernh. Swalve ¹); den gründlichsten an
dem berühmten leipzigischen Lehrer Joh. Bohn ᵏ),
der inzwischen, so wie **S w a l v e,** dem nächstfolgen-
den Zeitalter angehört.

Gegen **D e u s i n g** vertheidigte er sich selbst ¹) mit
einer

cum appendice de bilis et hepatis ufu. Groning. 1663.
12. 2) Difquifitio antifylviana de calido innato et aucto
in corde fanguinis calore, qua Sylvii fufpiciones, et
opiones refutantur. Groning. 1663. 12. 3) Difquifitio
antifylviana de motu cordis et arteriarum. Groning.
1663. 12. 4) Sylva caedua cadens.f. difquifitiones an-
tifylvianae de alimenti affumti elaboratione ac diftribu-
tione, de alimentorum fermentatione. Groning. 1664.
12. 5) Sylva caedua jacens f. difquifitiones antifylvia-
nae de fpirituum animalium genefi et ufu, de ufu lienis
et glandularum. Groning. 1665. 12. 6) Difp. de chyli
a faecibus alvinis fecretione ac fucci pancreatici natura
et ufu. Groning. 1665. 12.

g) ad doctores glandulofos. in Opufc. Leid. 1680. 12.

h) Opufcules pofthumes contenant des difcours et des lettres fur divers fujets. Amfterd. 1697. 4.

i) Alcali et acidum five naturae et artis inftrumenta pugi-
lica, per Neochmum et Palaephatum hinc inde ventila-
ta, et praxi medicae fuperftructae praemiffa. 12. Amftelod. 1670. und 1678. Jen. 1675. vornemlich von
S. 146. an.

k) vornemlich in Epiftola ad Vir. Nobiliff. et Ampliff. **D.**
Joel. *Langelottum* de alcali et acidi infufficientia pro
principiorum feu elementorum corporum naturalium mu-
nere gerendo. Lipf 1675. 8. auch abgedruckt in differtat.
chymico - phyficis, quibus accedunt ejusdem tractatus de
aëris in fublunaria influxu, et de alcali et acidi infufficientia. Lipf. 1685. 4. 1696. 8.

l) theils in der Vorrede zu feiner Decas Difputationum,
theils

einer Heftigkeit, die mehr die Rache beleidigter Eigen=
liebe, als Kampf für die Wahrheit ausdrükt [m]); ge=
gen seine übrige Widersacher nahmen seine Schüler die
Vertheidigung über sich; so suchte z. B. Regner de
Graaf aus Delft [n]) die saure Beschaffenheit des
Saftes in der grosen Gekrösdrüse auser Zweifel zu
sezen.

Aber der Mann, der nach seinem Stifter am mei=
sten dazu beitrug, dieses Lehrgebäude im Gang und
Ansehen zu erhalten, war Otto Tachenius (Tacke=
nius), der aus Hervorden in Westphalen gebürtig
war [o]), in jüngern Jahren die Apothekerkunst erlernte,
und

theils in seiner schon oben angeführten Epistola apologe-
tica improbas aequè ac ineptas Ant. *Deusingii,* aliorumque ejusdem farinae hominum Cavillationes atque Calumnias summatim perstring. die auch in den Opp. med.
S 901 - 912. abgedrukt ist.

m) wie ungestümm seine Leidenschaft robte, zeigt nicht nur
der ganze so eben erwähnte Brief, sondern vornemlich die
Zuschrift: Viro Cavillationibus, Calumniis et Conviciis
celeberrimo Ant. Deusingio mentem tum saniorem tum
meliorem optat Fr. de le Boe Sylvius. Ut petitioni
Tuae satisfaciam, mitto Tibi — Epistolam — — Calumnias Tuas et Cavillationes — — homine quovis in-
genuo, ac inprimis Litterato et Christiano plane indi-
gnus ita perstringentem — — Nam si res ampliùs desi-
deret, Tuis Te coloribus accuratiùs et ad vivum de-
pictum omnibus praesentibus ac futuris cum
detestatione spectandum exhibebo — — — Hic ipsus
Veri, Bonique Author et Vindex Deus, ni abdicatâ
abominabili tuâ Invidiâ, Malevolentiâ et Maledicentiâ,
resipueris, rependat Tibi pares tuis Sceleribus poenas
— — — Noli namque putare Te, nisi seriam, eitam-
que agas poenitentiam, — — — evitaturum diutiùs
vindictam Divinam Te certò certiùs manentem ac brevi funditus eversuram."

n) a. a. O.

o) Rotg. Timpler bei Helw. Diedrich Vindiciae adversus Oth. *Tackenium.* Hamburg. MDCLV. 4. S. 29.

und einen grofen Theil feines Lebens in Italien, vor nemlich zu Venedig, zubrachte: So zweideutig fein bür gerlicher Ruf war ᴾ), und fo fehr er auch feinen Vor gänger in der Unfittlichfeit feines Betragens gegen feine Gegner übertraf ᑫ), fo ſtimmte er doch darinn mit ihm überein, daß er Säure und Laugenfalz im lebendigen Menfchen, fowohl im gefunden als im franken Zuſtan de, die gleiche Rolle fpielen lieſ ʳ); er gieng aber noch weiter; indem er fie mit Feuer und Waſſer überfezte ˢ), fand er feine Lehre fchon bei Hippofrates und Ga len ᵗ), welche, vornemlich aber der erſte, ihre chemifche Kennt

<p) Ebenderf. a. e. a. O. und ein eigenhändiger Brief von ihm felbſt ebendaf. S. 31. 32. ferner S. 33.

q) an mehreren Stellen feiner Schriften, welche gegen Zwelfer gerichtet find, vornemlich aber in feinen Schrif ten gegen den churbrandenburgifchen und königl. Däni fchen Leibarzt Helw. Dietrich Apologia contra falſa rium et pſeudochimicum Helw. *Didericum* und Echo ad Vindicias Chiroſophi, in qua de liquore Alcaeiſt, Paracelſi et Helmontii, Veterum veſtigia perquiruntur. Venet. MDCLVI. 4. finden fich fehr handgreifliche Stel len davon.

r) dis iſt fowohl in feinem Hippocrates chimicus, von wel chem ich die venetianifche Ausgabe von 1666. 12. als in feinem tract. de morborum principe, wovon ich die ofnabrügifche Ausgabe von 1678. 12. vor mir habe, und im antiquiſſimae medicinae Hippocraticae clavis. Brunsv. 1668. 12. gefchehen.

s) fo z. B. im tr. de morbor. princip. K. III. S. 20. "non poſſet autem aqua — — — quam nos nunc et in poſterum cum aliis Philoſophis pro majori lumine Alca li nominabimus" K. VI. S. 40. "Ignem oſtendi aci dum: atque in illa aciditate habitare prudentem ani mam, docet mechanica, quod nimirum fibi ex alcali fabricat, format, ornatque domicilium fimile illi, ex quo defumpta fuerat "

t) dis that er, wie zum Theil fchon ihre Auffchriften zeigen,

in

Kenntniſſe in räthſelhafte Kürze eingekleidet haben ſollen [u]), war alſo weit entfernt, nach dem Vorgange anderer Scheidekünſtler, die ihre Herrſchaft auch über die
Arzneikunſt verbreiteten, dieſe Altväter zu verachten [x]),
und ließ mehr ſeinen Eifer gegen ſeine Zeitgenoſſen
aus

in allen unter r) erwähnten Schriften an mehreren Stellen: So fängt z. B. ſein tract. de morbor. principe an:
"De fide eſt, in principio factam fuiſſe diviſionem aquarum ſuperiorum ab inferioribus, ſeparationem nimirum
ſubtilis à ſpiſſo, lucis à tenebris, tenuem nimirum ſpiritum a fuliginoſo corpore: Hippocrati ignem ab aqua,
aliis purum ab impuro, et in terminis noſtris, acidum
ab alcali" und auf der zweiten S. der Prolegomen.
"Optimè ergo Hippocrates, haec duo elementa omnia
poſſe, omnia illis in eſſe, affirmavit" und auf der achten
S. "Sanguineis ergo lachrymis deploranda eſſet cala-
mitas haec ab iis, qui *Hippocratis* et *Galeni* filios ſe
eſſe gloriantur, et horum magiſtrorum ſaniſſimam doctrinam non combibunt, ſed quod nefas, alios ſiturien-
tes abarcent. Falſum enim eſt, quod ſcribillant ſecta-
rii, et ſtolidi contemptores Divinae gratiae, Spagyriam
novum inventum eſſe, nihilque commercii cum medicina habere, cum tamen contrarium ſingulis momentis
ubique experimur." und auf der 13ten S. "His anti-
quiſſimis fundamentis — — ſuperſtruam — — praeſen-
tem Hippocraticam Methodum, neque latum unguem
a Naturae operatione, veterumque firmiſſima doctrina
diſcedam."

u) man ſehe insbeſondere ſeine prolegomena zu dem tract.
de morborum principe.

x) er ſchließt vielmehr die Vorrede zum Hippocrates chimicus mit folgenden Wortem: "Hinc factum eſt, quod
Galenus nobis Hippocratem, omnium bonorum Ducem,
locupletiſſimis ſcriptis confirmat, et toties bonorum
cautorem ſuis reſcriptis proclamat, imò ad nominis ae-
ternitatem commendat conſecratque. Haec juſta Galeni
ſententia, me movit, ut nunquam donec vixero aliam
in medicina adhibendam, quam Hippocratis doctrinam,
non, niſi cum ipſa natura interituram cenſeam."

aus, welche ihre Schriften nicht lesen, oder nicht
(wenigstens so wie er) verstehen ʸ); er sah Säure und
Laugensalz nicht blos im Thierreiche, sondern erhebt sie
zu Urstoffen der ganzen Natur ᶻ), und zu Bestandthei-
len aller Körper ᵃ); aus ihnen beiden ließ er sein Na-
tursalz entspringen, das als allgemeines Gährungsmittel an den wichtigsten Erscheinungen in der Natur
und im organisirten Körper den grösten Antheil haben ᵇ); die Säure im Magen leitete er weder vom
Speichel noch vom Safte der grosen Gekrösdrüse ab,
ohne jedoch an den Magensaft zu gedenken ᶜ); die Milch
gerinne nur von Säure ᵈ); die angebliche Verwandlung des eisernen Nagels, mit welcher T h u r n e y ſ ſ e r
zu Florenz gepralt hatte, erklärt er sehr natürlich durch
eine Fällung ᵉ), deren Wirkung bei den Metallauflö-
sungen er sehr wohl kannte, und gibt die Art an, wie
man eine solche Täuschung zuwege bringen kann ᶠ);
er

y) in mehreren Stellen seiner Schriften z. B. Hippocrat.
   chimic. S. 8.

z) De morbor. princip. tract. K. II. III. V.

a) an vielen Stellen seiner Schriften.

b) tract. de morbor. princip. K. IV. S. 22 ꝛc.

c) Hippocrates chimicus. K. 13. S. 75. "Sano in ventriculo inhabitat acidum volatile, nunquam deficiens, cujus beneficio alimenta, quae omnia nullo excepto alcali volatilis funt plena (ut postea oftendam) in chilum
   vel succum primo acescentem, et paulatim in salsum
   id est maturum, vertat et transmutat. Hoc acidum, habeat ne ex se, aut aliunde, non est hujus loci."

d) Ebendaf. S. 79. 80.

e) Ebendaf. K. 28. S. 222. "Hoc praecipitationis fundamento, factus est clavus aureus Magni Ducis, quem
   Ferdinandus Primus P. M. hoc testimonio, quod cum
   clavo Florentiae spectatur, ornavit."

f) a. e. a. O. S. 222-224.

er wuste sehr wohl, daß auch Knallgold gebraucht werden könne, um Glas und Email Purpurfarbe zu geben [g]), kannte die erstaunend äzende Schärfe der Seifensiederlauge [h]), bemerkte die Farbe, mit welcher das Quexiber durch die mancherlei feuerveste und flüchtige Laugensalze aus der Auflösung des äzenden Sublimats in Wasser gefällt wird, sehr wohl [i]), kannte das Knallpulver, und die Umstände, unter welchen es seine Kraft äußert und nicht äußert [k]), kannte, so wie schon vor ihm Sylvius [l]), die Bestandtheile des Salpeters und anderer Mittelsalze sehr wohl [m]), die kochsalzsaure Pottasche [n]), und den scharfen Essig, den man aus geläutertem Grünspan erhält, und er für Helmont's Alkahest hielt [o]); er bemerkte die Aehnlichkeit des flüchtigen Laugensalzes, es mochte gewonnen sein, wie und woraus es wollte [p]), an dessen Stelle er

g) tract. de morbor. principe. K. VI. S. 43. "Sic nec aurum fulminans occultè acidum, unà cum coêto, perfecto puriſſimoque vitro (cujus pars alcali eſt) contritum, licet celeri fuſione tranſeat in corpus opacum (quod amauſon ſive vulgò ſmaltum vocant) purpurei coloris, et infinitae penè dixerim, tincturae."

h) er führt Hippocrat. chimic. K. 4. S. 17 das Beiſpiel eines betrunkenen Menſchen an, der mit wollenen Kleidern darein fiel, und von welchem auſer ſeinem leinernen Hemd und ſeinen Knochen nichts übrig blieb.

i) Ebendaſ. K. 7. S. 27–30.

k) Ebendaſ. S. 31.

l) de affect. epidem. Leidenſ. cauſ. naturalib. Diſput. dec. S. 284–286.

m) a. e. a. O. K. 10. S. 49.

n) a. e. a. O.

o) a. e. a. O. S. 55. 56.

p) ebendaſ. K. 11. S. 58.

er als reiner den Salmiakgeist empfiehlt q), der aus
ihm schon bekannten Gründen durch Weinsteinsalz aus
Salmiak gewonnen wird r): Er kannte schon die fällende Kraft der Galläpfel s), wuste aber auch, daß
Granatenschalen t) und andere Gewächse sie gleichfalls
besizen, gründete auf diese Fällung des Eisens aus Vitriol die schwarze Farbe u) in der Färberei, und die
Ursache, warum sie zuweilen mislingt x), auch eine
geheime Schrift (cryptographia), von welcher er wohl
wuste, daß sie von Säuren ausgeht, und von Laugensalz wieder kommt y); auch wuste er sehr wohl, daß
Galläpfel das Eisen nicht blos aus Vitriol, sondern auch
aus andern Säuren z), daß sie, jedoch mit andern
Farben auch andere Metalle, als: Kupfer, Zink,
Zinn, Blei, Queksilber, Silber und Gold, aus
Säu-

q) a. e. a. O. S. 62 rc.

r) a. e. a. O. S. 66.

s) ebendas. K. 17. S. 110-119.

t) a. e. a. O. S. 112. "Simili alcali volatili, et occul-
to, abundant, quam plurima vegetabilia, ut sempervi-
vum majus, salvia, granatorum cortices, quae omnia,
vitrioli acidum absumunt, et colcothar dejiciunt plus
minus nigrum."

u) a. e. a. O. S. 110. "Hoc modo fiunt atramenta et
omnes tincturae nigrae."

x) a. e. a. O.

y) a. e. a. O. S. 111. "Sic scribito, cum aqua, in qua
vitriolum ferreum sit solutum, cumque exaruit, nec
scripturae vestigium apparebit, obline scriptum gallarum
simplici infusione; et in momento, harum alcali, scripturam nigricantem reddit, quae cum acido potenti, vel
aqua forti, statim deletur; alcali nimirum ab acido con-
sumpto: Rursus imbue cartam, cum alcali fixo, quod
iterum absumit acidum, et iterum apparebit scriptura."

z) a. e. a. O. S. 115. 116. 119.

Säuren niederschlagen [a]); daß die Silberauflösung am
Lichte von selbst schwarz wird [b]), die Goldauflösung
die Finger purpurroth färbt, und wenn man sie mit
dem Aufgusse von Galläpfeln vermischt und auf Papier
streicht, nach dem Austroknen gleichsam einen Firnis
darauf zurükläst.[c]): Er hatte sich durch das fleisige
Besuchen der venetianischen Brennereien überzeugt, daß
die Würmer treibende und Brechen erregende Kraft,
welche das Rosenwasser zuweilen äufert, von den Kup-
fertheilchen komme, die es in den kupfernen Brennge-
räthschaften auflöst [d]), wenn das Zinn, womit das
Kupfer überzogen war, abgerieben ist: Er wuste, daß
Blei, wenn es zu Menninge gebrannt wird, um den
zehenden Theil an Gewicht zunimmt, und wenn man
sie wieder zu Blei macht, ihr altes Gewicht wieder bekommt [e]), und schrieb jenen Zuwachs auf die Rechnung einer Säure [f]), die das Blei aus der Holzflam-
me einschluke [g]): Er gibt die damals zu Venedig ge-
bräuchliche, nachher auch zu Amsterdam eingeführte
und da zum Theil noch gangbare Art, äzenden Sublimat im Grosen zu verfertigen, ausführlich an [h]): Er
hofte aus der Asche der Pflanzen kräftigere und mit
mehr eigenthümlichen Kräften begabte Salze zu erhalten, wenn er die Gewächse ohne Flammenfeuer zu Asche
verbrannte [i]), und die schwefelsaure Pottasche kräftiger

zu

a) a. e. a. O. S. 113 – 118.

b) a. e. a. O. S. 117. 118.

c) a. e. a. O. S. 116. 117.

d) Ebendas. K. 19. S. 134. 135.

e) Ebendas. K. 26. S. 210. 211.

f) a. e. a. O. S. 210 – 212.

g) a. e. a. O. S. 210. auch K. 27. S. 216.

h) Ebendas. K. 24. S. 189 – 192.

i) Ebendas. K. 21. S. 149.   Ein solches Salz hies daher
auch Sal herbarum Tachenianus.

zu gewinnen, wenn er darzu nicht die schon ausgeschiedene Säure, sondern die Auflösung des rohen Vitriols nahm ᵏ); als ein Mittel von ausgezeichneter Wirksamkeit empfohl er sein Vipernsalz, dessen Bereitung er aber geheim hielt ᶦ).

Seine Schriften sind nicht zahlreich 1) Epistola de famoso liquore alcahest ᵐ); 2) Echo ad vindicias Cheirosophi de liquore alcahest ⁿ); 3) Exercitatio de recta acceptatione arthritidis et podagrae°); 4) Hippocrates Chimicus, qui Novissimi Viperini Salis Antiquissima Fundamenta ostendit ᵖ); 5) Antiquissima medicinae Hippocraticae clavis ᵖ); 6) Tractatus de morborum principe, in quo plerorumque gravium ac fonticorum praeter naturam affectuum dilucida enodatio, et hermetica, id est, vera et solida eorundem curatio proponitur; Opus tanto Achille dignum omnibusque naevis liberum ʳ).

Auch Sylvius hatte für die eigentliche oder reine Chemie einige gute zum Theil eigene Bemerkungen und nähere Bestimmungen geliefert; er nahm in den Körpern

k) Ebendas. K. 10. S. 48. sie hies daher auch Tartarus vitriolatus Tachenii.

l) in mehreren Stellen seiner Schriften, z. B. Hippocrat. chimicus. K. 12. S. 70.

m) Hamburg. 1655. 4.

n) Venet. 1655. 4.

o) Patav. 1662. 4.

p) 8. Venet. 1666. 12. Venet. 1666. Brunsv. 1668. Leid. 1671. Paris. 1674.

q) 8. Venet. 1669. 12. Brunsvic. 1668. Francof. 1669. und 1673. Leid. 1671.

r) 12. Brem. 1668. Leid. 1671. Osnaburg. 1678 (9).

Aaa 2

pern ein doppeltes Band an, das ihre Theile zusam:
menhielt, Salz das durch Waſſer, Oel, das durch,
Feuer gelöst werden könne[s]); er ſezte den vor ihm meiſt
überſehenen Unterſchied der Gährung vom Aufbrauſen
und Aufwallen veſt[t]), wenn er gleich die wahre Ur:
ſache dieſes Unterſchieds noch nicht ergründete: Er
kannte nicht nur den widerwärtigen Geruch und die
ſchädliche Beſchaffenheit des Sumpfgas[u]), ſondern
ſcheint auch ſeine Entzündbarkeit geahndet zu haben[x]);
er kannte ſehr wohl die Fällung der Metalle durch ein:
ander, und wuste, daß ſie auf einer nähern Verwand:
ſchaft

s) Diſp. de aliment. fermentat. in ventricul. §. 3. Diſput.
Dec. S. 3. 4. "Sed et duplex obſervatur miſtorum
vinculum, primarium quidem et potentius, *ſal*, ſecun-
darium verò et imbecillius, *oleum*; illius vim frangit
aqua, hujus immutat et deſtruit *ignis*."

t) a. e. a. O. §. 27. 28. S. 9. 10. "Effervescentia ex
ſpiritus acidi et ſalis lixivioſi, aliusve ſubjecti cujusvis
fixum ſalem concludentis concurſu orta toto caelo differt a fermentatione, Hujus namque finis eſt partium
miſti ad faciliorem ſui ſegregationem diſpoſitio per ſalini
earundem vinculi diſſolutionem: Illius autem, ſpiritus
acidi cum lixivioſo ſale coagulatio, alliove ſubjecto
concentratio, adeoque cum ipſis conjunctio. Sed nec
ebullitio ex affuſa vivae calci aquâ excitata cum alteru-
trâ confundi debet; cum iſthaec â concluſo quidem prius
calci ex calcinatione igne, aſt per accedentem aquam â
compedibus iterum liberato producatur. Liberatur autem ignis â partibus terreſtribus ipſum ſalis ope conclu-
dentibus, quam primum terram deſerit quodammodo
ſal ut irruat in aquam; in quam non tranſit tamen ſine
admiſtâ cum oleo tantillo terrâ; quibus ortum ſuum debet calcis cremor, tam ejus lixivio innatans, quam
ſubſidens."

u) de affectus epidem Leidenſ. cauſ. naturalibus §. 90.
107. Dec. diſput. S. 298. 299. 306.

x) a. e. a. O. §. 90. S. 299. ſpricht er wenigſtens von
einem fundo ſulphureo.

schaft des fällenden Metalls mit der auflösenden Säure
beruht [y]); daß aus Löffelkraut und andern verwandten
Gewächsen flüchtiges Laugensalz erlangt werden könne,
war ihm bekannt [z]); daß Schwefel aus Oel und Säure bestehe, hielt er für einen Saz, der keines weitern
Beweises bedürfte, ob er gleich nachher die Gründe
dafür anführt [a]), und stellt ihn als ein Beispiel auf,
wie auch die schärfste Säure verborgen sein könne [b]).

Auch in den verwandten Fächern der Naturkunde
sammleten die berühmte Naturkundige aus dem Orden der Jesuiten, Athanaſ. Kircher [c]), aus Fulda,
Lehrer

y) Diſput. de chyli a fecibus alvinis ſecretione &c. §. 12.
Dec. diſp. S. 15. 16. "Sic metalla ſpiritu acido, aqua
forti puta, corroſa, quoties aliud metallum, corpus-
que praedicto ſpiritui magis affine additur ſolutioni,
toties â ſpiritu corrodente derelicta ſubſident, dum ille
immiſſo unitur corpori."

z) Prax. med. append. tract. IX. §. CLIV. Opp. S. 803.
"Paucae occurrunt Plantae, ex quibus facili negotio eli-
ciuntur Salia Volatilia, inter quas primum forte locum
occupat Cochlearia cum nonnullis Plantis Antiſcorbuti-
cis, non tamen omnibus."

a) Ebendaſ. B. II. K. XXIII. §. CCXXXVII - CCXLI.
Opp. S. 454. "Sulphur enim omne oleo inprimis con-
ſtare et acido ſpiritu, tàm notum eſt Chimicis, ut ulte-
riori declaratione non videatur indigere."

b) Ebendaſ. append. tract. V. §. CCCXXXII. Opp. S. 725.
"Et ne quis putet, non poſſe Spiritum Acidum acerrimum latere in mixtis, Sulphur vulgare propono, ex-
empli loco; in quo qui Acidum Spiritum Acrem ignorat,
is verè rerum notiſſimarum ignarus exiſtit."

c) Nach Rothſcholz Bibliothec. chemic. dritt. Stük. S. 105.
hat man ein Bild von ihm mit der Umſchrift: Athana-
ſius Kircherus Fuldenſis, pater Societatis Jeſu, inſignis
ſui temporis philoſophus et Mathematicus, et Orienta-
lium Linguarum peritiſſimus. Nat. A. 1602. Denat. A.
1680. d. 30. Octobr. Aet. LXXVIII.

Lehrer der morgenländischen Sprachen und der Grösenlehre zu Avignon, und nachher zu Rom, wo er 1680
im acht und siebenzigsten Jahre seines Lebens starb ᵈ),
und

d) 1) Magnes f. de Arte Magnetica Opus tripartitum, in
quo univerfa Magnetis natura ejusque in omnibus fcien-
tiis et artibus ufus nova methodo explicatur, ac praeterea e viribus et prodigiofis naturae effectibus magne-
ticarum aliarumque abditarum naturae motionum in
Elementis, Lapidibus, Plantis, Animalibus, elucefcen-
tium, multa hucusque incognita naturae arcana, per
phyfica, medica, chymica et mathematica omnis generis
Experimenta recluduntur. 4. Rom. 1641 (3?) Ed. fe-
cunda poft Romanam multo correctior. Colon. Agripp.
1643. fol.   Ed. tertia ab Autore recognita ac multis
novorum Experimentorum problematis aucta. Rom.
1654. und wieder 1675. 2) Iter Exftaticum Terreftre
five Geocosmi Opificium, quo Terreftris Globi ftructura, arcanarumque in ea partium conftitutio, figmento ad
veritatem compofito exponitur. 4. Rom. 1654. und Iter
exftaticum II. quod et mundi fubterranei prodromus dicitur, quo geocosmi opificium, five terreftris globi
ftructura una cum abditis in ea reconditoriis per ficti
integumentum exponuntur. Rom. 4. 1657. auch hinter
deſſen Iter exftaticum coelefte, Prolufionibus et Scholiis illuftratum a Gafp. *Schotto*. Herbipol. 1671. 4.
3) Scrutinium phyfico-medicum peftis, origo, caufae,
prognoftica, infolentes naturae effectus, qui ftatis temporibus caeleftium influxuum virtute et efficacia in epi-
demicis hominum animantiumque morbis elucefcunt una
cum antidotis. Rom. 1658. 4. Lipf. 1679. 12. 4) Mundus fubterraneus, in quo univerfa Naturae Majeftas et
divitiae fumma rerum varietate exponitur, abditorum-
que effectuum Caufae in totius Naturae ambitu eluces-
centes duobus Tomis demonftrantur. Amftelod. fol. B.I.
1664. mit der Aufſchrift: in XII. Libros digeftus, quo
divinum fubterreftris Mundi Opificiorum, mira Erga-
fteriorum Naturae in eo diftributa, verbo παντομορφον
Protei Regnum, univerfae denique Naturae Majeftas et
divitiae fumma rerum varietate exponuntur. Abdito-
                                                        rum

und Kasp. Schott von Würzburg, Lehrer der Gottes=
gelahrheit und Grösenlehre zu Palermo, nachher in sei=
nem Vaterlande e), wo er 1666 starb, zwar nicht
immer

rum effectuum caufae acri indagine demonftrantur: co-
gnitae per Artis et Naturae conjugium ad humanae vitae neceffarium ufum vario experimentorum apparatu
nec non novo modo et ratione applicantur. B. II. mit
der Aufschrift: T. II. in V. Libros digeftus, quibus
Mundi fubterranei fructus exponuntur, et quicquid tandem rarum, infolitum et portentofum in foecundo Naturae utero continetur ante oculos ponitur curiofi Lec-
toris. 1665. auch 1668. und Editio tertia ad fidem fcripti Exemplaris recognita et prioribus emendatior, tum
ab Authore Roma fubmiffis variis obfervationibus no-
visque figuris auctior. 1678. ins teutsche überfezt Augs=
burg. 1688. 8.   5) Magneticum Naturae Organum, five
Difceptatio Phyfiologica de triplici in Natura rerum
Magnete, juxta triplicem ejusdem Naturae gradum di-
gefto, Inaminato, Animato, fenfitivo. Rom. 1666. 4.
Amftelod. 1667. 12.   6) Phyfiologia Kircheriana Expe-
rimentalis, qua fumma argumentorum multitudine et
varietate Naturalium rerum Scientia per experimenta
Phyfica, Mathematica, Medica, Chymica, Mufica, Magnetica, Mechanica comprobatur atque ftabilitur, ex va-
ftis operibus *Athanafii Kircheri* extracta et in hunc ordinem per Claffes redacta a Jo. Steph. *Keßlero.* Amftelod. fol. 1680. und 1683.

e) 1) Magia univerfalis Naturae et Artis five Recondita
Naturalium et Artificialium rerum Scientia, cujus ope
per variam applicationem activorum cum paffivis, ad-
mirandorum effectuum Spectacula abditarumque inventionum Miracula ad varios humanae ufus eruuntur.
Opus quadripartitum. Continet Pars I. Optica. II. Acou-
ftica. III. Mathematica. IV. Phyfica. 4. Francofurt.
1647 und 1692. Herbipol. 1657. 1659. Bamberg. 1672.
1677. der dritte und vierte Theil wieder befonders unter
folgenden Auffchriften. 2) Magiae Univerfalis Pars tertia in IX Libros digefta, quibus pleraque, quae in Cen-
trobaryca, Mechanica, Statica, Hydroftatica, Hydro-

tech-

immer mit geläutertem Geschmak und kritischer Stren=
ge, aber mit sehr grosem Fleise in mehreren weitläufi=
gen Werken eine Menge von Thatsachen, deren Zu=
sammenstellung, Prüfung und Sichtung augenscheinli=
che Vortheile auch für die Scheidekunst hatte: Insbe=
sondere hat sich der Erstere auch dadurch bei den Schei=
dekünstlern einen Namen gemacht, daß er, der sonst
eben nicht sehr hartgläubig war, aber zu seiner Zeit,
vornemlich unter seinen Glaubensgenossen, in grosem
Ansehen stand, die Zweifel, welche der Verwandlung
in Gold oder dem Stein der Weisen im Wege stehen,
öffent=

technica, Aërotechnica, Arithmetica, et Geometria sunt
rara, curiosa ac prodigiosa, hoc est, vere magica, seu
theoriam spectes, seu praxin, non minus varie, quam
methodice pertractantur infinitarumque inventionum
Mathematicarum penuarium aperitur ut merito appellari
queat hoc opus Thaumaturgus Mathematicus. Bamberg.
1677. 4. 3) Thaumaturgus physicus sive Magiae uni=
versalis Naturae et Artis, Pars et ultima in VIII libros
digesta, quibus plerumque, quod in Cryptographicis,
Pyrotechnicis, Magneticis, Sympathicis ac Antipathicis,
Medicis, Divinatoriis, Physiognomicis ac Chiromanti=
cis, est rarum, curiosum ac prodigiosum, hoc est, vere
magicum, summa varietate proponitur, varie discuti=
tur, innumeris exemplis aut experimentis illustratur, soli=
de examinatur et rationibus physicis vel stabilitur, vel
rejicitur. Bamberg. 1677. 4. 4) Physica curiosa, qui=
bus pleraque, quae de Angelis, Daemonibus, Homini=
bus, Spectris, Energumenis, Monstris, Portentis, Ani=
malibus, Meteoris &c. rara arcana, curiosaque circum=
feruntur, ad Veritatis trutinam expenduntur, variis ex
Historia ae Philosophia petitis disquisitionibus excutiun=
tur, et innumeris exemplis illustrantur. 4. Colon. 1659.
aucta et correcta s. Mirabilia Naturae et Artis Libris XII.
comprehensa. Herbipol. 1667. Ed. tertia, juxta Exem=
plar secundae Editionis authoris. Herbipol. 1697. 5)
Technica curiosa s. Mirabilia artis. Libri XII. 4. Norib.
1664. Herbipol. 1687.

öffentlich in einer männlichen Sprache äuſerte [f]), und
darüber Sal. von Blauenſtein [g]), und Gabr.
Clauder [h]) zu Gegnern bekam, welche für den Stein
der Weiſen ritterlich fochten.

Durch dieſe vereinte Bemühungen eines J. R.
Glauber, Fr. Sylvius de le Boe, O. Tachenius, Ath. Kircher und K. Schott hatte nun
die Chemie eine etwas andere Geſtalt gewonnen; Pet.
Borel, ein Arzt aus Caſtres, hatte ein ſehr volles [i])
Verzeichnis von Schriften, welche in Chemie, vornemlich in Alchemie, einſchlagen, geliefert [k]), aber
nicht nur mehrere durch Auslaſſung oder Aenderung der
Namen doppelt oder mehrfach, ſondern auch [l]) viele
erdichtete und untergeſchobene, aufgeführt.

Auch kamen gegen das Ende dieſes Zeitalters mehrere, kürzere und ausführlichere, Handbücher der Scheidekunſt heraus: Franz Pona rükte einen kurzen Ent-
wurf

f) in Mund. ſubterranei. B. II. nr. 11. und beſonders abgedrukt bei Manget Bibliothec. chemic. curioſ. B. I.
B. 1. Sect. II. Subſ. 1. S. 54 - 112.

g) Interpellatio brevis ad philoſophos pro lapide philoſophorum, contra antichymiſticum Mundum ſubterraneum
Athanaſ. Kircheri. Biennae ap. Bernat. 1667. auch bei
Manget a. e. a. O. Subſect. II. S. 113 - 119. abgedrukt.

h) bei Manget a. e. a. O. Subſect. III. S. 119 - 168.

i) ihre Zahl kommt nahe an 4000.

k) Bibliotheca chymica ſive Catalogus librorum philoſophorum hermeticorum, in quo quatuor millia circiter
continentur. 12. Paris. 1654. Heidelberg. 1656.

l) Phil. Labbäus Bibliothec. bibliothecarum. S. 171.
D. G. Morhof epiſt. de metallorum transmutatione.
Hamburg. 1673. 8. S. 115.

würf derselbigen in seine Prudentia medica [m]) ein; E. R. Arnaud gab eine Introduction à la Chymie ou à la Vraye Physique [n]), Hannib. Barlet, der sich auch durch andere Schriften bekannt gemacht hat [o]), sowohl seinen Cours de Physique résolutive ou Chimie, réprésénté par figures [p]), als sein Abrégé des choses necessaires au cours de la Chimie ou Phisique resolutive [q]), Georg Starckey, ein englischer Arzt, und eifriger Vertheidiger Helmonts und seiner Lehren, dessen Angedenken sich noch durch die nach ihm genannte und von ihm [r]) sehr empfolene mit Terpentinöl bereitete Seife erhalten hat, seine Pyrotechnie asserted and illustrated [s]), welche von einer andern seiner Schriften: Natures explication and *Helmont's* vindication [t]), da diese

m) Venet. 1650. 12. (16).

n) à Lyon. 1650. 8.

o) Ars Dei vel Theotechnia Ergocosmica. Paris. 1653. 4.

p) pour connoitre la Theotechnie Ergocosmique, ou l'art de Dieu en l'ouvrage de l'Univers. à Paris. 1657. 4.

q) auch à Paris. 1657. 12.

r) Chymie oder Erklärung der Natur x. S. 324-338.

s) London. 1658. 8. ins holländische übersezt von van de Velde mit der Ueberschrift: Pyrotechnia of de Vuur-Stookkunde vastgesteld en opgehelderd. Amsterdam. 1687. 8. ins teutsche mit der Aufschrift: Erläuterte Pyrotechnie oder vortrefliche Kunst, philosophisches Feuer zu halten. Frankfurt. 1711. 8.

t) or a short and sure way to a long and sound Life; being a necessary and full Apology for Chymical Medicaments and a Vindication of their Excellency against those unworthy reproaches cast on the Art and its Professors (such as were *Paracelsus* and *Helmont*) by *Galenists* usually called Methodists, whose method so adored is examined and their Art weighed in the ballance of sound Reason and true Philosophy, and are found too light in

diese in den Ueberſezungen ᵘ) auch die Aufſchrift Chymie
hat, wohl zu unterſcheiden iſt, Joh. Franz. Vigani
aus Verona, ſeine Medulla Chemiae ˣ), und der ge=
ſchikte franzöſiſche Apotheker Nik. (le) Febure (le Fe=
vre) ſeinen traité de la chymieʸ) heraus, der nicht nur
mehrmalen in franzöſiſchen Sprache ausgegeben ᶻ), ſon=
dern

in reference to their promiſes and their Patients expec-
tation. The Remedy of which defects is taught and effectual Medicaments diſcouered for the effectual cure of
all both Acute and Chronical Diſeaſes. Lond. 1657. 8.

u) ſowohl in der holländiſchen, welche die Aufſchrift hat:
Het pit der waren Chymie. Leuwaard. 1687. 8. als der
teutſchen, mit der Ueberſchrift: Chymie oder Erklärung der
Natur, und Vertheidigung Helmonts, als ein kurzer und
ſicherer Weg zu einem langen und geſunden Leben, nebſt
der Bereitung der wahren Arzneyen und derſelben Ge=
brauch, ſamt einer Beſchreibung des Liquor Alcahefts,
Allen denen, welchen ihre Geſundheit lieb iſt, ſehr diens
lich. Nürnberg. 1722. 12.

x) 8. Lond. 1658. Jen. auch Gedan. 1682. variis experimentis aucta multisque figuris illuftrata. Lond. 1683.
1687. Norimb. 1718. cum notis et obſervationibus Dan.
Stam. Lugd. Batav. 1693.

y) à Paris. Vol. I. II. 1660. 8.

z) 1669. 12. à Paris et Leyd. T. I. qui ſervira d'In-
ſtruction et d'Introduction, tant pour l'intelligence des
Autheurs qui ont traité de la Théorie de cette ſcience
en general: Que pour faciliter les moyens de faire arti-
ſtement et methodiquement les operations, qu' enſeigne
la Pratique de cet Art, ſur les vegetaux et ſur les mineraux, ſans la perte d'aucune des vertus eſſentielles,
qu'ils contiennent, und T. II. Qui contient la ſuite de
la preparation des ſucs, qui ſe tirent des Vegetaux,
comme auſſi celle de leurs parties, et celle des mineraux.
Nouvelle Edit. fort augmentée. Vol. I. II. à Paris. 1674.
12. unter der Aufſchrift: Cours de Chymie. T. I. II. Leid.
1696. 12. Cinquiéme Edition revuë, corrigée, augmentée d'un grand nombre d'operations par Mr. de Mon-
ſtier, à Paris. 12. T. I - V. 1751.

dern auch in die englische [a]) und teutsche [b]) übersezt
worden ist: Inzwischen schränkten sich diese Handbücher, was auch noch lange nachher der Fall war, hauptsächlich auf Apothekerkunst ein; aber am vollständig-
sten und am besten geordnet war, ohne Zweifel unter
allen übrigen das leztere. Auch le F e b u r e dringt
darauf, daß man bei Arzneien aus wohlriechenden Gewächstheilen darauf zu sehen habe, die flüchtige Theile
nicht zu verlieren [c]), bei Destillationen kupfernen Helm
und Kühlröhre [d]), bei sauren Arzneien metallene Gefäße
vermeiden, und z. B. saure Zukersäfte in irrdenen gla-
sirten oder in gläsernen bereiten soll [e]), fand schon die
Benzoesäure in der Alantwurz [f]), sah schon die Aehnlichkeit

a) Unter der Aufschrift: Compleat Body of Chymistry,
   wherein is contained, whatsoever is necessary to the
   knowledge of that Art, comprehending in general the
   whole practice thereof, and teaching the most exact preparation of Animals Vegetables and Minerals, written by
   him in French and Englished by P. D. C. London. 4.
   1664. 1670.

b) 8. Nürnberg. mit der Ueberschrift: Chymisches güldenes
   Kleinod. 1672. 1685. Chymischer Handleiter und Guldenes Kleinod, das ist: Richtige Anführung und deutliche Unterweisung sowol, wie man die Chymische Schriften, welche von Chymischer Wissenschaft insgemein handeln, recht verstehen, als Wie man nach ihrer Ordnung,
   solche Chymische Kunst, durch wirkliche Operation, leicht
   und glücklich practiciren, die Vegetabilia, Animalia und
   Mineralia, ohne Einbuß ihrer wesentlichen Kräfte bereiten, auch die Fehler, welche in den heutigen gemeinen
   Apotheken, begangen werden, meiden, und Verbesserung
   schaffen möge rc. zum gemeinen Nutzen, und Beförderung menschlicher Gesundheit, aufgesetzt und verfertiget.
   1676. vermehrt von Joh. Hisk. Cardiluccio. 1688.

c) S. teutsch. Uebersezung von 1676. Th. II. S. 240-306.
d) ebendas. S. 331.
e) ebendas. S. 233.
f) ebendas. S. 289. 290.

lichkeit der Sazmeele mit Kraftmeel g), sezte auf die Arzneien aus Gold weniges Zutrauen h), kannte schon die Verfälschung des Quekſilbers mit Blei und Wismuth, wuste, daß dieſer Betrug ſo fein geſpielt werden konnte, daß die Metalle mit dem Quekſilber durch Leder gehen, und gab zuverläſigere Mittel an, ihn zu entdeken i), und beſchrieb ſchon ein eſſigſaures Quekſilberſalz in weiſſen glänzenden Blumen k).

Erſt in dieſem Zeitalter (1641) wurde in Schweden die erſte Glashütte angelegt, die inzwiſchen nur weniges und geringes grünes Glas lieferte l); ſchon am Ende deſſelbigen ſcheint der engliſche Arzt, Chriſtoph Merret gelebt zu haben, der, jedoch weit ſpäter, ſeine oben ſchon erwähnte, und nachher von Kunckel überſezte Anmerkungen über Neri's Glasmacherkunſt herausgegeben hat.

Auch kamen um dieſe Zeit die Scharlachfärberein in England in Gang, und 1743 brachte ein Holländer Kepler m) die ſogenannte Scharlachcompoſition dahin, welche die engliſche Färber zu dieſer von ihnen nach dem Dorfe Bow bei London, wo die Färbereien angelegt waren, genannten Bowfarbe gebrauchten.

In dieſes Zeitalter fällt auch Alvaro Alonſo Barba, ein ſpaniſcher Prieſter, der ſich um Probier- und Hüttenkunde verdient gemacht hat; er ſtund als ſolcher

g) ebendaſ. S. 306.
h) ebendaſ. S. 574.
i) ebendaſ. S. 654.
k) ebendaſ. S. 672.
l) J. Beckmann Technologie. 3te Ausgab. S. 325.
m) Ebenderſ. a. e. a. O. S. 114.

cher bei der Bernhardskirche zu Potosi ⁿ), und hat
nicht nur eine gar nicht unbrauchbare und noch lange
nachher geschäzte Anleitung zur Erkenntnis, zum Pro=
biren und Zugutemachen der Erze °) sondern, da er
mit den nöthigen Vorkenntnissen dahin kam, und sich
lange Zeit daselbst aufhielt, dabei auch sehr gute Nach=
richten von dem damaligen Zustande der Berg= und
Hüttenwerke in den spanischen Besizungen von Ameri=
ka, vornemlich in Peru, hinterlassen ᵖ): Schon er
kannte den noch heut zu Tage deswegen berühmten wohl=
riechen=

n) El arte de los metales, en que se ensena el verdadero
beneficio de los de oro y plata parazogue &c. Madrit.
4. 1640. 1729. übersezt 8. ins englische von dem Grafen
S a n d w i ch. London. 1674. ins französische B. I. II.
1751. ins teutsche mit der Ueberschrift: Berg=Büchlein,
darinnen von der Metallen und Mineralien Generalia
und Ursprung, wie auch von derselben Natur und Eigen=
genschafft, Mannigfaltigkeit, Scheidung und Feinma=
chung, ingleichen allerhand Edelgesteinen, ihrer Genera-
tion &c. ausführlich und nuzbarlich gehandelt wird. An=
fangs in Spanischer Sprache beschrieben und in zwey
Theile getheilt; Nun aber Allen Bergwerckszugethanen
und Bedienten, ingleichen auch andern Erz= und Natur=
Kündigern, und der Alchymie Beflissenen zu Dienst und
Gefallen ins Teutsche übersezt, von J. L. M. C. das andre
Buch von der Kunst der Metallen, worinnen der gemei=
ne Weg das Silber durch Queksilber fein zu machen ge=
lehrt wird, nebst etlichen andern Regeln, solches desto
besser ins Werk zu sezen, Anfangs im Jahr 1640 in
Spanischer Sprache beschrieben ꝛc. Hamburg. 1676. Franck=
furt. 1726. 1739. Wien. 1749.

o) Bergbüchlein. Franckf. 1726. Th. I. K. 32. S. 114.

p) L e n g l e t du F r e s n o y gedenkt a. a. O. III. S. 112.
eines Diego D a v i l a C r o y M a r q u é s de C a s a=
s o s a, der von den alten Bergwerken Spaniens handle,
und dessen Schrift der madriter Ausgabe dieses Werks
von 1729. 4. beigefügt seie: Sollte dieser Schriftsteller
wohl in das gleiche Zeitalter gehören?

riechenden Thon von Estremos in Portugall q); aus
eigener Beobachtung übel riechende tödtliche Bergschwa-
den, welche die Lichter auslöschten r), erklärte den Fe-
deralaun für Amiant s), den Topfalaun (Alum. catin.)
für ein Aschensalz t), wuste, daß Vitriol und Alaun
sehr häufig mit einander vorkommen, und glaubte, der
Harn diene darzu, sie von einander zu scheiden u), und
kannte aus Erfahrungen die ungemeine Brennbarkeit
der Ausdünstungen des Bergöls x): Zwar hielt er den
Borax für einen Salpeter, der durch Kunst aus Harn
zusammengetrieben oder aus Salmiak und Alaun zu-
sammengesezt werde y), und, so sehr er auch vor den
Alchemisten warnt, die sich der Kunst anmasen, ohne
sie zu verstehen z), so hatte doch der Wahn, daß Metalle in einander verwandelt werden können, tief bei
ihm gewurzelt; er sah, wenn er in Scheidewasser a),
oder in Wasser b), worinn er Vitriol aufgelöst hatte,
Eisen, Blei oder Zinn warf, Kupfer erscheinen; was
war

q) Bergbüchlein. Frankfurt. 1726. Th. I. K. 2. S. 3.
r) in einer Fundgrube an einem Hügel bei S. Christoph
de los Lipes, in der Gegend der Verenguela de Pajages,
und in einigen Gruben in dem Berge S. Juanna kosteten sie mehreren Menschen das Leben, in der Nähe der
erstern sah Barba auch Vögel und Schlangen todt herum liegen. a. e. a. O. S. 5-8.
s) a. e. a. O. S. 14. 15.
t) a. e. a. O. S. 15.
u) a. e. a. O. K. 6. S. 16.
x) sie waren in einem ferrarischen Brunnen gemacht, und
kosteten einem Arbeiter das Leben. a. e. a. O. K. 9. S. 28.
y) a. e. a. O. K. 8. S. 24.
z) a. e. a. O. K. 18. S. 59.
a) a. e. a. O. K. 6. S. 18.
b) a. e. a. O. K. 20. S. 68.

war also natürlicher als der Schlus: Diese so eben er:
wähnte Metalle haben sich in Kupfer verwandelt? Er
fand Steine, die man in der Vermuthung, sie halten
noch nicht Erz genug, mehrere Jahre liegen lies, um
nachher desto mehr daraus zu gewinnen, und erklärt
sich dieses daraus, daß die Natur beständig Silber
bilde, aus unedlerem Stoffe schaffe [c]), ohne eines eini:
gen Probeversuchs zu erwähnen, wodurch jene angeb:
lich geringere Menge Silbers in den Steinen, als sie
zuerst aus der Erde gefördert worden waren, erwiesen
worden wäre; daß gemeines Queksilber in feines Sil:
ber verwandelt worden, ist bei ihm eine bekannte Sa:
che [d]), der sich auch überzeugt hält, daß aus allerhand
Arten Metall Queksilber ausgezogen werden könne [e]),
und überhaupt alle Metalle aus Queksilber und Schwe:
fel entstehen läst [f]); da in Schottland, wie er [g] er:
zählt, aus Stüken von alten Schiffen, und Früchten,
die in das Meer fallen, lebendige Enten, und durch
die Kunst aus dem Mist der Thiere Wespen und Bie:
nen, und aus dem Basilienkraute Skorpionen erzeugt
werden, so findet er darinn einen neuen Beweiß, daß
sowohl Kunst als Natur Metalle in einander verwan:
deln könne.

Mit Nachdruk rügt er die Fehler, die damals in
den spanischen Besitzungen von Amerika, und vornem:
lich in Peru, sowohl bei dem Probiren der Erze, als
bei dem Ausbringen des Silbers begangen wurden; es
wurden Gruben aufgelassen, deren Erze nach seiner

Probe

c) a. e. a. O. K. 18. S. 59.
d) a. e. a. O. K. 19. S. 66.
e) a. e. a. O.
f) a. e. a. O. K. 19. S. 62-66.
g) a. e. a. O. K. 20. S. 68.

Probe im Feuer aus dem Centner für 900 Reichsthaler hielten, weil man vorher nur vier bis fünf Reichsthaler herausbrachte [h]), andere, deren Erze für sechzig Reichsthaler im Centner hielten, weil man bei der dort damals gewöhnlichen Probe mit Queksilber beinahe gar kein Silber darinn gefunden hatte [i]).

Was aber seinen Tadel noch mehr verdiente und erfuhr, war die ungeheure Verschwendung des Queksilbers, durch welches man das Silber aus den meisten Erzen auszog, wiewol auch er schon bemerkte, daß es auf diesem Wege aus bleireichen Erzen nicht mit Vortheil gewonnen werden könne [k]); so unwirthschaftlich gieng man dabei zu Werke, daß, ob gleich noch immer eine beträchtliche Menge feinen Silbers zurük blieb [l]), doch wenigstens so vieles Queksilber darauf gieng, als man fein Silber bekam [m]), und auser der gar grosen Menge, die auser der Ordnung in andere Rechnungen gebracht worden, nur in Potosi von 1574, wo man es aufzuzeichnen anfieng, bis 1640 204600 [n]), und zu der Zeit in allem 234600 Centner [o]) verzehrt waren, und noch da der Ertrag an Metall geringer wurde, die jähr

h) Th. II. K. I. S. 133.

i) a. e. a. O. S. 134.

k) a. e. a. O. Th. I. K. 31. S. 111.

l) a. e. a. O. Th. II. K. 21. S. 186. "Da das Queksilber vielmals nebenst einer mercklichen Menge feinen Silbers, zurücke blieben, welches die Eigenthümer der Erze mit ihren grossen Schaden, und die Käuffer und Refinirer des hinterstellig gebliebenen zubereiteten Ertzes mit ihrem grossen Nutzen und Vortheil erfahren haben."

m) a. e. a. O. S. 185.

n) a. e. a. O. Th. I. K. 33. S. 117.

o) a. e. a. O. Th. II. K. I. S. 130.

jährliche Unkosten nur für Quekſilber über 30000 Reichsthaler betrugen ᴾ).

Sehr richtig bemerkte er, daß bei dem Ausdrüken des Quekſilbers aus den Zapfen, in welchen es mit Silber vereinigt war, vollends wenn es warm geſchah, immer etwas Silber mit gieng �q); und den Grund von dem groſen Verluſt an Quekſilber fand er groſentheils in der ſchlechten Wahl und Einrichtung der Geräthſchaft, worinn man das Quekſilber wieder vom Silber abtrieb ʳ); ſie waren von Thon, und zwar ſo ſchlecht und los gebrannt, daß ſie Waſſer, alſo gewis noch weit mehr Quekſilberdämpfe durchlieſen, und dabei ſo ſchlecht zuſammengefügt, daß die Dämpfe auch hier freien Ausgang fanden; er wies daher den Hüttenvorſtehern nicht nur einen beſſern Thon zu dieſem Zwek an, den er bei Oruro gefunden hatte ˢ), ſondern rieth ihnen auch zum Gebrauch eiſerner oder kupferner Gefäſſe; und zeigte ihnen, wie ſie ſie veſter an einander ſchlieſen könnten ᵗ).

Und wirklich ſtund es auch zu ſeiner Zeit um die Berg- und Hüttenwerke in Peru noch treflich; denn des Salzes, welches aus den 40 Meilen langen und 16 breiten Seen von Garci Mendoca ᵘ), aus einem andern kleinern See in der Gegend von Tumaquiſa ˣ), aus den Salzquellen bei Julloma und Kaquingora in der Landſchaft Pakages ʸ), und vornemlich bergmän- niſch

p) a. e. a. O. K. 23. S. 192.

q) a. e. a. O. S. 191. 192.

r) a. e. a. O. S. 192-194.

s) a. e. a. O. S. 193.

t) a. e. a. O. K. 24. S. 194-198.
u) a. e. a. O. Th. I. K. 7. S. 19.
x) a. e. a. O. S. 20.
y) a. e. a. O. S. 21.

nisch aus den Bergen bei Julloma am Flusse Langa
vollo, und insbesondere bei Mokalla ᶻ) in großem Ue-
berflusse gewonnen wurde, und wovon man täglich nur
zum Schmelzen der Erze wenigstens 1800 Centner ver-
wandte ᵃ); des blauen Vitriols, der in der Landschaft
Lipa ᵇ), des grünen, der im Lande Atakama ᶜ) gewonnen, des Schwefels, der in den Landschaften Lipes,
Pakages, in dem hohen Theile von Arika, und an andern Orten im Ueberflus gefunden wurde ᵈ), des
Alauns, von welchem Barba selbst bei Colosa in der
Landschaft Lipes einen Gang entdekte, und in dem
Wasser de la Quebrada zu Potosi selbst einen starken
Gehalt wahrnahm ᵉ), der Gänge von Eisenerz, auf
welche er im Thal Oronkota, am Ursprunge des Flusses Plicomayo, bei Ancoraymes in der Landschaft Omasuyo, in Oruro u. a. traf ᶠ), nicht zu erwähnen, nicht
zu gedenken der Queksilbergänge bei Challatiri vier
Meilen von Potosi, bei Guarma in der Landschaft
Omasuyo, und bei Moromoro sechs Meilen von Chu-
quisaka ᵍ), und des Zinns auf dem Pie de Gallo bei
Oruro ʰ), wurden aus der Grube Kolquiri nicht weit
von dem S. Philippsberg bei Chayanda in der Landschaft Charkas, und nicht weit vom Kambuko, nicht weit
vom

z) a. e. a. O.

a) a. e. a. O.

b) a. e. a. O. Th. I. K. 6. S. 17.

c) a. e. a. O.

d) a. e. a. O. K. 10. S. 30.

e) a. e. a. O. K. 5. S. 15.

f) a. e. a. O. K. 30. S. 108. 109.

g) a. e. a. O. K. 33. S. 118.

h) a. e. a. O. K. 32. S. 114.

vom grosen See Chukuito, zum Theil schon vor der
Ankunft der Europäer Zinnerze [i]) gefördert; des silber-
armen Bleis, das in den Gebirgen de sibikos hinter
Potosi und im Schatten S. Christophs bei Oruro
bricht [k]), nicht zu gedenken, so wurde silberreicheres
Blei in Andakava gewonnen, und fast in allen Sil-
berbergwerken auch Blei gefunden [l]): Kupfer fand sich
durch ganz Peru in Menge, und kam vornemlich häufig
in Gesellschaft des Silbers vor [m]), so wie es auch, nach
vorhandenen Trümmern von Schächten und Oefen zu
urtheilen, vor der Ankunft der Europäer von den Einwohnern des Landes gewonnen wurde [n]); das meiste
wurde in den Gebirgen Perira und dessen Grenzen, und
in den Gebieten von Yura und las Lagenillas erhalten [o]); schon die Eingebohrne des Landes schmolzen es
mit dem neunten Theile Zinn zusammen, und verfertigten sich daraus Schmidgeräthe, Gewehr und Waffen [p]); auch schmolz man mit dem aus dem Bergwerke
Turco im Lande Karangas und bei Pitantora im Lande
Charkas geförderten Galmei Mössing daraus [q]).

Auser den Goldgängen, welche sich an den Bergen
rund um die Stadt Oruro herum, an den Grenzen
von Chayanda, Paccha, Chuqui chuqui und Presto,
nahe bei Chuquisden, zwischen dem Flus Sopachui
und Chiriguanes, bei Chuquiabo, Esmoraka und
Chilio

i) a. e. a. O. S. 113.

k) a. e. a. O. K. 31. S. 112.

l) a. e. a. O. S. 111. 112.

m) a. e. a. O. K. 29. S. 104–106.

n) a. e. a. O.

o) a. e. a. O. S. 104. 105.

p) a. e. a. O. K. 34. S. 119.

q) a. e. a. O. S. 115.

Chilio in der Landschaft Chikas, bei Kolcha in der
Landschaf Lipes ʳ), und dem Golde, welches sich in
dem Sande des grosen Flusses, des Flusses Tinque-
paya, und des S. Johannsflusses ˢ) findet, waren damals die Goldbergwerke von Karabaya und Larekaja
im Gebiete von Charkas, und dasjenige von las Se-
polturas bei Oruro im Umtrieb ᵗ).

Aber der vornemste Gegenstand des Berg- und
Hüttenwesens war das Silber, das in unglaublicher
Fülle und groser Mannigfaltigkeit der Gestalt und Verbindung vorkam ᵘ); denn auser mehreren Gruben,
welche schon vor der Ankunft der Spanier im Bau,
aber wieder aufgelassen waren ˣ), und zuverläsigen Spuren auf Silbergänge, die sie wenigstens damals noch
nicht weiter verfolgt hatten ʸ), wurden in der Landschaft Pakages die reiche Grube Berenguela ᶻ), und in
den daran stosenden Gebirgen Santa Juana ᵃ), und
Tampana, so wie im Bezirke der Stadt de la Paz,
die Gruben Chequepina, Pakokava, Tinguanako und
andere ᵇ), in der Landschaft Pänna nahe bei der Stadt
Oruro ᶜ), auser den Bergwerken in den drei grosen
Ge-

r) a. e. a. O. K. 26. S. 92-94.
s) a. e. a. O. S. 93. 94.
t) a. e. a. O. S. 92-93.
u) a. e. a. O. K. 27. S. 95-102.
x) a. e. a. O. S. 102.
y) a. e. a. O. S. 100-102.
z) a. e. a. O. K. 2. S. 7. K. 27. S. 96. K. 28. S. 100.
a) a. e. a. O. K. 2. S. 7. K. 27. S. 96.
b) a. e. a. O. K. 28. S. 100.
c) welche Bergwerke nach denen bei Potosi die reichste waren a. e. a. O. K. 23. S. 81. K. 25. S. 87.

Gebirgen S. Christoph, Pie de Gallo, und la Fla=
menco, die Gruben Avikaga, Cikacika, la Heya und
Kolloquiri ᵈ), in dem Gebiete von Lipes ᵉ) die S.
Isabellengrube bei Neupotosi ᶠ), die Gruben la Trini=
dad, Neustra Seniora de la Candelaria discubrodora
oder Centeno ᵍ), Esmoruko ʰ) und Bonete, in Xan=
guegua oder der neuen Welt ⁱ), deren Erzgänge erst zu
Barba's Zeit entdekt wurden, die Gruben Abileha,
todos Santos, Osloque, S. Christoph, de Achokal=
la ᵏ), Sábalcha, und Montes Cleras, in der Land=
schaft Chikas ˡ) die Bergwerke von S. Vincent, Ta=
tasi, Monserrat, Tasna, Sbina, Chorolque, und
die auserordentlich ergiebige von Alt= und Neu=Cho=
kaja ᵐ), in der Landschaft Karangas das Bergwerk
Trucks ⁿ), in der Landschaft Charkas ᵒ) die Berg=
werke von Andakava ᵖ), Tabakko nunnio (in der Nähe
eines

d) a. e. a. O. K. 28. S. 100.

e) a. e. a. O. K. 27. S. 98. 99.

f) a. e. a. O. auch, wenn sie mit der Elisabethgrube, was
   mir wahrscheinlich ist, einerlei sein sollte, K. 15. S. 99.

g) welches Bergwerk nach denen von Potosi und Oruro
   für das beste gehalten wurde. a. e. a. O. K. 23. S. 81.
   K. 25. S. 87.

h) a. e. a. O. K. 15. S. 46. K. 27. S. 99.

i) a. e. a. O. K. 27. S. 99. auch Th. II. K. 2. S. 133.

k) a. e. a. O. Th. I. K. 2. S. 5. K. 7. S. 20. K. 23.
   S. 79. K. 25. S. 88. K. 27. S. 96. 99.

l) a. e. a. O. K. 27. S. 99.

m) a. e. a. O. K. 25. S. 88. K. 27. S. 99.

n) a. e. a. O. K. 27. S. 96. sollte dieses Bergwerk dassel=
   bige sein mit demjenigen zu Tuno in der gleichen Land=
   schaft, dessen a. e. a. O. K. 23. S. 79. Meldung ge=
   schieht?

o) a. e. a. O. K. 27. 28. S. 97. 99.

p) a. e. a. O. K. 27. S. 98.

eines Sees, deſſen Waſſer durch Maſchinen hundert Silbermühlen trieb [q]), Tarabuko, Paccha, Kayantha, Mallokota, S. Pedro de buene viſta, S. Jago [r]), Porco und vornemlich bei Potoſi gebaut.

Von dem groſen Reichthum der Bergwerke bei Potoſi, die unter dem Namen Guaniguare, Karikari, Piquiza, la Vera Cruz, Sipota u. a. gebaut wurden [s]), läſt ſich ſchon einigermaſen aus dem oben gedachten groſen Aufwande von Queckſilber urtheilen, welchen ſie erforderten; nach Alonſo Barba hatten ſie ſchon zu ſeiner Zeit, ſeitdem ſie in der Gewalt der Spanier waren, 400-500 Millionen Reichsthaler an Silber geliefert [u]), obgleich durch Nachläſigkeit viele Millionen verloren gegangen ſeien [x]).

In Mexiko wurde in dieſem Zeitraume das meiſte Silber auf den Werken von S. Ludwig de Sakatekas, beinahe funfzig Meilen von der Hauptſtadt nach Mitternacht zu gewonnen [y]).

Vom feuerſpeienden Berge auf der Inſel Teneriffa gieng die Sage, daß ehemals Gold⸗ Silber⸗ und Kupfererze daſelbſt gebrochen haben ſollen [z]).

Auch um dieſe Zeit [a]) wurde von Fetu, Abramboa, Man⸗

q) a. e. a. O.

r) a. e. a. O. K. 27. S. 96. K. 28. S. 99.

s) a. e. a. O. K. 27. S. 97.

t) a. e. a. O. K. 27. S. 98.

u) a. e. a. O. Th. II. K. I. S. 129.

x) a. e. a. O. S. 130.

y) S. P. Pallas n. nordiſche Beiträge. I. S. 202. 203.

z) Ein Ungenannter in New Collection &c. printed for Aſtley. I. S. 555. a.

a) Artus bei de Bry Ind. oriental. VI. S. 48 ꝛc.

Mandinga und andern Orten landeinwärts bis acht-
hundert Meilen von den Eingebohrnen eine Menge
Goldes nach Cap Corso gebracht, und zum Theil für
kleine Mössingbeken eingetauscht; viele Schwarze, welche für ihr Gold keinen halben Scheffel kaufen konnten,
kamen damit einige hundert Meilen weit her [b]): Schon
um diese Zeit tauschte man am Senega vieles Gold
ein [c]), und die Engländer brachten schon damals von
der Guineaküste manchmalen so vielen Goldstaub zurük, daß sie auf einmal dreißigtausend, auch wohl funf-
zigtausend Guinéen münzten [d]).

Die Goldgruben in Adom wurden erst gegen die
Mitte dieses Jahrhunderts entdekt [e]).

Die Schiffe, welche in der ersten Helfte dieses
Jahrhunderts von Surat nach dem rothen Meere segel-
ten, kamen mit großem Gewinst, meistens an Gold
und Silber zurük [f]); auch erzählt Sarris, daß
Neu-Guinea [g]), Bemermassin [h]) und Borneo [i]) damals

b) J. Atkins voyage to Guinea, Brasil and the West-
Indies &c. London. 1735. S. 96.

c) Jannequin voyage dans la Lybie, particulierement
le royaume de Senega. Paris. 1643. 12.

d) Reflections and Considerations upon the Constitution
and Management of the Trade to Africk from 1600 to
1709 offered to the House of Commons by the Royal
african Company, welche am Ende von Barbot description of Guinea steht. S. 661.

e) Barbot a. e. a. O. S. 153. W. Bosman naauw-
keurige Beschryvinge van de Guinese Goud-Tand-en
Slavenkust. Utrecht. 1704. 4. S. 27.

f) Terry bei Purchas a. a. O. II. B. IX. K. 6. §. 2.
S. 1470.

g) ebendaf. I. B. IV. K. 2. S. 385.

h) a. e. a. O. S. 389.

i) a. e. a. O. S. 392.

mals vieles Gold lieferten; die Schinesen sollen in der Nähe von Kin-ungam in der Provinz Kyang si Gold- und Silbergruben gebaut [k]), und die Portugiesen zu der Zeit, da ihr Handel mit diesem Volke recht blühte, und sie zweimal des Jahrs nach Kanton handeln durf- ten, unter andern 2500 Klumpen Goldes zu sechs und zwanzig Loth ausgeführt haben [l]).

Japan war auch damals reich an Gold und Sil- ber [m]), vornemlich aber Yedso, das inzwischen sein Ei- sen und Blei aus andern Theilen des Reichs erhielt [n]); auch führte Japan vieles Silber aus [o]).

Auf der Cherryinsel [p]) und einer andern nahe da- bei liegenden, der Gullinsel [q]), hatte man Bleierze entdekt.

Daß Rusland damals schon gangbare Bergwerke hatte, erwähnt Beausoleil [r]) ausdrüklich; doch tauschte 1653 ein Kaufmann von der dänischen Nord- seegesellschaft von den Borandiern, die vom russischen Lappland nach Sonnen Aufgang zu wohnten, das Pelz- werk gegen Gold, Silber und Kupfer ein [s]); die Einwohner des Königsreichs Alten brachten silberne
Plat-

k) Nieuhof in New Collection of voyages &c. for
   Astley. III. S. 409. b.
l) Ebenderf. a. e. a. O. S. 404. a.
m) Adams bei Purchas a. a. O. I. B. III. K. 1. §. 5.
   S. 129.
n) Sarris ebendas. B. IV. K. 1. S. 384.
o) Ebenderf. a. e. a. O. K. 2. S. 392.
p) Welda ebendas. III. B. II. K. 13. S. 558. 564.
q) Ebenderf. a. e. a. O. S. 564.
r) bei Gobet a. a. O. I. S. 304.
s) New Collection of voyages IV. S. 29.

Platten nach Surgut zum Verkaufe [t]); auch fand man in diesem Jahrhundert (1611) in Permien an der Küste zwischen den Flüssen Praseda und Katonga Steine, die durch ihren Gold= und Silberglanz Hofnung auf edle Metalle machten [u]).

Die Bergwerke in Ungarn sollen in der ersten Helfte des siebenzehenden Jahrhunderts vieles Gold und Silber abgeworfen haben [x]); vornemlich scheinen die Werke bei Schemniz in gutem Stande gewesen zu sein [y]); 1616 waren nur um Schemniz herum 204 Gruben im Bau [z]), und schon 1608 waren nur bei dem Biberstollen schon fünf Gewerkschaften [a]): Die Berg= und Hüttenwerke zu Neusol warfen um diese Zeit dem Kaiser nach Abzug aller Kosten jährlich zweitausend Reichsthaler ab [b]); am Ende des Zeitraums, der in diesem Abschnitte beschrieben wird, fand es die Krone rathsam, das gewonnene Kupfer von den Waldbürgern einzulösen, und ihnen den Centner Kupfer mit achtzehen, die Mark Silber aber mit zwölf Gulden zu bezahlen [c]).

In der Grafschaft Glaz wurde in diesem Zeitraume bei Silberberg, Merzberg und an andern Orten auf

t) Pursglove bei Purchas a. a. O. III. B. III. K. II. S. 552.

u) Ebenders. a. e. a. O. S. 551. Josias Logan ebend. K. 10. S. 544.

x) Purchas a. a. O. I. B. V. K. 17. S. 736.

y) Beguin bei Gobet a. a. O. I. S. 300.

z) J. J. Ferber Abhandlungen über die Gebirge und Bergwerke in Ungarn 2c. S. 6.

a) J. J. Ferber a. e. a. O.

b) Beausoleil bei Gobet a. a. O. I. S. 301.

c) J. J. Ferber a. e. a. O. S. 153. 154.

auf Blei und Silber, bei Murode im Lehrberg auf
Kupfer, bei Reinerz auf Eisen gebaut d), und noch
1624 bei Wahlstadt, Nikolstadt und Goldberg in Nie=
derschlesien Goldsand gewonnen, der aus achtehalb
Centnern vier Loth Gold gab e); auch die Berg= und
Hüttenwerke bei Tarnowiz in Schlesien, waren zwar
zu Anfang des siebenzehenden Jahrhunderts noch im
Gange; als man aber im dreißigjährigen Kriege 1631
dem Markgrafen von Brandenburg, in dessen Besiz sie
waren, seine Länder, und den evangelischen Bergleu=
ten ihre Kirchen nahm, liefen diese meist davon, und
es verfiel alles f).

In Polen scheint wenigstens in der ersten Helfte
dieses Jahrhunderts Berg= und Hüttenwesen in ziem=
lich gutem Stande gewesen zu sein; Beausoleil ge=
denkt eines silberfreien Bleierzes, welches bei Kakanoy
brach g); die Werke zu Olkusch warfen, mancher
Schwürigkeiten ungeachtet, die ihrem glüklichen Be=
trieb im Wege standen, noch ziemlich reichlich ab, und
König Wladislaw fand 1649 für nöthig, den Berg=
leuten nicht nur ihre Rechte und Freiheiten zu bestäti=
gen, sondern auch den Preis des gewonnenen Silbers
vestzusezen, und die Rechte der dort errichteten Silber=
hütte näher zu bestimmen h); dieses Königlichen Schu=
zes ungeachtet kamen sie am Ende dieses Zeitalters sehr

in

d) v. Heiniz a. a. O. S. 72.

e) Ebendersf. a. e. a. O. S. 70. 71.

f) Büschings wöchentliche Nachrichten von neuen Land=
charten, geographischen, statistischen und historischen Bü=
chern und Sachen. Jahrg. XIII. 1783. St. 6. d. 7. Febr.
S. 47. 48.

g) bei Gobet a. a. O. I. S. 300. 387.

h) beide Urkunden findet man wörtlich abgedrukt bei Carosi
a. a. O. II. S. 190.

in Verfall [i]), und 1659 bekam der König, dem doch von allem gewonnenen Erze der zehende Theil, und von jeder Miezka (=680 Pfunden) geschmolzenen Erzes für das Maas ein Groschen und noch Wassereinfallgeld aus den Stollen gebührte, von zween Stollen nur 1258 Gulden [k]); auch die sonst ergiebige Berg= und Hütten= werke bei Miedzianka waren durch die viele Unruhen im Lande um diese Zeit ganz in Abnahme gekommen [l]).

Die schwedische Hüttenwerke, vornemlich aber die schwedische Eisenwerke kamen in diesem Zeitraume theils dadurch, daß die vereinigte Niederlande den Hanseestädten ihren Alleinhandel entrissen, theils durch die Wallonen, welche der Herzog von Alba vertrieb, empor; diese richteten Kupfer= und Mössinghütten, Eisenöfen, Stükgiesereien und andere Eisenmanufactu= ren auf, da sonst wenig Eisen gemacht, und die Eisen= gänse nach Danzig und andern Gegenden Preusens ge= führt, und dort verschmiedet wurden [m]): Bis 1631 stunden die Berg= und Hüttenwerke unter dem Berg= amte, welches 1631 seine Instruction erhielt, 1649 Bergordnungen ausgehen lies, und 1651 unter die Finanzkamer kam [n]).

1624 hatte ein Finne den neuen Kupferberg in Ne= rike entdekt, dessen meiste Gruben nun ersäuft sind [o]); und auch in dem Zeitraum, wovon in diesem Abschnit= te

i) v. Carosi a. e. a. O. S. 193.

k) Ebenders. a. e. a. O. S. 190. 191.

l) Ebenders. a. a. O. I. S. 76.

m) Ein englischer Minister, der sich unter Karl XI. in Schweden aufhielt. New Collect. of voyages IV. S. 127. 128.

n) G. Jars a. a. O. I. S. 96. 97.

o) Ebenders. a. a. O. III. 2. S. 62.

te die Rede ist, wenig abwarf [p]); in desto blühenderem Zustande waren die Kupferwerke zu Fahlun in Dalekarlien [q]); sie lieferten an Garkupfer 1636 9365 Schiffspfunde (= drei Centnern).

Jährl.	Schiffspf.	Jährl.	Schiffspf.
1637	9997	1650	20321
1638	9721	1651	17283
1639	11021	1652	15426
1640	11341	1653	15559
1641	8288	1654	12349
1642	13244	1655	12246
1643	12030	1656	12387
1645	12119	1657	12654
1646	12880	1658	12196
1647	12087	1659	13082
1648	12278	1660	14073.
1649	13941		

Aus dem Silber, was man im östlichen Silberberge gewann, zog man 1636 Gold [r]); die Grube zu Sahla [s]) gab in der ganzen ersten Helfte des siebenzehenden Jahrhunderts Ausbeute, von 1600–1650 zusammen 81546 Mark feinen Silbers, im Durchschnitte also jährlich 1911 Mark, genau

1601	1021	1606	1307
1602	1192	1607	47
1603	1191	1608	76
1604	1191	1609	44
1605	1644	1610	1494

1611

p) Em. Swedenborg Regnum subterraneum sive minerale de cupro et orichalco. Dresd. et Lips. fol. 1734. S. 66.

q) Ebenders. a. e. a. O. S. 24.

r) Colliander bei G. Jars a. a. O. II. S. 64.

s) Chn. W. Dohm a. a. D. S. 331–334.

1611	1523	1640	2206
1612	1311	1641	2248
1613	1421	1642	3294
1614	1648	1643	4413
1615	1577	1644	4575
1616	1467	1645	4481
1617	1605	1646	3122
1618	1721	1647	3236
1619	1729	1648	2981
1624	624	1649	3360
1625	1276	1650	3225
1630	855	1651	3414
1631	845	1652	3738
1632	1408	1653	4883
1633	1900	1654	4368
1634	2283	1655	4499
1635	2356	1656	4208
1636	2377	1657	3227
1637	2269	1658	3827
1638	2699	1659	3869
1639	2283	1660	2816

Auch Norwegen hatte zu dieser Zeit bedeutende Bergwerke, vornemlich waren in der Gegend von Drontheim mehrere Kupferbergwerke und Hütten im Gange [t]); die Kupferwerke bei Quickne und Insett waren schon 1635 [u]), nach andern [x]) schon 1629 im Betriebe; bei Meldahl oder Löcken wurde 1654 die nun

t) Ein Reisender von der Nordseecompagnie, von Koppenhagen, der sie 1653 besuchte. New Collection of voyages &c. IV. S. 6. 7.

u) Em. Swedenborg a. a. O. S. 125.

x) Thaarup Minerva. Kopenhagen. 8. 1793. B. II. Mai.

nun wieder verlaſſene Grube Oſwer-Grufwa entdekt[y]);
auch das noch jezt ergiebige Kupferwerk bei Röras wurde ſchon vor 1624 gebaut, und lieferte von 1646-1791
237863 Schiffspfunde, neun Liespfunde, 6⅓ Pfunde
Garkupfer, welche ſiebenzehen Millionen Thalern
gleich geſchäzt werden, und dem König allein an Zehenden, Zoll und Acciſe 3189231 Reichsthaler und ach-
zehen Schillinge brachten[z]).

Auch das Silberbergwerk bei Kongsberg, das 1623
zuerſt entdekt und erſchürft[a]), und, als der König Chriſtian IV. 1624 teutſche Bergleute kommen lies, vierzig Jahre lang von Gewerkſchaften gebaut wurde[b]),
ſtand damals gut[c]); gab aber doch von 1649-1651
nur 11900 Reichsthaler Ausbeute[d]).

Grosbritannien war in dieſem Zeitraume durch innerliche Unruhen zu ſehr erſchüttert, als daß es auf
ſeine Berg- und Hüttenwerke viele Aufmerkſamkeit verwenden konnte; doch führte es in der erſten Helfte des
ſiebenzehenden Jahrhunderts vieles Zinn nach Borneo[e]), Japan[f]) und der Küſte des rothen Meers[g]),
nach

y) Em. Swedenborg a. a. O. S. 128.

z) Thaarup a. e. a. O.

a) Les progrès de l'hiſtoire naturelle en Dannemarc et en
Norwegue. S. 25. Thr. Brünniche litteratura da-
nica ſcientiarum naturalium. Hafn. et Lipſ. 1783. 8.
Gabr. Jars a. a. O. II. S. 94.

b) G. Jars a. e. a. O.

c) 1653 der oben bei t) erwähnte Reiſende a. e. a. O.

d) Chronolog. Beſkrivelſ. over Kongsberg-Sölverk. Kiö-
benhav. 1782. 8.

e) Sarris a. a. O. B. IV. K. 2. S. 393.

f) Ebendaſ. a. e. a. O. S. 394.

g) Ebendaſ. a. e. a. O. S. 351. 352.

nach beiden leztern auch Blei und Eisen, nach Japan auch Stahl und Kupfer aus.

In Spahien war das zuvor von den **Fugger's** gepachtete Silberbergwerk zu Guadalcanal, das noch kurz zuvor aus dem Centner seines Erzes zwanzig bis hundert und zwanzig Loth Silber lieferte [h]), und zu den reichsten auf der Erde gerechnet wurde, absichtlich oder durch Zufall unter Wasser gekommen [i]), und von 1635, vielleicht auch, weil man es bei dem grosen Reichthum der amerikanischen Bergwerke weniger achtete, liegen geblieben; aber die Queksilbergruben zu Almaden bauten die Erben der **Fugger** [k]), gegen die 4500 Centner Queksilber, welche sie dem Könige zu $21\frac{1}{2}$ Reichsthaler jährlich zu liefern hatten [l]), noch mit lauter teutschen Bergleuten bis 1645 fort; von da lies sie der König auf seine Rechnung bauen, und bestimmte schon das Jahr darauf 45000 Bäume zu den Stollen, allein die Bergleute wusten sie nicht anzubringen; auch führte in dem gleichen Jahre Joh. Alonso de Bustamante statt der Retorten, welche die Teutsche bisher zur Ausscheidung des Queksilbers gebraucht hatten, die Reverberiröfen mit ihren Luftlöchern oder Kühlröhren

---

h) Purchas a. a. O. B. I. S. 48.

i) Alonf. Caranza erzählt, und, wie er versichert, aus archivalischen Nachrichten, in seinem Werke della moneta di Spagna S. 127. 128. so: "vielleicht wollte ihnen die Regierung die Pacht erhöhen, oder verlangte neue Abgaben; sie leiteten also Wasser in die Grube und verliessen sie, oder prägten sie in der Grube selbst Gold, betrogen also den König um seine Rechte, und verschafften sich das durch unter den Grosen Schuz, um aus Spanien entwischen zu können, oder ersäufte der lezte Stollen wirklich."

k) W. Bowles a. a. O. I. S. 67.

l) J. M. Hoppensack über den Bergbau in Spanien. S. 83.

röhren ein[m]); von 1575–1645 hatten die Fugger an Queksilber 540000 Centner gewonnen; von 1646–1753 fielen deren 429560 Centner, 55 Pfunde, 27 Loth[n]).

In Frankreich hatte zwar Ludwig XIV. um diese Zeit (1644) einen Hrn Coeffier zum Oberberghauptmann ernannt[o]), und Colbert bediente sich zu gleichem Zweke der Herrn de Clerville und César d'Arcons[p]); auch wurde das Scheidewasser, da man das Geheimnis seiner Anwendung für die Münze von dem Sohn des le Cointe erkauft hatte, für die Brenner, deren Gewerb durch eine eigene Verordnung veſtgeſtellt wurde, ein Gegenſtand des Handels[q]).

In den Jahren 1648 und 1649 baute man im Delphinat in den Bergen und Thälern, die dem Thale von Graiſſivodun zur Rechten nach Savoien zu liegen, Gold- und Silbergruben; unter andern eine im Thale la Combe de Theys, die im Jahr 1642 entdekt war, und ſehr reichlich ein Erz lieferte, das zuweilen aus fünf Theilen vier Theile ſeines Gold gab; ſie wurde auf zehen Jahre an Yves de Michel verpachtet, welcher dem König $\frac{2}{10}$ des Ertrages zuſtellen muſte[r]): Auch gab König Ludwig XIV. 1640 dem Marſchall A. von Erlach alle Eiſenwerke bei Breiſach und im El-
saß

m) W. Bowles a. e. a. O.

n) J. M. Hoppenſack a. e. a. O. S. 155. 156.

o) Gobet a. a. O. I. Prelimin. S. XXXII.

p) ebendaſ. S. XXXIII.

q) ebendaſ. S. XXXIV.

r) Yves de Michel remontrance présentée au Duc d'Orléans ſur les mines d'or et d'argent en Dauphiné 1651. bei Gobet a. a. O. II. S. 637–640.

fas mit der Bedingung, aus selbigen gewisse Vestun=
gen unentgeltlich mit Bomben, Kugeln und Grana=
ten zu versehen [s]), und der damalige Beherrscher der
Niederlande König von Spanien noch 1635 Verord=
nungen, die namurische Eisenwerke betreffend [t]).

Schon unter König Karl II. wurde in Longobucco,
im Königreiche Neapel, eine Grube gebaut, welche den
Angioini jährlich über 540 Pfunde Silbers lieferte [u]),
und die Grosherzoge Kosmus I. und Ferdinand I.
von Florenz hatten die Silbergruben bei Carretta oder
Gallena durch Brescianische Bergleute bauen lassen,
von welchen noch die Einwohner des Dorfes Basati
unweit Pietrea Santa abstammen [x]): Der Pabst
hatte schon 1632 Beausoleil, der auch seiner Berg=
werke erwähnt [y]), zum Oberaufseher der Bergwerke im
ganzen Kirchenstate ernannt; 1650 legte auch Franz
Boschi, der 1659 im Kerker starb, bei Tolfa ein
Eisenwerk an [z]).

In Teutschland lagen, insbesondere am Anfang
dieses Zeitraums, so wie andere Gewerbe, also vor=
nemlich die Berg= und Hüttenwerke; noch seufzten meh=
rere seiner Staten unter der Geisel des langen Krieges,
von welchem sie noch in folgenden Zeugungen die Nach=
wehen fühlten: Erschöpfung und Muthlosigkeit hielt
die

---

s) Memoires historiques concernant M. le General d'Erlach.
   Yverdun. 8. T. I. 1784.
t) S. Jars a. a. O. I. S. 391-402.
u) Fasani atti dell' Academia di Napoli. I. S. 300.
x) Jagemann von der natürlichen Beschaffenheit des
   Großherzogthums Toskana. Teutscher Merkur. 1784.
   Nr. 8. Aug. S. 144. 145.
y) bei Gobet a. a. O. I. S. 304.
z) Scip. Breislak saggio di osservaz. mineralogiche sulla
   Tolfa, Oriolo e Latera. Rom. 1786. 8. S. 44.

die Wideraufnahme derselben, ihre lebhafte und vortheilhafte Betreibung noch lange auf.

In den kärnthnischen Berg- und Hüttenwerken bei Bleiberg wurden in diesem ganzen Zeitraume jährlich nicht mehr als zwei- bis dreitausend Centner Blei gewonnen [a]); schon 1605 hatten die Puz zu Kirchheimegg ihren Brüdern zu Pizlstetten und S. Veit ihren Antheil am Bleibergischen Bergwerke überlassen [b]), der überhaupt in diesem Jahrhunderte durch die Religionskriege sehr abnahm [c]): In Baiern wurde das Blei- und Galmeibergwerk zu Rauschenberg gebaut, auf welches 1637 Churfürst Maximilian I. Christian Schwarzern einen Vergonnbrief ertheilt hatte [d]); auch war die Gottesgabe bei Amberg im Betriebe, welche [e]) der Churfürst Ferdinand Maria, nebst den Hammergütern zu Ober- und Unterried [f]), 1658 einem Herrn von Altsmanshausen gegen jährliche 550 Gulden auf acht Jahre in Pacht überlies: Auch dem Bischoff Albrecht Sigmund von Freysingen wurden noch 1652 vom Kaiser Ferdinand III. die Bergrechte bestätigt [g]), von welchen er übrigens, wie es scheint, keinen Gebrauch gemacht hat.

Am Ende dieses Zeitraums fieng man im Erzstifte Salzburg im Heinzenberg und Rohrberg an zu bauen, wiewohl in den ersten siebenzig Jahren mit Verlust; denn obgleich von 1660-1749 die Ausbeute an Gold

704

a) Ployer a. a. O.
b) Ebendes. a. a. O. S. 34.
c) Ebendes. a. e. a. O. S. 29. 41.
d) Lori a. a. O. S. 416. 417. nr. CXCII.
e) Ebendes. a. a. O. S. LXXXVIII. u. S. 468-471. §. XI.
f) Ebendes. a. a. O. S. LXXXVIII.
g) Ap. Carl Meichelbek Histor. Frisingensis. August. Vindelic. fol. B. II. 1729. S. 389. 390. nr. CCCCXX.

704 Mark 10½ Loth betrug, und 1660-1774 43321 Gulden gewonnen wurden, so waren dagegen innerhalb dieser Zeit 124187 Gulden aufgewandt [h]).

Auch in Wirtemberg wurde an die Wiederbelebung der Berg- und Hüttenwerke gedacht; schon im Laufe des verderblichen Krieges, der insbesondere diesem Lande so tiefe Wunden geschlagen hatte, 1630 unter der vormundschaftlichen Regierung Herzogs Ludwigs Friedrichs war von der Wiederherstellung der Schmelzhütte und des Treibhauses zu Christophsthal die Rede [i]), und unter Herzog Eberhard III. waren daselbst fünf Zechen im Gange; 1659 wurde noch überdis das friesenlochische Bergwerk mit vier Arbeitern belegt; die Erze daselbst hielten im Durchschnitte im Centner eine Mark und zehen Loth Silber, und zwei und dreißig Pfunde Schwarzkupfer, und die Erze aus dem vordern Schachte acht Lothe Silber und zwei und dreißig Pfunde Schwarzkupfer [k]).

Auch die hessische Eisenhütte zu Biedenkopf arbeitete, wenn gleich ihr Ertrag nicht bedeutend war, um diese Zeit noch fort; denn

1626 wurden aus $4\frac{8}{114}$ Fuder Eisenstein	$14\frac{12}{114}$ C.E.
1634 — — $3\frac{44}{98}$ — —	$11\frac{52}{98}$ —
1639 — — $2\frac{75}{98}$ — —	$12\frac{24}{98}$ —
1644 — — $2\frac{15}{73}$ — —	$14\frac{5}{73}$ —
1649 — — $3\frac{72}{80}$ — —	$15\frac{61}{80}$ —

Centner Eisen geschmolzen [l]).

Weit

h) Chr. v. Moll Naturhistorische Briefe über Oesterreich, Salzburg, Passau und Berchtesgaden. Salzburg. 8. B. II. 1785. Br. 24. S. 138.

i) Physikalisch. ökonomische Wochenschrift. Stuttgart. 4. B II. 1758. S. 774.

k) Ebendas. S. 774-778.

l) Klipstein mineralogischer Briefwechsel. Gießen. 8. B. II. Heft. I. S. 98.

Weit schlimmer stund es um die böhmische Berg=
und Hüttenwerke, und sie waren beinahe alle in gänz=
lichem Verfall; auch die 1584 rege gewordene reiche
S. Andreaszeche zu Plan wurde 1640 wegen Seuchen
und böser Wetter ganz verlassen [m]), auch 1661 das
lezte Geld daselbst geprägt [n]).

Auch die mansfeldische Bergwerke hatten sehr ge=
litten; zwar fieng man 1618 an, das Bergwerk zu
Widerstätt, und zwar mit gutem Erfolg zu bauen,
und 1619 wurden dem Rath zu Leipzig vier Fünftheile
der gesamten mansfeldischen Bergwerke auf zehen Jahre
zum Verlag überlassen [o]); aber 1629 warfen die Fein=
de Haspeln und Bergwände in die Schächte [p]); 1631
nahm die damals zu Mansfeld liegende Besazung die
Bergleute hinweg, um sie zum Miniren vor Magde=
burg zu gebrauchen; 1635 und 1638 fiengen zwar die
Bergleute wieder an zu bauen, aber 1639 und 1640
wurden sie wieder zum Kriegsdienste hinweggenommen [q]).

Weit besser stand es hingegen um die meisnische
oder chursächsische Bergwerke; 1654 entdekten die
Bergleute, welche wegen ihres Glaubens aus denen
von Chursachsen an Böhmen abgetretenen Bergstädten
vertrieben wurden, die wichtige Bergwerke zu Johann=
georgenstatt [r]), welches in diesem Jahre erbaut wur=
de; zwar schränkte sich in dem Zeitraum, welcher hier
abge=

---

m) Schmidt Topographie der Stadt Plan in den Abhand=
   lungen der böhmisch. Gesellschaft der Wissenschaften für
   das Jahr 1788. S. 45.
n) Ebendas. a. a. O. S. 36.
o) Bieringer a. a. O. S. 24.
p) Ebendas. a. e. a. O.
q) Ebendas. a. a. O. S. 25.
r) Charpentier a. a. O. S. 249.

abgehandelt ist, der Bergbau blos auf Zinnerze ein ^{s}), auch die Grube, das neue Jahr, welche 1658 aufge= nommen wurde ^{t}), gab anfangs nichts als Zinnerz, aber so reichlich, daß man schon in der ersten Zeit mehrere Centner Einnahme davon hatte ^{u}).

Auch das Eisenwerk zu Berggieshübel bekam noch 1660 vom Churfürst Johann Georg I. eine neue Ord= nung ^{x}); zu Altenberg waren bis 1645 ein und fünf= zig Zechen im Gange ^{y}).

Das Freybergische Bergrevier gab in dem Jahren 1630 bis zu und mit dem Jahre 1708 910592 Reichs= thaler Ausbeute, und in den fünf und zwanzig Jahren vom Quartal Luciä 1625 bis zum Quartal Crucis 1651 lieferte und verkaufte ein einiger Schichtmeister von seinen Zechen, deren etwa vier bis fünf waren, 90569 Mark $2\frac{1}{2}$ Loth Silber, 6004 Centner $20\frac{1}{2}$ Pfunde Kupfer, und 13133 Centner Blei, welches zu Geld angeschlagen 939701 Reichsthaler machte, und an Ausbeute für die Gewerken 254304 Reichstha= ler betrug ^{z}).

1638 theilte Freyberg an Ausbeute	15648 Thaler
1639 — — —	12608 —
1640 — — —	17216 —
1641 — — —	14496 —
1642 — — —	12672 —
1643 — — —	6784 —
1644 — — —	9216 —
1645 — — —	10176 —
	1646

s) Ebenders. a. a. O. S. 264.
t) Brückmann a. a. O. I. S. 170.
u) Charpentier a. e. a. O.
x) Otia metallica. I. S. 52.
y) J. J. Ferber neue Beytr. zur Mineralgesch. verschie= dener Länder. I. S. 135.
z) Moller a. e. a. O. I. S. 430.

1646 theilte Freyberg an Ausbeute	—	—	—	—	9728 Thaler
1647	—	—	—	—	9536 —
1648	—	—	—	—	9856 —
1649	—	—	—	—	13248 —
1650	—	—	—	—	15360 —
1651	—	—	—	—	15488 —
1652	—	—	—	—	16000 —
1653	—	—	—	—	20544 —
1654	—	—	—	—	19932 —
1655	—	—	—	—	17840 —
1656	—	—	—	—	16128 —
1657	—	—	—	—	12864 —
1658	—	—	—	—	12416 —
1659	—	—	—	—	11136 —
1660	—	—	—	—	9280 —

aus [a]).

Auch Schneeberg warf noch zimlich reichlich ab.

1638 wurden von 28 Zechen 4033 Kübel Kobolt gefördert, doch nur die Gruben Schindler und Fleischer, S. Anna und Sonnenwirbel mit Vortheil gebaut, und auf ihnen zugleich Wismuth gebrochen [b]).

1639 lieferten fünfzehen Zechen 2122 Kübel Kobolt [c]).

1640 wurden von eben so vielen Zechen nur 1709 Kübel Kobolt angenommen [d]).

1641 wurden überhaupt 3885 Kübel Kobolt gewonnen [e]).

1642 wurden 1844 Centner Kobolt geliefert, und für 6411 Gulden und einen Groschen verkauft [f]).

1643

a) Brückmann a. a. O. I. S. 155.
b) Melker a. a. O. S. 752. 1355.
c) Ebenderf. a. a. O. S. 752. 1356.
d) Ebenderf. a. a. O. S. 752. 1357.
e) Ebenderf. a. a. O. S. 760. 1358.
f) Ebenderf. a. a. O. S. 760. 1359.

1643 wurden 2243 Centner Kobolt erhalten, und dafür 7380 Gulden und ein Groschen gewonnen g).

1644 wurden 2375 Centner Kobolt gewonnen, und für 8797 Gulden 17½ Groschen verkauft, auch vom Quergeschik wieder einmal Silber geschmolzen h).

1645 wurden 2551 Centner Kobolt aus den Gruben gebracht, und für einige Groschen über 9686 Gulden verkauft i).

1646 kamen nicht nur 2667 Centner Kobolt aus den Gruben, welche für 6481 Gulden und 18 Groschen verkauft wurden, sondern es wurden auch an Silber 1452 Thaler Ausbeute unter die Gewerken ausgetheilt k).

1647 wurden aus 3292 geförderten Centnern Kobolt 11949 Gulden und 10 Groschen gewonnen, auch 179 Mark Silber geschmolzen, und davon 1320 Güldengroschen Ausbeute ausgetheilt l).

1648 wurden aus 2697 Centnern Kobolt sechs Groschen über 9723 Gulden gewonnen, allein, wenn schon noch überdis 360 Mark und fünfzehn Loth Silber geschmolzen wurden, nur 528 Thaler Ausbeute ausgetheilt m).

1649 wurden von 2405 geförderten Centnern Kobolt neun Groschen über 9176 Gulden gewonnen, und noch 121 Mark und fünf Loth Silber geschmolzen, so daß sich die Ausbeute in allem auf 1716 Güldengroschen belief n).

1650 lieferte das Bergwerk 2340 Centner Kobolt für

g) Ebenders. a. a. O. S. 760. 761. 1360.
h) Ebenders. a. d. e. a O.
i) Ebenders. a. a. O. S. 761. 762. 1361.
k) Ebenders. a. d. e. a. O.
l) Ebenders. a. a. O. S. 762. 763. 1363.
m) Ebenders. a. a. O. S. 762. 763. 1365.
n) Ebenders. a. a. O. S. 763. 764. 1366.

für welche drei Groschen über 8735 Gulden einkamen, und die gesamte Ausbeute an Silber belief sich auf 924 Thaler [o]).

1651 wurden 2620 Centner Kobolt gewonnen, und 1980 Güldengroschen als Ausbeute ausgetheilt [p]).

1652 wurden 2696 Centner Kobolt gefördert, und 792 Th. Ausbeute unter die Gewerken ausgetheilt [q]).

1653 wurden 4198 Centner Kobolt gewonnen, und für 15264 Gulden u. 18½ Groschen verkauft, und 1584 Thaler als Ausbeute unter die Gewerken ausgetheilt [r]).

1654 belief sich der Ertrag des aus den Gruben geförderten Kobolts auf 5292 Centner, die für mehr als 20000, nach Einigen für 20513 Gulden verkauft wurden; auch stieg die Ausbeute in diesem Jahre auf 3564 Güldengroschen [s]).

1655 bekam man aus den Gruben 3677 Centner Kobolt, und dafür 12 Groschen über 13308 Gulden, und schmolz zugleich 134 Mark Silbers, so daß die sämtliche Ausbeute unter den Gewerken 2376 Thaler betrug [t]).

1656 belief sich die Menge des gewonnenen Kobolts auf 4582 Centner, für welche 19½ Groschen über 18676 Gulden bezahlt wurden, und die gesamte unter die Gewerken vertheilte Ausbeute stieg auf 2772 Th. [u]).

1657 wurden 3463 Centner Kobolt aus der Erde gefördert, und für 19½ Groschen über 13955 Gulden verkauft [x]).

1658

o) Ebenders. a. a. O. S. 764. 1367.
p) Ebenders. a. a. O. S. 765. 1368.
q) Ebenders. a. a. O. S. 765. 1369.
r) Ebenders. a. a. O. S. 766. 1371.
s) Ebenders. a. a. O. S. 766. 767. 1373.
t) Ebenders. a. a. O. S. 767. 768. 1374.
u) Ebenders. a. a. O. S. 768. 1375.
x) Ebenders. a. d. e. a. O.

1658 wurden an Kobolt 3428 Centner und dafür drei Groschen über 14367 Gulden gewonnen, auch 2376 Thaler als Ausbeute unter die Gewerkschaft vertheilt [y]).

1659 erhielten die Gewerken eben so viele Ausbeute; es wurden 2604 Centner Kobolt gewonnen, für welche man 11399 Gulden und fünfzehn Groschen erhielt [z]).

1660 fiel die Ausbeute wieder auf 924 Thaler; auch von Kobolt wurden nur 1802 Centner gefördert, und für 7530 Gulden und 18 Groschen verkauft [a]); sonst aber in den lezten zwanzig Jahren nur für Kobolt 259624 Gulden gewonnen [b]).

Nicht so vortheilhaft sah es um diese Zeit am Harze aus; zwar waren den grösten Theil des siebenzehenden Jahrhunderts hindurch die Gruben S. Georg und Katharina Neufang ergiebig, und es brachen darinn nicht selten grose derbe Stüke von gediegenem Silber, Weis und Rothgülden, welches leztere zuweilen hundert bis hundert und fünf und vierzig Mark Silber aus dem Centner gab; von der erstern Grube wurden von einem Quartal auf zween Blike 1783 Mark Silbers gemacht, und in der Mitte dieses Jahrhunderts gaben die Gruben S. Anne und Theuerdank so reichlich aus, daß zehen bis fünf und vierzig Reichsthaler vierteljähriger Ausbeute auf eine Kuxe fielen [c]).

Ju den Jahren 1641 [d]) und 1656 gaben die Gruben am einseitigen Harze keine Ausbeute [e]).

1638

y) Ebenderf. a. a. O. S. 769. 1376.
z) Ebenderf. a. a. O. S. 769. 770. 1377.
a) Ebenderf. a. d. e. a. O.
b) Ebenderf. a. a. O. S. 846.
c) Brückmann a. a. O. II. S. 256–261.
d) Honemann a. a. O. IV. S. 37.
e) Ebenderf. a. e. a. O. S. 70.

1638 wurde zwar die Grube Bergmanns Trost unter dem Namen der H. Dreifaltigkeit gemuthet [f]), blieb aber 1649 stehen [g]).

1644 wurde Haus Lüneburg gemuthet und 1649 mehr Feld darzu [h]).

1645 muthete der grüne Hirsch, der schon 1619 angegangen war, und öfters Ausbeute gab [i]), eine Fundgrube, und 1650 wieder eine, auf welcher Erze gefördert wurden [k]).

1647 gaben die sämtliche Gruben am einseitigen Harze 20540 Reichsthaler Ausbeute [l]); auch die Grube Elisabeth [m]); nur im Quartul Luciä gab sie fünf, die Grube Johann drei, Katharina neun, Georg sechs, Herzog Friedrich sieben, Haus Lüneburg drei, Margaretha einen Thaler, Anna Eleonora einen halben Thaler, alle zusammen 4485 Thaler Ausbeute [n]).

1657 gaben die einseitige Bergwerke am Harze 32066⅔ Reichsthaler jährliche Ausbeute, vierteljährig auf jede Kuxe die Grube Christian Ludwig fünfzehen, Elisabeth vierzehen, S. Georg dreizehen, Katharina acht Reichsthaler [o]).

Von 1643-1743 sollen die beiden Gruben Dorothea und Karolina einen Ueberschus von sieben Millionen Thalern abgeworfen haben [p]).

f) Stelzner a. a. O. S. 53.
g) Ebenders. a. a. O. S. 54.
h) Ebenders. a. a. O. S. 50.
i) Ebenders. a. a. O. S. 53.
k) Ebenders. a. a. O. S. 49.
l) Böse a. a. O. S. 31.
m) Honemann a. a. O. IV. S. 27.
n) Ebenders. a. a. O. IV. S. 56. 57.
o) Böse a. a. O. S. 32.
p) Chr. Friedr. Schröder Abhandlung vom Brocken und dem übrigen alpinischen Gebürge des Harzes. Dessau. 8. Th. I. 1785. S. 26.

An die Herren Pränumeranten
auf die Geschichte der Künste und Wissenschaften.

Die erste Lieferung ist zu Michaelis 1796 completirt worden. Die zweyte, welche zu Ostern 1797 ausgegeben wird, enthält

1) Gmelin's Geschichte der Chemie I. Bd. 49¼ Bogen
2) Heeren's Gesch. der alten Litt. I. B. I. Hälfte 20¼ B.
3) Hoyer's Gesch. d. Kriegswissensch. I.B. I. Hälfte 16¼ B.

zusammen 84 Bogen. Es fehlen daher an der 2ten Lieferung 6 Bögen, welche bey der dritten Lieferung ergänzt werden sollen, und welche (wie ich hoffe) zu Michaelis dieses Jahrs erscheinen wird, da schon ein Theil derselben gedrukt ist, und im Druck eben so promt fortgefahren wird, als von den Herren Gelehrten das Manuscript eingeht. Jubilate Messe 1797.

J. G. Rosenbusch.